C000178513

ISBN 978-0-266-62843-9
PIBN 10481637

FB &c Ltd, Dalton House, 60 Windsor Avenue, London, SW19 2RR.
Company number 08720141. Registered in England and Wales.

ZEITSCHRIFT

FÜR

KRYSTALLOGRAPHIE

UND

MINERALOGIE

UNTER MITWIRKUNG

ZAHLREICHER FACHGENOSSEN DES IN- UND AUSLANDES

HERAUSGEGEBEN

VON

P. GROTH.

NEUNTER BAND.

MIT 16 LITHOGRAPHIRTEN TAFELN UND 127 HOLZSCHNITTEN.

LEIPZIG,

VERLAG VON WILHELM ENGELMANN.

1884.

Inhaltsverzeichniss des neunten Bandes.

Heft I. (Geschlossen am 30. Januar 1884.)

Heft III. (Geschlossen am 2. April 1884.)

Heft IV. (Geschlossen am 20. Mai 1884.)

I. Die Pyroelektricität des Quarzes in Bezug auf sein krystallographisches System.

Von

B. von Kolenko in Strassburg.

(Mit Taf. I und II.)

I.

Die Bestäubungsmethode, welche Herr Kundt zur Untersuchung der Pyroelektricität der Krystalle angewandt hat (diese Zeitschr. 8, 530; siehe auch Wiedemann's Ann. der Phys. und Chem. 1883, Nr. 12a), kann man mit Recht eine für die Mineralogie wichtige Entdeckung nennen. Die Einfachheit der Methode und die Schärfe ihrer Resultate wird zweifellos das Feld der Beobachtungen bedeutend erweitern und die sehr interessante Frage des Hemimorphismus ihrer Entscheidung näher bringen.

Alle seitherigen Untersuchungen über das Auftreten der Elektricität, welche viele Krystalle, besonders hemimorphe, bei Erwärmung oder Abkühlung zeigen, wurden mit Hülfe des Elektroskopes oder Elektrometers ausgeführt; sie erforderten aber wegen der experimentellen Schwierigkeiten sehr viel Zeit, Geduld und Vorsicht und führten deshalb oft, in Folge der ungemeinen Empfindlichkeit des Elektroskops gegen äussere Einflüsse, zu ungenauen, zum Theil sogar geradezu falschen Resultaten.

Bei den folgenden Beobachtungen bediente ich mich daher ausschliesslich der Methode des Herrn Kundt und konnte mich überzeugen, dass sie grosse Vorzüge bietet; denn während sie sehr empfindlich gegen die vom Krystall geäusserte Elektricität ist, erscheint sie wenig empfindlich gegen Nebeneinflüsse, wie z. B. Schwankungen der Temperatur.

Der wichtige Vorzug des Elektrometers besteht darin, dass wir mit demselben nicht allein die Art der Elektricität bestimmen, sondern auch ihre relative Spannung messen können, während dieselbe nach der Bestäubungsmethode nur aus der Menge des angehäuften Pulvers geschätzt werden kann. Doch kann man diesen Vorzug bei denjenigen Mineralien, welche überhaupt nur geringe Spannung der Elektricität besitzen, für einen zweifelhaften halten, weil die Genauigkeit der Messungen in diesem Falle innerhalb der Fehlergrenzen liegt.

Der Zweck der vorliegenden Untersuchung ist, den Zusammenhang zwischen den polarelektrischen Erscheinungen des Quarzes und seinem krystallographischen Charakter aufzuklären.

Da ich bei Beginn meiner Arbeit eine neue, noch nicht genügend untersuchte Methode anwandte, so musste ich bezüglich der erhaltenen Resultate besonders vorsichtig sein und war oft genöthigt zu prüfen, ob die Resultate im Einklang mit den auf anderem Wege gewonnenen sich befinden. Die Prüfung ist jedoch bei dem Quarze in Folge seiner krystallographischen und physikalischen, besonders der optischen Eigenschaften in vollständigster Weise möglich: es entschieden sich hier viele Fragen und hoben sich einige Widersprüche, welche sonst der neuen Methode nicht günstige Muthmassungen hervorgerufen hätten.

Die Strassburger Universität besitzt eine ausserordentlich vollständige und grosse Sammlung von Quarzen, zumal seitdem dieselbe durch die von Herrn Scharff testamentarisch vermachte um mehr als tausend Exemplare bereichert worden ist. Von diesen Quarzen untersuchte ich mehr als 300 Krystalle aller möglichen Typen.

Die Methode selbst, nach welcher ich die Versuche ausführte, besteht im Folgenden: Man erwärmt den Quarzkrystall im Luftbade so lange, bis er durch und durch eine Temperatur von etwa 50° besitzt, nimmt ihn dann heraus, überfährt ihn schnell, um von seiner Oberfläche die Elektricität zu beseitigen, mit der Flamme einer Spirituslampe und bestäubt mit Hülfe eines kleinen ledernen Bestäubungsapparates*) mit dem aus einem Gemische gleicher Theile Mennige und Schwefel bestehenden feinen Pulver. Genau ebenso kann man mit geschliffenen Quarzplatten verfahren, doch empfiehlt es sich, diese zum Zwecke der Erwärmung auf einen heissen Kupfercylinder zu legen und bei steigender Temperatur zu untersuchen. Man erhält bei dieser letzten Methode auf der Platte ein schärferes Bild.

Die Erwärmung der Quarze muss man langsam und vorsichtig leiten, da sie sehr leicht nach dem Rhomboëder spalten, und mitunter bei gar nicht hoher Temperatur. So sprang ein Krystall aus Middleville (New York) bei 56° C.

Unter gewöhnlichen Bedingungen erwies sich die Erwärmung der Quarze bei 40—50° C. als geeignetste zur Erregung des höchsten Grades der elektrischen Spannung und also zur Erzeugung des schärfsten Bildes; die Spannung hängt, wie es scheint, von der Differenz der Temperatur des Krystalles und der ihn umgebenden Atmosphäre ab, denn ich machte die

*) Kundt, Wiedem. Annal. 1883, Nr. 12a.

Beobachtung, dass an heissen Sommertagen dieselben Quarze bis zu 50—60° erwärmt werden mussten, welche ich im Winter nur bis 40—50° C. zu erwärmen brauchte.

Herr Röntgen hat gezeigt*), dass die auf einer Quarzkugel oder einer Quarzplatte beim Erwärmen erzeugte Elektricität dem Zeichen nach verschieden sein kann, je nach der Art des Erwärmens. Wird eine senkrecht zur Axe geschnittene Quarzplatte von der Mitte aus erwärmt, indem man auf die Mitte derselben einen heissen Metallstab setzt, so ist die erzeugte Elektricität gerade die entgegengesetzte von derjenigen, die man erhält, wenn die Platte vom Rande aus, etwa durch einen erhitzten Metallring, erwärmt wird. Die Stellen, die im ersten Fall positiv sind, zeigen im zweiten Fall negative Elektricität, und umgekehrt.

Versuche, die im hiesigen physikalischen Laboratorium mit der Bestäubungsmethode angestellt wurden, bestätigten die Angaben des Herrn Röntgen vollständig.

Es ist daher, um Missverständnissen vorzubeugen, nöthig, anzugeben, in welcher Weise die Erwärmung oder Abkühlung geschieht.

Ich führte die folgenden Beobachtungen stets unter den Bedingungen aus, welche die grösste Bequemlichkeit und Einfachheit boten, d. h. ich untersuchte ganze Krystalle immer in der Weise, dass sie nach Erwärmung im Heizbade sich in freier Luft abkühlten; die Platten wurden erwärmt, indem man die Mitte derselben auf einen heissen Metallcylinder auflegte. Die Versuche ergaben, dass die Enden der Nebenaxen, welche bei Abkühlung des ganzen Krystalls positiv wurden, auch positive Elektricität zeigten, wenn eine aus dem Krystall geschnittene Platte durch Aufsetzen eines heissen Cylinders von der Mitte aus erwärmt wurde.

Vertheilung der Elektricität auf der Oberfläche der Quarze. Die einfachen Krystalle. Bestimmung der Drehung der Polarisationsebene.

Quarz gehört zur Zahl der Mineralien, welche Pyroelektricität von sehr bedeutender Spannung äussern. Je reiner der Stoff eines gegebenen Krystalls und je vollkommener seine Flächen gebildet sind, um so deutlicher kommt die Spannung der Elektricität zur Erscheinung und um so regelmässiger zeigt sich ihre Vertheilung. Doch trifft man auch scheinbare Ausnahmen von diesem Gesetze, denn es giebt Quarze, welche fast keine oder sogar gar keine Elektricität äussern, und andererseits existiren solche, welche sich durch ihre Fähigkeit, schneller und leichter elektrisch zu werden, auszeichnen. Wie wir später sehen werden, erklärt sich in vielen Fällen, wenn die Quarze keine Elektricität äussern, dieses durch die besondere Art ihrer Zwillingsbildung; es gehören hierher viele

*) W. C. Röntgen, Wiedem. Annal. 1883 (Nr. 7), 19, 513—518.

Amethyste. Durch die Fähigkeit, rasch und leicht elektrisch zu werden, zeichnen sich die Rauchquarze aus. Es ist sehr wahrscheinlich, dass die Ursache davon in ihrer mehr oder weniger dunklen Färbung liegt, welche eine schnellere Veränderung ihrer Temperatur begünstigt; aber nicht im färbenden Stoffe selbst.

Einige Versuche, welche ich in der Absicht machte, diese Beobachtungen näher zu erklären und zu prüfen, bestanden darin, dass ich die Rauchquarze durch Erwärmung entfärbte und sie vor und nach der Entfärbung auf Elektricität untersuchte. Ich nahm Krystalle vom St. Gotthard, von der Handeck und Grimsel. Ebenso erwärmte ich farblose Krystalle (Carrara und Maderanerthal), um zu entscheiden, welchen Einfluss die hohe Erwärmung auf das elektrische Verhalten der Quarze ausübe.

Zur Entfärbung der Rauchquarze genügt nach Herrn Forster*) eine Temperatur von 200—300° C., aber die Erwärmung muss alsdann circa 80 Stunden dauern; bei höherem Erhitzen spalten die Krystalle oft nach dem Rhomboëder. Ich entfärbte die Krystalle bei 400—500° C. im Sandbade durch zehnstündiges Erhitzen im Muffelofen. Die unverletzt gebliebenen Krystalle: ein Rauchquarz von der Handeck, der sich fast gänzlich entfärbt hatte, zwei Krystalle aus Oberhasli, ebenfalls gänzlich entfärbt, und zwei farblose aus dem Maderanerthale, zeigten keine merklichen Veränderungen in der Stärke der auftretenden Elektricität. In dieser Beziehung war also die Entfernung des färbenden Stoffes augenscheinlich ohne Einfluss auf die elektrischen Eigenschaften des Minerals.

Im Einklange mit den elektroskopischen Untersuchungen der Herren Hankel**), Friedel***), Curie†) u. A. vertheilt sich die Polarelektricität, positive mit negativer wechselnd, im Quarze an den Enden der Nebenaxen; in einfachen Krystallen zeigen daher die Kanten des hexagonalen Prisma abwechselnd heterogene Elektricität. Betrachten wir das nach der Methode von Herrn Kundt erhaltene Bild der Vertheilung der Elektricität im einfachen, normal gebildeten Quarzkrystalle, so sehen wir Folgendes (Fig. 1 a, Taf. I): am intensivsten gefärbt erscheinen die Kanten des hexagonalen Prisma, sie sind abwechselnd gelb und roth gefärbt, so dass die gegenüberliegenden Kanten 1 und 4, 2 und 5, 3 und 6, welche durch die Nebenaxen verbunden sind, verschiedene Färbung haben. Von jeder Kante aus verbreitet sich die Färbung nach beiden Seiten auf die Flächen des Prisma, indem sie allmälig zu deren Mitte hin schwächer wird, wo, wie wir wahrnehmen, eine neutrale Zone durchgeht. Von den Kanten des

*) Mittheil. der naturforschenden Ges. Bern 1871, S. 18.

**) Abhandl. der mathem.-physikal. Klasse der königl. sächs. Ges. der Wissensch. 1866, 1881.

***) C. Friedel, Bull. de la Soc. minéral. de France 2, 31. Diese Zeitschr. 4, 97.

†) C. Friedel et J. Curie, Bull. de la Soc. minéral. de France 5. Déc. 1882.

Prisma geht die Färbung auf die Kanten $+R:-R$ über und von diesen letzteren auf die Flächen beider Rhomboëder selbst. Auf jeder Fläche des Prisma also und auf den Flächen des Haupt- und Nebenrhomboëders zeigt sich sowohl positive, als negative Elektricität, die eine von der einen, die andere von der anderen Seite.

Nennen wir, wie es Hankel thut, in dem zu untersuchenden Krystalle die Theile der Oberfläche, auf welchen die Elektricität irgend einer Art erscheint, elektrische Zone, so finden wir, dass bei normal gebildeten einfachen Quarzkrystallen sich die elektrischen Zonen längs den Kanten des hexagonalen Prisma vertheilen unter Berücksichtigung allerstrengster Parallelität mit diesen Kanten.

Diese Beobachtung, von mir an vielen Beispielen mit besonderer Sorgfalt verfolgt, steht nicht in Uebereinstimmung mit den Beobachtungen Hankel's und zeigt somit, dass die interessanten und wichtigen Folgerungen, welche er auf dieselben gründete, auf irrigen Voraussetzungen beruhen. Herr Hankel giebt an, dass die »negativen elektrischen Zonen von den Flächen des Hauptrhomboëders am oberen Ende schief abwärts zu einer nächsten Fläche eben dieses Hauptrhomboëders am unteren Ende gehen, während sich die positiven Zonen in gleich schiefer Richtung zwischen entsprechenden Flächen des Gegenrhomboëders erstrecken«. »Die schiefe Richtung . . . ist stets parallel mit den Streifungen der Rhombenflächen.«

»Hieraus folgt, dass die positiven Zonen . . . stets über diejenigen Prismenkanten hinweggehen müssen, welche an ihren oberen und unteren Endpunkten Rhombenflächen tragen, oder dass die positiven Pole . . . in die Mitten der eben bezeichneten verticalen Kanten des Prismas fallen, während die negativen Pole . . . den dazwischenliegenden Prismenkanten angehören.« Die elektrischen Zonen gehen »bei den rechten Krystallen in schiefer Richtung von rechts oben nach links unten, und bei den linken Krystallen in schiefer Richtung von links oben nach rechts unten herab.« *) Eine solche schiefe Vertheilung der Zonen befindet sich, nach Hankel, auch auf den Flächen der Rhomboëder.

Die aus diesen Beobachtungen resultirenden Schlüsse würden allerdings sehr wichtig sein. Einmal hätten wir die Möglichkeit, vermittelst des Elektroskops die Drehung des Quarzes zu bestimmen, nachdem die Richtung der elektrischen Zone nur an einer Fläche des Rhomboëders oder des Prisma, oder nur an einer Kante des Prisma untersucht wäre, sodann könnten wir auf demselben Wege das Haupt- vom Nebenrhomboëder unterscheiden.

*) Hankel, Abhandl. der königl. sächs. Ges. der Wissensch. 1866.

Leider bestätigen sich diese Schlüsse durchaus nicht und können daher nicht als allgemein zutreffende bezeichnet werden. Ich hatte Gelegenheit, Krystalle zu treffen, nur sehr wenige, welche eine schiefe Richtung der elektrischen Zonen, aber ohne jegliche Regelmässigkeit in ihrer Vertheilung, zeigen. In einigen ward die schiefe Zone nur an einer Fläche des Prisma gefunden, an anderen Krystallen war die Richtung der Zonen im Einklange mit dem Charakter der Drehung des Quarzes nach dem Gesetze Hankel's, in anderen war sie umgekehrt. Schliesslich hing in allen Fällen diese Abweichung von der Parallelität der Zonen mit den Prismenkanten von der unregelmässigen Entwicklung des Krystalls ab, von seinem Bau, von seiner Zwillingsbildung u. s. w.

Ich sage, dass sich »leider« die Beobachtungen Hankel's nicht bestätigen, denn es ist deshalb die Bestimmung des Sinns der Circularpolarisation vermittelst der elektrischen Untersuchungen nicht so einfach und die Unterscheidung der Rhomboëderflächen durchaus unmöglich.

Nach meinen Erfahrungen ist nun aber die Bestimmung vermittelst der pyroelektrischen Eigenschaften des Quarzes allerdings möglich und sogar dann, wenn wir zur Untersuchung nur eine Fläche eines beliebigen Rhomboëders oder eine Prismenkante haben; jedoch ist unerlässliche Bedingung dafür: die vorläufige Bestimmung der Art des zu untersuchenden Rhomboëders, oder, für eine gegebene Kante, die Bestimmung der Art eines der anliegenden Rhomboëder. Dafür bedarf es keiner schiefen Zonen.

Die Möglichkeit dieser Bestimmung beruht darauf, dass in der That die Vertheilung der polaren Elektricität an jedem Quarzkrystalle in einer ganz bestimmten Abhängigkeit von seiner Form und seinen optischen Eigenschaften steht. Die bequem und schnell auszuführende Bestäubungsmethode gestattete nun, durch die Untersuchung einer sehr grossen Zahl von Krystallen die Abhängigkeit sehr genau festzustellen. Dieselbe lässt sich folgendermassen ausdrücken: An den Kanten des hexagonalen Prisma, an denen Flächen erscheinen, welche nach dem bekannten Gesetze Rose's den Charakter der Drehung des Quarzes bestimmen, äussert sich stets eine und dieselbe Elektricität und zwar beim Abkühlen die negative, und an den mit ihnen abwechselnden Kanten die positive.

Die erwähnten Flächen, Trapezoëder und trigonale Pyramide, bestimmen den optischen Charakter des Quarzes durch ihre Lage zum Haupt- oder Nebenrhomboëder. In rechtsdrehenden Krystallen erscheinen sie an der Prismenkante rechts vom Hauptrhomboëder oder links vom Nebenrhomboëder; diese Flächen sind: rechte positive und linke negative Trapezoëder, die rechte trigonale Pyramide. In den linksdrehenden Quarzen erscheinen solche Flächen an den links vom Haupt-, oder rechts vom Nebenrhomboëder liegenden Kanten, nämlich die linken positiven, die rechten negativen Trapezoëder u. s. w.

In beiden Fällen zeigt sich mit vollständiger Beständigkeit an den diese oder jene Flächen führenden Kanten negative und an den ihnen entsprechenden Wechselkanten positive Elektricität: folglich liegen in rechtsdrehenden Krystallen die elektrisch-negativen Zonen an den Prismenkanten rechts vom Hauptrhomboëder, die positiven Zonen an den Kanten links. In linksdrehenden Krystallen liegen die negativen Zonen links vom Hauptrhomboëder und die positiven Zonen rechts.

Hieraus entspringt schon direct die wichtige Folgerung: *Durch die Vertheilung der Polarelektricität in Rücksicht auf die Rhomboëderflächen wird der optische Charakter des Quarzes bestimmt. Die Krystalle, in denen sich die elektrisch-negativen Zonen an den Kanten an der rechten Seite des Hauptrhomboëders befinden, sind rechtsdrehende Krystalle; diejenigen, in welchen sich dieselben Zonen an den Kanten an der linken Seite des Hauptrhomboëders befinden, sind linksdrehende Krystalle.* Selbstverständlich ist, dass für das Nebenrhomboëder sowohl, wie für die elektrisch-positiven Zonen das Umgekehrte gilt.

Wir sahen oben, dass sich die Elektricität nicht nur an den Kanten des Prisma und der Rhomboëder äussert, sondern auch, jenen Kanten entsprechend, auf den Flächen selbst (Fig. 1). Dies giebt uns die Möglichkeit, für die Bestimmung der Drehung des Quarzes uns mit nur einer Fläche des *vorher bestimmten Rhomboëders* zu begnügen. *Die negative Elektricität an der rechten Seite der Hauptrhomboëderfläche, oder an der linken Seite des Nebenrhomboëders, bestimmt die rechte Drehung des Quarzes*; die negative Elektricität an der linken Seite des Hauptrhomboëders, oder an der rechten des Nebenrhomboëders, bestimmt die Drehung nach links. Figur 1 stellt uns also einen linksdrehenden Quarz vor.

Zwischen den trapezoëdrischen Formen des Quarzes unterscheidet man rechte und linke Trapezoëder, positive und negative. Negative Formen sind unvergleichlich seltener. Aus den Sammlungen der Strassburger Universität untersuchte ich Krystalle mit diesen Formen aus: Striegau $(3\bar{1}21)\ -\frac{3P\frac{3}{2}}{4}$, Sulzbachthal in Salzburg $(43\bar{1}1)\ -\frac{4P\frac{4}{3}}{4}$, Pfitschthal, Galenstock, Maderanerthal, Tavetsch u. a.

In allen untersuchten Fällen, *welcher Art die gegebenen Flächen auch waren*, ob negative oder positive, ob rechte oder linke, *gehörten sie zu Kanten, die negativ-elektrisch wurden.*

Bei einfachen Krystallen sind die pyroelektrischen Beobachtungen sehr einfach und klar, da an ihnen die elektrischen Zonen nach dem ganzen Verlaufe der Kanten dieselben bleiben. Krystalle von einigen Millimeter Grösse geben durchaus deutliche Zeichnung. Bekanntlich existiren einfache Krystalle verhältnissmässig sehr wenige, ja noch weit weniger, als man vor den elektrischen Untersuchungen vermuthete. Die Beobachtungen zusammengesetzter und verwachsener Zwillingskrystalle, in welchen dieselbe Fläche, dieselbe Kante des Prisma verschiedenen verwachsenen Individuen angehören kann, werden ungleich schwieriger.

Die Zwillinge.

Es ist leicht einzusehen, dass in zwei Krystallen eines Zwillings, sei es nach dem sogen. brasilianischen, oder nach dem gewöhnlichen Gesetze, die elektrische Vertheilung gerade entgegengesetzt ist. In Folge dessen kann an einem Quarz, der aus der Durchwachsung zweier Krystalle nach einem der beiden Gesetze besteht, die Vertheilung niemals die an einem einfachen Krystall beobachtete sein, sondern muss von der gegenseitigen Begrenzung der in Zwillingsstellung befindlichen Theile abhängen. Dies bestätigt nun die Untersuchung aller Krystalle, und daraus folgt, dass ein Krystall, an welchem, ohne äussere Kennzeichen für seine Zwillingsbildung, die Vertheilung der elektrischen Polarzonen anormal, nicht wechselnd ist, widerspruchslos ein Zwilling ist. Da die optische Untersuchung nur dann die Erkennung der Zwillingsnatur eines Krystalles gestattet, wenn derselbe aus einem Rechts- und Linksquarz besteht, d. h. nach dem brasilianischen Gesetze verwachsen ist, so besitzt hierin die elektrische Untersuchung den Vorzug, Zwillinge jeder Art erkennen zu lassen.

Eine normal zur Hauptaxe geschliffene Platte bietet uns die Möglichkeit dar, die innere Structur des Krystalles zu betrachten (s. Fig. 1 *b*) und auf dem Wege der elektrischen Versuche auch die Zwillingsgrenzen in seinem Innern zu bestimmen.

a. Zwillinge nach dem ersten (gewöhnlichen) Gesetze. Der einfachste Fall einer Zwillingsbildung ist der, wenn zwei gleich stark entwickelte Individuen mit einander verwachsen. Ein gutes Beispiel eines solchen Zwillings bietet ein heller Rauchquarz von der Göschenenalp (Fig. 2 *a*, *b*, *c*, Taf. I) dar, denn an ihm beobachten wir eine auffallende Analogie seiner Zwillingsstructur mit den äusseren Formen. An einem Ende ausgebildet, stellt er folgende Formen vor: die Flächen $(10\bar{1}0)\infty R$, vier Flächen des Hauptrhomboëders R sind grösser entwickelt und zwei Flächen des Nebenrhomboëders $\underline{R}$ kleiner; an den Kanten 2 und 5 befinden sich kleine glänzende Pyramidenflächen *s*, grosse, ebenfalls glänzende Flächen des rechten Trapezoëders $x(6\bar{1}51)$ und matte Flächen zwischen x und *s*, wahrscheinlich dem Trapezoëder *u* angehörig. Die Figur 2 *c* stellt den

Krystall, von oben gesehen, auf die Basis projicirt dar. Die gleichmässige Entwicklung der entsprechenden Flächen macht ihn in höchstem Grade symmetrisch. Durch die Ebene, welche durch die Kanten 1 und 4 geführt ist, zerfällt der Krystall in zwei identische Hälften, von denen die eine durch eine Drehung von 180° um die Hauptaxe mit der anderen nahezu zur Deckung gebracht werden kann; jene Ebene muss demnach, nur allein nach rein äusseren Kennzeichen zu urtheilen, ungefähr die Verwachsungsfläche sein. Fig. 2 *b* stellt nun die Vertheilung der Elektricität auf der, aus diesem Krystalle geschliffenen Platte als ganz conform dem zu erwartenden Resultate dar, und folglich auch übereinstimmend mit der krystallographischen Beschaffenheit. Wir sehen, dass die Zwillingsebene der Zeichnung wirklich in der Richtung von der ersten zur vierten Kante durchgeht; auf der Fig. 2 *a* ist die Vertheilung der Polarzonen auf den Prismenflächen desselben Krystalles dargestellt.

Abgesehen von dem für Zwillinge charakteristischen Auftreten der Trapezoëder und trigonalen Pyramide selbst, wie wir dies im soeben beschriebenen Falle hatten, dienen als Hinweis auf die Complicirtheit der Structur des Quarzes auch andere äussere Anzeichen. Zwillinge mit glänzenden und matten Feldern der Oberfläche, zuerst für die Dauphinée beschrieben, ergeben sich nach den elektrischen Untersuchungen ebenfalls als Zwillinge; auch die Vertheilung der Elektricität lässt jene Zwillingsgrenzen als solche deutlich hervortreten. Fig. 14 *c* eines Quarzes aus Beresowsk bietet uns ein Beispiel eines solchen Zwillings.

Ein Kennzeichen für die Complicirtheit des Krystalles sind in den meisten Fällen auch die zickzackförmigen Linien, welche so häufig auf den Flächen des Quarzes, besonders des Prisma, beobachtet werden.

Je zusammengesetzter der zu untersuchende Krystall ist, eine um so complicirtere und künstlichere Zeichnung der Vertheilung von Schwefel und Mennige auf ihm erhält man. In verhältnissmässig nicht besonders complicirten und mehr oder weniger regelmässig verwachsenen Zwillingen complicirt sich das Bild durch das Auftreten neuer gelber und rother Pole. Zählen wir in solchem Krystalle die Anzahl solcher Pole, d. h. die Anzahl der positiven und negativen Zonen, so bemerken wir das feststehende Gesetz, dass die elektrischen Zonen immer in paariger Anzahl erscheinen und dass die verschiedennamigen Zonen beständig mit einander abwechseln. Sobald sich an zwei benachbarten Kanten eines Krystalles eine und dieselbe Elektricität äussert, z. B. positive, so haben wir immer zwischen ihnen auf der Prismenfläche negative Elektricität. Jedes mit dem Krystall verwachsene Stück Quarz fügt ein neues Paar elektrischer Zonen hinzu. Sehr stark verwachsene Krystalle bieten auf ihrer Oberfläche nach dem Bestäuben ein ungemein buntes Bild; manchmal geht die Feinheit der Zeichnung bis zu kaum von dem Auge wahrnehmbaren Strichen. Ich glaube, dass Fig. 5 (Taf. I) eine genügend klare Vorstellung von einem complicirten Krystalle und zugleich von der Empfindlichkeit und Feinheit der Untersuchungsmethode giebt. Diese Zeichnung stellt den Abdruck der Prismenflächen eines dunkeln Rauchquarzes vom St. Gotthard dar, welcher mit Anwendung von schwarzem gummirten Papier erhalten wurde.

Unter den verwachsenen Quarzen, besonders häufig unter den nach einer Prismenfläche tafelförmig ausgebildeten, finden wir Krystalle, welche eine recht interessante Erscheinung darbieten. Nach ihren äusseren krystallographischen Kennzeichen scheinen es einfache zu sein: die Flächen des Haupt- und Nebenrhomboëders folgen durchaus regelmässig auf einander, die Flächen der trigonalen Pyramide *s* und die Trapezoëder befinden sich an den drei abwechselnden Prismenkanten. Bei den pyroelektrischen Untersuchungen erweisen sich diese Kanten ebenfalls abwechselnd als negative und positive, wie im einfachen Krystalle, und zu gleicher Zeit beobachtet man auf den Prismenflächen eine sehr complicirte Verwachsung.

Diese Krystalle besitzen nach den optischen Eigenschaften nur eine Rechts- oder Linksdrehung der Polarisationsebene, folglich können sie nicht den brasilianischen Zwillingen zugezählt werden. Die Anordnung der Rhomboëder und der Trapezoëder spricht auch gegen die Zwillingsbildung nach dem Schweizer Gesetze. Zieht man auch noch den Umstand in Rechnung, dass ähnliche Quarze häufig in mehreren Spitzen endigen und auf den breiten Prismenflächen mehrfach wiederholte Trapezoëder haben, welche parallel den auf den Prismenkanten befindlichen Trapezoëdern sind, so werden wir in einem solchen Quarzkrystalle nichts Anderes, als eine parallele Fortwachsung erkennen können.

Die bekannten gewundenen Quarze zeigen in den meisten Fällen diese Erscheinung auch, was, wie mir scheint, der Hypothese von Reusch* über die Bildungsweise der gewundenen Quarze widerspricht, oder, wenn es ihr nicht gänzlich widerspricht, so jedenfalls ihre Erklärung mit Hülfe dieser Hypothese erschwert. Nach der Annahme des Herrn Reusch bildeten sich diese Quarze durch Verdickung der ursprünglichen Längslamelle, welche im Momente ihrer Bildung durch Wirbelbewegung der das Material für die Quarzbildung enthaltenden Flüssigkeit gebogen wurde. Nach dem oben angeführten elektrischen Verhalten haben wir es jedoch sichtlich mit Längswachsthum zu thun. Nach der Hypothese des Herrn Reusch muss man annehmen, dass sich also anfänglich eine ganze Reihe Lamellen, welche sich zu einer ganzen zusammenfügten, durch eine und dieselbe Bewegung bogen, was noch hypothetischer ist und womit man noch schwerer einverstanden sein kann.

---

* Reusch, Ueber gewundene Bergkrystalle. Sitzungsber. der preuss. Akad. 12. Jan. 1882. Diese Zeitschr. 8, 93.

b. Zwillinge nach dem zweiten (brasilianischen) Gesetze. Die Zwillingsbildung nach dem zweiten Gesetze wurde bisher am Quarze verhältnissmässig selten beobachtet. Die Combination zweier positiver resp. negativer Trapezoëder, des rechten mit dem linken, dienen als hauptsächlichstes Kennzeichen für solche Art der Bildung. Es sind nur wenig Fälle bekannt, dass das brasilianische Gesetz für Quarz durch die rein äusseren krystallographischen Kennzeichen nachgewiesen wurde, wie z. B. bei den brasilianischen Amethysten.

Die pyroelektrischen Untersuchungen bieten uns ein sehr einfaches und dabei nicht minder genaues Mittel, als die optischen, diese Zwillinge zu bestimmen. Mit ihrer Hülfe kann man eine solche Zwillingsbildung vorhersagen in Fällen, wo man aus der äusseren Beschaffenheit der scheinbar ideal einfach ausgebildeten Krystalle ihre Zwillingsnatur nicht erkennen konnte.

Die ersten solcher Krystalle fand ich bei Untersuchungen westphälischer Vorkommnisse von Lutrop (Brilon, Warstein). An beiden Enden ausgebildet, meist undurchsichtig, von milchweisser oder gelblicher Farbe, zeigen sie nur die Combinationen des Prisma (g) mit den Rhomboëdern. Die Flächen des Hauptrhomboëders sind grösser entwickelt, die des Nebenrhomboëders kleiner, ihre Lage an beiden Enden ist für einfache Quarze normal; mit einem Worte, sie bieten, ihrem Habitus nach, den idealen Typus des einfachen Quarzkrystalles.

Indem ich vollkommenere dieser Krystalle in der Absicht untersuchte, die Richtung der Polarzonen mit den schiefen Zonen Hankel's zu vergleichen (Herr Hankel bemerkt, dass diese Zonen sich an Krystallen zeigen, welche an beiden Enden ausgebildet sind), war ich ungemein überrascht, dass ich an allen sechs Prismenkanten positive und auf allen Prismenflächen negative Elektricität erhielt. Fig. 4 *a* und *b* zeigt uns einen Krystall von Brilon in natürlicher Grösse und die Vertheilung der Elektricität an demselben.

Da alle Krystalle das gleiche Verhalten zeigten, konnten sie nur Zwillinge nach dem zweiten Gesetze sein, wobei die gleichnamigen Rhomboëder zusammenfallen, d. i. Zwillinge rechter Quarze mit linken.

Optische Präparate fertigte ich von zwei Krystallen an (Brilon), welche ihre Zwillingsnatur ebenfalls bestätigten; in beiden Präparaten beobachten wir sowohl die rechte Drehung, als auch die linke, desgleichen auch die Airy'schen Spiralen.

An den in ähnlicher Weise gebildeten Krystallen aus Striegau, Vurcha (Pendjab), Mourne Mountains (Irland) erhielt ich dieselben Resultate. Hier zeigte sich an allen Prismenkanten positive Elektricität und zwischen ihnen negative. Man kann mit Ueberzeugung sagen, dass auch diese Krystalle brasilianische Zwillinge sind.

Die Abwesenheit krystallographischer Hinweise an ihnen, also eig
lich negative Kennzeichen, erscheinen, wie wir sehen, ungenügend für
Bestimmung ihres wirklichen inneren Baues.

Wie bereits erwähnt, giebt es Quarze, welche bei der Untersuch
nach der Kundt'schen Methode keine freie Elektricität zeigen. Zu ih
gehören diejenigen Amethyste, welche im polarisirten Lichte ein schwa
Kreuz liefern, als besässen sie keine Circularpolarisation.

Es gelingt nicht, an ihnen Polarelektricität zu beobachten, und dies
klärt sich vollständig aus ihrem Baue. Von Schicht zu Schicht, welche
Amethyst bilden, ändern sich die elektrischen Pole; deshalb müssten
auf der ganzen Oberfläche des Krystalles eine ganze Reihe feinster elek
scher Polarzonen beobachten. Dafür erweist sich die Methode nicht
nügend empfindlich, ebenso wie die optischen Untersuchungen eine
stimmung der Drehung ihrer Polarisationsebene des Lichtes nicht zulas
Ein gleiches Verhalten zeigen aus einem ähnlichen Grunde die klei
schönen Krystalle aus Přibram.

Diese Krystalle sind dadurch interessant, dass sie die seltene Form
trigonalen Prisma zweiter Ordnung $d' (11\bar{2}0)$ besitzen, welche in Folge
Zwillingsbildung an allen sechs Kanten des hexagonalen Prisma erschein
Prisma d' stumpft die Kanten ab, aber nicht in ihrer ganzen Länge, sond
beständig unterbrochen, was schon auf ihre Zusammensetzung aus vi
in Zwillingsstellung stehenden Schichten hinweist. Die elektrische Un
suchung giebt fast dieselben Resultate, wie für die Amethyste. Wir se
durchaus keine länglichen Polarzonen, auf den Flächen des Prisma bl
eine geringe Menge des Schwefel- und Mennigepulvers, was darauf l
deutet, dass immerhin Elektricität vorhanden ist; jedoch ist in deren V
theilung keine Regelmässigkeit zu constatiren.

Nach ihren äusseren Formen musste man, wie für die Quarze W
phalens, eine Zwillingsbildung nach brasilianischem Gesetze erwarten,
sich auch durch die optische Untersuchung bestätigte: sie erwiesen sich
aus rechts und links drehenden Schichten zusammengesetzt, die aber, v
sie weniger dünn als in den Amethysten sind, im polarisirten Lichte k
schwarzes Kreuz, sondern Airy'sche Spiralen zeigen.

Einen noch complicirteren Typus von Zwillingsbildung bieten die du
Prof. Groth[**] untersuchten interessanten Amethyste aus Brasilien,
deren Hauptrhomboëderflächen eine charakteristische festungsartige Zei
nung erscheint, welche aus feinen Linien, parallel den Combinationskan
R $\underline{R}$ und $R \cdot R$, besteht. Die Originale der optischen Präparate des He

---

[*] [illegible] der Mineraliensammlung der Kaiser-Wilhelms-Universität Strassb
1878, S. 83.

[**] Diese Zeitschr. 1 [illegible]

Groth befinden sich in der Sammlung der Strassburger Universität und wurden pyroelektrisch untersucht.

Die auf diesem Wege erhaltenen Resultate erwiesen sich mit denjenigen der optischen Untersuchungen identisch, so dass sie füglich nichts Neues darbieten. Ich erlaube mir jedoch, diese Untersuchung deshalb anzuführen, weil sie als die allerglänzendste Bestätigung für die Vollkommenheit der Methode erscheint.

Nach der optischen Bestimmung des Herrn Groth sind diese Amethyste brasilianische Zwillinge, in denen die Sectoren, welche den Nebenrhomboëdern entsprechen, eine einfache Verwachsung zweier Individuen, des rechten mit dem linken, darbieten; die den Hauptrhomboëdern entsprechenden Sectoren in den Grenzen der äusseren Zeichnung bestehen aus wechselnden Schichten verschieden drehender Quarze, die sich folglich in derselben Zwillingsstellung zu einander befinden.

Die von mir auf dem Wege der elektrischen Untersuchungen erhaltenen Resultate werde ich auf Grund früher angeführter Beobachtungen prüfen, durchaus unabhängig von den optischen, und dann sie mit einander vergleichen, wie ich dies auch in der That bei den ursprünglichen Untersuchungen gemacht hatte.

Die Vertheilung der Elektricität auf der Platte des Amethystes stellt uns Fig. 3 *b* vor. Bei Betrachtung dieser Zeichnung finden wir: 1) dass alle sechs Prismenkanten der Platte roth gefärbt sind, d. i. negative Elektricität äussern, folglich ist dieser Krystall ein Zwilling; 2) der Krystall hat eine regelmässige Anordnung der Rhomboëder beider Arten, was beweist, dass die gleichnamigen Rhomboëder in diesem Krystalle mit einander zusammenfallen, folglich ist dies ein Zwilling nach dem zweiten brasilianischen Gesetze; 3) indem wir die Sectoren der Platte abgesondert prüfen, sehen wir, dass auf den dem Nebenrhomboëder entsprechenden die rothe Färbung sich in gleichmässiger Schicht von den Kanten des Prisma (den Ecken der Platte) in der Richtung zur Mitte des Sectors lagert, wo der Zwillingsgrenze nach ein gelber Streifen durchgeht; diese Sectoren stellen eine einfache Zwillingsverwachsung zweier Individuen vor. 4) Ein durchaus anderes Bild beobachten wir an den dem Hauptrhomboëder entsprechenden Sectoren; sie zeigen sich innerhalb der Grenzen der sichtbaren, oben erwähnten Zeichnung sehr stark verwachsen; in dem erhaltenen Bilde werden feine, wechselnde rothe und gelbe Linien bemerkt. Jede solche gehört zu einer besonderen Schicht des Quarzes und befindet sich also in Bezug auf die benachbarte in Zwillingsstellung. Mithin sind die Sectoren der Hauptrhomboëder aus wechselnden Zwillingsschichten zusammengesetzt.

Es erübrigt noch genauer zu bestimmen, wo sich wirklich in der Platte der rechts- und linksdrehende Quarz befindet. Diese Bestimmung giebt uns die Lage der elektrischen Zonen bezüglich der Rhomboëder. Die negativen Zonen an der linken Seite des Nebenrhomboëders und an der rechten des Hauptrhomboëders zeugen für Rechtsdrehung des Quarzes, und dieselben Zonen an der rechten Seite des Nebenrhomboëders und an der linken des Hauptrhomboëders für die Linksdrehung. Solcher Art befindet sich an den Sectoren des Nebenrhomboëders links der rechtsdrehende und rechts der linksdrehende Quarz. An den Sectoren des Hauptrhomboëders muss, so lange sie homogen sind, die Vertheilung umgekehrt sein; in Zwillingsschichten ändert sich der Zustand mit dem Wechsel der Schichten. Auf der Fig. 3 *a* ist die Structur der Platte bezeichnet nach den soeben angeführten Untersuchungen. Vergleichen wir jene mit der von Herrn Groth auf Grund optischer Untersuchungen entworfenen Zeichnung, so sehen wir, dass sie identisch sind.

Mir scheint, dass dieses Beispiel uns klar genug zeigt, eine wie wichtige Stelle in der Reihe der mineralogischen Untersuchungsmethoden die Methode des Herrn Kundt einzunehmen im Stande ist.

Unter allen untersuchten Krystallen befanden sich nur drei, welche von dem bei allen übrigen beobachteten gesetzmässigen Zusammenhang der Vertheilung der Flächen und der Pyroelektricität scheinbare Ausnahmen bildeten; in ihnen wurden an einigen Kanten, welche Flächen von Trapezoëdern oder der trigonalen Pyramide tragen, elektrisch-positive Zonen beobachtet. An dem ersten Krystall aus dem Maderanerthal (Fig. 6, Taf. II) äussert eine Kante, welche eine glänzende Fläche *s* trägt, in ihrem ganzen Verlaufe bis zu der letzteren Fläche gelbe Färbung, also positive Elektricität.

Der zweite Krystall (Fig. 7, Taf. II, aus dem Sulzbachthal, zeigte an einer Kante mit nur einer Fläche des negativen Trapezoëders $+El$. Nach vielmal wiederholten Versuchen gelang es mir, eine sehr feine Zeichnung der Vertheilung der Elektricität zu erhalten, welche diese zwei Ausnahmen einfach erklärt. An beiden Krystallen sehen wir, dass die Flächen *s* und das Trapezoëder die rothe Färbung der $-El$. haben, welche bis an die Seiten nach den Prismenflächen fortgeht; die gelbe Färbung der $+El$. beginnt an den Kanten des Prisma unterhalb der oben genannten Flächen.

Es ist nun ersichtlich, dass diese Flächen und Kanten, unabhängig von einander, zwei verschiedenen Individuen von Quarz angehören, deren Verwachsungsgrenze annähernd in der Richtung der rothen Linien geht.

Der dritte Krystall (Fig. 8, Taf. II), ein schöner, farbloser Quarz von Carrara, zeigte trotz aller Bemühungen hartnäckig an einer Kante mit dem rechten positiven Trapezoëder $+El$. Dieser an beiden Enden ausgebildete Krystall von $1\frac{1}{2}$ cm Höhe und 6—7 mm Durchmesser stellt folgende Combination dar: das hexagonale Prisma $(10\bar{1}0)\infty R$, die Rhomboëder

$(10\bar{1}1)(01\bar{1}1)$ .... $+R$ und $-R$; die linken Trapezoëder $(61\bar{5}1)$ $+\frac{6P\frac{6}{5}}{4}l$ auf der ersten, dritten und fünften Kante oben und der ersten und fünften Kante unten (die dritte Kante ist unten abgebrochen) und eine äusserst kleine, glänzende Trapezoëderfläche $x\left(+\frac{6P\frac{6}{5}}{4}r\right)$ an der zweiten Kante oben. Diese Kante eben bot die Abweichung vom Gesetze der Vertheilung der Elektricität dar.

Nach der Analogie mit den vorher erwähnten Krystallen war es nur möglich die Vermuthung aufzustellen, dass in den linken Quarz ein so geringfügiges Stück eines rechten mit der Trapezoëderfläche hineingewachsen sei, dass die von ihm geäusserte — *El.* von allen Seiten paralysirt wurde durch die überwiegende Spannung der + *El.*

Glücklicher Weise konnte diese Annahme durch optische Untersuchungen entschieden werden, da wir es mit einem symmetrischen Zwillinge rechten Quarzes mit linkem zu thun hatten und folglich mit Hülfe der verschiedenen Drehung der Polarisationsebene des Lichtes genau die Grenzen der Zwillingsverwachsung bestimmen konnten.

Der Krystall wurde normal zur Hauptaxe in zwei Hälften zerschnitten, aus denen zwei Platten so geschliffen wurden, dass die Trapezoëderflächen unberührt erhalten blieben.

Die Untersuchung der oberen Platte (Fig. 8 *b*) im parallelen Lichte zeigte wirklich, dass nur ein kleines Stück rechtsdrehenden Quarzes in Form eines Keiles in den linken hineingewachsen war, mit seinem scharfen Winkel zum Centrum des Krystalles gewendet. Im convergenten Lichte erschien in der Ausdehnung dieses Keiles ein prächtiges Bild der Airy'schen Spiralen; es befindet sich also unter dem Keile des rechten Quarzes schon eine Schicht des linken. Wie gering das Stückchen rechten Quarzes sein muss, können wir daraus schliessen, dass die Platte im Ganzen nur um $1\frac{1}{2}$ mm unter der Fläche des rechten Trapezoëders abgeschliffen war. In allen übrigen Stellen bietet sowohl die erste, als die zweite Platte einen durchaus homogenen, linksdrehenden Quarz dar.

Nachdem so gezeigt worden ist, dass auch diese scheinbaren Ausnahmen in dem bisher erkannten Gesetze demselben nicht widersprechen, wenden wir uns nunmehr zu der Betrachtung einer Anzahl von Quarzkrystallen, deren Untersuchung ganz ungewöhnliche Resultate lieferte, verglichen mit ihrer krystallographischen Ausbildung, und welche ich auf Grund dieser Resultate in eine besondere Gruppe stelle. Zu dieser gehören alle Krystalle mit den seltenen Formen der trigonalen und der ditrigonalen Prismen, und der trigonalen, resp. hexagonalen Pyramide ξ. Ich habe solche Quarze von Carrara, Striegau, Palombaja (Elba) und Beresowsk untersucht.

Man muss vorläufig bemerken, dass nach meinen Untersuchungen die bestimmten Indices der einzelnen Flächen sich ohne Bedeutung erwiesen, sondern nur die Art und die Ausbildung der Formen, daher im Folgenden alle ditrigonalen Prismen mit dem allgemeinen Zeichen *k* bezeichnet werden sollen.

II.

Schon G. Rose führt in seiner Abhandlung über den Quarz*) die interessante Beobachtung Haidinger's an, nach welcher bei den carrarischen Quarzen das trigonale Prisma (zweiter Art) *a* (Rose) diejenigen Kanten des hexagonalen *g* abstumpft, an welchen sich die Trapezoëderflächen nicht befinden.

Diese Beobachtung wurde durch nachfolgende Untersuchungen nicht nur für die carrarischen, sondern überhaupt für alle Quarze bestätigt, welche trigonale und ditrigonale Prismen haben. Herr Des Cloizeaux sagt in seiner vollständigen Monographie des Quarzes**), dass die Quarzkrystalle von Carrara in den meisten Fällen das trigonale Prisma *d'* (das hexagonale zweiter Art Des Cloizeaux) nicht an denjenigen Prismenkanten zeigen, welche die Pyramide *s* tragen, sondern an den mit ihnen abwechselnden Kanten, und dass *d'* dann häufig zwischen den Flächen eines ditrigonalen Prisma liegt; ferner dass man Krystalle findet, an welchen sich *d'* an den Kanten unter *s* befindet, das ditrigonale Prisma aber an den damit alternirenden Kanten; und endlich, noch seltener, dass *d'* auch die Kanten abstumpft, an denen das ditrigonale Prisma vertreten ist, sowie die, an denen es nicht existirt, d. h. alle sechs. Das Auftreten einer Zuschärfung an allen sechs Kanten wurde einmal von Des Cloizeaux beobachtet an einem Krystall aus Brasilien. Herr Des Cloizeaux bemerkt, dass das Prisma nicht gleichmässig entwickelt schien: an drei Kanten waren seine Flächen breiter und abgerundet, an den drei anderen Kanten schmäler und glatt. Die Messung ergab für den Neigungswinkel zu $e^2(g)$ beim ersten 16°, bei dem zweiten 13—14°.

Solche für Quarz ungewöhnliche Combinationen konnte ich an mehr denn 20 Exemplaren studiren. Der Wichtigkeit halber gebe ich im Folgenden eine eingehende Beschreibung einiger ähnlicher Krystalle.

Die Fig. 9, 11, 12 (*a*, *b*) stellen drei Krystalle aus Carrara in natürlicher Grösse dar. Der erste von ihnen ist der einfachste Fall; ausser dem hexagonalen Prisma *g* und den Rhomboëdern *R* und $\underline{R}$, deren ich als constante Formen weiter nicht erwähnen werde, hat er an der zweiten, vierten und sechsten Kante linke Trapezoëderflächen und an den abwechselnden Kanten breite, unebene Flächen des trigonalen Prisma *d'*.

---

*) Rose, Ueber das Krystallisationssystem des Quarzes. Berlin 1846, S. 15.

**) Des Cloizeaux, Mémoire sur la cristallisation et la structure intérieure du quartz. Paris 1858, S. 86, 87.

Der zweite Krystall (Fig. 11 *ab*) hat schmale, glänzende Flächen d' auf der zweiten, dritten, fünften und sechsten Kante. Die Kanten 2 und 3 sind durchaus von unten nach oben abgestumpft, an der fünften Kante wird d' unterbrochen, indem es nur bis ca. $1\frac{1}{2}$ mm Entfernung von dem oberen Ende hin geht; hier bemerken wir eine kleine Fläche des rechten Trapezoëders x. An der sechsten Kante wird d' wieder unterbrochen; die Fläche geht nicht bis zu dem unteren Ende der Kante, an welchem sich eine Fläche der Pyramide s befindet. An den Kanten 1 und 4, wo kein d' ist, befinden sich sowohl oben als unten die Flächen s oder Trapezoëder.

Bei aufmerksamer Betrachtung der Kanten 3 und 5 bemerken wir in unmittelbarer Verbindung mit dem Prisma d' sehr schmale glänzende, die Kanten $R : g$ abstumpfende Flächen, wahrscheinlich der s entsprechenden Pyramide, welche wir mit s' bezeichnen; sie unterscheidet sich durch ihre Entwicklung merklich von s an der ersten, vierten und sechsten Kante.

Der dritte Krystall (Fig. 12 *ab*). Breite Flächen d' befinden sich an den Kanten 3, 4 und 6 und an der zweiten, aber nur auf etwa 2 mm Länge am oberen Ende der Kante; an ihrem unteren Ende sowohl, als an den Kanten 1, 2 und 5 bemerkt man Flächen der linken Trapezoëder x. In der Zone $x : g'$ schief von rechts nach links liegen schmale, glänzende Flächen Δ? (Des Cloizeaux). Unmittelbar zwischen den Trapezoëdern sind die Prismenkanten durch schmale, ähnlich Δ ausgebildete Flächen des trigonalen Prisma abgestumpft, welche ich zum Unterschied von der ersten, d', mit d bezeichne. d' besitzt, ähnlich wie am ersten Krystalle, breite, mit linsenförmigen Erhöhungen bedeckte Flächen; nur an der dritten Kante ist es verhältnissmässig vollkommen ausgebildet und kann gemessen werden. Die dritte und ebenso die sechste Kante zwischen den Rhomboëdern und seitlich anliegenden Flächen g $(R : g')$ sind durch mindestens zwei Flächen abgestumpft, welche ähnlich d' sind. Die eine bildet horizontale Combinationskanten mit d', bezieht sich folglich auf die trigonale Pyramide (ich bezeichne sie ebenfalls mit s'); die andere bildet schräge Combinationskanten mit s' und entspricht einem oberen, im gegebenen Falle, linken Trapezoëder (t^*). Diese sowohl als die anderen Flächen sind in Folge ihrer unvollkommenen Bildung nicht messbar. Aehnliche Formen finden wir bei Des Cloizeaux, wie z. B. π, σ, q.

Der vierte Krystall (Fig. 13 *ab*) aus Striegau ist ein dunkler Rauchquarz; er trägt auf der zweiten Fläche g• ein parallel verwachsenes, kleines Kryställchen. Die Kanten 1, 2, 3, 4, 5 im grossen Individuum zeigen das ditrigonale Prisma k. Nur ist dasselbe unten an der vierten Kante nicht ausgebildet; es erscheint aber von Neuem an ihrem äussersten Ende. An der fünften Kante wird es nur an ihrer unteren Hälfte bemerkt, in Form zweier kurzer isolirter Theile; an dem oberen Ende der Kante befindet sich die Fläche des linken Trapezoëders; dasselbe Trapezoëder x

und die Pyramide *s* liegen, auf geringe Entfernung von der ersten Kante zurücktretend, zwischen der ersten und sechsten Rhomboëderfläche. Am kleineren Individuum schärft das Prisma *k* die untere Hälfte der zweiten Kante zu, an deren oberem Ende sich das linke Trapezoëder *x* befindet, und die dritte Kante, an der es ungefähr in der Mitte eine Unterbrechung zeigt.

Der Krystall 5 (Fig. 10 *a*), ebenfalls aus Striegau, ist complicirter und zeigt die Combination: *g*, *R*, $\underline{R}$, *mr'*, *s*, + und — Trapezoëder und *k*. Ich beschränke mich auf die Beschreibung dreier Kanten. An der ersten befindet sich das nicht bis zu dem unteren Ende gehende Prisma *k*; die in der Zone von links nach rechts zwischen $\underline{R}$ und *g* liegende Kante ist durch eine schmale gebogene Fläche *s'* (?) abgestumpft. Die dritte Kante trägt am oberen Ende die Fläche *s* und beide + und — Trapezoëder, der mittlere Theil der Kante ist durch das Prisma *k* zugeschärft; endlich hat die vierte Kante nur die Flächen *s* und die rechten Trapezoëder *x* und *u* (?).

Der Krystall 6 (Fig. 11 *ab*) aus Beresowsk in Sibirien ist ein Zwilling des Typus der Dauphinée, mit matten und glänzenden Feldern auf den Flächen des hexagonalen Prisma *g*. Er zeigt die sehr schmalen stark abgerundeten Prismen *d'* und *k*, welche ähnlich wie an den voraufgehenden Krystallen bald die ganze Kante (6), bald einen Theil derselben, entsprechend der Figur (Kante 2 und 4), abstumpfen oder zuschärfen. An der zweiten und dritten Kante sind schief gestreifte Flächen, welche etwas von der Kante anfangen, aber dann auf sie übergehen, indem sie gleichsam eine Zuschärfung des hexagonalen Prisma bilden, aller Wahrscheinlichkeit nach wiederholte Flächen von + und — Trapezoëdern, solcher, wie sie an der vierten Kante beobachtet werden. An dem darüberliegenden Theile der Kante liegen matte ditrigonale Prismenflächen, welche mit dem hexagonalen Prisma viel stumpfere Winkel bilden und in der Figur dunkler punktirt sind.

Alle übrigen von mir untersuchten Quarze, welche zu dieser Gruppe gehören, bieten dieselben Combinationen, nur in verschiedenen Variationen. Die Krystàlle aus Palombaja (Elba) sind mit den von Herrn vom Rath*) beschriebenen durchaus identisch.

Alle diese Krystalle widersprechen, wenn wir ihre Formen als einfache Combinationen betrachten, dem Gesetze, dass an den rechtsdrehenden Quarzen nur rechte positive und linke negative Trapezoëder, an den linksdrehenden linke positive und rechte negative Trapezoëder auftreten. Denn hiernach könnten trigonale und ditrigonale Prismen, sowie die trigonale Pyramide, als Grenzformen der Trapezoëder, nur an denjenigen Kanten

*) G. vom Rath, Zeitschr. d. d. geolog. Ges. 22, 619 f.

auftreten, wo diese erscheinen. Das Auftreten an den damit alternirenden Kanten liess sich dagegen erklären durch eine Zwillingsbildung, und zwar, da diese Krystalle jedesmal nur eine Art der Drehung zeigen, eine solche nach dem gewöhnlichen Gesetze.

Diese Erklärung ist sehr einfach, aber sie stimmt wenig mit den äusseren Merkmalen der Krystalle. Es scheint etwas willkürlich, eine Zwillingsverwachsung zweier Individuen zuzulassen, von denen jedes beständig entweder verschiedene Formen, das eine die des Trapezoëders, das andere die des Prisma hat, oder, wenn auch beide gleichartige Formen haben, diese sich scharf nach ihren physikalischen Eigenschaften unterscheiden*).

Das einfachste Mittel um die Frage zu entscheiden, ob das gleichzeitige Auftreten gewöhnlicher und seltener Quarzformen an den alternirenden Verticalkanten Zwillingsbildung oder einfache Combination sei, geben uns gegenwärtig die pyroelektrischen Untersuchungen. Die Vertheilung der elektrischen Polarzonen bestimmt die Structur des einfachen Krystalls und die der Zwillinge, unabhängig von dem Gesetze, nach welchem sie gebildet sind. Bei Zwillingsverwachsung im einfachsten Falle, wie ihn uns Fig. 9 *a* zeigt, müssten alle sechs Kanten des Prisma eine und dieselbe Elektricität + oder — äussern; im einfachen (nicht Zwillings-) Krystalle müssen die elektrischen Zonen auf den Kanten wechseln, und folglich die sich combinirenden Formen der Trapezoëder und des Prisma d' heterogenen elektrischen Zonen angehören.

Die Resultate der pyroelektrischen Untersuchung widerlegen entschieden die Erklärung der Combinationen dieser Quarze durch Zwillingsbildung. Krystalle ähnlich denen in Fig. 9 *a* zeigen alle eine normale Vertheilung der elektrischen Zonen. Wie in allen vorangehenden Beobachtungen ohne Ausnahme die Flächen der gewöhnlichen Trapezoëder und der Pyramide *s* den negativen Kanten angehören, so gehören hingegen die Flächen der seltenen Formen d', *k* u. a. den positiven Kanten. Dagegen erscheinen diese Quarze in den Fällen als Zwillinge, wenn sich die Formen beider Arten an denselben Kanten befinden. Wie streng auch in dieser Gruppe der Quarze der Zusammenhang der bestimmten Flächen mit den elektrischen Polen bewahrt wird, können wir an den beschriebenen Beispielen aus Carrara, Striegau u. s. w. sehen. Dieselben Figg. 9 *b*, 10 *b*, 11 *c*, 12 *c*, 13 *c*, 14 *c* stellen die Prismenflächen derselben mit der Vertheilung der Elektricität

*) Herr E. Weiss macht sogar den Versuch, die Beobachtung selbst zu widerlegen, indem er sagt, dass sie nicht durch die Untersuchungen bestätigt wurde, welche nach G. Rose's gemacht sind. Wahrscheinlich diente als Anlass für die Widerlegung die Entdeckung des trigonalen Prisma an den Kanten mit Trapezoëder, welche gar nicht die Existenz einer ähnlichen Form auch an den mit den ersten Kanten wechselnden widerlegt. Wir sehen dies an den angeführten Beispielen der carrarischen Quarze.

dar. Der Krystall Fig. 9 hat wechselnde positive und negative Pole, er ist ein einfacher Quarz; die Kanten mit dem trigonalen Prisma sind positiv. Dasselbe sehen wir an allen übrigen Figuren; allenthalben haben die abgestumpften Kanten mit *d'* oder die zugeschärften mit *k*, ob sie wechseln oder nicht, positive Elektricität. An den Kanten Fig. 10 *b II*, *III*, Fig. 11 *c V* und *VI*, Fig. 12 *c II*, Fig. 13 *c IV*, *V* und *II* (kleiner Krystall), Fig. 14 *c II*, *III*, *IV*, an denen man zugleich *d'*, *k*, *s'*, und dann *x*, *u*, *s*, *d* u. s. w. beobachtet, sehen wir auch verschiedene elektrische Pole zugleich; soweit die Kante *d'* oder *k* trägt, befindet sich auch die positive Zone, sobald aber diese Flächen unterbrochen werden, so wird auch die elektrische Zone unterbrochen.

Aehnliche Formen und Verhältnisse bieten auch die Quarze von Palombaja; sie sind aber besonders interessant dadurch, dass sie die trigonale Pyramide (zweiter Art) ξ mit der vollen Anzahl der Flächen haben, d. h. an allen sechs Kanten $R:\underline{R}$*). Die pyroelektrisch untersuchten Krystalle, welche die Rhomboëderflächen in regelmässiger Anordnung zeigen wie im gewöhnlichen Krystalle, erweisen sich als wirklich einfache. Ein mit solchem Habitus, wie der von uns angeführte Krystall von der Göschenenalp (Fig. 2, Taf. I), zeigt auch die Vertheilung der elektrischen Zonen identisch mit letzterem. Die Pyramide ξ gehört also, ähnlich wie Prisma *d* und *d'*, mit der halben Anzahl ihrer sechs Flächen den positiven Kanten $R:\underline{R}$, mit der anderen Hälfte den negativen an.

So bestätigen die pyroelektrischen Eigenschaften vollständig die Existenz ungewöhnlicher Combinationen des Quarzes und widerlegen damit ihre oben angeführte Erklärung. Wir stehen wiederum der schwierigen Frage gegenüber: wie sind diese Combinationen mit dem krystallographischen System des Quarzes, d. i. mit dem bereits erwähnten Gesetze über das Auftreten der Trapezoëder und seiner ihm wesentlichen Circularpolarisation in Einklang zu bringen? Ich will versuchen, ohne aus den Grenzen der beobachteten Thatsachen und der auf ihnen begründeten theoretischen Anschauungen herauszugehen, diese Erklärung zu geben.

Die erste Hauptbedingung derselben ist natürlich die Berücksichtigung des Enantiomorphismus der Formen, weil der Quarz ein Mineral mit Circularpolarisation ist. Diese Bedingung schliesst in sich: der Quarz muss krystallisiren entweder in den Formen der Hemiëdrien oder der Tetartoëdrien, welche überhaupt enantiomorphe Formen liefern können.

Der Versuch, das Krystallsystem des Quarzes der trapezoëdrischen Hemiëdrie zuzuschreiben, wurde bereits durch Herrn Hankel**) ge-

*) G. vom Rath, a. a. O.

) Hankel, Abhandl. der k. sächs. Ges. der Wiss. **13, 1866; **20**, 1881. Diese Zeitschr. **6**, 601.

macht. Indem er sich darauf stützt, dass die Pyroelektricität in den meisten Fällen hemimorphe Krystalle äussern, erklärt Herr Hankel auch den Quarz als hemimorph nach seinen Nebenaxen. Alsdann war in der That die trapezoëdrische Hemiëdrie diejenige, welche zunächst geeignet schien, alle Erscheinungen zu erklären. Ein vollständiges Zurücktreten oder eine nur theilweise Ausbildung der Hälfte der Flächen in Folge des Hemimorphismus bedingt, nach Hankel's Meinung, die vermeinten tetartoëdrischen Formen des Quarzes.

Diese Voraussetzung wäre um so interessanter, als bis jetzt noch kein einziges Mineral zu dieser Hemiëdrie gezählt werden konnte.

Seine Meinung entwickelt Herr Hankel ungemein eingehend, fasst alle Formen des Quarzes dem entsprechend auf, giebt ihnen seine eigene Bezeichnung und erwähnt unter Anderem auch die zuletzt untersuchten Combinationen.

Wenn wir uns an die für den Hemimorphismus charakteristischen Erscheinungen erinnern, scheint es, dass wir in Hankel's Theorie die fertige Erklärung für die uns beschäftigende Frage haben. Wir wissen, dass bei hemimorpher Bildung der Krystalle bestimmte Flächen an einem Ende der Symmetrieaxe sich nicht vollzählig ausbilden; solchen Fall bietet uns die Mehrzahl der Quarze, welche für tetartoëdrische gehalten werden, dar. Ferner können bei Hemimorphismus gleichwerthige Flächen an beiden Enden der Axe erscheinen, sie unterscheiden sich dann aber an ihren physikalischen Kennzeichen; dies erklärt uns das gleichzeitige Vorkommen trigonaler und ditrigonaler Prismen, der Pyramide ξ u. a. an allen sechs Kanten des Prisma g. Endlich erklärt das Verhalten der hemimorphen Krystalle, dass sie an einem Ende der Axe eine Art der Krystallformen, am anderen Ende eine andere Art von Formen zeigen, welche stets mit einer bestimmten Art Elektricität verbunden sind, die Combinationen der Trapezoëder und der Pyramide s mit dem Prisma zweiter Ordnung u. s. w. an den abwechselnden Kanten.

Wie einfach und überzeugend diese Erklärung auch scheint, so kann sie aus folgendem Grunde nicht angewendet werden. Häufigere Combinationen, als mit trigonalen oder ditrigonalen Prismen, sind diejenigen der positiven mit den negativen Trapezoëdern, der rechten mit den linken, oder umgekehrt. Die trapezoëdrische Hemiëdrie liefert nur zwei Arten trapezoëdrischer Formen, rechte und linke; diese Formen sind enantiomorph. Nimmt man das System des Quarzes für ein hemiëdrisches, aber nicht tetartoëdrisches an, so haben wir in der Combination des rechten Trapezoëders mit dem linken eine Combination zweier entgegengesetzter enantiomorpher Formen. Solche Combinationen müssen wir aber, so lange die Bedeutung des Enantiomorphismus in optischer Beziehung nicht widerlegt ist (dafür haben wir noch nicht den geringsten Grund), an einem

Krystalle, welcher die Polarisationsebene des Lichtes in bestimmter Richtung dreht, als unmöglich betrachten. Unverständlich ist die willkürliche Erklärung, welche Herr Hankel in diesem Falle giebt. »Da nun«, sagt er, »in den Flächen der trigonalen Pyramide jede Drehung verschwunden ist, so werden in ihrer unmittelbaren Nähe in verschiedenem Sinne gedrehte Trapezoëder gleichzeitig (!) vorkommen können . . . .« Die trigonale Pyramide »vermittelt den Uebergang aus den linken Gestalten in die rechten; es wird uns daher nicht in Verwunderung setzen dürfen, wenn wir in ihrer unmittelbaren Nähe beide Gestalten auftreten sehen«*).

Hieraus geht hervor, dass wir uns der Ansicht Hankel's über die Auffassung der krystallographischen Verhältnisse des Quarzes nicht anschliessen können; auch in Bezug auf seine elektrischen Resultate muss bemerkt werden, dass wir, in Uebereinstimmung mit Herrn Friedel**), die elektrischen Pole gerade entgegengesetzt als Hankel gefunden haben. In seiner zuletzt veröffentlichten Antwort auf die Publicationen der Herren Friedel und Curie (Wiedem. Ann. 1883, August, **86**, 819) sagt er ganz bestimmt, dass bei der Abkühlung der Krystalle die Kanten mit den Trapezoëder- und den Rhombenflächen elektrisch positiv sind, während wir an denselben Kanten bei derselben Abkühlung stets die negative Elektricität beobachtet haben. Dass dieser Widerspruch nicht auf einem Fehler der Kundt'schen Methode beruht, wurde durch Bestimmung des Zeichens der Elektricität mit dem Thomson'schen Elektrometer bewiesen. Immerhin bleibt es das Verdienst der mühsamen Arbeit dieses Forschers, zuerst die Nebenaxen des Quarzes als die elektrischen Axen erkannt zu haben.

Richtiger können wir alle Formen und alle Arten von Combinationen des Quarzes mit Hülfe desselben Hemimorphismus nach den Nebenaxen aus der rhomboëdrischen Hemiëdrie ableiten. Dabei haben wir den wichtigen Vortheil, dass der Enantiomorphismus selbst nur als das Resultat der hemimorphen Bildung erscheint.

Zwei Skalenoëder + und — sind so lange, als sie in voller Anzahl der Flächen gebildet sind, nicht enantiomorph. Sobald Hemimorphismus an den Nebenaxen auftritt, verwandelt sich ein jedes Skalenoëder in zwei Trapezoëder, in ein rechtes und ein linkes. Die Trapezoëder sind nun enantiomorph; wie wir den Krystall auch drehen, immer wird das eine Halbskalenoëder krystallographisch ein rechtes, das andere ein linkes, während sie optisch, als zwei Hälften eines und desselben Skalenoëders, gleichwerthig sind. Der Charakter der rechts- oder linksdrehenden enan-

*) Hankel, VIII. Bd. der Abhandl. u. s. w. 1866, S. 391—392.

) Ch. Friedel, Bull. de la Société minéral. de France **2, Nr. 2, 1879, p. 31. Diese Zeitschr. **4**, 97.

tiomorphen Formen aber wird durch die gegenseitige Lage aller Combinationen des Krystalls überhaupt bestimmt werden, und zwar hauptsächlich durch die Combinationen mit den Rhomboëdern. Die krystallographischen Verhältnisse des Quarzes bieten uns auch gerade den Fall der enantiomorphen Formen, wenn ihre Beziehung zur Drehung der Polarisationsebene bestimmt wird, nicht durch die bestimmten Flächen allein, als z. B. durch rechte oder linke, durch positive oder negative Trapezoëder, sondern durch die gegenseitige Anordnung aller Formen überhaupt.

Indem wir von diesen Daten ausgehen, haben wir die volle Möglichkeit, alle Fälle der Combinationen des Quarzes, sowohl der gewöhnlichen, als auch der nicht gewöhnlichen, aus der rhomboëdrischen Hemiëdrie abzuleiten.

Die ersteren, gewöhnlichen Combinationen, d. h. des positiven Trapezoëders mit dem negativen, resp. des rechten mit dem linken, an den drei alternirenden Kanten fordern, wie dies aus dem Voraufgehenden klar ist, keine weitere Erklärung.

Die nicht gewöhnlichen Combinationen, wie uns solche die Quarze von Carrara, Striegau u. a. darbieten, betrachten wir eingehend, indem wir uns ausschliesslich auf beobachtete Thatsachen beschränken. Erstens geht aus den Beobachtungen hervor, dass in ungewöhnlichen Combinationen, wenn an allen sechs Kanten des Krystalles die Flächen der Trapezoëder, der Pyramiden und Prismen zweiter Art erscheinen, die drei Kanten angehörenden Flächen sich immer, entweder nach den Indices oder nach physikalischen Merkmalen, von den Flächen unterscheiden, welche den drei anderen, mit den ersten abwechselnden Kanten angehören. Vollständig scharf ist dieser Unterschied in elektrischer Beziehung. Unter solcher Bedingung wird der Enantiomorphismus des Quarzes nicht gestört.

Nehmen wir einen typischen Repräsentanten solcher Krystalle, wie ihn der carrarische Quarz (Fig. 9) darstellt; in allen Lagen bleibt sein Trapezoëder x links vom Hauptrhomboëder, das Prisma d' rechts.

Dann, zweitens, bestimmen wir die Bedeutung der an allen sechs Kanten liegenden Flächen oder, was dasselbe ist, der an zwei benachbart liegenden in Beziehung auf die Drehung der Polarisationsebene des Lichtes, z. B. an demselben Krystall (Fig. 9). Nach dem uns bereits bekannten Gesetze deutet die Kante mit dem Trapezoëder x, da sie negative Elektricität zeigt und links vom Hauptrhomboëder liegt, auf Linksdrehung; die Kante mit dem Prisma d' zeigt positive Elektricität und liegt rechts von R, das spricht ebenfalls für Linksdrehung. Folglich haben wir an diesem Krystalle:

1) Die Combination zweier Formen (x und d'), welche sowohl einzeln, als zusammen enantiomorph sind, und

2) die Combination zweier enantiomorpher Formen eines und desselben Charakters.

Fassen wir alle Beobachtungen zusammen, so müssen wir am Quarz, ausser den rechten und linken positiven und negativen Formen, welche sämmtlich negativen elektrischen Zonen angehören, noch ebenso viele Arten unterscheiden, die elektrisch positiv werden und sich von jenen durch grössere Seltenheit und andere Flächenbeschaffenheit unterscheiden.

Diese letzteren ungewöhnlichen Formen, welche ich zum Unterschied von den ersteren mit einem Striche bezeichnete (d', s' . . .) wurden an den Quarzen auch unabhängig von den gewöhnlichen beobachtet (abgesehen vom Prisma g und den Rhomboëdern); so beobachtete ich an zwei carrarischen Krystallen nur das Prisma d'; an den Kanten, an denen es auftrat, zeigte sich positive Elektricität, und die aus einem dieser Krystalle geschliffene Platte gab im polarisirten Lichte eine den voraufgegangenen Beobachtungen entsprechende Drehung der Polarisationsebene des Lichtes.

Die rhomboëdrische Hemiëdrie, verbunden mit Hemimorphismus nach den Nebenaxen, genügt also zur Erklärung aller am Quarz beobachteten Erscheinungen. Unterscheiden wir aber, wie es geschehen, die den elektrisch positiven Zonen angehörigen Flächen von den den negativen Zonen angehörigen als von einander unabhängige, so genügt ebenso gut die trapezoëdrische Tetartoëdrie allein zur Erklärung, denn diese stellt an und für sich nach den Nebenaxen hemimorphe Hemiëdrie dar.

Wir haben, wenn wir die letztere Erklärung annehmen, nicht nöthig, eine neue Annahme zu machen, da sich alsdann der beobachtete und durch die elektrischen Eigenschaften bestätigte Hemimorphismus als natürliche Folge der Hemiëdrie ergiebt; diese Auffassung hat ferner noch den Vortheil, dass sie zugleich erklärt, warum der Hemimorphismus so stattfindet, dass die gleichnamigen Pole der Nebenaxen der erste, dritte, fünfte resp. zweite, vierte, sechste sind, während bei der Annahme des Hemimorphismus als einer von der Hemiëdrie unabhängigen Erscheinung es ebenso gut die drei benachbarten sein könnten.

Das interessante und wichtige Zusammentreffen der Merkmale des Hemimorphismus mit der trapezoëdrischen Tetartoëdrie, ihre sichtliche, unlösliche Verbindung zwangen mich, mir die Frage zu stellen: kann man nicht die Gesetzmässigkeit der Erscheinungen des Hemimorphismus genauer feststellen; unterwirft sich nicht auch der Hemimorphismus denselben krystallographischen Gesetzen, denen die Erscheinungen der Hemiëdrien so streng untergeordnet sind?

Ich bin zum Schluss gekommen, dass man in der That den Hemimorphismus als denjenigen Fall der Hemiëdrie betrachten kann, in welchem die beiden Enden einer und derselben Symmetrieaxe krystallographisch und physikalisch verschieden sind.

Diese Ansicht erfordert Bestätigung und weitere Untersuchung durch Studium der hemimorphen Krystalle. Es ist möglich, dass uns letzteres ganz besondere Gesetze für den Hemimorphismus enthüllt; so lange aber, bis diese besonderen Gesetze nicht entdeckt sind, können wir, indem wir nur auf wirklichen, factischen Daten basiren, zwischen den Erscheinungen des Hemimorphismus und der gewöhnlichen Hemiëdrie volle Analogie festsetzen.

Ihrem Wesen nach unterscheiden sich diese Erscheinungen nicht, wie sich auch die verschiedenen Arten der Hemiëdrie nicht unterscheiden; beide bestehen darin, dass sich am Krystalle nicht die bestimmte Flächenanzahl der einfachen Form in gesetzmässiger Ordnung vollzählig entwickelt. Die Merkmale ihres Unterschiedes sind nicht wichtiger, als z. B. der Unterschied der enantiomorphen Hemiëdrie von jeder anderen. Die Polarelektricität, welche die Enden der Symmetrieaxe eines hemimorphen Krystalles, aber nicht die Enden der Axe eines hemiëdrischen zeigen, ist durchaus begreiflich, da sie im ersten Falle auch krystallographisch verschieden ausgebildet sind.

Das Beispiel des Topas zeigt uns ferner, dass die Polarelektricität nicht unbedingt mit hemimorpher Bildung verbunden ist, sondern überhaupt mit der Verschiedenheit der physikalischen Eigenschaften des Krystalles nach verschiedenen Richtungen; die Verschiedenheit dieser Eigenschaften des Topas in makrodiagonaler und brachydiagonaler Richtung tritt auch in elektrischer Beziehung zu Tage. Im quadratischen System haben wir dagegen nicht das Recht, Polarelektricität an den Nebenaxen zu erwarten, ähnlich dem Topas, denn diese Axen sind krystallographisch und physikalisch gleichwerthig, identisch.

Die trapezoëdrische Tetartoëdrie spielt in der von uns erwogenen Frage eine besonders wichtige Rolle, da sie 1) gleichzeitig die Vereinigung aller Arten von Hemiëdrie darbietet: gewöhnlicher, enantiomorpher und hemimorpher; und 2) zeigt sie uns, dass der strenge Unterschied des Hemimorphismus von der Hemiëdrie in rein krystallographischem Sinne nicht immer existirt.

Nehmen wir die genaue Definition der Hemiëdrie, welche Herr Groth in seiner »Physikalischen Krystallographie« giebt: »Die Hälfte der Flächen muss in der Weise ausgewählt werden, dass . . . die beiden Seiten jeder Symmetrieaxe ... in gleichen Abständen von gleich vielen Flächen, welche mit einander und mit der Symmetrieaxe in beiden Fällen gleiche Winkel einschliessen, geschnitten werden; diese Abstände und Winkel müssen aber auch noch die gleichen sein für verschiedene Symmetrieaxen, wenn diese gleichwerthig sind.« Dann weiter für die Tetartoëdrie: »Die hemiëdrischen Formen können noch einmal in zwei Hälften zerlegt werden nach dem Gesetz einer anderen Art Hemiëdrie, und können hier auch Formen entstehen, welche nur ein Viertel der Flächenzahl der holoëdrischen besitzen und doch den oben aufgestellten Bedingungen der Hemiëdrie vollständig genügen. Man nennt diese Erscheinung Tetartoëdrie.« *)

Die trapezoëdrische Tetartoëdrie des hexagonalen Systems erfüllt die Bedingungen dieser Definition nicht; sie auf diesen einen Grund hin leugnen wäre zu kühn, umsomehr, als wir die gleiche trapezoëdrische Tetartoëdrie im quadratischen System haben und dieselbe hier die oben genannten Bedingungen der Hemiëdrie vollständig erfüllt.

In der trapezoëdrischen Tetartoëdrie des hexagonalen Systems die beiden Begriffe der Hemiëdrie und des Hemimorphismus von einander zu trennen ist weder nöthig noch möglich.

Nehmen wir die These von der Identität beider Erscheinungen als richtig an und prüfen wir kurz die möglichen und uns bekannten Fälle des Hemimorphismus in allen Krystallsystemen auf Grund dieser selben Beobachtungen und Gesetze, auf denen sich alle hemiëdrischen Formen theoretisch aufbauen, d. h. betrachten wir den Hemimorphismus für alle Krystallsysteme als einfachen Fall der Hemiëdrie.

Die Erscheinung, welche den Grund der Hemiëdrie ausmacht, besteht darin, dass zwei Hälften der Flächen einer und derselben einfachen Krystallform sich unabhängig von einander entwickeln, wie zwei selbständige, einfache Formen; jede solche Form stellt folglich eine unvollständige Entwicklung einer einfachen Form mit der halben Zahl der Flächen dar. Diese unvollständige Entwicklung kann, entsprechend der Symmetrie des gegebenen Krystallsystems, in verschiedenen Arten erscheinen, welche verschiedene Fälle der Hemiëdrie bedingen. A priori muss man schon zugeben, dass, wenn man in einer bestimmten Gruppe von Substanzen eine Erscheinung in verschiedener Art beobachtet, Fälle möglich sind, in welchen diese verschiedenen Arten auch zugleich erscheinen. So combiniren sich unter einander verschiedene Arten der Hemiëdrie und führen zu neuen hemiëdrischen Formen, welche dann eine Tetartoëdrie repräsentiren. Innerhalb der Specialfälle der Hemiëdrie und der Tetartoëdrie kommen Formen mit besonderen physikalischen Eigenschaften vor: enantiomorphe und hemimorphe. Wir betrachten die letzteren.

Im regulären System liefert nicht eine der bekannten Arten der Hemiëdrie Hemimorphismus nach den Hauptaxen; ein solcher Fall ist bis jetzt in der Natur noch nicht beobachtet. Die tetraëdrische Hemiëdrie

*) Physikalische Krystallographie 1876, S. 186.

bietet hemimorphe Nebenaxen, die normal zu den Oktaëderflächen stehen, dar; und an den Seiten dieser Axen wird Polarelektricität beobachtet (Boracit). Man darf erwarten, dass auch für die Tetartoëdrie Polarelektricität bewiesen wird, da sie dieselben Axen hemimorph hat.

Im quadratischen System giebt nur die Combination der pyramidalen mit der trapezoëdrischen Hemiëdrie hemimorphe Formen an der Hauptaxe, und in diesem System ist auch nur an der Hauptaxe Hemimorphismus beobachtet. Alle übrigen Arten Hemiëdrie, sowohl die theoretisch zulässigen, als die durch Beispiele erwiesenen, bilden keine hemimorphen Formen, und deshalb würde es ganz willkürlich sein, Hemimorphismus anzunehmen z. B. an den Nebenaxen, ähnlich dem hexagonalen System. Dieselben Combinationen der trapezoëdrischen und der sphenoïdischen Hemiëdrie für das tetragonale System, wie der trapezoëdrischen mit der rhomboëdrischen für das hexagonale System bilden im ersten nicht hemimorphe, im zweiten hemimorphe trapezoëdrische Tetartoëdrie.

Ausser Hemimorphismus an den Nebenaxen im hexagonalen System ist noch ein solcher Fall, an der Hauptaxe, möglich; z. B., wie im vorhergehenden Systeme, Hemimorphismus, welcher aus der Combination der trapezoëdrischen mit der pyramidalen Hemiëdrie entsteht. Die theoretisch abgeleiteten Fälle bestätigen sich auch durch Beobachtung.

Im rhombischen System sind zwei Fälle der Hemiëdrie bekannt, deren Zusammenauftreten Hemimorphismus giebt gleichzeitig nur an einer beliebigen der Symmetrieaxen, so dass kein Grund vorliegt, hemimorphe Bildung an zwei rhombischen Axen zugleich zuzulassen.

Im monosymmetrischen System endlich ist nur ein Fall von Hemiëdrie möglich, welcher zugleich ein hemimorpher ist. Nach den Gesetzen der Symmetrie müssen wir in der prismatischen Form des monosymmetrischen Systems nur zwei Flächen unterscheiden, die eine nach rechts, die andere nach links von der Symmetrieebene; die ihnen parallelen, die Form schliessenden, sind nicht Flächen, welche durch die Symmetrie des Krystalles erfordert würden, wie z. B. die parallelen Flächen des Oktaëders. Deshalb können wir, da wir nur zwei Flächen der monosymmetrischen, prismatischen Form zur Verfügung haben, die unvollständige Entwicklung der einen von ihnen zugeben, was Hemimorphismus an der Symmetrieaxe giebt.

Indem wir auf die angeführte Kritik des Hemimorphismus wie der gewöhnlichen Hemiëdrie in allen Krystallsystemen blicken, sehen wir, dass alle Fälle theoretisch abgeleitet werden können, und nur diese Fälle des Hemimorphismus in der Natur an Mineralien beobachtet werden.

Natürlich ist, wie ich bereits bemerkte, um die Frage des Hemimorphismus wesentlich zu fördern, ein eingehendes Studium der Mineralien nothwendig, welche ihn äussern. Die Mittel für ein solches Studium sind gegenwärtig durch die neue, einfache und vollkommene Methode des Herrn Kundt bereichert, und man muss hoffen, dass diese Methode das Feld der Beobachtungen bald bedeutend erweitern werde.

Das Material zu der vorliegenden Untersuchung, welche ich auf Anregung des Herrn Groth unternahm, wurde mir in liebenswürdigster Weise von den Herren Professoren Groth, Kundt und Bücking zur Verfügung gestellt, welchen ich meinen Dank dafür aussprechen möchte.

Strassburg, den 16. November 1883.

B. von Kolenko.

II. Ueber den Antimonglanz von Japan.

Von

Edw. S. Dana in New Haven*).

(Mit 4 Holzschnitten.)

Das Yale-Museum erhielt neuerdings eine Anzahl Exemplare krystallisirten Antimonglanzes aus Japan, welcher durch die Grösse und Schönheit seiner Krystalle und durch den Flächenreichthum derselben nicht nur alle andere Vorkommen dieses Minerals, sondern auch fast alle anderen metallischen Mineralien übertrifft und daher eine eingehende Beschreibung verdient. Die derselben zu Grunde liegenden Handstücke entstammten zum Theil einer Sendung, welche Herr L. Stadtmüller hierselbst von einem Correspondenten in Japan erhalten hatte; andere, ebenso schöne, verdankt das Museum den Herren Ward und Howell aus Rochester, und diese waren durch Herrn Ward vor ein oder zwei Jahren in Japan selbst erworben worden. In wie weit dieses Vorkommen bereits seinen Weg in die europäischen Sammlungen gefunden hat, ist dem Autor unbekannt**).

Als Fundort dieser schönen Stibnite wird der Mount Kosang bei Seija, auf der Insel Jaegimeken Kannaizu (Shikoku) in Süd-Japan, genannt. Die Antimongruben werden schon seit längerer Zeit ausgebeutet, und die krystallisirten Stücke des Minerals werden von den Eingebornen zu Verzierungen hoch geschätzt; Herr Ward fand sie in Blumentöpfen befestigt und als Zimmerschmuck angewendet.

Zunächst ziehen sie durch ihre Grösse die Aufmerksamkeit auf sich: von zwei mit nahe paralleler Verticalaxe verwachsenen Prismen hat das

---

*) Die vorliegende, aus dem Septemberhefte des 26. Bandes (1883) des Am. Journ. of Sc. vom Verf. mitgetheilte Arbeit wurde bereits im August vergangenen Jahres an die Redaction eingeliefert, konnte aber wegen einer zufälligen Verzögerung der nachgesandten Figuren erst jetzt zum Abdruck gelangen. Die Red.

**) Inzwischen ist das Vorkommen in zahlreichen Stücken und losen Krystallen in den europäischen Mineralienhandel gelangt. Die Red.

eine eine Länge von 22 Zoll, das andere von 15, während die Dicke von ½—2 Zoll variirt. Die prismatischen Flächen sind stark gestreift, die Endflächen dagegen immer gut ausgebildet und ausgezeichnet glänzend. Ein anderes, sehr schönes Exemplar besteht aus einem halben Dutzend wenig divergirender Krystalle, welche, auf einen beträchtlichen Theil ihrer Länge mit einander verwachsen, eine Gesammtdicke von 6 Zoll besitzen, während die einzelnen Prismen 1½—2 Zoll dick sind und der mittelste Krystall eine Länge von 21 Zoll erreicht. An den Krystallen dieser Gruppe sind die Prismenflächen glatt und haben den Glanz hochpolirten Stahles; die Enden derselben sind meist gut ausgebildet. Ein anderer isolirter Krystall hat eine Länge von 16 Zoll, und verschiedene schön ausgebildete lose Krystalle eine solche von 6—9 Zoll. Die schönste Gruppe ist 11 Zoll lang, 10½ Zoll hoch und besteht aus einer mit isolirten Quarzkrystallen verwachsenen Antimonitmasse, von welcher nach oben und unten divergirende Krystalle ausgehen, darunter über zwanzig von 3—6 Zoll Länge neben vielen kleineren. Eine andere Gruppe misst 8—9 Zoll und besteht aus 2—6 Zoll langen Prismengruppen von nahe in einer Ebene liegenden Krystallen. Grössere derbe Massen und zahlreiche Stücke mit schönen, flächenreichen, ½—3 Zoll langen Krystallen seien noch erwähnt.

Ausser diesen dem Yale-Museum angehörigen Stücken befinden sich in Herrn Stadtmüller's Händen noch zahlreiche andere, kaum minder grosse und schöne, so dass es sich in diesem Vorkommen um eine massenhafte Krystallisation in einem bei metallischen Substanzen bisher noch nicht beobachteten Maassstabe handelt.

Besonders ausgezeichnet sind die Krystalle durch ihren Glanz, welcher ebenso stark ist, wie auf der brachydiagonalen Spaltungsfläche, und nur verglichen werden kann mit hochpolirtem Stahl. Ob dieser Glanz sich erhält, wenn die Krystalle längere Zeit der Luft ausgesetzt werden, ist fraglich, da das Ansehen älterer Stücke von anderen Localitäten es wahrscheinlich macht, dass auch jene an Glanz verlieren werden.

Von besonderem Interesse ist der Flächenreichthum der japanischen Antimonite, denn es kommt gewiss nicht oft vor, dass die Krystalle eines einzigen Mineralvorkommens 70 verschiedene wohl bestimmbare Formen zeigen*). Bis zum Jahre 1864 waren am Antimonglanz 16 Formen bekannt; Krenner, in seiner ausgezeichneten Monographie des Minerals**), fügte hierzu 28 neue Formen und Seligmann***) noch eine, so dass deren bisher 45 bekannt waren. Von diesen wurden 30 an den japanischen Krystallen beobachtet, ausserdem aber 40 neue Formen, so dass die Gesammtzahl nun-

*) Bücking zählt beim Epidot vom Untersulzbachthal 172 Formen auf. Diese Zeitschr. 2, 321.

**) Sitzungsber. der Wiener Akad. 1864, 51.

***) Diese Zeitschr. 6, 102.

mehr auf 85 gebracht ist, eine Zahl, welche noch beträchtlich hätte erhöht werden können, wenn man Formen, deren Bestimmung einigermassen zweifelhaft war, hinzugefügt hätte.

Der Habitus der meisten Krystalle, besonders der grösseren, ist ziemlich constant. Sie sind immer prismatisch, in der Richtung der Verticalaxe verlängert, oft mehr oder weniger flachgedrückt nach dem Brachypinakoid; die meist zahlreich vorhandenen prismatischen Flächen alterniren häufig vielfach mit einander. Die Endigung ist vorherrschend gebildet von der Zone zwischen b(010) und z(101), und zwar sind die drei gewöhnlichsten Formen p(111), τ(343) und η(353), von denen τ gewöhnlich am grössten entwickelt ist. Mit den genannten ist gewöhnlich noch die neue Pyramide ω_3(5.10.3) combinirt. Das Auftreten der erwähnten Zone, welche die Pyramiden (121), (353), (343), (676), (111), (656), (323), (313) enthält, ist der

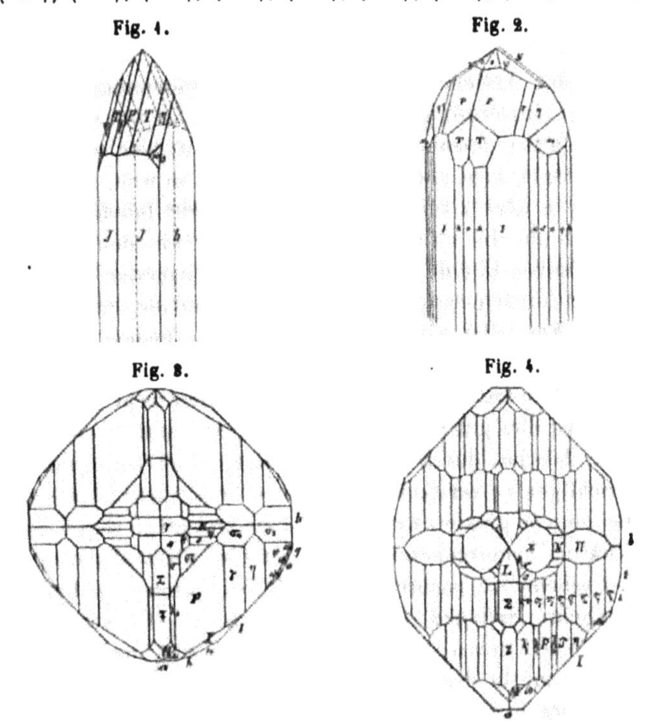

Fig. 1. Fig. 2. Fig. 3. Fig. 4.

gewöhnliche Fall. An anderen Krystallen ist die Zone zwischen dem Brachypinakoid (010) und dem Makrodoma Σ(203) mit den Pyramiden (2.12.3), (283), (273), (263), (253), (243), (233), (223), (213), (629), ausgenommen eine sämmtlich neu, gross entwickelt; bis zu neun Formen dieser Zone wurden an einem einzigen Krystall beobachtet. Fig. 1 und 2 zeigen die gewöhnlichen Combinationen, die in Fig. 3 und 4 gegebenen Projectionen auf die

Basis stellen die Entwicklung der beiden erwähnten, sowie auch einiger anderer charakteristischer Zonen dar. Manche Krystalle sind speerförmig zugespitzt durch steile Pyramidenflächen, von denen einzelne wegen ihrer Rundung und Rauhigkeit keine genaue Bestimmung gestatteten, andere dagegen als *T*(521), *A*(361) u. s. w. erkannt werden konnten.

Die flächenreichsten Krystalle sind gewöhnlich klein, nur ½—1½ mm dick; indessen zeigen gelegentlich auch grosse Krystalle eine beträchtliche Anzahl von Flächen, welche jedoch dann oft gerundet in einander übergehen und nicht genau bestimmt werden können. Der in Fig. 4 dargestellte Krystall hatte eine Länge von 7 Zoll, und seine Flächen waren meist scharf und deutlich ausgebildet; ein anderer, durch seine symmetrische Entwicklung ausgezeichneter Krystall, welchen zu untersuchen Herr Cl. S. Bement in Philadelphia dem Verf. gestattete, hatte mehr gerundete Kanten und eine Länge von 7½ Zoll bei einer Dicke von 1½ (makrodiagonal) bis 2 Zoll (brachydiagonal).

Die für den Antimonit charakteristische Krümmung (Krenner beschreibt selbst ringförmig gekrümmte Exemplare) ist eine sehr gewöhnliche Erscheinung an den japanischen Krystallen; sie ist hier meist auf die Endigung beschränkt, geht aber in einzelnen Fällen so weit, dass die Polkante der Pyramide *p* oder τ einen Kreisbogen von 90° beschreibt. Zuweilen handelt es sich um eine einfache Rundung der Pyramidenflächen, häufiger aber sind dieselben in eine Reihe auf einander folgender Einzelflächen geknickt. Diese Unregelmässigkeit ist eine so allgemeine, dass es selbst unter den kleineren Krystallen nicht leicht ist, solche zu finden, welche ganz frei davon sind. So waren z. B. an einem aus kleinen Prismen zusammengesetzten Exemplare fast alle Krystalle an den Enden mehr oder weniger gekrümmt. Es ist dies glücklicherweise immer so deutlich, dass man keine Gefahr läuft, falsche, durch diese Unregelmässigkeit hervorgebrachte Flächen mit richtigen zu verwechseln. Schwerer ist diese Eigenschaft zu erklären; bei einigen grossen Krystallen ist sie ersichtlich durch eine mechanische Wirkung hervorgebracht, doch gilt dies nicht allgemein; in allen Fällen aber scheint sie nachträglich, nach der Bildung der Krystalle, entstanden zu sein. Seltener zeigen dünne Prismen eine schraubenförmige Windung. Wie Krenner bereits angegeben hat, bedarf es nur einer geringen Pressung in der Richtung der Axe *b*, um eine Krümmung der Krystalle hervorzubringen. In der That genügt ein zufällig ausgeübter geringer Druck auf einen am Goniometer befestigten Krystall, welcher vollkommen symmetrisch und zu scharfen Messungen geeignet war, um denselben am Ende zu krümmen und zur goniometrischen Untersuchung ganz unbrauchbar zu machen. Seligmann (l. c.) beobachtete, dass die Basis oft beim Gleiten senkrecht zum Brachypinakoid als Trennungsfläche entstehe, und neuerdings hat Mügge (Jahrb. für Min., Geol. u. s. w. 1883,

2, 19) die Aufmerksamkeit auf ähnliche Erscheinungen gelenkt. Die natürlichen prismatischen Krystalle sind oft von einer gestreiften Fläche begrenzt, welche die Lage der Basis hat, aber unzweifelhaft nur als Gleitfläche zu betrachten ist.

In Folge der beschriebenen Unregelmässigkeiten war die genaue Bestimmung der japanischen Krystalle nicht ganz leicht. Eine Reihe von sehr glänzenden, anscheinend ausgezeichnete Messungen liefernden Krystallen erwies sich hierzu ganz unbrauchbar in Folge einer beginnenden Krümmung. Wo dagegen diese Schwierigkeit nicht existirte, waren die Resultate sehr befriedigend. Es wurde eine Reihe von Krystallen sorgfältig gemessen, und es sollen im Folgenden die an dem besten derselben gewonnenen Resultate mitgetheilt werden. Dieser zeigte die Flächen $p(111)$, $\tau(343)$, $\eta(353)$ und $\omega_3(5.10.3)$, welche sämmtlich ausgezeichnete Reflexe lieferten, ferner mehrere kleinere Flächen und eine Reihe von Prismen, deren Winkel jedoch nicht so genau bestimmt werden konnten, um der Berechnung zu Grunde gelegt zu werden. Als Fundamentalwinkel wurden angenommen:

$$353 : 3\bar{5}3 = 99^\circ 39' 0''$$
$$353 : \bar{3}53 \quad 55 \;\; 1 \;\; 0$$

Die folgende Vergleichung der aus diesen Werthen berechneten mit den beobachteten Winkeln zeigt, dass jene so genau sind, als nur gewünscht werden kann, und dass der Krystall in einer ungewöhnlichen Weise frei ist von Unregelmässigkeiten.

	Beobachtet:	Berechnet:
$111 : 1\bar{1}1$ =	70° 48′	70° 48′
$\bar{1}11 : \bar{1}\bar{1}1$	70 49	
$343 : 3\bar{4}3$	86 55	86 55
$\bar{3}43 : \bar{3}\bar{4}3$	86 55	
$353 : 3\bar{5}3$	*99 39	99 39
$\bar{3}53 : \bar{3}\bar{5}3$	99 39	
$5.10.3 : 5.\bar{10}.3$	119 27	119 27
$\bar{5}.10.3 : \bar{5}.\bar{10}.3$	119 27	
$111 : \bar{1}\bar{1}1$	110 36	110 38
$1\bar{1}1 : \bar{1}11$	110 38	
$343 : \bar{3}\bar{4}3$	119 5	119 5
$3\bar{4}3 : \bar{3}43$	119 6	
$111 : \bar{1}11$	71 24	71 24
$1\bar{1}1 : \bar{1}\bar{1}1$	71 23½	
$343 : \bar{3}43$	62 37	62 37
$3\bar{4}3 : \bar{3}\bar{4}3$	62 37½	
$353 : \bar{3}53$	*55 1	55 1
$3\bar{5}3 : \bar{3}\bar{5}3$	55 1½	

	Beobachtet:	Berechnet:
$5.10.3 : \bar{5}.10.3$	= 51° 34′	51° 34½′
$5.\bar{1}\bar{0}.3 : \bar{5}.\bar{1}\bar{0}.3$	51 34	
$353 : \bar{3}\bar{5}3$	126 26	126 28
$3\bar{5}3 : \bar{3}35$	126 28	
$5.10.3 : \bar{5}.\bar{1}\bar{0}.3$	150 29½	150 30
$5.\bar{1}\bar{0}.3 : \bar{5}.10.3$	150 30	

Diese Winkel zeigen, dass dem aus den gewählten Fundamentalwinkeln berechneten Axenverhältnisse ein hoher Grad von Genauigkeit zuzuschreiben ist. Dasselbe lautet:

$$a : b : c = 0,99257 : 1 : 1,01789.$$

Der Prismenwinkel $110 : 1\bar{1}0$ beträgt 89° 34,′3. Das von **Krenner** erhaltene Axenverhältniss differirt hiervon ein wenig; nach ihm ist

$111 : 1\bar{1}1$	=	70° 33,′4
$111 : \bar{1}11$		71 39,6
$110 : 1\bar{1}0$		89 5,8

Im Folgenden ist die Liste der an dem japanischen Antimonit beobachteten Flächen in der Reihenfolge der verticalen Zonen, denen sie angehören, angegeben; die neuen Formen sind mit einem * bezeichnet.

Pinakoide:	a =	$(100)\infty\bar{P}\infty$
	b =	$(010)\infty\breve{P}\infty$
Prismen:	h =	$(310)\infty\bar{P}3$
	n =	$(210)\infty\bar{P}2$
	*ι —	$(320)\infty\bar{P}\frac{3}{2}$
	m =	$(110)\infty P$
	*$\varkappa$ =	$(560)\infty\breve{P}\frac{6}{5}$
	r =	$(340)\infty\breve{P}\frac{4}{3}$
	d =	$(230)\infty\breve{P}\frac{3}{2}$
	l =	$(350)\infty\breve{P}\frac{5}{3}$
	o =	$(120)\infty\breve{P}2$
	*χ =	$(250)\infty\breve{P}\frac{5}{2}$
	q =	$(130)\infty\breve{P}3$
	i =	$(140)\infty\breve{P}4$
	t =	$(150)\infty\breve{P}5$
	*ϑ =	$(160)\infty\breve{P}6$
	*Θ =	$(170)\infty\breve{P}7$
Makrodomen:	L =	$(103)\frac{1}{3}\bar{P}\infty$
	Σ =	$(203)\frac{2}{3}\bar{P}\infty$
	z =	$(101)\bar{P}\infty$
	*Φ =	$(901)9\bar{P}\infty$

Brachydomen:	γ	$= (013)\frac{1}{3}\breve{P}\infty$
	x	$= (012)\frac{1}{2}\breve{P}\infty$
	N	$= (023)\frac{2}{3}\breve{P}\infty$
	u	$= (011)\breve{P}\infty$
	$*\Pi$	$= (021)2\breve{P}\infty$
	$*Y$	$= (041)4\breve{P}\infty$
Pyramiden:	$*\mu$	$= (114)\frac{1}{4}P$
	$*\nu$	$= (227)\frac{2}{7}P$
	s	$= (113)\frac{1}{3}P$
	$*\sigma_2$	$= (223)\frac{2}{3}P$
	p	$= (111)P$
	ξ	$= (331)3P$
Makropyramiden:	$*\Psi$	$= (829)\frac{8}{9}\bar{P}4$
	M	$= (413)\frac{4}{3}\bar{P}4$
	$*\sigma_1$	$= (629)\frac{2}{3}\bar{P}3$
	$*\lambda_1$	$= (313)\bar{P}3$
	$*\omega_1$	$= (523)\frac{5}{3}\bar{P}\frac{5}{2}$
	$*T$	$= (521)5\bar{P}\frac{5}{2}$
	a	$= (213)\frac{2}{3}\bar{P}2$
	$*\lambda_2$	$= (323)\bar{P}\frac{3}{2}$
	$*X$	$= (431)4\bar{P}\frac{4}{3}$
	$*\lambda_3$	$= (656)\bar{P}\frac{6}{5}$
Brachypyramiden:	$*z$	$= (9.10.3)\frac{10}{3}\breve{P}\frac{10}{9}$
	β	$= (676)\frac{7}{6}\breve{P}\frac{7}{6}$
	$*\delta$	$= (4.5.12)\frac{5}{12}\breve{P}\frac{5}{4}$
	$*\Gamma$	$= (346)\frac{2}{3}\breve{P}\frac{4}{3}$
	τ	$= (343)\frac{4}{3}\breve{P}\frac{4}{3}$
	$*D$	$= (15.20.3)\frac{20}{3}\breve{P}\frac{4}{3}$
	$*\sigma_3$	$= (233)\breve{P}\frac{3}{2}$
	$*W$	$= (20.30.9)\frac{10}{3}\breve{P}\frac{3}{2}$
	$*E$	$= (10.15.3)5\breve{P}\frac{3}{2}$
	$*\omega_2$	$= (583)\frac{8}{3}\breve{P}\frac{8}{5}$
	$*F$	$= (15.25.6)\frac{25}{6}\breve{P}\frac{5}{3}$
	η	$= (353)\frac{5}{3}\breve{P}\frac{5}{3}$
	e	$= (123)\frac{2}{3}\breve{P}2$
	$*\sigma_4$	$= (243)\frac{4}{3}\breve{P}2$
	v	$= (121)2\breve{P}2$
	$*\omega_3$	$= (5.10.3)\frac{10}{3}\breve{P}2$
	A	$= (361)6\breve{P}2$
	$*\omega_4$	$= (5.11.3)\frac{11}{3}\breve{P}\frac{11}{5}$
	$*H$	$= (255)\breve{P}\frac{5}{2}$
	$*\sigma_5$	$= (253)\frac{5}{3}\breve{P}\frac{5}{2}$

Brachypyramiden: $^*\sigma_6 = (263)\,2\breve{P}3$
$^*V = (10.30.9)\,\frac{10}{3}\breve{P}3$
$^*\sigma_7 = (273)\,\frac{7}{3}\breve{P}\frac{7}{2}$
$\psi = (146)\,\frac{4}{3}\breve{P}4$
$G = (144)\,\breve{P}4$
$^*\sigma_8 = (283)\,\frac{8}{3}\breve{P}4$
$^*\sigma_9 = (2.12.3)\,4\breve{P}6.$

Diese Liste umfasst 70 Formen, von denen 40 neue sind. Ausser diesen sind bisher am Antimonit die im Folgenden aufgezählten 15 Flächen beobachtet worden, von denen jedoch die von Hauy angegebene Basis als zweifelhaft bezeichnet werden muss; w und ϱ sind von Hessenberg, g von Seligmann und die übrigen von Krenner angegeben:

$c = (001)0P$, $k = (430)\infty\bar{P}\frac{4}{3}$, $R = (106)\frac{1}{6}\bar{P}\infty$, $y = (102)\frac{1}{2}\bar{P}\infty$, $Q = (043)\frac{4}{3}\breve{P}\infty$, $J = (053)\frac{5}{3}\breve{P}\infty$, $j = (031)3\breve{P}\infty$, $g = (092)\frac{9}{2}\breve{P}\infty$, $\pi = (112)\frac{1}{2}P$, $f = (214)\frac{1}{2}\bar{P}2$, $a = (434)\bar{P}\frac{4}{3}$, $\varepsilon = (878)\bar{P}\frac{8}{7}$, $w = (131)3\breve{P}3$, $\varphi = (143)\frac{4}{3}\breve{P}4$, $\varrho = (153)\frac{5}{3}\breve{P}5$.

Zum Schluss sollen hier in Kürze diejenigen Beobachtungen mitgetheilt werden, auf welche sich die Bestimmungen der neuen Flächen gründen. Wenn auch für diesen Zweck genügend, konnten doch nur selten sehr genaue Messungen erhalten werden.

In der Prismenzone wurden die neuen Flächen bestimmt durch Messung ihres Winkels zum Brachypinakoid $b(010)$, wie folgt: für $\iota(320) = 56^0\,50'$, berechnet $56^0\,30\frac{1}{2}'$; für $\varkappa(560) = 40^0\,4'$, berechnet $40^0\,1'$; für $\chi(250) = 22^0\,9'$, berechnet $21^0\,57'$; für $\vartheta(160) = 9^0\,42'$, berechnet $9^0\,32'$; für $\Theta(170) = 8^0\,21'$, berechnet $8^0\,11\frac{1}{2}'$. Die Zeichen der neuen Makrodomen ergaben sich aus den Winkeln derselben zum Makropinakoid $a(100)$, nämlich: für $\Sigma(203) = 55^0\,40'$, berechnet $55^0\,38\frac{1}{2}'$; für $\Phi(901) = 6^0\,20'$, berechnet $6^0\,11'$. Die Brachydomen wurden durch Messung ihres Winkels zum Brachypinakoid $b(010)$ bestimmt, wie folgt: für $\Pi(021) = 26^0\,20'$, berechnet $26^0\,9\frac{3}{4}'$; für $\Upsilon(041) = 14^0$, berechnet $13^0\,48'$. In der Reihe der verticalen Pyramiden wurden drei neue Flächen beobachtet: $\mu(114)$ bestimmt durch den Winkel zu $I(110) = 70^0\,17'$, berechnet $70^0\,8'$; $\nu(227)$, welches ausserdem in der Zone $x(012)$ und $\Sigma(203)$ liegt; endlich $\sigma_2(223)$ in der Zone [203, 010].

In der Zone zwischen 203 und 010 wurden nicht weniger als 10 Pyramidenflächen beobachtet, alle ausser einer an einem einzigen Krystall, und neun von diesen sind neu. Die gemessenen Winkel zu $\Sigma(203)$ waren die folgenden: für $\sigma_1(629) = 10^0\,30'$, für $\sigma_2(223) = 29^0\,30'$, für $\sigma_3(233) = 40^0$, für $\sigma_4(243) = 48^0\,1'$, für $\sigma_5(253) = 54^0\,17'$, für $\sigma_6(263) = 59^0\,7'$, für $\sigma_7(273) = 62^0\,55'$, für $\sigma_8(283) = 65^0\,10'$. Die bezüglichen berechneten Werthe sind: $\sigma_1 = 10^0\,34\frac{1}{2}'$, $\sigma_2 = 29^0\,15\frac{1}{2}'$, $\sigma_3 = 40^0\,2\frac{1}{2}'$, $\sigma_4 = 48^0\,15'$, $\sigma_5 = 54^0\,28'$, $\sigma_6 = 59^0\,16'$, $\sigma_7 = 62^0\,58\frac{1}{2}'$, $\sigma_8 = 65^0\,57'$. Ausser diesen wurde die Fläche $\sigma_9(2.12.3)$ an einem anderen Krystall bestimmt durch ihre Lage in einer horizontalen Zone mit $Y(011)$ und durch die Messung $2.12.3 : 011 = 9^0$, berechnet $9^0\ 16'$.

In der Zone zwischen $z(101)$ und $b(010)$, in welcher bisher acht Formen bekannt waren, wurden drei neue beobachtet; dieselben wurden durch ihre Neigung zum Brachypinakoid bestimmt, welche sich ergab: für $\lambda_1(313) = 77^0$, berechnet $76^0\ 40\frac{1}{2}'$; für $\lambda_2(323) = 64^0\ 30'$, berechnet $64^0\ 39'$; für $\lambda_3(656) = 59^0\ 30'$, berechnet $59^0\ 22'$. Das Zeichen der häufigen Form $\omega_3(5.10.3)$ wurde aus den oben in der Tabelle angegebenen Messungen abgeleitet; in derselben horizontalen Zone [503, 010] wurden noch drei andere Flächen beobachtet, nämlich: $\omega_1(523)$, zugleich in der Zone $I : z[110, 101]$, $\omega_1 : I = 36^0\ 30'$, berechnet $36^0\ 6\frac{1}{2}'$; ferner $\omega_2(583)$, dessen Winkel zu $b(010) = 35^0\ 31'$ gefunden wurde, berechnet $35^0\ 0\frac{1}{2}'$; $\omega_4(5.11.3)$ lag zugleich in der Zone $q : \eta[130, 353]$ und gab mit $b(010)$ den Winkel $27^0\ 59'$, berechnet $27^0\ 57'$.

In der Zone $\alpha : \omega_3[100, 5.10.3]$ wurden zwei Formen erkannt, nämlich $V(10.30.9)$ mit 8^0 gemessenem Winkel zu ω_3, berechnet: $7^0\ 56'$; und $W(20.30.9)$ mit 7^0 Neigung zu ω_3, berechnet $7^0\ 0'$. In der Zone I, ω_3, σ_7 [110, 5.10.3, 273] wurden weitere drei Flächen bestimmt: $D(15.20.3)$, dessen Winkel zu $I(110)$ gefunden wurde 10^0, berechnet $10^0\ 32'$; $E(10.15.3$ gemessen zu $I(110) = 14^0\ 30'$, berechnet $14^0\ 35\frac{1}{2}'$; $F(15.25.6)$ gemessen zu $I(110) = 19^0$, berechnet $18^0\ 2'$. Der beobachtete Winkel von $I(110) : \omega_3(5.10.3)$ betrug $23^0\ 29\frac{1}{2}'$, der berechnete $23^0\ 29'$. Von den übrigen Flächen lag $X(431)$ in der Zone $I : z[110, 101]$ und gab zu $I(110)$ den gemessenen Winkel 14^0, berechnet $13^0\ 42'$. Die Pyramide $\Gamma(346)$ gehört der Zone $N(023)$, $\psi(146)$, $\sigma_2(223)$ an; ihr Winkel zu N ergab sich $= 23^0\ 20'$; die Rechnung erfordert $22^0\ 58\frac{1}{2}'$. Von $\Psi(829)$, in der Zone $\sigma_1 : a[629, 100]$, wurde gemessen die Neigung zu $\sigma(203) = 12^0\ 30'$ (berechnet $12^0\ 23'$) und zu $213 = 10^0$ (berechnet $9^0\ 56'$). Das Zeichen von $T(521)$ wurde durch folgende Messungen bestimmt: $T : T(521 : 5\bar{2}1) = 42^0\ 15'$, berechnet $42^0\ 34'$; $T : h(310) = 11^0$, berechnet $10^0\ 48'$; $T : J = 31^0\ 45'$, berechnet $32^0\ 16'$. Die Pyramiden $G(144)$ und $H(255)$, in der Zone $u : a[011, 100]$ gelegen, ergaben zu u die Winkel 10^0, resp. $15^0\ 30'$, berechnet $10^0\ 11'$ und $16^0\ 2'$.

Nach Abschluss dieses Aufsatzes erhielt der Verfasser durch Herrn Stadtmüller noch weiteres Material, dessen Bearbeitung indessen auf später verschoben werden musste.

New Haven, 3. August 1883.

III. Beiträge zur Kenntniss der optischen Aenderungen in Krystallen unter dem Einflusse der Erwärmung.

Von

Wilhelm Klein in Bonn.

(Mit 7 Holzschnitten.)

I.

Schon Brewster*) zeigte durch zahlreiche Versuche, dass durch künstliche Mittel auch in isotropen Medien Doppelbrechung erzeugt werden könne. Wenn man eine rechtwinklig parallelepipedische Glastafel mit quadratischer Basis von zwei einander gegenüberliegenden Flächen aus zusammendrückt und so zwischen zwei gekreuzte Nicols stellt, dass die Druckrichtung der Polarisationsebene des einen parallel ist, so erblickt man ein schwarzes Kreuz, dessen Arme die Richtung des Druckes und die darauf senkrechte haben. Steigert man den Druck, so bilden sich um die beiden Endpunkte des der Druckrichtung parallelen Armes kleine Farbenringe, welche an die Lemniscaten der zweiaxen Krystalle erinnern.

Auch mit einaxigen Krystallen stellte Brewster**) ähnliche Versuche an und constatirte, dass dieselben durch einen Druck senkrecht zur optischen Axe zweiaxig werden. Diese Entdeckung bestimmte dann Moigno und Soleil***), eine Reihe von einaxigen Krystallen nach dieser Richtung hin zu prüfen; sie fanden, dass bei den positiven Krystallen, wie z. B. Quarz, die Axenebene sich parallel zur Druckrichtung, bei den negativen aber, wie beim Beryll und Turmalin, die Axenebene sich senkrecht zur Druckrichtung stellte. Pfaff†) kam, ohne die Arbeiten Moigno's, wie es scheint, zu kennen, zu denselben Resultaten. Es bestätigte sich die Be-

*) Philos. transact. 1816.

**) Vergl. Moigno, Répertoire d'optique moderne. Paris 1850.

***) ibidem.

†) Pogg. Ann. **107**, 333; **108**, 598.

obachtung an den positiven Krystallen Quarz und Apophyllit und an vier negativen Kalkspath, Beryll, Turmalin und Honigstein. Bei dem positiven Zirkon konnte er die gewünschte Erscheinung nicht deutlich wahrnehmen; bei stärkerem Druck zersprang ihm die einzige zu Gebote stehende Platte, so dass er auf die Untersuchung dieses Krystalls verzichten musste. Er fand demnach keine abweichenden Verhältnisse, wie Bücking*) angiebt, und wahrscheinlich zeigt der Zirkon bei angewandtem Druck dieselben Erscheinungen wie die übrigen positiven Krystalle, was auch aus meinen Beobachtungen, welche ich am Zirkon machte, hervorzugehen scheint. Neuerdings hat Bücking**) experimentelle Untersuchungen darüber angestellt, in welcher Weise die optischen Verhältnisse der Krystalle unter dem Einfluss eines messbaren äusseren Druckes modificirt werden. Aus denselben geht hervor, dass bei einaxigen Krystallen die Grösse des durch den Druck entstehenden Winkels der beiden optischen Axen nicht von Anfang an proportional dem Drucke zu- oder abnimmt, sondern dass ein verhältnissmässig geringer Druck im Stande ist, in einer einaxigen Partie einer Krystallplatte einen kleinen Axenwinkel hervorzurufen, dagegen ein schon ziemlich starker Druck nöthig ist, um eine merkliche Aenderung des Axenwinkels in einem zweiaxigen Theile der Platte zu erzeugen. Für die verschiedenen einaxigen Mineralien entstand durch einen gleich hohen Druck ein verschiedener Axenwinkel: so wurde durch den gleichen Druck bei Turmalin ein weit kleinerer Axenwinkel erzeugt als bei Apatit und Beryll. Auch waren bei abnehmendem Druck die Winkelwerthe etwas anders als beim Steigern des Druckes; den Grund hierfür sucht Bücking darin, dass der Krystall gleichsam eine gewisse Zeit nach aufgehobenem Druck brauche, um wieder vollkommen unabhängig von dem Einfluss der Pressung zu werden. Bleibende Aenderungen hat Bücking nicht beobachten können. Auch Klocke***) fand bei Gelegenheit seiner Untersuchung über die Structur des Eises, dass eine Eisplatte, welche das normale Axenbild zeigte, durch einen verhältnissmässig niedrigen Druck senkrecht zur optischen Axe zweiaxig wurde. Bleibend war die Erscheinung nicht; hörte der Druck auf, so verschwand auch die Zweiaxigkeit.

Dass solche optische Aenderungen in den Krystallen immer mit Compressionen und Dilatationen verknüpft sein müssen, beweisen die in der letzten Zeit veröffentlichten sehr interessanten Arbeiten von Kundt†). Elektrisirt man nämlich zwei gegenüberliegende Seiten einer quadratisch geschnittenen Quarzplatte, deren Normale parallel der optischen Axe ist, die eine positiv, die andere negativ, so tritt nach der Entdeckung von

*) Diese Zeitschr. 7, 557.

**) l. c.

***) Neues Jahrb. für Min., Geol. u. s. w. 1880.

†) Kundt, Pogg. Ann. Neue Folge 1883.

Lippmann*) und Curie**) eine Dilatation in der Richtung der Verbindungslinie der beiden elektrisirten Seiten ein. Betrachtet man nun eine solche elektrisirte Quarzplatte im Polarisationsinstrument, so ändert sich das ursprüngliche Ringsystem und zwar in der Weise, dass Ellipsen entstehen, deren Längsaxe senkrecht ist zu der Richtung, in welcher die Dilatation stattfindet. Ganz von derselben Art sind die Beobachtungen Röntgen's***) hinsichtlich der Aenderung in der Doppelbrechung des Quarzes hervorgerufen durch Elektricität.

Aehnliche Wirkungen wie ein mechanischer Druck bringt auch eine ungleiche Erwärmung oder Abkühlung auf die Elasticitätsverhältnisse eines Mediums hervor; es müssen also die durch letztere erzeugten optischen Erscheinungen in den Medien analog denjenigen sein, welche man durch Anwendung eines Druckes erhält. Versuche nach dieser Richtung hin rühren ebenfalls schon von Brewster†) her. Ein cylindrisches Glasstück vom Umfange aus erwärmt zeigt das Ringsystem mit schwarzem Kreuz und verhält sich genau wie eine senkrecht gegen die Axe geschnittene positive einaxige Krystallplatte mit dem Unterschiede, dass sich nur die Axe des Cylinders wie eine optische Axe verhält, und nicht wie bei den Krystallen jede derselben parallele Richtung. Lässt man das Glasstück, nachdem man es z. B. durch Tauchen in siedendes Oel gleichmässig erhitzt hat, erkalten, indem man seinen Umfang mit einem guten Wärmeleiter umgiebt, so verhalten sich die Ringe wie in einem negativen Krystall. Ist das Glasstück oval, so muss es wie ein zweiaxiger Krystall wirken, und man erhält Lemniscaten mit dem schwarzen Kreuz oder schwarzen Hyperbeln je nach der Stellung der Polarlinie gegen die Hauptschnitte der sich kreuzenden Nicols. Man kann den Gläsern die doppelbrechenden Eigenschaften auch bleibend beibringen, indem dieselben stark erhitzt und dann schnell abgekühlt werden. Durch die hierbei eintretende ungleichmässige Contraction des Glases werden innere Spannungen erzeugt, welche das Glas doppelbrechend machen (gekühlte Gläser, welche im polarisirten Licht je nach ihrer Gestalt die mannigfachsten Interferenzbilder liefern).

Viele sogenannte colloidale Substanzen, wie Collodium, Gelatine u. a. haben die Eigenschaft, beim Uebergang aus dem gelösten in den festen Zustand eine erhebliche Contraction zu zeigen und hierdurch in Folge der im Innern sich vollziehenden Spannungen deutliche Erscheinungen der Doppelbrechung zu zeigen, die, wie dieses von Klein, Klocke, Ben Saude nachgewiesen wurde, in directer Beziehung stehen zu den Flächen der Formen, in welchen die Verfestigung der Gallerte erfolgte. Nach

*) Ann. de chim. et phys. 1881.

) Comptes rend. 1881, **93, 1138.

***) Ber. der oberhess. Gesellsch. für Natur- und Heilkunde 1888.

†) Philos. Transact. 1816.

Reusch *) scheint dieselbe Fähigkeit auch manchen krystallisirten Körpern zuzukommen. Ein solcher ist der Alaun, dessen Krystalle, obschon sie zu den isotropen gehören, doch sehr oft die Erscheinungen schwacher Doppelbrechung zeigen. Dieselben treten nun so auf, dass man annehmen muss, es sei die Substanz eines solchen Krystalls gespannt innerhalb gewisser Ebenen, parallel denen die schichtenweise Anlagerung beim Aufbau derselben stattfand. Klein **) ist der Ansicht, dass nicht nur eine Contraction der Massen ähnlich den Colloiden stattfindet, sondern auch die Gestalt des vorhandenen Körpers selbst einen Einfluss auf diese Contraction geltend macht, der auf einer gegebenen Fläche nach Art ihrer Umgrenzungselemente, nach dem auf sie wirkenden Druck, nach Temperatur und Concentration der Lösung verschieden, differente Effecte äussern wird und gleiche nur unter gleichbleibenden Bedingungen erzeugt.

Da hiernach eine innere Spannung oder Pressung, entstanden bei dem Acte der Krystallisation, bei isotropen Krystallen vorkommt und eine Art der Doppelbrechung verursacht, so ist klar, dass auch in doppelbrechenden Krystallen aus gleicher Ursache Abweichungen von den ihnen eigentlich zukommenden optischen Eigenschaften vorkommen können. In der That zeigen die basischen Schnitte oder Spaltungsstücke optisch einaxiger Krystalle, wie Turmalin, Zirkon, Apophyllit und anderer, sowohl im Ringsystem als auch in dem schwarzen Kreuze mancherlei Anomalien, welche an die Verhältnisse optisch zweiaxiger Krystalle erinnern, ja selbst bei zweiaxigen Krystallen, wie beim Topas, können optische Abnormitäten sich zeigen, welche auf oben angeführte Ursachen zurückgeführt werden.

Allerdings hat Mallard ***) zur Erklärung der Doppelbrechungserscheinungen regulär krystallisirter Substanzen die Hypothese aufgestellt, dass diese nur pseudoregulären Krystalle aus mehreren doppelbrechenden Individuen von niedrigerer Symmetrie, als sie die Form des ganzen Krystalls aufweist, zusammengesetzt seien. In analoger Weise hat er auch die optischen Anomalien einaxiger Krystalle gedeutet, indem er hier ebenfalls Complexe von Individuen niedrigerer (rhombischer, monokliner oder trikliner) Symmetrie annimmt.

Der Wichtigkeit des fraglichen Gegenstandes wegen möchte es nun sehr wünschenswerth sein, alle mechanischen Mittel, durch welche innere Spannungen hervorgebracht werden können, auf Krystalle anzuwenden, um eine Uebersicht zu gewinnen, in wie weit dieselben auf die optischen Anomalien von Einfluss sein können. Dieser Umstand veranlasste mich, Versuche darüber anzustellen, in welcher Weise die optischen Eigenschaften

---

*) Pogg. Ann. 1867, 132, 621.
**) Neues Jahrb. für Mineral. etc. 1883, I, 2, 160.
***) Ann. des mines 1876. Diese Zeitschr. 1, 309 f.

ein- und zweiaxiger Krystalle durch eine ungleichmässige Erwärmung modificirt werden, Versuche, deren meines Wissens bis jetzt keine vorliegen.

Zu diesem Zwecke fertigte ich mir aus einer Reihe von Krystallen, die mir aus der reichhaltigen Sammlung des mineralogischen Instituts zu Bonn durch die Güte des Herrn Prof. Dr. von Lasaulx zur Verfügung gestellt wurden, durch Spalten oder Schleifen Platten an, deren Flächen senkrecht zur optischen Axe oder ersten Mittellinie orientirt waren.

Art der Beobachtung.

Das zur Beobachtung dienende Instrument war ein nach den Angaben von Bertrand von Nachet in Paris angefertigtes Polarisationsmikroskop, dessen Objecttisch neben der Drehung auch eine Verschiebung durch eine Schlittenvorrichtung in zwei senkrecht auf einander stehenden Richtungen erlaubte, so dass eine jede Stelle der Platte bequem beobachtet werden konnte. Ausserdem war der Apparat mit dem Lasaulx'schen Condensator versehen und gestattete ferner, durch eine zwischen Ocular und Objectiv eingeschobene Bertrand'sche Linse das Gesichtsfeld zu vergrössern, was in vielen Fällen für die Beobachtung bequemer war, indem der Verlauf der unten näher zu beschreibenden Erscheinungen deutlicher wahrzunehmen war; auch brauchte man das Objectiv nicht so sehr dem Objecte zu nähern, als es dann nöthig wurde, wenn die Ocularlinse fehlte.

1) Die ungleichmässige Erwärmung geschah in der Weise, dass ein Plättchen aus Rothkupfer, dessen Verlängerung mit einer Alkoholflamme erhitzt wurde, an einer Seite des Krystalls auf denselben aufgelegt wurde. Der an dem einen Ende das Plättchen tragende Kupferdraht war mit seinem anderen Ende in einen Holzstab geschraubt, welcher in horizontaler Lage an einem verticalen Stativ vermittelst eines Ringes, der um letzteres führte, auf und nieder geschoben werden konnte. Ein zweiter Ring, auf welchem der erstere ruhte, und der ebenfalls um das Stativ führte, wurde durch eine Schraube an das letztere festgeschraubt. Auf diese Weise konnte der das Kupferplättchen tragende horizontale Träger in jeder Höhe des Stativs festgestellt werden, konnte aber zugleich, da der Ring, welcher den Arm mit dem Kupferdraht trug, sich nur lose um das Stativ bewegte, um das letztere als Axe gedreht werden. Bei Beginn des Experimentes wurde das Kupferplättchen auf die Höhe des auf dem Objecttisch des Instruments befindlichen Krystalls gebracht und an einer passenden Stelle aufgelegt. Die den Kupferdraht erhitzende Flamme erwärmt gleichzeitig das Plättchen, welches die Wärme dem Krystall zuführt. Es ist klar, dass die zur Untersuchung benutzten Krystallplatten eine ziemliche Grösse haben mussten; denn, da man in vielen Fällen mit dem Objectiv ziemlich nahe an die Krystallplatte heranzugehen genöthigt ist, so muss das aufgelegte Kupferplättchen, will

man die Objectivlinsen nicht in Gefahr bringen, aus dem Bereiche der letzteren bleiben; die zur Anwendung kommenden Platten müssen demnach eine Ausdehnung haben, die mindestens grösser ist, als der untere Querschnitt des Objectivs. Aus diesem Grunde konnten auch complicirtere Erhitzungsapparate, die geeignet sind, die Temperatur möglichst hoch zu steigern, nicht zur Verwendung kommen.

2) Um sowohl die einseitige Wärmezufuhr zu beschleunigen, als auch eine Drehung des Präparats bei der Erwärmung zu ermöglichen, was bei der eben beschriebenen Versuchsmethode nicht angeht, liess ich mir eine Pincette aus Kupfer anfertigen, welche mit einer Asbestunterlage auf einem flachen Holzring so befestigt war, dass die das Präparat fassenden Spitzen der Pincette gerade in die Mitte des kreisförmigen Ringausschnittes zu liegen kamen. Um das Gleichgewicht mit der Pincette herzustellen, war der letzteren gegenüber auf dem Holzring ein Gegengewicht aus Blei befestigt. Das Ganze wurde auf den Objecttisch gebracht, und das überragende Ende der Pincette in einer Spiritusflamme erhitzt, deren Wärme sich dem in die Pincette geklemmten Krystall mittheilte. Der zwischen dem Holzring und dem Kupfer befindliche Asbest diente zur Isolirung. Durch diese Anordnung wurde das Gewünschte erreicht. Da die Krystallplatte von zwei Seiten gefasst wurde, so wurde jetzt die Wärme sowohl von oben als unten her zugeleitet; ausserdem konnte, weil der Apparat auf dem drehbaren Objecttisch sich befand, das Präparat während der Erwärmung um einen beliebigen Winkel gedreht werden, wenn zugleich die Stellung der Flamme entsprechend geändert wurde, was keine Schwierigkeit bot.

Resultate.

Apatit von Ehrenfriedersdorf.

Optisch negativ. Zur Anwendung gelangte eine Platte, welche von mir auf eine solche Dicke geschliffen war, dass in convergentem Licht bei gekreuzten Nicols eine Anzahl deutlich zu unterscheidender Ringe, durchschnitten von dem dunklen Kreuz, im Gesichtsfeld lagen. Das Kupferplättchen wurde so aufgelegt, dass dasselbe einen beliebigen der vier durch das dunkle Kreuz entstehenden Quadranten halbirte. Nachdem einige Zeit erwärmt worden war, sah man das Kreuz in eine Hyperbel auseinander gehen, deren Axe senkrecht war zu der Richtung, in welcher die Wärme zugeführt wurde. Gleichzeitig verschoben sich die Ringe in dem Quadranten, in welchem man erwärmte uud dem gegenüberliegenden (der Kürze halber will ich dieselben von jetzt an mit Quadranten 1 und 3 bezeichnen) gegen die Mitte, während in den beiden anderen Quadranten (2 und 4) dieselben sich vom Centrum entfernten. Wurde jetzt das Plättchen weggenommen, und liess man den Krystall sich abkühlen, so nahmen die Ringe allmählich ihre ursprüngliche Lage wieder ein und die Hyperbel schloss sich wieder zum Kreuze. Ganz entsprechend war der Verlauf der Erscheinung, wenn die Wärme in irgend einem anderen Quadranten zugeleitet wurde. In den Quadranten 1 und 3 trat eine Verengung der Ringe, in den beiden anderen Erweiterung derselben ein mit gleichzeitiger Umwandlung des Kreuzes in eine Hyperbel, deren Axe senkrecht ist zur Richtung der Wärmezuführung, wie Fig. 1 und 2 veranschaulichen.

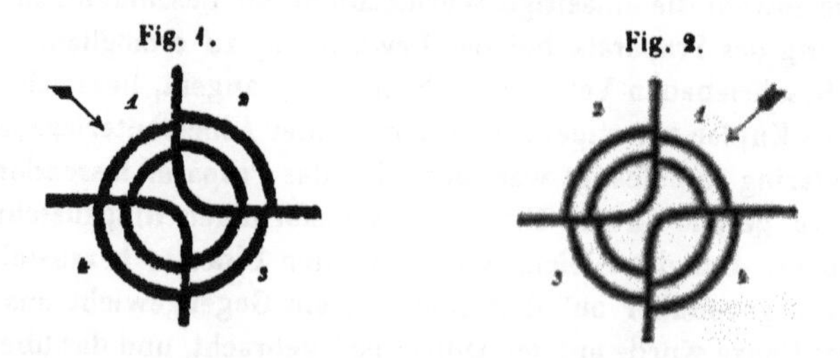

Fig. 1. Fig. 2.

Die optischen Erscheinungen bei einer einseitig erwärmten Apatitplatte sind demnach von derselben Art wie diejenigen, welche man erhält, wenn man zu einer senkrecht zur optischen Axe geschnittenen optisch einaxigen Krystallplatte ein Viertelundulationsglimmerblättchen hinzufügt. Die Versuche wurden verschiedene Male mit derselben Platte wiederholt und immer mit demselben Erfolge.

Quarz vom St. Gotthard.

Optisch positiv. Aus einem Quarzkrystall wurde senkrecht zur Hauptaxe eine Platte geschnitten und dieselbe auf eine Dicke von ungefähr einem Millimeter geschliffen. Bei gekreuzten Nikols betrachtet zeigte dieselbe schön und deutlich eine Anzahl farbiger Ringe mit dem dunkeln Kreuz. Die Versuche wurden zuerst in derselben Weise gemacht wie beim Apatit, nämlich es wurde das Kupferplättchen in der Stellung von 45° zu den Armen des Kreuzes aufgelegt, und die Verlängerung desselben in der Alkoholflamme erhitzt. Hierbei zeigte sich, dass in den Quadranten 1 und 3 eine Erweiterung der Ringe, in den Quadranten 2 und 4 eine Verengung derselben stattfand, während gleichzeitig das dunkle Kreuz sich in eine Hyperbel spaltete, deren Axe parallel war der Richtung der Wärmezuleitung. Es verhalten sich demnach Apatit und Quarz gerade umgekehrt.

Um sowohl die Erscheinungen deutlicher zu erhalten als auch eine Drehung des Objects bei der Erwärmung ausführen zu können, wandte ich die zweite Versuchsmethode*) an. Jedoch gelangte ich hierbei nicht zu dem gewünschten Resultate. Wie lange und wie intensiv auch erwärmt

*) Siehe unter »Art der Beobachtung«.

wurde, die Ringe blieben als Ganzes bestehen, keine merkliche Erweiterung und gleichzeitige Verengung der Ringtheile in zwei nebeneinander liegenden Quadranten konnte beobachtet werden; auch das die Ringe schneidende dunkle Kreuz zeigte keine Veränderung. Unter diesen Umständen musste auf diese Art des Versuchs verzichtet werden. Ich kehrte daher zu der alten Methode zurück. Aber auch diese zeigte sich jetzt mehr oder minder erfolglos. Da nun bei der letzteren Art der Erwärmung, bei welcher die Wärme von zwei Seiten zugeführt wird, das Experiment fehlschlug, so schloss ich, dass der Eintritt der gewünschten Erscheinung an die Erwärmung der einen oberen Seite geknüpft ist; zugleich aber zeigt das Misslingen der ersteren Versuchsmethode, dass die Wärme zu langsam dem Krystall mitgetheilt wird, in Folge dessen derselbe sich im Ganzen erwärmt, also Erscheinungen, wie sie von einseitiger Erwärmung erwartet werden, nicht eintreten können. Es musste mithin dafür gesorgt werden, dass die Zuleitung der Wärme plötzlich und von einer Seite her stattfindet, und die Beobachtung im Augenblicke der Erwärmung angestellt wird. Um dieses zu erreichen, wurde das Plättchen, welches jetzt durch ein etwas dickeres Eisenstückchen ersetzt wurde, zuerst in einer Spiritus- oder Gasflamme stark erhitzt und dann auf die Krystallplatte aufgelegt. Bei dieser Art des Versuchs zeigten sich die erwarteten und oben beschriebenen Erscheinungen sofort klar und deutlich; speciell für Quarz wurde Folgendes beobachtet: Wurde das Eisenstückchen in einem der durch die dunkeln Arme des Kreuzes gebildeten Quadranten aufgelegt, so erweiterten sich die Ringe in den Quadranten 1 und 3, während in den Quadranten 2 und 4 eine Verengung derselben eintrat. Gleichzeitig öffnete sich das dunkle Kreuz in eine Hyperbel, deren Axe parallel war der Richtung der Wärmezufuhr.

Apophyllit von der Seisseralp (Tirol).

Doppelbrechung positiv. In der Einleitung wurde erwähnt, dass die basischen Spaltungsstücke von Apophyllit häufig Anomalien in optischer Beziehung zeigen. Bei den mir zu Gebote stehenden Krystallen war dies der Fall. Die Abweichung des Interferenzbildes von dem gewöhnlichen der einaxigen Krystalle bestand darin, dass sich je nach der Stellung der Platte das Kreuz oder die Hyperbel zeigte, wie dies bei zweiaxigen Krystallen der Fall ist.

Die einseitige Erwärmung fand zuerst in der Weise statt, dass das Eisenstückchen in einem der Räume aufgelegt wurde, welche von den Hyperbelbögen begrenzt sind. Hierbei zeigte sich Folgendes: Die Hyperbelbögen entfernen sich beiderseits von der Mitte, oder, wenn wir den Apophyllit als zweiaxig auffassen wollen, der Axenwinkel vergrössert sich. Die Ringtheile in den inneren Hyperbelräumen erweitern sich, die in den anderen verengen sich; die Theile des ersten Ringes in den letzteren äusseren Hyperbelräumen verbinden sich mit den den Polen benachbarten Theilen der Hyperbel zu einer nicht geschlossenen Acht von folgender Form (⌣), indem nämlich die Hyperbel zwischen den abgerückten Theilen des ersten Ringes deutlich absetzt. Bei den nächstfolgenden auch noch getrennten Ringen erscheint jedoch die dunkle Hyperbel wieder. Wird dagegen die Wärme in einem äusseren Hyperbelraum zugeleitet, so vereinigen sich die Hyperbelbögen zu einem geschlossenen Kreuz, oder anders ausgedrückt: der Axenwinkel wird gleich Null*). Zugleich erweitern sich die Ringtheile in dem Zuleitungsraume und dem gegenüberliegenden und die Theile des ersten Ringes suchen sich mit denen des zweiten Ringes in den inneren Hyperbelräumen zu vereinigen. In diesen verengen sich die Ringtheile und die des ersten Ringes verbinden sich mit dem dunkeln Kreuz zu einer geschlossenen Acht (8). Auch in diesem Falle setzt die Hyperbel zwischen den abgerückten Ringtheilen, wenigstens für den ersten Ring gilt dies, durch eine lichtere Stelle ab.

Zirkon von Ceylon.

Doppelbrechung positiv. Bei ungleichmässiger Erwärmung zeigt der Zirkon genau dieselben Erscheinungen wie der Quarz, nämlich das dunkle Kreuz geht in eine Hyperbel über, deren Axe parallel ist der Erwärmungsrichtung; in den Quadranten 1 und 3 findet eine Erweiterung, in den beiden anderen eine Verengung der Ringe statt**).

Von anderen negativen einaxigen Krystallen habe ich noch den Kalkspath von Island untersucht, welcher sich genau so wie Apatit verhielt.

Fassen wir die eben beschriebenen Erscheinungen zusammen, so ist zunächst hervorzuheben, dass bei sämmtlichen untersuchten einaxigen Krystallen durch eine ungleichmässige Erwärmung das dunkle Kreuz der Interferenzfigur in eine Hyperbel gespalten wird. Mit dieser Umwandlung des Kreuzes in eine Hyperbel ist gleichzeitig eine Aenderung der farbigen concentrischen Ringe verbunden der Art, dass die Ringtheile in den inneren Theilen der entstandenen Hyperbel sich erweitern, in den beiden äusseren sich verengen. Jedoch waren alle diese Aenderungen für eine Gruppe der untersuchten Mineralien gerade umgekehrt wie für die andere.

---

*) In Bezug auf den Apophyllit bemerkt Des Cloizeaux, dass derselbe, wie alle einaxigen Substanzen, welche nur durch gelegentliche Structur-Anomalien zweiaxig erscheinen, bei Temperaturerhöhung trotz der Zweiaxigkeit einen unveränderten Axenwinkel besitze.

**) Manche Zirkonkrystalle bieten optische Anomalien dar, welche sich besonders am innersten centralen Ring wahrnehmen lassen. Derselbe stellt nicht mehr eine ganz stetige Curve dar, wie dies bei wirklich zweiaxigen Lamellen der Fall ist, sondern besteht aus zwei einander nicht genau correspondirenden Kreisbögen.

Auf der einen Seite verhielten sich Apatit und Kalkspath genau gleich, anderseits waren die Erscheinungen bei Quarz, Apophyllit und Zirkon zwar unter sich genau dieselben, aber gerade entgegengesetzt zu den des Apatit und Kalkspath. Während bei den letzteren die Axe der gebildeten Hyperbel senkrecht war zu der Richtung, in welcher die Wärme zugeführt wurde, und dementsprechend die Lage der Ringtheile sich gestaltete, war bei ersteren die Axe parallel der Erwärmungsrichtung.

Was den Apophyllit anbetrifft, so ist zwar bei den nicht erwärmten Spaltungsstücken schon das dunkle Kreuz in eine Hyperbel getheilt, wie oben bemerkt wurde, und ist der Verlauf der Erscheinungen daher bei dieser Substanz etwas modificirt; jedoch findet keine principielle Abweichung derselben von denen des Quarz und des Zirkon statt. Denn wenn die Wärme in den inneren Hyperbelräumen zugeführt wird, so entfernen sich die Hyperbelbögen von einander mit gleichzeitig eintretender Ringerweiterung in den Räumen 1 und 3, während in den beiden anderen Räumen die Ringe sich contrahiren. Wird aber die Richtung, in der die Wärme zugeführt wird, um 90° geändert, so müsste die entsprechende Erscheinung eintreten, wie sie beim Quarz eintritt, wenn die Wärmezuleitnng in einer um 90° verschiedenen Richtung stattfindet. Dies wird aber dadurch verhindert, dass beim Apophyllit statt des dunkeln Kreuzes eine Hyperbel vorhanden ist. Dass aber die analoge Erscheinung eintreten will, geht daraus hervor, dass die Hyperbel sich zu einem Kreuz schliesst, und die Ringsysteme sich in derselben Weise ändern, wie dies beim Quarz der Fall war.

Aus alledem geht hervor, dass ein Theil der einaxigen Krystalle bei ungleichmässiger Erwärmung unter sich optisch genau gleich sich verhält, der andere Theil zwar eine entsprechende aber gerade entgegengesetzte Aenderung der Interferenzfigur erleidet, dass die optischen Eigenschaften der Krystalle, deren Doppelbrechung positiv ist, in dem einen Sinne, die der optisch negativen in dem anderen modificirt werden. Es kann demnach die einseitige Erwärmung auch wohl eine Methode darbieten, den optischen Charakter der einaxigen Krystalle zu bestimmen.

Ausser einaxigen Krystallen habe ich auch zweiaxige nach dieser Richtung hin untersucht und bin zu Resultaten gelangt, welche ähnlich sind denjenigen, welche sich für Krystalle der ersteren Art ergaben.

Cordierit von Haddam.

Doppelbrechung negativ. Die von mir benutzte Platte stammt aus der Sammlung optischer Präparate des mineralogischen Instituts zu Bonn und ist angefertigt von Steeg in Homburg.

Mit einem Nörremberg'schen Polarisationsapparat wurde zunächst der (scheinbare) Winkel der optischen Axen gemessen und derselbe zu 68° 9' im Mittel bestimmt. Ehe ich dazu überging, auf den Krystall die ungleichmässige Erwärmung anzuwenden, erwärmte ich denselben gleichmässig, um die Art und Weise der Aenderung des Winkels der optischen Axen mit der Temperatur festzustellen *). Eine vorläufige Prüfung ergab, dass schon bei einer geringen Temperaturerhöhung, die zunächst nicht genauer festgestellt wurde, die aber jedenfalls nicht viel über 200° betrug (die Platte wurde einige Augenblicke in eine Alkoholflamme gehalten und dann schnell unter das Mikroskop gelegt), der Axenwinkel sich um circa 11—12° vergrösserte. Es ist dies keine genaue Bestimmung, sondern nur eine ungefähre Schätzung, die in folgender Weise erreicht wurde: Auf dem Horizontalfaden des Fadenkreuzes befindet sich eine Theilung; das Präparat wurde mit dem Objecttisch in eine solche Lage gebracht, dass die Pole des Interferenzbildes auf die Theilung fielen. Mit Hülfe des gemessenen Axenwinkels konnte man sich dann annäherungsweise den Winkel zwischen zwei benachbarten Theilstrichen berechnen und hiernach eine ungefähre Schätzung der Zunahme des Axenwinkels bei Erwärmung des Cordierit vornehmen. Bei weiteren Versuchen wurde constatirt, dass die Vergrösserung des Axenwinkels von einer Aenderung der die Pole umgebenden farbigen Ringsysteme begleitet ist. Der ursprüngliche Anblick des Interferenzbildes war, dass zwei rothe Ringe zu verschiedenen Polen gehörig sich im Centrum des ganzen Bildes berührten und ein rothes Feld an dieser Stelle bildeten. Wurde nun die Platte erwärmt, so gingen die Pole auseinander resp. der Axenwinkel vergrösserte sich, die sie umgebenden Ringe wanderten mit, die äussersten rothen Ringe trennten sich von einander, und das rothe Feld in der Mitte machte dem Grün Platz. Gleichzeitig schnürten sich die beide Pole umgebenden Lemniscaten nach der Mitte zu ein. Dieses Einschnüren der Curven und der Farbenwechsel des mittleren Feldes tritt ziemlich rasch und deutlich ein, wenn auch eine sonderlich wahrnehmbare Aenderung des Axenwinkels noch nicht zu bemerken ist. Diese Beobachtungen schienen mir interessant genug, auch andere zweiaxige Krystalle nach dieser Richtung hin zu untersuchen. Ein Spaltungsstück von Topas und ein senkrecht zur ersten Mittellinie geschliffener Axinit ergaben ähnliche Resultate wie der Cordierit. Bei gleichmässiger Temperaturerhöhung vergrössert sich der Axenwinkel mit gleichzeitig eintretendem Einschnüren der Lemniscaten. (Die Vergrösserung des Axenwinkels

*) Erst in der neuesten Zeit hat man bestimmt ausgesprochen, dass Erhöhung der Temperatur den Axenwinkel des Cordierit merklich vergrössert (s. Naumann-Zirkel, Mineral. 1881). Des Cloizeaux giebt an, dass die Grösse des Axenwinkels des Cordierit aus den verschiedenen Fundorten verschieden, bei ein und demselben Exemplar aber für alle Temperaturen constant sei (s. Des Cloizeaux, Manuel de min. p. 356).

konnte nicht durch einfaches Beobachten der Platte constatirt werden, da wegen der Grösse des Axenwinkels die Pole ausserhalb des Gesichtsfeldes lagen.) Da demnach bei sämmtlichen drei Krystallen, bei denen durch gleichmässige Erwärmung eine Vergrösserung des Axenwinkels stattfindet, die Farbencurven sich einschnüren, so müssen bei einer Verkleinerung des Axenwinkels dieselben sich gerade umgekehrt verhalten. Um die Art und Weise einer solchen Aenderung kennen zu lernen und mit der ersteren zu vergleichen, wurden zwei Adulare aus der Eifel zur Untersuchung benutzt, welche ebenfalls aus der Sammlung des mineralogischen Instituts zu Bonn herrühren. Diese beiden Exemplare eigneten sich deshalb sehr gut zur Beobachtung, weil ihr Axenwinkel hinreichend klein war, und die Pole der Interferenzfigur daher im Gesichtsfeld lagen, so dass die Ab- resp. Zunahme des Axenwinkels und die Aenderung der Lemniscaten gleichzeitig unter dem Mikroskop verfolgt werden konnte. Bei dem einen Adular, der in der Sammlung mit Nr. 4 bezeichnet ist, liegt die Ebene der optischen Axen parallel der Symmetrieebene, bei dem anderen Nr. 5 parallel zur horizontalen Diagonale der Basis. Wurden die beiden Krystalle erwärmt, so vergrösserte sich bei Nr. 4 der Axenwinkel, die Farbencurven, welche die beiden Pole gemeinschaftlich umgaben und hier eine mehr elliptische Form hatten, schnürten sich zu einer bisquitähnlichen Form ein, gerade so, wie dies bei Cordierit, Topas und Axinit der Fall war; dagegen beim Adular Nr. 5 verkleinerte sich der Axenwinkel; die beiden äussersten die Pole umgebenden und sich in der Mitte des Gesichtsfeldes berührenden Ringe gingen in eine einzige beide Pole umfassende Curve über, die bei zunehmender Temperatur nach und nach die Form einer Ellipse anzunehmen suchte. Selbstverständlich haben alle diese Erscheinungen den umgekehrten Verlauf, wenn man die Platten sich allmählich abkühlen lässt. Diese Beobachtungen genügen, um den Schluss zu ziehen, dass mit der Vergrösserung resp. Verkleinerung des optischen Axenwinkels stets eine Aenderung der Ringsysteme und Lemniscaten verbunden ist, die entgegengesetzt ist, je nachdem der Winkel wächst oder abnimmt. Vergrössert sich der Axenwinkel, so schnüren sich die Farbencurven ein, verkleinert derselbe sich, so erweitern sie sich, d. h. suchen eine mehr elliptische Gestalt zu erlangen. Die Aenderung der Curven tritt, wie gesagt, im Allgemeinen ziemlich rasch und deutlich ein, viel rascher und deutlicher wenigstens als die Vergrösserung resp. Verkleinerung des Winkels der optischen Axen; sie ist aber die stete Begleiterin und Folge derselben. In vielen Fällen ist es schwierig, wenn der Axenwinkel zu gross ist, direct aus der Beobachtung der Interferenzfigur anzugeben, ob mit der Erhöhung der Temperatur ein Wachsthum oder eine Abnahme der Grösse des Axenwinkels verbunden ist. Da aber die die Aenderung des Winkels stets begleitende Erscheinung immer und ziemlich schnell beobachtet werden kann, so glaube ich, dass hierin ein einfaches und bequemes Mittel liegt, den Sinn der Aenderung des Axenwinkels mit Zunahme der Temperatur, wenn es sich nur darum handelt, mit Leichtigkeit festzustellen.

Durch einen kurzen Versuch wurde, wie oben bemerkt, constatirt, dass der Winkel der optischen Axen beim Cordierit mit der Temperatur wächst, und durch eine ungefähre Schätzung die Grösse des Zuwachses angegeben. Um jedoch die Art und Weise der Vergrösserung kennen zu lernen, wurde dieser Krystall einer genaueren Prüfung unterworfen. Die Platte wurde bei horizontaler Lage des *Nörremberg*'schen Apparates in eine am Apparate selbst befindliche verticale Pincette gesteckt, und letztere auf eine solche Höhe geschraubt, dass das Präparat gerade zwischen dem Objectiv und dem zweiten Nicol sich befand. Durch eine Justirvorrichtung konnte die Pincette so gestellt werden, dass bei einer Drehung des Objects um die Pincette als Axe die einmal beobachtete Stelle immer im Gesichtsfelde blieb. Der Krystall mit der Pincette wurde nun von oben her durch eine Oeffnung in einen Wärmkasten geschoben, welcher zwischen dem Objectiv und dem zweiten Nicol befindlich zwei runde durch Glasscheiben verschlossene, dem Objectiv und dem zweiten Nicol gegenüberliegende Oeffnungen hatte. Vermittelst zweier Alkoholflammen, die zu beiden Seiten unter dem Heizapparat aufgestellt waren, wurde die in dem Kasten befindliche Luft erwärmt und deren Temperatur an einem Thermometer, welches in den Apparat hineinragte, abgelesen. Allerdings konnte die Temperatur nicht über 200° getrieben werden. Folgende kleine Tabelle giebt die Zahlen an, welche nach mehrmaliger Beobachtung im Mittel für den Axenwinkel bei den verschiedenen Temperaturen erhalten wurden.

Die erste Columne enthält die Temperatur des erwärmten Objects in Centigraden, die zweite die Grösse des Axenwinkels in Graden und Minuten, wie er durch directe Messung in der bekannten Weise erhalten wird, die dritte die Vergrösserung des Axenwinkels gegen den bei gewöhnlicher Temperatur (15—16° C.), der zu 68° 9' bestimmt wurde, die vierte die Differenz zweier auf einander folgender Beobachtungen des Axenwinkels.

Temperatur:	Axenwinkel:	Vergrösserung:	Differenz·
150°	75° 28'	7° 19'	
			2° 15'
200	77 43	9 34	
			2 41
150	75 2	6 53	
			2 20
100	72 22	4 13	
			2 18
70	70 4	1 55	

Aus dieser Tabelle geht hervor, *dass wenigstens bis zu 200° der Winkel der optischen Axen des Cordierit angenähert proportional der Temperatur sich ändert.*

Nach dieser Abschweifung vom eigentlichen Gegenstande vorliegender

Untersuchung, die mir aber immerhin wichtig genug schien, dass sie hier erwähnt wurde, ging ich dazu über, dieselbe Cordieritplatte zu prüfen bezüglich ihres Verhaltens bei ungleichmässiger Erwärmung.

Durch Drehung des Objecttisches wurde das Präparat in eine solche Lage gebracht, dass für den Beobachter das Interferenzbild durchschnitten von der Hyperbel sich zeigte, dass also die Axenebene des Krystalls mit den Hauptschnitten der Nicols einen Winkel von 45° bildete. Die einseitige Erwärmung fand in der früheren Weise statt: das längere Zeit in einer Alkohol- oder Gasflamme erhitzte Eisenstückchen wurde auf den Krystall gelegt einmal in einem der äusseren, das andere Mal in einem der inneren Hyperbelräume. Im ersteren Falle war die Erscheinung folgende: Die Ringtheile innerhalb des Axenwinkels verengten sich, die ausserhalb desselben erweiterten sich. Die Verschiebung der Ringtheile war mitunter so stark, dass der Theil des zweiten Ringes an der Aussenseite sich mit dem des dritten Ringes an der Innenseite der Hyperbel fast zu einem einzigen Ringe verband. Im anderen Falle war die Erscheinung gerade umgekehrt. Die Ringtheile innerhalb des Axenwinkels erweiterten, die ausserhalb desselben verengten sich. Bei diesen Versuchen wurde auch deutlich beobachtet, dass wenigstens an dem einen Pol, wobei die Erwärmung stattfand, die Hyperbel fast vollständig bis auf einen dunklen Punkt, welcher dem Pol entsprach, verschwand (s. Fig. 3 und 4). Zu bemerken ist noch, dass bei dieser plötzlichen einseitigen Erwärmung die Pole ihre Stellung beibehalten, erst wenn die Hyperbel wieder erscheint, entfernen sich die Pole mit ihren Ringsystemen von einander, also erst, wenn durch das aufgelegte heisse Eisenstückchen die Platte sich im Ganzen erwärmt hat, vergrössert

Fig. 3. Fig. 4.

sich der Axenwinkel und treten die das Wachsthum des Winkels begleitenden Erscheinungen ein.

Zur Vervollständigung des ganzen Versuchs wurde die Krystallplatte auch in der Stellung beobachtet, bei der die Interferenzfigur von dem dunklen Kreuz durchschnitten wird. Die Wärme wurde in einem der vier entstehenden Quadranten zugeführt. Die Aenderungen, welche hierbei die Figur erleidet, bestanden wiederum in Verschiebungen der Ringtheile gegen einander in zwei benachbarten Quadranten, ohne dass jedoch das dunkle Kreuz merklich alterirt wurde. In den Quadranten 1 und 3 tritt eine Verengung, in den beiden anderen eine Erweiterung der die Pole umgebenden Ringe ein.

Ganz entsprechend war das Verhalten einer Topasplatte von Schneckenstein, welche in der Weise untersucht wurde, wie dies zuletzt beim Cordierit geschehen war; nur treten die Erscheinungen gerade im entgegengesetzten Sinne ein. Dieselben Versuche, wie sie Anfangs mit Cordierit angestellt wurden, konnten wegen der Grösse des Axenwinkels nicht mit Erfolg angestellt werden, doch genügt die erwähnte Beobachtung, um die Analogie der beiden Mineralien in ihrem Verhalten bei ungleichmässiger Erwärmung zu zeigen. Da sich nun Cordierit und Topas gerade entgegengesetzt verhalten, Cordierit aber eine negative, Topas eine positive Doppelbrechung besitzt, so lässt sich durch ungleichmässige Erwärmung gerade so wie bei einaxigen Krystallen der Charakter der Doppelbrechung auch bei zweiaxigen erkennen.

Alle diese merkwürdigen Erscheinungen, wie sie sich bei einseitiger Erwärmung an den verschiedenen Krystallen zeigen, resultiren ohne Zweifel aus denselben Ursachen wie diejenigen, welche man durch Druck und Elektricität erhält. Wichtig und zugleich wegbahnend für ihre Erklärung aber möchte der Umstand sein, dass ganz dieselben Erscheinungen eintreten, wenn man bei der Beobachtung einer ein- oder zweiaxigen Krystallplatte, welche senkrecht zur optischen Axe oder ersten Mittellinie geschnitten ist, im convergenten Licht ein Viertelundulations-Glimmerblättchen zwischen dem oberen Nicol und der Krystallplatte einschiebt. Denn, um zu zeigen, dass die angeführten Aenderungen der Interferenzfigur, hervorgerufen durch einseitige Erwärmung, auf dieselbe Weise zu Stande kommen wie die bei Anwendung eines Glimmerblattes, ist es blos nöthig anzunehmen, dass bei der Erwärmung des Krystalls vermittelst des aufgelegten Eisenstückchens nur die obere Schicht der Platte erwärmt werde, welche in diesem Falle das Glimmerblättchen vertritt. Diese Behauptung stützt sich auf folgendes Raisonnement: Durch die Wärme werden die Massentheilchen in der oberen Schicht des Krystalls ausgedehnt und zwar, da dieselbe von einem Punkte des Objects ausströmt, verschieden in den drei auf einander senkrechten Hauptrichtungen, so dass in der That drei Elasticitätsaxen existiren. Hierdurch erhält die obere Schicht den Charakter eines zweiaxigen Krystalls, der in seiner Wirkung sich ähnlich verhält wie ein Viertelundulationsglimmerblättchen. Es ist selbst nicht einmal nöthig anzunehmen, dass nur die obere Schicht durch die Wärme modificirt werde; wir können uns auch denken, dass durch die strömende Wärme eine Reihe die Platte parallel durchsetzende Lamellen beeinflusst werden. die in ihrer Gesammtwirkung dem des Glimmerblattes gleichkommen; denn dieselben Erscheinungen, welche sich zeigten durch Auflegen des erhitzten Eisenstückchens, resultirten auch, wenn dasselbe an einer Stelle der Platte seitlich angedrückt wurde.

Eine Bestätigung dieser Erklärung der optischen Aenderungen an Krystallen durch ungleichmässige Erwärmung findet sich bei Dove*) in seinen »Versuchen über Circularpolarisation des Lichts«. Die Erklärung der in seinen Versuchen beobachteten Erscheinungen der Circularpolarisation beruht darauf, dass durch Aenderung der Doppelbrechung vermittelst einer bestimmten Wärmeverschiedenheit im Innern des angewendeten Körpers bei unveränderter Dicke desselben der Gangunterschied der beiden Strahlen gerade $\frac{1}{4}$ Undulation gleich gemacht wird. »Wenn diese Erklärung richtig ist, so muss man«, folgert Dove weiter, »durch allmähliches Erwärmen genau dieselben Erscheinungen erhalten als durch successive Reflexionen im Innern Fresnel'scher Rhomboëder, nur mit dem Unterschiede, dass statt sprungweiser Verschiedenheit man hier einen continuirlichen Uebergang durch alle Grade der elliptischen Polarisation zu erwarten hat«. Der Apparat, mit welchem er seine auf obiges Raisonnement bezüglichen Versuche anstellte, bestand im Wesentlichen aus zwei gekreuzten Nikols, zwischen welchen eine normal zur Axe geschliffene Kalkspathplatte eingesetzt war. Vor dem polarisirenden Nikol wurde ein Glaswürfel eingeschaltet, der von unten her vermittelst einer Alkoholflamme erhitzt wurde. Als die Lampe angezündet wurde, fing das schwarze Kreuz an, sich sogleich in der Mitte zu öffnen, die Kreisbögen im zweiten und vierten Quadranten entfernten sich vom Mittelpunkt, während die des ersten und dritten sich näherten. Die Einzelheiten der Dove'schen Arbeit will ich der Kürze wegen hier übergehen. Der Unterschied zwischen den Versuchen von Dove und den meinigen liegt einfach darin, dass das, was Dove durch den Glaswürfel erreichte, bei meinen sämmtlichen Präparaten durch eine ungleichmässige Erwärmung der verschiedenen Schichten der Platte selbst bewirkt wurde; im Uebrigen ist das Resultat bei beiden Versuchsarten dasselbe; denn auch bei meinen Beobachtungen fand das Oeffnen des dunkeln Kreuzes, sowie die Verengung und Erweiterung der Ringe allmählich statt.

Vergleicht man die Erscheinungen, die man durch ungleichmässige Erwärmung erhält, mit denen, welche durch Anwendung des Glimmerblattes erzeugt werden, so ist Folgendes zu bemerken: Wenn bei der Beobachtung eines positiven einaxigen Krystalls das Glimmerblättchen so eingeschoben wird, dass seine Axenebene mit den Hauptschnitten der beiden gekreuzten Nikols einen Winkel von 45° bildet, so verengen sich in den Quadranten, in denen die Längsaxe des Blättchens liegt, die Ringe, in den beiden anderen erweitern sie sich. Bei einseitiger Erwärmung da-

*) Pogg. Ann. 85.

gegen erweitern sich in dem Quadranten, in welchem die Wärme zugeführt wird (1) und dem gegenüberliegenden (3) die Kreisbögen, in den beiden anderen verengen sie sich. Bei den negativen einaxigen Krystallen sind die Interferenzbilder in beiden Fällen entgegengesetzt den bei positiven. Ebenso verhält es sich mit den zweiaxigen positiven und negativen Krystallen.

Da der Glimmer optisch negativ ist, so ist die Bisectrix Axe der grössten Elasticität; die Axe der kleinsten Elasticität liegt bei Betrachtung des Interferenzbildes parallel der Axenebene, während die der mittleren senkrecht zu derselben ist. Hiernach erklären sich alle durch denselben hervorgerufenen optischen Aenderungen der Interferenzbilder. Um in derselben Weise die Wirkung der ungleichmässigen Erwärmung uns klar zu machen, müssten wir annehmen, dass die obere erwärmte Schicht des Krystalls wie ein positiver Krystall wirke, d. h. dass die Normale zur Platte der Richtung der kleinsten, die Richtung, in der die Wärme zugeführt wird und zuströmt, die der grössten, und die auf beiden senkrechte die der mittleren Elasticität sei. Dies wird nun im Allgemeinen nicht der Fall sein (wenigstens bei negativen Krystallen nicht), da der Krystall ursprünglich schon in den verschiedenen Richtungen eine verschiedene Elasticität besitzt. Dies ist aber auch keineswegs nöthig, wenn wir nur annehmen, dass das Wachsthum der Elasticität in der Richtung der Wärmezuströmung a am grössten ist, in der darauf senkrechten ein mittleres b, in der Richtung normal zur Platte am geringsten ist, wobei auch negative Werthe (Abnahme der Elasticität) zulässig sind, wofern nur die Beziehung $a > b > c$ gewahrt bleibt*). Hiernach müssen die Erscheinungen bei ungleichmässiger Erwärmung immer sowohl bei einaxigen wie bei zweiaxigen Krystallen gerade entgegengesetzt sein den Veränderungen der Interferenzfigur, hervorgebracht durch die Anwendung eines Glimmerblattes, vorausgesetzt, dass die Richtung, in der die Wärme zugeführt wird, und die Längsrichtung des Glimmerblattes die gleichen sind, wie die Erfahrung es auch zeigt.

II.

In jüngster Zeit hat Mallard**) eine Arbeit veröffentlicht unter dem Titel: »De l'action de la chaleur sur les substances cristallisées«. Unter den Mineralien, die er untersuchte, ist auch der Heulandit. Die von ihm beobachteten Aenderungen, welche dieses Mineral bei gleichmässiger Erwärmung in optischer Beziehung erleidet, hat er in einem besonderen Abschnitt: »De l'action de la chaleur sur la Heulandite«, des Näheren be-

*) Hier sind unter a, b, c nicht die Grössen der Elasticität selbst, sondern die Aenderungen derselben mit ihren Vorzeichen gemeint.

**) Bulletin de la Société minéralogique, Paris 1882, 5, 255.

schrieben, sowie eine Erklärung für dieselben zu geben versucht. Er knüpft bei der Untersuchung dieser Substanz an die Beobachtungen an, welche Des Cloizeaux*) an Spaltungslamellen von Heulandit in convergentem Lichte bei gekreuzten Nicols machte: »En chauffant ces plaques avec précaution jusque vers 100°, on voit d'abord les axes rouges se réunir et les axes bleus passer dans un plan normal à celui qui contenait précédemment les rouges, puis, à mésure que la température augmente, les uns et les autres s'écartent de plus en plus de ce plan. L'altération que la Heulandite éprouve dans sa transparence vers 200° ne permet pas de s'assurer si à une température élevée ses modifications thermooptiques deviendraient permanentes comme celle de l'orthose.«

Die Resultate, zu denen Mallard gelangt und von denen er selbst eingesteht, dass sie weit entfernt seien, als vollständig abgeschlossen gelten zu können, sind in Kürze folgende:

Wenn man unter dem Mikroskop eine Spaltungslamelle von Heulandit beobachtet, so findet man, dass dieselbe niemals homogen ist. Sie zerfällt gewöhnlich in vier Felder, welche sich gegen die Mitte der Platte vereinigen; zwei derselben besitzen fast die Gestalt eines Dreiecks. Die spitze positive Bisectrix ist immer normal zur Platte, aber die Lage der Axenebene und die Grösse des Axenwinkels variirt beträchtlich von Feld zu Feld, häufig auch von Punkt zu Punkt in ein und demselben Felde. Indessen stellt sich die Axenebene fast parallel der Basis und der Axenwinkel ist niemals grösser als 50°. Erwärmt man eine solche Lamelle langsam bis etwa 150°, so tritt die Aenderung in der Grösse des Axenwinkels und Lage der Axenebene, wie sie Des Cloizeaux beobachtete, nur langsam ein, und nach Verlauf einer Zeit, die viel beträchtlicher ist als die, welche zur Erwärmung einer so geringen Masse nöthig ist, haben diese Aenderungen noch nicht an allen Stellen der Platte stattgefunden. Sie zeigen sich zunächst an den Rändern und breiten sich dann erst langsam bis in das Innere der Masse aus; die Aenderungen sind selbst noch nicht vollständig überall eingetreten, nachdem man zwei oder drei Stunden erwärmt hat.

»Il est évident,« sagt Mallard, »d'après ces faits, que les modifications des propriétés optiques de la lame ne sont pas produites directement par la variation de la température, mais doivent être rapportées au dégagement de l'eau que produit l'élévation de la température.«

Diese Behauptung stützt er auf folgende Beobachtungen. Setzt man die Platte nach der Erwärmung der freien Luft aus, so tritt langsam der umgekehrte Process ein, beginnend wieder an den Rändern der Platte. Nach Verlauf von etwa 24 Stunden ist dieselbe wieder in ihren ursprüng-

---

*) Des Cloizeaux, Manuel de la minéralogie p. 426.

lichen Zustand zurückgekehrt, abgesehen von einigen neuen Rissen und Sprüngen, die entstanden sind, wenn die Temperatur ein wenig hoch getrieben war. Taucht man aber die Platte nach der Erwärmung in Wasser ein, so tritt der rücklaufende Process unendlich viel schneller ein; wenn man dagegen die Lamelle nach der Herausnahme aus dem Heizapparat in flüssigen Canadabalsam taucht und so zwischen zwei Glasplatten bringt, dass die freie Luft keinen Zutritt zu derselben hat, so behält der Krystall den optischen Zustand bei, in den er durch die Erwärmung gelangt ist. Diese seine Beobachtungen glaubt nun Mallard in Beziehung zu denen Damour's bringen zu müssen, zu welchen sie gewissermassen eine Ergänzung bilden sollen.

Nach Damour nämlich verliert der Heulandit, der bei gewöhnlicher Temperatur ungefähr 5 Molekel Wasser enthält (je nach dem Hygrometerstande der Luft etwas mehr oder weniger), 3 derselben zwischen 0° und 180°; derselbe ist jedoch im Stande, diese aus der atmosphärischen Luft wieder aufzunehmen. Bei höherer Temperatur erst verliert der Krystall auch die beiden letzten Molekeln, er wird undurchsichtig und unfähig, Wasser wieder aufzunehmen *).

Die Aenderungen der optischen Eigenschaften des Heulandit bei Erwärmung in Verbindung mit den Beobachtungen Damour's führen Mallard zu folgender Schlussfolgerung: »L'examen optique ajoute à ces observations bien connues, ce fait qui me paraît fort curieux, c'est que, tant que les deux derniers atomes d'eau ne sont pas partis et que le phénomène se borne à la disparition de tout ou partie des 3 autres atomes, la structure cristalline persiste, avec son orientation caractéristique, et cette altération, en apparence si profonde, de la composition chimique, n'amène que des modifications dans les propriétés optiques, modifications graduelles et en quelque sorte proportionnelles à la quantité d'eau qui s'échappe.

»Tout se passe, en un mot, comme si le cristal de Heulandite à 2 atomes d'eau était une sorte d'éponge susceptible de s'imbiber d'une quantité d'eau, variable avec la température et l'état hygrométrique ambiant, et donc le maximum, dans les conditions atmosphériques ordinaires, correspondrait à peu près à 3 atomes.

»L'introduction de cette eau, entre les pores du cristal paraît être un fait simplement physique, que ne régissent point les affinités chimiques, et du même ordre que celui qui interpose dans les pores des cristaux les diverses matières colorantes auxquelles la plupart des minéraux doivent leur couleur.«

---

*) Auf Grund dieser Beobachtung betrachtet man nur die drei ersten Molekel als Krystallwasser, während die beiden letzten als chemisch gebunden angenommen werden. Nach Rammelsberg ist demnach die Formel des Heulandit $Ca\,Al_2\,Si_6\,O_{16} + 5\,aq$ richtiger $H_4\,Ca\,Al_2\,Si_6\,O_{18} + 3\,aq$ zu schreiben.

Die Beobachtungen Mallard's wurden veröffentlicht, während ich mit obiger Arbeit beschäftigt war. Dieser Umstand, sowie die Eigenartigkeit der Resultate, zu denen Mallard gelangt, bestimmten mich, sowohl letztere zu prüfen, als auch die Untersuchung auf zwei andere Zeolithe auszudehnen.

Ich stellte zunächst Versuche mit Heulandit aus Island an. Die Angaben Mallard's in Betreff der Verschiedenheit der Lage der Axenebene und Grösse des Axenwinkels an den verschiedenen Stellen einer Spaltungslamelle fand ich bestätigt, doch konnte ich keine Theilung der Platte in vier Felder wahrnehmen. Zur Erwärmung benutzte ich den unter »Art der Beobachtung Nr. 2« beschriebenen Apparat. Die Beobachtung des unter meinen Augen sich vollziehenden Phänomens war leicht: mit zunehmender Temperatur verkleinerte sich der Axenwinkel, wurde gleich Null und öffnete sich dann in einer Ebene, welche senkrecht ist zur ursprünglichen so, wie Des Cloizeaux es in seinem Manuel angiebt. Die Aufgabe war jetzt, festzustellen, ob und in welchem Maasse der Wassergehalt des Krystalls dessen optische Eigenschaften beeinflusse. Zu dem Ende wurde ein Spaltungsstück von Heulandit von ungefähr 0,5 g Gewicht, welches längere Zeit auf 150° erwärmt worden war, in einem Reagenzgläschen luftdicht verschlossen. Um das Experiment möglichst genau und fehlerlos auszuführen, erwärmte ich zuvor das Gläschen eine Zeit lang in einem Trockenofen auf 100°, um sicher zu sein, dass alle Feuchtigkeit aus demselben entfernt war. Dann wurde das Gläschen mit einem dicht schliessenden Glasstöpsel geschlossen und das Ganze gewogen. Das Gewicht desselben betrug nach mehrmaliger Wägung im Mittel 6,5281 g. Hierauf wurde die Platte in das Gläschen gebracht, ohne dasselbe zu schliessen, und mehrere Male eine Zeitlang auf 100° erwärmt, um das hygrometrische Wasser aus dem Krystall zu entfernen. Die Wägungen ergaben:

Gläschen mit Krystallplatte	6,94105	g
- -	6,93805	-
- -	6,9371	-

Nach diesen Vorbereitungen ging ich erst dazu über, den Krystall auf die Temperatur 150° zu erhitzen. Das Gläschen wurde geöffnet, in den Trockenofen gebracht und dort mit der darin befindlichen Krystallplatte längere Zeit auf der Temperatur 150° erhalten. Dies war um so nöthiger, da bei einer Heulanditplatte das Axenbild, wie schon oben angegeben wurde, nicht an allen Stellen dasselbe ist; häufig ändert sich von Punkt zu Punkt Lage und Grösse des Axenwinkels. Auch findet die Umlagerung der Axenebene, selbst wenn man längere Zeit auf 150° erwärmt, nicht überall zu gleicher Zeit statt; zuerst tritt die Aenderung, wie auch Mallard angiebt, an den Rändern ein, erst allmählich folgen nach und nach die inneren Theile. Damit daher die Umsetzung der Axen in allen Theilen der Krystallplatte stattfand, war es erforderlich, das Präparat mehrere Stunden lang und wiederholt einer Temperatur von 150° auszusetzen. Nachdem die Erwärmung eine geraume Zeit stattgefunden hatte, liess man die Temperatur wieder bis ungefähr 100° zurückgehen, alsdann schloss man sorgfältig das Gläschen, liess dasselbe sich abkühlen und wog das Ganze. Für die verschiedenen Versuche erhielt ich nach einander die Gewichte:

Gläschen mit Platte	6,9301	g
- -	6,92525	-
-	6,9195	-
-	6,9195	-

Vergleicht man die letzte Zahl mit dem Gewichte, welches die vorhergehende Wägung zuletzt ergab, so findet man einen Gewichtsverlust von 0,0216 g, der hervorgerufen wird durch den Austritt von Wasser aus dem Krystall. Demnach beträgt der Wasserverlust des Heulandit, da das Gewicht der Substanz bei 100° 0,409 g beträgt, 5,2811 % bei 150° gegen den Wassergehalt desselben bei 100°. Zur Berechung des Wasserverlustes ausgedrückt in Molekeln legte ich die Analyse von Damour*) zu Grunde:

Kieselsäure	59,06
Thonerde	16,83
Kalk	9,34
Wasser	14,77

Dividirt man diese Zahlen durch die aus den Atomgewichten erhaltenen Gewichte der vier Verbindungen: 60, 103, 56, 18, so erhät man:

0,9843; 0,1634; 0,1660; 0,8205,

welche sich nahezu verhalten wie

6 : 1 : 1 : 5

und zu der Formel führen

$$6\,SiO_2 \,.\, Al_2O_3 \,.\, CaO \,.\, 5\,H_2O.$$

Die procentische Zusammensetzung der Substanz nach Verlust der 5,2811 % Wasser ergiebt die folgenden Gewichtsmengen, neben welche zugleich die Verbindungsgewichte und Quotienten gesetzt sind:

Kieselsäure	62,35 :	60	=	1,0392
Thonerde	17,77 :	103	=	0,1725
Kalk	9,86 :	56	=	0,1761
Wasser	10,02 :	18	=	0,5566

*) s. Naumann-Zirkel, Elemente der Mineral. Leipzig 1881, S. 638.

Die letzteren Zahlen stehen in dem Verhältniss 6 : 1 : 1 : 3,2 oder fast 6 : 1 : 1 : 3, welches zu der Formel führt

$$6\,SiO_2 \,.\, Al_2O_3 \,.\, CaO \,.\, 3\,H_2O.$$

Demnach hat durch die Erwärmung auf 150° der Heulandit nahezu 2 Molekel Wasser bei 6 Kieselsäure, 1 Thonerde, 1 Kalk verloren.

Nachdem dies festgestellt war, wurde die Platte gespalten. Der eine Theil derselben, welcher 0,18015 g wog, wurde zuerst optisch untersucht und dann der freien Luft ausgesetzt, der andere wieder hermetisch verschlossen. Da die beiden Theilplatten durch Spalten einer entstanden waren, so hatten beide genau dieselben Conturen und konnten daher bequem in Bezug auf ihr optisches Verhalten mit einander verglichen werden. Am folgenden Tage wurden beide Platten unter dem Mikroskop betrachtet, wobei sich herausstellte, dass diejenige, welche 24 Stunden der freien Luft ausgesetzt gewesen war, ihr Axenbild um 90° geändert hatte, während das Axenbild derjenigen, welche luftdicht verschlossen war, senkrecht dazu war. Hieraus geht also hervor, dass die Axenebene in der zweiten Platte trotz 24stündigen Liegens diejenige Lage beibehalten hatte, welche sie nach der Erwärmung auf 150° angenommen hatte. Um nun endgültig zu erfahren, ob diese Constanz der Lage der Axenebene bei der zweiten Platte seinen alleinigen Grund in dem Wasserverlust habe, wurde dieselbe jetzt auch der freien Luft ausgesetzt. Vorher jedoch wurde dieselbe noch einmal mit den nöthigen Versichtsmassregeln verschlossen und hierauf gewogen. Das Gewicht des Gläschens mit der Platte betrug 6,7381 g. Dann wurde das Gläschen geöffnet und der atmosphärischen Luft ausgesetzt. Nach Verlauf von ungefähr 24 Stunden wurde das Gläschen mit der Platte wieder gewogen, wobei sich das Gewicht 6,7412 g ergab.

Mithin war eine Gewichtszunahme von 3 mg = 1,4762 % zu constatiren, welche nur darauf zurückgeführt werden kann, dass der Krystall Wasser aufgenommen hat. Die Untersuchung unter dem Mikroskop ergab eine Aenderung in der Lage der Axenebene um 90°.

Die procentischen Gewichtsmengen nach dieser Aufnahme von 1,4762 Proc. Wasser nebst den übrigen Angaben sind:

Kieselsäure	61,44	: 60	=	1,024
Thonerde	17,51	: 103	=	0,17
Kalk	9,72	: 56	=	0,1726
Wasser	11,33	: 18	=	0,629

6 : 1 : 1 : 3,7.

Die in der Substanz enthaltene Wassermenge beträgt demnach 3,7 Mol. im Vergleich zu 3,2 Mol., welche die vorhergehende Bestimmung ergab, bei denselben Mengen der anderen Bestandtheile. Mithin wurde 0,5 Mol.

Wasser aufgenommen oder 1 Mol. bei der doppelten Anzahl der Molekeln der Verbindungen, aus denen der Körper besteht.

Ziehen wir aus dem ganzen Versuche die Schlüsse, so unterliegt es wohl nach dem Vorhergehenden keinem Zweifel, dass der Wassergehalt eine wesentliche Bedingung für das Verhalten des Heulandits in optischer Beziehung, dass es in gewissem Sinne von der Menge des Wassers, welche der Krystall enthält, abhängig ist, welche Grösse der Axenwinkel und welche Lage die Ebene der optischen Axen habe. Aus dem letzten Theile des Versuches aber geht hervor, dass, obschon die Wasseraufnahme weit geringer ist als die Abgabe, und dennoch der rücklaufende Process eingetreten ist, die optischen Modificationen nicht allein abhängig sind von der Menge des Wassers, welche austritt, sondern zum Theil auch von der Temperatur, in welcher der Körper sich gerade befindet.

Zur Ergänzung und Vervollständigung der ganzen Untersuchung wurde mit kleinen Spaltungsblättchen von Heulandit, die das Axenbild sehr deutlich zeigten, das Experiment wiederholt. Hierzu verwendete ich nicht nur isländischen Heulandit, sondern auch Exemplare von Faröer und Andreasberg. Die Blättchen wurden auf einem eisernen Wärmtisch mitsammt dem Objectträger, der immer aus einer rechtwinklig geschnittenen Glasplatte bestand, eine Zeitlang auf 150° erwärmt, bis die Lage der Axenebene um 90° gegen die frühere verwendet war, dann in dem Reagenzgläschen luftdicht verschlossen und in diesem Zustande mehrere Tage liegen gelassen. Untersuchte man nach dieser Zeit ein solches Blättchen, so fand man, dass in der Lage der Axenebene sich nichts geändert hatte; setzte man jedoch das Präparat einige Zeit der freien Luft aus, so trat eine Umlagerung der Axenebene um 90° ein*).

Die an dem Heulandit gemachten Beobachtungen bildeten weiter die Veranlassung, den dem Heulandit analog zusammengesetzten Brewsterit in ähnlicher Weise zu untersuchen. Das mir zur Verfügung stehende Material stammt aus Strontian in Schottland. Die Krystalle zeigten die bekannte Form der kurzen Säulen, die von mehreren verticalen Prismen nebst dem Klinopinakoid gebildet werden. Diese aber sind begrenzt durch ein äusserst stumpfes Klinodoma, welches mit der Basis zusammen eine Fläche von gekrümmter kuppelartiger Form bildet; die Krystalle sind im Allgemeinen klein, vertical gestreift und zu Drusen vereinigt, von gelblichgrauer Farbe, mit Glasglanz auf den Flächen und Perlmutterglanz auf $\infty \mathcal{R} \infty$. Der Brewsterit ist vollkommen spaltbar nach dem Klinopinakoid**), die Ebene der

*) Bei den Versuchen mit isländischem Heulandit gelang es mir auch mehrere Male ungefähr die Temperatur festzustellen, bei welcher der Axenwinkel gerade gleich 0° wurde. Es fand dies zwischen 90° und 100° statt.

**) Ausser dieser klinodiagonalen Spaltbarkeit constatirte ich auch eine nach $\infty \mathcal{R} \infty$.

optischen Axen ist normal auf dem klinodiagonalen Hauptschnitt, die Bisectrix fällt in die Orthodiagonale. Nach Des Cloizeaux*) besteht eine Spaltungslamelle dieses Minerals nicht aus einem homogenen Stücke, sondern, wie die Beobachtung im parallelen Lichte ergiebt, aus drei Theilen der Art, dass der mittlere sich gleichsam wie ein Keil zwischen die beiden äusseren einschiebt. Die Winkel der Auslöschung für die drei Theile in Bezug auf die Verticalaxe weichen bedeutend von einander ab. Diese Angaben, dass die Spaltungslamellen aus mehreren Theilen bestehen, fand ich bestätigt bei den Brewsteritkrystallen, mit denen ich arbeitete; jedoch bestanden die einzelnen Lamellen nicht immer aus drei Theilen, häufig waren es nur zwei, von denen der eine überwiegt, oder auch traf es sich, dass eine solche aus vier Theilen bestand, die im parallelen Licht betrachtet abwechselnd gleich gefärbt waren, ähnlich wie beim Desmin.

Fig. 5.

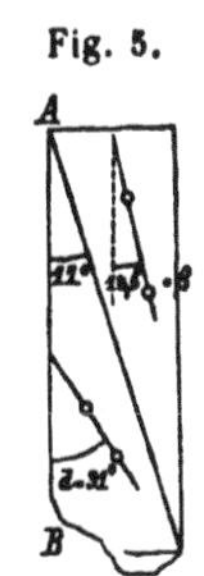

So bestand eine ungefähr rechteckig geformte Spaltungslamelle aus zwei deutlich durch eine Grenze geschiedenen Theilen. Die Grenzlinie entsprach ungefähr der von oben links nach unten rechts verlaufenden Diagonale und bildete mit der Längskante, welche parallel der Verticalaxe war, einen Winkel von 17°.

Die Axenebene in den beiden Theilen bildete mit derselben Kante in dem Theile unten links einen Winkel von ungefähr 31°, oben rechts von 14°,5 (s. Fig. 5).

Die genaueren Messungen der bezüglichen Winkel ergaben:

$\measuredangle \alpha =$	31° 6′	$\measuredangle \beta =$	14° 30′
	31 12		14 24
	31 54		14 27 im Mittel
	30 42		
	31 6		
	31 12 im Mittel		

Dieses Präparat wurde auf dem Wärmtisch bis auf etwa 200° erwärmt und wieder im parallelen Lichte betrachtet. Die Grenze zwischen den beiden Theilen war geschwunden, und die ganze Platte löschte fast parallel der Kante AB aus. Jedoch war die Auslöschung keine ganz vollständige, sondern die dunkle Fläche war unterbrochen von einzelnen helleren und gefärbten Stellen, in Folge dessen es auch schwierig war, genau den Winkel der Auslöschung zu bestimmen. Nach einiger Zeit bemerkte man, dass die helleren Stellen bei Parallelstellung der Kante mit dem Fadenkreuz zahl-

*) Des Cloizeaux, Manuel de minéralogie p. 421.

reicher wurden, wodurch das ganze Gesichtsfeld ein fleckiges Aussehen erhielt. Bald nachher sah man die Grenze wieder hervorschimmern, und nach Verlauf von einigen Stunden nach Beginn der Beobachtung war der ursprüngliche Zustand der Lamelle wieder hergestellt. Dieser Versuch wurde mehrere Male mit derselben und anderen Platten wiederholt; der Erfolg war immer derselbe.

Bei einer anderen ähnlich geformten und aus zwei Theilen ähnlich zusammengesetzten Lamelle betrug der Winkel der Grenze mit der Längskante *AB* 14°. Die Axenebenen bildeten mit derselben Kante in den verschiedenen Theilen die resp. Winkel 15° und 35° (s. Fig. 6).

Fig. 6.

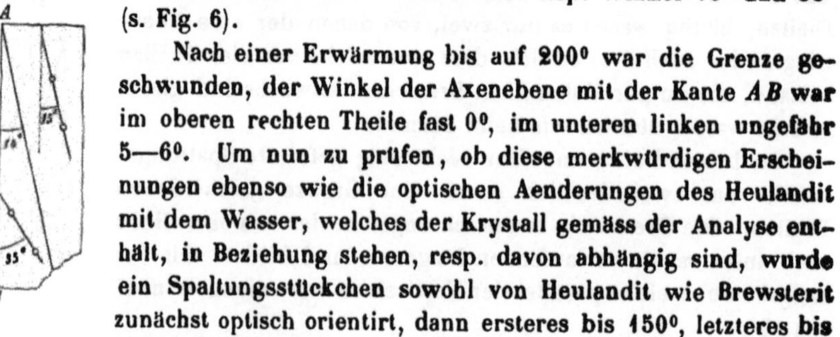

Nach einer Erwärmung bis auf 200° war die Grenze geschwunden, der Winkel der Axenebene mit der Kante *AB* war im oberen rechten Theile fast 0°, im unteren linken ungefähr 5—6°. Um nun zu prüfen, ob diese merkwürdigen Erscheinungen ebenso wie die optischen Aenderungen des Heulandit mit dem Wasser, welches der Krystall gemäss der Analyse enthält, in Beziehung stehen, resp. davon abhängig sind, wurde ein Spaltungsstückchen sowohl von Heulandit wie Brewsterit zunächst optisch orientirt, dann ersteres bis 150°, letzteres bis 200° erhitzt und beide in einem trockenen Gläschen hermetisch verschlossen. Vorher hatte man sich davon überzeugt, dass bei beiden eine optische Veränderung vor sich gegangen war, dass beim Heulandit die Axenebene um 90° verwendet und beim Brewsterit die Grenze geschwunden war. Vor der Erwärmung betrug beim Heulandit der Winkel der Axenebene mit einer durch einen rothen Punkt kenntlich gemachten Kante etwa 11°, nach der Erwärmung etwa 101°, wie es sein muss. Beim Brewsterit waren die vor dem Erhitzen gemessenen Winkel folgende:

der Winkel der Grenze mit der Längskante	10°
der Winkel der Axenebene im rechten Theile	19
der Winkel der Axenebene im linken Theile	37

Als am folgenden Tage beide Mineralien untersucht wurden, war der Heulandit noch in demselben Zustande wie nach der Erwärmung, nämlich die Axenebene war um fast 90° gegen die ursprüngliche Lage verwendet, während beim Brewsterit in parallelem Licht betrachtet die Grenze wieder aufgetreten war, und die Auslöschungswinkel wieder dieselbe Grösse hatten, wie sie am Krystall vor Beginn der Untersuchung beobachtet wurden. Das Experiment wurde in derselben Weise wiederholt, der Stöpsel des Gläschens der Sicherheit halber noch mit Wachs verklebt. Das Resultat war dasselbe wie das vorhin beschriebene. Um jeden Zweifel zu beseitigen, brachte man die beiden Individuen in ein Gläschen, welches hierauf zugeschmolzen wurde, und liess dasselbe mehrere Tage (über eine Woche) in diesem Zustande liegen. Auch in diesem Falle war das Resultat der Beobachtung um nichts gegen das frühere geändert. Um einen letzten Versuch zu machen, wurde die Brewsterit-Lamelle in einen Tropfen wasserfreien Canadabalsam eingetaucht. Der Balsam erstarrte und man konnte durch denselben den Verlauf der Erscheinung beobachten. Schon nach geringer Zeit zeigte sich die Grenze wieder, und folgenden Tages war der ursprüngliche Zustand des in dem Balsam befindlichen Brewsteritblättchens wieder hergestellt. Zu gleicher Zeit brachte man den Heulandit in ein Reagenzgläschen, das mit wasserfreiem Petroleum angefüllt war. Die anderen Tages angestellte Untersuchung ergab, dass die Axenebene dieselbe Lage beibehalten hatte, in welche sie durch die Erwärmung auf 150° gelangt war. Wurde jedoch das Blättchen darauf einige Tage der freien Luft ausgesetzt, so zeigte sich, dass die Axenebene wieder in ihre ursprüngliche Lage zurückgegangen war.

Aus all' diesen Versuchen scheint es mir gestattet zu sein, folgende Schlüsse zu ziehen: Die beobachteten optischen Aenderungen des Heulandit, dass bei einer allmählichen Temperaturerhöhung bis zu 150° der Axenwinkel auf 0° zurückgeht und sich dann in einer Ebene öffnet, welche senkrecht ist zur ursprünglichen, werden zum Theil hervorgerufen durch den Verlust an Wasser, mit welchem eine Temperaturerhöhung immer verbunden ist; die optischen Erscheinungen sind in gewissem Maasse abhängig von der Menge Wassers, welche der Krystall enthält. Die Modificationen jedoch, welche eine erwärmte Brewsteritplatte zeigt, und die darin bestehen, dass bei einer Temperaturerhöhung bis auf 200° die Grenze zwischen den beiden Theilen, aus denen die untersuchte Lamelle besteht, schwindet, und in der ganzen Platte die Auslöschung fast parallel der Vertikalaxe stattfindet, sind nicht durch Wasserverlust hervorgegangen, sondern sind lediglich auf Temperaturänderungen zurückzuführen. Denn Brewsterit verliert nach den Untersuchungen Damour's*) bei Temperaturerhöhung ebenso Wasser wie Heulandit; aus der atmosphärischen Luft aber Wasser aufzunehmen, war er durch den hermetischen Verschluss verhindert, was noch dadurch, dass zu gleicher Zeit Heulandit untersucht

*) Nach Damour verliert 1 g Brewsterit

in trockener Luft in 1 Monat	0,0165 g
bei 100° in 2 Stunden	0,002 g
- 130	0,077 g
- 190	8,2%
- 270	10 -
in dunkler Rothgluth	12,8 -
in lebhafter Rothgluth	13,3 -

wurde, zur Evidenz bestätigt wird. Nichtsdestoweniger kehrt der Brewsterit in seinen alten Zustand zurück.

Um den ganzen Verlauf der beim Brewsterit beobachteten Erscheinungen klarer erkennen zu können, war es nothwendig, den Krystall während der ganzen Zeit der Erwärmung bis auf 200° zu beobachten. Dies war aber einestheils wegen der Kleinheit der Präparate, anderntheils wegen der Unzulänglichkeit des Apparates, mit dem ich arbeitete — es hätte nämlich der Objecttisch mit dem Präparat während der Beobachtung erwärmt werden müssen, was nicht anging —, unmöglich. Es blieb daher nichts anderes übrig, als den rücklaufenden Process, während dessen der Krystall wieder in seinen ursprünglichen Zustand zurückkehrt, zu verfolgen.

Fig. 7.

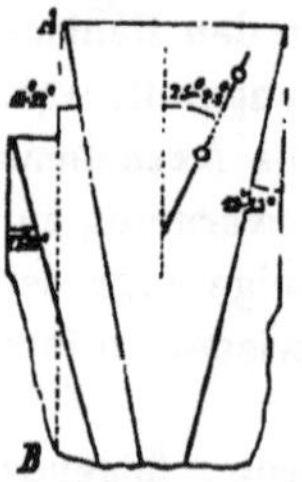

Zu diesem Zwecke wurde eine passende Brewsteritplatte von rechteckiger Form, welche, wie es **Des Cloizeaux** beschreibt, aus drei Theilen bestand, zuerst genau orientirt. Der Winkel der Axenebene im mittleren Theile mit der Längskante betrug an den meisten Stellen zwischen 25° und 26° (s. Fig. 7).

Das Object wurde auf dem Wärmtisch langsam bis zu 200° erwärmt und längere Zeit auf dieser Temperatur erhalten. Die Betrachtung desselben nach der Erwärmung ergab, dass in allen Theilen die Auslöschung fast parallel der Längskante eintrat. Im mittleren Theile bildete an einer sehr klaren Stelle, die im Verlauf der Beobachtung auch fixirt wurde, die Axenebene mit der Längskante AB einen Winkel von etwa 5°. Nach und nach vergrösserte sich jedoch dieser Winkel, schon nach einer Stunde war derselbe bis zu etwa 13° angewachsen, nach Ablauf von 6 Stunden war schon bis auf einige Grade die ursprüngliche Winkelgrösse wieder erreicht; Tags darauf hatte die Axenebene, soweit die Genauigkeit der Beobachtung es festzustellen zuliess, wieder dieselbe Neigung gegen die Kante AB wie zu Anfang.

Die Beobachtung des umgekehrten Verlaufs der Erscheinung lehrt uns somit, dass durch eine allmähliche Steigerung der Temperatur die Axenebene des Brewsterit stetig gedreht wird. Allerdings muss eine gleichmässige Temperaturerhöhung, da die erste Mittellinie die Symmetrieaxe ist, eine Drehung der Axenebene zur Folge haben; denn wenn auch die eine der drei Hauptschwingungsrichtungen des Lichts stets der Orthoaxe parallel sein muss, die beiden anderen stets parallel dem Klinopinakoid, so werden die Winkel, welche diese beiden mit einer prismatischen Kante bilden, doch mit der Temperatur variiren, es wird demnach die optische Axenebene um die erste Mittellinie, wenn dieselbe die Orthoaxe, wie in unserem Falle, ist, sich drehen. Im Allgemeinen ist eine solche Drehung der

Axenebene sehr gering, so dass sie erst bei erheblichen Temperaturunterschieden überhaupt messbar wird. Die Beobachtungen am Brewsterit liefern uns aber die beiden merkwürdigen Thatsachen, dass erstens die Axenebene mit Erhöhung der Temperatur sich um einen beträchtlichen Winkel dreht, zweitens, dass die Drehung in den beiden Theilen, aus denen gewöhnlich eine Spaltungslamelle besteht, nicht gleichmässig verläuft, sondern in dem einen Theile grösser ist als in dem anderen.

Auffallend war es, dass trotz einer so hohen Temperatur, bis über 200°, keine Aenderung in der Grösse des Axenwinkels einzutreten schien. Es wurde daher der Krystall einer noch höheren Temperatur, bis zu 230° und höher, ausgesetzt. Betrachtete man jetzt das Axenbild, so war eine deutliche Vergrösserung des Winkels der optischen Axen wahrzunehmen. Dies war einmal daran zu erkennen, dass die beiden Pole, die vorher noch im Gesichtsfelde sich befanden, aus demselben geschwunden waren; ferner daran, dass die Ellipse, welche beide Pole gemeinsam umschloss, sich bisquitförmig einschnürte und fast in die Form einer 8 überging, was nach Analogie der Adulare ein Kriterium für eine Vergrösserung des Axenwinkels ist. Um nun festzustellen, ob vielleicht diese optische Aenderung ähnlich wie beim Heulandit mit Wasserverlust in Beziehung stehe, erhitzte ich die Brewsteritlamelle auf dem Wärmtisch soweit, dass eine deutliche Vergrösserung des Axenwinkels wahrzunehmen war, und brachte sie dann in wasserfreies Petroleum, in welchem sie 2 bis 3 Tage aufbewahrt wurde. Aber bei einer Untersuchung, welche ich hiernach mit dem aus dem Petroleum herausgenommenen Krystallplättchen anstellte, fand ich, dass um ein Geringes die Winkelgrösse sich reducirt hatte. Das Plättchen wurde nun weiter der atmosphärischen Luft ausgesetzt und ab und zu beobachtet. Die Verkleinerung des Axenwinkels ging nur langsam vor sich, so dass erst nach weiteren 4 Tagen die ursprüngliche Grösse des Axenwinkels wieder erreicht und das Axenbild dasselbe Aussehen hatte wie zu Anfang. Die Zurückdrehung der Axenebene in ihre ursprüngliche Lage geht mithin ungleich viel schneller vor sich, als das Zurückgehen des Axenwinkels auf seine frühere Grösse. Ein anderes Präparat wurde längere Zeit, etwa 14 Tage, in wasserfreiem Petroleum aufbewahrt. Die direct nach der Herausnahme aus dem Petroleum angestellte Beobachtung ergab, dass auch ohne den Krystall der Luft auszusetzen, der Axenwinkel, soweit aus der blossen Betrachtung des Interferenzbildes geschlossen werden durfte — denn Messungen des Axenwinkels konnten nicht ausgeführt werden —, seine ursprüngliche Grösse wieder hatte. Diese Versuche, besonders der letzte, zeigen, dass auch bei der Aenderung des Winkels der optischen Axen der Wassergehalt keine wesentliche Rolle spielt.

Abgesehen aber davon, ob und inwieweit das im Krystall enthaltene Wasser bei den optischen Veränderungen des Minerals bei Temperaturerhöhung mitwirken, haben wir hier den merkwürdigen Fall, dass schon bei verhältnissmässig geringer Zunahme der Temperatur die optische Axenebene um einen merklichen Winkel gedreht wird, dagegen schon eine bedeutende Temperaturerhöhung erforderlich ist, um eine deutlich wahrnehmbare Aenderung in der Grösse des Axenwinkels hervorzubringen, während doch gewöhnlich das Umgekehrte stattzufinden pflegt. Ausserdem muss noch bemerkt werden, dass die Axenebene nie weiter gedreht wurde, als bis zur Parallelstellung mit der Vertikalaxe. War diese Lage erreicht, was ungefähr bei 200° eintrat, so blieb die Axenebene in derselben, wenn auch die Temperatur weit höher getrieben wurde.

Mit Beziehung auf die noch weiter unten anzuführenden Beobachtungen Mallard's am Boracit und schwefelsauren Kali scheint die Bemerkung nicht ungerechtfertigt, dass der Brewsterit von 200° an bei allen höheren Temperaturen sich wie ein rhombischer Krystall verhält.

Ganz in derselben Weise wie mit Brewsterit wurden die Versuche mit kleinen Kryställchen des Beaumontit von Baltimore angestellt. Der letztere ist gemäss der Analyse*) sehr nahe verwandt mit dem Heulandit. Die sehr kleinen gelblichen, scheinbar tetragonalen Krystalle erklärt Des Cloizeaux**) als eigenthümliche Combination der Flächen des Stilbits, in der $0P$ und $\infty \breve{P} \infty$ ein rechtwinkliges Prisma, und die im Gleichgewicht ausgebildeten Flächen von $\breve{P}\infty$, $\infty\breve{P}\infty$ und $2P$ eine vierflächige Zuspitzung bilden. Die unten näher zu beschreibenden Abweichungen in den physikalischen Eigenschaften des Beaumontit von denen des Heulandit liessen auch solche in krystallographischer Beziehung vermuthen. Jedoch die Versuche, durch Messungen mit dem Reflexionsgoniometer andere Winkelwerthe als die von Des Cloizeaux angegebenen zu erhalten, scheiterten an der drusigen Beschaffenheit der Krystallflächen, welche immer mehrere sehr von einander differirende Reflexe zeigten. Demgemäss, wie Des Cloizeaux die Krystallflächen deutet, ist der Beaumontit spaltbar nach $\infty\breve{P}\infty$ mit Perlmutterglanz auf der Spaltungsfläche, gerade wie beim Heulandit. Die Ebene der optischen Axen steht senkrecht zur Symmetrieebene, die positive Bisectrix ist parallel der horizontalen Diagonale der Basis, der Axenwinkel***) grösser als der des Heulandit — nach meinen Beobachtungen mindestens über 130° —; jedoch sind die Spaltungslamellen in Bezug auf ihr optisches Verhalten homogener als die des Heulandit.

Da die Beaumontitkryställchen ziemlich undurchsichtig sind, so konnten, wenn anders man ein deutliches Interferenzbild haben wollte, nur sehr dünne Lamellen verwendet werden; auch war für die Beobachtung

*) Eine Analyse von Delesse ergab: 64,2 Kieselsäure, 14,1 Thonerde, 1,3 Eisenoxyd, 4,8 Kalk, 1,7 Magnesia, 0,5 Natron, 13,4 Wasser.

**) Des Cloizeaux, Manuel de la min. p. 428.

***) Es ist hier immer der scheinbare Axenwinkel gemeint.

sehr unvortheilhaft, dass wegen der Grösse des Axenwinkels die Pole nicht im Gesichtsfelde lagen.

Schon bei einer geringen Erwärmung etwa bis 100° zeigte sich entschieden eine Verkleinerung des Axenwinkels. Waren auch die Pole des Axenbildes nicht zu sehen, so ging dieses doch daraus hervor, dass die beiden im Gesichtsfeld liegenden die Pole umgebenden äussersten Ringe in der Mitte sich vereinigten und eine beide Pole gemeinsam umschliessende Curve bildeten, was gemäss den Erscheinungen bei dem Adular auf eine Verkleinerung des Axenwinkels hindeutet. Um die Temperatur festzustellen, bei welcher der Axenwinkel gleich Null wurde, und die Axenebene sich in einer Ebene normal zur ursprünglichen öffnete, wurde die Temperatur allmählich gesteigert. Bei 150°, bei welcher Temperatur bei einer Heulanditplatte eine Verwendung der Axenebene um 90° schon stattfindet, war der Axenwinkel des Beaumontit zwar kleiner, aber noch lange nicht gleich Null geworden, da selbst die Pole noch nicht ins Gesichtsfeld getreten waren; ebenso bei 180° und höheren Temperaturen war nichts Derartiges zu bemerken. Uebrigens war die Beobachtung des ganzen Phänomens nicht leicht. Man hat, indem man die Temperatur immer weiter erhöht, schliesslich nur noch ein einfarbiges Gesichtsfeld, und blos die dunkeln Hyperbeln, die beim Drehen des Präparates das Gesichtsfeld kreuzen, können über die Lage der Axenebene entscheiden. Dazu kommt noch der erschwerende Umstand, dass die Axenwinkel für die verschiedenen Farben sehr verschiedene Grösse haben; der Winkel der blauen Axen ist bedeutend grösser als der der rothen, auch ändern sich die Axenwinkel mit zunehmender Temperatur ungleichmässig. Die Folge davon ist, dass der Winkel der rothen Axen sich eher der Null nähert als der der blauen, oder in unserem Falle, da die Pole nicht sichtbar werden, dass die beiden die Pole umschliessenden Ringe für rothes Licht sich eher zu einer gemeinsamen Curve schliessen als für blaues. Letzteres ist deutlich zu beobachten, wenn man das Bild statt in weissem in rothem und blauem Licht betrachtet resp., wie ich dies gethan, durch rothes und blaues Glas beobachtet.

Die Erscheinung, dass mit Temperaturerhöhung der Axenwinkel für die verschiedenen Farben sich verkleinert, ist aber begleitet von einer anderen Erscheinung, welche wir schon beim Brewsterit angetroffen haben. Bei letzterem zeigte sich nämlich, dass bei Temperaturerhöhung die Axenebene sich dreht und parallel zur Verticalaxe sich zu stellen sucht; bei 200° war diese Lage erreicht, wobei eine merkliche Veränderung in der Grösse des Axenwinkels nicht wohl zu constatiren war, da der Apparat eine genaue Messung in diesem Sinne nicht zuliess; eine mit blossem Auge wahrnehmbare Vergrösserung des Winkels trat erst bei höherer Temperatur ein. Auch beim Beaumontit drehte sich gleichzeitig mit Verkleinerung des Axenwinkels, was schon bei verhältnissmässig niedriger Temperatur eintrat, die

Axenebene. War vor der Erwärmung die Axenebene parallel der Basis, so bildete sie bei 80° bis 90° einen Winkel von 27° mit derselben in den meisten Theilen der Platte (denn Unregelmässigkeiten kommen auch hier ähnlich wie beim Brewsterit vor).

Bei 120° betrug der Winkel 31°
- 150 - - - 55.

Es sucht demnach bei Temperaturerhöhung die Axenebene sich in eine zur ursprünglichen Ebene senkrechte zu drehen. Diese Drehung der Axenebene bei allmählich steigender Temperatur ist für die einzelnen Farben sehr verschieden. Es kann dies mit blossem Auge wahrgenommen werden, wenn man das Interferenzbild durch rothes und blaues Glas betrachtet. In Folge dieser verschiedenen Drehung wird die ohnehin vorhandene gekreuzte Dispersion noch verstärkt, ein Umstand, welcher der Beobachtung sehr hinderlich ist. Beim Brewsterit war eine solche Verschiedenheit in der Drehung der Axenebene für die verschiedenen Farben nicht wohl wahrzunehmen.

Es erübrigt nun noch, das Verhalten des Beaumontit, welcher beim Erhitzen die oben angeführten Aenderungen erfährt, bei Luftabschluss zu untersuchen. Ein passendes Spaltungsstück wurde nach und nach auf 90°, 120°, 150° u. s. w. erwärmt und immer zwischendurch beobachtet, wobei sich ergab, dass der Axenwinkel kleiner und die Axenebene gedreht wurde. Ueber 200° wurde die Beobachtung schwieriger. Man sah kein Interferenzbild mehr, nicht einmal farbige Ringe, die auf die Lage der Axenebene schliessen liessen, ja sogar die Hyperbelbögen, welche beim Drehen des Tisches das Bild kreuzen, waren nicht mehr deutlich wahrzunehmen. Ich erhitzte die Platte über der Gasflamme bis zu einer Temperatur, die sicherlich weit über 300° war, und beobachtete sie dann in parallelem Licht. Es fand eine Auslöschung parallel der Basis und in einer dazu senkrechten Richtung statt. Doch giebt dies keinen Aufschluss über die Lage der Axenebene; denn es kann ebensowohl die Ebene der optischen Axen parallel der Basis als senkrecht zu derselben sein. Wäre ersteres der Fall, so hätte, da mit der Erwärmung gleichzeitig zweierlei Veränderungen eintreten, eine Drehung der Axenebene um 90° und eine Verwendung derselben um 90° stattgefunden, wodurch natürlich die ursprüngliche Lage der Axenebene herbeigeführt wird. Ist dagegen die Axenebene senkrecht zur Basis, so kann dies nur durch die Drehung der Ebene bewirkt worden sein, der Axenwinkel hat sich also noch nicht bis 0° verkleinert und dann in einer zur früheren senkrechten Ebene geöffnet. Letzteres ist das Wahrscheinlichere, da eine Reduction des Axenwinkels auf 0° niemals beobachtet wurde, eine solche aber bei meinen zahlreichen Versuchen nicht unbemerkt geblieben wäre, wenn sie stattgefunden hätte. Ueberhaupt darf wohl angenommen werden, dass bei der Erwärmung bis zu einer Temperatur, die nicht allzuweit über 300° liegt, der Axenwinkel sich nicht bis auf 0° verkleinert, dass seine Veränderung mit der Temperatur also verhältnissmässig eine geringe ist.

Hierauf wurde das Präparat (zugleich mit dem Brewsterit) in wasserfreiem Petroleum aufbewahrt. Bei einer Prüfung, die einige Tage nachher angestellt wurde, zeigte sich, dass die Lage der Axenebene fast parallel der Basis war, wobei jeder Zweifel ausgeschlossen war, und zwar fand die Abweichung von der Parallelität in demselben Sinne statt, wie sie entsteht, wenn man die Platte anfängt zu erwärmen; es hatte demnach eine Rückdrehung der Axenebene bis fast in die ursprüngliche Lage stattgefunden. Dagegen war die Grösse des Axenwinkels nicht gleich der ursprünglichen. Bezüglich meiner Ansicht, dass der Axenwinkel mit der Temperaturerhöhung verhältnissmässig wenig abnehme, ohne den Werth 0° zu erreichen, hatte sich der Axenwinkel aber vergrössert; denn am Rande des Gesichtsfeldes zeigten sich wieder zwei farbige Streifen, welche Theile einer die beiden Pole gemeinsam umgebenden Curve bilden.

Weiterhin wurde die Beaumontitplatte der freien Luft ausgesetzt. Während schon zwei Tage später die Lage der Axenebene genau dieselbe war wie die ursprüngliche und zwar in allen Theilen der Platte, dauerte es eine geraume Zeit, ehe sehr merkliche Aenderungen in der Grösse des Axenwinkels sich zeigten. Bereits war eine ganze Woche verflossen, nachdem man das Präparat der freien Luft ausgesetzt hatte, und immer war noch nicht der Winkel der Axe auf seine frühere Grösse zurückgekehrt. Auch traten Unregelmässigkeiten in der Grösse des Axenwinkels auf; an einigen Stellen der Platte war der Axenwinkel, wie aus den farbigen Ringen zu schliessen war, grösser, an anderen kleiner bei gleicher Lage der Axenebene, obschon der Axenwinkel der Platte im frischen Zustande überall dieselbe Grösse hatte. Dasselbe wurde auch an einem anderen Beaumontitkryställchen beobachtet, mit dem ich experimentirte, und das ich bald hoch, bald niedrig erhitzte. Die Lage der Axenebene war in allen Theilen dieselbe, jedoch die Grösse des Winkels an den verschiedenen Stellen sehr verschieden. Später, noch Wochen nachher, unterzog ich die beiden Beaumontitlamellen häufig einer kurzen Betrachtung, um mich zu vergewissern, ob dieselben wieder in ihren ursprünglichen natürlichen Zustand zurückgekehrt seien; aber immer waren noch solche Unregelmässigkeiten in der Grösse des Axenwinkels vorhanden, so dass es den Anschein hat, als seien diese Verschiedenheiten zum Theil dauernde geworden.

Vergleicht man die beobachteten Aenderungen, welche der Heulandit bei Erhöhung der Temperatur erleidet, mit denen des Beaumontit beim Erwärmen, so findet man sehr bemerkenswerthe Verschiedenheiten. Schon bei gewöhnlicher Temperatur ist der Axenwinkel des Beaumontit beträchtlich grösser als der des Heulandit. Während beim letzteren schon eine Temperatursteigerung bis zu 150° hinreichend war, um ein Zurückgehen des Axenwinkels auf 0° und eine Verwendung der Axenebene um 90° zu bewirken, genügte beim Beaumontit eine Temperatur von über 300° noch nicht, den Axenwinkel auf 0° zu bringen. Ausserdem hatte die Steigerung der Temperatur beim Beaumontit eine Drehung der Axenebene zur Folge, beim Heulandit dagegen war nichts Derartiges wahrzunehmen. Bei Luftabschluss zeigten beide Mineralien ein verschiedenes Verhalten: die Axenebene des Heulandit behielt die Lage, in welche sie durch die Erwärmung gelangt war, bei, und eine merkliche Aenderung in der Grösse des Axenwinkels trat nicht ein; unter denselben Bedingungen drehte bei Beaumontit die Axenebene sich in ihre ursprüngliche Lage zurück, und vergrösserte sich gleichzeitig der Axenwinkel wieder. Setzte man die Krystalle der freien Luft aus, so gelangte der Heulandit innerhalb 24 Stunden wieder in seinen früheren Zustand, beim Beaumontit ging der Axenwinkel nicht an allen Stellen der untersuchten Lamelle auf die ursprüngliche Grösse zurück, es schienen die Aenderungen in der Grösse des Winkels zum Theil dauernde geworden zu sein. Hierbei mag noch erwähnt werden, dass, während schon bei 180° der Heulandit anfing, an Pellucidität zu verlieren und bei 200° vollkommen undurchsichtig war, die Beaumontitlamellen noch bei einer Temperatur von 300° und höher vollkommen klar blieben. Zwar sind die optischen Aenderungen des Heulandit nicht allein von seinem Wassergehalt abhängig, sondern werden zum Theil auch, wie aus meinen Versuchen hervorgeht, durch die Temperatur erzeugt; umgekehrt scheinen die Modificationen des Beaumontit nicht ganz frei von dem Einflusse des im Krystall enthaltenen Wassers zu sein*).

Die Verschiedenheiten, welche die beiden Mineralien in Bezug auf ihr optisches Verhalten zeigen, machen die enge Verwandtschaft derselben doch sehr zweifelhaft; sie sprechen vielmehr eher für die Ansicht G. Rose's,

*) Da meines Wissens keine Bestimmung darüber vorliegt, wie viel bei Beaumontit der Austritt des Wassers bei den verschiedenen Temperaturen beträgt, so habe ich eine solche ausgeführt, um denselben zu vergleichen mit dem Wasserverlust der beiden anderen Zeolithe.

Eine bestimmte Menge gepulverten Beaumontit wurde zunächst eine Zeit lang in einem Trockenofen auf 100° erhitzt, um das hygroskopische Wasser zu entfernen, und gewogen. Dann wurde die Substanz auf höhere Temperaturen erhitzt und in einem Trockenkasten gewogen.

Hieraus ergab sich:

Beaumontit verliert

bei 150°	3,8 % Wasser
bei 200 } bei 240 }	7,43 % -
bei Rothgluth	13,57 - -

welcher die von Des Cloizeaux behauptete Identität des Beaumontit mit Stilbit leugnet.

Die optischen Aenderungen des Brewsterit bei Erwärmung sind ähnlich denen des Beaumontit, nur mit dem Unterschiede, dass bei ersterem der Axenwinkel sich vergrössert. Jedoch tritt eine merkbare Vergrösserung desselben erst bei verhältnissmässig hoher Temperatur ein. Die Erscheinungen bei diesem Mineral sind dadurch sehr merkwürdig, dass die Drehung der Axenebene in den beiden Theilen, aus denen eine Lamelle gewöhnlich besteht, eine verschieden grosse ist, dass in beiden Theilen bei ungefähr 200° die Auslöschung parallel der Vertikalaxe stattfindet, und auch bei Temperaturen, die höher als 200° sind, diese Lage der Axenebene parallel der Vertikalaxe beibehalten wird. Ob dieses Verschwinden der Zwillingsgrenze — denn als Zwillinge werden wohl die beiden Theile, aus denen eine Spaltungslamelle besteht, gedeutet werden müssen, wenn auch das Gesetz ihrer Verwachsung zur Zeit noch unbekannt ist — auf denselben Ursachen beruht, wie die von Klein am Boracit und von Mallard am schwefelsauren Kali beobachteten Erscheinungen molekularer Umlagerungen im Innern der erwärmten Krystalle, oder wie die neuerdings von Mügge*) durch Erwärmen künstlich hervorgebrachte Zwillingsbildung, lasse ich dahingestellt. Denn meine Beobachtungen am Brewsterit sind von jenen darin unterschieden, dass die Aenderungen keine dauernden sind. Am meisten noch stimmen dieselben mit einer am Kalkspath gemachten Wahrnehmung Reusch's überein, wonach eine durch Druck hervorgebrachte Zwillingslamelle mittelst Erwärmen wieder zum Verschwinden gebracht werden kann. Ebenso könnte man versucht sein, dieselben mit den Beobachtungen Mallard's**) in Einklang zu bringen, welche derselbe in jüngster Zeit am Boracit und schwefelsauren Kali machte, und zwar um so eher, als bei etwa 200° die Lage der Axenebene des Brewsterit parallel der Vertikalaxe ist, und diese Lage für alle höheren Temperaturen dieselbe bleibt.

Mallard fand nämlich, dass bei einer bestimmten Temperatur, welche er die »température critique« nennt, der Boracit einfachbrechend wird und es bleibt für alle höheren Temperaturen; dass ferner das schwefelsaure Kali ebenfalls von einer bestimmten Temperatur, die aber verschieden von der des Boracit ist, bei allen höheren Temperaturen einaxig ist. Lässt man die Temperatur abnehmen, so findet bei der kritischen Temperatur der umgekehrte Verlauf von der Erscheinung statt, welche bei steigender Temperatur sich zeigte. Bei gewöhnlicher Temperatur ist der Boracit wieder doppelbrechend, das schwefelsaure Kali wieder

---

*) Neues Jahrb. für Mineralogie 1883, II, 258.

**) Bulletin de la Soc. min. Paris 1882, 5, 242.

zweiaxig. Hieraus folgert Mallard, dass es Substanzen gebe, vielleicht zahlreiche, welche wie der Boracit und das schwefelsaure Kali eine Aenderung in ihrem krystallinischen Zustande zeigen, welche jedoch immer vollkommen umkehrbar ist. Dieselben können die kritische Temperatur in dem einen oder anderen Sinne passiren, ohne dabei ihre Krystallform zu ändern. Die Folge davon ist, dass diese Substanzen nur unter einer Form bei gewöhnlicher Temperatur existiren, der Grund, weshalb man bis jetzt ihren Dimorphismus verkannt hat.

Ueber die Richtigkeit oder Unrichtigkeit der Mallard'schen Schlüsse sowohl, als über die Möglichkeit von Beziehungen meiner Beobachtungen zu denen Mallard's werden erst weitere Beobachtungen der bereits untersuchten sowie anderer Substanzen entscheiden können.

Vorstehende Arbeit wurde während des Sommersemesters 1883 und Wintersemesters 1883/84 in dem mineralogischen Institut zu Bonn auf Anregung des Herrn Prof. Dr. von Lasaulx ausgeführt.

IV. Kürzere Originalmittheilungen und Notizen.

1. A. Arzruni (in Breslau): **Ueber einige Mineralien aus Bolivia.** Herr Dr. Alfons Stübel in Dresden hatte die Güte, mir einige von ihm mitgebrachte bolivianische Mineralien zur Untersuchung zu senden. Sie stammen fast sämmtlich aus der Gegend von Oruro. Das wichtigste unter diesen Mineralien ist unzweifelhaft der

Zinnstein, welcher um Oruro in grösseren Massen vorkommt und bergmännisch abgebaut wird. Die Zinnsteingruben sollen bereits in den dreissiger Jahren an 200 Tonnen jährlich geliefert haben. In den funfziger Jahren steigerte sich der Export auf 300 Tonnen pro Jahr*). Die Fundorte des Zinnsteins sind: Marococala, Japú (8 Leguas von Oruro), Huanuni**) (11 Leguas SO von Oruro), Quimsa Cruz (25 Leguas N. von Oruro), Negro Pabellon (gegenüber Oruro), Llallagua bei Chayanta, Juan del Valle bei Chayanta, Cerro de Potosí. — Das Mineral bildet krystallinische bis derbe, poröse, unregelmässig gestaltete Knollen, die zum Theil ausgewittert und abgerollt sind (Estaño de venero, estaño rodado). Die kleineren Gerölle und Körner, wie sie u. A. von einer Hacienda aus der Nähe von Oruro in der Sammlung des Herrn Stübel vorliegen, werden als Exportartikel auf den Markt nach Tacna gebracht. — Die Knollen sind nicht nur mit Poren, sondern auch mit ansehnlicheren Hohlräumen versehen, in denen meist kleine, eine Länge von 2 mm nicht übersteigende, manchmal aber auch bedeutend grössere, hellbraune, oft durchsichtige Krystalle desselben Minerals sitzen. Sie zeigen nur die Formen (111), (110) und selten noch (100). Ihr Habitus ist vorwiegend kurzprismatisch. Zwillinge nach (101) sind nicht häufig. — Es verdient hier erwähnt zu werden, dass Zwillinge blos an den dunkleren, braunen, undurchsichtigen Krystallen bemerkt wurden, während die hellen, durchsichtigen einfache Krystalle sind. Diese Erscheinung dürfte vielleicht mit einer mehrfach hervorgehobenen Thatsache in Zusammenhang zu bringen sein, dass nämlich bei einer Krystallisation aus Lösungen, welche durch fremde Beimengungen (ob ebenfalls in gelöstem oder auch, fein vertheilt, in suspendirtem Zustande) verunreinigt sind, sich stets eine Neigung zur Bildung von Zwillingen zeigt, wie sie bei isomorphen Mischkrystallen so häufig und so charakteristisch ist. Im vorliegenden Falle würde diese Wirkung dem allerdings wohl nicht isomorph, sondern mechanisch beigemengten Eisenoxyd zuzuschreiben sein, welches in den dunkleren Krystallen des Zinnsteins ja sicher in grösserer Menge vorhanden ist, als in den helleren. —

*) E. Reyer, Zinn, eine Monographie. Berlin 1881, 202.

**) E. Reyer a. a. O. schreibt »Guanuni«. Auch Herr Domeyko gebraucht diese letzte Schreibweise — Bull. Soc. min. de France 1882, 300. — Nach Herrn Stübel's Mittheilung werden H und G häufig verwechselt.

Auf meinen Wunsch führte Herr Stud. phil. C. Langer einige Messungen an diesen Krystallen aus, deren Flächen übrigens meist gewölbt und gestreift, oft auch gebrochen und facettirt sind. Die gemessenen Winkel stimmen mit den von Herrn Becke*) berechneten ziemlich befriedigend überein.

	Gem. Langer:	Ber. Becke:
111 . 110	46° 25′	46° 26′ 40″
111 . 1̄1̄1	58 26	58 19 6

Als Begleiter des Zinnerzes und mit demselben verwachsen findet sich Quarz, theils in prismatischen Krystallen, ohne deutliche Endausbildung, theils in körnig-krystallinischen Partieen. In den Drusenräumen und Unebenheiten der Zinnsteinknollen ist ein Absatz von Eisenoxydhydrat — aus Pyrit entstanden — zu sehen, oder auch eine weiche, Kaolin-artige, hellbräunlichweisse Masse, die unter dem Mikroskop opak erscheint, aber auch einige winzige doppelbrechende Körner und Bruchstücke (Quarz, Feldspath?, führt. Es ist dies offenbar ein Zersetzungsproduct des Feldspathgemengtheiles desjenigen granitischen Gesteins, welches den Zinnstein auf dessen primärer Lagerstätte einschloss. Als Rest dieses Muttergesteins ist auch der Quarz anzusehen, welcher auf den Zinnsteinknollen beobachtet wurde. — Derselbe muss allem Anscheine nach nicht blos als Gemengtheil des granitischen Gesteins, sondern auch als gangbildendes Mineral im Granit aufgefasst werden. Ein Stück von Huanuni zeigt ausser Quarz noch Pyrit. Von Negro Pabellon ist das Zinnerz auffallend plattig, sieht wie geschichtet aus und ist von schmalen, den Begrenzungs- (Absonderungs-) Flächen parallel verlaufenden Schichten von ziegelrothem bis braunem Eisenoxyd durchsetzt. — Eine ähnliche plattige Absonderung weist auch ein Handstück des Zinnsteins von Cerro de Potosi auf. — Die Exemplare von Llallagua, Chayanta, sind sehr reich an Quarz, welcher zum Theil auskrystallisirt ist und neben dem herrschenden, horizontal nur äusserst schwach gestreiften Prisma die beiden primären Rhomboëder zeigt. Diese Stücke scheinen einem Quarzgange zu entstammen. — Eine Stufe von Juan del Valle, Chayanta, ist von stark zersetzten (rhombischen?) Kiesen durchsetzt, worauf die bekannten Ausblühungen eines hellgrünen (Eisen-) Vitriols hinweisen. — Es wird bei diesem Zinnerz ein Silbergehalt angegeben, der wohl dem Kiese zuzuschreiben ist.

In den Zinngruben von Huanuni kommt ferner krystallisirter

Baryt vor. Das Nähere über die Art und Weise seines Vorkommens ist mir nicht bekannt geworden. Die Krystalle dieses Minerals sind durchsichtig, fast farblos, mit einem schwachen Stich ins Grünliche. Sie sind nicht vollkommen ausgebildet und wie abgerollt. Von den drei Krystallen, welche Herr Stübel sandte, habe ich einen einzigen einer approximativen Messung unterziehen können. Er zeigte die Formen 110 (Spaltungsprisma), 001 (Spaltungspinakoid), 010 ziemlich gross und 011 mit einer einzigen Fläche auftretend. Der Krystall ist stark verzerrt, indem er in der Richtung der Kante 110 . 001 etwa 2 cm lang ist, während die entsprechende Kante 1̄1̄1 . 001 sowie die Höhe des Prismas etwa 7—8 mm misst.

	Gemessen:	Berechnet**):
001 . 011	52° 35′	52° 43′
011 . 010	37 4	37 17

*) Tschermak's min. Mitth. 7, 243, 1877; vergl. diese Zeitschr. 2, 316.

**) R. Helmhacker, Baryt des böhm. Untersilurs, etc. Wien. Akad. Denkschr. math.-naturwiss. Klasse 32, 1872.

Auffallend muss es erscheinen, dass bei Oruro bisher keine der sonst in Zinnerzlagerstätten nie fehlenden Fluor- resp. Chlorverbindungen angetroffen worden ist. So ist von dort kein Flussspath bekannt, welcher auch überhaupt auf dem ganzen südamerikanischen Continent ein äusserst seltenes Mineral ist und lediglich als Werkstattabfälle oder in verarbeitetem Zustande, als Perlen im Ruinenfelde von Tiahuanaco, am Südufer des Titicaca-Sees, gemeinschaftlich mit dem blauen Sodalith von ebenso unbekannter Herkunft, gefunden worden ist*). Zwei Bruchstücke dieses Fluorits verdanke ich gleichfalls der Güte des Herrn Stübel. Es sind abgerollt aussehende Spaltungsstücke, deren eines eine kaum wahrnehmbare gelbliche Färbung, während das andere einen zwar schwachen, dennoch aber deutlichen Stich ins Violett-rosenrothe zeigt, welcher am nächsten der Nuance **22r** der Radde'schen Farbenscala kommt, mit einer Neigung zu **23r**.

Ueber das Vorkommen von Apatit in Oruro, resp. den Zinnerzlagerstätten fehlen ebenfalls positive Angaben. Herr Domeyko**) erwähnt zwar sowohl Fluor- wie Chlorapatit, doch ohne nähere Anführung der Fundorte (l. c. 497). Dagegen machte Herr Daubrée unter Vorlage ihm durch Herrn Domeyko zugesandter Mineralien von Bolivia etc. in der Société minéralogique de France***) eine Mittheilung über das Auftreten dieses Minerals und zwar der Fluorvarietät als Begleiter des Zinnsteins von Oruro, wobei er ausdrücklich betont, dass der Apatit »accompagne ordinairement les minerais d'étain en Bolivie et s'y trouve souvent cristallisée en prisme à six pans terminés par des rhomboèdres (sic!) obtus«. Trotz dieser Angabe will es mir dennoch scheinen, dass das Auftreten des Apatits in Oruro wenigstens nicht als »gewöhnlich« bezeichnet werden darf, denn in den sehr reichhaltigen bolivianischen Suiten des Herrn Stübel, in welche ich einen Einblick zu thun Gelegenheit hatte, ist mir auch nicht ein Stück Apatit zu Gesicht gekommen. — Als fernere Begleiter des Cassiterits von Oruro erwähnt Herr Domeyko noch den Wolfram, den Arsenkies, Silbererze, ohne diese näher zu bezeichnen (l. c. 281), dagegen nicht den Baryt.

Von derselben Gegend, speciell von der Mine Coriviri und von Jucumariri bei Sorasora, 8 Leguas von Oruro, enthält die Sendung von Hrn. Stübel gediegen Wismuth, welches Hr. Domeyko ebenfalls von Oruro nicht erwähnt, sondern blos von Tazna (l. c. 296), wo es silberweiss (?) sein soll. In den mir vorliegenden Exemplaren ist das gediegen Wismuth oberflächlich zum Theil in Wismuthocker umgewandelt. Letzteres, mit der bekannten strohgelben Farbe, bildet dünne Ueberzüge auf den unvollkommenen Krystallen des Wismuths, an denen aber deutlich die charakteristischen treppenartig abgesetzten Spaltungsflächen zu sehen sind. Wie mir Hr. Stübel schreibt, sind in den erzführenden Districten des Hochlandes von Bolivia krystallinische Schiefer sehr verbreitet und dürfte auch das Vorkommen von gediegen Wismuth denselben resp. deren Quarzgängen angehören, wofür auch der das Wismuth begleitende, mit ihm verwachsene oder es umschliessende, theilweise auskrystallisirte Quarz zeugt†).

---

*) Vergl. diese Zeitschr. **5**, 580.

**) Die »Mineralojia« 3a Edicion, Santiago 1879, war mir hier nicht zugänglich, und bin ich für Citate aus diesem Werke Herrn Dr. Tenne in Berlin verpflichtet, welcher die grosse Gefälligkeit hatte, Herrn Domeyko's Angaben über Oruro sämmtlich durchzusehen und mir mitzutheilen.

***) Vergl. Bull. 1882, 300.

†) Ueber Wismuthmineralien von Perú, Bolivia und Chile gab Herr Domeyko eine Notiz in den Comptes rend. de l'Acad. Paris **85**, 977, 1877. — Vergl. diese Zeitschrift **2**, 514.

Von Jucumariri ist ferner eine Stufe eines kalkigen oder sericitischen Gesteins erwähnenswerth, dessen feine, fettigglänzenden, auch talkig anzufühlenden gelblich- bis bräunlichweisen, biegsamen Schüppchen sich leicht spalten und ablösen lassen und unter dem Mikroskop das Interferenzbild einer schwach-doppelbrechenden zweiaxigen Substanz mit kaum dislocirtem schwarzem Kreuz zeigen. Es fällt also die erste Mittellinie mit der Normale zur breiten Fläche der Schüppchen zusammen oder ist zu ihr, wie bei den Glimmermineralien, nur wenig, kaum merklich geneigt. Dieses Mineral scheint ein secundäres Product zu sein wie diejenigen Sericite, welche durch Hrn. von Groddeck in so ausgezeichneter Weise beschrieben worden sind. Die secundäre Natur wird hier übrigens auch durch eingeschlossene eckige Bruchstücke eines feinkörnigen bis dichten, grauen (dolomitischen?) Kalksteins bestätigt. In diesem Conglomerat treten auch Anhäufungen von

Arsenkies-Krystallen auf, bei denen die Gestalten (110) und (101) allein zu beobachten sind. Die Krystalle selbst erreichen die Grösse von 6 mm, sind kurzprismatisch nach der Verticalaxe, etwas länger nach der Axe *b*. Beide Formen treten aber fast mit gleicher Flächenausdehnung auf und zeigen eine so analoge Flächenbeschaffenheit, dass ihre Unterscheidung von einander danach nicht möglich wird. Sie sind nämlich beide durch einen treppenartigen Aufbau aus flachen, parallel übereinander gelagerten gleichschenkelig-dreieckigen Schalen charakterisirt, von denen jede höher liegende kleiner als die sie unterlagernde und von einem gemeinsamen Endpunkte der Axe *a*, in welchem je zwei und zwei Flächen zusammenstossen, weiter entfernt, indem sie nach oben und unten, nach rechts und links, d. h. nach den Kanten $(101 . 10\bar{1})$, $(\bar{1}01 . \bar{1}0\bar{1})$, $(110 . 1\bar{1}0)$ und $(\bar{1}10 . \bar{1}\bar{1}0)$ hin zurücktritt. Betrachtet man einen solchen Krystall in der Richtung der Axe *a*, so erscheint er als ein von parallel den Axen *c* und *b* verlaufenden Geraden begrenztes, in der Richtung der Axe *b* etwas verlängertes Rechteck, auf welches eine zwei- und zweiflächige Pyramide aufgesetzt ist, die aber statt der vom Scheitel nach den vier Ecken des Umrisses diagonal herablaufenden Kanten ebenso gerichtete Furchen besitzt, deren Seitenwände nach unten convergiren und aus treppenartigen Absätzen aufgebaute einspringende Kanten bilden. — Die Unterscheidung von (110) und (101) ist daher blos nach deren Flächenwinkeln durchführbar, welche zwar innerhalb beträchtlicher Grenzen schwanken, immerhin aber keine solche Werthe zu liefern scheinen, die in gleicher Weise auf die eine wie auf die andere prismatische Gestalt bezogen werden könnten. Gemessen wurde:

$110 . 1\bar{1}0$	$59^0\ 55' — 60^0\ 58'\frac{1}{2}$
$101 . \bar{1}01$	$69\ \ 8\frac{1}{2} — 69\ \ 52$

Schliesslich verdient noch eine thonige Substanz erwähnt zu werden, weil sie, wie mir Herr Stübel schreibt, »das Material für eine Art der Geophagie abgiebt, die in dem ganzen Hochlande von Bolivien eine sehr allgemeine Verbreitung hat. Diese Substanz ist unter dem Namen »Pasa« bekannt, richtiger geschrieben: Ppasa, wenn man die eigenthümliche Aussprache, welche die Eingeborenen dem Aymará-Worte geben, berücksichtigt. Nicht nur Indianer, auch Mischlinge und selbst Weisse pflegen die Ppasa, deren Geschmack für den nicht daran gewöhnten Gaumen ein fader, fast Ekel erregender ist, täglich und in Quantitäten bis zu 5 g, in manchen Fällen wohl auch darüber, zu verspeisen.« In der Sendung von Herrn Stübel ist die »Ppasa« in Proben aus zwei Localitäten vertreten: vom Cerro Ppasilia, speciell von der Estancia Hamachuma bei der Hacienda Capachos, 4 Leguas von Oruro, und von der Gegend von Copacabana.

Diese eigenthümliche hellgraue oder auch schmutziggelb-weisse Substanz ist weich, zerreiblich, fühlt sich talkig an, etwa wie Porzellanerde. Unter dem Mikroskop erkennt man in einer amorphen opaken Masse einzelne schwach-doppelbrechende unregelmässig begrenzte Körnchen und Splitter. — Nach einer von Herrn stud. phil. Herde im chemischen Laboratorium des hiesigen mineralogischen Museums ausgeführten qualitativen Analyse besteht die Substanz aus: Kieselsäure, Thonerde, Eisenoxyd, Kalk, Magnesia, Wasser und Spuren von Natron. Von diesen Bestandtheilen ist die Magnesia ihrer Menge nach vorherrschend. — Die Zusammensetzung, wie die Beschaffenheit der »Ppasa« weisen darauf hin, dass wir es hier mit einem Zersetzungsproducte zu thun haben, welches aller Wahrscheinlichkeit nach aus dem Feldspath und dem Magnesiaglimmer des Granites entstanden ist, nachdem die Alkalien in Lösung gegangen und fast gänzlich weggeführt worden sind. — Die doppelbrechenden Körnchen, die unter dem Mikroskop zu sehen sind, dürften dem Quarze zuzuschreiben sein, der sowohl als primärer, aus dem granitischen Gestein direct stammender, als auch als secundärer, d. h. aus Feldspath bei dessen Zersetzung entstandener Gemengtheil von der »Ppasa« eingeschlossen worden sein mag.

Der Umstand, dass diese weiche, thonige, feinzerreibliche Masse von den Indianern gesucht und verspeist wird, steht nicht als vereinzelte Thatsache da. In ähnlicher Weise sah ich am Ural die Arbeiter in den Brauneisenstein-Tagebauen eine ebenfalls weiche Substanz — das schlammige, aus den Spalten durch das Wasser ans Tageslicht beförderte und an der Gebirgswand resp. am Boden sich absetzende rothe amorphe Eisenoxydhydrat, den sogenannten Eisenrahm oder die »Bergbutter« = Górnoje Máslo, wie es dort genannt wird — essen, und hörte behaupten, dass es sehr gut schmecke — besonders aber »sehr gesund« sei. Freilich dürfte das »Górnoje Máslo« vielleicht auf den menschlichen Organismus eine ähnliche Wirkung ausüben wie das Wasser eines Stahlbrunnens, resp. die Eisenpräparate, welche als Mittel gegen Anämie Anwendung finden; wie sich aber die eisenarme und magnesiareiche »Ppasa« in ihren Wirkungen erweist — dies ist eine Frage, welche zu beantworten ich mich nicht berufen fühle.

Von den hier erwähnten Mineralien hatte Herr A. Stübel die Freundlichkeit, einige interessante Exemplare dem Breslauer mineralogischen Museum zu schenken. Dafür, wie für die Autorisation, auch die übrigen Stufen bei der Bearbeitung mit benutzen zu dürfen, endlich für die vielen werthvollen und belehrenden Mittheilungen, welche mir bei dieser Gelegenheit zu Theil wurden, sei auch an dieser Stelle Herrn Stübel mein verbindlichster Dank ausgesprochen!

2. K. Haushofer (in München): **Ueber die Krystallform der Borsäure***). Eine grosse Anzahl sehr vollkommen ausgebildeter Krystalle von Borsäure gaben mir Veranlassung, neue Messungen an denselben vorzunehmen und die vorhandenen Angaben damit zu vergleichen. Die Krystalle hatten sich aus einer kalt gesättigten Lösung im Laufe eines Jahres gebildet und waren besonders in der prismatischen Zone so gut entwickelt, dass die Differenzen der Messungen an fünf verschiedenen Exemplaren 10′ nicht überstiegen. Die meisten Krystalle bildeten dicke Tafeln von hexagonalem Habitus (s. beistehende Figur); die ebenen Winkel der basischen Fläche berechnen sich zu 120° 8′, 119° 51′ und 120° 1′.

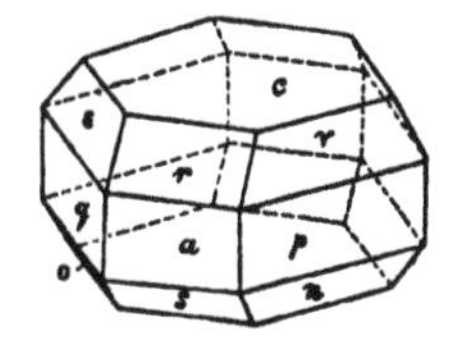

*) Eine vorl. Publication darüber s. Sitzungsber. d. k. bayr. Akad. d. Wiss. Dec. 1882.

Am freien Ende erschienen die Krystalle durch einen tonnenförmig verlaufenden Flächencomplex begrenzt, von welchem jedoch nur die Fläche $0P(001)$ $= c$ und die Tetartopyramide $,P(\bar{1}11) = o$ Messungen gestatteten, welche so befriedigten, wie jene an der prismatischen Zone. In dieser herrschen $\infty P',(110) = p$ und $\infty ',P(1\bar{1}0) = q$; die Pyramidenflächen $P'(111) = \nu$, $'P(1\bar{1}1) = \varepsilon$ und $P,(11\bar{1}) = n$, sowie die Hemidomenflächen $-\breve{P}\infty'(101) = r$ und $\breve{P}\infty(10\bar{1}) = s$ waren stets aufgewölbt; das Flächenpaar $\infty\bar{P}\infty$ $(100) = a$ erscheint in der Regel untergeordnet, manchmal auf schmale Reste reducirt, aber stets vollkommen glatt, während q und besonders p durch starke Streifung nach der Combinationskante mit $0P$ charakterisirt sind. Die von Des Cloizeaux und Miller beobachtete Fläche $\infty\breve{P}\infty$ war nur andeutungsweise vorhanden und gestattete keine Messungen. Unter Beibehaltung der von Miller gewählten Stellung berechnen sich aus meinen Messungen, welche mit der von Des Cloizeaux, Miller und Kenngott sehr gut übereinstimmen, die morphologischen Elemente wie folgt:

$$a : b : c = 1,7329 : 1 : 0,9228$$
$$\alpha = 92^0\,30'$$
$$\beta = 104\;\;25$$
$$\gamma = 89\;\;49$$

	Haush.:	Miller:	Kenngott:	Des Cloiz.:	Ber.:
$c : q = (001)(1\bar{1}0) =$	*84°52′	84°53′	—	84°57′	—
$c : a = (001)(100)$	*75 36	75 36	—	—	—
$a : q = (100)(1\bar{1}0)$	*59 34	59 15	--		—
$a : p = (100)(110)$	*58 54	59 15	—	—	—
$c : o = (001)(\bar{1}11)$	*48 42	48 0	—	—	—
$c : p = (001)(110)$	80 28	80 30	—	80 33	80°30′
$o : p = (\bar{1}11)(110)$	61 30	—	--	61 30	61 51
$\nu : c = (111)(001)$	—	41 0	—	—	41 18
$\varepsilon : c = (1\bar{1}1)(001)$	—	43 0	—	43 14	43 22
$n : c = (\bar{1}\bar{1}1)(001)$	—	51 0	—	50 53	51 13
$p : q = (110)(1\bar{1}0)$	—	61 30	61°36′	61 30	61 51

Zwei ganz klare prismatische Krystalle gestatteten die Bestimmung der Auslöschungsrichtung auf $a(100)$. Dieselbe schneidet die Kante ap unter $12-13^0$ oben nach rechts geneigt.

V. Auszüge.

---

1. W. E. Hidden (in New York): **Ueber einige Mineralien von Nordcarolina** (Amer. Journ. Sc. 1882 (3), **24**, 372). Die vorliegenden Notizen bilden die Fortsetzung der 1881 publicirten (s. diese Zeitschr. **6**, 517) und behandeln folgende Mineralien:

Beryll von Alexander County. Ein über 1 dm langer und 30 mm dicker Krystall, vollkommen durchsichtig und schwach aquamarinfarben, zeigte folgende Flächen: $(10\bar{1}0)\infty P$, $(11\bar{2}0)\infty P2$, $(13\bar{4}1)4P\frac{4}{3}$, $(12\bar{3}1)3P\frac{3}{2}$, $(11\bar{2}1)2P2$, $(20\bar{2}1)2P$, $(10\bar{1}1)P$, $(0001)0P$. Dieser, einer der flächenreichsten bisher beschriebenen Beryllkrystalle, ist besonders merkwürdig wegen der grossen Entwicklung der beiden dihexagonalen Pyramiden, wodurch er am Ende eine spitz zulaufende Form besitzt.

Uraninit. An Exemplaren von Mitchell Co. wurden folgende specifischen Gewichte gefunden: 8,968, 9,05, 9,218, d. h. etwas niedriger als an den Krystallen von Branchville (9,22—9,28).

Samarskit (Euxenit). Das Mineral aus der Wiseman'schen Glimmergrube in Mitchell Co., von J. L. Smith (s. diese Zeitschr. **1**, 501) Euxenit genannt, nach Delafontaine (ebenda, 503) mit dem Samarskit zu vereinigen, erwies sich durch eine Analyse von W. H. Seamon, ausgeführt im Laboratorium von J. W. Mallet an der Universität von Virginia, als ein veränderter Samarskit. Die Analyse gab:

Nb_2O_5	47,09
$SnO_2 + WO_3$	0,40
Y_2O_3	13,46
Ce_2O_3	1,40
$Di_2O_3 + La_2O_3$	4,00
UO_3	15,15
FeO	7,09
CaO	1,53
H_2O	9,55
	99,67

Fergusonit. Dieses Mineral kommt in braunschwarzen spitzen Pyramiden mit Basis und einer hemiëdrischen Pyramide im Golddistrict von Brindletown, Burke Co., vor. Eine Analyse von W. H. Seamon, ebenso wie die vorige in dem Chem. News veröffentlicht, lieferte folgende Resultate:

Nb_2O_5	43,78
Ta_2O_5	4,08
$SnO_2 + WO_3$	0,76
Y_2O_3 etc.	37,21
Ce_2O_3	0,66
$Di_2O_3 + La_2O_3$	3,49
UO_3	5,81
FeO	1,81
CaO	0,65
H_2O	1,62
	99,87

Orthit (Allanit) wurde nachgewiesen an dem Smaragdfundort in Alexander County (s. weiterhin die Analyse von Genth) und in der »Wiseman mica mine« in Mitchell Co. Eine ebenfalls in den Chem. News publicirte Analyse des Herrn W. H. Seamon von letzterem Fundorte ergab:

SiO_2	39,03
Al_2O_3	14,33
Y_2O_3	8,20
C_2O_3	1,53
Fe_2O_3	7,10
FeO	5,22
MnO	Spur
MgO	4,29
CaO	17,47
H_2O	2,78
	99,95

Ref.: E. S. Dana.

2. Derselbe: Ueber Quarzkrystalle mit Flüssigkeitseinschlüssen (Trans. New York Acad. Sc. March 1882). Eine einzige, von dem Verf. aufgefundene Druse, an der Fundstelle des Hiddenit in Alexander Co., Nord-Carolina, lieferte 1000 Pfund Quarze, darunter 400 Pfund ausgewählte Krystalle, ausserdem Smaragde u. s. w. (s. diese Zeitschr. 6, 517). Viele der Quarzkrystalle enthielten grosse Hohlräume, bis zu 2½ Zoll Länge, und zahlreiche kleinere, angefüllt mit Wasser und etwas flüssiger Kohlensäure. Unglücklicherweise wurde die ganze Sammlung während der Nacht einer etwas unter 0° gehenden Temperatur ausgesetzt, worauf durch das Gefrieren des eingeschlossenen Wassers die Krystalle zersprengt und die Stücke an einander gefroren waren. Es ist anzunehmen, dass das sie verkittende Eis zum Theil aus der atmosphärischen Feuchtigkeit stammte, welche sich in Folge der durch die plötzliche Verdunstung der flüssigen Kohlensäure entstandenen Kälte condensirte.

Ref.: E. S. Dana.

3. B. Silliman (in New Haven): **Martit vom Cerro de Mercado (Eisenberg) bei Durango in Mexico** Amer. Journ. (3) 24, 375, 1882). Der Cerro de Mercado ist ein 1 (engl.) Meile langer, ⅓ Meile breiter und 400—600′ hoher Berg, von dem mehrfach angegeben worden ist, dass er ganz aus Eisenerz bestehe. Nach den Beobachtungen des Herrn Birkinbine aus Philadelphia jedoch stammen die seine Oberfläche bedeckenden Erzmassen aus einem oder mehreren Lagern oder Gängen in dem die Umgegend bildenden Porphyr. Die vom Verf. untersuchten Erzstücke zeigten grosse und oft glänzende oktaëdrische Krystalle bis zu 1 Zoll Durchmesser. Die Analyse derselben ergab fast reines Eisenoxyd.

Ref.: E. S. Dana.

4. B. W. Frazier (in Bethlehem, Pennsylvanien): **Ueber Axinitkrystalle aus der Gegend von Bethlehem in Pennsylvanien und Bemerkungen über die Analogie zwischen den Krystallformen des Axinit und Datolith** (Amer. Journ. Sc. **24**, 439). Die untersuchten Krystalle stammten aus einer Fundstelle in der Nähe von Bethlehem in Northampton County und wurden zuerst von dem verstorbenen W. J. Röpper als Axinit erkannt. Dieselben kommen in einem Gesteine vor, welches aus einem innigen Gemenge von Hornblende und Axinit besteht, deren letzterer oft mit Asbest verwachsen ist und dadurch ein faseriges Aussehen annimmt. Die Krystalle sind hellbraun bis farblos und besitzen die gewöhnliche axtförmige Gestalt; sie erhalten einen prismatischen Habitus durch das Vorwalten der Flächen in der Zone *p*, *l*, *u* (die benutzten Buchstaben sind diejenigen von G. vom Rath, Pogg. Ann. **128**, 20, 227, und für die seitdem entdeckten Flächen diejenigen der betreffenden Autoren). Die Krystalle sind gewöhnlich gestreift nach den Kanten der vorherrschenden Zone. Die nach dieser zunächst hervortretende Zone ist diejenige der Flächen *p*, *r*, *m* u. s. w., von denen *r* und *z* besonders entwickelt sind, endlich in dritter Stelle die Zone *psx* (s. Fig. 1 und 2 auf folgender Seite). Die Grösse der im Allgemeinen kleinen Krystalle variirt von einem Bruchtheil eines Millimeters bis zu einigen Centimetern, aber nur die kleineren zeigen glänzende Flächen und gestatten genaue Messungen.

Beobachtet wurden folgende Formen: *p*, *l*, *u*, *v*, *w*; *r*, *z*, *m*, *e*; *s*, *x*, *y*, *c*, *σ*; *d*, *n*, *b*; *δ*; *o*; *φ* (die Symbole derselben s. S. 83 in Tabelle II). Die folgende Tabelle I giebt die Resultate der Messungen, verglichen mit den berechneten Werthen nach G. vom Rath.

Tabelle I.

	Nr. 1	Nr. 2	Nr. 3	Nr. 4	Nr. 5	Nr. 6	Nr. 7	Nr. 8	Berechnet vom Rath
$w:p$	60°21¼'	—	—	—	—	60°29¾'	—	—	60°29'
$p:l$	29 2	28° 4¾'	—	29° 5½'	—	—	—	—	28 54¾
$p:u$	—	44 34¼	44°52¼'	44 19¼	—	—	—	—	44 28¾
$l:u$	15 32¾	16 29¾	—	15 13¾	—	—	—	—	15 34
$u:v$	32 54¾	32 45½	—	—	—	—	32°49'	—	32 47
$u:w$	75 0	—	—	—	—	—	—	—	75 2¼
$p:r$	45 12¼	—	—	—	—	—	—	—	45 15
$r:z$	18 27¼	—	—	—	—	—	—	—	18 20¾
$z:m$	26 16	—	—	—	—	—	—	—	26 20
$p:m$	89 55	—	—	—	—	—	—	—	89 55¾
$m:e$	44 39	—	—	—	—	—	—	—	44 45
$b:m$	47 3½	—	—	—	—	—	—	—	47 12¾
$m:v$	82 6	—	—	—	—	—	—	—	82 9¾
$y:v$	—	40 54	—	—	—	—	—	—	40 52⅓
$p:s$	33 24¼	—	—	—	—	—	—	—	33 18
$s:x$	16 9	—	16 7¼	16 1	—	—	—	—	16 7
$p:x$	49 30¼	49 26½	—	—	—	—	—	—	49 25

	Nr. 1	Nr. 2	Nr. 3	Nr. 4	Nr. 5	Nr. 6	Nr. 7	Nr. 8	Berechnet vom Rath
$x : y$	29° 46¾′	29° 47½′	—	—	—	—	—	—	29° 46¾′
$y : c$	—	36 9¾	—	—	—	—	—	—	36 12¼
$x : c$	—	65 57¼	65° 56½′	—	—	—	—	65° 59′ 65 55	65 59
$c : \sigma$	—	23 17½	23 19¾	—	—	—	—	—	23 27
$\sigma : \bar{p}$	—	41 16¼	41 15¼	—	—	—	—	—	41 9½
$c : \bar{p}$	—	64 33¾	64 35	—	—	—	(Nr. 2)	64 31 64 36½	64. 36
$\bar{p} : n$	—	—	112 30¾	—	—	—	—	—	112 33¾
$n : d$	—	—	22 17	—	—	—	22° 16′	—	22 19
$n : p$	—	—	—	—	—	—	67 25½	—	67 26¼
$u : s$	27 58¾	—	27 56½	27° 52¾′	—	—	—	—	27 57
$s : r$	36 34¼	—	36 29¾	36 17	—	—	—	—	36 24½
$u : r$	—	—	64 26¼	—	—	—	—	—	64 21½
$r : b$	—	—	—	68 12¾	—	—	—	—	68 24
$u : o$	—	—	—	—	85° 42½′	—	85 40¾	—	85 38
$o : e$	—	—	—	—	39 11½	—	39 10½	—	39 13
$u : y$	—	49 39¾	—	—	49 49 49 41	—	49 44¼	—	49 40
$v : x$	—	45 54¾	—	—	—	—	—	—	45 53
$x : r$	—	40 57	—	—	—	—	—	—	40 46¾
$u : x$	—	—	—	—	30 40½	—	—	30 29¾	30 33
$x : m$	—	—	—	—	65 2¼	—	—	—	65 0¾
$r : o$	—	—	—	—	—	69° 53′ 69 35¼ 69 27¼	—	—	69 47½
$o : \sigma$	—	—	—	—	—	35 58¼	—	—	35 51¾
$x : l$	—	—	—	—	—	—	—	32 29¾	32 30
$b : e$	53 19½	—	—	—	—	—	—	—	53 18½
$x . o$	—	—	—	—	61 49	—	—	—	61 51
$d : r$	—	—	32 30½	—	—	—	—	—	32 30½

Der Verfasser macht auf eine Aehnlichkeit zwischen den Krystallformen des Axinit und denen des Datolith aufmerksam. Um dieselbe zu zeigen, muss die Axe der Zone *plu* als Verticalaxe, die der Zone *pmr* als Makrodiagonale und die der

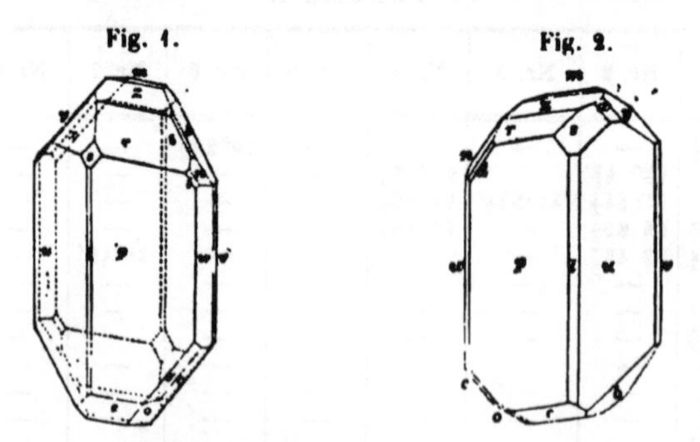

Fig. 1. Fig. 2.

Zone *ymb* als Brachydiagonale genommen werden (s. auch Fig. 1 und 2); ferner wird *l* als primäres rechtes Hemiprisma und *z* als oberes makrodiagonales Hemidoma genommen. Alsdann ergeben sich die in der folgenden Tabelle II in der ersten mit (Datolith) überschriebenen Columne aufgeführten Symbole.

Tabelle II.

	(Datolith)	Miller	Naumann Dana	Des Cloizeaux		Schrauf		vom Rath	
p	100	010	$1\bar{1}0$	m	$1\bar{1}0$	c	001	$\bar{2}01$	p
v	010	100	010	g'	010	M	110	131	v
m	001	001	001	c'	$\bar{1}12$	m	$1\bar{1}0$	$1\bar{3}1$	m
h	320	130	$3\bar{1}0$	^{2}h	$3\bar{1}0$		113	$\overline{73}2$	h
l	110	120	100	h'	100		112	$\overline{53}1$	l
β	560	350	510	$h^{\frac{3}{2}}$	510		335	$\overline{13}.\bar{5}.2$	β
h^2	340	230	310	h^2	310	H	223	$\overline{361}$	h^2
a	230	340	210	h^3	210		334	$\overline{11}.\bar{5}.1$	a
$h^{\frac{9}{2}}$	$11.13.0$	$9.11.0$	$11.7.0$	$h^{\frac{9}{2}}$	$11.7.0$	k	$9.9.11$	$\overline{31}.\overline{27}.2$	$h^{\frac{9}{2}}$
u	120	110	110	t	110		111	110	u
w	$1\bar{2}0$	$1\bar{1}0$	$1\bar{3}0$	^{2}g	$1\bar{3}0$		$\bar{1}\bar{1}1$	$\bar{1}32$	w
μ	$0\bar{3}1$	$\bar{2}01$	$0\bar{1}1$		$\bar{1}\bar{3}2$		130	131	μ
y	011	101	021	γ	$\bar{1}32$	a	100	101	y
b	$0\bar{1}1$	$\bar{1}01$	$0\bar{2}1$	b'	$\bar{1}\bar{1}2$		010	010	b
f	021	(t) 102	011	β	$\bar{1}22$		$3\bar{1}0$	$1\bar{1}1$	f
g	013	103	023		$\bar{3}56$		$2\bar{1}0$	$\bar{2}\bar{3}2$	g
φ	601	031	$3\bar{3}1$	$d^{\frac{1}{2}}$	$1\bar{1}1$		$1\bar{1}3$	$\bar{7}32$	φ
π	401	021	$2\bar{2}1$	d'	$1\bar{1}2$		$1\bar{1}2$	$\bar{5}31$	π
r	201	011	$1\bar{1}1$	p	001		$1\bar{1}1$	$1\bar{1}0$	r
e	$\bar{2}01$	$0\bar{1}1$	$\bar{1}11$	$c^{\frac{1}{2}}$	$\bar{1}11$		$\bar{1}11$	$\bar{1}\bar{3}2$	e
L	805	045	$4\bar{1}5$	c^5	$\bar{1}.1.10$		$5\bar{5}4$	$13.\overline{15}.1$	L
z	101	012	$1\bar{1}2$	c^2	$\bar{1}14$		$2\bar{2}1$	$4\bar{6}1$	z
s	441	121	201	f'	112		101	100	s
d	$4\bar{4}1$	$\bar{1}21$	$2\bar{4}1$		$1\bar{3}2$		$0\bar{1}1$	$\bar{2}31$	d
σ	$\bar{4}41$	$1\bar{2}1$	$\bar{2}41$		$\bar{3}52$		$\bar{1}01$	$\bar{1}02$	σ
t	$6\bar{3}1$	$\bar{2}31$	$3\bar{7}1$		$1\bar{3}1$		$\bar{1}\bar{3}3$	$\bar{5}94$	t
ϱ	$\bar{6}31$	$2\bar{3}1$	$\bar{3}71$		$\bar{2}41$		$\bar{3}\bar{1}3$	$\bar{1}12$	ϱ
k	$4\bar{3}1$	$\bar{2}21$	$2\bar{6}1$		$1\bar{5}2$	$\varkappa$	$\bar{1}\bar{3}2$	$\bar{1}31$	k
x	241	111	111	i'	011		201	401	x
n	$2\bar{4}1$	$\bar{1}11$	$1\bar{3}1$	e'	$0\bar{1}1$		$0\bar{2}1$	$\bar{2}61$	n
c	$\bar{2}41$	$1\bar{1}1$	$\bar{1}31$	z	$\bar{1}21$	Y	$\bar{2}01$	001	c
δ	$1\bar{2}1$	$\bar{1}12$	$1\bar{3}2$	b^2	$\bar{1}\bar{1}1$		$1\bar{3}1$	$1\bar{3}0$	δ
o	$\bar{1}21$	$1\bar{1}2$	$\bar{1}32$	x	$\bar{3}54$		$\bar{3}11$	$1\bar{3}4$	o
ψ	$\bar{2}43$	$1\bar{1}3$	$\bar{1}33$		$\bar{2}33$		$\bar{4}21$	$2\bar{6}5$	ψ
ν	231	211	131	$i^{\frac{1}{2}}$	021		311	532	ν
q	$\bar{2}31$	$2\bar{1}1$	$\bar{1}51$	δ	$\bar{1}31$		$\bar{3}\bar{1}1$	131	q
ζ	$\bar{2}35$	$2\bar{1}5$	$\bar{1}55$		$\bar{3}55$		$\bar{7}31$	332	ζ
θ	$1\bar{6}1$	$\bar{3}12$	$1\bar{7}2$		$\bar{1}\bar{5}4$		$\bar{1}51$	$\bar{3}21$	θ
i	611	131	$3\bar{1}1$	o'	101		203	$\bar{3}01$	i
ε	$3\bar{2}1$	$\bar{1}32$	$3\bar{5}2$		$1\bar{3}4$		$1\bar{3}3$	$\bar{7}92$	ε
ξ	$12.\bar{1}.3$	$\bar{1}63$	$6\bar{3}3$		$3\bar{5}6$		$1\bar{2}3$	$\bar{7}62$	ξ
τ	$16.\bar{1}.3$	$\bar{1}33$	$8.\overline{10}.3$		576		$1\bar{2}4$	$\bar{3}21$	τ

In dieser neuen Stellung des Axinit sind die Elemente desselben, berechnet aus den Messungen G. vom Rath's:

$$\alpha = 81^{0}\,57' \qquad A = 82^{0}\,9\tfrac{1}{2}'$$
$$\beta = 91\;51\tfrac{1}{2} \qquad B = 90\;4\tfrac{1}{2}$$
$$\gamma = 102\;52\tfrac{1}{2} \qquad C = 102\;44\tfrac{1}{2}$$

$$a : b : c = 1 : 1{,}56003 : 0{,}48742.$$

Die entsprechenden Werthe des Datolith in der von Dana adoptirten Stellung sind folgende:

$$\beta = 90^0\,6' \qquad B = 90^0\,6'$$

$$a : b : c = 1 : 1{,}5712 : 0{,}49695.$$

Während die Parameter beider Mineralien sehr ähnlich sind, differiren die Axenwinkel derselben erheblich. Eine Vergleichung der Winkel zwischen ähnlichen Flächen beider giebt die Tabelle III, in welcher jedesmal die beiden correspondirenden Flächen einer Hemipyramide, eines Prisma oder Klinodoma beim asymmetrischen Axinit neben einander gestellt sind.

Tabelle III.

	Datolith		Axinit		
100 : 010	a : b	90°	p : v	77° 16′	77° 16′
100 : 001	a : c	89 54′	p : m	89 56	89 56
010 : 001	b : c	90	v : m	97 50	97 50
100 : 110	a : M	32 28	p : l	28 54	
100 : $1\bar{1}0$			fehlt		
100 : 120	a : o	51 51	p : u	44 28	52 28
100 : $1\bar{2}0$			p : w	60 28	
120 : $1\bar{2}0$	o : o′	108 42	u : w	104 58	104 58
001 : 101	c : u	26 25	m : z	26 20	26 20
001 : 201	c : x	44 47	m : r	44 41	44 41
001 : $\bar{2}01$	c : ξ	44 53	m : e	44 45	44 45
001 : 021	c : g	32 19	m : f	34 49	
001 : $0\bar{2}1$			fehlt		
001 : 011	c : m	51 41	m : y	56 58	52 05
001 : $0\bar{1}1$			m : b	47 13	
011 : $0\bar{1}1$	m : m′	103 22	y : b	104 11	104 11
001 : 111	c : n	66 56	m : s	72 12	66 28
001 : $1\bar{1}1$			m : d	60 44	
001 : $\bar{1}11$	c : ν	67 2	m : σ	68 36	
001 : $\bar{1}\bar{1}1$			fehlt		
100 : 111	a : n	89 1	p : s	33 18	39 12
100 : $1\bar{1}1$			p : d	45 7	
100 : $\bar{1}11$	a : ν	39 4	p : σ	41 9	
100 : $\bar{1}\bar{1}1$			fehlt		
001 : 211	c : Q	58 6	m : x	65 1	57 45
001 : $2\bar{1}1$			m : n	50 29	
100 : 211	a : Q	58 18	p : x	49 25	58 25
100 : $2\bar{1}1$			p : n	67 26	

Die Aehnlichkeit mancher dieser Winkel ist so gross, dass die Bemerkung gerechtfertigt erscheint, der Axinit sei eine Art gedrehten Datoliths, und auch im Habitus besteht eine Aehnlichkeit zwischen beiden Mineralien. Von den 20 Formen des Axinit, deren Auftreten an drei oder noch mehr Vorkommen desselben nachgewiesen ist, sind sämmtliche ausser einer in correspondirenden Flächen am Datolith vertreten und die Mehrzahl derselben als gewöhnliche Flächen. Ebenso sind sämmtliche 11 einfachen Formen des Datolith, welche nach E. S. Dana (Tschermak's min. Mitth. 1874) an mehreren Fundorten vorkommen, theilweise oder ganz durch entsprechende Flächen am Axinit vertreten.

Schliesslich erwähnt der Verfasser auch eine Winkelähnlichkeit zwischen Kieselzinkerz und Datolith, welche aus der folgenden Tabelle hervorgeht:

	Calamin.	Datolith.	
010 : 011	58° 20′	57° 43′	010 : 021
001 : 101	25 46½	26 34	001 : 101
100 : 110	51 56½	51 38	100 : 120
001 : 211	48 54	49 47	001 : 221
100 : 411	31 19	30 36	100 : 421

Die erste Columne giebt die Zeichen nach Miller, die letzte diejenigen, bezogen auf Dana's Grundform des Datolith. Das Axenverhältniss des Kieselzinkerzes wird bei Annahme einer Grundform, ähnlich derjenigen des Datolith, das folgende:

$$a : b : c = 1 : 1,5564 : 0,47657.$$

Wenn auch der Habitus beider Mineralien kein ähnlicher ist, so muss doch bemerkt werden, dass beide dasselbe Sauerstoffverhältniss haben, wie aus den Formeln $H_2 Zn_2 Si O_5$ und $H B Ca Si O_5$ hervorgeht. Andererseits zeigt die Zusammensetzung des Axinit keine Beziehung zu derjenigen des Datolith.

Ref.: E. S. Dana.

5. **G. C. Hoffmann** (in Montreal): **Ueber Samarskit von Canada** (Amer. Journ. Sc. (3) **24**, 475). Samarskit fand sich in kleinen Stücken im nordwestlichen Theile des Bezirks von Brassard, Berthier County, Quebec in Canada. Spec. Gewicht 4,9478.

$Nb_2 O_5$, $Ta_2 O_5$ *)	55,41
$Sn O_2$	0,10
$Y_2 O_3$	14,34
$Ce_2 O_3$	4,78
$U O_3$	10,75
$Mn O$	0,51
$Fe O$	4,83
$Ca O$	5,38
$Mg O$	0,11
$K_2 O$	0,39
$Na_2 O$	0,23
F	Spur
$H_2 O$	2,21
	99,04

Ref.: E. S. Dana.

6. **W. North Rice** (in Middletown, Conn.): **Ein neuer Fundort von Samarskit** (Privatmittheilung). Der Verfasser erkannte ein in kleinen Partien in Peltow's Quarry in Portland, bei Middletown in Connecticut, von E. F. Sheldon gefundenes Mineral als Samarskit. Ref.: E. S. Dana.

7. **R. Pearce: Wurtzit von Montana** (Amer. Journ. Sc. (3) **24**, 476). Der seltene Wurtzit wurde auf der »Original Butte Mine« (Butte, Montana) gefunden. Er kommt daselbst in kleinen hexagonalen Krystallen, eingewachsen in Pyrit und Zinkblende, vor. Ref.: E. S. Dana.

*) Wahrscheinlich ganz oder fast ganz $Nb_2 O_5$.

8. **G. J. Kunz** (in New York): **Topas von Stoneham, Maine** (Amer. Journ. Sc. (3) **25**, 161). Der Verfasser entdeckte schöne Topaskrystalle, im Habitus den russischen gleichend, an dem genannten Orte. Einer der durchsichtigsten hatte nach der Makrodiagonale einen Durchmesser von 3, nach der Verticale von 2½ Zoll, während opake Stücke sich als Theile von fussgrossen Krystallen erwiesen. Farbe bläulich oder grünlich. Die begleitenden Mineralien waren: Triplit, Triphyllin, Columbit (davon eine 17 Pfund schwere derbe Masse) und ein dem Montmorillonit ähnliches Mineral. Ref.: E. S. Dana.

9. **Derselbe, über ein grosses Bernsteinstück von Ploucester County, New Jersey** (Ebenda, S. 234). Der Verfasser beschreibt das Vorkommen eines Bernsteinstückes von 64 Unzen Gewicht (20 Zoll lang, 6 Zoll breit und 1 Zoll dick) in einer Mergelgrube bei Harrisonville, Ploucester County, N. J. Die Masse gleicht dem Bernstein von der Ostsee in ihren Eigenschaften, hat das spec. Gewicht 1,061 und wurde unter einer 20 Fuss mächtigen Decke von grünem Sand und Mergel in 28 Fuss Tiefe gefunden, und zwar in einer 6′ mächtigen Fossilienschicht mit Gryphaea vesicularis, Gryphaea Pitcheri, Terebratula Harlaui. Die Mergelschicht gehört zum mittleren Theil der oberen Kreideformation. Ref.: E. S. Dana.

10. **B. K. Emerson** (in Amherst): **Die Mineralien des Deerfield-Ganges** (Amer. Journ. Sc. (3) **24**, 195, 270, 349). Der Verfasser beschreibt ausführlich die petrographischen Charaktere des Diabas von Deerfield und alsdann die verschiedenen ihn begleitenden Mineralien. In der folgenden Tabelle wird die Altersfolge der daselbst gefundenen Mineralien dargestellt, indem das Uebergreifen der Namen ungefähr dem Uebergreifen der Mineralbildungen entspricht.

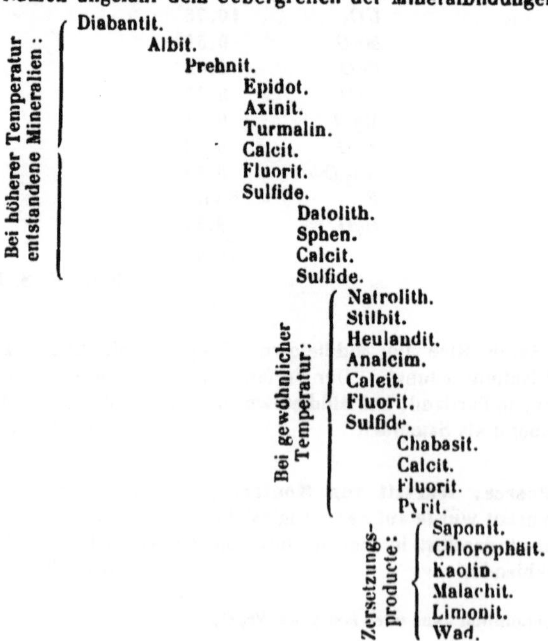

An den Datolithkrystallen wurde die neue Fläche $C = (\bar{1}85)\,\frac{8}{5}R2$ durch die **Zone** $o(120)\infty R2 : c(001)0P$ und $\lambda(\bar{1}43)\frac{4}{3}P : g(021)2R\infty$ bestimmt. Der Verfasser discutirt ferner eingehend die zusammengesetzte Natur der Prehnitkrystalle, ein neuerdings von Des Cloizeaux studirter Gegenstand.

Ref.: E. S. Dana.

11. W. P. Blake (in New Haven): **Gediegen Blei und Mennige von Idaho** (Amer. Jour. Sc. 1883, **25**, 161). Gediegen Blei fand sich inmitten derben Bleiglanzes auf der Jay Pould Mine, Alturas County, Idaho. Es bildete gerundete Partien und Körner von $\frac{1}{8}$—$\frac{1}{4}$ Zoll Durchmesser und zuweilen grössere unregelmässig nierenförmige Lagen, incrustirt von Mennige.

Ref.: E. S. Dana.

12. A. Genth (in Philadelphia): **Beiträge zur Mineralogie** (Amer. Philos. Soc. 1882, Aug. 18). Der Verf. giebt zunächst einige Nachträge zu seiner bekannten Arbeit über den Korund und seine Zersetzungsproducte. 1) Umwandlung des Korund in Spinell: Auf der Carter Mine, Madison County, N. Car., findet sich Korund in weissen oder rothen Krystallen und in unregelmässigen graulichweissen oder weissen blättrigen Massen, welche eine zart rothgefärbte Varietät desselben Minerals umhüllen. Von Sprüngen ausgehend, hat nun eine mehr oder weniger vollständige Umwandlung des Korund in derben grünlich-schwarzen Spinell stattgefunden, welcher eine feinkörnige Structur besitzt, aber nur selten oktaëdrische Krystalle in der derben Masse erkennen lässt. Die Analyse ergab im Wesentlichen die Zusammensetzung $(Mg, Fe)\,Al_2O_4$. Gelegentlich enthält der Spinell Blättchen von Prochlorit, in welches Mineral er schliesslich übergeht. Auch der Korund von Shimersville in Pennsylvanien ist zum Theil in Spinell umgewandelt; die Krystalle enthalten im Innern zahlreiche glänzende Krystalle von Menacanit. 2) Umwandlung des Korund in Zoisit: Hierfür wurde eine neue Lokalität nachgewiesen in Town's County, Ga. 3) Umwandlung in Feldspath und Glimmer (Damourit): Fälle einer wahrscheinlichen Umwandlung von Korund in Feldspath wurden beobachtet bei Unionville und bei Media, Pennsylvanien. Auf der Presley Mine, Haywood County, N. C., erscheinen Feldspath und Glimmer zusammen als Umwandlungsproducte; die grossen graulichblauen Korundkrystalle enthalten Partien weissen blättrigen Feldspathes, oft umgeben von Glimmer, oder ein kleiner Kern des ursprünglichen Minerals ist umgeben von einem Kranze zartfasrigen Glimmers; ein Muscovitkrystall enthielt im Centrum Reste eines bläulichgrauen, ebenblättrigen Korund; eine andere Masse glich einem grobkörnigen Granit, bestehend aus Albit, Muscovit und zerstreuten Resten von graulichblauem Korund. Grosse, bis 1' Durchmesser haltende Korundkrystalle von Belt's Bridge, Iredell County, N.C., sind mehr oder weniger vollständig in Glimmer umgewandelt, enthalten aber auch radialstängelige Aggregate von schwarzem Turmalin. Aus den Glimmerschiefern bei Bradford, Coosa County, Alabama, erhielt der Verf. schöne hexagonale Krystalle, welche aus einer centralen Partie von braunem oder broncefarbigem Korund mit eingeschlossenen Körnern von Titaneisenerz und einer Hülle von feinfasrigem, grünlichweissem Glimmer bestanden; andere Krystalle sind fast ganz umgewandelt und erscheinen oft plattgedrückt als unregelmässig geformte Knoten in dem Glimmerschiefer, wobei der sie zusammensetzende Glimmer theils blättrig, theils sehr feinkörnig und dicht ist. Aehnliche flache Knötchen von Glimmer, einen Kern von Korund umschliessend, kommen auch auf der Haskett Mine, Macon County, N. Car., vor. 4) Korund, in Margarit umgewandelt, wird von mehreren neuen Fundorten erwähnt. 5) Umwandlung in Fibrolith: Krystalle von Shoup's Ford, Burke County, N. C., bestehen aus braunem Korund mit einer dünnen Schaale von feinfasrigem weissen Fibrolith. 6) Umwandlung in Cyanit: Ein Stück von Statesville, Iredell County, N. C., zeigt einen Kern von rothem Korund, rings umgeben von blassblauem krystallisirten Disthen, welcher wahrscheinlich aus der Zersetzung jenes hervorgegangen ist; in einem anderen Stück von Wilkes County, N. C. war der Cyanit noch weiter umgewandelt in Glimmer.

Der Verf. erwähnt ferner Fälle der Umwandlung von Orthoklas in Albit von Upper Avondale, Delaware County, von Talk in Anthophyllit von Castle Rock, Delaware County, Penns., ferner Talk, pseudomorph nach Magnetit, von Dublin, Harford County, Md.; endlich veränderten Gahnit aus Nordcarolina und von Cotopaxi mine in Colorado.

Ausser zahlreichen Analysen der verschiedenen erwähnten Umwandlungsproducte werden noch diejenigen folgender Mineralien mitgetheilt:

Sphalerit, bräunlich-grüne Krystalle, von Cornwall, Pa. Spec. Gewicht 4,033.

	I.	II.
S	32,69	33,06
Zn	66,47	66,96
Co	0,34	
Fe	0,38	
	99,88	100,02

Prehnit von ebenda; spec. Gewicht 3,042.

SiO_2	42,40
Al_2O_3	20,88
Fe_2O_3	5,54
CaO	27,02
H_2O	4,01
Alkalien und MgO	Spuren
	99,85

Pyrophyllit, dünne Lagen mit Anthracit von Cross Creek Colliery, Drifton, Luzerne County, Pa. Spec. Gewicht 2,812.

SiO_2	65,77
Al_2O_3	29,36
Fe_2O_3	0,12
H_2O	4,85
	100,00

Beryll von Alexander County, N. Car., Stück eines gerundeten Geschiebes von hellgrüner Farbe. Spec. Gewicht 2,703.

SiO_2	66,28
Al_2O_3	18,60
Be_2O_3	13,61
FeO	0,22
Glühverlust	0,83
	99,54

Allanit von ebenda, entdeckt durch E. W. Hidden. Kleine hellbraune, harzglänzende Krystalle, anscheinend ein wenig verändert. Spec. Gewicht 3,005.

SiO_2	32,05
Al_2O_3	22,93
Fe_2O_3	11,04
MnO	1,99
$(Ce, Di, La)_2O_3$	14,81
Y_2O_3	0,85
MgO	1,28
CaO	9,43
Na_2O	0,54
K_2O	0,20
Glühverlust	3,64
	98,76

Arsennickel von Silver Cliff, Colorado. Spec. Gewicht 7,314.

As	46,81
Sb	2,24
S	2,52
Cu	1,59
Ni	44,76
Co	1,70
Fe	0,60
	100,22

Schliesslich beschreibt der Verf. ein von R. Pearce auf den Werken der Boston und Colorado Smelting Co. zu Argo, Colorado, gefundenes Hüttenproduct, welches als ein künstlicher Alisonit betrachtet werden kann. Es bildet gestörte, cavernöse und gerundete oktaëdrische Krystalle mit Hexaëder und Andeutung des Dodekaëders, von schwarzer Farbe und Metallglanz. Spec. Gewicht 5,545.

	Zusammensetzung:	Berechnet für: $2PbS.5Cu_2S$.
S	15,23	17,61
Ag	2,16	—
Cu	51,33	49,84
Pb	31,15	32,55
Fe	Spur	—
	99,87	100,00

Ref.: E. S. Dana.

18. W. P. Blake (in New Haven): **Neuer Fundort des grünen Türkis (Chalchuit)** (Amer. Journ. Sc. 1883 (3) **25**, 197). Das genannte Mineral findet sich in Cochise County, Arizona, in einer äusseren Kette der Dragoon Mountains, 20 engl. Meilen von der Stadt Jombstone. Eigenschaften und Art des Vorkommens sind ähnlich denjenigen des Türkis von Los Cerillos in Neu-Mexico (s. diese Zeitschr. **6**, 519). Farbe hell apfelgrün, selten bläulich. Spec. Gewicht 2,710 (etwas poröse und erdige Varietät) — 2,828 (harte, homogene Var.). Das auf Klüften und in Adern von höchstens $\frac{1}{4}$ Zoll Dicke vorkommende Mineral ist in alten Zeiten ausgebeutet worden, wenn auch nicht in dem Umfange, wie in Neu-

Mexico, und wurden beim Wiedereröffnen des alten Werkes viele Geräthe aus der Steinzeit gefunden. Den Namen »Chalchuit« gebraucht der Verf. an Stelle des altamerikanischen »Chalchihuitl« und hofft auf die Anerkennung desselben für die Nomenclatur des Minerals. Ref.: E. S. Dana.

14. Derselbe: Cassiterit, Spodumen und Beryll von den Black Hills in Dakota (Ebenda 26, 235). Zinnerz findet sich im anstehenden Gebirge und in Sandablagerungen 2 engl. Meilen von Hamey in der Centralregion der Black Hills. Das erstere Vorkommen befindet sich in einem grobkörnigen Granitgang, welcher Schichten von feinkörnigem Glimmer- und Quarzschiefer durchsetzt. Die Begleiter des Cassiterit sind grosse Feldspathkrystalle, Glimmer und riesige Krystalle von Spodumen, 2—6 Fuss lang und $\frac{1}{2}$—$1\frac{1}{2}$ Fuss dick. Das Zinnerz findet sich in den Krystallen von Spodumen und Feldspath, noch häufiger aber in kleinen Körnern im Glimmer. An einer andern Stelle fanden sich sehr grosse Krystalle von Beryll. Ref.: E. S. Dana.

15. H. Baker (in Manchester): **Krystallformen der Nitro- und Brom-Phenylessigsäure** (Journ. of the Chem. Soc. 1880, 37, 93, 96).

Orthonitrophenylessigsäure $C_6H_4(NO_2).CH_2.COOH$.

Krystalle aus Alkohol, dargestellt von P. Bedson.

Monosymmetrisch.

$$a : b : c = 1,7204 : 1 : 1,0229^{*})$$
$$\beta = 82^0\ 43'.$$

Fig. 1.

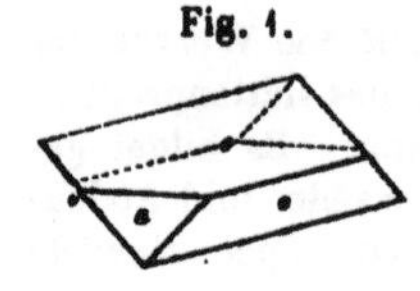

Fig. 2.

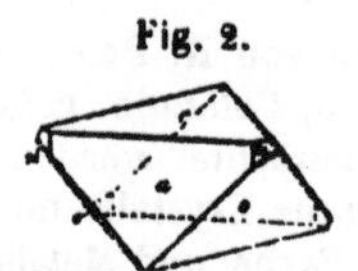

Beobachtete Formen: $c = (001)0P$, $o = (11\bar{1})+P$, $a = (100)\infty P\infty$, $n = (210)\infty P2$; Combination entweder tafelförmig nach c (Fig. 1) oder die Formen c, a, o gleich vorherrschend (Fig. 2).

	Beobachtet:	Berechnet:
$a : c = 100 : 001 =$	*82° 43′	—
$o : c = 11\bar{1} : 001$	*128 15	—
$o : o = 11\bar{1} : 1\bar{1}\bar{1}$	*85 32	—
$o : a = 11\bar{1} : 100$	71 51	71° 45′
$n : n = 210 : 2\bar{1}0$	81 16	81 0

Orthobromphenylessigsäure $C_6H_4BrCH_2.COOH$.

Die von Demselben dargestellten Krystalle waren durch langsame Verdampfung der Lösung in Eisessig erhalten.

Fig. 3.

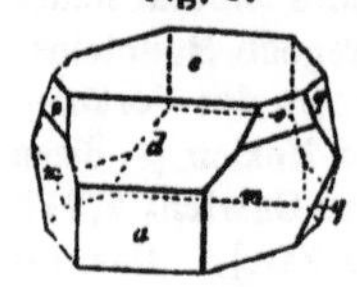

Monosymmetrisch.

$$a : b : c = 1,524 : 1 : 2,690$$
$$\beta = 80^0\ 16'.$$

Beobachtete Formen: $m = (110)\infty P$, $c = (001)0P$, $a = (100)\infty P\infty$, $d = (102)-\frac{1}{2}P\infty$, $o = (111)-P$, $q = (011)R\infty$.

*) Vom Ref neu berechnet; die vom Verf. angegebenen Zahlen sind unvollständig.

	Beobachtet:	Berechnet:
$m : m' = 110 : \bar{1}10 =$	*67° 23′	—
$a : c - 100 : 001$	*80 16	—
$c : d - 001 : 102$	37 12	37° 9′
$o : m = 111 : 110$	16 45	16 54
$c : q - 001 : 011$	69 6	69 20
$c : m - 001 : 110$	*84 36	—

Ref.: P. Groth.

16. Watson Smith (in Manchester): **Krystallform des Pyren** $C_{16}H_{10}$ (Ebenda S. 413). Schmelzp. 149° C. Durch langsame Krystallisation aus Petroleumäther erhielt der Verf. ziemlich grosse monosymmetrische Tafeln, Combinationen von (001)0P mit (110)∞P, von denen eine an das mineralog. Institut der Strassburger Universität gesandt und von Herrn Shadwell, eine andere von Herrn Trechmann in Hartlepool gemessen wurde. Der erstere Krystall hatte so unebene Flächen, dass er nur ungenaue Zahlen lieferte, die von dem zweiten Beobachter gefundenen Resultate stimmen dagegen sehr gut mit den früher an der gleichen Combination eines Präparates von E. Hintz (s. dessen Dissert. Strassburg 1878) durch Groth gefundenen überein, die zum Vergleich hier beigefügt sind:

	Shadwell:	Trechmann:	Groth:
$110 : 1\bar{1}0 =$	109° approx.	111° 39′	111° 16′
$110 : 001$	84 -	84 $4\frac{1}{2}$	84 0

Herr Trechmann berechnete aus seinen Messungen das Axenverhältniss:

$$a : b : c = 1,498 : 1 : ?$$
$$\beta = 79^0\ 25'.$$

Spaltbar nach (001) vollkommen, nach (110) unvollkommen. Optische Axenebene senkrecht zu (010), erste Mittellinie nahezu normal zu (001), Axenwinkel klein, daher durch eine basische Platte beide Axen sichtbar.

Ref.: P. Groth.

17. L. Fletcher (in London): **Krystallform des Triparatolylentriamin** $C_{21}H_{21}N_3$ (Ebenda S. 548). Schmelzp. 216°—220°, von W. H. Perkin dargestellt.

Hexagonal rhomboëdrisch.

$$a : c = 1 : 0,4830.$$

Die aus Aether oder Benzol abgesetzten Krystalle zeigen entweder nur $r = (10\bar{1}1)R$, an den aus Aether erhaltenen oft gestreift, oder r mit Abstumpfung der Mittelkanten durch $n = (11\bar{2}0)\infty P2$; bei einigen aus Benzol abgesetzten Krystallen tritt hierzu noch $s = (02\bar{2}1) - 2R$ (s. Fig.), dessen Flächen aber immer gerundet sind. Die folgenden Messungen wurden mit Krystallen aus Benzol angestellt:

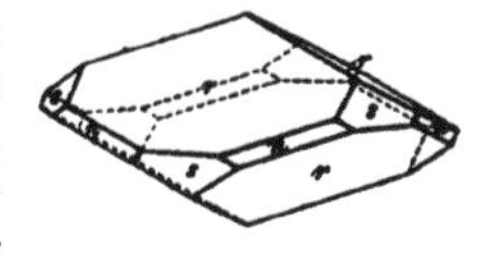

	Beobachtet:	Berechnet:
$r : r = 10\bar{1}1 : \bar{1}101 =$	49° 27′—49° 54′	49° 54′
$r : s = 10\bar{1}1 : 02\bar{2}1$	39 46 —40 26	40 9
$s : n = 02\bar{2}1 : 11\bar{2}0$	49 1 —50 16	49 51

	Beobachtet:	Berechnet:
$r : n = 10\bar{1}1 : 11\bar{2}0$	64° 42′—65° 38′	65° 3′
$r : s' = 10\bar{1}1 : 20\bar{2}\bar{1}$	102 44	102 44
$r : c = 10\bar{1}1 : 0001$	—	29 9

Doppelbrechung positiv.

Ref.: P. Groth.

18. H. Baker (in Manchester): **Ueber einen Diamantkrystall** (Ebenda, S. 579). Der Verf. beschreibt einen im Besitz des Herrn Roscoe befindlichen Capdiamant von 0,248 g Gewicht, welcher eine genau parallele Verwachsung von acht oktaëdrischen Krystallen bildet, welche so mit einander verwachsen sind, dass jeder einen Oktanten einnimmt. Das Ganze bildet somit gleichsam ein Oktaëder, dessen Kanten durch Rinnen und dessen Ecken durch vierseitige Vertiefungen ersetzt sind, welche letztere von je vier Oktaëderecken umgeben werden. Die Oktaëderkanten der Krystalle sind gerundet, anscheinend durch Combination mit einem Hexakisoktaëder und durch schaaligen Aufbau der äusseren Theile. In Folge dessen waren die in den Rinnen und vierseitigen Vertiefungen liegenden kleinen O-Flächen meist mehr oder weniger unterdrückt, einige derselben zeigten sich jedoch ebenso vollkommen entwickelt, wie in den äusseren Oktanten. Da die grossen Oktaëderflächen dreiseitige, gegen den Umriss umgekehrt gestellte Vertiefungen besitzen, so zeigt der vollkommen farblose und durchsichtige Krystall, durch zwei gegenüber liegende Oktaëderflächen gesehen, Asterismus.

Ref.: P. Groth.

19. L. Fletcher (in London): **Krystallform der Acetylorthoamidobenzoesäure** $C_6H_4.COOH.NHC_2H_3O$ (Ebenda, S. 754). Die von Herrn P. Bedson dargestellte Säure, Schmelzpunkt 179°—180°, wurde aus Eisessig durch langsames Verdunsten krystallisirt.

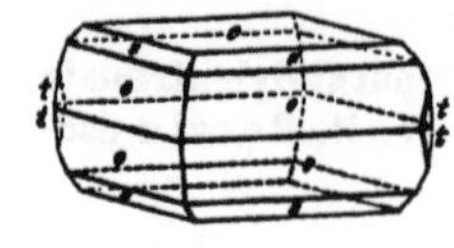

Rhombisch.

$a : b : c = 0,982 : 1 : 2,803.$

Beobachtete Formen: $c = (001)0P$, $o = (111)P$, $s = (113)\frac{1}{3}P$, $t = (131)3\breve{P}3$; ein Krystall zeigte auch $x = (133)\breve{P}3$.

	Beobachtet:	Berechnet:
$o : c = 111 : 001$	= *75° 58′	—
$o : o = 111 : \bar{1}11$	*87 36	—
$o : o = 111 : 1\bar{1}1$	85 8 ± 16′	85° 10′
$o : o = 111 : 11\bar{1}$	28 5 ± 2	28 4
$s : o = 113 : 111$	22 53 ± 3	22 50
$t : o = 131 : 111$	27 24 ± 3	27 23
$t : c = 131 : 001$	83 33½ ± ½	83 35
$t' : o = 13\bar{1} : 111$	33 45	33 31
$t'' : o = \bar{1}31 : 111$	63 47 ± 19	63 32
$x : c = 133 : 001$	71 22	71 21

Ref.: P. Groth.

20. G. Seligmann (in Coblenz): **Ueber Anatas aus dem Binnenthale** (Neues Jahrb. für Min., Geol. u. s. w. 1882, II, 281). An den schönen, in den letzten Jahren im Binnenthal gefundenen flächenreichen Anataskrystallen hatten der Verf. und V. von Zepharovich eine ditetragonale Pyramide gefunden, welcher der Erstere das Zeichen $6P9$ (18.2.3), der Letztere das Zeichen $\frac{13}{2}P\frac{39}{4}$ (39.4.6) gegeben hatten; s. diese Zeitschr. **6**, 318. Die Messung mehrerer neuer Krystalle, welche die fragliche Form besser ausgebildet zeigten, als die früheren, ergab dem Verf. folgende Werthe:

	Krystall I	Krystall II	Krystall III	Krystall IV	Krystall V
Mittelkante	$10^0\ 5\frac{2}{3}'$	$10^0\ 0\frac{3}{4}'$	$10^0\ 0\frac{1}{4}'$	$9^0 42\frac{1}{4}'$	$9^0 58\frac{1}{2}' \pm 3'$
Neigung zu (100)	$7\ 34\frac{1}{4} \pm 6'$	$7\ 53\frac{1}{2}$	$7\ 48\frac{1}{4}$	—	$7\ 51\frac{1}{2} \pm 3$

Das Mittel aller Werthe unter Berücksichtigung ihres Gewichtes ist $10^0\ 1'$ resp. $7^0\ 51'$. Diese Zahlen weichen zwar noch um $10\frac{1}{3}'$ resp. $12\frac{1}{3}'$ von den berechneten Werthen Zepharovich's ab, sprechen aber doch dafür, dass für die betreffende Form das complicirte Zeichen $\omega = (39.4.6)\frac{13}{2}P\frac{39}{4}$ anzunehmen sei.

Ref.: P. Groth.

21. K. Haushofer (in München): **Ueber Zwillingsbildungen am Orthoklas** (Sitzungsber. der math.-phys. Klasse der Akad. München, 1882, S. 641—645). Der Verf. fand unter zahlreichen unregelmässigen Verwachsungen von Adularkrystallen aus dem Floitenthale in Tirol auch einige, welche als Zwillinge aufgefasst werden könnten. So waren zwei derselben nach der nicht beobachteten Fläche $(\bar{2}.5.15)3\mathcal{P}\frac{5}{2}$ verwachsen; $P : \underline{P} = 35^0\ 30'—36^0\ 0'$ (berechnet $35^0\ 8'$), $T : \underline{T} = 86^0\ 50'$ an einem Harzabdruck gemessen (berechnet $86^0\ 18'$); zwei andere nach $(1.10.0)\infty\mathcal{P}10$; $T : \underline{T} = 80^0\ 20'$ (berechnet $80^0\ 26'$); endlich zwei nach $(661)—6P$ verwachsen, bei denen die Flächen P mit $\underline{P}$ und T, $\underline{T}$ in eine Zone fallen; die ersten bilden $61^0\ 40'$, berechnet $61^0\ 42'$.

Der in beistehender Figur mit stark nach vorn geneigter Verticalaxe dargestellte Adular vom Gotthard besteht aus einem einfachen Krystall, an dessen x-Fläche $(\bar{1}01)$ sich zwei knieförmig verbundene Krystalle anfügen, welche mit dem ersten nach dem Bavenoer Gesetz verwachsen sind. Dadurch bilden sich eigenthümliche dreikantige Vertiefungen zwischen den drei Krystallen. Solche finden sich nun oft auf den Hemidomenflächen scheinbar einfacher Krystalle desselben Fundorts, und es ist sehr wahrscheinlich, dass diese durch eine solche Zwillingsbildung zu erklären sind. Eine ähnliche Verwachsung fand sich auch am Pegmatolith von Zwiesel.

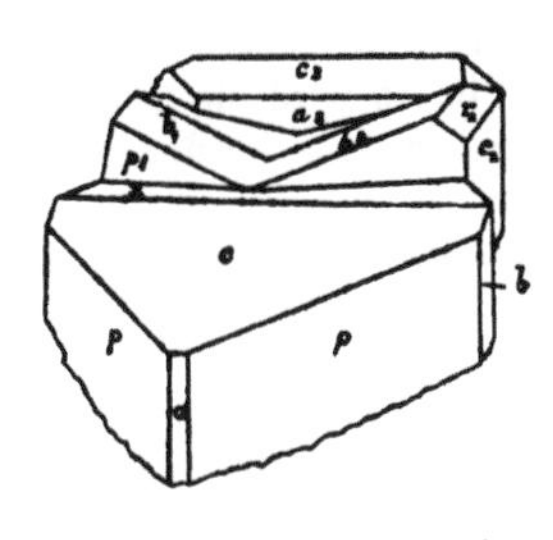

Der Verf. sammelte bei dieser Gelegenheit einige Erfahrungen über die Messung matter Flächen und fand, dass die Anwendung dünner Firnissschichten bei nicht zu kleinen Flächen bessere Resultate lieferte, als das Bedecken mit Glasplättchen.

Ref.: P. Groth.

22. A. Brunlechner (in Klagenfurt): **Neue Mineralvorkommen in Kärnten.** In der eben erschienenen Schrift »Die Minerale des Herzogthums Kärnten, Klagenfurt 1884«, welche die sämmtlichen bisher in diesem Lande nachgewiesenen Vorkommen zur Uebersicht bringt, sind nach den Beobachtungen des Verf. auf Excursionen und in Sammlungen zahlreiche Angaben über neue und ältere Funde enthalten. Als neu werden u. a. genannt Asphalt von Rubland bei Paternion, als Decke oder Einschluss von Calcitkrystallen auf der Galenitlagerstätte, Greenockit als gelbfärbende Substanz im Dolomit von Miess und Schwarzenbach, ferner als erdiger Anflug auf grauem Schiefer, sowie in kleinen Partien mit Blende im Galenit von Kreuth bei Bleiberg, Metaxit in divergent-feinfaserigen Aggregaten im Serpentin des Hüttenberger Erzberges. Vielfältig sind die Mittheilungen des Verf., welche sich besonders auf bisher nicht beobachtete paragenetische Verhältnisse neuerer und älterer Vorkommen beziehen, und sind es vornehmlich Anbrüche aus den Bergbauen von Bleiberg, Kreuth und Rubland, von Miess und Schwarzenbach, welche ausführlicher behandelt sind. Im Ganzen sind in dem Buche, welches bei jeder von anderer Seite stammenden Angabe die Quelle nennt, 138 Minerale von 300 Fundstätten beschrieben. Ref.: V. von Zepharovich.

28. G. Junghann (in Braunschweig*)): **Studien über die Geometrie der Krystalle** (Neues Jahrb. für Min., Geol. etc. 1. Beilage-Band 1881, 327—418). Wählt man an einer Krystallgestalt irgend drei Flächen a, b, c, die eine Ecke D bilden, und eine vierte Fläche d, welche jene ersten drei Flächen schneidet und von denselben Dreiecke abschneidet, deren Flächenraum wir mit den genannten Buchstaben a, b, c bezeichnen wollen, so schliesst jede fünfte Fläche des Krystalls zwischen den Schenkeln derselben drei Seiten drei Dreiecke ab, deren Flächen sich zu einander verhalten wie ganze Vielfache jener ersten Dreiecke, d. h. $a' : b' : c' = \mu a : \nu b : \varrho c$, wo μ, ν, ϱ ganze Zahlen bedeuten.

Das von den vier Flächen a, b, c, d gebildete Elementartetraëder enthält die sechs Elemente der Krystallgestalt, nämlich die drei Flächenwinkel α, β, γ bei D und die drei Flächenwinkel δ, ε, ζ, welche von den Flächen d und a, d und b, d und c gebildet werden.

Durch Hinzufügung der zu a, b, c gehörigen parallelen Flächen erhält man das Hexaëder; die übrigen möglichen Flächen lassen sich auffassen als Abstumpfungen der Ecken und Kanten dieses Hexaëders. Sind alle Indices μ, ν, ϱ positiv, so wird die Ecke D des Elementartetraëders abgestumpft; ist etwa μ negativ, so wird die der Fläche a gegenüberliegende Ecke D_1 abgestumpft; ist etwa $\mu = 0$, so wird die der Fläche a gegenüberliegende Kante abgestumpft; sind zwei Indices gleich Null, so geht die Fläche einer der Flächen a, b, c parallel. Die Multiplication aller drei Indices mit -1 ändert deren Sinn nicht. Diese Bezeichnungsweise unterscheidet sich von den üblichen dadurch, dass sie nicht aus Längenverhältnissen (Axen) und ebenen Winkeln, sondern aus Flächenwinkeln und Flächenverhältnissen abgeleitet ist.

Die Begriffe der »einfachen oder Grundkörper« als solcher Krystallgestalten, »welche von dem Complexe derjenigen Flächen eingeschlossen werden, deren Symbole dieselben drei Zahlen in allen Permutationen sowohl der Ziffern als der Vorzeichen enthalten«, hält der Verf. »nicht blos wie es üblich ist, für das Tesseralsystem, sondern für alle Krystallsysteme fest«, weshalb auch die Unterscheidung der Ausdrücke Hexaëder, Oktaëder etc. von Hexaid, Oktaid etc. fallen gelassen ist**).

*) Vor Veröffentlichung der vorliegenden Abhandlung gestorben.

**) Hierbei ist jedoch nicht zu vergessen, dass die Flächen der Grundkörper des regulären Systems auch stets in physikalischer Beziehung identisch sind, und jede einzelne derselben die Lage aller übrigen mit Nothwendigkeit bestimmt, während diese

Es werden dann die sphärischen Beziehungen des regulären Systems auch auf die übrigen Systeme übertragen, ohne dass die besonderen Verhältnisse des hexagonalen Systems erwähnt werden. Lässt sich das Symbol einer abstumpfenden Fläche (μ, ν, ϱ) aus den Symbolen der beiden abgestumpften Flächen (μ', ν', ϱ') und $(\mu'', \nu'', \varrho'')$ vermittelst der Gleichung $\mu = \mu' + \mu''$ etc. ableiten, so ist (μ, ν, ϱ) die »krystallonomische Abstumpfung« der beiden anderen; der Verf. stellt als »Erfahrungssatz« auf, dass alle an irgend einer Krystallgestalt vorkommenden Flächen sich durch fortgesetzte krystallonomische Abstumpfungen aus dem Hexaëder ableiten liessen und zwar je nach der Wahl des Ausgangspunktes »der beiden Kernflächen« durch ein kürzeres oder längeres Verfahren. — Die Miller'sche Zonenformel gilt auch für die vorliegenden Indices. Das Verhältniss

$$(\nu\varrho' - \nu'\varrho) : (\varrho\mu' - \varrho'\mu) : (\mu\nu' - \mu'\nu) = m : n : r$$

ist sowohl das Symbol der betreffenden Zone, als auch einer bestimmten möglichen Krystallfläche, der »Polfläche« der Zone. Daraus leitet der Verf. die beiden Sätze ab:

1) Die Polflächen aller Zonen, die sich in einer Fläche schneiden, liegen in der Polarzone dieser Fläche.

2) Die Polarzonen aller Flächen einer Zone schneiden sich in der Polfläche dieser Zone.

Bei den Mineralien bilden die beobachteten Flächen vielfach Gruppen von Zonen, die durch eine Fläche, die »Polfläche« der Gruppe gehen, und von der Polarzone dieser Fläche in wirklichen Flächen geschnitten werden; die Polfläche bildet dann mit den Kernflächen der Polarzone (Gürtelzone) ein Polarzonendreieck, d. h. jeder der drei Flächenpole ist der Pol der beiden andern. Solche Gruppen sind nachweisbar am Topas und zwar die Polarzonen der drei Hexaëder-, der sechs Dodekaëder- und der vier Oktaëderflächen, welche die Hauptzonengruppen genannt werden. Da diese indessen nur bei der Quenstedt'schen Aufstellung alle vollzählig sind, so erkennt der Verf. nur diese als die richtige an. Um beim Anorthit dieselben Hauptzonengruppen wiederzuerkennen, dürfen nicht wie gewöhnlich *h*, *M*, *P* als Hexaëder, *m* als Octaëder, sondern müssen *T*, *l*, *P* als Hexaëder und *t* als Octaëder gewählt werden.

Der Verfasser glaubt, dass es ausser Zweifel stehe, dass diese Regelmässigkeit der Ausbildung der Zonengruppen der drei Hexaëder-, sechs Dodekaëder- und vier Oktaëderflächen keine zufällige sei und für manche Krystalle als ein Kriterium der Flächendeutung gelten könne. Aus diesem Grunde würde sich nach seiner Ansicht obige Deutung des Anorthits empfehlen*).

Flächen z. B. bei dem asymmetrischen Systeme sowohl der willkürlichen Combination des Krystallographen unterliegen, als auch in physikalischer Beziehung vollständig unabhängig von einander sind. Der Ref.

*) Erfahrungsmässig ist das Vorhandensein solcher Flächen am wahrscheinlichsten, deren Indices in einfachem Verhältnisse stehen. Wenn nun bei einer Anzahl vorhandener Flächen auch eine beliebige Combination von vier Flächen als Grundoktaëder herausgegriffen wird, so wird man immer zu verhältnissmässig einfachen Indices gelangen; dabei lässt sich freilich nicht leugnen, dass, wenn keine andern Gründe vorhanden sind, man diejenigen vier Flächen als Grundform herausgreifen wird, welche für die gegenwärtig beobachtete Gestalt die einfachsten Indices giebt. Sobald aber auffallende physikalische Analogien mit anderen Mineralien vorhanden sind, deren Stellung durch die Symmetrieverhältnisse gegeben ist, dann muss man doch diese Erscheinung, die offenbar mehr durch innere Structur veranlasst ist, da sie bei allen Individuen derselben Art die gleiche bleibt, in höherem Grade berücksichtigen, als das mehr von äusserlichen Zufälligkeiten abhängige Vorkommen, oder vielmehr die gegenwärtige Kenntniss dieser oder jener Flächen. Der Ref.

Alsdann giebt der Verfasser eine einfachere analytische Entwickelung der von ihm zum Theil schon früher unter dem Titel Tetraëdrometrie (Rechnung mit Eckengrössen analog der Trigonometrie oder Rechnung mit Winkelgrössen) veröffentlichten Gleichungen. Er geht aus von den Functionen $P(\varepsilon) = \frac{1}{2} \sin a \,.\, \sin b \,.\, \sin c$ und $\Pi(\varepsilon) = \frac{1}{2} \sin \alpha \,.\, \sin \beta \,.\, \sin \gamma$, wo die a, b, c die drei Seiten, die α, β, γ die drei Winkel einer körperlichen Ecke bezeichnen.

Im Anschluss daran behandelt er die auch von **Liebisch** in seinen bekannten Abhandlungen: »Zur analytisch-geometrischen Behandlung der Krystallographie« untersuchten Beziehungen zwischen den Winkeln und Indices einer Krystallform. Darauf folgt die Lösung der beiden Aufgaben: »An einem Zwillingskrystalle, dessen Zwillingsfläche bekannt ist, das Symbol der correspondirenden Fläche einer gegebenen Fläche des einen Individuums in Beziehung auf das Elementarsystem desselben zu finden« und: »den Winkel zu finden, welchen an einem Zwillingskrystalle die zu einer gegebenen Fläche des ersten Individuums correspondirende Fläche des zweiten Individuums mit einer andern gegebenen Fläche des ersten Individuums macht« *).

Zum Schluss folgen Vereinfachungen für die symmetrischen Systeme.

Ref.: J. Beckenkamp.

24. G. Werner (in Stuttgart †): **Ueber das Axensystem der drei- und sechsgliedrigen Krystalle** (Neues Jahrb. für Min., Geol. u. s. w. 1882, 2, 55 bis 88). Bei der Weiss'schen und Bravais'schen Bezeichnung der rhomboëdrischen Körper verlaufen die drei horizontalen Axen den Basiskanten der Pyramide erster Ordnung parallel. In der genannten Hemiëdrie bilden diese Richtungen keine Symmetrielinien. Verf. schlägt deshalb vor, nicht diese, sondern die Zwischenaxen zur Bezeichnung zu verwerthen, und erwähnt noch andere Vortheile dieser Axenwahl; z. B. gestattet dieselbe bei einer sonst der Bravais'schen analogen Bezeichnung sehr leicht zu erkennen, ob eine bestimmte Fläche der positiven oder negativen Hälfte angehört; bei der einen Hälfte sind von den drei ersten Indices zwei positiv und einer negativ, bei der anderen Hälfte zwei negativ und einer positiv. Der Zonenzusammenhang ergiebt sich bei der neuen Wahl der Axen theils einfacher, theils weniger einfach, als bei der üblichen Bezeichnung. Entschieden nachtheilig ist es jedoch, dass fast sämmtliche Flächen, wie der Verf. selbst an einer Tabelle der Flächen des Kalkspathes zeigt, grössere Indices erhalten.

Ref.: J. Beckenkamp.

25. C. Klein (in Göttingen): **Mineralogische Mittheilungen IX. Optische Studien am Granat** (Neues Jahrb. f. Min. 1883, I. 87—163. Mit 3 Tafeln). Nach einer historischen Einleitung, in welcher der Verf. die bis dahin am Granat angestellten Beobachtungen in optischer Beziehung bespricht, beschreibt er die von ihm ausgeführten Untersuchungen, die fast immer nur an vollständigen, ringsum ausgebildeten Krystallen verschiedener Arten und Fundorte, im Ganzen an circa 360 orientirten Dünnschliffen, vorgenommen wurden. Er bediente sich hierbei eines Fuess'schen Mikroskopes; die Erscheinungen im parallelen polarisirten Lichte wurden bei gekreuzten Nicols, häufig unter Anwendung eines Gyps-

*) Die Lösung derselben beiden Aufgaben findet sich auch in der erwähnten Abhandlung von Liebisch in dieser Zeitschr. 2, 85 und 88. Der Ref.

blättchens vom Roth der ersten Ordnung, untersucht; um die Erscheinungen im convergenten Lichte zu erhalten, wurde auf den untern Nicol eine Condensorlinse aufgelegt und eine weitere Linse über dem Objectiv eingeschaltet.

Die Resultate der mit grosser Sorgfalt ausgeführten Untersuchungen sind die folgenden. Der Granat gehört dem regulären Krystallsystem an. Neben vollständig isotropen Granaten (gelber Granat vom Vesuv, Almandin vom Orient) giebt es solche, welche eine mehr oder minder starke Doppelbrechung zeigen, oft derart, dass isotrope Schichten mit solchen rhombischer Bedeutung (im optischen Sinne) in einem und demselben Krystalle wechseln, rhombische Zonen mit solchen trikliner Beschaffenheit; auch finden sich häufig bei einer und derselben Art und ein und demselben Vorkommen sowohl einfach als doppelt brechende Krystalle (Pyrop von Böhmen). Die Doppelbrechung der Granatkrystalle ist in allen Fällen eine secundäre, und dafür sprechen einmal die im parallelen polarisirten Lichte zwischen gekreuzten Nicols auftretenden schwarzen Banden, die beim Drehen des Präparates mitwandern und anzeigen, dass die Partien nacheinander, nicht gleichzeitig, in Auslöschungslage kommen, ferner das Zerfallen in mehrere optisch-wirksame Felder und der häufig unregelmässige Verlauf ihrer Grenzen, die zum Theil zu beobachtende Nichteinheitlichkeit der Felder in optischem Sinne, der schwankende Charakter der Doppelbrechung in verschiedenen Schichten, die Verwachsung von solchen verschiedener optischer Bedeutung, vor Allem aber die Abhängigkeit der optischen Erscheinungen von der äusseren Form der Krystalle, welche eine so constante ist, dass man von einer von der Form der Krystalle abhängigen optischen Structur des Granats sprechen kann. Von der chemischen Constitution hängen jedenfalls die optischen Erscheinungen des Granats nicht in erster Linie ab, wohl aber zeigen Krystalle eines und desselben Fundortes (Wilui, Mussa-Alp) je nach der Form, die sie zeigen, eine verschiedene optische Structur.

Der Verf. unterscheidet je nach der Ausbildung der Granatkrystalle deshalb folgende optische Structuren:

1) Oktaëderstructur (z. B. bei den Oktaëdern von Elba). Der Krystall baut sich optisch aus 8 einaxigen (hexagonalen) Individuen auf, die ihre Spitze im Centrum und ihre Basis in der Oktaëderfläche haben; auf letzterer steht die optische Axe senkrecht; der Charakter derselben ist negativ. Durch secundäre Umstände kann sich das Einaxige in das Zweiaxige verwandeln.

2) Dodekaëderstructur (z. B. bei den Rhombendodekaëdern von Auerbach). Der Krystall baut sich aus 12 zweiaxigen Individuen auf, die ihre Spitze im Centrum und als Basis je eine Rhombendodekaëderfläche haben. Auf letzterer steht die erste Mittellinie der optischen Axen, die meist negativen Charakter besitzt, senkrecht; die Axenebene ist parallel der langen Rhombendiagonale.

3) Ikositetraëderstructur (z. B. an den Ikositetraëdern von Wilui). Der Krystall besteht im optischen Sinne aus 24 Pyramiden, deren jede als Basis eine Ikositetraëderfläche hat, und deren Spitzen alle im Centrum des Krystalls zusammentreffen. Die Pyramiden sind entweder zweiaxig oder einaxig; die erste Mittellinie der Axen oder im andern Falle die optische Axe steht senkrecht zur Ikositetraëderfläche und ist je nach den Fundorten positiv oder negativ. Bei den zweiaxigen Pyramiden steht die Axenebene senkrecht zu der symmetrischen Diagonale der Krystallfläche.

4) Topazolithstructur (an den reinen Hexakisoktaëdern, z. B. am Topazolith von der Mussa-Alp). Die Krystalle bestehen, wie bereits Mallard

gefunden, aus 48 zweiaxigen Pyramiden, deren jede als Basis eine Fläche des Hexakisoktaëders hat und deren Spitzen alle im Centrum des Krystalls zusammentreffen. Die erste Mittellinie steht schief zur Krystallfläche, ihr Charakter ist negativ. Die Lage der Axenebene ist verschieden.

Diese vier Arten der optischen Structur treten nur an den entsprechenden einfachen glatten Formen auf; bei gestreiften Formen und Combinationen zeigt sich ein Zusammenwirken der optischen Structuren, welche den am Krystall vorhandenen einfachen Formen entsprechen. »So ist bei den Oktaëdern der Einfluss der untergeordneten Flächen zum Theil schon bemerkbar, die Rhombendodekaëder mit doppelter Streifung können als polyëdrische Achtundvierzigflächner betrachtet werden und zeigen Andeutungen von Topazolithstructur, in anderen kämpfen die Ikositetraëder- oder die Topazolithstructur mit der Dodekaëderstructur ums Dasein, und bedingt zu gewissen Zeiten die eine, dann die andere das Wachsthum. Ebenso wird die reine Ikositetraëderstructur durch eine als von polyëdrischen Achtundvierzigflächnern herrührende Reifung nach der symmetrischen Diagonale in eine an die Topazolithstructur erinnernde übergeführt, deren Wirkung zu den dann in Betracht kommenden Begrenzungselementen sich u. A. dadurch kundgiebt, dass in der Fläche von $2O2(211)$ die Ebene der optischen Axen aus der Lage normal zur symmetrischen Diagonale ausweicht, und an Zwillinge erinnernde Erscheinungen sich zu erkennen geben, die in gewisser Weise an den Lamellenbau des Leucit erinnern.

Von den einzelnen Granatvorkommen sind folgende eingehender untersucht worden:

a. Kalkthongranate.

1) Weisser Granat von Auerbach an der Bergstrasse.

Parallel der kürzern Diagonale gestreifte Krystalle mit vorwaltendem $\infty O(110)$ und untergeordneten $\infty O2(210)$, $\infty O\frac{3}{2}(320)$, auch $2O2(211)$; und glatte $\infty O(110)$, welche letztere die normale Dodekaëderstructur zeigten.

Die Zusammensetzung des weissen Granats ist nach einer Analyse des Herrn Jannasch die folgende:

SiO_2	41,80
Al_2O_3	20,91
FeO	2,01
MnO	0,18
CaO	33,48
MgO	0,82
Glühverlust (keine Kohlensäure)	0,38
Na_2O (incl. Spur von Ka_2O u. Li_2O)	0,42
	100,00

Spec. Gewicht bei 14° C.: 3,47.

2) Weisser Granat von Jordansmühl in Schlesien; von Websky beschrieben. Einzelne Krystalle waren vollständig oder nahezu isotrop, andere sehr stark doppelbrechend und zeigten dann die normale Dodekaëderstructur mit Andeutung der Topazolithstructur (entsprechend der Entwicklung des vicinalen $\infty O\frac{64}{63}(64.63.0)$ neben $\infty O(110)$.

3) Gelblichweisser Granat von Elba: $O(111)$ mit $\infty O(110)$, auch $2O2(211)$; zeigt in den besten Präparaten [nach $\infty O\infty(100)$, $O(111)$ und $\infty O(110)$] die normale Oktaëderstructur.

4) Braunrother Granat von der Mussa-Alp und röthlichgelber von Valle di Lanzo; $\infty O(110)$ mit $2O2(211)$, oder $2O2$ mit ∞O. Den Granat von der Mussa-Alp analysirte Herr Jannasch:

	I.	II.
SiO_2	38,12	38,94
Al_2O_3	18,35	17,42
Fe_2O_3	7,17	7,62
MnO	0,13	0,56
CaO	35,40	34,76
MgO	0,02	0,37
Na_2O	0,42	0,34
Glühverlust	0,74	0,51
	100,35	100,52

Spec. Gewicht bei 20° C. = 3,633.

Die Wirkung auf das polarisirte Licht ist bei diesen Granaten meist nur schwach; ihr Aufbau dabei sehr verwickelt; die beiden $\infty O(110)$ und $2O2(211)$ entsprechenden optischen Structuren treten neben einander auf und beeinflussen und stören sich vielfach gegenseitig.

5) Lichtgrünlicher Granat vom Wiluifluss in Sibirien. Die Krystalle, an denen $2O2(211)$ vorherrscht, besitzen die Ikositetraëderstructur. Diejenigen, an welchen $\infty O(110)$ gross ausgebildet ist, lassen Unterschiede im Aufbau erkennen, je nachdem normal gebildete oder verzerrte (110) vorliegen; im Ganzen scheinen die Dodekaëder- und Ikositetraëderstructur zusammenzuwirken, letztere im Innern, erstere aussen zu dominiren.

6) Granat von Timboeloen in Süd-Sumatra, aus Kohlenkalk, der im Contact mit Diabas metamorphosirt ist; erdbraun, äusserlich zum Theil zersetzte $\infty O(110)$. Die qualitative Analyse ergab einen Kalkthongranat mit Eisengehalt und etwas Mangan und Magnesia. Im Aufbau sind sie im Allgemeinen den Auerbacher Granaten ähnlich; der Kern ist immer doppelbrechend, die Hülle meist isotrop.

7) Granat vom Piz Baduz, Alp Lolen im Maigelsthal, Schweiz. $\infty O(110)$, $2O2(211)$, $3O\frac{3}{2}(321)$. Von schwacher Wirkung auf das polarisirte Licht.

8) Brauner und gelber Granat von Ciklowa im Banat; $\infty O(110)$ mit unvollzähligem $4O\frac{4}{3}(431)$; ebenfalls von schwacher Wirkung auf das polarisirte Licht.

Herr Jannasch fand die Zusammensetzung:

SiO_2	39,74
Al_2O_3	19,23
FeO	5,14
MnO	0,13
CaO	35,48
MgO	0,56
Na_2O	0,61
Glühverlust	0,53
	101,42

Spec. Gewicht bei 15° C. = 3,571.

9) Brauner und gelber Granat vom Vesuv; $\infty O(110)$ und $2O2(211)$. Die braunen wirken nur schwach, die gelben fast gar nicht mehr auf das polarisirte Licht.

Herr Jannasch fand für die gelben Granaten:

SiO_2	39,83
Al_2O_3	20.16
Fe_2O_3	1,03
FeO	1.21
MnO	0.46
CaO	35,42
MgO	0.97
Na_2O	0 33
Glühverlust	1.04
	100.45

Spec. Gewicht bei 21° C. = 3,572.

b. Kalkeisengranate.

1) Gelblichbrauner Granat von Sala in Schweden; in Bleiglanz eingewachsene 2O2(211), stark gestreift nach der symmetrischen Diagonale der Flächen. Er zeigt demgemäss die optische Ikositetraëderstructur mit einer Hinneigung zur Topazolithstructur.

2) Grüner Granat von Schwarzenberg und Breitenbrunn in Sachsen; 2O2(211) herrschend, und demgemäss in den Schliffen ein Dominiren der Ikositetraëderstructur wie beim Granat von Wilui.

3) Röthlichbrauner Granat von Achmatowsk; ∞O(110) mit 2O2(211) und auch 2O2(211) allein; die Doppelbrechung nicht sehr stark.

4) Topazolith von der Mussa-Alp. Er zeigt die optische Topazolithstructur; der Verf. findet also die von Mallard und Bertrand an diesem Vorkommen gemachten Beobachtungen bestätigt; nur sind nach ihm die Winkel der Auslöschungsrichtungen gegen die Kanten nicht so constant, wie Mallard dies angiebt; während Mallard eine Schiefe von 8° gegen die Rhombenkante in Schliffen nach ∞O(110) findet, hat Verf. solche von 2°, 5°, 8°, 10°, 12°, 17° und darüber beobachtet.

5) Grüner Granat von Breitenbrunn; sehr kleine Krystalle, welche ∞O(110) mit Streifungen nach der kurzen und Erhebungen nach der langen Diagonale zeigen. Auch hier ist die Topazolithstructur recht deutlich; im parallelen polarisirten Lichte sind die schwarzen Banden, die sich mit der Drehung des Präparates bewegen, sehr schön sichtbar.

6) Grüner Granat von San Marco in Peru: glatte ∞O(110). Sie zeigen bei optischer Untersuchung einen deutlichen Zonenaufbau, sind entweder in der Hauptmasse isotrop und in einzelnen eingelagerten Zonen doppelbrechend oder vorwiegend doppelbrechend und enthalten dann nur isotrope Zonen und Felder eingelagert.

7) Brauner Granat von St. Christoph bei Breitenbrunn: nach der kürzeren Diagonale gestreifte ∞O(110), häufig an den Kanten grau gefärbt. Sie zeigen in ihrem optischen Verhalten eine Verbindung der Dodekaëder- mit der Ikositetraëderstructur, welche auffallende Erscheinung sich dadurch erklärt, dass die Rhombendodekaëder als Kern ein 2O2(211) enthalten, welches zuweilen lichter gefärbt ist, auch wohl an einzelnen Krystallen deutlich beobachtet werden kann.

8) Braungelber Granat von Schwarzenberg in Sachsen. Die nach der kürzeren Diagonale gestreiften Rhombendodekaëder bieten eine Structur da, die als eine Verbindung der Dodekaëder- mit der Topazolithstructur zu bezeichnen ist; es wechseln in den Krystallen gleichsam rhombische mit triklinen Schichten, die isomorph auf einander weiter gewachsen sind.

c. Kalkchromgranate.

1) Uwarowit von Bissersk; verhält sich optisch ganz wie der weisse Granat von Auerbach.

2) Grüner Granat von Oxford in Canada; zeigt das gleiche Verhalten wie der Granat von Auerbach und Jordansmühl.

d. Manganthongranate.

Der Manganthoneisengranat aus dem Granit von Elba, der vorherrschend $2O2(211)$ mit untergeordnetem $\infty O(110)$ zeigt, ist nur schwach doppelbrechend; im Ganzen nähert er sich aber dem Granat von Achmatowsk und Wilui.

e. Eisenthongranate.

Schwache Doppelbrechung zeigen die dodekaëdrischen Almandine vom Zillerthal, die an den Bau des Granats von Auerbach erinnern. Der Almandin vom Orient, $2O2(211)$, und ein vereinzelter Granat von Brasilien, ebenfalls $2O2(211)$, zeigten keine Doppelbrechung.

f. Pyrop.

Die böhmischen Pyrope zeigten keine Einwirkung auf das polarisirte Licht; nur rings um Einschlüsse eines lichten, hexagonal begrenzten, nicht einheitlich polarisirenden Minerals machte sich eine von diesen Einschlüssen ausgehende Spannung bemerklich, es wurden zwischen den gekreuzten Nicols die den Nicolhauptschnitten parallelen Kreuzesarme um den Einschluss und von demselben ausgehend sichtbar.

Auf die Ursachen der verschiedenen optischen Structuren näher eingehend glaubt der Verf., weil die glatten Dodekaëder des Boracit und Granat, und dann wieder die wenig gestreiften Ikositetraëder des Analcim und Granat die gleichen optischen Structuren zeigen, sich zu dem Schlusse berechtigt, dass, wenn die regulären Körper in einer, was Flächenbeschaffenheit anlangt, absolut gleichen Gestalt krystallisiren, auch die optische Structur eine gleiche sein werde. Er vergleicht die ganzen Erscheinungen mit analogen an Gelatineplatten, welche dann ganz die gleichen optischen Wirkungen zeigen, wie die glatten Oktaëder, Dodekaëder und Ikositetraëder, — keine Theilung in verschiedene, der Anzahl der begrenzenden Kanten entsprechende Felder, sondern optisch einheitlich wirkende Flächenfelder —, wenn sie unter hinreichend starkem Druck erstarrt sind. Auch gelang es dem Verf., die Topazolithstructur an Gelatineplatten künstlich nachzuahmen, wenn er vor dem völligen Erhärten der in einen Holzrahmen von der Form der Rhombendodekaëderfläche gegossenen Gelatine auf dem Gelatinerhombus eine dem Hexakisoktaëder des Topazoliths entsprechende vierflächige Pyramide durch Ritzen und Ausdehnen der Masse hervorbrachte. Die Lage der Axenebenen zeigte dann eine vollständige Uebereinstimmung mit dem natürlichen Vorkommen.

Mit Rücksicht auf die Versuche mit den Gelatinepräparaten, in welchen durch die Wirkungen der beim Eintrocknen erzeugten orientirten Spannungen Vertheilungen hervorgerufen werden, die an solche gesetzmässiger Art in Krystallen erinnern, glaubt der Verf. die optischen Anomalien des Granats etwa durch die Annahme erklären zu können, »dass bei dem Act der Krystallisation, in einem kurzen Zeitmoment beim Festwerden, nicht nur eine Contraction der Masse, ähnlich den Colloiden, stattfindet, sondern auch die Gestalt des vorhandenen Körpers selbst einen Einfluss auf diese Contraction geltend macht, der auf einer gegebenen Fläche, nach Art ihrer Umgrenzungselemente, nach dem auf sie wirkenden Druck, nach Temperatur und Concentration der Lösung verschieden, differente Effecte äussern wird und gleiche nur unter gleichbleibenden Bedingungen erzeugt«. Die Zonenstructur und das bei derselben zu beobachtende Schwanken der Doppelbrechung nach Stärke und Charakter deuten dann darauf hin, dass der Process der Krystallbildung nicht einheitlich verlief, sondern unter verschiedenartigen Bedingungen. Nur wenn die Bedingungen eine dem theoretischen Erforderniss nachkommende Anlage der kleinsten Theile gestatteten, bildeten sich isotrope Partien. Wenn dagegen sich zuerst ein Krystallgerüst ausbildet, und dann unter anderen Bedingungen, speciell bei anderer Temperatur, die Zwischenräume von gleicher Krystallsubstanz ausgefüllt werden, dann werden die optischen Wirkungen sehr starke sein können, und zuweilen, wenn eine erhebliche Contraction der letztgebildeten Theile stattfindet, in Trennungen der Theile sich kundgeben müssen, es werden also Trennungsklüfte entstehen, welche der Verf. entgegen der Ansicht Bertrand's als Hauptbeweismomente gegen die Zwillingsbildung und für secundäre Doppelbrechung ansehen möchte.

Ref.: H. Bücking.

26. Oscar Löw (in München): **Freies Fluor im Flussspath von Wölsendorf** (Ber. d. deutsch. chem. Ges. 1881, 14, 1144). Die Natur der stark riechenden Substanz im violett-schwarzen Flussspath von Wölsendorf ist schon oft Gegenstand der Discussion gewesen. Schafhäutl hielt das riechende Princip für unterchlorigsauren Kalk, Schrötter für Ozon, Schönlein für Antozon, Wyrouboff endlich schrieb den Geruch einem beigemengten Kohlenwasserstoff zu.

Der Verf. dagegen meint, dass der Geruch von freiem Fluor herrühre, welches durch Dissociation eines beigemengten fremden Fluorids entstanden sei.

Zur Prüfung dieser Hypothese verrieb Verf. 1 kg Fluorit mit NH_3-haltigem Wasser. Das mit Na_2CO_3 versetzte Filtrat lieferte beim Eindampfen einen Rückstand, der, mit H_2SO_4 übergossen, ein Glas stark ätzendes Gas entwickelte. Nicht riechender Fluorit, sowie der mit Ammoniak bereits ausgezogene riechende Fluorit zeigte, auf dieselbe Weise behandelt, auch eine Reaction wegen der Löslichkeit von Fluorit in Wasser. Dieselbe war jedoch äusserst schwach.

Da der Flussspath von Wölsendorf Cer enthält, so glaubt Verf., dass das Fluorid, aus welchem das freie Fluor stammt, Cerfluorid sei, welches vielleicht bei niedrer Temperatur sich mit $CaFl_2$ abgeschieden und dann bei der allmähligen Erhöhung der Temperatur in Fluorür und freies Fluor dissociirt habe.

Ref.: C. Baerwald.

27. C. Rammelsberg (in Berlin): **Ueber Form und Zusammensetzung der Strychninsulfate** (Ber. d. deutsch. chem. Ges. 1881, 14, 1231). Vom Strychninsulfat sind zwei bis drei verschiedene Krystallformen bekannt. Ueber die Zusammensetzung der gemessenen Krystalle herrscht aber noch grosse Unsicherheit.

Schabus beschrieb rhombische Krystalle von der Zusammensetzung

$$(C_{21}H_{22}N_2O_2)_2H_2SO_4 + 6H_2O,$$

Rammelsberg tetragonale von unbekannter Zusammensetzung, Des Cloizeaux endlich tetragonale und monosymmetrische, die nach Berthelot dieselbe Zusammensetzung $(C_{21}H_{22}N_2O_2)H_2SO_4 + 6H_2O$ haben. Die rhombischen Krystalle von Schabus und die monosymmetrischen von Des Cloizeaux hält Verf. für identisch.

Das in feinen Nadeln krystallisirende käufliche Strychninsulfat ist das saure Salz $C_{21}H_{22}N_2O_2 \cdot H_2SO_4 + 2H_2O$.

Das neutrale Salz $(C_{21}H_{22}N_2O_2)_2H_2SO_4 + 5H_2O$

krystallisirt aus heisser Lösung in langen, sehr dünnen Prismen, welche Verf. für identisch mit den von Schabus gemessenen Krystallen hält.

Beim freiwilligen Verdampfen der Lösung dieses Salzes bei gewöhnlicher Temperatur wurden tetragonale Pyramiden erhalten, denen die Formel

$$(C_{21}H_{22}N_2O_2)_2H_2SO_4 + 6H_2O$$

zukommt. Ref.: C. Baerwald.

28. A. Spiegel (in München): **Oxatolylsäure** (aus d. Verf. Abh.: Ueber die Vulpinsäure — Ber. d. deutsch. chem. Ges. **14**, 1687). Die schon von Möller und Strecker beschriebene Oxatolylsäure $(C_6H_5CH_2)_2C(OH)CO_2H$ (identisch mit Dibenzylglycolsäure) krystallisirt rhombisch.

$$a : b : c = 0,5113 : 1 : 0,3058.$$

Beobachtete Formen (010), (110), (011).

(110) sehr stark vertical gestreift.

Spaltbar nach 001. Optische Axenebene dieselbe Fläche. Erste Mittellinie die Axe b. Ref.: C. Baerwald.

29. H. Precht und B. Wittjen (in Neu-Stassfurt): **Ueber das Vorkommen und die Bildung des Kieserit** (Ber. der deutsch. chem. Ges. **14**, 2131). Dem derben Kieserit schien nach den bisher vorliegenden Analysen von Rammelsberg und Reichardt eine andere Zusammensetzung zuzukommen als dem krystallisirten, nämlich $2(MgSO_4)3H_2O$ resp. $MgSO_4 . 3H_2O$. Die von den Verfassern an frischem Material angestellten Untersuchungen zeigen jedoch die vollständige Uebereinstimmung des derben Kieserit mit dem krystallisirten. Sie fanden:

	Berechnet für $MgSO_4 . H_2O$:	Gefunden:
Magnesiumsulfat	86,96 %	86,062 %
Wasser	13,04	13,320
Chlornatrium	—	0,344
Chlorkalium	—	0,156
Chlormagnesium	—	0,118

Die Angabe, dass die kleinen Kieseritkrystalle durch Chlornatrium zusammengekittet sind und dass nach dessen Fortwaschen dieselben ihren Zusammenhang verlieren, halten die Verf. für unrichtig, denn in diesem Falle müsste der Kieserit in einer gesättigten Chlornatriumlösung unverändert sich erhalten, was nicht der Fall ist. Nach ihrer Ansicht wird der Zerfall des Kieserit durch Wasseraufnahme, der Zusammenhang des Minerals lediglich durch Compression bedingt.

Die Bildung des Kieserit schreiben Verf. der wasserentziehenden Eigenschaft des Chlormagnesiums zu, da sie die Beobachtung gemacht haben, dass sich beim Eindampfen von Magnesiumsulfat bei Gegenwart von Chlormagnesium bei ziemlich niedriger Temperatur nicht Bittersalz, sondern Kieserit ausscheidet.

Ein eigenthümliches Vorkommen von Kieserit beobachteten Verf. am oberen Steinsalzlager von Neu-Stassfurt. An der Grenze einer von weissem Carnallit von secundärer Bildung ausgefüllten Spalte fand sich ein Gemenge von Kieserit und Steinsalz. Nach dem Lösen des Steinsalzes in Wasser blieb Kieserit in durchsichtigen, dem Anhydrit ähnlichen Krystallen zurück, der sich gegen Wasser viel beständiger verhielt als der derbe. Seine Zusammensetzung war ebenfalls $MgSO_4 . H_2O$. Ref.: C. Baerwald.

80. H. Precht und B. Wittjen in Neu-Stassfurt: **Beiträge zur Kenntniss des Boracits.** (Ebenda, S. [illegible]) Der im Stassfurter Salzlager vorkommende Boracit [illegible] wesentlich verschiedene physikalische Eigenschaften, je nachdem [illegible] das Mineral im Carnallit oder im Kainit findet.

1. Boracit des Carnallitlagers.

Derselbe ist feinkörnig bis dicht [illegible] häufig splittrig. Farbe [illegible] Spec. Gewicht [illegible]. In Berührung mit Wasser zieht er [illegible]

2. Boracit des Kainitlagers.

[illegible] Farbe gelb bis [illegible] In Berührung mit Wasser zerfällt das Mineral [illegible]

[illegible]

[illegible]

[illegible]

82. A. Arzruni (in Breslau): **Ueber Arsenbijodid** (aus E. Bamberger und Jul. Philipp, Ueber Verbindungen von Arsen und Jod. Ebenda, S. 2647).

Das Arsenbijodid AsJ_2 wurde in dünnprismatischen, in eine Spitze auslaufenden Krystallen von kirschrother Farbe erhalten, die sich an der Luft trüben und ziegelroth werden. Die Krystalle sind der Länge der Prismen nach ausgehöhlt.

Die ausserordentliche Zerbrechlichkeit der Krystalle, sowie deren schnelle Veränderung an der Luft gestatteten nur einige approximative Messungen:

$$(110):(1\bar{1}0) = 98^0\ 30'.$$

Eine Spaltbarkeit wurde nicht beobachtet.

Ref.: C. Baerwald.

83. K. Seubert und **G. Link** (in Tübingen): **Analysen einiger Pfahlbau-Nephrite** (Ber. der d. chem. Ges. 1882, 15, 219). Die Verfasser analysirten einige aus dem Pfahlbau Maurach am Bodensee (Ueberlinger See) stammenden Steinbeile, die ihnen von Herrn Leiner zu Constanz übergeben waren, und die Letzterer, trotz ihres verschiedenen Aussehens, auf Grund des specifischen Gewichtes für echte Nephrite erklärt hatte.

I. Der Nephrit der Bodenseepfahlbauten. Lauchgrün.

II. Schwarzgrüne Varietät des Nephrits.

III. Lederbraune Varietät des Nephrits. Das betreffende Stück war anscheinend der Einwirkung des Feuers ausgesetzt gewesen.

IV. Verwitterter grüner Nephrit.

V. Wahrscheinlich ganz verwitterter Nephrit. Auf der Oberfläche weiss bestäubt, abfärbend, auch im Innern sehr verändert und theilweise bröckelnd.

	I.	II.	III.	IV.	V.
Kieselsäure	57,57	54,94	57,30	56,82	55,49
Eisenoxydul	4,71	9,10	1,82	3,38	4,27
Eisenoxyd	0,95	—	3,32	5,45	0,96
Calciumoxyd	12,62	12,66	12,45	12,48	13,89
Magnesiumoxyd	22,25	21,20	23,44	20,41	21,71
Alkalien	0,46	0,50	0,16	0,11	0,62
Kohlensäure	—	—	—	Spur	0,98
Wasser	1,21	2,42	1,13	1,31	1,87
	99,77	100,82	99,62	99,96	99,79

Die Gesammtsumme in Analyse IV. beträgt 99,96 und nicht, wie in der Originalarbeit angegeben ist, 100,46.

Die dunkelgrünen Nephrite haben nach Leiner das specifische Gewicht 2,9—3,0, die lederbraunen 2,8—2,94.

Ref.: C. Baerwald.

84. H. E. Roscoe (in Manchester): **Ueber einige im Samarskit vorkommende Erdmetalle** (Ber. der deutsch. chem. Ges. 15, 1274). In dem Samarskit von Mitchell County, Nord-Carolina, wollte Delafontaine vor einiger Zeit ein neues Element, das Philippium, gefunden haben. Das Atomgewicht gab er zu 123—126 an und führte als einzige charakteristische Eigenschaft desselben an, dass es ein gut krystallisirendes Formiat bilde.

Ausgehend vom periodischen Gesetz, erscheint nun die Existenz eines solchen Elements fraglich, denn ein Erdmetall vom Atomgewicht 123—125 findet nirgends eine Stellung im System. In der That beweisen die Untersuchungen des Verf. die Nichtexistenz des Philippiums.

Behufs Untersuchung des Samarskit verarbeitete der Verf. grössere Mengen desselben und stellte zunächst die Oxyde dar, welche aus Philippium, Yttrium, Terbium und Spuren von Erbium bestehen sollten. Die Oxyde führte er in die Formiate über und unterwarf dieselben der fractionirten Fällung. Er erhielt auf diese Weise schliesslich drei Fractionen, deren erste die Terbinerde, deren zweite die sogenannte Philipperde und deren dritte die Yttererde enthielt. Die mittlere Fraction wurde von neuem der fractionirten Fällung unterworfen, und der Verf. gelangte dabei zu drei Fractionen der Oxyde, deren Atomgewichte er durch Ueberführung des Oxyds in Sulfat zu 130—145, 121,8—123 und 107 bis 117 bestimmte. Die mittlere Fraction, auf dieselbe Weise behandelt, lieferte Producte mit den Atomgewichten 132, 123, 114,7 und 111,9. Es gelang dem Verf. aber nicht, unter den Fractionen eine Erde von dem constanten Atomgewicht 122 aufzufinden.

Schliesslich zeigt Verf. noch, dass ein Gemisch der Formiate von Terbium und Yttrium die Eigenschaft besitzt, in den für das Formiat des Philippium charakteristischen Formen zu krystallisiren, nämlich:

Krystallsystem rhombisch. Beobachtete Formen 110, 011, 101.

$$a : b : c = 0,882 : 1 : 1,496.$$

$110 : 1\bar{1}0$	$= 82^\circ\, 52'$	
$110 : \bar{1}10$	$*97\ \ 10$	
$011 : 01\bar{1}$	$*67\ \ 30$	
$101 : 10\bar{1}$	$61\ \ 57$	($61^\circ\, 2'$ ber.)

Ref.: C. Baerwald.

35. H. Kopp (in Heidelberg): **Zur Kenntniss von Krystallüberwachsungen** (Ber. der deutsch. chem. Ges. 1882, 15, 1653). Um die Frage zu entscheiden, ob Krystallüberwachsungen zwischen nicht isomorphen Körpern von gleicher oder doch nahezu übereinstimmender Krystallform möglich seien, wiederholte Verf. die Versuche Wackernagel's, der auf einem in eine Alaunlösung gehängten Boracitkrystall einen Alaunkrystall, auf einem in eine Lösung von Bleinitrat gebrachten Alaunkrystall einen Krystall des ersteren Salzes in genau paralleler Stellung aufgewachsen erhalten haben will.

Bei der Wiederholung des ersten Versuches wurde ein freiwilliges Krystallisiren des Alauns auf dem Boracit überhaupt nicht bemerkt. Nur dadurch liess sich ein Auskrystallisiren des Alauns auf Boracit herbeiführen, dass der in die Alaunlösung getauchte Boracitkrystall herausgenommen, die anhängende Flüssigkeit durch Eintrocknen auf dem Boracit abgeschieden und der so behandelte Krystall in eine gesättigte Alaunlösung gebracht wurde. Eine orientirende Wirkung des Boracits auf die Alaunkrystalle liess sich nicht erkennen.

Bei dem Einbringen eines Alaunkrystalls in eine gesättigte Bleinitratlösung wurde der Alaun mit einer feinen Schicht von Bleisulfat überzogen. Ein Auskrystallisiren auf diesem oberflächlich veränderten Alaunkrystall wurde nicht beobachtet. Bei Umkehrung des Versuches, d. h. bei dem Einhängen eines Bleinitratkrystalls in eine Alaunlösung, wurde das Nitrat in dendritenförmig sich ausscheidendes Bleisulfat umgewandelt.

Schliesslich spricht Verf., hinweisend auf seine Versuche über das Fortwachsen von Kalkspath in einer Lösung von Natriumnitrat, sich nochmals dafür aus, dass man das Ueberwachsen eines Körpers durch einen anderen in dem Falle als für die Isomorphie zeugend erachte, wenn wegen der Unlöslichkeit des einen Körpers in den Lösungsmitteln des anderen Mischkrystalle nicht gebildet werden können.

Ref.: C. Baerwald.

86. C. A. Tenne (in Berlin): **Aethyleisennitrososulfid** (aus O. Pavel, Ueber Nitrososulfide und Nitrosocyanide. Ber. d. deutsch. chem. Ges. **15**, 2607). Das Aethyleisennitrososulfid $Fe(NO)_2S(C_2H_5)$, Schmelzpunkt 78°, krystallisirt monosymmetrisch.

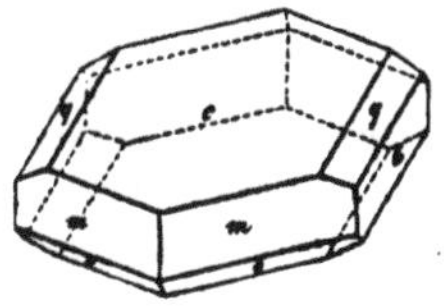

$$a : b : c = 0,61319 : 1 : 0,55541$$
$$\beta = 68^0 13' 20''.$$

Beobachtete Formen: $c = (001)0P$, $b = (010)\infty R\infty$, $m = (110)\infty P$, $q = (011)R\infty$, $o = (\bar{1}11)+P$. Tief blutrothe bis schwarze Krystalle, theils nach der Axe a verlängerte, rectanguläre Prismen cb, am Ende m, theils tafelförmig nach der Basis (s. nebenstehende Figur).

	Beobachtet:	Berechnet:
$c : m = 001 : 110 =$	*71° 11½'	—
$m : b = 110 : 010$	*60 20½	—
$b : q = 010 : 011$	*62 43	—
$c : q = 001 : 011$	27 11½	27° 17'
$c : o = 001 : \bar{1}11$	56 4	56 3 45"
$m : o = 110 : 11\bar{1}$	52 27 45"	52 44 45
$m : m = 110 : 1\bar{1}0$	59 20 30	59 19
$q : o = 011 : \bar{1}11$	45 53	45 58 28

Ein Krystall war verzwillingt nach $c(001)$, Verwachsungsebene $b(010)$. Merklicher Dichroismus bei Blättchen nach (010), zwischen hellblutroth und dunkelblutroth bis schwarz. Letztere Färbung tritt ein, wenn die Schwingungsebene des Nicols mit der Kante 010 : 001 einen Winkel von 12—14° bildet.

Ref.: C. Baerwald.

87. W. Demel (in Wien): **Ueber den Dopplerit von Aussee** (Ber. der deutsch. chem. Ges. **15**, 2961). Der Verfasser untersuchte den bereits von von Schrötter analysirten Dopplerit von Aussee. Die Elementaranalyse der bei 100° getrockneten Substanz führte auf die Formel $C_{12}H_{14}O_6$. Der Aschengehalt beträgt 5,1%. Die Zusammensetzung der Asche ist nach Herrn Schüler:

CaO	72,67 %
MgO	2,03
$K_2O + Na_2O$	0,99
$Al_2O_3 + Fe_2O_3$	12,02
SO_3	4,36
Cl	1,09
Unlöslich	6,80
	99,96

Kohlensäure fehlt gänzlich im unveränderten Dopplerit. Er löst sich bis auf einen geringen Rückstand in *KOH*. Aus der alkalischen Lösung wird durch Säuren ein brauner, durch Kalksalze ein ebenso gefärbter kalkhaltiger Niederschlag von der Zusammensetzung $C_{24}H_{22}CaO_{12}$ gefällt. Beide Niederschläge liefern beim Trocknen dem Dopplerit ähnliche Massen.

Bei dem Schmelzen mit *KOH* erhält man Protocatechusäure und schwarze organische Massen, wie solche bei dem Verschmelzen humusartiger Substanzen mit *KOH* entstehen.

Aus diesen Gründen und auch wegen seiner Bildung in Torflagern hält Verf. den Dopplerit für das Kalksalz einer oder mehrerer Säuren aus der Reihe der Humussubstanzen. Ref.: C. Baerwald.

88. B. Wittjen und **H. Precht** (in Neu-Stassfurt): **Zur Kenntniss des blaugefärbten Steinsalzes** (Ber. der deutsch. chem. Ges. **16**, 1454). Blaues Steinsalz ist bekanntlich im Salzlager von Stassfurt gefunden worden. Es tritt dort besonders im Liegenden des jüngeren Steinsalzlagers auf, wo letzteres durch Anhydrit begrenzt wird und dieser durch Verwerfungen Hohlräume und Spalten gebildet hat. In ganz geringer Menge findet es sich im sogenannten Knistersalz und im Kainit der oberen Schichten.

Die blauen Spaltungsstücke zeigen oft dunklere blaue Linien in der Richtung von (111), seltener parallel (100). Bei einer Drehung des Spaltungsstücks bei durchfallendem Lichte nehmen die Linien gleichmässig an Breite zu und verschwinden dann plötzlich. Die Verfasser glauben, dass diese Streifen nicht durch irgend einen Farbstoff hervorgerufen werden, sondern dass sie bedingt sind durch das Vorhandensein dünner parallelwandiger, mit Gaseinschlüssen erfüllter Hohlräume, in welchen nur die blauen Strahlen des einfallenden Lichtes reflectirt werden. Sie weisen erstens darauf hin, dass das blaue Salz ein etwas geringeres specifisches Gewicht hat, als das wasserhelle, nämlich 2,141 gegen 2,143; und dass ferner die blaue Färbung sich weder der wässerigen Lösung mittheilt, noch durch Aether oder Schwefelkohlenstoff ausgezogen werden kann. Die Ansicht Johnson's sowohl, der die Blaufärbung beigemengtem Natriumsubchlorid zuschreibt, als auch die von Ochsenius, der dieselbe durch die Gegenwart von Schwefel bedingt hält, widerlegen Verfasser durch Ueberleiten von Chlor über die Substanz bei gewöhnlicher und höherer Temperatur, wodurch die blaue Farbe nicht verändert wird.

Eine Hauptstütze ihrer Ansicht finden Verfasser darin, dass das geriebene Salz weiss aussieht und die Färbung bei dem Befeuchten nicht wieder erscheint.

Sie bestätigen noch die Angabe Bischoff's, dass beim Erhitzen die blaue Farbe ohne wesentliche Gewichtsabnahme verschwindet. Die Menge der eingeschlossenen Gase finden sie so gering, dass sie die von Bischoff vertretene Ansicht, der die Färbung eingeschlossenen Kohlenwasserstoffen zuschreibt, für unwahrscheinlich halten. Ref.: C. Baerwald.

89. C. Rammelsberg (in Berlin): **Ueber die chemische Natur des Amblygonits** (Neues Jahrb. für Mineral., Geol. u. s. w. 1883. **1**, 15—20). Nach den älteren Analysen*) des Verfassers kommt dem Amblygonit die Formel zu

*) Pogg. Ann. 1845, **64**, 265 und Monatsber. der Berlin. Akad. der Wiss. 1872, 152.

$$3RFl + 2Al_2P_2O_8$$

oder

$$Al_2Fl_6 + (2R_3PO_4 + 3Al_2P_2O_8)$$

entsprechend dem Atomverhältniss

$$Fl : R : Al : P = 3 : 3 : 4 : 4.$$

Pisani und von Kobell fanden weniger Fluor und etwas Wasser, und das Verhältniss von $R : Al = 1 : 1$, und constatirten später, dass zuweilen der Wassergehalt den alsdann verminderten Fluorgehalt erreicht. Penfield's Analysen*) bestätigten das einfachere Verhältniss $R : Al : P = 1 : 1 : 1$, und würden also für wasserfreien Amblygonit zu der Formel $2RFl + Al_2P_2O_8$ führen. Der aber bei seinen Analysen von 1,75 bis 6,61 Procent schwankende Wassergehalt veranlasste Penfield, eine Vertretung des Fluor durch Hydroxyl anzunehmen und folgende Formel aufzustellen

$$Al_2P_2O_8 + 2\overset{I}{R}(OH, Fl).$$

Diese Ansicht nun bekämpft der Verf. entschieden. Da das stöchiometrische Verhältniss $R : Al : P$ sich bei der Abnahme des Fluors nicht ändert, so enthält der Amblygonit wohl überhaupt kein RFl als solches. Vielmehr zieht der Verf. folgende Formel vor:

$$Al_2Fl_6 + 2(R_3PO_4 + Al_2P_2O_8).$$

Durch Einwirkung von Wasser würde sich aus einem Theil des Al_2Fl_6 unter Fortführung von Fluor $Al_2O_6H_6$ bilden und das Phosphat unverändert bleiben. Der Verf. erklärt also »alle wasserhaltigen Amblygonite für Producte eines mehr oder minder fortgeschrittenen Umwandlungsprocesses, auf welche eine chemische Formel als Ausdruck eines unwandelbaren Verbindungsverhältnisses nicht angewandt werden darf«.

Zieht man vor, den Amblygonit als eine Vereinigung von zwei analogen Verbindungen aufzufassen

$$(2LiFl + Al_2Fl_6) + (2Li_3PO_4 + 3Al_2P_2O_8),$$

so würde sich bei der Umwandlung in fluorfreie Substanz ein Lithiumaluminat bilden müssen.

Ref.: C. Hintze.

40. F. Heddle (in St. Andrews): **Ueber eine neue Mineralfundstelle** (Min. Mag. a. Journ. of the Min. Soc. Gr. Brit. Irel. No. 24, April 1883, 5, 115—120). Die Fundstelle ist eine (englische) Meile nördlich von Quirang und etwa drei Meilen von dem Wirthshaus zu Stainchol, auf der Insel Skye. In geologischer oder petrographischer Beziehung wird nichts Näheres über das Vorkommen angegeben. Die beobachteten Mineralien sind: Saponit, Chabasit, Gyrolith, Plinthit, Thomsonit, Faröelith, Mesolith, Stilbit, Laumontit, »und kleine Krystalle, die entweder Chalkopyrit oder Tetraëdrit waren«.

Der Plinthit von der »neuen« Fundstelle ist vom Verf. bereits in Nr. 22 derselben Zeitschr. 5, 26 beschrieben und auch dessen Analyse bereits mitgetheilt worden (referirt in dieser Zeitschr. 7, 199).

---

*) Amer. Journ. of Sc. III, 18, 295, Oct. 1879; referirt in dieser Zeitschr. 4, 380.

Mesolith in wolligen Büscheln und dichten, körnigen rothen **Massen, von der** Härte 3,5 und dem spec. Gewicht 2,103, ergab:

SiO_2	45,61
Al_2O_3	26,46
Fe_2O_3	1,43
MnO	0,38
CaO	6,12
MgO	0,46
K_2O	0,57
Na_2O	6,90
H_2O	12,25
	100,18

Verliert bei 100° C. 0,9 Procent Feuchtigkeit.

Der Thomsonit findet sich in kleinen sternförmigen Gruppen **flacher, farb**loser Krystalle (Analyse I.), und in feinkörnigen derben Massen, **hartem Kaolin ähnlich**, von weisser oder gelblichweisser Farbe; in letzterer **Varietät noch reich**licher am Fusse des »Old Man of Storr«, von wo auch das **Analysenmaterial (II.)** entnommen wurde. Härte 5. Spec. Gewicht 2,147 bis 2,131.

	I.	II.
SiO_2	39,70	39,02
Al_2O_3	29,95	28,13
Fe_2O_3	—	3,28
FeO	1,43	—
MnO	0,08	—
CaO	10,07	10,73
MgO	—	0,65
K_2O	0,38	1,01
Na_2O	5,51	3,71
H_2O	13,07	13,98
	100,19	100,51

Ref.: C. Hintze.

41. Derselbe: Analysen schottischer Mineralien (aus: »The Geognosy and Mineralogy of Scotland. — Sutherland.« Part IV. — Ebenda, No. 24, 5, 133 bis 189). Wie früher, so auch in diesem Theil der Arbeit ist das Neue nicht kenntlich von dem schon früher Publicirten unterschieden. Vielmehr bleibt es der Aufmerksamkeit und dem Gedächtniss des Referenten überlassen, den Lesern wenigstens dieser Zeitschrift Wiederholungen zu ersparen.

Uns ist bereits durch das Referat*) in dieser Zeitschrift 2, 646 ein durch reiche Mineralassociation ausgezeichneter Block eines hornblendeführenden Granits vom Ostabhange des Ben Bhreck (-Hügels), südöstlich von Tongue bekannt. Den bereits damals und den später mitgetheilten Mineralanalysen sind jetzt die folgenden nachzutragen. Alles Material ist dem genannten Felsblock entnommen.

1) Babingtonit, anscheinend als Vertreter der Hornblende. Krystallinische Massen von dunkelgrüner Farbe und Glasglanz. Spec. Gewicht = 3,3.

*) Chapters on the Mineralogy of Scotland. Trans. of the Roy. Soc. of Edinburgh 1877, 28, 197—271.

SiO_2	50,85
Al_2O_3	1,40
Fe_2O_3	9,56
FeO	8,31
MnO	1,15
CaO	17,66
MgO	5,54
K_2O	1,07
Na_2O	2,91
H_2O	1,49
	99,94

2) Titanit, ziemlich flächenreiche Krystalle [einige Figuren ohne alle nähere Angaben!] in braunem Orthoklas sowohl, als in Cleavelandit und Babingtonit eingewachsen.

SiO_2	35,5
TiO_2	30,4
Al_2O_3	2,59
Fe_2O_3	4,91
MnO	0,4
CaO	26,42
	100,22

3) Magnetit in Körnern von Erbsen- und Bohnengrösse, selten mit Oktaëderflächen. Ein »Zwillingstetrakisoktaëder« [sic!] wurde gefunden. [Die beigegebene Figur zeigt ein einfaches Oktaëder mit eingekerbten Kanten, wie ein Diamantzwilling. Der Ref.] Die Analyse ergab:

Fe_2O_3	83,48
FeO	12,63
MnO	1,20
SiO_2	1,20
Al_2O_3	0,23
CaO	0,90
MgO	0,50
	100,14

Im Centrum dieser Magnetitkrystalle fanden sich dehnbare magnetische Partikeln, ohne Rückstand in Salzsäure löslich, und eine angesäuerte Kupfervitriollösung fällend; vielleicht also metallisches Eisen.

4) Ilmenit in dünnen blauschwarzen Blättchen zwischen Orthoklaskrystallen, liess sich leichter als gewöhnlich pulvern.

TiO_2	50,65
Fe_2O_3	9,87
FeO	17,78
MnO	5,17
CaO	3,14
MgO	11,64
SiO_2	1,72
	99,97

5) Zu dem bereits früher nebst Analyse (a. a. O.) angeführten Amazonit von Tongue giebt der Verf. jetzt eine ganze Reihe von Figuren. Ausser einfachen Krystallen von manchfachem Habitus kommen Zwillinge nach dem Manebacher und dem Karlsbader Gesetz vor. Viele der Krystalle zeigen eine Perthit-artige Verwachsung von grünen und helleren Partien; die chemische Prüfung der letzteren deutet auf einen Natronfeldspath, vielleicht Oligoklas.

6) Ein kalkhaltiger Strontianit in sahnfarbigen, radialfaserigen, kugeligen Massen auf Quarz und Amazonit, vom spec. Gewicht = 3,447, ergab:

SrO	58,85
CaO	8,53
CO_2	32,30
	99,68

Aus dem Syenit- (resp. hornblendeführenden Granit-) District von Lairg, Sutherland, wurden erwähnt Fluorit, Spiegeleisen, Bergkrystall, krystallisirter Chalkopyrit und röthlicher Baryt. Ueber Feldspäthe und Haughtonit von ebenda ist nebst Analysen früher schon vom Verfasser Mittheilung gemacht, und auch in dieser Zeitschrift (2, 646 und 654; 5, 624) referirt worden. Schliesslich werden auch noch grosse, aber schlecht ausgebildete Krystalle von Allanit und Titanit erwähnt. Ein von den anderen abweichender Krystall, mehr Keilhauit-ähnlich, mattgelb, rissig, oberflächlich erdig, weicher als Titanit, enthielt bei der Analyse keine Spur von Titansäure, sondern

SiO_2	44,30
Al_2O_3	0,59
Fe_2O_3	7,16
MnO	0,70
CaO	1,40
MgO	45,91
H_2O	0,13
	100,19

Es scheint also eine Umwandlung in eine Olivin-artige Substanz vorgegangen zu sein.

Ref.: C. Hintze.

42. J. Stuart Thompson (in Edinburgh): Eine tragbare Löthrohrlampe (Ebenda, Nr. 24, 5, 190—191). Als Brennmaterial wird ein bei 38° C. schmelzendes Paraffinwachs vorgeschlagen. Hierfür besonders geeignet construirte Lampen sind zu beziehen von Wm. Hume, 1 Lothian Street, Edinburgh.

Ref.: C. Hintze.

VI. Beiträge zur krystallographischen Kenntniss des Andalusites und des Topases.

Von

Leo Grünhut in Leipzig.

(Mit Taf. III.)

Obwohl Rammelsberg*) schon im Jahre 1860 den Topas als »drittelkieselsaure Thonerde in isomorpher Mischung mit Kieselfluoraluminium« definirte — also auf die chemische Beziehung zum Andalusit hinwies — so ist doch, obgleich er auch bereits bemerkte, dass die Krystallform des Topases der des Andalusites »nahe käme«, der krystallographische Nachweis eines Isomorphismus erst in den letzten Jahren zu führen versucht worden. Rammelsberg selbst hat später seine Ansichten über die chemische Constitution des Topases noch ein wenig modificirt, er erklärte ihn**) — ungeachtet der Abweichungen, die seine eigenen Analysen ergaben — zwar wiederum für eine isomorphe Mischung, indess nach dem festen Verhältnisse $5 Al_2 Si O_5 + Al_2 Si Fl_{10}$. Später vindicirte Städeler***), auf eine recht sonderbare Deduction sich stützend, dem Topas die Formel $Al_2 Si Fl_2 O_4$, eine Ansicht, die von Hugo Klemm†) widerlegt wurde. Dieser selbst behauptet, dass im Topas »nicht nur, wie Rammelsberg annimmt, eine isomorphe Mischung von Thonerdemonosilicat und Fluoraluminiummonofluorsilicium, sondern eine ausgesprochene chemische Verbindung vorliegt«, eine Meinung, die natürlich die Annahme eines näheren Zusammenhanges zwischen Andalusit und Topas ausschloss, obgleich Rammelsberg††) in der Zwischenzeit wiederum darauf aufmerksam gemacht hatte, dass »die Formen beider Mineralien offenbar in directer Beziehung zu einander stehen«. Die ganze Frage erfuhr nun noch dadurch

---

*) Handbuch der Mineralchemie 1. Aufl., S. 565, Leipzig 1860.

**) Monatsber. der kgl. preuss. Akademie der Wissensch. zu Berlin 1865, S. 264 ff.

***) Journ. für prakt. Chemie **99**, 65, 1866.

†) Beiträge zur Kenntniss des Topas und Untersuchung eines künstlichen Babingtonit. Inaug.-Dissert. Jena 1873.

††) Zeitschr. der deutsch. geolog. Gesellsch. **22**, 87, 1872.

eine wesentliche Complication, dass George J. Brush und Edward S. Dana bei ihrer Untersuchung des Danburits von Russell*) einen völligen Isomorphismus dieses Minerals mit dem Topas nachwiesen, ohne eine unmittelbare Beziehung in der chemischen Zusammensetzung beider Mineralien auffinden zu können. Es ist sodann Groth**) wiederum für die Auffassung des Topases als einer isomorphen Mischung eingetreten; auch er findet »eine gewisse Aehnlichkeit« der Krystallformen des Andalusites und des Topases heraus, und um diese besser hervortreten zu lassen, bringt er eine Neuaufstellung des letzteren in Vorschlag. Allein die Winkeldifferenzen sind, beziehen wir auch den Topas immerhin auf diese neue Grundform, so grosse, dass von einem Isomorphismus nicht füglich die Rede sein kann, wie folgende Uebersicht zeigt:

	Brasilianischer Andalusit nach Des Cloizeaux:	Russischer Topas nach Kokscharow:
$110 : 1\bar{1}0$ =	89° 12′	86° 49′
$011 : 0\bar{1}1$	70 56	64 54,5
$101 : \bar{1}01$	70 10	62 4
$111 : \bar{1}11$	60 28,5	57 10,5
$111 : 1\bar{1}1$	59 33	53 50
$111 : 11\bar{1}$	89 59	97 36

Von weit grösserer Bedeutung sind die Betrachtungen, die Groth***) über die chemische Constitution der in Frage stehenden Mineralien angestellt hat. Von der Wahrnehmung ausgehend, dass von den beiden kieselsauren Salzen eines und desselben Metalls das von der Metakieselsäure abgeleitete weit schwerer zersetzbar ist, als das Derivat der Orthokieselsäure — er führt als Beispiel hierfür Enstatit $MgSiO_3$ und Olivin Mg_2SiO_4 an — kommt er zu dem Schlusse, dass unter den beiden, chemisch sich verschieden verhaltenden Silicaten von der empirischen Zusammensetzung Al_2SiO_5, dem Andalusit und dem Disthen, dem ersteren, als dem leichter zersetzbaren, die Structur $(AlO)AlSiO_4$ zuzuschreiben sei, während die des letzteren durch die Formel $(AlO)_2SiO_3$ ausgedrückt werde†). Den Topas erklärt er sodann für eine isomorphe Mischung, deren Componenten die Zusammensetzung $(AlO)AlSiO_4$ bez. $(AlFl_2)AlSiO_4$ zukäme, den Danburit

*) Americ. Journ. of Science [3], 20, 111 ff., 1880; — auch diese Zeitschr. 5, 183 ff., 1881.

**) Tabell. Uebers. der Mineralien, 2. Aufl., S. 85. Braunschweig 1882.

***) l. c. S. 76 und 84.

†) Als Beispiel für die Widerstandsfähigkeit des Disthens gegen die Atmosphärilien mag angeführt werden, dass man in der Ackererde auf den Höhen bei Waldheim Cyanitsplitter aufgefunden hat, die als Residua des zersetzten Grundgebirges gedeutet werden. (Vergl. F. A. Fallou, die Ackererden des Königreich Sachsen und der angrenzenden Gegend. 2. Aufl., S. 121. Leipzig 1855.

hingegen trennt er von dieser Gruppe ab und weist ihm eine andere Stelle im System an. Als bedeutendste Vorzüge dieser Groth'schen Formeln müssen angeführt werden, dass sie einerseits für den Topas die Annahme einer nach structurchemischen Principien unmöglichen Verbindung $Al_2 Si Fl_{10}$ vermeiden*), während sie andererseits auch die Gegenwart von Monoxyden im Andalusit zu erklären vermögen. Bereits Svanberg**) fand nämlich in diesem Minerale geringe Mengen Kalk und Magnesia auf, und die meisten späteren Analytiker haben dies bestätigt; ich selbst vermochte in dem Andalusit von Brasilien Eisenoxydul auf qualitativem Wege nachzuweisen***). Wenn schon das regelmässige Auftreten dieser Monoxyde in fast allen Andalusiten gegen die Annahme einer blossen Verunreinigung spricht, so ist es insbesondere der Nachweis des Eisenoxyduls in dem notorisch von fremden Einlagerungen freien brasilianischen Vorkommniss, welcher es ausser allen Zweifel stellt, dass dieselben zur Constitution des Minerals gehören. Wir werden daher, um dies zum Ausdruck zu bringen, die von Groth gegebene Formel zu verdoppeln und den Andalusit als ein Aluminylaluminiumsilicat $(AlO)_2 Al_2 Si_2 O_8$ in isomorpher Mischung mit sehr geringen Mengen eines Silicates von der Formel $(Fe, Ca, Mg) Al_2 Si_2 O_8$ aufzufassen haben. Jetzt springt aber auch die chemische Analogie mit dem Danburit $(Ca B_2 Si_2 O_8)$ unmittelbar in die Augen, die Monoxyde, bez. das Aluminyl, werden hier durch Calcium repräsentirt, das Aluminium — ähnlich, wie bei den Turmalinen und in der Datolithgruppe — wird durch Bor isomorph vertreten. Selbstverständlich muss alsdann auch die Formel des Topases verdoppelt werden.

Allein um völlige Klarheit in diese Verhältnisse zu bringen, bedarf es noch einer Neuaufstellung der Mineralien dieser Gruppe, um dieselben auf ähnliche Grundformen zurückführen zu können. Wählt man zu diesem Zwecke für den Andalusit das Prisma $\infty \bar{P} 2$ als Grundprisma, und ertheilt dem bisherigen primären Makrodoma das Zeichen $\frac{1}{2}\bar{P}\infty$, so erhält man unter Zugrundelegung der Messungen Des Cloizeaux's das neue Axenverhältniss:

$$a : b : c = 0{,}50691 : 1 : 1{,}42462.$$

Behält man andererseits beim Topas das bisherige Grundprisma als

*) Die Gruppe $Al_2 Si$ enthält, selbst bei Annahme der Vierwerthigkeit des Aluminiums, im günstigsten Falle acht freie Werthigkeiten, so dass unmöglich 10 Fluoratome an sie gebunden sein können.

) Berzelius' Jahresbericht über die Fortschritte der Chemie und Mineralogie **23, 279, 1844.

***) Von einer quantitativen Bestimmung musste abgesehen werden, da nach 11-stündigem Erhitzen des Andalusitpulvers mit Schwefelsäure in einer zugeschmolzenen Röhre auf 210—220° noch kein vollständiger Aufschluss erfolgt, zu neuen Versuchen bei höherer Temperatur aber kein Material mehr vorhanden war.

solches bei und wählt die von Kokscharow — wenn auch selten — beobachtete Form $k(032)\frac{3}{2}\breve{P}\infty$ zum primären Brachydoma, so ergiebt sich z. B. für den russischen Topas ein Axenverhältniss:

$$a : b : c = 0,52854 : 1 : 1,43094.$$

Auch beim Danburit braucht man keine Veränderung in der Prismenzone eintreten zu lassen, muss hingegen die Verticalaxe dreimal so gross annehmen, wie bisher, wobei also das von Hintze*) beobachtete Brachydoma $f(061)6\breve{P}\infty$ zu $2\breve{P}\infty$ wird, und das folgende Axenverhältniss herauskommt:

$$a : b : c = 0,54444 : 1 : 1,44222.$$

Die Uebereinstimmung der Winkel der drei Mineralien in den wichtigsten Zonen giebt folgende Uebersicht:

	Andalusit:	Russ. Topas:	Danburit:
$110 : 1\bar{1}0 =$	53° 46′	55° 43′	57° 8′
$011 : 0\bar{1}1$	109 52	110 6	110 32
$101 : \bar{1}01$	140 49,5	139 17	138 38
$111 : \bar{1}11$	116 28,5	114 22	112 57
$111 : 1\bar{1}1$	51 3	52 41,5	55 59
$111 : 11\bar{1}$	35 13	36 29	36 41

In dem Umstande, dass bei dieser Aufstellung die optische Orientirung keine übereinstimmende ist, dürfte wohl kein Gegenbeweis gegen den Isomorphismus erblickt werden, wenn man bedenkt, dass einerseits bei vielen Körpern die Lage der Ebene der optischen Axen eine von der Temperatur abhängige, ja selbst bei verschiedenfarbigem Licht verschiedene ist, und dass andererseits Substanzen, wie Ammoniumsulfat und Kaliumsulfat — deren Isomorphismus wohl Niemand leugnen wird, und von denen auch isomorphe Mischungen dargestellt sind, deren Axenschema wiederum ein abweichendes ist**) — ebenfalls keine Uebereinstimmung in ihrem optischen Verhalten aufweisen. Ganz ähnlich verhält es sich bekanntlich auch mit dem Baryt und Anglesit. Auch die verschiedene Spaltbarkeit der drei Mineralien darf uns nicht hindern, sie als isomorph aufzufassen, so wenig, wie wir den Wollastonit und Petalit wegen ihrer basischen Spaltbarkeit aus der Reihe der übrigen monosymmetrischen Pyroxene ausschliessen oder den Isomorphismus des Ammoniumnitrats und Kaliumnitrats ihrer abweichenden Spaltungsverhältnisse halber leugnen werden.

Indess bewegten sich die ganzen bisherigen Betrachtungen lediglich auf speculativem Gebiete; durch sie ist zwar der Isomorphismus der drei Mineralien höchst wahrscheinlich geworden, sie reichen aber nicht hin, ihn

*) Diese Zeitschr. 7, 296, 1883.

**) V. v. Lang, Wien. Akad. Sitzungsber., math.-naturw. Klasse 31, 97, 1858.

mit apodiktischer Gewissheit annehmen zu lassen, es bedarf dies wohl noch eines besonderen Nachweises. Es scheint mir dieser nun für Andalusit und Danburit durch den Nachweis von Monoxyden im ersteren, durch die Auffindung von Aluminium- und Eisensesquioxyd im letzteren erbracht zu sein, für die Zugehörigkeit des Topases zu dieser Gruppe fehlt er noch*). Ich habe, um denselben eventuell bringen zu können, den brasilianischen Andalusit auf Fluor untersucht: es wurde, da auf eine unmittelbare Zersetzung durch Schwefelsäure nicht zu rechnen war, der Aufschluss des Minerals mit conc. Schwefelsäure in einem Kölbchen erwärmt und die entstehenden, eventuell $SiFl_4$-haltigen Dämpfe in Wasser geleitet, diesem Ammoniak zugesetzt, filtrirt, das Filtrat zur Trockene gebracht, und der Rückstand auf die gewöhnliche Weise auf Fluor geprüft**) — indess ohne Erfolg. Es wurde daher — da bei den doch nur geringen Mengen eventuell vorhandenen Fluors vielleicht eine Zersetzung des $SiFl_4$ in dem Kölbchen selbst eingetreten sein konnte — eine andere Portion bei 150° sorgfältigst getrockneten Andalusitpulvers geglüht, und hierbei in der That ein Glühverlust von 0,51 Proc. aufgefunden, wobei übrigens E. E. Schmid's***) Angabe, wonach der Andalusit beim Glühen entfärbt wird, bestätigt werden konnte. Wenn man nun auch den ziemlich bedeutenden Glühverlust, den Pfingsten†) in den Andalusiten von Katharinenberg, Robschütz und Bräunsdorf auffand, als in Folge von Zersetzung erst nachträglich hinzugekommenes Wasser erklären kann, so ist dies bei einem Materiale, welches, wie der brasilianische Andalusit, in seinem Pleochroismus gleichsam die Bürgschaft für seine Frische in sich trägt††), völlig ausgeschlossen, zumal wenn die entweichende Substanz bei 150° noch gebunden ist und erst beim heftigen Glühen fortgeht. Der beobachtete Glühverlust kann daher nur auf Fluor oder auf »Constitutionswasser« (Hydroxyl) zurückzuführen sein, in beiden Fällen aber wäre eine Analogie in der Zusammensetzung des Andalusits und des Topases nachgewiesen†††).

---

*) Die bei Breithaupt (Vollständ. Handb. der Min. **3**, 726, 1847) citirte Beobachtung, wonach manche Topase die Turner'sche Reaction auf Borsäure geben — es würde dies eine directe Beziehung zum Danburit involviren — vermochte ich wenigstens für die Vorkommnisse vom Schneckenstein und von Trumbull nicht zu bestätigen.

) Rose-Finkener, Handb. anal. Chemie **1, 699, Berlin 1871.

***) Pogg. Ann. **97**, 113, 1856.

†) Bei Schmid, l. c.

††) Vergl. v. Lasaulx, Tscherm. min. u. petr. Mitth. neue Folge **1**, 438, 1878. — C. F. Müller, Neues Jahrb. für Min. 1882, **2**, 232 u. 233.

†††) Im letzteren Falle allerdings nur insofern Fluor und Hydroxyl einander isomorph vertreten können, was Rammelsberg (N. Jahrb. f. Min. **1**, 18, 1883, diese Zeitschr. **9**, 109) in neuerer Zeit in Abrede gestellt hat. Wenn man ihm auch darin Recht geben muss, dass die Hydroxyde und Fluoride eines und desselben Metalls nicht direct mit einander isomorph sind (man denke nur an Hydrargillit und Aluminiumfluorid, Brucit und Sellait

Dass der letztere insbesondere keine Molekülverbindung, wie Klemm will, sondern eine isomorphe Mischung ist, kann wohl als sicher angenommen werden. Hierfür sprechen zumeist die bedeutenden Schwankungen des Fluorgehaltes (16,12 bis 18,80 Proc.) in Rammelsberg's*) Analysen. Der Einwand, dass Fluorbestimmungen mit grossen Verlusten behaftet und die Verschiedenheiten demzufolge auf Analysenfehler zurückzuführen seien, dürfte wohl nicht stichhaltig sein, indem die Analysen — bis auf die des Topas von Trumbull — nach Abzug der dem Fluor äquivalenten Sauerstoffmenge sämmtlich auf 100 Proc. stimmen, ja sogar etwas mehr ergeben. Als ein zweites Merkmal dafür, dass hier isomorphe Mischungen vorliegen, hat schon Groth**) die Schwankungen der Angulardimensionen angeführt, ein drittes sei mir gestattet hier hinzuzufügen.

Es lässt sich zeigen, dass, **wenn zwei rhombische isomorphe Körper zu einer Molekülverbindung zusammentreten, stets die letztere im monosymmetrischen Systeme krystallisirt.**

---

u. s. f.), so sprechen doch hinreichende Gründe dafür, dass in manchen Verbindungen von complicirterer Zusammensetzung Hydroxyl durch Fluor ersetzt werden kann, eine Erscheinung, die durchaus nicht beispiellos dasteht. So krystallisiren die Oxyde der einander in zahllosen Salzen isomorph vertretenden Metalle Zink und Magnesium in ganz verschiedenen Systemen, und zwar das des ersteren (Rothzinkerz) im hexagonalen, das des letzteren (Periklas) im regulären; während die Chloride und Nitrate des Silbers und der Alkalimetalle isomorph sind, krystallisiren die letzteren für sich tetragonal, das erstere regulär; ähnlich verhält es sich mit Schwefel, Selen und Tellur, die eine grosse Anzahl isomorpher Verbindungen geben, für sich aber nicht isomorph krystallisiren, indem zwar die ersteren beide im monosymmetrischen System — jedoch mit Dimensionen, die nur schwer auf einander zuruckzuführen sind — bekannt sind, das letztere aber dem Hexagonalsystem angehört. — Was nun die hier vorliegende Frage anlangt, so spricht das bei zahllosen Silicaten — so erst jüngst wieder beim Vesuvian (P. Jannasch, Neues Jahrb. für Min. 1883, **1**, 123) — constatirte Zusammenvorkommen des Fluors mit sogenanntem »Constitutionswasser« ohne Zweifel dafür, dass beide Bestandtheile in näherem Connex stehen, und es kann sich also nur darum handeln, ob das Fluor als isomorpher Vertreter des im Hydroxyl enthaltenen Wasserstoffs oder des ganzen Hydroxylradicals auftritt, eine Frage, die natürlich nur durch solche Analysen entschieden werden kann, die nicht allzu geringe Mengen beider Bestandtheile ergeben. Von rein chemischem Gesichtspunkte aus ist gegen die Substitution von Hydroxyl durch ein Halogenelement nichts einzuwenden, sie wird z. B. bei der synthetischen Darstellung der Aepfelsäure $C_2H_3(OH).(COOH)_2$ und der Weinsäure $C_2H_2(OH)_2.(COOH)_2$ durch Behandeln von Mono- bez. Dibrombernsteinsäure $C_2H_3Br.(COOH)_2$ bez. $C_2H_2Br_2.(COOH)_2$ mit Silberoxyd, oder bei der Ueberfuhrung der Benzoesäure $C_6H_5.COOH$ in Benzoylchlorid $C_6H_5.COCl$ ausgefuhrt. Dass nun unter Umständen diese Substitution keine Aenderung der Krystallform hervorzurufen vermag, wurde zuerst durch die Groth-Brandl'sche Discussion der Analyse des Prosopit (diese Zeitschr. **7**, 491, 1883) festgestellt und von Cross und Hillebrand (Amer. Journ. of Science [3], **26**, 271 ff., 1883) durch ihre Analysen ebendesselben Minerals und des Gearksutits bestätigt.

*) Monatsber. Berl. Akad. 1865, 273.

**) Tabellar. Uebersicht der Mineralien. 2. Aufl. S. 83, 1882.

Auf das Beispiel des Alstonites und Barytocalcites hat bereits Groth*) hingewiesen, einige weitere sollen zunächst gegeben werden.

So krystallisirt der Kalisalpeter**) rhombisch, ebenso das Silbernitrat. Setzt man für das ursprüngliche Brooke'sche Axenverhältniss des letzteren als neues

$$a' : b' : c' = b : 2a : c,$$

so tritt der a priori zu erwartende Isomorphismus hervor. Die Molekülverbindung $KAgN_2O_6$ hingegen ist von Friedländer untersucht und als im monosymmetrischen System krystallisirend befunden worden. Völlig analog verhalten sich die isomorphen Salze K_2SO_4 und $HKSO_4$ zu ihrer Doppelverbindung $HK_3S_2O_8$, desgleichen die entsprechenden Ammonium- und die Natriumsulfate. — Fasst man die von Topsöe***) beschriebene Combination des Antimonchlorürs Sb_2Cl_6 als $\infty\breve{P}4.2\breve{P}\infty$ auf, so ergiebt sich unter Berücksichtigung der Messungen von Cooke†) ein Axenverhältniss:

Rhombisch: $a : b : c = 0{,}396 : 1 : 0{,}351$

und somit Isomorphismus mit Valentinit: das Antimonoxychlorür $5Sb_2O_3 + Sb_2Cl_6$ hingegen krystallisirt wiederum monosymmetrisch††). Ebenso verhält es sich auch mit dem Quecksilberoxyd, Quecksilberchlorid und dem von Blaas untersuchten Quecksilberoxychlorid $2HgO.HgCl_2$. — Schliesslich sei noch erwähnt, dass, während der gewöhnliche Olivin Mg_2SiO_4 rhombisch krystallisirt, der nach Tschermak im Magnesiaglimmer als isomorph hinzugemischt gedachte Paraolivin $Mg_{12}Si_6O_{24}$, ein Polymeres des gewöhnlichen Olivin — also eine Verbindung mehrerer gleichartiger Olivinmolekel untereinander — monosymmetrisch krystallisirt; und dass endlich, während man die rhombischen Pyroxene als $RSiO_3$ annimmt, man die monosymmetrischen längst als Doppelverbindungen nach der Formel $R_2Si_2O_6$ (z. B. Hedenbergit $CaFeSi_2O_6$) auffasst, was wiederum mit der in Rede stehenden Gesetzmässigkeit übereinstimmt. Eine Ausnahme von dieser Regel ist mir nicht bekannt.

Es resultirt also in allen diesen Fällen beim Zusammentreten der isomorphen rhombisch krystallisirenden Substanzen zu einer Molekülverbindung das monosymmetrische System, und es ist daher wohl auch der umgekehrte Schluss gestattet, dass der Topas — eben weil seine Krystal-

---

*) Ibid. S. 46.

**) Für diese und die folgenden chemischen Verbindungen vergl. Rammelsberg, Handb. der kryst.-phys. Chem. 1, 1881.

***) Wien. Akad. Sitzber. M.-N. Cl. 66, II. Abth. S. 42. 1872.

†) Diese Zeitschr. 2, 633. 1878. Dessen Combination wird alsdann $\infty\breve{P}2.\frac{1}{2}\breve{P}\infty$; einfachere Symbole sind kaum zu erhalten, wenn man die Beobachtungen beider Autoren vereinigen will.

††) Rammelsberg, Berichte d. deutsch. chem. Gesellsch. 1, 185. 1868.

lisationsverhältnisse nicht auf das letztere System zu beziehen sind — auch keine Verbindung nach festen Verhältnissen, sondern eine isomorphe Mischung ist.

Wenn auch solcher Gestalt die gegenseitigen Beziehungen zwischen Topas und Andalusit vielleicht etwas schärfer präcisirt sind, so dürften doch noch zur völligen Aufhellung derselben umfassende krystallographische Untersuchungen nöthig sein, und als ein kleiner Beitrag hierzu möchte auch die vorliegende Arbeit gelten.

I. Andalusit aus Brasilien.

Nachdem Haidinger bereits im Jahre 1826 bei einer flüchtigen Besichtigung gewisser grüner, für Turmalin geltender brasilianischer »Edelsteine« aus den optischen Verhältnissen geschlossen hatte, dass dieselben nicht dieser Species angehören, hat er sie 18 Jahre später einem genaueren Studium unterworfen und als Andalusit erkannt*). Er gab einige Messungen, die zur genaueren Bestimmung des Axenverhältnisses ausreichten — bis dahin lagen nur Messungen mit dem Contactgoniometer vor — und untersuchte insbesondere die optischen Verhältnisse auf das Genaueste. Später hat alsdann Damour**) zwei Analysen dieses Vorkommnisses ausgeführt und durch dieselben die Haidinger'sche, lediglich auf physikalische Kennzeichen begründete Diagnose der Krystalle bestätigt. Genauere Messungen, sowie optische Untersuchungen verdankt man schliesslich Des Cloizeaux***), der auch†) eine neue Analyse Damour's mittheilt; schliesslich sei noch eine kurze Notiz von E. Bertrand††) erwähnt.

Das mir durch Herrn Geh. Bergrath Prof. Dr. Zirkel mit dankenswerther Liberalität zur Verfügung gestellte, vom Optiker Dr. Steeg in Homburg bezogene Material bestand aus einer grösseren Anzahl kleiner Krystallbruchstücke, die ausser den durch Spaltbarkeit erzeugten Prismenflächen keinerlei regelmässige Begrenzungsflächen zeigten, bis auf zwei Kryställchen, die sogleich beschrieben werden sollen. Der Pleochroismus war ausserordentlich deutlich, an einer Spaltungslamelle nach $\infty\breve{P}2$ (bezogen auf das oben vorgeschlagene neue Axenverhältniss) erschien der parallel der Verticalaxe schwingende Strahl hell flaschengrün, der senkrecht hierzu schwingende zeigte starke Absorption und war intensiv rubinroth.

*) Pogg. Ann. 61, 295. 1844.

**) Ann. des mines (5) 5, 53. 1853. — Auch Journ. f. prakt. Chemie 62, 234. 1854.

***) Manuel de Minéralogie 1, 173. 1862.

†) Ibid. S. 535.

††) Bulletin de la Société minéralogique de France. Année 1878. Bulletin No. 6. Diese Zeitschr. 3, 641. 1879.

Es wurde zunächst an zwei besonders geeigneten Individuen der Winkel der Spaltungsflächen gemessen und in beiden Fällen

$$120 : 1\bar{2}0 = 90^{0}\ 45'$$

als Resultat der recht genauen Messungen gefunden. Bertrand erhielt den genau gleichen Werth, Des Cloizeaux fand für denselben Winkel 90° 48', Haidinger erhielt durch »ziemlich genügende Messungen mit dem Reflexionsgoniometer« 90° 50', Miller*) giebt 90° 44' an.

Der eine der bereits oben erwähnten beiden Krystalle — wie die übrigen etwa 6 mm lang und 2 mm dick — zeigte ausser den Spaltungsflächen noch deutlich eine kleine Fläche von dreiseitiger Begrenzung, die nur wenig genügend spiegelte. Eine Schimmerablesung ergab für den Winkel, den dieselbe mit 120 bildet, 60° 1' approx., der Winkel mit $\bar{1}20$ konnte überhaupt nicht ohne Weiteres gemessen werden. Ich schlug daher folgendes Verfahren ein: Nimmt man die Ocularlinse des Fernrohres ab, so erblickt man durch die Objectivlinse hindurch den Krystall auf dem Krystallträger. Dreht man sodann letzteren, so sieht man von den Flächen der gerade justirten Zone eine nach der anderen aufleuchten. Ich habe mich nun bei gut spiegelnden Flächen überzeugt, dass, wenn dem durch das ocularlose Fernrohr beobachtenden Auge die Helligkeit der Fläche als ein Maximum erscheint, auch das Spaltbild nicht allzuweit von dem Verticalfaden des Fadenkreuzes entfernt steht. Die Nutzanwendung ergiebt sich von selbst. Man justirt, dreht den Krystallträger und liest jedesmal ab, wenn eine Fläche beleuchtet erscheint; durch mehrmalige Repetitionen gelangt man zu Resultaten, welche für die Bestimmung des Zeichens der Flächen hinreichen. Ich halte die so gewonnenen Messungen für genauer, als die durch das Vorsetzen der Centrirlupe vor das Objectiv erhaltenen, indem in Folge der geringeren Vergrösserung ein deutlicheres Bild des Krystalles wahrgenommen wird.

Im vorliegenden Falle fand ich im Mittel von je 10 Repetitionen den Winkel der

		Mittel	Minimum	Maximum
Dreiecksfläche mit	120	= 60° 6'	58° 36'	60° 55'
	$\bar{1}20$	= 38 23,5	37 29	39 42

Hieraus ergiebt sich das Zeichen der Form zu $\frac{4}{5}\breve{P}\frac{35}{4}$ (4.35.21) und unter Zugrundelegung des aus Des Cloizeaux' Messungen abgeleiteten Axenverhältnisses berechnet sich

$$120 : 4.35.21 = 60^{0}\ 1'$$
$$\bar{1}20 : 4.35.21 \quad 38\ \ 15$$

*) Brooke and Miller, Elementary Introduction to [illegible] S. 284. 1852.

Für diese am Andalusit bisher noch nicht beobachtete Pyramide ergeben sich folgende Grössen:

Winkel der brachydiagonalen Polkante	23° 28′
Winkel der makrodiagonalen Polkante	128 56
Winkel der Mittelkante	44 59
Neigung der brachydiagonalen Polkante gegen a	67 9,5
Neigung der makrodiagonalen Polkante gegen b	28 9
Neigung der Mittelkante gegen a	77 18

Nicht ganz so sicher gelingt die Deutung des zweiten der zur Untersuchung gelangten Krystalle. Derselbe weist zwei unebene, kaum reflectirende Flächen auf, deren Kante an dem einen Ende durch eine kleine, ziemlich lebhaft glänzende Dreiecksfläche abgeschrägt ist. Es mögen vorläufig die beiden ersteren Flächen mit x und y, die letztere mit z bezeichnet werden. Um nun überhaupt Messungen zu ermöglichen, mussten x und y mit Deckgläschen beklebt werden, da sie sonst keine Reflexe gaben, und es wurde hierbei in zwei Messungsreihen erhalten:

	I.	II.
$x : y =$	102° 1′	101° 38′
$y : z$	61 19	61 44
$x : z$	65 34	65 1

Unter den mannigfachen Deutungen, die man der vorliegenden Combination geben kann, möchte ich derjenigen den Vorzug geben, nach welcher z als eine Spaltfläche des Prisma $\infty \breve{P} 2$ — wofür auch sein Glanz spricht — und x als eine Fläche des Brachydoma $\frac{1}{2}\breve{P}\infty$ aufgefasst wird; für y berechnet sich unter dieser Voraussetzung das Zeichen $\frac{9}{14}\breve{P}\infty$ (0.9.14). Die berechneten Winkel sind alsdann:

$012 : 0.9.\overline{14} =$	102° 3′
$120 : 0.9.\overline{14}$	61 15
$120 : 012$	65 36

Namentlich in der ersten Messungsreihe scheinen die aufgeklebten Deckgläschen sehr gut angelegen zu haben, indem mit der trefflichen Uebereinstimmung des Werthes $012 : 0.9.\overline{14}$ eine ebensolche der anderen gemessenen Winkel Hand in Hand geht. Der vorliegende Krystall würde dem zu Folge, wenn die gegebene Deutung der Wahrheit entspricht, eine verschiedene Ausbildung der beiden Enden der Verticalaxe aufzuweisen haben; derlei Irregularitäten sind indess bereits seit längerer Zeit vom Andalusit bekannt geworden*).

*) Vgl. Edward S. Dana, American Journal of Science [3] 4, 473. 1872. Uebrigens ist die Angabe in Fittica's Jahresber. üb. d. Fortschr. d. Chemie, Giessen 1880,

Indess darf nicht verschwiegen werden, dass a priori auch noch andere Auffassungen der einzelnen Flächen des Krystalls möglich sind. So kann man z. B. x und y als ein Prisma $\infty\breve{P}\frac{8}{5}$ (580) nehmen, z würde alsdann eine Pyramide mit dem Zeichen $\frac{18}{13}\breve{P}39$ repräsentiren und die berechneten Winkel wären:

580 : $\bar{5}$80	=	101° 54′
580 : 1.39.54		61 20
$\bar{5}$80 : 1.39.54		64 57

Um eine Entscheidung zu treffen, wurde versucht an dem betreffenden Krystalle Spaltungsflächen hervorzurufen, leider zersplitterte derselbe aber bei dieser Operation vollständig. Es ist jedoch immerhin ziemlich sicher, dass die zuerst gegebene Deutung die richtige ist, es spricht hierfür nicht nur ihre relative Einfachheit, sondern auch die ganze Erscheinungsweise der Fläche z.

Zum Schlusse dieser Betrachtungen sei es noch verstattet, eine Uebersicht über die einzelnen, bisher am Andalusit beobachteten Formen zu geben; für die Buchstabenbezeichnung folge ich hierbei Kokscharow*).

	Neuaufstellung		Bisherige Aufstellung	
Abgek. Bezeichn.	Miller:	Naumann:	Miller:	Naumann:
a	(100)	$\infty\bar{P}\infty$	(010)	$\infty\breve{P}\infty$
b	(010)	$\infty\breve{P}\infty$	(100)	$\infty\bar{P}\infty$
c	(001)	$0P$	(001)	$0P$
g	(110)	∞P	(120)	$\infty\breve{P}2$
M	(120)	$\infty\breve{P}2$	(110)	∞P
k	(140)	$\infty\breve{P}4$	(210)	$\infty\bar{P}2$
r	(012)	$\frac{1}{2}\breve{P}\infty$	(101)	$\bar{P}\infty$
s	(104)	$\frac{1}{4}\bar{P}\infty$	(011)	$\breve{P}\infty$
p	(123)	$\frac{2}{3}\breve{P}2$	(111)	P
z	(112)	$\frac{1}{2}P$	(121)	$2\breve{P}2$

Zu diesen mit völliger Sicherheit bekannten Flächen sind noch einige hinzuzufügen, deren Symbole nur auf Grund sehr annähernder Messungen berechnet werden konnten, es sind dies:

S. 1438, wonach Shepard einen »hemimorphen« Andalusitkrystall beschrieben haben soll, zu corrigiren; am citirten Orte (Am. Journ. of Science [3] **20**, 56. 1880] ist von Staurolith die Rede.

*) Mat. Min. Russl. **5**, 164. 1866.

Abgek. Bezeichn.	Neuaufstellung Miller:	Naumann:	Bisherige Aufstellung Miller:	Naumann:	Autor:
ϱ	(0.9.14)	$\frac{9}{14}\breve{P}\infty$	(907)	$\frac{9}{7}\bar{P}\infty$	Grünhut.
π	(91.98.264)	$\frac{49}{132}\breve{P}\frac{98}{91}$	(49.91.66)	$\frac{91}{66}\breve{P}\frac{91}{49}$	Des Cloizeaux.
ξ	(19.22.32)	$\frac{11}{16}\breve{P}\frac{22}{19}$	(11.19.8)	$\frac{19}{8}\breve{P}\frac{19}{11}$	Phillips.
ω	(4.35.21)	$\frac{5}{3}\breve{P}\frac{35}{4}$	(70.16.21)	$\frac{10}{3}\bar{P}\frac{35}{8}$	Grünhut.

II. Topas.

Es ist selbstverständlich, dass ein Mineral, welches, wie der Topas, bereits den Alten bekannt und von ihnen als Edelstein geschätzt war, und dessen prächtige, durchaus nicht seltene Krystalle in allen Museen aufbewahrt wurden, schon in den ersten Stadien krystallographischer Forschung die Aufmerksamkeit auf sich lenken und zu einem näheren Studium veranlassen musste. So citirt Romé Delisle*) Beschreibungen Davila's (1767), die schon recht sorgfältige Beobachtungen bekunden. Es wird bereits an dem Schneckensteiner Topas die achtseitige Prismenzone in zweimal je vier zusammengehörige Flächen zerfällt und in der Endigung nicht nur die Basis von den anderen Flächen unterschieden, sondern auch auf die Gegensätze in der Ausbildung des Brachydomas und der Pyramide aufmerksam gemacht. Auch von dem brasilianischen Topas wird eine zutreffende Beschreibung gegeben, der Delisle selbst ausser einigen recht guten Abbildungen nur wenig mehr hinzuzufügen hatte. Die ersten Messungen an Topaskrystallen hat wohl dieser letztere in der zweiten Auflage seiner Krystallographie mitgetheilt, er bestimmte**) den Prismenwinkel zu 60°, den Winkel des Prismas mit $\frac{1}{3}P$ (unserer Aufstellung) zu 45°. Bei weitem gründlicher waren die Kenntnisse, die Hauy von unserem Minerale besass, er giebt bereits in der ersten Auflage seines »Traité de Minéralogie«***) eine Anzahl Messungsresultate, denen er in der zweiten Ausgabe†) einige neue hinzufügt, und die verhältnissmässig als recht genau zu bezeichnen sind, wie folgende Beispiele beweisen mögen:

*) Versuch einer Crystallographie oder Beschreibung der verschiedenen, unter dem Nahmen der Crystalle bekannten, Körpern des Mineralreichs eigenen, geometrischen Figuren, mit Kupfern und Auslegungsplanen durch den Herrn de Romé Delisle. Nebst Herrn Hill's Spatherzeugung und Herrn Bergmann's Abhandlung von Spathgestalten übersetzt von Christian Ehrenfried Weigel. Greifswald 1777. S. 239. — Das französische Original war mir weder in erster, noch in zweiter Auflage zugänglich.

**) Fr. v. Kobell, Geschichte der Mineralogie. S. 105. München 1864.

***) 2, 504. Paris 1801.

†) Atlas, p. 35. Paris 1823.

	Hauy gem.	Kokscharow ber.
$110 : 1\bar{1}0$ =	55° 38′	55° 43′
$110 : 120$	18 44	18 44
$110 : 130$	29 54	29 54
$023 : 0\bar{2}3$	88 2	87 18
$113 : 1\bar{1}3$	39 14	39 0
$113 : 110$	44 2	44 25
$249 : 120$	48 36	48 48

Kupffer*) war wohl der erste, der eine genauere Bestimmung der häufigsten Formen des Topases mit Hülfe des Reflexionsgoniometers vornahm, ihm folgte A. Lévy**), dem wir bereits die Kenntniss einer Anzahl seltener Formen danken. Später gab sodann Gustav Rose***) eine ziemlich ausführliche Beschreibung der Topase von Alabaschka und dem Ilmengebirge.

Recht wichtig sind die Untersuchungen, die Breithaupt†) an unserem Minerale anstellte. Er erkennt bereits, dass die Topaskrystalle verschiedener Provenienz in ihren Winkelverhältnissen nicht übereinstimmen, und er hat diese Differenzen durch Messungen festzustellen versucht. Er erhielt hierbei für die einzelnen Varietäten folgende Werthe:

	$229 : 2\bar{2}9$	$110 : 1\bar{1}0$
Topazius hystaticus	53° 8′ 26″	55° 33′ 57″
Topazius meroxenus	52 23 7	55 44 46
Topazius polymorphicus	52 20 39	55 55 39
Topazius isometricus	52 20 29	55 33 57
Topazius melleus	52 15 14	55 44 46
Topazius haplotypicus	52 10 0	55 41 10
Topazius archigonius	52 4 48	55 44 46

Auf Breithaupt's Untersuchungen folgten die umfassenden Arbeiten Nicolai von Kokscharow's††), der nicht nur die Zahl der bekannten Flächen wesentlich vermehrte, sondern auch die von ihm beobachteten Combinationen, welche eine ausserordentliche Mannigfaltigkeit des Habitus

*) Preisschrift über genaue Messung der Winkel an Krystallen. S. 78 ff. Berlin 1825. Lag mir im Original nicht vor, ich citire nach Kokscharow.

**) Description d'une collection des minéraux, formée par M. Henri Heuland. Londres 1837. — Konnte ebenfalls nicht eingesehen werden, ich citire diesen Autor nach Des Cloizeaux, Manuel de Minéralogie.

***) Reise nach dem Ural und Altai. Berlin. I. Bd. 1837. — II. Bd. 1842.

†) Vollständ. Handb. d. Mineralogie. 3, 725. Dresden und Leipzig 1847.

††) Ueber die russischen Topase. Mém. de l'acad. impér. des sciences de St. Pétersbourg [6]. Sc. math. et phys. 6, 357—397. 1857. Mit Nachträgen: ibid. [7] 2, No. 5, 1860; 3, Nr. 4, 1862; und 8, Nr. 12, 1864. — Vgl. auch Mat. Min. Russl. 2, 198—262 u. 344—350; 3. 195—213 u. 378—384; 4, 34.

aufwiesen, genauer beschrieb und auf 17 Tafeln abbildete. Später gab Groth*) eine kurze Notiz über einen grösseren Krystall von Adun-Tschilon; etwa gleichzeitig theilte auch Hessenberg**) die Resultate seiner Untersuchung des Topases von La Paz bei Guanaxuato in Mexico mit, dessen Prismenwinkel — ein erneuter Beweis für die Winkelschwankungen — er zu 55° 34′ bestimmte. Ihm folgte Hankel, der in seiner inhaltreichen Abhandlung »Ueber die thermoelektrischen Eigenschaften des Topases«***) ziemlich ausführliche krystallographische Details, sowie eine — wenn auch nicht ganz vollständige — Uebersicht über die damals bekannten Formen gab. Um dieselbe Zeit erschien auch die wichtige Arbeit P. Groth's†), in welcher zum ersten Male eine genauere Bestimmung der krystallographischen Constanten solcher Topasvarietäten gegeben wird, deren Axenverhältniss nicht mit dem der russischen übereinstimmt. Unmittelbar an diese Arbeit schliesst sich eine spätere von Laspeyres††) an, in welcher die Topasvorkommnisse von Schlaggenwald und vom Schneckenstein, sowie der scheinbare Hemimorphismus unseres Minerals eine eingehende Würdigung finden. Schliesslich müssen noch einige kürzere Mittheilungen von Bertrand†††), vom Rath†*), Cossa†**) und Cross und Hillebrand†***) erwähnt werden.

Die folgende Arbeit hat es sich nun zur Aufgabe gestellt, einige noch nicht genauer untersuchte Vorkommnisse des Topases einem eingehenden Studium zu unterwerfen, insbesondere aber hierbei die Schwankungen der Angulardimensionen specieller zu verfolgen. Das bearbeitete Material ist theils dem hiesigen mineralogischen Museum, theils der Sammlung der geologischen Landesuntersuchung von Sachsen, theils meiner eigenen Sammlung entnommen, auch bin ich meinen Freunden, den Herren Cand. C. Rohrbach und Kaufmann W. List für die Ueberlassung einiger Krystalle zu besonderem Dank verpflichtet. Die mitgetheilten Winkelmessungen

*) N. Jahrb. f. Min. 1866, 208.

**) Mineralog. Notizen Nr. 7, S. 38 in Abhandl. Senkenberg. naturf. Gesellsch. 6, 1866—67. — Hessenberg ist übrigens im Irrthum, wenn er meint, Mexico sei für den Topas ein »neues Fundland«, indem bereits Haüy (Traité de min. 2, 2. ed. 1822) die Combination $\infty P . \infty \breve{P} 2 . \infty \breve{P} \infty . 0P . \frac{2}{3}P . \frac{4}{3}\breve{P}\infty$ von Guanaxuato anführt.

***) Abhandl. d. math.-phys. Cl. d. k. sächs. Gesellsch. d. Wissensch. 9, Nr. 4. 1870.

†) Ueber den Topas einiger Zinnerzlagerstätten. Zeitschr. d. deutsch. geol. Gesellschaft 22, 381. 1870.

††) Diese Zeitschr. 1, 347 ff. 1877.

†††) Topas von Framont. Diese Zeitschr. 1, 297. 1877.

†*) Pyknit von der Waratah-Mine. Verhandl. naturhist. Ver. d. Rheinl. u. Westfalen. 35, Sitzungsber. S. 8. 1878; 36, Sitzungsber. S. 9. 1879. — Diese Zeitschr. 4, 428. 1880.

†**) Topas von Elba. Diese Zeitschr. 5, 604. 1881.

†***) Topas von Pikes Peak. Ref. in dieser Zeitschr. 7, 431. 1883.

sind mit dem dem hiesigen mineralogischen Institut gehörigen Goniometer des Groth'schen krystallographisch-optischen Universalinstrumentes ausgeführt worden, wobei als Object das Bild eines Websky'schen Spaltes benutzt wurde. Die angegebenen Beobachtungsmittel sind unter Berücksichtigung der jedesmaligen Gewichte aus den Einzelmessungen (deren Zahl unter »*n*« angeführt ist) berechnet, das beigefügte Gewicht ist ebenfalls das Mittel derjenigen der einzelnen Beobachtungen. Die besseren Messungen sind je nach ihrer Güte in absteigender Reihe mit *a*, *ab*, *b*, *bc* und *c*, die Schimmerablesungen hingegen mit »approximativ« bezeichnet worden.

Bevor ich auf die detaillirte Wiedergabe der bei meinen Untersuchungen erhaltenen Resultate eingehe, will ich im Folgenden, der besseren Uebersicht halber, eine Aufzählung der am Topas beobachteten Formen geben, soweit deren Flächensymbole, sei es durch Messung, sei es durch Bestimmung aus Zonen mit Sicherheit festgestellt werden konnten. Es sei vorausgeschickt, dass ich den bisher bekannten 62 Formen 22 neue hinzuzufügen vermochte, so dass die Gesammtzahl sich jetzt auf 84 beläuft; die Belege für die Berechtigung der Aufstellung jener bisher nicht beobachteten Krystallgestalten wird man weiter unten in den Winkeltabellen finden.

Pyramiden der Grundreihe.

Abgek.	Neuaufstellung		Bisherige Aufstellung		
Bezeichn.	Miller:	Naumann:	Miller:	Naumann:	Autor:
a	(100)	$\infty\bar{P}\infty$	(100)	$\infty\bar{P}\infty$	Hauy
b	(010)	$\infty\breve{P}\infty$	(010)	$\infty\breve{P}\infty$	Hauy
c	(001)	$0P$	(001)	$0P$	Hauy
$\mathfrak{d}$	(2.2.39)	$\frac{2}{39}P$	(1.1.13)	$\frac{1}{13}P$	Grünhut
$\mathfrak{e}$	(2.2.27)	$\frac{2}{27}P$	(119)	$\frac{1}{9}P$	Grünhut
ε	(116)	$\frac{1}{6}P$	(114)	$\frac{1}{4}P$	Naumann
D	(115)	$\frac{1}{5}P$	(3.3.10)	$\frac{3}{10}P$	Grünhut
i	(229)	$\frac{2}{9}P$	(113)	$\frac{1}{3}P$	Hauy
$\mathfrak{f}$	(4.4.15)	$\frac{4}{15}P$	(225)	$\frac{2}{5}P$	Cross u. Hillebrand
u	(113)	$\frac{1}{3}P$	(112)	$\frac{1}{2}P$	Hauy
S	(225)	$\frac{2}{5}P$	(335)	$\frac{3}{5}P$	Grünhut
Z	(112)	$\frac{1}{2}P$	(334)	$\frac{3}{4}P$	Dana
$\mathfrak{g}$	(559)	$\frac{5}{9}P$	(556)	$\frac{5}{6}P$	Breithaupt
$\mathfrak{h}$	(16.16.27)	$\frac{16}{27}P$	(889)	$\frac{8}{9}P$	Grünhut
o	(223)	$\frac{2}{3}P$	(111)	P	Hauy
$\mathfrak{i}$	(16.16.21)	$\frac{16}{21}P$	(887)	$\frac{8}{7}P$	Grünhut
	(443)	$\frac{4}{3}P$	(221)	$2P$	Kokscharow

Brachypyramiden.

Abgek. Bezeichn.	Neuaufstellung Miller:	Neuaufstellung Naumann:	Bisherige Aufstellung Miller:	Bisherige Aufstellung Naumann:	Autor:
η	(469)	$\frac{2}{3}\breve{P}\frac{3}{2}$	(233)	$\breve{P}\frac{3}{2}$	Breithaupt
ψ	(426)	$\frac{1}{3}\breve{P}2$	(424)	$\frac{1}{2}\breve{P}2$	Breithaupt
x	(249)	$\frac{4}{9}\breve{P}2$	(123)	$\frac{2}{3}\breve{P}2$	Hauy
E	(424)	$\frac{1}{2}\breve{P}2$	(368)	$\frac{3}{4}\breve{P}2$	Dana
v	(423)	$\frac{2}{3}\breve{P}2$	(122)	$\breve{P}2$	Kokscharow
σ	(7.14.12)	$\frac{7}{6}\breve{P}2$	(7.14.8)	$\frac{7}{4}\breve{P}2$	Kokscharow
	(243)	$\frac{4}{3}\breve{P}2$	(121)	$2\breve{P}2$	Rose
•	(139)	$\frac{1}{3}\breve{P}3$	(136)	$\frac{1}{2}\breve{P}3$	Kokscharow
t	(2.6.15)	$\frac{2}{5}\breve{P}3$	(135)	$\frac{3}{5}\breve{P}3$	Rose
ϑ	(136)	$\frac{1}{2}\breve{P}3$	(134)	$\frac{3}{4}\breve{P}3$	Lévy
ι	(263)	$2\breve{P}3$	(131)	$3\breve{P}3$	Lévy
W	(149)	$\frac{4}{9}\breve{P}4$	(146)	$\frac{2}{3}\breve{P}4$	Breithaupt
ʃ	(146)	$\frac{2}{3}\breve{P}4$	(144)	$\breve{P}4$	Cross u. Hillebrand
φ	(289)	$\frac{8}{9}\breve{P}4$	(143)	$\frac{4}{3}\breve{P}4$	Des Cloizeaux
ν	(1.9.15)	$\frac{3}{5}\breve{P}9$	(1.9.10)	$\frac{9}{10}\breve{P}9$	Des Cloizeaux

Makropyramiden.

Abgek. Bezeichn.	Neuaufstellung Miller:	Neuaufstellung Naumann:	Bisherige Aufstellung Miller:	Bisherige Aufstellung Naumann:	Autor:
ξ	(10.8.27)	$\frac{10}{27}\bar{P}\frac{5}{4}$	(549)	$\frac{5}{9}\bar{P}\frac{5}{4}$	Kokscharow
ξ (Fraktur)	(10.8.21)	$\frac{10}{21}\bar{P}\frac{5}{4}$	(547)	$\frac{5}{7}\bar{P}\frac{5}{4}$	Kokscharow
z (Fraktur)	(14.8.45)	$\frac{14}{45}\bar{P}\frac{7}{4}$	(7.4.15)	$\frac{7}{15}\bar{P}\frac{7}{4}$	Kokscharow
χ	(219)	$\frac{2}{9}\bar{P}2$	(216)	$\frac{1}{3}\bar{P}2$	Lévy
α	(216)	$\frac{1}{3}\bar{P}2$	(214)	$\frac{1}{2}\bar{P}2$	Kokscharow
q	(429)	$\frac{4}{9}\bar{P}2$	(213)	$\frac{2}{3}\bar{P}2$	Kokscharow
Y	(213)	$\frac{2}{3}\bar{P}2$	(212)	$\bar{P}2$	Lévy
τ	(316)	$\frac{1}{2}\bar{P}3$	(314)	$\frac{3}{4}\bar{P}3$	Lévy

Prismen.

Abgek. Bezeichn.	Neuaufstellung Miller:	Neuaufstellung Naumann:	Bisherige Aufstellung Miller:	Bisherige Aufstellung Naumann:	Autor:
N	(210)	$\infty\bar{P}2$	(210)	$\infty\bar{P}2$	Des Cloizeaux
M	(110)	∞P	(110)	∞P	Hauy
m	(50.53.0)	$\infty\breve{P}\frac{53}{50}$	(50.53.0)	$\infty\breve{P}\frac{53}{50}$	Grünhut
n	(25.28.0)	$\infty\breve{P}\frac{28}{25}$	(25.28.0)	$\infty\breve{P}\frac{28}{25}$	Grünhut
O	(560)	$\infty\breve{P}\frac{6}{5}$	(560)	$\infty\breve{P}\frac{6}{5}$	Grünhut
Q	(450)	$\infty\breve{P}\frac{5}{4}$	(450)	$\infty\breve{P}\frac{5}{4}$	Grünhut
R	(340)	$\infty\breve{P}\frac{4}{3}$	(340)	$\infty\breve{P}\frac{4}{3}$	Grünhut
t	(7.10.0)	$\infty\breve{P}\frac{10}{7}$	(7.10.0)	$\infty\breve{P}\frac{10}{7}$	Grünhut
o	(25.36.0)	$\infty\breve{P}\frac{36}{25}$	(25.36.0)	$\infty\breve{P}\frac{36}{25}$	Grünhut
m	(230)	$\infty\breve{P}\frac{3}{2}$	(230)	$\infty\breve{P}\frac{3}{2}$	Hauy
T	(580)	$\infty\breve{P}\frac{8}{5}$	(580)	$\infty\breve{P}\frac{8}{5}$	Grünhut
p	(25.41.0)	$\infty\breve{P}\frac{41}{25}$	(25.41.0)	$\infty\breve{P}\frac{41}{25}$	Grünhut

Abgek. Bezeichn.	Neuaufstellung Miller:	Naumann:	Bisherige Aufstellung Miller:	Naumann:	Autor:
$\mathfrak{q}$	(25.43.0)	$\infty\breve{P}\frac{43}{25}$	(25.43.0)	$\infty\breve{P}\frac{43}{25}$	Grünhut
λ	(470)	$\infty\breve{P}\frac{7}{4}$	(470)	$\infty\breve{P}\frac{7}{4}$	Groth
$\mathfrak{r}$	(7.13.0)	$\infty\breve{P}\frac{13}{7}$	(7.13.0)	$\infty\breve{P}\frac{13}{7}$	Bertrand
L	(8.15.0)	$\infty\breve{P}\frac{15}{8}$	(8.15.0)	$\infty\breve{P}\frac{15}{8}$	Groth
$\mathfrak{l}$	(25.49.0)	$\infty\breve{P}\frac{49}{25}$	(25.49.0)	$\infty\breve{P}\frac{49}{25}$	Grünhut
l	(120)	$\infty\breve{P}2$	(120)	$\infty\breve{P}2$	Hauy
$\mathfrak{u}$	(5.11.0)	$\infty\breve{P}\frac{11}{5}$	(5.11.0)	$\infty\breve{P}\frac{11}{5}$	Bertrand
π	(250)	$\infty\breve{P}\frac{5}{2}$	(250)	$\infty\breve{P}\frac{5}{2}$	Kokscharow
$\mathfrak{g}$	(130)	$\infty\breve{P}3$	(130)	$\infty\breve{P}3$	Hauy
n	(140)	$\infty\breve{P}4$	(140)	$\infty\breve{P}4$	Rose
μ	(150)	$\infty\breve{P}5$	(150)	$\infty\breve{P}5$	Breithaupt
$\mathfrak{v}$	(4.21.0)	$\infty\breve{P}\frac{21}{4}$	(4.21.0)	$\infty\breve{P}\frac{21}{4}$	Grünhut
U	(160)	$\infty\breve{P}6$	(160)	$\infty\breve{P}6$	Grünhut

Brachydomen.

H	(029)	$\frac{2}{9}\breve{P}\infty$	(013)	$\frac{1}{3}\breve{P}\infty$	Des Cloizeaux
β	(013)	$\frac{1}{3}\breve{P}\infty$	(012)	$\frac{1}{2}\breve{P}\infty$	Hauy
X	(049)	$\frac{4}{9}\breve{P}\infty$	(023)	$\frac{2}{3}\breve{P}\infty$	Rose
J	(059)	$\frac{5}{9}\breve{P}\infty$	(056)	$\frac{5}{6}\breve{P}\infty$	vom Rath
F	(047)	$\frac{4}{7}\breve{P}\infty$	(067)	$\frac{6}{7}\breve{P}\infty$	Grünhut
f	(023)	$\frac{2}{3}\breve{P}\infty$	(011)	$\breve{P}\infty$	Hauy
γ	(0.16.21)	$\frac{16}{21}\breve{P}\infty$	(087)	$\frac{8}{7}\breve{P}\infty$	Kokscharow
G	(056)	$\frac{5}{6}\breve{P}\infty$	(054)	$\frac{5}{4}\breve{P}\infty$	Grünhut
k	(011)	$\breve{P}\infty$	(032)	$\frac{3}{2}\breve{P}\infty$	Kokscharow
$\mathfrak{t}$	(0.10.9)	$\frac{10}{9}\breve{P}\infty$	(053)	$\frac{5}{3}\breve{P}\infty$	Grünhut
y	(043)	$\frac{4}{3}\breve{P}\infty$	(021)	$2\breve{P}\infty$	Hauy
w	(083)	$\frac{8}{3}\breve{P}\infty$	(041)	$4\breve{P}\infty$	Rose

Makrodomen.

w	(106)	$\frac{1}{6}\bar{P}\infty$	(104)	$\frac{1}{4}\bar{P}\infty$	Groth
h	(209)	$\frac{2}{9}\bar{P}\infty$	(103)	$\frac{1}{3}\bar{P}\infty$	Rose
δ	(4.0.15)	$\frac{4}{15}\bar{P}\infty$	(205)	$\frac{2}{5}\bar{P}\infty$	Groth
p	(103)	$\frac{1}{3}\bar{P}\infty$	(102)	$\frac{1}{2}\bar{P}\infty$	Breithaupt
V	(102)	$\frac{1}{2}\bar{P}\infty$	(304)	$\frac{3}{4}\bar{P}\infty$	Dana
d'	(203)	$\frac{2}{3}\bar{P}\infty$	(101)	$\bar{P}\infty$	Rose
ϱ	(403)	$\frac{4}{3}\bar{P}\infty$	(201)	$2\bar{P}\infty$	Groth

Es sei gestattet, hier gleich eine Bemerkung allgemeinen Inhalts über die von mir wahrgenommenen Krystallformen mit complicirten Symbolen folgen zu lassen, insbesondere die Frage zu discutiren, ob man es hier mit wirklichen, sogenannten »vicinalen« Flächen zu thun hat, oder ob nur eine rein äusserliche Oberflächenerscheinung vorliegt. Es mag gleich vorausgeschickt werden, dass alle wesentlichen Momente für die erstere Annahme zu sprechen scheinen. So lässt sich die von Websky*) am Adular gemachte und von Zepharovich**) für den Aragonit im vollsten Umfange bestätigte Beobachtung, wonach die Symbole vicinaler Flächen häufig gleiche Factoren aufzuweisen haben, ungeschmälert auf den Topas übertragen. So haben wir z. B. in der Prismenzone die Reihe

$$\infty\breve{P}\tfrac{28}{25}\,.\,\infty\breve{P}\tfrac{16}{25}\,.\,\infty\breve{P}\tfrac{11}{25}\,.\,\infty\breve{P}\tfrac{13}{25}\,.\,\infty\breve{P}\tfrac{19}{25},$$

in welcher die die Axenschnitte ausdrückenden Verhältnisszahlen sämmtlich den Nenner 25 gemeinsam haben***). Andererseits weisen die Brüche in der Reihe:

$$\infty\breve{P}\tfrac{6}{5}\,.\,\infty\breve{P}\tfrac{5}{4}\,.\,\infty\breve{P}\tfrac{4}{3}\,.\,\infty\breve{P}\tfrac{3}{2}$$

eine offenbare Analogie mit einer von Websky mitgetheilten Reihe auf. Aehnliche Verhältnisse zeigen die Brachydomen:

$$\tfrac{2}{9}\breve{P}\infty\,.\,\tfrac{1}{3}\breve{P}\infty\,.\,\tfrac{4}{9}\breve{P}\infty\,.\,\tfrac{5}{9}\breve{P}\infty\,.\,\tfrac{2}{3}\breve{P}\infty,$$

indem die Zähler der hier auftretenden Brüche, sofern man sie auf gleichen Nenner (9) bringt, eine arithmetische Reihe bilden. Die in den Zeichen der Prismen

$$\infty\breve{P}\tfrac{5}{3}\,.\,\infty\breve{P}\tfrac{7}{4}\,.\,\infty\breve{P}\tfrac{13}{7}\,.\,\infty\breve{P}\tfrac{15}{8}\,.\,\infty\breve{P}\tfrac{49}{25}$$

auftretenden Verhältnisszahlen führen sämmlich auf das allgemeine Zeichen $\frac{2n+1}{n+1}$, eine Beziehung, die wohl ebenfalls nicht als zufällig erachtet werden kann. Auch für die vicinalen Pyramiden der Hauptreihe lässt sich darthun, dass sie sich Websky's und Zepharovich's Beobachtungen analog verhalten; bei ihnen scheinen als gemeinsame Factoren die Zahlen 16 und 27 vorzukommen.

Indess lassen sich noch andere Gründe dafür beibringen, dass man es hier mit wirklichen vicinalen Flächen im Sinne Websky's zu thun hat. Dafür scheint mir insbesondere die Thatsache zu sprechen, dass von den aufgefundenen Flächen manche in mehreren Quadranten, ja einige sogar vollzählig beobachtet werden konnten, was doch, wenn blos secundäre Knickungen der Oberfläche vorgelegen hätten, sicher nicht zu erwarten gewesen wäre. Von einiger Bedeutung dürfte es vielleicht auch sein, dass

---

*) Zeitschr. d. deutsch. geol. Gesellsch. **15**, 677—693. 1863.

) Wien. Akad. Sitzber. M.-N. Cl. **71. 1. Abth. S. 253. 1871.

***) Es ist von Interesse, dass dieselbe Zahl auch bei den vicinalen Flächen in der Säulenzone des Aragonits eine Rolle spielt, vielleicht ist dies darin begründet, dass das Grundprisma desselben nur wenig von dem des Topases abweicht.

einzelne der Formen mit den complicirten Symbolen an mehreren Krystallen aufgefunden wurden.

Die Zahl der angeführten vicinalen Flächen hätte leicht noch vermehrt werden können, indem manche Krystalle — insbesondere solche aus Brasilien — in ihren Prismenzonen ganze Reihen von Bildern lieferten. von denen ich nur solche zur Messung auswählte, die mir noch deutlich die Umrisse des Websky'schen Spaltes zeigten und einigermassen selbstständig erschienen. Dass hierbei durchaus nicht willkürlich vorgegangen wurde, mag daraus hervorgehen, dass, als ich an zwei Krystallen (Nr. 21 und Nr. 27) acht Monate, nachdem ich sie das erste Mal gemessen hatte, die Prismenzone einer erneuten Messung unterwarf, ich dieselben Reflexe als besonders hervortretend bezeichnen musste, wie die gute Uebereinstimmung beider Messungsreihen darthut.

A. Topas vom Schneckenstein.

Die bekannten Topaskrystalle, welche am Schneckenstein bei Auerbach in Sachsen, mit durch gerundete Flächen ausgezeichneten Bergkryställchen und mit dem sogenannten Steinmark sowie einigen selteneren Mineralien*), die Klüfte einer Turmalinquarzit-Breccie ausfüllen, lassen nach meinen Beobachtungen einen vierfach verschiedenen Habitus erkennen.

Der erste Typus ist derjenige, welcher durch die meisten der grösseren weingelb gefärbten Krystalle vertreten wird; er zeichnet sich durch das Vorwalten der rauhen und drusigen Basis in der Endigung aus. Die Flächen der Pyramide $\frac{1}{3}P$ fehlen wohl an keinem, die von $\frac{2}{3}P$ nur an äusserst wenigen der hierhergehörigen Krystalle, doch treten sie meist nur als schmale zweiflächige Zuschärfungen der Kanten $\infty P : 0P$ auf, höchstens erfährt eine Fläche von $\frac{1}{3}P$ zuweilen in einem Quadranten eine etwas hervorragendere Ausbildung. $\frac{4}{3}\breve{P}2$ ist, insbesondere an den grösseren der hierhergehörigen Krystalle, sehr häufig, meist ist es indess nur recht schmal ausgebildet; tritt es einmal etwas breiter auf, so ist es gewiss nicht vollzählig entwickelt. An zwei Krystallen dieses Typus liess sich $\frac{4}{3}\breve{P}4$, an drei anderen $\frac{2}{3}\breve{P}4$ beobachten. $\frac{4}{3}\breve{P}\infty$ nimmt in der Regel an der drusigen Beschaffenheit der Basis Theil, häufig ist es von verhältnissmässig tiefen Striemen, die den Combinationskanten mit $\frac{1}{3}P$ ungefähr parallel laufen, durchfurcht: $\frac{4}{3}\breve{P}\infty$ muss für die Krystalle dieses Typus den minder häufigen Formen beigezählt werden, in bedeutenderer Entwickelung konnte es nur an sehr wenigen Krystallen wahrgenommen werden, als kleinere Fläche war es schon etwas häufiger zu beobachten. $\frac{4}{3}\bar{P}\infty$ trat an zwei Krystallen, jedoch sehr rauh und undeutlich auf. In der Prismenzone sind ∞P und $\infty\breve{P}2$ zu

*) Breithaupt, N. Jahrb. f. Min. 1854, 789.

etwa gleichmässiger Entwickelung gelangt, an den kleineren Krystallen gesellt sich zuweilen $\infty\breve{P}\frac{3}{2}$ hinzu, an den grösseren tritt meist noch $\infty\breve{P}3$ oder $\infty\breve{P}5$ auf. Die Flächen beider Formen zeigen eine sehr starke Längsstreifung und gestatteten daher stets nur approximative Messungen. $\infty\breve{P}\infty$ ist sehr selten.

Ich gehe jetzt zur näheren Schilderung der genauer untersuchten Krystalle dieses Typus über.

Krystall Nr. 1. Combin.: $M(110)\infty P \,.\, l(120)\infty\breve{P}2 \,.\, g(130)\infty\breve{P}3 \,.\, c(001)0P \,.\, f(023)\frac{2}{3}\breve{P}\infty \,.\, u(113)\frac{1}{3}P \,.\, i(229)\frac{2}{9}P$. Der Krystall gestattete, abgesehen vom Prismenwinkel, keine sonderlich genauen Messungen, die Zeichen der auftretenden Flächen wurden durch Contactgoniometermessungen bestimmt. Es ergab sich mittelst des Reflexionsgoniometers:

	Berechnet:	Gemessen:	n:	Minim.:	Maxim.:
110 : 1$\bar{1}$0 =	55° 59′ 17″	56° 0′ a	5	55° 59′	56° 1′
110 : 113	44 35 59	44 38 appr.	3	44 19	44 53

Wie der Vergleich mit den aus dem von Laspeyres für seinen Krystall I aufgestellten Axenverhältnisse*) berechneten Werthen zeigt, lassen sich die Angulardimensionen des vorliegenden Krystalls ebenfalls auf dasselbe beziehen.

Krystall Nr. 2. Combination: $M(110)\infty P \,.\, l(120)\infty\breve{P}2 \,.\, g(130)\infty\breve{P}3 \,.\, c(001)0P \,.\, f(023)\frac{2}{3}\breve{P}\infty \,.\, u(113)\frac{1}{3}P \,.\, i(229)\frac{2}{9}P \,.\, x(249)\frac{4}{9}\breve{P}2$. Die letztgenannte Form ist ausserordentlich schmal ausgebildet, dasselbe gilt zum Theil auch von i, welches jedoch wenigstens in einem Quadranten zu etwas bedeutenderer Entwickelung gelangt ist und in etwa gleicher Breite wie u auftritt. Die vorgenommenen Messungen erreichen keinen sehr hohen Grad der Genauigkeit, sie sind mit den aus dem Laspeyres'schen Axenverhältniss abgeleiteten Werthen verglichen.

	Berechnet:	Gemessen:	n:	Minim.:	Maxim.:
110 : 1$\bar{1}$0 =	55° 59′ 17″	55° 52,′5 bc	3	55° 44′	56° 12′
110 : $\bar{1}$10	124 0 43	124 30 bc	2	124 23	124 37
110 : 120	18 45 33	18 45 appr.	2	18 19	19 11
110 : 130	29 54 56	29 5 appr.	1		
110 : 113	44 35 59	44 34 b	2	44 33	44 35
120 : 113	47 36 44	47 30 b	1		
023 : 113	42 21 12	41 55 b	1		
113 : 1$\bar{1}$3	39 2 56	38 50 b	1		
113 : $\bar{1}\bar{1}$3	90 48 2	91 9 b	1		
113 : 229	11 16 45	11 40 appr.*)	1		

*) Mit Vorsatzlupe gemessen.

---

*) Dasselbe ist von ihm in den letzten Decimalen nicht ganz richtig angegeben worden, es ist:

$$a : b : c = 0,5313738 : 1 : 1,4279168.$$

Krystall Nr. 3. Combination: $M(110)\infty P$. $l(120)\infty\breve{P}2$. $\mu(150)\infty\breve{P}5$. $c(001)0P$. $f(023)\frac{2}{3}\breve{P}\infty$. $u(113)\frac{1}{3}P$. $i(229)\frac{2}{9}P$. $x(249)\frac{4}{9}\breve{P}2$. Die Basis und f zeichnen sich durch drusige Beschaffenheit, sowie durch tief eingegrabene Furchen aus, die auf ersterer meist den (indess am Krystall nicht ausgebildeten) Kanten $c : l$ parallel laufen. Die Messungen — nicht eben genau — ergaben:

	Berechnet:	Gemessen:	n:	Minim.:	Maxim.:
110 : 1$\bar{1}$0 =	55° 59′ 17″	55° 55′ b	4	55° 45′	56° 7′
110 : 120	18 45 33	19 4 b	3	19 2	19 5
110 : 150	41 23 16	40 38 appr.	1		
110 : 113	44 35 59	44 39 c	2	44 34 b	44 48 appr.
110 : 229	55 52 44	55 32 appr.*)	5	55 7	55 53

*) Bei abgenommener Ocularlinse gemessen.

Neben diesen Krystallen, welche den I. Typus in seiner Reinheit darstellen, und die sämmtlich mehr oder minder den Figuren 5 und 6 bei Naumann-Zirkel*) entsprechen, konnte eine Anzahl solcher beobachtet werden, die einen Uebergang zum Typus II darstellen. Hierher gehört zunächst

Krystall Nr. 4 (vgl. Fig. 1). Derselbe ist eine Combination von $M(110)\infty P$. $l(120)\infty\breve{P}2$. $\mu(150)\infty\breve{P}5$. $c(001)0P$. $f(023)\frac{2}{3}\breve{P}\infty$. $u(113)\frac{1}{3}P$; ausserdem kommen noch ausserordentlich schmale und daher nicht messbare Abstumpfungen der Kanten $u : c$, $f : c$ und $u : f$ vor. Hier hat nun das Brachydoma $\frac{2}{3}\breve{P}\infty$ im Gegensatz zu den bisher geschilderten Krystallen eine viel grössere Ausbreitung aufzuweisen, womit eine Reduction der Flächenausdehnung von c natürlicher Weise Hand in Hand geht. Indess entspricht die ganze Ausbildung des Krystalles noch dem allgemeinen Charakter des Typus I, und ist auch die Basis — wie ein Anblick der in Fig. 1, B gegebenen Normalprojection lehrt — nicht genügend schmal ausgebildet, um an eine wirkliche Zugehörigkeit zu Typus II zu denken. — Die genauesten Messungen liess das Brachydoma f zu, es wurde erhalten:

023 : 0$\bar{2}$3 = 87° 18′ a
87 20 a
87 20 a
87 20 a

87° 19,′5 a im Mittel.

Wie man sieht, kommt dieser Werth dem von Kokscharow für die russischen Topase gefundenen (87° 18′ 0″ ber., 87° 17′ 37″ gem.) recht nahe, und es wurden daher auch die übrigen an diesem Krystalle vor-

*) Elemente der Mineralogie. 11. Aufl. S. 509. Leipzig 1881.

genommenen Messungen — da ein zweiter hinreichend genau bestimmter Fundamentalwerth zur Berechnung eines eigenen Axenverhältnisses nicht erhalten werden konnte — mit den Kokscharow'schen Angaben verglichen.

	Berechnet:	Gemessen:		n:	Minim.:	Maxim.:
110 : 1$\bar{1}$0 =	55° 43′ 0″	56° 3′	bc	1		
110 : 120	18 43 52	18 30	appr.	1		
110 : 150	41 24 52	41 30	appr.	1		
001 : 023	43 39 0	43 33	b	5	43° 23′	43° 39′
023 : 0$\bar{2}$3	87 18 0	87 19,5	a	4	87 18	87 20
023 : 110	71 11 0	70 46	b	1		
023 : 120	59 54 20	59 58	b	1		
023 : 113	42 32 38	42 27	b	1		
110 : 113	44 24 45	44 37	b	1		
00$\bar{1}$: 113	134 24 45	134 33	b	1		
113 : 1$\bar{1}$3	38 59 54	38 47	b	2	38 40	38 51

Im wesentlich anderen Sinne vermittelt der Krystall Nr. 5 (Fig. 2) den Uebergang zum Typus II. Derselbe stellt eine Combination folgender Einzelformen dar: $M(110)\infty P$. m(50.53.0)$\infty\breve{P}\frac{53}{50}$. $m(230)\infty\breve{P}\frac{3}{2}$. l(25.49.0) $\infty\breve{P}\frac{49}{25}$. $g(130)\infty\breve{P}3$. $c(001)0P$. $f(023)\frac{2}{3}\breve{P}\infty$. $y(043)\frac{4}{3}\breve{P}\infty$. $u(113)\frac{1}{3}P$. $i(229)\frac{2}{9}P$, wozu noch eine ganz schmale Abstumpfung der Kante 113 : 023 kommt (wahrscheinlich $x(249)\frac{4}{9}\breve{P}2$). Die zunächst in die Augen fallende Besonderheit dieses Krystalles besteht nun darin, dass auf der einen Seite das Brachydoma f völlig entsprechend dem Typus II vorwaltend ausgebildet ist, während auf der Gegenseite die Basis völlig ebenso, wie bei allen übrigen Krystallen des Typus I entwickelt ist. Hand in Hand hiermit geht auch eine Unsymmetrie in der Ausbildung der Pyramidenflächen, die am Besten aus der Figur zu ersehen ist. Als eine weitere Merkwürdigkeit ist hervorzuheben, dass statt der Fläche $l(120)\infty\breve{P}2$ bei diesem Krystall die vicinale l(25.49.0)$\infty\breve{P}\frac{49}{25}$ auftritt, wie dies insbesondere die recht genauen Messungen des Winkels, den diese Fläche mit f bildet, ergeben. Die Angulardimensionen sind auf das Axenverhältniss des russischen Topases zu beziehen; die Messungen ergeben:

	Berechnet:	Gemessen:		n:	Minim.:	Maxim.:
110 : 1$\bar{1}$0 =	55° 43′ 0″	55° 45,5	b	4	55° 43′	55° 48′
110 : 50.53.0	1 24 6	1 19	ab	6	1 15	1 23
110 : 230	10 32 58	10 18	b	3	10 14	10 21
110 : 25.49.0	18 9 11	18 21	bc	8	18 11	18 53
25.49.0 : 25.$\bar{4}\bar{9}$.0	92 1 22	92 33	bc	3	92 22	92 42
110 : 130	29 54 18	29 42	bc	4	29 31	29 49
023 : 110	71 11 0	71 14	ab	4	71 11	71 16

	Berechnet:	Gemessen:		n:	Minim.:	Maxim.:
023 : 1$\bar{1}$0	108° 49′ 0″	108° 53′	*ab*	4	108° 50′	108° 56′
023 : 25.49.0	60 13 24	60 16	*ab*	6	60 12	60 23
023 : 130	54 16 34	54 37	*bc*	1		
023 : 113	42 32 38	42 29	*b*	1		
110 : 113	44 24 45	44 31,5	*b*	2	44 31	44 32
1$\bar{1}$0 : 113	66 16 27	66 23	*b*	1		
110 : 229	55 45 55	55 50	appr.	1		

Der oben für 110 : 25.49.0 angegebene Werth ist das Mittel der in mehreren Quadranten angestellten Messungen; bei dem Interesse, welches das vollflächige Auftreten derartiger vicinaler Flächen gewährt, erscheint es vielleicht angemessen, die Werthe nochmals einzeln anzuführen. Es ergab sich:.

110 : 25.49.0	=	18° 11′ *b*
		18 14 *b*
		18 16 *b*
		18 16 *b*
$\bar{1}$10 : $\bar{25}$.49.0	=	18 35 *bc*
		18 45 *bc*
		18 53 *bc*
1$\bar{1}$0 : 25.$\bar{49}$.0	=	18 28 *bc*

Der II. Typus der Schneckensteiner Topase (Laspeyres B, II) wird durch Vorwalten des Brachydoma *f*(023)$\frac{2}{3}\breve{P}\infty$ charakterisirt, die Basis wird hierbei zu einer ganz schmalen Abstumpfung der Kante 023 : 0$\bar{2}$3 reducirt, die Pyramidenflächen, welche bei dem vorigen Typus nur als schmale Abstumpfungen der Combinationskanten der Prismen mit der Basis auftraten, werden ebenfalls durch die stärkere Entwickelung von *f* in ihrer Flächenausbreitung eingeschränkt. Sie erscheinen, wenn auch sich ihre absolute Breite nicht geändert hat, nicht mehr in der Form solch' langgestreckter Trapeze, sondern die Seiten ihrer Begrenzungsfigur haben etwa gleiche Länge. Hand in Hand mit dieser abweichenden Entwickelung der Krystallendigung geht meist eine besondere Entwickelung der Prismenzone, welche durch eine vorherrschende Ausbildung des Prisma *l*(120)$\infty\breve{P}2$ bedingt ist (»Augittypus«). *M*(110)∞P tritt nur in Gestalt mehr oder minder schmaler Zuschärfungsflächen der schärferen Combinationskanten vorgedachter Form auf. Die Basis fehlt nur an wenigen der mir vorliegenden Krystalle dieses Typus, welche dann in der Brachydomenzone nur die Fläche $\frac{2}{3}\breve{P}\infty$ zeigen und sich von denen des Typus IV dadurch unterscheiden, dass die Kante 023 : 0$\bar{2}$3 eine relativ nicht unbedeutende Längserstreckung besitzt, und eben hierdurch ihre Zugehörigkeit zu Typus II erweisen. Wohl an allen Krystallen dieses letzteren treten *u*(113)$\frac{1}{3}P$ und *i*(229)$\frac{2}{9}P$ auf, *x*(249)$\frac{4}{9}\breve{P}2$

— sonst so häufig — scheint etwas seltener zu sein, $\frac{8}{3}\breve{P}4$ und $\frac{4}{3}\breve{P}4$ wurden auch hier beobachtet. An einigen kommt auch $y(043)\frac{4}{3}\breve{P}\infty$ vor, jedoch ist seine Flächenausdehnung am rechten und linken Ende der Makrodiagonale fast in keinem Falle eine gleich starke. Das Makrodoma $\frac{2}{3}\bar{P}\infty$ wurde recht deutlich an einem Krystalle dieses Typus wahrgenommen. An vielen Krystallen gelangt schliesslich auch das ziemlich selten auftretende Brachypinakoid zur Ausbildung, aber auch diese Form lässt sonderbarer Weise einen scheinbaren Gegensatz der beiden Enden der Axe b erkennen, indem sie in allen Fällen, bis auf zwei, nur halbseitig ausgebildet ist.

Von Krystallen anderer Fundorte gehören z. B. die von Kokscharow*) auf Taf. IV, Fig. 21; Taf. VI, Fig. 32 und 35; Taf. VIII, Fig. 46 und 48, sowie Taf. IX, Fig. 50 abgebildeten Krystalle diesem Typus an. Groth**) giebt ebenfalls Zeichnungen von Altenberger Krystallen, die eine ähnliche Formenentwickelung wie die unserigen aufzuweisen haben, und endlich zeigen die von Laspeyres***) beschriebenen Vorkommnisse von Schlaggenwald ebenfalls den geschilderten Habitus.

Zwei Krystalle dieses Typus wurden der Messung unterworfen; dieselbe lieferte wenigstens theilweise genauere Resultate, welche erkennen lassen, dass ihre Angulardimensionen auf das Laspeyres'sche Axenverhältniss zu beziehen sind, und wurden daher auch die daraus berechneten Werthe zum Vergleich mit den gemessenen herangezogen.

Krystall Nr. 6 (vgl. Fig. 3). Combination: $M(110)\infty P \,.\, l(120)\infty\breve{P}2 \,.\, \mu(150)\infty\breve{P}5 \,.\, b(010)\infty\breve{P}\infty \,.\, c(001)0P \,.\, f(023)\frac{2}{3}\breve{P}\infty \,.\, y(043)\frac{4}{3}\breve{P}\infty \,.\, \mathfrak{h}(16.16.27)\frac{16}{27}P \,.\, u(113)\frac{1}{3}P \,.\, i(229)\frac{2}{9}P$. Die neue Fläche $\frac{16}{27}P$ wurde beim Messen der Kante $\bar{1}10 : \bar{2}29$ wahrgenommen und konnte nur nach Abnahme der Ocularlinse des Fernrohrs gemessen werden, desgleichen ist $\frac{2}{9}P$ ebenfalls nur eine schmale Abstumpfung, die gleichfalls nur auf diese Weise gemessen werden konnte. Von $\infty\breve{P}5$ tritt nur ein Flächenpaar deutlich auf, $\infty\breve{P}\infty$ ist, wie schon oben erwähnt, nur halbseitig ausgebildet.

		Berechnet:	Gemessen:		n:	Minim.:	Maxim.:
110 : 1$\bar{1}$0	=	55° 59′ 17″	56° 3,′5	appr.	2	56° 0′	56° 7′
110 : 120		18 45 33	18 44,5	c	3	18 38	18 47
120 : $\bar{1}$20		86 29 37	86 45,5	b	2	86 41	86 50
120 : 150		22 37 42	22 0	appr.	2	22 0	22 0
$\bar{1}$20 : 150		63 51 54	65 11	appr.	2	64 53	65 15
023 : 0$\bar{2}$3		87 10 46	87 9,5	a	2	87 9	87 10
023 : 043		18 42 0	18 44,5	appr.	2	18 25	19 4
023 : 120		59 51 8	59 55	a	1		

*) Memoires de l'acad. impér. des sciences de St.-Petersbourg. [6]. Sc. math. et phys. 6, 1855.

**) Zeitschr. d. deutsch. geol. Gesellsch. 22, Taf. IX, Figg. 1, 2. 1870.

***) Diese Zeitschr. 1, 349. 1877.

	Berechnet:	Gemessen:	n:	Minim.:	Maxim.:
110 : 113	44° 35′ 59″	44° 43′ b	1		
110 : 229	55 52 44	54 53,5 appr.*)	5	54° 31′	55° 10′
1̄10 : 1̄6.16.27	29 1 5	29 6 appr.*)	5	28 48	29 29

*) Bei abgenommener Ocularlinse gemessen.

Da in der Prismenzone ein Flächenpaar von $\infty\breve{P}2$ — und zwar die in denselben Quadranten gelegenen Flächen, in denen auch $\infty\breve{P}5$ stärker entwickelt ist — besonders vorherrscht, so konnte der Krystall in dieser Richtung als eine Platte angesehen und an dieser der Brechungsexponent γ mit Hilfe des Mikroskopes nach der Methode des Duc de Chaulnes*) bestimmt werden. Bezeichnet man mit $d + v$ die Dicke der Platte und mit v die Grösse der Tubusverschiebung, welche nöthig ist, um ein zuvor scharf eingestelltes Object (Diatomeenpräparat) durch die Platte hindurch wiederzuerblicken, so ergab sich in unserem Falle — ausgedrückt in Hundertstel-Umdrehungen der Mikrometerschraube — im Mittel aus je 9 Bestimmungen:

$$d = 483{,}6, \quad v = 305{,}8$$

$$\gamma = \frac{d+v}{d} = 1{,}632 \text{ (für weisses Licht).}$$

Krystall Nr. 7. Combination: $M(110)\infty P$. $l(120)\infty\breve{P}2$. $g(130)\infty\breve{P}3$. $b(010)\infty\breve{P}\infty$. $c(001)0P$. $f(023)\frac{2}{3}\breve{P}\infty$. $y(043)\frac{4}{3}\breve{P}\infty$. $u(113)\frac{1}{3}P$. $i(229)\frac{2}{9}P$. $x(249)\frac{4}{9}\breve{P}2$. (229) und (249) treten nur als schmale Abstumpfungen auf, letzteres nur an dem einen Ende der Makrodiagonale, am gegenüberliegenden Ende findet sich deutlich (010) ausgebildet. Die Messungen ergaben:

	Berechnet:	Gemessen:	n:	Minim.:	Maxim.:
110 : 1̄10 =	124° 0′ 43″	123° 56,′5 a	2	123° 56′	123° 57′
110 : 11̄0	55 59 17	55 49,5 bc	2	55 48	55 51
110 : 120	18 45 33	18 47 appr.	2	18 28	19 6
110 : 130	29 54 56	29 24 appr.	1		
130 : 13̄0	64 10 51	63 47 appr.	1		
023 : 02̄3	87 10 46	87 18 appr.	1		
023 : 043	18 42 0	18 39 c	1		
110 : 113	44 35 59	44 39 appr.	1		
11̄0 : 113	66 31 46	66 38 b	1		
023 : 113	42 21 12	42 32 appr.	1		
113 : 249	13 31 9	13 23 appr.*)	5	13 6	13 43

*) Bei abgenommener Ocularlinse gemessen.

*) De la proportion des sinus des angles d'incidence et de refraction de l'air dans le verre. Histoire de l'Académie royale des Sciences. Année 1767. Avec les Mémoires de Mathématique et de Physique pour la même Année. p. 481 des Mémoires. Paris 1770.

In völligem Gegensatze zu dem eben geschilderten zweiten steht der dritte Typus, dessen Charakteristikum in einem bedeutenden Zurückweichen der Brachydomen zu suchen ist. In der Regel kommen diese mit der Basis kaum, häufig sogar gar nicht in einer Kante zum Durchschnitt; die Pyramiden, insbesondere $u(113)\frac{1}{3}P$, haben eine etwas bedeutendere Ausbildung erfahren, und die Begrenzungsfigur der Basis ist ein Rhombus mit den Winkeln von 124° und 56°. Gerade letzteres ist für diesen Typus charakteristisch und kann insbesondere bei der Betrachtung der Normalprojection der hierhergehörigen Krystalle (z. B. Fig. 4, B) erkannt werden. *u* und *i* sind auch hier fast immer vorhanden, ersteres zeichnet sich namentlich durch schönen Glanz aus, nur an einem Krystalle (Nr. 8) ist *i* durch die neue Fläche $D(115)\frac{1}{5}P$ vertreten. Ein häufigeres Auftreten dieser Fläche konnte indess nicht nachgewiesen werden, es wurden 16 Krystalle dieses Typus durch Messung darauf hin geprüft und an allen *i* gefunden, indem sich für den Winkel 110 : 229 Werthe von 55° 35'; 55° 37'; 55° 42'; 55° 43'; 55° 47' (zweimal); 55° 49' (viermal); 55° 50' (zweimal); 55° 52'; 55° 55' (zweimal) und 55° 57' ergaben. (Berechnet 55° 52' 44".) *W* und *φ* sind etwas minder selten, als bei den beiden ersten Typen, *x* ist ziemlich häufig — meist, und sei es auch nur in einem einzelnen Quadranten, sogar recht gross auf Kosten von *u* und *i* — entwickelt, *f*, so klein es meist ist, fehlt doch nie, *y* wurde nur in wenigen Fällen beobachtet. In der Prismenzone herrscht bald *M*, bald *l* vor; zuweilen stehen sie auch beide im Gleichgewicht; *b* ist in einigen wenigen Fällen vorgekommen.

Laspeyres erwähnt sonderbarer Weise diesen Typus — den ich nach meinem Material für sehr häufig halten muss — nicht, wohl aber lassen sich verschiedene Abbildungen Kokscharow's hierauf beziehen, z. B. Taf. V, Fig. 27; Taf. VI, Fig. 31; Taf. IX, Fig. 51; insbesondere aber Taf. D, Fig. 69.

Die Untersuchung einzelner Krystalle dieses Typus gab folgende Resultate.

Krystall Nr. 8 (vgl. Fig. 4). Combination: $M(110)\infty P$. $l(120)\infty \breve{P}2$. $c(001)0P$. $f(023)\frac{2}{3}\breve{P}\infty$. $u(113)\frac{1}{3}P$. $D(115)\frac{1}{5}P$. Es ist dieser Krystall dadurch merkwürdig, dass an ihm $i(229)\frac{2}{9}P$ nicht auftritt, an seiner Stelle ist $D(115)\frac{1}{5}P$ zur Ausbildung gelangt. (023) ist so klein, dass sich keine Messungen dieser Fläche anstellen lassen.

	Berechnet:	Gemessen:		n:	Minim.:	Maxim.:
110 : 1$\bar{1}$0 =	55° 59' 17"	56° 9'	bc	2	56° 6'	56° 16'
120 : 1$\bar{2}$0	93 30 23	93 49	appr.	1		
110 : 113	44 35 59	44 34	b	3	44 32	44 37
120 : 113	47 36 44	47 38,5	b	2	47 38	47 39
113 : 1$\bar{1}$3	39 2 56	39 12	b	1		
110 : 115	58 40 57	58 0	c	3	57 48	58 11

Krystall Nr. 9. Combination: $M(110)\infty P$. $l(120)\infty\breve{P}2$. $b(010)$ $\infty\breve{P}\infty$. $c(001)0P$. $f(023)\frac{2}{3}\breve{P}\infty$. $u(113)\frac{1}{3}P$. $i(229)\frac{2}{9}P$. Dazu kommt noch ein stumpferes, nicht messbares Brachydoma als ganz schmale Abstumpfung der Kante 023 : 001, sowie eine kaum merkliche der Kante 113 : 023, jedenfalls durch $x(249)\frac{4}{9}\breve{P}2$ hervorgerufen.

	Berechnet:	Gemessen:	n:	Minim.:	Maxim.:
110 : 120 =	18° 45′ 33″	18° 22′ appr.	1		
120 : $\bar{1}$20	86 29 37	86 44 appr.	1		
· 110 : 113	44 35 59	44 21 c	1		
110 : 229	55 52 44	·55 32,5 appr.*)	5	55° 29′	55° 36′
120 : 113	47 36 44	47 31 b	1		

*) Bei abgenommener Ocularlinse gemessen.

Noch muss hier einer nicht eben seltenen Ausbildungsweise gewisser Schneckensteiner Topaskrystalle gedacht werden, welche den eben geschilderten Typus gewissermassen nachzuahmen sucht, indem auch hier in der Endigung die Basis als ein Rhombus mit Winkeln von ca. 120° und 60° (genauer 118° und 62°) erscheint. Allein es sind hier die Begrenzungslinien dieses Rhombus nicht, wie beim eigentlichen Typus III, die Combinationskanten der Basis mit den vier Pyramidenflächen, sondern mit den beiden Brachydomenflächen und mit nur zwei in entgegengesetzten Quadranten liegenden Pyramidenflächen. Die Ursache dieser sonderbaren Ausbildung ist natürlich ein Ueberwiegen zweier in den abwechselnden Quadranten gelegenen Pyramidenflächen, so dass diese Krystalle den Eindruck einer sphenoidisch-hemiëdrischen Entwickelung hervorrufen. Diese stärker ausgedehnten Pyramidenflächen zeigen als Begrenzungsfigur ein Trapez, während die beiden anderen eine dreiseitige Umgrenzung aufweisen. Als Beispiel für diese Ausbildung diene

Krystall Nr. 10 (Fig. 17). Combination: $M(110)\infty P$. $l(120)\infty\breve{P}2$. $\mu(150)\infty\breve{P}5$. $c(001)0P$. $f(023)\frac{2}{3}\breve{P}\infty$. $u(113)\frac{1}{3}P$. $i(229)\frac{2}{9}P$. $x(249)\frac{4}{9}\breve{P}2$. Die Messungen ergaben:

	Berechnet:	Gemessen:	n:	Minim.:	Maxim.:
110 : 1$\bar{1}$0 =	55° 59′ 17″	56° 23′ c	2	56° 19′	56° 27′
110 : 120	18 45 33	18 40 c	3	18 32	18 48
120 : 1$\bar{2}$0	93 30 23	93 29 c	1		
110 : 150	41 23 16	42 11 appr.	1		
110 : 023	71 7 2	70 55 b	2	70 51	70 59
120 : 023	59 51 8,5	59 42 c	2	59 40	59 44
023 : 0$\bar{2}$3	87 10 46	87 0,5 bc	2	87 0	87 1
023 : 113	42 21 12	42 20 b	2	42 17	42 2?
023 : 2$\bar{2}$9	65 7 24	65 37 b	1		
113 : $\bar{1}\bar{1}$3	90 48 2	90 46 b	1		

	Berechnet:	Gemessen:	n:	Minim.:	Maxim.:
110 : 113	44° 35′ 59″	44° 38′ *b*	3	44° 34′	44° 40′
110 : 229	55 52 44	55 29 *b*	2	55 18	55 40

Krystall Nr. 11 (vgl. Fig. 18) dient als Repräsentant einer Gruppe von Krystallen, die — im gleichen Sinne wie Krystall Nr. 5 einen Mischtypus von I und II darstellt — einen Uebergang von Typus II nach Typus III vermitteln, indem das eine Ende der Makrodiagonale nach Art des ersteren, das andere nach Art des letzteren entwickelt ist. Derselbe ist eine Combination von $M(110)\infty P$. $l(120)\infty\breve{P}2$. $\mu(150)\infty\breve{P}5$. $c(001)0P$. $f(023)\frac{2}{3}\breve{P}\infty$. $u(113)\frac{1}{3}P$. $i(229)\frac{2}{9}P$. $x(249)\frac{4}{9}\breve{P}2$ und ergab:

	Berechnet:	Gemessen:		n:	Minim:	Maxim.:
110 : 1$\bar{1}$0	= 55° 59′ 17″	56° 28,′5	appr.	2	56° 11′	56° 46′
110 : 120	18 45 33	18 47	*bc*	3	18 29	18 57
110 : 1$\bar{2}$0	74 44 50	75 11	*b*	1		
120 : $\bar{1}$20	86 29 37	85 58	*b*	4	85 53	86 5
110 : $\bar{1}$50	82 37 28	82 15	appr.	1		
$\bar{1}$20 : $\bar{1}$50	22 37 42	22 47	appr.	1		
110 : 023	71 7 2	70 54,5	*b*	4	70 43	71 6
023 : 113	42 21 12	42 31	*bc*	3	42 22	42 49
110 : 113	44 35 59	44 22,5	*b*	2	44 12	44 33
110 : 229	55 52 44	55 47,5	*c*	2	55 46	55 49

Durchaus nicht selten sind endlich die Krystalle eines IV. **Typus**, welcher durch eine ungefähr gleichmässige Ausbildung der Brachydomen und Pyramiden bei sehr zurücktretender und dann sechsseitig begrenzter oder zuweilen ganz fehlender Basis ausgezeichnet ist. Die Flächen $\frac{1}{3}P$, $\frac{2}{9}P$, und $\frac{2}{3}\breve{P}\infty$ fehlen an keinem der vorliegenden, hergehörigen Krystalle, auch $\frac{4}{9}\breve{P}2$ ist an den meisten ausgebildet, $\frac{4}{3}\breve{P}\infty$ gehört ebenfalls zu den häufigen Flächen. In der Prismenzone herrscht meist $\infty\breve{P}2$ vor, doch kommen auch Krystalle mit vorherrschendem ∞P vor, zuweilen konnte $\infty\breve{P}\infty$ — und zwar alsdann an beiden Polen der *b*-Axe — wahrgenommen werden. $\frac{4}{3}\breve{P}4$ und $\frac{8}{3}\breve{P}4$ sind ebenfalls nicht häufiger als beim vorigen Typus. Die kleineren Krystalle dieses Typus, welcher mit Laspeyres' Typus B, IV identisch ist, sind — abgesehen von solchen, die bereits in »Steinmark« überzugehen beginnen — farblos, und ihre Flächen zeigen lebhaften Glanz.

Hierher gehört der Krystall Nr. 12 (vgl. Fig. 5). Combination: $M(110)\infty P$. $l(120)\infty\breve{P}2$. $c(001)0P$. $f(023)\frac{2}{3}\breve{P}\infty$. $y(043)\frac{4}{3}\breve{P}\infty$. $u(113)\frac{1}{3}P$. $i(229)\frac{2}{9}P$. $x(249)\frac{4}{9}\breve{P}2$.

	Berechnet:	Gemessen:		n:	Minim.:	Maxim.:
110 : 1$\bar{1}$0	= 55° 59′ 17″	56° 20′	*b*	1		
110 : 120	18 45 33	19 19	appr.	1		
023 : 0$\bar{2}$3	87 10 46	86 29	appr.	1		

	Berechnet:	Gemessen:	n:	Minim.:	Maxim.:
023 : 043	18° 42′ 0″	18° 23′ *bc*	1		
110 : 113	44 35 59	44 43 *b*	1		
120 : 113	47 36 44	47 51 appr.	1		
023 : 113	42 21 12	42 18 *b*	1		
113 : 1$\bar{1}$3	39 2 56	38 49 appr.	2	38° 23′	39° 15′
113 : 229	11 16 45	11 55 appr.*)	5	10 46	11 42
023 : 249	28 50 4	29 7 appr.*)	5	28 58	29 12
113 : 249	13 31 9	12 48 appr.*)	5	12 20	13 6

*) Bei abgenommener Ocularlinse gemessen.

K r y s t a l l Nr. 13. Combination: $M(110)\infty P$. $Q(450)\infty \breve{P}\frac{5}{4}$. $l(120)\infty \breve{P}2$. $\mu(150)\infty \breve{P}5$. $f(023)\frac{2}{3}\breve{P}\infty$. $y(043)\frac{4}{3}\breve{P}\infty$. $u(113)\frac{1}{3}P$. $i(229)\frac{2}{9}P$. Dazu kommt noch eine Abstumpfung der Combinationskanten von u und i mit f, wahrscheinlich $x(249)\frac{4}{9}\breve{P}2$, sowie ein nicht messbares Brachydoma, welches als Zuschärfung der Kante 023 : 0$\bar{2}$3 auftritt. Die besseren Messungen entsprechen dem L a s p e y r e s'schen Axenverhältnisse recht gut.

	Berechnet:	Gemessen:	n:	Minim.	Maxim.:
110 : 1$\bar{1}$0	= 55° 59′ 17″	56° 0′ *ab*	3	55° 59′	56° 1′
110 : 120	18 45 33	18 48 *bc*	3	18 40	18 53
110 : $\bar{1}$20	105 15 10	105 19 *ab*	1		
120 : 1$\bar{2}$0	93 30 23	93 26,5 *c*	2	93 23	93 30
120 : $\bar{1}$20	86 29 37	86 38 *bc*	1		
110 : 450	5 36 32	5 31 appr.	1		
120 : 450	13 9 2	13 20 appr.	1		
120 : 150	22 37 42	22 0 appr.	1		
023 : 0$\bar{2}$3	87 10 46	87 9 *c*	2	87 9	87 9
023 : 043	18 42 0	18 43 *ab*	2	18 41	18 45
043 : 110	65 26 47	65 43 *b*	1		
043 : 120	49 50 39	50 9 *b*	1		
110 : 113	44 35 59	44 50 *c*	1		

Es konnte an diesem Krystalle auf dieselbe Weise, wie an dem Nr. 6, der Brechungsexponent bestimmt werden. Es ergab sich hierbei im Mittel aus 11, bez. 9 Bestimmungen:

$$d = 354{,}9 \qquad v = 222{,}4$$
$$\gamma = 1{,}628 \text{ (für weisses Licht).}$$

Die Untersuchung des Topases vom Schneckenstein bei Auerbach in Sachsen hat also ergeben, dass die Winkel desselben theils auf das von L a s p e y r e s für einen von dort stammenden Krystall aufgestellte Axenverhältniss, theils auf das von K o k s c h a r o w für den russischen Topas berechnete zu beziehen sind, ohne dass indess etwa jedem dieser

Axenverhältnisse ein bestimmter krystallographischer Habitus entspräche, vielmehr lassen sich die Winkel der Krystalle eines und desselben Typus bald auf dieses, bald auf jenes beziehen. Es konnte weiter das Verzeichniss der an demselben aufgefundenen Flächen, welches durch Laspeyres von 14 auf 24 angewachsen war, noch um 6 weitere — darunter 5 überhaupt noch nicht am Topas beobachtete — vermehrt werden. Es sind dies die Flächen:

m (50.53.0) $\infty\breve{P}\frac{53}{50}$
Q (450) $\infty\breve{P}\frac{5}{4}$
I (25.49.0) $\infty\breve{P}\frac{49}{25}$
μ (150) $\infty\breve{P}5$
D (115) $\frac{1}{5}P$
𝔥 (16.16.27) $\frac{16}{27}P$.

B. Topas von Ehrenfriedersdorf.

Von den Krystallen dieses Fundortes hat Des Cloizeaux*) bereits einige Combinationen aufgeführt, Groth**) gab alsdann Mittheilungen über die Paragenesis, sowie eine Uebersicht der von ihm beobachteten einzelnen Formen. Ich konnte an den wenigen mir vorliegenden Krystallen drei verschiedene Typen der Ausbildung unterscheiden, welche mit den Typen II bis IV der Topase vom Schneckenstein übereinstimmen. Einige der Krystalle gestatteten auch — wenigstens an einigen Kanten — genaue Messungen.

Als Repräsentant des Typus I (übereinstimmend mit Schneckenstein II) mag dienen Krystall Nr. 12. Combination: $M(110)\infty P$. $l(120)\infty\breve{P}2$. $b(010)\infty\breve{P}\infty$. $F(047)\frac{4}{7}\breve{P}\infty$. $f(023)\frac{2}{3}\breve{P}\infty$. $y(043)\frac{4}{3}\breve{P}\infty$. $c(001)0P$. $u(113)\frac{1}{3}P$. $i(229)\frac{2}{9}P$. $x(249)\frac{4}{9}\breve{P}2$ (vgl. Fig. 6). In der Prismenzone herrscht $\infty\breve{P}2$ bei weitem vor, ∞P tritt nur ganz schmal auf. In der Ausbildung der brachydomatischen Zone giebt sich auf beiden Seiten des Krystalles eine ziemlich erhebliche Verschiedenheit zu erkennen. Während rechts $\frac{2}{3}\breve{P}\infty$, $\frac{4}{3}\breve{P}\infty$ und die neue Fläche $\frac{4}{7}\breve{P}\infty$, letztere allerdings nur als schmale Abstumpfung der Kante 001 : 023 sehr deutlich ausgebildet sind, wird links nur $\frac{2}{3}\breve{P}\infty$ wahrgenommen; dazu kommt aber hier die Fläche $0\bar{1}0$ als ganz deutliche Abstumpfung der Kante $1\bar{2}0$: $\bar{1}\bar{2}0$, wogegen rechterseits die Abwesenheit des Brachypinakoids mit Entschiedenheit erkannt werden kann. Die Basis ist schmal und rauh, desgleichen $\frac{4}{7}\breve{P}\infty$. $\frac{2}{3}\breve{P}\infty$ spiegelt ebenfalls nicht sehr gut; während 023 dabei wenigstens noch eben ist, erweist sich $0\bar{2}3$ als

*) Man. de Min. 1, 474. 1862.

**) Ueber den Topas einiger Zinnerzlagerstätten. Zeitschr. d. deutsch. geol. Gesellsch. 22, 410. 1870.

ziemlich gerundet und mit Eindrücken versehen, die den Kanten 0$\bar{2}$3 : 1$\bar{2}$0 und 0$\bar{2}$3 : $\bar{1}$$\bar{2}$0 parallel laufen mögen. Einzelne Flächen von $\frac{1}{3}P$ sind ziemlich gross ausgebildet, $\frac{2}{3}P$ und besonders $\frac{4}{3}\breve{P}2$ treten nur als schmale Abstumpfungen auf.

Die Kanten 120 : 1$\bar{2}$0 und 120 : 043 gestatteten stellenweise zur Berechnung des Axenverhältnisses hinreichend genaue Messungen. Die Fundamentalwinkel sind:

120 : 1$\bar{2}$0	=	93° 7′ *ab*
		93 9 *ab*
120 : $\bar{1}$20	=	86 52 *ab*
120 : 1$\bar{2}$0	=	93° 8′ *ab* im Mittel

und

043 : 120	=	50° 6′ *ab*
		50 7 *ab*
		50 7 *ab*
		50 8 *ab*
		50° 7′ *ab* im Mittel.

Hieraus berechnet sich ein Axenverhältniss:

$$a : b : c = 0{,}5281194 : 1 : 1{,}4410646.$$

Im Folgenden sind die hieraus berechneten Winkel zum Vergleiche mit den gemessenen herangezogen worden.

	Berechnet:	Gemessen:	n:	Minim.:	Maxim.:
110 : 1$\bar{1}$0 =	55° 40′ 44″	—			
120 : 1$\bar{2}$0	—	*93° 8′ *ab*	2	93° 7′	93° 9′
120 : $\bar{1}$20	86 52 0	86 57 *b*	3	86 52	87 0
110 : 120	18 43 38	18 42 *ab*	2	18 40	18 44
1$\bar{1}$0 : $\bar{1}$20	161 16 22	161 19 *b*	1		
023 : 043	18 45 31	18 47 appr.	1		
043 : 047	23 7 33	23 8 appr.*)	9	22 36	24 13
120 : 043	—	*50 7 *ab*	4	50 6	50 8
110 : 113	44 47 41	44 45 appr.	1		
113 : 229	11 19 32	12 10 appr.**)	1		
113 : 1$\bar{1}$3	38 42 26	37 55 appr.**)	2	37 23	38 27
1$\bar{1}$3 : 0$\bar{1}$0	70 38 47	70 2 appr.**)	1		
120 : 113	47 46 20	47 29 *c*	1		
1$\bar{2}$0 : 113	79 0 14	79 10 appr.	1		

*) Bei abgenommener Ocularlinse. — **) Mit Vorsatzlupe gemessen.

Zwei andere mir vorliegende Krystalle dieses Habitus, der also durch vorwiegende Entwickelung von $\infty\breve{P}2$ und der Brachydomen charakterisirt wird, wiesen die Form $\frac{4}{3}\breve{P}\infty$ nicht auf: der eine war eine Combination $\infty P . \infty\breve{P}2 . \frac{2}{3}\breve{P}\infty . 0P . \frac{1}{3}P$, der andere wies die Formen $\infty P . \infty\breve{P}2 . \frac{2}{3}\breve{P}\infty . 0P . \frac{1}{3}P . \frac{2}{9}P . \frac{4}{9}\breve{P}2$ auf. Beide stellten durch eine nur einseitig grössere Ausbildung von f bei vorwaltender Basis auf der anderen Seite Uebergänge zum Typus I der Schneckensteiner Krystalle dar, wie dies ähnlich auch bei diesen selbst schon geschildert worden ist.

Typus II, ausgezeichnet durch das auffallende Zurücktreten von f bei etwas breiter auftretenden Pyramidenflächen, findet sich durch einen lebhaft glänzenden Krystall vertreten, dessen Axenverhältniss mit dem der russischen Topase Uebereinstimmung aufzuweisen scheint.

Krystall Nr. 15. Combination: M (110) $\infty P . l$ (120) $\infty\breve{P}2 . \mu$ (150) $\infty\breve{P}5 . c$ (001) $0P . f$ (023) $\frac{2}{3}\breve{P}\infty . u$ (113) $\frac{1}{3}P . i$ (229) $\frac{2}{9}P . x$ (249) $\frac{4}{9}\breve{P}2$. — i tritt nur als recht schmale Abstumpfung auf (vgl. Fig. 7), desgleichen x in drei Quadranten, im vierten hingegen ist letztere Form in grösserer Ausdehnung entwickelt und nimmt einen ebenso grossen Raum ein, wie die anliegende Fläche von $\frac{1}{3}P$. Die Basis kann im Vergleich zu anderen Vorkommnissen als verhältnissmässig eben bezeichnet werden, die Brachydomenflächen sind so klein, dass sie nicht gemessen werden konnten. Die Messungen ergaben:

	Berechnet:	Gemessen:		n:	Minim.:	Maxim.:
$110 : \bar{1}10 =$	124° 17′ 0″	124° 21,5	*ab*	2	124° 19′	124° 24′
$110 : 1\bar{1}0$	55 43 0	55 50,5	*b*	2	55 50	55 51
$110 : 120$	18 43 52	18 47	*ab*	4	18 31	18 54
$110 : 150$	41 24 54	41 0	appr.	3	40 24	41 39
$120 : 150$	22 41 2	22 27	appr.	2	22 9	22 45
$150 : \bar{1}50$	41 27 12	42 21	appr.	1		
$110 : 113$	44 25 44	44 33	*ab-b*	5	44 26	44 39
$113 : 1\bar{1}3$	38 59 54	38 55	*ab*	1		
$113 : 229$	11 21 10	11 45	appr.*)	7	11 6	12 18
$120 : 249$	48 47 58	48 24,5	appr.*)	10	48 2	48 51

*) Bei abgenommener Ocularlinse gemessen.

Die 5 Werthe, die für den Winkel 110 : 113 erhalten wurden, sind nicht völlig gleichwerthig; berücksichtigt man nur die Werthe mit dem Gewicht *ab*, so ergiebt sich als Mittel 44° 27′. Aus der Uebereinstimmung dieses Werthes, sowie des für $113 : 1\bar{1}3$ erhaltenen mit den von Kokscharow berechneten ergiebt sich die des ganzen Axenverhältnisses.

Ein zweiter Krystall dieses Habitus unterscheidet sich von dem vorstehend beschriebenen nur durch den minder lebhaften Glanz seiner Flächen und die drusige Beschaffenheit der Basis und des auftretenden Brachydomas. Hand in Hand mit letzterer Erscheinung geht vielleicht eine geringe Rundung der in der Endigung ausgebildeten Flächen, eine Erscheinung, die bereits Groth an Krystallen dieses Fundortes wahrnahm. Eine eigenthümliche Bildung in der Prismenzone dieses Krystalls (vgl. Fig. 12) soll weiter unten im Zusammenhange mit einigen anderen analogen Erscheinungen besprochen werden.

Wie bereits erwähnt, konnte auch der vierte der am Schneckensteiner Topase unterschiedenen Typen an Krystallen von Ehrenfriedersdorf wahrgenommen werden. Der eine der hierhergehörigen Krystalle (Nr. 16) ist eine Combination von $M(110)\infty P$. $l(120)\infty\breve{P}2$. $\mu(150)\infty\breve{P}5$. $c(001)0P$. $f(023)\frac{2}{3}\breve{P}\infty$. $u(113)\frac{1}{3}P$. $i(229)\frac{2}{9}P$. $x(249)\frac{4}{9}\breve{P}2$. Die Basis ist kaum wahrnehmbar, f ist rechterseits über die übrigen auftretenden Formen stark überwiegend als gut spiegelnde Fläche, am linken Ende der Makrodiagonale hingegen als eine mehr zurücktretende, ausserordentlich unebene Fläche ausgebildet. Eine entsprechende unsymmetrische Ausbildung weisen die Pyramiden auf, ja x tritt sogar nur in einem Quadranten auf. Die Flächen i zeichnen sich, sofern sie entwickelt sind, durch relativ tiefe Rillen parallel den Combinationskanten mit f aus. Die Messungen lassen erkennen, dass die Winkel dieses Krystalles dem Axenverhältnisse des russischen Topases entsprechen. Es ergab sich:

	Berechnet:	Gemessen:		n:	Minim.:	Maxim.:
110 : 1$\bar{1}$0 =	55° 43′ 0″	55° 57′	c	2	55° 57′	55° 57′
110 : $\bar{1}$10	124 17 0	124 23	ab	1		
110 : 150	41 24 54	41 30	appr.	1		
120 : 150	22 41 2	22 13	appr.	2	22 11	22 15
120 : $\bar{1}$50	64 8 14	63 0	appr.	1		
150 : $\bar{1}$50	41 27 12	40 45	appr.	1		
023 : 110	71 11 0	71 8	ab	3	71 3	71 11
023 : 1$\bar{1}$0	108 49 0	108 49,5	b	2	108 45	108 54
023 : 113	42 32 38	42 37	appr.	1		
113 : 1$\bar{1}$0	66 16 27	66 33	appr.	1		
023 : 249	28 59 23	28 37	appr.*)	1		

*) Mit Vorsatzlupe gemessen.

Demselben Habitus gehört auch der Krystall Nr. 17 (vgl. Fig. 8) an, welcher eine Combination von $M(110)\infty P$. $l(120)\infty\breve{P}2$. $\mu(150)\infty\breve{P}5$. $c(001)0P$. $f(023)\frac{2}{3}\breve{P}\infty$. $y(043)\frac{4}{3}\breve{P}\infty$. $u(113)\frac{1}{3}P$. $i(229)\frac{2}{9}P$. $x(249)\frac{4}{9}\breve{P}2$ darstellt. Während nun in der Prismenzone durchaus keine Anomalien wahrzunehmen sind, gewährt die Endigung des Krystalls einen sonderbaren Anblick. Bei näherer Untersuchung erweist sich nämlich, dass dieselbe nicht einem, sondern zwei in paralleler Stellung mit einander verwachsenen Krystallen angehört. Wenn man z. B. in der Zone $[M . u . x . f]$ fortschreitet, so folgt auf die letztgenannte Fläche das $\underline{x}$ des zweiten Individuums, darauf gelangt man nach $\underline{f}$ desselben und erreicht jenseits wieder die

Prismenzone. Dabei liegen aber die Brachydomen beider Krystalle nahezu in einer Ebene, so dass y nur äusserst schmal ausgebildet ist: der Höhenunterschied zwischen den beiden Basen ist gar nur so gering, dass die vorderen Pyramidenflächen des hinteren Krystalls überhaupt nicht zur Erscheinung gelangen. Die ganze Erscheinung ist ein extremer Fall der bereits von Kokscharow* abgebildeten, in paralleler Stellung verwachsenen Krystalle, ein völliges Analogon findet sie in desselben Autors Fig. 74. Sollte das Vorkommen derartiger Verwachsungen nicht darauf hinweisen, dass jene Topas-Individuen, die sich durch ihr ungewöhnliches optisches Verhalten auszeichnen**, in ähnlicher Weise durch Aggregation mehrerer Einzelkrystalle entstanden sind? Die am vorliegenden Krystalle angestellten Messungen gestatteten weder die Aufstellung eines besonderen Axenverhältnisses, noch liessen sie mit Sicherheit erkennen, welchem der bereits bekannten sie am besten entsprechen; sie sind im Folgenden mit den von Kokscharow für die russischen Topase berechneten Winkeln verglichen.

	Berechnet	Gemessen		n	Minim.	Maxim.
$110 : 1\bar{1}0$ =	55° 53′ 0″	56° 14′	c	2	56° 11′	56° 25′
$110 : 120$	18 43 52	18 40	appr.	1		
$110 : 150$	41 24 54	41 11	appr.	2	40 49	41 33
$150 : \bar{1}50$	41 27 12	40 34	appr.	1		
$023 : 0\bar{2}3$	87 18 0	86 50	b	1		
$023 : 043$	18 41 22	18 49	appr.*	5	18 36	19 9
$110 : 113$	44 24 45	44 36	appr.	1		
$113 : 001$	45 35 15	45 39	appr.	1		
$113 : \bar{1}13$	38 59 54	39 20.5	c	2	39 12	39 29
$023 : 113$	42 32 38	42 20	appr.	1		
$023 : 249$	28 59 23	28 51	appr.*	5	28 37	29 4
$113 : 229$	11 21 10	11 14.5	appr.*	5	10 57	11 53

* Ohne Ocularlinse gemessen.

C. Topas aus Russland.

Es ist wohl selbstverständlich, dass ich im Folgenden nach Kokscharow's umfassenden Arbeiten keine allgemeinere Besprechung der Krystallisationsverhältnisse des russischen Topases und Schilderung seines unendlich mannigfaltigen Habitus gebe, und beabsichtige ich auch nur einige — wie mir schien — erwähnenswerthe Beobachtungen, die ich an etlichen Exemplaren des hiesigen mineralogischen Museums machen konnte, hervorzuheben.

*) Mém. de l'acad. impér. de St.-Pétersb. Sc. math. et phys. (6) 6. Taf. X, Fig. 55. — Ibid. (7) 3. Taf. F, Fig. 75 u. a. m.

**) Vgl. Des Cloizeaux, Man. de Min. 1, 474. 1862.

Eine recht auffällige Erscheinung bietet der in Fig. 9 dargestellte Krystall Nr. 18 von der Urulga durch seine dem Scepterquarze völlig analoge Bildung. Der dargestellte Krystall ist eine 22zählige Combination und konnten an ihm folgende Formen wahrgenommen werden:

$M(110)\infty P$. $R(340)\infty\breve{P}\frac{4}{3}$. $m(230)\infty\breve{P}\frac{3}{2}$. $l(120)\infty\breve{P}2$. $g(130)\infty\breve{P}3$. $n(140)\infty\breve{P}4$. $U(160)\infty\breve{P}6$. $b(010)0P$. $c(001)0P$. $f(023)\frac{2}{3}\breve{P}\infty$. $G(056)\frac{5}{6}\breve{P}\infty$. $k(011)\breve{P}\infty$. $\mathfrak{t}(0.10.9)\frac{10}{9}\breve{P}\infty$. $y(043)\frac{4}{3}\breve{P}\infty$. $w(083)\frac{8}{3}\breve{P}\infty$. $\mathfrak{d}(2.2.39)\frac{2}{39}P$. $\mathfrak{n}(2.2.27)\frac{2}{27}P$. $u(113)\frac{1}{3}P$. $S(225)\frac{2}{5}P$. $o(223)\frac{2}{3}P$. $\mathfrak{i}(16.16.21)\frac{16}{21}P$. $\mathfrak{l}(2.6.15)\frac{2}{5}\breve{P}3$.

Indess sind nicht alle diese Formen vollflächig ausgebildet; so treten die aufgeführten Prismen meist nur in dem linken hinteren Quadranten der oberen Krystallhälfte auf. Die Endigungen beider Hälften, sowohl da, wo regelmässige Flächen ausgebildet sind, als auch da, wo sie nur unregelmässig verbrochen sind, erscheinen stark drusig, sie machen den Eindruck, als ob bereits neue Substanz in regelmässiger Orientirung wieder auf den Bruchflächen abgelagert worden sei. So erhält man z. B., obgleich an keinem der beiden Enden des Krystalls die Basis wirklich ausgebildet ist, dennoch Reflexe, die derselben entsprechen müssen und die nur als Gesammtreflex aller der einzelnen kleinen, die drusige Oberfläche hervorrufenden Subindividuen angesehen werden können. Die Brachydomenzone ist in Folge oscillatorischer Combination stark parallel der Zonenaxe gestreift, die Prismen und ein Theil der Pyramiden lieferten recht gute Spaltbilder. Selbstverständlich lässt sich von einem Krystalle, der so deutliche Anzeichen mehrmaliger Unterbrechung seines Wachsthums an sich trägt, kein völliger Parallelismus der einander entsprechenden Flächen erwarten, zeigen doch z. B. die Prismenflächen der unteren Krystallhälfte schon dem unbewaffneten Auge recht deutliche Knickungen. Ich habe daher in der folgenden Tabelle der von mir gemessenen Winkel die in den einzelnen Quadranten erhaltenen Resultate gesondert angeführt. Beachtenswerth ist die Abweichung der Winkel 010 : 001 und 110 : 001 von 90°, die in der eben erwähnten Art, wie die Basis überhaupt auftritt, wohl ihre hinreichende Erklärung findet. Es sei übrigens darauf hingewiesen, dass auch Kokscharow*) an einem Krystalle eine entsprechende Anomalie auffand und für den Winkel 110 : 001 den Werth 89° 55′ 10″ erhielt.

	Berechnet:	Gemessen:		n:	Minim.:	Maxim.:
$110 : 1\bar{1}0$ =	55° 43′ 0″	55° 49′	a	3	55° 47′	55° 51′
$110 : 010$	62 8 30	62 6	a	1		
$\bar{1}10 : 010$	62 8 30	62 7	a	2	62 7	62 7
$1\bar{1}0 : 0\bar{1}0$	62 8 30	62 9	a	1		

*) Mém. de l'acad. impér. des sciences de St.-Pétersb. Sc. math. et phys. [6] 6, 398, 1855.

	Berechnet:	Gemessen:		n:	Minim.:	Maxim.:
$110 : 120$ =	18° 43′ 52″	18° 42′	*b*	3	18° 38′	18° 45′
$110 : 120$	18 43 52	18 51,5	*b*	2	18 50	18 53
$0\bar{1}0 : \bar{1}20$	43 24 38	43 37	*ab*	1		
$0\bar{1}0 : \bar{3}\bar{1}0$	54 49 36	54 52	*b*	:		
$0\bar{1}0 : \bar{2}30$	51 35 32	51 44	*b*	1		
$110 : 230$	10 32 58	10 39	*ab*	2	10 38	10 40
$0\bar{1}0 : \bar{1}30$	32 14 18	32 29	*b*	1		
$0\bar{1}0 : \bar{1}\bar{1}0$	25 18 51	25 21	*ab*	1		
$0\bar{1}0 : \bar{1}60$	17 30 6	17 32	*b*	.		
$001 : \bar{1}10$	90 0 0	89 38	appr.	1		
$010 : 001$	90 0 0	90 36	*ab*	3	90 35	90 38
$010 : 083$	14 41 0	14 47,5	*b*	2	14 44	14 51
$0\bar{1}0 : 0\bar{8}3$	14 41 0	14 51	appr.	1		
$010 : 043$	27 39 38	27 43	*a*	4	27 39	27 45
$0\bar{1}0 : 0\bar{4}3$	27 39 38	27 39	appr.	2	27 37	27 41
$010 : 0.10.9$	32 10 6	31 38	appr.	3	31 36	31 41
$0\bar{4}\bar{3} : 0\bar{1}\bar{1}$	7 17 13	8 3	appr.	1		
$0\bar{4}\bar{3} : 0\bar{5}\bar{6}$	12 49 23	12 37	appr.	1		
$010 : 023$	46 21 0	46 55	appr.	3	46 47	47 6
$\bar{1}\bar{1}0 : 0\bar{4}\bar{3}$	65 33 4	65 49	*b*	1		
$\bar{1}\bar{1}0 : \bar{1}\bar{6}.\bar{1}\bar{6}.21$	23 12 4	23 19	appr.	1		
$\bar{1}10 : \bar{1}\bar{6}.16.\bar{2}\bar{1}$	23 12 4	23 1	appr.	1		
$110 : 22\bar{3}$	26 5 52	26 7	*b*	.		
$\bar{1}10 : \bar{2}23$	26 5 52	26 14	*b*	1		
$1\bar{1}0 : 2\bar{2}3$	26 5 52	26 15,5	*b*	2	26 9	26 22
$\bar{1}\bar{1}0 : \bar{2}\bar{2}3$	26 5 52	26 21	*b*	1		
$\bar{1}10 : \bar{2}2\bar{3}$	26 5 52	26 11	*ab*	1		
$120 : 223$	31 44 8	31 43	*ab*	1		
$0\bar{4}3 : 2\bar{2}\bar{3}$	54 50 14	55 0	*b*			
$0\bar{4}3 : \bar{2}\bar{2}\bar{3}$	54 50 14	54 51	*a*			
$\bar{1}\bar{1}0 : \bar{2}\bar{2}5$	39 43 43	39 24	appr.	1		
$1\bar{1}0 : 1\bar{1}\bar{3}$	44 24 45	44 33	*b*	1		
$\bar{1}10 : \bar{1}13$	44 24 45	44 40	*b*	1		
$110 : 2.2.27$	77 13 22	77 10	*b*	1		
$110 : 2.2.39$	81 4 32	81 20	appr.	1		
$0\bar{4}3 : \bar{2}.\bar{6}.\bar{1}\bar{5}$	39 26 3	38 19	appr.	1		

Ebenfalls recht interessante sogenannte »Ausheilungserscheinungen« bietet der Krystall Nr. 19 (Fig. 10), gleichfalls von der Urulga, dar. An demselben konnten folgende Formen wahrgenommen werden: $M(110)\infty P$. $l(120)\infty\breve{P}2$. $y(043)\frac{4}{3}\breve{P}\infty$. $d(203)\frac{2}{3}\bar{P}\infty$. $o(223)\frac{2}{3}P$. $u(113)\frac{1}{3}P$. $i(229)\frac{2}{9}P$, ausserdem noch einige Brachydomen, deren Zeichen nicht bestimmt werden konnten. Die Messungen ergaben:

	Berechnet:	Gemessen:	n:	Minim.:	Maxim.:
110 : 1$\bar{1}$0 =	55° 43′ 0″	55° 45,′5 *bc*	2	55° 45′	55° 48′
1$\bar{1}$0 : 1$\bar{2}$0	18 43 52	18 55 appr.	2	18 50	19 0
1$\bar{2}$0 : $\bar{1}\bar{2}$0	86 49 16	86 25 appr.	1		
1$\bar{1}$0 : 2$\bar{2}$3	26 5 52	26 32,5 appr.	2	26 18	26 47
1$\bar{1}$0 : 1$\bar{1}$3	44 24 45	45 37 appr.	2	45 33	45 41
1$\bar{1}$0 : 2$\bar{2}$9	55 45 55	56 2 appr.	1		
043 : 2$\bar{2}$3	54 50 14	54 45 *b*	1		

Auch dieser Krystall ist stark verbrochen und zeigt ebenfalls an seinem oberen Ende die Tendenz zur Ausheilung der Bruchflächen durch neu angelagerte Mineralsubstanz. Es ist nämlich die ganze unregelmässig begrenzte zwischen 043 und 0$\bar{1}$3 liegende Partie parallel der Brachydiagonale gestreift, und nimmt man bei genauerer Betrachtung auch Flächenelemente wahr, die theils mit 001, theils mit 043 einspiegeln.

Das Studium dieser Krystalle, insbesondere die Wahrnehmung von entschiedenen Unterbrechungen im Wachsthume derselben, veranlasste mich, der so vielfach ventilirten Frage nach dem »Hemimorphismus« des Topases nahe zu treten. All' die Autoren*), die sich bis jetzt mit derselben beschäftigt haben, sind darin einig, dass man es hier nur mit einer secundären Erscheinung zu thun habe, allein über die Ursachen derselben sind doch recht verschiedene Ansichten aufgestellt worden. Wenn ich auch glaube, dass man in vielen Fällen mit der Hankel-Groth'schen Erklärungsweise das Richtige trifft, dass in anderen Fällen zweifellos eine natürliche Anätzung von Spaltflächen — wie Laspeyres es meint — erfolgt ist, so scheinen andererseits meine Beobachtungen darauf hinzuweisen, dass die Bildung des anders gearteten Endes häufig so vor sich ging, wie es sich Kokscharow vorstellt.

Vor Allem gelang es mir, den Nachweis zu führen, dass nach Spaltung der Krystalle nicht nur eine Ueberdrusung der Basis, sondern ein regelmässiges Fortwachsen erfolgte. So konnte ich an einigen völlig normal gebildeten Krystallen deutlich wahrnehmen, dass fremde Interpositionen nach der Basis eingelagert waren, woraus der Schluss gezogen werden kann, dass der Krystall zu irgend einer Zeit seines Wachsthums durch diese Fläche begrenzt war. Wenn aber hierdurch dargethan ist, dass nach Inter-

*) Kokscharow. Mém. de l'acad. impér. des sciences de St.-Pétersb. [7], 2, Nr. 5, S. 10, 1860. — Hankel, Abhandl. math.-phys. Cl. d. kgl. sächs. Gesellsch. d. Wissensch. 9, 370. 1870. — P. Groth, Z. geol. Gesellsch. 22, 390. 1870. — H. Baumhauer, Neues Jahrb. für Min. 1876, 5. — H. Laspeyres, diese Zeitschrift 1, 351. 1877.

mittenz in der Bildung des Krystalls, während welcher eben jene Einlagerungen abgesetzt wurden, derselbe völlig ungestört fortzuwachsen vermag, so ist man wohl berechtigt, sich die folgende Vorstellung von der Bildung der scheinbar hemimorphen Krystalle zu machen. Der durch die fortgesetzte Kluftbildung im Gebirge auf natürlichem Wege gespaltene Krystall begann, als ein erneuter Zufluss von Minerallösung erfolgte, weiter zu wachsen; indess bildete er sich jetzt gleichsam nicht mehr als Individuum aus, sondern die Krystallbildung geschah am oberen, wie am unteren Ende des vorhandenen Fragmentes, welches lediglich seine — es sei der Ausdruck gestattet — Richtkraft ausübte, für sich, und so konnte es kommen, dass hier verschiedene Flächen auftreten und ein scheinbar hemimorpher Krystall entstand. War die Tendenz einer krystallographischen Weiterentwickelung an beiden Enden eine verschieden starke, so mussten selbstredend derartige Scepterquarz-ähnliche Bildungen entstehen, wie sie der Krystall Nr. 18 aufweist. Man wird also für jene »hemimorphen« Topaskrystalle, die keine auffallenden Verzerrungen in ihrer morphologischen Entwickelung zeigen, die also z. B. dem bei Groth, Taf. XI, Fig. 6 abgebildeten gleichen, diese Entstehung voraussetzen, während man andererseits den »Hemimorphismus« derartiger monstroser Krystalle, wie z. B. Groth's Fig. 7, am Besten durch ungleiche Centraldistanz der einzelnen Flächen erklären wird. Da wo man wirkliche Vertiefungen auf den Krystallflächen wahrnehmen kann*), wird natürlich Laspeyres' Theorie am Platze sein.

Als interessante Bestätigung der Kokscharow'schen Ansicht mag noch der in Fig. 11 dargestellte Topas vom Schneckenstein geschildert werden. Dieser Krystall wurde seiner Zeit nicht nur auf natürlichem Wege gespalten, sondern das eine der abgespaltenen Fragmente wurde ausserdem noch zerbrochen. Von diesen Bruchstücken blieben nur zwei zufällig in unveränderter Lage bei einander und wurden bei dem beginnenden Neuabsatz von Topassubstanz wiederum verkittet; da wo indess die dislocirte Hälfte des einen Spaltungsstückes gesessen hatte, ist die Basis des anderen überdrust worden und sind ausserdem noch schmale Andeutungen von Pyramidenflächen zur Ausbildung gelangt. Dass der noch jetzt wahrnehmbare feine Riss, der die Krystallhälften scheidet, nicht etwa erst nachträglich in Sammlungen hinzugekommen, sondern natürlichen Ursprungs ist, wird dadurch ausser Zweifel gestellt, dass er der beginnenden Zersetzung als Weg gedient hat, indem an der Grenzfläche beider Partien eine beginnende Umwandlung zu constatiren ist. Eine ähnliche Erscheinung bietet der in Fig. 12 dargestellte schon oben erwähnte Krystall von Ehrenfriedters-

*) Seligmann, diese Zeitschr. 3. 81. 1879.

dorf; hier ist auch eine »Zuheilung« der seitlichen Bruchflächen, d. h. eine Herausbildung von Prismenflächen, an dem verbrochenen Theile erfolgt.

Von allen übrigen untersuchten russischen Topasen verdient höchstens noch ein Krystall von Mursinsk (Nr. 20) aus dem Grunde Erwähnung, weil sein Habitus mit dem Habitus I des Schneckensteiner Vorkommnisses übereinstimmt, also von dem gewöhnlichsten der dortigen Fundstätte, welcher durch gänzliches Fehlen von M, u und f charakterisirt ist, abweicht. Es wurden an ihm folgende Flächen wahrgenommen: $M(110)\infty P$. $l(120)\infty\breve{P}2$. $c(001)0P$. $f(023)\frac{2}{3}\breve{P}\infty$. $y(043)\frac{4}{3}\breve{P}\infty$. $u(113)\frac{1}{3}P$. $i(229)\frac{2}{9}P$. Sein Aussehen gleicht mit geringer Modification Kokscharow's Fig. 11. Die meisten Flächen spiegeln schlecht und sind gestreift, es wurden daher die folgenden Messungen nur zur Bestimmung der Symbole ausgeführt.

	Berechnet:	Gemessen:
043 : 023 =	18° 11′ 22″	18° 25′ c
110 : 113	44 24 45	44 9 b
113 : 229	11 21 10	11 16 b

D. Topas von Brasilien.

Des Cloizeaux*) hat bereits durch eine Aufzählung von 33 verschiedenen, bis 17zähligen Combinationen dargethan, dass die brasilianischen Topase durchaus keinen so gleichförmigen Anblick gewähren, wie man nach den Angaben der meisten Compendien glauben möchte. Er hat bereits auf das ziemlich häufige Auftreten von Makrodomen aufmerksam gemacht, hat gezeigt, dass neben der Pyramide (113) auch (229) und (223) durchaus nicht selten auftreten, und giebt für einige Krystalle auch die Basis und das Brachypinakoid an. Messungen, die an Krystallen brasilianischer Provenienz angestellt, hat meines Wissens noch Niemand veröffentlicht.

Ich habe zunächst, um die Beobachtungen von Grailich und von Lang**), welche von brasilianischen Krystallen blos rosenrothe von Boa Vista untersuchten, zu ergänzen, einige Exemplare auf ihren Pleochroismus untersucht. Jedoch musste ich mich, da die Krystalle nicht verschliffen werden konnten, blos auf eine Bestimmung der Verhältnisse der senkrecht zur Basis, welche überall als Spaltfläche vorhanden war, austretenden Strahlen beschränken und wurde zu Folge Grailich und von Lang's Axenschema ($\mathfrak{a}\overset{+}{\mathfrak{b}}\mathfrak{c}$) der parallel a schwingende Strahl auf $\mathfrak{a}$, der parallel b schwingende auf $\mathfrak{b}$ bezogen. Ich erhielt für:

Violette Krystalle von Minas Geraës: $\mathfrak{a}$ = violett, $\mathfrak{b}$ weingelb; $\mathfrak{a} > \mathfrak{b}$.
Hellnelkenbraune Krystalle von Brasilien: $\mathfrak{a}$ = violett nach rosa, $\mathfrak{b}$ = intensiv braungelb; $\mathfrak{b} > \mathfrak{a}$.

*) Man. de Min. 1, 473. 1862.
**) Wien. Akad. Sitzber. M.-N. Cl. 27, 45. 1857.

Die dunkleren Krystalle besitzen, wenigstens senkrecht zur Basis, einen schwächeren Pleochroismus, bei den ganz hellen ist er zwar deutlich, aber die Farben schwanken nur zwischen hell- und dunkelgelb, der hellere Ton entspricht der Axe $\mathfrak{a}$.

Bei zwei rosarothen Krystallen, welche dickplattig nach einer Prismenfläche waren, erwies sich der parallel der Verticalaxe schwingende Strahl intensiv gelb, der senkrecht hierzu schwingende war blassrosa: die Absorption war in der ersten Richtung stärker als in der letzteren.

Wirklich genaue Messungen konnten nur an einem einzigen Krystall (Nr. 21) vorgenommen werden. Derselbe stammte von Villa Rica, war farblos und besass bei einer Länge von 32 mm eine Dicke von nur 6 mm. Er war leider an beiden Enden verbrochen, und wenn auch an dem einen die beginnende Bildung neuer Flächen wahrzunehmen war, so konnte von einer Messung derselben nicht die Rede sein; nur die Prismenzone konnte goniometrischen Untersuchungen unterworfen werden. In dieser wurden folgende Formen beobachtet: $M(110)\infty P$. $R(340)\infty\breve{P}\frac{4}{3}$. $\mathfrak{v}(25.36.0)\infty\breve{P}\frac{36}{25}$. $\mathfrak{p}(25.41.0)\infty\breve{P}\frac{41}{25}$. $\mathfrak{q}(25.43.0)\infty\breve{P}\frac{43}{25}$. $l(120)\infty\breve{P}2$. $g(130)\infty\breve{P}3$. $\mathfrak{v}(4.21.0)$ $\infty\breve{P}\frac{21}{4}$. Unter den zahlreichen Messungen der Kante des Prisma $\infty\breve{P}2$ muss ich eine unter ausnahmsweise günstigen Beleuchtungsverhältnissen angestellte für besonders genau halten, dieselbe ergab $120 : 1\bar{2}0 = 93^{0}\ 7'$ *a* und hieraus berechnet sich das Axenverhältniss:

$$a : b : c = 0,5279656 : 1 : ?$$

Die Messungen, verglichen mit den hieraus berechneten Werthen, ergaben:

	Berechnet:	Gemessen:		n:	Minim.:	Maxim.:
$110 : 1\bar{1}0$ =	55° 39′ 54″	55° 42′	*b*	2	55° 41′	55° 42′
$110 : 120$	18 43 33	18 45	*ab*	7	18 43	18 47
$110 : 1\bar{2}0$	74 22 57	74 21	*ab*	2	74 16	74 25
$120 : \bar{1}20$	86 53 0	86 53	*ab*	6	86 45	87 1
$120 : 1\bar{2}0$	93 7 0	93 8	*ab*	4	93 7	93 11
$120 : 340$	11 25 42	11 42	*c*	1		
$110 : 25.36.0$	9 29 44	9 18	*c*	.		
$110 : 25.41.0$	13 8 20	13 16	*b*	.		
$120 : 25.43.0$	4 19 26	4 24,5	*b*	4	4 20	4 27
$120 : 130$	11 10 1	11 33	appr.	1		
$120 : 4.21.0$	23 35 43	23 48	appr.	3	23 26	24 5
$\bar{1}20 : 4.21.03$	63 16 17	63 32	appr.	1		

Die übrigen von mir gemessenen Krystalle gehören sämmtlich der bekannten braunen Varietät an, und war eine genauere Bestimmung des Axenverhältnisses derselben mit grossen Schwierigkeiten verbunden. In der meist gerundeten Prismenzone kann selbst bei den bestausgebildeten

Krystallen nur von Schimmerablesungen die Rede sein, das Brachydoma $\frac{4}{3}\breve{P}\infty$, sofern es ausgebildet ist, ist gleichfalls selten eben genug, um eine hinreichend genaue Bestimmung des Winkelwerthes seiner Kante zuzulassen. So ist man einzig und allein auf die Messungen der Pyramidenpolkanten angewiesen, allein auch hier gelangt man zu keinen sehr genauen Resultaten, indem die Pyramidenflächen, welche meist schon dem unbewaffneten Auge geknickt erscheinen, fast immer mehrfache Reflexe liefern.

An einem ziemlich kleinen Krystalle (12 mm, Nr. 22) erwiesen sich diese Unebenheiten als verhältnissmässig unbedeutend, und gelang es auch durch Schwärzen der ganzen Flächen bis auf die den Kanten zu allernächst liegenden Partien einfache und ziemlich scharfe Spaltbilder zu erhalten. Die Messungen ergaben:

$113 : 1\bar{1}3 = 39^0\ 28'$ *ab*
39 28 *ab*
39 32 *ab*
39 33 *ab*
39 34 *ab*
$39^0\ 31'$ *ab* im Mittel

und

$113 : \bar{1}13 = 77^0\ 52'$ *ab*
77 57 *ab*
77 57 *ab*
77 58 *ab*
78 2 *ab*
$77^0\ 57'$ *ab* im Mittel.

Aus diesen beiden Fundamentalwerthen berechnet sich das Axenverhältniss zu

$$a : b : c = 0{,}5375895 : 1 : 1{,}4489937.$$

Ausser der Pyramide $u(113)\frac{1}{3}P$ liessen sich noch nachweisen $M(110)$ ∞P . $O(560)\infty\breve{P}\frac{6}{5}$. $R(340)\infty\breve{P}\frac{4}{3}$. $\lambda(470)\infty\breve{P}\frac{7}{4}$. $l(120)\infty\breve{P}2$. Die Messungen ergaben:

	Berechnet:	Gemessen:	n:	Minim.:	Maxim.:
$110 : 1\bar{1}0$ =	$56^0\ 31'\ 26''$	$56^0\ 18'$ appr.	1		
$110 : 120$	18 48 46	18 45,5 *b*	2	$18^0\ 32'$	$18^0\ 59'$
$\bar{1}10 : 120$	104 39 48	104 39 *ab*	1		
$120 : \bar{1}20$	85 51 2	85 56 *b*	3	85 52	86 2
$110 : 560$	4 33 52	4 55,5 *c*	2	4 54	4 57
$110 : 340$	7 22 23	7 32 *b*	1		
$120 : 470$	3 49 21	3 42 *b*	1		
$113 : 1\bar{1}3$	—	*39 31 *ab*	5	39 28	39 34
$113 : \bar{1}13$	—	*77 57 *ab*	5	77 52	78 2

	Berechnet:	Gemessen:	n:	Minim.:	Maxim.:
$113 : \bar{1}\bar{1}3$ =	91° 8′ 14″	91° 6′ b	3	91° 1′	91° 11′
$110 : 113$	44 25 53	44 18 b	2	44 17	44 19

Auf dasselbe Axenverhältniss ist wohl der Krystall Nr. 23, eine Combination von $M(110)\infty P$. $l(120)\infty \breve{P}2$. $u(113)\frac{1}{3}P$ zu beziehen. Die Messungen, zwar nicht von sonderlich hohem Genauigkeitsgrade, ergaben:

	Berechnet:	Gemessen:	n:	Minim.:	Maxim.:
$110 : 1\bar{1}0$ =	56° 31′ 26″	55° 54′ c	5	55° 42′	56° 6′
$110 : 120$	18 48 46	18 59 b	6	18 57	19 0
$\bar{1}10 : 120$	104 39 48	104 33 b	1		
$110 : 1\bar{2}0$	75 20 12	74 46 c	1		
$113 : 1\bar{1}3$	39 31 0	39 25 b	2	39 22	39 28
$113 : \bar{1}13$	77 57 0	77 30 appr.	1		

Einigermassen genaue Messungen, ebenfalls durch Schwärzen der betroffenden Flächen, lieferte auch der Krystall Nr. 24 (vgl. Fig. 13). Derselbe zeigt ausser der stark gestreiften Prismenzone und der Pyramide $u(113)\frac{1}{3}P$ noch das Brachydoma $f(023)\frac{2}{3}\breve{P}\infty$. Die Flächenvertheilung, insbesondere die verschiedenartige Ausbildung der gleichwerthigen Pyramidenflächen, ist aus Fig. 13 zu ersehen. Es ergab sich für die Fundamentalwerthe:

113 : 023 = 42° 1′ ab
42 4 ab
42 4 ab
42 4 ab
42 6 ab
42° 4′ ab im Mittel

und

113 : 113 = 38° 24′ ab
38 25 ab
38 28 ab
38 28 ab
38° 26′ ab im Mittel.

Hieraus berechnet sich das Axenverhältniss*) zu:

*) Nach der Formel

$$\cos(023 : 010) = \frac{-\cos(113 : 023) + \sqrt{8\cos^2\left(\frac{113 : 1\bar{1}3}{2}\right) + \cos^2(113 : 023)}}{2\cos\left(\frac{113 : 1\bar{1}3}{2}\right)}$$

berechnet man erst 023 : 010, hieraus sodann c und alsdann a.

$a : b : c = 0{,}5265012 : 1 : 1{,}3952319.$

Leider konnte dasselbe nicht durch Controlmessungen geprüft werden; das Brachydoma konnte nicht genau gemessen werden, in der Prismenzone hingegen erhielt man sehr viel Reflexe vicinaler Flächen, so dass sich nicht mit Sicherheit entscheiden lässt, welche davon eigentlich dem Grundprisma angehören, und eine Orientirung daher unmöglich ist. Ich sehe daher von einer Mittheilung meiner zahlreichen Messungen dieser Flächen ab; die wichtigsten berechneten Winkel sind:

$110 : 1\bar{1}0 =$	55° 32′ 1″
$120 : 1\bar{2}0$	93 5 22
$023 : 0\bar{2}3$	85 51 19

Der in Fig. 14 abgebildete Krystall Nr. 25 ist eine Combination von $M(110)\infty P$. $R(340)\infty \breve{P}\frac{4}{3}$. $T(580)\infty \breve{P}\frac{8}{5}$. $l(120)\infty \breve{P}2$. $\mu(150)\infty \breve{P}5$. $u(113)\frac{1}{3}P$. $p(103)\frac{1}{3}\bar{P}\infty$. $\beta(013)\frac{1}{3}\breve{P}\infty$. Die beiden letztgenannten Flächen treten nur als schmale Abstumpfungen der Polkanten von u auf, sie sind ausserordentlich uneben und gestatten keine Messungen. Die Winkelwerthe lassen sich wohl auf das Axenverhältniss des Krystalls Nr. 24 beziehen.

	Berechnet:	Gemessen:		n:	Minim.:	Maxim.:
$110 : 1\bar{1}0 =$	55° 32′ 1″	55° 41′	appr.	1		
$110 : 120$	18 48 51	19 13	appr.	2	19° 9′	19° 17′.
$110 : 340$	7 18 8	8 3	appr.	1		
$120 : 580$	6 26 25	5 54	appr.	1		
$110 : 150$	22 39 19	22 40	appr.	1		
$113 : 1\bar{1}3$	38 26 0	38 12	c	4	37 53	38 23
$113 : \bar{1}13$	77 23 0	78 11	c	4	77 56	78 20
$113 : \bar{1}\bar{1}3$	90 5 53	90 40,5	c	2	90 24	90 57

An einem anderen Krystalle (Nr. 26) konnten die folgenden Messungen angestellt werden:

	Berechnet:	Gemessen:		n:	Minim.:	Maxim.:
$113 : 1\bar{1}3 =$	38° 26′ 0″	39° 11′	c	3	38° 59′	39° 24′
$113 : \bar{1}13$	77 23 0	77 17	b	3	77 9	77 25
$113 : \bar{1}\bar{1}3$	90 5 53	89 34	c	3	89 33	89 36
$00\bar{1} : 113$*)	134 57 5	134 42	b	6	134 34	134 54
$110 : 113$	44 57 5	44 42	appr.	3	44 40	44 46

*) $00\bar{1}$ ist Spaltfläche.

Besondere Erwähnung verdient noch der in Fig. 15 dargestellte Krystall Nr. 27 wegen seiner unregelmässigen Ausbildung. Hier konnte indess nur die Prismenzone gemessen werden, weil die stark entwickelte Fläche $1\bar{1}3$ so drusig war, dass sie kaum Reflexe gab, die übrigen Pyramidenflächen hingegen zu schmal waren, um Messungen zu gestatten. Es konnten folgende Formen nachgewiesen werden: $M(110)\infty P$. $R(340)\infty\breve{P}\frac{4}{3}$. $t(7.10.0)\infty\breve{P}\frac{10}{7}$. $T(580)\infty\breve{P}\frac{8}{5}$. $\lambda(470)\infty\breve{P}\frac{7}{4}$. $l(120)\infty\breve{P}2$. Das Axenverhältniss scheint mit dem des Krystalls Nr. 22 übereinzustimmen.

	Berechnet:	Gemessen:	n:	Minim.:	Maxim.:
$110 : 1\bar{1}0$ =	56° 31′ 26″	56° 2,′5 appr.	4	55° 48′	56° 25′
110 : 120	48 48 46	48 56,5 appr.	5	48 42	49 5
$120 : \bar{1}20$	85 51 2	85 52 appr.	1		
110 : 340	7 22 23	7 27 appr.	3	7 12	7 37
110 : 7.10.0	9 15 42	9 7 appr.	3	8 42	9 23
110 : 580	12 26 20	12 44 appr.	5	12 26	13 1
120 : 580	6 22 26	6 20 appr.	5	6 1	6 31
110 : 470	14 59 25	14 59 appr.	3	14 38	15 10
120 : 470	3 49 21	4 18 appr.	3	4 13	4 23

Die Form (580) konnte in drei Quadranten beobachtet werden.

Gelegentlich der Besprechung der brasilianischen Topaskrystalle muss noch hervorgehoben werden, dass die meisten derselben in eigenthümlicher Weise verzerrt sind, indem zwei, in einem makrodiagonalen Hauptschnitt zusammenstossende Pyramidenflächen in der Regel eine grössere Flächenausbreitung besitzen, als die beiden anderen (vgl. Fig. 14). Allein man würde sehr irren, wenn man hieraus, sowie aus den mehrfach geschilderten anderen abweichenden Bildungen an beiden Enden der Makrodiagonale — wie sie z. B. die Zwischenstufen zwischen den Typen I und II resp. II und III der Schneckensteiner Krystalle aufweisen — den Schluss ziehen wollte, die Krystallreihe des Topases sei der wohl zuerst von Naumann*) als »Meroëdrie mit monoklinoëdrischem Formentypus« entwickelten Abtheilung der monosymmetrischen Hemiëdrie des rhombischen Systems einzureihen. Denn da einerseits auch Krystalle vorkommen, an denen die beiden in der brachydiagonalen Polkante zusammenstossenden Pyramidenflächen über die anderen überwiegen**) und andererseits nur eine Fläche zu besonders hervorragender Entwickelung gelangt (vgl. Fig. 15), so würde man mit demselben Rechte auf eine Meroëdrie mit tetartoëdrischem Habitus***)

*) Elemente der theoretischen Krystallographie. S. 279. Leipzig 1856.

**) C. F. Naumann, Lehrb. d. rein. u. angew. Krystallographie. 2, 181. Taf. 27. Fig. 582. Leipzig 1830.

***) Eine eigentliche Tetartoedrie ist im rhombischen System nicht möglich, indem bekanntlich durch das Zusammenwirken der sphenoidischen und monosymmetrischen Hemiëdrie Formen entstehen, die unmöglich sind, weil alsdann mit der krystallonomischen Gleichwerthigkeit der jedesmaligen zwei Axenenden eine geometrische nicht Hand in Hand ginge, wie folgendes Schema zeigt:

1 2 3 4
1 2 3 4

schliessen dürfen. Allein da auch hierdurch nicht alle Anomalien, z. B. das von Hankel*) beobachtete und von mir mehrfach bestätigte halbseitige Auftreten des Brachypinakoids, ihre Erklärung finden, so dürfte man wohl bei der einfachsten Auffassung stehen bleiben, welche dem Topas völlig holoëdrische Krystallisation zuschreibt, und die Ursache seiner unregelmässigen Ausbildung in abweichender Centraldistanz der einzelnen Flächen sieht. Es ist von Interesse, dass der isomorphe Danburit die völlig gleiche Unregelmässigkeit zeigt**).

E. Topas von San Luis Potosí.

Ich bin in der glücklichen Lage, den bisher bekannten mexicanischen Topasfundorten, Cerro del Mercado bei Durango und La Paz, einen neuen, San Luis Potosí, die Hauptstadt des gleichnamigen Departements, hinzufügen zu können. Der diese Herkunftsbezeichnung tragende Krystall (Nr. 28, Fig. 16) wurde seiner Zeit für das hiesige mineralogische Museum aus der Saemann'schen Mineralienhandlung angekauft. Derselbe ist eine Combination folgender Formen: $M(110)\infty P$. $O(560)\infty\breve{P}\frac{6}{5}$. $l(120)\infty\breve{P}2$. $f(023)\frac{2}{3}\breve{P}\infty$. $o(223)\frac{2}{3}P$. $u(113)\frac{1}{3}P$. $i(229)\frac{2}{9}P$. Genaue Messungen konnten nur in der Prismenzone vorgenommen werden; da der Prismenwinkel mit dem der russischen Topase recht nahe übereinstimmte, so wurden auch die übrigen Winkelwerthe mit den aus dem Kokscharow'schen Axenverhältnisse berechneten verglichen. Die Messungen ergaben:

	Berechnet:	Gemessen:		n:	Minim.:	Maxim.:
$110 : 1\bar{1}0$ =	55° 43′ 0″	55° 40′	ab	5	55° 37′	55° 42′
110 : 560	4 31 36	4 28	ab	1		
560 : 120	14 12 16	14 35,5	b	2	14 32	14 39
023 : 110	71 11 0	71 9	b	3	70 52	71 18
110 : 223	26 5 52	25 55	b	3	25 45	26 11

Indessen lässt sich durch die folgende Betrachtungsweise die oben gedachte Meroëdrie ableiten. An einer rhombischen holoëdrischen Pyramide kann die monosymmetrische Hemiëdrie nämlich in dreifach verschiedener — wenn auch theoretisch gleicher — Weise auftreten, je nachdem $0P$, $\infty\breve{P}\infty$ oder $\infty\bar{P}\infty$ die Symmetrieebene der entstehenden Hemipyramide ist. Combiniren wir nun zwei solche, in ihren praktischen Consequenzen ungleiche Modificationen derselben Hemiëdrie, lassen wir z. B. erst $\infty\breve{P}\infty$ und alsdann $\infty\bar{P}\infty$ Symmetrieebene bleiben, wie es das Schema zeigt:

$$\begin{array}{c|c|c|c} 1 & \not{2} & \not{3} & \not{4} \\ \not{1} & 2 & 3 & \not{4} \end{array}$$

so erhalten wir als Theilform eine Pyramidenfläche und deren Gegenfläche, eine Form also, die den theoretischen Bedingungen völlig Genüge leistet.

*) l. c. p. 392.

**) C. Hintze, diese Zeitschr. 7, 301. 1883.

	Berechnet:	Gemessen:	n:	Minim.:	Maxim.:
110 : 113	44° 24′ 45″	44° 27,′5 b	2	44° 26′	44° 29′
1̄13 : 2̄29	11 21 10	11 5 appr.*)	5	10 51	11 13

*) Bei abgenommener Ocularlinse gemessen.

Es soll nun noch zum Schlusse untersucht werden, ob die Winkelschwankungen des Topases einem bestimmten Gesetze unterworfen sind, d. h. ob die in den verschiedenen Zonen erfolgenden Aenderungen in irgend welcher Weise von einander abhängig sind. Es muss indess vorausgeschickt werden, dass bei Discutirung dieser Frage Breithaupt's Messungen unberücksichtigt bleiben müssen, indem dieselben nur wenig mit denen späterer Autoren übereinstimmen. Auch lässt der Umstand, dass Varietäten, die nach ihm in einer Zone übereinstimmen, ihm in anderen Verschiedenheiten ergaben, den Schluss gerechtfertigt erscheinen, er habe Messungen an mehreren Krystallen desselben Fundortes combinirt, was aber nach Laspeyres' sowohl, als auch nach meinen Beobachtungen nicht gestattet ist.

Zum Zwecke der Vergleichung seien zunächst die verschiedenen bisher bestimmten Axenverhältnisse, nach steigenden Werthen von a geordnet, zusammengestellt:

Andalusit		0,50694 : 1 : 1,42462	Des Cloizeaux
Topas:	Brasilien, Kryst. 24	0,52650 : 1 : 1,39523	Grünhut
	Ehrenfriedersdorf	0,52812 : 1 : 1,41106	Grünhut
	Russland	0,52854 : 1 : 1,43049	Kokscharow
	Altenberg	0,52882 : 1 : 1,42995	Groth
	Schneckenstein II	0,52999 : 1 : 1,41838	Laspeyres
	Schlaggenwald	0,5300 : 1 : 1,4245	Groth
	Schneckenstein I	0,53158 : 1 : 1,42792	Laspeyres
	Brasilien, Kryst. 22	0,53759 : 1 : 1,44899	Grünhut

Wie man sieht, liegen also die Verhältnisse hier bei Weitem nicht so einfach, wie beim Cölestin*), bei welchem, in Folge der Constanz des Winkels 120 : 1̄20, die formändernden Ursachen nur auf die Verticalaxe influiren, resp. — wenn man ausnahmsweise c als Einheit wählt — die Axenlängen a und b in einem constanten Verhältnisse zu einander stehen, also völlig proportional zu- und abnehmen. Vielmehr ist hier bei stetig zunehmender Länge der Brachydiagonale bald eine Verlängerung, bald eine Verkürzung der Verticalaxe wahrzunehmen. Andererseits bietet die obige Zusammenstellung ein neues Beispiel für die bereits von Groth**) wahr-

---

*) A. Auerbach, Wien. Akad. Sitzber. M.-N. Cl. 59, I. Abth. S. 549. 1869.
**) Pogg. Ann. 133, 193. 1868.

genommene Thatsache, nach welcher die Axenverhältnisse isomorpher Mischungen in ihren Dimensionen zuweilen über diejenigen ihrer Componenten hinausgehen, indem bei einem Theil der Topasvarietäten *c* grösser, bei einem anderen dasselbe kleiner ist, als beim Andalusit.

Indess lässt es sich schon a priori erwarten, dass auf dem eingeschlagenen Wege der directen Vergleichung der Axenverhältnisse eine Gesetzmässigkeit nicht erkannt werden wird. Denn einmal ist die Einheit *b*, durch welche die Axenlängen *a* und *c* ausgedrückt werden, in den verschiedenen Axenverhältnissen ihrem absoluten Werthe nach verschieden, das andere Mal gelangen in diesen doch nur die Angulardimensionen der Prismenzone und der Brachydomenzone, die in einem directen Abhängigkeitsverhältnisse nicht stehen, zum unmittelbaren Ausdruck. Man wird daher, soll die Vergleichung fruchtbar sein, diejenigen Winkel zu betrachten haben, welche eine alle drei Axen schneidende Fläche mit anderen, deren gegenseitige Lage bei allen Varietäten die gleiche ist, einschliesst, d. h. die Winkel einer Pyramidenfläche mit den Pinakoiden. Im Folgenden sind zu diesem Zwecke die Winkel der Pyramide $u(113)\frac{1}{3}P$ — als der am Topas am häufigsten auftretenden — mit den drei Endflächen angeführt, nach abnehmenden Werthen von 001 : 113 geordnet.

		001 : 113	100 : 113	010 : 113
Andalusit		47° 54,'5	49° 45,'5	70° 53'
Topas:	Russland	45 35	50 50	70 30
	Brasilien 22	45 34	51 1,5	70 14,5
	Altenberg	45 33,5	50 52	70 30
	Schlaggenwald	45 24	51 1	70 31,5
	Schneckenstein I	45 24	51 2,5	70 28,5
	Schneckenstein II	45 16	51 7,5	70 34
	Ehrenfriedersdorf	45 12	51 8	70 39
	Brasilien 24	45 3	51 18,5	70 47

Wie man sieht, ist mit der Abnahme von 001 : 113 eine stetige Zunahme von 100 : 113 verknüpft; als einzige Ausnahme erscheint der Krystall Nr. 22. Wenn man indess erwägt, dass die Pyramidenflächen dieses Individuums gekrümmt und geknickt waren, so wird man den Messungen, die ja überhaupt nur nach dem Schwärzen der allerunregelmässigsten Partien vorgenommen werden konnten, keine grosse Genauigkeit zutrauen und wird daher von dieser Ausnahme absehen. Würde man den Winkel 113 : 100 nur um 10' kleiner annehmen, so wäre übrigens Uebereinstimmung mit dem Verhalten der übrigen Krystalle vorhanden, ein Fehler von dieser Grösse war aber bei den betreffenden Messungen durchaus nicht ausgeschlossen.

Will man nun die Beziehung der Winkel 001 : 113 und 100 : 113

durch eine Gleichung ausdrücken, so muss man als Variable selbstverständlich trigonometrische Functionen einführen, und es ergiebt sich hierbei:

$$\cotg(100:113) = 2{,}568660 \,.\, \cotg(001:113) - 1{,}773218 \, \cotg^2(001:113).$$

Die folgende Uebersicht führt die aus dieser Formel berechneten, sowie die aus dem Axenverhältnisse abgeleiteten Werthe 100 : 113 neben einander auf.

		Aus dem Axenverhältniss:	Aus der Formel:
Andalusit		49° 45,'5	48° 52′
Topas:	Russland	*50 50	— —
	Altenberg	50 52	50 52
	Schlaggenwald	51 1	51 2
	Schneckenstein I	*51 2,5	— —
	Schneckenstein II	51 7,5	51 11
	Ehrenfriedersdorf	51 8	51 15,5
	Brasilien 24	51 18,5	51 26,5

Zunächst zeigt sich hier, ganz analog einer Beobachtung von Arzruni und Baerwald*), dass das Endglied nicht derselben Formel entspricht, welche die Winkelschwankungen der isomorphen Mischungen ausdrückt. Die übrigen Glieder zeigen wünschenswerthe Uebereinstimmung; die Abweichung bei Krystall Nr. 24 erklärt sich daraus, dass das für diesen aufgestellte Axenverhältniss aus gleichen Gründen wie bei Nr. 22 nur als approximativ gelten kann.

Da man aus dem Winkel 001 : 113 und dem daraus berechneten 100 : 113 ein Axenverhältniss ableiten und hieraus alle übrigen Winkel berechnen kann, so erhellt, dass die Schwankungen der Angulardimensionen des Topases in der oben aufgestellten Formel implicite vollständig enthalten sind. Sie hängen demnach lediglich von zwei Constanten und cotg (001 : 113) ab.

Es lag ursprünglich in der Absicht des Verfassers zu untersuchen, ob Beziehungen zwischen dieser Grösse und dem Fluorgehalte existiren, ein Vorhaben, das an verschiedenen methodologischen Schwierigkeiten, namentlich daran, dass die genau messbaren Krystalle meist viel zu klein sind, um ausreichendes Analysenmaterial zu liefern, scheiterte. Die Idee, zunächst nur Beziehungen zwischen dem specifischen Gewicht und den Angulardimensionen einerseits, sowie der chemischen Constitution andererseits aufzusuchen und die Ergebnisse beider Beobachtungsreihen zu combiniren, erwies sich ebenfalls als unfruchtbar, indem schon aus Rammelsberg's**)

*) Diese Zeitschr. 7, 337. 1883.

**) Monatsber. Berl. Akad. d. Wissensch. 1865, 274.

Untersuchungen hervorgeht, dass einem gleichen Volumgewicht nicht immer eine gleiche chemische Zusammensetzung entspricht. Auch ergab sich bei vorbereitenden Versuchen, bei denen ich mich der Rohrbach'schen Flüssigkeit*) bediente, dass Krystalle, die verschiedene Winkelverhältnisse aufweisen, zuweilen ein gleiches specifisches Gewicht besitzen.

Zum Schlusse möge es mir gestattet sein, auch an dieser Stelle meinen hochverehrten Lehrern, den Herren Oberbergrath Prof. Dr. Credner und Geh. Hofrath Prof. Dr. Wiedemann, besonders aber Herrn Geh. Bergrath Prof. Dr. Zirkel meinen herzlichsten Dank auszusprechen für die Ueberlassung des Materials sowohl, als auch für die freundliche Theilnahme und das Wohlwollen, welches sie mir jederzeit in reichlichstem Maasse haben zu Theil werden lassen.

Leipzig, den 13. Januar 1884.

*) Diese Zeitschr. 8, 122. 1884.

VII. Mineralogische Bemerkungen.

(VIII. Theil.)

Von

H. Laspeyres in Aachen.

(Mit Taf. IV und V und einem Holzschnitt.)

15. Krystallographische Untersuchungen am Valentinit.

(Taf. IV, Fig. 1—12 und Taf. V, Fig. 1—17.)

Krystallographische Untersuchungen des Valentinit (Weissspiessglanzerz, Antimonoxyd, Exitèle) sowie Versuche, das Axenverhältniss desselben zu ermitteln, sind wiederholt ausgeführt worden:

1a. Mohs, Grundriss der Mineralogie 1824, 2, 168.
1b. — Anfangsgründe der Naturgeschichte des Mineralreichs 1839, 2, 155.
2. Beudant, traité de minéralogie 1830, 2, 615.
3. Breithaupt, vollst. Handbuch der Mineralogie 1841, 2, 185.
4. Sénarmont, Annales de chimie et de physique 1851, 31, 504.
5. Miller and Brooke, mineralogy 1852, 253.
6. Des Cloizeaux, Nouvelles recherches sur les propriétés optiques des cristaux 1867, 58.
7. Groth, Poggendorff's Annalen 1869, 137, 429.
8. — Tabellarische Uebersicht der Mineralien 1874, 84, und physikalische Krystallographie 1876, 360.

Diese Arbeiten haben aber bisher noch nicht zu allseitig befriedigenden Ergebnissen geführt, denn einmal widersprechen sich die verschiedenen Angaben nicht unbedeutend und andererseits sind selbst die mit möglichster Sorgfalt von Groth ausgeführten Messungen an einem Krystalle der Berliner Universität (7) und auch an den »vorzüglich ausgebildeten Krystallen« des mineralogischen Instituts der Universität Strassburg[9], welche bisher noch am Besten gemessen werden konnten, nach der Aussage dieses Beobachters »keine sehr genauen«, so dass die »Resultate dieser Messungen sämmtlich Mittelnahmen nur approximativer Bestimmungen sind«.

9) Groth, die Mineraliensammlung der Kaiser-Wilhelm-Universität Strassburg 1878, 78.

Die durch die vorstehend genannten Arbeiten gewonnenen Kenntnisse über den Valentinit stelle ich zum Vergleiche mit meinen Beobachtungen auf Tafel IV, Fig. 1—12 und in der umstehenden Tabelle in Kürze zusammen.

(Tabelle siehe S. 164 und 165.)

Die meisten dieser Untersuchungen sind an den bekanntlich besten Krystallen dieser Mineralspecies von der Grube Neue Hoffnung Gottes zu Bräunsdorf bei Freiberg in Sachsen ausgeführt worden.

Schöne Krystallstufen dieses Fundortes in der mineralogischen Sammlung der hiesigen Hochschule, aus der Sack'schen Sammlung herstammend, gaben mir Veranlassung, die Messungen an diesen Krystallen zu wiederholen, weil eine genauere als bisher mögliche Kenntniss des Axenverhältnisses des Valentinit wegen der ausgezeichneten Isodimorphie des Antimonoxydes (Sb_2O_3) mit der Arsenigen Säure (As_2O_3) nicht ohne Interesse und Wichtigkeit sein dürfte. Ich hegte dabei die Hoffnung, die Angaben von Groth entweder bestätigen oder durch Messungen an vielleicht noch besser ausgebildeten Krystallen, als ihm zur Verfügung standen, berichtigen zu können.

Die an den Krystallen von Bräunsdorf begonnenen Untersuchungen habe ich später noch auf die Krystalle von Přibram in Böhmen und von Sempsa in Algier ausdehnen zu müssen geglaubt, soweit mir solche zugänglich waren.

a. Der Valentinit von Bräunsdorf.

Drei Stufen desselben enthält das hiesige mineralogische Institut, und an jeder zeigen sich die Krystalle etwas anders ausgebildet, so dass die Stufen jede für sich betrachtet zu werden verdienen.

α. Die Stufe Nr. I (Taf. V, Fig. 1—3).

Die meist nur 1 bis 4 mm grossen Valentinitkrystalle sitzen in dichtem Gewirre in Drusen des meist etwas zersetzten Antimonglanz, der mit Quarz und Schwefelkies bricht. An der Aufwachsstelle sind die sonst honig- bis bräunlichgelben, durchscheinenden Krystalle schwarz, wohl durch eingeschlossenen, feinvertheilten Antimonglanz. Unter dem Mikroskope sieht man nämlich in der klaren, farblosen Valentinitmasse undurchsichtige, spiessige Einlagerungen.

Stets sind die Krystalle mit der Brachyaxe aufgewachsen und nach dieser entweder von der gleichen oder von grösserer Ausdehnung wie nach der Makroaxe, während sie nach der Verticalaxe in beiden Fällen sehr verkürzt sind (Taf. V, Fig. 1).

Da die grösseren Krystalle ausnahmslos stark gekrümmt sind, erscheinen dieselben im ersteren Falle »linsenförmig« (Taf. V, Fig. 3), im zweiten Falle etwas »schilfartig« (Taf. V, Fig. 2). Die Krümmung entsteht theils

Tabellarische Zusammenstellung der bisherigen

Autor	Axenverhältniss der Grundform			Angewandte Signaturen und			
	a	b	c	1	2	3	4
Mohs (1)	0,78850	1	2,8282	$M = \infty\bar{P}2$ $M : M$ in a $= 43^0\ 2'$ spaltbar	$h = \infty\breve{P}\infty$	$p \doteq \frac{1}{4}\breve{P}\infty$ $p : p$ in c ca. $= 109^0\ 28'$	$P = P$
Beudant (2)	0,38671	1	?	∞P $\infty P{:}\infty P$ in a $= 42^0\ 17'$ spaltbar	$\infty\breve{P}\infty$ spaltbar		
Breithaupt (3)	0,39425	1	0,70715	$p = \infty P$ $p : p$ in a $= 43^0\ 2'$ spaltbar	$d = \infty\breve{P}\infty$ spaltbar		
Sénarmont (4)	0,39427	1	1,41648	$m = \infty P$ $m : m$ in a $= 43^0\ 2'$ spaltbar	spaltbar?		
Miller (5)	0,39426	1	1,4441	$m = \infty P$ $m : m$ in a $= 43^0\ 2'$ spaltbar	$a = \infty\breve{P}\infty$	$r = \breve{P}\infty$ $r : r$ in c $= 109^0\ 28'$	$x = 2\breve{P}2$
Des Cloizeaux (6)	0,39426	1	1,41 ?	$m = \infty P$ $m : m$ in a $= 43^0\ 2'$ spaltbar	$g' = \infty\breve{P}\infty$ spaltbar		
Groth (7)	0,3869	1	*** 0,85352	∞P $\infty P{:}\infty P$ in a $= 42^0\ 18'$ spaltbar	$\infty\breve{P}\infty$ spaltbar		
Groth (8)	0,3822	1	0,3443	**** $p = \infty P$ $p : p$ in a $= 41^0\ 50'$	$b = \infty\breve{P}\infty$ spaltbar		
Flächensymbole nach Groth (7, 8)				∞P	$\infty\breve{P}\infty$	$4\breve{P}\infty$	$8\breve{P}2$
Flächensignat. n. Groth u. Laspeyres				p	b	r	y
Aus dem Axenverhältnisse:				(110)	(010)	(041)	(481)
	0,3822	1	0,3443				
berechnen sich die Winkel:				$41^0\ 50'$		$108^0\ 2'$	

Anmerkungen zu der Tabelle:

Die zur Berechnung der Axenverhältnisse benutzten Winkelangaben sind mit grösseren Lettern gedruckt.

*) Sénarmont giebt für die Krystalle von Bräunsdorf die Combination $m = \infty P(110)$, $e^4 = \frac{1}{4}\breve{P}\infty(014)$, $(b^{\frac{1}{2}} h^{\frac{1}{12}} b') = \frac{1}{8}\breve{P}3(1.3.24)$ an. Aus den gleichzeitig mitgetheilten Winkelmessungen $\infty P : \infty P = 43^0\ 2'$ und $\frac{1}{4}\breve{P}\infty : \frac{1}{4}\breve{P}\infty = 39^0\ 0'$ berechnet sich das in die Tabelle aufgenommene Axenverhältniss; aber dann berechnet sich aus der brachydiagonalen Endkante = ca. 34^0 der beobachteten Pyramide und aus der Combinationskante derselben mit $\infty P =$ ca. 37^0 nicht die von Senarmont angegebene

krystallographischen Beobachtungen am Valentinit.

Symbole der angegebenen Formen

5	6	7	8	9	10	11	12
$r = \frac{1}{8}\breve{P}\infty$ $r : r$ in c $= 38^0\ 56'$							
	$b = \breve{P}\infty$ $b : b$ in c $=$ ca. $70^0 32'$						
$e^4 = \frac{1}{4}\breve{P}\infty$ $e^4 : e^4$ in c $=$ ca. $39^0 0'$		* $(b^{\frac{1}{5}} h^{\frac{1}{12}} b')$ $= \frac{1}{4}\breve{P}\frac{3}{2}$ brachyd. Endk. $=$ ca. $34^0\ 0'$ $(b^{\frac{1}{5}} h^{\frac{1}{12}} b') : m$ $=$ ca. $57^0\ 0'$					
			$s = \frac{1}{3}\breve{P}\infty$ $s : s$ in c $= 50^0 28'$	$v = 4\breve{P}\infty$ $v : v$ in c $= 159^0 56'$			
** $e^4 = \frac{1}{4}\breve{P}\infty$			** $e^3 = \frac{1}{3}\breve{P}\infty$		$e^{\frac{3}{4}} = \frac{4}{3}\breve{P}\infty$		
	$2\breve{P}\infty$ $2\breve{P}\infty : 2\breve{P}\infty$ in c $=$ ca. $70^0 32'$						
	$q = 2\breve{P}\infty$ $q : p =$ $78^0\ 19'$					$q' = \frac{3}{2}\breve{P}\infty$ $q' : q'$ in c $= 54^0 47'$	$x = \frac{4}{3}\breve{P}20$ makrod. Endk. $= 6^0\ 14'$ brachyd. Endk. $= 48^0\ 40'$
$\breve{P}\infty$ l (011)	$2\breve{P}\infty$ q (021)	$\breve{P}\frac{3}{2}$ w (233)	$\frac{4}{3}\breve{P}\infty$ k (043)	$16\breve{P}\infty$ t (0.16.1)	$\frac{16}{3}\breve{P}\infty$ s (0.16.3)	$\frac{3}{2}\breve{P}\infty$ q' (032)	$\frac{4}{3}\breve{P}20$ x (1.20.15) makrod. Endk. $4^0\ 40'$ brachyd. Endk.
$38^0\ 0'$	$69^0\ 6'$		$49^0\ 20'$	$159^0\ 26'$	$122^0\ 51'$	$54^0\ 38'$	$49^0\ 18'$

Pyramide $(b^{\frac{1}{2}} h^{\frac{1}{12}} b')$, **sondern** $(b^{\frac{1}{5}} h^{\frac{1}{12}} b') = \frac{1}{4}\breve{P}\frac{3}{2}$(2.3.12), welche von mir in der Tabelle aufgenommen worden ist. **) Des Cloizeaux lässt es dahin gestellt, ob an seinen Krystallen von Bräunsdorf $e^4 = \frac{1}{4}\breve{P}\infty$(014) oder $e^3 = \frac{1}{3}\breve{P}\infty$(013) auftritt. ***) Groth giebt das Axenverhältniss zu 0,3869 : 1 : 0,3710 an, wohl nur in Folge eines Rechen- oder Druckfehlers. ****) Der Winkel von $41^0\ 50'$ ist das Mittel von Schwankungen zwischen $42^0\ 18'$ und $41^0\ 14'$.

Aus den älteren Arbeiten ist leider nicht immer mit Sicherheit zu entnehmen, auf welchen Fundpunkt sich die krystallographischen Angaben über den Valentinit beziehen; vergl. die Erläuterungen zur Tafel IV.

durch Oscillation der Prismen- bez. der Brachydomenflächen, theils durch das Auftreten »vicinaler Pyramidenflächen« mit sehr langer Brachyaxe, auf welche Groth (7, 8) als eigenthümlich für das rhombische Antimonoxyd und die isomorphe Arsenige Säure schon früher aufmerksam gemacht hat, welche sich aber in den seltensten Fällen in Bezug auf ihr Parameterverhältniss ermitteln lassen.

Von $b = \infty\breve{P}\infty(010)$ zeigt sich an den Krystallen dieser Stufe niemals eine Spur.

Die von Kenngott[10] angegebenen $c = 0P(001)$ und $a = \infty\bar{P}\infty(100)$ habe ich gleichfalls nie beobachtet. Durch Oscillation der Flächen $m\breve{P}\infty$ oder $p = \infty P(110)$ entstehen aber sehr häufig Scheinflächen von den angegebenen Lagen.

Ebensowenig sind die von Kenngott aus der Wiser'schen Sammlung in Zürich beschriebenen Contactzwillinge nach $m\breve{P}\infty$ an den mir vorliegenden Stufen zu beobachten gewesen.

Beim Abbrechen der Krystalle von ihrer Unterlage tritt sehr schön die sehr vollkommene Spaltbarkeit nach $p = \infty P(110)$ hervor. Diese Spaltflächen sind völlig eben und unabhängig von der mit der Grösse der Krystalle zunehmenden Krümmung der Krystallflächen, welche, wie oben schon angedeutet wurde, somit nur eine Oberflächenerscheinung an den Krystallen ist.

Die gekrümmten und gestreiften Flächen der Vertical- und der Brachyzone würden eine Messung nicht erlauben, wenn sie nicht an ihren äussersten, an den Kanten und Ecken liegenden Elementen eben und normal ausgebildet wären, und zwar um so besser, je kleiner die Krystalle sind.

Am geeignetsten zum Messen sind die verticalen Spaltungsprismen, sobald sie nicht oscillatorisch gestreift sind. Blendet man durch Schwärzung die centralen, meist fehlerhaften Flächentheile ab, so geben die an den Kanten liegenden Flächenelemente im Dunkelzimmer Reflexe von einem etwa 5 mm breiten, 2—3 m entfernten Lichtspalte, welche eine ziemlich befriedigende Messung selbst im Fernrohrgoniometer erlauben (s. u. »Fernrohrbeobachtung«). Gaben die Krystallflächen keinen für das Fernrohr deutlichen Reflex, so erfolgte die Einstellung derselben am Goniometer mittelst des zu einem Mikroskope umgewandelten Fernrohres auf bekannte Weise bei Anwendung desselben Lichtspaltes oder von Tageslicht (s. u. »Mikroskopbeobachtung«).

Die Spaltflächen nach $p = \infty P(110)$ zeigen meist lebhaften, diamantartigen Perlmutterglanz, der bei feiner, vielfach wiederholter Oscillation der Spaltrichtungen in den faserigen Seidenglanz übergeht.

Die Spaltbarkeit nach $b = \infty\breve{P}\infty(010)$ lässt sich an diesen Krystallen

10) Uebersicht der mineralogischen Forschungen 1858, 44.

nicht nachweisen, wohl weil immer die Spaltbarkeit nach $p = \infty P(110)$ einreisst.

1. Messungen des spaltbaren Prisma $p = \infty P(110)$.

Krystall Nr. 1:
- a. Fernrohrbeobachtung (ziemlich gut) — 42° 53,'6

Krystall Nr. 2:
- a. Fernrohrbeobachtung (gut) — 42 56,0

Krystall Nr. 2 (Spaltlamelle):
- a. Fernrohrbeobachtung (gut) — 42 51,0
- b. Mikroskopbeobachtung bei Gaslicht — 42 45,0
- c. Mikroskopbeobachtung bei Tageslicht — 42 50,0

Krystall Nr. 3:
- a. Fernrohrbeobachtung (sehr gut) — 42 53,0

Krystall Nr. 4:
- a. Fernrohrbeobachtung (sehr gut) — 42 53,4
- b. Fernrohrbeobachtung (gut) — 42 47,0

Krystall Nr. 6ª (vorzügliche Spaltlamelle):
- a. Fernrohrbeobachtung am kleinen Goniometer (sehr gut) — 42 57,2
  Schwankungen der 10 Einstellungen zwischen 42° 56′ und 43° 0′.
- b. Fernrohrbeobachtung am grossen Goniometer (sehr gut) — 42 57,8
  Schwankungen der 8 Einstellungen zwischen 42° 55′ und 43° 0′.

Krystall Nr. 6ᵇ (Spaltlamelle):
- a. Fernrohrbeobachtung (sehr gut) — 42 58,7
  Schwankungen der 14 Einstellungen zwischen 43° 10′ und 42° 47′.

Mittel aus allen Messungen: 42 53

Mittel aus den drei besten (letzten) Messungen: 42 58

In ersterem Falle ist das Axenverhältniss $a : b = 0,39274 : 1$

Im zweiten Falle ist das Axenverhältniss $0,39358 : 1$

2. Messungen der Endkante des Brachydoma $i = m\breve{P}\infty(0m1)$.

Krystall Nr. 0:
- a. Fernrohrbeobachtung (nicht ganz sicher) — 45° 22′

Krystall Nr. 1:
- a. Fernrohrbeobachtung (ziemlich gut) — 45 42
- Fernrohrbeobachtung (nicht ganz sicher) — 45 21

Krystall Nr. 4:
- a. Fernrohrbeobachtung (ziemlich gut) — 46 21

Krystall Nr. 5:

a. Fernrohrbeobachtung (nicht ganz sicher)	45° 14′
Mittel aus allen Messungen:	45 36

Hiernach ist das Axenverhältniss $b : mc = 1 : 0,42036$.

β. Die Stufe Nr. II (Taf. V, Fig. 4 und 5).

Die 1 bis 4 mm grossen, immer mit der Brachyaxe a aufgewachsenen Krystalle zeigen im Ganzen den gleichen Habitus und dasselbe Vorkommen[11]) wie die der Stufe Nr. I, sind aber nicht in dem Grade linsenförmig gerundet. Die kleinsten zeigen die von Des Cloizeaux ([6]) als keilförmige Oktaëder bezeichnete Gestalt (Taf. IV, Fig. 3 und Taf. V, Fig. 4).

An einzelnen Krystallen (z. B. Nr. 7 und Nr. 12) ist die Spaltbarkeit nach $b = \infty\breve{P}\infty(010)$ deutlich zu beobachten.

Die Reflexe der brachydomatischen Flächen liegen bei manchen Krystallen nicht immer genau im Fadenkreuze wegen ihrer Krümmung, d. h. wegen ihres Ueberganges in »vicinale« Pyramidenflächen ([7, 8]).

1. Messungen des spaltbaren Prisma $p = \infty P(110)$ wurden vor Allem an dem ganz besonders geeigneten Krystalle Nr. 11 ausgeführt.

Die beiden durch oscillatorische Krümmung verbundenen Flächen gaben ein sehr gutes scharfes Spiegelbild bei Anwendung des Fernrohres, daneben aber noch eine über 3½ Grad ausgedehnte Reihe scharfer, aber lichtschwacher Reflexe. Wählt man die guten Bilder zur Einstellung, so erhält man im Mittel

a. Fernrohrbeobachtung mit Lichtspalt als Signal (Schwankungen der 5 Einstellungen 42° 40′—42° 37′)	42° 38,′6
b. Fernrohrbeobachtung mit Fenstersprosse als Signal (Schwankungen der 5 Einstellungen 42° 40′—42° 37′)	42 38,2

Nach Schwärzung der oscillatorischen Partie zwischen beiden Flächen sind alle Nebenreflexe verschwunden und es bleiben nur die beiden vorhin eingestellten deutlichen Spiegelbilder.

a. Fernrohrbeobachtung (grosses Goniometer) mit Lichtspalt (Schwankungen der Einstellungen 42° 40′ 30″ bis 42° 38′ 40″)	42° 39′ 40″
b. Fernrohrbeobachtung mit Lichtspalt (Schwankungen der Einstellungen 42° 40′—42° 35′)	42 38,0
im Mittel	42° 38′ 37″

11) Das Gemenge von Quarz, Schwefelkies, Flussspath und Antimonglanz, auf welchem als jüngste Bildung der Valentinit sitzt, bildet ein Trum in grünlichgrauem Glimmerschiefer.

Am nicht so gut ausgebildeten Krystall Nr. 13 ergab die Fernrohrbeobachtung 42° 45′.

Verschiedene Spaltungsstücke dieser Stufe haben nach zuverlässigen Fernrohrbeobachtungen stets den Winkel 42° 39′.

An den Krystallen der Stufe Nr. II ist mithin der Winkel des Spaltprisma $p = \infty P(110)$ gegen 20 Minuten kleiner als an den Krystallen der Stufe Nr. I.

An ersteren ist das Axenverhältniss $a : b = 0{,}39032 : 1$.

2. **Die Messungen der Endkante des Brachydoma** $i = m\breve{P}\infty(0m1)$ ergeben bei Fernrohrbeobachtungen am

Krystall Nr. 9	45° 45′
- Nr. 10 (gut)	45 47
- Nr. 11 (ziemlich gut)	45 39
- Nr. 12	45 21
im Mittel	45 38

mithin fast genau so wie an den Krystallen der Stufe Nr. I.

Hiernach ist das Axenverhältniss $b : mc = 1 : 0{,}42071$.

Am Krystall Nr. 11 (Taf. V, Fig. 5) befindet sich noch eine brachydomatische Fläche $h = m'\breve{P}\infty(0m'1)$ zwischen $i = m\breve{P}\infty(0m1)$ und $b = \infty\breve{P}\infty(010)$, welche mit i den Normalenwinkel von etwa 44°31′ bildet.

Hiernach ist die Endkante von $h = m'\breve{P}\infty(0m'1) = 134° 40′$ und das Verhältniss von $b : m'c = 1 : 2{,}3945$.

γ. Die Stufe Nr. III (Taf. V, Fig. 6).

An der dritten Stufe stehen die bis 3 mm grossen Krystalle nicht auf zersetztem Antimonglanz, sondern in einer kleinen Druse eines körnigen, mit Schwefelkies durchzogenen Quarzes. Antimonglanz ist an der Stufe gar nicht zu beobachten.

Durch das Auftreten von $b = \infty\breve{P}\infty(010)$ neben einem Brachydoma, haben die Krystalle einen anderen Habitus als die der beiden ersten Stufen [12]. Sie sind prismatisch nach der Brachyaxe und an dem Ende dieser aufgewachsenen, sechsseitigen Säule treten die durch oscillatorische Krümmung mit einander verbundenen Flächen des spaltbaren Prisma $p = \infty P(110)$ auf.

Die »linsenförmige« oder »schilfartige« Ausbildungsweise der Krystalle findet sich hier nicht mehr.

Durch die sehr vollkommene Spaltbarkeit des Prisma $m = \infty P(110)$ wird die ziemlich vollkommene Spaltfläche nach $b = \infty\breve{P}\infty(010)$ faserig.

12) Auf diese beiden Typen machen schon die früheren Arbeiten über den Valentinit von Bräunsdorf von Breithaupt (3) und von Frenzel (Mineralog. Lexicon 1874, 335) aufmerksam.

1. Messungen des spaltbaren Prisma $p = \infty P(110)$.

Krystall Nr. 14 (Spaltlamelle):

a. Fernrohrbeobachtung (nicht sehr genau) 42° 10′

Krystall Nr. 15:

a. Fernrohrbeobachtung ohne Schwärzung (gut) 42 30

b. desgl. nach Schwärzung des gekrümmten Theiles zwischen beiden Krystallflächen

α. Mittel aus vier Einstellungen (grösste Schwankung 2 Minuten) 42 32,5

β. Mittel aus acht Einstellungen (grösste Schwankung 6 Minuten) 42 30,2

γ. Mittel aus fünf Einstellungen (grösste Schwankung 3 Minuten) 42 32,2

im Mittel aus allen Messungen: 42 27

im Mittel aus den drei besten Messungen: 42 31,6

Im ersteren Falle ist das Axenverhältniss $a : b = 0,38837 : 1$.

Im zweiten Falle ist das Axenverhältniss $0,38915 : 1$.

2. Messungen des Brachydoma $g = m''\breve{P}\infty(0m''1)$.

Krystall Nr. 14:

a. Fernrohrbeobachtung $\infty\breve{P}\infty : m''\breve{P}\infty$ im Mittel aus 24 Einstellungen (Schwankungen zwischen 57° 35′ und 55° 20′) 56° 47′

Krystall Nr. 15:

a. Fernrohrbeobachtung $\infty\breve{P}\infty : m''\breve{P}\infty$ im Mittel aus 24 Einstellungen (Schwankungen zwischen 59° 39′ und 57° 20′) 58 15

Daraus ergiebt sich als Normalenwinkel der Endkante von $g = m''\breve{P}\infty$

am Krystall Nr. 14 = 66° 25′
am Krystall Nr. 15 = 63 30

Da an beiden Krystallen die Einstellung keine genaue sein kann, ist es nicht wahrscheinlich, dass die Messungen sich auf zwei verschiedene Brachydomen beziehen.

Nimmt man das Mittel aus den Messungen an beiden Krystallen $= 64° 57\frac{1}{2}'$, so ist das Axenverhältniss $b : m''c = 1 : 0,63655$
oder $1 : 1,51\, m$.

Diesem Verhältnisse entspricht für $i = m\breve{P}\infty$ das Verhältniss $b : mc = 1 : 0,42436$ und der Endkantenwinkel $i : i = 46° 0'$.

. δ. Zusammenstellung der vorstehenden Beobachtungen:

	p : p ∞P(110)	i : i $m\breve{P}\infty(0m1)$	a : b : mc
Stufe Nr. I:			
a. Allgemeines Mittel:	42° 53′	45° 36′	0,39274 : 1 : 0,42036
b. **Mittel der besten Mess.:**	**42 58**	**45° 36′**	**0,39358 : 1 : 0,42036**
Stufe Nr. II:	**42 38½**	**45 38**	**0,39032 : 1 : 0,42071**
Stufe Nr. III:			
a. Allgemeines Mittel:	42 27	46 0	0,38837 : 1 : 0,42436
b. **Mittel der besten Mess.:**	**42 31½**	46 0	**0,38915 : 1** : 0,42436
Mittel der besten Messungen I[b]. II. III[b].	**42° 42,′7**	**45° 37′**	**0,39101 : 1 : 0,42054**

In Anbetracht, dass der Winkel des Brachydoma g an den Krystallen der Stufe Nr. III nur angenähert gemessen werden konnte, stimmen die Winkel in der Zone der Brachyaxe gut überein und führen bei Vernachlässigung jenes nur angenäherten Werthes zu dem Mittelwerthe:

$$i : i = m\breve{P}\infty = 45^0\ 37'; \quad mc = 0,42054.$$

Sehr auffallend sind dagegen die Schwankungen des Winkels des Spaltungsprisma $p = \infty P(110)$ von Stufe zu Stufe. Dieselben als Beobachtungsfehler zu deuten, dazu sind sie zu gross und auch meistens viel grösser, als die Schwankungen von Krystall zu Krystall an einer und derselben Stufe. Verschiedene »vicinale« Prismen zur Erklärung dieser Schwankungen anzunehmen, gestattet die diesen gemessenen Prismen in allen Fällen folgende und bei den Messungen benutzte, sehr vollkommene Spaltbarkeit nicht.

Es bleibt somit wohl nur Raum für die Vermuthung, dass die Schwankungen der Winkel in der Verticalzone durch Schwankungen in der chemischen Zusammensetzung begründet werden, welche bisher allerdings noch nicht erwiesen worden sind.

Die Messungen der früheren Bearbeiter des Valentinit geben noch grössere Schwankungen dieses Winkels, nämlich zwischen 41° 50′ nach Groth (5) und 43° 2′ nach Mohs (1), Breithaupt (3) u. A.

Nimmt man vorläufig das Mittel aus meinen vorstehend aufgeführten besten (fett gedruckten) Messungen, so beträgt der Winkel $p : p = \infty P$ (110) = 42° 42,′7 und die Axe $a = 0,39101$.

Am Valentinit von Bräunsdorf sind von mir beobachtet die Formen:

$p = \infty P(110)$ sehr vollkommen spaltbar		Kante	42° 42,′7
$b = \infty\breve{P}\infty(010)$ zum Theil ziemlich vollkommen spaltbar			
$i = m\breve{P}\infty(0m1)$	$mc = 0,42054$	Endkante	45 37
$h = m'\breve{P}\infty(0m'1)$	$m'c = 2,3945$	-	134 40
$g = m''\breve{P}\infty(0m''1)$	$m''c = 0,63655$	-	64 57½

Geht man von der von **Groth** (7, 8), wegen der Isomorphie des Valentinit mit den von ihm gemessenen künstlichen Krystallen der rhombischen Arsenigen Säure angenommenen, allerdings am Valentinit noch nicht beobachteten Grundform $o = P(111)$ mit dem aus seinen »approximativen Winkelmessungen« berechneten Axenverhältnisse $a : b : c = 0,3822 : 1 : 0,3443$ aus, um nicht von der bisher üblichen Bezeichnungsweise abzuweichen, so verhalten sich

$$\begin{array}{lcccccccc} & & o & & i & & h & & g \\ c(\text{Groth}) : mc : m'c : m''c & = & 0,3443 & : & 0,42054 & : & 2,3945 & : & 0,63655 \text{ oder} \\ & = & 1 & & 1,221 & : & 6,954 & : & 1,849 \text{ oder} \\ & = & 1 & & \frac{6}{5} & : & 7 & : & \frac{2}{1} \text{ oder} \\ & = & 1 & & \frac{5}{4} & : & 7 & : & \frac{15}{8} \end{array}$$

Dass das letztere Verhältniss angenommen werden muss, wird sich weiter unten ergeben.

Es bekommen mithin die von mir beobachteten Formen die Symbole

$$\begin{aligned} p &= \infty P(110) \\ b &= \infty \breve{P}\infty(010) \\ i &= \tfrac{5}{4}\breve{P}\infty(054) \\ h &= 7\breve{P}\infty(071) \\ g &= \tfrac{15}{8}\breve{P}\infty(0.15.8) \end{aligned}$$

und das mittlere Axenverhältniss der Grundform des Valentinit von Bräunsdorf ist nach meinen Messungen $a : b : c = 0,39101 : 1 : 0,33643$.

Hiernach berechnen sich:

$$\begin{array}{ll} p : p = & 42^\circ\ 42'\ 44'' \\ i : i & 45\ \ 37\ \ 4 \\ h : h & 133\ \ 59\ \ 12 \\ g : g & 64\ \ 8\ \ — \end{array}$$ [13]

b. Der Valentinit von Přibram in Böhmen.

Das Vorkommen des Valentinit von Přibram in Böhmen kennen wir durch die Arbeiten von A. E. **Reuss** [14]), aus denen von **Zepharovich** [15]) einen Auszug giebt [16]).

α. Die Stufe Nr. I (Taf. V, Fig. 7—11)

von ganz besonderer Schönheit stammt aus der **Sack**'schen Sammlung und entspricht den **Reuss**'schen Angaben.

---

13) Nähme man statt $\frac{15}{8}\breve{P}\infty$ die einfache Form $2\breve{P}\infty$ an, so würde $g : g = 67^\circ\ 52'$, was doch zu viel von den allerdings nicht genauen Messungen abweichen würde. $\frac{7}{4}\breve{P}\infty$ ergäbe nur $62^\circ\ 24'$.

14) Sitzungsberichte der Wiener Akad. 1856, **22**, 138 ff.

15) Mineralogisches Lexikon fur Oesterreich 1859, **1**, 463 und 1878, **2**, 334.

16) Vergl. auch Klapproth, Beiträge 1802, **3**, 183.

Die Unterlage der aufgewachsenen Valentinitkrystalle ist mittelgrober, spāthiger Bleiglanz, zum Theil in Bleimulm übergehend und untermengt mit brauner Blende, sowie mit einem filzig-faserigen, dunkelbleigrauen Minerale, bestehend aus Blei, Antimon und Schwefel, wohl Boulangerit oder Jamesonit.

Ueber diesem Gemenge folgt eine dünne Krystallkruste von Quarz, braunschwarzer Blende und zum Theil auch von farblosem Schwerspath.

Erst auf dieser Kruste sitzen die farblosen oder meist weissen, sehr dünntafelförmigen Krystalle von Valentinit entweder einzeln oder häufiger in fächer-, büschel- oder garbenförmigen Gruppen oder »blumenblättrigen Ueberzügen«. Auf den Valentinit folgen wiederum Krystalle von rothbrauner Blende und Schwefelkies, falls dieselben nicht durch den Valentinit hervorragende Krystalle der Unterlage sind.

Aus dem Umstande, dass der Bleiglanz als directe oder indirecte Unterlage des Valentinit löcherig, mulmig, mitunter bis zu grosser Tiefe zersetzt ist, dass der Valentinit mehr oder weniger tief und nicht selten auch zwischen die Spaltlamellen des Bleiglanzes eindringt, und dass der Bleiglanz antimonhaltig ist, schliesst Reuss die Entstehung des Valentinit aus dem Bleiglanz, ohne die gleichzeitige Bildung desselben auch aus den mit dem Bleiglanze vorkommenden Antimonglanz, Jamesonit oder Boulangerit abzusprechen.

Die ungemein dünnen, wohl niemals mehr als 0,5 mm dicken Krystalle des Valentinit sind stets rechteckig-tafelförmig oder breitsäulig nach $b = \infty\breve{P}\infty(010)$. Die Ausdehnung der Tafeln in der Richtung der Verticalaxe ist meist drei bis vier Mal so gross als die in der Richtung der Brachyaxe.

Die Büschel-, Fächer- und Garbenbildung erfolgt immer so, dass die einzelnen Krystalle um die allen gemeinsame Brachyaxe sich radial stellen. Mit der letzteren sind sie auch in der Regel aufgewachsen (Taf. V, Fig. 11).

Alle Krystalle zeigen in der Verticalzone:

$b = \infty\breve{P}\infty(010)$ sehr vollkommen spaltbar, mit diamantartigem Perlmutterglanz,

$p = \infty P(110)$ sehr vollkommen spaltbar, mit diamantartigem Seidenglanz,

einige Krystalle (Nr. 17, 18, 21) auch

$a = \infty\bar{P}\infty(100)$ (Taf. V, Fig. 8 und 10).

Die Flächen dieser Zone geben in der Regel noch für das Fernrohrgoniometer einstellbare Reflexe, wenn man im Dunkelzimmer als Signal einen etwa 3 m entfernten, 7—10 mm breiten Lichtspalt anwendet. Tadellose Reflexe geben nur die Flächen $b = \infty\breve{P}\infty(010)$, bei den anderen Flächen wurde immer die gut erkennbare Mitte des fast immer deutlich helleren Kernes des sonst nebeligen Lichtreflexes eingestellt.

bar), sondern nur die Aggregate der parallel nach $b = \infty \breve{P} \infty (010)$ mit einander verbundenen Krystalle.

An den von mir gemessenen völlig einheitlichen Krystallen, besonders an den gleich noch zu besprechenden Krystallen, ist die zum Theil sehr vollkommene Spaltbarkeit nach $b = \infty \breve{P} \infty (010)$ über jeden Zweifel nachweisbar.

β. Stufe Nr. II (Taf. V, Fig. 11—14).

Durch Herrn Hintze in Bonn erhielt ich aus der Mineralienhandlung von Krantz lose, ringsum ausgebildete Krystalle von Valentinit aus Příbram, welche wegen ihrer regelmässigen Ausbildungsweise und wegen der durchaus fehlenden Rundung der Kanten und Ecken für Messungen geeignet schienen.

Wegen des Mangels einer Aufwachsstelle scheint es unwahrscheinlich, dass sich diese Krystalle, wie sonst die Valentinitkrystalle, aufgewachsen gebildet haben.

Wenn keine Spaltung eingerissen ist, sind die Krystalle zum Theil wasserklar mit diamantartigem Glasglanze. Unter dem Mikroskope erweist sich die Substanz ganz rein. Arsenik konnte in den Krystallen nicht nachgewiesen werden.

Ein Theil der Krystalle ist aber auch streifenweise trübe. Gehen diese Lagen oder Streifen dem Makropinakoid $a = \infty \bar{P} \infty (100)$ parallel, so ist die Trübung durch vielfach eingerissene Spaltung nach $p = \infty P(110)$ und $b = \infty \breve{P} \infty (010)$ entstanden, gehen sie dagegen der Basis $c = 0P(001)$ ungefähr parallel, so sind sie unregelmässiger begrenzt und werden durch mikroskopisch kleine, säulenförmige, untereinander und der Brachyaxe parallele farblose Einlagerungen mit krystallographischer Umgrenzung — vielleicht Poren — veranlasst. Oft finden sich beide Arten von Trübungen an demselben Krystalle, der dadurch carrirt erscheint.

Alle Krystalle zeigen im grossen Ganzen dieselbe Combination: $b = \infty \breve{P} \infty (010)$, $p = \infty P(110)$ und $m\breve{P}\infty$ und zwar in der Weise, dass sie nach $b = \infty \breve{P} \infty (010)$ dünn (meist unter 0,5 mm) tafelförmig sind, und dass die Flächen der Verticalzone, wie an den Krystallen der Stufe Nr. I, in der Regel weit ausgedehnter sind als die der Brachyzone (Taf. V, Fig. 14). Daneben finden sich aber auch einzelne Krystalle, welche, wie Des Cloizeaux ([6]) und Quenstedt[18]) angeben, die entgegengesetzte Ausdehnung nach der Brachyaxe aufweisen (Taf. V, Fig. 13). Allein die Axe der Fächer- und Garbenbildung (Taf. V, Fig. 11, 12) ist in beiden Fällen, soweit meine

18) Mineralogie 1877, 807.

Deshalb und weil Quenstedt »am langen Ende der Tafel als gewöhnlich herrschend eine Endfläche $0P$« angiebt, könnte man vermuthen, dass er die Axen a und c mit einander vertauscht hat.

Beobachtungen an etwa 30 Krystallen reichen, immer die Brachyaxe, nicht wie Quenstedt zeichnet die Verticalaxe.

1. Die Flächen der Verticalzone.

Die Tafelfläche $b = \infty\breve{P}\infty(010)$ ist als Krystallfläche völlig eben und glänzend, giebt mithin tadellose Reflexe für Fernrohrgoniometermessungen; trotz ihrer sehr vollkommenen Spaltbarkeit giebt sie als Spaltfläche keine einheitlichen Reflexe, weil sie durch die ebenfalls sehr vollkommene Spaltbarkeit nach $p = \infty P(110)$ oscillatorisch gestreift wird. Die anderen Flächen der Verticalzone geben wegen ihrer gegenseitigen Streifung immer nur verwaschene und matte Reflexe des als Signal benutzten Lichtspaltes, welche in oben genannter Weise eingestellt wurden.

Die Messungen des nie fehlenden Spaltungsprisma $p = \infty P(110)$ ergaben:

$p = \infty P : b = \infty\breve{P}\infty$.	Krystall Nr. 1 (gut)	68° 30½′
	- Nr. 2 (gut)	68 26
	Nr. 3	68 24
	- Nr. 4 (gut)	68 29
	- Nr. 5 (gut)	68 33
	Spaltlamelle (gut)	68 32½
	Krystall Nr. 6 (gut)	68 32
	- Nr. 7 (gut)	68 30
	- Nr. 8 (sehr gut)	68 31
	im Mittel	68 30

Daraus folgt $p : p = \infty P(110) = 43° 0'$, also nur zwei Minuten abweichend von dem an den Krystallen der Stufe Nr. 1 von Bräunsdorf gemessenen Winkel (42° 58′), aber nicht unbedeutend abweichend von dem der Stufe Nr. 1 von Přibram (42° 46′). Es wiederholt sich also hier die oben für die Krystalle von Bräunsdorf hervorgehobene Erscheinung, dass die Winkel der Verticalzone an demselben Fundorte von Stufe zu Stufe schwanken.

Aus dem genannten Winkel von 43° 0′ berechnet sich das Axenverhältniss:

$$a : b = 0{,}39391 : 1.$$

Unsicherer sind die Einstellungen der anderen, meist seltenen und stets untergeordneteren Verticalflächen:

Krystall Nr. 2	$\varrho = \infty\breve{P}n : b = \infty\breve{P}\infty =$	23° 57′
- Nr. 7	- - - $=$	23 45
im Mittel	$=$	23 51
daraus folgt	$\varrho : \varrho = \infty\breve{P}n$ $=$	132 18

Nimmt man $n = 6$, so wird $a : b = 0{,}37700 : 1$

Krystall Nr. 2 $\sigma = \infty\bar{P}n : \sigma = \infty\bar{P}n = 35^\circ 54'$

Nimmt man $n = \frac{5}{4}$, so wird $a : b = 0,40494 : 1$

Krystall Nr. 5 $m = \infty\bar{P}\nu : b = \infty\breve{P}\infty = 78^\circ 53'$

mithin $m : m = \infty\bar{P}\nu$ 22 14

Nimmt man $\nu = 2$, so wird $a : b = 0,39299 : 1$

Aus den genannten Winkeln von $\varrho = \infty\bar{P}6(160)$

$\sigma = \infty\bar{P}\frac{5}{4}(540)$

$m = \infty\bar{P}2(210)$

berechnet sich im Mittel $a : b = 0,39164 : 1$

und daraus $p : p = \infty P(110) = 42^\circ 46'$, also gerade so gross als an den Krystallen der ersten Stufe von Příbram.

An manchen Krystallen zeigt sich auch $a = \infty\bar{P}\infty(100)$.

2. Die Flächen der Brachyzone

geben noch weniger gute Reflexe, dieselben sind meist lichtschwächer, aber nicht so verwaschen, als die der Verticalflächen. Im Dunkelzimmer können sie aber wenigstens an einigen Krystallen zum Einstellen deutlich genug wahrgenommen werden.

Die Messungen ergaben:

Krystall Nr. 2	$d = m\breve{P}\infty : b = \infty\breve{P}\infty$	=	$23^\circ 55\frac{1}{2}'$
- Nr. 3	- -	=	23 47
Nr. 5	-	=	23 59
- Nr. 7	-	=	23 50
im Mittel	- -	=	23 53
daraus folgt Endkante	$d : d = m\breve{P}\infty$	=	132 14

$mc = 2,2584$, nimmt man $d = \frac{27}{4}\breve{P}\infty(0.27.4)$, so ist das Axenverhältniss $b : c = 1 : 0,334578$.

Krystall Nr. 2 $e = m'\breve{P}\infty : b = \infty\breve{P}\infty = 32^\circ 55'$

daraus folgt Endkante $e : e = m'\breve{P}\infty = 114\ 10$

und $m'c = 1,5445$;

nimmt man $e = \frac{9}{2}\breve{P}\infty(0.9.2)$, so ist das Axenverhältniss $b : c = 1 : 0,34322$.

Das von Des Cloizeaux ([6]) angegebene Brachydoma $s = \frac{16}{3}\breve{P}\infty$ $(0.16.3) = e^{\frac{3}{4}}$ mit der Endkante von $122^\circ 51'$ nach Groth, habe ich an keinem Krystalle von Příbram beobachtet.

γ. Zusammenstellung der vorstehenden Beobachtungen.

Stufe Nr. I von Příbram:

	a	b	c
Krystall Nr. 19	0,39156	: 1	: 0,335344
- Nr. 20	0,38921	: 1	
- Nr. 16	0,39122	: 1	
- Nr. 21		1	: 0,334424
im Mittel:	0,39066	: 1	: 0,334884

Stufe Nr. II von Příbram:	a	b	c
Krystall Nr. 1	0,39394	: 1	
- - Nr. 2, 5, 7	0,39164	: 1	
- Nr. 2, 3, 5, 7		1	: 0,334578
- Nr. 2		1	: 0,343222
im Mittel:	0,39278	: 1	: 0,338900
Im Mittel aus Stufe Nr. I und II	0,39172	: 1	: 0,336892

Die Valentinitkrystalle von Příbram sind flächenreicher als die von Bräunsdorf. Beobachtet habe ich die Formen:

$$
\begin{aligned}
b &= \infty\breve{P}\infty(010)\\
\varrho &= \infty\breve{P}6(160)\\
p &= \infty P(110)\\
\sigma &= \infty\bar{P}\tfrac{5}{4}(540)\\
m &= \infty\bar{P}2(210)\\
a &= \infty\bar{P}\infty(100)\\
f &= \tfrac{20}{9}\breve{P}\infty(0.20.9)\\
e &= \tfrac{9}{2}\breve{P}\infty(092)\\
d &= \tfrac{27}{4}\breve{P}\infty(0.27.4)\\
\varepsilon &= \bar{P}\infty(101)\\
u &= \tfrac{10}{3}\breve{P}\tfrac{10}{3}(3.10.3)
\end{aligned}
$$

und das mittlere Axenverhältniss der unbekannten Grundform $o = P(111)$ des Valentinit von Příbram ist nach meinen Messungen:

$$a : b : c = 0{,}39172 : 1 : 0{,}336892.$$

c. **Der Valentinit von Constantine in Algier** (Taf. V, Fig. 15—17).

Die zu den nachstehenden Untersuchungen benutzte Stufe stammt aus der früher Brücke'schen Sammlung in Berlin und gelangte 1872 mit einem Theile dieser Sammlung an das hiesige mineralogische Institut.

Obgleich jede nähere Fundortsangabe fehlt, ist wohl nicht daran zu zweifeln, dass sie, wie Sénarmont[19]) angiebt, »aus den Gruben von Sensa[20]) oder Serk'a unweit den Quellen von Aïn-el-Bebbouch in der algerischen Provinz Constantine« stammt.

Das dortige Vorkommen von Valentinit ist meines Wissens nur durch Sénarmont bekannt geworden. Nach ihm bestehen die dort in grosser Menge sich findenden Massen von Valentinit aus feinsten, parallelen oder etwas divergenten Fasern mit Perlmutter- und Diamantglanz. Sie haben ein zerfressenes Aussehen wegen der Höhlungen, welche diese Zusammen-

19) Annales de chim. et de phys. 1851, **31**, 504.
20) Des Cloizeaux (6) schreibt Sempsa.

häufungen von rudimentären Krystallen zwischen sich lassen. Die Wandungen dieser Hohlräume, ebenso die Spitzen der hier endenden Fasern sind manchmal grell gelb. Die nadelförmigen Krystalle sind faserig und blätterig nach ihrer Längsrichtung und die Spaltrichtungen schneiden sich unter 136° 58′ (43° 2′).

So weit Sénarmont.

Ausserdem findet sich in der Literatur noch die kurze Notiz von Des Cloizeaux [6]: Les cristaux blancs de Sempsa province de Constantine offrent des tables fortement aplaties suivant g', allongées dans le sens de la petite diagonale de la base, présentant le prisme m sur leur arête verticale et quelquefois un biseau $e^{\frac{1}{2}}$ sur leur arête horizontale (vergl. Taf. IV, Fig. 8).

Die mir vorliegende Stufe zeigt den Valentinit in ausgezeichnet oolithischer, radialstrahliger bis faseriger Ausbildungsweise.

Die einzelnen kugelförmigen Gebilde haben bis 5 mm Durchmesser und haften ziemlich fest an einander, obwohl die Zwischenräume leer sind, so dass die nadelförmigen Individuen der den Zwischenraum umschliessenden Kugeln mit ihren freien Krystallspitzen 1—2 mm weit hineinragen.

Die kugeligen Faseraggregate sind im Innern farblos oder hellgrau und zeigen durch das Faserige ausgezeichneten Seidenglanz, während durch die Spaltbarkeit jede Faser zugleich diamantartigen Perlmutterglanz erhält.

Die feinen Enden der meist sehr dünnen, selten über 0,25 mm dicken Fasern zeigen dagegen den diamantartigen Glasglanz und eine helle strohgelbe Farbe, wohl in Folge von Bildung geringer Mengen Antimonocker von den Hohlräumen aus. Selten dringt diese gelbliche Färbung tiefer in die kugeligen Aggregate ein.

Die in manchen dieser Hohlräume befindlichen Krystalle zeigen bisweilen eine Grösse (0,5—1 mm lang; 0,1—0,3 dick) und Ausbildungsweise, dass der Versuch einer krystallographischen Bestimmung und Winkelmessung derselben im Reflexionsgoniometer auf die im Vorstehenden genannte Weise versucht und auch befriedigend erreicht werden konnte.

Alle Krystalle haben ihre Längsrichtung parallel dem verticalen Spaltungsprisma $p = \infty P(110)$, zeigen also eine von den andern Vorkommen abweichende Ausbildungsweise.

Die Figuren 15—17 auf Taf. V zeigen die drei besonders häufig wiederkehrenden Combinationen.

Ihre Bestimmung konnte in der folgenden Weise ausgeführt werden.

Die Kante des Spaltungsprisma $p = \infty P(110)$ kann an einigen Krystallen im Fernrohrgoniometer noch angenähert gemessen werden:

Krystall Nr. 1	43° 11′		
	42 5	ziemlich gut.	
	44 2		
- Nr. 3	42 29		
	41 45		
- Nr. 4	40 37	unsicher	
- Nr. 5	42 53	gut	
- Nr. 6	46 5	unsicher	
im Mittel	42 53		

hieraus findet man $a : b = 0{,}39273 : 1$.

An einigen Krystallen, welche nach $a = \infty\bar{P}\infty(100)$ tafelförmig sind, so dass sie mit dieser Fläche auf den drehbaren Objecttisch eines Mikroskopes gelegt werden können, ist unter dem Mikroskope der ebene Winkel zwischen den in c zusammenstossenden makrodiagonalen Endkanten der Pyramide v zu messen. Diese ergeben

am Krystall Nr. 2	47°	(sehr gut)
- - Nr. 3	47 6′	(gut)
im Mittel	47 3	

hieraus ergiebt sich $b : mc = 1 : 0{,}43534$, also sehr nahe wie bei den Krystallen von Bräunsdorf.

Nimmt man deshalb auch hier $m = \frac{5}{4}$, so wird das Axenverhältniss $b : c = 1 : 0{,}34827$.

Am Krystalle Nr. 3 kann auch der körperliche Winkel der makrodiagonalen Endkante dieser Pyramide $v = \frac{5}{4}\breve{P}n$ im Fernrohrgoniometer zu 53° 45′ bis 53° 34′, im Mittel = 53° 39½′ gemessen werden.

Hieraus findet man $na = 0{,}78915$ und $n = 2$; v ist mithin $\frac{5}{4}\breve{P}2(5.10.8)$. Dann erhält ξ, welche in der Zone der Makroaxe und in der von $v : v$ liegt, das Symbol $\xi = \frac{5}{8}\bar{P}\infty(508)$.

Das Makroprisma $\pi = \infty\bar{P}n$ bildet mit $p = \infty P(110)$ den Winkel von ungefähr 13° 30′, nimmt man obiges Axenverhältniss und $n = 3$ an, so berechnet sich dieser Winkel zu 13° 59′; π hat folglich das Symbol $\infty\bar{P}3(310)$.

Die vorliegenden Valentinit-Krystalle von Constantine zeigen demnach die Formen:

$$p = \infty P(110)$$
$$\pi = \infty\bar{P}3(310)$$
$$a = \infty\bar{P}\infty(100)$$
$$v = \tfrac{5}{4}\breve{P}2(5.10.8)$$
$$\xi = \tfrac{5}{8}\bar{P}\infty(5.0.8)$$

und das mittlere Axenverhältniss der unbeobachteten Grundform $o = P(111)$ ist:

$$a : b : c = 0{,}39273 : 1 : 0{,}34827.$$

d. Allgemeine Resultate.

Im Vorstehenden ist wiederholt hervorgehoben worden, dass die Winkel des Valentinit, namentlich in der Verticalzone, von Fundort zu Fundort, sowie von Stufe zu Stufe nicht übereinstimmen, und dass diese Winkelschwankungen vielleicht durch Schwankungen in der chemischen Zusammensetzung, etwa durch Eintritt von Arsen an Stelle des Antimon, zu erklären sein dürften.

Sieht man von den Schwankungen der Winkel ab, und nimmt für die Krystalle jedes Fundortes aus den zuverlässigsten Beobachtungsreihen das allgemeine Mittel, so findet man für die noch nicht beobachtete Grundform $o = P(111)$ des Valentinit das Axenverhältniss $a : b : c$

von Bräunsdorf 0,39101 : 1 : 0,33643
- Přibram 0,39172 : 1 : 0,33689
- Constantine 0,39273 : 1 : 0,34827.

Es zeigen sich in diesem Falle die Axenverhältnisse der verschiedenen Fundorte sehr nahe gleich. Eine etwas grössere Abweichung findet sich nur beim Valentinit von Constantine und zwar nachweislich bloss aus dem Grunde, dass an diesen Krystallen zahlreiche und zuverlässige Messungen bisher nicht ausgeführt werden konnten. Die bisherigen Messungen können nur dazu dienen, die Symbole der beobachteten Formen zu ermitteln.

Will man ein mittleres Axenverhältniss für alle Valentinit-Krystalle feststellen, so nimmt man am besten nur aus den beiden von Bräunsdorf und Přibram das Mittel und erhält so:

$$a : b : c = 0{,}391365 : 1 : 0{,}33666,$$

während Groth gefunden hat:

für den Valentinit $= 0{,}3822 : 1 : 0{,}3443$
für die künstliche Arsenige Säure $= 0{,}3758 : 1 : 0{,}3500$.

Hiernach ist die Homöomorphie beider Substanzen nicht ganz so gross, als nach den Untersuchungen von Groth es den Anschein hatte.

In der auf S. 184 und 185 gegebenen Tabelle sind alle bisher an diesen beiden Substanzen bekannt gewordenen Formen auf diese Grundformen bezogen aufgeführt mit den vom ersten Beobachter der betreffenden Formen gemachten Winkelmessungen.

Wenn die Indices, und vielfach gerade die der häufiger wiederkehrenden Formen des Valentinit, an Einfachheit Vieles zu wünschen übrig lassen, so hat das zum Theil seinen Grund in der Wahl der Grundform, welche nicht für den Valentinit getroffen worden ist, sondern von Groth [7] für die Krystalle der künstlichen Arsenigen Säure festgesetzt wurde.

Praktische Beweggründe liessen mich an dieser älteren Annahme festhalten, und glaube ich mich darin in Uebereinstimmung mit den Fachgenossen zu befinden.

Ausser dem aus der Tabelle ersichtlichen Zonenverbande findet zwischen den am Valentinit bekannt gewordenen Flächen noch folgender Zonenverband statt:

$a = \infty\bar{P}\infty(100)$ in $w : w,\ w : l,\ v : v,\ v : i,\ u : u,\ x : k$
$m = \infty\bar{P}2(210)$ in $w : k$
$p = \infty P(110)$ in $l : \varepsilon,\ g : v,\ y : r$
$\varrho = \infty\breve{P}6(160)$ in $y : t$
$b = \infty\breve{P}\infty(010)$ in $v : v,\ v : \xi,\ w : w,\ u : u,\ u : \varepsilon,\ y : y$
$t = 16\breve{P}\infty(0.16.1)$ in $y : \varrho$
$r = 4\breve{P}\infty(041)$ in $y : p$
$f = \frac{20}{9}\breve{P}\infty(0.20.9)$ in $v : u$
$q = 2\breve{P}\infty(021)$ in $w : y$
$g = \frac{15}{8}\breve{P}\infty(0.15.8)$ in $v : p$
$k = \frac{4}{3}\breve{P}\infty(043)$ in $w : m,\ x : a$
$i = \frac{5}{4}\breve{P}\infty(054)$ in $v : v,\ v : a$
$l = \breve{P}\infty(011)$ in $w : w,\ w : a,\ p : \varepsilon$
$\varepsilon = \bar{P}\infty(101)$ in $p : l,\ u : u$
$\xi = \frac{5}{8}\bar{P}\infty(508)$ in $v : v,\ v : b$
$x = \frac{4}{3}\breve{P}20(1.20.15)$ in $k : a$
$y = 8\breve{P}2(481)$ in $w : q,\ p : r,\ y : b,\ \varrho : t$
$w = \breve{P}\frac{3}{2}(233)$ in $w : b,\ y : q,\ w : a,\ l : a,\ k : m$
$u = \frac{10}{3}\breve{P}\frac{10}{3}(3.10.3)$ in $u : a,\ u : \varepsilon,\ \varepsilon : b,\ v : f$
$v = \frac{5}{4}\breve{P}2(5.10.8)$ in $u : f,\ v : \xi,\ p : y,\ v : a,\ i : a,\ b : \xi.$

Laufende Nr.	Signatur	Symbol nach Naumann	Symbol nach Miller	Arsenige Säure As_2O_3 $a:b:c = 0,3758 : 1 : 0,3500$; Groth — Autor	Normalwinkel	berechnet	beobachtet
		I. Verticalzone:					
1	*a*	∞P̄∞	(100)	Groth	*a* : *b*	90° 0′	90° 5′
2	*π*	∞P̄3	(310)	—	—	—	—
3	*m*	∞P̄2	(210)	Groth	*m* : *m*	21 18	—
4	*σ*	∞P̄$\frac{5}{4}$	(540)	—	—	—	—
5	*p*	∞P	(110)	Groth	*p* : *p*	41 12	—
6	*μ*	∞P̆$\frac{5}{2}$?	(250)	Groth	*μ* : *b*	46 47	48 9
7	*ν*	∞P̆5 ?	(150)	Groth	*ν* : *b*	28 4	25 37
8	*ϱ*	∞P̆6	(160)	—	—	—	—
9	*b*	∞P̆∞	(010)	Groth	*b* : *a*	75 38	75 38
		II. Brachyzone:					
10		16P̆∞	(0.16.1)	—	—	—	—
11	*h*	7P̆∞	(071)	—	—	—	—
12	*d*	$\frac{27}{4}$P̆∞	(0.27.4)	—	—	—	—
13	*s*	$\frac{16}{3}$P̆∞	(0.16.3)	—	—	—	—
14	*e*	$\frac{9}{2}$P̆∞	(092)	—	—	—	—
15	*r*	4P̆∞	(041)	—	—	—	—
16	*f*	$\frac{20}{9}$P̆∞	(0.20.9)	—	—	—	—
17	*q*	2P̆∞	(021)	—	—	—	—
18	*g*	$\frac{15}{8}$P̆∞	(0.15.8)	—	—	—	—
19	*q′*	$\frac{3}{2}$P̆∞	(032)	—	—	—	—
20	*k*	$\frac{4}{3}$P̆∞	(043)	—	—	—	—
21		$\frac{5}{4}$P̆∞	(054)	—	—	—	—
22		P̆∞	(011)	—	—	—	—
		III. Makrozone:					
23	*ε*	P̄∞	(101)	—	—	—	—
24	*ξ*	$\frac{5}{8}$P̄∞	(508)	—	—	—	—
25	*δ*	$\frac{1}{12}$P̄∞	(1.0.12)	Groth	*δ* : *δ*	8 54	?
		IV. Pyramiden:					
26	*o*	P	(111)	Groth	Makro- } Endkante	82 38	82 38
				-	Brachy- } Endkante	28 44	28 42
27	*n*	7P̆7	(171)	-	*n* : *b*	39 9	38 23
28	*α*	4P̆48	(1.48.12)	-	*α* : *b*	35 37	35 18
29	*β*	2P̆24	(1.24.12)	-	*β* : *b*	55 5	55 12
30	*γ*	P̆12	(1.12.12)	-	*γ* : *b*	70 46	70 49
31	*z*	15P ?	(15.15.1)	—	—	—	—
32	*x*	$\frac{4}{3}$P̆20	(1.20.15)	—	—	—	—
33	*y*	8P̆2	(181)	—	—	—	—
34	*w*	P̆$\frac{3}{2}$	(233)	—	—	—	—
35	*u*	$\frac{10}{3}$P̆$\frac{10}{3}$	(3.10.3)	—	—	—	—
36	*v*	$\frac{5}{4}$P̆2	(5.10.8)	—	—	—	—

Valentinit Sb_2O_3

$a : b : c = 0{,}391865 : 1 : 0{,}33666$

Autor	Normalwinkel	berechnet	beobachtet	Fundort
Laspeyres	$a : p$	21° 22½′	—	P. C.
-	$\pi : p$	13 56½	13° 30′	C.
-	$m : m$	22 8½	22 14	P.
-	$\sigma : \sigma$	34 46	35 54	P.
Mohs	$p : p$	42 45	43 2	B. P. C.
—	—	—	—	—
—	—	—	—	—
Laspeyres	$\varrho : \varrho$	133 52	132 18	P.
Mohs	$b : p$	68 37½	—	B. P. C.
Miller	$t : t$	158 58	159 56	P. ?
Laspeyres	$h : h$	134 1	134 40	B.
-	$d : d$	132 30	132 14	P.
Des Cloizeaux	$s : s$	121 46	?	P. C.
Laspeyres	$e : e$	113 8½	114 10	P.
Mohs	$r : r$	106 48	109 28	P. ?
Laspeyres	$f : f$	73 36	73 24	P.
Breithaupt	$q : q$	67 54	70 32	B.
Laspeyres	$g : g$	64 32	64 57½	B.
Groth	$q' : q'$	53 35	54 47	B.
Miller	$k : k$	48 21	50 28	B. ?
Laspeyres	$i : i$	45 38½	45 37	B.
Mohs	$l : l$	37 12½	38 56	B.
Laspeyres	$s : s$	81 24	81 0	P.
-	$\xi : \xi$	56 32	?	C.
—	—	—	—	—
		—	—	—
		—	—	—
		—	—	—
		—	—	—
	—	—	—	—
—	—	—	—	—
Groth	Makro- Endkante	5 59	6 14	B.
	Brachy- Endkante	48 17	48 40	
Mohs	Makro- Endkante	100 16	?	P. ?
	Brachy- Endkante	73 52		
	$w : p$	56 51	57 0	
Sénarmont	Brachy-Endkante	32 33	34 0	B.
Laspeyres	$u : b$	49 36	49 18	P.
Laspeyres	Makro-Endkante	52 43	53 39½	C.

16. Wurtzit von Felsöbanya in Ungarn.

Wohl in den meisten Mineraliensammlungen finden sich die schönen, bis über 10 cm langen und bis 1 cm dicken Krystalle von Antimonglanz von Felsöbanya in Ungarn, um welche sich als jüngste Bildung tafelförmige Krystalle von Schwerspath [Combination: $\infty P(110)$ und $0P(001)$] in der Weise abgeschieden haben, dass die säulenförmigen Antimonglanzkrystalle öfters die Schwerspathtafeln durchspiessen.

Eine solche Stufe von ganz besonderer Schönheit, aus der früher Sack-schen Sammlung stammend, befindet sich im hiesigen mineralogischen Institute und hat Veranlassung zu den folgenden, bei der bisherigen Seltenheit des Wurtzit wohl nicht uninteressanten Beobachtungen gegeben. Später fand ich einige Stufen derselben Art, aber von minderer Schönheit, in den Sammlungen des Krantz'schen Mineraliencomptoirs in Bonn, welche ich gleichfalls zu dem Nachfolgenden benutzen konnte. Ich will hier gleich bemerken, dass alle diese Stufen völlig übereinstimmen.

Es ist hiernach zu vermuthen, dass der an diesen Stufen als Pseudomorphose noch Antimonglanz aufgefundene Wurtzit in den meisten Mineraliensammlungen schon vertreten und nur durch Zufall bisher unbeachtet geblieben ist.

Die flächenreichen Antimonglanzkrystalle erscheinen wie mit einer ganz dünnen Kruste von einer durchscheinenden Substanz überzogen, welche, sobald sie dicker wird, eine charakteristische schwefel- bis pomeranzgelbe Farbe zeigt.

Ganz besonders dick wird diese Substanz auf den Endigungsflächen der Krystalle, wo sie eine 0,5 bis 2 mm dicke Kappe bildet.

Sie ist aber kein fremder Absatz auf dem Antimonglanz, sondern aus demselben durch Umwandlung, welche von der Oberfläche mehr oder weniger tief in das Innere der Krystalle vorgeschritten ist, entstanden, denn die kleinen Antimonglanzkrystalle sind an ihren freien Enden entweder ganz in diese Substanz umgewandelt oder enthalten im Innern nur noch einen rudimentären Kern von Antimonglanz, dessen Oberfläche substantiell noch ganz frisch, aber formell ganz zernagt, im Wesentlichen aber noch ungefähr von der äusseren Krystallform erscheint. Das sieht man besonders gut, wenn man die neue Substanz in kalter concentrirter Salzsäure auflöst, in welcher der Antimonglanz nicht im Geringsten angegriffen wird.

Die in die neue Substanz umgewandelten Antimonglanzkrystalle zeigen die ursprünglichen Flächen meist noch völlig eben, zum Theil sogar noch etwas glänzend, die Kanten scharf und gerade. Es ist bei der Umwandlung die alte Form vollkommen erhalten geblieben, was bei einer nur etwas dickeren Umhüllung nicht hätte erfolgen können.

Von den Krystallflächen der Verticalzone, besonders von dem spaltbaren

$\infty \breve{P} \infty (010)$, springt die Rinde, sobald sie noch sehr dünn ist, leicht ab, sonst haftet sie fest am Antimonglanz.

Diese Substanz gleicht oberflächlich dem Antimonocker oder auch dem Stiblith, für die man sie bisher ganz allgemein gehalten zu haben scheint in Folge der Mittheilungen von Blum[1]), welche von Zepharovich[2]) wiedergiebt.

Zunächst beschreibt Blum zwei Stufen von Kremnitz und Felsöbanya als Pseudomorphosen von Antimonocker noch Antimonglanz. Die Bestimmung des Umwandlungsproducts als Antimonocker scheint aber nur nach der allgemeinen äusseren Aehnlichkeit mit dem Antimonocker anderer Fundorte erfolgt zu sein, denn abgesehen davon, dass keine chemischen Prüfungen u. s. w. angegeben werden, bezeichnet später Blum die Pseudomorphose von Felsöbanya als solche von Stiblith nach Antimonglanz, nachdem er und Delffs jenes härtere und schwerere Mineral vom Antimonocker getrennt und als selbständige Mineralspecies aufgestellt hatten.

Die Beschreibungen Blum's passen ganz genau auf die mir vorliegenden Stufen, so dass es mir wahrscheinlich ist, dass Blum und mir die nämlichen Pseudomorphosen vorgelegen haben, obgleich mir aus den Sammlungen des Krantz'schen Mineraliencomptoirs und der Berliner Universität auch Antimonglanzkrystalle von Felsöbanya bekannt sind mit einer Rinde von einer anderen gelben Substanz.

Das chemische Verhalten der mir vorliegenden gelben Substanz ist ein vollständig anderes, als das von Antimonocker und Stiblith.

Beim Erhitzen im Kolben decrepitirt sie, giebt etwas Wasser, kaum Spuren eines weissen Sublimats, schmilzt nicht, wird der Reihe nach bräunlich, schwarz, gelb und beim Erkalten fast weiss. Auf Kohle ist sie weder schmelzbar, noch zu Metall reducirbar. In kalter concentrirter Salzsäure löst sie sich sehr leicht und vollständig unter lebhafter Entwicklung von Schwefelwasserstoff, während nach darauf hin angestellten Versuchen der Antimonglanz hierbei unverändert zurückbleibt.

In der ganz hell gelblichen Lösung verursacht Wasser einen Niederschlag von »Goldschwefel«. Im Filtrat befinden sich dann nur noch grosse Mengen Zink neben Spuren von Eisen.

Die Substanz ist demnach ein etwas Antimon-haltiges, oder wahrscheinlicher mit etwas Valentinit, Antimonocker, Stiblith oder Cervantit verunreinigtes Schwefelzink[3]).

---

1) Pseudomorphosen des Mineralreichs 1843, 174; erster Nachtrag 1847, 89.

2) Mineralogisches Lexikon Oesterreichs 2, 310.

3) Beim Erwärmen in schwacher *HCl* färben sich die Splitter unter Entwicklung von Schwefelwasserstoff roth, wahrscheinlich durch Bildung von etwas »Goldschwefel« aus den verunreinigenden Antimonoxydverbindungen. Diesen und vielleicht auch der feinfaserigen, bekanntlich zur Hygroskopie besonders geneigten Textur ist der geringe Wassergehalt zuzuschreiben.

Für eine quantitative Analyse konnten nur 0,0267 g reines, bei 120° C. getrocknetes Material beschafft werden. Dieselbe ergab:

		Atomverh.:
Glühverlust (Wasser)	0,0003 g	
Antimonoxyd Sb_2O_3	0,0003 -	
Unlöslich in Salzsäure	0,0014 -	
Zink	0,0161 -	2,5
Schwefel und Verlust	0,0086 -	2,7
	0,0267 -	

Die Substanz hat demnach die Zusammensetzung der regulären Zinkblende und des hexagonalen Wurtzit, nämlich ZnS.

Die Absicht, die Frage, welches von beiden Mineralien hier vorliegt, durch chemischen und mikroskopischen Vergleich mit dem echten Wurtzit von Oruro in Bolivia zu beantworten, scheiterte daran, dass ich an keiner Stelle dieses seltene Mineral zu erhalten vermochte und zweifelhaften Wurtzit (Spiauterit u. s. w.) anderer Fundorte dazu nicht gebrauchen zu können glaubte.

Aus den nachstehenden Untersuchungen an dieser Substanz, sowie an Blende, Spiauterit, Schalenblende — die ich allerdings noch nicht ganz als abgeschlossen betrachten kann, aber vorläufig unterbrechen muss — geht jedoch hervor, dass es nur Wurtzit sein kann.

Die leichte Löslichkeit der Substanz in kalter concentrirter Salzsäure spricht zunächst gegen die Möglichkeit von Blende. Denn abgesehen davon, dass Splitter des Minerals mit gleich grossen Splittern der Blende von Santander in Spanien in derselben Säure sofort unter Entwicklung von Schwefelwasserstoff gelöst werden, während die der Blende noch nach Tagen keine Veränderung zeigen, wird für Blende ganz allgemein Unlöslichkeit in kalter Salzsäure angegeben[1]).

Allein Versuche, die ich in dieser Beziehung anzustellen trotzdem für erwünscht hielt, zeigen, dass die Löslichkeit der Blende in Salzsäure doch etwas anders verläuft. Danach wird die Zinkblende in kalter concentrirter Salzsäure zersetzt, und zwar um so rascher, je feiner sie vertheilt ist, sei es natürlich durch Faserbildung, sei es künstlich durch Pulvern.

Man stellt die Versuche am Besten in der Weise an, dass in einen ganz engen und kleinen Reagircylinder auf etwas Blende einige Tropfen kalter concentrirter Salzsäure gegossen werden und dass ein Streifen Bleiessigpapier bis nahe an die Säure eingehängt wird, bevor man das Glas schliesst. In der entstehenden Lösung wird später das Zink am Besten dadurch nach-

1) Rammelsberg, Mineralchemie 1875, 62.
Becke, Tschermak's min. und petr. Mittheilungen 1883, 5, 459.

gewiesen, dass man sie mit einem Tropfen Kobaltsolution versetzt, ein Stückchen Löschpapier damit tränkt und dasselbe einäschert. Die zinkhaltige Asche wird grün.

Ein Stückchen Blende von Santander oder ein Krystall von Neudorf im Harz zeigt keine Gasentwicklung und nach Stunden und Tagen noch keine dem Auge sichtbare Einwirkung der Säure, trotzdem erfolgt dieselbe, denn schon nach einigen Minuten bräunt sich das Papier. Bei ganz feinem Pulver dieser beiden Blenden erfolgt die Entwicklung des Schwefelwasserstoffs gleich im Anfang sehr rasch, allmählich nimmt die Entwicklung ab.

Die Strahlenblende (Spiauterit) von Přibram und Freiberg, welche schon Breithaupt für hexagonal, also für Wurtzit, gehalten hat, scheint unter sonst gleichen Umständen etwas leichter angegriffen zu werden, als die Blendekrystalle, sie nähert sich darin schon etwas der Schalenblende von Diepenlinchen, welche sogar in Stücken sehr rasch, wenigstens theilweise gelöst wird. Nämlich die hellen, scheinbar feiner faserigen Lagen werden rascher und vollständiger gelöst als die dunklen, scheinbar gröber faserigen Lagen, so dass jene rasch ausgefressen werden und diese als Rippen etwas aus der Aetzungsoberfläche hervorragen. Dabei trübt sich die Säure wie durch einen feinen Sand oder flockigen Schlamm, der beim Erhitzen der Säure sich ebenfalls rasch unter Entwicklung von Schwefelwasserstoff löst.

Sehr gut beobachtet man diese Löslichkeit, wenn die Schalenblende quer zu den verschiedenen Lagen angeschliffen und die Schliffflächen halb mit Wachs überzogen werden. In der Säure sind die freien Theile der Schlifffläche in einer halben bis ganzen Stunde etwa 0,5 mm tief abgeätzt, wenigstens in den hellsten Lagen.

Noch rascher erfolgt allerdings die Zersetzung der für Wurtzit angesprochenen Substanz von Felsöbanya.

Hiernach vermuthe ich:

1) dass die Substanz Wurtzit und nicht Blende ist,

2) das der Wurtzit unter sonst gleichen Umständen viel rascher von kalter concentrirter Salzsäure zersetzt wird als Blende, und

3) dass die Schalenblende von Diepenlinchen ein Gemenge von Wurtzit und Blende ist*).

Bekanntlich hat Fischer[5]) die Schalenblende von Geroldseck bei Lahr mikroskopisch als Wurtzit bestimmt.

---

*) Einige vorläufige mikroskopische Untersuchungen an einem Dünnschliffe dieser Schalenblende, welche ich jetzt nicht fortsetzen kann, aber sobald als möglich wieder aufnehmen und auf die Schalenblende und Strahlenblenden anderer Fundorte ausdehnen werde, bestätigen diese Vermuthung, und zwar in der Weise, dass der Wurtzit aus der Blende durch Umlagerung der Moleküle entstanden zu sein scheint.

5) Naumann-Zirkel, Mineralogie 1881, 723 und diese Zeitschr. 1880, 4, 364.

Die Richtigkeit des ersten Punktes wird nun durch das Mikroskop erwiesen.

Je dünner die Umwandlungsrinde ist, um so schöner sieht man schon mit blossem Auge, noch besser bei Anwendung von Vergrösserungen, ihre Oberfläche feinst granulirt.

Es haben sich mithin bei der Umwandlung des Schwefelantimon (Sb_2S_3) in Schwefelzink (ZnS) durch hinzugekommene Zinklösung irgend welcher Art zuerst winzige Kügelchen von letzterer Substanz gebildet und sich zu einer continuirlichen Haut auf der dabei zerstörten Oberfläche des Antimonglanz zusammengefügt.

Die grössten Kügelchen haben unter dem Mikroskop gemessen einen Durchmesser von 0,07 mm. Unter dieser Haut ist dann die Weiterumwandlung mehr oder weniger tief vorangeschritten und zwar besonders von den Kanten und Ecken der Krystalle.

Diese dünne, vom Krystall abgeblätterte Rinde bekommt in Canadabalsam eingebettet so viel Durchscheinenheit, entweder durch ihre ganze Masse oder wenigstens an ihren dünneren Rändern, dass sie unter dem Mikroskope bei durchgehendem Lichte beobachtet werden kann.

Dieselbe zeigt dann stets einen überraschend regelmässigen maschen- oder zellenartigen Aufbau aus winzigen, scheinbar ganz homogenen Kugeln. Trotzdem müssen dieselben ganz fein radialfaserig sein, denn jede giebt zwischen gekreuzten Nicols in prachtvoller Schärfe auf licht bläulichgrauem Grunde das bekannte Interferenzkreuz der Fasersphärolithe [6]) und zwar stets in der Richtung der Hauptschnitte der Nicols, so dass also die Auslöschungsrichtung mit der Längsaxe jeder Faser zusammenfällt.

Hiernach erscheint es wohl zweifellos, dass die Substanz Wurzit ist.

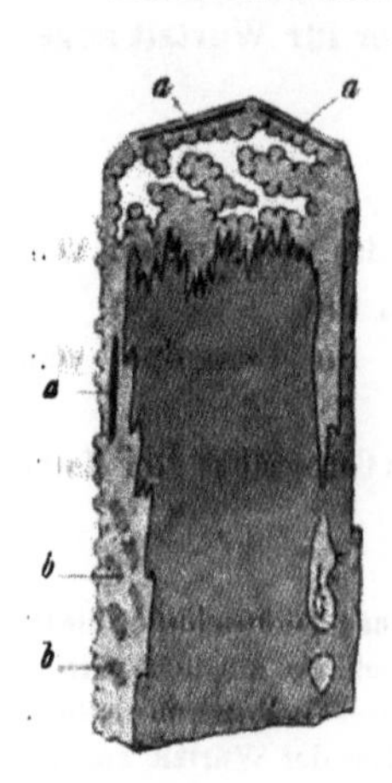

Im auffallenden Lichte zeigen die Splitter unter dem Mikroskop eine pockige Oberfläche wie der Hyalit oder mancher Glaskopf. Dass die ganze Umwandlungsmasse aus solchen Kügelchen, deren Grösse nur geringen Schwankungen unterliegt, besteht, zeigen die Dünnschliffe der umgewandelten Krystalle.

Die Weichheit des Wurzit und des Antimonglanz, sowie die grosse Spaltbarkeit des letzteren machen die Herstellung von lichtdurchlassenden Dünnschliffen sehr schwierig, es gelingt nur, wenn man dieselben parallel der Spaltfläche nach $\infty \breve{P} \infty$ (010) herstellt. Die übrigen zerbröckeln, bevor sie durchsichtig werden.

Der Holzschnitt zeigt in etwa 12facher Grösse

6) Rosenbusch, Mikroskop. Physiographie 1, 54.

den einen dieser parallel $\infty\bar{P}\infty$ 010 mitten durchgeschnittenen Krystalle, dessen Kopf etwa 1 mm tief in Wurtzit umgewandelt ist, während die Rinde an den verticalen Flächen viel dünner oder theilweise abgefallen ist.

Die Grenze des frischen Antimonglanz mit dem Wurzit ist ganz scharf, aber sehr zerfasert, besonders nach oben zu.

Fast die ganze Wurzitmasse besteht aus den kleinen Sphärolithen. In dieser sehr deutlich doppelbrechenden Masse tritt deshalb nur in den Armen der Kreuze Dunkelheit im polarisirten Lichte ein, wie auch der Dünnschliff liegen mag.

Nur bei den mit *a* bezeichneten Stellen findet sich eine klare Lage von scheinbar homogenem Wurtzit, welche alles Licht auslöscht, sobald der Hauptschnitt der Nicols dieser einer früheren Krystallfläche des Antimonglanz folgenden Lage parallel steht.

Da kein Grund zu der Annahme vorliegt, der an allen anderen Stellen faserige Wurzit wäre hier nicht so ausgebildet, halte ich diese Stellen für parallelfaserig, die Fasern senkrecht zur früheren Oberfläche des Antimonglanzkrystalles, so dass sie alle gleichzeitig das Licht auslöschen. Selbst bei starker Vergrösserung ist auch hier in gewöhnlichem Lichte die Fasertextur nirgends zu beobachten.

An einzelnen, mit *b* bezeichneten Stellen finden sich kleine, ganz unregelmässig gestaltete Partien, welche bei parallelen Nicols sich nicht von der durchsichtigen gelben umgebenden Wurzitmasse unterscheiden, aber bei gekreuzten Nicols in allen Lagen dunkel erscheinen, mithin isotrop sind. Eine scharfe Grenze zwischen diesen einfach- und den umgebenden doppelbrechenden Partien ist nicht vorhanden, beide scheinen in einander zu verfliessen. Es sieht aus, als ob die isotrope Masse durch Aufnahme von Wurzitfäserchen in die reine Wurzitmasse allmählich überginge oder als ob der Wurzit durch Umlagerung der Moleküle aus der isotropen Masse, welche nur noch in einzelnen Kernen sich erhalten hat, sich gebildet habe. Ob nun die isotrope Substanz amorphes Schwefelzink oder Zinkblende ist, lässt sich nicht entscheiden. Auch ist es nicht ausgeschlossen, dass dieselbe amorpher, ebenfalls honiggelber Antimonocker ist.

Die Wände der makroskopischen und mikroskopischen Hohlräume im Wurtzit werden stets wie die freien Oberflächen der Krystalle von Kugeln gebildet, die oft nur an einer winzigen Stelle der Unterlage anhaften.

Bei der Umwandlung des Antimonglanz in Wurtzit hat also eine geringe Volumverminderung stattgefunden.

Nimmt man an, dass aller Schwefel des Antimonglanz an Ort und Stelle dabei geblieben sei und statt des Antimon Zink aufgenommen habe, so würde keine Volumänderung stattgefunden haben, denn ein Molekül Sb_2S_3 giebt 3 Moleküle ZnS und das Molekularvolum $= \frac{\text{Molekulargewicht}}{\text{Volumgewicht}}$ des

Antimonglanz $= \frac{335,44}{4,65} = 72,07$ ist genau 3 Mal so gross wie das des Wurtzit $= \frac{96,86}{4,03} = 24,02$. Die Poren beweisen mithin, dass eine geringe Fortführung von Schwefel neben solcher von fast allem Antimon stattgefunden haben muss.

Welche Beschaffenheit die hinzugekommene Zinklösung und welche die fortgehende Antimonlösung gehabt haben mag, muss dahingestellt bleiben.

17. Pseudomorphose von Valentinit nach Allemontit von Allemont im Dauphiné.

Blum [1]) beschreibt eine Pseudomorphose von Antimonblüthe nach gediegen Antimon von Allemont im Dauphiné. Auf denselben Gruben findet sich nun bekanntlich auch der Allemontit, eine Legirung oder isomorphe Mischung von Antimon und Arsen in schwankenden Mengen.

Dass derselbe zu ganz analogen Pseudomorphosen Veranlassung geben kann, zeigt eine der früher Sack'schen Sammlung enstammende Stufe im hiesigen mineralogischen Institut.

Bei der Oxydation des Allemontit bildet sich neben dem nichtlöslichen Antimonoxyd (Sb_2O_3) auch Arsenige Säure (As_2O_3), welche bekanntlich in Wasser, namentlich in warmem, löslich ist. Die Pseudomorphosen müssen demnach um so poröser werden, je mehr Arsen der Allemontit enthält. Das zeigt die vorliegende Stufe sehr gut.

Der Kern derselben ist ganz frischer Allemontit, darum liegt mit scharfer aber unregelmässiger Grenze eine 5 bis 10 mm dicke Rinde von Valentinit. Das Ganze sitzt auf Quarz, der durch gelben Antimonocker bedeckt ist.

Der Allemontit ist vermöge seiner ausgezeichneten Spaltbarkeit nach $0R(0001)$ eine blätterige, grobkörnige Aggregation von dunkel bleigrauer Farbe.

Genau dasselbe Gefüge zeigt nun auch der daraus entstandene Valentinit, welcher die Blättrigkeit des verschwundenen Minerals so deutlich wiedergiebt, dass die alten Spaltflächen noch ihren Glanz etwas bewahrt haben, nur ist derselbe aus dem Metallglanz zum Perlmutterglanz geworden.

Der Valentinit besteht nämlich aus ganz dünnen compacteren Lagen, welche der Spaltbarkeit des Allemontit folgen und durch etwas dickere, ganz poröse Zwischenmassen getrennt werden. Diese werden aus Nadeln von Valentinit gebildet, welche nahezu senkrecht die compacteren Lagen unter einander verbinden, wodurch ein zellenartiger, an Organismen erinnernder Bau entsteht. Die bräunlichgraue Farbe des chemisch wie mikro-

1) Pseudomorphosen des Mineralreichs 1843, 31.

skopisch ganz normalen Valentinit wird vielleicht durch organische Einschlüsse verursucht, denn beim Schmelzen im Kolben entsteht zuerst eine braunschwarze Glasmasse, welche aufkocht, und dann, wie der reine Valentinit, zu einem fast farblosen Glase erstarrt.

Während der Allemontit ebensoviel Arsen wie Antimon zu enthalten scheint nach einer chemischen Prüfung, sind im Valentinit nur noch ganz winzige Spuren von Arsen nachzuweisen.

Die Umwandlung dürfte danach in der Weise vor sich gegangen sein, dass in den Spaltklüften des Allemontit die Oxydation begonnen hat, und dass dadurch die unter sich parallelen Lagen vom compacteren Valentinit entstanden sind, welche zuerst noch durch Lagen von Allemontit getrennt wurden, bis durch Oxydation dieser die Zwischenmasse von porösem Valentinit gebildet wurde.

18. Labrador von Konken in der Pfalz.

Im Nachstehenden theile ich die im Jahre 1865 im Laboratorium Bunsen's in Heidelberg von mir ausgeführte Analyse eines Labrador aus den sog. Melaphyren der Nahegegend mit, welche wohl dadurch einiges Interesse bieten dürfte, dass das untersuchte Mineral von ganz besonderer Frische ist. Es ist nämlich wasserklar und verdiente deshalb auch eine optische und mikroskopische Untersuchung, welche mir aber jetzt nicht möglich ist, da ich von dem Minerale nichts mehr in Händen habe. Der Labrador bildet bis 1 cm grosse Ausscheidungen in einem »Melaphyr«, welcher zwischen den Ortschaften Konken und Herchweiler, unweit Cusel in der Pfalz, ein Lager im Unterrothliegenden bildet.

Die Analyse des aus dem Gesteine möglichst rein ausgeklaubten Labrador ergab:

	I. in Procenten	II. Sauerstoffmengen			
Kieselsäure	52,222	27,819	27,819	5,64	5,87
Thonerde	29,575	13,817	14,230	2,88	3,00
Eisenoxyd	1,377	0,413			
Kalkerde	12,556	3,590	4,937	1,00	1,04
Strontianerde	Spur	—			
Magnesia	0,983	0,393			
Kali	0,336	0,057			
Natron	3,480	0,897			
Lithion	Spur				
Feuchtigkeit	0,152				
	100,681				

oder:

	I. in Procenten	II. in Molekülen		
Silicium	24,403	0,871	0,871	14,64
Aluminium	15,758	0,577	0,594	10,00
Eisen	0,964	0,017		
Calcium	8,966	0,225	0,250	4,20
Magnesium	0,590	0,025		
Kalium	0,279	0,007	0,119	2,00
Natrium	2,583	0,112		
Sauerstoff	46,986	2,944	2,944	49,48
Feuchtigkeit	0,152			
	100,681			

Ob das Eisen als Oxyd oder Oxydul vorhanden ist, wurde wegen seiner geringen Menge zu untersuchen nicht für nöthig befunden. Der vorliegende Labrador besteht demnach fast genau aus:

$$\begin{array}{lll} 1 \text{ Mol. Albit} & = Na_2\ Al_2\ Si_6\ O_{16} & \text{und aus} \\ 4 \text{ Mol. Anorthit} & = \underline{\quad\ \ Ca_4\ Al_8\ Si_8\ O_{32}} & \\ & \quad\ Na_2\,Ca_4\,Al_{10}\,Si_{14}\,O_{48} & \end{array}$$

Erklärungen zu den Figurentafeln.

Tafel IV.

Fig. 1. Valentinit, vermuthlich von Bräunsdorf, nach Mohs, Anfangsgründe der Naturgeschichte des Mineralreiches 2, 155. Fig. 2. $p = \infty P(110)$, $l = \breve{P}\infty(011)$.

Fig. 2. Valentinit, vermuthlich von Bräunsdorf, nach Miller und Brooke, mineralogy 254. $p = \infty P(110)$, $k = \frac{4}{3}\breve{P}\infty(043)$.

Fig. 3. Valentinit von Bräunsdorf nach Des Cloizeaux, Nouv. recherches 58. $p = \infty P(110)$, $l = \breve{P}\infty(011)$.

Fig. 4. Valentinit von Bräunsdorf nach Sénarmont, Ann. d. chim. et d. phys. 31, 504. $p = \infty P(110)$, $l = \breve{P}\infty(011)$, $w = \breve{P}\frac{3}{2}(233)$.

Fig. 5. Valentinit von Bräunsdorf nach Groth, Physikalische Krystallographie 360, Fig. 420, und Tabellar. Uebersicht 85. $p = \infty P(110)$, $q = 2\breve{P}\infty(021)$, $q' = \frac{3}{2}\breve{P}\infty(032)$.

Fig. 6. / Fig. 7. Valentinit von Bräunsdorf nach Breithaupt, Handb. der Min. 2, 185, Fig. 194, Fig. 195. $p = \infty P(110)$, $q = 2\breve{P}\infty(021)$, $b = \infty\breve{P}\infty(010)$.

Fig. 8. Valentinit von Přibram und Sempsa nach Des Cloizeaux s. o. 58. $p = \infty P(110)$, $b = \infty\breve{P}\infty(010)$, $s = \frac{16}{3}\breve{P}\infty(0.16.3)$.

Fig. 9 und Fig. 10. Valentinit, vermuthlich von Přibram, nach Mohs, Grundr. der Min. 2, 169, Fig. 9 u. 11, und Naturgeschichte d. Min. 2, 155, Fig. 10 u. 11, sowie nach Miller s. o 254. $p = \infty P(110)$, $b = \infty\breve{P}\infty(010)$, $r = 4\breve{P}\infty(041)$, $y = 8\breve{P}2(481)$.

Fig. 11. Valentinit, vermuthlich von Přibram, nach Miller s. o. 254. $p = \infty P(110)$, $b = \infty\breve{P}\infty(010)$, $r = 4\breve{P}\infty(041)$, $y = 8\breve{P}2(481)$, $t = 16\breve{P}\infty(0.16.1)$.

Fig. 12. Valentinit von Bräunsdorf nach Groth, Physik. Krystallogr. 360, und Tabellar. Uebersicht 85. $p = \infty P(110)$, $b = \infty\breve{P}\infty(010)$, $x = \frac{4}{3}\breve{P}20(1.20.15)$.

Tafel V.

Fig. 1. Valentinit von Bräunsdorf (Stufe Nr. I) in guter Ausbildungsweise. $i = \frac{5}{4}\breve{P}\infty(054)$, $p = \infty P(110)$.

Fig. 2. Desgleichen (Stufe Nr. I) in sog. schilfartiger Ausbildungsweise.

Fig. 3. Desgleichen (Stufe Nr. I) in sog. linsenförmiger Ausbildungsweise.

Fig. 4. Desgleichen (Stufe Nr. II). $i = \frac{5}{4}\breve{P}\infty(054)$, $p = \infty P(110)$.

Fig. 5. Desgleichen (Stufe Nr. II). $i = \frac{5}{4}\breve{P}\infty(054)$, $h = 7\breve{P}\infty(071)$, $p = \infty P(110)$.

Fig. 6. Desgleichen (Stufe Nr. III). $b = \infty\breve{P}\infty(010)$, $g = \frac{15}{8}\breve{P}\infty(0.15.8)$, $p = \infty P(110)$.

Fig. 7. Valentinit von Přibram (Stufe Nr. I). $b = \infty\breve{P}\infty(010)$, $p = \infty P(110)$, $f = \frac{20}{9}\breve{P}\infty(0.20.9)$.

Fig. 8. Desgleichen (Stufe Nr. I). $b = \infty\breve{P}\infty(010)$, $p = \infty P(110)$, $a = \infty\bar{P}\infty(100)$, $f = \frac{20}{9}\breve{P}\infty(0.20.9)$.

Fig. 9. Desgleichen (Stufe Nr. I). $b = \infty\breve{P}\infty(010)$, $p = \infty P(110)$, $f = \frac{20}{9}\breve{P}\infty(0.20.9)$, $u = \frac{10}{3}\breve{P}\frac{10}{8}(8.10.3)$.

Fig. 10. Desgleichen (Stufe Nr. I). $b = \infty\breve{P}\infty(010)$, $p = \infty P(110)$, $a = \infty\bar{P}\infty(100)$, $s = \bar{P}\infty(101)$.

Fig. 11. Desgleichen (Stufe Nr. I u. II). Fächerbildung der nach den Axen *c* und *a* tafelförmigen Krystalle.

Fig. 12. Desgleichen (Stufe Nr. II). Fächerbildung der nach den Axen *a* und *c* tafelförmigen Krystalle.

Fig. 13. Desgleichen (Stufe Nr. II). $b = \infty\breve{P}\infty(010)$, $\varrho = \infty\breve{P}6(160)$, $p = \infty P(110)$, $\sigma = \infty\bar{P}\frac{5}{4}(540)$, $a = \infty\bar{P}\infty(100)$, $d = \frac{27}{4}\breve{P}\infty(0.27.4)$, $e = \frac{9}{2}\breve{P}\infty(092)$.

Fig. 14. Desgleichen (Stufe Nr. II). $b = \infty\breve{P}\infty(010)$, $p = \infty P(110)$, $m = \infty\bar{P}2(210)$.

Fig. 15—17. Valentinit von Constantine. $p = \infty P(110)$, $\pi = \infty\bar{P}3(310)$, $a = \infty\bar{P}\infty(100)$, $v = \frac{5}{4}\breve{P}2(5.10.8)$, $\xi = \frac{5}{8}\bar{P}\infty(508)$.

VIII. Kürzere Originalmittheilungen und Notizen.

C. Langer (in Breslau): **Neue Vorkommnisse des Tarnowitzites** *) (mit 1 Holzschnitt). Bekanntlich war es Herr Websky, der die ersten eingehenden krystallographischen Untersuchungen an dem von Breithaupt benannten Tarnowitzit, an äusserst flächenreichen Krystallen aus dem Lazarowkaschacht der K. Friedrichsgrube zu Tarnowitz anstellte. (Die gemessenen Originale befinden sich in der Sammlung des hiesigen mineralogischen Museums.) Später wurde der Abbau auf dem Lazarowkaschachte gänzlich aufgegeben und das Mineral trat von da an nur höchst selten auf. Neuerdings nun sind durch Herrn Bergrath Koch zu Tarnowitz dem hiesigen mineralogischen Museum einige Krystalldrusen von Tarnowitzit, auf die man beim Bau des Julischachtes der K. Friedrichsgrube stiess, zugestellt und von mir einige Krystalle davon gemessen worden.

Das neue Vorkommen ist im Grossen und Ganzen dasselbe, wie das von G. Rose und Herrn Websky beschriebene. Auch in den neuen Anbrüchen tritt der Tarnowitzit auf eisenschüssigem, hellbraunem, körnigem, theils ockerig werdendem Dolomit, als Begleiter von Bleiglanz in wasserhellen und milchweissen Krystallen auf, die zum Theil parallel der Kluftfläche von einem Centrum aus radialstrahlig sich ausbreiten. Die grössten Krystalle erreichen bei einem Durchmesser von 2—3 mm eine Länge bis zu 1 cm. Die Krystallaggregate gehen in den unteren Partieen häufig in strahlige und dichte Massen von vorwiegend grünlicher Färbung und concentrisch-schaligem Bau über, wodurch ein Längsschnitt

---

*) Literatur:

1. Böttger, Pogg. Ann. **47**, 500, 1839.
2. Kersten, Pogg. Ann. **48**, 352, 1839.
3. A. Breithaupt, Handb. **2**, 252, 1841.
4. G. Rose, Ueber die heterom. Zustände der kohlens. Kalkerde. Abhandl. Berl. Akad. **24**, 1856.
5. M. Websky, Ueber die Krystallform des Tarnowitzites. Zeitschr. d. d. geol. Ges. **9**, 737, 1857.
6. Dunnington, Proc. of the Am. Ch. Soc. **2**, 11, 1878 (das Original war mir nicht zugänglich; citirt in E. S. Dana, App. **3**, 8).
7. Kosmann, Zeitschrift des oberschles. berg- und hüttenmännischen Vereins. Juli 1882. Aug.-Sept. 1883.

Ausserdem sind hinsichtlich der Analogie der Formen beim Tarnowitzit und Aragonit (resp. Strontianit) über letzteren zu vergleichen:

8. A. Schrauf, Min. Beob. I. Wien. Akad. Sitzungsber **62**, Abth. II, 36 (des Sep.-Abdr.) 1870.
9. A. Schrauf, Ebenda IV, ebenda **65**, Abth. I, 24 (des Sep.-Abdr.) 1872.
10. V. v. Zepharovich, Min. Mittheil. II. Wien. Akad. Sitzungsber. **71**, Abth. I, 1 (des Sep.-Abdr.) 1875.
11. H. Laspeyres, diese Zeitschr. **1**, 305, 1877.

concentrisch gebändert erscheint. Parallel diesen Querschalen findet auch eine Absonderung statt. Als Kern der strahligen Partieen tritt häufig ein Bleiglanzkrystall auf. Auf einer Stufe sind dem Bleiglanz einige wohlausgebildete Krystalle von Cerussit aufgewachsen. Bezüglich anderer paragenetischer Fragen verweise ich auf die Abhandlung von Herrn Websky.

Sämmtliche von mir gemessene, wasserhelle Krystalle zeigen, bei einem deutlich ausgeprägten sechsseitigen Habitus, Zwillingsverwachsung; bei ihnen habe ich aber, im Gegensatz zu den älteren Krystallen aus dem Lazarowkaschacht, keine einspringenden Winkel beobachtet. Wie die von Herrn Websky beschriebenen Krystalle, zeigen auch die neuen als herrschende Form die rhombische Säule. Herr Websky beobachtete folgende Formen:

M (110), h (010), i (021), P (011), o (111), q (112), s (121), t (213), u (123), x (126)?,

v (425), y (215)?, w (25.27.24), z (25.27.2).

An den von mir gemessenen Krystallen dagegen traten deutlich blos die Gestalten

$$M(110),\ o(111),\ q(112)$$

auf; ausserdem aber noch eine, von Herrn Websky nicht erwähnte Form, die übrigens bisher auch bei keinem der rhombischen Carbonate aufgeführt wird. Es ist dies eine spitze Pyramide, wie ähnliche bekanntlich beim Aragonit und Strontianit auftreten.

Die Resultate meiner Messungen stimmen befriedigend mit denen von Herrn Websky überein:

	Gemessen:	Websky ber.:
$M : M$	= 63° 44′	63° 47′
$M : o$	= 36 30	36 24
$o : q$	= 19 36	19 27
$q : q$ (uber c)	= 68 13	68 18

Die oben erwähnte spitzpyramidale Form wurde nur an einem Krystall gemessen; ihre Reflexe fielen genau in die Zone Mo und konnten also weder von z, noch von w des Herrn Websky herrühren.

An dem betreffenden Krystall trat diese Fläche, die ich mit N bezeichnen will, zweimal auf. Die beiden gemessenen Winkel von M zu N ergaben allerdings zwei sehr von einander abweichende Werthe

$$M : N = 2^0\ 6' \text{ resp. } 2^0\ 47'.$$

Aus dem nach Herrn Websky's Angaben berechneten Axenverhältniss des Tarnowitzit

$$0,6218 : 1 : 0,7168$$

ergab sich als Zeichen für N

$$(20.20.1) \text{ resp. } (15.15.1).$$

Diesen beiden Formen entsprechen die berechneten Winkel

$$2^0\ 7' \text{ resp. } 2^0\ 48\tfrac{1}{2}'.$$

Berücksichtigt man hierbei die Güte der Messungen, so ist der Winkel von

2° 7′ dem anderen vorzuziehen. Die Fläche *N* hätte demnach das Zeichen (20.20.1).

Vergleichen wir hiermit die Messungen von den Herren A. Schrauf und V. v. Zepharovich an Aragonitkrystallen von Horschenz, Herrengrund und vom Lölling-Hüttenberger Erzberge, welche die bis dahin am Aragonit noch nicht beobachteten spitzen pyramidalen Formen (10.10.1), (14.14.1), (24.24.1) ergaben, und ebenso diejenigen am Strontianit von Hamm, an dem Herr Laspeyres die Gestalten (12.12.1) und (40.40.1) beobachtete, so ergiebt sich hierdurch eine erhöhte Aehnlichkeit des Habitus in Bezug auf spitze Formen zwischen dem Tarnowitzit und den anderen Gliedern der isomorphen Reihe.

Die Zwillingsverwachsung der von mir gemessenen Krystalle zeigt im Wesentlichen dasselbe, was Herr Websky angiebt; es sind durchweg Drillinge. An einem Krystall jedoch beobachtete ich eine weit complicirtere Verwachsung, die lediglich durch die Annahme eines Zwölflings sich deuten liess. In der Verticalzone traten 10 Flächen auf (vgl. nebenstehende schematische Zeichnung) und zwar wurden von einer Ebene (*ab* der Figur) aus, die den Vielling in zwei gleiche und symmetrische Hälften theilt, nach beiden Seiten hin abwechselnd die Winkel 52° 26′ (gemessen 52° 32′) und 11° 21′ (gemessen 11° 18½′) abgelesen. Zwillingsebene des Aragonits ist bekanntlich: (110). Danach lässt sich der gemessene Krystall nicht anders als ein Sechsling resp. Zwölfling (wobei je zwei Einzelkrystalle einander parallel verwachsen sind) auffassen. Bei *I* und *II* fallen die Flächen *M* in eine Ebene zusammen; an *I* ist *III*, an *II* ebenso *IV* mit einer Prismenfläche verwachsen und zwar derart, dass die spitzen Prismenwinkel je zweier Krystalle zusammenstossen. Senkrecht zur Zusammenwachsungsfläche von *I* und *II* steht die Zwillingsebene von *V* und *VI*, welche also den in eine Ebene zusammenfallenden *M*-Flächen von *I* und *II* parallel liegt. Demnach wären die Verwachsungsebenen zwischen *III* und *V* resp. *IV* und *VI* keine eigentlichen Krystallflächen, und würden also diese ebengenannten Einzelkrystalle sich nicht in Zwillingsstellung zu einander, sondern durch Vermittelung von *I* und *II* (denen ja *V* und *VI* parallel, aber in umgekehrter Stellung sind) befinden. Man könnte daher diesen Vielling auch so auffassen, dass *I* und *III* die entgegengesetzten Hälften eines Krystalls darstellen, während *II* und *V* sich ebenfalls zu einem Krystall ergänzen. Danach hätten wir also einen Vierling vor uns. — Vier der Flächen des Krystalls waren ausserordentlich schmal, so dass auch bei diesem der sechsseitige Habitus deutlich hervortrat. Im Innern in der Richtung der verticalen Axe trat, wie dies ja auch bei manchen Aragonitkrystallen der Fall ist, ein Hohlraum auf, dessen umgrenzende Flächen genau den äusseren Krystallflächen parallel verliefen. An einem von diesem Krystall hergestellten Dünnschliffe beobachtete ich unter dem Mikroskop ziemlich scharfe Abgrenzungen der Einzelkrystalle, welche vollständig übereinstimmten mit der aus der Messung sich ergebenden Deutung. So war deutlich die differente Auslöschung von *III* und *IV* zu beobachten, was ja auch blos dann nicht stattgefunden hätte, wenn der spitze Prismenwinkel des Tarnowitzit genau 60° wäre, wobei die Halbirende

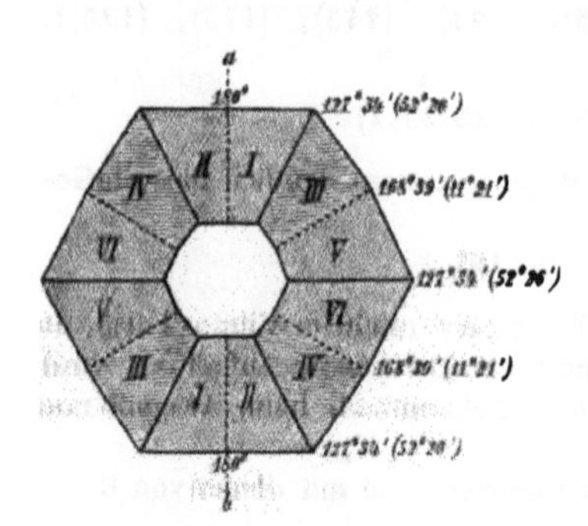

dieses Winkels eine mit der Verwachsungsebene zwischen *I* und *II* genau parallele Lage gehabt hätte.

Die ersten Angaben über die chemische Zusammensetzung dieses Minerals rühren von Th. Böttger her und beziehen sich auf krystallinische Aggregate. Als charakteristisches Kennzeichen dieses bleihaltigen Aragonits giebt er den Mangel an Spaltbarkeit und das höhere spec. Gewicht 2,997 bei 11° C. bis 2,986 bei 13° C. (Kersten 2,995) an. Er fand folgende chemische Zusammensetzung:

Kohlensaure Kalkerde	95,940
Kohlensaures Bleioxyd	3,889 *)
Decrepitationswasser	0,187 *)

Kersten dagegen giebt den Gehalt an kohlensaurem Bleioxyd als 2,19 an und bemerkt mit Recht dazu, dass jener in dem Tarnowitzit veränderlich sei, worauf auch drei andere Bleicarbonatbestimmungen von Böttger schliessen lassen. Er fand nämlich bei

lichteren Partieen	2,564 und 2,416 und bei
dunkleren Partieen	3,565 % kohlensaures Bleioxyd.

Untersuchungen an den neueren Vorkommnissen bestätigen obige Annahme noch mehr. Herr Bergschullehrer Dr. Mikolayczak fand nämlich in den milchweissen Tarnowitzitkrystallen einen Bleicarbonatgehalt bis zu 9 %; zu ähnlichen Resultaten gelangte auch Herr stud. phil. Jos. Herde, der im chemischen Laboratorium des hiesigen mineralogischen Museums an sorgfältig ausgesuchten wasserhellen Krystallen den Bleigehalt bestimmte und ihn zu 7,06 %, entsprechend 8,56 % Bleicarbonat, fand. Im Gegensatz zu den alten, durchweg an stengeligen Massen ausgeführten Analysen ist namentlich diese letzte Angabe zu verwerthen, da sie sich auf homogene Krystalle bezieht, während stengelige Massen durch fremde Beimengungen verunreinigt sein können. Solches von fremden Beimengungen nicht freies Material scheint auch Böttger vorgelegen zu haben, da er bei lichteren Partieen einen geringeren und bei dunkleren einen grösseren Bleigehalt angiebt. Ausserdem ist der an wasserhellen Krystallen ermittelte Bleigehalt beweisend für die Auffassung des Tarnowitzit als isomorphe Mischung, wobei allerdings auf G. Rose's Ansicht hingewiesen werden mag, nach welcher das Blei anscheinend nicht unbeschränkt das Calcium zu ersetzen vermag, indem der genannte Forscher mit Recht das Auftreten von Cerussitkrystallen auf Tarnowitzit betont.

Das Vorkommen von bleihaltigem Aragonit beschränkt sich nicht allein auf dasjenige von Tarnowitz, er ist auch von der Mariagrube bei Miechowitz bei Beuthen bekannt. Ebenso hat in Amerika Herr Dunnington in der Austin mine Wythe-County Virginia derartigen Aragonit gefunden, der 7,29 % kohlensaures Bleioxyd enthielt, über den mir aber weitere Angaben nicht zugänglich waren, während aus dem vorliegenden Citat nicht zu ersehen ist, ob die Analyse sich auf homogene Krystalle oder auf ein Gemenge bezieht.

Breslau, Miner. Museum, Februar 1884.

---

*) Dies sind die richtigen Werthe, wie sie auch Böttger selbst (l. c.) angiebt, während sie in der Zusammenstellung der Gesammtanalyse verdruckt, nämlich als 3,859 resp. 0,157 angegeben sind. Trotzdem G. Rose (l. c.) bereits darauf hingewiesen hat, sind dennoch die falschen Zahlen in allen Handbüchern zum Abdruck gekommen.

IX. Auszüge.

1. J. H. Collins (in Truro): **Gilbertit- und Turmalin-Analysen** (aus: »On some Cornish Tin-stones and Tin-capels.« — Ebenda, Nr. 24, 5, 121—130:. Gilbertit von Stenna Gwynn (I. und II.) und von St. Just, Cornwall (III. spec. Gewicht = 2,78).

	I.	II.	III.
SiO_2	45,40	44,90	48,12
Al_2O_3	36,00	35,80	34,90
FeO	1,10	0,70	0,65
MnO	Spur	Spur	Spur
CaO	1,50	1,60	0,31
MgO	0,90	0,50	0,22
K_2O (mit etwas Na_2O)	11,40	10,40	9,71
Li_2O	Spuren	Spuren	Spur
Fl	0,54	0,72	1,42
H_2O	3,70	4,21	3,21
	100,24	98,83	98,54

Turmalin aus dem Kaolin von Trevisco, Cornwall (I.) und aus dem Kaolin von Little Carclaze (II. ausgeführt von Herrn F. Johnson):

	I.	II.
SiO_2	43,22	46,12
Al_2O_3	23,14	18,40
Fe_2O_3, FeO	20,87	21,90
MnO	0,10	—
MgO	0,40	0,50
CaO	0,51	0.40
Na_2O	2,10	4,50 (mit K_2O)
K_2O	2,34	
P_2O_5	Spuren	—
B_2O_3	5,60	5,40
Glühverlust	1,47	1,50
Fl und Verlust	0,25	0,68
	100,00	99,40

Ref.: C. Hintze.

2. J. J. Dobbie (in Glasgow): **Analysen einer Saponit-Varietät** (Ebenda, Nr. 24, 5, 131—132). Das Mineral stammt aus einem Steinbruch in dunklem, olivinreichem Dolerit (der an einigen Stellen zersetzt den von Heddle analysirten Bowlingit, vergl. diese Zeitschr. 5, 633, liefert) an den Cathkin Hills, etwa drei (englische) Meilen süd-süd-östlich von Glasgow. Unregelmässige, linsenförmige Adern und Massen von tief chocoladenbrauner Farbe, ausgesprochen muscheligem Bruch und homogener Structur; fettig anzufühlen. Härte etwa 2. Spec. Gewicht = 2,214.

	I.	II.	III.
SiO_2	40,07	39,90	40,81
Al_2O_3	6,61	6,94	6,77
Fe_2O_3	4,16	3,75	4,28
FeO	8,69	8,91	8,73
CaO	2,67	2,32	2,09
MgO	19,24	19,28	19,76
CO_2	0,38	0,40	0,36
H_2O	17,16	17,28	17,11
Alkalien	Spur	Spur	Spur
	98,98	98,78	99,91

Verliert bei 100° C. 13,02 Proc. Wasser.

Ref.: C. Hintze.

3. O. Mügge (in Hamburg): **Beiträge zur Kenntniss der Structurflächen des Kalkspathes und über die Beziehungen derselben unter einander und zur Zwillingsbildung am Kalkspath und einigen anderen Mineralien** (Neues Jahrb. für Min., Geol. u. s. w. 1883, 1, 32—54).

Derselbe: Structurflächen am Kalkspath (Ebenda, 1883, 1, 81—85).

Derselbe: Berichtigung (Ebenda, 1883, 1, 198—199).

Structurflächen sind Flächen, parallel welchen eine Trennung, Verschiebung oder Drehung der kleinsten Theilchen besonders leicht stattfindet. Die Fläche von $-\frac{1}{2}R$ $\varkappa(01\bar{1}2)$ wurde schon von Huyghens*) am Kalkspath als Gleitfläche beobachtet. Leicht darstellbar ist sie, wenn man an einem nach der Baumhauer'schen Methode**) hervorgebrachten Zwilling ein scharfes Messer in die einspringende Kante der beiden Spaltflächen setzt und einpresst. Die dadurch abgetrennte Gleitfläche nach $-\frac{1}{2}R$ $\varkappa(01\bar{1}2)$ hat einen hohen Glanz.

Noch wirksamer und vollständiger, als bei der Baumhauer'schen Methode, erreichte der Verf. eine Verschiebung parallel der Gleitfläche durch Pressung eines Spaltungsstückes zwischen zwei Kanten in einer zur Hauptaxe senkrechten Richtung. Presst man dagegen Spaltungsstücke von Kalkspath zwischen zwei Polkanten, so erfolgt eine Trennung nach $\infty P2(11\bar{2}0)$; die Flächen des zweiten Prismas sind also beim Kalkspath auch Structurflächen, und zwar »Reissflächen«.

Dass sich ferner ein Kalkspath-Rhomboëder besonders leicht nach der Basis schleifen lässt, hebt auch schon Huyghens (a. a. O.) hervor. An zwei Spaltungsstücken von Auerbach beobachtete der Verf. neben $-\frac{1}{2}R$ $\varkappa(01\bar{1}2)$ auch die Basis, beide vollkommen eben und spiegelnd, und dem Anscheine nach nicht Krystallflächen. In Folge dessen wurden die zur Darstellung der Gleitflächen nach

*) Traité de la Lumière etc. Leide 1690. Chap. 5. Ins Englische übersetzt von Brewster, Edinburgh Journal of Science 1828, 18, 314—317.

**) Vergl. diese Zeitschr. 8, 588.

$-\frac{1}{2}R$ $\varkappa(01\bar{1}2)$ benutzten Präparate aufmerksam durchgesehen und auch hieran durch Messung constatirt: dreimal die Basis und ausserdem noch eine Reihe anderer (Structur-)Flächen, die sich allenfalls krystallographisch orientiren lassen. Bei der Darstellung der Gleitfläche erscheint die Basis zuweilen auch völlig matt, wenn auch ziemlich eben, und zwar, wenn man einen besonders heftigen Schlag mit dem Hammer auf das zur Abtrennung des verzwillingten Krystalltheiles eingesetzte Messer führt.

Bei der Verschiebung nach der Gleitfläche bleibt die Grundform des Spaltungsrhomboëders sich selbst gleich, obschon dabei ein Paar stumpfer Polkanten in scharfe Randkanten übergeht. Von den drei Flächen $-\frac{1}{2}R$ bleibt eine, parallel der Verschiebung, unverändert, die beiden anderen werden zweites Prisma und nehmen alsdann auch den Charakter als »Reissflächen« an: eine Verschiebung parallel ihren Ebenen ist nicht mehr möglich. Wenn man umgekehrt ein Kalkspath-Spaltungsstück nach einer Reissfläche $\infty P2(11\bar{2}0)$ zerlegt, so bleibt diese bei einer Gleitverschiebung nach der zu ihr senkrechten Gleitfläche von $-\frac{1}{2}R$ sich selbst parallel, und geht aber über in eine Fläche von $-\frac{1}{2}R$, wenn man nach einer anderen Gleitfläche verschiebt.

Die ursprüngliche Basis kommt nach der Verschiebung in die Lage von $-2R$ $\varkappa(02\bar{2}1)$. Umgekehrt geht natürlich die der Zone von Basis und thätiger Gleitfläche angehörige Fläche von $-2R$ nach der Verschiebung in die Lage der Basis über, die anderen beiden erscheinen wieder als Flächen des nächst spitzeren Rhomboëders in Bezug auf den verschobenen Krystalltheil.

Schliesslich bespricht der Verf. den Zusammenhang zwischen Structur- und Zwillingsflächen und betont dabei, dass bei gewissen Mineralien an den eingewachsenen, dem Gebirgsdruck ausgesetzten Massen polysynthetische Zwillingsbildung weit häufiger ist, als an den aufgewachsenen Krystallen derselben Art, mit besonderer Bevorzugung der Gleitflächen als Zwillingsflächen; so bei den Glimmern, bei Cyanit, Blende, Diallag, Malakolith, Korund, Eisenglanz, Rutil.

Aus den am Calcit beobachteten Beziehungen zwischen Structur- und Zwillingsflächen kann man zwar nicht gut Schlüsse ziehen auf die entsprechenden Verhältnisse bei anderen Mineralien, die weniger symmetrischen Systemen angehören; höchstens ist ein Vergleich zulässig mit regulären Körpern, wenn man deren Krystalle, aufrecht gestellt nach einer trigonalen Zwischenaxe, als speciellen Fall der rhomboëdrischen entwickelt. Bei Spaltbarkeit nach dem Würfel und bei Spaltbarkeit nach dem Oktaëder bleibt aber die nach Kalkspath-Analogie zu schliessende polysynthetische Zwillingsbildung nach dem »nächst stumpferen Rhomboeder«, also beziehungsweise nach dem Dodekaëder und nach dem Würfel durch die reguläre Symmetrie verhindert. Beim Steinsalz will der Verf. darum auch die erwiesene Structurfläche des Dodekaëders nicht als Verschiebungsfläche (Gleitfläche nach Reusch), sondern nur als Reissfläche anerkennen, entsprechend ihrer Herleitung als »zweites Prisma«, und auch um ihrer faserig-muscheligen Beschaffenheit willen.

Zu einem Resultat gelangt man auf diesem Wege nur bei den dodekaëdrisch spaltbaren Mineralien, deren »nächst stumpferes Rhomboeder« das Ikositetraëder $2O2(112)$ ist. Eine polysynthetische, durch Druck hervorgebrachte Zwillingsbildung nach dieser Fläche kennen wir an Zinkblende und Hauyn. Diese Auffassung der Zinkblende-Zwillinge (Zwillingsfläche nicht eine Oktaëderfläche, sondern eine Fläche $2O2(112)$, welche auf einer Oktaëderfläche senkrecht steht), begegnet sich bekanntlich mit der von Groth für die Zinkblende allgemein bevorzugten; freilich kommt auch die Oktaëderfläche als Verwachsungsfläche vor. An

den bekannten späthigen Blendestücken von Santander finden sich sowohl Oktaëder, wie auch Ikositetraëder als Structurflächen, letztere noch ebener und spiegelnder.

Der Zwillings- und eventuellen Structurfläche — $2R$ $\varkappa(02\bar{2}1)$ des Kalkspaths würde entsprechen an regulären Krystallen bei hexaëdrischer Spaltbarkeit das Oktaëder, und bei oktaëdrischer Spaltbarkeit das Ikositetraëder $3O3(113)$, also auch nach letzterem polysynthetische Zwillingsbildung denkbar sein. Dem scheint der oktaëdrisch-spaltbare Bleiglanz von Habach zu entsprechen, den Herr von Zepharovich (in dieser Zeitschrift **1**, 155) beschrieben hat.

In einem Nachtrage berichtet der Verf., dass ihm auch die Rückschiebung eines künstlich verzwillingten Spaltungsstücks von Kalkspath in den ursprünglichen einfachen Zustand gelungen sei, und zwar durch Pressen der ausspringenden Randecken gegen eine etwas weiche Holzplatte. Die Darstellung der Basis als Structurfläche gelang gut durch Pressen eines Kalkspathstückchens nach einer Gleitfläche und gleichzeitiges Aufsetzen des Messers auf eine Polkante, um nach einer anderen Gleitfläche Verschiebung hervorzubringen: die Polecke des Stückes bröckelte ab, und es zeigten sich an zwei Stellen gleichzeitig dreieckige Flächen von der Lage der Basis.

Natronsalpeter setzte sich bei Ueberwachsung eines künstlichen Zwillings ebenfalls in Zwillingsstellung nach — $\frac{1}{2}R$ $\varkappa(01\bar{1}2)$ ab.

Von Versuchen mit Structurflächen an anderen Mineralien ist zu erwähnen die Herstellung der Symmetrieebene als Structurfläche beim Diopsid, durch Pressung eines Krystalls zwischen den Querflächen. Einschlussfreie Zwillinge des gewöhnlichen Augit lassen sich nach der Zwillingsebene leicht trennen durch Pressen zwischen zwei Klinopinakoidflächen.

Ref.: C. Hintze.

4. O. Meyer (in Berlin): **Aetzversuche an Kalkspath** (Ebenda, 1883, **1**, 74—78). Es ist bekannt, dass verschiedene Lösungsmittel nicht nur bei verschiedenen Mineralien, sondern auch bei demselben Mineral verschiedene Aetzfiguren hervorbringen, auch dasselbe Lösungsmittel auf verschiedenen Flächen desselben Krystalls verschiedene Figuren erzeugt. Der Verf. unterwarf nun eine glatt geschliffene Kugel von isländischem Kalkspath (von etwa 26 mm Durchmesser) der Einwirkung von Essigsäure. Nach $\frac{1}{2}$ Stunden hatten sich gebildet 2 grosse matte Dreiecke, entsprechend den Basisflächen, seitlich 6 kleinere Dreiecke, die Spitzen je nach einer grossen Dreiecksspitze gerichtet, also einem spitzen Rhomboëder entsprechend, und ausserdem bedeutend kleinere Aetzfiguren, dem Hauptrhomboëder, dem Gegenrhomboëder und »Säulenflächen« entsprechend [dem zweiten Prisma, nach der Zeichnung]. Durch längere Einwirkung der Essigsäure wurden die Dreicke grösser und bildeten sich allmählich zu Flächen aus. Nach $1\frac{1}{2}$ Monat blieb ein Körper von etwa 9 mm übrig, der Zeichnung nach deutbar als Combination von der Basis mit einem spitzen rhomboëderähnlichen Skalenoëder: die 6 seitlichen Dreiecke hatten sich in je 2 rechtwinklige geschieden; Kanten und Flächen aber ganz unregelmässig gewölbt. Jedenfalls war der Körper keine hexagonale Pyramide, wie sie Lavizzari*) durch Behandlung von Kalkspathkugeln mit Salzsäure erhielt.

Ein Gemenge von Salzsäure und Essigsäure bringt auf Kalkspath nicht theilweise die Aetzfiguren der Salzsäure und theilweise die der Essigsäure hervor,

---

*) Nouveaux phénomènes des corps crystallisés, Lugano 1865, 3. Cap.

sondern gleichartige neue Figuren, die sich bei ungleicher Mischung mehr den Aetzfiguren der vorherrschenden Säure nähern. Natürlich sind auch die Lichtfiguren verschieden, zuweilen sogar bei Einwirkung derselben Säure auf anscheinend gleiche Kalkspathstücke. Ref.: C. Hintze.

5. C. Klein und P. Jannasch in Göttingen: **Ueber Antimonnickelglanz (Ullmannit)** (Ebenda, 1883, 1, 180—186). An stahlgrauen Ullmannitkrystallen von Montenarba, Sarrabus, Sardinien, in Kalkspath eingewachsen, beobachtete Herr Klein (100) $\infty O \infty$ combinirt mit (110) ∞O und π (210) $\left(\frac{\infty O 2}{2}\right)$.

	Gemessen:	Berechnet:
100 : 210 =	26° 34′	26° 33′ 54″
100 : 110 =	45 0	45 0

Eine vereinzelte Fläche von (331) 3O wurde durch die Winkel zu (100) und (001) = 46° 30′ und 46° 37′ (berechnet 46° 30′ 34″) bestimmt, und auch ihre Zugehörigkeit in die Zone 101 : 010 constatirt. Die Krystalle sind unzweifelhaft pentagonal hemiëdrisch, keinesfalls tetraëdrisch, wie der von Herrn von Zepharovich beschriebene *) Antimonnickelglanz.

Herr Jannasch erhielt bei der Analyse der Krystalle von Montenarba:

	I.	II.	Berechnet: *NiSbS*
S	14,02	—	15,10
Sb	57,43	—	57,55
As	Spur	—	—
Ni	27,82	27,78	27,35
Co	0,65	0,49	—
Fe	0,03	—	—
	99,95		100.00
Spec. Gew. =	6,803 bei 17° C.	6,883 bei 18° C.	

Ref.: C. Hintze.

6. H. Böklen (in Reutlingen): **Ueber den Amethyst** (Ebenda, 1883, 1, 62 bis 73). Nach einer Zusammenstellung der älteren Ansichten über den Amethyst von Brewster**), Dove***), Haidinger†) und Des Cloizeaux††) versucht der Verf. eine Erklärung der Amethyste unter Zugrundelegung der Ansicht Brewster's und Heranziehung der Theorien von Reusch†††) und Sohncke*†), in specieller Betrachtung einer senkrecht zur Krystallaxe geschliffenen Amethystplatte**†), deren Erscheinungen im Polarisationsmikroskop in eine Gitterzeichnung eingetragen sind.

---

*) Lotos 1870.

**) On circular Polarisation as exhibited in the optical structure of Amethyst. Transactions of the Royal Society of Edinburgh. 9, 1821. — Treatise on optics 1858.

***) Farbenlehre 1853, S 251.

†) Wiener Akademie 1854, 401.

††) Mémoire sur la cristallisation etc. du Quartz. Ann. chim. phys. 1855.

†††) Diese Zeitschr. 8, 95.

*†) Theorie der Krystallstructur, Leipzig 1879, S. 244.

**†) Das betreffende, von Steeg in Homburg verarbeitete Material stammt von den durch P. Groth in dieser Zeitschrift 1, 297 beschriebenen brasilianischen Krystallen. Genannte Arbeit, die auch Einiges über den Bau dieser Amethyste enthält, scheint dem Verf. entgangen zu sein. Anmerk. des Ref

Die innere lilafarbige eigentliche Amethystpartie besteht, der Beschreibung Brewster's entsprechend, aus einzelnen um 120° gegen einander geneigten Lamellen, deren Ebenen parallel der Axe des Krystalls sind, entstanden nach Reusch durch den Wechsel eines auf- und absteigenden Stromes; der erste brachte die stärker gefärbte (nach Brewster rechtsdrehende) Materie, der zweite die abgeklärte hellere (linksdrehende). Denken wir uns in einer solchen Lamelle eine Axe parallel der Hauptaxe des Krystalls und senkrecht dazu eine Reihe von Ebenen, Molekularebenen (Sohncke), so besitzt ein solches Molekularebenenpaar nach Sohncke den Charakter eines monoklinen Krystallblättchens, eventuell eines optisch zweiaxigen Glimmerblättchens; durch übereinander gelegte um 120° gedrehte Glimmerblättchen werden andrerseits nach Reusch die Erscheinungen der Circularpolarisation nachgeahmt. Derjenige Theil der Amethystlamelle, welcher um die betreffende Axe gruppirt ist, lässt sich also ansehen als aus lauter congruenten Molekularebenenpaaren aufgeschichtet, deren jedes gegen das vorhergehende um 120° gedreht ist. Beim aufsteigenden Strome findet die Drehung im entgegengesetzten Sinne wie beim absteigenden statt. Da nach Brewster aber jede Lamelle das Maximum ihrer polarisirenden Kraft in ihrer Mittelebene hat, so muss man annehmen, dass der auf- und der absteigende Strom so ineinander übergreifen, dass auf der Grenzfläche von zwei Lamellen Molekularebenenpaare von der einen und von der anderen Drehrichtung abwechselnd ansetzen, und hier die Gesammtwirkung hinsichtlich der Drehung der Polarisationsebene gleich Null ist.

An die Endpunkte der drei um 120° gegen einander geneigten Trennungslinien in der Amethystpartie schliessen sich Sectoren von 60° an, von grünlichgelber Farbe und den Erscheinungen des gewöhnlichen Quarzes. Bei der dem Verf. vorliegenden Platte waren die Sectoren nur undeutlich oder gar nicht in rechts- und linksdrehende Hälften getheilt, wie das von Brewster und Des Cloizeaux [auch von Groth a. a. O.] beschrieben wurde. Auch hier nimmt der Verf. zur Bildung auf- und absteigende Ströme an.

Zwischen den sogenannten Quarzpartien und ausserhalb der Amethystpartie beobachtete der Verf. das ungestörte schwarze Kreuz einaxiger Krystalle, welches er mit Reusch dahin erklärt, dass die betreffende Substanz während eines Stromwechsels und zeitweiser Ruhe der Flüssigkeit und ihrer Wirbel abgelagert wurde. An anderen Stellen der Platte kann man das Kreuz in Hyperbeln aufgelöst finden, was wohl mit Contractionen in Folge definitiven Erstarrens zusammenhängt.

Obiges zusammenfassend stellt sich der Verf. die Entstehung eines solchen Amethystkrystalls folgendermassen vor: Es bilden sich zunächst die inneren drei Scheidewände der inneren Amethystpartie (parallel den Kanten des Hauptrhomboëders) und darauf die sechs äusseren Scheidewände (parallel den Combinationskanten zwischen Haupt- und Gegenrhomboëder). An die drei inneren Scheidewände setzt der aufsteigende Strom drei rechtsdrehende, der absteigende drei linksdrehende Lamellen an, und so entstehen schliesslich beim Ausbau des Krystalls die drei Flächen des Hauptrhomboëders, durch die anderen Sectoren dagegen die Flächen des Gegenrhomboëders. Das Gerippe der drei inneren und sechs äusseren Scheidewände bildet den eigentlichen Krystallkeim, bei dessen Ansatz zunächst blos molekulare Kräfte ohne Strömungen in der Flüssigkeit thätig waren. Nur selten hat sich die übrige Krystallmasse ohne jene Strömungen an das Gerippe angesetzt; »dann aber würde der Krystall eine rhomboëdrische Structur haben und im Polarisationsmikroskop das schwarze Kreuz wie der Kalkspath durchaus zeigen, also auf die Polarisationsebene keine drehende Wirkung ausüben«.

[Wenn zur Hervorbringung der Circularpolarisation nur »Strömungen in der Flüssigkeit« und nicht auch »molekulare Kräfte« erforderlich wären, dann ist schwer einzusehen, weshalb nicht häufiger ganze nichtcircularpolarisirende Quarzkrystalle vorkommen, und noch schwerer, warum nicht Strömungen in der Flüssigkeit auch anderen, optisch einaxigen Körpern zur Circularpolarisation verhelfen könnten? Der Ref.]

Ref.: C. Hintze.

7. K. R. Koch (in Freiburg): **Ueber die Bestimmung der Elasticitätscoefficienten aus der Biegung kurzer Stäbe** (Ann. der Phys. und Chemie 1878, 5, 251—265).

Derselbe: Untersuchungen über die Elasticität der Krystalle des regulären Systems (Berichte über die Verhandl. der naturf. Ges. zu Freiburg i. B. 1881, (2), 8, 1—28). Zur Berechnung des Elasticitätscoefficienten aus der Durchbiegung eines an beiden Enden unterstützten Stabes von rechteckigem Querschnitt gilt unter gewöhnlichen Umständen die Formel:

$$E = \frac{1}{4}\frac{P}{s}\frac{l^3}{h^3 b}\text{*)};$$

genauer ist die Formel:

$$E = \frac{1}{4}\frac{P}{s}\frac{l^3}{h^3 b}\left\{1 + 3\left(\frac{h}{l}\right)^2\right\},$$

wo P das belastende Gewicht, s die beobachtete Senkung, h die Dicke, l die Länge und b die Breite des Stabes bezeichnet. Zur Bestimmung des Abstandes l der Lager wurde ein photographisch verkleinerter Massstab auf die Schneiden der Lagerkanten aufgelegt und die Anzahl der Theilstriche mit dem Mikroskop bestimmt; ein solcher Theil betrug 0,047 mm und ein Zehntel desselben wurde mit Sicherheit bestimmt. Die Bestimmung der Breite b geschah zuerst am Ocularmikrometer eines Mikroskops, später ebenso wie die der Dicke h vermittelst eines Sphärometers; die der Senkung s nach dem Newton'schen Principe der Beobachtung der Interferenzstreifen. Eine in der Mauer befestigte Stahlschiene trägt die beiden Lager; das eine, feste, hat die Form eines Würfels, das andere, bewegliche, balancirt auf einer dachförmigen Kante. Zwischen den beiden Lagern ist auf ein bewegliches Tischchen ein Reflexionsprisma aufgekittet, dessen eine Kathetenfläche horizontal und nach oben gekehrt, die andere vertical und auf den Beobachter gerichtet ist. Wenn der Abstand zwischen der unteren Fläche des zu untersuchenden Stabes und der oberen (horizontalen) Kathetenfläche des Prismas klein genug ist, und durch die vordere Kathetenfläche ein an dem Stabe sich reflectirender Lichtstrahl einfällt, so werden die entstehenden Interferenzringe nach ihrer Reflexion von der Hypotenusenfläche an der vorderen Kathetenfläche durch ein Mikroskop beobachtet. Die bei einer Belastung des Stabes eintretende Senkung ist gleich der mit der Anzahl der am Fadenkreuz passirenden Ringe multiplicirten halben Wellenlänge. Wenn die Oberfläche des Stabes nicht reflectirt, z. B. bei Metallen, wird an die Mitte der unteren Fläche ein kleines Glasplättchen angekittet, und dessen Senkung beobachtet.

---

*) Vergl. die folgenden Referate.

Das belastende Gewicht hängt vermittelst zweier Fäden an dem Belastungsbügel, und dieser kann durch eine sich hebende Arretirung entlastet werden. Zur Dämpfung der beim Belasten entstehenden Schwingungen taucht das untere Ende der Belastungsvorrichtung mit einer kreisförmigen Platte in ein Oelgefäss. Bei allmählichem Senken der Arretirung greift das Gewicht in Folge der Elasticität der Fäden auch nur allmählich an, so dass die passirenden Ringe zählbar sind.

Wesentlich bei der Beobachtung ist 1) dass die Belastung genau in der Mitte zwischen den Lagern angreift; 2) die Senkung gerade unter dem Angriffspunkte der Belastung beobachtet wird; 3) nur der Theil der beobachteten Senkung in Rechnung gezogen wird, welcher aus der elastischen Biegung entspringt, nicht auch der, welcher durch eine Drehung des Stäbchens um die Längsaxe oder durch Durchdrückung der Lager oder durch Compression derjenigen Stellen des Stäbchens entsteht, mit welchen dasselbe aufliegt.

Um sich von dem einen Fehler zu befreien, lässt man durch absichtliches Drücken auf das bewegliche Lager den Stab sich um die Längsaxe drehen und stellt das Fadenkreuz auf diejenige Stelle der Interferenzstreifen, welche bei der Bewegung in Ruhe bleiben. Den letzteren Fehler berechnet man durch Beobachtung der Senkung, wenn man statt des Stabes eine möglichst dicke Platte derselben Substanz auflegt, und die Senkung in diesem Falle ganz als Folge der Biegung der Lagerkanten oder der Compression der aufliegenden Plattentheile betrachtend, dem belastenden Gewichte direct und der Plattenbreite umgekehrt proportional setzt.

Bei den ersten Versuchen ruhte der Belastungsbügel vermittelst einer Schneide, bei den späteren vermittelst einer Spitze auf dem durch ein kleines Kautschukplättchen geschützten Stäbchen.

Es wurden nach dieser Methode bestimmt für:

1) ein Glasstäbchen:

$$l = 20,354 \text{ mm}, \quad h = 1,3378 \text{ mm}, \quad b = 3,699 \text{ mm},$$

bei P	s
0,5593 kg	$63,99 \frac{\lambda}{2}$
0,3754 -	$43,53 \frac{\lambda}{2}$

daraus folgt im Mittel:

$$E = 6552 \text{ kgmm}.$$

2) Messing 10698 kgmm,

3) Steinsalz $\perp$ zu $\infty O \infty$: $E_1 = 4033$ kgmm

$\perp$ zu ∞O : $E_2 = 3395$ -

Zum Vergleiche mögen erwähnt werden die nach anderen Methoden gefundenen Werthe am Steinsalz:

	E_1	E_2	$\frac{E_1}{E_2}$
Voigt	4103	3410	1,203
Groth	—	—	1,19
Koch	4033	3395	1,188

4) Von drei Sylvinkrystallen war eine grössere Anzahl von Stäben verfertigt. Es ergaben:

	für ⊥ zu ∞O∞ die Werthe E_1			Mittel:	für ⊥ zu ∞O die Werthe E_2		Mittel:
Krystall Nr. 1.	3890	3991	4155	4012	2063	2126	2094
Krystall Nr. 2.	3890	4096		3993	2092	2080	2086
Krystall Nr. 3.	4037	4009		4023	2063	2106	2084
Gesammtmittel:				4009			2088

5 Chlorsaures Natron. Die Messung gelang nur an drei Stäbchen von demselben Krystall. Es wurden gefunden:

$$E_1(\perp : \infty O \infty) = 4047$$
$$E_2(\perp : \infty O\ ) = 3190.$$

Aus den bei (4) gefundenen Werthen folgt, dass der Elasticitätscoefficient in den Krystallen des Sylvins für gleiche Richtungen in Krystallen eine Constante ist.

Ref.: J. Beckenkamp.

8. **W. Voigt** (in Königsberg): **Allgemeine Formeln für die Bestimmung der Elasticitätsconstanten von Krystallen durch die Beobachtung der Biegung und Drillung von Prismen** (Annalen der Phys. und Chem. 1882, 16, 273—321, 398—416). Bezeichnen u, v, w die Verschiebungscomponenten eines Krystallpunktes nach drei beliebigen Axen x, y, z und bezeichnet man nach Kirchhoff:

$$\frac{du}{dx} = x_x, \quad \frac{dv}{dy} = y_y, \quad \frac{dw}{dz} = z_z,$$

$$\frac{du}{dy} + \frac{dv}{dx} = x_y, \quad \frac{dv}{dz} + \frac{dw}{dy} = y_z, \quad \frac{dw}{dx} + \frac{dx}{dz} = z_x$$

und nimmt man an:

1) dass die elastischen Kräfte lineare Functionen der Verschiebungsgrössen bilden und

2) dass dieselben ein Potential besitzen,

so erhält man für die Molekularcomponenten folgende Formeln:

$$\begin{aligned}
-X_x &= A x_x + \Delta y_y + \Gamma z_z + \alpha'' x_y + \alpha' y_z + \alpha z_x \\
-Y_y &= \Delta x_x + A' y_y + B z_z + \beta'' x_y + \beta' y_z + \beta z_x \\
-Z_z &= \Gamma x_x + B y_y + A'' z_z + \gamma'' x_y + \gamma' y_z + \gamma z_x \\
-X_y &= \alpha'' x_x + \beta'' y_y + \gamma'' z_z + \varepsilon'' x_y + \delta y_z + \eta z_x \\
-Y_z &= \alpha' x_x + \beta' y_y + \gamma' z_z + \delta x_y + \varepsilon' y_z + \vartheta z_x \\
-Z_x &= \alpha x_x + \beta y_y + \gamma z_z + \eta x_y + \vartheta y_z + \varepsilon z_x.
\end{aligned}$$

Wenn nun das betreffende Krystallsystem symmetrisch ist, und die erwähnten Axen, auf welche sich die obigen Constanten beziehen, mit den krystallographischen Axen zusammenfallen, so wird die Zahl der 21 Constanten erheblich kleiner. In diesem Falle wird für das monosymmetrische System:

$$\alpha'' = \alpha' = \beta'' = \beta' = \gamma'' = \gamma' = \eta = \vartheta = 0;$$

es bleiben also noch 13 Constanten.

Für das rhombische System wird ausserdem $\alpha = \beta = \gamma = \delta = 0$; es bleiben also noch neun Constanten.

Für das quadratische System wird ausserdem $A = A'$, $\Gamma = B$, $\varepsilon' = \varepsilon$; es bleiben also noch sechs Constanten.

Für das reguläre System wird ausserdem $A = A''$, $B = \Delta$, $\varepsilon'' = \varepsilon$; es bleiben also noch drei Constanten.

Das hexagonale System unterscheidet sich von dem quadratischen nur dadurch, dass $\varepsilon'' = \frac{A - \Delta}{2}$; es hat also fünf Constanten.

In Folge des Umstandes, dass die hemiëdrischen Formen durch bestimmte Drehungen in gleiche Stellungen zum Coordinatensystem zurückkehren, gelten die Formeln sowohl für die holoëdrischen als hemiëdrischen Systeme. Ausgenommen ist das rhomboëdrische. Dieses unterscheidet sich von dem monosymmetrischen dadurch, dass

$$\Gamma = B, \quad A' = A, \quad \beta = \delta = -\alpha, \quad \gamma = 0, \quad \varepsilon'' = \frac{A - \Delta}{2}, \quad \varepsilon' = \varepsilon;$$

es hat also sechs Constanten.

Die Gleichungen des Gleichgewichts für einen cylindrischen Körper, auf dessen Grundflächen Kräfte wirken, dessen innere Punkte aber keinen Kräften ausgesetzt sind, lauten bekanntlich in der Mechanik:

$$0 = \frac{dX_x}{dx} + \frac{dX_y}{dy} + \frac{dX_z}{dz}$$

$$0 = \frac{dY_x}{dx} + \frac{dY_y}{dy} + \frac{dY_z}{dz}$$

$$0 = \frac{dZ_x}{dx} + \frac{dZ_y}{dy} + \frac{dZ_z}{dz}$$

und wenn die Oberfläche keinen Kräften ausgesetzt ist, so lauten die Oberflächenbedingungen eines Cylinders, dessen Axe parallel z geht, wenn ν die Richtung der Normalen eines Oberflächenpunktes bezeichnet:

$$\overline{X}_x \cos(\nu, x) + \overline{X}_y \cos(\nu, y) = 0$$

$$\overline{Y}_x \cos(\nu, x) + \overline{Y}_y \cos(\nu, y) = 0$$

$$\overline{Z}_x \cos(\nu, x) + \overline{Z}_y \cos(\nu, y) = 0.$$

Wirken auf die beiden Endflächen eines Stabes, dessen z-Axe in die Längsrichtung, dessen Coordinaten-Anfangspunkt in den Schwerpunkt des festgehaltenen Endquerschnittes, und dessen x- und y-Axe in die Hauptträgheitsaxen fallen mögen, die beiderseits gleich und entgegengesetzten Kräfte $\Xi H Z$ resp. die Drehungsmomente $\Lambda M N$, so ist:

$$\Xi = -\int X_z dq, \quad H = -\int Y_z dq, \quad Z = -\int Z_z dq$$

$$\Lambda = -\int Z_z y\, dq, \quad M = -\int Z_z x\, dq, \quad N = -\int (Y_x - X_z y) dq$$

und wenn X_z, Y_z, Z_z von z unabhängig sind, so folgt aus den Gleichgewichtsgleichungen:

$$N = -\int (Y_z x - X_z y)\, dq = -2\int Y_z x\, dq = +2\int X_z y\, dq.$$

Die Biegung eines Prismas kann entweder so eingerichtet werden, dass die Theilchen am festgehaltenen Ende sich frei gegen die Axe verschieben können, die Biegung in einem Kreisbogen erfolgt — gleichförmige Biegung —, oder in der Weise, dass alle ursprünglich ebenen Querschnitte senkrecht zur Prismenaxe auch nach der Biegung noch senkrecht zu ihr und eben sind — ungleichförmige Biegung. Bei der mathematischen Behandlung beider Fälle muss der Querschnitt klein angenommen werden.

Der erste von Saint Vénant schon behandelte Fall ist experimentell unpraktisch, lässt sich aber mathematisch streng durchführen; der zweite findet bei beiderseits aufgelegten, in der Mitte belasteten Prismen gewöhnlich Anwendung, lässt sich mathematisch aber nur angenähert lösen.

Das Problem der gleichförmigen Biegung ist für beliebige Querschnittsformen lösbar. Es seien $\xi\eta\zeta$ Functionen von xy, und:

$$u = \xi + z\cdot\xi_1 + \frac{z^2}{2}\xi_2, \quad v = \eta + z\cdot\eta_1 + \frac{z^2}{2}\eta_2, \quad w = \zeta + z\cdot\zeta_1.$$

Aus dem Umstande, dass bei der gleichförmigen Biegung alle Molekularcomponenten X_x etc. von z unabhängig sein müssen, folgt, dass ξ_2 und η_2 Constante, etwa $\xi_2 = -g_1$, $\eta_2 = -g_2$, und dass η_1 eine lineare Function von x, ξ_1 eine solche von y sein muss; lasse ich für $x = y = 0$ und $z = 0$ und l, u und v, ϱ und η verschwinden, so erhalte ich:

$$\xi_1 = g_1\frac{l}{2} - hy, \quad \eta_1 = g_2\frac{l}{2} + hx, \quad \zeta_1 = g_1 x + g_2 y + y_3,$$

also:

$$u = \xi - z\left(hy - g_1\frac{l-z}{2}\right), \quad v = \eta + z\left(hx + g_2\frac{l-z}{2}\right),$$

$$w = \zeta + z(g_1 x + g_2 y + g_3).$$

Aus diesen Gleichungen erkennt man, dass wenn man den Winkel, um welchen zwei um die Längeneinheit entfernte Querschnitte um die Z-Axe gegen einander gedreht erscheinen, d. i. die »Grösse der Torsion« mit τ_1 bezeichnet, $\tau_1 = h$ ist.

Es lassen sich jetzt alle Componenten X_x etc. zu Null machen mit Ausnahme von Z_z, wenn man setzt:

$$\xi = a_1 x^2 + b_1 xy + \frac{c_1 y^2}{2} + d_1 x + e_1 y$$

$$\eta = a_2 x^2 + b_2 xy + \frac{c_2 y^2}{2} + d_2 x + e_2 y$$

$$\zeta = a_3 x^2 + b_3 xy + \frac{c_3 y^2}{2} + d_3 x + e_3 y.$$

Hierdurch wird auch Z_z eine lineare Function von x und y; setze ich:

$$-Z_z = G_1 x + G_2 y,$$

indem ich benutze, dass $\int Z_z dq = 0$ sein soll, weil keine Zugkraft Z wirkt, so habe ich folgende Gleichungen zu erfüllen:

$$
\begin{aligned}
0 &= A d_1 + \Delta e_2 + \Gamma g_3 + \alpha''(e_1 + d_2) + \alpha'(e_3 + \tfrac{1}{2} g_2 l) + \alpha(d_3 + \tfrac{1}{2} g_1 l) \\
0 &= \Delta d_1 + A' e_2 + B g_3 + \beta''(e_1 + d_2) + \beta'(e_3 + \tfrac{1}{2} g_2 l) + \beta(d_3 + \tfrac{1}{2} g_1 l) \\
0 &= \Gamma d_1 + B e_2 + A'' g_3 + \gamma''(e_1 + d_2) + \gamma'(e_3 + \tfrac{1}{2} g_2 l) + \gamma(d_3 + \tfrac{1}{2} g_1 l) \\
0 &= \alpha'' d_1 + \beta'' e_2 + \gamma'' g_3 + \varepsilon''(e_1 + d_2) + \delta(e_3 + \tfrac{1}{2} g_2 l) + \eta(d_3 + \tfrac{1}{2} g_1 l) \\
0 &= \alpha' d_1 + \beta' e_2 + \gamma' g_3 + \delta(e_1 + d_2) + \varepsilon'(e_3 + \tfrac{1}{2} g_2 l) + \vartheta(d_3 + \tfrac{1}{2} g_1 l) \\
0 &= \alpha d_1 + \beta e_2 + \gamma g_3 + \eta(e_1 + d_2) + \vartheta(e_3 + \tfrac{1}{2} g_2 l) + \varepsilon(d_3 + \tfrac{1}{2} g_1 l)
\end{aligned}
$$

$$
\begin{aligned}
0 &= A a_1 + \Delta b_2 + \Gamma g_1 + \alpha''(b_1 + a_2) + \alpha'(h + b_3) + \alpha a_3 \\
0 &= \Delta a_1 + A' b_2 + B g_1 + \beta''(b_1 + a_2) + \beta'(h + b_3) + \beta a_3 \\
G_1 &= \Gamma a_1 + B b_2 + A'' g_1 + \gamma''(b_1 + a_2) + \gamma'(h + b_3) + \gamma a_3 \\
0 &= \alpha'' a_1 + \beta'' b_2 + \gamma'' g_1 + \varepsilon''(b_1 + a_2) + \delta(h + b_3) + \eta a_3 \\
0 &= \alpha' a_1 + \beta' b_2 + \gamma' g_1 + \delta(b_1 + a_2) + \varepsilon'(h + b_3) + \vartheta a_3 \\
0 &= \alpha a_1 + \beta b_2 + \gamma g_1 + \eta(b_1 + a_2) + \vartheta(h + b_3) + \varepsilon a_3
\end{aligned}
$$

$$
\begin{aligned}
0 &= A b_1 + \Delta c_2 + \Gamma g_2 + \alpha''(c_1 + b_2) + \alpha' c_3 + \alpha(-h + b_3) \\
0 &= \Delta b_1 + A' c_2 + B g_2 + \beta''(c_1 + b_2) + \beta' c_3 + \beta(-h + b_3) \\
G_2 &= \Gamma b_1 + B c_2 + A'' g_2 + \gamma''(c_1 + b_2) + \gamma' c_3 + \gamma(-h + b_3) \\
0 &= \alpha'' b_1 + \beta'' c_2 + \gamma'' g_2 + \varepsilon''(c_1 + b_2) + \delta c_3 + \eta(-h + b_3) \\
0 &= \alpha' b_1 + \beta' c_2 + \gamma' g_2 + \delta(c_1 + b_2) + \varepsilon' c_3 + \vartheta(-h + b_3) \\
0 &= \alpha b_1 + \beta c_2 + \gamma g_2 + \eta(c_1 + b_2) + \vartheta c_3 + \varepsilon(-h + b_3).
\end{aligned}
$$

Mit Hülfe dieser 18 Gleichungen lassen sich die 18 Grössen mit kleinen römischen Buchstaben in den übrigen ausdrücken; und durch Einsetzung der gefundenen Werthe in die Gleichungen der u und v erhält man für die Axe des Stabes und $z = \frac{l}{2}$ den Pfeil der Biegung:

$$U = \frac{l^2}{8} g_1 = \frac{E l^2 G_1}{8} = \frac{E l^2 M}{8 Q k^2_y}$$

$$V = \frac{l^2}{8} g_2 = \frac{E l^2 G_2}{8} = \frac{E l^2 A}{8 Q k^2_x},$$

da hier

$$A = \int y Z_z dq = G_2 Q k^2_x,$$

$$M = -\int x Z_z dq = G_1 Q k^2_y,$$

und wo

$$E = \frac{\Sigma_{33}}{\Pi}$$

und die Grösse der Torsion:

$$\tau_1 = h = \frac{G_1 \Sigma_{35} - G_2 \Sigma_{36}}{2\Pi} = \frac{\frac{M \Sigma_{35}}{k^2_y} - \frac{A \Sigma_{36}}{k^2_x}}{2 \Pi Q},$$

wo Π die Determinante des Systems der Gleichungen der Molekularcomponenten und Σ_{hk} den Coefficienten des h-Elementes in der k-Columne bedeutet.

Die Determinanten Σ_{35} und Σ_{36} verschwinden nach Früherem dann, wenn die drei Axen des Prismas krystallographische Symmetrieaxen sind oder wenn auch nur die Längsrichtung eine solche ist. In diesem Falle haben wir »reine Biegung« (ohne Drehung). In den anderen Fällen gelten die Formeln nur dann, wenn die Drehung nicht gehindert ist, d. h. bei der »freien Biegung«. Ist die Drehung jedoch vollständig gehindert, so hat man zu setzen: $h = 0$; dann folgt, wenn etwa die Biegung in der X-Z-Ebene erfolgt:

$$\Lambda = 0, \quad M = QG_1 \left[k^2_y - \frac{m \cdot n}{3} \frac{\Sigma_{35}}{\Sigma_{36}} \Phi\left(\frac{m}{n}\right) \right]$$

wo $2m$ und $2n$ die Querdimensionen des Prismas bedeuten; das zweite Glied nimmt dabei für kleines $\frac{m}{n}$ einen constanten Werth an, lässt sich also aus zwei Beobachtungen mit verschiedenem $\frac{m}{n}$ eliminiren, und aus drei Beobachtungen prüfen, ob $\frac{m}{n}$ klein genug.

Denkt man sich den Stab von der Länge L an beiden Enden aufliegend, und in der Mitte die Kraftcomponenten Ξ und H wirken, so haben wir »ungleichförmige Biegung«, für welche nur angenäherte Lösung möglich ist. Die Krümmungsradien der Axe des Stabes sind angenähert: $\frac{d^2u}{dz^2} = \frac{1}{\varrho_y} = -g_1$, $\frac{d^2v}{dz^2} = \frac{1}{\varrho_x} = -g_2$ und die Grösse der Torsion $\tau_1 = \frac{d\tau}{dz} = h$.

Durch Integration folgt mit Benutzung der Werthe von g aus Vorigem:

$$U = \frac{E \Xi L^3}{48 Q k^2_y}, \qquad V = \frac{E H L^3}{48 Q k^2_x},$$

$$\tau_1 = \frac{\frac{\Xi \Sigma_{35}}{k^2_y} - \frac{H \Sigma_{36}}{k^2_x}}{32 \Pi Q} L^2,$$

wo
$$E = \frac{\Sigma_{33}}{\Pi}.$$

Falls der Querschnitt rechteckige Form von den Seiten $2m$ und $2n$ parallel der x- und y-Axe hat, wird $k^2_y = \frac{m^2}{3}$, $k^2_x = \frac{n^2}{3}$.

Auch diese Formeln gelten für die Biegung bei ungehinderter Drillung. Ist letztere vollständig gehindert, so treten auch hier die entsprechenden Modificationen ein.

Von Saint Vénant (Mém. des Sav. étrangers 14, 370, 1855) sind die Formeln zur Ableitung der Elasticitätsconstanten bei der Drillung für unkrystallinische und solche Prismen dreifach symmetrischer Körper abgeleitet, deren Längsrichtung eine Symmetrieaxe bildet.

Wie bei der gleichförmigen Biegung, so müssen auch bei der Torsion die Molekularkräfte in jedem Querschnitt gleich, also unabhängig von z angesehen werden. Man verwende daher auch hier die Gleichungen

$$u = \xi - z\left(hy - g_1 \frac{l - z}{2}\right), \quad v = \eta + z\left(hx + g_2 \frac{l - z}{2}\right),$$
$$w = \zeta + z\,(g_1 x + g_2 y + g_3).$$

Hier dürfen nun, ähnlich wie früher die Componente Z_z, die Componenten X_z und Y_z, da sie bei der Torsion wirksam sind, nicht überall $= 0$ werden. Auf Grund der erwähnten allgemeinen Gleichgewichtsgleichungen folgen nach einer ähnlichen Substitution für $\xi \eta \zeta$, wie bei der gleichförmigen Biegung, 18 ähnliche Gleichungen; diese unterscheiden sich dadurch von den früheren, dass statt der Coefficienten in $-Z_z$ diesmal zuerst der in $-Y_z$ etwa als H_1 und sodann der in $-X_z$ etwa als H_2 sich auf der linken Seite finden. Damit lassen sich dann auch wieder die Substitutionscoefficienten $a_1\, b_1$ etc. berechnen. Man findet für einen Cylinder von dem elliptischen Querschnitt:

$$\frac{x^2}{a^2} + \frac{y^2}{b^2} = 1;$$

wenn

$$K - \frac{H_1 x^2}{2} + \frac{H_2 y^2}{2} = 0,$$

$$\tau_1 = \frac{\tau}{l} = h = \frac{K}{\Pi}\left(\frac{\Sigma_{55}}{a^2} + \frac{\Sigma_{66}}{b^2}\right) = \frac{N(b^2 \Sigma_{55} + a^2 \Sigma_{66})}{\Pi Q a^2 b^2},$$

da in diesem Falle

$$N = -\int (Y_z x - X_z y)\, dq = \frac{Q}{4}(H_1 a^2 - H_2 b^2).$$

Zugleich findet man aber aus den Formeln für u, v, w, dass durch das ausgeübte Drehungsmoment N noch Biegungen in der XZ- und der yz-Ebene stattfinden, welche den Grössen g_1 und g_2 proportional sind; da

$$g_1 = \frac{\Sigma_{35}}{\Pi}\,\frac{2N}{Qa^2}, \qquad g_2 = -\frac{\Sigma_{36}}{\Pi}\,\frac{2N}{Qb^2},$$

so verschwinden diese Nebendilatationen, wenn die Cylinderaxe mit einer Symmetrieaxe zusammenfällt.

Für das rechteckige Prisma lässt sich das Problem in der angegebenen Weise nicht bis zum Ende streng durchführen. Es folgt:

$$\frac{\tau}{l} = \frac{TN}{4Qk^2_x - n^4 f\left(\frac{m}{n}\right)}.$$

$f\left(\frac{m}{n}\right)$ ist für die directe Berechnung ungeeignet, bleibt aber für hinreichend grosses $\frac{m}{n}$ constant, lässt sich also aus zwei Beobachtungen mit verschiedenem $\frac{m}{n}$ eliminiren und aus mindestens drei Beobachtungen prüfen, ob $\frac{m}{n}$ hinreichend gross. $T = \frac{\Sigma_{66}}{\Pi}$, für den Fall, dass die Längsrichtung mit einer krystallographischen Symmetrieaxe zusammenfällt, wird $T = \frac{\varepsilon'}{\varepsilon'\varepsilon - \vartheta^2}$, und wenn sämmtliche Kanten des Prismas Symmetrieaxen sind, wird

$$T = \frac{1}{\varepsilon}, \qquad k^2_x = \frac{n^2}{3};$$

da

$$g_1 = \frac{H_1 \Sigma_{35}}{\Pi}, \qquad g_2 = \frac{H_1 \Sigma_{36}}{\Pi},$$

so haben wir »reine Drillung« in denselben Fällen wie beim elliptischen Querschnitt.

In den Ausdrücken für die Biegung und Drillung bezogen sich die Grössen Σ und Π auf das willkürliche Axensystem der Prismenkanten. Sei die Lage der letzteren gegen das krystallographische Hauptaxensystem gegeben durch:

$$
\begin{aligned}
x &= x^0\alpha_1 + y^0\beta_1 + z^0\gamma_1 \\
y &= x^0\alpha_2 + y^0\beta_2 + z^0\gamma_2 \\
z &= x^0\alpha_3 + y^0\beta_3 + z^0\gamma_3 ,
\end{aligned}
$$

wo die $x^0y^0z^0$ die auf die krystallographischen Axen bezogenen Coordinaten und die $\alpha\beta\gamma$ die Richtungscosinus zwischen den beiderseitigen Axenrichtungen bezeichnen. Bezogen auf dieses krystallographische Axensystem mögen die entsprechenden Grössen mit S und P bezeichnet werden. Durch Transformation der Coordinaten folgt:

$$
\begin{aligned}
&1)\ \Pi = P; \\
&2)\ E\cdot P = S_{11}\alpha^4_3 + S_{22}\beta^4_3 + S_{33}\gamma^4_3 \\
&\quad + (S_{44} + 2S_{12})\alpha^2_3\beta^2_3 + (S_{55} + 2S_{23})\beta^2_3\gamma^2_3 + (S_{66} + 2S_{31})\gamma^2_3\alpha^2_3 \\
&\quad + 2\alpha^3_3(S_{14}\beta_3 + S_{16}\gamma_3) + 2\beta^3_3(S_{24}\alpha_3 + S_{25}\gamma_3) + 2\gamma^3_3(S_{35}\beta_3 + S_{36}\alpha_3) \\
&\quad + 2\alpha^2_3\beta_3\gamma_3(S_{15} + S_{46}) + 2\beta^2_3\alpha_3\gamma_3(S_{26} + S_{45}) + 2\gamma^2_3\beta_3\alpha_3(S_{34} + S_{56}); \\
&3)\ T\cdot P = 4\alpha^2_3\alpha^2_1 S_{11} + 4\beta^2_3\beta^2_1 S_{22} + 4\gamma^2_3\gamma^2_1 S_{33} \\
&\quad + 2(S_{44} + 4S_{12}\alpha_3\alpha_1\beta_3\beta_1 + 2(S_{55} + 4S_{23})\beta_3\beta_1\gamma_3\gamma_1 \\
&\quad + 2(S_{66} + 4S_{31})\alpha_3\alpha_1\gamma_3\gamma_1 \\
&\quad + 2(\alpha_3\beta_1 + \beta_3\alpha_1)(2S_{14}\alpha_3\alpha_1 + 2S_{24}\beta_3\beta_1 + (2S_{34} + S_{56})\gamma_3\gamma_1) \\
&\quad + 2(\gamma_3\alpha_1 + \alpha_3\gamma_1)(2S_{16}\alpha_3\alpha_1 + (2S_{26} + S_{45})\beta_3\beta_1 + 2S_{36}\gamma_3\gamma_1) \\
&\quad + 2(\beta_3\gamma_1 + \gamma_3\beta_1)(2S_{15} + S_{46})\alpha_3\alpha_1 + 2S_{25}\beta_3\beta_1 + 2S_{35}\gamma_3\gamma_1) \\
&\quad + S_{44}(\alpha^2_3\beta^2_1 + \beta^2_3\alpha^2_1) + S_{55}(\beta^2_3\gamma^2_1 + \gamma^2_3\beta^2_1) + S_{66}(\gamma^2_3\alpha^2_1 + \alpha^2_3\gamma^2_1) \\
&\quad + 2S_{45}(\beta^2_3\alpha_1\gamma_1 + \beta^2_1\alpha_3\gamma_3) + 2S_{46}(\alpha^2_3\beta_1\gamma_1 + \alpha^2_1\beta_3\gamma_3) + 2S_{56}(\gamma^2_3\alpha_1\beta_1 + \gamma^2_1\alpha_3\beta_3).
\end{aligned}
$$

Die zweite Gleichung enthält 15, die letzte 17 Aggregate der 21 auf die krystallographischen Axen bezogenen Elasticitätscoefficienten. Von den letzteren 17 sind jedoch nur sechs von den ersteren 15 unabhängig. Folglich lassen sich gerade alle 21 Coefficienten durch Combination von Biegungen und Drillungen vermittelst verschiedener nach Früherem aus den Beobachtungen herleitbaren Werthen von E und T berechnen.

Für die symmetrischen Systeme erleiden diese Formeln in Folge des Verschwindens einzelner Constanten wesentliche Vereinfachungen.

So wird für das reguläre System:

$$
E = \left(\frac{1}{2e} - \frac{B}{(A-B)(A+2B)}\right) - \left(\frac{1}{2e} - \frac{1}{A-B}\right)(\alpha^4_3 + \beta^4_3 + \gamma^4_3
$$

$$
T = \frac{1}{e} - 4\left(\frac{1}{2e} - \frac{1}{A-B}\right)(\alpha^2_3\alpha^2_1 + \beta^2_3\beta^2_1 + \gamma^2_3\gamma^2_1)
$$

$$
\Theta_1 = -2\left(\frac{1}{2e} - \frac{1}{A-B}\right)(\alpha^3_3\alpha_1 + \beta^3_3\beta_1 + \gamma^3_3\gamma_1)
$$

$$
\Theta_2 = -2\left(\frac{1}{2e} - \frac{1}{A-B}\right)(\alpha^3_3\alpha_2 + \beta^3_3\beta_2 + \gamma^3_3\gamma_2).
$$

Die Θ_1 und Θ_2 bezeichnen hier die bei den Nebendilatationen auftretenden Grössen $\frac{\Sigma_{36}}{\Pi}$ und $\frac{\Sigma_{35}}{\Pi}$; $\alpha_3\beta_3\gamma_3$ bezeichnen die Richtungscosinus der Längsaxe des Prismas. Da die Θ für die Normalen zu den Hexaëder-, Dodekaëder- und

Oktaëderflächen verschwinden, so erhalten wir reine Biegung und reine Drillung, wenn die Längsaxe des Prismas mit diesen übereinstimmt.

Für das tetragonale System folgt:

$$E = \gamma_3^4 \frac{A + D}{A''(A + D) - 2B^2} - \gamma_3^2(1 - \gamma_3^2)\left(\frac{2B}{A''(A + D) - 2B^2} - \frac{1}{e}\right)$$

$$+ (1 - \gamma_3^2)^2 \frac{AA'' - B^2}{(A - D)(A''(A + D) - 2B^2)} + \alpha_3^2 \beta_3^2 \left(\frac{1}{e''} - \frac{2}{A - D}\right);$$

$$T = \frac{1}{e} + \gamma_2^2 \left(\frac{1}{e''} - \frac{1}{e}\right)$$

$$+ 4\gamma_1^2 \gamma_3^2 \left[\frac{(A - D)(A + D + 2B) - A''D + B^2}{(A - D)(A'' + D) - 2B^2} + \frac{1}{2e''} - \frac{1}{e}\right]$$

$$+ 2(\alpha_3^2 \alpha_1^2 + \beta_3^2 \beta_1^2)\left(\frac{2}{A - D} - \frac{1}{e''}\right);$$

$$\Theta_1 = 2\gamma_1\gamma_3 \left[\left(\frac{1}{2e} - \frac{B(A - D) + (AA'' - B^2)}{(A - D)(A''(A + D) - 2B^2)}\right)\right.$$

$$\left. - \gamma_3^2 \left(\frac{1}{e} - \frac{(A - D)(A + D + 2B) + AA'' - B^2}{(A - D)(A''(A + D) - 2B^2)}\right)\right]$$

$$+ \left(\frac{1}{e''} - \frac{2}{A - D}\right)\alpha_3 \beta_3 (\beta_3 \alpha_1 + \alpha_3 \beta_1).$$

Θ_2 folgt aus Θ_1 durch Vertauschung von $\alpha_1 \beta_1 \gamma_1$ mit $\alpha_2 \beta_2 \gamma_2$; die Nebendilatationen verschwinden, wenn die Längsaxe des Prismas mit einer der drei krystallographischen oder einer der übrigen Symmetrieaxen zusammenfällt.

Das hexagonale System unterscheidet sich von dem tetragonalen nur dadurch, dass dort $e'' = \frac{A - D}{2}$ wird. Daraus folgt, dass der nur noch von γ_3 abhängige Elasticitätscoefficient rings um die krystallographische Hauptaxe constant ist; dass ferner der Torsionscoefficient T nur $\gamma_1 \gamma_2 \gamma_3$ enthält, sich also ebenfalls nicht ändert, wenn man das Prisma, ohne die Werthe der γ zu verändern, um die Hauptaxe des Krystalles dreht. Ausserdem verschwinden die beiden Θ noch für jede Lage der Prismenaxe in der Aequatorebene bei beliebiger Lage der Seitenkanten.

Für das rhomboëdrische System folgt:

$$1)\ E = \left(\frac{e}{4M} + \frac{A''}{2N}\right)(1 - \gamma_3^2)^2 + \frac{A + D}{N}\gamma_3^4$$

$$+ \left(\frac{A - D}{2M} - \frac{2B}{N}\right)\gamma_3^2 (1 - \gamma_3^2) + \frac{a}{M}\gamma_3 \alpha_3 (3\beta_3^2 - \alpha_3^2);$$

$$2)\ T = \gamma_3^2 \gamma_1^2 \left[\frac{e - 2(A - D)}{M} + \frac{2(A'' + 2(A - D) + 4B)}{N}\right]$$

$$+ \gamma_2^2 \frac{e}{M} + (\gamma_1^2 + \gamma_3^2)\frac{A - D}{2M} + \frac{2a}{M}[(\gamma_3\alpha_1 + \alpha_3\gamma_1)(3\beta_3\beta_1 - \alpha_3\alpha_1) + \alpha_2\gamma_2)];$$

$$3\,\Theta_1 = -2\gamma^2_3\gamma_1\left[\frac{e-2(A-D)}{4M}+\frac{A''+4B+2(A+D)}{2N}\right]$$
$$+\gamma_3\gamma_1\left[\frac{e-A+D}{2M}+\frac{A''+2B}{N}\right]$$
$$-\frac{a}{2M}\left[2\gamma_3\alpha_3(3\beta_1\beta_3-\alpha_1\alpha_3)+(3\beta^2_3-\alpha^2_3)(\alpha_1\gamma_3+\alpha_3\gamma_1)\right].$$

Θ_2 folgt aus Θ_1 durch Vertauschung der Indices 1 und 2.
Der Abkürzung halber ist gesetzt

$$e\,\frac{A-D}{2}-a^2=M, \qquad A''(A+D)-2B^2=N.$$

Wir erhalten reine Biegung und reine Drillung, wenn die Längsaxe des Prismas mit einer krystallographischen Symmetrieaxe oder auch mit der krystallographischen Hauptaxe zusammenfällt.

Ref.: J. Beckenkamp.

9. W. Voigt (in Königsberg): **Volumen- und Winkeländerung krystallinischer Körper bei all- oder einseitigem Druck** (Annal. der Phys. und Chem. 1882, 16, 416—427). Die Gleichung einer Ebene innerhalb des Krystalls sei $\mu x+\nu y+\pi z=1$ und die Cosinus dieser Ebene mit den Coordinatenebenen seien $\mathfrak{a}=\frac{\mu}{\sqrt{\mu^2+\nu^2+\pi^2}}$, $\mathfrak{b}=\frac{\nu}{\sqrt{\mu^2+\nu^2+\pi^2}}$, $\mathfrak{c}=\frac{\pi}{\sqrt{\mu^2+\nu^2+\pi^2}}$.

Beträgt der Winkel zwischen den Normalen zweier Ebenen $(\mu\nu\pi)$ und $(\mu_1\nu_1\pi_1)$ vor dem Drucke φ und nachher $\varphi'=\varphi+\eta$, wo η eine kleine Grösse, also $\cos\varphi'=\cos\varphi-\eta\sin\varphi$, so wird:

$$\begin{aligned}\eta\sin\varphi = {} & 2(x_x\mathfrak{a}\mathfrak{a}_1+y_y\mathfrak{b}\mathfrak{b}_1+z_z\mathfrak{c}\mathfrak{c}_1)\\ & +x_y(\mathfrak{a}\mathfrak{b}_1+\mathfrak{b}\mathfrak{a}_1)+y_z(\mathfrak{b}\mathfrak{c}_1+\mathfrak{c}\mathfrak{b}_1)+z_x(\mathfrak{c}\mathfrak{a}_1+\mathfrak{a}\mathfrak{c}_1)\\ & -\cos\varphi\,[x_x(\mathfrak{a}^2+\mathfrak{a}^2_1)+y_y(\mathfrak{b}^2+\mathfrak{b}^2_1)+z_z(\mathfrak{c}^2+\mathfrak{c}^2_1)\\ & +x_y(\mathfrak{a}_1\mathfrak{b}+\mathfrak{a}\mathfrak{b}_1)+y_z(\mathfrak{b}\mathfrak{c}+\mathfrak{b}_1\mathfrak{c}_1)+z_x(\mathfrak{c}_a+\mathfrak{c}_1\mathfrak{a}_1)];\end{aligned}$$

hierzu $\quad \mathfrak{a}\mathfrak{a}_1+\mathfrak{b}\mathfrak{b}_1+\mathfrak{c}\mathfrak{c}_1=\cos\varphi.$

Bei allseitigem und einseitigem Druck lassen sich die uvw als lineare Functionen von x, y, z, folglich die x_x etc. und X_x etc. als Constanten annehmen. Setze ich also bei allseitigem Druck bezogen auf die krystallographischen Axen:

$$X_x=Y_y=Z_z=p, \qquad X_y=Y_z=Z_x=0,$$

so folgt:

$$x_x=-\frac{p}{P}(S_{11}+S_{21}+S_{31}), \qquad x_y=-\frac{p}{P}(S_{14}+S_{24}+S_{34})$$

$$y_y=-\frac{p}{P}(S_{12}+S_{22}+S_{32}), \qquad y_z=-\frac{p}{P}(S_{15}+S_{25}+S_{35})$$

$$z_z=-\frac{p}{P}(S_{13}+S_{23}+S_{33}), \qquad z_x=-\frac{p}{P}(S_{16}+S_{26}+S_{36})$$

wo P die Determinante der Elasticitätscoefficienten (vergl. S. 208) und $S_{k\lambda}$ die betreffende Unterdeterminante bezeichnet.

Da $\frac{dv}{v} = x_x + y_y + z_z$, so folgt für den Compressionscoefficienten M (identisch mit dem reciproken Werthe des sog. Elasticitätsmodulus)

$$M = \frac{1}{p}(S_{11} + S_{22} + S_{33}) + 2(S_{12} + S_{23} + S_{31}).$$

Durch Einsetzung der Werthe für x_x etc. in die Gleichung für $\eta \sin\varphi$ folgt der Werth der Winkeländerungen; speciell für das tetragonale, hexagonale und rhomboëdrische System folgt:

$$\eta \sin\varphi = -\frac{p}{P}\,\frac{(A+D)-(A''+B)}{A''(A+D)-2B^2}\,[2cc_1 - \cos\varphi(c^2 + c_1^2)];$$

für das reguläre System folgt: $\eta = 0$.

Beim einseitigen Druck seien, bezogen auf die Axen des Prismas, dessen z-Axe die Längsrichtung bilde, $X_x = Y_y = X_y = Y_z = Z_0 = 0$, $Z_z = \pm p$; es folgt:

$$x_x = \pm p\frac{\Sigma_{31}}{\Pi}, \qquad y_y = \pm p\frac{\Sigma_{32}}{\Pi}, \qquad z_z = \pm p\frac{\Sigma_{33}}{\Pi}$$

$$x_y = \pm p\frac{\Sigma_{34}}{\Pi}, \qquad y_z = \pm p\frac{\Sigma_{35}}{\Pi}, \qquad z_x = \pm p\frac{\Sigma_{36}}{\Pi}$$

speciell der Werth der Längsdilatation bei einem Zuge $= +p\frac{\Sigma_{33}}{\Pi}$, also des sog. Elasticitätscoefficienten $E = \frac{\Pi}{\Sigma_{33}}$; ferner folgt der Werth der Quercontraction in einer Richtung, die mit der x-Axe den $\measuredangle\,\varphi$ bildet,

$$\frac{\delta\varrho}{\varrho} = x_x\cos^2\varphi + y_y\sin^2\varphi + x_y\cos\varphi\sin\varphi$$

$$= \frac{p}{\Pi}(\Sigma_{31}\cos^2\varphi + \Sigma_{32}\sin^2\varphi + \Sigma_{34}\sin\varphi\cos\varphi.$$

Die Winkeländerungen ergeben sich durch Einsetzung der x_x etc. in die Gleichung für $\eta\sin\varphi$.

Die $\Sigma_{h\lambda}$ sind noch in die auf die krystallographischen Axen bezogenen Formeln umzurechnen.

Es ist:

$$\begin{aligned}
\Sigma_{14} = {} & S_{11}\alpha_1^2\cdot 2\alpha_1\alpha_2 + S_{22}\beta_1^2\cdot 2\beta_1\beta_2 + S_{33}\gamma_1^2\cdot 2\gamma_1\gamma_2 \\
& + S_{44}\alpha_1\beta_1\cdot(\alpha_1\beta_2 + \beta_1\alpha_2) + S_{55}\beta_1\gamma_1\cdot(\beta_1\gamma_2 + \gamma_1\beta_2) \\
& \quad + S_{66}\gamma_1\alpha_2(\gamma_1\alpha_2 + \alpha_1\gamma_2) \\
& + S_{12}(\beta_1^2\cdot 2\alpha_1\alpha_2 + \alpha_1^2\cdot 2\beta_1\beta_2) + S_{23}(\gamma_1^2\cdot 2\beta_1\beta_2 + \beta_1^2\cdot 2\gamma_1\gamma_2) \\
& + S_{31}(\alpha_1^2\cdot 2\gamma_1\gamma_2 + \gamma_1^2\cdot 2\alpha_1\alpha_2) \\
& + S_{14}[\alpha_1\beta_1\cdot 2\alpha_1\alpha_2 + \alpha_1^2\cdot(\alpha_1\beta_2 + \beta_1\alpha_2)] \\
& + S_{15}[\beta_1\gamma_1\cdot 2\alpha_1\alpha_2 + \alpha_1^2\cdot(\beta_1\gamma_2 + \gamma_1\beta_2)] \\
& + S_{16}[\gamma_1\alpha_1\cdot 2\alpha_1\alpha_2 + \alpha_1^2\cdot(\gamma_1\alpha_2 + \alpha_1\gamma_2)] \\
& + S_{24}[\alpha_1\beta_1\cdot 2\beta_1\beta_2 + \beta_1^2\cdot(\alpha_1\beta_2 + \beta_1\alpha_2)] \\
& + S_{25}[\beta_1\gamma_1\cdot 2\beta_1\beta_2 + \beta_1^2\cdot(\beta_1\gamma_2 + \gamma_1\beta_2)] \\
& + S_{26}[\gamma_1\alpha_1\cdot 2\beta_1\beta_2 + \beta_1^2\cdot(\gamma_1\alpha_2 + \alpha_1\gamma_2)] \\
& + S_{34}[\alpha_1\beta_1\cdot 2\gamma_1\gamma_2 + \gamma_1^2\cdot(\alpha_1\beta_2 + \beta_1\alpha_2)]
\end{aligned}$$

$$+ S_{35}[\beta_1\gamma_1 \cdot 2\gamma_1\gamma_2 + \gamma_1^2 \cdot (\beta_1\gamma_2 + \gamma_1\beta_2)]$$
$$+ S_{36}[\gamma_1\alpha_1 \cdot 2\gamma_1\gamma_2 + \gamma_1^2 \cdot (\gamma_1\alpha_2 + \alpha_1\gamma_2)]$$
$$+ S_{45}[\beta_1\gamma_1 \cdot (\alpha_1\beta_2 + \beta_1\alpha_2) + \alpha_1\beta_1 \cdot (\beta_1\gamma_2 + \gamma_1\beta_2)]$$
$$+ S_{46}[\gamma_1\alpha_1 \cdot (\alpha_1\beta_2 + \beta_1\alpha_2) + \alpha_1\beta_1 \cdot (\gamma_1\alpha_2 + \alpha_1\gamma_2)]$$
$$+ S_{56}[\gamma_1\alpha_1 \cdot (\beta_1\gamma_2 + \gamma_1\beta_2) + \beta_1\gamma_1 \cdot (\gamma_1\alpha_2 + \alpha_1\gamma_2)].$$

Hieraus folgen die anderen durch cyclische Vertauschung der Indices, und zwar werden, um Σ_{hk} zu bilden, in allen Gliedern die Indices des Factors vor dem Punkt um $h - 1$, des nach dem Punkt um $k - 1$ Stufen gerückt; z. B. beginnt Σ_{35} mit $S_{11}\,\alpha_3^2 \cdot 2\alpha_2\alpha_3$ etc.

Zur Bestimmung aller Elasticitätscoefficienten ist immer Biegung oder Drillung zu Hülfe zu nehmen.

Ref.: J. Beckenkamp.

10. H. Aron (in Berlin): **Ueber die Herleitung der Krystallsysteme aus der Theorie der Elasticität** (Ann. der Phys. und Chem. 1883, **20**, 272—279). Die Arbeit bei elastischen Deformationen eines krystallinischen Mediums des asymmetrischen Systems sei nach der Kirchhoff'schen Bezeichnung:

$$\begin{aligned} f = c_{11}x_x^2 &+ 2c_{12}x_xy_y + 2c_{13}x_xz_z + 2c_{14}x_xy_z + 2c_{15}x_xz_x + 2c_{16}x_xx_y \\ &+ c_{22}y_y^2 + 2c_{23}y_yz_z + 2c_{24}y_yy_z + 2c_{25}y_yz_x + 2c_{26}y_yx_y \\ &+ c_{33}z_z^2 + 2c_{34}z_zy_z + 2c_{35}z_zz_x + 2c_{36}z_zx_y \\ &+ c_{44}y_z^2 + 2c_{45}y_zz_x + 2c_{46}y_zx_y \\ &+ c_{55}z_x^2 + 2c_{56}z_xx_y \\ &+ c_{66}x_y^2 \end{aligned}$$

wo
$$x_x = \frac{du}{dx}, \quad y_y = \frac{dv}{dy}, \quad z_z = \frac{dw}{dz}$$

$$y_z = \frac{1}{2}\left(\frac{dv}{dz} + \frac{dw}{dy}\right), \quad z_x = \frac{1}{2}\left(\frac{dw}{dx} + \frac{du}{dz}\right), \quad x_y = \frac{1}{2}\left(\frac{du}{dy} + \frac{dv}{dx}\right).$$

Alle Beziehungen, welche im Folgenden für die Coefficienten der Dilatationen x_x etc. abgeleitet werden, gelten auch für die entsprechenden Coefficienten der Function, welche die Arbeit durch die Spannungen X_x etc. darstellt.

Ist etwa die xz-Ebene eine Symmetrieebene, so muss sein:

$$c_{14} = c_{24} = c_{34} = c_{45} = c_{16} = c_{26} = c_{36} = c_{56} = 0.$$

Soll nun noch eine zweite Symmetrieebene vorhanden sein, so mache man die Schnittlinie beider Symmetrieebenen zur z-Axe, die zweite Symmetrieebene zu $x'z'$-Ebene, bezeichne die auf diese neuen Coordinaten bezogenen Coefficienten mit c'_{11} etc. und setze $\cos\varphi$ (φ = der Neigung der beiden Symmetrieebenen) $= a$, $\sin\varphi = b$. Es muss dann sein

$$c'_{14} = c'_{24} = c'_{34} = c'_{45} = c'_{16} = c'_{26} = c'_{36} = c'_{56} = 0.$$

Setzen wir hierfür die Werthe ein, welche für dieselben aus der Coordinatentransformation folgen, so ergiebt sich, dass die letzten Gleichungen nur erfüllt werden können, wenn

$$(c_{11} + c_{22} - 2c_{12} - c_{66})\,ab(a^2 - b^2) = 0,$$

d. h. es muss sein entweder:

1) $b = 0$, oder 2) $a = 0$, oder 3) $a^2 = b^2$,
oder 4) $c_{11} + c_{22} - 2c_{12} - c_{66} = 0$.

1) Ist $b = 0$, so fallen beide Symmetrieebenen zusammen.

2) Ist $a = 0$, so stehen dieselben zu einander senkrecht, und es folgt in diesem Falle:

$$f = c_{11}x^2_x + c_{22}y^2_y + c_{33}z^2_z + c_{44}y^2_z + c_{55}z^2_x + c_{66}x^2_y$$
$$+ 2c_{12}x_x y_y + 2c_{13}x_x z_z + 2c_{23}y_y z_z.$$

Diese Gleichung ist aber auch symmetrisch zur xy-Ebene; es entspricht also dieser Fall dem rhombischen System.

3) Ist $a^2 = b^2$, so ist $\varphi = \pm 45^0$, dann ist

$$f = Ax^2_x + Ay^2_y + c_{33}z^2_z + By^2_z + Bz^2_x + c_{66}x^2_y$$
$$+ 2c_{12}x_x y_y + 2Cx_x z_z + 2Cy_y z_z.$$

Diese Gleichung unterscheidet sich von der vorigen nur dadurch, dass die Vertauschung von x und y keine Aenderung verursacht; d. h. auch hier sind drei auf einander rechtwinklige Symmetrieebenen vorhanden, und zwar sind zwei derselben gleichartig. — Tetragonales System.

Wird $c_{33} = A$, $c_{66} = B$, $c_{12} = C$, so entspricht dies dem regulären System.

4) $c_{11} + c_{22} - 2c_{12} - c_{66} = 0$. Damit dies möglich sei, muss sein entweder

$$3a^2 - b^2 = 0 \quad \text{oder} \quad D = c_{15} = -c_{25} = 0.$$

α) $3a^2 - b^2 = 0$, d. h. $\varphi = n \cdot 60^0$.

Es folgt:

$$\begin{aligned} f = & Ax'^2_x + Ay'^2_y + A'z'^2_z \\ & + By'^2_z + Bz'^2_x + B'x'^2_y \\ & + 2Cy'_y z'_z + 2Cz'_z x'_x + 2C'x'_x y'_y \\ & + 2Da(a^2 - 3b^2)(x'_x z'_x - y'_y z'_x - 2y'_z x'_y) \end{aligned}$$

wobei
$$2A = B' + 2C'.$$

Für ein gerades n ist $a(a^2 - 3b^2) = 1$, für ein ungerades n ist $a(a^2 - 3b^2) = -1$; also sind nur diejenigen Symmetrieebenen gleichwerthig, welche unter 120^0 gegen einander geneigt sind. — Hexagonal-rhomboëdr.-hemiëdr. System.

β) $D = 0$; die Gleichung für f unterscheidet sich von der vorigen nur durch das Verschwinden des die Hemiëdrie andeutenden Gliedes; dieser Fall entspricht einer Symmetrie zur xy-Ebene, also dem hexagonal-holoïdrischen System. Während die übrigen Ausdrücke für f die Grössen $x_x = a^2x'_x + b^2y'_y - 2abx'_y$ oder die Grössen a und b ausdrücklich enthalten, ist der Ausdruck für das hexagonal-holoïdrische System unabhängig von a und b und ändert sich nicht bei einer Bewegung in demselben Winkelabstand von der Hauptaxe; mithin verhalten sich die Krystalle des hexagonal-holoëdrischen Systems hinsichtlich jeder Art der Elasticität rings um die Hauptaxe isotrop, verhalten sich also in dieser Hinsicht sogar einfacher als die Krystalle des regulären Systems.

Abgesehen von der rhomboëdrischen Hemiëdrie werden die hemiëdrischen Formen der übrigen Systeme von dem Verfasser nicht erwähnt. Voigt nimmt an (vergl. S. 209), dass diese dieselbe Anzahl von Elasticitätscoefficienten besitzen, wie die betreffenden holoëdrischen Körper.

Ref.: J. Beckenkamp.

11. A. Wichmann (in Utrecht): **Mineralien der Viti-Inseln** (»Ein Beitrag zur Petrographie des Viti-Archipels«. Tschermak's min. und petrogr. Mitth. 5, 1—60). Die dem Verf. nicht durch Autopsie bekannt gewordenen, aber von anderen Forschern erwähnten Mineralien sind mit einem Sternchen versehen.

1) *Gold, Vanua-Levu. 2) *Kupfer bei Namosi und bei Rabi. 3) Eisenkies in Adern und Schnüren im Jaspis und Diabas, in Hexaëdern auf Quarzit und Jaspis aus dem Singa-Toko. 4) Eisenglimmer, feinschuppig, Vatu-Ressa-Ressa, District Quarawai. Kieseliger Rotheisenstein, Küste von Viti-Levu. 5) Bergkrystall, Geröll, im Singa-Toko. Kleine wasserhelle Quarzdihexaëder im Peale-Fluss. Quarzdrusen im Hornstein, Ovalau. Jaspis, Gerölle im Singa-Toko, Peale-Fluss. Chalcedon, opalisirende, radialstrahlige Kügelchen, Viti-Levu-Bai. *Feuerstein, Na-Wasa-Kuba. 6) Pyrolusit, derb, aus dem Singa-Toko. 7) Magneteisenerz, derb, Nadroga-District Viti-Levu. 8) Kalisalpeter, haarförmige Nädelchen, Ta-Tumba-Höhle. 9) Kalkspath in Drusenräumen der Andesite von Ovalau: $(10\bar{1}0)$ $(21\bar{3}1)(01\bar{1}2)\infty R . R3 . -\frac{1}{2}R$ einmal beobachtet. 10) *Malachit, bei Namosi, Viti-Levu. 11) Epidot, grüne radialstrahlige Aggregate in zersetztem Porphyr aus dem Wai-Ga. 12) Augit, Krystalle von 2,5 mm $(\bar{1}11)(110)(010)(100)(001)$ $(P . \infty P . \infty \bar{R}\infty . \infty \breve{P}\infty . 0P)$ aus Tuff zwischen Na-Wai-Wai und Nasaukoko. 13) Chabasit, kleine Rhomboëder in Hohl- und Spalträumen der Andesite von Levuka etc. auf Ovalau. 14) Desmin, kleine Krystalle, Andesit von Levuka. 15) Natrolith, strahlige, feinfaserige Aggregate im Foyait, Muanivatu. Das Vorkommen von Graphit und Antimonerzen hat sich bisher nicht bestätigt.

Ref.: K. Oebbeke.

12. F. Hussak (in Wien): **Analyse des Antigorit** (Ueber einige alpine Serpentine. Ebenda, S. 61—81). Aus dem Serpentinschiefer von Sprechenstein bei Stertzing, Tirol, wurde mit Hülfe der Jodkalium-Quecksilberjodid-Lösung ein chloritähnliches Mineral isolirt.

Spaltblättchen zeigten im convergenten polarisirten Licht sehr deutlich das Axenbild eines zweiaxigen Minerals mit kleinem Axenwinkel, Doppelbrechung negativ, Dispersion der Axen $\varrho > v$.

Auf Längsschnitten im Dünnschliff sieht man die lamellare Spaltbarkeit, die Axenebene steht zu ihr senkrecht.

	I.	II.
SiO_2	41,14	41,58
Fe_2O_3	3,01	7,22
Al_2O_3	3,82	2,60
CaO	0,40	—
MgO	39,16	36,80
H_2O	11,85	12,67
	99,38	100,87

Das Material zur Analyse I. (Sprechenstein) wurde vorher von Magneteisen gereinigt. II. ist die Analyse des Antigorit vom Val Antigoria (Brush) nach Des Cloizeaux, Man. de min. 1, 108. Die optischen Eigenschaften stimmen mit den von Des Cloizeaux für Antigorit gegebenen überein. Dispersion war am Antigorit nach Des Cloizeaux ziemlich gleich Null. Als Antigorit-bildendes Mineral wird Augit, vorzugsweise Salit, angesehen.

Ref.: K. Oebbeke.

13. F. Becke (in Czernowitz): **Barytkrystalle der Teplitzer Thermen** (Ebenda, S. 82—84). Der Baryt in Krystallen und spaltbaren Individuen findet sich zum Theil eingesprengt in einem eigenthümlichen Gestein von dunkelgrau und bräunlich gefleckter Färbung, das aus Körnern von Porphyrquarz und Bruchstückchen von zersetztem Porphyr besteht, welche durch eine dunkelgraue dichte Hornsteinmasse verkittet sind, zum Theil ragt er in die Hohlräume mit freien Krystallenden. Er wurde aufgefunden gelegentlich der Schachtarbeiten, welche 1879 nach dem Wassereinbruch in den Ossegger Kohlenwerken in dem Teplitzer Quellengebiete ausgeführt wurden.

Die Krystalle sind 0,5—4 cm gross und dunkel honiggelb.

Beobachtet wurden die Flächen (Bezeichnung wie bei Naumann-Zirkel): $P = (010)\infty\breve{P}\infty$, $M = (101)\bar{P}\infty$, $o = (011)\breve{P}\infty$, $d = (120)\infty\breve{P}2$, $z = (111)P$, $q = (121)2\breve{P}2$, $r = (141)4\breve{P}4$, $y = (122)\breve{P}2$, $c = (100)\infty\bar{P}\infty$, $k = (001)0P$.

Habitus dicktafelartig durch Vorherrschen von *P* und *M*. *P*, *o* und *d* sind starkglänzend und geben scharfe Bilder, *z*, *r* und *q* sind sehr schmal und selten vollzählig, *y* wurde nicht überall beobachtet, *c* und *k* sind ebenfalls schmal. Die *M*-Flächen sind stets matt; unter dem Mikroskop erkennt man viele feine Riefen, welche der Kante *M* : *P* parallel laufen; bei stärkerer Vergrösserung lösen sich die Riefen in Grübchen auf, welche in parallelen Reihen angeordnet sind; diese sind wahrscheinlich natürliche Aetzfiguren, möglicherweise ist *c* nur eine Aetzfläche.

Der Baryt und Hornstein sind unzweifelhaft als Absätze des Thermalwassers zu betrachten. (Die Analysen von Sonnenschein geben keinen Baryt in den Teplitzer Thermen an.)

Es wurden folgende Messungen ausgeführt (die berechneten Werthe sind aus dem von Schrauf, Atlas der Krystallformen, angegebenen Verhältniss $a : b : c = 0,81462 : 1,31268 : 1$ abgeleitet):

		Gemessen:	Berechnet:
$P : o$	$= (010):(011)$	$= 52^0 41'$	$52^0 42'$
$o : o$	$= (011):(0\bar{1}1)$	74 36	74 36
$P : d$	$= (010):(120)$	38 51	38 51,5
$c : d$	$= (100):(120)$	51 4,5	51 8,5
$d : d$	$= (120):(\bar{1}20)$	77 49	77 53
$P : z$	$= (010):(111)$	64 12	64 17,5
$o : z$	$= (011):(111)$	44 19	44 18,8
$o : y$	$= (011):(122)$	26 9	26 1
$P : q$	$= (010):(121)$	27 34	27 27
$P : r$	$= (010):(141)$	46 8	46 5

Ref.: K. Oebbeke.

14. Derselbe: Ueber Anomit und über Hornblende pseudomorph nach Olivin (Eruptivgesteine aus der Gneissformation des niederösterreichischen Waldviertels. Ebenda, S. 147—173). Anomit als wesentlicher Gemengtheil eines Massengesteins. In einem Quarz-Diorit-Porphyrit von Steinegg, südlich von Horn am Kamp, tritt als Einsprengling ein dunkler Magnesiaglimmer auf, dessen sechsseitige Tafeln bis 6 mm erreichen. Die grösseren Tafeln lassen in Spaltblättchen einen etwas helleren, grünlichbraunen Kern und eine dunkle schwarzbraune Hülle erkennen. Die dunkle Hülle erscheint einaxig, der helle Kern deutlich zweiaxig, die Axenebene steht senkrecht auf einer Randkante. Der Glimmer ist also Anomit.

Pseudomorphose von Hornblende nach Olivin.

Diese wurde in einem Olivin-Kersantit von Eis beobachtet und besteht der Hauptsache nach aus einem Filz von Hornblendenadeln, welche am äusseren Rande der Pseudomorphosen entspringen und in divergirenden Büscheln in das Innere hineinragen. In einzelnen Stücken war der Kern noch vollkommen frischer Olivin. Verf. schlägt vor, für diese Pseudomorphose den Namen Pilit anzunehmen.

Die einzelnen Erscheinungen, welche an den Feldspäthen, Hornblenden, Augiten etc. der verschiedenen Gesteine beschrieben werden, bieten vorzugsweise petrographisches Interesse und muss bezüglich dieser auf das Original verwiesen werden. Ref.: K. Oebbeke.

15. A. Frenzel (in Freiberg): **Mineralogisches** (Tschermak's min. u. petr. Mitth. 5, 175—188).

7) Rezbanyit, eine neue Mineralgattung. In Rezbanya kommt neben dem Cosalith noch eine andere Schwefelbleiwismuthverbindung vor. Letzteres Mineral ist metallglänzend, lichtgrau, dunkler anlaufend, Strich schwarz, Härte $2\frac{1}{2}$—3, spec. Gewicht 6,09—6,38, mild, Textur feinkörnig bis dicht, Spaltbarkeit undeutlich. In derben Massen verwachsen mit Kupferkies und Kalkspath oder eingesprengt in Quarz. Die chemische Zusammensetzung des Minerals ist folgende:

	a.	b.	c.
Wismuth	53,54	57,46	56,35
Blei	17,94	13,86	12,43
Silber	1,71	1,73	2,20
Kupfer	3,07	4,55	5,50
Eisen	1,35	1,08	1,96
Zink	Spur	0,12	0,12
Schwefel	17,72	16,48	17,36
Kalkspath	5,00	(4,72)	(4,08)
	100,33	100,00	100,00

Wird das Eisen als beigemengtem Kupferkies angehörig betrachtet, so hat man neben dem Kalkspath 4,64, 3,63 und 6,58 Kupferkies abzuziehen und ergiebt sich folgende Zusammensetzung:

	a.	b.	c.
Wismuth	59,08	62,57	62,88
Blei	19,80	15,10	13,88
Silber	1,89	1,89	2,46
Kupfer	1,71	3.71	3,77
Zink	Spur	0,12	0,12
Schwefel	17,85	16,61	16,89
	100,33	100,00	100,00

Aus a. ergeben sich folgende Verhältnisse:

Bi	208	=		0,284
Pb	207	=	0,095	
Ag	215,94	=	0,008	0,116
Cu	126,8	=	0,013	
S	32	=		0,558

Also $Pb : Bi : S = 1 : 2,44 : 4,81$ oder $4 : 9,76 : 19,24$.

Die Analysen b. und c. ergeben etwas Wismuth im Ueberschuss, bei ihnen ist das Verhältniss *Pb* : *Bi* : *S* = 4 : 10,68 : 18,52 und 4 : 11,08 : 19,36.

Aus Analyse a. resultirt die Formel $4PbS.5Bi_2S_3$. Die übrigen Analysen geben Formeln, welche mehr oder weniger genau dieser entsprechen.

Es folgt sodann eine Uebersicht der Schwefelbleiwismuthverbindungen.

8) Alloklas. Der Alloklas (Elisabeth-Grube, Oravicza) war mit Kalkspath verwachsen und in den Hohlräumen erkannte man kleine Krystalle von der Form des Arsenkieses. Zur Analyse konnte nur derbes Material verwendet werden.

	a	*b*	*c*	*d*	*e*	*f*
Wismuth	25,67	28,33	(28,87)	22,68	23,80	32,27
Kupfer	0,20	0,45	0,28	0,16	0,16	0,22
Kobalt	20,80	24,20	22,25	23,00	21,43	19,90
Eisen	3,50	3,66	3,80	3,36	3,24	2,66
Arsen	32,64	27,86	28,10	30,11	32,23	27,74
Schwefel	17,99	16,05	15,60	17,88	18,14	15,80
Gold	1,24	1,10	1,10	1,20	1,10	1,70
	102,04	101,65	100,00	98,39	100,10	100,29

Das spec. Gewicht wurde gefunden zu 6,23, 6,37, 6,50.

Nach Abzug des mechanisch beigemengten Goldes erhält man die Werthe:

	a	*b*	*c*	*d*	*e*	*f*
Wismuth	25,99	28,65	29,19	22,96	24,07	32,83
Kupfer	0,20	0,45	0,28	0,16	0,16	0,22
Kobalt	21,06	24,46	22,50	23,29	21,66	20,25
Eisen	3,54	3,70	3,84	3,40	3,28	2,71
Arsen	33,04	28,17	28,41	30,48	32,59	28,22
Schwefel	18,21	16,22	15,78	18,10	18,34	16,06
	102,04	101,65	100,00	98,39	100,10	100,29

Hieraus berechnen sich die Verhältnisse: $(CoFe):(AsBi):S$

	(*CoFe*)	(*AsBi*)	*S*
a	1	1,33	1,34
b	1	1,05	1,04
c	1	1,14	1,08
d	1	1,18	1,23
e	1	1,28	1,34
f	1	1,35	1,27

b stimmt genau mit der von Groth aufgestellten Formel überein (Tabellar. Uebers. der Min. II. Aufl. S. 18).

9) Vorkommnisse von Alexandrien. Es werden hier vom Verf. eine Anzahl Mineralien beschrieben, welche von Dr. O. Schneider aus Dresden, während dessen Aufenthalt in Alexandrien (1867—1869), gesammelt wurden. Sämmtliche Mineralien wurden bereits zum Theil zu altägyptischer Zeit, zum Theil in den dieser folgenden Perioden nach Alexandrien gebracht, um dort verarbeitet zu werden, und dürften deshalb diese Funde in erster Linie archäologisch-anthropologisches Interesse beanspruchen.

Ref.: K. Oebbeke.

16. L. F. Nilson (in Stockholm): **Thorit von Arendal** (aus des Verf. Abhandlung: Untersuchungen über Thorit und über das Aequivalent des Thoriums. Ber. der deutsch. chem. Ges. 1882, 15, 2519). Der Verf. stellte sich das reine

Thorium zum Zweck der Atomgewichtsbestimmung dieses Elementes aus dem Thorit von Arendal dar. Im Anschluss an diese Untersuchung bespricht er auch die bisher bekannten Analysen der Thorite verschiedenen Vorkommens.

1) Thorit von Arendal, analysirt von Nordenskiöld.

2) Thorit von Hitterö, analysirt von Lindström (diese Zeitschr. 6, 513).

3) Uranothorit von Champlain (New York), analysirt von Collier (diese Zeitschr. 5, 515).

4) Thorit von Brewig, analysirt von Berzelius.

	I. Arendal:	II. Hitterö:	III. Champlain:	IV. Brewig:
Kieselsäure	17,04	17,47	19,38	19,31
Phosphorsäure	0,86	0,93	—	—
Thorerde	50.06	48,66	52,07	58,91
Uranoxydul	9,78	9,00	—	—
Uranoxyd	—	—	9,96	1,64
Manganoxyd	Spuren	0,43	—	2,43
Zinnoxyd	—	—	—	0,01
Bleioxyd	1,67	1,26	0,40	0,82
Eisenoxyd	7,60	6,59	4,01	3,46
Thonerde	—	0,12	0,33	0,06
Ceritoxyde	1,39	1,54	—	—
Yttererden	—	1,58	—	—
Kalk	1,99	1,39	2,43	2,62
Magnesia	0,28	0,05	0,04	0,36
Natron	—	0,12	0,11	0,11
Kali	—	0,18	—	0,15
Wasser	9,46	10,88	11,31	9,66
	100,13	100,20	99,95	99,54

Da Uranoxydul und Thorerde entsprechende Zusammensetzung haben, nämlich UO_2 und ThO_2, und auch ihre Molekularvolumina fast dieselben sind, so nimmt Verf. eine gegenseitige Vertretung der genannten Oxyde an, so dass hiernach das Arendaler Mineral ein uranreicher Thorit ist. Was den UO_3-Gehalt der beiden anderen Thorite betrifft, so macht Verfasser geltend, dass das Brewiger Mineral beim Behandeln mit HCl Chlor entwickelt — beruhend auf dem Gehalt von Manganoxyd — wodurch sich bei der geringen Menge des Urans die Gegenwart desselben als Trioxyd wohl erklärt.

Die Angaben von Collier hält Verf. noch der Bestätigung für bedürftig, da der Thorit von Champlain sonst mit den norwegischen Mineralien vollkommen übereinstimmt.

Ref.: C. Baerwald.

X. Ueber Krystalle von Beryllium und Vanadium.

Von

W. C. Brögger und **Gust. Flink** in Stockholm.

(Mit Taf. VI und 2 Holzschnitten.)

Als die Messungen der winzigen Krystalle von Thorium einem von uns*) so befriedigend gelungen waren, beschlossen wir, gemeinschaftlich die dadurch angefangenen Untersuchungen mikroskopisch kleiner Krystalle auch auf andere Elemente auszudehnen, und dabei, wenn möglich, eine brauchbare Methode für genauere Messungen solcher mikroskopisch kleiner Krystalle überhaupt zu schaffen. Obwohl nun dies praktischer Schwierigkeiten wegen bis jetzt nicht befriedigend gelungen ist, so dürfte doch folgendes von uns angewandte Verfahren, welches zwar nur approximative Resultate liefern kann, vorläufig zu empfehlen sein.

Die zu untersuchenden Krystalle wurden zuerst unter dem Mikroskop ausgesucht und auf einer feinen Wachsspitze befestigt; dann wurden sie an dem Tische des Goniometers mit verticalem Kreis, welches einen Theil des Hirschwald'schen Mikroskopgoniometers ausmacht, angebracht. Die optische Axe des demselben Instrument angehörigen Mikroskops wurde ein für alle Mal genau senkrecht auf die horizontale Goniometeraxe eingestellt, und der Schlitten, dessen Bewegung senkrecht auf dieselbe stattfindet, festgeschraubt; das Mikroskop kann alsdann nur mittelst des zweiten Schlittens parallel der Goniometeraxe bewegt werden, was bei der Einstellung ganz bequem ist. Nun wurde unter dem Mikroskop bei circa 60- bis 100facher Vergrösserung der betreffende Krystall centrirt und justirt, so gut sich dies mittelst des Fadenkreuzes des Mikroskopoculars ausführen liess; diese Einstellung geschah bei unseren Messungen immer bei gewöhnlichem Tageslicht. Nachträglich wurde nun das Zimmer dunkel gemacht, und ein zweiter Mikroskoptubus mit noch schwächerer Vergrösserung —

*) Siehe W. C. Brögger: »Ueber Krystalle von Thorium«, diese Zeitschr. 7, 442 und Bihang til k. Vet. Akad. Handl. 8, Nr. 5 (1883).

gwöhnlich wurde 30- bis 60fache Vergrösserung angewandt — mittelst eines Stativs horizontal und auf die optische Axe des ersten Mikroskops sowohl als auf die Drehungsaxe des Goniometers senkrecht angebracht und zwar so eingestellt, dass der zu messende Krystall, welcher durch eine daneben gestellte Lampe beleuchtet wurde, dadurch ganz scharf gesehen werden konnte; dann wurde die Lampe vor dem Ocular des zweiten horizontalen Mikroskoptubus angebracht und ausserdem durch einen durchbohrten Schirm abgeblendet, so dass kein Licht ausser durch den Mikroskoptubus den Krystall treffen konnte; der verticale Mikroskoptubus war schon voraus genau auf die centrirte Kante des zu messenden Winkels eingestellt, so dass beim Drehen des Krystalls die beiden Flächen des Winkels gleich scharf gesehen werden konnten. Nun wurden die Messungen als Schimmermessungen, wobei der Krystall selbst scharf erblickt werden konnte, ausgeführt. In der Regel wurden dabei die äussersten Grenzen der Beleuchtung nach beiden Seiten an jeder Fläche abgelesen, nur selten bei äusserst kleinen und weniger guten Flächen nur auf die Maximalbeleuchtung eingestellt. Da namentlich nach der einen Seite hin die Ablesungen beim Einstellen auf die äussersten Grenzen der Beleuchtung recht genau ausfielen, sind die Fehlergrenzen nicht allzu weit. Als Beispiele können die drei ersten Messungen eines Winkels $0P : P(0001 : 10\bar{1}1)$ einer unten erwähnten Berylliumtafel Nr. II. angeführt werden:

an $0P$	an P
$109^0\ 55'$	$170^0\ 39'$
$90\ \ 51$	$152\ \ 33$
2) $19\ \ 4$ ($= 9^0\ 32'$	2) $18\ \ 6$ ($= 9^0\ 3'$

$$90^0\ 51' + 9^0\ 32' = 100^0\ 23'. \quad - \quad 152^0\ 33' + 9^0\ 3' = 161^0\ 36'$$
$$161^0\ 36' - 100^0\ 23' = \underline{61^0\ 13'}$$

an $0P$	an P
$108^0\ 49'$	$169^0\ 15'$
$90\ \ 51$	$152\ \ 26$
2) $17\ \ 58$ ($= 8^0\ 59'$	2) $16\ \ 49$ ($= 8^0\ 24\frac{1}{2}'$

$$90^0\ 51' + 8^0\ 59' = 99^0\ 50'. \quad - \quad 152^0\ 26' + 8^0\ 24\tfrac{1}{2}' = 160^0\ 50\tfrac{1}{2}'$$
$$160^0\ 50\tfrac{1}{2}' - 99^0\ 50' = \underline{61^0\ \tfrac{1}{2}'}$$

an $0P$	an P
$109^0\ \ 9'$	$170^0\ 10'$
$90\ \ 57$	$152\ \ 25$
2) $18\ \ 12$ ($= 9^0\ 6'$	2) $17\ \ 45$ ($= 8^0\ 52\frac{1}{2}'$

$$90^0\ 57' + 9^0\ 6' = 100^0\ 3'. \quad - \quad 152^0\ 25' + 8^0\ 52\tfrac{1}{2}' = 161^0\ 17\tfrac{1}{2}'$$
$$161^0\ 17\tfrac{1}{2}' - 100^0\ 3' = \underline{61^0\ 14\tfrac{1}{2}'}$$

Wie man sieht differiren die Werthe der Ablesungen nach der einen Seite hin nicht sehr ($90^0\ 51'$, $90^0\ 51'$ und $90^0\ 57$ an $0P$, $152^0\ 33'$, $152^0\ 26'$ und $152^0\ 25'$ an P); in manchen Fällen waren die Abweichungen aber, bei weniger guten Flächen, bedeutend grösser. Bei guter Ausbildung der

Flächen jedoch dürften die mittleren Werthe einer genügenden Anzahl Ablesungen wenigstens auf $\frac{1}{4}$ bis $\frac{1}{2}$ Grad genau sein, um nicht zu viel zu behaupten. Selbst dieser Grad der Genauigkeit ist aber, wenn die ausserordentliche Kleinheit der Flächen, deren Winkel durch diese Methode gemessen werden können, berücksichtigt wird, in manchen Fällen ganz werthvoll; bei der vorliegenden Untersuchung wurden z. B. Winkel gemessen zwischen Flächen von nur 0,001 mm Breite.

Ein natürlich ungünstiger Umstand ist es, dass die auf die zu messenden Flächen einfallenden Strahlen nicht parallel sind. Um dem abzuhelfen, wurde anstatt eines Mikroskops ein Tubus mit drei, 1 bis 1,5 mm breiten, in einer geraden Linie angebrachten Diaphragmen vor dem Krystall eingestellt und dadurch parallele Strahlen von Drummond'schem Kalklicht auf die Krystallflächen geworfen; bei kleinen Flächen war aber die von den Flächen zurückgeworfene Lichtmenge zu gering, um auf diese Weise bessere Ablesungen zu gestatten. Für fernere Untersuchungen haben wir deshalb einige andere Vorrichtungen, welche hoffentlich die Methode wesentlich ändern und verbessern dürften, im Auge; wir behalten uns deshalb vor, bei einer späteren Gelegenheit darüber zu berichten.

Selbst so unvollkommen wie die Methode jetzt ist, indem sie ja nur Schimmermessungen zulassen kann, liefert dieselbe doch recht gute Resultate; das Hirschwald'sche Mikroskopgoniometer, welches für seinen

Fig. 1. Fig. 2.

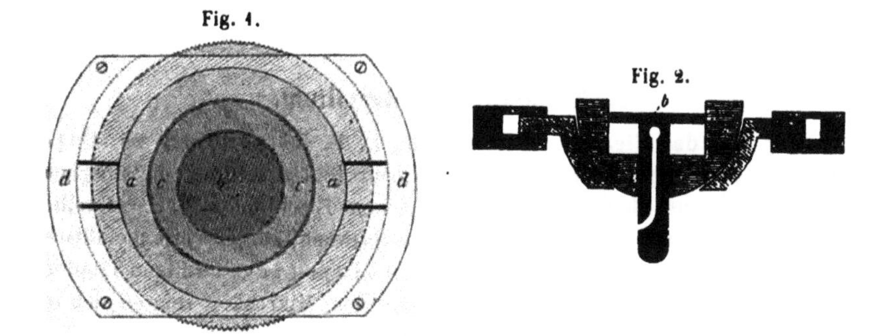

eigentlichen Zweck unzweifelhaft von dem Fuess'schen Fühlhebelgoniometer übertroffen wird, scheint uns deshalb für die Messungen mikroskopisch kleiner Krystalle recht bequem. Denjenigen, welche keine solche feste Combination eines Mikroskops mit einem Goniometer besitzen, darf der kleine Messkreis, welcher auf dem Fuess'schen Mikroskop-Modell Nr. 1 angebracht werden kann, empfohlen sein: dann bedarf man aber nothwendig, wenn die Messungen nicht allzu viel Zeit in Anspruch nehmen sollen, eines kleinen Centrir- und Justirapparates. Einer von uns (W. C. Brögger) hat deshalb den in beistehenden Figuren 1 und 2 in doppelter

Grösse dargestellten kleinen Apparat, welcher in der Axe des erwähnten Messkreises angebracht werden kann, construirt und bei R. Fuess in Berlin ausführen lassen. Die Centrirung geschieht hier in einer Ebene durch eine drehbare Scheibe *aa*, in einer darauf senkrechten Richtung durch Heben oder Senken des kleinen Tisches. Die Centrirscheibe, welche in der Fassung *dd* bewegt werden kann, indem ihr freier herausragender Theil mit den Fingern angefasst wird, ist in der Mitte halbkugelförmig ausgewölbt, und dieser halbkugelförmige Centraltheil derselben durchbohrt; die innere Seite der halbkugelförmigen Vertiefung dient als Matrix für den Justirapparat, welcher einfach aus einer Halbkugel *cc* besteht. Diese letztere ist auch durchbohrt und ausgehöhlt, um das Tischchen *b* aufzunehmen, dessen Stiel durch die Justirhalbkugel und die Centrirscheibe hervorragt. Die äussere Fassung *dd* kann endlich in der Durchbohrung der Axe des Messkreises angebracht werden. Mittelst dieser Vorrichtung wurden zuerst die unten erwähnten prismatischen Krystalle von Beryllium gemessen; da aber unterdessen das bei Weitem bequemere Hirschwald'sche Mikroskopgoniometer von dem Institut erworben war, wurden die übrigen Messungen mit diesem ausgeführt.

Für das Material der vorliegenden Untersuchung sind wir betreffs des Beryllium den Herren Professor L. F. Nilson und Dr. Otto Pettersson, betreffs des Vanadium den Herren Professor Freiherr etc. A. E. Nordenskiöld und Dr. C. Setterberg verbunden und sprechen den Genannten hiermit unseren besten Dank dafür aus.

I. Krystalle von Beryllium.

Das von den Herren Professor Dr. L. F. Nilson und Dr. Otto Pettersson durch Reduction von Berylliumchlorid mittelst metallischen Natriums in einer hermetisch geschlossenen Eisenbüchse*) dargestellte Material bestand aus einem sehr feinen, mattgrauen, stellenweise metallisch schimmernden Pulver, mit grösseren geschmolzenen kugelförmigen Tropfen und lappig filzigen Fetzen gemischt. Unter dem Mikroskop zeigten sich in dem feinen grauen Pulver nicht spärlich kleine grauschwarze Drusen von gestreiften Prismen, ausserdem seltener dünne metallisch glänzende Bleche; die Hauptmasse des feinen Pulvers bestand aber aus den feinsten, embryonalen Wachsthumsformen, welche keine ordentlich ausgebildeten Krystallflächen zeigten.

Typus I. Prismatische Krystalle.

Zuerst wurden die erwähnten Prismen gemessen; die Einzelkrystalle sind sehr selten bis 0,1 mm lang, gewöhnlich viel kleiner. Sie sind kurz

*) Siehe Wiedemann's Annalen 1878.

und dick, seltener lang ausgezogen, in der Regel parallel der gemeinsamen Zonenaxe stark gestreift, bisweilen auch mit einer horizontalen Streifung, deshalb nur selten genaue Messungen gestattend. Am Ende scheinen dieselben ausnahmslos nur von einer quer aufgesetzten Endfläche begrenzt; dieselbe ist in der Regel nur längs der Kanten gegen das Prisma ausgebildet, in der Mitte aber vertieft (Taf. VI, Fig. 2).

Diese stark gestreiften Prismen sind hexagonal; sie erlaubten zwar in der Regel nicht besonders gute Messungen, doch hinreichend genaue, um beweisen zu können, dass die Winkel rings herum circa 60° sind. Als Beispiel der erhaltenen Werthe können die Zahlen zweier Winkel zwischen drei nach einander folgenden Flächen des Prismas angeführt werden:

$$\infty P : \infty P' = 60^\circ 2\tfrac{1}{2}',\ 59^\circ 43',\ 59^\circ 29',\ 59^\circ 53',\ 59^\circ 46',\ 60^\circ 26',\ 60^\circ 36\tfrac{1}{2}'.\quad \text{Mittel} = \underline{59^\circ 59\tfrac{1}{2}'}.$$

$$\infty P' : \infty P'' = 59^\circ 19',\ 60^\circ 16',\ 60^\circ 54',\ 60^\circ 33',\ 59^\circ 33\tfrac{1}{2}',\ 60^\circ 29',\ 60^\circ 15'.\quad \text{Mittel} = \underline{60^\circ 11\tfrac{1}{2}'}.$$

Ferner wurden gemessen die Winkel mehrerer Prismenflächen zur Basis; diese Winkel gaben durchgehends Werthe von circa 90°; als Beispiel können die für einen dieser Winkel erhaltenen Werthe aufgeführt werden:

$$\infty P : 0P = 90^\circ 33',\ 90^\circ 43',\ 89^\circ 30',\ 90^\circ 19',\ 89^\circ 23',\ 89^\circ 23',\ 89^\circ 39\tfrac{1}{2}',\ 89^\circ 53'.\quad \text{Mittel} = \underline{89^\circ 55\tfrac{1}{2}'}.$$

Im Ganzen wurden vier verschiedene Krystalle gemessen; andere Flächen als das stark gestreifte hexagonale Prisma ∞P (oder $\infty P2$?) mit der Basis $0P$ wurden nicht beobachtet.

Typus II. Tafelförmige Krystalle.

Mehrere Kryställchen waren, wie erwähnt, tafelförmig ausgebildet; die Ebene der Tafel ist $0P$. Unter diesen wurde zuerst ein kleines Blech mit ganz winzigen Krystallen ausgelesen; die Flächen desselben schimmerten mit starkem Metallglanz, ungefähr wie polirter Stahl. An einem der diesem Blech ansitzenden Täfelchen wurden folgende Formen beobachtet: $0P$, $\infty P2$, ∞P, P (Taf. VI, Fig. 1). Von dem Grundprisma und dem Prisma zweiter Ordnung konnten zusammen vier Winkel zwischen fünf auf einander folgenden Flächen gemessen werden; die übrigen sieben Flächen waren zwar wie es schien vollständig vorhanden, konnten aber wegen der Stellung zu benachbarten Täfelchen nicht gemessen werden. Die betreffenden vier Winkel gaben Werthe von ungefähr 30°, nämlich 30° 33′, 28° 58′, 30° 2′, 31° 1′, als Resultat von nur wenigen Messungen für jeden Winkel, daher natürlich relativ ungenau. Es verdient bemerkt zu werden, dass von den beobachteten Flächen zusammen vier, zwei des Grundprismas und zwei des Prismas zweiter Ordnung, welche mit einander je 90° bilden, vor den anderen vorherrschen, wodurch beim ersten Anblick eine viereckige Tafel vorzuliegen schien; andere Tafeln hatten wieder eine regelmässige hexagonale Ausbildung. — Ferner wurde gemessen $0P : \infty P$, für mehrere Flächen der letzteren Form; durchschnittlich wurden, wie oben, Winkel von circa 90° erhalten. Von der Pyramide P konnten zusammen sechs Flächen, nämlich drei je über einer Mittelkante liegende, nach einander folgende Paare, drei oben und drei unten, gemessen werden; von diesen waren zwei derselben Zone angehörige Flächen so schmal und lichtschwach, dass nur ganz ungenaue Werthe erhalten wurden. Für die beiden anderen Paare, welche in zwei aneinander liegenden Sextanten lagen, wurden die Mittelkantenwinkel gemessen:

$$P : \underline{P} = 57^{0}\ 31' \text{ (Mittel)}$$
$$P' : \underline{P'} = 56\ \ 20 \text{ (Mittel, weniger gut).}$$

Diese Werthe sind aber nicht sehr genau, weil die Pyramidenflächen sämmtlich klein waren, zwei derselben z. B. nur 0,008 und 0,003 mm gross.

Die Messungen zweier oben und nach einander liegender Pyramidenflächen zur Basis gaben:

$$P : 0P = 62^{0}\ 18' \text{ (Mittel)}$$
$$P : 0P = 62\ \ 24 \text{ (Mittel).}$$

Ebenso wurde gemessen der Winkel einer der Pyramidenflächen zum Prisma ∞P:

$$P' : \infty P = 28^{0}\ 11' \text{ (Mittel).}$$

Diese Tafel war aber, wie erwähnt, sehr klein, nämlich nur 0,05 mm breit, 0,02 mm dick; ausserdem waren die Flächen mit Ausnahme der Basis nicht sehr gut glänzend und ein wenig uneben. Das Axenverhältniss wurde deshalb aus den Messungen einer zweiten Tafel berechnet; an dieser war eine Pyramidenfläche relativ gross und ebenso wie die basische Fläche prächtig glänzend. Der Winkel beider wurde gemessen zu:

61° 13′	60° 59′
61 0½	61 1½
61 14½	61 14½
61 9½	61 22½
61 27	61 31½
61 5	61 9
61 13½	61 30
61 13	61 18½
61 30	61 35½
61 45	60 58½

Mittel = 61 16½

Daraus erhält man das Axenverhältniss

$$a : c = 1 : 1,5802.$$

Dieses Axenverhältniss fordert für $P : \underline{P}$ (Mittelkantenwinkel) 57° 27′, für $P : P'$ (Polkantenwinkel) 62° 1′, für $P : \infty P$ 28° 43½′.

Es ergiebt sich also aus den Messungen, dass das Beryllium hexagonal ist, und zwar mit einem Axenverhältniss, welches von demjenigen des Magnesium nicht sehr bedeutend abweicht. Ebenso wie das (wahrscheinlich mit Unrecht als rhomboëdrisch aufgefasste, nach der Beschreibung Des Cloizeaux's*) aber holoëdrisch ausgebildete) Magnesium, scheint auch das Beryllium holoëdrisch-hexagonal zu sein, wenigstens waren alle die untersuchten Tafeln vollständig holoëdrisch ausgebildet. Beryllium schliesst sich dadurch in seiner äusseren Form auch dem Zink an; denn die von Nöggerath**) und später***) von G. Rose untersuchten Krystalle dieses Metalls von der Zinkhütte Altenberg waren auch als stark gestreifte Prismen mit der Basis ausgebildet, und G. Rose giebt ausdrücklich an, dass die Pyramide holoëdrisch ausgebildet war. Diese alten Messungen der Zinkkrystalle waren wegen der angeblich schlechten Beschaffenheit der sehr kleinen Flächen von P gewiss ganz ungenau; nach dem angegebenen Axenverhältniss 1 : 2,177 müssten die Verticalaxen von Beryllium und Zink sich ungefähr wie 3 : 4 verhalten.

Typus III. Sternförmige Wachsthumsformen.

Ausser den beiden Haupttypen der gut ausgebildeten Krystalle kommen auch embryonale Wachsthumsformen vor, welche den grössten Theil des feinen grauen Pulvers bilden; in der zuerst erhaltenen Portion waren diese stark verzweigten Wachsthumsformen so in einander verfilzt, dass sie nur schwierig studirt werden konnten, in einer zweiten gelegentlich der vorliegenden Untersuchung dargestellten Portion dagegen konnten dieselben leicht untersucht werden. Diese Wachsthumsformen sind analog mit Schneesternen ausgebildet; aus einem Centrum schiessen zuerst in drei unter 120° (oder sechs unter 60°) einander schneidenden Richtungen Hauptzweige aus, darauf sind wieder secundäre Aestchen parallel denselben Richtungen kammartig angewachsen u. s. w.; auch Aestchen dritter Ordnung wurden beobachtet. Zwischen den einzelnen Aestchen sind theils offene Räume (Taf. VI, Fig. 4 und 5), theils füllen diese den Raum vollständig aus (Fig. 3), bis dadurch ganz dünne, in drei Richtungen gestreifte Bleche ge-

*) Des Cloizeaux, Comptes rend. 90, 1101. Bull. soc. min. de France 8, 111. Diese Zeitschr. 5, 416.

**) Pogg. Ann. 39, 323.

***) Pogg. Ann. 83, 129.

bildet werden. Diese gehen in die hexagonalen Tafeln über, wodurch als ganz sicher angenommen werden kann, dass die Ebene der Wachsthumsformen parallel der Basis ist.

Andere ganz feinfilzige, strauchartige Wachsthumsformen konnten nicht näher bestimmt werden.

Da die beiden Darsteller des Metalls, die Herren Professor L. F. Nilson und Dr. Otto Pettersson, uns mitgetheilt haben, dass bei ihrem ersten Versuch, reines Beryllium darzustellen, recht grosse, schon dem unbewaffneten Auge erkennbare, prächtig glänzende Krystallnadeln von Beryllium erhalten wurden, dürfte es bei der Anwendung einer hinreichend grossen Quantität bei der Reaction nicht unmöglich sein, ein günstigeres Material als das uns vorliegende zu erhalten; es würde dies namentlich von Interesse sein, um sicher zu entscheiden, ob das Beryllium in dem hexagonalen System holoëdrisch krystallisirt, was die von uns gemessenen Kryställchen zu zeigen scheinen.

II. Krystalle von Vanadium.

Auf Kosten der schwedischen Akademie der Wissenschaften hatte Herr Dr. C. Setterberg auf Veranlassung des Herrn Professor Freiherr etc. A. E. Nordenskiöld eine Untersuchung über Vanadiumverbindungen ausgeführt*). Da in seiner Abhandlung über diese Untersuchung erwähnt war, dass bei der Darstellung des metallischen Vanadiums glänzende Kryställchen erhalten worden waren, gab dies uns die Hoffnung, auch das Krystallsystem des Vanadiums vielleicht bestimmen zu können, und erhielten wir durch die Freundlichkeit des Darstellers ein hinreichendes Material zur Entscheidung dieser Frage.

Von den empfangenen Proben bildete die eine ein schön blau angelaufenes, aus lauter Kryställchen bestehendes Pulver; eine andere war mit ungefähr olivengrüner Farbe angelaufen. Da die erste Probe die grössten Krystalle enthielt, wurde diese für die vorliegende Untersuchung angewandt. Die Flächen dieser Krystalle waren im Allgemeinen eben, prächtig glänzend, und gestatteten deshalb oft recht genaue Messungen.

Typus I. Gewöhnliche Combination von Rhombendodekaëder und Würfel.

Ein Theil der Kryställchen zeigte sich als Combination des Rhombendodekaëders mit dem Würfel ($\infty O . \infty O \infty$), wobei das erstere vorherrschend (Taf. VI, Fig. 6). Diese Krystalle waren oft kurz und dick, nur unbedeutend nach einer Hauptaxe ausgezogen und also ganz regulär ausgebildet. Ein kleines Individuum (Dimension 0,11 mm und 0,09 mm)

*) Öfversigt af kgl. Sv. Vet. Akad. Forhandl. 1883.

konnte relativ genau gemessen werden; in der Verticalzone waren sowohl alle vier Flächen des Würfels (100, 010, $\bar{1}00$, $0\bar{1}0$) als vier Flächen des Rhombendodekaëders (110, $\bar{1}10$, $\bar{1}\bar{1}0$, $1\bar{1}0$) ausgebildet und gaben zwischen je zwei anliegenden Flächen Winkel von circa 45°, zwischen je zwei derselben Form angehörigen Flächen circa 90°. Als Beispiel der Messungen können angeführt werden:

$110 : 1\bar{1}0$ = 90° 32′, 90° 10′, 90° 25′, 89° 57′, 96° 16′, 89° 40′, 89° 31′, 89° 40′. Mittel = 90° 6′.
$100 : 010$ = 90° 2′, 89° 57′, 89° 59′, 90° 13′, 89° 28′, 89° 25′, 90° 30′, 90° 3′. Mittel = 89° 57′.
$110 : 010$ im Mittel = 45° 2′ etc.

Am Ende waren vier Rhombendodekaëderflächen (101, 011, $\bar{1}01$, $0\bar{1}1$) und die Würfelfläche (001) vorhanden und der Krystall also hier vollständig ausgebildet, während das andere Ende aufgewachsen gewesen war; von den Messungen können hier angeführt werden:

$010 : 011$, Mittel = 44° 59′; $011 : 001$, Mittel = 45° 5′; $110 : 011$, Mittel = 60° 25′; $001 : 110$, Mittel = 90° 9′ etc.

Genau dieselbe Ausbildung in ganz regelmässiger Combination von Rhombendodekaëder und Würfel zeigte nun auch eine Anzahl anderer, durchgemessener Kryställchen und stellte dadurch sowohl als durch die folgenden Beobachtungen ausser Zweifel, dass das Krystallsystem des Vanadiums das reguläre ist.

Unter diesen regelmässigen Ausbildungen von ∞O und $\infty O \infty$ ist es übrigens auch recht häufig, dass mehrere Kryställchen an den beiden Enden zweier oder aller drei Hauptaxen des Hauptindividuums in regelmässiger Orientirung angewachsen sind, wodurch regelmässige Kreuze oder Doppelkreuze entstehen; diese Kreuzbildungen sind oft äusserst zierlich ausgebildet.

Typus II. Rhombendodokaëder, prismatisch ausgezogen nach einer trigonalen Zwischenaxe.

Bei den Krystallen von diesem Typus sind nicht, wie bei den eben erwähnten, die Hauptaxen die herrschenden Wachsthumsrichtungen, sondern dieselben sind nach einer einzigen trigonalen Zwischenaxe ausgezogen. Diese Krystalle zeigen gewöhnlich keine andere Formen als das Rhombendodekaëder und erscheinen deshalb als hexagonale Prismen mit einem Rhomboëder am Ende; nur selten tritt ausserdem der Würfel und vielleicht das Ikositetraëder $2O2$(211) auf. Die letztere Form konnte jedoch nicht sicher bestimmt werden.

Es ist bei den Krystallen von diesem Typus recht bemerkenswerth, dass sie häufig drei einspringende Winkel von je 60° in der Zone, nach deren Zonenaxe sie ausgezogen sind, aufweisen (Fig. 7). Wir glaubten deshalb zuerst, vielleicht Durchkreuzungszwillinge vor uns zu haben; mehrere untersuchte Exemplare zeigten aber, dass dies nicht der Fall sein konnte, indem am Ende ausnahmlos nur drei gemeinsame Rhombendodekaëderflächen vorhanden sind, und ausserdem die Winkel der verlängerten Zone keine andere Annahme, als dass drei krystallonomisch identische Individuen in paralleler Stellung zusammengewachsen sind, erlauben.

Typus III. Tafelförmige Zwillinge nach $\frac{4}{3}O$.

Die Krystalle dieses dritten Typus zeigen ∞O allein (oder bisweilen mit untergeordnetem Würfel), sind nach einer Fläche ∞O tafelartig und ausserdem zwillingsartig verwachsen nach dem Gesetz: Zwillingsebene eine Fläche von $\frac{4}{3}O(443)$, senkrecht auf die Verwachsungsebene, die mit derjenigen Rhombendodekaëderfläche zusammenfällt, nach welcher die Krystalle tafelartig ausgebildet sind.

Die einfache rhomboidische Tafel kommt dadurch zu Stande, dass von den zwölf Flächen des Rhombendodekaëders zwei (nach der gewählten Stellung 110 und $\bar{1}\bar{1}0$) vor den übrigen stark vorherrschen, ferner von diesen in der Regel nur $1\bar{1}0$ und $\bar{1}10$ (welche mit den Tafelflächen 90° bilden), dann auch 011 und $\bar{1}01$, $0\bar{1}\bar{1}$ und $10\bar{1}$ (welche mit einander und mit den Flächen der Tafel zusammen eine sechsflächige Zone mit Winkeln von je 60° bilden) ausgebildet sind; dagegen fehlen in der Regel vier Rhombendodekaëderflächen: 101, $0\bar{1}1$, $\bar{1}0\bar{1}$ und $01\bar{1}$ (welche mit den Flächen der Tafel eine zweite sechsflächige Zone mit Winkeln von je 60° bilden würden) vollständig oder sie sind, wenn vorhanden, ganz untergeordnet (wie an Taf. VI, Fig. 8 der Fall). Die ebenen Winkel der auf diese Weise gebildeten rhomboidischen Tafel sind deshalb 55° 44′ 8″ und 125° 15′ 52″; damit übereinstimmend wurde dieser Winkel an der eingetheilten Drehscheibe eines Fuess'schen Mikroskops an mehreren Tafeln gemessen zu 124½° bis 125½°.

Mit einem solchen Individuum ist nun immer ein zweites genau auf entsprechende Weise tafelartig ausgebildetes Individuum zwillingsartig verbunden nach dem erwähnten Gesetz: Zwillingsebene eine Fläche des Triakisoktaëders $\frac{4}{3}O$ ($\bar{4}43$ des ersten Individuums). Dies Gesetz bietet ganz interessante Verhältnisse dar. Beide Individuen sind nämlich auch in der vorliegenden abnormen Ausbildung genau symmetrisch zu der Zwillingsfläche, dann aber mit der gemeinsamen Tafelebene 110, senkrecht auf die Zwillingsebene, parallel der Zwillingsaxe verwachsen. In dieser Stellung fällt nun die Verticalaxe des ersten Individuums (also die Zonenaxe der Zone, in welcher dasselbe nur vier Flächen mit Winkeln von je 90°

besitzt) fast genau mit einer trigonalen Zwischenaxe (zugleich Zonenaxe der Zone, in welcher das zweite Individuum bei der vorliegenden Ausbildung sechs Flächen mit Winkeln von je 60° besitzt) des zweiten Individuums zusammen; beide liegen nämlich in der gemeinsamen Tafelebene und bilden mit einander einen Winkel, welcher nur 0° 34′ 13″ von der Parallelität abweicht. Umgekehrt ist natürlich die eine Hauptaxe des zweiten Individuums (Zonenaxe der vierflächigen Zone) nahezu parallel mit der entsprechenden trigonalen Zwischenaxe des ersten Individuums, welche zugleich Zonenaxe der sechsflächigen Zone desselben ist. Nach der vorliegenden Ausbildung müssen also je eine sechsflächige Zone des einen und je eine vierflächige Zone des anderen Individuums nahezu parallele Zonenaxen besitzen.

Dieses interessante Gesetz wurde nun durch zahlreiche Messungen an mehreren derartig ausgebildeten Zwillingen constatirt; natürlich konnte bei der gebrauchten Methode die geringe Abweichung von der Parallelität der betreffenden Zonen nicht bemerkt werden, sondern dieselben wurden während der Messungen, aus welchen nachträglich das Gesetz abgeleitet wurde, als parallel angesehen. In der Regel waren an diesen Krystallen also nur zwei hervortretende Zonen gemessen; als ausgezeichnete Controlle dienten aber ein Paar Tafeln, bei welchen zugleich die sonst fehlenden Rhombendodekaëderflächen am spitzen Ende des einen Individuums ausgebildet waren, ebenso ein Fall, in welchem der Würfel mit einigen Flächen auftrat. Die einzelnen Messungen anzuführen halten wir für überflüssig, geben aber als Beispiel eine Figur eines der gemessenen tafelförmigen Zwillinge nach diesem Gesetz (Taf. VI, Fig. 8).

Von diesen rhomboidischen tafelartigen Zwillingen sind nun häufig mehrere aneinander angereiht; die Wachsthumsrichtung scheint in der Tafelebene und in der Zwillingsebene zu liegen, wäre also demnach parallel der Höhenlinie der Zwillingsfläche $\bar{1}43$; es bilden sich dadurch spiessähnliche Wachsthumsformen.

Diese eigenthümliche auch mit Zwillingsbildung verbundene Tafelbildung im regulären System ist ein neues interessantes Beispiel der sehr wechselnden Ausbildung der Wachsthumserscheinungen dieses Systems.

Ausser den oben unterschiedenen drei Haupttypen der Krystalle von Vanadium dürften vielleicht auch noch andere Ausbildungsarten unterschieden werden können. Bei der immerhin mühsamen Untersuchung so kleiner Krystalle meinten wir uns vorläufig mit der Feststellung des Krystallsystems und der Fixirung der oben erwähnten drei jedenfalls vorherrschenden Haupttypen begnügen zu dürfen.

Nachtrag.

Nachdem das Vorstehende über das Krystallsystem des Berylliums schon zum Drucke eingesandt war, erhielten wir durch die freundliche Vermittelung des Herrn Dr. Otto Pettersson ein kleines Material von Berylliumkrystallen, welches auf eine andere Weise von Herrn T. S. Humpidge *) dargestellt war, zur Untersuchung.

Diese Krystalle waren zum Theil etwas grösser als die oben beschriebenen und recht vollkommen ausgebildet. Auch hier waren theils prismatisch ausgezogene, theils tafelartige Krystalle repräsentirt. An den prismatischen Krystallen, welche am besten ausgebildet waren, wurde ausser den oben erwähnten Formen: ∞P, $\infty P2$, $0P$ und P auch $\frac{1}{2}P$ beobachtet; eine Tafel nach $0P$ zeigte $0P$, P, $\infty P2$, während ∞P zu fehlen schien.

Was diesen neu untersuchten von T. S. Humpidge dargestellten Krystallen besonderes Interesse giebt, ist, dass durch die Untersuchung derselben eine volle Bestätigung der holoëdrischen Ausbildung des Berylliums gewonnen wurde. Einer der besten prismatischen Krystalle zeigte nämlich sowohl oben als unten nicht nur die Flächen von P, sondern auch von $\frac{1}{2}P$ vollkommen holoëdrisch ausgebildet. Von diesen Formen konnten oben wie unten drei neben einander liegende Flächen von P gut gemessen werden. An diesem Krystall wurde gemessen: $\infty P : \infty P' = 59^0\, 54'$ (Mittel), $\infty P' : \infty P'' = 60^0\, 2\frac{1}{2}'$, $\infty P : 0P = 90^0\, 3\frac{1}{2}'$, $\infty P' : 0P = 89^0\, 57\frac{1}{2}'$, $0P : P = 61^0\, 25'$, $0P : P' = 60^0\, 59'$, $0P : P'' = 61^0\, 38'$, $P' : \underline{P} = 56^0\, 43'$, $P'' : \underline{P}'' = 56^0\, 13'$ etc. $\frac{1}{2}P : \infty P = 47^0\, 13\frac{1}{2}'$ (berechnet nach dem oben angeführten Axenverhältniss: $47^0\, 37\frac{1}{2}'$).

Durch diese Beobachtungen an dem von Herrn T. S. Humpidge dargestellten Material muss es demnach als bewiesen angesehen werden, dass das Beryllium der holoëdrischen Abtheilung des hexagonalen Systems gehört, was wahrscheinlich auch mit dem Magnesium, dem Zink (und dem Cadmium?) der Fall sein dürfte.

Da die krystallographische Analogie mit Magnesium und Zink es auch wahrscheinlich machen würde, dass das Beryllium ebenso wie diese Metalle zweiwerthig sei, wurden zum wesentlichen Theil wegen der obenstehenden Beobachtungen die Herren Professor L. F. Nilson und Dr. Otto Pettersson dazu veranlasst, die Frage von der Werthigkeit des Berylliums wieder aufzunehmen. Die erwähnten Herren haben uns das durch diese Untersuchung erhaltene Resultat gefälligst mitgetheilt, aus welchem hervorgeht,

*) Siehe Phil. Transactions of the Roy. Soc. 1883, Part. II, p. 601 ff.

dass in der That die krystallographische Analogie mit dem chemischen Verhalten übereinstimmt, indem das Beryllium zweiwerthig gefunden wurde. Die erwähnte Mittheilung ist in den folgenden Zeilen abgedruckt:

»Es ist L. F. Nilson und mir gelungen, die Dampfdichte des Chlorberylliums durch Luftverdrängung [Dulong's Princip] zu bestimmen. Dieselbe wurde gefunden:

Temperatur (Luftthermometer)	Dampfdichte gefunden	Dampfdichte berechnet	Molekulargew. des Chlorids
490° C.	6,7 [?]	—	—
520° C.	4,174	—	
zw. 589°—604° C. [Mittel von 3 Vers.]	3,063	—	—
zw. 686°—812° C. [Mittel von 4 Vers.]	2,831	2,76	$BeCl_2 = 80$

Es ist also das Molekül des Chlorids im vollkommenen Gaszustand zwischen 686° und 812° C. $= BeCl_2 = 80$ nach dem Gesetze von Avogadro, welches bekanntlich ohne Ausnahme als normirend für die Auffassung des Molekülbegriffs in der Chemie gilt. Beryllium ist danach zweiwerthig und hat das Atomgewicht $\overset{II}{Be} = 9{,}10$.«

Stockholm, Hochschule, 19. April 1884.

Otto Pettersson.

XI. Stephanit von Kongsberg (Norwegen).

Von

Carl Morton in Stockholm.

(Mit Taf. VII.)

Von Herrn Cand. min. Th. Münster wurde im Jahre 1882 in »Gottes Hülfe in der Noth«-Grube auf Kongsberg mit einer Reihe anderer Mineralien eine kleine Anzahl vorzüglich ausgebildeter Stephanitkrystalle entdeckt, durch welchen Fund zum ersten Mal gute Krystalle dieses Minerals aus der alten berühmten Silbergrube bekannt geworden sind; da Herr Münster das von ihm entdeckte Material dem mineralogischen Institut der Universität zu Stockholm eingesandt hatte, erhielt Verf. von dem Director desselben, Prof. W. C. Brögger, die trefflichen Krystalle zur Untersuchung. Ueber das Vorkommen darf auf die Beschreibung des Herrn Münster hingewiesen werden*).

Uebereinstimmend mit den Beobachtungen T. H. Schröder's**) und C. Vrba's***) an Krystallen von Andreasberg und Přibram ist der Typus der Krystalle von Kongsberg auch gewöhnlich kurz säulenförmig nach der Verticalaxe ausgezogen.

Von den bisher von T. H. Schröder, W. Schimper†), C. Vrba und W. J. Lewis††) nachgewiesenen 54 einfachen Formen habe ich an dem Kongsberger Stephanit 18 beobachtet und überdies vier bisher nicht beobachtete Formen bestimmen können.

Mit Beibehaltung der Flächensignaturen von Schröder und Vrba sind jene Formen:

$c = (001)0P$ $\qquad b = (010)\infty\breve{P}\infty$

$o = (110)\infty P$ $\qquad P = (111)P$

---

*) Nyt. Mag. f. Nat. B. 27, 316, 1883. S. auch diese Zeitschr. 8. 652.

**) Poggend. Ann. 95, 257.

***) Diese Zeitschr. 5, 418.

†) Groth, Min.-Sammlung der Strassburger Universität 69.

††) Diese Zeitschr. 7, 575.

$a = (100)\infty\bar{P}\infty$	$r = (221)2P$
$h = (112)\frac{1}{2}P$	$\vartheta = (152)\frac{5}{2}\breve{P}5$
$m = (113)\frac{1}{3}P$	$\varepsilon = (2.22.7)\frac{22}{7}\breve{P}\frac{22}{2}$
$w = (131)3\breve{P}3$	$\beta = (101)\bar{P}\infty$
$v = (132)\frac{3}{2}\breve{P}3$	$e = (041)4\breve{P}\infty$
$f = (133)\breve{P}3$	$d = (021)2\breve{P}\infty$
$k = (011)\breve{P}\infty$	$t = (023)\frac{2}{3}\breve{P}\infty.$

Die neuen Formen sind:

$\beta_{\frac{2}{3}} = (203)\frac{2}{3}\bar{P}\infty$	$n_2 = (156)\frac{5}{6}\breve{P}5$
$\beta_{\frac{1}{2}} = (102)\frac{1}{2}\bar{P}\infty$	$\sigma = (258)\frac{5}{8}\breve{P}\frac{5}{2}.$

Im Folgenden sei die beobachtete Combination des grössten und am besten ausgebildeten Krystalls beschrieben; derselbe ist in Fig. 1, Taf. VII in der beobachteten Ausbildung und in Figur 2 in idealer Ausbildung dargestellt.

Figur 1 stellt die basische Projection des Krystalls — von 1,9 mm Länge, 1,6 mm Breite und 3,2 mm Höhe — dar. Die Flächen sind vorzüglich spiegelnd und von ausgezeichneter Ausbildung. In der Verticalzone herrscht das Grundprisma o, am Ende eine Pyramidenfläche P vor. Die einspringenden Winkel $o_, : b_I$ und $_,o : b_{II}$ zeigen, dass der Krystall ein Drilling ist. Die Zwillingsebene ist wie gewöhnlich eine Fläche von ∞P. Das Individuum I setzt durch das Hauptindividuum parallel o' hindurch als eine relativ breite Lamelle. Die Pyramidenflächen P und P_I fallen dabei zusammen. Das Individuum II bildet in dem Hauptindividuum parallel $o_,$ eine ganz schmale Lamelle.

In der verticalen Zone sind einige Prismenflächen gestreift, ebenso die Basis. Die Streifung der Prismenflächen verläuft parallel einer Kante $o : o(110 : 1\bar{1}0)$, die auf der Basis theils parallel einer Kante $o : P(110 : 111)$ theils auch parallel einer Kante $b : k(010 : 011)$. Alle von mir beobachteten Formen kommen an diesem einen Krystalle vor; da ausserdem die anderen kleineren Krystalle mit diesem sehr nahe übereinstimmen, theile ich nur die Messungen, welche ich an diesem einen, sehr schön ausgebildeten Krystalle gemacht habe, mit. Aus den Winkeln $o : a$ und $o : P$, welche sich an sehr gut spiegelnden Flächen messen liessen $= 32^0\ 10'$ und $37^0\ 50'$, ergiebt sich das Axenverhältniss:

$$a : b : c = 0,628921 : 1 : 0,68511.$$

Dasjenige nach Schröder und Vrba ist:

$$a : b : c = 0,62911 : 1 : 0,68526.$$

Ich glaube jedoch, dass das von mir erhaltene Axenverhältniss vielleicht genauer ist, wie die nachfolgenden, sehr gut übereinstimmenden Messungen andeuten.

[illegible]

	Gemessen	Berechnet
[illegible]	[illegible]	[illegible]

Außer der Grundpyramide p finden sich in der Zone [illegible] an dem Kontaktindividuum noch zwei andere Flächen [illegible] und [illegible].

	Gemessen	Berechnet
[illegible]	[illegible]	[illegible]

Der Kantenwinkelfehler [illegible] bei der Fläche [illegible] hängt von der geringen Ausdehnung der Fläche ab.

In der entsprechenden Zone an dem anderen Individuum ist noch eine andere Fläche [illegible]

	Gemessen	Berechnet
[illegible]	[illegible]	[illegible]

[illegible] $\frac{1}{2}P\infty$ [illegible] $= \frac{1}{2}P\infty$ [illegible] Zonen [illegible]. Die beiden [illegible] Flächen treten nur an der einen Ecke in [illegible] P [illegible] und P [illegible]

		Gemessen:	Berechnet:
a :	$\beta(100 : 101)$ =	42° 35′	42° 32′ 4″
:	$\beta_{\frac{2}{3}}(100 : 203)$	54 1 30″	53 59 45
:	$\beta_{\frac{1}{2}}(100 : 102)$	61 21 30	61 24 36
a' :	$\beta'(\bar{1}00 : \bar{1}01)$	42 37	42 32 4

In der Zone $b : c(010 : 001)$ kommen die Flächen e, d, k und t vor. Es wurde in der Zone $b : c$

		Gemessen:	Berechnet:
b' :	$e'(0\bar{1}0 : 0\bar{1}4)$ =	19° 59′ 30″	20° 2′ 11″
:	$d'(0\bar{1}0 : 0\bar{2}1)$	36 2	36 6 22
:	$k'(0\bar{1}0 : 0\bar{1}1)$	55 32	55 34 7
:	$t'(0\bar{1}0 : 0\bar{2}3)$	65 26 30	65 26 21
b :	$e(010 : 041)$	19 55 30	20 2 11
:	$d(010 : 021)$	36 0 30	36 6 22
:	$k(010 : 011)$	55 31	55 34 7

Die Fläche e ist drusig; daher der Beobachtungsfehler 0° 6′ 41″.

Die Fläche w ist aus dem Zonenverband: $'o : d'(\bar{1}\bar{1}0 : 0\bar{2}1)$ und $o' : e'$ $(\bar{1}10 : 0\bar{1}1)$ berechnet.

In der Zone mit derselben und der Basis liegen überdies die Flächen v und f. Es wurde

		Gemessen:	Berechnet:
Zone $(wvfc)$ c :	$'w(001 : \bar{1}\bar{3}1)$ =	66° 42′ 30″	66° 44′ 17″
:	$'v(001 : \bar{1}\bar{3}2)$	49 15	49 18 42
:	$v'(001 : \bar{1}32)$	49 18 30	
:	$'f(001 : \bar{1}\bar{3}3)$	37 0 35	37 37 24

Aus den Zonen $\beta : k'(101 : 0\bar{1}1)$ und $\vartheta' : c(\bar{1}52 : 001)$ folgt die Fläche n_2. Es wurde ausserdem

		Gemessen:	Berechnet:
c :	$'\vartheta(001 : \bar{1}\bar{5}2)$ =	61° 1′	60° 59′ 29″
:	$,n_2(001 : 1\bar{5}6)$	30 55	30 57 45
b' :	$'\vartheta(0\bar{1}0 : \bar{1}\bar{5}2)$	33 37 30″	33 37 56
:	$,n_2(0\bar{1}0 : 1\bar{5}6)$	60 43	60 38 28
b :	$\vartheta'(010 : \bar{1}52)$	33 34	33 37 56

Die Fläche σ konnte nur aus ihren Winkeln zu a, b und c bestimmt werden. Es wurde

		Gemessen:	Berechnet:
$,\sigma$:	$a(2\bar{5}8 : 100)$ =	75° 56′ 30″	75° 56′ 22″
:	$b'(2\bar{5}8 : 0\bar{1}0)$	67 44	67 33 15
:	$c(2\bar{5}8 : 001)$	26 35	26 5 46

Der bedeutende Beobachtungsfehler 0° 29′ 14″ bei dem Winkel $\sigma : c$ findet seine Erklärung darin, dass das reflectirte Bild der Basis der Streifung wegen sehr schwer fixirt werden konnte.

Die Fläche $s(2.22.7)$, von Schröder als unsicher erwähnt, konnte ich gut bestimmen:

	Gemessen:	Berechnet:
$s : b(2.22.7 : 010) =$	25° 56′	25° 54′
$s : c(2.22.7 : 001)$	65 16	65 18

An dem Individuum I. kommen ausser den Flächen in der Prismenzone noch die Flächen: r, $P_{\prime}$, P', β und v vor, von welchen die letzte mit der Fläche v an dem Hauptindividuum den einspringenden Winkel $v : v_1 =$ 6° 40′ bildet. Ueberdies findet sich noch eine andere Fläche, zwischen P' und v liegend, welche jedoch wegen ihrer geringen Ausdehnung und Streifung nicht sicher genug zu bestimmen war.

Die Endflächen des Individuum II. waren sehr gestreift und deshalb unbestimmbar; an der Ecke war die Lamelle verletzt.

XII. Untersuchung einiger Mineralien aus Kangerdluarsuk in Grönland.

Von

Joh. Lorenzen in Kopenhagen.

(Mit Taf. VIII.)

Die nachstehenden Untersuchungen, den chemischen Theil der Abhandlung ausgenommen, sind im mineralogischen Institut der Universität Stockholm ausgeführt, unter Leitung des Herrn Prof. W. C. Brögger. Das Material für die Untersuchung des Lievrit, des Rinkit, ebensowohl als das zum chemischen Theil der Untersuchung des Lithionglimmers benutzte rührt von den ausgezeichneten Sammlungen her, die Herr K. J. V. Steenstrup in Kopenhagen mitgebracht hat, der auch zuerst diese Mineralien bei Kangerdluarsuk gefunden. Die optischen Untersuchungen des Lithionglimmers, sowie des früher nicht von Kangerdluarsuk gekannten Astrophyllit sind mit Material ausgeführt, das mir aus der von der letztjährigen schwedischen Expedition mitgebrachten Sammlung von Prof. Nordenskiöld überliefert wurde, dem ich deswegen meinen besten Dank aussprechen muss.

1. Lievrit.

In einer früheren Abhandlung *) habe ich eine Analyse des Lievrit von Kangerdluarsuk mitgetheilt, wodurch nachgewiesen wurde, dass dieser ebensowohl wie der elbaische Wasser enthält, das in der chemischen Constitution des Minerals eingerechnet werden müsste. Auch einige Messungen wurden daselbst mitgetheilt, dieselben waren aber nur mit einem gewöhnlichen Wollaston'schen Reflexionsgoniometer ausgeführt. Sie wurden deswegen wiederholt und gleichzeitig die Untersuchung etwas ausgedehnt.

Beobachtete Flächen: $(111) = P(o)$, $(421) = 4\bar{P}2(l)$, $(120) = \infty\breve{P}2(s)$, $(210) = \infty\bar{P}2(k)$, $(101) = \bar{P}\infty(P)$, $(021) = 2\breve{P}\infty(e)$ nebst verschiedenen

*) Meddelelser fra Grönland 2, 67. Kjøbenhavn 1881. S. diese Zeitschr. 7, 609.

sehr steilen Brachydomen (*m*) und Pyramiden (*z*), für welche im Folgenden weitere Auskunft gegeben werden soll. Das Makrodoma und die Pyramide sind wie am elbaischen Lievrit nach der Längsrichtung gestreift und geben deshalb keine guten Messungen in der gemeinschaftlichen Zone, der Winkel aber zwischen den beiden Flächen des Makrodoma konnte recht genau bestimmt werden. Die Flächen des Brachydoma waren immer glänzend und schön spiegelnd, jedoch geben die Krystalle nicht sehr gut übereinstimmende Werthe; alle Messungen weichen aber von dem von Des Cloizeaux berechneten Werthe ab, und da dieser den Kantenwinkel der immer gestreiften Pyramide für seine Messungen zu Grunde zu legen genöthigt war, habe ich eine neue Berechnung des Axenverhältnisses versucht. Hierzu wurden die Winkel $\bar{P}\infty : \bar{P}\infty$ und $2\breve{P}\infty : 2\breve{P}\infty$ *) benutzt. Der mit Nr. III bezeichnete Krystall gab zwei Flammen im Reflexbild, Nr. V bestand aus zwei zusammengewachsenen Krystallen, daher zwei Werthe für jeden derselben:

	$2\breve{P}\infty : 2\breve{P}\infty (021 : 0\bar{2}1)$		$\bar{P}\infty : \bar{P}\infty (101 : \bar{1}01)$
I.	83° 47′	I.	67° 15½′
II.	83 40½	II.	67 15
III.	83 48½	III.	67 14
—	83 38½		—
V.	83 57½		—
—	83 48		—
Mittel	83 46 40″		67 14 50″
Des Cloizeaux ber.	83 3	gem.	67 11
Hessenberg gem.	83 6		

Hieraus ergiebt sich das Axenverhältniss:

$$0,674367 : 1 : 0,448449.$$

Da der von Hessenberg an dem Lievrit von Elba gemessene Werth für $2\breve{P}\infty : 2\breve{P}\infty$ mit dem von Des Cloizeaux berechneten nahe übereinstimmt, ist es immerhin möglich, dass verschiedene Axenverhältnisse für die Lievrite aus diesen beiden so verschiedenen Fundorten gelten.

Die Figuren 1 und 2 Taf. VIII zeigen das gewöhnliche Aussehen der Krystalle, 1 in der üblichen Stellung, 2 so gestellt, dass die Makrodiagonale gegen den Beobachter gewendet ist. Die letzte Stellung habe ich gewählt, um die steilen Brachydomen besser zu zeigen, welche die auf der Figur horizontal gestreifte Fläche hervorbringen. Diese Streifung ist jedoch hier nur sehr grob angegeben, denn die Streifen liegen in der That weit dichter

*) Durch einen Schreib- oder Rechnungsfehler stand in meiner vorigen Abhandlung $\frac{1}{2}\breve{P}\infty$. Nachdem ich dieses bemerkt hatte, habe ich gesehen, dass auch Hintze in dieser Zeitschr. 7, 610 darauf aufmerksam gemacht hat.

an einander und geben oft in drei verschiedenen Richtungen. Oft ist diese sehr schöne Streifung so fein, dass sie nur durch sehr genaue Beobachtung mit der Lupe und im starken reflectirten Lichte gesehen wird, am besten aber mit dem Fernrohr auf dem Goniometer. Hierdurch beobachtet man auch, wie die Fläche oft durch kleine hervorragende Kämme in untergeordnete Partien getheilt wird, auf solche Weise, dass die Streifen in jedem derselben ihre eigene Richtung haben. Wie dies aussieht, ist auf den Figuren 3—5 genauer dargestellt. In Folge dieser Oberflächenbeschaffenheit bildet das Reflexbild dieser Flächen oft drei Flammenbänder, aus welchen eine Reihe etwas schärfer begrenzter Reflexe ausgeschieden werden kann. War der Krystall auf die Zone $2\breve{P}\infty$ eingestellt, so lag das mittlere Band vollständig in der Zone und muss also als hervorgebracht von einer Reihe sehr steiler Brachydomen aufgefasst werden; die zwei äusseren Bänder dagegen repräsentiren zwei entsprechende Reihen von sehr spitzen Pyramiden. Sehr oft war eine gute Flamme, an welche sich ein Paar schwächere anschlossen, ein wenig entfernt von den beiden Enden des Bandes zu beobachten. Die Stellung dieser gegen $2\breve{P}\infty$ wurde bestimmt und dadurch wahrgenommen, nicht nur dass das steilste Brachydoma mit einem einigermassen constanten Winkel an den meisten Krystallen wiederkehrt, sondern auch, dass das Pinakoid selbst, $\infty\breve{P}\infty$, fast niemals auftritt. Nur an einem einzigen unter 11 Krystallen wurde es bemerkt. Im Reflexbild wurde das Flammenband dort unterbrochen oder verwaschen, wo das Pinakoid sich finden müsste, und dann weiter fortgesetzt mit dem Reflex der hohen Flächen vom unteren Ende des Krystalls. Dem entsprechend wurde auch ein kleiner Kamm resp. Erhöhung auf den Krystallen wahrgenommen als Grenze zwischen den oberen und unteren Flächen, wie es in Fig. 3, 4 und 6 dargestellt ist.

Zwischen $2\breve{P}\infty$ und den niedrigsten der steilen Brachydomen wurde gemessen:

	Gemessen:	Berechnet:
$2\breve{P}\infty : 10\breve{P}\infty (021 : 0.10.1) =$	35° 55′	35° 32′ 55″
$2\breve{P}\infty : 12\breve{P}\infty (021 : 0.12.1)$	37 21 30″	37 37 38

Die gefundenen Werthe für m sind 10,32 und 11,74, welche zu 10 und 12 abgerundet sind.

Zwischen $2\breve{P}\infty$ und dem steilsten Brachydoma wurde gemessen:

$2\breve{P}\infty : 190\breve{P}\infty (021 : 0.190.1)$

I.	47° 34′ 40″
II.	47 22 45
III.	47 11 30
—	47 35 30
IV.	47 29 30

V. 47° 26′ 45″
— 47 24 30
Mittel 47 26 27

Die Berechnung giebt $m = 190,6$. Selbstverständlich muss indessen dieser Werth als nur in sehr geringem Grade angenähert betrachtet werden. Der Winkel zwischen dem steilen Brachydoma und der Basis wird 90° 40′ 13″, und natürlich wird eine auch nur sehr geringe Variation in einem so grossen Winkel eine bedeutende Aenderung in m hervorbringen. Weil dieser Winkel aber innerhalb gewisser Grenzen an einer Reihe von Krystallen wiedergefunden wird, und ferner die Pinakoidflächen selbst nicht auftreten, hat man doch wahrscheinlich mit bestimmten Flächen zu thun. Wird m aus den zwei Grenzwerthen 47° 11′ 30″ und 47° 33′ 30″ berechnet, so erhält man die Werthe 137 und 246. Diese steilen Flächen sind überhaupt für den Lievrit dieser Fundstätte bezeichnend.

Wir gehen jetzt zu den Pyramidenflächen über. An einem Krystall, von dessen Rückseite eine Partie fehlte (Fig. 3 und 4) tritt eine Pyramide l auf, von welcher nur eine Fläche ausgebildet ist — dasselbe ist übrigens auch der Fall mit der Pyramide P — und diese ist etwas rauh, weshalb sie nicht genau gemessen werden konnte, um so weniger, als sowohl $\bar{P}\infty$ in dieser Zone, als auch besonders $\infty\breve{P}2$, das immer gekrümmt und gestreift ist, breite Reflexbänder gaben. Aus den gemessenen Winkeln wurde berechnet $m = 4,29$, $n = 1,79$ und die Pyramide wurde daher als $4\bar{P}2$ betrachtet. Die für die Berechnung zu Grunde gelegten Winkel wurden durch eine kleine, etwas gekrümmte, spiegelnde Partie der Pyramidenfläche gemessen; später versuchte ich diese mit einer Glasplatte zu decken, und die dadurch bestimmten Winkel stimmten etwas besser mit den berechneten, wenn nur das eine Ende der beiden Flammenbänder von $\infty\breve{P}2$ und $\bar{P}\infty$ berücksichtigt wurde. Die letzteren Werthe sind unterhalb der anderen gestellt.

	Gemessen:	Berechnet:
$4\bar{P}2 : \bar{P}\infty$ (421 : 101) =	41° 16′	38° 38′ 27″
	39° 53′—40° 38½′	
$4\bar{P}2 : \infty\breve{P}2$ (421 : 120) =	74° 56′	72° 6′ 13″
	72° 74′—74° 8½′.	

Eine noch spitzere Pyramide, die unterhalb $4\bar{P}2$ auf den beiden Seiten des Krystalls sichtbar ist, konnte wegen der starken Streifung nicht gemessen werden.

In Fig. 5 sieht man auf der linken Seite des steilen Brachydoma eine Fläche, die einer sehr spitzen Pyramide angehört. Die Fläche ist doppelt gekrümmt und giebt als Reflexbild ein breites Band. Die Winkel gegen $\infty\breve{P}2$ und $\bar{P}\infty$ wurden gemessen und daraus berechnet $m = 277$ und $n = 3$.

Die Formel ist also beinahe $280\breve{P}3$. Diese Formel entspricht jedoch nur einer Fläche, die sich innerhalb der krummen Fläche finden muss, indem es nicht möglich war, eben dieselbe Partie der Fläche sowohl gegen $\bar{P}\infty$ als gegen $\infty\breve{P}2$ einzustellen.

	Gemessen:	Berechnet:
$280\breve{P}3 : \infty\breve{P}2(280.840.3 : 120) =$	10° 42′	10° 14′ 44″
$280\breve{P}3 : \bar{P}\infty(280.840.3 : 101) =$	75 40	75 26 33

Diese Pyramide liegt in derselben Zone wie $\infty\breve{P}2$ und die steilen Brachydomen. Die Grenzen für n können genügend genau dadurch berechnet werden, dass man mit den Pyramiden rechnet, als ob sie Prismen wären, was wegen des hohen Werthes von m keinen grossen Fehler einführt. Der Winkel gegen $\infty\breve{P}2$ variirt von 7° 12′ bis 13° 52′, was für n giebt 2,636—3,547. Wie klein der Fehler ist, sieht man am besten dadurch, dass, wenn man auf diese Weise mit dem oben angewandten Werth 10° 42′ den Coefficient n berechnet, man $n = 3{,}060$ erhält, während die wirkliche Zahl für die Pyramide als solche 3,0577 ist. Also liegt n zwischen circa $\frac{5}{2}$ und circa $\frac{7}{2}$. Die niedrigsten beobachteten Pyramiden liegen ungefähr in derselben Zone wie Brachydomen von den Formeln $16\breve{P}\infty$ — $20\breve{P}\infty$, und müssten demnach den Formeln $80\breve{P}\frac{5}{2}$ — $48\breve{P}3$ — $\frac{112}{3}\breve{P}\frac{7}{2}$ entsprechen, da sie auch mit $\infty\breve{P}2$ in einer Zone liegen. Eine Pyramide der Form $270\breve{P}3$ muss mit dem Brachydoma $90\breve{P}\infty$ in einer Zone liegen.

Eine ähnliche steile Pyramidenfläche z sieht man auch auf einem anderen abgebildeten Krystall (Fig. 6), welcher ausserdem einen nicht selten auftretenden einspringenden Winkel, der durch Zusammenwachsung zweier Krystalle nach dem Brachypinakoid entstanden ist, endlich auch eine Fläche $\infty\bar{P}2$ aufweist. Das Prisma $\infty\bar{P}2$ tritt als eine äusserst feine Abstumpfung des Prisma $\infty\breve{P}2$ auf, oft nur mit einer Fläche. An diesem Krystall war der Coefficient n der steilen Pyramide = 2,55—2,76.

Die Figuren 3—5 zeigen einige Streifen, die durch Combination des Prisma $\infty\breve{P}2$ mit einer steilen Pyramide entstehen. In Fig. 5 sieht man sie nur auf der linken Seite des Krystalls. Wird n auf dieselbe Weise wie oben angeführt berechnet, so findet man circa $\frac{7}{2}$. Der Winkel gegen $\infty\breve{P}2$ nämlich ist 3° 25′. Die Formel der Pyramide wird dann $m\breve{P}\frac{7}{2}$, worin m ziemlich gross sein muss. Für die übrigen Streifensysteme lässt sich schwerlich ein Zeichen ausfindig machen.

Es gelang dem Präparator des Instituts, durchsichtige Dünnschliffe von Lievrit herzustellen, was nach meinem Wissen vorher nicht geschehen ist. Die Präparate zeigen drei gegen einander senkrechte Spaltensysteme, den drei Pinakoiden entsprechend. In zwei Dünnschliffen, parallel dem Brachypinakoid und der Basis, sah man eine deutliche braungelbe Absorptionsfarbe für den der a-Axe parallel schwingenden Strahl; für die der b- und der c-Axe parallel schwingenden Strahlen ist dagegen die Absorption so stark, dass Krystallplatten nur in sehr starkem Tageslicht durchscheinend waren, und dies dann nur in sehr geringem Grade mit einem bräunlichen Schimmer. In schwacher Beleuchtung erschienen die Präparate nach diesen beiden Richtungen beinahe ganz schwarz. Da einige Versuche, einen Dünnschliff parallel dem Makropinakoid zu schleifen, keinen günstigen Erfolg gehabt hätten, konnte ich nicht mehr Material hierzu opfern, und es wurde daher ein neues Präparat mit einem elbaischen Krystall ausgeführt; aber obwohl das Dünnschleifen bis zur äussersten Grenze geführt wurde, ging nur ein äusserst schwaches bräunliches Licht durch das Präparat hindurch. Dies Verhalten stimmt aber mit dem des grönländischen Lievrit vollständig überein, da man hier eben eine ausserordentlich starke Absorption in allen Stellungen für diesen Dünnschliff erwarten müsste, weil er sowohl die *b*- als die *c*-Axe enthält.

Weiter konnte sicher bestimmt werden, dass die optischen Axen im Makropinakoid liegen und dass die spitze Bisectrix mit der *c*-Axe zusammenfällt. Der Axenwinkel muss ziemlich gross sein, da man nicht, auch nicht im Natriumlicht, die Lemniscaten sieht, sondern nur die schwarzen Balken.

2. Rinkit.

Eine nähere Beschreibung des chemischen Verhaltens dieses Minerals, dem ich seinen Namen gegeben habe nach dem früheren Director des dänisch-grönländischen Handels, dem um die Kenntnisse der Geologie Grönlands so hoch verdienten Dr. Rink, habe ich in einer bis jetzt nur als Separatabdruck erschienenen Abhandlung der »Meddelelser fra Grönland« mitgetheilt und soll hier nur das Wichtigste wiederholt werden.

Das Mineral findet sich in Krystallen mit Arfvedsonit, Aegirin, Eudialyt, Lithionglimmer, Steenstrupin u. s. w. zusammen bei Kangerdluarsuk. Farbe gelbbraun im frischen Zustande; in dünnen Splittern ist das Mineral durchscheinend. Die Krystalle sind aber oft auf der Oberfläche etwas verwittert, und die Structur wird dann erdig, die Farbe strohgelb. Im frischen Zustande Glasglanz auf dem Durchgang, Fettglanz auf dem Bruche. Die Härte ist 5, das spec. Gewicht bei 18° Temperatur 3,46*) an feinem Pulver bestimmt.

Verhalten vor dem Löthrohre: Ein kleiner Splitter schmilzt recht leicht zu einer schwarzen, glänzenden Kugel unter starkem, sehr lange sich fortsetzendem Aufblähen. Die Ursache hiervon ist der Gehalt an Fluor. Borax löst das Mineral in bedeutenden Mengen und wird in der äusseren Flamme in der Wärme stark gelb, beim Erkalten schwach gelb. In der inneren Flamme verhält sich das Mineral ebenso in der Wärme, wird aber

---

*) Von Herrn K. J. V. Steenstrup gütigst bestimmt.

beim Erkalten farblos. Mit Phosphorsalz bekommt man Kieselsäureskelett. In der Wärme dasselbe Verhalten, wie wenn es mit Borax behandelt wird; beim Erkalten nach dem Glühen in der inneren Flamme wird die Perle violett, nach dem Glühen in der äusseren Flamme farblos. Ein grösserer Zusatz des Minerals macht die Perle emailartig. Die Farbenphänomene deuten auf Titansäure und Ceroxyde hin.

Selbst durch verdünnte Säuren wird das Mineral leicht zersetzt unter Abscheidung titansäurehaltiger Kieselsäure, die, wenn Salzsäure angewandt war, sich nur äusserst schwer filtriren und auswaschen lässt.

In der Analyse I. wurde mit Soda geschmolzen und Fluor sammt den übrigen Bestandtheilen in gewöhnlicher Weise geschieden. Die Titansäure wurde von den Ceroxyden, der Yttererde und dem Eisenoxydul mit unterschwefeligsaurem Natron getrennt. Sie gab mit Gerbsäure die gewöhnliche rothbraune Farbe und Fällung, mit Zink- und Schwefelsäure die blaue Farbe, und mit Phosphorsalz die violette Farbe.

Resultate der Analysen:

	I.	II.	III.	IV.	V.	Mittel:	Quotienten:	
Fl	5,82	—	—	—	—	5,82	0,306	
SiO_2	29,08	[27,74]	[27,61]	—	—	29,08	0,485	} 0,648
TiO_2	13,56	—	—	13,29	13,23	13,36	0,163	
CeO *LaO* *DiO*	21,01	—	—	21,25	21,49	21,25	0,197	} 0,630
YO	1,15	—	—	1,21	0,40	0,92	0,012	
FeO	0,45	—	—	—	0,43	0,44	0,006	
CaO	—	23,76	23,36	23,61	22,32	23,26	0,415	
Na_2O	—	9,21	9,02	8,86	8,84	8,98	0,145	0,145
						103,11		
die mit dem Fluorgehalt äquival. Sauerstoffmenge						— 2,45		
						100,66		

In der Analyse II. und III. wurde das Mineral mit Schwefelsäure aufgeschlossen. Bei richtiger Behandlung bekommt man in diesem Falle fast ganz titansäurefreie Kieselsäure; doch fällt natürlich die Bestimmung zu niedrig aus, weil die Einwirkung des Fluor auf die Kieselsäure dann nicht berücksichtigt werden kann.

2—3 Decigramm wurden mit starker Salzsäure behandelt, wodurch das Mineral schon in der Kälte vollständig zersetzt wird; die Flüssigkeit nahm dann eine schwach-gelbliche Farbe an, welche durch Zusatz von Jodkalium gar nicht geändert wurde. Hieraus ergiebt sich, dass Cerium sich als Oxydul vorfinden muss, welches nach den neueren Untersuchungen die Formel Ce_2O_3 hat. Wenn ich jedoch das alte Atomgewicht des Cerium für die obigen Berechnungen zu Grunde gelegt habe und weiter dieses für die ganze Menge der Oxyde der Erdmetalle benutzt habe, was natürlich einen gewissen Fehler einführt, ist die Ursache hiervon die dadurch erhaltene einfache Formel, auf welche ich jedoch kein besonderes Gewicht legen darf:

$$2\overset{II}{R}\overset{IV}{R}O_3 + NaFl,$$

worin

$$\overset{II}{R} = Ce, La, Di, Y, Fe, Ca$$

und

$$\overset{IV}{R} = Si, Ti.$$

Drei Krystalle waren gut genug, um Messungen zu gestatten. Directe Reflexe konnten jedoch nur an zweien derselben erhalten werden und im Ganzen nur von drei Winkeln. Die übrigen Winkel konnten lediglich mittelst aufgelegter Glasplatten oder auch mit dem Fuess'schen Fühlhebelgoniometer gemessen werden. Das Krystallsystem ist monosymmetrisch. Beobachtete Flächen: $(\bar{1}01) + \bar{P}\infty\,(m)$, $(101) - \bar{P}\infty\,(n)$, $(341) - 4\grave{P}\frac{4}{3}\,(o)$, $(110)\infty P\,(M)$, $(320)\infty\bar{P}\frac{3}{2}\,(s)$, $(120)\infty\grave{P}2\,(h)$, $(100)\infty\bar{P}\infty\,(r)$. Die Pyramide $-4\grave{P}\frac{4}{3}$ ist nur mit sehr kleinen und matten Flächen ausgebildet, konnte aber dadurch bestimmt werden, dass sie mit $\infty\grave{P}2$ und $-\bar{P}\infty$, sowie mit ∞P und $+\bar{P}\infty$ in einer Zone liegt. Ausser der negativen Pyramide scheint auch die entsprechende positive vorzukommen; weil aber nur die Lage in der Zone $\infty\grave{P}2$ und $+\bar{P}\infty$, nicht aber die andere Zone beobachtet werden konnte, ist diese Fläche in die Figur nicht mit aufgenommen (Fig. 7).

Die folgenden Winkel wurden durch die directen Reflexbilder gemessen:

	Gemessen:	Berechnet:
$\infty\bar{P}\infty : \infty\bar{P}\frac{3}{2}$ (100 : 320) =	47° 25′	46° 16′ 37″
$\infty\bar{P}\infty : \infty P$ (100 : 110)	57 28 45″	57 28 45
$\infty\bar{P}\infty : \infty\grave{P}2$ (100 : 120)	71 27	72 19 4

Sowohl mit dem »Fühlhebelgoniometer« als mit dem Reflexionsgoniometer, im letzteren Falle nachdem die Flächen mit Glasplatten bedeckt waren, wurde jeder der folgenden Winkel gemessen:

$\infty\bar{P}\infty : \infty\bar{P}\frac{3}{2}$ (100 : 320) =	46° 55′ 10″	46° 16′ 37″
$\infty\bar{P}\infty : \infty P$ (100 : 110)	58 14 55	57 28 45
$\infty\bar{P}\infty . \infty\grave{P}2$ (100 : 120)	72 20 10	72 19 4
$\infty\grave{P}2 : \infty\grave{P}2$ (110 : 110)	35 17 15	35 21 52
$+\bar{P}\infty . -\bar{P}\infty$ ($\bar{1}01$: 101)	21 5 51	21 5 51
$\infty\bar{P}\infty . -\bar{P}\infty$ (100 : 101)	78 16 45	78 16 45

Für das Axenverhältniss wurden folgende Kantenwinkel zu Grunde gelegt: $\infty\bar{P}\infty : -\bar{P}\infty$, $\infty\bar{P}\infty$ $+\bar{P}\infty$, $\infty P : \infty P$. Die beiden letzten sind bestimmt durch die zwischen $+P\infty$ und $-P\infty$ einerseits, $\infty P\infty$ und ∞P andererseits gemessenen Winkel. Hieraus ergiebt sich:

$$a : b : c = 1,56878 : 1 : 0,292199$$
$$\beta = 88^0\ 47'\ 14''.$$

Die Krystalle zeigen eine deutliche zonare Structur mit dünnen Schichten parallel den Krystallflächen. Bisweilen wechseln verwitterte und unverwitterte Schichten mit recht scharfen Grenzen mit einander ab. Diese zonare Structur tritt speciell schön hervor in Schichten parallel den Orthodomen und wird deswegen am besten unter dem Mikroskop beobachtet in Dünnschliffen nach dem Klinopinakoid. Im polarisirten Lichte zeigen sich die Krystalle aus Zwillingslamellen parallel dem Orthopinakoid zusammengesetzt, die nach entgegengesetzten Seiten auslöschen; diese können schon durch eine feine Streifung auf dem Orthodoma (|| der Orthodiagonale) und auf dem Prisma $\infty P2$ (|| der Verticalaxe) wahrgenommen werden. Der Auslöschungswinkel wurde theils in gewöhnlicher Weise, theils mit Calderon's Ocular gemessen als die Hälfte des Winkels zwischen den beiden Auslöschungsrichtungen der Zwillingslamellen. Das Mittel mehrerer Bestimmungen war circa $7\frac{1}{2}^0$.

Die Ebene der optischen Axen liegt so, dass die spitze Bisectrix in das Klino-, die stumpfe in das Orthopinakoid fällt. Ein Dünnschliff || $\infty P\infty$ (Spaltungsfläche) zeigt ein schönes Axenbild und die optischen Axen im äusseren Theil des Gesichtsfeldes. Positive Doppelbrechung. Deutliche horizontale Dispersion. $\varrho < v$. Absorptionsfarbe gelb parallel der kleineren Elasticitätsaxe, schwach gelblich, fast weiss parallel den beiden anderen, doch ein wenig näher dem weissen für die der b-Axe parallel schwingenden Strahlen, d. i. $\mathfrak{c} > \mathfrak{b} > \mathfrak{a}$.

3. Polylithionit (Lithionglimmer).

Ueber den Lithionglimmer von Kangerdluarsuk in Grönland habe ich früher eine Mittheilung gegeben in derselben Abhandlung, in welcher ich den Lievrit auch beschrieb*). Durch ein Versehen wurde der Fluorgehalt übersehen und der Glühverlust als Wasser angenommen, wovon ein späterer Versuch mich überzeugte. Ich unternahm dann eine Revision der Analyse, die in derselben Abhandlung wie die Analyse des Rinkit mitgetheilt wird und hier wiedergegeben werden soll. Die Zahlen I. und II. sind aus der älteren Analyse übernommen, III. sind die neueren Resultate. In I. ist die Kieselsäurebestimmung in Parenthese gestellt, weil hier der Fluorgehalt ausser Acht gelassen war.

---

*) Siehe diese Zeitschr. 7, 610.

	II.	III.		Mittel:	Quotienten:
Fl	—	—	7,32	7,32	0,385
SiO_2	[58,93]	—	59,25	59,25	0,987
Al_2O_3	12,87	12,79	12,07	12,57	0,122
FeO	0,94	1,06	0,79	0,93	0,013
K_2O	—	5,37	—	5,37	0,057
Na_2O	—	7,63	—	7,63	0,123
Li_2O	—	9,04	—	9,04	0,302
				102,11	
Mit dem Fluor äquivalenter Sauerstoff				— 3,08	
				99,08	

Nehmen wir an, dass *Fe* die Alkalien ersetzt, so ergiebt sich die Formel

$$5Li_2Si_2O_5 + 2Al_2Si_3O_9 + 6[Na, K]Fl$$

oder

$$\overset{II}{R}_4 Al_2 Si_6 O_{23},$$

worin

$$\overset{II}{R} = K_2, \ Na_2, \ Li_2, \ Fe.$$

Auf den von Prof. Nordenskiöld im letzten Jahre mitgebrachten Handstücken findet sich der Lithionglimmer in prachtvollen, schwach grünlichen oder fast weissen sechseitigen Tafeln, bis circa 9 cm im Durchmesser, die in Albit eingebettet sind, zusammen mit Analcim, ein wenig Steenstrupin und Krystallen von Aegirin, welche letztere oft durch die Mitte der Tafeln hindurchgehen. Die Tafeln selbst (eine solche ist in Fig. 8 dargestellt) sind durch feine Linien in Sectoren getheilt, von denen jeder eine starke Streifung zeigt, welche von einer Parallelfaltung der Glimmerblättchen herrührt und auch in sehr feinen Blättern wahrgenommen wird. Sie erinnert vollständig an die Streifung des Zinnwaldit und ist nur etwas gröber. Noch eine Aehnlichkeit mit dem Zinnwaldit zeigt sich dadurch, dass man durch das Abspalten der Platten gern keilförmige Stücke erhält. Auf einem solchen abgespaltenen Keile war der Winkel zwischen den beiden Seiten des Keiles circa 70°. Die Ebene der optischen Axen ist senkrecht auf die Streifung für alle sechs Theile, und die Tafeln müssen deswegen als Sechslinge oder Drillinge aufgefasst werden, indem im letzteren Falle die drei Individuen einander durchwachsen. Die Schlagfiguren zeigen, dass wie beim Zinnwaldit die Ebene der optischen Axen mit der Symmetrieebene zusammenfällt, welche also auch auf der Streifung rechtwinkelig sein muss.

In Folge der Streifung lassen sich nur sehr schwer gute Platten für die Messung des Axenwinkels und die Bestimmung der Lage der Bisectrix ausspalten. Etwas hilft es jedoch, dass die Streifung, wie in der Figur angedeutet, nicht bis zu den Grenzen der einzelnen Individuen fortsetzt, daher man die Grenzpartieen für diese Versuche wählen muss. Dessenungeachtet fand ich nur eine einigermassen brauchbare Platte, die jedoch ziemlich dünn war, weshalb das Axenbild sehr breite und deswegen nicht gut bestimmbare Hyperbeln gab. Es versteht sich hieraus, dass die nachfolgenden Werthe für den Axenwinkel in Luft, obwohl jeder das Mittel von 10—12 Messungen, auf keine grosse Präcision Anspruch machen können. Die Dispersion von *Li* bis *Na* ist wohl auch deshalb zu gering ausgefallen im Verhältniss zu der Dispersion von *Na* bis *Tl*.

	Li	*Na*	*Tl*
$2E =$	67° 13′	67° 19′	67° 51′

Durch die Groth'sche Spiegelmethode wurden für den Winkel zwischen der Bisectrix und der Verticale auf der Glimmerplatte folgende Zahlen gefunden:

Li	*Na*	*Tl*
18′	5′—8′	13′

Dieses Resultat ist selbstverständlich auch nicht correct, zeigt aber, dass die Abweichung nicht sehr gross sein kann. Für denselben Winkel beim Zinnwaldit giebt Tschermak einen etwas grösseren Werth an, welchen er an Stufen aus zwei verschiedenen Fundorten bestimmte:

	Roth	*Na*	*Tl*
Zinnwald	1° 18′	1° 4′	57′
Sibirien	4 4	4 2	—

Der hier beschriebene Lithionglimmer steht demnach in optischer Beziehung dem Zinnwaldit ziemlich nahe, unterscheidet sich aber sehr wesentlich von demselben durch den grossen, dem der Feldspäthe nahekommenden Kieselsäuregehalt, durch den kleinen Gehalt an Thonerde, die fast verschwindende Beimengung von Eisenoxydul und den hohen Gehalt an Alkalien. Es mag hinzugefügt werden, dass die Analyse angestellt wurde mit Material, für welches die feinsten Blätter abgespaltet waren. Die grosse Menge von Kieselsäure kann deswegen in keinem Falle von etwa eingemischtem Feldspath hergeleitet werden.

Ich schlage deswegen vor, diesem eigenthümlichen Glimmer den Namen Polylithionit zu geben, wodurch speciell auf den hohen Lithiongehalt hingedeutet wird.

4. Astrophyllit.

Dass es im letzten Sommer Prof. Nordenskiöld gelang Astrophyllit bei Kangerdluarsuk (auf der Insel im Fjord) zu finden, bietet ein specielles Interesse dar, nicht nur weil die Zahl der bis jetzt bekannten, ziemlich wenigen Fundorte dieses Minerals hierdurch mit einem neuen vermehrt wurde, sondern auch weil jetzt noch ein Mineral mehr sich als gemeinsam für Kangerdluarsuk und dem Langesundsfjord in Norwegen herausgestellt hat.

Das Mineral findet sich in einer feinkörnigen Gebirgsart, wesentlich aus Plagioklas und Aegirin bestehend, eingewachsen als feine, spröde, glänzende Blätter, die sich vor dem Löthrohr wie der norwegische Astrophyllit verhalten. Ein auf der Spaltrichtung rechtwinkelig geschliffenes Präparat zeigte die gewöhnliche Absorption des Astrophyllits, gelb ‖ der Spaltrichtung, braun ⊥ zu derselben. Einige kleine Blätter zeigten unter dem Polarisationsmikroskop einen sehr grossen Axenwinkel, es konnten aber nicht Platten erhalten werden, die dick genug waren, um mit dem Axenwinkelapparat gemessen zu werden. Es gelang jedoch auf einem Bruchstück eines kleinen Krystalls, einige allerdings etwas unvollkommene Winkelmessungen zwischen den Flächen $0P$ und einer der Flächen $2'P,\infty$ $(0\bar{2}1)$ oder $2,P'\infty(021)$ (welche, konnte nicht bestimmt werden) anzustellen. Es wurde gefunden der Winkel 31° 26', während die berechneten 29° 10½' und 31° 8' betragen*). Zwei Pyramidenflächen wurden auch beobachtet, konnten aber nicht gemessen werden. $0P$ und $2P\infty$ waren der gemessenen Kante parallel gestreift.

Diese Beobachtungen, speciell die eigenthümliche Absorption und der grosse Axenwinkel, zeigen, dass man es hier keineswegs mit einem Mineral der Glimmergruppe, sondern nur mit Astrophyllit zu thun haben kann. Dagegen ist ein Mineral, das in goldglänzenden kleinen Blättern die Oberfläche der am Kangerdluarsuk gefundenen Nephelinkrystalle bedeckt und welches ich in meiner vorigen Abhandlung beschrieben habe, nicht Astrophyllit. Es hat zwar äusserlich eine nicht geringe Aehnlichkeit mit demselben, zeigt aber einen sehr kleinen Axenwinkel und ist demnach irgend ein Glimmermineral.

---

*) Brögger, Unters. norweg. Min. Diese Zeitschr. 2, 286.

XIII. Ueber den Szaboit.

Von

J. A. Krenner in Budapest.

(Mit Taf. IX.)

Bekanntlich hat Herr Professor Dr. A. Koch*) aus dem Trachyte des Aranyer Berges ein neues Mineral beschrieben, das er zu Ehren seines Lehrers Szaboit nannte.

Dasselbe ist nach den Untersuchungen des genannten Autors ein kalkhaltiges Eisenoxydsilicat, welches trikline, in ihren Winkeln dem Augit nahestehende Krystalle bildet, Eigenschaften, welche diesem Mineral neben dem Babingtonit einen Platz im System sicherten.

Ebenso bekannt ist es, dass Herr von Lasaulx**) dieses Mineral auch an anderen vulkanischen Punkten beobachtete und zwar am Monte Calvario des Aetna und im Riveau Grand des Mont Dore.

Durch einen Besuch des Trachytberges bei Arany in diesem Sommer kam ich in die Lage, an selbstgesammeltem Material Untersuchungen anstellen zu können, deren Resultate, verglichen mit jenen Herrn Koch's, im Nachstehenden wiedergegeben werden.

Der Szaboit erscheint, wie Herr Koch richtig bemerkt, in braunen tafelförmigen Kryställchen, die auf der Hauptfläche insbesondere nach einer Richtung eine starke Streifung zeigen. Diese Kryställchen sind nicht gross; im Durchschnitt fand ich für dieselben 1 mm Länge, 0,5 mm Breite und 0,05—0,16 mm Dicke. Wählt man die Hauptfläche zur Längsfläche $b =$ (010) und identificirt die Hauptaxe mit der Streifungsrichtung, so hat man die stumpfe Kante der schmalen Prismenflächen $m =$ (110) vor sich, welche von der ebenso schmalen Querfläche $a =$ (100) abgestumpft wird. Die Enden bestehen bei wohlausgebildeten Krystallen aus ein oder zwei Pyramiden, von welchen die stumpfere vorherrschend ist.

*) Magy. tud. Akad. math. termtd. Körtem. 15, 44; diese Zeitschr. 3, 307.

**) Diese Zeitschr. 3, 288.

Die terminalen Flächen sind zwar klein, oft matt, allein es finden sich auch solche, welche zu goniometrischen Untersuchungen geeignet sind, während die Prismenflächen und die Querfläche immer, die Längsfläche aber, wenn sie nicht zu stark gestreift ist, gut genannt werden können.

Die Symmetrieverhältnisse anbelangend, ergiebt sich für diese Krystalle das rhombische System, wenngleich durch oftmaliges Ausbleiben terminaler Flächen ihr Habitus ein monokliner oder trikliner wird.

Das Prisma misst 88° 4′, die Neigung der stumpferen Pyramide gegen *a* und *b* beträgt 62° 46′ und 63° 41′.

Diese Werthe erinnern an Hypersthen, und zwar würde obige Pyramide jener von Lang's*) (112), vom Rath's**) *o* oder Des Cloizeaux' $b^{\frac{1}{2}}$***) entsprechen, die spitzere hingegen, wie aus den folgenden Messungen ersichtlich, erhält das Zeichen (212) und entspricht von Lang's (122), vom Rath's *i*, oder Des Cloizeaux' a_3.

Die Krystalle, Combinationen der Flächen $b = (010)\infty\breve{P}\infty$, $a = (100)\infty\bar{P}\infty$, $m = (110)\infty P$, $o = (112)\frac{1}{2}P$ und $i = (212)\bar{P}2$, zu welchen sich selten das nicht messbare $c = (001)0P$ gesellt, ergaben folgende Winkel:

		Beobachtet:	Berechnet:
ab	= 100 : 010 =	90°	90°
mm	= 110 : 1$\bar{1}$0	88 4′	88 4′
ma	= 110 : 100	44 4	44 2
oa	= 112 : 100	62 46	62 46
ob	= 112 : 010	63 41	63 45
ia	= 212 : 100	44 18	44 10
ib	= 212 : 010	69 51	69 42

Aus dem zweiten und vierten Werth wurde das Axenverhältniss zu

$$a : b : c = 0,9668 : 1 : 1,1473$$

berechnet.

Herrn Koch's Untersuchungen führten ihn, wie schon eingangs erwähnt, zu anderen Resultaten; er mass in der Prismenzone (Fig. 5, 7):

$am = 46° 26′$
$bm = 42\ 23$
$al = 46\ 19$
$b'l = 45\ \ 1$

aus diesen berechnete er

$ab = 88\ 49$
$ab' = 91\ 20$
$ml = 87\ 24$
$ml' = 92\ 45$

*) Sitzungsber. Wien. Akad. 59, 848 und Pogg. Ann. 139, 315.

**) Pogg. Ann. 138, 531.

***) Des Cloizeaux, Manuel de Minéralogie I. Additions, p. XVI.

Aus diesen Werthen, welche sämmtlich einer Zone angehören, schliesst Koch auf ein triklinisches System. Bei den »berechneten« Werthen zeigt sich für die Flächen b, b' und l, l' eine Differenz vom Parallelismus um 9′, ausserdem sind die Werthe ml und ml' mit einander verwechselt, worauf übrigens schon Groth aufmerksam machte*).

Wenn ich hier nachträglich bemerke, dass m, l' unser m, a unser b, b unser a, so muss ich mit Rücksicht auf die folgenden Werthe auch erwähnen, dass Koch die einzelnen Flächen unserer stumpfen Pyramide o, seiner Auffassung entsprechend, mit o, p, r, q bezeichnet.

Er mass ihre Neigungen zu

$$ao = 65^0\ 15'$$
$$ap = 64\ \ 47$$
$$op = 52\ \ 19$$

welche drei Werthe nach ihm wieder das trikline System beweisen.

Endlich giebt Herr Koch noch mikrogoniometrische Messungen, die ich im Nachstehenden wiedergebe, zu deren Erläuterung derselbe die Figur 6 beigab, welche allerdings sich durch besondere Unklarheit auszeichnet. Da die Winkelwerthe des Autors aber nahe übereinstimmen mit jenen der Kantenneigungen des brachydiagonalen Hauptschnittes, so dürfte Derselbe wohl diese gemeint haben. Er führt an:

$$a \measuredangle = 140^0\ 15' = bx$$
$$a' \measuredangle = 142\ \ 15\ = by$$
$$b \measuredangle = 160\ \ 15$$
$$b' \measuredangle = 158\ \ 15$$
$$c \measuredangle = 118$$
$$c' \measuredangle = 120$$
$$d \measuredangle = 150\ \ 15$$
$$d' \measuredangle = 148\ \ 30$$

daraus berechnet er

$$bc = 89\ \ 15$$
$$b'c = 91$$

Diese Messungen zeigen auch klar — sagt der Autor — den triklinen Bau der Krystalle. Hier bilden beide berechnete Werthe für b, b' 15′ Abweichung vom Parallelismus, wie aus den letzten zwei Daten ersichtlich.

Hierzu muss ich bemerken, dass Koch's Domen x und y viel steiler sind, als dass sie den Grundbrachydomen entsprechen könnten, wie uns ein Blick auf seine Zeichnung lehrt; übrigens würden diese, wenn sie wirklich vorkämen, Makrodomen zu nennen sein. Diese Domen habe ich nicht beobachtet; statt dieser sah ich die steilere Pyramide (212), welche

*) Diese Zeitschr. 8, 307.

Koch nicht erwähnt, und es scheint mir wahrscheinlich, dass er die Flächen derselben für Domen hielt.

Herrn Koch's Winkeldaten vergleiche ich im Nachfolgenden mit den meinigen.

	Autor:	Koch:
$am = 100 : 110 =$	$44^{0}\ 2'$	$bm = 42^{0}\ 23'$ $b'l = 45\ \ 1$
$bm = 010 : 110$	$45\ 58$	$am = 46\ 26$ $al = 46\ 19$
$mm = 110 : 1\bar{1}0$	$88\ \ 4$	$ml' = 87\ 24$
$bo = 010 : 112$	$63\ 41$	$ao = 65\ 15$ $ap = 64\ 47$
$oo = 112 : \bar{1}12$	$54\ 28$	$op = 52\ 19$

Wie ersichtlich, ist die Abweichung stellenweise eine beträchtliche.

Wenn wir die Krystalle mit der Lupe betrachten, so bemerken wir auf der *b*-Fläche Risse (*I*), welche mit der Hauptstreifung und auch mit der *a*-Fläche parallel gehen; diese entsprechen zugleich der besten Spaltbarkeit, indem nach dieser Richtung die Individuen leicht auseinander spalten. Die Spaltfläche ist aber nicht immer eben.

Bei gehöriger Vergrösserung bemerkt man bei durchfallendem Licht auf der *b*-Fläche noch zahlreiche, sehr feine Streifungslinien (*II*), welche auf der vorerwähnten Richtung senkrecht sind; endlich nimmt man auf derselben Fläche kurze, sich fast rechtwinklig kreuzende, dunkle Linien (*III*) wahr, welche diagonal gerichtet sind und mit der Polkante der steileren Pyramide parallel laufen. Diese eigenthümlichen Linien pflegen nur an angegriffenen Krystallen zum Vorschein zu kommen (Fig. 3).

Auf einer der *a*-Fläche parallelen Schlifffläche bemerkt man Risse parallel der *c*-Axe (*IV*), und solche parallel der *b*-Axe (*V*), s. Figur 4.

Die mit (*II*) und (*IV*) bezeichnete Streifung erwähnt auch Koch; nach ihm erinnert erstere an eine Zwillingsstreifung, in letzterer vermuthet er die Andeutung einer schlechteren Spaltbarkeit.

Wie schon erwähnt, ist die relativ beste Spaltungsrichtung an diesen Krystallen jene nach *a*, eine zweite etwas mindere ist jene nach dem Prisma *m*, noch minderen Grades und nur angedeutet sind jene nach *b* und *c*.

Die Oberfläche der Krystalle ist oft mit einem zarten, bunten, metallisch glänzenden Häutchen überzogen.

Im frischen unzersetzten Zustande besitzen die Krystalle bei durchfallendem Lichte, wenn sie sehr dünn sind, eine lichtgrünlichgelbe oder grünlichbraune, sind sie etwas dicker, eine gelblichbraune Farbe, welche bei zunehmender Dicke in röthlichbraune, ja selbst kastanienbraune übergeht. Die lichte Färbung geht immer mit vollkommener Durchsichtigkeit Hand in Hand, die dunkelgefärbten Krystalle hingegen sind nur durchscheinend. Dies gilt jedoch nur bei den unveränderten Krystallen; bei jenen, die theilweise oder ganz einer Zersetzung verfallen sind, ändert sich auch die Farbe, wie das später erwähnt wird.

Herr Koch fand auf der *b*-Hauptfläche im polarisirten Licht eine Auslöschungsschiefe von 2—3° gegen die Hauptaxe, was, wie er sagt, wieder für das trikline System spricht, wenngleich — wie er hinzufügt — nahestehend zum monoklinen System.

Auch in Bezug auf diesen Punkt bin ich nicht in Uebereinstimmung mit Demselben, da ich auf der *b*-Fläche eine genau gerade Auslöschung fand.

Mit der *a*-Fläche parallel geschliffene Plättchen zeigen den *b*- und *c*-Axen entsprechend ebenfalls eine gerade Extinction. Auf letzteren Plättchen kann man im convergenten polarisirten Licht um ihre Normale herum ein vollkommen symmetrisches Axenbild beobachten, welches verräth, dass die Axenebene parallel mit Fläche *b* ist. Die Bisectrix, welche negativ ist, läuft parallel der Axe *a*, der Axenwinkel beträgt, in Oel gemessen, für Natriumlicht:

$$2H_a = 84^0\ 18'.$$

Die Dispersion ist $\varrho > v$.

Die Untersuchung auf den Pleochroismus zeigte, dass dieser bei den dickeren Plättchen ein sehr merklicher ist, und zwar zeigten Schwingungen in der Richtung von

Axe *a*, nelkenbraun,
Axe *b*, bräunlichgelb,
Axe *c*, gelblichgrün.

Bei ganz dünnen Lamellen ist der Farbenunterschied nicht so auffallend; so zeigten Schwingungen in der Richtung von

Axe *a*, blassbräunlichgelb, ins röthliche,
Axe *c*, blassgrünlichgelb.

Bei pleochroitischen Studien sollte immer die Dicke der untersuchten Platte angegeben werden, da diese auf den Grad des Pleochroismus, sowie auf die Art der Farbe von Einfluss ist. Mit Rücksicht auf diesen Umstand bemerke ich, dass bei den ersten Beobachtungen die Dicke des Plättchens 0,26 mm und 0,27 mm, bei den letzten aber 0,05 mm betrug.

Schliesslich bemerke ich, dass die optische Untersuchung an diesen Krystallen Nichts ergab, was auf eine wie immer geartete Zwillingsbildung schliessen liesse.

Die soeben erwähnten optischen Eigenschaften ergeben auch das rhombische System und weisen innerhalb desselben ebenfalls auf den Hypersthen.

Fasst man die Resultate, die sich aus meinen Untersuchungen am

Aranyer Minerale ergeben, zusammen, so zeigt sich, dass die Krystallgestalt, Spaltbarkeit, Lage der optischen Axen und Bisectrix, Axendispersion und Pleochroismus mit den analogen Eigenschaften des Hypersthens übereinstimmen. Die durch Koch eruirte Härte und Dichte — mit Rücksicht auf die zur Bestimmung der letzteren benutzte Menge — widersprechen auch dieser Auffassung nicht, hingegen widerspricht derselben — und dies wäre ein schwerwiegendes Moment — dessen chemische Zusammensetzung. Herr Koch, welcher das Mineral selbst analysirte, wies für dasselbe folgende Bestandtheile nach:

SiO_2	52,3540
Fe_2O_3	44,6965 mit wenig Al_2O_3
CaO	3,1196
MgO und Na_2O	Spuren
Glühverlust	0.3970
	100,5671

was ein kalkhaltiges Eisenoxydsilicat ergäbe, welches allerdings sehr weit absteht von demjenigen, was man Hypersthen nennt, der bekanntlich ein Eisenoxydulmagnesiasilicat ist. Wenn man aber gewisse physikalische Eigenthümlichkeiten des siebenbürgischen Minerals in Betracht zieht, so tauchen gewichtige Bedenken gegen die Richtigkeit der Analyse auf, und man gelangt zur Ueberzeugung, dass die oben angeführten Bestandtheile und deren Verhältnisse — mit Ausnahme der Kieselsäure — nicht der wirklichen Zusammensetzung des Silicates entsprechen.

Meine Einwürfe gegen obige Analyse sind folgende:

1, dass das in dem Mineral enthaltene Eisenoxydul für Eisenoxyd genommen wurde, und

2, dass die Analyse nicht den ganzen Magnesiagehalt ausgewiesen hat.

Wenn wir nämlich die verhältnissmässig lichte Färbung und den hohen Durchsichtigkeitsgrad des frischen unzersetzten Szaboits in Betracht ziehen, so erscheint es — mit Rücksicht auf zu dieser Gruppe gehörige Minerale, in welchen das Eisen evident als Oxyd nachgewiesen ist — sehr unwahrscheinlich, dass derselbe circa 44½% Eisenoxyd enthalten soll; im Gegentheil, obige Eigenschaften weisen darauf hin, dass das Eisen hauptsächlich als Oxydul im Mineral anwesend ist. Aus dem Gange der Analyse lässt sich ebensowohl auf Oxydul wie auf Oxyd schliessen.

Betrachten wir ferner eine andere durch Koch hervorgehobene Eigenschaft des Szaboits. Nach ihm ist derselbe »unschmelzbar«, ein Ausdruck, der allerdings zu weitgehend ist, indem er nur unter die »schwerschmelzbaren« Minerale gehört und als solches mit Rücksichtnahme der Mineralgruppe, welcher er angehört, einen nicht geringen Magnesiagehalt voraussetzt.

Das eben Gesagte zusammengefasst, so lässt die lichte Farbe und Durchsichtigkeit auf Eisenoxydul, die Schwerschmelzbarkeit aber auf einen beträchtlichen Magnesiagehalt schliessen, was auf ein Eisenoxydulmagnesiasilicat führt, das eben auch der Hypersthen ist.

Um mich von der Richtigkeit meiner Ansicht zu überzeugen, ersuchte ich Herrn Loczka, eine Partie von 20, durch mich ausgewählte, durchsichtige Szaboitkrystalle auf den Magnesiagehalt zu prüfen; derselbe fand eine starke Magnesiareaction.

Es ist bekannt, dass im Hypersthen die Eisenoxydul- und Magnesiamengen variiren, indem beide einander vertreten können, und die Frage, zu welcher Hypersthenvarietät unser Mineral gehört, ist interessant genug, um sich mit derselben zu beschäftigen.

Wenn wir die einzelnen Glieder der Enstatit-Hypersthen-Gruppe überblicken, so ergiebt sich, dass ihre geometrischen Eigenschaften nicht genügend empfindlich sind, als dass sie als ein charakteristisches Unterscheidungsmerkmal für die einzelnen Varietäten dienen könnten. Denn beispielsweise trotzdem, dass der Hypersthen von Laach zweimal so viel Eisenoxydul enthält, als jener aus dem Breitenbacher Meteoreisen, differiren ihre Kantenwinkel nur um einige Minuten, wie sich aus nachstehender Zusammenstellung, — der ich noch die Werthe des Hypersthens vom Aranyer Berg anreihe, — ergiebt:

	Breitenbach von Lang:	Laach vom Rath:	Aranyer Berg Autor:
100 : 110 =	44° 8′	44° 10′	44° 2′
110 : 1$\bar{1}$0	88 16	88 20	88 4
212 : 100	44 22	44 26	44 10
212 : 010	69 43	69 43	69 42
112 : 100	62 56	62 59	62 46
112 : 010	63 48	63 49	63 45

Viel empfindlicher hingegen erweisen sich bei dieser Gruppe die optischen Eigenschaften, insofern dieselben durch den Winkel der optischen Axen zum Ausdruck gelangen.

Tschermak*) hat auf Grund der Untersuchungen Des Cloizeaux', von Lang's, Websky's und seiner eigenen eine Tabelle zusammengestellt, in welcher er zeigte, dass der negative Axenwinkel mit zunehmendem Eisen- und Manganoxydulgehalt sich verkleinert. Aus dieser Tabelle führe ich nachfolgend einige Daten an, zu welchen ich zwei eigene hinzufüge, die sich conform mit den übrigen auf gelbes Licht beziehen.

---

*) Tschermak, Mineralog. Mittheil. 1871, S. 18.

	Eisen- und Manganoxydul:	Negativer Axenwinkel in Oel:	
Enstatit, Mähren	2,76 %	133° 8′	Des Cloizeaux
Bronzit, Kraubat	9,86 -	106 51	Tschermak
Hypersthen, Breitenbach	13,58 -	98	von Lang
Hypersthen, Labrador	22,59 -	85 39	Des Cloizeaux
Hypersthen, Aranyer Berg	—	84 18	Autor
Hypersthen, Mont Dore	33,6 -	59 20	Autor

Der Hypersthen des Aranyer Berges zeigt einen ähnlichen Axenwinkel, wie der von Labrador, und wenn man wüsste, dass das zur Analyse verwendete Material des letzteren homogen *) war, so könnte man mit grosser Wahrscheinlichkeit bei dem Aranyer Mineral betreffs der Hauptbestandtheile auf eine mit dem von Labrador analoge Zusammensetzung schliessen.

Uebrigens ergiebt sich auch, dass unser Mineral mit demjenigen von Mont Dore, dessen Axenwinkel ich oben anführte, nicht übereinstimmt, und da letzterem das Laacher chemisch sehr nahe **) steht, ist es wahrscheinlich, dass es mit diesem vulkanischen Hypersthen auch nicht übereinstimmt.

Veränderung. In gewissen Regionen des Aranyer Berges erlitten diese Hypersthene eine chemische Zersetzung, welche auf dessen verschiedenen Punkten mehr oder minder vorgeschritten ist. In den gleichförmig gefärbten Krystallen stellen sich rothe oder rothbraune Punkte, Flecken und Streifen ein, wodurch diese ein buntes Ansehen bekommen; dabei leidet die Durchsichtigkeit oft derart, dass sie vollkommen opak werden. Solche Krystalle spielen ins Rothbraune, selbst ins Hyacinthrothe; wenn übrigens die Zersetzung schon weit vorgeschritten ist, so zeigen auch die dünnsten Blättchen keine Spur von Durchsichtigkeit mehr. Auf vielen Stellen des Berges findet man Krystalle, deren Ränder schon ganz undurchsichtig sind und nur in der Mitte Durchsichtigkeit zeigen; bei manchen lässt sich bemerken, dass die Veränderung von den Spaltrissen ausgeht; bei den meisten wieder scheint diese von den scharfen Rändern der Krystalle aus ihren Anfang zu nehmen und gegen die Mitte des Krystalls weiter zu schreiten. An anderen Theilen des Berges hingegen findet man schon der ganzen Masse nach zersetzte Individuen; solche sind zumeist diejenigen, welche in Gesellschaft des Pseudobrookits erscheinen. Diese bereits undurchsichtigen Krystalle verloren ihren lebhaften Glanz und sind aussen ebenso wie im Innern fahlziegelroth oder eisenroth gefärbt, während auf ihrer Aussenfläche kleine Hämatittäfelchen sich ansetzten. Dass solche zersetzte

*) Splitter von manchen Labradorer Hypersthenstücken sind stark magnetisch. Damour fand in diesen 21,27 Eisenoxydul und 21,31 Magnesia, Remelé dagegen 14 Eisenoxydul und 24 Magnesia.

**) Des Cloizeaux, l. c. S. XVIII.

Krystalle das Eisen als Oxyd enthalten können, will ich keineswegs bestreiten, und wenn Herr Koch solche analysirte und vor der Analyse die Hämatittäfelchen mit einem Lösungsmittel nicht entfernte, so würde der jedenfalls zu hohe Eisengehalt, welchen dieselbe ergab, seine Erklärung finden.

Was endlich die Rolle betrifft, welche diesem Mineral in genetischer Beziehung zugeschrieben wird, so kann ich Herrn Koch's Ansicht, dass es ein Sublimationsproduct ist, nicht beipflichten; dasselbe ist vielmehr ein in die Grundmasse eingebetteter Bestandtheil des Gesteins, und letzteres ist ein gerade so merkwürdiger Hypersthentrachyt, wie jener von Demavend in dem fernen Persien, mit welchen uns Herr Blaas*) bekannt gemacht hat.

Interessant ist auch die Mineralgesellschaft, welche mit dem Hypersthen dieses Gestein zusammensetzt.

Dunkelgold- oder bronzegelber Glimmer**), bereits angegriffene fleisch- oder morgenrothe Amphibole, scharf ausgebildete Hämatitkryställchen***) — welche aus dem Hauptrhomboëder, der Basis und dem Prisma bestehen —, Tridymithäufchen, dünne, farblose Apatitnadeln†), und gelblich- oder lauchgrüner säuliger Augit — welcher wiewohl spärlich auch in bis zu erbsengrossen Körnern erscheint — sind in eine sehr feinkörnige, farblose Grundmasse, welche nach Koch aus einem dem Labrador zuneigenden Andesin besteht, eingebettet. Im Ganzen betrachtet, bildet dieses Gemenge eine lichtgraue, etwas ins Röthliche spielende, nicht sehr fest zusammenhaltende Gesteinsmasse, welche, wie ich vermuthe, Koch's Trachyt Nr. 3 entspricht.

Wenn die hier aufgezählten farbigen Minerale der Zersetzung anheimfallen, so entsteht der röthliche Trachyt, welchen genannter Autor mit Nr. 2 bezeichnete, in welchem diese eisenreichen Minerale stärker gebräunt erscheinen, und nur mehr die dickeren Augite im Innern einen grünen Kern behielten.

Was schliesslich die mit dem Szaboit identificirten Minerale des Aetna und Mont Dore anbelangt, so lässt sich natürlich über diese, ohne sie ge-

*) Tschermak, Min.-petr. Mitth. 3, 457. Diese Zeitschr. 7, 95. Bei diesen Hypersthenen, welche den Aranyer ähnlich zu sein scheinen, fand Herr Blaas die Pyramiden (212) und (234) als terminale Flächen; ihre Winkel weichen von den übrigen etwas ab, indem nach letzterem Autor 100 : 110 = 44° 21′, 100 : 212 = 48° 53′ beträgt.

**) Derselbe ist im unzersetzten Gestein auch unzersetzt und besitzt einen kleinen optischen Axenwinkel.

***) Herr Koch hat offenbar den Hämatit mit Magnetit verwechselt.

†) Ich ersuchte Herrn Loczka, diesen Trachyt auf den Phosphorgehalt zu prüfen, derselbe fand in demselben 0,51 % Phosphorsäure. Im Dünnschliffe dieses Trachytes zeigen sich übrigens auch ungegliederte, farblose, mikroskopische Stäbchen.

sehen zu haben, kein Urtheil fällen; künftige Untersuchungen werden festzustellen haben, ob dieselben derart sind, wie sich Herr Koch das Aranyer Mineral vorstellte, oder derart, wie es in Wirklichkeit ist.

Erklärung der Tafel IX.

Fig. 1. Hypersthenkrystall des Aranyer Berges, die Combination der Flächen *b*(010), *a*(100), *m* (110), *o*(112) und *i*(212) zeigend.

Fig. 2. Winkel der Kanten des brachydiagonalen Hauptschnittes.

Fig. 3. Mikroskopisches Bild eines bereits angegriffenen Krystalles bei durchfallendem Licht durch die *b*(010)-Fläche gesehen, die Lage der Spaltrisse und Streifungen illustrirend.

Fig. 4. Ein mit *a*(100) parallel geschliffenes, durch das Mikroskop betrachtetes Plättchen eines angegriffenen Krystalles, die Spaltrichtungen sowie die Lage der optischen Axen zeigend.

Fig. 5. Durch Koch gegebene Abbildung eines Krystalles auf *a* [unser *b*(010)] projicirt.

Fig. 7. Desgleichen, ebenfalls von Koch stammend, auf die Horizontale projicirt.

Die letztgenannten beiden Figuren dienen zur Erläuterung der durch diesen Autor mitgetheilten Kantenwinkel.

Fig. 6. Aus Koch's Abbandlung übernommene Figur, die zur Erläuterung seiner mikroskopischen Messungen dienen soll.

XIV. Vergleichend-morphologische Studien über die axiale Lagerung der Atome in Krystallen.

Von

A. Schrauf in Wien.

Nachdem Hiortdahl 1865 die Formähnlichkeit der homologen Substanzen erkannt*), nachdem bereits Groth 1870 den Begriff der Morphotropie entwickelt hat, ist eigentlich auf dem Gebiete der organischen Chemie die Frage nach der Ursache der Krystalldimensionen im Wesentlichen schon entschieden und zwar zu Gunsten der Annahme einer axialen Anordnung der Atome im Molekül. Ich selbst habe 1866**) — bevor noch die, ähnliche Ziele anstrebenden Arbeiten Dana's und Hinrichs' erschienen waren — den Beweis in Ziffern erbracht, dass es möglich ist, die Krystallform binärer unorganischer Körper voraus zu berechnen, wenn man eine axiale Anordnung der Atome annimmt. Die Wichtigkeit der schwebenden Frage nach den Beziehungen zwischen Zusammensetzung und Form macht es wohl erklärlich, dass ich seither auch die organischen Verbindungen in den Kreis meiner Studien einbezog, um meine ursprünglichen Ansichten zu prüfen. Wenn es mir nun gelungen ist, für meine Anschauungen neue Beweise zu finden, so verdanke ich diese Möglichkeit vor Allem dem reichhaltigen Materiale krystallographischer Bestimmungen, welches Arzruni, Bodewig, Bücking, Friedländer, Fock, Groth, Haushofer, Hiortdahl, Strüver, Topsoe u. a. aufgespeichert haben. Deren Resultate in Form der angegebenen Parameterverhältnisse habe ich zu den folgenden Studien dankbar benützt.

Dieses reichhaltige Beobachtungsmaterial gestattet, von verschiedenen Gesichtspunkten aus vergleichend-morphologische Untersuchungen zu be-

*) Hiortdahl, Jahrb. für prakt. Chem. **94**, 296.

) Schrauf, Physikalische Studien, Wien 1867 (seit Ende 1866 im Buchhandel) S. 244 — hieraus Pogg. Ann. 1867, **130, 433. — Dana, Sill. Amer. Journ. 1867, **44**. Hinrichs' Atomechanik. Jowa City, Juni 1867.

$C_8 H_8 N_2 O_3$ Nitroacetamid		1,0448	: 1 :	0,8889	a/b	1,044
$C_9 H_9 NO_3$ Acetylorthoamidobenzoesäure		0,9821	: 1 :	0,8979	b/a	1,018
$C_9 H_9 NO_3$ Hippursäure		0,8391	: 1 :	0,8616	c/a	1,027
$C_{10} H_{10} O_2$ Phenylbutyrolacton		½(1,2212)	: 1 :	⅓(1,26)	c/a	1,032
$C_{10} H_{10} O_3$ Methylorthooxyphenylacrylsäure	η?	⅔(1,0155)	: 1 :	1,222	a/b	1,015
$C_{14} H_{14} O_2 S_2$ Paratoluoldisulfoxyd	87° 2′	1,0294	: 1 :	0,4463	a/b	1,029
$C_{15} H_{15} O_3$ Pyroxanthin	87 56	2(1,3725)	: 1 :	1,413	c/a	1,030
$C_{21} H_{21} N_3$ Tribenzylamin	84 56	1,224	: 1 :	1,013	c/b	1,013
					Mittel	1,0198

Diese Liste dient zum Belege des Satzes: Krystalle, welche sich durch die Existenz zweier nahe gleich grosser (1,00 : 1,02) Parameter auszeichnen, enthalten auch die Atome ihrer constituirenden Elemente, *C*, *H*, in gleicher oder multipler Anzahl. Grosses Gewicht ist der Thatsache zuzuschreiben, dass dieser Rapport der Parameter hervortritt ganz unabhängig von der wahren chemischen Structur der Verbindung. Daher ist in erster Annäherung das Parametersystem eine summatorische Function der Atomanzahl. Dies beweist, nebst der früheren Tabelle 1, beispielsweise auch der specielle Vergleich der homöomorphen Substanzen.

$C_8 H_8 N_2 O_3$	Nitroacetanilid	1,0448 : 1 : 0,8889
$C_{14} H_{14} S_2 O_2$	Paratoluoldisulfoxyd	1,0294 : 1 : 0,8926.

Die »proportionale« Vermehrung der Atomanzahl zweier Elemente hat weit geringeren Einfluss auf die Krystallgestalt, als die Ersetzung eines Atoms durch das Atom eines anderen Grundstoffes. Hierfür spricht auch (§ 3) der Isogonismus der polymeren Körper. Dies beweisen auch ferner die nachfolgenden Substanzen. Sie sind der vorhergehenden Tabelle entnommen und besitzen von Glied zu Glied das Increment $C_2 H_2$.

$C_6 H_6 O_3$	Hydromuconsäureanhydrid		1,0285 : 1 : 0,9951
$C_8 H_8 O_3$	Anissäure	(η)	1,0331 : 1 : 1,0841
$C_{10} H_{10} O_3$	Methylorthooxyphenylacrylsäure	(η)	1,0155 : 1 : 1,122.

Hier zeigt sich nur eine circa 5 % betragende Veränderung des Parametersystems, welche das hinzutretende Molekül $C_2 H_2$ veranlasst hat*). Aber auch an einzelnen Verbindungen des Schema $C_n H_n$ . . ., welche morphologisch unähnlich den Substanzen der Tabelle I sind, lässt sich nachweisen: sowohl der minimale morphotropische Werth des Moleküls *CH*, als auch der Homöomorphismus solcher (im weitesten Sinne des Wortes) partiell-polymerer Körper.

*) Vergl. folgenden § 4.

$C_6H_6O_2$ Resorcin	$\frac{1}{2}$(1,0808) : 1 :	0,9105	
$C_7H_7NO_2$ Paranitrobenzol	1,0965 : 1 :	0,9107	
$C_8H_8O_3$ Mandelsäure	0,7673 : 1 :	0,8713	
$C_{10}H_{10}O_3$ Acetophenonacetin	$\frac{1}{2}$(0,7592) : 1 :	$\frac{1}{2}$(0,8402).	

Die vier Substanzen bilden eine zur Tabelle I parallele Reihe, sind zu den dort angeführten Körpern heteromorph und besitzen deshalb sicher eine andere atomistische Structur.

2) Die Aehnlichkeit zweier Parameter wird von der Natur auch angestrebt bei der Mehrzahl jener Substanzen, welche die Elemente *C*, *O* in gleicher Atomanzahl enthalten.

Tabelle II. $C_n \ldots O_n$.

$C_4H_{10}O_4$ Erythroglucin		0,5739 : 0,5739 :	1,0808	*a/a*	1,0000
$C_4H_6O_4$ Bernsteinsäure		0,5739 : 0,5984 :	1 .	*b/a*	1,0427
$C_6H_{14}O_6$ Mannit		0,5739 : 0,6082 :	1,2650	*b/a*	1,0598
$C_6H_{12}O_6$ Sorbin		0,5739 : 0,6023 :	$\frac{1}{2}$(1,1397)	*b/a*	1,0495
$C_6H_8O_6$ Glykuronsäure-anhydrid	88° 25′	0,5739 : $\frac{1}{2}$(0,9384) :	0,6049	*c/a*	1,0540
$C_6H_{10}O_6$ Dimethyltraubensäure	83 25	0,989 : 1 :	$\frac{1}{2}$(0,984)	*b/c*	1,0162
$C_4H_3N_3O_4$ Violursäure		0,8256 : 1 :	2(0,9745)	*b/c*	1,0261

Die Parameter der trimetrischen Körper dieser Gruppe wurden auf ein gemeinschaftliches Mass reducirt. Dadurch ist die Thatsache besser erkennbar, dass die morphotropische Wirkung des Hydrogeniums im Wesentlichen nur die dritte Coordinatenaxe beeinflusst. Die Coordinatenaxen *a*, *b* stehen sich im Werthe nahe und deren Grössenverhältniss ist ein möglichst constantes. Die Ursache hiervon kann in der gleichen Anzahl der Atome von *C* und *O* gesucht werden, welche, bei gleichgearteter Vertheilung der Atome im Raume, auch die morphologische Aehnlichkeit der Coordinatenaxen nach sich ziehen muss.

3) Einzelne Fälle aus der obigen Tabelle II erheischen genauere Berücksichtigung. Das erste und fünfte Glied dieser Reihe deuten nämlich das Gesetz an: »Bei Verbindungen des Typus $C_nH_mO_n$ fällt das morphotropisch wirkende Element ungleicher Atomanzahl auf die Axe der grösstmöglichen Symmetrie, d. i. die Hauptaxe des tetragonalen, die Orthoaxe des monoklinen Systems; die Elemente gleicher Atomanzahl gruppiren sich senkrecht zu dieser Axe.« — Beispiele hierfür liefern die folgenden Verbindungen (vergl. Tabelle II):

Erythroglucin	$C_4H_{10}O_4$	1		0,37
Dimethyltraubensäure	$C_6H_{10}O_6$	0,989	1	0,984
Sorbin	$C_6H_{12}O_6$	0.5739	0,6023	1,1397
Glykuronsäureanhydrid	$C_6H_8O_6$	0,5739	0,9304	0.6049

Man kann sich der nebenstehenden Schemata*) bedienen, um die statthabenden Verhältnisse übersichtlich darzustellen. Es ist jedoch nicht nothwendig, diese Atomanordnung als die einzig mögliche zu bezeichnen.

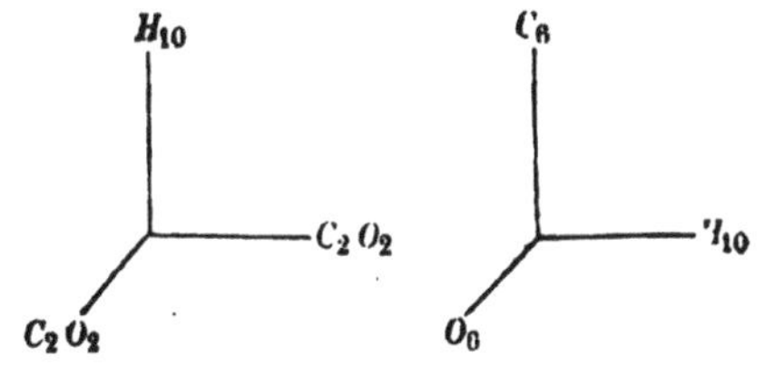

Als Corollar zu dieser Aenderung in der Anordnung der homöomorphen Axen ist die Thatsache zu erwähnen, dass einzelne Paare monokliner Substanzen eine gleiche räumliche Transposition der Coordinaten aufweisen. Diese erfolgt, wenn die »Anzahl« der Atome von C und H in diesen Verbindungen vertauscht ist; die Formel der ersten Verbindung $C_m H_n O$, die zweite $C_n H_m O$ lautet. Dies erkennt man, unbeschadet der morphotropischen Aenderung der dritten Coordinate, am Besten an dem Beispiele:

$C_6H_4O_2$ Chinon	$\eta = 79^0\ 1'$	1,0325 : 1	: 1,71
$C_4H_6O_2$ Crotonsäure	$= 79\ 12$	1,0251 : 1,6352 : 1	

Die Parameter der Crotonsäure sind dem von Knop angegebenen Axenverhältniss cba gleichwerthig, und aus demselben abgeleitet. Die Rechnungsoperationen $\frac{4}{4}(1,003)$, $\frac{4}{8}(1,600)$, $\frac{4}{8}(0,9785)$ führen zu den ursprünglichen Zahlen.

4) Als dritte Serie jener Beispiele, welche gewisse morphologisch-atomistische Gesetzmässigkeiten zeigen, können jene Verbindungen gewählt werden, die ein »constantes« Verhältniss der Atomanzahl von H und O besitzen. Auch hier zeigen sich die Analogien im Parameterverhältniss.

Tabelle III. $C_n H_{2m} O_3$

$C_4H_2O_3$ Maleinsäureanhydrid	0,4806 : 0,6408 : 1
$C_4H_4O_3$ Bernsteinsäureanhydrid	0,4617 : 0,5952 : 1
$C_5H_4O_3$ Itakonsäureanhydrid	0,4545 : 0,6168 : 1
[$C_5H_4O_4$ Aconsäure	0,4791 : 0,5804 : 1]
$C_8H_4O_3$ Phtalsäureanhydrid	0,4173 : 0,5519 : 1
$C_{21}H_{16}O_3$ Aurin	0,4719 : 0,5604 : 1
[$C_{20}H_{16}O_3$ Leucaurin $\eta = 89^0 10'$	0,5433 : 1 : 0,6105]

Diese Verbindungen gehorchen dem Gesetze der Morphotropie. Aber die Verdoppelung der Atomanzahl eines Grundstoffes beeinflusst in homologen Reihen nur sehr wenig die Isomorphie der einzelnen Glieder. Bodewig hat bereits**) Malein-, Bernstein-, Itakonsäure mit einander verglichen und deren Formähnlichkeit hervorgehoben. Er betonte die Analogie der

*) Dieses Schema soll repräsentiren einen Octanten des Raumes, nicht ein Tetraëder. Von tetraëdrisch angeordneten Massenpunkten spricht Wiener, Weltordnung 1863, S. 92.

**) Diese Zeitschr. 5, 573.

chemischen Structur*), während hier dieselben Objecte nur mit Rücksicht auf die Atomzahl neben einander gereiht wurden.

Die vorhergehenden Seiten führen schliesslich zu dem Resultate: 1) die axiometrische Wirkung der Atome von C, H, O ist nahezu gleich, 2) in den einfachen CHO-Verbindungen werden deshalb die genannten Elemente auch nahe gleiche Atomgrösse besitzen, 3) diese axiometrischen Atomgrössen abgeleitet aus den Parametern sind nur lineare Dimensionen, keine Steren, daher zu ihrer Bezeichnung bis auf Weiteres der von Hinrichs**) gebildete Name für lineares Atommass: Atometer, verwendet werden kann. 4) In Analogie mit dem Sterengesetze werden aber bei den aromatischen Verbindungen Ungleichwerthigkeiten dieser Atomgrössen (Atometer) eintreten.

II. »Die Symmetrie- und Parameterverhältnisse der complicirten Substitutions- und Additionsproducte machen die Annahme nothwendig, dass bei denselben nicht die einzelnen Atome der Elemente, sondern dass engegebundene Atomgruppen (Radicale . . .) sich, im Raume orientirt, aneinanderlagern und hierdurch die axiale Polarität der Verbindung hervorrufen.«

Beziehungen zwischen der Symmetrie der Krystallform und der Atomanzahl des negativen Elementes hat bereits Dana***) angegeben und durch zahlreiche Beispiele bewiesen. Er spricht sich dahin aus, dass die Existenz tetragonaler und hexagonaler Formen wohl durch die Zahl 4 oder 3 der Atome des negativen Elementes bedingt ist, dass jedoch diese Atomzahl auch Formen anderer Symmetrie hervorzurufen vermag. Den von Dana angeführten unorganischen Beispielen lässt sich jetzt noch eine Reihe organischer Verbindungen zuzählen, welche eine mit Atom- oder Molekülanzahl übereinstimmende Symmetrie besitzen. Es sind dies die hexagonalen Körper, in deren Formel die Zahl 3 dominirt:

---

*) Homologe, chemisch verwandte, Verbindungen von »niederem« Molekulargewicht sind meist vollkommen isomorph:

$C_2H_2O_4$ Oxalsäure 0,5981 : 0,5737 : $\frac{1}{2}$(0,9917)
$C_4H_6O_4$ Bernsteinsäure 0,5984 : 0,5737 : 1

während die Glieder mit »höherem« Molekulargewicht hierzu nur isogon sind.

$C_7H_{12}O_4$ Isopimelinsäure 0,5992 : 0,4971 : 1 triklin.

Gerade bezüglich der Formähnlichkeit der homologen Reihen bieten die Arbeiten Hiortdahl's (Journ. für prakt. Chem. 94 und diese Zeitschr. 6, 459) wichtige Bemerkungen. Hier glaube ich namentlich an die Bemerkung dieses Autors (l. c.) erinnern zu sollen: dass die morphotropische Kraft der eintretenden Methylgruppe nicht überall gleich ist, dass daher homologe Reihen theils Isomorphie, theils Morphotropie erkennen lassen.

**) Hinrichs, Atomechanik, 1867. Jowa City, S. 4, vocabulaire. Atometer, Atobar.

***) Dana, Sill. Am. Journ. 1867, 44. Journ. für prakt. Chem. 1868, 108, 389.

CHJ_3 Jodoform
$3C_7H_7N$ Tritoluylenamin
$C_6H_6O_2$ Hydrochinon
$\left.\begin{matrix}C_6H_4\\C_6H_4\end{matrix}\right> CHOH$ Fluorenalkohol
$C_6HBr_5O_2$ Pentabromresorcin
$C_{21}H_{22}N_2O_2HJ_3$ $\infty P = 120^0$ Strychnintrijodid
$\left<\begin{matrix}C_6H_5CO_2\\C_6H_4CH_3\end{matrix}\right.$ Tolylphenylketon.

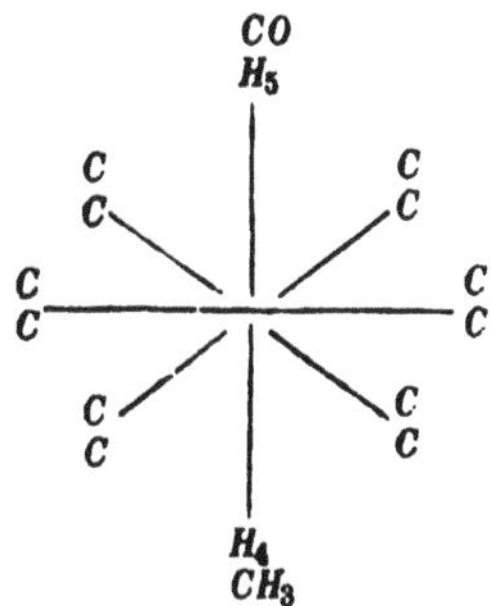

Letztgenannte Verbindung besteht aus zwei verschiedenen Atomgruppen und krystallisirt hemimorph. Eine schematische Verknüpfung der beiden Thatsachen lässt sich dadurch gewinnen, dass man für die beiden constituirenden Atomgruppen entgegengesetzte Lagerung annimmt. Nebenstehendes Schema mag diese mögliche Anordnung versinnlichen*). Am Mineral Turmalin ist der Hemimorphismus ebenfalls erklärbar durch eine antithetische Lagerung der trivalenten Elemente Bo_2 und Al_4, welche (ohne Rücksicht auf die übrigen Elemente) man längst der Hauptaxe gelagert annehmen kann. Diese Anzahl der Atome würde erklärlich machen, warum am antilogen Pole die zweimal steileren Flächen gegenüber der Entwicklung des analogen Poles dominiren.

Bo_2
Al_2
Al_2

Fluorenalkohol und Tolylphenylketon lassen erkennen, dass ganze Atomgruppen sich symmetrisch im Raume lagern können. Sie bilden gleichsam die Brücke, welche die einfachen Substitutionskörper verbindet mit den Additions- und Hydrationsproducten. Während bei ersteren**) die räumliche Orientirung der Atome im Molekül von Einfluss auf die axiale Symmetrie des Krystalls ist, sprechen hingegen die echten Molekularverbindungen für die Differenzirung des Partikels durch die Lage der Moleküle. Am Deutlichsten ist diese Thatsache an Substanzen zu erkennen, die im

---

*) Ich benutze zur Demonstration dieser Verhältnisse in meinen Vorlesungen seit vielen Jahren einfache Axenkreuze aus starken Messingstäben; auf letztere können verschiedenfarbige Kugeln behufs Versinnlichung der Stellung der Atome aufgesteckt werden.

**) Die wichtigsten und auffallendsten Ausnahmen von dem Gesetze, dass die Symmetrie der Zahl der Atome in der Symmetrie der Form sich wiederspiegelt, sind die folgenden mono- und asymmetrischen Verbindungen:

$C_{14}H_{14}$ Benzyl	$C_6H_{12}O_3$ Diäthoxalsäure
$C_4H_4O_4$ Maleinsäure	$C_4H_2N_2O_4$ Alloxan
$C_8H_8O_3$ Vanillin	
$C_{10}H_{10}O_2 + 2$ aq Terpin	$2(C_{10}H_{10}O_6) + 2$ aq Hemipinsäure.

pyramidalen Systeme krystallisiren. Die passendsten Beispiele, nach dem Typus $\begin{matrix} KaCl \\ KaCl \end{matrix} > PtCl_2$, sind die folgenden Molekularverbindungen:

$$\begin{matrix} C_2H_4O_2 \\ C_2H_4O_2 \end{matrix} > S \quad \text{Thiodiglycolamid}$$

$$\begin{matrix} C_2Cl_5 \\ C_2Cl_5 \end{matrix} > O \quad \text{Perchloräther}$$

$$\begin{matrix} C_2H_5 \\ C_2H_5 \end{matrix} > C_8H_2O_2 \quad \text{Diäthylphtalylketon}$$

$$\begin{matrix} C_2H_3O_2 \\ C_2H_3O_2 \end{matrix} > C_{20}H_{12}O_4 \quad \text{Diacetylphenolphtalein}$$

$$\begin{matrix} C_{24}H_{40}O_5 \\ C_{24}H_{40}O_5 \end{matrix} > (H_2O)_5 \quad \text{Cholalsäure.}$$

In diesen Fällen*) wird man annehmen müssen, dass sich die zwei gleichen Moleküle parallel den Nebenaxen, das dritte Molekül hingegen parallel der Hauptaxe lagert. Dieses Schema in seiner Anwendung auf Cholalsäure führt nun auf morphologischem Gebiete ebenfalls zur Unterscheidung von Krystall- und Constitutionswasser. Für letzteres d. i. für H verlangen die Thatsachen eine intramolekulare Lagerung des Atoms; während hingegen das Krystallwasser sich als Additionsmolekül erst in den Bau des Körpermoleküls oder Partikels einordnen wird.

Den Additionskörpern, welche sich durch Besonderheiten in der Zahl der verbundenen Moleküle auszeichnen, sind auch die von Topsoë untersuchten Tri- oder Tetra-Aethyl . . Methyl . . ammoniumquecksilberchloride zuzuzählen. Diese krystallisiren, wenn $5HgCl_2$ vorhanden sind, hexagonal, während hingegen die analogen Diäthylverbindungen monosymmetrisch ausgebildet sind. Im ersteren Falle haben diese fünf Moleküle Quecksilberchlorid Additionswirkungen hervorgebracht, die sich theils in der Symmetrie des Körpers, theils in der Gleichwerthigkeit der Parameter aussprechen. Ausreichend zur Erklärung ist die Annahme einer räumlich symmetrischen Orientirung der Moleküle $HgCl_2$ rings um das Kernmolekül des Radicals R. Das nebenan stehende Schema versinnlicht diese Hypothese mit Rücksicht auf Triäthylammoniumquecksilberchlorid:

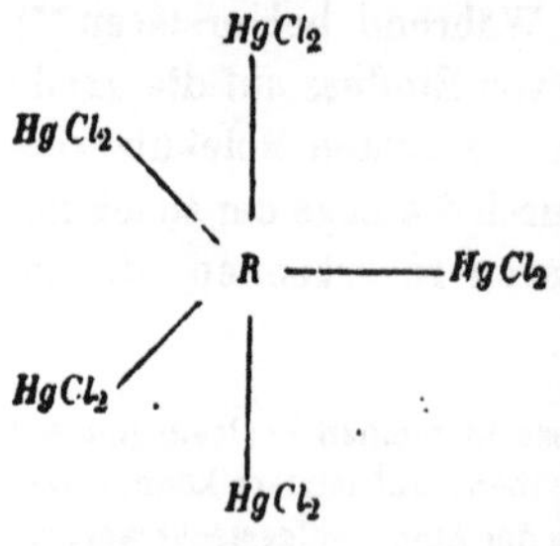

$$R + (HgCl_2)_5 = N \begin{cases} H \\ (C_2H_5)_3 \end{cases} Cl + 5HgCl_2 \qquad 1 : 1 : 1 : 1{,}017.$$

Diese Thatsachen lassen erkennen, dass die Symmetrie des Krystall-

*) Bemerkt muss werden, dass organische Metallsalze nicht diesen Symmetriegesetzen folgen. Ein Beispiel ist $CdC_3H_2O_4 + 4\,aq$ (Malons. Cd.), welches nicht tetragonal, sondern monosymmetrisch krystallisirt.

baues theils durch die intramolekulare, axiale Lagerung der Atome, theils durch die Orientirung der Partialmoleküle im Körpermolekül oder im Partikel*) bedingt ist.

III. Polymere Verbindungen sind homöomorph. Sind nicht alle, sondern nur einige Grundstoffe in multipler Anzahl — partielle Polymerie — vorhanden, so ist Isogonismus einiger Zonen, neben der morphotropischen Wirkung des wechselnden Grundstoffes nachweisbar.

Die wichtigsten Beispiele hierfür sind:

Verbindung	Winkel	a	b	c
⁄Cantharidin $C_{10}H_{12}O_4$		0,5388	: 1	: $\frac{1}{3}$(1,3414)
⁄Xanthoxylin $C_{20}H_{24}O_8$	97° 36′	0,6102	: 1	: 1,3307
⁄Cumarin $C_9H_6O_2$		0,7106	: 1,9316	: 2
⁄Chrysen $C_{18}H_{12}$		0,727	: 1,81	: 1
⁄Maleinsäureanhydrid $C_4H_2O_3$		0,4806	: 0,6408	: 1
⁄Phtalsäureanhydrid $C_8H_4O_3$		0,4806	: 0,6389	: 1,1514
⁄Methylaldehyd C_2H_4O		1	: 1	: $\frac{1}{3}$(0,8283)
⁄Hexerinsäure $C_6H_{12}O_4$		$\frac{1}{3}$(0,9984)	: 1	: 0,9573
⁄Jodsuccinimid $C_4H_4NO_2J$		1	: 1	: 0,8733
⁄Dinitroparaxylol $C_8H_8(NO_2)_2$	72°	0,9848	: 1	: 0,1572
⁄Benzoylsuperoxyd $C_7H_5O_4$		0,8417	: 4(0,335)	: 0,883
⁄Benzoësäureanhydrid $C_{14}H_{10}O_3$		0,877	: 3(0,333)	: 0,883

Diese genannten Verbindungen besitzen paarweise ähnliche Parameterverhältnisse, doch sind letztere immer um geringe Bruchtheile verschieden, auch wechselt gelegentlich das Krystallsystem. Man kann weder die absolute Identität der Coordinaten annehmen, noch die Hypothese zur Erklärung benützen, dass Multipla »physikalisch-gleicher« Moleküle sich im »identen« Raumgitter zum Partikel vereinigt hätten.

Die Ursache des Isogonismus muss die relativ gleiche Anzahl gleichwerthiger Grundstoffe sein. Letztere liefern, wegen der Aehnlichkeit der Atometer, physikalische Moleküle nahe gleicher Polarität; diese gleichwerthigen Moleküle können bei ihrer Vereinigung zu Partikeln identen Gesetzen der Anordnung folgen.

Schon Satz I hat erwiesen, dass die Atometer C, H, O nur wenig differente Zahlen sein müssen. Ein Wechsel in der »intramolekularen« Stellung einzelner dieser Atome kann daher keinen beträchtlichen Einfluss auf das Molekül und Parametersystem hervorrufen. Die statthabende Aenderung würde commensurabel sein den oben signalisirten Differenzen der Coordinatenaxen. Der Isogonismus der Polymeren bedingt daher nicht die

*) Das theoretisch kleinste sichtbare Krystalltheilchen, entstanden durch Vereinigung einer Summe von chemischen Molekülen, nenne ich seit 1870 Partikel. Auch Mallard definirt in theilweise ähnlichem Sinne den Ausdruck Partikel. Phen. anom. 1877, S. 108.

absolut gleiche Stellung aller Atome, sondern nur der Mehrzahl derselben und einen symmetrischen Austausch einzelner derselben, welche nahe gleiches Atometer besitzen.

Als wichtigste Folgerung ergiebt sich der Satz: Die »absolute« Anzahl der Atome eines »chemischen« Moleküls hat für sich allein keinen entscheidenden Einfluss auf die Parameter, welche bei Polymeren fast unabhängig von der chemischen Beschaffenheit Isogonismus zeigen. Dieser Satz ergänzt die Resultate von I, welcher der »relativen« Anzahl der Atome gewidmet war.

IV. »Die Annahme einer axial orientirten Lage der Atome gestattet die Ableitung der Krystallform von verwandten C, H, O-Verbindungen aus den für ein Glied derselben geltenden volumetrischen Werthen (Atometer) der physikalischen Atome von C, H, O. Diese Atomgrössen werden dem Charakter der allomeren Stoffe entsprechend für chemisch differente Serien ungleich sein können. Bei einzelnen Verbindungen verhalten sich die axiometrischen Werthe von C, O, H wie $100 : 101 : 102$; bei Serien anderer Art sind die Werthe der Grundstoffe hingegen gleich und die Coordinatenaxen direct proportional der Anzahl der Atome.«

Die nachfolgenden Zeilen enthalten eine partielle Lösung der Frage nach der Ursache der Krystalldimensionen, welche Lösung auf den möglichst einfachsten Prämissen basirt ist.

α. Einzelne Verbindungen besitzen je zwei Parameterwerthe, welche der Atomzahl zweier im Körper vorhandenen Grundstoffe genau proportional sind.

Beispiele hierfür sind:

$C_{15}H_{20}O_4$ Metasantonsäure . . .	0,7673	:	1	:	0,9606	
	$= 2(0,3836)$	:		:	$\frac{1}{2}(1,9212)$	
	1	:		:	5,008	
	O_4				H_{20}	
$C_8H_4O_3$ Phtalsäureanhydrid . . .	0,4806	:	1	:	0,6389	
	$= 3(0,1602)$	:		:	$4(0,1597)$	
	O_3				H_4	
$C_{21}H_{22}O_7$ Columbin	0,515	:	1	:	0,343	$[= \frac{1}{3}(1,029)]$
	$= \frac{1}{2}(1,03)$	:		:	0,343	
	3				1	
	C_{21}				O_7.	

In diesen Beispielen sind je zwei Parameter bis zu den Einheiten der dritten Decimalstelle genau gleich dem Verhältnisse, in dem die Zahlen der Atome zweier Grundstoffe stehen. Die Auswerthung des dritten Parameters bedarf noch weiterer Aufklärungen. Nimmt man vorläufig auf letzteren keine Rücksicht, so ist der Schluss gestattet: die axiometrische Einwirkung von C, H, O ist in obigen Fällen eine gleiche.

β. Einzelne Verbindungen, und zwar chemisch verwandte, lassen erkennen, dass die Werthe der drei Parameter von der Anzahl und Grösse (Atometer) der in denselben enthalten Grundstoffatomen abhängig ist. In diesen Fällen sind die Atomgrössen von C, H, O, berechenbar und von einander um 1% verschieden. Das wichtigste Beispiel dieser Art ist Santonin, dessen Parametersystem durch die Messungen von Des Cloizeaux, Lang, Zepharovich vollkommen genau ermittelt ist und daher keine nachträgliche wichtige Systemänderung befürchten lässt.

$$\text{Santonin } C_{15}H_{18}O_3 \quad a:b:c = 0{,}6152 : 1 : 0{,}40403$$
$$0{,}4040 = 4[\ 3 \times 0{,}03366] \sim [O_3]$$
$$0{,}6152 = \ [18 \times 0{,}03410] \sim [H_{18}]$$
$$1 \quad = 2[15 \times 0{,}03333] \sim [C_{15}]$$

und hiernach erfüllt das intramolekulare Schema den Zweck, die räumliche Anordnung der Atome im Molekül zu versinnlichen. Es bestätigt sich auch hier das früher § 1 erkannte Gesetz, dass die axiometrische Wirkung der Atome C, H, O nahe gleich ist. Ein Satz, dessen Analogon in den Arbeiten von Schröder sowohl über Steren, als Refractionsäquivalente sich vorfindet, und zu dem auch ich bei Erörterung der Function ZG (Zahl und Grösse der Atome) seinerzeit*) gekommen war.

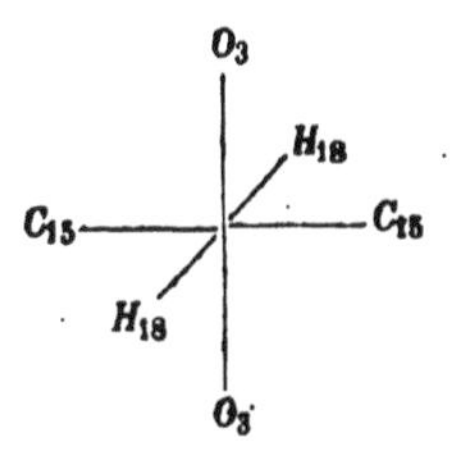

Aus dem obigen Beispiele folgt das Verhältniss der Atometer von

$$C_m : O_n : H_p = 3333 : 3366 : 3410.$$

Dies entspricht thatsächlichen Bedingungen der Form, denn wir finden dieselben Zahlen wiederkehren bei verwandten Verbindungen, z. B.:

$C_{20}H_{30}O_2$ Copaivaharz	0,9936 :	1 :	½(1,02)
	= 3333 :	3355 :	3421
	C_{20}	O_2	H_{30}
$C_6H_6O_3$ Hydromukonsäureanhydrid**)	1,0285 :	1 :	0,9951
	= 342 :	333 :	331
	H_2	O_1	C_2

*) Autor, physikalische Studien, 1867, S. 242. Physik. Min. 1868, 2, 165.

**) Aus dem Parametersystem der Hydromukonsäure lässt sich auch jenes der Anissäure (in der Form, wie in § 1 angegeben) voraus berechnen. Die Annahme, dass das hinzutretende Increment C_2H_2 an das in der dritten Coordinate lagernde C-Atom sich anfügt, genügt. Der axiometrische Werth von C_2H_2 beträgt 2[0,0333] + 2[0,0085] = 0,0836. Der Werth der dritten Coordinate ist daher 0,9951 + 0,0836 = 1,0787. Die Beobachtung ergab 1,0841.

$C_{15}H_{20}O_4$ Santonsäure . . . . 0,4596 : 1 : 0,303
$= \frac{1}{2}(0,9192)$: : $\frac{1}{3}(909)$
$=$ 3404 : $[C_{15}]$: 3366
H_{20} O_4

$C_{15}H_{20}O_4$ Parasantonsäure . . . . 0,4273 : 1 : 0,4353
$=$ 0,3366 : $[C_{15}]$: 0,3429
O_4 : : H_{20}

$C_8H_8O_3$ Anissäure . . . . 1,5497 : 1 : $[0,3615; \eta = 81^0 34']$
$=$ 1,5497 : $\frac{3}{2}$ 1,50 :
$=$ 3443 : 3333
H C

$C_7H_5O_4$ Benzoylsuperoxyd § 3. $b = 4(0,335) \sim O_4$
$C_{14}H_{10}O_3$ Benzoesäureanhydrid § 3. $b = 3(0,333) \sim O_3$.

Zur Vorausberechnung der Krystallform verwandter Gebilde müssten daher die oben angegebenen Atometer von C, H, O genügen. Die Parameter sind jedoch nur relative, nicht absolute Grössen, die Wahl der Grundpyramide willkürlich, daher können diese Atomzahlen nur ganz allgemein als Multipla der wahren Werthe bezeichnet werden. Auch ist noch fernerhin dem Aufbau der Partikeln aus einer Summe gleichgearteter und gleichmässig übereinander geschichteter Moleküle Rechnung zu tragen. Mit Zuhülfenahme des Gesetzes der Valenzen kann daher gesetzt werden:

$$C_m = 0,03333 \quad \text{oder} \quad C_1 = 0,03333$$
$$O_n = 0,03366 \quad \text{oder} \quad O_2 = 2(0,01683)$$
$$H_p = 0,03410 \quad \text{oder} \quad H_4 = 4(0,00852).$$

Mit diesem Werthe von H gelingt es auch, einen Körper, der sich von Santonin durch »morphotropische« Differenzen unterscheidet, vollständig genau vorauszuberechnen.

Es ist dies

Hydrosantonid. $C_{15}H_{20}O_3$ 0,8408 : 1 : 0,6114. Strüver.

Rechnung:		Beobachtung:
a : $[O_3] + H_2$	$= [0,4040] + 0,0170 = 0,4210$	$2 \times 0,4204$
b $[C_{15}]$	$= [1]$	1
c $[H_{18}]$	$= [0,6152]$	0,6114

Die in eckige Klammern gesetzten Werthe sind dieselben Zahlen, welche Santonin besitzt. Die Differenzirung des Axenverhältnisses erfolgt nur durch das hinzutretende Doppelatom H_2 und zwar nach dem Schema. Die Uebereinstimmung der gerechneten und beobachteten Axenverhältnisse und ebenso der Winkel ist eine vollkommene:

H_2 O_3 — C_{15} — H_{18}

(100)(210) = 22° 48′ beob. 22° 50′ ber. $\Delta = 2'$
(001)(011) = 31 26½ - 31 36 - $\Delta = 9\frac{1}{2}$

Nicht alle Substanzen lassen in gleich leichter und übersichtlicher Weise eine Erklärung ihres atomistischen Baues zu. Es genügt jedoch sowohl für die Theorie, als auch für die Zwecke des vorliegenden Aufsatzes, an einigen Beispielen nachgewiesen zu haben, dass die Lösung der Frage nach den Ursachen der Krystallgestalten wohl schwierig, aber nicht unmöglich ist.

Da die Atometer von *C*, *H*, *O* in den Gruppen *α*. und *β*. nicht gleiches Verhältniss haben, so wird es nöthig sein, auch auf dem Gebiete der Morphologie diesen Unterschied der Atomwerthe zu betonen, und hierfür das Wort Allomerie zu gebrauchen.

Vorläufig muss es noch weiterer Aufklärung überlassen bleiben, anzugeben, wie in jedem einzelnen Falle die Atomgruppirung vor sich gegangen ist. Ob die Anordnung nur eine axiale, ob sich Atome auch in die Ebenen der Zwischenaxen lagern; in welcher Weise der Uebergang einer mehr symmetrischen Orientirung zu mono- oder asymmetrischer Lage sich vollzieht und wodurch er hervorgerufen wird, alles dies erheischt neue Bearbeitung des Beobachtungsmaterials. So lange aber die Beantwortung der Frage nach dem Causalnexus zwischen Form und chemischem Inhalt sich nur auf die Erörterung von Symmetrieverhältnissen beschränkt, so lange wird auch keine Entscheidung zwischen Raumgittertheorie und der Lehre von der axialen Anordnung der Atome möglich sein. Wenn Sohnke am Schlusse seiner Lehre der Krystallstructur in die Worte ausbricht: »Es muss die Abhängigkeit der Krystallstructur von der Beschaffenheit der Molekeln ermittelt werden«, so wäre es sehr zu wünschen, dass auch die Anhänger der Raumgittertheorie an die Erklärung der beobachteten Zahlenwerthe herantreten, sich beispielweise an der Lösung der Frage betheiligen, warum nicht alle krystallisirten Elemente die Parameter = 1 : 1 : 2 : 3 : 4 : 5 : besitzen? Für die Theorie der intermolekularen Orientirung der Atome hat Groth, sowie der Autor bereits die Lösungsversuche auf beobachtete Zahlen basirt. Beide Lehrmeinungen werden aber neben einander bestehen und sich gegenseitig ergänzen können. Nur wird die Raumgittertheorie in der von Sohnke begründeten Art nicht mehr mit gleichwerthigen Massenpunkten, sondern mit axial differenzirten Molekülen zu rechnen haben. Ihr fällt als eigenstes Arbeitsfeld die Lösung der Frage nach der Flächenentwicklung, Krystallhabitus, Cohäsionsminimis u. s. w. zu; während die Hypothese der intramolekularen Orientirung der Elemente zur Erkennung der Beziehungen zwischen Form und chemischem Inhalt beiträgt. Für diesen Ausspruch liefern die vorhergehenden Seiten den Beweis.

Wien, 31. März 1884.

XV. Ueber Herderit von Stoneham, Maine.

Von

Edw. S. Dana in New Haven *).

(Mit 4 Holzschnitten.)

Im Januar dieses Jahres gab Herr W. E. Hidden im Amer. Journ. of Science **27**, 73 die erste Notiz und ebenda S. 135—138 (Febr. 1884) gemeinsam mit Herrn J. B. Mackintosh eine ausführlichere Mittheilung über ein im Staate Maine aufgefundenes Mineral, welcher wir das Folgende entnehmen.

An demselben Vorkommen bei Stoneham in Oxford County, Maine, von welchem kürzlich durch Herrn G. J. Kunz (diese Zeitschr. **9**, 86) Topas u. a. beschrieben wurde, fanden sich im vergangenen Jahre Krystalle von Topas-ähnlichem Ansehen, welche durch Herrn Perry in die Hände des Herrn Hidden gelangten. Dieselben waren in kleinen Büscheln oder vereinzelt auf Quarzkrystalle auf- oder theilweise in letztere eingewachsen, einzeln auch auf Muscovit; als Begleiter erschien ausserdem noch oft Albit. Ihre mittlere Grösse betrug circa 3 mm, während einzelne bis 2 cm lang und dick waren. Das Mineral erschien nie derb, sondern nur in wohlausgebildeten, flächenreichen und glänzenden, wenn auch nicht sehr genau messbaren Krystallen. Einige Messungen erwiesen das rhombische System und eine nahe Uebereinstimmung mit dem Herderit, wofür auch folgende Eigenschaften sprachen: durchsichtig, farblos oder schwach gelblich, spröde; Bruch kleinmuschelig; Härte 5; spec. Gewicht 3.

Die Analyse des Minerals ergab:

	Gefunden:	Berechnet:
CaO	33,21	34,33
BeO	15,76	15,39
P_2O_5	44,31	43,53
F	11,32	11,64
	104,60	104,89
O (äquiv. F) ab:	4,76	4.89
	99,84	100,00

*) Aus dem 27. Bande des Amer. Journ. of Sc. 1884 vom Verf. mitgetheilt.

Die berechneten Zahlen entsprechen der Formel

$$Ca_3 P_2 O_8 + Be_3 P_2 O_8 + Ca F_2 + Be F_2.$$

Die gefundenen Differenzen erklären sich aus der geringen zur Verfügung stehenden Substanzmenge und aus der Methode der Analyse.

Vor dem Löthrohr phosphorescirt das Mineral und wird weiss und opak; mit Kobaltsolution geglüht wird es äusserlich schwarz, zeigt aber im Bruch stellenweise Amethystfarbe.

Der Herderit von Ehrenfriedersdorf ist bekanntlich nach der qualitativen Prüfung von Turner und Plattner ein Aluminiumfluophospat; wenn diese Bestimmung richtig ist, so wäre das Mineral von Maine ein neues (das erste bekannte Phosphat des Berylliums), und wird für diesen Fall der Name »Glucinit« vorgeschlagen. Bei der Unvollständigkeit der früheren Untersuchung des Herderit ist es jedoch wahrscheinlicher, dass das amerikanische Mineral mit demselben identisch ist.

Der Verfasser erhielt von Herrn Hidden das beste Diesem gehörige Exemplar und von Herrn Kunz einiges weitere Material zur näheren krystallographischen Untersuchung.

Diese bestätigte die nahe Uebereinstimmung mit dem sächsischen Herderit, daher den Krystallen die von Brooke und Miller (Min. 490) und in Dana's Min. 546 für Herderit adoptirte Stellung*) gegeben wurde. Die Messungen ebenso wie das optische Verhalten zeigten, dass das Mineral dem rhombischen System angehört.

Die Krystalle sind prismatisch entwickelt in der Richtung der Brachydiagonale (s. Fig. 1, 2, 3) und sind gewöhnlich an beiden Enden ausgebildet. Fig. 1 und 2 stellen die gewöhnlichere Form dar, deren Habitus mit

Fig. 1.

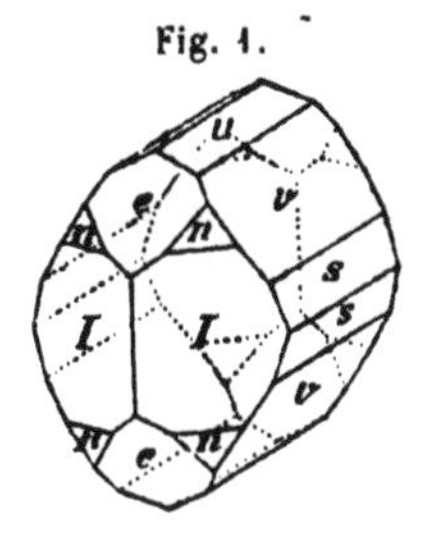

Fig. 2.

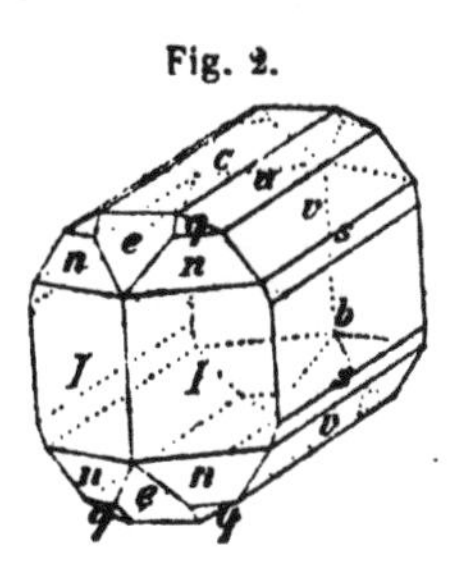

Fig. 3.

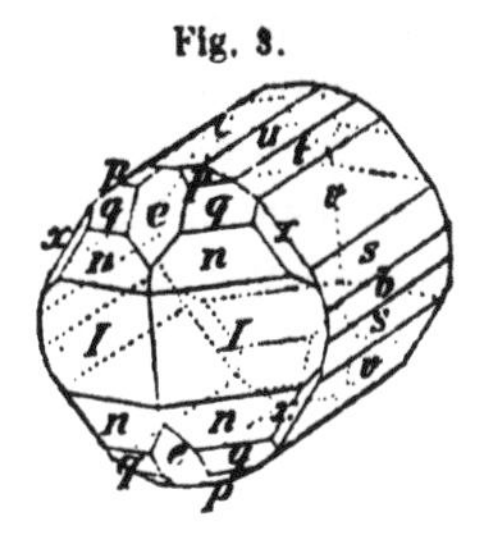

der Entwicklung der Pinakoide b und c etwas wechselt; einzelne Krystalle waren so flächenreich, wie es Fig. 3 zeigt, und ein oder zwei liessen sogar

*) Haidinger und nach ihm Naumann nehmen t als $(230)\infty \breve{P} \frac{3}{2}$ und J als $(032) \frac{3}{2} \breve{P} \infty$.

noch weitere Flächen, nämlich *l*, *m*, *y* (s. unten) und einige andere nicht sicher bestimmbare, wenn auch nur untergeordnet, erkennen.

Die beobachteten Flächen waren folgende 15:

$c = (001)\ 0P$	$v = (031)\ 3\breve{P}\infty$
$b = (010)\ \infty\breve{P}\infty$	$s = (061)\ 6\breve{P}\infty$
$J = (110)\ \infty P$	$p = (111)\ P$
$l = (120)\ \infty\breve{P}2$	$q = (332)\ \frac{3}{2}P$
$m = (130)\ \infty\breve{P}3$	$n = (331)\ 3P$
$e = (302)\ \frac{3}{2}\bar{P}\infty$	$x = (362)\ 3\breve{P}2$
$u = (011)\ \breve{P}\infty$	$y = (131)\ 3\breve{P}3$
$t = (032)\ \frac{3}{2}\breve{P}\infty$	

Um gute Fundamentalwerthe der Winkel zu erhalten, mussten zahlreiche Messungen ausgeführt werden, weil die Flächen, obgleich meistens glänzend, doch selten scharf begrenzte Reflexe gaben. Es rührt dies her in einigen Fällen von einer unregelmässigen Streifung, in anderen von einer Knickung der Flächen, noch häufiger aber daher, dass die letzteren mit kleinen pyramidalen Erhöhungen bedeckt sind. Im letzteren Falle resultirten gewöhnlich zwei oder mehr gleich helle Reflexe. Aehnliche Erhöhungen auf den Flächen, welche offenbar die Neigung zur Ausbildung »vicinaler« Flächen darthun, treten nach den Beobachtungen von Scharff, Sadebeck u. a. an verschiedenen Mineralien auf und wurden neuerdings an den Krystallen des Danburit vom Scopi durch Schuster eingehend beschrieben und einer Discussion ihrer Bedeutung in der Entwicklung des Krystalls unterzogen. Ohne auf diesen Gegenstand hier näher einzugehen, mag nur bemerkt werden, dass in solchen Fällen keiner der mehrfachen Reflexe der wirklichen Lage der fraglichen Fläche entspricht, dass aber im Allgemeinen dieselbe nahezu, wie die Erfahrung lehrte, durch das Mittel der verschiedenen Einstellungen gegeben ist.

Die schliesslich als Ausgangspunkt der Berechnung gewählten Winkel, gewonnen an Flächen, welche, von den erwähnten Unregelmässigkeiten ziemlich frei, helle und leidlich scharfe Reflexe gaben, waren die folgenden:

$$u : u = 011 : 0\bar{1}1 = 45^\circ\ 54'$$
$$u : n = 011 : 331 \quad 57\ \ 7$$

Aus diesen folgt das Axenverhältniss:

$$a : b : c = 0.6206 : 1 : 0,4234$$
$$= 1 : 1.6114 : 0.6823.$$

Die wichtigsten berechneten Winkel sind in der folgenden Tabelle zusammengestellt:

$c : u$	$= 001 : 011$	$= 22°57'$	$J : J$	$= 110 : 1\bar{1}0$	$= 63°39'$
$c : t$	$= 001 : 032$	32 25	$l : l$	$= 120 : \bar{1}20$	77 43
$c : v$	$= 001 : 031$	54 47	$n : n$	$= 130 : \bar{1}30$	56 29
$c : s$	$= 001 : 061$	68 31	$e : e$	$= 302 : \bar{3}02$	91 20
$c : e$	$= 001 : 302$	45 40	$u : u$	$= 011 : 0\bar{1}1$	45 54*
$c : p$	$= 001 : 111$	38 46	$t : t$	$= 032 : 0\bar{3}2$	64 51
$c : q$	$= 001 : 332$	50 18	$v : v$	$= 031 : 0\bar{3}1$	103 35
$c : n$	$= 001 : 331$	67 27	$s : s$	$= 061 : 0\bar{6}1$	137 2
$c : x$	$= 001 : 362$	58 30	$p : p$	$= 111 : 1\bar{1}1$	38 33
$c : y$	$= 001 : 131$	55 16	$p : p'$	$= 111 : \bar{1}11$	64 18
$b : J$	$= 010 : 110$	58 11	$p : 'p$	$= 111 : \bar{1}\bar{1}1$	77 32
$b : l$	$= 010 : 120$	38 51	$n : n$	$= 331 : 3\bar{3}1$	58 17
$b : m$	$= 010 : 130$	28 14	$n : n'$	$= 331 : \bar{3}31$	103 24
$b : p$	$= 010 : 111$	70 43	$e : u$	$= 302 : 011$	49 57
$b : q$	$= 010 : 332$	66 4	$e : n$	$= 302 : 331$	33 47
$b : n$	$= 010 : 331$	60 51	$e : n'$	$= 302 : 33\bar{1}$	72 56
$b : x$	$= 010 : 362$	48 24	$u : n$	$= 011 : 331$	57 7*
$b : y$	$= 010 : 131$	43 37			

Von den gemessenen Winkeln seien im Folgenden nur die zuverlässigsten gegeben und mit den berechneten Werthen verglichen:

			Beobachtet:			Berechnet:
$J : J$	$= 110 : 1\bar{1}0$	$= 63°38'$	63°37'	63°40'		63°39'
$e : e$	$= 302 : 30\bar{2}$	88 45	88 38	88 23	88°27'	88 40
$u : u$	$= 011 : 0\bar{1}1$	45 54*			45 50	45 54
$v : v$	$= 031 : 0\bar{3}1$	103 39				103 35
$s : s$	$= 061 : 0\bar{6}1$	137 $1\frac{1}{2}$				137 2
$n : n$	$= 331 : 3\bar{3}1$	58 13			58 12	58 17
$n : n'$	$= 331 : 33\bar{1}$	44 52			44 42	45 5
$e : u$	$= 302 : 011$	49 39			49 37	49 57
$e : n$	$= 302 : 331$				33 53	33 47
$e : n'$	$= 302 : 33\bar{1}$	73 7				72 56

Vergleichung mit dem Herderit. Die einzige genaue Beschreibung des ursprünglichen Herderit stammt von Haidinger. Fig. 4 giebt die von ihm beobachtete Combination, aber in der im Vorhergehenden adoptirten Stellung (s. Fig. 454 in Dana's Min.). Wie man sieht, stimmt der Habitus nicht vollkommen mit dem des amerikanischen Minerals überein. Die am Herderit beobachteten Flächen sind: $c = (001)0P$, $a = (100)\infty\bar{P}\infty$, $b = (010)\infty\breve{P}\infty$, $J = (110)\infty P$, $t = (032)\frac{3}{2}\breve{P}\infty$, $s = (061)6\breve{P}\infty$, $p = (111)P$, $n = (331)3P$, $o = (441)4P$. Aus der Vergleichung

Fig. 4.

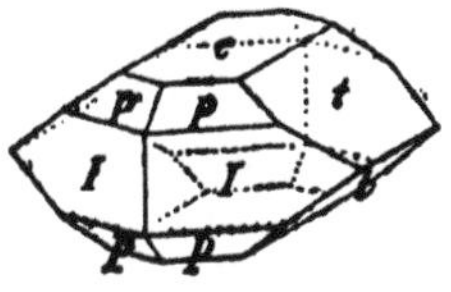

dieser Liste mit der S. 280 gegebenen geht hervor, dass alle diese Flächen, ausgenommen $a(100)$ und $o(441)$, auch am Mineral von Maine vorkommen, während sich an letzterem acht nicht am Herderit beobachtete Flächen finden. Für den letzteren gilt das Axenverhältniss:

$$a : b : c = 0,6261 : 1 : 0,4247$$
$$= 1 : 1,5971 : 0,6783.$$

Die Uebereinstimmung der Winkel ersieht man aus der folgenden Tabelle:

		Mineral von Maine:	Herderit:
$J : J$	$= 110 : 1\bar{1}0 =$	63° 39′	64° 7′
$u : u$	$= 011 : 0\bar{1}1$	45 54	46 2
$s : s$	$= 061 : 0\bar{6}1$	137 2	137 8
$c : p$	$= 001 : 111$	38 46	38 41
$c : n$	$= 001 : 331$	67 27	67 25
$\bar{P}\infty : \bar{P}\infty$	$= 101 : \bar{1}01$	68 37	68 18

Da diese Winkel den vier Hauptzonen angehören, so ergeben sie die Beziehung zwischen den beiden Mineralien vollständig. Wie daraus ersichtlich, stimmen die Winkel der Brachydomenzone sehr nahe überein, ebenso die der primären Pyramide, während Makrodomen und Prismen etwas differiren; mit anderen Worten: das Axenverhältniss $b : c$ ist nahe gleich, $a : c$ und $a : b$ etwas verschieden. Diese Abweichung ist wirklich vorhanden und nicht durch einen Fehler in den Fundamentalwinkeln hervorgebracht; so ist z. B. für Herderit der Makrodomenwinkel $302 : 30\bar{2}$ = 89° 0′, während an dem Phosphat von Maine die gemessenen Werthe dieses Winkels zwischen 88° 0′ und 88° 45′ liegen und die zuverlässigsten Winkel die auf vor. Seite in der Tabelle gegebenen sind. Welche Genauigkeit den Originalmessungen Haidinger's zuzuschreiben ist, kann nicht bestimmt werden, doch ist zu erwähnen, dass Groth (Mineraliensammlung Strassburg, S. 259) angiebt, seine Messungen an einem Originalexemplar hätten diejenigen von Haidinger bestätigt. Indessen sind weder die Differenzen im Habitus, noch die der Winkel genügend, um die beiden Mineralien zu trennen, sondern auf Grund der krystallographischen Untersuchung des Phosphates von Maine muss es als sehr wahrscheinlich bezeichnet werden, dass dasselbe mit dem sächsischen Minerale identisch ist. Definitiv entschieden kann die Frage jedoch nur werden durch eine erneute chemische Untersuchung des letzteren; es ist zu hoffen, dass eines der wenigen authentischen Exemplare dieses das Material liefere, welches es zu bestimmen gestattet, ob dasselbe Aluminium, wie Plattner vermuthet, oder Beryllium enthält, wie das Mineral von Stoneham.

XVI. Kürzere Originalmittheilungen und Notizen.

1. Edw. S. Dana (in New Haven): **Mineralogische Notizen***). Mit 2 Holzschnitten.)

I. Allanit.

Vor etwa einem Jahre erhielt der Verf. von Herrn Prof. J. Hall einen Allanitkrystall zur Untersuchung, welcher aus dem Magneteisenlager von Moriah, Essex County, New York, stammte. Diese Localität hat zwar seitdem mehrfach Exemplare desselben Minerals und einzelne von beträchtlicher Grösse geliefert, doch bleibt jener Krystall noch für dieses Vorkommen, wie auch für andere bemerkenswerth durch seine Grösse, wie durch die Vollkommenheit seiner Ausbildung. Derselbe ist durch Vorherrschen des Orthopinakoides tafelartig und von einer im Allgemeinen rechteckigen Form, bei einer Breite und Länge von $3\frac{3}{4}$ und $4\frac{1}{2}$ Zoll. Die Flächen sind glatt, die Kanten meist scharf ausgebildet, und der ganze Krystall fast vollkommen und symmetrisch, mit Ausnahme der Stellen, an denen Magnetitkrystalle in denselben eingewachsen sind. Fig. 1 zeigt den Krystall in $\frac{1}{3}$ seiner natürlichen Grösse. Es wurden folgende Flächen an ihm beobachtet:

$a = (100)\infty P\infty$	$\mu = (101) - P\infty$
$c = (001)0P$	$r = (\bar{1}01) + P\infty$
$J = (110)\infty P$	$l = (\bar{2}01) + 2P\infty$
$u = (210)\infty P2$	$o = (011)P\infty$
$m = (102) - \frac{1}{2}P\infty$	$d = (111) - P$
	$n = (\bar{1}11) + P$.

Fig. 1.

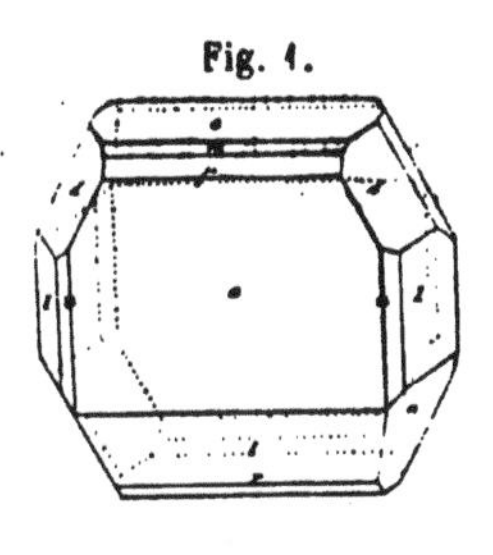

Die hier adoptirte Stellung ist diejenige von N. von Kokscharow (Min. Russl. 3, 344) und auch die Buchstaben die gleichen mit Ausnahme derjenigen der Pinakoide und des primären Prisma ($a = T$, $c = M$, $J = z$), während in Dana's Syst. Min. S. 286 die Mohs'sche Stellung angenommen wurde, in welcher $r = (100)$ und $a = (001)$.

Die Winkel des in Rede stehenden Krystalls konnten nur mit dem Anlegegoniometer gemessen werden und sind daher nicht genau genug, um zu einer Vergleichung mit solchen zu dienen, welche unter günstigeren Umständen erhalten wurden, daher es auch überflüssig ist, sie mitzutheilen. Im Allgemeinen sei nur bemerkt, dass sie genügend mit den Werthen übereinstimmen, welche allgemein für das Mineral angenommen werden.

---

*) Aus dem Amer. Journ. of Sc., April 1884, vom Verf. mitgetheilt.

Da die benutzten Platten nicht hinlänglich scharfe Axenbilder gaben, um ganz genaue Messungen zu gestatten, für die Anfertigung weiterer Platten aber kein Material zu Gebote stand, so bleibt es etwas zweifelhaft, ob diese abnorme Dispersion dem Körper wirklich zukomme. Wäre es der Fall, so würde sich die Substanz dem von Tenne beschriebenen β-Dibenzhydroxamsäureäthylester analog verhalten, bei welchem der Axenwinkel für grünes Licht am kleinsten ist, während für rothes und blaues Licht ein Maximum desselben eintritt (siehe diese Zeitschr. **4**, 329).

Auf Grund der goniometrischen Messungen sowie der optischen Untersuchung musste für die untersuchte Substanz ein asymmetrisches Krystallsystem angenommen werden. Indes nähert sich dasselbe, sowohl bezüglich der Neigung der Flächen unter einander, als auch in Bezug auf die Lage der Hauptschwingungsrichtungen des Lichtes sehr einem monosymmetrischen System. Aus diesem Grunde wäre es sehr erwünscht gewesen, wenn einige der angegebenen Winkelmessungen mit noch grösserer Genauigkeit hätten ausgeführt werden können. Die Beschaffenheit der zur Verfügung stehenden Krystalle gestattete dies jedoch nicht.

Als monokline Combination würde Fig. 1 (mit Axe a nach vorn gerichtet gedacht) folgende Deutung erhalten: $mp = \infty P(110)$, $c = 0P(001)$, $r\varrho = R\infty(011)$, $q = P\infty(\bar{1}01)$.

Das Axenverhältniss wäre alsdann:

$$a : b : c = 2,37158 : 1 : 1,79529$$
$$\beta = 84^0\ 27'.$$

8. J. A. Krenner (in Budapest): **Ueber den Manganocalcit der Freiberger Sammlung.** Ich habe im vorigen Jahre*) einige Beobachtungen an dem Schemnitzer Manganocalcit Breithaupt's bekannt gemacht und gezeigt, dass derselbe nicht, wie dieser Autor behauptet, rhombisch, sondern ebenso wie der Calcit und der Manganspath rhomboëdrisch ist.

Auf diese meine Publication reflectirt nun Herr Des Cloizeaux im diesjährigen Märzheft des Bull. d. l. soc. minér. de France**), indem er gleichzeitig erwähnt, dass ihm Herr Weisbach Fragmente von dem Breithaupt'schen Originalexemplar des Manganocalcites aus der Werner'schen Sammlung zur Untersuchung zugesendet habe; dasselbe sei aber nach seiner — Herrn Des Cloizeaux' — Untersuchung triklinisch, auch habe die Analyse Herrn Winkler's ergeben, dass es der Hauptsache nach ein Manganhydrosilicat sei. — Da diese Publication Herrn Des Cloizeaux' einerseits eine Verwirrung hervorrufen, andererseits der Vermuthung Raum geben könnte, dass ich derjenige sei, der nicht wisse, was der Manganocalcit Breithaupt's sei, bin ich genöthigt, derselben eine Erwiderung folgen zu lassen.

In derselben will ich vorerst die alte auf diesen Gegenstand bezügliche Literatur selbst sprechen lassen. »Im Herbst 1844 — sagt Breithaupt***) — sah ich zu Wien den faserigen Braunspath Werner's so ausgezeichnet wie noch nie und fand, dass er ganz die prismatische und brachydiagonale Spaltbarkeit wie

*) Math. Termeszettud. Értesitö der ungar. Akad. der Wiss. I, 1883. Diese Zeitschrift **8**, 242.

**) S. 73.

***) Pogg. Ann. 1846, **69**, 429.

Aragon besitze. Ich nahm hier in Freiberg die nähere Untersuchung vor, und die äusseren Kennzeichen sind folgende.«

Es folgt nun die ohnedies bekannte Beschreibung dieses Minerals.

Nun hören wir weiter, warum er diesen Braunspath Manganocalcit genannt hat.

Er wählte — fährt Breithaupt fort — den Namen Manganocalcit, weil er sich »durch vorläufige Untersuchungen davon überzeugt hatte, dass das Mineral aus kohlensaurer Kalkerde mit einem sehr nambaften Gehalt an kohlensaurem Manganoxydul bestehe«.

Ferner weist Breithaupt darauf hin, dass die Analyse »dieses interessanten Materials, welches zum Manganspath in derselben Beziehung steht, wie der Aragonit zum Kalkspath«, bereits im vorhergehenden Bande von Pogg. Ann., also im 68. Band dieser Zeitschrift, von Herrn Prof. Rammelsberg mitgetheilt worden.

Blicken wir nun in den bezeichneten Band*) genannter Annalen, so finden wir in demselben folgende Aeusserung Rammelsberg's:

»Manganocalcit. Unter diesem Namen erhielt ich von Prof. Breithaupt ein fleischrothes, strahliges Fossil von Schemnitz, welches nach den Untersuchungen jenes Mineralogen ein Aragonit ist. Ich fand darin

Kohlensaures Manganoxydul	67,48
Kohlensaure Kalkerde	18,81
Kohlensaure Talkerde	9,97
Kohlensaures Eisenoxydul	3,22
	99,48.«

Aus diesem geht hervor, dass Breithaupt diesen Braunspath schon auf Grund seiner eigenen Untersuchungen für ein Carbonat erklärte, die Carbonatnatur wurde aber auch durch Rammelsberg — schon damals auf analytisch-chemischem Gebiet eine Fachautorität — mittelst einer genauen quantitativen Analyse bis zur Evidenz bewiesen.

Das Material erhielt Rammelsberg von Breithaupt selbst, was jede Verwechslung ausschliesst.

Der Manganocalcit ist daher nach dem Zeugniss des Autors selbst, also Breithaupt's, so wie nach jenem fast gleichzeitigem Rammelsberg's ein Carbonat.

Dieses Carbonat nun, welches in den Wiener und Budapester Sammlungen aufbewahrt und das man auch in Schemnitz, wo es als Seltenheit vorkömmt, genau kennt, hielt Breithaupt, allerdings nur auf Grund der Fähigkeit zu spalten, ohne die Richtung der Spaltflächen fixiren zu können, für rhombisch.

Ich zeigte, dass die vermeintlichen Spaltflächen Bruchflächen aneinander gewachsener Stengel sind, und dass an diesem Carbonate die Spaltbarkeit eine rhomboëdrische ist.

Wenn nun Herr Weisbach Herrn Des Cloizeaux unter dem Namen Manganocalcit statt eines Carbonates ein Silicat zur Untersuchung übersendet, so wird wohl Niemand überrascht sein, wenn letztgenannter Forscher an demselben andere morphologische Eigenschaften beobachten konnte, als ich an dem Carbonate.

*) Pogg. Ann. 1846, 68, 511.

Es ist nach Obigem selbstverständlich, dass das nach Paris gesandte Mineral keinesfalls dasjenige ist, welches Breithaupt und Rammelsberg chemisch prüften, daher auch keinesfalls Breithaupt's Manganocalcit ist*).

Schliesslich habe ich noch eine Bemerkung. Als alleiniger Fundort für den Manganocalcit wurde von Breithaupt selbst Schemnitz angegeben, hingegen ist ein Mineral von den durch Des Cloizeaux geschilderten Eigenschaften aus Schemnitz nicht bekannt.

Das trikline Silicat, welches Herr Des Cloizeaux als Manganocalcit untersuchte, ist also weder Manganocalcit, noch ist es aus Schemnitz.

4. C. Hintze (in Bonn): Bestätigung des Apatit von Striegau. Vor etwa einem Jahre habe ich in dieser Zeitschrift (7, 590) eine vereinzelte Beobachtung des Vorkommens von Apatit im Striegauer Granit mitgetheilt. Trotz eifriger weiterer Nachforschungen ist es mir erst jetzt gelungen, noch einen zweiten Apatitkrystall von dort aufzufinden: er sitzt (auch nur 2 mm gross) auf einem Quarzkrystall eines charakteristischen Striegauer Granitstüfchens, daneben ein grosser (1 cm) rother Chabasit, ein Zwilling nach R. Der Apatitkrystall ist flächenreicher als der früher gefundene, und durch seine Ausbildung wohl geeignet, jedem Zweifel zu begegnen, dass wirklich Apatit vorliegt: er zeigt die Flächen $\infty P(10\bar{1}0)$, $0P(0001)$, $P(10\bar{1}1)$, $2P(20\bar{2}1)$, $2P2(11\bar{2}1)$, $\left[\frac{4P\frac{4}{3}}{2}\right]\pi(13\bar{4}1)$. Der Krystall ist etwas milchig trübe, die Flächen aber sind von einem ganz vorzüglichen Glanze, nur die Pyramide dritter Ordnung ist etwas weniger stark glänzend. Ohne den Krystall von der Stufe herabzunehmen, konnte gemessen werden

		Gemessen:	Berechnet **):
$\infty P : 2P$	$= 10\bar{1}0 : 20\bar{2}1 =$	30° 34′	30° 31′
$2P : P$	$= 20\bar{2}1 : 10\bar{1}1$	19 9	19 11
$\infty P : 4P\frac{4}{3}$	$= 10\bar{1}0 : 4\bar{3}\bar{1}1$	22 42	22 41
$4P\frac{4}{3} : 2P2$	$= 4\bar{3}\bar{1}1 : 2\bar{1}\bar{1}1$	21 42	21 44

Der Krystall ist unsymmetrisch ausgebildet dadurch, dass am einen Ende die Basis, am anderen dagegen die Pyramidenflächen vorherrschen.

---

*) Nach Des Cloizeaux fand Herr Winkler in dem ihm zugesandten Minerale der Freiberger Sammlung 43,07 Kieselsäure, hingegen weist die Analyse Rammelsberg's am echten Manganocalcit keine Spur von Kieselsäure auf.

**) Berechnet auf das Axenverhältniss $a : c = 1 : 0,7346$.

XVII. Auszüge.

1. H. A. Miers (in London): **Ueber die Krystallform des Meneghinit** (Min. Mag. a. Journ. of the Min. Soc. Gr. Brit. Irel. Nr. 26. Febr. 1884, 5, 325—331. Read before the Crystallological Society, July 3rd, 1883). Wie schon in dieser Zeitschr. 8, 613 von Herrn A. Schmidt in einer Anmerkung zu seiner Abhandlung »Zur Isomorphie des Jordanit und Meneghinit« mitgetheilt worden, ist Herr Miers bereits vor der Veröffentlichung der Arbeit des Herrn Krenner »Ueber den Meneghinit von Bottino«*) auf Grund der Untersuchung der im British Museum vorhandenen Meneghinit-Exemplare (sowie einiger aus der ehemals Ludlam'schen Sammlung) zu demselben Resultate, wie Herr Krenner, gelangt, dass nämlich die Krystalle des Meneghinit dem rhombischen System angehören.

In der Orientirung der Verticalaxe giebt Herr Miers dem Meneghinit dieselbe Stellung, wie Herr Krenner, dagegen nimmt er zur Grundform (111)P die Pyramide, welche mit (100) und (010) die Winkel 73° 18′ und 57° 8′ bildet (bei Herrn Krenner (122)$\breve{P}2$), wodurch Dessen Brachydiagonale den doppelten Werth bekommt und daher Makrodiagonale wird:

Axenverhältniss $b : a : c = 1,89046 : 1 : 0,68664$ Miers
$a : b : c = 0,9494 : 1 : 0,6856$ Krenner.

In der respectiven Aehnlichkeit des Axenverhältnisses ist zugleich dargelegt, wie sehr die Winkelmessungen beider Forscher übereinstimmen.

Herr Miers beobachtete folgende Formen (vergl. Fig. S. 293), denen die von Herrn Krenner angegebenen mit Dessen Signatur beigefügt sind:

Miers:	Krenner:
$a = (010)\infty\breve{P}\infty$	$a = (100)\infty\bar{P}\infty$
$b = (100)\infty\bar{P}\infty$	$b = (010)\infty\breve{P}\infty$
$c = (001)0P$	—
$r = (111)P$	$q = (122)\breve{P}2$
$v = (101)\bar{P}\infty$	$y = (011)\breve{P}\infty$
$d = (102)\frac{1}{2}\bar{P}\infty$	$x = (012)\frac{1}{2}\breve{P}\infty$
$s = (344)\breve{P}\frac{4}{3}$	$d = (234)\frac{3}{4}\breve{P}\frac{3}{2}$
$t = (122)\breve{P}2$	$o = (112)\frac{1}{2}P$
$u = (144)\breve{P}4$	$e = (214)\frac{1}{2}\bar{P}2$
$n = (011)\breve{P}\infty$	$v = (102)\frac{1}{2}\bar{P}\infty$
$m = (110)\infty P$	$l = (120)\infty\breve{P}2$

*) Földtani Közlöny, Jahrgang 13, 297, 1883. Referirt in dieser Zeitschr. 8, 622.

Miers:	Krenner:
$\mu = (184)2\breve{P}8$	$z = (414)\bar{P}4$
$\lambda = (6.24.13)\frac{24}{13}\breve{P}4$	—
$\beta = (142)2\breve{P}4$	$s = (212)\bar{P}2$
$c = (320)\infty\bar{P}\frac{3}{2}$	$n = (130)\infty\breve{P}3$
$S = (340)\infty\breve{P}\frac{4}{3}$	$g = (230)\infty\breve{P}\frac{3}{2}$
$l = (230)\infty\breve{P}\frac{3}{2}$	—
$f = (350)\infty\breve{P}\frac{5}{3}$	—
$T = (120)\infty\breve{P}2$	$m = (110)\infty P$
$g = (130)\infty\breve{P}3$	—
$i = (270)\infty\breve{P}\frac{7}{2}$	—
$U = (140)\infty\breve{P}4$	$k = (210)\infty\bar{P}2$
$h = (1.10.0)\infty\breve{P}10$	—
$k = (1.12.0)\infty\breve{P}12$	—
$\psi = (12.24.13)\frac{24}{13}\breve{P}2$	
$\pi = (24.24.13)\frac{24}{13}P$	
$\varrho = (12.24.11)\frac{24}{11}\breve{P}2$	
$\sigma = (6.24.11)\frac{24}{11}\breve{P}4$	
$x = (18.24.13)\frac{24}{13}\breve{P}\frac{4}{3}$	
$q = (0.24.11)\frac{24}{11}\breve{P}\infty$	
$\delta = (6.0.13)\frac{6}{13}\bar{P}\infty$	
$o = (203)\frac{2}{3}\bar{P}\infty$	
$y = (308)\frac{3}{8}\bar{P}\infty$	—

Man sieht, dass Herr **Miers** viele für den Meneghinit neue*) Flächen aufgestellt hat. Dagegen fehlen dem Verf. die **Krenner**'schen Flächen $(023)\frac{2}{3}\breve{P}\infty$, $(011)\breve{P}\infty$ und $(111)P$. Aus der Winkeltabelle erwähnen wir nur die vom Verf. als Fundamentalwinkel benutzten:

$b : v = 100 : 101 = 55^0\ 34\frac{1}{2}'$ (55° 34′ **Krenner** beob.)
$b : s = 100 : 344 = 64\ \ 10\frac{1}{2}$ (64 9 - -).

Fig. 1 giebt eine Kugelprojection und Fig. 2 ein Bild der häufigsten Combinationen.

Die Prismenzone ist meist stark gestreift, die Endflächen sind unsymmetrisch und mit schwankenden Neigungen ausgebildet. Durch bezügliche Constanz der Winkel zeichnete sich nur ein (in Fig. 3 dargestellter) Krystall in erfreulicher Weise aus. Bei diesem allein war beispielsweise $b : d = 100 : 102$ beiderseits $= 71^0\ 3\frac{1}{2}'$, während bei anderen Krystallen dieser Winkel von 69° 30′ bis 72° 18′ schwankt [also bis zum vicinalen $\delta(6.0.13)$], so dass die frühere, irrig monosymmetrische Aufstellung des Meneghinit wohl erklärlich ist. Constanter ist die Zone $[brstun]$. Es könnte scheinen, dass die Zonen $[bx\psi\lambda]$ und $[b\varrho\sigma q]$

---

*) Die Fläche $f = \infty\breve{P}\frac{5}{3}(350)$ ist wohl identisch mit Herrn **vom Rath**'s $\frac{2}{3}m(\infty\breve{P}\frac{3}{2})$, denn die correspondirenden Winkel sind

$f(350) . b(100) = 41^0\ 35'$ **Miers**
$(\frac{2}{3}m : a) \quad = 42\ \ \ 6$ **vom Rath**

(berechnet auf sein supponirtes Axenverhältniss, gemessener Winkel nicht angegeben). Im Allgemeinen stimmen begreiflicherweise die gemessenen Winkel des Herrn **vom Rath** besser als Dessen berechnete mit den durch die Herren **Miers** und **Krenner** ermittelten Werthen. Eine Bestätigung der dem Praktiker wohlbekannten Lehre, dass die Beobachtungszahlen für spätere Forschungen ungleich werthvoller sind, als berechnete Tabellen.

Der Ref.

nur gewissermassen Verzerrungen der Zone [$b\mu$] wären, doch wurde an einem Krystall (vergl. Fig. 4) $\varrho\sigma$ combinirt mit $\pi\psi\lambda$ und an einem anderen $qx\psi\lambda$ mit $\mu\sigma$ combinirt beobachtet. Ebenso protestirt der Verf. ausdrücklich gegen die Vereinigung von $\lambda(6.24.13)$ und $\sigma(6.24.11)$ mit $\beta(142)$ und von $\psi(12.24.13)$ und $\varrho(12.24.11)$ mit (211). [Letztere, die Grundform des Herrn Krenner, ist, wie schon oben erwähnt, vom Verf. selbst nicht beobachtet worden.]

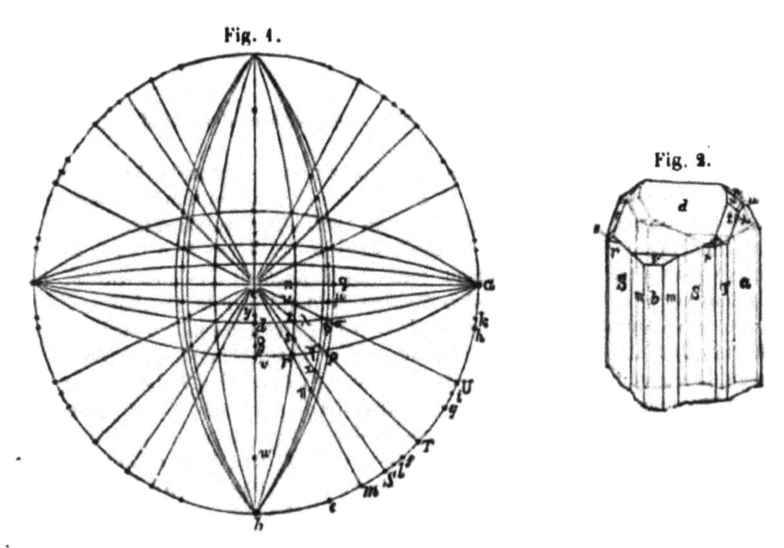
Fig. 1. Fig. 2.

An einem Krystall (vergl. Fig. 5) wurde δo als einspringender Winkel gefunden; jeder Anschein von Zwillingsbildung bleibt aber auf die Zone [bvd] beschränkt.

Bruch muschelig. Spec. Gewicht = 6,399. Eine vollkommene, wenn auch

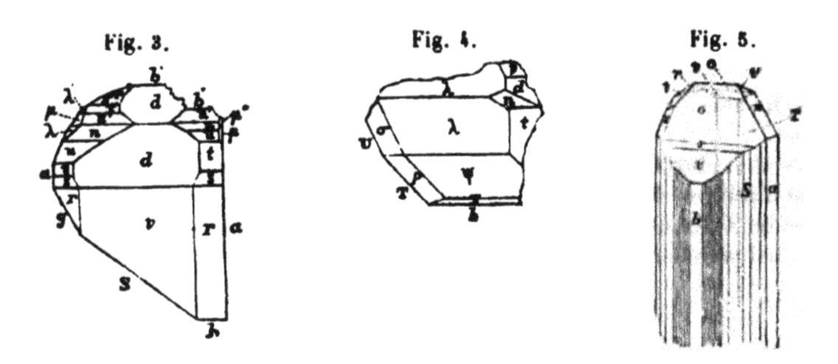
Fig. 3. Fig. 4. Fig. 5.

zuweilen unebene Spaltbarkeit parallel $b(100)$; »auch eine gelinde (smooth) basische Spaltbarkeit, die aber nicht immer leicht darzustellen ist«.

Die Frage nach der Isomorphie mit Jordanit beantwortet der Verf. dahin, dass bei parallel gestellter Hauptspaltungsrichtung in folgender Weise am besten eine Vergleichung möglich sei:

	Jordanit	$c : b : \frac{3}{4}a = 2,0308 : 1 : 0,6719$
	Meneghinit	$b : a : c = 1,8904 : 1 : 0,6866$
oder auch	Jordanit	$\frac{7}{8}a : b : \frac{1}{3}c = 1,8812 : 1 : 0,6769.$

Auch auf eine gewisse Beziehung zum Stephanit macht der Verf. aufmerksam:

Stephanit	$3b : a : c = 1,8873 : 1 : 0,6853$
Meneghinit	$b : a : c = 1,8904 : 1 : 0,6866.$

Ref.: C. Hintze.

Bemerkungen des Referenten zur Isomorphie des Jordanit und Meneghinit.

Unsere sonstigen Erfahrungen in Bezug auf die isomorphe Vertretung von Arsen und Antimon berechtigen ja gewiss zu der Vermuthung, dass auch die analog constituirten Minerale Meneghinit und Jordanit isomorph seien.

Schon als durch die erste Jordanit-Analyse des Herrn Sipöcz*) die chemische Verwandtschaft des Jordanit und des Meneghinit bekannt wurde, habe auch ich mich mit vergleichenden Studien beider Minerale beschäftigt (zuerst damals auf Veranlassung des Herrn Prof. Groth, der bekanntlich auch in seiner »Tabellarischen Uebersicht der Mineralien« eine entsprechende Aufstellung des Meneghinit versucht hat). Der verewigte Hessenberg hatte damals (im Sommer 1873) die Güte, mir den von ihm und Herrn vom Rath gemessenen Original-Meneghinit-Krystall zur nochmaligen Untersuchung anzuvertrauen, welche, wie wohl nicht anders zu erwarten stand, nur die Messungen der genannten Forscher aufs Genaueste bestätigen konnte. Das bessere Material, welches den Herren Krenner und Miers zur Verfügung stand, hat nun die krystallographischen Verhältnisse des Meneghinit ausser Zweifel sicher gestellt. Eine ungezwungene krystallographische Gleichstellung des Meneghinit und des Jordanit, etwa gegeben durch die natürliche Ausbildung ihrer Krystalle, ist nun aber bei alledem nicht möglich. Ich bin vielmehr überzeugt, dass Meneghinit und Jordanit in den zur Zeit bekannten Formen nicht isomorph sind, sondern dass die Verbindungen

$$4PbS.Sb_2S_3$$
$$\text{und } 4PbS.As_2S_3$$

isodimorph sind, und uns von der isodimorphen Doppelgruppe noch zwei Glieder fehlen.

Wer aber durchaus eine Isomorphie von Meneghinit und Jordanit durch ein möglichst ähnliches Axenverhältniss zum Ausdruck bringen will, wird noch am besten seine Zuflucht zu der oben von Herrn Miers vorgeschlagenen Stellung nehmen, bei welcher

$$\text{Meneghinit } b : a : c$$
$$= \text{Jordanit } c : b : \tfrac{3}{4}a.$$

Eine gleiche Stellung der Pinakoide $bac = cba$ wählte für den Vergleich auch Herr Krenner (cf. in dieser Zeitschr. 8, 623), aber mit anderen Parametern. Bei der Miers-Krenner'schen Stellung sind vor allen Dingen die Spaltungsflächen wenigstens gemeinsam.

*) Tschermak, Min. Mitth. 1873, 29 u. 131.

Die allein richtige Aufstellung zur »evidenten« und »vollständigen« Isomorphie glaubt aber Herr A. Schmidt (in dieser Zeitschr. 8, 613) gefunden zu haben durch die Annahme

Meneghinit	$b : 3c : 4a$
= Jordanit	$a : b : c$.

Bei näherer Betrachtung hat aber diese Stellung mancherlei gegen sich. In der neuen*) Flächentabelle des Herrn Schmidt findet sich kein primäres Prisma, kein primäres Doma, keine primäre Pyramide, und das ist bei einem flächenreichen System gewiss nicht unbedenklich. Die mit so grossen Opfern erkaufte Uebereinstimmung des Axenverhältnisses von Meneghinit und Jordanit ist aber trotzdem nicht sehr imponirend:

Jordanit	$0,5375 : 1 : 2,0305 = a : b : c$
Meneghinit	$0,4862 : 1 : 1,8465$.

Es bedarf kaum der Erwähnung, von wie zweifelhafter Bedeutung die Entdeckung ist, dass bei so gesuchter Aufstellung »die Axe b des Jordanits um $\frac{1}{10}$ ihrer ursprünglichen Länge im Meneghinit durch das Eintreten des Antimons an Stelle des Arsens verlängert wurde«.

Das Schlimmste aber ist, dass bei der besprochenen Aufstellung die Hauptspaltbarkeit des Meneghinits nicht mehr mit der des Jordanits correspondirt. Herr Schmidt stützt sich zwar auf eine Angabe des Herrn Krenner, der zufolge die Spaltbarkeit nach $c(001)$ (in der Krenner'schen Stellung) eine gute ist, und die andere nach $b(010)$ nicht weiter erwähnt wird. Dennoch muss Herr Krenner selbst die Spaltbarkeit nach $b(010)$ für die bevorzugte gehalten haben haben, da er in seiner mit Jordanit vergleichenden Aufstellung darauf zurückkommt.

Da ich nun, wie oben bemerkt, mich auch seit ziemlich langer Zeit für den Meneghinit interessire, habe ich die Ansammlung geeigneten Materials seither im Auge behalten. Genügte dasselbe auch nicht zur endgiltigen krystallographischen Untersuchung, so doch zu Spaltungsversuchen. Ich kann also aus eigenen Beobachtungen bestätigen, dass, wie ebenfalls schon von Herrn vom Rath und jetzt wieder von Herrn Miers angegeben, die Spaltbarkeit nach b (in der Krenner-Miers'schen Stellung) eine zweifellos deutliche ist, dagegen eine solche nach $c(001)$ im Vergleich zur ersten kaum nennenswerth ist. Die Krystalle des Meneghinit, besonders natürlich die dünneren, brechen allerdings sehr leicht quer durch, die Bruchfläche ist oft recht glatt und glänzend, steht aber keineswegs immer senkrecht zur Verticale, sondern ebenso oft schief in beliebiger Richtung. Diese also keineswegs strict orientirten flachmuscheligen Bruchflächen werden wohl viel mehr durch die grosse allgemeine Sprödigkeit der Substanz, als durch eine specifische Spaltbarkeit nach der Basis hervorgebracht. Noch einen Umstand will ich erwähnen. Die Meneghinit-Krystalle von Bottino sind nicht nur äusserlich zuweilen mit dem zusammen vorkommenden Bleiglanz verwachsen, sondern enthalten ziemlich häufig Bleiglanzkörner eingeschlossen, die in ihren Spaltungsrichtungen individualisirt sind. Geht der Bruch eines Meneghinitkrystalls durch ein solches Bleiglanzkorn, das sich oft bis fast an die Peripherie des Meneghinitkrystalls ausdehnt, so leuchtet die Spaltungsfläche des Bleiglanzes auf,

*) Herr Schmidt convertirt ubrigens aus Versehen das Doma $w = (203)\frac{2}{3}\bar{P}\infty$ in $(0.11.10)\frac{11}{10}\breve{P}\infty$ statt in $(0.9.8)\frac{9}{8}\breve{P}\infty$. Ein Druckfehler kann es nicht gut sein, denn den complicirten Indices (0.11.10) wird noch eine besondere Betrachtung gewidmet.

in Farbe und Glanz recht ähnlich der Meneghinitsubstanz, so dass auch ein geübtes Auge nur mit Aufmerksamkeit die Grenze zwischen Meneghinit und Bleiglanz wahrnehmen kann.

Ich vermag also nach meinen Erfahrungen als Hauptspaltbarkeit des Meneghinit nur die nach (010)*b* (Krenner-Miers) anzuerkennen. Andererseits sind wohl die Cohäsionsverhältnisse als Ausdruck des molekularen Aufbaues der Krystalle von so fundamentaler Wichtigkeit zur Beurtheilung von Isomorphie, dass sie bei vergleichenden Aufstellungen in erster Linie berücksichtigt werden müssen*).

Die Meneghinit-Stellung des Herrn A. Schmidt scheint mir daher aus diesen Gründen unhaltbar.

Die Wichtigkeit eines sorgfältigen Studiums der Spaltungsverhältnisse zugegeben, sei mir gestattet, noch eine weitere allgemeine Bemerkung bei dieser Gelegenheit daran zu knüpfen. Präcise Methoden zur unmittelbaren Messung und Vergleichung von Richtung und Grad der Spaltbarkeit fehlen noch. Eine directe Function der Spaltbarkeit sind aber nach Exner's Untersuchungen die Härtecurven, und diese wird man (mehr als bisher) in Betrachtung ziehen und untersuchen müssen. Es mag ferner darauf hingewiesen sein, dass wohl auch zu wichtigen Resultaten die Kenntniss der eventuellen Veränderlichkeit der Härtecurven unter dem Einfluss von Wärme (und Druck) führen kann. Man muss wohl a priori annehmen, dass diejenigen Richtungen einer Spaltbarkeit, welche keiner Symmetrieebene parallel gehen, sich mit der Temperatur ändern werden. Beispielsweise wird der Winkel von zwei Spaltungsrichtungen nach einem rhombischen Prisma voraussichtlich bei Temperaturänderung gleichen Schritt halten mit dem Winkel der betreffenden Krystallflächen, denn sonst würden die Spaltungsrichtungen zeitweise aufhören, krystallonomischen Flächen zu entsprechen. Dagegen nur empirisch lässt sich die Frage entscheiden, ob und wie weit sich der Grad der Vollkommenheit aller Spaltungsrichtungen mit der Temperatur ändert; ob etwa vielleicht unter so bedeutender Verschiebung der bei gewöhnlicher Temperatur beobachteten Verhältnisse, dass die bei gewöhnlicher Temperatur bevorzugten Spaltungsrichtungen bei genügend veränderter Temperatur an Vorzüglichkeit anderen Spaltungsrichtungen nachstehen müssen. Es ist einleuchtend, welch dankbares Untersuchungsobject beispielsweise die drei Spaltungsrichtungen des Perowskit wären!

Da es mir zunächst nicht möglich ist, selbst an solche Untersuchungen (gewiss sehr zeitraubend bis zur Erfindung eines besseren Sklerometers) zu gehen, so muss ich mich leider hier auf die blosse Andeutung eines Weges beschränken, der, so viel mir bekannt, noch von keinem Forscher betreten worden ist.

Bonn, im Mai 1884.

C. Hintze.

*) Die Verschiedenheit in den Spaltbarkeitsverhältnissen bei Anhydrit und Baryt scheint mir vorläufig auch die unüberwindlichste Schranke gegen die Annahme der Isomorphie beider zu sein. Der Kalkgehalt mancher Colestine beweist noch nichts. Warum nicht auch hier Isodimorphie?

2. F. Barner (in Göttingen): **Krystallographische Untersuchung einiger organischer Verbindungen** (Inaug.-Dissert. Göttingen 1882).

α-β-Dinitroparaxylol.

α-β-$C_6H_2(CH_3)_2(NO_2)_2$. Schmelzpunkt 99°,5 C.

Dargest. von P. Jannasch. (Jannasch und Stünkel, Berichte d. d. chem. Ges. 1881, **14**, 1147.)

Dieser Körper ist eine aus äquivalenten Mengen des bei 93° schmelzenden α- und des bei 123°,5 schmelzenden β-Dinitroparaxylols zusammengesetzte Doppelverbindung, welche sich aus Eisessig, trotz der verschiedenen Löslichkeitsverhältnisse der beiden Isomeren, bildet. Durch Auflösen in Alkohol können die beiden Isomeren wieder getrennt werden, und zwar scheidet sich zuerst die bei 123°,5 schmelzende β-Verbindung aus.

Krystallsystem: Rhombisch, sphenoid.-hem.

$$a : b : c = 0,6965 : 1 : 1,0682.$$

Combination (Fig. 1, 2): $m = \infty P(110)$, $o = \varkappa(111) + \frac{P}{2}$, $\omega = \varkappa(1\bar{1}1) - \frac{P}{2}$, $\xi = \varkappa(112)\,\frac{\frac{1}{2}P}{2}$, $x = (1\bar{1}2) - \frac{\frac{1}{2}P}{2}$, $q = (011)\breve{P}\infty$, $c = (001)0P$.

Fig. 1.

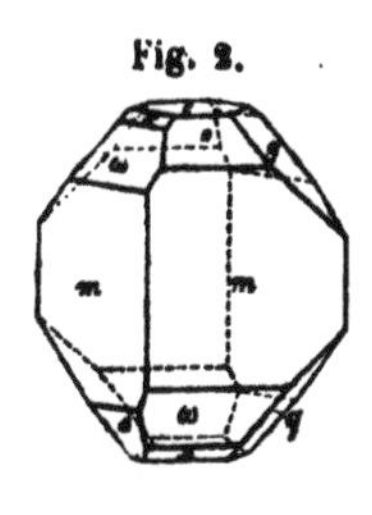
Fig. 2.

Die aus den Mutterlaugen bei der Darstellung der beiden Dinitroparaxylole erhaltenen Krystalle zeigen fast nur das Prisma mit dem einen oder anderen primären Sphenoid. Selten das dazu gehörige entgegengensetzte und $c(001)$ und ein einzigmal $\xi(112)$. Einige Krystalle zeigen eine hemimorphe Ausbildung, indem an dem einen Ende o, am andern ω ausgebildet ist.

Die durch Zusammenbringen äquivalenter Mengen der beiden Isomeren aus Eisessig erhaltenen Krystalle zeigen ausser dem vorherschenden m stets o und ω und fast immer q und c und öfters x und ξ, letztere jedoch nie an einem und demselben Krystall. Auch bleibt der hemiëdrische Charakter durch die verschieden grosse Ausbildung der Sphenoide gewahrt.

Die Prismenflächen waren von guter Beschaffenheit, während die Endflächen in Folge von Knickungen weniger gute Resultate lieferten.

	Gemessen:	Berechnet:
$m : m = (110) : (1\bar{1}0)$	*69° 43′	—
$m : o = (110) : (111)$	*28 9	—
$m : o = (1\bar{1}0) : (111)$	72 16	72° 12′
$o : c = (111) : (001)$	62 — ca.	61 51
$o : x = (111) : (112)$	19 — ca.	18 47
$o : n = (111) : (011)$	46 20	46 21
$o : \omega = (111) : (\bar{1}11)$	92 45	92 42

Spaltbarkeit vollkommen nach c (001). Farbe der Krystalle der ersten Darstellung blassgelb, die der zweiten blassgrün. Optische Axenebene $\infty \bar{P} \infty$. Erste Mittellinie c.

$$2E = 32^{0}31' \text{ für } Li$$
$$38\ 36\tfrac{1}{2} \text{ für } Na$$
$$43\ 12 \text{ für } Tl.$$

Doppelbrechung mässig stark, negativ.

α-Dinitroparaxylol.

α-$C_6H_2(CH_3)_2(NO_2)_2$. Schmelzpunkt 93°.

Jannasch und Stünkel s. vor.

Krystallsystem: Monosymmetrisch.

Fig. 3

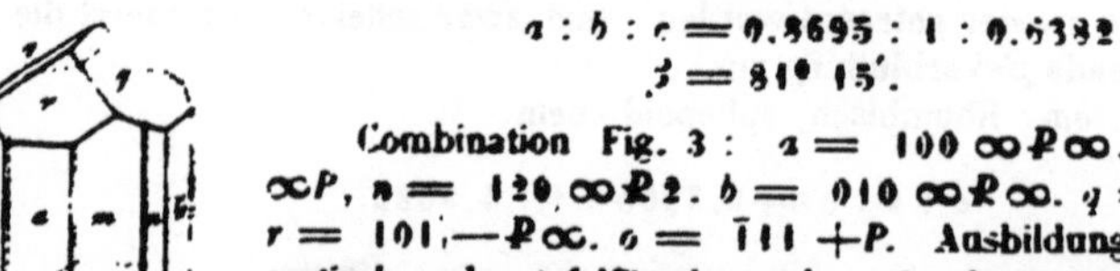

$$a : b : c = 0.3695 : 1 : 0.6382$$
$$\beta = 81^{0}\ 15'.$$

Combination Fig. 3: $a = (100) \infty P \infty$. $m = (110) \infty P$, $n = (120) \infty R 2$. $b = (010) \infty R \infty$. $q = (011) R \infty$. $r = (101) -P \infty$. $o = (\bar{1}11) +P$. Ausbildung vertical prismatisch, oder tafelförmig nach r, im letzteren Fall oft stark verzerrt. Die Beschaffenheit der Flächen, mit Ausnahme der Prismenflächen, ist eine gute.

Anm. d. Ref. Ueber diese Verbindung erschien bereits 1870 eine krystallographische Notiz von M. Des Cloizeaux (Compt. rend. 70, 587), in der jedoch keine Combination, sondern nur das Axenverhältniss und zwei Winkel $m : m$ und $m : r$ obiger Bezeichnung, angegeben waren. Calderon (diese Zeitschr. 4, 233) gab 1880 eine genaue krystallographische Beschreibung. Seine Aufstellung weicht von der obigen darin ab, dass er m als $(\bar{1}11)$, r als (001), q als (111) nahm. Barner behielt Des Cloizeaux's ∞P bei, nahm aber dessen $0P$ zu $-R\infty$. Da nun keine der Stellungen vor der andern Etwas voraus hat, so lange nicht durch irgend eine Beziehung zu einem andern Körper eine bestimmte Stellung erfordert wird, wurde oben die Aufstellung Barner's gegenüber den früheren vorläufig beibehalten.

	Gemessen:	Berechnet:
$m : m = (110) : (\bar{1}10)$	= *98° 39'	—
$m : r = (110) : (101)$	*59 35	—
$q : q = (011) : (0\bar{1}1)$	*64 29	—
$a : r = (100) : (101)$	48 6	48° 7'
$q : r = (011) : (101)$	44 51	44 54
$q : m = (011) : (110)$	63 35	63 33
$q : m = (011) : (\bar{1}10)$	75 34	75 31
$q : a = (011) : (\bar{1}00)$	97 30	97 24
$o : o = (\bar{1}11) : (\bar{1}\bar{1}1)$	57 44	57 37
$q : o = (011) : (\bar{1}11)$	33 44	33 47
$o : a = (1\bar{1}\bar{1}) : (100)$	63 49 ca.	63 36
$o : m = (1\bar{1}\bar{1}) : (110)$	49 30	49 22
$n : m = (120) : (110)$	19 10	19 8

Spaltbarkeit nicht beobachtet. Sehr spröde. Optische Axenebene senkrecht zu $\infty R \infty$. Erste Mittellinie im spitzen Axenwinkel 13° 49' gegen c geneigt.

$$2E = 106^0 56' \text{ für } Li$$
$$105\ \ 8 \text{ für } Na$$
$$103\ 45 \text{ für } Ta.$$

Deutliche horizontale Dispersion. $\varrho > v$.
Doppelbrechung stark, positiv.

Para-Kresolbenzoat.

$CH_3.C_6H_4.C_7H_5O_2$. Schmelzpunkt 85—86⁰.

Dargest. von Noltenius. (Inaug.-Dissert. Göttingen 1881.) Krystalle aus Alkohol.

Krystallsystem: Monosymetrisch.

$$a : b : c = 0,7416 : 1 : 0,5696$$
$$\beta = 70^0\ 48'.$$

Fig. 4.

Combination (Fig. 4): $m = (110)\infty P$, $b = (101)\infty \mathcal{R}\infty$, $o = (\bar{1}11) + P$. Dünntafelförmig nach b (010). Die o-Flächen sind an allen Krystallen matt, es wurde deshalb als dritter Fundamentalwinkel der ebene Winkel auf b gemessen.

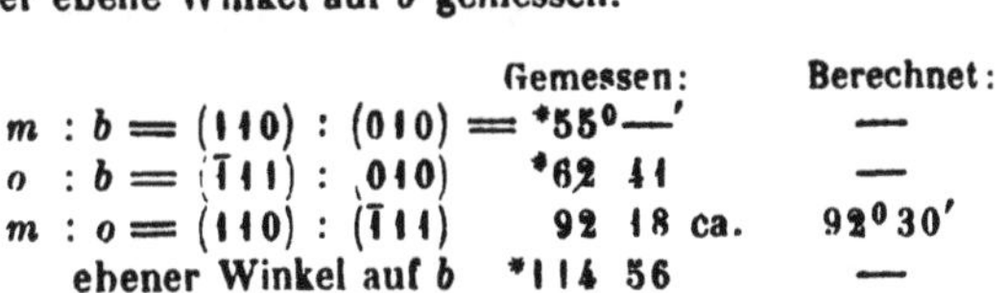

	Gemessen:	Berechnet:
$m : b = (110) : (010)$	$= {}^*55^0 —'$	—
$o : b = (\bar{1}11) : (010)$	$^*62\ 41$	—
$m : o = (110) : (\bar{1}11)$	$92\ 18$ ca.	$92^0 30'$
ebener Winkel auf b	$^*114\ 56$	—

Spaltbarkeit vollkommen nach $\infty \mathcal{R}\infty$, unvollkommen nach $\infty \bar{P}\infty$. Farbe gelb. Optische Axenebene $\infty \mathcal{R}\infty$. Auf $b(010)$ bildet eine Hauptschwingungsrichtung $14^0\ 30'$ für Na mit c, im spitzen Axenwinkel. Durch (100) ist eine Axe am Rande des Gesichtsfeldes sichtbar, in Oel beide Axen mit einem Winkel von ungefähr $68\frac{1}{2}^0$ für Na.

Benzoylparadinitrodiphenylamin.

$C_7H_5ON(C_6H_4.NO_2)_2$. Schmelzpunkt 224⁰.

Dargestellt von Lellmann (Berichte d. chem. Gesell. 1882, **15**, 828).

Krystallsystem: Monosymmetrisch.

$$a : b : c = 1,4582 : 1 : 1,0129$$
$$\beta = 67^0\ 58'.$$

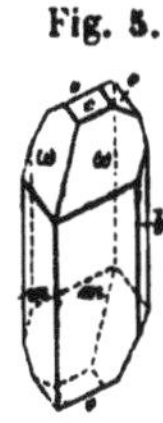

Fig. 5.

Combination (Fig. 5): $m = (110)\infty P$, $\omega = (111) - P$, $o = (\bar{1}12)\frac{1}{2}P$, $c = (001)0P$, $b = (010)\infty \mathcal{R}\infty$. Die aus heissem Benzol, noch vor dem Erkalten erhaltenen, sehr kleinen Krystalle zeigen meistens nur m und ω; die übrigen Flächen treten nur sehr untergeordnet auf. Die Winkelwerthe sind in Folge unvollkommener Flächenbeschaffenheit bedeutenden Schwankungen unterworfen. Die gegebenen Zahlen besitzen deshalb nur angenäherten Werth.

	Gemessen:	Berechnet:
$m : m = (110) : (\bar{1}10)$	$*72^0 59'$ ca.	—
$\omega : \omega = (111) : (1\bar{1}1)$	$*67 \ 7$	—
$m : \omega = (110) : (111)$	$*35 \ 1$	—
$m : \omega = (\bar{1}10) : (111)$	86 2 ca.	86^0—'
$\omega : c = (111) : (001)$	42 3 ca.	42 5
$o : c = (\bar{1}12) : (001)$	32 48 ca.	33 12
$m : b = (110) : (010)$	36 35	36 30

Spaltbarkeit nicht beobachtet. Auf b neigt eine Hauptschwingungsrichtung $32^0 \ 42'$ für Na gegen c im stumpfen Axenwinkel. Optische Axenebene $\infty \bar{P} \infty$. Doppelbrechung stark. Eingehendere optische Untersuchung der Kleinheit der Krystalle wegen unmöglich.

α-Benzanishydroxamsäureäthylester.

$N(C_7H_5O)(C_8H_7O_2)(C_2H_5)O$. Schmelzpunkt 74^0.

Pieper (Annal. d. Chemie 217, 4).

Fig. 6.

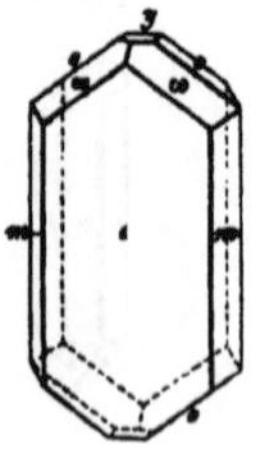

Krystallsystem: Monosymmetrisch.

$$a : b : c = 1,5181 : 1 : 0,6658$$
$$\beta = 61^0 16'.$$

Combination (Fig. 6): $a = (100) \infty \bar{P} \infty$, $m = (110) \infty P$, $\omega = (111) - P$, $o = (\bar{1}11) + P$, $y = (\bar{1}01) + \bar{P} \infty$. Dünntafelförmig nach $a(100)$, selten prismatisch. Die Flächenbeschaffenheit ist keine vollkommene.

	Gemessen:	Berechnet:
$a : \omega = (100) : (111)$	$*48^0 54'$	—
$a : m = (100) : (110)$	$*53 \ 5$	—
$m : \omega = (110) : (111)$	$*43 \ 13$	—
$\omega : \omega = (111) : (1\bar{1}1)$	49 26	$49^0 22'$
$\omega : o = (110) : (\bar{1}11)$	38 49	38 49
$\omega : y = (111) : (\bar{1}01)$	48 40 ca.	48 51
$o : a = (\bar{1}11) : (\bar{1}00)$	92 15	92 17
$o : m = (\bar{1}11) : (\bar{1}10)$	65 18	65 15
$o : y = (\bar{1}11) : (\bar{1}01)$	33 40	33 38
$y : a = (\bar{1}01) : (\bar{1}00)$	92 58	92 45

Spaltbarkeit nicht beobachtet. Farblos. Optische Axenebene senkrecht zu $\infty \bar{P} \infty$. Erste Mittellinie im spitzen Winkel der Axen $55^0 \ 30'$ gegen c geneigt.

$2E = 65^0 \ 55$ für Li
$66 \ 13$ für Na
$66 \ 34$ für Ta.

Horizontale Dispersion nicht erkennbar, $\varrho < v$. Doppelbrechung stark, negativ.

Dimetanitrotoluol.

$C_6H_3(CH_3)(NO_2)_2$. (Stell. 1.3.5.) Schmelzpunkt 93^0 C.

Dargestellt von Fröchtling (Inaug.-Dissert. 1881, Göttingen). Krystalle aus einem Gemisch von Benzol und Eisessig.

Krystallsystem: Monosymmetrisch.

$$a : b : c = 0,4690 : 1 : 0.5276$$
$$\beta = 89^0 51'.$$

Combination (Fig. 7): $m = (110)\infty P$, $o = (\bar{1}11)+P$, $b = (010)\infty\mathcal{R}\infty$, $r = (021)2\mathcal{R}\infty$, $q = (011)\mathcal{R}\infty$, $c = (001)0P$. Prismatisch. Die Beschaffenheit der Flächen ist eine unvollkommene.

		Gemessen:	Berechnet:
$m : m$	$= (110) : (1\bar{1}0)$	$=$ *50° 15′	—
$m : o$	$= (110) : (11\bar{1})$	*38 53	—
$o : o$	$= (11\bar{1}) : (1\bar{1}\bar{1})$	*38 44	—
$o : m$	$= (11\bar{1}) : (\bar{1}10)$	119 55	119° 49′
$r : m$	$= (021) : (110)$	71 55	71 57
$r : m$	$= (021) : (\bar{1}10)$	72 — ca.	72 9
$o : c$	$= (11\bar{1}) : (00\bar{1})$	51 22	51 15
$m : c$	$= (110) : (001)$	89 50	89 52
$r : c$	$= (021) : (001)$	46 44	46 32
$r : q$	$= (021) : (011)$	18 49	18 43

Fig. 7.

Spaltbarkeit unvollkommen nach $c(001)$. Farbe gelb. An einem Schliff nach der b-Fläche ergab sich eine Auslöschungsschiefe von $1\frac{1}{2}^0$ gegen die verticale Kante. An einem sehr kleinen, aus der Mutterlauge erhaltenen durchsichtigen Krystall wurde mit Sicherheit eine Schiefe, wenn auch noch unter einem Grad, constatirt.

Optische Axenebene senkrecht zu $\infty\mathcal{R}\infty$. Erste Mittellinie fast genau senkrecht auf $c(001)$.

$2E =$	$2H_a =$	
99° 10′	62° 21′	für Li
98 4	61 32	für Na
96 50	60 49	für Tl.

Doppelbrechung sehr stark, negativ. Dispersion $\varrho > v$.

Anm. des Ref. Der Verfasser vergleicht die Krystallform dieses Körpers mit den früher bestimmten Formen einiger anderer Toluolderivate, welche ihrer chemischen Natur nach keine Beziehung mit jener zeigen können; in der That findet er auch keine Aehnlichkeiten zwischen den verglichenen Krystallformen.

Phtalylmetanitroparatoluidid.

$C_6H_3(CH_3)(NO_2)(N.CO.CO.C_6H_4)$. Stell. 1.3.4.

Dargestellt von v. Herff. (Inaug.-Dissert. Göttingen, 1881.) Krystalle aus Benzol.

Krystallsystem: Asymmetrisch.

$a : b : c = 0,9875 : 1 : 1,3205$

$A = 88°40'$ $\quad \alpha = 91° 39'$

$B = 77\ 38$ $\quad \beta = 102\ 24$

$C = 91\ 18$ $\quad \gamma = 88\ 23$

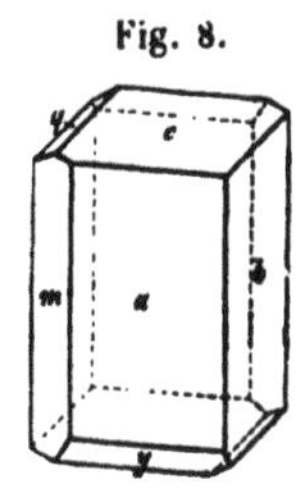

Fig. 8.

Combination (Fig. 8): $c = (001)0P$, $a = (100)\infty\bar{P}\infty$, $b = (010)\infty\breve{P}\infty$, $m = (1\bar{1}0)\infty{}'P$, $y = (10\bar{1}),\bar{P},\infty$, $q = (0\bar{1}2)\frac{1}{2}{}'\breve{P},\infty$. Habitus prismatisch durch Vorwalten der Flächen a, b oder tafelförmig nach a. Auf m verläuft eine Streifung parallel der Combinationskante zu c.

	Gemessen:	Berechnet:
$a : b$ = (100) : (010) =	*91° 18′	—
$a : c$ = (100) : (001)	*77 38	—
$c : b$ = (001) : (010)	*88 44	
$a : m$ = (100) : (1$\bar{1}$0)	*43 11	—
$c : y$ = (001) : ($\bar{1}$01)	*61 21	—
$y : a$ = (10$\bar{1}$) : (100)	44 5	41° 1′
$y : b$ = ($\bar{1}$01) : (010)	87 56	87 56
$q : c$ = (0$\bar{1}$2) : (001)	33 30 ca.	33 23
$q : b$ = (0$\bar{1}$2) : (0$\bar{1}$0)	57 43 ca.	57 47
Zwillinge nach b.(010)		
$c : \underline{c}$ = (001) : (00$\bar{1}$)	2 35	2 40
$y : \underline{y}$ = ($\bar{1}$01) : (10$\bar{1}$)	4 20	4 8

Eine Hauptschwingungsrichtung bildet

auf a 19° 15′ } gegen Axe c, im spitzen ebenen Winkel der Fläche
auf b 31 30 }
auf c 5 20 gegen Axe b, - - - - - -

Auf c tritt am Rande des Gesichtsfeldes eine Axe aus. Doppelbrechung sehr stark.

Ref.: F. Grünling.

8. **R. Bertram** (in Göttingen): **Krystallographische Untersuchung einiger organischer Verbindungen** (Inaug.-Dissert. Göttingen 1882).

β-Benzanishydroxamsäureäthylester.

$$N\overset{(1)}{(C_7H_5O)}\overset{(2)}{(C_8H_7O_2)}\overset{(3)}{(C_2H_5)}O.$$ Schmelzpunkt 89° C.

Dargestellt von **Pieper** (Ueber einige metamere Hydroxylaminderivate. Inaug.-Dissert. Königsberg 1882. Annalen d. Chem. **217**, 3).

Fig. 1.

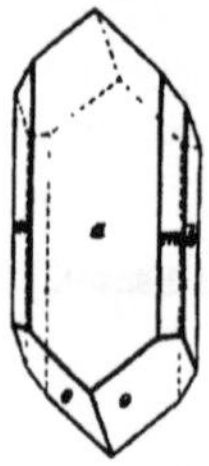

Krystallsystem: Monosymmetrisch.

$$a : b : c = 0,7481 : 1 : 0,8028$$
$$\beta = 75^0\ 21'.$$

Combination (Fig. 1): $a = (100)\infty P\infty$, $o = (\bar{1}11) + P$, $b = (010)\infty R\infty$, $m = (110)\infty P$. Die wasserhellen Krystalle sind prismatisch entwickelt; die Reflexe der Prismenflächen sind unvollkommen.

	Gemessen:	Berechnet:
$o : o$ = ($\bar{1}$11) : ($\bar{1}\bar{1}$1) =	*62° 58′	—
$o : a$ = ($\bar{1}$11) : ($\bar{1}$00)	*56 32	—
$b : m$ = (010) : ($\bar{1}$10)	*34 6	—
$o : m$ = ($\bar{1}$11) : ($\bar{1}$10)	—	41° 9′

Spaltbarkeit vollkommen nach b(010). Optische Axenebene $\infty R\infty$(010), erste Mittellinie im spitzen Axenwinkel 38° 10′ gegen c geneigt.

$$2H_a = 64^0\ 3'\ \text{für}\ Na.$$

Doppelbrechung stark, negativ. Dispersion nicht erkennbar.

Benzhydroxamsäureäthylester.

$N(C_7H_5O).(C_2H_5).OH$. Schmelzpunkt 64°—65° C.

Pieper: Annal. d. Chem. **217**, 16. Krystalle aus Alkohol.

Krystallsystem: Asymmetrisch.

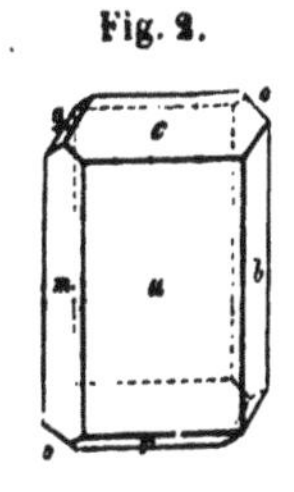

Fig. 2.

$a : b : c = 0,6101 : 1 : 0,8516$

$A = 91^0\ 2'$	$\alpha = 85^0 32'$
$B = 70\ 57$	$\beta = 109\ 32$
$C = 80\ 24$	$\gamma = 100\ 32$

Combination (Fig. 2): $a = (100)\infty\bar{P}\infty$, $b = (010)\infty\breve{P}\infty$, $c = (001)0P$, $m = (1\bar{2}0)\infty{}'\breve{P}2$, $r = (10\bar{2})\frac{1}{2},\bar{P},\infty$, $o = (\bar{1}22),\breve{P}'2$, $q = (0\bar{1}1)'\breve{P},\infty$. Theils prismatisch nach der Verticalaxe, theils tafelig nach $a(100)$. Die Reflexe der Flächen c, a, o, q sind unvollkommen.

	Gemessen:	Berechnet:
$a : c = (100) : (001)$	*70° 57′	—
$a : b = (100) : (010)$	*80 24	—
$b : c = (010) : (001)$	*91 2	—
$a : m = (100) : (1\bar{2}0)$	*54 37	—
$a : r = (100) : (10\bar{2})$	*68 2	—
$c : m = (001) : (1\bar{2}0)$	75 34	75° 35′
$b : m = (010) : (\bar{1}20$	44 59	44 59
$a : m = (\bar{1}00) : (1\bar{2}0)$	125 24	125 23
$b : r = (010) : (10\bar{2})$	82 16	82 20
$c : r = (001) : (10\bar{2})$	80 58	80 55
$b : q = (010) : (01\bar{1})$	50 4	50 9
$a : q = (100) : (0\bar{1}1)$	81 31	81 36
$c : q = (001) : (0\bar{1}1)$	38 27 ca.	38 49
$m : q = (1\bar{2}0) : (0\bar{1}1)$	50 10 ca.	50 36
$r : q = (10\bar{2}) : (01\bar{1})$	48 10 ca.	48 28
$o : m = (\bar{1}22) : (\bar{1}20)$	52 30 ca.	52 41

Spaltbarkeit vollkommen nach $a(100)$, ausserdem brechen die Krystalle noch leicht nach zwei Richtungen, welche etwa ‖ c und b verlaufen. Farblos.

Schwingungsrichtung auf	$a(100) =$	4° 20′	gegen Axe c geneigt, im stumpfen Winkel der Flächen.
- -	$b(010)$	11 9	
- -	$m(1\bar{2}0)$	10 26	

Die erste Mittellinie der optischen Axen ist nahezu parallel der Verticalaxe

$$2H_a = 84^0\ 18' \text{ für } Na.$$

Die zweite Mittellinie ist wenig schief gegen die Normale zu (100). Die Messung des stumpfen Axenwinkels durch eine natürliche Platte ergab (in Oel):

119° 13′ für Li
119 24 für Na
119 59 für Tl.

Doppelbrechung negativ. $\varrho > v$.

Bromwasserstoffsaures-o-Toluidin. (Orthotoluidinbromhydrat.)

$C_6H_4CH_3NH_2HBr$. Nicht ohne Zersetzung schmelzend.

Dargestellt von Städel. Ber. d. d. chem. Ges. 1883. 16, 28. Krystalle aus Wasser.

Krystallsystem: Rhombisch.

$a:b:c = 0{,}9136:1:0{,}3078.$

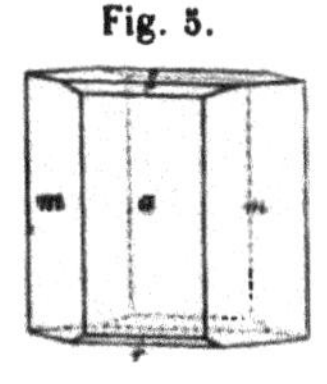
Fig. 5.

Combination (Fig. 5): $a = (100)\infty\bar{P}\infty$, $m = (110)\infty P$, $c = (001)0P$, $r = (101)\bar{P}\infty$. Die Krystalle sind theils prismatisch nach m, theils tafelförmig nach a. Reflexe der Flächen einheitlich, aber wenig intensiv.

	Gemessen:	Berechnet:
$a:m = (100):(110) =$	*42° 25′	—
$c:r = (001):(101)$	*18 37	—

Spaltbarkeit vollkommen nach $\infty\bar{P}\infty$. Farblos, durch Verunreinigung oft tief violett. Optische Axenebene $0P$. Erste Mittellinie b. Optischer Axenwinke in Oel:

$2H_o =$	115° 42′	für Li
	116 32	für Na
	117 26	für Ta
$2H_a =$	96 41	für Na (in Oel).
Daraus ergab sich $2V_a =$	82 37	für Na und für den mittlern
Brechungsexponent $\beta =$	1,6669	für Na.

Doppelbrechung negativ. Dispersion $\varrho > v$.

Bibromsuccinimid.

$C_4H_2Br_2O_2NH$. Schmelzpunkt 228° C.

Dargestellt von Stünkel. (S. auch Kieselinski, Jahresber. d. Chem. 1877, 406.)

Krystallsystem: Monosymmetrisch.

$a:b:c = 1{,}4521:1:0{,}9626$

$\beta = 59^\circ\ 1'$.

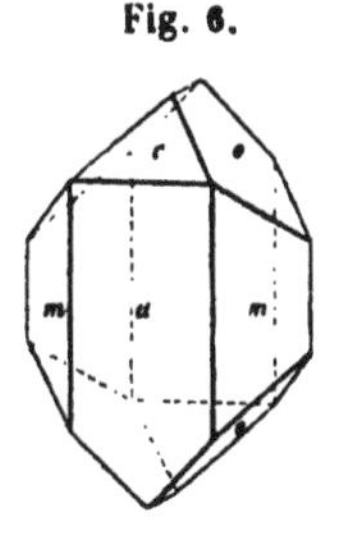
Fig. 6.

Combination (Fig. 6): $a = (100)\infty P\infty$, $m = (110)\infty P$, $c = (001)0P$, $o = (\bar{1}11)+P$. Aus Aceton wurden keine zu genaueren Messungen brauchbare Krystalle erhalten, die angegebenen Zahlen wurden an Krystallen aus Methylalkohol ermittelt. Dieselben zeigen an dem Ende, mit welchem sie aufgelegen, fast immer nur c. Die Reflexe der m-Flächen sind gestört durch eine Streifung parallel $c(001)$.

	Gemessen:	Berechnet:
$a:c = (100):(001) =$	*59° 1′	—
$c:o = (001):(\bar{1}11)$	*56 41	—
$o:o = (\bar{1}11):(\bar{1}\bar{1}1)$	*86 59	—
$o:m — (\bar{1}11):(110)$	62 39	67° 40′
$o:m — (\bar{1}11):(\bar{1}10)$	52 8	52 7
$m:m = (110):(\bar{1}10)$	77 35	77 33
$m:c = (001):(110)$	71 11	71 12

Sehr häufig Zwillinge nach $c(001)$.

	Gemessen:	Berechnet:
$b : m = (010) : (110)$ =	*68° 14′	—
$b : q = (010) : (011)$	*67 15	—
$c : m = (001) : (110)$	*89 7	—
$c : r = (001) : (031)$	51 28	51° 32′
$q : r = (011) : (031)$	28 42	28 46
$m : r = (110) : (031)$	72 28	72 33
$m : q = (110) : (011)$	80 55	80 56

Spaltbarkeit nicht beobachtet. Farbe röthlichgelb.

Optische Axenebene $\infty \bar{P} \infty$. Erste Mittellinie im spitzen ebenen Winkel der Axen 64° 58′ gegen c geneigt*).

$2E$ = 52° 42′ für Li
55 25 für Na
57 41 für Tl.

Doppelbrechung energisch, negativ. Dispersion $\varrho < v$.

Baryumdinitrosulfophenolat.

$C_6H_2(NO_2)_2OSO_3Ba + 3\frac{1}{2}H_2O$.

Dargestellt von Jannasch und Kayser. Krystalle aus Wasser.

Krystallsystem: Monosymmetrisch.

$a : b : c = 0{,}7058 : 1 : 1{,}8851$
$\beta = 88° 27′$.

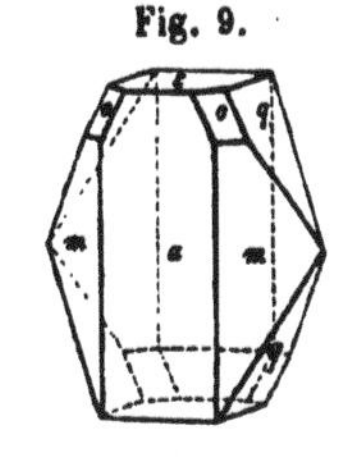

Fig. 9.

Combination (Fig. 9): $a = (100) \infty \bar{P} \infty$, $m = (110) \infty P$, $c = (001) 0P$, $q = (011) \bar{P} \infty$, $o = (111) -P$. Tafelförmig nach a und c. Auf a und m Längsstreifung. An Stelle von $0P$ tritt öfters die vicinale Fläche $r = \frac{1}{200} \bar{P} \infty (0.1.200)$ mit sehr constanten Winkelverhältnissen.

	Gemessen:	Berechnet:
$a : c = (100) : (001)$ =	*88° 27′	—
$m : m = (110) : (1\bar{1}0)$	*70 24	—
$q : q = (011) : (01\bar{1})$	*124 6	—
$q : m = (011) : (110)$	58 40	58° 42′
$q : m = (011) : (\bar{1}10)$	60 2	60 4
$a : q = (100) : (011)$	89 17	89 17
$c : o = (001) : (111)$	72 0 ca.	71 51
$r : r = (0.1.200) : (0.\bar{1}.200)$	1 6	1 5
$r : q = (0.1.200) : (011)$	61 33	61 30

Spaltbarkeit nicht beobachtet. Farbe gelb. Optische Axenebene $\infty \bar{P} \infty$. Beide Axen auf a sichtbar. In einer Platte nach (010) eine Hauptschwingungsrichtung 13° im stumpfen Axenwinkel gegen c geneigt.

$2E$ = 71° 24′ für Li
72 13 für Na
72 58 für Th.

*) Die »Axenbilder« (wohl Hyperbeln?) zeigten in der Diagonalstellung aussen Gelb, innen Blau und dazwischen Roth.

$$2H_a = 43^0\ 30'\ \text{für } Li$$
$$43\ \ 49\ \text{für } Na$$
$$44\ \ \ 5\ \text{für } Ta.$$

Doppelbrechung negativ. Dispersion $\varrho < v$.

Ref.: F. Grünling.

4. V. von Zepharovich in Prag): **Neue Mineralfundstätten in den Ziller thaler Alpen** (Naturwiss. Jahrb. »Lotos«, Prag 1882).

1) **Minerale aus dem Zillergrunde** (vom Hauptthale bei Mairhofen nach OS(abzweigendes Thal):

Harmotom vom Hasenkar an der Rosswand im Sondergrund (Nebentha des Zillergrundes). Bis 1 mm hohe, farblose Durchwachsungs-Doppelzwillinge deren nach aussen gekehrte (010)-Flächen rhombisch gerieft und um 50′ bis 2 geknickt sind, auf langprismatischem Quarz, auf Adular und Calcit in drusige Ueberzügen oder einzeln aufgewachsen, zusammen mit kleinen, in Brauneisener umgewandelten Pyritwürfeln. Die Unterlage der Drusen ist derber Quarz. (Harmotom ist ausserdem in Oesterreich noch bekannt aus dem Hollersbachthal im Pinzgau, von Hruschau in Mähren und Přibram in Böhmen.)

Adular aus dem Sondergrund am Hollenzkopf, grosse einfache Krystall und regelmässige Bavenoer Zwillinge; Combination (001)(10$\bar{1}$)(010)(110)(130) (20$\bar{3}$)(40$\bar{3}$)(11$\bar{1}$)(22$\bar{1}$). An Stelle von (110) erschienen einmal die vicinalen Flächen ϱ = (110.110.$\bar{1}$) und τ = (10.9.0) mit den Winkeln $\varphi : \tau = 2^0\ 32\frac{1}{2}'$ (berechnet $2^0\ 44\frac{1}{2}'$), $\tau : \tau = 7^0\ 4'$ ($6^0\ 31\frac{1}{2}'$).

Skolezit von ebenda in feinen, schief auslöschenden Nadeln auf Adular.

Desmin aus dem Zillergrunde in höchstens 2 mm langen platten, weissen Prismen: (001)(010)(110)(10$\bar{1}$), auf Calcit, der oberflächlich rostfarbig und angenagt erscheint, z.Th. wohl zur Desminbildung verbraucht, während der Eisengehalt sich als Hydroxyd abschied.

2) **Minerale aus dem Stilluppthale** (vom Hauptthale bei Weiler Haus nach SO abzweigend).

Apatit vom Hollenzkopf, meist tafelförmig, bis 4 cm breite und bis 1 cm dicke Krystalle, die kleineren farblos, die grösseren graulichweiss; beobachtete Formen: (0001)(10$\bar{1}$2)(10$\bar{1}$1)(11$\bar{2}$1)(10$\bar{1}$0), (20$\bar{2}$1)(11$\bar{2}$2), π(21$\bar{3}$0), π(21$\bar{3}$1), π(31$\bar{4}$1), selten π(21$\bar{3}$2). Dieselben enthalten zahlreiche Poren, in Strängen parallel der Hauptaxe geordnet, sowie einzelne grössere mit zwei Flüssigkeiten und einer Libelle. Auf Drusen von Periklin- und Muskovitkrystallen, auch mit Sphen und Chlorit, auf Gneiss.

Periklin vom Hollenzkopf, kleine tafelförmige Zwillinge, durch Chlorit vielfach im Wachsthum gehindert, mit Apatit, Sphen, Muscovit und feinen Rutilnadeln auf feinkörnigem weissen Gneiss. Von der Rosswand Krystalle mit stark erodirtem Kern, mit Chlorit, Sphen, Muscovit und Rutil, andere, gelblichweiss, mit Glimmer und aufgewachsenen Adularkrystallen.

Titanit von denselben beiden Fundstellen, theils flächenreiche braune Krystalle mit vorwaltendem (12$\bar{3}$), theils pistaziengrüne einfache oder Zwillingskrystalle, tafelförmig oder prismatisch ausgebildet.

Rutil von der Rosswand siehe diese Zeitschr. 6, 238.

Laumontit von der Löffelspitze an der Grenze zwischen dem Stillupp-, Floiten- und Ahrenthal. Bis 13 mm hohe, 5 mm breite schneeweisse Krystalle (110)(101) in schönen Drusen auf einem Gemenge von Laumontit, Chlorit und

Glimmer. $110 : \bar{1}10 = 86^0 46'$, $110 : 101 = 66^0 34'$ approx. Im Floitenthal kommen ganz ähnliche Krystalle mit Quarz, Periklin und Muscovit vor.

Im Stilluppthale finden sich ferner: Dodekaëder von braunem Granat bis 7 cm Durchmesser und Quarzkrystalle, z. Th. mit jenen feinen Linien, welche nach G. vom Rath (diese Zeitschr. **5**, 13) durch Zwillingsstreifen nach $(10\bar{1}1)$ hervorgebracht werden, z. Th. auch mit sogenannten »zerfressenen« Flächen.

Ref.: P. Groth.

5. A. Streng (in Giessen). **Ueber Quarz von der Grube Eleonore bei Giessen** (17. Ber. der Oberhess. Ges. f. Natur- u. Heilk. S. 36—42). In dem Lager von manganreichem Brauneisenerz von der Grube Eleonore am Dünstberge bei Giessen findet sich Quarz in einzelnen zerbrochenen Krystallen und in zusammenhängenden Drusen. An manchen derselben fand der Verf. folgende seltene Formen: 1) das dihexagonale Prisma $(7.4.\bar{1}\bar{1}.0)\infty P\frac{11}{7}$ als Zuschärfung aller Kanten des gewöhnlichen Prisma, aber nicht immer an der ganzen Längenausdehnung einer solchen Kante sichtbar, gemessen $10\bar{1}0 : 7.4.\bar{1}\bar{1}.0 = 21^0 30'$ approx. (berechnet: $21^0 3'$), $7.4.\bar{1}\bar{1}.0 : 4.7.\bar{1}\bar{1}.0 = 17^0 27'$ approx. $(17^0 54')$; auch scheinen noch andere dihexagonale Prismen vorzukommen, aber nicht genügend messbar. 2) Trapezoëder, welche die Polkante von $R(10\bar{1}1)$, wenn $-R(01\bar{1}1)$ zurücktritt, schief (unter Winkeln von 10^0, 23^0, 51^0) abstumpfen. 3) $P2\,(11\bar{2}2)$ als schmale Abstumpfung der Pyramidenkante, zusammen mit einer gegen $(10\bar{1}1)$ 31^0, also schief geneigten Fläche. 4) An Stelle des, ebenso wie die gewöhnlichen Trapezoëder, fehlenden $2P2(11\bar{2}1)$ unsymmetrische Flächen, wahrscheinlich obere Trapezoëder. 5) Stumpfe Rhomboëderflächen an solchen Krystallen, welche am Ende eine horizontale Kante zeigen. Die aufgeführten Flächen, von denen 3—5 nur mit der Lupe erkennbar sind, machen den Eindruck, als seien sie durch Corrosion der Kanten entstanden.

Ref.: P. Groth.

6. L. Roth (in Giessen): **Ueber Magnetkies von Auerbach und Gismondin vom Vogelsberge** (Ebenda S. 45—48). Der Verf. fand an der Bangertshöhe bei Auerbach an der Bergstrasse (Hessen) ein Kalkstück, welches neben zahlreichen Granaten viel Magnetkies, z. Th. in Krystallen, enthielt. Die letzteren zeigten theils die Combination $(0001)\,0P$, $(10\bar{1}0)\infty P$, theils an Stelle der letzteren Form Pyramidenflächen, waren aber nicht genau messbar. Die drei vom Verf. isolirten Krystalle waren sämmtlich nach einer Nebenaxe verlängert und daher von ausgesprochen rhombischem Habitus.

In den Drusen des Basaltes zwischen Gedern und Oberseemen im Vogelsberge fanden sich, neben Chabasit, Phillipsit, Hyalit und Bol, Pyramiden von Gismondin von 2—8 mm Durchm., welche wegen der Rauhigkeit ihrer Flächen nur mit dem Anlegegoniometer gemessen werden konnten. Es ergaben sich die Polkanten zu 66^0 und 92^0—94^0, die Basiskanten zu 48^0—50^0, der ebene Winkel der Basis $= 80^0$. Dünnschliffe der Krystalle liessen im polarisirten Lichte erkennen, dass jeder derselben aus mehreren zusammengesetzt sei.

Ref.: P. Groth.

7. G. Bodländer (in Breslau): **Ueber das optische Drehungsvermögen isomorpher Mischungen aus den Dithionaten des Bleis und des Strontiums**

(Inaug.-Dissert. Breslau 1882). Nach den Untersuchungen Fock's scheint bei den isomorphen Mischungen kein einfaches Gesetz zu existiren, durch das man aus den Brechungsexponenten auf die Zusammensetzung schliessen könne, wie auch bei Lösungen bekanntlich kein solches bisher gefunden worden ist. Da bei letzteren aber, wenn sie circularpolarisirend sind, ein derartiger Schluss möglich ist, so untersuchte der Verf., ob auch isomorphe Mischungen circularpolarisirender Krystalle sich analog verhalten. Da es nicht gelang, Mischkrystalle von Natriumchlorat und -bromat zu erhalten, so wurden die isomorphen Mischungen von dithionsaurem Strontium und Blei für diesen Zweck benutzt.

Die zur Bestimmung der Drehung benutzte Methode war die von Broch mit der von Lüdtke angegebenen Modification: Das intensive Licht einer Stammer'schen Petroleumlampe, durch eine Linse parallel gemacht und durch einen Nicol polarisirt, fiel auf den Spalt eines Spectralapparates*), hinter dem eine Soleil' Doppelplatte von Quarz, welche die Polarisationsebene des gelben Lichtes um 180^0 dreht, angebracht war; am Ende des Collimatorrohrs befand sich ein Nicol mit Theilkreis. Werden die Hauptschnitte beider Nicols gekreuzt und die Grenze der beiden Hälften der Quarzplatte senkrecht zur Kante des Prisma gestellt, so erscheint in der oberen und unteren Hälfte des beobachteten Spectrums dieselbe Farbe ausgelöscht, nämlich das im Rechts- und im Linksquarz um 180^0 gedrehte Gelb, und daher ein senkrecht durchgehender schwarzer Streifen. Fügt man nun vor dem Spalt eine circularpolarisirende Platte in den Gang der Lichtstrahlen ein, welche das mittlere Gelb um α^0 rechts dreht, so wirkt diese so, als ob der Rechtsquarz um ebenso viel dicker, der Linksquarz dünner geworden wäre; man muss den Nicol am Ende des Collimatorrohres um α^0 nach rechts drehen, um den dunklen Streifen in beiden Hälften des Spectrums wieder an derselben Stelle zu sehen.

Bei jeder Bestimmung des Winkels α wurden mindestens je neun Ablesungen der Stellung des Nicols vor und nach der Einfügung der Krystallplatte vorgenommen; die Differenz beider Einstellungen, welcher die durch die Platte hervorgebrachte Drehung entspricht, konnte alsdann mit einem wahrscheinlichen Fehler von $0{,}^\circ03$ bestimmt werden; der wahrscheinliche Fehler der Messung der Dicke der untersuchten Platten konnte bis 0,01 mm steigen; daraus und aus der mittleren Dicke der angewandten Krystalle und ihrem durchschnittlichen Drehungsvermögen berechnete sich der wahrscheinliche Fehler in der Bestimmung des letzteren zu $0{,}^\circ04$.

Die chemische Zusammensetzung der Mischkrystalle wurde durch Feststellung ihres Glühverlustes ermittelt (1 gr Bleidithionat erleidet beim Uebergang in Bleisulfat einen Verlust von 0,3099 gr, 1 gr Strontiumdithionat einen Glühverlust von 0,4256 gr). Aus dem durchschnittlich angewandten Gewicht von 0,130 gr ergab sich ein wahrscheinlicher Fehler in der Bestimmung des Procentgehaltes eines Mischkrystalles von 0,8 %, was durch Controlanalysen bestätigt wurde.

Das Drehungsvermögen des unterschwefelsauren Blei für das mittlere Gelb, dessen Wellenlänge zu 0,000556 bestimmt wurde, ergab sich aus der Messung von 12 Krystallen im Mittel $\alpha = 6{,}^\circ338$. Bei der Untersuchung des unterschwefelsauren Strontium zeigte sich, was beim ersteren Salz nur ausnahmsweise vorkam, dass die Krystalle regelmässig aus rechts- und linksdrehenden Theilen zu-

*) Es wurde hierzu ein Glan'sches Spectrophotometer (s. diese Zeitschr. 7, 155) genommen, aus dem das Rochon'sche Prisma und die den Spalt halbirende Platte entfernt worden waren.

sammengesetzt waren und daher ganz von einander abweichende Werthe ergaben; im Mittel von 26 Krystallen wurde gefunden $\alpha' = 1^\circ,826$, während der wahre Werth der Drehung keinenfalls kleiner sein kann, als der höchste gefundene Werth $3^\circ,39$ (Pape und Bichat geben $1^\circ,64$ resp. $1^\circ,92$ an). Die angegebene Zusammensetzung wurde an mehreren Krystallen durch Abschleifen und durch die alsdann zu beobachtende Zunahme der Drehung nachgewiesen. Ganz ebenso verhielten sich die Mischungen beider Salze, von denen manche Krystalle auch noch wegen Spannungserscheinungen ausgeschlossen werden mussten. Es war daher nöthig, auch Krystalle verschiedener Anschüsse von nur wenig abweichender Zusammensetzung zu einer Gruppe zu vereinigen, weil nur so die mittlere Drehung einer grösseren Zahl von Krystallen bestimmt werden konnte, welche offenbar nöthig ist, um das Resultat mit der oben gefundenen mittleren Drehung des Strontiumdithionates zu vergleichen und dabei die Fehler zu vermeiden, welche bei den einzelnen Krystallen durch die eingewachsenen, entgegengesetzt drehenden Partien entstehen. So gelang es nachzuweisen, dass mit der Zunahme des mittleren Bleigehaltes solcher Gruppen von Mischkrystallen auch ihr Drehungsvermögen zunimmt, und ergab sich eine, bei den vorliegenden Fehlerquellen immerhin genügend gute Uebereinstimmung dieser Zunahme mit dem zu erwartenden Gesetze, dass die Moleküle der beiden Salze auch in ihren isomorphen Mischungen ihr specifisches Drehungsvermögen behalten, dass also der Winkel, um den eine 1 mm dicke Platte die Polarisationsebene dreht, sich aus der Zahl der Moleküle der Componenten der Mischung ergiebt. Ist m die Anzahl der Moleküle Bleisalz in 100 Mol. der Mischung, α die Drehung des unterschwefelsauren Blei, α' die des Strontiumsalzes, so muss alsdann die Drehung des Mischkrystalls betragen:

$$\alpha'' = \frac{m\alpha + (100 - m)\,\alpha'}{100}.$$

Mit dieser Formel sind in der folgenden Tabelle die Werthe α'' für jede Gruppe von Mischkrystallen aus ihrer mittleren chemischen Zusammensetzung berechnet und mit der gefundenen mittleren Drehung verglichen:

Gruppe:	Molek.:	Drehungsvermögen berechnet:	Drehungsvermögen gefunden:	Differenz:
—	100	—	6,338	
1	91,79	5,968	5,811	— 0,157
2	69,25	4,950	4,576	— 0,374
3	66,38	4,821	4,388	— 0,433
4	60,60	4,560	4,175	— 0,385
5	57,84	4,436	4,340	— 0,096
6	50,16	4,089	4,103	+ 0,014
7	39,36	3,602	3,857	+ 0,255
8	29,33	3,149	3,270	+ 0,121
9	23,73	2,896	3,040	+ 0,144
10	22,14	2,825	2,950	+ 0,125
11	14,48	2,439	2,559	+ 0,120
12	11,78	2,358	2,237	— 0,121
—	0	—	1,826	

Ref.: P. Groth.

8. E. Mallard (in Paris): **Ueber die optischen Eigenschaften isomorpher Mischungen** (Bull. soc. min. d. Fr. 1880, **3**, 3). Der Verf. hat früher (Annales des Mines **10**, 1876, vergl. auch diese Zeitschr. **6**, 623) die Formeln entwickelt, durch welche man die optischen Eigenschaften einer isomorphen Mischung aus denjenigen ihrer Componenten zu berechnen im Stande wäre. Es wurde für deren Herleitung die Annahme zu Grunde gelegt, dass die durch die Lichtschwingung geweckte elastische Kraft die Resultante der elastischen Kräfte sei, welche sie in jedem der die Mischung zusammensetzenden Krystalle wecke. Seien A, B, C die Elasticitäten nach den drei Axen des Mischkrystalls, a, b, c diejenigen des einen darin enthaltenen Salzes, α, β, γ die des anderen und u und v die Procentzahl der Moleküle beider Componenten der Mischung, so sind die gefundenen Formeln:

$$A^2 = u\,a^2 + v\,\beta^2$$
$$B^2 = u\,b^2 + v\,\gamma^2$$
$$C^2 = u\,c^2 + v\,\alpha^2.$$

Dufet's Formeln (vergl. diese Zeitschr. **8**, 431) ergeben die optischen Eigenschaften der Mischung auf Grund der Annahme, dass die Zeit, in welcher ein Lichtstrahl eine bestimmte Strecke der Mischung durchläuft, gleich der Summe der Zeiten sei, welche er zur Durchlaufung der Strecken in den einzelnen Salzen, die er auf seinem Wege vorfindet, brauchen würde. In beiden Fällen wird vorausgesetzt, dass bei der Mischung keine gegenseitige Beeinflussung der Componenten eingetreten sei, aber die Formeln des Verf.'s sind die allgemeineren, da sie auch für den Fall gelten, wo die optische Orientirung der beiden sich mischenden Salze verschieden ist.

Um die aus den Formeln berechneten optischen Constanten mit den beobachteten zu vergleichen, benutzt der Verf. die von Wyrouboff angestellten Messungen der optischen Axenwinkel isomorpher Mischungen (vergl. diese Zeitschr. **4**, 414). Allerdings ergiebt eine Discussion derselben, dass eine solche Vergleichung zu einer genauen Uebereinstimmung deshalb nicht führen kann, weil die in die Formeln einzusetzenden Brechungsexponenten der in der Mischung enthaltenen Salze nicht so genau bestimmt sind, als es erforderlich wäre, und ausserdem zum Theil für die Linie C angegeben wurden, während die Axenwinkel in einem damit nicht ganz identen rothen Lichte gemessen wurden. Dazu kommen noch die Fehler der Messung des Axenwinkels und diejenigen in der Bestimmung der chemischen Zusammensetzung der Mischung. Die Unsicherheit in den Brechungsexponenten gestattet nicht, den Axenwinkel genauer, als auf 4^0 zu berechnen, die Messung desselben giebt ihn auf circa 1^0 genau, also ist eine Differenz von 5^0 für den ganzen, von $2\frac{1}{2}{}^0$ für den halben Axenwinkel zwischen Rechnung und Beobachtung möglich.

Mischungen von K_2SO_4 und $(NH_4)_2SO_4$; Axenebene des ersteren Salzes (100), des zweiten (010). Als Brechungsexponenten des Kaliumsulfates werden, mit einer kleinen Correctur für α, die von Topsöe und Christiansen gegebenen benutzt:

1,49144 1,4928 1,4959.

für das Ammoniumsulfat die von Erofejew:

1,5185 1,5209 1,5303.

Die Berechnung ergiebt alsdann, dass die Mischungen negativ einaxig werden (optische Axe normal zu 010) bei einem Gehalt von 21,8 Mol. Ammoniumsulfat auf 100, dass bei höherem Gehalt an letzterem die Axen in der Ebene 001 auseinandergehen und bei 66,15 Mol. wieder Einaxigkeit eintritt, deren Charakter positiv, wobei die optische Axe senkrecht zu 100. Wyrouboff fand die erste Einaxigkeit bei circa 23,3 Mol. $(NH_4)_2SO_4$; Mischungen mit vorherrschendem Ammoniumsalz wurden von ihm nicht untersucht. Die folgende Tabelle enthält die Beobachtungen und unter »berechnet« die Zahl der Moleküle von Ammoniumsulfat, welche sich nach der Theorie aus dem beobachteten Axenwinkel ergiebt:

Nr.	Mol.-Proc. $(NH_4)_2SO_4$	Berechnet:	Halber Axenwinkel in Oel:	
0	0	—	58° 13′	Axenebene (100)
1	7,82	10	42 52	
2	13,27	13,7	35 8	
3	15,72	17	28 10	
4	19,59	20	18 22	
5	23,14	21	11 15	
6	23,26	22,5	8 47	Axenebene (001)
7	24,09	22,7	11 47	
8	24,30	23,5	16 0	
9	27,49	26	25 32	
10	30,84	30	35 0	
11	34,52	32,7	41 45	

Was die ebenfalls von Wyrouboff untersuchten Mischungen von K_2SO_4 und K_2CrO_4 betrifft, so kennt man von dem zweiten Salze nur den Axenwinkel und den mittleren Brechungsexponenten. Der Verf. hat daher aus diesen und dem Mittel zweier Beobachtungen Wyrouboff's die fehlenden Werthe theoretisch abgeleitet und nimmt als Indices des Salzes an:

1,6873 1,722 1,7305.

Dann ergiebt sich für die Wyrouboff'schen Beobachtungen folgende Tabelle:

Nr.	Mol.-Proc. K_2CrO_4	Halber Axenwinkel in Oel für Roth beobachtet:	berechnet:
—	0	57° 53′	—
1	4,93	57 0	49° 48′
2	6,53	50 12	47 48
3	7,36	50	46 40
4	11,91	45	43 24
5	14,04	44	42 12
6	15,50	42 15	41 6
7	17,10	41 30	40 24
8	18,88	40 30	39 18
9	23,25	36 45	37 30
10	33,62	34	34 42
11	40,55	31 40	33 20
—	100	29 25	—

Hier weicht nur die erste Beobachtung stärker von der Rechnung ab, als der oben angenommene mögliche Fehler beträgt, daher der Verf. als erwiesen annimmt, dass innerhalb der allerdings sehr weiten Fehlergrenzen seine Formeln den Beobachtungen entsprechen.

Schliesslich hat Derselbe obige Formeln auch auf die von Dufet untersuchten Mischungen von Magnesium- und Nickelsulfat angewandt und bis auf einige Einheiten der vierten Decimale dieselben Werthe der Brechungsexponenten gefunden, wie sie Dufet aus seinen Formeln berechnete, so dass beide Berechnungen den Beobachtungen gleich gut entsprechen. Ebenso liefern die Dufetschen Formeln, wenn man sie passend erweitert auf die Wyrouboff'schen Beobachtungen anwendet, fast genau dieselben Resultate, wie die des Verfassers.

Der Verf. betrachtet die gefundene Uebereinstimmung als einen Beweis dafür, dass die optischen Eigenschaften der isomorphen Mischungen in der That durch einfache Summation der Einzelwirkungen der sich mischenden Körper zu Stande kommen, dass also bei der Vereinigung ihrer Molekularaggregationen diese einander nicht, oder wenigstens nicht merklich, beeinflussen.

Ref.: P. Groth.

9. E. Bertrand (in Paris): **Ueber optische Anomalien und deren Unterscheidung von normaler Doppelbrechung** (Bull. d. l. Soc. min. d. France 1882, 5, 3—7). Der Verf. setzt auseinander, dass ein durch Druck, Spannung oder dergl. in seinen optischen Eigenschaften modificirter Körper nach dem Zerbrechen in Stücke nicht mehr dieselben Eigenschaften zeige, während die Stücke eines mit normaler Doppelbrechung begabten Körpers sich vollkommen gleich dem ganzen Krystall verhielten. Dies sei auch der Fall mit den sogenannten pseudohexagonalen, pseudoquadratischen und pseudoregulären Krystallen, welche also als Verwachsungen wahrer Krystalle zu betrachten seien. Ohne diese Annahme wäre es auch schwer zu erklären, dass die unter denselben Bedingungen gebildeten Krystalle, z. B. von Boracit, sämmtlich die gleichen optischen Anomalien erfahren haben sollten, welches auch ihre äussere Form sei, und weshalb umgekehrt Krystalle von derselben Form, wie die Oktaëder von Boracit und die von Roméin, sich optisch als ganz verschieden zusammengesetzt erweisen. Ausserdem könne man die äussere Form nicht als Ursache der regelmässigen inneren Modificationen herbeiziehen in Fällen, wo jene fehlt, wie bei dem dichten Granat von Jordansmühl, dessen einzelne Partikel dieselben Zwillingsgrenzen zeigen, wie die ausgebildeten Krystalle.

Ref.: P. Groth.

10. H. Gorceix (in Ouro Preto, Brasilien): **Die Diamantlagerstätten von Minas-Geraes** (Ebenda, S. 9—13). Der Verf. führt die in den Sanden den Diamant begleitenden Mineralien auf, unter denen neben Quarz besonders vorherrschen: Rutil, Anatas, Turmalin und Martit. Diese stammen aus den metamorphischen Gesteinen des mittleren Theils der Provinz, welche von Quarzgängen durchsetzt werden, in denen sich Anatas, Rutil, Eisenoxyd, Magnetit, Klaprothit u. s. w. finden. In diesen metamorphischen Gesteinen kommen Diamanten in zwei der paläozoischen Formation angehörigen Lagen vor, bei Grao Mogol, N von Ouro Porto, in einem Quarzit mit grünem Glimmer, und bei Sao-Joao da Chapada, westlich von Diamantina, in zersetzten thonigen Schichten, welche in Quarzit eingelagert sind. In beiden Fällen zeigen die Diamanten keine Spuren von Abrollung. Ein Krystall der letzteren Localität war in einen Anatas eingewachsen, ein anderer auf Eisenglanz aufsitzend. Das Vorkommen der Diamanten von Sao-Joao entspricht vollkommen dem der Topase bei Boa-Vista.

Ref.: P. Groth.

11. E. Bertrand (in Paris): **Optische Eigenschaften des Rhodizit** (Ebenda, S. 31—32, 72—74). Die Krystalle dieses Minerals sind pseudoreguläre Combinationen von Dodekaëder und Tetraëder und aus mehreren doppelbrechenden Theilen mit grossem Axenwinkel zusammengesetzt. Eine Platte nach der Dodekaëderfläche zeigt die optische Axenebene parallel der kürzeren Diagonale, d. h. gerade umgekehrt wie beim Boracit, und die erste Mittellinie mit positiver Doppelbrechung circa 10° abweichend von der Normale zur Platte. Der Verf. betrachtet die scheinbar reguläre Form als zusammengesetzt, in derselben Weise wie Mallard*) die des Boracits, aus zwölf Einzelkrystallen, welche in diesem Falle jedoch dem monosymmetrischen Systeme angehören. Die Rhodizitkrystalle zerfallen durch Stoss sehr leicht in ihre Componenten.

Ref.: P. Groth.

12. F. Gonnard (in Lyon): **Mineralien der Umgegend von Pontgibaut** (Ebenda, S. 44—53, 89). In den Gruben bei Pontgibaut, Dep. Puy de Dome, wurden in neuerer Zeit in besonders schönen Exemplaren gefunden: Cerussit, Pyromorphit in kugeligen Aggregaten, dem böhmischen Miesit ähnlich, Nussierit, Mimetesit in schön pistaziengrünen, dem Kampylit ähnlichen Krystallen, Eisenspath, Flussspath in durchsichtigen gelben Hexaëdern bis zu 7—8 cm Seitenlänge, überzogen mit kleinen Quarzkrystallen. Fournet führt aus derselben Gegend an: Kupfer, Kupfervitriol, kupferhaltigen Antimonit und Wavellit. Die von Pontgibaut angegebenen Mineralien Voltzin und Vauquelinit hat der Verf. vergeblich auf den Gruben und in den Localsammlungen gesucht; recht selten ist auch der Bournonit, von dem jedoch sehr schöne Krystalle vorgekommen sind. Ferner sind zu erwähnen: Anglesit, Fahlerz**) in grossen Krystallen, Zinkenit in körnigen derben Massen (45 % *Sb*, 28 % *Pb*, 0,5 % *Ag*), umhüllt von einer amorphen braunen Substanz vom spec. Gewicht 4,75, vom Verf. als Bleiniere bezeichnet, endlich Manganspath oder richtiger eine Mischung von Kalk-, Magnesia-, Eisen- und Mangancarbonat.

Unter den Vorkommen ausserhalb der Gruben ist besonders interessant das des Flussspathes von Martinèche; ausser den grossen Würfeln und Oktaëdern kommen auch Combinationen (100)(110) und selbst reine Dodekaëder vor. Mit dem Fibrolith von Pontgibaut finden sich im Gneiss oder Granit daselbst auch Pseudomorphosen, welche dem Praseolith oder Chlorophyllit zuzurechnen sind.

Ref.: P. Groth.

13. A. Des Cloizeaux (in Paris): **Ueber optische Anomalien des Prehnit** (Ebenda, S. 58—60, 125—130). Während die Prehnite der meisten Fundorte einen grossen Axenwinkel (in 010) und fast keine Dispersion der optischen Axen

---

*) Siehe diese Zeitschr. **1**, 312.

**) Von diesem Erz der Grube Pranal wurde auf der Hütte zu Pontgibaut eine Analyse ausgeführt, welche ergab:

S	24,35
Sb	22,30
Cu	23,56
Fe	6,58
Zk	2,84
Ag	19,03
	98,11

besitzen, zeigt der Prehnit von Farmington in Connecticut ein ganz eigenthümliches Verhalten. Eine Platte nach 001 (Spaltfläche) ist zusammengesetzt aus zwei Theilen, deren jeder von einer Prismenfläche ausgeht, während sich zwischen ihnen, von (100) ausgehend, ein keilförmiges drittes Stück befindet, dessen Spitze nach der Anwachsstelle des Krystalls gekehrt ist. Alle drei Sectoren sind von feinen Zwillingslamellen durchzogen, welche aber in dem mittleren eine andere Richtung haben, hier auch zuweilen fehlen. Die grossen äusseren Sectoren zeigen nun einen ziemlich beträchtlichen Axenwinkel in einer Ebene, welche mit der Normalen zu (010) 0°—23° bildet und zwar um 5°—19° verschieden ist für Roth und Blau, so dass neben der starken gewöhnlichen Dispersion ($\varrho > v$ oder $\varrho < v$ in verschiedenen Platten) auch eine sehr lebhafte gekreuzte Dispersion erscheint. Der centrale Sector hat am Rande, wo er durch (100) begrenzt ist, einen sehr kleinen Axenwinkel, in der Mitte $2E = 17°$, mit $\varrho < v$, Axenebene (010); an der Spitze der Keilform liegen die Axen in der Ebene senkrecht zu (010) und haben $\varrho > v$; in allen Theilen desselben ist die anomale Dispersion schwach; sie ist meist gekreuzt, zuweilen horizontal.

Nachdem Mallard (l. c. S. 70) mitgetheilt hatte, dass er an einem Prehnit von Arendal ganz ähnliche Erscheinungen beobachtet habe, giebt der Verf. in der Fortsetzung seines ersten Aufsatzes die Beobachtungen, welche er an Prehniten anderer Fundorte angestellt hat.

Fast alle Platten von Prehnit zeigen eine Theilung in zwei oder vier Sectoren und Störungen der optischen Erscheinungen, hervorgebracht durch feine Zwillingslamellen nach (110), bei vielen auch durch feine eingewachsene Fasern. Ganz normal verhielten sich kleine grüne Krystalle von Kilpatrick in Schottland und einzelne vom Oisans. Basische Platten aus grösseren Krystallen vom Fassathale zeigten eine ähnliche Zusammensetzung, wie die von Farmington, und sind von zahlreichen Lamellen durchzogen; dabei differiren aber die Richtungen der optischen Axenebene in den verschiedenen Sectoren nur um 3—4°, und der ziemlich grosse Axenwinkel zeigt nur geringe Verschiedenheit an verschiedenen Stellen und für verschiedene Farben.

Noch homogener erwiesen sich die kleinen Krystalle von Ratschinges bei Sterzing in Tirol, daher aus einem derselben ein Prisma geschliffen werden konnte, dessen brechende Kante normal zur Axenebene war. Dasselbe ergab:

$$A = 43° 43', \quad D = 30° 48', \quad \beta = 1,626 \; Na.$$

Der Kupholith aus den Pyrenäen und von Chamounix zeigt Zusammensetzung aus Sectoren, aber ziemlich constanten grossen Axenwinkel ($2H = 72°—74°$ Roth) und die Axenebene ‖ (010) oder nur einige Grad davon abweichend.

Kleine rhombische Kupholithtäfelchen von Barèges scheinen, statt von (110), durch (101) begrenzt zu sein, welches fast genau denselben Winkel besitzt wie das Prisma, denn die Normale derselben ist die zweite Mittellinie der optischen Axen, welche in der Ebene der kurzen Diagonale liegen, wie auch bei allen anderen homogenen Prehniten.

Aehnliche Anomalien wie an den zuerst beschriebenen wurden noch an zwei Prehnitexemplaren vom Cap beobachtet. Das eine zeigte in basischen Schliffen in der Mitte einen verlängerten centralen Sector mit normalem optischen Verhalten, in den beiden seitlichen auch nur geringe Abweichungen, aber in einer an den Prismenflächen liegenden Randzone ganz kleine Axenwinkel und eine Axenebene, welche mit (010) variable Winkel 14° bis 34° bildete. Ganz abweichend von den übrigen ist die Structur der Platten aus dem zweiten Exemplar.

Die Hauptmasse ist durchzogen von zahlreichen Lamellen || (010) und weniger zahlreichen dazu senkrechten, so dass sie eine dem Mikroklin ähnliche Gitterstructur darbietet. Gangartig in dieser Masse sowie an den Seiten derselben treten unregelmässig begrenzte Partien auf, welche nach (110) eine feine rhombische Streifung besitzen, und deren optisches Verhalten anomal ist. Theils liegen die optischen Axen in der kurzen, theils in der langen Diagonale der kleinen Rhomben, theils in ganz abweichenden Ebenen; der Axenwinkel variirt sehr stark, die Dispersion ist stets eine deutlich gekreuzte. In der rechtwinkelig gegitterten Hauptmasse dagegen ist die Dispersion die gewöhnliche, nur nimmt der Axenwinkel nach dem Rande zu ab.

Der Verf. glaubt bei der bisherigen Annahme stehen bleiben zu müssen, dass das Krystallsystem des Prehnit das rhombische sei, und betrachtet die die Krystalle durchziehenden feinen Lamellen als Ursache der anomalen optischen Erscheinungen.

Ref.: P. Groth.

14. **E. Bertrand** (in Paris): **Optische Eigenschaften des Garnierit und Comarit** (Bull. d. l. Soc. min. d. France 1882, 5, 75—76). Der Numëit oder Garnierit besitzt gewöhnlich eine warzige und sphärolithische Oberfläche, und ein Dünnschliff desselben zeigt im parallelen polarisirten Lichte sehr schön das Interferenzbild einaxiger sphärolithischer Körper. Dasselbe Bild, ebenfalls mit positiver Doppelbrechung, aber minder schön, zeigen Gymnit, Nickelgymnit, Cerolit, Deweylit, Pimelith. Der Comarit ist, wie die Untersuchung von Spaltblättchen lehrt, sehr stark doppelbrechend und zwar negativ; nach den Streifen oder Spuren von Spaltbarkeit, die man an solchen Blättchen beobachtet, scheint er hexagonal zu sein, während der Röttisit vollkommen amorph ist. Für einen Glimmer, wofür ihn Breithaupt hielt, scheint der Comarit dem Verf. viel zu stark doppelbrechend zu sein.

Ref.: P. Groth.

15. **Derselbe: Ueber sphärolithische Gebilde in der Kreide** (Ebenda, S. 76). Im Dünnschliff einer chloritischen Kreide beobachtete der Verf. kreisförmige Partien, welche deutlich ein schwarzes Kreuz zeigten, sobald der sie umgebende kohlensaure Kalk sich in der Dunkelstellung befand; beim Drehen aus dieser Stellung verschwand das Kreuz; durch eine Viertelundulations-Glimmerplatte wurde es nicht wesentlich verändert.

Ref.: P. Groth.

16. **E. Mallard** (in Paris): **Ueber die Messung der optischen Axenwinkel** (Ebenda, S. 77—87). Wenn man durch Einfügung der Bertrandschen Linse in das Mikroskop dieses in ein auf unendliche Entfernung eingestelltes Fernrohr verwandelt und durch dasselbe das Interferenzbild eines zweiaxigen Krystalls beobachtet, so kann man bekanntlich durch Messung des Abstandes der Hyperbeln mittelst eines Ocularmikrometers (oder indem man, wie der Verf., die Hyperbeln mit der Camera lucida auf Papier projicirt) den Axenwinkel der Platte bestimmen, indem man jenen Abstand mit dem von Krystallplatten mit bekanntem Axenwinkel vergleicht. Der Verf. entwickelt nun die Relation, welche zwischen dem Abstand D eines Bildpunktes von der Mitte des

Bildes und der Neigung u des Lichtbündels im Krystall besteht, welches in jenem Bildpunkte vereinigt wird, und weist nach, dass jene Distanz in einem bestimmten Verhältniss zum Sinus dieses Winkels steht. Es ist $D = m \sin u$, wo m ein Coefficient ist, welcher constant denselben Werth behält, auch wenn die Bertrand-sche Linse gehoben oder gesenkt wird, so lange der optische Apparat des Mikroskops derselbe bleibt, und welcher sich proportional der Focaldistanz des Objectivs ändert. Setzt man für u, welches dem wahren Winkel einer optischen Axe mit der Mittellinie (welche mit der Mikroskopaxe zusammenfällt) entspricht, den scheinbaren in Luft E ein, so erhält man

$$D = M \sin E,$$

worin M ein anderer, aber sehr leicht zu bestimmender Coefficient ist. Es genügt, für eine Krystallplatte den scheinbaren Axenwinkel und die Distanz D zu messen. Will man den Werth M für eine bestimmte Linsencombination recht genau kennen, so benutzt man hierzu zwei Krystallplatten von möglichst verschiedenem Axenwinkel und berechnet M aus einer grösseren Reihe von Messungen.

Der Verf. bestimmte diesen Werth für das Nachet'sche Immersionssystem und für dessen Objectiv Nr. 3, von denen das erste ein Gesichtsfeld von 136° (Austritt der Strahlen in Luft), das zweite von 104° besitzt, zu 1,96 resp. 0,98. Man vergrössert das Gesichtsfeld etwas durch Einfügung eines Flüssigkeitstropfens auf den Schliff, besonders ist Schwefelkohlenstoff zu empfehlen; dabei wird die Schärfe des Bildes sehr vermehrt, ohne dass die Dimensionen irgend eine Aenderung erleiden. Aus dem gefundenen Werthe für das Immersionssystem folgt, dass man den Axenwinkel, wenn er klein ist, auf 0°,6 genau, wenn die Axen am Rande des Gesichtsfeldes liegen, auf 1° genau bestimmen kann, falls man bei der Messung von D eine Genauigkeit von $\frac{1}{4}$ mm erreicht, was jedoch nur bei kleinem Axenwinkel möglich ist, da am Rande des Gesichtsfeldes noch durch die Ortsveränderung des Auges ein den Axenwinkel vergrössernder systematischer Fehler hinzukommt.

Durch eine Reihe von Messungen der Axenwinkel verschiedener Platten mittelst beider Objectivsysteme zeigt der Verf., dass man hierbei nur bei grossen Axenwinkeln einen Fehler von nahe 1° begehen kann, während bei kleineren Winkeln dieser nur bis 0°,5 beträgt. Bei sehr grossen Axenwinkeln könnte man auch die Platte so weit drehen, bis je eine Axe am Rande des Gesichtsfeldes erschiene, und dadurch die Uebelstände vermeiden, welche bei der gewöhnlichen Messungsmethode durch die sonst nöthige sehr grosse Drehung der Platte entstehen.

Ref.: P. Groth.

17. E. Bertrand (in Paris): **Hübnerit aus den Pyrenäen** (Bull. d. l. Soc. min. d. France 1882, 5, 90). Im Manganspath von Adervielle im Thal von Louron, Hts.-Pyrénées, mit Friedelit und Alabandin, finden sich roth durchsichtige Zwillingskrystalle von Hübnerit mit den Flächen (110)(100)(010), Zwillingsebene (100); 110 : 1$\bar{1}$0 = 79°; 1. Mittell. der optischen Axen in der Symmetrieebene, 20° gegen Axe c geneigt. 2. Mittellinie Axe b.

Ref.: P. Groth.

18. Derselbe: Molybdomenit, Cobaltomenit und selenige Säure von Cacheuta (La Plata) (Ebenda 90—92). Zusammen mit dem Chalkomenit (s.

diese Zeitschr. 6, 300), dem einzigen bisher bekannten selenigsauren Salze unter den Mineralien, findet sich eine Substanz, welche sich als selenigsaures Blei erwies. Dieselbe bildet sehr dünne und weiche perlmutterglänzende weisse rhombische Täfelchen, welche nach zwei Richtungen spalten, deren vollkommnere der vorherrschenden Fläche parallel ist. Manchmal ist das Mineral, für welches der Name »Molybdomenit« vorgeschlagen wird, hellgrün und enthält dann neben Blei noch Kupfer.

In Begleitung desselben kommen, in einem aus Selenblei und Selenkobalt bestehenden Erze, winzige dem Erythrin ähnliche Kryställchen vor. Dieses Mineral, vom Verf. »Cobaltomenit« genannt, krystallisirt monosymmetrisch; seine optische Axenebene ist parallel der Längsrichtung der Krystalle, die erste Mittellinie (negativ) dazu senkrecht, aber schief gegen die Spaltungsebene (dadurch leicht von Erythrin zu unterscheiden).

Auf den Spalten mancher Stücke von Selenblei beobachtet man endlich Bleicarbonat und auf diesem selenige Säure in weissen, sehr feinen Nadeln.

Ref.: P. Groth.

19. A. Damour (in Paris): **Analyse des Rhodizit** (Ebenda, 98—103). Mit 0,1350 gr dieser seltenen Substanz (spec. Gew. 3,38), welche er aus dem Berliner Museum erhalten hatte, führte der Verf. eine Analyse aus, welche ergab:

		Corrig. Werthe:	O-Verhältniss:		
B_2O_3	33,93	41,49	28,45		9
Al_2O_3	41,40	41,40	19,28		6
K_2O (mit wenig Cs_2O od. Rb_2O)	12,00	12,00	2,04	} 3,41	1
Na_2O	1,62	1,62	0,42		
CaO	0,74	0,74	0,21		
MgO	0,82	0,82	0,32		
FeO	1,93	1,93	0,42		
Glühverlust	2,96	100,00			
	95,40				

Die »corrigirten Werthe« beruhen auf der Annahme, dass der Verlust ganz aus Borsäure bestanden habe, welche sich beim Eindampfen der sauren Lösung mit den Wasserdämpfen verflüchtigte; der Glühverlust könnte zwar auch zum Theil aus Fluor bestehen, doch war zur Entscheidung dieser Frage die disponible Menge der Substanz zu gering. Ein Wassergehalt ist nicht wahrscheinlich, da bei dunkler Rothgluth noch kein Gewichtsverlust stattfand, sondern erst bei heller Rothgluth. Vorläufig darf man daher für den Rhodizit die folgende Formel annehmen:

$$R_2O, \quad 2Al_2O_3, \quad 3B_2O_3.$$

Ref.: P. Groth.

20. A. Des Cloizeaux (in Paris): **Optische Untersuchung des Krokoit***) (Ebenda, 103—105). Die optische Axenebene ist die Symmetrieebene; die erste Mittellinie liegt im stumpfen Winkel 001 : 100 und bildet mit der Verticalaxe $5\frac{1}{2}^0$; die Doppelbrechung ist positiv, die geneigte Dispersion in Oel sehr deutlich,

*) Siehe auch diese Zeitschr. 7, 170.

indem die eine Hyperbel kaum merklich gefärbt, die andere, mit weit mehr ovalen Ringen, innen lebhaft roth, aussen grün gefärbt ist. Nur der spitze Axenwinkel kann gemessen werden; er wurde in Oel gefunden:

$$2H_a = 97^0\ 29'—97^0\ 45' \text{ Roth}$$
$$96\ \ 50\ —97\ \ 17 \text{ Gelb.}$$

Drei Prismen, deren brechende Kante normal zur Axenebene und deren eine Fläche parallel (100), gaben

$$\beta = 2,421 \quad 2,428 \quad 2,405,$$

von welchen Werthen der erste den Vorzug verdient. Aus dem Brechungsexponenten des angewandten Oels, $n = 1,468$, und dem mittleren Werth von $H_a = 97^0\ 0'$ ergab sich $2V = 54^0\ 3'$ für Gelb.

Ref.: P. Groth.

21. Derselbe: Optische Untersuchung des Hübnerit und Auripigment (Bull. d. l. Soc. min. d. France 1882, 5, 105—109). Sehr dünne Platten des Hübnerit von Nevada, parallel (010), zeigen in Oel den stumpfen Axenwinkel, entsprechend den Angaben von Groth und Arzruni für künstliches Manganwolframiat, aber mehr als 144° betragend (Groth und Arzruni fanden $2H_o = 141^0$ circa), daher keine Einstellung mehr möglich war. Platten senkrecht zur 1. Mittellinie gelang es nicht von genügender Durchsichtigkeit herzustellen. Diejenigen nach (010) zeigen meist dunkle Streifen parallel (100) und (102). Die optische Axenebene schliesst mit den ersteren einen Winkel von 17° 37′ ein (weisses Licht) und liegt im stumpfen Winkel beider. Der entsprechende Winkel wurde an dem braunrothen Wolframit von Bayewka im Ural durch eine neuere Messung = 18° 30′ gefunden.

Ein dünnes Spaltungsblättchen von Auripigment zeigt Lemniscaten mit so grossem Axenwinkel, dass man auch in Oel keine Ringe in das Gesichtsfeld bringen kann; die zu den Blättchen senkrechte zweite Mittellinie ist negativ; die Axenebene ist (001). Eine Platte parallel (100) zur Messung des spitzen Axenwinkels herzustellen, war wegen der äusserst vollkommenen Spaltbarkeit nach (010) unmöglich.

Ref.: P. Groth.

22. E. Bertrand (in Paris): **Optische Eigenschaften der Mineralien der Nephelingruppe** (Ebenda, S. 141—142). Nephelin, Pseudonephelin, Eläolith und Cancrinit zeigen Einaxigkeit mit negativer Doppelbrechung, Davyn, Cavolinit und Mikrosommit mit positiver Doppelbrechung; am Davyn hatte Des Cloizeaux gefunden: $\omega = 1,515$, $\varepsilon = 1,519$ für Gelb.

Der ebenfalls hexagonal krystallisirende Nocerin zeigt negative Doppelbrechung.

Ref.: P. Groth.

XVIII. Zur Synthese des Nephelins.

Von

C. Doelter in Graz.

(Mit Taf. X.)

Die Versuche, über welche hier berichtet werden soll, verfolgten namentlich den Zweck, die verschiedenen Hypothesen über die chemische Zusammensetzung des Nephelins zu prüfen.

Bekanntlich herrschen in Bezug auf letztere verschiedene Ansichten: nach der älteren Anschauung ist die Formel $Na_2 Al_2 Si_2 O_8$, während dagegen Rammelsberg*) geneigt ist, den Nephelin als eine Verbindung dieses Silicates mit dem Leucitsilicat $K_2 Al_2 Si_4 O_{12}$ zu betrachten. Endlich hat Rauff die schon von Scheerer früher aufgestellte Hypothese zu begründen gesucht, dass dem Nephelin die Formel $Na_8 Al_8 Si_9 O_{34}$ zukomme**).

Es kann nicht verkannt werden, dass bei der grossen Schwierigkeit, reinen und namentlich unzersetzten Nephelin zu erhalten, die Frage durch analytische Untersuchungen schwer gelöst werden kann, da die meisten Nepheline etwas Wasser enthalten, und überdies die Differenzen zwischen den beiden theoretischen Zahlen keine so bedeutenden sind, daher in sehr vielen Fällen verschiedene Deutungen zulässig sein können.

In der letzten Zeit sind gute neue Analysen von Rammelsberg und Rauff ausgeführt worden; trotz der Sorgfalt, welche dabei angewandt wurde, glaube ich, dass eine definitive Entscheidung über die Formel noch nicht möglich ist, da Kalk und Magnesia vorkommen, welch' letztere wahrscheinlich dem Nephelin fremd sein dürfte, ausserdem auch hier Wasser in kleinen Mengen stets gefunden wurde. Auch weichen beide Forscher in ihren Resultaten insofern von einander ab, als Rauff für das Verhältniss $Al : Si$, 1 : 1,125 erhält, während Rammelsberg 1 : 1,165 annimmt. Da kleine Differenzen in den Analysenresultaten hier schon auf die

*) Sitzungsber. der Berliner Akad. Nov. 1876.

**) Diese Zeitschr. 2, 454, 1878; vergl. Groth, Tabellar. Uebers. 2. Aufl. S. 99.

Formel einwirken, so glaube ich nicht, dass durch weitere analytische Untersuchungen vorläufig viel gewonnen werden wird, trotzdem wir jetzt weit bessere Methoden zur Reinigung des Materials besitzen, als damals.

Dass die meisten Nepheline mehr Kieselsäure enthalten als das Silicat $Na_2Al_2Si_2O_8$, ist durch die letztgenannten Analysen allerdings festgestellt, und klingt die von Rammelsberg vertretene Ansicht, dass dieselben zu betrachten seien als Verbindungen von $Na_2Al_2Si_2O_8$ mit dem Leucitsilicat, plausibel. Es handelt sich jedoch zu eruiren, ob es nicht auch Nepheline geben kann, welche dem ersteren Silicat allein entsprechen, oder ob das Natronsilicat selbst eine der obigen Formel entsprechende habe, oder ob ihm mehr Kieselsäure zukomme, wie dies die Rauff'sche Formel angiebt.

Die Versuche, über deren Resultate hier berichtet werden soll, hatten den Zweck, die verschiedenen Hypothesen dadurch zu prüfen, dass verschiedene sehr genau hergestellte Mischungen geschmolzen und langsam abgekühlt wurden, und nun beobachtet wurde, ob dieselben vollkommen krystallinische, mit dem Nephelin übereinstimmende Schmelzen ergeben. Selbstverständlich wurden alle Versuche unter gleichen Bedingungen ausgeführt. Die Dauer eines jeden Versuches betrug 24 bis 58 Stunden, je nachdem das Zusammenschmelzen mehr oder minder rasch gelang, wobei jedoch die dann inbegriffene Zeit der Abkühlung möglichst dieselbe blieb. Die Mischungen wurden vermittelst Forquignon-Ofen im Platintiegel geschmolzen, zur Herstellung natürlich reine Substanzen angewandt.

Was die Synthese des Nephelins überhaupt anbelangt, so möge bemerkt werden, dass sie zuerst von Fouqué und Michel-Lévy ausgeführt wurde *), bei dem Einen war das Sauerstoffverhältniss 1 : 3 : 4, bei dem Anderen 1 : 3 : 4½. Leider geben diese Autoren weiter keine Details über die Mischungen an. Bei dem ersten Versuche erhielten sie Nephelinkrystalle, bei dem zweiten krystallinische Aggregate, welche an Chalcedon erinnerten und daher als »néphéline calcedoineuse« bezeichnet wurden.

Ich gehe nun zur Beschreibung der erhaltenen Schmelzproducte über.

I.

1) Zuerst wurde die Mischung $Na_2Al_2Si_2O_8$ geschmolzen. Es wurden vier Versuche gemacht, und dabei die Mischung immer wieder von Neuem zusammengesetzt, um etwaige Fehler dabei zu eruiren. Alle Versuche gaben vollkommen homogene und krystallinische Producte, nirgends eine Spur von Glas. Die Schmelze hat gewöhnlich Seidenglanz, ist farblos oder schneeweiss, oft mit einem Stich ins Grünliche. Die Schliffe sind ganz wasserhell und farblos. Da das Natron als kohlensaures Natron angewandt worden war, so erzeugt die entweichende Kohlensäure in allen Schmelzen

*) Comptes rendus 1878, 20. März S. diese Zeitschr. 3, 444. Synthese des minéraux et des roches. Paris 1882, S. 131.

mehr oder minder zahlreiche Poren- und Hohlräume, in diesen setzen sich kleine scharfe hexagonale Säulchen ab.

Die Schmelzproducte sind an verschiedenen Punkten verschiedenartig ausgebildet, je nachdem sie mehr oder minder langsam abgekühlt sind. Bei rascherer Abkühlung findet man büschel- oder garbenförmig oder auch radial angeordnete Nephelinmikrolithen, oder man findet Bildungen, die dem chalcedonähnlichen Nephelin Fouqué's gleichen. Bei langsamerer Erstarrung findet man grössere Partien, aus parallel angeordneten Säulchen oder Rechtecken bestehend, wie auf Fig. 9, oder solche, welche zwei senkrecht zu einander stehende Mikrolithensysteme zeigen (Fig. 10), wobei dann die Auslöschung parallel der Längsrichtung dieser Säulen erfolgt. Gleichzeitig mit diesen im polarisirten Licht grau oder graublau erscheinenden Durchschnitten treten isotrope oder schwächer polarisirende rundliche Durchschnitte auf, die drei unter circa 120° zusammenstossende Lamellen aufweisen. Bei etwas besser gelungener Abkühlung treten dann aus Rechtecken oder Säulen bestehende Durchschnitte wie auf Fig. 6 und 7 auf, welche in der Richtung der Axe geschnitten sind, neben solchen, die ungefähr senkrecht dazu sind und welche in rundlich hexagonalen Durchschnitten (Fig. 2), oft aus unter circa 120° sich schneidenden parallelen Lamellen aufgebaut, wie die in Fig. 5 abgebildeten, erscheinen. Bei diesen sieht man im convergenten Lichte häufig recht gut das Axenbild der einaxigen Krystalle, und in einem Falle konnte auch der negative Charakter der Doppelbrechung constatirt werden.

Solche Schmelzen sind auch vollkommen anisotrop, denn auch die zwischen den Rechtecken und Säulchen auftretende Masse wirkt auf das polarisirte Licht ein.

Nach öfterem Schmelzen und wieder krystallisiren lassen zeigt sich dann eine mehr körnige Structur, wobei die Individuen sehr klein sind; man kann rundliche und längliche Durchschnitte beobachten, welche einen Uebergang in hexagonale und rectanguläre Formen zeigen. Solche Schliffe zeigen sich ebenfalls vollkommen krystallinisch ausgebildet, und zeigt Fig. 12 das Bild eines solchen. Die Polarisationsfarben sind ebenfalls grau oder bläulich, amorphe Basis fehlt gänzlich.

Vergleicht man diese Structur mit der der umgeschmolzenen Nepheline oder Eläolithe, so ist die Uebereinstimmung eine vollkommene. Auch hier hat man zum Theil deutliche Krystalldurchschnitte, oder Körner, sowie unregelmässig begrenzte Partien, die aus parallelen Lamellen oder aus zwei senkrecht stehenden Lamellensystemen aufgebaut sind, oder auch aus drei der letzteren (siehe Fig. 17 aus dem Schliffe eines umgeschmolzenen Eläolithes von Brevig); andere zeigen mehr skelettartige Partien*), anein-

*) Siehe Fig. 16 aus einem Schliffe des umgeschmolzenen Eläoliths von Brevig.

andergereihte Rechtecke, büschelförmige Säulenaggregate, kurz, genau die früher beschriebenen Verhältnisse. Hervorgehoben muss allerdings werden, dass auch hier, wie bei vielen anderen Mineralien, die durch Umschmelzung erhaltenen Massen gewöhnlich rascher und schöner krystallisiren, als die aus Mischungen erhaltenen, sonst ist aber in keiner Hinsicht ein Unterschied wahrzunehmen.

Das specifische Gewicht des aus der obengenannten Mischung erzielten Nephelins, welches im Pyknometer bestimmt wurde, beträgt 2,555, ist also das der reinen krystallisirten Varietäten.

1 a. Es wurde das Gemenge

$$4(Na_2Al_2Si_2O_8) + SiO_2$$

oder

$$Na_8Al_8Si_9O_{34},$$

welches also der von Vielen acceptirten Zwischenformel entsprechen würde. geschmolzen. Trotzdem die Masse dreimal umgeschmolzen und wieder zur Krystallisation gebracht wurde (die Dauer der Versuche betrug im Ganzen 42 Stunden), gelang es nicht, eine vollkommen homogene Masse herzustellen, indem sich hier vereinzelte ungeschmolzene Partikeln der Mischung gleichmässig in der geschmolzenen Masse vertheilt wiederfinden. Letztere ist krystallinisch erstarrt, und zwar meistens ist es die chalcedonartige Varietät, büschelförmige oder sphäroidale Gebilde, seltener Krystalle, welche man im Schliffe sieht (Fig. 18); auch die Aggregate von parallelen Mikrolithen und Säulen sind seltener.

Bemerkenswerth ist, dass die erwähnten ungeschmolzen gebliebenen Theile fast ganz aus Kieselsäure bestehen.

Wenn es nun auch sehr wahrscheinlich ist, dass durch öfteres Umschmelzen die Verbindung $Na_8Al_8Si_9O_{34}$ dargestellt werden würde — die homogene Schmelze, welche krystallinisch erstarrt, enthält weniger Kieselsäure und ist demnach nicht dieser Formel entsprechend — so zeigt doch der Versuch, dass die obige Verbindung schwieriger darzustellen ist, während das andere Salz $Na_2Al_2Si_2O_8$ sehr leicht sich bildet und krystallinisch wird, und dass also jenes Natronsilicat, welches mehr Kieselsäure enthält, die Neigung hat, Kieselsäure abzugeben.

II.

Es wurden die beiden Mischungen $Na_2Al_2Si_2O_8$ und $K_2Al_2Si_4O_{12}$ in verschiedenen Verhältnissen zusammengeschmolzen.

a. Mischung $\left.\begin{matrix} 7Na_2Al_2Si_2O_8 \\ 2K_2Al_2Si_4O_{12} \end{matrix}\right\} = Na_{14}K_4Al_{18}Si_{22}O_{80}.$

Die erhaltene Schmelze ist der des reinen Natronsalzes (I.) ganz ähnlich und vollkommen krystallinisch. Unter dem Mikroskop sieht man in Schliffen kleine Rechtecke, die hin und wieder schalig sind und mit grosser Anzahl dicht nebeneinander liegen, mitunter scharf begrenzt, andere Mal mehr rundlich erschienen, dann auch Hexagone und rundlich isotrope Körner. Die nicht isotropen Durchschnitte zeigen graue, bläuliche, mitunter auch gelbe Interferenzfarben. Zwischen den Rechtecken und Hexagonen erscheinen jene krystallinischen, büschelförmigen oder radialfaserigen Aggregate, die Fouqué und M. Lévy als »néphéline calcedoineuse« beschrieben haben.

Oft sind die Rechtecke oder Hexagone ersetzt durch rundliche oder zackig umrandete Partien, welche aus parallel angeordneten Säulchen oder Mikrolithen bestehen. Diese sind entweder in einer Richtung angeordnet oder in zwei zu einander senkrechten, bei Schnitten in der Richtung der Axe, oder es sind drei meistens unter Winkeln von circa 120° zusammenstossende Lamellensysteme (Fig. 1), wobei sich beobachten lässt, dass die zu einem Durchschnitt gehörigen Säulchen oder Lamellen gleichzeitig auslöschen, auch geben die Durchschnitte, was sich hin und wieder gut beobachten lässt, ein deutliches Axenbild. Uebrigens zeigen auch die scharf begrenzten Hexagone lamellaren Bau (vergl. Fig. 5); sie sind aus parallelen Mikrolithen zusammengesetzt, die den Kanten des Hexagons parallel laufen.

Nirgends finden sich Stellen, welche als Leucite oder Leucitmikrolithe gedeutet werden könnten, sondern, wie aus der Beschreibung hervorgeht, ist die Aehnlichkeit mit den Producten des Versuches I eine vollständige. Das specifische Gewicht dieser Schmelze beträgt 2,550.

b. Mischung $\left.\begin{matrix} 2Na_2Al_2Si_2O_8 \\ K_2Al_2Si_4O_{12} \end{matrix}\right\} = Na_4K_2Al_6S_8O_{28}.$

Auch hier erhält man eine vollkommen krystallinische Schmelze, welche der oben beschriebenen überaus ähnlich ist. Man findet auch hier wieder skelettartige Partien (Fig. 4), deren Aggregate von parallelen Mikrolithen, ferner die aus zwei oder drei Lamellensystemen bestehenden Partien (Fig. 8), rechteckige Krystalldurchschnitte etc. Die Polarisationsfarben sind grau, blaugrau, gelblich. Nach mehrfachem Umschmelzen erhält man eine kleinkörnige, aus runden und länglichen Durchschnitten bestehende Masse, welche ganz ähnlich ist der in Versuch 1 erhaltenen (vergl. Fig. 12).

c. Mischung $\left.\begin{matrix} Na_2Al_2Si_2O_8 \\ K_2Al_2Si_4O_{12} \end{matrix}\right\} = Na_2K_2Al_4Si_6O_{20}.$

Das erhaltene Schmelzproduct ist den bei den zwei oben beschriebenen Versuchen erhaltenen sehr ähnlich. Es ist vollkommen krystallinisch und besteht theils aus körnigem Nephelin, theils aus Krystallen mit lamellarem Bau; stellenweise zeigen sich auch skelettartige Partien, wie die in Fig. 3 und Fig. 4 abgebildeten. Auch hier hat man häufig Bildungen, welche aus parallelen Säulen oder zwei senkrecht stehenden Lamellensystemen aufgebaut sind (Fig. 11).

Die einzelnen parallelen Säulchen, welche ein Individuum bilden, löschen gleichzeitig aus und zeigen stets dieselben Interferenzfarben.

Bei manchen Durchschnitten ist die durch den lamellaren Bau verursachte Streifung im Schliffe eine ungemein feine und oft verschwindet sie an einzelnen Stellen gänzlich (s. Fig. 15). Auch Hexagone und rundliche isotrope oder nahezu isotrope Partien kommen vor, manchmal lässt sich im convergenten Lichte das schwarze Kreuz beobachten, und in einem Falle wurde auch der Charakter der Doppelbrechung bestimmt und erwies sich derselbe als negativer.

An einzelnen wenigen Stellen treten zwischen den Säulchen oder Rechtecken amorphe glasige Partien auf; dies wird jedoch immer nur in der Nähe der Schliffränder beobachtet, wo die Abkühlung am raschesten war.

Das specifische Gewicht der Schmelze beträgt 2,534.

Bei den weiteren Versuchen, welche mit den beiden Silicaten unternommen wurden, dominirte das Kalisalz.

d. Mischung $\left.\begin{matrix} 2K_2 Al_2 Si_4 O_{12} \\ Na_2 Al_2 Si_2 O_8 \end{matrix}\right\} = Na_2 K_4 Al_6 Si_{10} O_{32}$.

Man erkennt sofort, sogar bei Betrachtung mit der Lupe, besser unter dem Mikroskop, dass zweierlei Schmelzproducte vorhanden sind: einerseits Nephelin in Körnern mit lamellarem Bau, oder in Säulchen, andererseits eine isotrope glasige Substanz, die räumlich von dem Nephelin nicht streng getrennt, sondern in verschiedenen Punkten der Schmelze auftritt. Ihre Menge ist jedoch gegenüber dem krystallisirten Theile eine ungleich geringere. Wahrscheinlich hat der Nephelin auch einen Theil des Kalisilicates aufgenommen.

e. Noch besser zeigt sich dasselbe Verhältniss bei der Mischung:

$$\left.\begin{matrix} 4K_2 Al_2 Si_4 O_{12} \\ Na_2 Al_2 Si_2 O_8 \end{matrix}\right\} = Na_2 K_8 Al_{10} Si_{18} O_{56},$$

dessen procentuale Zusammensetzung folgende ist:

SiO_2	52,39
Al_2O_3	26,04
K_2O	17,22
Na_2O	4,35
	100,00

Bei diesem Versuche ergab sich anfangs eine fast amorphe Schmelze; erst nachdem dieselbe während mehr als 50 Stunden der Abkühlung unterworfen worden war, erhielt ich eine zwar noch hellglasige Masse, welche jedoch Krystallbildung zeigt. Man unterscheidet vor Allem eine isotrope Masse, in der zahlreiche parallel angeordnete Mikrolithe liegen, welche in zwei Richtungen angeordnet erscheinen, und die in mancher Hinsicht ein

Bild geben, welches ein Leucit im polarisirten Lichte liefert (Fig. 13); sie erinnern auch an die von Fouqué und Lévy*) beschriebenen kreuzförmigen Wachsthumsformen des Leucit, haben aber nicht die von demselben abgebildete Regelmässigkeit, von Nephelin sind sie durch die äusserst schwachen Interferenzerscheinungen gut zu unterscheiden, die Zwischenräume zwischen einzelnen Lamellen sind auch weit breiter und vollkommen isotrop, was beim Nephelin nicht der Fall ist.

Ausserdem finden sich stellenweise kleine Säulenaggregate und Mikrolithe, welche an ihren Polarisationsfarben, die viel intensiver sind als die der nur schwach polarisirenden als Leucit gedeuteten Mikrolithe, unterschieden werden; sie sind oft radial angeordnet und stimmen mit dem Nephelin vollkommen überein.

Man sieht also, dass bei diesen beiden Versuchen der Leucit und der Nephelin getrennt krystallisiren.

III.

Es wurden Mischungen von

$$Na_2 Al_2 Si_2 O_8 \text{ mit } K_2 Al_2 Si_2 O_8$$

hergestellt, und zwar zuerst in folgenden Verhältnissen:

$$\text{a)} \left.\begin{matrix} 3 Na_2 Al_2 Si_2 O_8 \\ K_2 Al_2 Si_2 O_8 \end{matrix}\right\} \qquad \text{b)} \left.\begin{matrix} 2 Na_2 Al_2 Si_2 O_8 \\ K_2 Al_2 Si_2 O_8 \end{matrix}\right\}.$$

Die Schmelzproducte beider sind vollkommen übereinstimmende. Die Schliffe zeigen sich meist aus kleinen Rechtecken, Säulchen, rundlichen Hexagonen und Körnern zusammengesetzt (Fig. 11 und 12), wobei die Individuen sehr klein sind; an manchen Stellen zeigen sich grössere Partien, welche aus parallel angeordneten Mikrolithen zusammengesetzt sind, hin und wieder sieht man auch nahezu isotrope Partien, in welchen die drei sich schneidenden Lamellensysteme wahrgenommen werden. Die Polarisationsfarben sind fast durchweg grau und blaugrau.

Die Schmelze ist übrigens ganz krystallinisch und besteht ausschliesslich aus solchen Nephelinkörnern oder parallel aneinander gereihten Mikrolithen. Das Verhalten im convergenten Lichte ist das des Nephelin.

$$\text{c)} \left.\begin{matrix} 3 K_2 Al_2 Si_2 O_8 \\ Na_2 Al_2 Si_2 O_8 \end{matrix}\right\}.$$

Bei dieser Mischung, in welcher das Kalisilicat bedeutend vorherrscht, wird trotzdem ein Product erhalten, welches den eben beschriebenen (a. b) äusserst ähnlich ist, doch muss hervorgehoben werden, dass allerdings einige grössere isotrope Stellen, wenngleich selten, beobachtet werden. Die Ausbildung ist zumeist die körnige, doch kommen auch die Säulen-

*) Comptes rendus vom 20. März 1880. Diese Zeitschr. 5, 415.

Aggregate wie die auf Fig. 9, 14 abgebildeten vor. Man hat auch hier Uebereinstimmung mit den Präparaten, welche aus dem Versuche 1 oder 2b und 2c stammen.

Bei weiterem Zusetzen von Kalisilicat wächst die Menge des Glases in der Schmelze, und es scheiden sich, wenn man die gleiche Abkühlungszeit wie bei obigen Versuchen einhält, nur wenige Nephelinkrystalle aus.

IV.

Der Kalkgehalt der Nepheline ist bisher verschiedenartig gedeutet worden. Manche Forscher scheinen ihn einer Verunreinigung zuschreiben zu wollen. Rauff hält ihn für einen integrirenden Bestandtheil des Nephelins und nimmt an, dass CaO das Natron vertritt. Meiner Ansicht nach ist er durch Beimengung eines isomorphen Silicates verursacht, welches ebenso zusammengesetzt ist, wie der Anorthit.

Bei dem Schmelzversuche am Granat erhielten Dr. Hussak und ich*) ein hexagonales Mineral von negativer Doppelbrechung, welches mit HCl gelatinirt, und überhaupt mit dem Nephelin grosse Aehnlichkeit hat; da dasselbe ein Kalk-Thonerde-Silicat ist, so nahmen wir die Existenz einer hexagonalen Verbindung $CaAl_2Si_2O_8$ an.

Zur Erprobung dieser Hypothese wurde ein Versuch mit einer Mischung

$$\left.\begin{matrix} CaAl_2Si_2O_8 \\ Na_2Al_2Si_2O_8 \end{matrix}\right\}$$

angestellt und dabei ein vollkommen mit dem Nephelin übereinstimmendes Product erzielt. Die Schliffe zeigen sich theilweise aus Krystallen, rundlichen Hexagonen und Rechtecken zusammengesetzt, zum Theil zeigen sich Aggregate, welche aus drei unter 120° sich schneidenden Leisten gebildet sind, die vollkommen den beim Nephelin erwähnten entsprechen; auch grössere Partien, aus parallel angeordneten Mikrolithen bestehend, kommen vor. Am häufigsten zeigt sich aber die körnige Ausbildung, namentlich in den inneren Theilen der Schmelze. Die Schmelze gelatinirt sehr leicht mit Säuren wie der kalkfreie Nephelin.

Es wurde auch der Versuch gemacht, Nephelin durch Chlorcalcium in das entsprechende Kalksilicat umzuwandeln. Lemberg hat einen derartigen Versuch bereits angestellt, er erhielt in der That ein Silicat, in welchem der grösste Theil des Natrons durch Kalk ersetzt war, doch hat er nicht untersucht, ob das Kalksilicat krystallisirt war, oder ob Glas erhalten wurde; seiner Ansicht nach sollte sich Anorthit bilden.

Der in dieser Richtung unternommene Versuch gelang nicht gut, da zu viel Chlorcalcium angewandt worden war, und daher trotz des durch über

*) Neues Jahrb für Min. 1, 20, 1884.

acht Tage fortgesetzten Waschens der Nephelin nicht vollkommen isolirt werden konnte; dieser hatte sich in kleinen Säulen ausgeschieden, auch isotrope Körnchen waren vorhanden, indessen war eine genaue Analyse nicht möglich und somit auch nicht zu eruiren, wie viel Natron durch Kalk ersetzt worden war. Fasst man diesen Versuch mit dem Lemberg'schen zusammen, so wäre allerdings die vollständige Vertretung als möglich anzunehmen, aber es ist immerhin fraglich, ob das derartig erhaltene Kalksilicat als Anorthit krystallisirt oder nicht; ersteres erscheint mir übrigens wahrscheinlicher und dürfte jedenfalls, wenn auch diese Verbindung dimorph ist, die Anorthitmodification die constantere und die leichter reproducirbare sein; daher wurde auch von weiteren Versuchen, die wenig Resultat versprechen, Abstand genommen*).

Schliesslich muss ich noch auf einen Versuch zurückkommen, der schon früher (N. Jahrbuch f. Min. u. s. w., **1**, 170, 1884) erwähnt wurde. Durch Zusammenschmelzen von 4 Eläolith und 1 Eisenaugit (Hedenbergit von Tunaberg)**) erhält man eine Schmelze, welche nur Nephelin, sei es in Krystallen, Rechtecken, Hexagonen, sei es in Körnern oder in aus parallelen Mikrolithen zusammengesetzten Partien enthält. Nirgends sieht man eine Spur von Augit; zwischen den Körnern und Krystallen sieht man allerdings einen ungemein feinen gelblichen Streifen, der einer amorphen Basis angehören dürfte, die Menge letzterer ist aber so gering, dass man annehmen muss, dass ein Theil der Kieselsäure und der Kalkerde und wohl auch des Eisens (denn auch Hämatit oder Magnetit fehlen vollständig) sich dem Nephelin einverleibt haben muss. Die grüne Schmelze, welche übrigens in Hohlräumen kleine Nephelinnadeln zeigt, ist in Salzsäure unter Abscheidung von Kieselgallert leicht und vollständig löslich.

V.

Es war auch von Interesse, die Hypothese, nach welcher der Nephelin aus dem Silicat $Na_2Al_2Si_2O_8$ und dem Kalifeldspathsilicat $K_2Al_2Si_6O_{16}$ bestehen sollte, zu prüfen.

Zu diesem Zwecke wurde folgendes Gemenge geschmolzen:

$$\left.\begin{array}{c} 2Na_2Al_2Si_2O_8 \\ K_2Al_2Si_6O_{16} \end{array}\right\}$$

Hier zeigt sich keine vollkommen klare Schmelze.

Die Schmelze ist fast ganz krystallinisch und erstarrt so wie die unter II. genannten Mischungen. Es bilden sich Aggregate aus parallelen Lamellen, dann kleine Rechtecke, grössere Partien mit mikrolithischem Aufbau. Es muss hier ganz auf die Beschreibung S. 324 f. verwiesen werden; doch kann

*) Vergl. Lemberg, Zeitschr. d. d. geol. Ges. **28**, 604—608.

) Analysirt von mir. Vergl. diese Zeitschr. **4, 90.

in diesem Falle nicht der Schluss gezogen werden, dass die Zusammensetzung der krystallinischen Masse der obigen Mischung genau entspricht, da sich öfters ungeschmolzene Partikeln sehen lassen, welche entweder die Zusammensetzung $K_2 Al_2 Si_6 O_{16}$ haben mögen, in welchem Falle wahrscheinlich nur ein Theil dieses Kalisilicates sich mit dem Nephelinsilicat mengte, oder aber es kann sich das isomorphe Silicat $K_2 Al_2 Si_2 O_8$ gebildet haben und dieses mengte sich mit dem isomorphen Natronsalz, dann musste Kieselsäure im Ueberschuss bleiben; dies scheint nicht der Fall zu sein, denn bei einem weiteren Versuche, wobei die vorige Schmelze gepulvert und nochmals während 36 Stunden geschmolzen und abgekühlt wurde, enthielten die Schliffe dieser neuen Schmelze keine trüben ungeschmolzenen Partikelchen mehr, dagegen fanden sich an ihrer Stelle amorphe wasserhelle Partien; demnach dürfte hier wirklich nur ein Theil des Kalisalzes (allerdings weitaus der grösste) sich mit dem Natronsalz gemengt haben, während ein kleiner Rest als Glas verblieb.

Es ist demnach die Verbindung der genannten Salze jedenfalls weit schwieriger zu bewerkstelligen, als in den früheren Fällen.

VI.

Es wurde, um zu erproben, ob etwa der geringe Magnesiagehalt mancher Nepheline einer Verunreinigung zuzuschreiben sei oder nicht, folgende Mischung geschmolzen:

$$\left.\begin{matrix} 2 Na_2 Al_2 Si_2 O_8 \\ Mg Al_2 Si_2 O_8 \end{matrix}\right\}$$

Das Schmelzproduct ist diesmal nicht homogen, es besteht aus zwei Mineralien, wovon das eine in kleinen Körnern vorkommende sicher Nephelin ist, während das andere, sehr lebhaft polarisirende, in langen Nadeln auftritt; es dürfte entweder dem Olivin oder dem Enstatit entsprechen, denn alle Schnitte löschen gerade aus und ist das rhombische System daher wahrscheinlich.

Jedenfalls zeigt es sich, dass eine isomorphe Beimengung eines Magnesianephelins nicht eintritt, und dürfte daher der Magnesiagehalt nicht einer solchen zuzuschreiben sein.

VII.

Mehrfach wurde die Ansicht ausgesprochen, dass der Natrongehalt der Leucite durch eine Beimengung eines isomorphen Natronsilicates zu erklären sei. Lemberg*) machte Versuche, um aus Kalileucit durch Behandlung mit kohlensaurem Natron (in Lösung) Natronleucit zu erhalten,

*) l. c. S. 600

doch sind die Producte stark wasserhaltig und vom Leucit etwas abweichend. Ein in dieser Richtung von mir ausgeführter Versuch, bei welchem ein $K_2Al_2Si_4O_{12}$ mit $Na_2Al_2Si_4O_{12}$ zusammengeschmolzen wurde, gab nur eine vollkommen glasige Masse. Es ist vielleicht wahrscheinlicher, dass der Natrongehalt der Leucite durch Beimengung von Nephelinsilicat zu erklären sei, doch fehlen darüber bestimmte Anhaltspunkte.

Aus dem Gesagten ergiebt sich:

1) Die Mischung $Na_2Al_2Si_2O_8$ liefert eine vollkommen krystallinische Schmelze, bald aus Krystallen oder Körnern bestehend, bald aus krystallinischen Aggregaten. Die Schmelzen entsprechen vollkommen dem umgeschmolzenen, sowie manchem natürlichen Nephelin. Giebt man Kieselsäure hinzu, so erhält man eine Schmelze, welche neben Nephelin noch etwas Kieselsäure enthält, die anfangs ungeschmolzen bleibt und erst bei längerem Erhitzen allmählich aufgenommen wird.

2) Die Mischungen des obigen Silicates mit der Leucitmischung ergeben, sofern letzteres nicht vorherrscht, dieselben Producte.

Herrscht das Leucitsilicat vor, so entsteht Nephelin, daneben aber ein glasiges Silicat mit Leucitmikrolithen.

3) Die Mischungen von $Na_2Al_2Si_2O_8$ und deren isomorphes Kalisilicat ergeben ebenfalls krystallinische, dem Nephelin entsprechende Mischungen; nur bei bedeutendem Ueberwiegen des Kalisilicates ist die Schwierigkeit, ein homogenes Product zu erhalten, gross.

4) Mischungen von Nephelinsilicat mit $Ca_2Al_2Si_2O_8$ ergeben krystallinische Schmelzen, die dem Nephelin entsprechen; dagegen erhält man durch Zusammenschmelzen mit $MgAl_2Si_2O_8$ ausser Nephelin noch ein Magnesiasilicat, wahrscheinlich Enstatit.

5) Man erhält auch Krystallbildungen, die dem Nephelin entsprechen, wenn man das Nephelinsilicat mit kleinen Mengen von $K_2Al_2Si_6O_{16}$, Orthoklassilicat, zusammenschmilzt.

Ohne die Bedeutung dieser Versuche überschätzen zu wollen, möchte ich dennoch die Leichtigkeit, mit welcher das Silicat $Na_2Al_2Si_2O_8$ sich bildet und ganz so krystallisirt wie Nephelin, als ein Argument dafür betrachten, dass es Nepheline geben kann, welche dieser Formel entsprechen. Wenn nun die stets kalihaltigen Nepheline einen höheren Kieselsäuregehalt ergeben, so liesse sich dies wohl am einfachsten durch die Annahme erklären, dass ein Kalisilicat beigemengt ist, welches einen höheren SiO_2-Gehalt besitzt, nämlich $K_2Al_2Si_4O_{12}$.

Aus allen Versuchen geht nämlich hervor, dass die Mischungen, welche einer Verbindung der beiden Silicate entsprechen, sofern das Natronsalz vorherrscht, sehr leicht zur Krystallisation zu bringen sind, und dass die erhaltenen Schmelzproducte vollkommen dem Nephelin gleichen; für die Existenz eines höher silificirten Natron-Thonerde-Silicates sprechen die Versuche nicht.

Es lässt sich aber schwer entscheiden, in welcher Weise man sich jene beiden Silicate, bei denen nach den hier erhaltenen Resultaten das gegenseitige Verhältniss kein fixes sein dürfte, verbunden zu denken hat. Man könnte annehmen, dass das Silicat $K_2Al_2Si_4O_{12}$ dimorph sei, und demnach würden isomorphe Mischungen vorliegen, oder aber man müsste Molekularverbindungen annehmen. Gegen beide Annahmen spricht Manches und dürfte sich vorläufig keine Entscheidung treffen lassen. Uebrigens dürfte bei der Hauyn- und Sodalithgruppe ein ähnliches Verhältniss vorhanden sein, denn nicht in allen Varietäten ist die Menge des Silicats die doppelte der des Sulfats, resp. Chlorids, wie auch aus meinen Analysen Capverdischer Haüyne*) hervorgeht. Dass bei dieser Gruppe nicht eine einfache Verbindung von Silicat und Sulfat (Chlorid) anzunehmen sei, hat Groth**) aus dem chemischen Verhalten wohl mit Recht geschlossen. Vielleicht werden experimentelle Studien über diesen, vorläufig noch unklaren Punkt Aufschluss verschaffen.

Schliesslich sei noch bemerkt, dass aus dem Umstande, dass umgeschmolzener natürlicher Nephelin wieder als solcher krystallisirt, immerhin mit Wahrscheinlichkeit der Schluss zu ziehen sein wird, der Nephelin sei ein wasserfreies Mineral, denn diejenigen Mineralien, welche Constitutionswasser enthalten, wie die Glimmer, Epidot, Turmalin, Vesuvian, geben Erstarrungsproducte, welche nicht mehr dem ursprünglichen Mineral entsprechen.

Graz, mineralogisches Institut der Universität, 31. März 1884.

---

*) Tschermak's Mineral.-petrogr. Mitth. 1882. Diese Zeitschr. 8, 415.

**) Tabellar. Uebersicht 2. Aufl. S. 100.

XIX. Ueber künstliche physikalische Veränderungen der Feldspäthe von Pantelleria.

Von

H. Foerstner in Strassburg i/E.

(Mit 7 Holzschnitten.)

Bekanntlich besteht zwischen der Grösse des optischen Axenwinkels des Natron-Orthoklases und der Plagioklase von Pantelleria eine ziemlich erhebliche Differenz (vergleiche des Verf. Arbeit »Ueber die Feldspäthe von Pantelleria«. Diese Zeitschr. 1883, 8, 193, Tabelle). Nun wurde schon früher an dem Plagioklase von Cuddia Mida nachgewiesen*), dass sein Axenwinkel in höheren Temperaturen kleiner wird. Derselbe erreicht dabei ungefähr die Grösse, welche dem entsprechenden Winkel des Natron-Orthoklases bei gewöhnlicher Temperatur zukommt. Dies ist aber derjenige Feldspath, welcher zu dem untersuchten Plagioklase nicht nur im Verhältniss der Isodimorphie unter sehr ähnlichen Winkelverhältnissen steht, sondern welchem auch der letztere als pseudosymmetrischer Vielling, bezw. als Sammelindividuum geometrisch völlig gleicht, so dass beide mit Sicherheit nur optisch unterschieden werden können.

In neuester Zeit wurde nun bekanntlich zuerst von Er. Mallard**), sodann von O. Mügge***), A. Merian†) und C. Klein††) an einer Reihe von Mineralien, deren optische Eigenschaften nicht mit ihrer Krystallgestalt

*) Diese Zeitschr. 1877, 1, 550, 551.

**) Er. Mallard, De l'action de la chaleur sur les substances cristallisees, Bull. Soc. min. de France 5, 214, 1882. Ausz. am Schlusse dieses Heftes.

***) O. Mügge, Ueber Schlagfiguren und künstliche Zwillingsbildung am Leadhillit und die Dimorphie dieser Substanz. N. Jahrb. 1884, 1, 1, 63.

†) A. Merian, Beobachtungen am Tridymit. N. Jahrb. 1884, 1, 2, 193.

††) C. Klein, Mineralogische Mittheilungen. N. J. 1884, 1, 3, 235, und Derselbe, Ueber das Krystallsystem des Leucit und den Einfluss der Wärme auf seine optischen Eigenschaften Nachrichten v. d. Kgl. Gesellschaft d. Wissenschaften zu Göttingen Mai 1884, 129.

übereinstimmen, d. h. an pseudosymmetrischen Zwillingen und an sogenannten mimetischen Körpern, durch Versuche nachgewiesen, dass solche in der Hitze ein ihrer Form entsprechendes optisches Verhalten annehmen.

Dieser Umstand, sowie das soeben angedeutete optische Verhalten gewisser Plagioklase von Pantelleria veranlasste mich, die Feldspäthe dieser Insel in der vom zuerst genannten Forscher angegebenen Richtung weiter zu prüfen. Der Mikroklin, welcher auf ähnliche Weise kürzlich von A. Merian*) untersucht wurde, hatte zwar ein negatives Resultat ergeben, allein in den Plagioklasen der genannten Insel bot sich ein Material, welches nicht nur dimorph ist, sondern dem mit ihm dimorphen Orthoklas auch optisch durch das Verhalten auf $0P(001)$ so nahe steht, dass man im Voraus auf ein günstigeres Ergebniss der Probe hoffen durfte.

Es liess sich nun in der That nicht nur nachweisen, dass die meisten dieser Plagioklase bei höheren Temperaturen ihren asymmetrischen Charakter völlig verlieren, sondern auch, dass eine solche Veränderung, der chemischen Zusammensetzung gemäss, mehr oder weniger leicht zu erzielen ist.

Um die Beziehungen festzustellen, welche bei der Erwärmung der Feldspäthe einerseits zwischen den Auslöschungsrichtungen von Platten nach $P(001)$, $M(010)$ und senkrecht gegen diese beiden, dem optischen Axenwinkel, sowie ferner zwischen diesen und den normalen optischen Eigenschaften solcher Krystalle bestehen, wurden ausser vielen anderen Versuchsplatten beinahe sämmtliche in der citirten Hauptarbeit unter den Rubriken der optischen Axenwinkel angegebenen Krystalle einer neuen Prüfung im parallelen und im convergenten polarisirten Lichte bei höheren Temperaturen unterzogen.

Bei der Beobachtung der Platten im parallelen polarisirten Lichte wurde auf eine genauere Bestimmung der Auslöschungsschiefe im *Na*-Lichte sowohl vor als nach der Erwärmung Rücksicht genommen. Dieselbe wurde nur für Temperaturen bis circa 100° C. in einigen Fällen durch den Erwärmungsapparat im Rosenbusch-Fuess'schen Mikroskope vorgenommen. Zur Hervorbringung der optischen Veränderungen bedurfte es etwas höherer Temperaturen, und wurde zu dem Zwecke ein Mikroskop mit Gasgebläsevorrichtung nach Lehmann'scher Construction angewandt. Um bei diesen Versuchen die erforderlichen Temperaturen wenigstens approximativ bestimmen zu können, bediente ich mich einer Anzahl von Körpern, welche in ihren Schmelzpunkten nachstehende Scala darstellen, und die, nach gehöriger Prüfung für sich allein, in Stecknadelknopf-grossen Stückchen zu einer kranzförmigen Beschickung um das Präparat mitten auf den Objectträger gelegt und mit jenem zugleich erhitzt wurden.

---

*) l. c. S. 195.

Stearin *)	50°
Wachs *)	63
Naphthalin	79
Phenolverbindung **)	86
Citronensäure	100
Schwefel	115—118°
Weinsäure	135
Rohrzucker	160
Campher	175
Zinn	230
Wismuth	264
Antimon	430

Platten nach $P(001)$ des Mikroklin-Albits, welche bei gewöhnlicher Temperatur eine deutliche Zwillingsstreifung der feinen nach dem Albitgesetz geordneten Lamellen aufweisen, lassen beim Erwärmen mittels einer kleinen Gebläseflamme entweder schon bei relativ niedriger Temperatur, oder bei entsprechender Steigerung derselben ein plötzliches oder allmähliches Verschwinden der Zwillingsstreifung wahrnehmen, mit welcher gleichzeitig die vorhandene Auslöschungsschiefe verschwindet, um gewöhnlich nach kaum wahrnehmbarem Uebergange einheitlicher Auslöschung mit monosymmetrischer Orientirung der Schwingungsrichtung Platz zu machen. Dieser Zustand erhält sich nur während des Erhitzens über eine gewisse Temperatur hinaus, kann aber beliebig oft hervorgerufen werden. Beim Abkühlen der Platte tritt der frühere Elasticitätszustand sehr bald, und gewöhnlich, im Fall nicht gewisse Temperaturen überschritten waren, auch unter Beibehaltung der ursprünglichen Lamellengruppirung wieder ein. Während die Erscheinung bei den dem Natronorthoklase am nächsten stehenden Feldspath von Cuddia Mida schon bei 86°—115° eintritt, und bei den damit verwandten Mikroklin-Albiten anscheinend bei verschiedenen ihrer Zusammensetzung entsprechenden Temperaturen wenigstens noch erreichbar ist, bleibt der Mikroklin-Oligoklas vom M^te^ Gibele auch bei einer bis circa 500° gesteigerten Temperatur bei Anwendung aller verfügbaren Beobachtungsmittel unverändert.

Ebenso unveränderlich verhielten sich auch die von mir geprüften Plagioklase anderer Localitäten, nämlich: der Albit, sogenannte Peristerit, von Macomb, Laur. County N. Y., mit 0,006—0,03 mm breiten Lamellen von 2°,5 Auslöschungsschiefe auf $0P(001)$, sowie eine Anzahl von Krystallen des Feld-

*) Die so bezeichneten beiden Körper wurden auf ihren Schmelzpunkt besonders geprüft.

**) Eine neue im hiesigen chemischen Laboratorium dargestellte, noch nicht näher bezeichnete Verbindung.

spathes*), welcher einen Hauptbestandtheil des Eläolithsyenits in Norwegen bildet. Die Handstücke von solchen, welche mir gütigst von Herrn Prof. Cohen zur Verfügung gestellt wurden, entstammen den Fundorten Laurvig, Brevig und Frederiksvaern. Platten des ersteren nach $0P(001)$ zeigten 0,001—0,0045 mm breite Lamellen mit 2—5° Auslöschungsschiefe und blieben nach der Behandlung in Weissgluth noch unverändert.

Während in solchem Verhalten die chemische Verschiedenheit der Feldspäthe der Insel wieder zum Ausdruck kommt, haben alle ohne Unterschied das gemeinsam, dass die meisten Platten nach 001, nachdem sie gewissen Temperaturen ausgesetzt waren, ein vom ursprünglichen mehr oder weniger verschiedenes Lamellargefüge annehmen und beibehalten, was bis jetzt an den fremden Feldspäthen nicht nachgewiesen werden konnte. Bei diesen constanten Veränderungen blieb die ursprüngliche Auslöschungsrichtung in allen untersuchten Platten von Plagioklas, bis auf monosymmetrische Bestandtheile und seltene Anomalien, welche beide nur an dem Plagioklase von Cuddia Mida beobachtet wurden, immer dieselbe. Es zeigte sich hingegen bei diesen neuen Gruppirungen das Bestreben — sit venia verbo — der Lamellen, sich zu breiteren, mehr oder weniger homogenen Streifen (Sammellamellen) zu vereinigen. Dieser Zustand wird seltener nach der ersten, sondern gewöhnlich erst nach einer Reihe von entsprechenden Erhitzungen erreicht, und kann meistens durch Steigerung der Temperaturen und plötzliche Abkühlung wieder geändert werden. Nur selten beobachtete man auch umgekehrt die Rückkehr einer solchen homogenen Partie in den fein lamellaren Zustand. Die Temperatur, bei welcher die erste constante Veränderung eintritt, scheint bei allen diesen Feldspäthen zwischen 400° und 500° zu liegen, und bei denen, welche in der Hitze monosymmetrisch auslöschen, immer höher als der Punkt, bei welchem dieser Systemwechsel eintrat. Ob diejenigen schwer veränderlichen Feldspäthe, welche zwar ebenfalls nach der directen Behandlung vor dem Gebläse eine constante Veränderung aufweisen, aber bis zu circa 300°, d. h. der für das benutzte Mikroskop zulässigen Temperatur, ihren asymmetrischen Charakter beibehalten, auch einen Systemwechsel in höherer Temperatur durchgemacht haben, bleibt dahingestellt, ist aber wahrscheinlich.

Nur sehr wenige Platten gestatteten eine genauere Beobachtung der Uebergänge während der kurzen Zeit ihrer optischen Veränderung. Im Lehmann'schen Apparat genügen gewöhnlich 12—20 Secunden, um dieselbe hervorzurufen. Fein lamellare Platten gehen während dieser Zeit unter steliger Vereinfachung ihres Lamellenbildes durch einen breitlamellaren

*) Derselbe dürfte z. Th. identisch sein mit dem Natronmikroklin von C. Brögger (vergl. seine Abhandlung Die silurischen Etagen 2 und 3 im Kristianiagebiet. Kristiania). A. W. Brøgger 1882, S. 258—262 und 293—307, sowie des Verf. oben citirte Arbeit S. 199

Zustand mit abnehmender Auslöschungsschiefe in den monosymmetrischen über. Der letztere erhält sich während der Abkühlung der Platten ungefähr ebenso lange Zeit, als zu seiner Erzeugung erforderlich war. Sodann tritt die asymmetrische Gleichgewichtslage zuerst sprungweise, mit starker Differenz der entgegengesetzt auslöschenden Partien, wieder ein und erreicht hierauf, wie folgende Versuche lehren, ungefähr nach abnehmender geometrischer Progression der Geschwindigkeit ihre ursprüngliche Gleichgewichtslage wieder. Zu diesen Versuchen diente eine 0,16 mm dicke, 1,9 mm lange, 1,0 mm breite Platte nach $0P(001)$ von S. Marco, bestehend aus drei resp. 0,2 bis 0,6 mm breiten Lamellen von 3°,3 Auslöschungsschiefe gegen 010; 44 Einstellungen lehrten folgendes Verhalten kennen:

1) Bei der Erwärmung:

Bei circa 100° C.	2°,4 Auslöschungschiefe	nach 10 Sec.
115	2,1 -	
115 bis 135	0 -	nach 15 Sec.

2) Bei der unmittelbar auf den Eintritt des monosymmetrischen Zustandes erfolgenden Abkühlung:

		Grenzwerthe:	
nach 10— 15 Sec.	1°,4	0°,7	2°
20— 30	2,2	1	3
40— 60	2,8	2	3,5
70—100	3,2	2	4

3) Bei der Abkühlung, welche auf eine bis auf 230° fortgesetzte Erhitzung folgte:

nach 20— 40 Sec.	1°,5
60—100	2,2
120—160	2,7
180	3,7

Was die constanten Veränderungen nach der Erhitzung in Weissgluth und plötzlicher Abkühlung betrifft, so lehrten zahlreiche Versuche an Platten aller Fundorte, dass durch solche Behandlung nur der dem Orthoklas nahe verwandte Plagioklas von Cuddia Mida Veränderungen seiner ursprünglichen Auslöschungsschiefe erleidet. Beobachtungen an 11 Platten — nach $0P(001)$ — verschiedener Krystalle dieses Feldspathes erwiesen, dass nach der Behandlung nur drei derselben frei von monosymmetrischen Bestandtheilen waren, dass solche bei den übrigen aber nur in zwei Fällen den grösseren Plattenraum beanspruchen. Auf den letzteren bezogen berechneten sich die Umwandlungsproducte zu 27 % Orthoklas und 73 % Plagioklas. Ferner wurden an Platten derselben Richtung dieses Feldspaths in sehr seltenen Fällen durch die angegebene Behandlung merkwürdig anomale

Auslöschungsschiefen erzeugt, welche ihresgleichen nur an künstlich veränderten Platten des unten erwähnten Orthoklases fanden. In einem Falle wurde die ungewöhnliche Schiefe von 9° beobachtet. In einem anderen erwies eine ursprünglich schön lamellare, 0,12 mm dicke, 2 mm lange, 1 mm breite Platte mit 2° Auslöschungsschiefe gegen 010 nach der Abkühlung in der nun homogenen Hauptmasse 5°,5 Auslöschungsschiefe, während ein 0,1 mm breiter Streifen aus 0,005—0,01 mm breiten Lamellen zusammengesetzt war, von denen die Hälfte monosymmetrisches Verhalten, die andere einen Auslöschungswinkel von 15°,3 aufwies. Bemerkenswerth ist in diesem Falle, dass darnach die Hauptmasse wie Albit, ein kleiner Theil wie Orthoklas und ein ebenso grosser wie Mikroklin auslöscht, während bekanntlich der vorliegende Feldspath in der That zum grössten Theil aus dem ersteren, zum geringeren aus dem letzteren Bestandtheil zusammengesetzt ist. Es entsteht nach dieser und ähnlichen Beobachtungen die Frage, ob in Platten von so anomaler Auslöschungsschiefe durch die angewandten Agentien eine Spaltung oder eventuell neue Gruppirung der Krystallmoleküle stattgefunden habe. Ihre Lösung bleibt späteren Versuchen vorbehalten.

Um den Beweis zu liefern, dass die auf $0P(001)$ untersuchten Krystalle wirklich monosymmetrisch werden und sich nicht etwa in einheitliche Plagioklase mit 0° nahe stehender Auslöschungsschiefe auf der erwähnten Fläche verwandeln, wurden Platten der Richtungen $\perp$ 001 und $\perp$ 010 von denselben Krystallen ebenfalls erhitzt und zwischen gekreuzten Nicols beobachtet. Es zeigte sich dabei in allen Fällen, in denen die gleiche Behandlung der Platten nach 001 ein positives Resultat ergeben hatte, ebenfalls ein Verschwinden der Lamellen bei annähernd denselben, in einigen Fällen noch etwas niedrigeren, Temperaturen.

Auch Platten nach $M(010)$ aller dieser Feldspäthe zeigen gewöhnlich geringe Veränderungen in der Hitze. Dieselben können, da die selten vorhandene und noch seltener deutliche Zwillingsstreifung nach dem Gesetz von $0P(001)$*) nicht in Betracht kommt, sich nur auf eine Veränderung der Auslöschungsschiefe erstrecken. Da solche Differenz aber nur selten $1\frac{1}{2}°$ bei den höchst anwendbaren Temperaturen erreicht, so war ihre Feststellung an dem zur Verfügung stehenden Apparat nur sehr approximativ zu bewerkstelligen, was mit Rücksicht auf die in der Tabelle mitgetheilten Daten hier betont werden muss.

Zu den Erhitzungsversuchen der Platten nach $0P(001)$ wurden in der Regel feine Spaltungsblättchen von höchstens 0,5 mm Dicke verwendet, um

*) Dieselbe findet sich nach neueren Beobachtungen vorzugsweise bei denjenigen Feldspathvorkommen der Insel, an denen in der Regel auch deutliche Zwillingsstreifung nach dem Periklingesetz beobachtet wird.

möglichst ungestörte und deutliche Lamellenbilder zu erhalten. Uebrigens ist das Eintreten des lamellenfreien Zustandes von der Plattendicke unabhängig, wie unter anderen folgende Beobachtungen an Platten verschiedener Dicke von einem Krystall von Cuddia Mida beweisen:

1. Platte	0,11 mm dick.	Lamellenbreite	0,0008 mm.	Monos.	bei	100—115°
2. -	0,26	-	0,0008 bis 0,002	-	-	-
3. -	0,54	-	0,0008	-	-	-

Die Untersuchung des optischen Axenwinkels in der Hitze wurde nach der bekannten Methode ausgeführt, musste sich aber mit Rücksicht auf die Schwierigkeit der Plattenbewegung im Erhitzungskasten auf eine Ablesung der Theilstriche des Fadenkreuzes beschränken, nachdem der Winkelwerth derselben genau zuvor ermittelt worden war. Für den vorliegenden Zweck des Vergleiches ist diese Methode hinreichend genau. Derselbe lehrt, soweit es die kleine Versuchsreihe betrifft, mit wenigen Ausnahmen, dass die Axenwinkel in der Hitze um so kleiner werden, je kleiner sie bei gewöhnlicher Temperatur sind, und es scheint, dass die Grösse der bis 200° erreichten Differenzen bei den Plagioklasen im Allgemeinen um so bedeutender ist, je geringere Temperaturen nöthig waren, um geeignete Platten derselben Krystalle in den monosymmetrischen Zustand überzuführen. Die grössten Differenzen, nämlich 10—12°, wurden an den Plagioklasen der glasigen Pantellerite (R. Sidori und Cuddia Mida) beobachtet.

Bei der Abkühlung nach einer Erwärmung bis auf circa 300° kehrten die optischen Axen wieder in ihre ursprüngliche Lage zurück. Wenn die Platten jedoch bis zur Weissgluth erhitzt und sodann in Wasser plötzlich abgekühlt waren, zeigten sie in den meisten Fällen constante Veränderungen in der Grösse (vielleicht auch sehr geringe in der Lage) des Axenwinkels, und zwar gleichmässig für die ganze Platte. Dabei blieben die grossen Axenwinkel der optisch überhaupt schwer veränderlichen Oligoklas-ähnlichen Plagioklase unverändert, der des kalkreichsten Mikroklin-Albits wurde jenen ähnlich, d. h. grösser, der meistens kleinere der dem Orthoklas ähnlichen Mikroklin-Albite blieb unverändert, und der noch kleinere der Orthoklase wurde ebenfalls grösser, d. h. dem der letzteren ähnlich.

In der folgenden Tabelle sind die Grössen des Axenwinkels $2E$ bei verschiedenen Temperaturen für beinahe sämmtliche Krystalle festgestellt, welche in der Hauptarbeit zur Bestimmung desselben bei gewöhnlicher Temperatur dienten.

Temperaturen	Fundorte									
	Kali-Plagioklase								Natron-Orthoklas	
	Mte. Gibele	R.ª Zichidi	R. Rakhalè	R. Khania	Cuddia Mida	R.*) S. Marco	R. Sideri	R. Khagiar	Cala Porticello	Bagno dell' acqua
bis 20°	87° 46′	83° 48′	88° 27′	77° 44′	76° 24′	75° 37′	74° 20′	71° 40′	70° 24′	68° 27′
20°— 50	unveränderlich								68 47	
50 — 80					73 50		71 38		68 22	65 55
80 —100					73		70 42	71 40		65 17
100 —120		80 48			72 9		68 54		67 10	64 39
120 —140					71 17		68 42		65 38	
140 —160				75 12	69 36	73 53	66 14	67 50		
160 —180		79 18			68 42				68 56	63 23
180 —200						73 27	63 28			
200 —220		79 18	85 37	73 58	66 10		58 2	67 50	68 6	61 17
250			84 11		63 12					
constante Veränderung nach Erhitzung auf circa 500°	86 31	(84)	84 13	82 15	(76 39)	70 45	76 45	(71 50)	72 39	72 23

Ein Beispiel möge noch den Zusammenhang der weiter unten ebenfalls tabellarisch zusammengestellten optischen Erscheinungen erläutern. Von einem Krystall des Plagioklases von Cuddia Mida wurden zuerst drei Platten von 0,07 bis 0,13 mm Dicke mit 2,°5 Auslöschungsschiefe auf 001 gegen 010 im Rosenbusch-Fuess'schen Mikroskop unter Anwendung des Erwärmungsapparats der Reihe nach auf 100° erhitzt**). Sämmtliche Platten, welche im polarisirten Lichte eine ausgezeichnete Zwillingsstreifung der 0,003 bis 0,15 mm feinen Lamellen aufwiesen, zeigten schon bei 50° des Thermometers Veränderungen, welche sich in gewöhnlichem Lichte als blasenähnliche Erscheinungen, bei gekreuzten Nicols aber als optische Störungen wahrnehmen liessen. Dieselben bekundeten sich in plötzlich eintretender totaler oder partieller Verdunkelung der bis dahin hell gestreiften Platte. Das Bild der letzteren, welches nun schnell verschiedene Phasen durchlief, erschien wie von schwarzen sich zusammenballenden und wieder theilenden Wolken durchzogen. Diese Bewegung hörte bei circa 87° wirklicher Temperatur auf, das Gesichtsfeld wurde klar, und man konnte nun unregelmässige feine Sprünge in der Platte wahrnehmen. Gleichzeitig konnte man bei 45facher Vergrösserung ein sehr schnelles

*) Diese Platte wurde einem neuen in der Hauptarbeit nicht beschriebenen Krystall entnommen.

**) Bei dieser Temperatur zeigte das am Erwärmungskasten befestigte Thermometer, dessen Scala 160° beträgt, 150°. Die Temperaturdifferenzen auf dem Objectträger selbst sind bei diesem System der Erwärmung ebenfalls sehr gross, und konnten unter Anwendung verschieden leicht schmelzbarer Körper zu circa 12° für die Distanz von 8 mm ermittelt werden.

Verschwinden der feinen Lamellen unter Bildung breiterer Streifen von abnehmender Auslöschungsschiefe wahrnehmen, worauf die Platten nach wenigen Secunden einheitliche und monosymmetrische Auslöschung annahmen. Allein bei Anwendung von 300facher Vergrösserung konnte man sich überzeugen, dass bei 100° zwar eine wesentliche Verringerung der Lamellenzahl, aber keine völlige Vernichtung der Plagioklasstreifung, bezw. Aufhebung des asymmetrischen Zustandes, erzielt war. Es wurde nun die 0,05 mm dicke, circa ¼ qmm grosse Platte dieses Krystalls in den Lehmann'schen Apparat übergeführt und mit der Gebläseflamme weiter behandelt. Hier bot sich unter Anwendung von 45facher Vergrösserung, wobei die 0,003—0,015 mm breiten Lamellen in Streifen von 0,02—0,04 mm erscheinen, bei 115° und nach 25 Secunden Behandlung wieder derselbe Anblick des Verschwindens der Lamellen wie im Fuess'schen Mikroskop dar, jedoch lehrte eine weitere Untersuchung der Platte bei 300facher Vergrösserung, dass nun auch die feinsten Lamellen von 0,003 mm verschwunden waren, um monosymmetrischer Orientirung der Auslöschungsrichtung Platz zu machen. Nachdem die anfänglich gleichmässig lamellare Platte darauf unter dem Mikroskop bis auf 230° erhitzt, und nach Beobachtung des monosymmetrischen Zustandes wieder abgekühlt war, bot sie ein völlig verändertes Lamellargefüge dar. Ihre Auslöschung betrug zwar noch 2°,5 gegen 010, aber die Platte erschien gegen letztere Richtung in zwei Hälften verschieden. Die rechte, ebenso schief auslöschend, erwies sich bei 300facher Vergrösserung homogen, während die linke aus 0,0015—0,0045 mm breiten Lamellen bestand. Eine dergleichen von 0,015 mm Breite am Rande der Platte löschte nach rechts aus. Nach abermaliger Erhitzung auf 230° zeigte die Platte wieder ein total verändertes Bild bei gleicher Auslöschungsschiefe (gemessen 2°); nunmehr erwies sich die obere Hälfte homogen, die untere aber lamellar, während die noch immer 0,015 m breite Seitenlamelle die Richtung der Auslöschungsschiefe von rechts nach links verlegt zeigte. Schliesslich wurde die Platte direct in der Gebläseflamme auf etwa 500° erhitzt und plötzlich im Wasser abgekühlt. Sie bot darauf eine dritte constante Veränderung dar. Der äussere Rand erwies sich zu Glas mit krystallinischen Einlagerungen geschmolzen. Die Hauptmasse bestand aus zwei wieder nach 010 getheilten Hälften von entgegengesetzter aber unveränderter Auslöschungsrichtung (gemessen 2°,5 gegen 010). Diesmal erwies sich die linke Seite ganz homogen, die rechte mit wenigen feinen Lamellen behaftet, während beide Theile durch ein Bündel breiter Lamellen von gleicher Auslöschungsschiefe getrennt waren.

Aehnliche Veränderungen boten alle Platten von Pantellerischen Feldspäthen dar, welche dem von Cuddia Mida in ihrer Zusammensetzung nahe stehen. Solche, welche erst bei höheren Temperaturen den asymmetrischen

Zustand verlieren, zeigten auch mitunter bei der ersten Abkühlung nach diesem Vorgange eine constante Veränderung des Lamellargefüges (vergl. das S. 336 über Plagioklas von Mte. Gibele Gesagte).

2. Natron-Orthoklas.

Die am Plagioklas von Cuddia Mida gemachten Erfahrungen, welche auf eine gewisse Labilität seines Elasticitätszustandes zu schliessen gestatten, liessen ein analoges Verhalten von dem chemisch beinahe gleich zusammengesetzten Natron-Orthoklas vermuthen. Versuche lehrten in der That, dass auch dieser Feldspath durch Erhitzung verändert und dabei umgekehrt von dem monosymmetrischen in den asymmetrischen Zustand übergeführt werden kann, sowie dass er bei diesem Vorgange im Wesentlichen diejenigen optischen Eigenschaften auf künstlichem Wege erhält, welche seinem dimorphen Vertreter im asymmetrischen System von Natur kennzeichnen, nämlich: Plagioklasstreifung und eine Auslöschungsschiefe von circa 2°. Während sich aber die Plagioklase bei der Erhitzung verändert zeigten, und bei der Abkühlung wieder in den asymmetrischen Zustand, wenn auch mit modificirter Gruppirung der Individuen zurückkehrten, zeigten die Orthoklase bei der Erwärmung keine Veränderung, nahmen dagegen bei der Abkühlung entweder ganz oder zum Theil einen asymmetrischen Charakter an, wobei nicht ausgeschlossen war, dass sie ganz oder theilweise durch geeignete Behandlung aus diesem in den früheren Zustand wieder zurückgeführt werden konnten. Um diese Veränderung experimentell am Orthoklas hervorzubringen, wurden Exemplare desselben sowohl vom Bagno dell' acqua (vergl. d. Verf. cit. Arb. S. 129), als auch von Cala Porticello (loc. cit. 133) in Platten nach 001 auf verschiedene Temperaturen gebracht und dabei folgende Beobachtungen gemacht: Während der Erhitzung auf irgend eine für den Lehmann'schen Apparat zulässige Temperatur bleibt die Platte unverändert, bezw. monosymmetrisch auslöschend. Nach der Abkühlung zeigen sich die Platten, welche niederen Temperaturen ausgesetzt waren, ebenfalls unverändert. Dagegen kann ausnahmsweise eine constante Veränderung schon nach der Erwärmung auf circa 264° und langsamer Abkühlung eintreten, wie an einer 0,5 mm breiten Platte des Orthoklases vom Bagno beobachtet wurde, welche nach solcher Erwärmung zu $\frac{4}{5}$ aus homogenem Plagioklas, zu $\frac{1}{5}$ aus 0,002—0,012 mm breiten Lamellen von solchem bestand, und eine Auslöschungsschiefe von 2° gegen 010 aufwies. Gewöhnlich ist aber zur Hervorbringung des lamellaren Zustandes eine Erhitzung auf circa 500° erforderlich. Die complicirtesten Störungen wurden beobachtet, wenn nach der erwähnten Erhitzung eine plötzliche Abkühlung in kaltem Wasser erfolgte. Alle bleibend veränderten, bezw. in den lamellaren Zustand übergeführten Platten verhalten sich gegen gelinde Erwärmung wie solche des im Verhältniss der Dimorphie zu diesem Orthoklas stehenden Plagioklases von Cuddia Mida, d. h. sie werden bei 100—115⁰ wieder monosymmetrisch, um bei der Abkühlung in den vor der Behandlung eingenommenen Zustand zurückzukehren. Die Dicke der Platten übt keinen Einfluss auf das Eintreten der Erscheinung aus, wie folgende Versuche an einem Krystall vom Bagno lehren:

1. Platte: 0,03—0,19 mm dick.	Nach dem Glühen und Abkühlen: $\frac{1}{5}$ Plagioklas. Lamellenbreite: 0,0008—0,003 mm. Auslöschung: 2°,5.
2. Platte: 0,17 mm dick.	Nach dem Glühen und Abkühlen: $\frac{1}{8}$ Plagioklas. Lamellenbreite: 0,0008—0,003 mm. Auslöschung: 2°,5.
3. Platte: 0,5 mm dick.	Nach dem Glühen und Abkühlen: $\frac{2}{3}$ Plagioklas. Lamellenbreite: 0,0005—0,006 mm. Auslöschung: 2°,7.

Das analoge Verhalten zeigen Platten der Richtung ⊥ gegen 001 und zugleich ⊥ gegen 010.

An Platten nach *M*(010) konnte keine Veränderung bei der Erwärmung bis auf 264⁰ nachgewiesen werden.

Der optische Axenwinkel wird bei der Erhitzung bis auf circa 200⁰ um circa 7⁰ kleiner, nähert sich also dem eines Kali-Orthoklases. Durch Glühhitze nimmt er eine constante Veränderung an, indem er 2—4⁰ grösser wird, also die Grösse der Axenwinkel der Plagioklase erreicht.

Zur Einsicht in diese merkwürdigen Veränderungen möge hier noch ein Beispiel vom Natron-Orthoklas von Cala Porticello Erläuterung finden. Als Versuchsobject diente eine 0,11 mm dicke, 1,4 mm lange, 0,5 mm breite, bei 300facher Vergrösserung völlig homogen befundene Spaltungsplatte nach 0*P*(001), die nach einer vorhergehenden Prüfung der Nicolstellung mittels eines Natroliths sich zwischen den letzteren völlig monosymmetrisch verhielt (Fig. 1). Bei einer stufenweisen Erwärmung auf Temperaturen von 100⁰, 115⁰, 175⁰, 230⁰ und jedesmaligem langsamen Erkalten zeigte die Platte sich bei der auf jede Operation folgenden Prüfung mit 300facher Vergrösserung unverändert. Das gleiche Resultat ergab sich nach einer wiederholten Erhitzung auf dieselben Temperaturen mit nachfolgender plötzlicher Abkühlung durch Wasser. Als nun aber die Platte in der Gebläseflamme bis auf circa 500⁰ erhitzt und langsam abgekühlt worden war, zeigte sie die constante Veränderung (Fig. 2*). Die obere Hälfte *A*,

---

*) Der obere Rand der Platte war zu Glas geschmolzen, daher abgerundet.

scheinbar homogen links auslöschend, enthielt wenige rechts auslöschende Lamellen von 0,0006 mm Breite. Die untere Hälfte *B* bestand aus zwei grossen Sammellamellen, welche in sich 0,0005 breite Lamellen von entgegengesetzter Auslöschungsrichtung beherbergen. Breitere Streifen verlaufen am Rande links und in der Mitte von *B*.

Ein zufällig mit dem System gegen die Platte geführter leichter Stoss genügte, um eine neue Gleichgewichtslage zu schaffen, in welcher nur eine seitliche Lamelle aus der vorigen Phase geblieben war (Fig. 3). In der unteren Hälfte *B* waren alle Lamellen verschwunden. Diese verhielt sich homogen und entgegengesetzt auslöschend gegen die obere *A*. Die Auslöschungsschiefe betrug in Feldern und Lamellen übereinstimmend 2°. Die Platte wurde nun 1½ Minuten lang im Gebläsefeuer behandelt und im Wasser abgekühlt, worauf sie eine dritte, besonders starke Veränderung aufwies (Fig. 4). Die rechte Seite zeigte zu ⅗ verschieden auslöschende

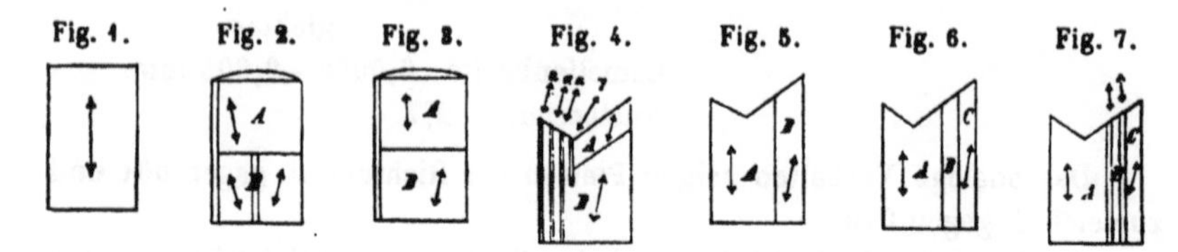

Felder, der Rest war lamellar. Alle Bestandtheile löschten schief aber einseitig und zwar unter drei verschiedenen Winkeln gegen 010 aus. Dieselben betrugen für das grösste Feld *B* 4° (rechts), für das zweite Feld *A* und die Lamellen bei *α* 7,°5 (rechts) und für eine einzelne 0,01 mm breite Lamelle *γ* 11°(rechts). Diese abnorme Auslöschungsschiefe gehört in die Kategorie der bereits gelegentlich des Mikroklin-Albit von Cuddia Mida besprochenen Erscheinungen. In beiden Fällen dürften denselben gleiche Ursachen zu Grunde liegen, weil die beiden Feldspäthe gleiche Mischungsverhältnisse von Mikroklin zu Albit aufweisen. Während aber dort eine dauernde Veränderung eintrat, ging hier die Erscheinung nach wenigen Minuten in eine vierte Phase über (Fig. 5), in welcher ⅗ der Platte *A* sich optisch wieder monosymmetrisch verhielten, was durch wiederholte sorgfältige Einstellung erwiesen wurde. Der Rest *B* löschte ebenfalls einheitlich aber 1,°3 schief aus. Beide Theile erwiesen sich homogen.

Dieser Zustand erhielt sich bei stufenweiser Erwärmung auf 100°, 115°, 175° mit gleicher Auslöschungsschiefe für *B* (gemessen bis 1,°7), während *A* monosymmetrisch blieb. Erst nach einer Erhitzung auf 230° stellte sich eine fünfte Veränderung ein (Fig. 6). Von dieser war der orthoklastische Theil nicht berührt. An die 0,3 mm des letzteren *A* reihte sich ein 0,1 mm breiter Streifen *B* an, der bei der Orientirung des Orthoklases ebenfalls dunkel erschien, jedoch aus äusserst feinen Lamellen von wahrscheinlich geringerer Auslöschungsschiefe bestand. Rechts befand sich eine 0,1 mm breite Sammellamelle *C* mit 2°,5 Auslöschungsschiefe.

Während der Beobachtung trat eine sechste, sehr instructive Veränderung ein (Fig. 7), deren Erscheinung mit der gewisser natürlicher Krystalle dieses Vorkommens völlig übereinstimmt. Der mittlere Streifen *B* hatte sich in breite rechts und links auslöschende Lamellen gespalten, deren Auslöschungsschiefe übereinstimmend mit der der Sammellamelle circa 2°,5 betrug. Man konnte nun mit grosser Sicherheit drei Auslöschungsrichtungen in der Platte unterscheiden und zwar:

A = 0,3 mm homogen monosymmetrisch.

B = 0,1 mm { 2°,5 links auslöschende Lamellen von 0,015 mm Grösse
(2°,5 rechts - - - 0,003 - -)

C = 0,1 mm { 2°,5 rechts - - - 0,003 - -
(2°,5 links - - - 0,0005 - -)

Diese Platte bot denselben Anblick dar, wie eine andere natürliche, welche aus einem stellenweise mit Plagioklas verwachsenen Natron-Orthoklaskrystall desselben Fundorts stammt. Von demselben wurde ebenfalls eine völlig monosymmetrische Platte in eine solche mit 0,0008—0,0045 mm breiten Lamellen von 2°,1 Auslöschungsschiefe auf dem soeben angegebenen Wege umgewandelt.

Die folgende Tabelle bezweckt eine Uebersicht über den Zusammenhang des natürlichen und des bei verschiedenen Temperaturen künstlich hervorgerufenen optischen Verhaltens der Pantellerischen Feldspäthe zu geben, und bildet einen Anhang zu den in der Hauptarbeit mitgetheilten optischen Untersuchungen über dieselben. Man wird in ihr die Beziehungen, welche zwischen der Grösse des optischen Axenwinkels, der Veränderlichkeit des letzteren und der zur Erzeugung der Plagioklasstreifung auf 0*P* erforderlichen Temperatur bestehen, nicht verkennen können. Die Feldspäthe sind daher nach der Grösse der letzteren angeordnet. Diese Anordnung entspricht zwar nicht derjenigen, welche die Mittel aus den optischen Beobachtungen an einer grösseren Zahl von Krystallen in genügender Übereinstimmung mit ihrer chemischen Zusammensetzung (vergl. cit. Arbeit 193), bezw. der der Vorkommen, ergaben. Es ist aber einleuchtend, dass einzelne Krystalle sowohl in Zusammensetzung als in optischem Verhalten sich weit von den Mitteln entfernen können. Die in der Tabelle angegebene mittlere chemische Zusammensetzung ist daher nur in dem angedeuteten Sinne mit den optischen Daten für die einzelnen Krystalle in Beziehung zu bringen.

Es befinden sich in der Tabelle namentlich die folgenden Rubriken vertreten:

Fundorte, chemische Zusammensetzung, Axenwinkel α, Dimensionen der Platte, Breite der Lamellen, optisches Verhalten der Krystalle bei gewöhnlicher Temperatur für Spaltungsplatten nach $0P(001)$, $M(010)$, und für künstliche, ungefähr normal gegen obige Richtungen geschliffene Platten. Hierauf folgen die Beobachtungen über das optische Verhalten der Krystalle auf $0P(001)$ während und nach der Erhitzung, d. h. Angabe der scheinbaren Lamellengrösse bei 45facher Vergrösserung sowie der Zeiten, welche unter Anwendung kleinster Gebläseflamme, bis zum Eintritt des monosymmetrischen Verhaltens*), und bei der Abkühlung zur Rückkehr in die asymmetrische Form erforderlich waren. Es folgen die entsprechenden Be-

Asymmetrische

	Verhältniss von $K_2O : Na_2O$	Axenwinkel α	Dimensionen der Platte in Millimetern: Dicke	Länge	Breite	Breite der Lamellen in Millimetern	Optisches Verhalten bei gewöhnlicher Temperatur: Auslöschung gegen die Spaltungstracen auf 001	auf 010	auf Platte ⊥ 001 : ⊥ 010	Optischer Axenwinkel	Optisches Verhalten während … Platten nach …: Beobachtung bei 45facher Vergrösserung: Beobachtete Lamellenbreite in Millimetern	Temperatur	Zeit in Secund. zur Umwandl.: asymm. — monosymm.	monosymm. — asymm.	Beobachtung bei 300facher Vergrösserung: Beobachtete Lamellenbreite	Temperatur	Zeit in Secunden asymm. — monos.	
dorte	1 : 4,29	92° 15'	0,05	1,1	0,5	0,003 — 0,03	3°,8	5°,5	—	87° 46'	0,01	300°	—	—	—	—	—	asymm.
	1 : 2,75	91 20	0,13	0,7	0,6	0,001 — 0,006	5,5	10	6°,4	88 27	0,02	300	120	15	—	—	—	? [1])
	1 : 2,84	92 3	0,26	1,6	0,9	0,001 — 0,004	3,7	6,5	5,2	83 48	0,002 — 0,02	264 — 300	120	30	0,001	300°	150	? [2])
ania	1 : 2,43	91 42	0,13	2,1	0,8	0,0008 — 0,003	4,7	7,5	6,8	77 44	—	230	60	15	0,0008 — 0,003	230 — 264	60	monos.
hagiar	1 : 2,15	91 22	0,16	2,6	0,6	0,001 — 0,004	4	6,5	4,2	71 40	0,004 — 0,16	175	20	10	0,0015	—	40	monos.
.Marco[3])	1 : 2,25	91 9	0,17	2,2	0,9	0,0008 — 0,006	2,2	10,4	—	75 37	0,14	115 — 135	20	20	0,004 — 0,012	135 — 160	30	monos.
idori	1 : 2,40	91 27	0,21	3,2	1,15	0,0008 — 0,003	2	9,6	4,8	74 20	0,04	115	15	15	0,003	—	15	monos.
	2,29	90 33	0,18	1,40	0,5	0,001 — 0,012	2	9,9	4	76 24	—	86	12	20	0,001	115	20	monos.

Monosymmetrischer

Porti-o dell' ua	1 : 2,13	90 0	0,37	1,2	1,0	0	0	9,5	0	70 24	0	bis 300	—	—	0	bis 300	—	monos.
	1 : 2,13	90 0	0,36	1,6	1,2	0	0	9,5	0	68 27	0	bis 300	—	—	0	bis 300	—	monos.

*) Der eigentlich monosymmetrische Zustand tritt in nicht immer messbaren, kleinen, Temperatur- und Zeit-Abständen von den hier mitgetheilten ein. Vergleiche die folgende Rubrik.

1) Bei 45facher Vergrösserung verändert, aber nicht ganz lamellenfrei.

obachtungen bei 300facher Vergrösserung und sodann solche über das Verhalten der Platten bei successiver Erhitzung auf 230°, 264° und 500°. Hieran schliessen sich Beobachtungen an den erwähnten Platten der Richtung normal gegen *P* und *M*, eventuell Angabe der Temperaturen, bei welchen dieselben monosymmetrisch werden, sowie solche über das Verhalten von Platten nach *M* bei der Erhitzung. Endlich finden sich die temporären Veränderungen des optischen Axenwinkels für zwei Temperaturen (Beginn und Maximum derselben), sowie die dauernden nach der Behandlung der Krystalle in Weissgluth, aufgeführt.

Kali-Feldspäthe.

ınd nach der Erhitzung von

P(001)									Platten: ⊥001 : ⊥010		Platten 010	Optischer Axenwinkel				
Auslöschung nach der Abkühlung	2. Erhitzen auf 230°			3. Erhitzen auf 264°			4. Erhitzen auf ca. 500°					Anfang der Veränderung		Maximum der Veränderung		Constante Veränderung
	Optisches Verhalten in der Hitze	Optisches Verhalten Auslöschung nach der Abkühlung	Plattenbild	Optisches Verhalten in der Hitze	Optisches Verhalten Auslöschung nach der Abkühlung	Plattenbild	Auslöschung nach der Abkühlung	Plattenbild	Temperatur	System in der Hitze	bei circa 300°	Temperatur	∢	Temperatur	∢	
3°,2	asymm.	—	dasselbe	asymm.	—	dasselbe	3°,8	1. const. Veränd.	300°	asymm.	6°,9	—	—	200°	unverändert	86°
5	asymm.	—	dasselbe	asymm.	—	dasselbe	5,1	1. const. Veränd.	264	monos.	9	200°	85° 37'	250	84° 11'	84
4	asymm.	—	dasselbe	asymm.	4°	dasselbe	3,8	1. const. Veränd.	230	monos.	7,4	110	80 48	200	79 18	84
5,2	monos.	5°,2	1. const. Veränd.	monos.	—	—	4,9	2. const. Veränd.	230	monos.	8,9	150	75 12	200	73 58	82
4	monos.	4	1. const. Veränd. (gross)	monos.	4,5	2. const. Veränd. (klein)	4,2	3. const. Veränd. (gross)	175	monos.	7,5	150	67 50	200	67 50	71
2,2	monos.	2.2	1. const. Veränd. (klein)	monos.	2,1	2. const. Veränd. (klein)	2	3. const. Veränd. (gross)	—	—	11	140	73 53	200	73 27	
2,4	monos.	2,5	1. const. Veränd. (klein)	monos.	—	—	2,2	2. const. Veränd. (gross)	—	monos.	8,8	50	71 38	250	58 2	
2,2	monos.	2,2	1. const. Veränd.	monos.	—	—	2.5	unverändert	86	monos.	8,7	50	73 50	300	63 12	

Natron-Feldspath.

)	monos.	0	dasselbe	monos.	0	dasselbe	1,8	1. const. Veränd.	—	monos.	unverändert	40	68 47	200	63 6	72
)	monos.	0	dasselbe	monos.	0	dasselbe	2,5	1. const. Veränd.	—	monos.	unverändert	50	65 55	200	61 17	72

2) Bei 45facher Vergrösserung lamellenfrei, bei 300facher aber noch mit vereinzelten Lamellen behaftet.

3) Der Krystall ist nicht identisch mit dem in der Hauptarbeit für diesen Fundort beschriebenen.

Die obige Tabelle lehrt immerhin, wie z. B. ein Vergleich zwischen den beiden extremen Plagioklasen von Mte. Gibele (Augit-Andesit) und Cuddia Mida (Pantellerit) beweist, dass ausser den Beziehungen zwischen den optischen Veränderungen auch solche zwischen den letzteren und der chemischen Zusammensetzung der Gruppen (Fundorte) bestehen. Mit der Annäherung des Mikroklin-Albit an die Zusammensetzung des Natron-Orthoklases, bezw. mit zunehmendem Kaligehalt, nehmen die Temperaturen ab, bei welchen die Krystalle in den monosymmetrischen Zustand übergehen, d. h. es wächst mit derselben die Labilität ihrer molekularen Gleichgewichtslage.

Die Resultate der oben mitgetheilten Experimente bestätigen die Auffassung der jüngeren Mikroklin-Albite Pantelleria's als Uebergangsformen zum Natron-Orthoklas, wie solche aus den krystallographischen Untersuchungen über ihre monosymmetrische Scheingestalt (vergl. cit. Arbeit des Verf. 198—201) folgte, und kennzeichnen ebenso sehr den letzteren als Grenzform in der Mischungsreihe der Kali-Natron-Orthoklase gegen die genannten asymmetrischen Glieder. Jedem der beiden in Betracht kommenden isodimorphen Alkalisilicate entspricht nun bekanntlich, wie zuerst von Prof. P. Groth*) hervorgehoben wurde, eine Form des stabilen und eine solche des labilen Gleichgewichts seiner Moleküle. In Mischungen beider muss demzufolge sich stets eins derselben in dem letzteren statischen Molekularzustande befinden, an dessen Verlassen es durch das molekulare Uebergewicht des anderen isomorphen Bestandtheils verhindert wird. Jener wird in der Regel der quantitativ untergeordnete Bestandtheil sein. Durch geeignete physikalische Mittel wurde nun aber das molekulare Uebergewicht des vorherrschenden Bestandtheils aufgehoben, und solches dem untergeordneten ertheilt, welcher Vorgang durch den Uebergang der ganzen Substanz in die stabile Gleichgewichtsform des letzteren zum Ausdruck gelangte. Beim Mikroklin-Albit ist das Kalisilicat aber der quantitativ untergeordnete Theil und befindet sich daher in natürlichen Krystallen in seiner labilen Gleichgewichtslage, aus welcher es durch Erwärmung im Allgemeinen nur vorübergehend befreit wurde. In den seltensten Fällen (Cuddia Mida) gelang es, in solchen Krystallen dauernd die dem Kalisilicat entsprechende stabile Form, bezw. den Orthoklas, zu erzeugen. Andererseits ist die stabile Form des Natronfeldspaths asymmetrisch. Derselbe ist im Natron-Orthoklase der quantitativ vorherrschende Bestandtheil. Es gelang daher in der Regel durch geeignete physikalische Mittel in solchen Krystallen das unter besonderen genetischen Verhältnissen entstandene molekulare Uebergewicht des Kalisilicats nicht nur temporär aufzuheben, sondern auch

*) P. Groth, Tabellarische Uebersicht der einfachen Mineralien. Braunschweig 1874, 106.

eine dem vorherrschenden Bestandtheile entsprechende Gleichgewichtslage dauernd zu schaffen, wie die Ueberführung des Orthoklases in Plagioklas bewies.

Es bedarf kaum der Erinnerung, dass durch diese Versuche die oben angeführte Groth'sche Auffassung des zwischen Kali- und Natron-Feldspäthen bestehenden Verhältnisses auch ihre experimentelle Bestätigung gefunden hat.

Wenn man aus den mitgetheilten Untersuchungen einen Schluss auf die Stellung des Orthoklases zu der Feldspathfamilie zieht, so ist bereits darauf hingewiesen, dass ein vermittelnder Uebergang der Plagioklase zu demselben durch experimentelle Umwandlung ebensowohl nachweisbar ist, als durch Beobachtung an natürlichen Krystallen der vorliegenden Uebergangsgruppe. In einem künstlich verursachten Uebergangsstadium befanden sich alle Krystallplatten, welche in der Hitze bei 45facher Vergrösserung monosymmetrisch, bei 300facher aber noch nicht ganz lamellenfrei erschienen, sowie alle Plagioklase mit in der Hitze abnehmender Auslöschungsschiefe in der Richtung $0P(001)$. Einen ebensolchen zeigen jene bei der Umwandlung des Orthoklases beobachteten, zwischen monosymmetrischen und schief auslöschenden asymmetrischen Bestandtheilen gelagerten Sammellamellen, welche vorübergehend mit so geringer Auslöschungsschiefe behaftet waren, dass sie in Mittelstellung nicht von Orthoklas unterschieden werden konnten. Alle diese Thatsachen scheinen der Auffassung zu entsprechen, welche Michel-Lévy*) geltend machte. Allein wenn auch auf natürlichem und künstlichem Wege erlangte Thatsachen es nahe legen, dass es unter den Feldspäthen bleibend oder vorübergehend Uebergangsformen geben kann, an denen die Unterscheidung des Systems nicht mehr möglich ist, so ist man doch in der Lage, wie praktisch bewiesen wurde, noch an solchen hart an der Grenze liegenden natürlichen Formen und ihren künstlichen Umwandlungsproducten den Orthoklas überall da aufrecht zu erhalten, wo sich durch partielle Spaltung desselben in entgegengesetzt auslöschende Plagioklasbestandtheile seine mittlere Auslöschung sicher bestimmen liess, denn wenn auch hier ein versteckter, bezw. submikroskopischer, Plagioklas vorläge, so müsste man im Verlaufe der Umwandlungen dieser Platten auch ein Mal unveränderlichen Partieen von abweichender, Orthoklas und Plagioklas vermittelnder Auslöschungsschiefe begegnen. Die letztere wurde aber für alle constanten Veränderungen in sämmtlichen Plagioklasbestandtheilen aller Phasen einer Platte constant befunden, und änderte sich nur sprungweise mit der künstlichen Ueberführung der ersteren in Orthoklas. Wenn man erwägt, dass ein solches Verhalten schon für

*) Michel-Lévy, Identité probable du microcline et de l'orthose. Bull. de la Soc. minér. de France 1879, 5, 135—139. Diese Zeitschr. 6, 632.

Die Auslöschungsschiefe betrug in den ersteren 3°—3°,2, ziemlich übereinstimmend mit der an solchen Feldspäthen durch Hitze erzeugten Lamellen.

Die vorliegende Untersuchung wurde im mineralogischen Institut der Universität Strassburg ausgeführt, und sage ich Herrn Prof. H. Bücking für die Freundlichkeit, mit welcher mir Derselbe die Benutzung dieses Laboratoriums gestattete, meinen verbindlichsten Dank.

XX. Neue Krystallformen tirolischer Mineralien.

(Mittheilungen aus dem mineralogischen Laboratorium des Polytechnikums zu Karlsruhe. VI.)

Von

A. Cathrein in Karlsruhe i. B.

(Mit Taf. XI und XII, Fig. 1—18.)

1. Fahlerz vom Kogel bei Brixlegg.

Von diesem altberühmten und wohl in den meisten Sammlungen durch ausgezeichnete Stufen vertretenen Vorkommen finden sich gegenwärtig schöne Krystalle nur mehr als grosse Seltenheit, und sind jetzt die Gruben am Kogel überhaupt die einzig nennenswerthe Fundstätte krystallisirten Fahlerzes in Tirol, während ehemals das Vorkommen am Falkenstein und Ringenwechsel bei Schwaz damit wetteifern konnte*). Die Fahlerze von Brixlegg und Schwaz brechen in demselben Gestein, dem sogenannten Schwazer Dolomit, und sind daher häufig mit einander verwechselt worden, obwohl die für das Kogler Vorkommen so charakteristische und den Schwazer Stufen stets mangelnde Association mit weissem blätterigen Baryt zur sicheren Unterscheidung hätte dienen können.

Im vergangenen Herbst gelang es mir, einige recht hübsche, bis 2 cm grosse Krystalle vom Kogel zu sammeln, die sich durch das Auftreten gewisser Flächen nicht uninteressant erwiesen und daher im Folgenden näher beschrieben werden sollen.

Die Brixlegger Krystalle treten zu allen anderen Fahlerzen in einen gewissen Gegensatz durch den gänzlichen Mangel des positiven Tetraëders und sind vor den meisten übrigen Vorkommnissen ausgezeichnet durch das Vorwalten der negativen Formen, wie dies auch Sadebeck von den Falkensteiner Krystallen hervorgehoben hat**).

*) Vergl. Liebener und Vorhauser, die Mineralien Tirols. Innsbruck 1852, 90.

**) Zeitschr. der deutschen geol. Gesellschaft 1872, 24, 460.

Von Krystallformen des Brixlegger Vorkommens erwähnt V. von Zepharovich das Tetraëder und Dodekaëder*); Liebener und Vorhauser bezeichnen als gewöhnliche Form das Dodekaëder, zu dem allenthalben das Tetraëder tritt, während der Würfel eine mehr untergeordnete Rolle spielt. Auch sprechen diese Autoren von einer zweifachen Entkantung des Tetraëders**), womit offenbar die Gegenwart eines Trigondodekaëders angedeutet werden soll. Groth beobachtete an Krystallen von diesem Fundorte, welche sich in der Strassburger Universitätssammlung befinden, die Combination: $(110)\infty O$, $\varkappa(1\bar{1}1) - \frac{O}{2}$, $\varkappa(2\bar{1}1) - \frac{2O2}{2}$, wozu mitunter auch $\varkappa(211) + \frac{2O2}{2}$ tritt***).

An den mir vorliegenden Krystallen finden sich alle diese bisher entdeckten Formen wieder und zwar in folgender Entwicklung, welche auch Figur 1 in gerader Projection auf die Würfelfläche zur Darstellung bringt: $(110)\infty O$, $\varkappa(1\bar{1}1) - \frac{O}{2}$, $\varkappa(2\bar{1}1) - \frac{2O2}{2}$, $\varkappa(211) + \frac{2O2}{2}$, $(100)\infty O\infty$.

Der Habitus der Krystalle ist durch das Vorherrschen des Dodekaëders bedingt; zunächst erscheint dann das negative Tetraëder und negative Trigondodekaëder, während die Flächen des Würfels und des positiven Pyramidentetraëders klein sind oder auch ganz fehlen. Dass aber nicht nur das Tetraëder und vorherrschende Trigondodekaëder, sondern auch das Dodekaëder wirklich negative Formen oder, wie Sadebeck sie nennt, Formen zweiter Stellung sind, folgt unmittelbar aus deren Oberflächenbeschaffenheit. Es entbehren nämlich die rauhen Tetraëderflächen jeglicher Streifung, die Flächen des Trigondodekaëders dagegen sind parallel ihren Combinationskanten mit dem Dodekaëder gereift, und die Dodekaëderflächen zeigen eine ihren Seiten parallele rhombische Streifung, welche Verhältnisse nach den Untersuchungen von Sadebeck die Formen zweiter Stellung charakterisiren†).

Ausser den angegebenen Formen war mir bei mehreren Individuen eine Zuschärfung der in den positiven Oktanten befindlichen Dodekaëderkanten durch je zwei schmale Flächen x (siehe Figur 1) aufgefallen. Aus der Tautozonalität dieser Flächen mit den angrenzenden des Dodekaëders bestimmt sich die dazu gehörige Gestalt offenbar als die positive Hemiëdrie eines Hexakisoktaëders von dem allgemeinen Zeichen $(h, h-l, l) m O \frac{m}{m-1}$, also eines parallelkantigen Hexakisoktaëders oder eines sogenannten Tetra-

*) Mineralogisches Lexikon 1, 445.

**) Mineralien Tirols, 1852, 90.

***) Die Mineraliensammlung der Universität Strassburg. 1878, 68

†) Zeitschr. der deutschen geol. Ges. 1872, 24, 430.

kisdodekaëders. Hexakistetraëder dieser Art sind bisher am Fahlerz nur zwei beobachtet worden, und zwar zuerst von G. Rose $\varkappa(321)+\frac{3O\frac{3}{2}}{2}$ an Krystallen von Obersachsen bei Ilanz in Bünden*), später von Hessenberg $\varkappa(12.\bar{7}.5)-\frac{\frac{12}{5}O\frac{12}{7}}{2}$ an Krystallen von Kahl im Spessart**).

Zur Berechnung von m im gegebenen Falle war eine Winkelmessung nothwendig. Dazu eignen sich die Krystalle von Brixlegg jedoch am allerwenigsten. Ist schon wegen ihrer rauhen, drusigen und durch einen Ueberzug von Kupferschwärze matten Oberfläche die Messung mittels Reflexion ausgeschlossen, so wird auch das gewöhnliche Anlegegoniometer in Anbetracht der geringen Ausdehnung der betreffenden Flächen unbrauchbar. Hingegen konnte mit Hülfe eines kleinen sehr feingearbeiteten Contactgoniometers und mit Benutzung der Lupe die Messung mit hinreichender Genauigkeit ausgeführt werden. Gemessen wurde die Kante $x:d$, sowie zur Controle der Winkel, den die beiden Zuschärfungsflächen über der Dodekaëderkante mit einander einschliessen, das heisst der Winkel der längsten Kante des Hexakisoktaëders. Ein Vergleich mit demselben Winkel der obengenannten Hexakisoktaëder lehrt, dass hier eine am Fahlerz noch nicht nachgewiesene Form vorliegt, deren Symbol sich berechnet zu $\varkappa(431)+\frac{4O\frac{4}{3}}{2}$.

Die beiden Trigondodekaëder $\varkappa(211)+\frac{2O2}{2}$ und $\varkappa(431)+\frac{4O\frac{4}{3}}{2}$ vertreten einander an den Krystallen, so dass an den einen eine gerade Abstumpfung der Dodekaëderkanten, an den anderen eine gerade Zuschärfung derselben in den positiven Oktanten erscheint.

Schliesslich seien noch die am Fahlerz vom Kogel bei Brixlegg beobachteten Krystallformen und die Messungen derselben zusammengestellt:

$$o' = \varkappa(1\bar{1}1)-\frac{O}{2}$$
$$d = (110)\infty O$$
$$a = (100)\infty O\infty$$
$$i' = \varkappa(2\bar{1}1)-\frac{2O2}{2}$$
$$i = \varkappa(211)+\frac{2O2}{2}$$
$$x = \varkappa(431)+\frac{4O\frac{4}{3}}{2}.$$

---

*) Poggendorff's Annalen 12, 489.

**) Mineralog. Notizen 4, 36.

	Beobachtet:	Berechnet:
$x : d = 431 : 110 =$	14^0	$13^0\ 53'\ 52''$
$\dot{x} : x = 431 : 413 =$	32	$32\ 12\ 15$
$321 : 312 =$		$21\ 47\ 12$
$12.7.5 : 12.5.7 =$		$10\ 59\ 30$

2. Idokras von Canzocoli.

Vielbekannt ist das Idokras-Vorkommen an der classischen Contactmineralfundstätte Canzocoli bei Predazzo. Der Massenhaftigkeit des Auftretens und hübschen Ausbildung der Krystalle steht eine gewisse Flächenarmuth gegenüber, welche auf die Krystallographen wenig Anziehung auszuüben vermochte. Ueber die Krystallisation bemerken Liebener und Vorhauser, dass die gerade quadratische Säule entseitet, entrandet und enteckt und auch dreifach entseitet auftrete*), welche allgemeine Angaben wohl die Combination des primären Prisma mit dem Prisma zweiter Ordnung, der Grundpyramide und der Pyramide zweiter Ordnung, sowie auch ein ditetragonales Prisma andeuten sollen. Bestimmter äussert sich V. v. Zepharovich in seinen krystallographischen Studien über den Idokras**), worin von Canzocoli die Combination:

$(001)0P$, $(111)P$, $(331)3P$, $(101)P\infty$, $(110)\infty P$, $(100)\infty P\infty$ und oft $(311)3P3$ angegeben wird.

Dazu kommt nach den Beobachtungen von Groth und Bücking noch $\vartheta = (113)\frac{1}{3}P$***). Im verflossenen Herbst hatte ich Gelegenheit, eine grössere Suite dieser Idokrase zu sammeln, bei deren Durchsicht sich sämmtliche bisher von diesem Vorkommen bekannt gewordenen Flächen theils durch Messung, theils durch ihre Zonen nachweisen liessen, mit Ausnahme von 113, welche an keinem der zahlreichen Krystalle zu beobachten war. Dagegen fand ich zwei für Canzocoli neue Flächen, nämlich z und i. Ein Blick auf Figur 2, welche die Gesammtheit der an den vorliegenden Krystallen beobachteten Formen in ihrer relativen Entwicklung in gerader Projection auf die Basis zur Anschauung bringt, zeigt, dass sowohl z als i durch ihren Zonenverband bestimmt sind. z liegt einerseits in der Zone $pa = 111 : 100 = [01\bar{1}]$, andererseits in der Zone $om = 101 : 110 = [\bar{1}11]$, daraus folgt aber das Zeichen $(211)2P2$; i dagegen gehört den Zonen $pm = 111 : 1\bar{1}0 = [11\bar{2}]$ und $om = 101 : 110 = [\bar{1}11]$ an und erhält somit das Symbol $(312)\frac{3}{2}P3$. z findet sich an mehreren Krystallen, i an einem einzigen in Verbindung mit z.

Diese beiden Flächen erscheinen an anderen Localitäten nach den

*) Mineralien Tirols, 1852, 142.

**) Sitzungsberichte der kais. Akad. der Wiss. Wien 1864, 49. 103.

***) Die Mineraliensammlung der Universität Strassburg 1878, 199.

Untersuchungen V. v. Zepharovich's*) nicht selten; so vor Allem in Pfitsch in Tirol, wo ausgezeichnete flächenreiche Krystalle, wie Figur 55 und 56 in V. v. Zepharovich's Monographie, vorkommen, ferner an der Mussaalp in Piemont (Figur 18, 22, 24, 28 und 29 der citirten Abhandlung). Gleichwohl ist die Entwicklung der Flächen in allen diesen Fällen abweichend von der unseren, indem dort i gegen z vorherrscht, während hier, wie Fig. 2 zeigt, i untergeordnet ist, womit noch der in Figur 9 der V. v. Zepharovich'schen Abbildungen dargestellte vesuvische Krystall die grösste Aehnlichkeit besitzt. Auch an uralischen Krystallen wurde die Combination von z und i von N. v. Kokscharow beobachtet und in seiner Figur 5 und 6 gezeichnet**).

Was den Typus der mir vorliegenden Krystalle betrifft, so ist es durchweg der kurzsäulenförmige, wofür Figur 60 von V. v. Zepharovich's Abbildungen recht zutreffend ist. In der Prismenzone erscheint nächst m stets a, zudem fast immer, wenn auch sehr schmal, f; unter den Endflächen übertrifft p bedeutend alle anderen, welche meist nur schmal und klein sind oder wie s und t oft ganz fehlen. Den Flächen m, a, f, p, o, c und i ist lebhafter Glanz eigen, während s, z und t etwas rauh und matt und nach den Combinationskanten mit p schwach gestreift sind. Messungen waren deshalb nur theilweise mit dem Reflexionsgoniometer, sonst sehr gut mit dem feinen Contactgoniometer ausführbar.

Schliesslich folgt noch eine Uebersicht sämmtlicher an den besprochenen Krystallen von Canzocoli aufgefundenen Formen und gemessenen Flächenwinkel:

$c = (001)0P$	$z = (211)2P2$
$p = (111)P$	$i = (312)\frac{3}{2}P3$
$t = (331)3P$	$m = (110)\infty P$
$o = (101)P\infty$	$a = (100)\infty P\infty$
$s = (311)3P3$	$f = (210)\infty P2$

$a : c = 1 : 0{,}537199$

	Beobachtet:	Berechnet:
$t : p = 331 : 111$	29° 0′	29° 5½′
$s : p = 311 : 111$	29 30	29 31
$z : p = 211 : 111$	18 0	18 6
$i : p = 312 : 111$	16 47	16 49½
$f : a = 210 : 100$	26 32	26 33 54″

3. Hornblende von Roda.

Ueber dieses interessante Auftreten schöner grosser Hornblendekrystalle in einem Dioritporphyritgang unweit Predazzo habe ich im ver-

*) l. c. 6—184.

**) Materialien zur Mineralogie Russlands 1, 92—140.

gangenen Jahre in dieser Zeitschrift einige Beobachtungen mitgetheilt, wobei namentlich die Zusammensetzung des Muttergesteins, die mikroskopischen Eigenthümlichkeiten der eingeschlossenen Hornblende, sowie deren Krystallformen, insoweit es das vorhandene Material gestattete, Berücksichtigung fanden*).

Durch einen erneuerten Besuch der Localität bin ich nunmehr an der Hand eines reicheren Untersuchungsmaterials in der Lage, ausführlicher über den Gegenstand zu berichten.

Zu dem schon erwähnten Dioritporphyritgang fand sich ein zweiter in nicht sehr grosser Entfernung davon, welcher aber nicht wie jener den Grödener Sandstein, sondern den Quarzporphyr durchsetzt, im Uebrigen jedoch genau dieselbe petrographische Zusammensetzung und auch dieselben hübschen Amphibole zeigt.

Die jetzt untersuchten Krystalle bleiben zwar nach ihrer Grösse von 1—5 cm hinter den früheren zurück, übertreffen sie dagegen durch Flächenreichthum. Die von ihrer gelbbraunen, glatten Calcit-Rutilrinde befreiten Krystalle erscheinen schwärzlich, ebenflächig und matt, selten schwach schimmernd, meist ziemlich glatt, oft aber auch rauh und gefurcht. Eigenthümlich ist ihnen ferner ein bei Betrachtung nach gewissen Richtungen hervortretender, fast metallischer Schiller. Diese Flächenbeschaffenheit macht, ganz abgesehen von der Grösse, die Krystalle zu Messungen mit dem Reflexionsgoniometer unbrauchbar und habe ich mich daher zur Bestimmung der Krystallformen lediglich des Contactinstrumentes und Zonenverbandes bedient. Bei der bildlichen Darstellung der Krystalle wurde im Interesse grösserer Anschaulichkeit die gerade Projection auf die Horizontalebene und die Symmetrieebene gewählt. Die Buchstabensignatur der Flächen ist nach Miller, und beziehen sich die eingeklammerten Buchstaben auf die in der Mineralogie von Naumann-Zirkel angewendete Bezeichnung.

Krystallformen.

Von den beobachteten Formen sind als die häufigsten zu bezeichnen:
$c(P) = (001)0P$, $r = (\bar{1}11)+P$, $k(q) = (111)-P$, $i(c) = (\bar{1}31)+3\not{P}3$, $v(t) = (131)-3\not{P}3$, $z = (021)2\not{P}\infty$, $m(M) = (110)\infty P$, $b(x) = (010)\infty\not{P}\infty$, $a(s) = (100)\infty\bar{P}\infty$.

Ausser diesen gewöhnlichen, bereits aus meiner früheren Notiz bekannten Flächen**), liessen sich an den vorliegenden Krystallen weitere sieben endecken, welche für dieses Vorkommen neu sind und von denen zwei meines Wissens überhaupt am Amphibol bisher nicht nachgewiesen wurden.

*) Diese Zeitschr. 8, 221—224.

**) Diese Zeitschr. 8, 223.

1) e erscheint in der verticalen Prismenzone als scheinbar gerade Abstumpfung der Kante $m : b$ mit unvollzähliger und häufig unvollkommener Flächenentwicklung, meist nur eine oder zwei schmale mitunter längsrissige und rauhe Flächen (vergl. Figur 8 und 9), die nach der gemessenen Neigung $e : b = 32^0$, berechnet zu $32^0\ 11'\ 1''$, der Form (130)∞$\breve{P}$3 angehören.

2) t ist eine an mehreren Krystallen wahrgenommene Abstumpfung der von den beiden r- und m-Flächen gebildeten Ecke (s. Fig. 3, 6 und 8). Es ist, wie leicht zu ersehen, durch die beiden sich kreuzenden Zonen $mr = \bar{1}10 : \bar{1}\bar{1}1 = [112]$ und $\bar{1}\bar{1}0 : \bar{1}11 = [\bar{1}1\bar{2}]$ bestimmt als $(\bar{2}01) + 2P\infty$; diese bald recht glatte, bald ganz rauhe Fläche findet sich selten allein, sondern meistens mit der nächsten vergesellschaftet.

3) o als Abstumpfungsfläche der Kante $r : m$ liegt einerseits in der Zone $bt = 010 : \bar{2}01 = [102]$, andererseits in der Zone $mr = \bar{1}10 : \bar{1}11 = [110]$, wodurch sie das Zeichen $(\bar{2}21)2P$ erhält. Auch diese Form besitzt meist rauhe, gefurchte und, wie aus Figur 8 erhellt, oft auch unvollzählige Flächen.

Seltener sind die folgenden Gestalten:

4) x konnte nur an dem einen Zwilling Figur 13 gefunden werden, und folgt aus der Messung der Kante $x : b = 74^0$ (berechnet zu $74^0\ 9'\ 22''$) und aus deren Neigung zur Verticalaxe $= 75^0$ (berechnet zu $75^0\ 2'$) das Zeichen (011)$\breve{P}$∞.

5) s wurde an zwei Krystallen beobachtet, an dem einfachen Figur 6, wo die sehr rauhe Fläche durch die Zonen $bc = 010 : 001 = [100]$ und $im = \bar{1}31 : 110 = [\bar{1}1\bar{4}]$ bestimmt ist, dann schmal aber glatt an dem Zwilling Figur 11, wo sie ebenfalls durch die eine Zone bc und durch Messung ihrer Neigung zur Symmetrieebene $= 11^0\ 30'$ (berechnet $11^0\ 22'\ 37''$) zu bestimmen war als (041)4$\breve{P}$∞.

6) u zeigte sich nur ein einziges Mal deutlich und gut messbar, an dem Zwilling Figur 13, in der Zone bx. Es bedurfte daher zur Feststellung des Parameterverhältnisses nur noch der Kenntniss der Neigung von u zu b, welche gefunden wurde $= 49^0\ 30'$ (berechnet zu $49^0\ 35'\ 20''$). Daraus ergiebt sich $u = (031)3\breve{P}\infty$.

Es soll zwar nach A. Koch an einem kleinen Amphibolkrystall aus den Einschlüssen des Andesits vom Aranyer Berge in Siebenbürgen eine Form 3$\breve{P}$∞ auftreten*), doch fehlt dieser Angabe die beweisende Grundlage einer Messung**) ebenso wie die Bezeichnung der gewählten Aufstellung der Krystalle, ohne welche die Identificirung der Flächen nicht

*) Mineralog. und petrogr. Mittheil. 1878, 1, 331—361 und Referat in dieser Zeitschrift 3, 306.

**) Auch in der neuerdings erschienenen Arbeit von Franzenau über die Hornblende des Aranyer Berges, diese Zeitschr. 8, 508, wird diese Fläche nicht erwähnt.

möglich ist. Auch N. von Kokscharow erwähnt in seiner Monographie des Amphibols (031)3$\mathcal{P}\infty$ nicht*), und ist daher die Fläche an diesem Minerale neu.

7) y erscheint nur einmal an einem theilweise ausgebildeten Krystall Figur 10 als ein schmaler unebener Abstumpfungsstreifen der Kante $v : b$. Da somit y der Zone $kb = 111 : 010 = [\bar{1}01]$ angehört, so war zur Bestimmung des Zeichens nur noch ein Winkel nothwendig, dessen Messung allerdings bei der ungünstigen Flächenbeschaffenheit mit nicht unerheblichen Schwierigkeiten verbunden war, zumal es sich im gegebenen Falle um eine möglichst genaue Messung handelte, da bei so steilen Flächen eine geringe Aenderung des Neigungswinkels gleich eine bedeutende Differenz im Parameterverhältniss zur Folge hat. Es wurde beobachtet $y : b = 23^0\,45'$, berechnet zu $23^0\,47'$ und zur Controle noch $y : k$ gemessen $53^0\,15'$, berechnet zu $53^0\,25'\,50''$. Dem entspricht $y = (1.10.1) - 10\mathcal{P}10$, welche Fläche ebenfalls für Amphibol neu ist.

Durch Vorwalten und Zurücktreten der verschiedenen Formen oder durch unregelmässige Ausdehnung gewisser Flächen entstehen charakteristische Typen, welche wir zuerst bei den einfachen Krystallen, nachher bei den Zwillingen betrachten wollen.

Einfache Krystalle.

Der allgemeine Habitus der einfachen Krystalle ist eine sechsseitige, längere, selten kürzere Säule, deren Pole durch flache Endformen stumpf abgeschlossen erscheinen. In der Regel ist jedoch nur das eine Ende von deutlichen Flächen begrenzt, während das andere unregelmässig mit dem Muttergestein verwachsen ist, oder es fehlen in einigen Fällen sogar beiderseits ebene Endflächen. Auch kommt es vor, dass das Gesteinsmagma von verschiedenen Seiten ganz unregelmässig in den Krystallkörper eindringt und die übrigens wohl entwickelten Flächen plötzlich abbrechen, wofür ein treffendes Beispiel der Krystall Figur 10 liefert. Die sechsseitige Säule entsteht durch Combination des Spaltungsprisma mit dem Längsflächenpaar. Je nachdem nun beide Formen ziemlich gleichmässig entwickelt sind oder aber die Symmetrieebene vorherrscht, ergeben sich zwei Typen, nämlich der mehr oder weniger gleichseitig sechseckige in Figur 5 und der nach der a-Axe länglich sechsseitige Typus in Figur 6 und 7. Selten ist eine dritte Ausbildungsweise der Krystalle, bei welcher die Streckung des sechsseitigen Querschnittes der Säule durch Vorwalten zweier paralleler Flächen des Spaltungsprisma erfolgt (Figur 9). Was nun die polaren Flächen betrifft, so bemerkt man im Allgemeinen ein Vorherrschen der flacheren Formen über die steileren. Die Hauptrolle übernimmt dabei fast

*) Materialien zur Mineralogie Russlands 8, 169—170.

durchgehends r, daran reihen sich zunächst z und c und oft auch i, während k, v, t, o und die übrigen Formen in den meisten Fällen sehr zurücktreten. In diesen Verhältnissen könnte man gewissermassen die Anstrebung möglichster Symmetrie nach der Querfläche a erblicken, indem einerseits sich von den gegebenen Formen gerade jene in vorherrschender Entwicklung combiniren, welche die ähnlichsten Neigungen zur a-Fläche besitzen (es ist nämlich im stumpfen Winkel β $c:a = 75^{0} 2'$, $z:a = 77^{0} 1' 14''$ und im spitzen Winkel β $r:a$ $74^{0} 35' 29''$, $i:a = 67^{0} 50' 10''$) und so die vorwaltenden Flächen zwei Zonen cz und ri darstellen, welche zur a-Fläche nahezu gleich geneigt sind, denn es bildet die vordere Zonenaxe einen Winkel von $75^{0} 2'$, die hintere von $73^{0} 58' 13''$ mit der Verticalen, Differenz $= 1^{0} 3' 47''$, andererseits auch die untergeordneten Formen bei ähnlichen Neigungen zur a-Fläche (vorn $k:a = 51^{0} 44' 22''$, $v:a = 58^{0} 20' 22''$, hinten $t:a = 49^{0} 54' 17''$, $o:a = 54^{0} 1' 24''$) ein Zonenpaar bilden, dessen Axenwinkel mit der c-Axe nur um $0^{0} 40' 36''$ differiren, da die in der Symmetrieebene liegende Polkante von (111)—P zur Axe c unter $50^{0} 34' 53''$ und $t:a$ unter $49^{0} 54' 17''$ geneigt ist, wie Figur 3 zeigt (vergl. auch Figur 5 und 6). Diesem gewöhnlichen Typus steht ein zweiter gegenüber, der die selteneren Fälle begreift, in welchen die k-Flächen auf Kosten von c und z zu grösserer Entwicklung gelangen*). Da die klinodiagonale Polkante von k unter $50^{0} 34' 53''$, jene von r unter $73^{0} 58' 13''$ gegen die Verticalaxe geneigt ist, so werden diese Krystalle von der Seite b betrachtet einen ganz unsymmetrischen Eindruck machen (Figur 4).

Fassen wir weiterhin die Ausdehnung und Entwicklung der Flächen einer und derselben Form näher ins Auge, so kann man die Krystalle auch mit Rücksicht darauf in zwei Gruppen eintheilen, denn entweder sind die zu jeder Form gehörigen einzelnen Flächen gleichmässig ausgedehnt und vollzählig vorhanden, so dass rechte und linke Seite des Krystallkopfes sich symmetrisch zu einander verhalten (Figur 5 und 6), oder es tritt eine ungleichmässige oder auch unvollzählige Flächenentwicklung zu beiden Seiten der Symmetrieebene ein, wodurch der monosymmetrische Charakter der Krystalle in geometrischer Hinsicht aufgehoben wird. Dies geschieht nun ebenso durch ungleiche Ausdehnung der rechten und linken Flächen von r, i, z, k, o u. s. w., als auch besonders durch einseitige Flächenentwicklung von i, k, o u. s. (Figur 7, 8 und 9). Diese Asymmetrie bezieht sich dann nicht nur auf die eine oder andere Krystallform, sondern betrifft alle vorhandenen Endflächen. In Zusammenhang mit dieser Ungleichheit der rechten und linken Hälfte der Krystallpole scheint auch das einseitige Auftreten der Flächen von $e = (130)\infty R3$ zu stehen (Figur 8 und 9). Wir unterscheiden darnach bei der Hornblende von Roda einen monosymme-

*) Vergl. Figur 8 in dieser Zeitschr. 8, 223.

trischen Typus von einem ungleich häufigeren asymmetrischen, und beobachten somit im Allgemeinen Herstellung einer gewissen Symmetrie zwischen der positiven und negativen Krystallhälfte im Verein mit Aufhebung der dem System zukommenden Symmetrie der rechten und linken Seite.

Ehe ich zur Beschreibung der Zwillinge übergehe, sollen noch einige Eigenthümlichkeiten der einfachen Krystalle Erwähnung finden. Die Flächen von (100)∞P∞ erscheinen, wie ein Blick auf die Abbildungen lehrt, meistens von ungleicher Grösse, ja es trifft sich nicht selten, dass nur eine *a*-Fläche zur Ausbildung gelangt (Figur 9). Längs der *a*-Flächen beobachtet man dann und wann eine Rinnenbildung (Figur 5), die durch Wiederholung derselben Flächen aus der Säulenzone entsteht und auf eine Oscillation bei der Flächenentwicklung zurückgeführt werden kann; ausserdem tritt an manchen einfachen Krystallen sehr auffällig eine scharfe verticale Naht auf (010)∞R∞ hervor, welche von da aus auch theilweise oder ganz das Krystallende durchzieht (Figur 6 und 9). Ihr entspricht eine sehr glatte und vollkommene Trennungsfläche nach (100)∞P∞, so dass mit dieser Naht versehene Krystalle sich sehr leicht in zwei Theile spalten (Figur 8). Mithin ist diese Erscheinung weder durch Spaltbarkeit und Absonderung noch durch Zwillingsbildung zu erklären, sondern vielmehr durch eine eigenthümliche parallele Verwachsung zweier Individuen nach dem Orthopinakoid. Damit steht auch eine der obigen analoge durch oscillatorische Combination erzeugte Furchung auf der *b*-Fläche in Zusammenhang (Figur 8).

Zwillinge.

Neben einfachen finden sich ebenso häufig Zwillingskrystalle. Alle folgen demselben Gesetz: Zwillingsebene (100)∞P∞. Die Verwachsung erfolgt ebenfalls an der *a*-Fläche, und ist nur Juxtaposition, niemals Penetration der Individuen zu bemerken. Dabei zeigen die Zwillingshälften in der Richtung der *b*-Axe stets gleiche Ausdehnung, so dass die *b*-Flächen beider genau in eine Ebene fallen, welche durch die deutliche gerade Zwillingsnaht in zwei Felder getheilt wird, deren Breite gewöhnlich verschieden ist (vergl. die Figuren 11—16). Der allgemeine Habitus der Zwillinge ist wie bei den einfachen Krystallen sechsseitig säulenförmig. Auch hier wird die Säule vom Spaltungsprisma und Klinopinakoid gebildet und ist ihr Querschnitt mehr oder weniger gleichseitig (Figur 12) oder bei vorwaltenden *b*-Flächen etwas in die Länge gerückt (Figur 11 und 13). Bezüglich der einseitigen Ausbildung der Pole und unvollkommenen Entwicklung der Zwillinge gilt dasselbe, was bei den einfachen Krystallen bemerkt wurde.

Eine Betrachtung der Begrenzungsflächen der Zwillingspole dagegen lässt einen wesentlichen Unterschied von den einfachen erkennen, denn während dort die Flächen von $r = (\bar{1}11) + P$ zur grössten Entwicklung gelangen, treten sie hier ganz in den Hintergrund und übernimmt $k = (111)—P$ deren Rolle, dann folgt z, o erscheint nur schmal. Die übrigen Flächen sind untergeordnet oder höchst selten und fehlen namentlich die positiven t und o. Bei den Zwillingen wiederholt sich jene ungleichmässige und unvollzählige Flächenentwicklung, welche die geometrische Monosymmetrie der Krystalle stört. Dies giebt sich kund durch Unabhängigkeit in der Grösse und im Erscheinen der rechten und linken Flächen aller Krystallformen des Zwillingskopfes (Figur 11 und 12). Dieser Mangel an Symmetrie nach der Symmetrieebene beherrscht gewöhnlich beide Zwillingshälften im Gleichmass (eine Ausnahme bildet Figur 13). Man kann sohin bei den Zwillingen einen nach (010)∞P∞ unsymmetrischen von einem selteneren darnach symmetrischen Typus unterscheiden.

Bei holoëdrischen Zwillingen, deren Zwillingsebene zugleich Verwachsungsfläche ist, gestaltet sich diese zur Symmetrieebene für die beiden Theile des Zwillings in der Weise, dass jeder Pol eines monoklinen Zwillings nach (100)∞P∞ scheinbar rhombische Symmetrie zeigt. Diese Regel bestätigt sich bei den Rodaer Hornblenden im Gegensatz zu anderen Vorkommen z. B. von Schima u. a. O. in Böhmen in den selteneren Fällen. Solche Zwillinge, die wir symmetrische nennen, sind aber dann regelmässig entweder durch (111)—P, spitzer Typus (Figur 14), oder durch (021)2P∞ mit (001)0P und kleiner (111)—P, stumpfer Typus (Figur 15), abgeschlossen. Hingegen konnte die bei böhmischen (Kostenblatt, Muckow) Hornblendezwillingen so gewöhnliche Endigung durch ($\bar{1}$11)+P und ($\bar{1}$31)+3P3 *) nur an einem einzigen Zwilling beobachtet werden.

Häufiger ist Mangel an Symmetrie zu beiden Seiten der Zwillingsebene zu constatiren. Bei diesen unsymmetrischen Zwillingen stossen nämlich zwei verschieden ausgebildete Enden an der Zwillingsnaht zusammen (Figur 12), indem in der einen Zwillingshälfte vorherrschend z, dazu c und untergeordnet k (v), in der anderen vor Allem k', dann kleiner z (v) erscheinen. Es verbindet sich gleichsam ein halber Zwilling von stumpfem Typus mit der Hälfte eines spitzen. Der unsymmetrische Habitus dieser Zwillinge tritt in der Projection auf das Klinopinakoid (Figur 16) durch den Unterschied der Neigung von z und k gegen a hervor. Die Symmetrie und Asymmetrie nach der Zwillingsebene combinirt sich nun wiederum mit der oben erörterten symmetrischen und asymmetrischen Entwicklung nach (010)∞P∞, woraus für die untersuchten Zwillingskrystalle folgende Typen resultiren: 1) symmetrisch nach a und b, spitz und stumpf; 2) symmetrisch nach a und unsymmetrisch nach b, spitz und stumpf; 3) unsymmetrisch nach a und symmetrisch nach b; 4) unsymmetrisch nach

---

*) Figur 11 Naumann-Zirkel 1881, 615, und auch Fig. 20, Taf. 8, in Schrauf's Atlas der Krystallformen.

a und *b*. Selbstverständlich sind die verschiedenen Typen durch Uebergangsstufen verbunden, z. B. Figur 11.

Ein einspringender Zwillingswinkel konnte nur einmal an den sonst fehlenden Flächen von $(\bar{1}31)3\not{P}3$ beim Zwilling Figur 12 beobachtet werden. Auch bei den Zwillingen ist die Ausbildung der Flächen von (100) $\infty\not{P}\infty$ ungleichmässig (Figur 11) und unvollzählig (Figur 16), und entsteht oft an dieser Stelle durch oscillatorische Combination von *m* und *a* eine Rinne (Figur 13).

Zum Schlusse sollen noch sämmtliche an der Hornblende von Roda beobachteten und in Figur 17 abgebildeten Krystallformen, sowie deren Flächenwinkel übersichtlich zusammengestellt werden.

$c = (001)0P$	$x = (011)\not{P}\infty$
$r = (\bar{1}11)+P$	$z = (021)2\not{P}\infty$
$o = (\bar{2}21)+2P$	$u = (031)3\not{P}\infty$
$i = (\bar{1}31)+3\not{P}3$	$s = (041)4\not{P}\infty$
$k = (111)-P$	$m = (110)\infty P$
$v = (131)-3\not{P}3$	$e = (130)\infty\not{P}3$
$y = (1.10.1)-10\not{P}10$	$a = (100)\infty\not{P}\infty$
$t = (\bar{2}01)+2\not{P}\infty$	$b = (010)\infty\not{P}\infty$

$$a : b : c = 0{,}548258 : 1 : 0{,}293765; \quad \beta = 75^0\ 2'.$$

		Gemessen:	Berechnet:
$c : a =$	$001 : 100 =$	$75^0\ 0'$	$75^0\ 2'$
$r : c =$	$\bar{1}11 : 001$	34 30	34 25
$o : r =$	$\bar{2}21 : \bar{1}11$	24 15	24 5 34″
$i : b =$	$\bar{1}31 : 010$	49 30	49 44 3
$k : m =$	$111 : 110$	49 15	49 23 51
$v : k =$	$131 : 111$	21 15	21 27 44
$y : k =$	$1.10.1 : 111$	53 15	53 25 50
$y : b =$	$1.10.1 : 010$	23 45	23 47
$t : a =$	$\bar{2}01 : 100$	49 45	49 54 17
$x : b =$	$011 : 010$	74 0	74 9 22
$z : b =$	$021 : 010$	60 30	60 25 15
$u : b =$	$031 : 010$	49 30	49 35 20
$s : b =$	$041 : 010$	41 30	41 22 37
$m : m =$	$110 : 1\bar{1}0$	55 45	55 49
$e : m =$	$130 : 110$	30 0	29 54 29
$e : b =$	$130 : 010$	32 0	32 11 1

4. Magnetit von Scalotta*).

Ueber dieses neue Vorkommen von Magneteisen habe ich im verflossenen Jahre eine kurze vorläufige Mittheilung gemacht**). Die interessante Formenentwicklung der wenigen damals untersuchten Krystalle bewog mich zum Zwecke eingehenderen Studiums reichlicheres Untersuchungsmaterial zu sammeln. Hierzu bot sich beim letzten Besuch von Predazzo die beste Gelegenheit, so dass ich heute nach Untersuchung einer reichen Suite von einigen hundert Krystallen weitere Beobachtungen besprechen kann.

Der allgemeine Habitus der Krystalle ist stets durch das Dodekaëder $d = (110)\infty O$ bestimmt, dessen vierkantige Ecken durch verschiedene Formen zugespitzt erscheinen (Figur 18, gerade Projection auf die Würfelfläche). Auch an den Kanten des Dodekaëders entdeckt man mannigfache Abstumpfungen und Zuschärfungen und bei näherer Betrachtung vielfach eine gerade Abstumpfung seiner dreikantigen Ecken in Form sehr kleiner glänzender Flächen, welche offenbar dem Oktaëder $(111)O$ angehören. An den vierkantigen Polen bemerken wir vor Allem je vier Deltoide, deren symmetrische Diagonale nach der Oktaëderfläche zu gerichtet ist, und welche mithin einem Ikositetraëder i zukommen, dessen Symbol sich durch Messung gleich $(311)3O3$ ergab. Zunächst folgen als Abstumpfungen der Combinationskanten $d:i$ um jeden vierkantigen Pol des Dodekaëders acht Flächen, für welche die Lage in der Zone $di = 110:311 = [1\bar{1}\bar{2}]$ charakteristisch ist. Dadurch erhält der betreffende Achtundvierzigflächner das allgemeine Zeichen $(h, h-2l, l)\, mO\frac{m}{m-2}$, und wir brauchen zur Bestimmung von m nur noch einen Winkel. Aus dem letzteren folgt $x = (531)5O\frac{5}{3}$. Diese von V. von Zepharovich auch an Krystallen vom Mulatberg bei Predazzo nachgewiesene Form***) gehört gleichzeitig, da die Winkel der mittleren und kürzesten Kanten einander gleich sind, zu den isogonalen Hexakisoktaëdern mit dem allgemeinen Symbol $\left(h, \frac{h+l}{2}, l\right) mO\frac{2m}{m+1}$, von welchen M. von Jerofejew am Magnetit vom Berge Blagodat im Ural zwei weitere, nämlich $(432)2O\frac{4}{3}$ und $(654)\frac{3}{2}O\frac{6}{5}$ entdeckt hat†). Beim Magneteisen von Scalotta folgt nun in der Zone di ein zweiter Achtundvierzigflächner y, als Abstumpfung der Kante $x:d$. Es ist daher auch für diese Form

*) Nicht Scolotta, wie es durch ein Versehen des Setzers in dieser Zeitschrift 8, 219 heisst, da sich das Wort vom ital. »scala« ableitet.

**) Diese Zeitschr. 8, 219—220.

***) Mineralog. Mittheil. 1877, 75.

†) Verhandlungen der k. russ. mineralog. Gesellschaft zu St. Petersburg, neue Reihe 17, 24. Auch in von Kokscharow's Materialien 8, 226.

$k = h - 2l$ oder $n = \frac{m}{m-2}$. Die Messung*) ergab dann $y = (971)9O\frac{9}{7}$.
Dieses zum ersten Mal beobachtete Hexakisoktaëder ist aber nicht zugleich isogonal. Abgesehen von diesen schon an den zuerst untersuchten Krystallen constatirten Flächen sind noch folgende zu verzeichnen, von denen die ersten drei tautozonal mit o und i, die letzten beiden aber tautozonal mit zwei unter 90° sich schneidenden d-Flächen sind.

1) n als gerade Abstumpfung der Dodekaëderkanten ist nichts Anderes als $(211)2O2$.

2) l stumpft die längsten Kanten von y gerade ab und ist daher durch die Zone $917 : 971 = [\bar{8}99]$ vollkommen bestimmt, sein Zeichen ist mithin $(944)\frac{9}{4}O\frac{9}{4}$. Dieses Ikositetraëder ist bisher am Magneteisen nicht nachgewiesen worden.

3) k bildet eine gerade Abstumpfung der längsten Kanten von x, liegt also in der Zone $513 : 531 = [\bar{4}55]$ und ist dadurch bestimmt als $(522)\frac{5}{2}O\frac{5}{2}$. Diese Form ist ebenfalls neu.

4) e stumpft die mittleren Kanten von y gerade ab und erhält folglich aus der Zugehörigkeit zur Zone $971 : 97\bar{1} = [\bar{7}90]$ das Symbol $(970)\infty O\frac{9}{7}$, welches Tetrakishexaëder auch bisher noch nicht beobachtet ist.

5) f endlich erscheint als gerade Abstumpfung der mittleren Kanten von x und ist als solches durch die Zone $531 : 53\bar{1} = [\bar{3}50]$ bestimmt als der Pyramidenwürfel $(530)\infty O\frac{5}{3}$, der gleichfalls eine für den Magnetit neue Form darstellt.

Hinsichtlich der Ausdehnung der verschiedenen Krystallformen bleibt zu erwähnen, dass die beiden Hexakisoktaëder und das Ikositetraëder $(311)3O3$ bei ungefähr derselben Grösse im Vergleich zu den anderen Ikositetraëdern und zu den Tetrakishexaëdern vorwaltend entwickelt sind, während diese als schmale, doch immerhin deutliche Abstumpfungsflächen auftreten. Man findet an den Krystallen in der Regel alle genannten Formen mit einander vergesellschaftet, mit Ausnahme des oft fehlenden Oktaëders und der beiden Pyramidenwürfel, welche selten wahrzunehmen sind. Bemerkenswerth ist die Flächenbeschaffenheit der einzelnen Formen. Es findet nämlich von den lebhaft glänzenden Dodekaëder- und Oktaëder-Flächen aus gegen die Pole eine Abnahme des Glanzes und der Glätte der Flächen in der Weise statt, dass y noch recht glänzende, x aber schon ziemlich matte und rauhe Flächen aufweist, und endlich in i die Rauhheit und Drusigkeit der Flächen ihren Höhepunkt erreicht, so dass auch die Kanten nicht mehr scharf, sondern gerundet und undeutlich werden und oft die Krystalle eine linsenförmige Krümmung annehmen. Ganz besonders

---

*) Diese Zeitschr. 8, 220 steht aus Versehen $531 : \bar{5}31$ statt $531 : 53\bar{1}$, ebenso $971 : \bar{9}71$ statt $971 : 97\bar{1}$ und $971 . 917$ statt $971 : 791$.

undeutlich und verwischt sind auch die Kanten von i zu x. Analog verhalten sich die Flächen der Ikositetraëder und Tetrakishexaëder, denn während n, l und e noch lebhaft glänzen, ist dies bei k und f weniger der Fall und sind diese Formen überhaupt schwerer zu erkennen. — Durch oscillatorische Combination zwischen d und y entsteht auf deren Flächen eine feine Streifung im Sinne der gegenseitigen Combinationskanten, also ein System paralleler Streifen auf den Flächen von y, und vier zu einem Rhombus sich vereinigende Streifensysteme auf den Dodekaëderflächen. Auf den x-Flächen ist kaum mehr etwas von Streifung zu entdecken.

In Folge der beschriebenen Flächenart sind die Messungen durch Spiegelung mit manchen Schwierigkeiten verbunden und liefern nicht immer ganz genaue Resultate.

Die schönen Magnetitkrystalle von Scalotta mit ihren zwei Achtundvierzigflächnern, vier Ikositetraëdern, zwei Pyramidenwürfeln, dem Dodekaëder und Oktaëder dürften wohl die flächenreichste bekannte Combination dieses Minerals darstellen, indem ein einziger Krystall nicht weniger denn 260 Flächen aufweist.

Es folgen die an diesem Vorkommen beobachteten Krystallformen und Winkel:

$o = (111)O$ $\qquad$ $i = (311)3O3$

$d = (110)\infty O$ $\qquad$ $e = (970)\infty O\frac{9}{7}$

$n = (211)2O2$ $\qquad$ $f = (530)\infty O\frac{5}{3}$

$l = (944)\frac{9}{4}O\frac{9}{4}$ $\qquad$ $x = (531)5O\frac{5}{3}$

$k = (522)\frac{5}{2}O\frac{5}{2}$. $\qquad$ $y = (971)9O\frac{9}{7}$

		Gemessen:	Berechnet:
$i : i$	$= 311 : 31\bar{1} =$	35° 11′	35° 5′ 49″
$x : x$	$= 531 : 53\bar{1}$	49 31	49 27 47
$y : y$	$= 971 : 97\bar{1}$	10 1	10 1 28
$y : y$	$= 971 : 791$	14 14	14 11 42
$y : y$	$= 971 : 917$	43 32	43 30 50

XXI. Ueber den Orthoklas von Valfloriana in Fleims.

(Mittheilungen aus dem mineralogischen Laboratorium des Polytechnikums zu Karlsruhe. VII.)

Von

A. Cathrein in Karlsruhe i. B.

(Mit Taf. XII, Fig. 19 u. 20.)

Das interessante Orthoklasvorkommen aus dem Quarzporphyr von Valfloriana ist längst bekannt und in den Sammlungen allenthalben vertreten. Was zunächst den Fundort selbst betrifft, so wird von Liebener und Vorhauser zuerst der Berg Gardone bei Valfloriana genannt*), später aber diese Angabe widerrufen und das benachbarte Cadino-Thal als die richtige Fundstätte bezeichnet**). Dieselben Daten hat auch V. v. Zepharovich in sein mineralogisches Lexikon aufgenommen***).

In neuerer Zeit hat nun Doelter die betreffenden Localitäten besucht und gefunden, dass der Orthoklas nicht im Cadino-Thal, sondern in einem Seitenthal von Valfloriana, dem Val di Madonna auftritt, welches vom Nordabhang des Berges Zocchi alti, der Wasserscheide zwischen Cadino- und Valfloriana-Thal, ausgeht†). Durch diese Lage wird auch die Verwechslung bei den älteren Angaben erklärlich.

In den verflossenen Herbstferien hatte ich auch Gelegenheit diese Localitäten zu begehen und kann ich darüber Folgendes berichten.

Die eigentliche Fundstelle der Orthoklaskrystalle befindet sich unterhalb der Palle della Madonna östlich von der Malga dal Sas, wo sich das Valfloriana-Thal gabelt, während jenseits der Jochhöhe im Cadino-Thal nichts mehr zu finden ist. Es lässt sich somit die Fundortsbezeichnung »Valfloriana« als zutreffend beibehalten.

Die Beobachtung der Lagerungsverhältnisse wird durch die mangelhaften Aufschlüsse und das ungünstige Terrain ausserordentlich erschwert

---

*) Die Mineralien Tirols, Innsbruck 1852, 94.

**) Nachtrag zu den Mineralien Tirols, Innsbruck 1866, 16.

***) 1, 306 und 2, 231.

†) Mineralogische Mittheilungen von Tschermak 1875, 180.

und sind namentlich die Contactgrenzen stets verdeckt, so dass vorläufig ein Urtheil über die Lagerungsform des Muttergesteins der Orthoklase und dessen Verband mit dem umgebenden gemeinen Quarzporphyr unzulässig ist, und es daher unentschieden bleiben muss, ob hier ein gangartiges Intrusivgebilde oder lediglich eine Structurabänderung des gewöhnlichen Quarzporphyrs vorliegt, von dem sich jenes Gestein wesentlich durch die in seiner dichten Grundmasse eingewachsenen grösseren Quarz- und besonders grossen Orthoklaskrystalle vortheilhaft abhebt. Die Grundmasse ist durch Eisenoxydhydrat lebhaft pigmentirt und zeigt je nach dem Grade der Verwitterung rothe bis braune und gelbbraune Färbung. In ihr bemerkt man ausser den Orthoklasen und Quarzkrystallen, welche die Combination der beiden Rhomboëder mit sehr untergeordnetem Prisma darstellen, deutlich sechsseitige Biotitkryställchen und seltenere Plagioklase. Mikroskopisch betrachtet giebt sich die Grundmasse als ein mikro- bis kryptokrystallines Aggregat, in dem Orthoklas die Hauptrolle spielt, zu erkennen. Unter den Einsprenglingen bewirthet der Biotit Apatitkryställchen, während der Quarz besonders schöne, farblose oder schwach bräunliche und stets krystallographisch orientirte Glaseinschlüsse birgt, welche die Form ihres Wirthes nachahmen, also rhombische oder sechseckige Umrisse zeigen. Sie führen regelmässig ein Gasbläschen mit breitem dunklen Rand; doch tritt bisweilen eine blasse Berandung ein, falls die Bläschen durch den Schliff geöffnet und mit Canadabalsam erfüllt sind. Ausserdem finden sich im Quarze regelmässige und unregelmässige Einschlüsse und Einbuchtungen der Grundmasse. Selten erblickt man zwillingsgestreifte Plagioklase. Die mikroskopischen Eigenschaften der Orthoklase sollen weiter unten besprochen werden.

Gelegentlich des Besuches der Fundstätte von Valfloriana machte ich alsbald die Bemerkung, dass die Orthoklaskrystalle zumal mit Rücksicht auf ihre Zwillingsverwachsungen nicht so formarm waren, als aus der Literatur bekannt ist. Ich versäumte es daher nicht, zum Zwecke einer voraussichtlich nicht erfolglosen krystallographischen Untersuchung reichhaltiges Material an Ort und Stelle zu sammeln. Nachdem nun die Ergebnisse der näheren Bearbeitung nicht nur durch Auffindung einiger für dieses Vorkommen unbekannter Zwillingsformen nicht ohne speciellen Werth für die Kenntniss der Mineralien Tirols, sondern unerwartet durch den Nachweis seltener und neuer Flächen am Orthoklas auch nicht ohne allgemeines krystallographisches Interesse sein dürften, so sollen dieselben hier mitgetheilt werden.

Die Krystalle des Orthoklases von Valfloriana sind mit ihrer Matrix nicht sehr fest verwachsen, so dass es zu deren Befreiung verhältnissmässig nur geringer Mühe bedarf, und beschleunigt ausserdem die fortschreitende Verwitterung des Gesteins den Isolirungsprocess noch mehr. Die Oberfläche der Krystalle ist ziemlich glatt und schwach fettglänzend, oft auch rauher und matt, von meist lebhaft ziegelrother, selten blassröthlicher Farbe, während das Innere weiss oder farblos und mit Glas- oder Perlmutterglanz ausgestattet ist. Die rothe Farbe der Oberfläche ist, da sie den Krystallen allgemein, unbeschadet ihrer grösseren oder geringeren Frische zukommt, wohl nicht durch Verwitterung, als vielmehr durch einen Einfluss des rothen Pigments der umgebenden Porphyrgrundmasse verursacht. Die Grösse der mir vorliegenden Krystalle steigt bis zu 6 cm, und sind die einfachen durchschnittlich kleiner als die Zwillinge, sowie auch seltener.

Bei der mikroskopischen Untersuchung waren in den farblosen ziemlich klaren Orthoklasdurchschnitten Einschlüsse von porphyrischer Grundmasse, von Biotit und von Plagioklas zu erkennen. In Anbetracht, dass eine Trennung und Reinigung der Orthoklassubstanz von diesen fremden Beimengungen nicht nur mit erheblichen Schwierigkeiten verbunden, sondern speciell für den Plagioklas kaum durchführbar gewesen wäre, so musste ich bei der Festsetzung der Orthoklasnatur unseres Feldspathes von einer quantitativen Analyse absehen und die optische Methode allein zu Hülfe nehmen, da bei der Unreinheit des Materials auch eine Controlbestimmung des specifischen Gewichtes werthlos geblieben wäre. Die Ermittelung der optischen Constanten dagegen konnte im gegebenen Falle das zuverlässigste und bestimmteste Urtheil über den Sachverhalt abgeben, indem es nicht schwer fiel, winzige Spaltungsformen (mit den Flächen *P*, *M*, *T*), welche sich ja zu einer mikroskopischen Messung der Auslöschungsschiefen besonders eignen, ganz rein und frei von Plagioklas herauszupräpariren. Die Schwingungsrichtung war auf *P* parallel der Kante *P* : *M*, auf *M* unter 5⁰ zur selben Kante und unter 69⁰ zur Kante *M* : *T* geneigt. Diese Resultate bestätigen aber, dass hier wirklich Orthoklas vorliegt.

Die krystallographischen Verhältnisse des Orthoklases von Valfloriana haben bisher keine eingehendere Bearbeitung erfahren und beschränkt sich die Literatur auf nur wenige kurze Mittheilungen, was wohl durch den Mangel genügenden und geeigneten Materials verursacht sein mag. Bei der nun folgenden Beschreibung sollen vorerst die beobachteten Krystallflächen, dann die Ausbildung der einfachen Krystalle und zuletzt die Zwillingsformen Berücksichtigung finden.

Flächen.

Liebener und Vorhauser nennen die Krystallform des Orthoklases vom Berge Gardone bei Valfloriana eine entspitzeckte, dreifach entnebenseitete und zweifach entseiteneckte Klinorhombensäule*). In die jetzt übliche Bezeichnungsweise übertragen dürfte dies der Combination (110)∞P,

*) Die Mineralien Tirols, Innsbruck 1852, 94.

(001)0P, ($\bar{2}$01)2$P\infty$, (010)$\infty P\infty$, (130)$\infty P3$, (021)2$P\infty$, ($\bar{1}$11)P entsprechen, indem die an der sogenannten Kernform *TP* erscheinende Entspitzeckung sich wahrscheinlich auf die Fläche *y*, die dreifache Entnebenseitung auf *M* und *z* und die zweifache Entseiteneckung auf *n* und *o* beziehen wird. Bestimmter hat sich über den Gegenstand Doelter geäussert. Nach ihm zeigen die Formen *P*, *M*, *T*, *z*, *y*, *o* und selten *x**), bei deren Aufzählung die nie fehlende und auch schon von Liebener und Vorhauser angedeutete Fläche *n* = (201)2$P\infty$ wohl aus Versehen vergessen wurde. An den in der Strassburger Universitätssammlung befindlichen Krystallen dieses Vorkommens beobachtete Groth dieselbe Ausbildung wie an jenen vom Fichtelgebirge, und zwar die Combination *PMTzyon***).

Bei der Untersuchung der von mir gesammelten Krystalle liessen sich nicht nur alle genannten Formen mittels des Anlegegoniometers und der Zonenverhältnisse nachweisen, sondern auch noch einige weitere, bei deren Bestimmung auch das Reflexionsgoniometer verwendet wurde.

1) *k* = (100)$\infty P\infty$, diese manchmal, beispielsweise am Orthoklas von Schiltach im Schwarzwald, Striegau, Hirschberg, Elba, am Adular von Pfitsch und Zillerthal zu beobachtende, im Allgemeinen aber doch seltenere Fläche bildet hier eine schmale, aber immerhin deutliche und häufige gerade Abstumpfung der vorderen Prismenkante.

2) *u* = ($\bar{2}$21)2P, welche auch zu den selteneren Orthoklasflächen gehört, konnte ich deutlich und sicher nur an einem Manebacher Zwilling als kleine schmale Abstumpfung der Kante *M* : *y* erkennen und durch die Zonen *My* = [102] und *PT* = [110] bestimmen (vergl. Figur 19).

3) *m* = (111)—P, diese sonst fast nie erwähnte Form erscheint öfters an einfachen und Zwillingskrystallen, zwar sehr klein und untergeordnet, doch ganz scharf, oft auch nur undeutlich als Abrundung der Kante *P* : *T*. Ihr Symbol ergab sich aus der Zugehörigkeit zur Zone *PT* = [110] und aus der Messung ihrer Neigung zu (001)0P, welche gefunden wurde 33° 23′, berechnet zu 33° 30′ 14″. Die zur Controle ausgeführte Messung des Winkels *m* : *T* = 34° 25′ (berechnet = 34° 17′ 6″) zeigt auch, dass die Fläche *m* gegen *P* und *T* nahezu gleich geneigt ist, mithin die Kante *P* : *T* scheinbar gerade abstumpft. Abgesehen von diesen für den Orthoklas überhaupt seltenen, für dieses Vorkommen aber neuen Flächen waren an den vorgelegenen Krystallen weiterhin zu beobachten:

4) *e* einige Male, deutlich jedoch nur an dem Manebacher Zwilling, welcher auch die Fläche *u* zeigt. *e* ist sehr schmal, gleichwohl durch seine Lage in zwei Zonen unzweifelhaft bestimmt (siehe Figur 19). Es ist näm-

*) Mineralog. Mittheil. von Tschermak 1875, 181.

**) Die Mineraliensammlung der Universität Strassburg 1878, 247 und 248.

lich e einerseits tautozonal mit u, gehört also zur Zone My = [102], andererseits liegt es in der Zone Pz = [310]; daraus folgt aber e = ($\bar{2}$61)6$\mathfrak{P}$3, welche Krystallform am Orthoklas noch nicht beobachtet wurde;

5) p in der verticalen Prismenzone bei mehreren Karlsbader Zwillingen als eine stets sehr schmale Abstumpfung der Kante $z : M$. Die Fläche p gehört vermöge ihrer Lage offenbar zu einem Klinoprisma, dessen Bestimmung eine Winkelmessung erforderte. Es wurde gefunden $p : M$ = 10° 31′, berechnet zu 10° 38′ 14″, ausserdem $p : z$ = 18° 53′, berechnet zu 18° 45′ 43″. Dem entspricht das Zeichen (190)∞$\mathfrak{P}$9. Auch p ist eine für den Orthoklas neue Fläche.

In der Beschaffenheit der verschiedenen Flächen lässt sich kein Unterschied wahrnehmen, irgend welche Streifung oder Furchung, welche auf oscillatorische Combination oder Vicinalflächenbau hinweisen könnte, fehlt vollständig. Die Entwicklung und Ausdehnung der einzelnen Flächen wird später bei der Beschreibung der einfachen und Zwillingskrystalle erörtert werden, vorläufig sei nur erwähnt, dass die Fläche x = ($\bar{1}$01)$\mathfrak{P}$∞, welche von Doelter als selten bezeichnet wird*), meinen Krystallen niemals abgeht, wenn dieselbe auch, namentlich bei den einfachen, sehr klein und schmal erscheint.

Zur Uebersicht der Krystallformen des Orthoklases von Valfloriana wurden dieselben in ihrer Gesammtheit in gerader Projection auf die Horizontalebene abgebildet (Figur 19) und die beobachteten Flächen mit ihren Winkeln hier zusammengestellt.

$$a : b : c = 0{,}65851 : 1 : 0{,}55538$$
$$\beta = 63^\circ\, 56'\, 46''.$$

P = (001)0P	y = ($\bar{2}$01)+2$\mathfrak{P}$∞
k = (100)∞$\mathfrak{P}$∞	n = (021)2$\mathfrak{P}$∞
M = (010)∞$\mathfrak{P}$∞	m = (111)−P
T = (110)∞P	o = ($\bar{1}$11)+P
z = (130)∞$\mathfrak{P}$3	u = ($\bar{2}$21)+2P
p = (190)∞$\mathfrak{P}$9	e = ($\bar{2}$61)+6$\mathfrak{P}$3
x = ($\bar{1}$01)+$\mathfrak{P}$∞	

		Gemessen **):	Berechnet:
$P : k$	= 001 : 100 =	64° 0′	63°56′ 46″
$T : T$	= 110 : 1$\bar{1}$0	61 0	61 13 0
$z : T$	= 130 : 110	29 45	29 59 33
$z : M$	= 130 : 010	29 30	29 23 57
$p : M$	= 190 : 010	10 31*	10 38 14

*) Mineralog. Mittheil. von Tschermak 1875, 181.

**) Die mit * versehenen Winkel sind durch Schimmerreflexe gemessen.

		Gemessen:	Berechnet:
$p : z$	$= 190 : 130 =$	18° 53'*	18° 45' 43"
$x : P$	$= \bar{1}01 : 001$	50 30	50 16 34
$y : P$	$= \bar{2}01 : 001$	80 30	80 17 44
$n : P$	$= 021 : 001$	45 0	44 56 21
$n : M$	$= 021 : 010$	45 15	45 3 39
$m : P$	$= 111 : 001$	33 23*	33 30 14
$m : T$	$= 111 : 110$	34 25*	34 17 6
$o : P$	$= \bar{1}11 : 001$	55 0	55 14 26
$o : T$	$= \bar{1}11 : 110$	56 45	56 58 16

Einfache Krystalle.

Im Quarzporphyr von Valfloriana trifft man mit Zwillingen vermengt, aber bei weitem nicht so zahlreich, Einzelkrystalle, welche sich nach ihrer Ausbildungsweise in zwei sehr ungleich grosse Gruppen eintheilen lassen. Auch in ihren Dimensionen bleiben die einfachen Krystalle hinter den Zwillingen zurück, da ihre Länge drei Centimeter kaum übersteigt. Die beiden Typen, auf welche schon Liebener und Vorhauser aufmerksam gemacht haben*), unterscheiden sich durch das Vorwalten gewisser Flächen, indem bei dem einen, weitaus häufigeren, *P* und *M* ein rechtwinkeliges Prisma bilden, dessen Enden von *y*, *T*, *z*, *o* und *x* begrenzt sind, während die Längskanten desselben durch *n* eine annähernd gerade Abstumpfung erfahren; der andere für einfache Krystalle äusserst seltene Typus erscheint tafelförmig durch Vorherrschen von *M*, dem sich die übrigen Flächen unterordnen, deren relative Entwicklung bei den Zwillingen näher betrachtet werden wird. Bei den rectangulär säulenförmigen Individuen besitzt im Allgemeinen, nächst *M* und *P*, *y* die grösste Ausdehnung, dann folgt *T*, untergeordnet sind *z*, *o*, *n* und *x*, ausserdem dann und wann auch $m = (111)$—*P*.

Zwillinge.

Von gesetzmässigen Verwachsungen der Fleimser Orthoklaskrystalle sind bisher nur solche nach dem Orthopinakoid bekannt geworden. Sowohl Liebener und Vorhauser**) als auch von Zepharovich***), ferner Doelter†) und Groth††) erwähnen nur Karlsbader Zwillinge. Um so überraschender musste es sein, in der von mir gesammelten Suite nicht weniger denn vier verschiedene Zwillingsgesetze aufzufinden.

---

*) a. a. O. 95.

**) a. a. O. 95.

***) Mineralogisches Lexikon 1, 306.

†) a. a. O. 180.

††) a. a. O. 247.

1. Zwillingsebene $k = (100)\infty P\infty$ (Karlsbader Gesetz).

Zwillinge dieser Art sind weitaus am zahlreichsten vertreten. Charakteristisch für dieselben ist der tafelförmige Typus der Einzelkrystalle, nur ausnahmsweise verbinden sich rectangulär säulenförmige Individuen nach diesem Gesetz, in welchem Falle der Zwilling genau die Gestalt Figur 1, Tafel IX der Klockmann'schen Abbildungen*) annimmt. Mitunter combiniren sich auch zwei verschiedene Typen, zum Beispiel ein tafelförmiger mit einem rechtwinkelig prismatischen; so kommt es vor, dass ein ganz kleines tafeliges Individuum der M-Fläche des säuligen in gesetzmässiger Lage aufsitzt oder statt dessen nur einen ihm entsprechenden Eindruck hinterlassen hat, welcher Erscheinung auch Liebener und Vorhauser gedenken**). Andererseits erhebt sich oft auf der P-Fläche eines rectangulär säulenförmigen Krystalls ein kleines dicktafeliges Kryställchen in Karlsbader Stellung. Von den selteneren Karlsbader Zwillingen mit rectangulär säuligem Habitus der Einzelkrystalle entsteht durch Verwachsung kürzerer Säulen ein Uebergang zu den nach M dicktafelförmigen Karlsbadern der gewöhnlichen Ausbildungsweise anderer Fundorte. Bei diesem Typus zeigt M die grösste Ausdehnung, dann folgen P, y und T, während z, o, n und x von untergeordneter Bedeutung sind. Es besteht somit eine gewisse Aehnlichkeit der Ausbildung mit den rechtwinkelig prismatischen Krystallen. Mit der Abnahme der Dicke dieser Tafeln steht eine Vergrösserung der o- und n-Flächen im Zusammenhang, wodurch schon der allmälige Uebergang zu dem zweiten Typus der Karlsbader Zwillinge gegeben ist, welcher sich durch flachere Tafelform, ganz besonders aber durch veränderte Flächenentwicklung von dem ersten unterscheidet. Es haben sich nämlich nunmehr $n = (021)2P\infty$ und $o = (\bar{1}11)P$ auf Kosten von $y = (\bar{2}01)2P\infty$, welches bedeutend reducirt ist, ausgedehnt und mit P ins Gleichgewicht gestellt; auch $x = (\bar{1}01)P\infty$ erscheint infolge dessen verlängert. Hand in Hand mit dieser Aenderung der Flächenausdehnung geht das Bestreben einer Verschmelzung der beiden Krystallenden an den Zwillingspolen, welche bei dem ersten Typus ganz frei und von einander unabhängig hervortreten. Dies wird begünstigt durch die grosse Aehnlichkeit der Neigungen von P und x zur Querfläche ($P : k = 63^0\,56'\,46''$ und $x : k = 65^0\,46'\,40''$, Differenz $= 1^0\,49'\,54''$) und die für den Zwilling daraus resultirende annähernde Tautozonalität der o- und n-Flächen, wodurch dieselben rechts und links von P und x sich gegenseitig vertreten oder die eine über die Zwillingsgrenze hinaus sich in die andere fortsetzt, ein ganz ähnliches Verhaltniss, wie es auch Klockmann von den Orthoklasen des

*) Die Zwillingsverwachsungen des Orthoklases aus dem Granitit des Riesengebirges, diese Zeitschr. 6, 493.

**) a. a. O. 94.

Riesengebirges beschrieben und abgebildet hat*), nur mit dem Unterschied, dass bei unseren Zwillingen regelmässig die Flächen P und schmal auch x entwickelt sind, welche oft unmittelbar neben einander scheinbar in derselben Ebene liegen. Eine auf den ersten Blick auffallende Eigenthümlichkeit dieser beiden Hauptformen der Karlsbader Zwillinge, welche selbstverständlich durch Uebergangsstufen verknüpft sind, ist die Verschiedenheit der Pole, welche bei dem einen Typus fast rechtwinkelig entsprechend der Neigung $y : P = 99^0\,42'\,16''$, bei dem anderen weit stumpfer bedingt durch den Winkel $x : P = 129^0\,43'\,26''$ erscheinen. Gleichsam als Mittelform zwischen diesen beiden beobachtet man noch einen dritten Typus, bei dem der eine Pol des Zwillings nach dem ersten, der andere nach dem zweiten beschriebenen Typus gebildet erscheint, mithin getrennte spitzere Enden verschmolzenen stumpferen gegenüberstehen.

Bei der Verwachsung zu Karlsbader Zwillingen erfolgt meist Penetration in grösserem oder geringerem Grade, ausnahmsweise Juxtaposition, und zwar nur bei Zwillingen der zweiten Art. Die Individuen sind viel häufiger mit ihren linken M-Flächen verbunden als mit den rechten. Die Zwillinge erreichen eine Länge von 6 cm, doch sind die relativen Dimensionen der Einzelkrystalle meist ungleich, oft ist das eine Individuum nur eine dünne Lamelle oder ein kleineres Kryställchen. Zumal tritt das ein bei der wiederholten Zwillingsverwachsung, wobei sich auch Krystalle von verschiedenem Habitus vereinigen.

2. Zwillingsebene $P = (001)0P$ (Manebacher Gesetz).

Manebacher Zwillinge finden sich weitaus seltener und zwar ausschliesslich bei den rectangulär säulenförmigen Krystallen. Ein derartiger Zwilling setzt sich dann aus zwei nach der Basis halbirten Individuen zusammen, welche Fläche zugleich die Verwachsungsebene darstellt. Auch bei den Manebacher Zwillingen können wir zwei Typen unterscheiden, je nachdem die Ausbildung der säuligen Einzelkrystalle genau der oben geschilderten entspricht und die Zwillingspole ganz unsymmetrisch erscheinen, oder aber durch stärkere Ausdehnung der o-Flächen ein gewisser Grad von Symmetrie der Enden erreicht wird. Nur in einem einzelnen Falle war eine durch ungleichmässige Flächenentwicklung des Prisma und der Pyramide hervorgerufene Asymmetrie der rechten und linken Seite des Zwillings zu beobachten. In der Grösse bleiben die Manebacher Zwillinge nicht hinter den Karlsbadern zurück, und ist auch hier wiederum Ungleichheit der Individuen dann und wann bemerkbar in der Weise, dass einem grösseren säulenförmigen Krystall ein sehr viel kleinerer in gesetzmässiger Lage aufgewachsen ist.

---

*) Diese Zeitschr. 6, 498, und Taf. IX, Fig. 4 und 5.

3. Zwillingsebene $n = (021)2\bar{P}\infty$ (Bavenoer Gesetz).

Ungefähr in gleicher Anzahl wie Manebacher sind unter den Zwillingen des Fleimser Orthoklases Bavenoer vertreten. Diese sind um so beachtenswerther, als eingewachsene Zwillinge nach diesem Gesetz überhaupt nicht allzu häufig sind. Ihre Gestalt ist eine nach der a-Axe gestreckte Säule, welche nicht selten eine Länge von 6 cm und in vorwaltender Entwicklung die Flächen M und P zeigt, denen sich die übrigen unterordnen; und zwar ist entweder deren gegenseitige Ausdehnung so wie bei den einfachen rectangulär säulenförmigen Krystallen, oder aber es tritt y mehr zurück, und vergrössert sich dafür o und oft auch z nicht unwesentlich. Die Art der Verwachsung ist eine zweifache, indem bald einfache symmetrische Aneinanderlagerung der auf die Hälfte verkürzten Individuen längs der Zwillingsebene, bald ganz unregelmässige Durchdringung stattfindet, wobei die Zusammensetzungsfläche und Zwillingsnaht sehr unbestimmt verläuft, und die Individuen willkürlich in einander eindringen oder sich umhüllen, und so die Symmetrie der Pole verwischt wird. Die Dimensionen der Einzelkrystalle sind oft sehr verschieden, und konnte ich Mikroindividuen beobachten, welche auf der P-Fläche rectangulär säulenförmiger Krystalle eingesenkt erschienen. Es wechselt sogar der Typus der beiden verzwillingten Individuen, so dass zum Beispiel aus einem nach der Längsaxe gestreckten Krystall ein in der Richtung der aufrechten Axe verlängertes und nach M tafeliges Kryställchen hervorragt.

4. Zwillingsebene $y = (\bar{2}01)2\bar{P}\infty$.

Für dieses seltene, von Klockmann am Orthoklas des Riesengebirges zuerst beobachtete und nachgewiesene Gesetz*) konnte ich unter den Fleimser Krystallen nur ein einziges Belegstück entdecken. Es ist dies eine 2 cm lange Verbindung zweier rectangulär säulenförmiger Individuen von annähernd gleicher Grösse, welche am anschaulichsten in gerader Projection auf M dargestellt werden konnte (Figur 20). Die Ausbildung der Einzelkrystalle entspricht genau derjenigen der einfachen säulenförmigen Krystalle, so dass bei vorherrschenden P- und M-Flächen, y und T hervortreten, während z, n, o kleiner sind und x fast ganz verschwindet. Die Symmetrie der Verwachsung ist schon mit dem Auge erkennbar durch die Wahrnehmung des Parallelismus der y- und der M-Flächen beider Individuen. Zweifellos erwiesen ist aber das Gesetz durch die Bestimmung des Winkels der P-Flächen, welcher mit dem Reflexionsgoniometer nach der Schimmermethode gemessen werden konnte und einen Werth ergab, der dem berechneten sehr wohl entspricht: $P : \underline{P} = 19^0 30'$, berechnet zu $19^0 24' 32''$.

*) Diese Zeitschr. 6, 500.

In der Art der Verbindung zeigt sich Penetration, die Individuen sind in der Richtung normal zur Zwillingsebene in einander geschoben, und der eine Krystall, der etwas kleiner ist, vom grösseren theilweise überwachsen, so dass die Zwillingsgrenze unregelmässig verläuft. Es hat auch in der Richtung der *b*-Axe eine geringe gegenseitige Verschiebung der Individuen stattgefunden. Auf einer *M*-Fläche des einen Krystalls bemerkt man ein kleines flachtafeliges nach der *c*-Axe verlängertes Kryställchen in Karlsbader Stellung.

Der Orthoklas von Valfloriana zeigt ausser den einfachen auch combinirte Zwillingsverwachsungen, von denen wir eben einen Fall vorgeführt haben, und die sich dadurch zu erkennen geben, dass mit einem Zwilling ein einfacher Krystall nach einem anderen Gesetz oder ein anderer Zwilling verbunden erscheint. Man kann zum Beispiel sehen, dass ein einfacher rectangulär säulenförmiger Krystall einen dicktafeligen Karlsbader durchdringt und von diesem theilweise umwachsen ist, dabei aber zu dem einen Individuum des Karlsbaders die dem Bavenoer Gesetz entsprechende Stellung einnimmt. Oder es erscheint mit einem symmetrischen Juxtapositionszwilling nach *n* ein einfacher säuliger Krystall nach dem Karlsbader Gesetz verwachsen. Interessant ist ein Doppelzwilling, welcher eine innige Verschmelzung eines Bavenoers mit einem Manebacher darstellt. Derselbe hat die Form einer rectangulären Säule, welche zum grösseren Theile dem Bavenoer Zwilling angehört, an dem einen Pol aber in einen Manebacher ausläuft mit unregelmässiger gegenseitiger Begrenzung. Dabei befindet sich nun das obere Individuum des Manebachers zum linken unteren des Bavenoers in Manebacher Stellung und das untere Individuum des Manebachers zum rechten oberen des Bavenoers in Bavenoer Stellung.

Schliesslich bleiben jene Krystallverwachsungen zu erwähnen, die sich nicht auf ein bestimmtes einfaches Gesetz zurückführen lassen, wenngleich ihnen nicht jede Regelmässigkeit abzusprechen ist, welche in dem Parallelismus gewisser Flächen und Zonen ihren Ausdruck findet. In dieser Hinsicht beobachtet man beispielsweise Durchkreuzungen zweier Karlsbader Zwillinge von gleichem oder auch verschiedenem Typus, von Karlsbadern mit Manebachern u. a. m.; ausserdem giebt es aber auch parallele und mannigfaltige ganz regellose Krystallaggregationen.

XXII. Ueber Umwandlungspseudomorphosen von Skapolith nach Granat.

(Mittheilungen aus dem mineralogischen Laboratorium des Polytechnikums zu Karlsruhe. VIII.)

Von

A. Cathrein in Karlsruhe i. B.

(Mit 4 Holzschnitten.)

Die mächtigen und zu bedeutenden Höhen emporragenden Diluvial-Ablagerungen des Inns beherrschen nicht allein das Hauptthal, sondern sind auch in die Seitenthäler der nördlichen Kalkalpen tief eingedrungen, unter anderen namentlich in das Achenthal und Brandenberger Thal. Betritt man letzteres an seiner Mündung gegenüber Rattenberg und beachtet das Bett der Ache, so erblickt man eine überraschende Fülle und Mannigfaltigkeit von Geschieben des krystallinischen Schiefergebirges, so dass jeder fremde und mit der Geologie jener Gegend nicht näher vertraute Beobachter sich wohl unwillkürlich im Gebiete der Centralalpen wähnen oder doch zum Mindesten weiter hinten im Brandenberger Thal einen Complex von anstehenden Schiefergesteinen vermuthen möchte. Mit grossem Interesse musterte ich im verflossenen Herbste diese Geschiebe der Brandenberger Ache und fand darunter selbst Cubikmeter grosse Blöcke von ausgezeichnetem Hornblende-Chloritschiefer mit schönen Amphibolkrystallen, von Phyllit mit grossen Staurolithzwillingen, und unter den kleineren Geröllen besonders die Variationen granatführender Amphibolite, wie sie alle in der Centralkette aufzutreten pflegen. Auffällig war mir ferner die Häufigkeit jener von A. von Pichler im Inn-Diluvium bei Innsbruck entdeckten Findlinge mit den in Hornblende und Chlorit umgewandelten Granaten*), welche makroskopisch auch von Blum, mikroskopisch von Rosenbusch studirt worden sind**). Das Anstehende dieses Gesteins ist noch nicht eruirt. Hervorzuheben ist der oft recht massige Charakter und das regellos körnige Gefüge, trotzdem scheint mir nach der an manchen Stücken unverkennbaren Flaserung und Lagenstructur die Zugehörigkeit zu den krystallinischen Schiefern der Centralalpen wohl zweifellos. Die Grundmasse, in welcher die Granat-Dodekaëder liegen, besteht, wie ich mich durch mikroskopische Analyse überzeugt habe, vorherrschend aus zoisitisirtem Feldspath (Saussurit), der theilweise von Epidot vertreten wird. Daher die ausserordentliche Zähigkeit des Gesteins.

Unter den genannten Rollstücken der Brandenberger Ache erblickte ich beim Schloss Achenrain auch ein kleines Geschiebe eines Amphibolits, aus dessen glänzend-schwarzer Grundmasse zahlreiche graulichweisse Punkte von circa 1 mm Durchmesser hervorleuchteten, welche in ihren quadratischen, rhombischen und hexagonalen Querschnitten Dodekaëder von Granat verriethen, der in unveränderten braunen Kernen da und dort noch zu entdecken war. Der ungewöhnliche Ausdruck dieser Gebilde, welche ein feinkörniges Aggregat eines nicht erkennbaren, an Quarz oder Feldspath erinnernden Minerals darstellten, ermunterte zu einer voraussichtlich nicht uninteressanten und erfolglosen näheren Untersuchung.

Zu dem Behufe wurde vor Allem ein Dünnschliff des betreffenden Geschiebes der mikroskopischen Analyse unterzogen, welche ein klares Bild von der Zusammensetzung der schwarzen Grundmasse ergab, als deren wesentliches Element lebhaft grüne, stark pleochroitische Hornblende zu nennen ist. Zwischen ihren Prismen schieben sich einzelne wasserhelle Quarzkörner, nicht seltene Magnetit-Oktaëder und Apatitkrystalle ein. Bemerkenswerth sind ferner von Magneteisen umrandete Pyritkerne***).

Die dem Dodekaëder entsprechenden, nicht sehr scharf begrenzten, meist sechsseitigen Querschnitte der fraglichen graulichweissen Flecken erscheinen durchsichtig und farblos, enthüllen sich aber bei gekreuzten Nicols als ein Aggregat unregelmässig polygonaler Körner mit in der Regel matten bläulichgrauen Polarisationsfarben, wie sie wohl auch dem Quarz und Orthoklas eigen sind. Irgend welche charakterisirende Spaltbarkeit oder optische Orientirung war an den Individuen nicht bemerkbar, und die Identificirung mit einem gewöhnlichen bekannten Mineral unmöglich. Abgesehen davon erblickt man in diesen Körneraggregaten durchweg nicht wenige Magnetit-Oktaëderchen von durchschnittlich geringerer Grösse als

---

*) Neues Jahrb. für Min. 1871, 55 und 56.

**) Blum, Pseudomorphosen, 4. Nachtrag 1879, 78 und 79.

***) Diese Zeitschr. 8, 325.

im Nebengestein, häufige von aussen hereinragende Hornblendesäulchen, dann und wann einen oder auch mehrere isotrope hellbräunliche Granatkerne mit stets unregelmässiger Begrenzung, welche ebenfalls von Hornblendemikrolithen durchsetzt sind, endlich ganz vereinzelt zwillingsgestreifte Körnchen von Plagioklas und öfter eigenthümliche opake Staubhäufchen, welche im reflectirten Lichte graulichweiss erscheinen, bei starker Vergrösserung sich aber in Körnchen und Nädelchen auflösen, die durch ihr starkes Lichtbrechungsvermögen, den Pleochroismus von Gelb zu Weiss, die lebhaften Polarisationsfarben als Epidot sich erweisen und auch mit ganz zweifellosen quergegliederten Epidotfasern durch stete Uebergänge verknüpft sind. Bei stärkerer Vergrösserung kommen winzige Sphenkörnchen sowohl in dem unbekannten Mineral als auch in den Granatkernen und in der Hornblende allenthalben zum Vorschein.

Leider vermochte auch das Mikroskop für die Bestimmung der räthselhaften Natur der weissen Flecken keine weiteren Anhaltspunkte zu liefern, als der makroskopische Befund. Es schien daher geboten, durch eine chemische Analyse die Lösung des Problems zu erstreben. Dies erheischte aber vor Allem die Trennung und möglichste Reinigung des zu analysirenden Materials. War das schon bei der Kleinheit der weisslichen Körner und ihrer besonders durch die von aussen hereinragenden Hornblendesäulchen bewirkte innige Verschränkung mit dem Muttergestein keine leichte Arbeit, so traten noch andere Verhältnisse erschwerend hinzu; namentlich die Verwachsung der zu isolirenden Körnchen mit zahlreichen Magnetit-Oktaëderchen und Hornblendenädelchen, sowie nicht seltenen Granatkernen, welche die Verwendbarkeit einer Trennungsflüssigkeit von höherem specifischen Gewicht vereitelte, wesshalb nur die mühsame und langwierige Isolirungsmethode durch Handscheidung übrig blieb, die mit verschiedenen Vorsichtsmassregeln durchgeführt werden musste.

Das Gestein wurde vorerst gepulvert, das leicht Abschlämmbare entfernt und so ein mehr gleichmässig gröbliches Pulver erhalten, aus dem mittels einer feinen Pincette einmal alle hellgrauen Körnchen ausgelesen und dann unter der Lupe einer sorgfältigen Prüfung auf ihre Reinheit unterworfen wurden, wobei es sich namentlich um Beseitigung anhaftender Hornblendenädelchen, eingeschlossener brauner Granatkerne und der beigemischten klaren Quarzkörnchen aus dem Gesteinsgemenge handelte. An eine mechanische Trennung des nun noch reichlich eingewachsenen Magneteisens war bei der Kleinheit seiner Kryställchen gar nicht zu denken, dagegen konnte dessen Löslichkeit in Säuren zum Ziele führen. Es wurde daher die Substanz in der Achatschale fein zerrieben und mit concentrirter Chlorwasserstoffsäure $\frac{1}{4}$ Stunde lang digerirt. Nach dieser Behandlung ergab die mikroskopische Untersuchung des Pulvers, dass der Magnetit vollkommen verschwunden, während Hornblende und Epidot in verschwindender Minorität vertreten waren, und die eigentliche Substanz in klaren und scharfberandeten Körnchen sich scheinbar unangegriffen zeigte. Nichtsdestoweniger liess sich eine, wenn auch sehr geringe Löslichkeit in Säure nachweisen, indem nach längerem Kochen des feinsten Pulvers in concentrirter Salzsäure im Filtrat durch Ammoniak ein schwacher Thonerde-ähnlicher Niederschlag entstand.

Das so für die Analyse vorbereitete Material wog 0,114 g. Der Aufschluss geschah mit kohlensauren Alkalien. Die Schmelze wurde in Wasser und Salzsäure gelöst, zur vollständigen Abscheidung der Kieselsäure bis zur gänzlichen Trockniss eingedampft, dann wieder mit Salzsäure und Wasser aufgenommen. Der ammoniakalische Niederschlag im Filtrat der Kieselsäure wurde zur Zerstörung etwaiger Magnesiaverbindungen mit Salmiak gekocht bis zur vollständigen Verflüchtigung des freien Ammoniaks, filtrirt und in der klaren Lösung mit Ammoniumoxalat Kalk gefällt, der als Carbonat gewogen wurde. Die Reaction mit Ammoniak und phosphorsaurem Natron ergab nur Spuren von Magnesia, in welchem Umstande eine Bestätigung für die unwesentliche Verunreinigung der Probe durch Hornblende zu erblicken ist. Der Thonerde-Niederschlag zeigte eine schwache bräunliche Färbung durch Beimengung von Eisen, dessen Menge nachträglich durch Titrirung ermittelt wurde und welches wohl von den fremden Mineralien — vielleicht von noch verborgen gebliebenem Magneteisen — herrühren mochte. Betrachtet man das unter I. zusammengestellte Ergebniss der Analyse, so findet man, dass hier ein Kalk-Thonerdesilicat vorliegt, dessen quantitative Zusammensetzung keinem anderen Minerale als dem Labrador oder Skapolith entspricht. Da nun beim absoluten Mangel von Zwillingsstreifung die Gegenwart eines triklinen Feldspaths ausgeschlossen ist, so liegt vom chemischen Standpunkt die Entscheidung für Skapolith auf der Hand, und ist zum Vergleich der Uebereinstimmung unter II. die Analyse des Skapoliths von Gouverneur nach Sipöcz*) beigefügt. Daraus geht auch hervor, dass die in I. fehlenden Procente auf Alkalien und Chlor (Wasser) zu setzen sind, deren Ermittelung wegen Mangel an Substanz leider nicht mehr möglich war.

Die mittlere Reihe giebt dann die den beiden Analysen entsprechende Berechnung für eine Mischung von 45 % Mejonitsilicat und 55 % Marialithsilicat**).

---

*) Mineralog. und petrogr. Mittheil. 4, 265.

**) Tschermak, Skapolithreihe. Sitzungsberichte der k. Akad. Wien 88, 1883, Nov. 1142—1179.

Die geschilderten Resultate der mikroskopischen Untersuchung der weisslichen Flecken unseres Amphibolits sind somit vollkommen geeignet, den aus der chemischen Constitution gezogenen Schluss auf Skapolith zu bestätigen und endgültig zu beweisen.

Nachdem nunmehr die Substanz dieser räthselhaften Gebilde erkannt ist, erhebt sich die Frage nach ihrer Entstehung. In dieser Hinsicht ist vor Allem die schon Eingangs erwähnte Thatsache bemerkenswerth, dass die äussere Form der Skapolith-Aggregate dem Rhombendodekaëder entspricht, welches, wie schon die Art des Vorkommens vermuthen lässt und die theilweise noch erhaltenen Kerne beweisen, dem Granat angehört. Daraus folgt aber, dass man es mit einer Pseudomorphose zu thun hat. Diese Regelmässigkeit der äusseren Gestalt im Gegensatz zur Unregelmässigkeit der inneren Granatkerne, dann der völlige Mangel der letzteren schliessen die Annahme einer Umhüllung oder Verwachsung aus und sprechen vielmehr zu Gunsten einer centripetalen Umwandlung der Granatsubstanz in Skapolith, welche durch die chemischen Beziehungen beider Mineralien noch erklärlicher wird. Unter der Voraussetzung nämlich, es habe ursprünglich ein Eisenthongranat vorgelegen, welche Zusammensetzung gerade den Granaten der krystallinischen Schiefer in der Regel zukommt, beruht der durch kohlensäurehaltiges Wasser bewirkte metasomatische Process lediglich in einer Zunahme der Kieselsäure und des Kalkgehaltes, da die betreffenden Almandine meist etwas Kalkthonerdesilicat in isomorpher Mischung enthalten, einer Aufnahme von Alkali und Wasser und Entfernung des Eisenoxyduls, welches unter höherer Oxydation sich in Gestalt zahlreicher kleiner Oktaëder von Magneteisen in und um die Pseudomorphosen ausgeschieden hat. Als ganz untergeordnete Nebenproducte dieser Umwandlung sind zu betrachten die mit Wernerit ähnlich zusammengesetzten Mineralien Epidot und Labrador, dem die seltenen Plagioklaskörnchen wohl zugetheilt werden können. Hingegen sind die dem Skapolithgemenge eingewachsenen Hornblendesäulchen und erst bei starker Vergrösserung wahrnehmbaren Sphenkörnchen primäre Elemente, indem sie von genau derselben Beschaffenheit auch schon mit dem unveränderten Granat verwachsen sind.

Wir haben hier also den als Gesteinsbestandtheil ungewöhnlichen Skapolith in der gleichen Mineralassociation, wie in dem »gefleckten Gabbro« von Brögger und Reusch*) in Bamle, wo ihn Michel-Lévy erkannt**), kennen gelernt, jedoch nicht in primärer Form, sondern als Umwandlungspseudomorphose nach Granat, ein Vorkommen, welches bisher nicht nur den Alpen fremd, sondern meines Wissens auch

*) Zeitschr. der deutschen geol. Ges. 1875, 648.

**) Bulletin de la société min. de France 1878, Juni, 43—46.

anderwärts nicht beobachtet worden ist. Die Mittheilung G. Leonhard's über ein grosses, rauhes und zerfressenes Granat-Dodekaëder von Arendal, dessen Inneres mit theils krystallisirtem, theils nadelförmigem Wernerit und Epidot erfüllt war*), bezieht sich auf einen isolirten ganz verschiedenen Fall, wo es sich offenbar um keine Pseudomorphose, sondern um eine Perimorphose handelt, die man in Ermangelung von Beweisen einer Umwandlung eher für eine Verwachsung zu halten berechtigt ist.

*) Neues Jahrbuch für Min. 1841, 76.

XXIII. Ueber die vicinalen Pyramidenflächen am Natrolith.

Von

Eduard Palla in Wien.

(Mit 1 Holzschnitt.)

Neuere Literatur.

Des Cloizeaux, Manuel de minéralogie **1**, 1862, p. 382. Mésotype.

Maskelyne and Lang, Mineralogical Notes. Philosophical Magazine **25**, 1863, No. 4. Mesotype.

Seligmann, Zeitschrift für Kryst. und Miner. **1**, 1877. Mineralogische Notizen S. 338. Natrolith (von Salesel).

Luedecke, Sitzungsber. der naturf. Gesell. zu Halle. Sitzung vom 8. Februar 1879 (Natrolith von Auvergne). S. diese Zeitschr. **3**, 487.

Brögger, Zeitschrift für Kryst. und Miner. **3**, 1879. Untersuchungen norwegischer Mineralien: S. 478 Natrolith von Aró, S. 487 Natrolith von Auvergne.

Luedecke, Neues Jahrb. für Min., Geol. und Pal. 1881, II. Mesolith und Skolezit. S. 38 (Bemerkungen über Natrolith). S. diese Zeitschr. **6**, 310.

Seitdem Lévy in seinem Atlas Taf. 45, Fig. 2 einen Natrolith von Puy de Marmant bei Clermont mit der vicinalen Fläche *i* beschrieben hat, ist die Aufmerksamkeit der einzelnen Forscher mehrfach auf die Bestimmung der vicinalen Flächen an diesem Mineral gerichtet worden. Die Messungen, welche ich am Natrolith von Salesel ausgeführt habe, zeigen, dass die Zahl der vicinalen Pyramidenflächen an jener Species viel grösser ist als man vermuthet, ja dass dieselben eigentlich die wirkliche Grundpyramide fast immer verdrängen und statt derselben vorkommen. Ich nehme als Grundpyramide dieselbe Fläche an, die auch alle andere Autoren mit (111) bezeichnet haben, doch gestatte ich mir, gestützt auf ziemlich zahlreiche Messungen, eine geringe Aenderung des Axenverhältnisses. Die Werthe der Winkel der Pol- und Mittelkanten der Grundpyramide sind in den Schriften der früheren Forscher folgende:

Lang	36° 40′	37° 20′	53° 20′
Seligmann	36 40	37 29	53 27 30″
Brögger	36 47 30″	37 37 45″	53 39

Meine Beobachtungen erfordern:

36 43 20″	37 35	53 26

Diese Veränderung in der Annahme der Grunddimensionen der Pyramide entspricht einer geringen Aenderung der Parameter:

Philipps,	$a : b : c$ = 1,02355 : 1 : 0,35796
G. Rose,	= 1,02802 : 1 : 0,34653
Kenngott,	= 1,01592 : 1 : 0,35629
Haidinger, Des Cloizeaux, Lang	= 1,01761 : 1 : 0,35815
Seligmann,	= 1,02148 : 1 : 0,35971
Brögger,	= 1,021909 : 1 : 0,361374
Palla,	= 1,01820 : 1 : 0,35909.

Mittelst dieses Axenverhältnisses berechnete ich für die bereits bekannten und für die von mir an dem vorliegenden Materiale neu aufgefundenen, mit * bezeichneten Flächen folgende Winkel. Sie gelten für den Natrolith von Salesel:

		a = 100	b = 010	c = 001	m = 110	$m_{,}$ = 1$\bar{1}$0
m	110	45° 31′	44° 29′	90°	—	91° 2′
n	210	26 59	63 1	90	18° 32′	72 30
l	160	80 42	9 18	90	35 11	53 47
μ*	30.31.0	46 27	43 33	90	0 56	91 58
o	111	71 38	71 17	26 43′	63 17	90 28
y	311	45 7	76 8	48 10	48 18	71 7
z	331	54 15	53 30	56 29	33 31	90 51
f	931	24 51	72 4	73 23	31 10	65 24
x	10.11.11	73 12	71 7	25 42	64 19	91 37
ω*	12.12.5	57 20	56 39	50 23	39 37	90 47
ζ	20.21.21	72 27	71 12	26 11	63 49	91 4
σ*	31.31.30	71 8	70 47	27 29	62 31	90 28
τ*	40.44.43	72 53	70 45	26 13	63 48	91 39
φ*	50.54.54	72 55	71 9	25 53	64 8	91 24

Die in der Tabelle angeführten Flächen sind im Wesentlichsten mit den Buchstaben nach Lang benannt. Deshalb konnte auch die von Brögger gegebene Fläche $z = [P\frac{21}{20}(20.21.21)]$ nicht mit z bezeichnet werden, weil bereits Lang diesen Buchstaben für seine Pyramide (331) verwendet hat. Ich habe daher für z den Buchstaben ζ substituirt. Die Zahl der vicinalen Pyramidenflächen konnte ich um drei gut bestimmte vermehren, nämlich σ, τ, φ. Denselben Charakter mag die in der Zone der Hauptpyramide liegende neue Fläche ω haben. Die differirenden Messungen des Prismas liessen es als nothwendig erscheinen, auch hier die gelegentliche Existenz einer vicinalen Fläche μ anzunehmen.

Wie man aus der Flächentabelle ersieht, haben alle diese vicinalen Flächen χ, ζ, σ, τ, φ Winkel nahe den für (111) geltenden. Man bedarf, um sich über die Existenz derselben Rechenschaft zu geben, nicht blos, wie Brögger andeutet, der Kenntniss der Neigung jeder Pyramidenfläche gegen die benachbarte Prismenfläche; man bedarf im Gegentheil der Messungen nahezu aller am Krystalle vorkommenden Combinationen. Ich glaube, von allen Erklärungsversuchen für das Auftreten so zahlreicher vicinalen Flächen absehen zu sollen*). Der Krystall 5, der am besten entwickelt und auch untersucht ist und in seinem Bau beinahe schon monosymmetrische Austheilung der vicinalen Flächen erkennen lässt, zeigt gerade so wie alle übrigen Krystalle auf den Prismenflächen eine Lage der Hauptschwingungsrichtung parallel der Prismenkante.

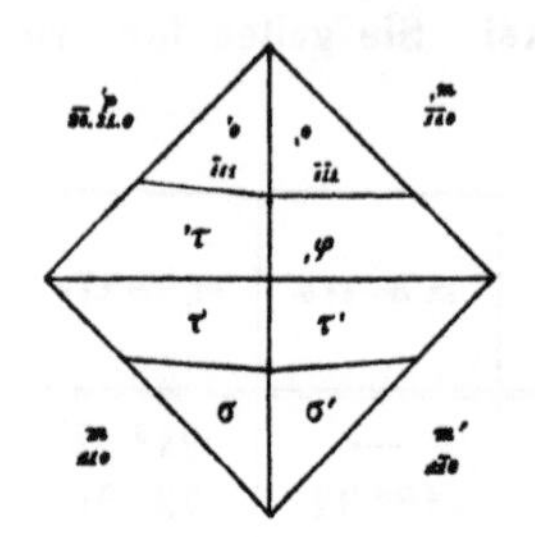

Die optischen**) Verhältnisse zwingen daher in keinem Falle zur Annahme eines monoklinen Systems, und man muss, will man überhaupt ein Bild des Krystalls geben, den thatsächlich auftretenden Winkelverhältnissen dadurch Genüge leisten, dass man hohe Indices annimmt.

Ich will nun durch Anführung meiner Messungen versuchen, die Gründe darzulegen, welche mich zu der Annahme der oben genannten vicinalen Flächen am Krystall 5 führten (vergl. nebenstehende Figur).

---

*) Die Aetzung mit HCl ergab auf den Pyramidenflächen nur undeutliche, nicht contourirte Aetzfiguren, daher auch für die Unterscheidung der vicinalen Flächen kein positives Resultat; die deutlichen Aetzfiguren auf den Prismenflächen sind ihrer Symmetrie nach sehr steilen ditetragonalen Pyramiden vergleichbar.

**) Der Axenwinkel in Luft beträgt:

$Li = 89^0\ 20'$
$Na = 89^0\ 53'$
$Th = 90^0\ 36'$.

		Beobachtung	Mittlerer Fehler	Berechnung	Differenz
$m : m'$	$110 : 1\bar{1}0$	90° 52′	± 2′ 35″	91° 2′	— 10′
$m : {}'\mu$	$110 : \overline{30}.31.0$	88 8	± 1 36	88 1	+ 7
$\sigma : m$	$31.31.30 : 110$	62 28	± 1 0	62 31	— 3
$\sigma : m'$	$31.31.30 : 1\bar{1}0$	90 36	± 1 55	90 28	+ 8
$\sigma' : m'$	$31.\overline{31}.30 : 1\bar{1}0$	62 35	± 2 26	62 31	+ 4
$\sigma' : m$	$31.\overline{31}.30 : 110$	90 29	± 2 9	90 28	+ 1
$\sphericalangle \sigma m m'$		90 11		90	
$\sphericalangle \sigma' m' m$		90 5		90	
$\sigma : \sigma'$	$31.31.30 : 31.\overline{31}.30$	38 40	± 0 28	38 26	+ 14
$\tau : \tau'$	$40.44.43 : 40.\overline{44}.43$	38 22	± 0 30	38 29	— 7
$\tau : m$	$40.44.43 : 110$	63 48	± 0 56	63 48	0
$\tau : m'$	$40.44.43 : 1\bar{1}0$	91 38	± 2 45	91 39	— 1
$\tau' : m'$	$40.\overline{44}.43 : 1\bar{1}0$	63 53	± 2 52	63 48	+ 5
$\tau' : m$	$40.\overline{44}.43 : 110$	91 26	± 2 0	91 39	— 13
$\tau : {}'\tau$	$40.44.43 : \overline{40}.44.43$	34 31	± 1 26	34 14	+ 17
${}'\tau : m$	$\overline{40}.44.43 : 110$	88 32	± 2 40	88 20	+ 12
${}'\tau : m'$	$\overline{40}.44.43 : 1\bar{1}0$	116 17	± 2 15	116 11	+ 6
${}'\tau : {}'\mu$	$\overline{40}.44.43 : \overline{30}.31.0$	63 50	± 2 13	63 47	+ 3
$\sigma' : {}'\mu$	$31.\overline{31}.30 : \overline{30}.31.0$	117 36	± 2 20	117 28	+ 8
$\tau' : {}'\mu$	$40.\overline{44}.43 : \overline{30}.31.0$	116 14	± 3 5	116 12	+ 2
${}'o : {}'\mu$	$\bar{1}11 : \overline{30}.31.0$	63 3	± 2 25	63 20	— 17
${}'o : m$	$\bar{1}11 : 110$	89 34	± 1 50	89 32	+ 2
${}'o : m'$	$\bar{1}11 : 1\bar{1}0$	117 5	± 2 45	116 43	+ 22
${}_{,}o : {}_{,}m$	$\bar{1}\bar{1}1 : \bar{1}\bar{1}0$	63 36	± 1 57	63 17	+ 19
${}_{,}o : m$	$\bar{1}\bar{1}1 : 110$	116 27	± 3 52	116 43	— 16
${}'o : {}_{,}o$	$\bar{1}11 : \bar{1}\bar{1}1$	37 33	± 0 45	37 25	+ 8
${}'o : \sigma$	$\bar{1}11 : 31.31.30$	37 22	± 1 45	37 13	+ 9
${}'o : \sigma'$	$\bar{1}11 : 31.\overline{31}.30$	54 29	± 1 40	54 11	+ 18
${}'\tau : \tau'$	$\overline{40}.44.43 : 40.\overline{44}.43$	52 23	± 1 55	52 26	— 3
${}_{,}o : \tau$	$\bar{1}\bar{1}1 : 40.44.43$	52 43	± 1 43	52 56	— 13
${}_{,}o : \tau'$	$\bar{1}\bar{1}1 : 40.\overline{44}.43$	35 31	± 2 5	35 28	+ 3
${}_{,}\varphi : {}_{,}m$	$\overline{50}.\overline{54}.54 : \bar{1}\bar{1}0$	64 10	± 1 26	64 7	+ 3
${}_{,}\varphi : {}'\tau$	$\overline{50}.\overline{54}.54 : \overline{40}.44.43$	38 5	± 1 19	38 5	0
${}_{,}\varphi : \sigma$	$\overline{50}.\overline{54}.54 : 31.31.30$	53 25	± 2 6	53 22	+ 3
${}_{,}\varphi : \sigma'$	$\overline{50}.\overline{54}.54 : 31.\overline{31}.30$	35 45	± 1 40	35 56	— 11
Mittlerer Fehler der Beobachtung			± 1′ 57″	d. Resultats	± 8′

Diese Messungen wurden an einem Oertling'schen Goniometer (mit 20″ Ablesung) ausgeführt. Es wurden von jedem Winkel immer sechs

Messungen gemacht, weshalb die Zahl der Messungen nicht weiter berück-sichtigt ist. Der mittlere Beobachtungsfehler überschreitet nicht 2'. d Flächen sind glatt und glänzend, zeigen aber ihre Zusammensetzung a mehreren Theilen und dem entsprechend auch ganz scharfe, distincte, we auseinander liegende doppelte Reflexe des Schrauf'schen hellen Signal so dass eine absolut sichere Bestimmung der Lage der Flächentheile mög lich ist.

Die mittlere Differenz von Beobachtung gegen Rechnung ist mässig, d her man wohl mit Recht von einer Entzifferung des Krystalls in Beziehu auf die Lage seiner Flächen sprechen kann. Wie aus der Figur ersichtli ist, zeigt der Krystall eine gewisse Hinneigung zur monosymmetrische Austheilung dieser vicinalen Flächen, wie sie auch in ähnlicher Wei Luedecke in seiner Zeichnung des Krystalls von der Auvergne darg stellt hat. Da die grosse Anzahl der Messungen und deren Genauigkeit d Ableitung der Zonenwinkel mit einiger Sicherheit erlaubte, so wurd namentlich bei der Bestimmung der vicinalen Flächen σr einiges Gewic auf die Ermittlung ihrer Zonenwinkel gelegt. Die Flächen σ liegen nu wie der in der Tabelle angegebene Winkel zeigt, nur wenige Minute ausserhalb der Zone der Protopyramide. Die Zonen $m\sigma$ und $m'\sigma'$ schnei den sich in einem Punkte 001, dessen Distanz von 100 den Beobachtun gen zufolge 90° 11' 53" beträgt statt theoretisch genau 90°. Es wäre dahe bei total geänderter Auffassung der Krystalle und Annahme von Monosym metrie, 001 im Maximum etwa 10' gegen die normale theoretische Ste lung einer Basisfläche des trimetrischen Systems verschoben. Noch ein andere Thatsache finde ich werth hervorzuheben. Die Zonen mr, $m'r$ einerseits, $m\sigma$, $m'\sigma'$ andererseits schneiden sich zwar in verschiedene Punkten, aber doch unter nahezu gleichem Winkel: 90° 50' 0" die ersteren 90° 52' 8" die letzteren. Die Schnittpunkte dieser Zonen liegen für $m\sigma$, $m'\sigma'$ in der Distanz von 90° 11', für mr, $m'r$ in der Distanz von 91° 49 von dem Normalpunkte 100 in der Hauptsymmetrieebene Zone 100, 001 $\bar{1}00$. Berücksichtigt man diese Thatsache und vergegenwärtigt man sic fernerhin die rechnungsgemäss und auch den Beobachtungen zufolge nahe zu gleichen Grössen von $\sigma : \sigma'$ und $r : r'$, so kommt man unwillkürlic zu der Anschauung, es wäre die vicinale Fläche r nichts anderes als di vicinale Fläche σ, aber parallel der Monosymmetrieebene um 1° 38' nac rückwärts verschoben.

Die übrigen untersuchten Krystalle sind im Vergleiche zu dem ebe besprochenen, namentlich wegen der [illegible] entwickelten Prismenzone von geringerem Werthe für die Erkennung der [illegible] Flächen, die sic erst mit Zugrundelegung der [illegible] bestimmen liesser

In den folgenden Tabellen sind nur die Krystalle [illegible] und [illegible] berück-sichtigt.

Krystall 2.

		Beobachtung	Mittlerer Fehler	Berechnung	Differenz
,m : ,o	$\bar{1}\bar{1}0 : \bar{1}\bar{1}1$	63° 35′	± 1′ 10″	63° 17′	+ 18′
,o : τ′	$\bar{1}\bar{1}1 : 40.\overline{44}.43$	35 42	± 0 50	35 28	+ 14
τ : τ′	$40.44.43 : 40.\overline{44}.43$	38 14	± 0 56	38 29	— 15
τ : ′τ	$40.44.43 : \overline{40}.44.43$	34 13	± 2 33	34 14	— 1
τ : ω	$40.44.43 : 12.12.5$	24 16	± 12 24	24 11	+ 5
τ : ′ζ	$40.44.43 : \overline{20}.21.21$	34 28	± 1 26	34 39	— 11
′ζ : ,o	$\overline{20}.21.21 : \bar{1}\bar{1}1$	37 15	± 1 2	37 30	— 15
′τ : ,o	$\overline{40}.44.43 : \bar{1}\bar{1}1$	37 39	± 1 31	37 57	— 18

Krystall 1.

		Beobachtung	Mittlerer Fehler	Berechnung	Differenz
m : m′	$110 : 1\bar{1}0$	90° 53′	± 6′ 4″	91° 2′	— 9′
m′ : ,m	$1\bar{1}0 : \bar{1}\bar{1}0$	89 4	± 2 20	88 58	+ 6
m : ′m	$110 : \bar{1}10$	88 24	± 7 7	88 58	— 34
′m : ,m	$\bar{1}10 : \bar{1}\bar{1}0$	91 37	± 6 24	91 2	+ 35
ζ : m	$20.21.21 : 110$	63 56	± 0 40	63 49	+ 7
ζ : m′	$20.21.21 : 1\bar{1}0$	91 21	± 6 0	91 4	+ 17
ζ : ζ′	$20.21.21 : 20.\overline{21}.21$	37 48	± 10 20	37 35	+ 13
ζ′ : ,σ	$20.\overline{21}.21 : \overline{31}.\overline{31}.30$	36 16	± 13 30	36 24	— 8
ζ : ′τ	$20.21.21 : \overline{40}.44.43$	34 49	± 0 42	34 39	+ 10
′m : ′τ	$\bar{1}10 : \overline{40}.44.43$	63 40	± 1 36	63 48	— 8
′m : ′σ	$\bar{1}10 : \overline{31}.31.30$	62 58	± 2 24	62 31	+ 27
′m : ′o	$\bar{1}10 : \bar{1}11$	63 29	± 1 24	63 17	+ 12
ζ : ′o	$20.21.21 : \bar{1}11$	35 40	± 0 42	35 54	— 14

Wie man aus der Tabelle für den Krystall 2 entnimmt, ist hier das zufällige Auftreten der neuen Fläche ω bemerkenswerth; die Indices derselben berechnen sich aus dem Zonenverbande zu 12.12.5. Man könnte ω als vicinal zu z(331) betrachten, welche letztere Fläche die früheren Autoren angaben.

Am Krystall 1 und 2 tritt auch die von Brögger angegebene Fläche ζ(20.21.21) auf. Doch ist sie nicht dominirend, sondern neben ihr findet sich noch die ganz naheliegende Fläche 20.22.21,5 = 40.44.43.

Am Krystall 1 sind ferner die Differenzen der Prismenwinkel bemerkenswerth. $mm' = 88^0\ 24'$ entspräche etwa einem zwischen m und μ

mitten inneliegenden Flächensegmente: $\frac{1}{2} mm' + m\mu = 88° 30'$. Le
ist es infolge des Mangels eines Fixpunktes ausserhalb der Zone unı
lich, die Lage dieser einzelnen Segmente der Prismenflächen absolut ge
durch Indices festzustellen.

Ich ende diese Arbeit, mit der Hoffnung, dass sie einen kleinen
trag zur Morphologie des Natroliths geliefert hat: auf Hypothesen über
Ursachen des Auftretens der vicinalen Flächen einzugehen, lag ausser
des Planes der Untersuchung, welche nur ein getreues Bild der wirk
vorhandenen Verhältnisse geben sollte.

Schliesslich möge es mir erlaubt sein, an dieser Stelle meinem
ehrten Lehrer Herrn Prof. Schrauf meinen tiefgefühlten Dank au
sprechen, dass Er einerseits das vorhandene Material mir freundlichst
Verfügung stellte, andererseits mich während meiner Untersuchungen s
bereitwilligst unterstützte.

Ausgeführt im mineralogischen Museum der Universität Wien.
21. Mai 1884.

XXIV. Auszüge.

1. **P. Klien** (in Breslau): **Ueber bleisaures Kali** (aus: O. Seidel, über Salze der Bleisäure. Journ. prakt. Chem. Neue Folge **20**, 201). Die nach Fremy rhomboëdrischen Krystalle des bleisauren Kalis $K_2PbO_3 + 3H_2O$ sind tetragonal.

$$a : c = 1 : 1{,}2216.$$

Beobachtete Formen (111), (112), (110), (100), (001).

	Beobachtet:	Berechnet:
$111 : 1\bar{1}1$ =	*75° 28′	—
$111 : 11\bar{1}$ =	60 8	68° 8′

Der Körper ist also nicht isomorph mit dem ganz gleich zusammengesetzten zinnsauren Kali.

Die Krystalle sind farblos und durchsichtig. Sie verwittern an der Luft sehr rasch und bräunen sich durch Ausscheidung von Bleidioxyd.

Ref.: C. Baerwald.

2. **A. Brezina** (in Wien): **Wasserfreier Traubenzucker** (aus Soschlet: Das Verhalten der Zuckerarten zu alkalischer Kupfer- und Quecksilberlösung. Journ. prakt. Chem. Neue Folge **21**, [129], 248). Der wasserfreie Traubenzucker wurde bereits von Becke*) gemessen. Das Krystallsystem des aus Honig dargestellten Zuckers ist nach Dessen Messungen monosymmetrisch, $a : b : c = 1{,}733 : 1 : 1{,}887$, $\beta = 94^0\ 42'$. Die aus reinem krystallwasserhaltigem Zucker durch Umkrystallisiren aus Methylalkohol gewonnenen Krystalle des wasserfreien Traubenzuckers sind nach Brezina asymmetrisch.

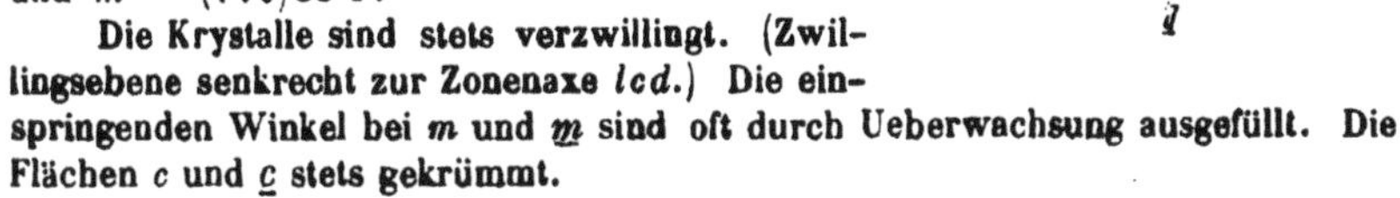

$$a : b : c = 1{,}734 : 1 : 1{,}922$$

$A = 88^0\ 25'$	$\alpha = 91^0\ 32'$
$B = 81\ \ 48$	$\beta = 98\ \ 10$
$C = 89\ \ 43$	$\gamma = 90\ \ 3$

Beobachtete Formen: $c = (001)0P$, $l = (101)'\bar{P}'\infty$, $d = (\bar{1}01),\bar{P},\infty$, $n = (110)\infty P'$ und $m = (\bar{1}10)\infty' P$.

Die Krystalle sind stets verzwillingt. (Zwillingsebene senkrecht zur Zonenaxe lcd.) Die einspringenden Winkel bei m und $\underline{m}$ sind oft durch Ueberwachsung ausgefüllt. Die Flächen c und $\underline{c}$ stets gekrümmt.

*) S. diese Zeitschr. **5**, 283.

Das Axenverhältniss zeigt eine grosse Uebereinstimmung mit dem des Isodulcit (Rhamnodulcit), der von **Vrba** gemessen wurde. Der Isodulcit krystallisirt monosymmetrisch $a:b:c = 1,676:1:1,999$, $\beta = 95^\circ 19'$.

	Traubenzucker Brezina berechnet:	Traubenzucker Brezina beobachtet:	Traubenzucker Becke berechnet:	Isodulcit Vrba berechnet:
$c:l =$	43° 26′	41° 59′	41° 52′	—
$c:d =$	52 30	52 7	50 21	53° 8′
$d:l =$	—	95 56	95 13	—
$m:n =$	—	60 26	60 1	61 51
$c:m =$	84 33	83 27	—	—
$c:n =$	92 47	94 22	—	
$l:m =$	65 42	66 9	67 38	
$l:n =$	—	112 12	112 22	
$d:m =$	—	109 42	110 57	
$d:n =$	—	68 32	69 3	
$l:\underline{m} =$	114 18	115 19	—	—
$l:\underline{n} =$	67 48	69 15		—
$d:\underline{m} =$	70 18	70 29		—
$d:n =$	111 28	111 31	—	—

Ref.: C. Baerwald.

3. Th. Petersen (in Frankfurt a. M.): **Plagioklas aus dem Hornblendeführenden Melaphyr des Monte Mulatto** (aus des Verf. Abhandl. Untersuchung über die Grünsteine. Journ. prakt. Chem. Neue Folge **22**, 411). Der sich am Südabhange des Monte Mulatto findende Melaphyr enthält neben phorphyrartig eingelagerten grossen schwarzen Hornblendekrystallen grosse wasserhelle Plagioklase. Dieser Plagioklas wurde schon von **vom Rath** analysirt.

	vom Rath spec. Gew. 2,663 Glühverl. 0,26%	Petersen spec. Gew. 2.674
SiO_2	60.35%	62.84%
Al_2O_3	25.45	23.53
CaO	5.14	5.59
MgO	0.03	Spur
Na_2O	7.63	7.65
K_2O	1.21	1.15
CO_2	—	Spur
H_2O	—	Spur
	99.81	100.67

Ref.: C. Baerwald.

4. Th. Curtius (in Leipzig): **Ueber Glycocoll** (aus des Verf. Abhandl. über einige neue der Hippursäure [illegible] synthetisch dargestellte Amidosäuren. Journ. prakt. Chem. Neue Folge **26**, 15[illegible]). Die Krystallform des Glycocolls wurde bereits von [illegible] und von [illegible] bestimmt.

Die kurzsäulenförmigen Krystalle sind monosymmetrisch.

Beobachtete Formen: [illegible]

Spaltbar nach 001, 010, 100. Spaltstücke nach 001 zeigen Fettglanz, nach 010 Glasglanz.

Durch geringe Beimengungen anorganischer Körper wird der Habitus der Krystalle sehr verändert. So erhalten die Krystalle durch beigemengtes Natriumhydroxyd resp. Thallohydroxyd rhomboëderähnliche Dimensionen, durch beigemengtes Baryumhydroxyd resp. Baryumcarbonat einen langsäulenförmigen Typus.

Messungen werden in der Abhandlung nicht mitgetheilt.

Ref.: C. Baerwald.

5. A. Arzruni (in Berlin, jetzt in Aachen): **β-Amidoisovaleriansaures Kupfer** (aus J. Bredt: Einwirkung von HNO_3 auf Fettsäuren, welche die Isopropylgruppe enthalten. Ber. der deutsch. chem. Ges. 15, 2321). Die Krystallform des β-Amidoisovaleriansauren Kupfers $C_{10}H_{20}N_2O_4Cu + 2H_2O$, die bereits von Luedecke*) bestimmt wurde, ist monosymmetrisch.

$$a : b : c = 1{,}3607 : 1 : 3{,}1857 \text{ (Luedecke)}$$
$$\beta = 86^0\ 36'.$$

Ausser den von Luedecke angegebenen Formen (001), (111), ($\bar{1}$11), (100) und (101) wurde noch ($\bar{1}$01) beobachtet.

		Luedecke berechnet:	
001 : 100	= 86° 35′	86° 36′	
001 : 101	= 60 7	60 13	
100 : 101	= 26 36	26 26	
001 : $\bar{1}$01	= 65 12	65 16	(ber. aus Luedecke's Axenverhältn.)
111 : 11$\bar{1}$	= 30 1	30 0	
001 : $\bar{1}$11	= 76 35	76 40	
001 : 111	= 73 35	73 20	

Spaltbarkeit parallel (001), auch die diagonale Auslöschung auf dieser Fläche wurde beobachtet.

Ref.: C. Baerwald.

6. F. A. Genth (in Philadelphia): **Künstliche Darstellung von Rutil und Anatas** (Am. Phil. Soc. 1882, S. 400). Beim Aufschliessen von unreinem Rutil durch saures schwefelsaures Kalium war zufällig das letztere grösstentheils in neutrales Salz umgewandelt worden. Beim Lösen in kaltem Wasser blieb eine hellbräunliche, sandige Substanz zurück, welche aus mikroskopischen Krystallen von Rutil, Combination (110)(100)(111)(101), bestand; unter diesen befanden sich zwei blaugefärbte Pyramiden (111) von Anatas.

Ref.: P. Groth.

7. A. Des Cloizeaux (in Paris): **Ueber Nadorit** (Bull. d. l. Soc. min. d. France 1882, 5, 122—125). Auf Grund neuer Beobachtungen mit dem Bertrand-schen Mikroskop corrigirt auch hier, wie beim Hübnerit und Auripigment (s. S. 320), der Verf. seine früheren Angaben über die Lage der optischen Axenebene. Dieselbe ist nicht parallel der vollkommenen Spaltungsfläche (100), sondern die 2. Mittel-

*) S. diese Zeitschr. 6, 268.

linie steht auf dieser senkrecht, entspricht aber einem so grossen stumpfen Axenwinkel, dass keine Beobachtung der Ringe mehr möglich ist. Die Axenebene ist (010), Doppelbrechung positiv. Die Herstellung von Platten parallel (001), d. i. senkrecht zur 1. Mittellinie, gelingt wegen der Spaltbarkeit nur höchst unvollkommen; dieselben zeigen noch immer einen sehr grossen Axenwinkel und ausserordentlich starke Dispersion $\varrho > v$; ihre Interferenzerscheinungen lassen ausserdem oft Unregelmässigkeiten erkennen, welche jedenfalls durch die im Nachfolgenden beschriebenen Zwillingsbildungen hervorgebracht werden.

Die untersuchten Krystalle entstammen einer neueren Gewinnung und sind ein wenig verschieden von den 1870 durch Flajolot aufgefundenen. Sie sind tafelförmig nach (100) und zeigen ausser den bereits bekannten Flächen (100), (980), (750), (110), (101) folgende neue: (350) und $y = (10.4.1)$ oder (19.7.2), welches letztere Zeichen der bereits bekannten Zone [13.7.2, 100] angehören würde. Die Messungen sind wegen der Rundung der Flächen nur approximative:

	Beobachtet:	Berechnet:
350 : 100 =	35° 40′—36°	36° 2′
350 : 110	12 30	12 27½
y : 001	—	77 33
y : 100	15 37 Mittel	15 51
y : 110	19 circa	18 25

Die Krystalle sind nur an zwei benachbarten Seiten ihres vierseitigen Umrisses ausgebildet und zeigen an beiden die Prismenflächen vorherrschend, müssen daher Zwillinge nach einer Brachydomenfläche von circa 45° Neigung gegen die Verticalaxe sein, welcher Winkel keinem einfachen Zeichen entspricht. In der That erscheinen dünne Spaltungsplatten derselben durch eine scharfe dunkle Linie, welche sich oft mehrfach wiederholt, in zwei Hälften getheilt, in denen die optische Axenebene eine entgegengesetzte, jedesmal der Prismenkante parallele Lage hat.

Ref.: P. Groth.

8. **A. Michel-Lévy** und **L. Bourgeois** (in Paris): **Krystallformen der Zirkon- und der Zinnsäure** (Sur les formes cristallines de la zircone et de l'acide stannique. Bull. Soc. min. de France 1882, 136. — Sur les formes cristallines de la zircone et sur les déductions à en tirer pour la détermination qualitative du zircon. Cptes. rend. **94**, 812, 1882. — Sur le dimorphisme de l'acide stannique. Cptes. rend. **94**, 1365, 1882).

Die Aufgabe war, den Zirkon in Gesteinen qualitativ durch mikrochemische Reactionen zu unterscheiden, bei Anwendung sehr geringer Mengen Substanz. Das Mineral lässt sich in der That durch Flusssäure, in manchen Fällen durch Salzsäure isoliren. Auch andere analog auftretende Mineralien sind auf diese Reactionen geprüft worden. — Bei hoher Temperatur mit Natriumcarbonat behandelt, liefert der Zirkon nach Abkühlung und Auslaugung der Schmelze ein feines, fast aus reiner Zirkonsäure bestehendes, von Säuren schwer angreifbares krystallinisches Pulver. Die Krystalle besitzen zweierlei Aussehen, je nach der Temperatur, bei der operirt wurde, und nach der angewandten Menge des Carbonats. Uebersteigt die Menge des Zirkons nicht 0,01 g, ist diejenige des Carbonats zehnmal grösser und die Temperatur die der hellen Rothgluth, so sind die Aggregationen rechteckig. Die vollkommenste Gruppirung besteht aus sechs prismatischen durchsichtigen Krystallen, deren Zuspitzung 72° misst. Dieselben

Gebilde erhält man bei Anwendung reiner Zirkonsäure. Sie enthalten keine Spur von Kieselsäure und nur 0,005 bis 0,01 % Natron, welches kleinen rhomboëdrischen Krystallen (ebener Winkel = 100°) von durch Säuren leicht angreifbarem Natriumzirkonat entstammt. Die Analyse ergiebt aber stets Platin und zwar bis zu 10 %. Es rührt vom Tiegel her und ist als Oxyd der Zirkonsäure, welche es gelb färbt, isomorph beigemengt. Grössere Mengen von Platin bewirken starke Polarisationserscheinungen, welche erkennen lassen, dass jeder der sechs Krystalle selbst ein Durchwachsungs-Vierling ist. Eine doppelte Streifung verläuft parallel den 72° mit einander bildenden Endflächen. Mit dieser Streifung fallen die Auslöschungsrichtungen zusammen, so dass die beiden Theilkrystalle auch bei einer Drehung von 18° (d. h. 90°—72°) abwechselnd dunkel erscheinen. Dieser Winkel ist nahezu demjenigen gleich, welchen Herr Nordenskiöld den Pyramiden der aus einer Boraxschmelze erhaltenen tetragonalen Zirkonkrystalle zugeschrieben hatte. — Manchmal sieht man auch einfache oder unter einem rechten Winkel verwachsene Krystalle. Operirt man bei Rothgluth und sorgt dafür, dass die Menge des Natriumcarbonats das Zweifache des Zirkons nicht übersteigt, so bilden sich bereits nach Verlauf einiger Minuten oft nach Art der Glimmer auf einander gehäufte, durchsichtige, hexagonale Tafeln, die farblos oder gelb sind, je nachdem die Zirkonsäure rein ist oder isomorph beigemengtes Platinoxyd enthält. Diese Reaction gelingt mit beliebigen Mengen von Zirkon. — Diese hexagonalen, von Säuren schwer angreifbaren Tafeln haben, wenn farblos, das spec. Gewicht = 4,9; enthalten sie Platin und sind von genügender Dicke, so wirken sie auf das polarisirte Licht und werden parallel einer der Seiten des Hexagons ausgelöscht. Manchmal sind die Hexagone in sechs parallel den Aussenseiten gestreifte Sectoren getheilt, die in der Richtung der Streifung auslöschen. Im convergenten Lichte beobachtet man das Interferenzbild einaxig negativer Krystalle. Diese beiden Arten hexagonaler Krystalle scheinen aber auf einander nicht zurückführbar. — Es lassen sich hierbei einige Analogien mit dem Tridymit nicht verkennen. Zur Analyse dieser Krystalle verwendet man successive Flusssäure und Schwefelsäure. Der schwarze ungelöste Rückstand giebt die Reactionen des Platin. Der Zirkon von Espaly, mit doppeltem Gewichte Natriumcarbonat fünf Minuten lang behandelt, liefert in Gestalt hexagonaler Tafeln fast das Gesammtgewicht der Zirkonsäure. Bereits mit 0,005 g Zirkonsäure vermag man die krystallisirten Producte zu erhalten.

Auf Zinnstein angewandt, lieferte diese Methode analoge Resultate. Die Reaction ist zwar nicht empfindlich genug, um zu mikrochemischen Zwecken verwerthet zu werden, beweist aber die Dimorphie der Zinnsäure. Durch Schmelzen einen Theils Zinnsäure mit vier Theilen Natriumcarbonat bei Weissgluth und Erkaltenlassen der Schmelze während einer Viertelstunde bei heller Rothgluth erhält man starkglänzende hexagonale Tafeln bis zu 1 mm im Durchmesser, die aber stets dünner als die der Zirkonsäure sind. Sie zeigen das ungestörte Interferenzbild einaxiger Krystalle mit negativer Doppelbrechung. Von der angewandten Zinnsäure erhält man blos einen geringen Theil in dieser Form; die übrige liefert Stannate des Natriums — ein rhomboëdrisches, in Wasser unlösliches und ein zweites, welches erst beim Auslaugen der Schmelze in spiessigen Krystallen sich bildet und also in grossen Mengen Wassers löslich ist. — Der Platintiegel ist meist angegriffen. — Es wurden 0,5 g der hexagonalen Tafeln isolirt; sie besitzen das spec. Gewicht 6,7. Der Gang der Analyse war folgender: Reduction im Wasserstoffstrome, Bestimmung des Gewichtsverlustes (Sauerstoff); Behandeln des Rückstandes mit kochender Salzsäure, wodurch ein Theil des Zinns aufgelöst wird unter Zurücklassung von schwarzen glänzenden Lamellen einer Legirung Pt_4Sn_3. Diese giebt im Chlorstrome bei 300° das ganze Zinn ab, während der Rest Platin ist [als $PtCl_4(NH_4Cl)_2$ bestimmt] mit etwa $\frac{1}{8}$ Iridium.

	Sn	57,94	erfordert als SnO_2	15,74	Sauerstoff
	Pt	22,48	- - PtO_2	3,65	-
(Diff.)	O	19,58	zusammen	19,39	
		100,00			

Somit ist die für die beiden Metallbioxyde berechnete Menge Sauerstoff fast genau gleich der direct gefundenen. In derselben Weise wurden Yttrium, Niob, Tantal, Titan, Wolfram behandelt, lieferten aber nichts Analoges.

Ref.: A. Arzruni.

9. A. Des Cloizeaux (in Paris): **Brechungsexponent des natürlichen Chlorsilbers** (Bull. de la soc. min. de France 1882, 5, 143). Ein Prisma von 26° 58′ brechendem Winkel ergab für die D-Linie: $n = 2,071$.

Ref.: P. Groth.

10. E. Mallard (in Paris): **Ueber den Einfluss der Wärme auf die optischen Eigenschaften des Boracit, Kaliumsulfat und anderer krystallisirter Substanzen** (De l'action de la chaleur sur les cristaux de boracite. — Bull. soc. min. de France 1882, 5, 144—159; de l'action de la chaleur sur les substances cristallisées. — Ebenda 214—243; sur la chaleur latente correspondant au changement d'état cristallin de la boracite. Ebenda 1883, 6, 122—129).

Boracit.

Bekanntlich hat Klein (s. diese Zeitschr. 7, 103) nachgewiesen, dass die Grenzen der verschieden optisch wirksamen Theile einer Boracitplatte durch Temperaturerhöhung verschoben werden. Der Verf. wiederholte diese Versuche zunächst in folgender Weise: die sehr dünn geschliffenen Platten wurden auf eine kleine Kapsel von feuerfestem Thon, wie man sie zu Löthrohrversuchen braucht, gelegt und diese in einem Platinlöffel einige Minuten in die Flamme eines Kronenbrenners gehalten.

Eine parallel einer Dodekaëderfläche geschnittene Platte von der in Fig. 4 auf Taf. IX des fünften Bandes dieser Zeitschrift*) dargestellten Zusammensetzung zeigte vor dem Glühen in den Feldern D und E mehrere der langen Diagonale des Rhombus parallele Zwillingslamellen, welche, soweit sie in D lagen, der optischen Orientirung des Feldes E, die in E liegenden der Orientirung von D entsprachen, wie sich leicht durch Einfügung eines dünnen Glimmerblattes in diagonaler Stellung erkennen liess, welches bei Normalstellung der Platte die Felder D und F grün, E und G roth färbte. Ausserdem erschienen Lamellen, senkrecht zu den Seiten des Rhombus von den Feldern F und G ausgehend und in das Mittelfeld hineinragend, welche die Farben von G und F zeigten. Nach dem Erhitzen sind die bei paralleler Lage der Diagonalen des Rhombus mit den Nicolhauptschnitten in Dunkelstellung befindlichen Partien ABC verkleinert und in ihren Begrenzungen wesentlich verändert, während ihr Axenaustritt und die

*) Zum Verständniss dieser Figur und des Nachfolgenden ist auf Bd 5, S. 273 f. sowie auf die vorher in dieser Zeitschrift publicirten Arbeiten und Referate betreffend Mallard, Baumhauer und Klein zu verweisen.

beim Drehen um 45° auftretenden Polarisationsfarben die gleichen geblieben sind. Bei dieser Drehung treten auch zahlreiche breite Interferenzstreifen parallel der kurzen Diagonale des Rhombus hervor, welche beweisen, dass die nach *A* und *C* orientirten Theile vielfach mit einander wechseln, wobei ihre gegenseitige Begrenzungsfläche die 45° gegen die Ebene der Platte geneigte Zwillingsebene derselben ist. Die ganze übrige Platte ist erfüllt von Zwillingslamellen, von denen ein Theil, besonders unten und nach der Mitte zu, wo sich vorher nur wenige befanden, senkrecht zu den Seiten des Rhombus steht, und welche im parallelen wie im convergenten Lichte dieselben Interferenzerscheinungen zeigen, wie das an derjenigen Seite, zu welchen die Lamellen senkrecht stehen, anliegende Feld vor dem Glühen zeigt. Wie das Auftreten schmaler Interferenzfrangen oder gänzliche Fehlen beweist, stehen ihre Zwillingsgrenzen zum Theil sehr steil, zum Theil senkrecht zur Platte und entsprechen im letzteren Falle der Fläche (120), im ersteren wahrscheinlich (121) des Krystalls der Position *A*. Diese Lamellen, welche einen Rhombus von umgekehrter Stellung als der Umriss der Platte bilden, vermehren sich bei stärkerem Erhitzen immer mehr und nehmen fast die ganze Platte ein. Zugleich erscheinen zahlreiche sehr feine Streifen parallel der langen Diagonale der rhombischen Platte, welche mit dem Glimmerblatt dieselben Farben zeigen, wie die vier Randsectoren, und zwar ergiebt die Untersuchung mit dem Bertrand'schen Mikroskop im convergenten Lichte, dass auf der linken Seite Streifen mit einander alterniren von der optischen Orientirung der Sectoren *D* und *G*, auf der rechten solche von der Orientirung *E* und *F*. Die scharfe und geradlinige Grenze zwischen *D* und *E* ist verschwunden; allerdings zeigen die quer durchgehenden Lamellen links die optische Orientirung von *D*, rechts die von *F*, aber die Grenze beider verläuft zickzackförmig und wird erst bei starker Vergrösserung sichtbar. Die Zwillingsebenen dieser Streifen stehen senkrecht zur Platte (entsprechend der Fläche 011), es erscheinen also keine Interenzfrangen an ihren Grenzen. Nach sehr starkem Erhitzen ist die Platte fast ganz von diesen immer zahlreicher und feiner werdenden Streifen eingenommen, doch bleiben stets noch Partien von der vorher beschriebenen Zusammensetzung bestehen.

Eine nach einer Tetraëderfläche geschnittene Platte zeigt bekanntlich eine Theilung in drei Sectoren, welche in Mitten der Dreiecksseiten der Platte zusammenstossen und parallel der gegenüberliegenden Seite auslöschen, von denen aber meist jeder noch Streifen von der optischen Orientirung der beiden anderen enthält, wie man am besten nachweisen kann, wenn man einen in die Dunkelstellung bringt und eine dünne Glimmerplatte einfügt, durch welche die beiden anderen verschieden gefärbt werden. Nach dem Erhitzen haben diese Streifen, unter gänzlicher Verschiebung der Grenzen der Sectoren, sehr überhand genommen und zugleich sind neue aufgetreten, welche einer zu der vorhandenen in Zwillingsstellung nach (011) getretenen Partie entsprechen und mit dieser unter Winkeln von 54° 44′ gegen die Platte geneigt zusammenstossen müssen, daher breite Interferenzfrangen entstehen.

Die Zusammensetzung einer parallel einer Hexaëderfläche aus dem Innern des Krystalls geschnittenen Platte erhellt aus Fig. 2, Taf. IX im 5. Band dieser Zeitschrift. Beim Erhitzen dehnen sich die optischen Orientirungen der vier Eckfelder fast über die ganze Platte aus und zwar mit alternirender Ausbildung, so dass dieselbe bedeckt wird mit sehr feinen Zwillingsstreifen senkrecht zu den Seiten; da diese Lamellen auch normal zur Platte stehen, sind sie nicht durch Frangen getrennt. Die übrigbleibenden Partien der früher grossen Mittelfelder setzen sich nun ebenfalls, wenigstens grösstentheils, aus Zwillingslamellen zusammen, welche durch alternirende Aneinanderlagerung von je zwei vorher in gegenüberliegenden Feldern befindlichen Orientirungen gebildet werden.

Die beobachteten Veränderungen sind, wenn das Erhitzen genügend stark und lange genug fortgesetzt worden war, bleibende, bei mässiger erhitzten Platten beobachtet man jedoch nach einiger Zeit ein theilweises Zurückgehen in den früheren Zustand.

Wie aus den angeführten Beobachtungen hervorgeht, entstehen durch den Einfluss der Wärme keine anderen Orientirungen der optisch zweiaxigen Boracitsubstanz, als solche, welche einer der sechs verschieden orientirten Krystalle entsprechen, aus denen nach Mallard's Annahme (s. diese Zeitschr. 1, 312) ein scheinbar einfacher und regulärer Boracitkrystall besteht. Dabei bleibt, da die optischen Eigenschaften sich nicht ändern, das Elasticitätsellipsoid des Aethers stets das gleiche, nur nimmt es eine andere von den sechs möglichen Orientirungen an. Die entstehenden Zwillingslamellen sind immer der Form (011) der Einzelkrystalle parallel.

In der zweiten der Eingangs citirten Arbeiten theilt der Verf. die Versuche mit, welche er gemacht hat, um die Veränderungen während der steigenden Temperatur zu verfolgen. Er benutzte dazu den bekannten Des Cloizeaux-schen Erhitzungsapparat, in welchem mit Hülfe der Quecksilberthermometer die Temperatur bis 350° annähernd gemessen werden konnte, ersetzte aber das Polarisationsinstrument durch ein Mikroskop für paralleles Licht. Hierdurch war es möglich, die an verschiedenen Stellen einer Platte oder in mehreren neben einander angebrachten Platten von verschiedener Orientirung hervorgebrachten Modificationen durch die Aenderung der zwischen gekreuzten Nicols auftretenden Interferenzfarbe zu erkennen, deren Stellung in der Newton'schen Farbenscala vorher festgestellt worden war.

Unterwirft man eine Boracitplatte, parallel einer Dodekaëderfläche geschnitten, diesem Versuch, so beobachtet man sowohl in der zur Axe der grössten optischen Elasticität senkrechten Partie A, als in den zur kleinsten Elasticitätsaxe senkrechten Partien B und C (s. S. 398), dass die Ordnung der Farbe abnimmt, aber in etwas ungleichem Maasse.

Bezeichnet man mit ε die Dicke der Platte, mit α, β, γ die drei Hauptbrechungsindices, so ergab sich für eine Platte aus den direct oder nach Einfügung einer Viertelundulationsglimmerplatte beobachteten Farben die zugehörige Phasendifferenz in $\frac{1}{100000}$ mm:

Partie BC	Partie A
Blau der zweiten Ordnung	Purpurroth der zweiten Ordnung
$\varepsilon(\alpha - \beta) = 122$	$\varepsilon(\beta - \gamma) = 105$

Dass diese Zahlen sich nicht weit von der Wahrheit entfernen, beweist der daraus nach der Formel $\operatorname{tg} V = \sqrt{\frac{\beta - \gamma}{\alpha - \beta}}$ berechnete halbe Axenwinkel $V = 40^{\circ}\,5'$, denn Des Cloizeaux fand denselben $= 41^{\circ}\,8'$.

Bei circa 300° wurde beobachtet:

Gelb:	Orangegelb:
$\varepsilon(\alpha' - \beta') = 95$	$\varepsilon(\beta' - \gamma') = 90$

Da die grössere Differenz stärker abgenommen hatte, als die kleinere, so muss V etwas gewachsen sein (berechnet $41^{\circ}\,3'$).

Bei 300°, während die Platte noch in lebhaften Farben erscheint, vollzieht sich plötzlich eine Aenderung ihrer Structur, indem dieselbe von der am stärksten erhitzten Stelle aus vollkommen dunkel wird. Bei vollständig erhaltener Durchsichtigkeit ist sie in diesem Augenblicke für alle Farben einfach brechend geworden und bleibt es bei höheren Temperaturen bis zum Schmelzpunkt; bei der Abkühlung wiederholt sich derselbe Process umgekehrt: von der am schnellsten erkaltenden Stelle aus erscheinen die Farben, die Platte schnell wie ein Vorhang überziehend, wieder, und zwar genau dieselben Farben, wie sie die Platte vor der Umwandlung zeigte. Hatte man die Umwandlungstemperatur nur wenig überschritten, so ist sogar ihre Vertheilung wenig verändert; war die Erhitzung weit über 300° getrieben worden, so erschienen die Farbenzeichnungen sehr verwickelt und die Platte war mit den oben beschriebenen Zwillingslamellen erfüllt. Die Umwandlung konnte beliebig oft in beiderlei Sinne wiederholt werden und trat immer bei derselben Temperatur ein, welche auch die Orientirung und die Dicke der angewandten Platte waren. Sie trat daher auch genau gleichzeitig ein für Platten parallel dem Dodekaëder, dem Würfel und dem Tetraëder, wenn solche zusammen erhitzt wurden.

Es lag nahe, zu untersuchen, ob diese Umlagerung mit einer Wärmewirkung verbunden sei. Diese Untersuchung ist in dem dritten der S. 398 citirten Aufsätze mitgetheilt und wurde vom Verf. in Gemeinschaft mit Le Chatelier ausgeführt. Zunächst wurde eine kleine Quantität Boracitkrystalle, in deren Mitte sich ein Thermometer befand, gleichmässig erhitzt, und durch Zeichen auf einem durch ein Uhrwerk abgewickelten Papierstreifen die Zeiten bestimmt, welche das Steigen der Temperatur um je 1° erforderte; es zeigte sich zwischen 261° und 266° eine starke Verzögerung, ebenso beim Abkühlen zwischen 262—258°. Fügt man die nöthigen Correctionen hinzu, so ergiebt sich die Umwandlungstemperatur zu circa 264°,9, und es ist hierdurch unzweifelhaft bewiesen, dass beim Uebergang des Boracits aus dem rhombischen System in das reguläre Wärme gebunden wird. Wegen der grossen Differenz der hierbei gefundenen Zahl von der, welche sich in dem Des Cloizeaux'schen Apparate ergeben hatte, wurde noch eine weitere Bestimmung der Umwandlungstemperatur vorgenommen, indem eine Boracitplatte zwischen zwei Glasplatten in unmittelbarer Berührung mit der Kugel eines Quecksilberthermometers in einer bei 200° schmelzenden Mischung gleicher Theile salpetersauren Kaliums und Natriums erhitzt wurden; es ergab sich der corrigirte Werth für die Umwandlungstemperatur = 264°,8, also genau mit dem vorigen übereinstimmend und jedenfalls auf 1° sicher. Zur Bestimmung der Grösse der bei der Umwandlung gebundenen Wärme wurde die mittlere specifische Wärme des Boracits zwischen 14° und verschiedenen höheren Temperaturen, theils über, theils unter 265°, gemessen. Diese Messung geschah mit dem Berthelot'schen Calorimeter und ergab eine langsame Zunahme der specifischen Wärme bis 252°, ein sehr rasches Wachsthum derselben zwischen 252° und 277°, endlich wieder ein langsames jenseits der letzteren Temperatur. Die mittlere specifische Wärme des rhombischen Boracits zwischen 265° und 14° ist = 0,246, diejenige des regulären Boracit für dasselbe Intervall = 0,265. Die bei der Umwandlung absorbirte Wärme beträgt hiernach 4,77 Calorien. Vergleichsweise sei bemerkt, dass Mitscherlich für die bei der Umwandlung des rhombischen Schwefels in den monosymmetrischen absorbirte Wärme 2,7 Calorien fand.

Kaliumsulfat.

Das schwefelsaure Kalium ist bekanntlich rhombisch mit pseudohexagonalem Habitus [110 : 1$\bar{1}$0 = 59° 36′ Mitscherlich], und die Krystalle zeigen gewöhnlich wiederholte Zwillingsbildung nach diesem Prisma. Erhitzt man eine nach (001) geschliffene Platte, welche aus wenigen, scharf getrennten Partien in Zwillingsstellung besteht, nach der beim Boracit (S. 398) zuerst angegebenen Methode einige Secunden zwischen zwei Thonkapseln, so zerspringt dieselbe. Untersucht man dann die Fragmente im Mikroskop, so erweisen sich dieselben zusammengesetzt aus zahlreichen feinen Zwillingslamellen, welche sich unter Winkeln von 30° und 60° schneiden; demnach besteht die Veränderung, wie beim Boracit, lediglich in einer Vermehrung der schon vorhandenen Zwillingsbildungen. Die Untersuchung im convergenten Lichte zeigt, dass die erste Mittellinie der Axen unverändert senkrecht zur Platte geblieben ist. Geschmolzen nimmt das Salz beim Wiedererstarren dieselbe Zusammensetzung aus feinen Zwillingslamellen an, welche ihm die Erhitzung verleiht.

Der Unterschied vom Boracit besteht also nur darin, dass bei diesem die Molekularstructur in den sechs verschiedenen Orientirungen gleich beschaffen ist, beim Kaliumsulfat jedoch, entsprechend der Abweichung des Prismenwinkels von 60°, etwas verschieden, so dass die Annahme der neuen Gleichgewichtslagen durch die von der Wärme in Bewegung gesetzten Moleküle nicht ohne Veränderungen vor sich gehen konnte, denen der Verf. das Zerspringen der Platten beim Erhitzen zuschreibt.

Unterwirft man eine basische Platte von K_2SO_4 messbaren Temperaturerhöhungen in dem Erhitzungskasten nach derselben Methode, wie sie beim Boracit angewendet wurde, so beobachtet man eine Abnahme der Phasendifferenz ungefähr proportional der Temperatur t und findet für die Abhängigkeit jener von der letzteren die approximative Gleichung:

$$\beta - \gamma = 0{,}0015 - 0{,}000000326\,t.$$

Eine Platte, parallel der Verticalaxe und senkrecht zur zweiten Mittellinie, zeigt eine weit stärkere, aber ebenfalls der Temperatur annähernd proportionale Abnahme, und zwar ergiebt sich aus den mittelst der Newton'schen Scala gefundenen Phasendifferenzen und der Differenz der entsprechenden beiden Brechungsindices bei gewöhnlicher Temperatur die Gleichung:

$$\alpha - \beta = 0{,}035 - 0{,}000093\,t.$$

Berechnet man aus diesen beiden Gleichungen das Verhältniss der Werthe von α, β, γ für höhere Temperaturen ausserhalb des Intervalls bis 312°, in welchem die Beobachtungen vorgenommen werden konnten, so ergiebt sich, dass bei 380° α und β gleich gross werden, alsdann α noch weiter abnehmen, bei 490° gleich γ werden und von da ab den kleinsten der drei Indices darstellen müsse.

In der That zeigt sich bei stärkerer Erhitzung (wobei jedoch keine Temperaturbestimmungen mehr ausgeführt werden konnten), dass eine der Verticalaxe parallele und zur zweiten Mittellinie senkrechte Platte zwischen gekreuzten Nicols dunkel wird, dann wieder hell, aber nunmehr das Zeichen der Phasendifferenz das entgegengesetzte ist und die letztere mit der Temperatur steigt. Sehr bald jedoch decrepetirt die Platte heftig. Bringt man eine Platte derselben Richtung neben einer basischen an, beide Krystallen nach dem Decrepitiren entnommen, und erhitzt, so beobachtet man von Neuem das Nullwerden von $\alpha - \beta$

und den Zeichenwechsel in der ersteren; bei noch höherer Temperatur, zwischen 600° und 650°, wird plötzlich die basische Platte dunkel und die Farbe der anderen durchläuft ausserordentlich rasch das ganze Spectrum und bleibt schliesslich bei einer Nüance stehen, welche ungefähr eine ganze Wellenlänge von der vorhergehenden differirt; die so plötzlich vergrösserte Differenz $\beta - \gamma$ ist alsdann ungefähr gleich 0,07 und wächst dann noch weiter mit der Temperatur.

Hieraus folgt, dass in einem Krystall von Kaliumsulfat, welcher bei gewöhnlicher Temperatur optisch positiv ist und dessen Verticalaxe der ersten Mittellinie entspricht, der Winkel der optischen Axen beim Erwärmen wächst, so dass die Makrodiagonale erste Mittellinie, der Krystall also negativ wird; bei 380° vereinigen sich die Axen in der Makrodiagonale und der Krystall wird negativ einaxig, genau genommen successive für die verschiedenen Farben; alsdann gehen die Axen in der Basis auseinander, und wenn dies so weit erfolgt ist, dass die Brachydiagonale erste Mittellinie geworden ist, so besitzt der Krystall positive Doppelbrechung, bis er, bei 490°, in einen positiven einaxigen (für die verschiedenen Farben nicht gleichzeitig) übergeht, dessen optische Axe der Brachydiagonale parallel ist. Jenseits dieser Temperatur wird er wieder zweiaxig, die Axen liegen in (010); der Verticalaxe, anfangs zweiter, dann erster Mittellinie, entspricht positive Doppelbrechung. Zwischen 600° und 650° werden plötzlich die beiden horizontalen Elasticitätsaxen gleich gross für alle Farben, die verticale erfährt eine beträchtliche Vergrösserung, und das schwefelsaure Kalium ist nun wirklich optisch einaxig geworden, mit negativer Doppelbrechung und verticaler optischer Axe.

Bei der letzteren Temperatur liegt demnach hier eine ganz analoge Umwandlung in eine dimorphe Modification vor, wie sie bei 265° beim Boracit erfolgt, d. h. das Kaliumsulfat gehört oberhalb 650° dem hexagonalen Krystallsystem an. Bekanntlich hat man auch Krystalle dieses Salzes beschrieben, welche bei gewöhnlicher Temperatur optisch einaxig sind. Nach den Untersuchungen des Verfassers an Exemplaren der Sénarmont'schen Sammlung sind dieselben positiv, also von jener hexagonalen Modification wesentlich verschieden, und zeigen an den Rändern basischer Platten eine Zusammensetzung aus zweiaxigen Lamellen, normal zur Seitenfläche, deren Axenebene zu einer der Seiten des hexagonalen Umrisses senkrecht steht, so dass man die anscheinende Einaxigkeit des mittleren Theils der Platte betrachten muss als hervorgebracht durch Uebereinanderlagerung zweiaxiger Zwillingslamellen der gewöhnlichen rhombischen Form.

Zur Vergleichung der beschriebenen Umwandlungen der dimorphen Modificationen von Boracit und Kaliumsulfat mit bereits bekannten Fällen anderer dimorpher Substanzen untersuchte der Verf. auch Salpeter und Aragonit.

Erhitzt man eine basische Salpeterplatte bis nahe zum Schmelzpunkt, so findet, wie bereits Frankenheim nachwies, ein Uebergang in die rhomboëdrische Form statt; die Platte wird zwischen gekreuzten Nicols grau und zeigt, wenn sie schnell im convergenten Lichte untersucht wird, sehr schön das Interferenzbild eines negativ einaxigen Körpers. Dabei ist sie ganz plastisch und kann mehrfach zusammengefaltet werden; mit der Abkühlung verliert sie ihre Plasticität und ihren optisch einaxigen Charakter vollständig. Lässt man einen Tropfen geschmolzenen Salpeters erstarren, so kann man im polarisirten Lichte nachweisen, dass derselbe aus einem radialfaserigen Aggregat negativ einaxiger Krystalle besteht, deren Interferenzerscheinung jedoch binnen einer halben Stunde verschwindet, in Folge der Umwandlung in die gewöhnliche Modification. Bekanntlich hat schon Frankenheim das Freiwerden von Wärme bei dieser Umwandlung beobachtet.

Aragonitplatten werden bei einer Temperatur, welche unter derjenigen liegt, bei der sich Kohlensäure entwickelt, trübe weiss, so dass keine optische Prüfung mehr möglich ist. Nach G. Rose's Versuchen muss man schliessen, dass hierbei eine Umwandlung in Calcit stattfindet.

Der Verf. findet nun einen wichtigen Unterschied zwischen den von ihm gefundenen Fällen der Dimorphie und denen des Schwefels, Salpeters und Aragonits darin, dass letztere beim Abkühlen unter die Umwandlungstemperatur sich nicht unmittelbar umwandeln, sondern gleichsam im labilen Zustande krystallinischer Ueberschmelzung unterhalb jener Temperatur noch einige Zeit existiren können, während dies beim Boracit und Kaliumsulfat nicht möglich ist.

Anmerk. des Ref. Wenn der Verfasser von den bekannten Untersuchungen O. Lehmann's über physikalische Isomerie vom Jahre 1877 Notiz genommen hätte, würde er eingesehen haben, dass dieser vermeintliche Unterschied darauf beruht, dass wegen der verschiedenen Cohäsion bei verschiedenen physikalisch polymeren Körpern das Ueberschreiten der Umwandlungstemperatur ungleich leicht erfolgen müsse, dass hier also nur quantitative, keine qualitativen Unterschiede vorliegen. Aus den stattfindenden Wärmewirkungen bei der Umwandlung und der Möglichkeit, jede der beiden Modificationen in die andere zu verwandeln, geht ferner hervor, dass es sich beim Boracit und Kaliumsulfat gar nicht um eigentliche Dimorphie, d. i. physikalische Isomerie, handelt. Nach den allgemeinen Betrachtungen des Verfassers über Dimorphie zu urtheilen, scheint Derselbe die zahlreichen neueren Untersuchungen über diesen Gegenstand nicht zu kennen, denn er erwähnt weder das Lehmann'sche Krystallisationsmikroskop, nach die mannigfachen mit demselben beobachteten Umwandlungen.

Es gelang dem Verf. nicht, bei einer Reihe anderer von ihm untersuchter Körper ähnliche Umwandlungen zu constatiren, wie beim Boracit und Kaliumsulfat, wohl aber zeigen dieselben zum Theil ähnliche Aenderungen der Zwillingsbildung, wie sie zuerst am Boracit nachgewiesen wurden.

Perowskit. Hier entstehen durch den Einfluss der Wärme genau so, wie im Boracit, zahlreiche Zwillingslamellen, ohne dass die optisch zweiaxige Natur der Substanz irgendwie geändert wird.

Zinkblende wandelt sich durch starke Erhitzung in Wurtzit um. Eine Spaltungsplatte von Santander zeigt sich nach dem Glühen zusammengesetzt aus scharf begrenzten, lebhaft polarisirenden Partien, welche positiv einaxig sind und deren optische Axe schief gegen die Ebene der Platte steht. Die nähere Untersuchung zeigt, dass dieselben so orientirt sind, dass stets die optische Axe parallel einer trigonalen Axe der Zinkblende ist. Da bei der Umwandlung keine Formänderung eingetreten ist, so betrachtet der Verf. den Wurtzit als pseudoregulär: ein rhomboëdrischer Krystall, dessen Hauptaxe eine trigonale Axe des Würfels und dessen Nebenaxe gleich einer rhombischen (Verbindungslinie zwischen den Mitten zweier gegenüberliegender Würfelkanten), würde das Axenverhältniss $a : c = 1 : \sqrt{\frac{3}{2}} = 1 : 1,225$, welches in sehr einfacher Beziehung zu demjenigen des Wurtzit (1 : 0,817) steht, denn $1 : \frac{3}{2} \cdot 0,817$ ist gleich 1 : 1,225. Der Verf. betrachtet nun die Zinkblendekrystalle als zusammengesetzt aus submikroskopischen Zwillingsaggregaten von Wurtzit, deren Uebereinanderlagerung die Doppelbrechung aufhebt oder wenigstens verringert. Durch die Erhitzung würden dann grössere Partien parallel gelagert und zeigten nun ihre normale optische Wirkung.

Chrysoberyll. Platten, senkrecht zur ersten Mittellinie, zeigen neben normal sich verhaltenden Partien auch solche von unvollkommner Auslöschung.

in denen der Axenwinkel weit kleiner ist und die Axen zum Theil in einer zu der der übrigen senkrechten Ebene liegen. Diese Erscheinung, wie sie analog bei dem Prehnit von Farmington (s. S. 316) vorkommt, erklärt der Verfasser durch Uebereinanderlagerung von Chrysoberyllpartien in gekreuzter Stellung, welche dadurch ermöglicht sei, dass das Molekularnetz dieser Substanz in zwei Richtungen Dimensionen besitze, welche sich durch einfache Zahlen auf einander zurückführen lassen (zwei Axen der Grundform verhalten sich wie 4 : 5). Auch hier vermag eine Erhitzung die Zwillingsbildung zu verändern, indem sich durch eine solche die anomalen Partien in optisch normale verwandeln.

Deutliche Aenderungen erfahren die Zwillingsgrenzen beim Erhitzen schliesslich auch bei Witherit und Milarit, keine oder kaum bemerkbare Veränderungen des optischen Verhaltens ergaben sich bei anomalen Krystallen von Beryll, Apatit, Idokras und Diamant.

Anmerk. des Ref. Wenn auch Beobachtungen über Umwandlungen verschiedener Modificationen fester Körper in einander bereits zahlreich vorliegen, so sind die vorstehend referirten doch höchst wichtig durch den Nachweis des Einflusses der Wärme auf die Zwillingsbildung und durch die definitive Entscheidung der Frage nach dem Krystallsystem des Boracit, den wir nunmehr als zweifellos aus rhombischen Theilkrystallen zusammengesetzt zu betrachten haben, wodurch nicht blos die frühere Behauptung des Verfassers, sondern auch die von anderer Seite angezweifelten Versuche Baumhauer's über die Aetzfiguren des Boracit (s. diese Zeitschr. 3, 337, 5, 273 Anmerk.) bestätigt worden sind. Noch nicht erklärt ist freilich die Annahme der äusserlich einfachen regulären Form durch die Boracitsubstanz bei ihrer Bildung, denn dass die letztere bei einer Temperatur stattgefunden haben solle, bei welcher der Boracit regulär krystallisirt, ist aus geologischen Gründen mehr als unwahrscheinlich.

Die Ansicht des Verf., dass die Zinkblende aus submikroskopischen Wurtzitaggregaten bestehe, liesse sich vielleicht durch Beantwortung der Frage prüfen, ob beim Erhitzen der Zinkblende eine Aenderung ihres specifischen Gewichts und ihrer specifischen Wärme eintrete.

Ref.: P. Groth.

11. **E. Bertrand** (in Paris): **Optische Eigenschaften des Cobaltcarbonates** (Bull. de la Soc. min. 1882, 5, 174). Unter dem Namen Sphärokobaltit hat Weisbach das bei Schneeberg mit dem Roselith zusammen vorkommende kohlensaure Kobalt beschrieben. Dieses Mineral zeigt im convergenten Lichte Einaxigkeit mit starker negativer Doppelbrechung und deutlichem Pleochroismus (senkrecht zur Axe ist die Farbe mehr violett).

Ref.: P. Groth.

12. **Baret** (in Nantes): **Zoisit von Saint-Philbert de Grandlieu und Mikroklin von Couëron (Loire-Inférieure)** (Ebenda, 174—176). Das erstere Mineral findet sich in farblosen, graulich oder gelblich gefärbten stengeligen Aggregaten, entstanden durch Zersetzung von Feldspath, auf kleinen Gängen im Eklogit, das zweite mit Fibrolith im Gneiss. Letzteres besitzt auf P eine Auslöschungsschiefe von 10—15° und zeigt zahlreiche eingewachsene Albitschnüre, aber nicht die sonst gewöhnliche Gitterstructur.

Ref.: P. Groth.

13. **J. Thoulet** und **H. Lagarde** (in Montpellier): **Methode zur Bestimmung der specifischen Wärme** (Ebenda, 179—188). Die specifische Wärme ändert

sich bekanntlich bei dimorphen Substanzen mit dem Uebergange aus der einen in die andere Modification, daher es von Interesse ist, diese Grösse auch mit geringen Substanzmengen bestimmen zu können. Die Verf. bedienten sich hierzu der folgenden Methode: Es werden in zwei kleine Glasröhren, welche gegen Temperaturänderungen von Aussen möglichst geschützt sind und in denen sich je ½—¾ ccm Wasser oder Terpentinöl befindet, je ein Thermoelement eingetaucht und deren gleichnamige Pole mit einander, die anderen mit einem Galvanometer verbunden. Ist die Temperatur der Flüssigkeit in beiden Röhren genau gleich, so findet kein Strom statt und das Galvanometer steht auf Null. Bringt man nun in das eine Rohr eine kleine Menge des zu untersuchenden Körpers und in das andere das gleiche Gewicht eines solchen von bekannter specifischer Wärme, beide auf eine etwas höhere Temperatur gebracht (die Verf. erwärmten sie auf 36° C., indem sie dieselben in zwei kleinen dünnen Röhrchen fünf Minuten im Munde behielten), so findet so rasch die Ausgleichung der Temperatur zwischen den Körpern und der Flüssigkeit statt, dass aus dem Ausschlag des Galvanometers direct, mit Vernachlässigung der Ausstrahlung, auf die Wärmeabgabe der Körper geschlossen werden kann. Es ist nämlich alsdann

$$c' = \frac{c \cdot PC \cdot d'}{pc(d - d') + PCd},$$

worin P das Gewicht der Flüssigkeit in einem Rohre, C deren specifische Wärme, p die angewandte Gewichtsmenge eines jeden der beiden Körper, c die unbekannte und c' die bekannte specifische Wärme der ersten und der zweiten Substanz, t die Temperatur der Flüssigkeit vor dem Versuch, d. h. die der umgebenden Luft, t' die Temperatur, auf welche die Körper erwärmt wurden, endlich d und d' die durch das Einbringen der ersten resp. zweiten Substanz hervorgebrachten Galvanometerausschläge.

Die Verf. nahmen als Körper mit bekannter specifischer Wärme das Kupfer an und fanden damit verglichen Werthe für Blei, Calcit, Eisenglanz, Pyrit und β-Schwefel, welche mit denen Regnault's sehr gut übereinstimmen.

Ref.: P. Groth.

14. J. Thoulet (in Montpellier, z. Z. in Nancy): **Neuer Erhitzungsapparat für Mikroskope** (Ebenda, 188—194). Die vom Verf. construirte kreisrunde Cuvette ruht mit fünf Messingfüssen auf einer Korkunterlage und besteht in ihrem unteren Theil aus einer in der Mitte durchbohrten Kupferscheibe, von welcher zwei Verlängerungen ausgehen, durch deren Erhitzung mittelst kleiner Gasbrenner die Wärme zugeführt wird. Die eigentliche Cuvette, von flach cylindrischer Gestalt, oben und unten durch Glasplatten geschlossen, besitzt drei Oeffnungen: eine für das Thermometer, die zweite für ein offenes Glasrohr, die dritte, der letzteren gegenüber, für ein Metallrohr mit Hahn. Das letztere wird mit einem Aspirator verbunden und somit durch das offene Glasrohr ein fortwährender Luftstrom eingesaugt. Durch Regulirung des Luftstromes und des Erhitzens der Kupferplatte kann jede Temperatur bis 120° dauernd hervorgebracht werden. Das zu untersuchende Präparat wird auf einem kleinen hölzernen Träger in den Erhitzungskasten gebracht oder, nachdem die obere Glasplatte durch eine in der Mitte durchbohrte ersetzt worden ist, auf diese aufgelegt, wobei die Adhäsion der Glasflächen leicht durch einen Tropfen Oel hergestellt wird.

Ref. P. Groth.

15. F. Gonnard (in Lyon): **Chalkotrichit von Beaujolais** (Ebenda, 194). Dieses Mineral findet sich mit Malachit und Kupferlasur auf dem Fahlerzgange von Montchonay.

Ref.: P. Groth.

16. H. Le Châtelier (in Paris): **Versuche über die Zusammensetzung des Portlandcementes und Theorie über dessen Erstarrung** (Recherches expérimentales sur la constitution des ciments et la théorie de leur prise. Comptes rendus **94**, 867, 1882). Die mikroskopische Untersuchung von Dünnschliffen führt zur Unterscheidung verschiedener chemischer Verbindungen, die optisch wohl charakterisirt sind und jede für sich dargestellt werden konnte. 1) $Ca_3Al_2O_6$ regulär isotrop; 2) Ca_2SiO_4 bildet fast die ganze Masse des Cementes, ist schwach doppelbrechend und als Kalk-Olivin aufzufassen, welcher in der leicht schmelzbaren Verbindung 3) $Ca_3(Al, Fe)_4O_9$ krystallisirt. Die letztere ist der schmelzbarste Gemengtheil, ist braun, doppelbrechend, ändert sich sehr langsam in Wasser; 4) sehr stark doppelbrechende Substanz, in geringer Menge vorhanden — offenbar ein Magnesiumsilicat, da es, im Gegensatze zu den Calciumverbindungen, durch Wasser nicht alterirt wird. Die Erstarrung der kalkreichen Cemente wird durch die Bildung eines wie $Ca(OH)_2$ in hexagonalen Lamellen krystallisirenden Productes bedingt. Die Thonerde-reichen Cemente zeichnen sich durch rasches Erstarren aus in Folge der Bildung eines Hydrates von $Ca_3Al_2O_6$ in Gestalt feiner und langer, sich verfilzender Nadeln, welche in trockener Luft entwässert werden und zusammenschrumpfen. Bei 50° im Wasser erwärmt platzen sie und liefern einen feinen Staub. Ein Liter Wasser löst 0,3 g der wasserfreien Verbindung, die im Salzwasser noch löslicher ist, wobei sie sich aber partiell zersetzt. — Der Kalk-Olivin, bis zum Weichwerden erhitzt und einer allmählichen Abkühlung überlassen, liefert zunächst eine durchscheinende Masse, welche nach und nach in einen feinen, aus Krystallfragmenten mit Zwillingsbildung von ausserordentlicher Feinheit bestehenden Staub zerfällt. Findet die Krystallisation bei einer höheren Temperatur statt, so fehlt die Zwillingsbildung und es erfolgt keine Zerstäubung beim Abkühlen. Es gelang, den Kalk-Olivin in letzterer Form zu erhalten durch Ausfällung im geschmolzenen Chlorcalcium, welchem in diesem Falle die Rolle der Aluminate der Cemente zukommt.

Ref.: A. Arzruni.

17. Alex. Gorgeu (in Paris): **Basische Mangansalze** (Sur les sels basiques de manganèse. Cptes. rend. **95**, 82, 1882). $Mn_3S_2O_9 + 3H_2O$ liefert leicht Doppelsalze mit Alkalisulfaten:

$$Mn_3S_2O_9,\ 3H_2O + K_2SO_4$$
$$+ (NH_4)_2SO_4$$
$$+ Na_2SO_4,\ 2H_2O.$$

Nach Herrn E. Bertrand's Untersuchung sind die beiden ersten rhombisch und mit einander isomorph. $110 . \bar{1}10 = 74°$.

Ref.: A. Arzruni.

18. Miron und Bruneau (in Paris): **Künstlicher Calcit und Witherit** (Reproduction de la calcite et de la Witherite. Cptes. rend. **95**, 182, 1882). In natürlichen Wässern enthaltenes Calciumcarbonat wird zum Krystallisiren gebracht

men, welche durch alternirende Aneinanderlagerung von je zwei vorher in gegenüberliegenden Feldern befindlichen Orientirungen gebildet werden.

Die beobachteten Veränderungen sind, wenn das Erhitzen genügend stark und lange genug fortgesetzt worden war, bleibende, bei mässiger erhitzten Platten beobachtet man jedoch nach einiger Zeit ein theilweises Zurückgehen in den früheren Zustand.

Wie aus den angeführten Beobachtungen hervorgeht, entstehen durch den Einfluss der Wärme keine anderen Orientirungen der optisch zweiaxigen Boracitsubstanz, als solche, welche einer der sechs verschieden orientirten Krystalle entsprechen, aus denen nach Mallard's Annahme (s. diese Zeitschr. 1, 312) ein scheinbar einfacher und regulärer Boracitkrystall besteht. Dabei bleibt, da die optischen Eigenschaften sich nicht ändern, das Elasticitätsellipsoid des Aethers stets das gleiche, nur nimmt es eine andere von den sechs möglichen Orientirungen an. Die entstehenden Zwillingslamellen sind immer der Form (011) der Einzelkrystalle parallel.

In der zweiten der Eingangs citirten Arbeiten theilt der Verf. die Versuche mit, welche er gemacht hat, um die Veränderungen während der steigenden Temperatur zu verfolgen. Er benutzte dazu den bekannten Des Cloizeaux-schen Erhitzungsapparat, in welchem mit Hülfe der Quecksilberthermometer die Temperatur bis 350° annähernd gemessen werden konnte, ersetzte aber das Polarisationsinstrument durch ein Mikroskop für paralleles Licht. Hierdurch war es möglich, die an verschiedenen Stellen einer Platte oder in mehreren neben einander angebrachten Platten von verschiedener Orientirung hervorgebrachten Modificationen durch die Aenderung der zwischen gekreuzten Nicols auftretenden Interferenzfarbe zu erkennen, deren Stellung in der Newton'schen Farbenscala vorher festgestellt worden war.

Unterwirft man eine Boracitplatte, parallel einer Dodekaëderfläche geschnitten, diesem Versuch, so beobachtet man sowohl in der zur Axe der grössten optischen Elasticität senkrechten Partie A, als in den zur kleinsten Elasticitätsaxe senkrechten Partien B und C (s. S. 398), dass die Ordnung der Farbe abnimmt, aber in etwas ungleichem Maasse.

Bezeichnet man mit ε die Dicke der Platte, mit α, β, γ die drei Hauptbrechungsindices, so ergab sich für eine Platte aus den direct oder nach Einfügung einer Viertelundulationsglimmerplatte beobachteten Farben die zugehörige Phasendifferenz in $\frac{1}{100000}$ mm:

Partie BC	Partie A
Blau der zweiten Ordnung	Purpurroth der zweiten Ordnung
$\varepsilon(\alpha - \beta) = 122$	$\varepsilon(\beta - \gamma) = 105$

Dass diese Zahlen sich nicht weit von der Wahrheit entfernen, beweist der daraus nach der Formel $\mathrm{tg}\, V = \sqrt{\frac{\beta - \gamma}{\alpha - \beta}}$ berechnete halbe Axenwinkel V [illegible] $40^0\, 5'$, denn Des Cloizeaux fand denselben $= 41^0\, 8'$.

Bei circa 300° wurde beobachtet:

Gelb:	[illegible]angegelb:
$\varepsilon(\alpha' - \beta') = 95$	[illegible] $\gamma') = 90$

Da die grössere Differenz stärker a[illegible]
muss V etwas gewachsen sein (berechnet [illegible]

Bei 300°, während die Platte noch in lebhaften Farben erscheint, vollzieht sich plötzlich eine Aenderung ihrer Structur, indem dieselbe von der am stärksten erhitzten Stelle aus vollkommen dunkel wird. Bei vollständig erhaltener Durchsichtigkeit ist sie in diesem Augenblicke für alle Farben einfach brechend geworden und bleibt es bei höheren Temperaturen bis zum Schmelzpunkt; bei [illegible] Abkühlung wiederholt sich derselbe Process umgekehrt: von der am schnellsten erkaltenden Stelle aus erscheinen die Farben, die Platte schnell wie ein [illegible] überziehend, wieder, und zwar genau dieselben Farben, wie sie die Platte [illegible] der Umwandlung zeigte. Hatte man die Umwandlungstemperatur nur [illegible] überschritten, so ist sogar ihre Vertheilung wenig verändert; war die Erhitzung weit über 300° getrieben worden, so erschienen die Farbenzeichnungen [illegible] verwickelt und die Platte war mit den oben beschriebenen Zwillingslamellen [illegible] füllt. Die Umwandlung konnte beliebig oft in beiderlei Sinne wiederholt werden und trat immer bei derselben Temperatur ein, welche auch die Orientirung [illegible] die Dicke der angewandten Platte waren. Sie trat daher auch genau gleichzeitig ein für Platten parallel dem Dodekaëder, dem Würfel und dem Tetraëder, wenn solche zusammen erhitzt wurden.

Es lag nahe, zu untersuchen, ob diese Umlagerung mit einer Wärmewirkung verbunden sei. Diese Untersuchung ist in dem dritten der S. 398 citirten Aufsätze mitgetheilt und wurde vom Verf. in Gemeinschaft mit Le Châtelier [illegible] Zunächst wurde eine kleine Quantität Boracitkrystalle, in deren Mitte [illegible] Thermometer befand, gleichmässig erhitzt, und durch Zeichen auf einem [illegible] ein Uhrwerk abgewickelten Papierstreifen die Zeiten bestimmt, welche [illegible] Steigen der Temperatur um je 1° erforderte; es zeigte sich zwischen [illegible] 266° eine starke Verzögerung, ebenso beim Abkühlen zwischen [illegible]. Fügt man die nöthigen Correctionen hinzu, so ergiebt sich die Umwandlungstemperatur zu circa 264°,9, und es ist hierdurch unzweifelhaft bewiesen, [illegible] beim Uebergang des Boracits aus dem rhombischen System in das reguläre Wärme gebunden wird. Wegen der grossen Differenz der hierbei gefundenen Zahl [illegible] der, welche sich in dem Des Cloizeaux'schen Apparate ergeben hatte, [illegible] noch eine weitere Bestimmung der Umwandlungstemperatur vorgenommen [illegible] eine Boracitplatte zwischen zwei Glasplatten in unmittelbarer Berührung [illegible] Kugel eines Quecksilberthermometers in einer bei 200° schmelzenden [illegible] gleicher Theile salpetersauren Kaliums und Natriums erhitzt wurde; [illegible] sich der corrigirte Werth für die Umwandlungstemperatur = [illegible], [illegible] mit dem vorigen übereinstimmend und jedenfalls auf 1° sicher. Zur [illegible] der Grösse der bei der Umwandlung gebundenen Wärme [illegible] specifische Wärme des Boracits zwischen 14° und verschiedenen [illegible] peraturen, theils über, theils unter 265°, gemessen. Diese [illegible] dem Berthelot'schen Calorimeter und ergab eine langsame [illegible] specifischen Wärme bis 252°, ein sehr rasches Wachsthum [illegible] 252° und 277°, endlich w[illegible] Die mittlere specifische W[illegible] [illegible] = 0,246, diejen[illegible]

[illegible]

Spannungsdifferenz durch eine Holtz'sche Maschine mit sechs Leydener Flaschen hervorgerufen, so schwankten die Dehnungen zwischen 0,00050 und 0,00061 mm.

Ref.: J. Beckenkamp.

26. C. Friedel und J. Curie (in Paris): **Ueber die Pyroëlektricität des Quarzes, der Blende, des chlorsauren Natrons und des Boracits** (Sur la pyroélectricité du quartz. Cptes. rend. 1883, **96**, 1262—1269; 1389—1395. Bull. de la Soc. min. de France 1882, **5**, 282—296. Sur la pyroélectricité dans la blende, le chlorate de sodium et la boracite. Cptes. rend. 1883, **97**, 61—66. Bull. Soc. min. 1883, **6**, 191). Jede bestimmte Kante eines Quarzkrystalles zeigte beim Erwärmen an allen Stellen die gleiche elektrische Spannung; die von Hankel gefundenen »schiefen Zonen«*) konnten die Verf. demnach nicht bestätigen; ferner beobachteten dieselben, dass durch Bestrahlung und durch directe Wärmeleitung im Krystalle die gleiche elektrische Vertheilung hervorgebracht wurde, und nehmen an, dass in beiden Fällen die auftretende Elektricität nur eine Folge ungleichmässiger Erwärmung resp. Abkühlung und damit verbundener ungleichmässiger Dilatation resp. Compression sei; die Erscheinung sei also nur eine piezoëlektrische. An einem in freier Luft sich abkühlenden Krystalle, der nur an zwei Punkten gehalten wurde, beobachteten die Verf. nur ganz unregelmässig vertheilte Spuren von Elektricität**). Während Röntgen die Ursache der Pyroëlektricität in Spannungsänderungen findet, halten die Verf. die Aenderungen der Molekülabstände für die Ursache derselben. Endlich erklären sich die Verf. gegen die Hankel'sche Bezeichnung »Thermoëlektricität«, welche letztere Bezeichnung für die beim Erwärmen einer Contactstelle zweier verschiedener Körper auftretende Elektricität beibehalten werden müsse.

Bei den geneigtflächig hemiëdrischen Krystallen sind nach den Verf. die grossen Diagonalen des Würfels hemimorphe Axen. Sie erwärmten eine Zinkblendeplatte durch eine aufgelegte erhitzte Halbkugel; war letztere bedeutend grösser als erstere, also die Erwärmung der Platte gleichmässig, so beobachteten sie keine Elektricität; war aber die Halbkugel bedeutend kleiner als die Zinkblendeplatte, so beobachteten die Verf. sehr deutlich auf beiden Seiten der Platte die entgegengesetzten Elektricitäten. Diese Versuche am chlorsauren Natron wiederholt ergaben dasselbe Resultat.

Nach Mallard ist der Boracit bei gewöhnlicher Temperatur rhombisch, aber von 265° ab regulär (s. S. 401). Ein Boracitkrystall wurde in heissem Oel auf 300° erhitzt und dann langsam abgekühlt; dabei zeigte sich keine Elektricität***). Als aber die Temperatur auf 265° gesunken war, zeigte sich plötzlich eine starke Electricitätsentwicklung, welche bei weiterem Abkühlen nach einigen Schwankungen wieder verschwand. Die Verf. erklären diese Erscheinung durch Dichtigkeitsänderungen beim Uebergange aus dem regulären in den rhombischen Zustand.

Ref.: J. Beckenkamp.

27. W. Hankel (in Leipzig): **Neue Beobachtungen über die Thermo- und Actinoëlektricität des Bergkrystalls, als eine Erwiderung auf einen Aufsatz**

*) Vergl. diese Zeitschr. **6**, 603 und **9**, 5. Der Ref.

) Vergl. die Versuche Kolenko's diese Zeitschr. **9, 22 und die Erklärung der Pyroelektricität Röntgen's Auszug 33. Der Ref.

***) Vergl. diese Zeitschr. **8**, 305 und 516. Der Ref.

der **Herren C. Friedel und J. Curie** (Annalen der Phys. und Chem. 1883, 19, 818—844).*) Ein Krystall wurde bis auf eine freiliegende Kante zuerst in Kupferfeilicht gelegt; beim Abkühlen war die Temperatur des letzteren etwas niedriger als die des Krystalls; darauf wurde statt des Kupferfeilichts Sand genommen, dessen Temperatur beim Abkühlen etwas höher blieb als die des Krystalls. Da in beiden Fällen an der Kante dieselbe Elektricität auftrat, so schliesst der Verf., dass die beim Abkühlen entstehende Elektricität nicht eine Folge ungleichmässiger Spannungen sein könne**).

Ein vermittelst Gummi arabicum auf einen Kork aufgeklebter Krystall wurde auf 190° erwärmt, und die elektrischen Spannungen während der Abkühlung beobachtet. Während die Herren Friedel und Curie bei einem ähnlichen Versuche keine elektrischen Spannungen beobachteten, fand der Verf. solche, welche die eines Daniell'schen Elementes übertrafen. Es können jedoch zwei neben einander liegende entgegengesetzte Pole sich in ihrer Wirkung auf den genäherten Draht des Elektrometers gegenseitig schwächen, und um dieses zu verhindern, hatte der Verf. den Krystall bis auf die zu untersuchende Kante in Kupferfeilicht getaucht***).

Zum Beweise für die Verschiedenheit der Actino- und Thermo- (Pyro-) Elektricität verweist der Verf. nochmals auf seine früher†) erwähnten Beobachtungen, dass sowohl bei der Erwärmung als auch bei der Abkühlung die Actinoelektricität der Thermo- (Pyro-) Elektricität entgegengesetzt sei. Ferner gebraucht, wie dort erwähnt, die Zunahme der Elektricität beim Bestrahlen bis zum erreichten Maximum genau dieselbe Zeit, wie beim Aufhören der Bestrahlung die Abnahme der Elektricität bis zum völligen Verschwinden. Die Erwärmung und Abkühlung des Krystalls können bei diesem Vorgange im Allgemeinen jedoch nicht in derselben Zeit erfolgen. Da dieselben Elektricitäten an den Kanten des Krystalls auftreten sowohl, wenn die Wärmestrahlen parallel der Hauptaxe, als auch, wenn sie parallel einer Nebenaxe auffallen, so schliesst der Verf., dass auch die actinoëlektrischen Spannungen nicht durch ungleiche Erwärmung entstehen können.

Ausserdem wurde die Actinoëlektricität vom Verfasser nur am Quarz beobachtet; Thermo- (Pyro-) Elektricität dagegen auch bei folgenden Substanzen:

1) reguläres System: Flussspath.

2) tetragonales System: Idokras, Apophyllit und Mellit.

3) hexagonales System: Kalkspath, Beryll, Brucit, Apatit, Pyromorphit, Mimetesit, Phenakit, Pennin und Dioptas.

4) rhombisches System: Topas, Schwerspath, Cölestin, Aragonit, Strontianit, Witherit, Cerussit, Prehnit und Natrolith.

5) monosymmetrisches System: Gyps, Diopsid, Orthoklas, Scolezit, Datolith, Euklas und Titanit.

6) asymmetrisches System: Albit, Periklin und Axinit.

Da dieselben Krystalle jedoch keine Piezoëlektricität zeigen, so können die beobachteten thermo- (pyro-) elektrischen Spannungen nach der Ansicht des Verf. auch nicht auf Druckveränderungen beruhen.

---

*) Vergl. diese Zeitschr. 6, 601. Der Ref.

**) Vergl. die Erklärung von Röntgen (Nr. 33). Der Ref.

***) Durch die nach der Kundt'schen Methode (diese Zeitschr. 8, 530) ausgeführten Beobachtungen Kolenko's ist diese Frage wohl erledigt (vergl. diese Zeitschr. 9, 1). Der Ref.

†) Diese Zeitschr. 6, 604. Der Ref.

Die beim Struvit und dem sauren weinsauren Kali entstehenden thermo- (pyro-) elektrischen Pole sind gerade die entgegengesetzten, als sie nach der Curie'schen Regel aus den piezoëlektrischen Polen abzuleiten waren.

Bei den »hemimorphen« Krystallen [der Quarz ist bekanntlich nach Hankel hemimorph in Bezug auf die Nebenaxen. Der Ref.] verhalten sich die Bruchstücke genau so wie die unverletzten Krystalle. Die holomorphen*) Krystalle hingegen zeigen an beiden Enden der Axen die gleiche thermo- (pyro-) elektrische Spannung, und wird z. B. eine Topassäule in der Mitte zerbrochen, so zeigen auch nachher die beiden natürlichen Endflächen dieselbe Pyroelektricität wie vor dem Zerbrechen, während die beiden Bruchflächen die entgegengesetzte Elektricität besitzen.

Ref.: J. Beckenkamp.

28. W. G. Hankel (in Leipzig): **Elektrische Untersuchungen. 16. Abhandl.: Ueber die thermoëlektrischen Eigenschaften des Helvins, Mellits, Pyromorphits, Mimetesits, Phenakits, Pennins, Dioptases, Strontianits, Witherits, Cerussits, Euklases und Titanits****) (Abhandl. der math.-phys. Klasse der k. sächs. Ges. der Wiss. 1882, 12, 551—595). Die im Folgenden angegebenen elektrischen Spannungen beziehen sich auf den Zustand des Erkaltens.

Helvin (Schwarzenberg in Sachsen): Der Krystall zeigt grosse glänzende und kleine matte Tetraëder. Die elektrischen Spannungen waren nur gering; positiv auf den Mitten der grossen, negativ auf den kleinen Tetraëderflächen und auf den mit den ersteren gebildeten Kanten. Auf einer schlecht ausgebildeten grossen Tetraëderfläche, auf welcher der Krystall aufgewachsen war, zeigte sich keine Elektricität (beim Boracit zeigen die kleinen glänzenden die positive, die grossen matten Tetraëderflächen die negative Elektricität).

Mellit: Beide Enden der Hauptaxe und ihre Umgebung positiv; die Randkanten und ihre Umgebung negativ elektrisch (also dieselbe Vertheilung wie beim Calcit von Schneeberg, Beryll, Apophyllit, Idokras und Apatit).

Pyromorphit (Zschoppau): Beide Endflächen ($0P$) positiv, die prismatischen Seitenflächen negativ elektrisch.

Mimetesit (Johann-Georgenstadt): Die Endflächen ($0P$) positiv, die Pyramiden- und Prismenflächen negativ elektrisch. »Anwachsungs-, Bruch- und Durchgangsflächen zeigen bei bestimmten Lagen gerade die entgegengesetzte Elektricität, als solche bei normaler, vollkommener Ausbildung an den betreffenden Stellen entstehen würden.«

Phenakit (Framont, Katharinenburg und Ilmengebirge): Beide Enden der Hauptaxe und die sie umgebenden Pyramidenflächen positiv, die prismatischen Seitenflächen negativ elektrisch.

Pennin (Zermatt): Stärke der elektrischen Spannung bei verschiedenen Individuen sehr verschieden. Die Enden der Hauptaxe negativ, die Seitenflächen positiv elektrisch; ist jedoch das eine Ende durch eine Spaltfläche gebildet, so kann diese positiv oder negativ werden, je nachdem sie näher oder weiter von dem (fehlenden) natürlichen Ende liegt.

Dioptas: Beide Enden der Hauptaxe negativ, die Seitenflächen ($\infty P2$,

*) Hankel nennt dieselben auch den Albit, Periklin und Axinit »symmetrische«. Der Ref.

**) Vergl. diese Zeitschr. 6, 601.

positiv elektrisch: in ihrer Bildung gehemmte Seitenflächen dagegen negativ, abgebrochene Enden positiv elektrisch.

Strontianit (Dernsteinfurt): $\infty\breve{P}\infty$ negativ, ∞P positiv elektrisch, d. h. die Enden der Brachydiagonale und der Verticalaxe positiv, die der Makrodiagonale negativ elektrisch (wie bei Aragonit).

Witherit (Northumberland): Die Enden der durch Zwillingsbildung scheinbar hexagonalen Pyramiden positiv, die Mittelkanten negativ elektrisch: »diese elektrische Vertheilung würde mit der früheren Auffassung der Witheritkrystalle als eine Combination von P und $2\breve{P}\infty$ völlig unvereinbar sein. Eine solche Bildung würde allerdings die positive Elektricität an den Enden der verticalen Axe bestehen lassen, dagegen an den Enden der Brachydiagonale positive Elektricität erfordern.«

Cerussit: Nur auf Krystallen von Wolfach (Baden) gelang es, elektrische Spannungen wahrzunehmen. Form der Krystalle und elektrische Vertheilung wie beim Witherit.

Euklas (Brasilien): Die Enden der verticalen Axe und der Klinodiagonale positiv, die der Orthodiagonale negativ (ebenso wie beim Gyps). Da vielfach das untere Ende abgebrochen, so zeigt dieses zuweilen negative Elektricität.

Titanit: Das elektrische Verhalten bei Temperaturen unter 100° C. lässt sich bei einfachen, ringsum ausgebildeten Krystallen im Allgemeinen folgendermassen aussprechen: Beim Erkalten sind die Enden der verticalen Axe und der Orthodiagonale positiv, die der Klinodiagonale negativ elektrisch (wie beim Orthoklas). Die Zwillingskrystalle zeigen (wie beim Aragonit, Kalkspath, Gyps, Orthoklas und Periklin) im Allgemeinen dieselbe Polarität, wie sie auf einfachen Individuen erscheint. Störungen scheinen dann hauptsächlich einzutreten, wenn die beiden Individuen ungleiche Grösse und Ausbildung besitzen.

Die vom Verf. schon im Jahre 1840 mitgetheilte Umkehrung der elektrischen Polarität des Titanits wurde nochmals eingehender untersucht. Die Krystalle wurden rings in Eisenfeilicht eingesetzt, so dass nur die zu prüfende Stelle freiblieb, in einem rings geschlossenen Raume auf 210° erhitzt und sofort nach dem Herausnehmen beobachtet. Dabei traten auf den Kanten zwischen $0P$ und $\frac{1}{2}P\infty$ sogleich die auch bei niederen Temperaturen hier auftretende positive, auf den Flächen $P\infty$ die auch bei niederen Temperaturen hier auftretende negative Elektricität auf. Dagegen entstand an den beiden an den Enden der Orthodiagonale von den Flächen $4P4$ gebildeten Kanten zuerst negative Spannung, welche aber bei etwa 112° in die positive überging. Die entsprechende Umkehrung wurde auch beim Erwärmen des Krystalls beobachtet.

Ref.: J. Beckenkamp.

29. W. C. Röntgen (in Giessen): **Ueber die durch elektrische Kräfte erzeugte Aenderung der Doppelbrechung des Quarzes** (Ber. der oberhess. Ges. für Natur- und Heilk. 1882, 22, 49—64).*) Eine zur Hauptaxe senkrecht geschnittene Quarzplatte denke man durch die drei horizontalen Zwischenaxen in sechs Felder zerlegt. Durch einen Druck, welcher irgendwie zwischen zwei gegenüber liegenden Feldern auf den Krystall ausgeübt wird, wird die eine Druckstelle positiv, die andere negativ elektrisch. Beim Wechseln der Druckrichtung von einem Felde zu einem benachbarten findet ein Wechsel des Zeichens der Elektricität statt; fällt die Druckrichtung mit einer Zwischenaxe zusammen,

*) Vergl. diese Zeitschr. 6, 291 und 601.

so ist keine elektrische Wirkung wahrnehmbar (»Axen fehlender Piezoëlektricität«). Die drei Nebenaxen zeigen das Maximum der Piezoëlektricität.

Ein aus einem Quarzkrystall geschnittenes rectanguläres Parallelepipedon von 2 cm Länge und 1,2 cm Dicke, dessen Längsrichtung mit einer Nebenaxe und dessen eine kürzere Kante mit der krystallographischen Hauptaxe zusammenfiel, wurde in der Längsrichtung beiderseits bis auf einen mittleren Abstand von 2 mm durchbohrt und zur Unterscheidung das eine Ende mit einer Marke versehen. In die beiden Bohrlöcher wurden abgerundete Messingdrähte gesteckt, welche beide mit je einer der Elektroden einer Holtz'schen Maschine verbunden waren. Wurde nun ein Lichtstrahl senkrecht zur Längsaxe des Parallelepipedons (Nebenaxe des Krystalls) und senkrecht zur Hauptaxe durch die undurchbohrte Mitte geschickt, so nahm die Doppelbrechung des Quarzes zu, wenn das bezeichnete Ende der Nebenaxe positiv, das nicht bezeichnete Ende also negativ gemacht wurde; dieselbe nahm ab, wenn die elektrische Vertheilung die entgegengesetzte war.

Es wurden nun die beiden Enden des Quarzstückes mit Stanniolblättchen belegt und zwischen zwei Hartgummiplättchen vermittelst einer Schraube gedrückt. Das eine Stanniolblättchen stand mit einem Elektroskop, das andere mit der Erde in Verbindung. Bei Zunahme des Druckes wurde das bezeichnete Ende negativ elektrisch, bei Abnahme des Druckes positiv; das nicht bezeichnete Ende verhielt sich umgekehrt.

D. h. die Doppelbrechung des Quarzes nahm zu, wenn demjenigen Ende einer Nebenaxe positive Elektricität zugeführt wurde, welches durch Druckzunahme in dieser Richtung negativ elektrisch wurde, und zugleich dem anderen Ende negative Elektricität zugeführt wurde; die Doppelbrechung nahm ab, wenn die Vertheilung der mitgetheilten Elektricitäten die entgegengesetzte war.

Ein zweites Quarzparallelepipedon wurde so geschliffen, dass die Längsaxe desselben mit einer Zwischenaxe zusammenfiel; bei den analogen Versuchen bewirkte weder ein Druck in dieser Richtung elektrische Erscheinungen, noch trat eine Aenderung der Doppelbrechung ein, wenn diese Längsaxe zur Kraftrichtung der Elektricität gemacht wurde.

Endlich wurde auch die Hauptaxe zur elektrischen Kraftrichtung gemacht und bei senkrecht zu dieser den Krystall durchsetzenden Lichtstrahlen keine merkliche Aenderung der Doppelbrechung beobachtet.

Ref.: J. Beckenkamp.

30. A. Kundt (in Strassburg): **Ueber das optische Verhalten des Quarzes im elektrischen Felde** (Ann. der Phys. und Chem. 1883, 18, 228—233). Der Verf. stellte seine bereits 1882 begonnenen Versuche mit einer 30 mm langen Quarzsäule von quadratischem Querschnitt an, deren Längsaxe mit der Hauptaxe zusammenfiel. Bezeichnet man die vier Ecken des quadratischen Querschnitts rechts und links oben, links und rechts unten resp. *a*, *b*, *c*, *d* und presst den Krystall in der Richtung *ac*, so wird *a* negativ, *c* positiv; presst man *bd*, so wird *b* negativ, *d* positiv; drückt man endlich die Mitten der Seiten *ab* und *cd*, so wird die erstere positiv, die letztere negativ.

1) Wurden *ab* und *cd* mit Metallbelegungen versehen und vermittelst einer Holtz'schen Maschine *ab* positiv und *cd* negativ elektrisch gemacht, so nahmen die im convergenten Lichte sonst kreisförmigen Ringe elliptische Gestalt an mit der Längsrichtung parallel *ab*;

2) wurde *cd* positiv und *ab* negativ elektrisch gemacht, so war die Längsrichtung parallel *ad*.

3) wurde *bc* positiv und *ad* negativ elektrisirt, so war die Längsrichtung parallel *db*;

4) wurde *ad* positiv und *cb* negativ elektrisirt, so war die Längsrichtung parallel *ca*.

Der Verf. erklärt diese Erscheinungen durch bei der Elektrisirung auftretende Compressionen und Dilatationen des Krystalls.

Ref.: J. Beckenkamp.

31. W. C. Röntgen (in Giessen): **Ueber die durch elektrische Kräfte erzeugte Aenderung der Doppelbrechung des Quarzes. 2. Abhandlung** (Ber. der oberhess. Ges. für Natur- und Heilk. 1883, 22, 98—116). Der Verf. constatirt zunächst an einer kreisrunden, zur optischen Axe genau senkrecht geschliffenen Quarzplatte, dass der Winkel zwischen den drei Axen fehlender Piezoëlektricität genau 120° beträgt.

An einer Quarzkugel von 3 cm Durchmesser wurden piezoëlektrische Versuche in der Weise angestellt, dass, wenn dieselbe an zwei diametral gegenüberliegenden Stellen gedrückt wurde, das Elektroskop entweder mit einer der gedrückten Stellen in Verbindung war, während die andere mit der Erde verbunden war, oder aber in der Weise, dass das Elektroskop durch einen beweglichen Stift bei unveränderter Druckrichtung mit allen beliebigen Stellen der Kugel verbunden werden konnte.

Versuche nach der ersteren Methode ergaben: Drei einander unter 60° in der Hauptaxe schneidende Ebenen zeigen keine Piezoëlektricität; von den dazwischen liegenden Feldern werden durch Druck die drei abwechselnden positiv, die drei anderen negativ elektrisch. Die Richtungen grösster Piezoëlektricität stehen senkrecht zur Hauptaxe und halbiren die Winkel der Ebenen fehlender Piezoëlektricität.

Nach der zweiten Methode fand der Verf.: Befindet sich die Druckrichtung in einer Ebene fehlender Piezoëlektricität, so wird in der Schnittlinie dieser Ebene mit der Kugel keine Elektricität wahrgenommen; aber auf der einen Seite von dieser Ebene zeigt die Kugel überall positive, auf der anderen überall negative Elektricität.

War die Druckrichtung parallel einer Axe maximaler Piezoëlektricität, so wurde die Kugel an allen Stellen der einen Hälfte positiv und an allen Stellen der anderen Hälfte negativ elektrisch; beide Hälften wurden getrennt durch die zur Druckrichtung senkrecht stehende Ebene fehlender Piezoëlektricität.

Nähert man die Druckrichtung (zur Hauptaxe senkrecht bleibend) von der Axe maximaler zur Axe fehlender Piezoëlektricität, so nähert sich die Halbirungsebene in entgegengesetztem Drehungssinne der die letztere Axe enthaltenden Ebene fehlender Piezoëlektricität.

Fällt die Druckrichtung mit der Hauptaxe zusammen, so bleiben die Druckstellen unelektrisch, und die sechs Felder zeigen abwechselnd positive und negative schwache Elektricitäten.

Während bei den elektro-optischen Versuchen der ersten Abhandlung die Lichtstrahlen senkrecht zur Hauptaxe durch die Platte gingen, wurden nun dieselben parallel zu ihr hindurchgelassen. Dabei bewirkten sowohl die elektrischen Kräfte, welche parallel einer Nebenaxe, als auch solche, welche parallel einer

Zwischenaxe wirkten, bei parallelem und bei convergentem Lichte eine Aenderung der Doppelbrechung. Bei convergentem Lichte gingen die Kreiscurven in Ellipsen über, deren Axen gegen die Kraftrichtung unter 45° geneigt waren. Der Verf. erklärt diese Erscheinung durch folgende piezoëlektrische Beobachtung: »Ein Druck, welcher unter 45° gegen eine Axe fehlender Piezoëlektricität und senkrecht zur Hauptaxe auf den Quarz ausgeübt wird, erzeugt an den Enden jener Axe Piezoëlektricität und zwar eine Menge, die grösser ist, als jede an anderen Stellen entstehende. Theilt man somit jenen Enden dieselbe Elektricität mit, welche durch Druck in der angegebenen Richtung entstehen würde, so muss in dieser Richtung eine Dilatation des Quarzes stattfinden.« Das Umgekehrte gilt für die Entstehung einer Compression.

Ein Quarzcylinder, dessen Axe mit der krystallographischen Hauptaxe zusammenfiel, wurde ringsum mit Quecksilber umgeben; in einer axial angebrachten Durchbohrung desselben befand sich die eine Elektrode einer Holtz'schen Maschine, während die andere mit dem Quecksilber in Verbindung stand. Dieses Präparat wurde im convergenten Lichte eines Polarisationsmikroskopes untersucht; die Ringe änderten sich an den sechs Stellen, an welchen sie von den durch den Mittelpunkt der Endflächen gehenden Axen fehlender Piezoëlektricität durchschnitten wurden, nicht. In den dazwischen liegenden Feldern dagegen zeigte sich abwechselnd eine Verschiebung der Ringe nach dem Centrum hin oder von demselben weg, und zwar so, dass die Grösse der Verschiebung von den unveränderten Stellen bis zur Halbirungslinie der erwähnten Axen zu- und dann wieder bis zur anderen Axe abnahm.

Ref.: J. Beckenkamp.

32. Derselbe: Bemerkungen zu der Abhandlung des Herrn A. Kundt: »Ueber das optische Verhalten des Quarzes im elektrischen Felde« (Ann. der Physik und Chemie 1883, 19, 319—322). Der Verf. formulirt seine elektrooptischen Beobachtungen zu einer zusammenfassenden Regel, aus der folgende Sätze entnommen sind: »Elektrostatische Kräfte, welche in der Richtung der Hauptaxe wirken, verändern die optische Elasticität in keiner Richtung merklich.«

Wirken die Kräfte senkrecht zur Hauptaxe, und zwar 1) »in der Richtung maximaler Piezoëlektricität, so liegen die beiden Richtungen der grössten elastischen Veränderungen« (die der Dilatation und die der Compression) »parallel resp. senkrecht zu dieser Axe«. Wirken die Kräfte 2) in der Richtung einer Axe fehlender Piezoëlektricität, »so schliessen jene Richtungen Winkel von 45° mit den Kraftlinien ein«.

In den beiden Fällen bleibt die Elasticität in der Richtung der Hauptaxe unverändert.

Ref.: J. Beckenkamp.

33. Derselbe: Ueber die thermo-, actino- und piezoëlektrischen Eigenschaften des Quarzes (Ber. der oberhess. Ges. für Natur- und Heilkunde 1883, 22, 513—518). Der Verf. ist der Ansicht, dass die durch Wärmeleitung, Wärmestrahlung oder Druckänderung hervorgebrachten Elektricitätsentwickelung auf eine gemeinsame Ursache, namentlich auf eine Aenderung der im Krystall in irgend einer Weise erzeugten Spannungen zurückzuführen sei. So muss bei der Abkühlung einer Quarzkugel die Oberfläche auf den inneren Theil einen allseitigen Druck ausüben. Der Verf. fand bei gleichmässigem und auch bei localem Abkühlen einer erwärmten Quarzkugel dieselben Elektricitäten auftreten wie bei der Druckzunahme, beim Erwärmen dieselben wie bei der Druckabnahme.

Auf eine senkrecht zur Axe geschliffene Quarzplatte wurde ein Stanniolring gelegt und dieser in der Richtung der Axen fehlender Piezoëlektricität durch sechs Schnitte in sechs Stücke getheilt. Wurde nun die Platte in der Mitte des Ringes auf irgend eine Weise, durch directe Leitung oder Strahlung, erwärmt, so zeigten die Ringstücke jedesmal dieselben Elektricitäten, welche die entsprechenden Nebenaxenenden erhalten haben würden, wenn in ihrer Richtung eine Druckzunahme stattgefunden hätte. Wurde der ausserhalb des Ringes liegende Theil der Platte erwärmt, so traten genau die entgegengesetzten Elektricitäten auf.

Ref.: J. Beckenkamp.

34. Hurion: Veränderung der physikalischen Beschaffenheit des Wismuths im magnetischen Felde (Variations des propriétés physiques du bismuth placé dans un champ magnétique. Cptes. rend. 1884, 98, 1257—1259). Die beiden auf je einem der Pole eines (hufeisenförmigen) Elektromagneten aufgelegten Eisenstücke sind in der Kraftrichtung der beiden Pole so durchbohrt, dass die eine Durchbohrung genau in die Richtung der anderen fällt. Zwischen beiden befindet sich ein von Glasplättchen eingeschlossenes Wismuthplättchen. Ausserhalb steht vor der einen Durchbohrung, unter 45° gegen die Verlängerung der Kraftrichtung geneigt, eine planparallele Glasplatte. Durch diese fällt das aus einem Polarisator austretende Licht durch die Durchbohrung und das vordere Deckglas auf die Wismuthfläche; von hier reflectirt gelangt es auf demselben Wege bis zur schief stehenden Glasplatte zurück und wird nun zum Theil seitlich reflectirt. Dieser letztere Theil wird durch einen Analysator beobachtet. Es zeigt sich, dass bei jedem Commutiren der Stromesrichtung die Schwingungsebene des reflectirten Strahles sich um 30′ im Sinne des positiven Stromes (nach dem Wechsel) der Spirale dreht. Stellt man den Analysator so, dass er die durch die Oeffnung der Armirung des zweiten Poles austretenden Strahlen auffängt, und lässt den Lichtstrahl nicht an der Wismuthfläche reflectiren, sondern, nachdem er das vordere Deckglas passirt, direct durch die zweite Durchbohrung auf den Analysator fallen, so zeigt sich beim Commutiren eine Drehung von 24′ im Sinne des positiven Stromes. Da beim ersten Versuch der Strahl zwei Mal durch dasselbe Deckglas hindurch musste, so erhielt er durch dieses eine Drehung von 48′; da im ersten Versuche nur eine solche von 30′ beobachtet wurde, so erlitt der Strahl bei der Reflexion an der Wismuthfläche eine Drehung von 18′ im entgegengesetzten Sinne des positiven Stromes. Wurde statt des Wismuthplättchens ein Stahlplättchen genommen, so ergab sich unter sonst gleichen Umständen eine Drehung von 22′ ebenfalls im entgegengesetzten Sinne des positiven Stromes.

Letztere Drehung wurde schon früher von Herrn Kerr (Philosophical Magazine 1877) beobachtet.

[Die Drehung der Polarisationsebene innerhalb durchsichtiger Körper durch magnetisirende Kräfte im Sinne des positiven Stromes wurde bekanntlich von Faraday entdeckt. Derselbe vermuthete deshalb und fand durch Beobachtung bestätigt, dass ein elektrischer Strom (auch ohne Eisenkern), in Form einer Spirale um durchsichtige Körper herumgeleitet, eine Drehung der Polarisationsebene bewirken müsse. Wiedemann (Poggend. Ann. 82) fand, dass diese Drehung der Intensität des Stromes proportional ist und mit der Brechbarkeit der Strahlen zunimmt. Bringt man Körper, welche schon von Natur ein Drehungsvermögen besitzen, in die Höhlung der Spirale, so addiren oder subtrahiren sich die beiden Drehungen, je nachdem sie gleich oder entgegengesetzt gerichtet sind. Geht durch eine an sich circularpolarisirende Substanz ein Lichtstrahl denselben Weg hin und wieder zurück, so ist der Drehungssinn beidemal entgegengesetzt, beide Drehungen heben sich also auf; bei der Drehung durch die elektrische Spirale dagegen verdoppelt sich in diesem Falle die Drehung. Der Ref.)

Ref.: J. Beckenkamp.

25. G. Seligmann (in Coblenz): Mineralogische Beobachtungen (mitgetheilt gelegentlich der Herbstversammlungen des naturhist. Vereins für Rheinland und Westfalen 1882, Corr.-Bl. 106—110. 1883. Corr.-Bl. 100—108).

1) Vitriolbleierz von der Grube Friedrich bei Wissen an der Sieg, in Drusen von Brauneisenstein, in schönen bis 3 cm grossen Krystallen, oft wasserhell und flächenreich, aber ohne besonderes krystallographisches Interesse. Der Verf. bestimmte ein die Basis vertretendes vicinales Makrodoma $(1.0.96)\frac{1}{96}\bar{P}\infty$: $(001):(1.0.96)$ = ziemlich genau 1°.

2) Mineralien aus der Schweiz.

Kleine schwarze Kryställchen von Rutil im Dolomit des Binnenthals; selten.

Magneteisen-Oktaëder in regelmässiger Verwachsung mit Pseudomorphosen von Rutil nach Eisenglanz von der Alp Lercheltiny, derart, dass die Krystalle des Magneteisens der Eisenglanzbasis mit einer Oktaëderfläche aufliegen, und die Kanten dieser parallel drei Kanten $(0001)0R:(22\bar{4}3)\frac{4}{3}P2$ des Eisenglanzes laufen; die Magneteisen-Oktaëder oberhalb und unterhalb der Gruppe sind daher in Zwillingsstellung.

Binnenthaler Anatas auch von anderen Fundorten als von der klassischen Lercheltiny, so von der Wyssi-Turben-Alp und (unsicher) auch vom Ofenhorn.

Von der Turben-Alp auch Xenotim auf Turmalin, höchstens $\frac{1}{2}$ mm gross, von der Form $(110)\infty P.(111)P.(311)3P3.(331)3P$.

Xenotim ferner vom Cavradi; neben Eisenglanz, Quarz und Albit ein blassgelbes Kryställchen, 2 mm gross: $(110)\infty P.(111)P.(001)0P$.

Die genaue Fundstelle des Turnerit von Olivone (vergl. diese Zeitschr. 6, 231) ist ein 20—30 cm mächtiger Quarzgang, der die krystallinischen Schiefer dicht bei Mti. Camperio an der Lukmanierstrasse durchsetzt, $2\frac{1}{2}$ Kilometer östlich von Olivone.

Brookit vom Tscharren, einem 2471 m hohen Bergrücken, von welchem sich das Griesernthal herabzieht. Zusammen mit Quarz, Calcit, Pyrit und Anatas. Die Brookitkrystalle zeigen zuweilen verschiedene Ausbildung der Enden, so neben $(100)\infty\bar{P}\infty$ und $(110)\infty P$ einerseits nur $(001)0P$, andererseits $(122)\breve{P}2$ und $(021)2\breve{P}\infty$.

Milarit vom Strimgletscher im Tavetsch, ein 7 mm dicker, 22 mm langer Krystall, graugrün und undurchsichtig.

Quarze von Mti. Camperio bei Olivone zeigten eigenthümliche Einschlüsse, lange Prismen einer Nakrit-ähnlichen Substanz von anscheinend rhombischem Querschnitt.

Die Fundstelle des Schweizer Danburit ist nicht am eigentlichen Scopi, sondern in einer Felswand am Piz Walatscha. Die Danburitdruse speciell liegt in einem der den schalig abgesonderten Gneiss durchziehenden Quarzbänder. Der ganze zwischen schönen Rauchquarzen freigebliebene Raum war erfüllt mit einer aus Danburit und Chlorit gemengten Masse; minimale Danburite fanden sich auch auf Rauchquarzen aufgewachsen.

Von Zermatt ungewöhnlich schöne, grüne Vesuviankrystalle: $(110)\infty P$, $(100)\infty P\infty$, $(210)\infty P2$, $(331)3P$, $(311)3P3$, $(111)P$, $(001)0P$.

Vom Gorpibache (zwischen Viesch und Lax in die Rhone fallend) Eisenglanzkrystalle $(0001)0R$, $(11\bar{2}0)\infty P2$, $(10\bar{1}0)\infty R$, $(22\bar{4}3)\frac{4}{3}P2$, $(10\bar{1}1)R$ (mit Quarz, Adular und corrodirtem Calcit); ausgezeichnete Zwillinge nach $(10\bar{1}1)R$.

Ein 8 mm dicker, 3 cm langer Phenakitkrystall, in Begleitung von Eisenrosen bei Reckingen im Wallis gefunden, zeigt

$g = (10\bar{1}0)\infty R$ $\quad p = (11\bar{2}3)\frac{2}{3}P2$

$a = (11\bar{2}0)\infty P2$ $\quad s = (21\bar{3}1)R3$

$r = (10\bar{1}1)R$ $\quad x = (12\bar{3}2)-\frac{1}{2}R3$

Durch vicinale Skalenoëder ist $(01\bar{1}2)-\frac{1}{2}R$ vertreten. Lichtgelblich und vollkommen durchsichtig. Optische Einaxigkeit und positive Doppelbrechung konnten an einem Präparat beobachtet werden. Spec. Gewicht (nach einer Bestimmung des Herrn von Lasaulx) = 2,9188. Wahrscheinlich stammen von Reckingen auch die in Genf aufbewahrten, früher für Turmalin gehaltenen Krystalle*), sowie die von Herrn Websky beschriebene**) Krystallgruppe.

Ref.: C. Hintze.

86. A. von Lasaulx (in Bonn): **Ueber die krystallographische Bestimmung der Krystalle von oxalsaurem Kalk aus Iris florentina** (Sitzungsber. der niederrhein. Ges. für Natur- und Heilk., Bonn 1883, S. 4—6, Sitzung vom 15. Jan. 1883). Unter dem Mikroskop zeigten sich (gypsähnliche) monosymmetrische Formen, die sich als $(010)\infty R\infty$, $(110)\infty P$, $(111)-P$ deuten lassen. Die Neigung der klinodiagonalen Polkante von $(111)-P$ zur Verticale wurde annähernd = 36° bestimmt (entsprechender Winkel beim Whewellit = 36° 47'). Eine Auslöschungsrichtung bildet in der Symmetrieebene im Sinne eines steilen positiven Hemidomas mit der Verticale 6° 30'. Auch Zwillinge nach dem Orthopinakoid; der ausspringende Winkel am Ende 72—73°.

Ref.: C. Hintze.

87. Derselbe: Ueber Pyrit aus dem Kulmsandstein von Gommern und Plötzky bei Magdeburg (Ebenda, S. 75—77, Sitzung vom 5. März 1883). Die

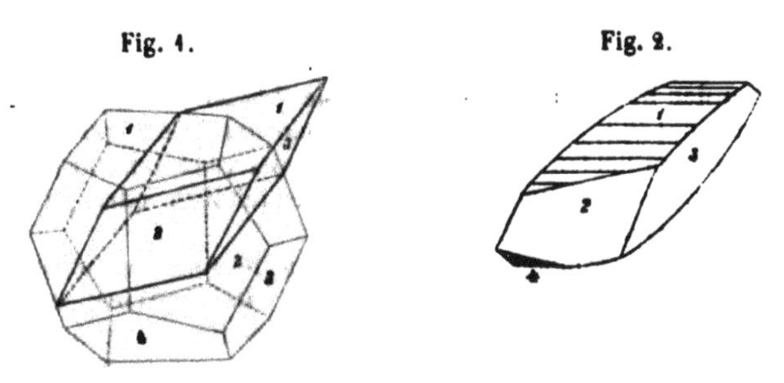
Fig. 1. Fig. 2.

Krystalle, frisch und glänzend, zeigen nur einfache Formen, Würfel und Pyritoëder, letzteres oft in eigenthümlicher Meroëdrie sechsflächig durch Verzerrung

*) Des Cloizeaux, Manuel 1, 544.

**) Berl. Akad. 17. Nov. 1881. Referirt in dieser Zeitschr. 7, 107.

nach einer rhomboëdrischen Zwischenaxe; die resultirende Gestalt ist theoretisch die eines Rhomboëders, vergl. Fig. 1, mit den Winkeln 113° 35′ und 66° 25′; die Streifung nach den Würfelkanten erleichtert die Aufstellung der Krystalle, vergl. Fig. 2, genaue Wiedergabe eines Krystalls.

Ref.: C. Hintze.

88. Derselbe: Ueber einen ausgezeichneten Krystall von sog. Pikranalcim vom Monte Catini in Toscana (Ebenda, S. 170—174, Sitzung vom 2. Juli 1883). Der Krystall zeigt herrschend das Ikositetraëder (211)2O2 mit untergeordnetem Hexaëder. Die in den trigonalen Ecken zusammenstossenden Kanten des Ikositetraëders sind flach gekerbt, und zwar nicht als blosse Wachsthumserscheinung; die Kerbung steht vielmehr in Uebereinstimmung mit der von Mallard*) und dem Verf.**) beschriebenen optischen Structur dieses Analcims. Bei der Annahme, dass drei tetragonale Individuen sich unter rechten Winkeln durchkreuzen, gehören je vier an den gegenüberliegenden Enden einer regulären Axe gelegene Ikositetraëderflächen einem Individuum an, als Flächen einer tetragonalen Pyramide (112)$\frac{1}{2}P$ in Bezug auf das Oktaëder als Grundform, oder als (101)$P\infty$ in Bezug auf das Dodekaëder als Grundform; in beiden Fällen entsprechen die Kerbflächen einer Pyramide $mP\frac{4}{3}$. Der Winkel der Kerbung wurde im Mittel zu 8° 44′ 45″ gemessen, die Neigung einer Fläche der Kerbung zu der ihr anliegenden Ikositetraëderfläche zu 12° 34′ 18″; das ergiebt für die Kerbungsflächen das Symbol (21.14.18)$\frac{7}{6}P\frac{3}{2}$. Die kürzeren Kanten des Ikositetraëders ergaben durchweg zu grosse Werthe, im Mittel 33° 40′ (statt 33° 33′), die längeren Kanten dagegen durchweg zu kleine Werthe, im Mittel 48° 4′ (statt 48° 11′). Dies würde mit der Auffassung der Form als einer tetragonalen stimmen. Der Verf. weist auf die Wahrscheinlichkeit eines Zusammenhanges hin zwischen der durch optisch differente Theile erzeugten Feldertheilung und der äusserlich in der Kerbung der kürzeren Kanten sich ausdrückenden Anomalie in der Form. »Die optische Symmetrie hat ein sich ihr Anpassen der Symmetrie der Form bewirkt«, ähnlich wie oft in Unregelmässigkeiten der Winkel an Zwillingen ein Anpassen an eine im Zwillingsgesetz bedingte Symmetrie zu erkennen ist.

Ref.: C. Hintze.

89. Derselbe: Die Mineralien eines neuen Glaukophangesteins von der Insel Groix an der Südwestküste der Bretagne (Ebenda, S. 263—274, Sitzung vom 3. December 1883). Das Glaukophangestein auf Groix tritt granatführend und granatfrei auf, in beiden Fällen wieder entweder reich oder arm an weissem Glimmer, und ist dann entweder glimmerschieferähnlich oder gleicht echten Amphiboliten, besonders Eklogiten.

Am besten zur krystallographisch-optischen Bestimmung eignet sich der Glaukophan aus dem Glaukophanglimmerschiefer. Die Krystalle, schwarz, blau kantendurchscheinend, bis 10 mm lang und 1 mm dick, zeigen vollkommene Spaltbarkeit nach dem Prisma von 55° 15′ (Glaukophan von Syra nach Luedecke 55° 10′, von Zermatt 55° 16′ nach Bodewig). Die sechsseitigen Quer-

*) Explic. d. phénomènes optiques anomaux, Annal. des mines 10, 1876. Referirt in dieser Zeitschr. 1, 314.

**) Neues Jahrb. für Min. etc. 1878, 510. Referirt in dieser Zeitschr. 5, 272.

schnitte entsprechen (110)∞P und (010)$\infty \breve{P}\infty$. Die Enden, wenn nicht abgebrochen, lassen in flacher Abrundung noch $p = (001)0P$ und $r = (\bar{1}11)P$ der Hornblende erkennen. Die optischen Axen liegen in der Symmetrieebene. Die negative erste Mittellinie bildet mit der Normalen zum Orthopinakoid einen Winkel von 4^0 nach unten (in einigen Schnitten wurde die Schiefe bis zu 6^0 beobachtet); Bodewig fand für den entsprechenden Winkel am Glaukophan von Zermatt $4^0\ 24'$ für Roth. Verschieden aber für beide Vorkommen ist die Grösse des Winkels der optischen Axen:

Groix für Roth $= 44^0$
Zermatt für Roth $= 84\ 42'$ (in Oel $54^0\ 3'$),

Pleochroismus des Glaukophans von Groix:

$\mathfrak{c}$ = tiefhimmelblau (Radde's Scala 19, g—h)
$\mathfrak{b}$ = violettblau (- - 22, k—m)
$\mathfrak{a}$ = farblos, Stich ins Blauröthliche.

Spec. Gewicht = 3,112. Vor dem Löthrohr leicht und ruhig zu olivengrünem Glase schmelzbar, nach dem Erkalten aschgrau.

Die Analyse sorgfältig ausgelesenen Materials (Alkalienbestimmung von Herrn Bettendorff) ergab:

SiO_2	57,13
Al_2O_3	12,68
(FeO) Fe_2O_3	8,01
MgO	11,12
CaO	3,34
Na_2O	7,39
K_2O	Spur
	99,67

also vollkommene Uebereinstimmung mit dem Glaukophan von Zermatt.

Reich an Interpositionen, besonders von Rutil, auch von Titaneisen, Epidot und grünen Chloritblättchen.

Turmalin in schwarzen Prismen, in Splittern braun durchscheinend. $(11\bar{2}0)$ $\infty P2$, $(10\bar{1}1)R$, $(02\bar{2}1)-2R$, untergeordnet und trigonal $(10\bar{1}0)\infty R$.

$11\bar{2}0 : 10\bar{1}1 = 66^0\ 29'$ (berechnet $66^0\ 34'$)
$11\bar{2}0 : 02\bar{2}1 = 51\ \ 35$ (- $51\ \ 30$)

Charakteristischer Dichroismus mit starker Absorption des ordinären Strahls:

$\mathfrak{c} = a$ zinnobergrau (Radde's Scala 32, k—m)
$\mathfrak{a} = c$ schwarzgrüngrau (- - 37, i—k).

Zonaler Aufbau der Krystalle. Unter den Einschlüssen Rutil verherrschend, noch reichlicher als im Glaukophan.

Granat in abgerundeten braunrothen Körnern. Wie in dem Gestein von Syra und den Eklogiten, ist auch hier der Granat der älteste Bestandtheil dieser Gesteine.

Die silberweissen Glimmerblättchen sind Muscovit. Winkel der optischen Axen für Roth = 60^0. Die optische Normale weicht $3-4^0$ von der Normalen zur Basis ab. Entsprechend einem nachgewiesenen Natriumgehalt scheint ein dem Paragonit verwandter Glimmer der Muscovitreihe vorzuliegen. Vor dem Löthrohr unschwer zu blasigem, grüngrauem Glase schmelzbar.

Neben dem weissen Glimmer findet sich lauchgrüner Fuchsit, $2E = 55^0$ für gewöhnliches Licht, Bisectrix fast normal zur Basis. Der schon früher vom Grafen Limur angeführte Sismondin findet sich in dem epidotreichen Gestein an der Anse du Pourmelin; bis 3 cm grosse, schwarzbraungrüne, sechsseitige Tafeln; neben unvollkommener basischer eine prismatische Spaltbarkeit. Pleochroismus:

c = blaugrün (Radde's Scala 18, e—f)
b = grasgrün, Stich ins Gelbe (- - 12, e—f).

Winkel der optischen Axen in der Symmetrieebene annähernd 65—70°.

Colophoniumgelber Epidot nur in feinstengeligen und körnigen Aggregaten. Pleochroismus nicht stark aber deutlich:

a = lichtgelb,
b = farblos,
c = lichtgelb.

Rutil makroskopisch selten wahrzunehmen, mikroskopisch in allen Dünnschliffen dieser Gesteine. Zahlreich sind Zwillinge; besonders nach (301)3P∞, die beiden Individuen bilden mit einander den spitzen Winkel von 54° 44′; auch nach dem gewöhnlichen Gesetz nach (101)P∞, Zwillingswinkel 114° 25′ resp. 65° 35′, in verschiedenartigen Gruppirungen; auch Vereinigung beider Gesetze durch Lamellenbildung und Aneinanderwachsung. Oft sind die Rutil-Mikrolithe von einem Titaneisensaum umgeben.

Titaneisen selbständig auch in frischen körnigen Partien.

Titanit sparsam in weissen Körnern. Dagegen in wohlgebildeten Krystallen, bis 1 cm gross, in einem Mineralgemenge von Albit, Chlorit, Epidot und blätterigem Titaneisen (Crichtonit), das eine gangähnliche Klufterfüllung in den Glimmerschiefern an der Bai von Pourmelin bildet. Zwillinge nach der Basis flachtafelförmig und dreiseitig.

Magnetit in deutlichen Oktaëderchen.

Pyrit vereinzelt.

Chlorit scheint aus der Umwandlung von Glaukophan hervorzugehen.

Ref.: C. Hintze.

40. Derselbe: Optisch-mikroskopische Untersuchung der Krystalle des Lazulith von Graves Mountain, Lincoln Co., Georgia (Ebenda, S. 274—276). Die Krystalle erweisen sich in Dünnschliffen nicht homogen, sondern durchzogen von Adern einer weissen, feinschuppig-flaserigen Substanz, deren Natur erst durch erneute, vorbehaltene Untersuchung entschieden werden soll; auch finden sich Interpositionen zahlreicher Rutilkryställchen. Die Risse, welche dem Eindringen der weissen Substanz und der Umwandlung in dieselbe an den Rändern Vorschub leisten, deuten auf eine Spaltbarkeit nach der vorderen Hemipyramide; an einem Zwilling nach der Basis jedoch überschritten die Spaltungsrisse ohne Störung die Zwillingsgrenze, statt eine entgegengesetzte Lage zu haben. Deutlicher Pleochroismus: a farblos, b und c himmelblau. Die optischen Axen liegen Des Cloizeaux' Angaben entsprechend in der Symmetrieebene. $2E$ Roth = 110° (in Oel nach Des Cloizeaux = 77° 16′). Die negative erste Mittellinie bildet im spitzen Winkel von Klinodiagonale und Verticale mit der Verticale 9° 45′ (9° 30′ Des Cloizeaux).

Ref.: C. Hintze.

41. O. Pufahl (in Berlin): **Silberamalgam von Friedrichssegen bei Oberlahnstein** (Berg- und hüttenmänn. Ztg. Jahrg. 41, Nr. 47, 24. Nov. 1882). Eine moosartige, dunkelgraue Masse gezähnter, matter Blättchen, in Nestern im Quarz auf dem Bleierze und Zinkblende führenden Gange. Cerussitkrystalle liegen in dem Amalgam eingebettet. Quecksilbergehalt in drei verschiedenen Proben: 42,47, 42,80 und 44,49 %; der Durchschnitt von 43,27 % würde $Ag_{12}Hg_5$ entsprechen. Geringer Kupfergehalt im Silber, 0,06 % vom Gewicht des Amalgams. Spec. Gewicht = 12,703 bei 17° C. Das Amalgam ist sehr dehnbar und nimmt unter dem Hammer Metallglanz an.

Ref.: C. Hintze.

42. F. Parmentier (in Paris): **Molybdänsäure-Hydrat** $MoO_3, 2H_2O$ (Cptes. rend. 95, 839, 1882). Die Bildung geschieht beim Aufbewahren einer Ammoniummolybdat-Lösung in Salpetersäure in zugeschlossenen Gefässen. Das sich absetzende Hydrat ist bisher in Betreff seiner Zusammensetzung falsch gedeutet worden. Die Krystalle sind monosymmetrische Prismen mit einem Längsprisma (Klinodoma) combinirt.

Ref.: A. Arzruni.

43. Alex. Gorgeu (in Paris): **Mangansulfite** (Cptes. rend. 96, 341 und 376, 1883).

$MnSO_3 + 3H_2O$ ist monosymmetrisch,
$MnSO_3 + H_2O$ ist rhombisch.

Die erstere Verbindung entsteht bei gewöhnlicher Temperatur, die zweite bei 100°. — Das Mangansulfit geht auch Doppelverbindungen ein.

$K_2SO_3 + MnSO_3$ ist hexagonal, ebenso das entsprechende Ammonsalz. $K_2SO_3 + 2MnSO_3$ — rhombisch oder monosymmetrisch.

Ref.: A. Arzruni.

44. Derselbe: Künstlicher Hausmannit (Cptes. rend. 96, 1144, 1883; auch Bull. Soc. min. de France 1883, 136).

Darstellung des Baryts, Cölestins und Anhydrits (Cptes. rend. 96, 1734).

Der Hausmannit bildet sich in Krystallen bis 0,5 mm, wenn geschmolzenes Chlormangan einige (5—6) Stunden lang in einer oxydirenden, mit Wasserdämpfen gesättigten Atmosphäre unterhalten wird. Die metallglänzenden tetragonalen Krystalle der Combination (111), (113) haben Härte = 5,5, spec. Gewicht = 4,80. — Die Bildung des Hausmannits wird auch dann nicht behindert, wenn dem Manganchlorür Bromüre, Jodüre sowohl desselben Metalls, wie auch die Chlor- etc. Verbindungen der Alkalien und alkalischen Erden beigemengt sind. — $BaSO_4$ löst sich mit Leichtigkeit in Manganchlorür auf und krystallisirt gleichzeitig mit dem Hausmannit aus, wie im natürlichen Vorkommen von Ilmenau. Aus geschmolzenen Chlorverbindungen erhält man ebenso leicht andere Sulfate (Cölestin, Anhydrit) krystallisirt heraus und zwar mit allen Eigenschaften der natürlichen Verbindungen. So ist das spec. Gewicht

	des künstlichen:	des natürlichen:
Baryts	4,44—4,50	4,48—4,72
Cölestins	3,93	3,9 —4,0
Anhydrits	2,98	2,85—2,96.

Herr Bertrand fand beim künstlichen Baryt die Formen (102), (011); den Habitus ebenfalls nach der Axe *b* gestreckt; die optische Axenebene parallel (010); die Lage der Mittellinien, Grösse des Axenwinkels, den Charakter der Doppelbrechung, die Winkelwerthe identisch mit denen der natürlichen Krystalle. Eine vollkommene Identität zeigte sich auch bei den anderen beiden künstlichen Sulfaten mit den entsprechenden natürlichen. Trägt man an Stelle der Sulfate gefällte Kieselsäure in geschmolzenes Manganchlorür, resp. Calciumchlorid ein, so löst sie sich auch darin auf und liefert ein Mangan- resp. Calciumsilicat, welche indessen vom Rhodonit, resp. vom Wollastonit sowohl in Krystallform wie in den optischen Eigenschaften abweichen.

Ref.: A. Arzruni.

45. A. de Schulten (in Paris): **Ueber Doppelorthophosphate des Baryums mit Kalium, resp. Natrium** (Cptes. rend. **96**, 706, 1883). Alkalisilicate in conc. Lösungen lösen Baryumhydrat auf. Wird ein Gemenge von Kaliumsilicat und $Ba(OH)_2$ bei Siedetemperatur erhalten und eine Lösung von Kaliumphosphat in Kaliumsilicat zugesetzt, so bilden sich beim Erkalten Würfel von $KBaPO_4 + 10H_2O$. Ebenso erhält man $NaBaPO_4 + 10H_2O$ in regulären Tetraëdern. Wendet man statt der Silicate Aetzalkalien an, so bilden sich amorphe Niederschläge.

Ref.: A. Arzruni.

46. P. Hautefeuille und J. Margottet (in Paris): **Ueber Phosphate** (Cptes. rend. **96**, 1142, 1883). Werden Metaphosphate mit geschmolzener Metaphosphorsäure unter allmählich wachsendem Zusatze von Ag_3PO_4 behandelt, so vermag man Pyro- und Orthophosphate, aber auch intermediäre Verbindungen zu erhalten. — Wendet man Sesquioxydsalze an, so erhält man Doppelverbindungen mit Silber, welches indess auch durch Alkalien leicht ersetzt werden kann. — Aluminiummetaphosphat $Al_2(PO_3)_6$, mit kleinen Mengen Ag_3PO_4 versetzt, krystallisirt allein aus in pseudoregulären Krystallen; bei grösseren Mengen des Silbersalzes bilden sich rhombische Krystalle von $Ag_2Al_4P_8O_{27}$. Ein geringer Ueberschuss von Metaphosphorsäure liefert monosymmetrische Krystalle von $Al_2P_4O_{13}$, während ein Ueberschuss eines Orthophosphates zur Bildung eines monosymmetrischen $Al_4P_6O_{21}$ führt. — Ebenso liefern die Sesquioxyde des Eisens und Chroms zahlreiche Doppelsalze, von denen sich besonders die der allgemeinen Formel $Ag_4M_4P_{10}O_{33}$ entsprechenden auszeichnen. — Das Eisensalz in hellrosenrothen Krystallen ist rhombisch, das Chromsalz in dunkelsmaragdgrünen erscheint in monosymmetrischen Zwillingen nach Art des Titanits.

Ref.: A. Arzruni.

47. R. Engel (in Paris): **Allotropische Zustände des Arsens und Phosphors** (Cptes. rend. **96**, 1314, 1883). Krystallisirtes Arsen sublimirt nicht einmal bei 360° im Vacuum oder in einem indifferenten Gase: das amorphe sublimirt erst bei 260° resp. 280° bis 310°. Das so gebildete Arsen ist von spec. Gewicht = 5,7. Die Umwandlungstemperatur ist beim Arsen wie beim Phosphor höher als die der Sublimation. Die Dämpfe der krystallisirten Modificationen geben, unter die Umwandlungstemperatur abgekühlt, die amorphen Modificationen.

Ref. A. Arzruni.

48. A. Ditte (in Paris): **Darstellung künstlicher Apatite, Wagnerite und ähnlicher Verbindungen** (Decomposition des sels par les matières en fusion. Cptes. rend. 94, 1592, 1882; Sur la production d'apatites et de wagnérites bromées à base de chaux. Ebenda, 96, 575, 1883; Sur la production d'apatites et de wagnérites bromées. Ebenda, 96, 846, 1883; Sur les apatites jodées. Ebenda, 96, 1226, 1883). Die Zersetzung der Salze durch Flüssigkeiten geschieht nach bestimmten Gesetzen, die sie als Dissociationserscheinungen ansehen lassen. Dazu gehört auch die Wirkung geschmolzener Körper, welche manche natürliche Vorgänge der Mineralbildung erklären kann. Es können z. B. aus einem und demselben geschmolzenen Lösungsmittel sich Mineralien bilden, deren elementare Zusammensetzung zwar dieselbe ist, nicht aber das procentische Verhältniss der Bestandtheile. Erhitzt man ein Gemenge von Calciumphosphat und Chlornatrium 1—2 Stunden lang bei 1000° und laugt die Masse aus, so findet man schöne nadelförmige Krystalle des Apatits. Dabei hat sich Natriumphosphat gebildet, welches sich im Chlornatrium auflöst. Dieses vermag aber wiederum auf Chlorcalcium und auf den Apatit einzuwirken, unter Erzeugung der Verbindungen, von denen der Versuch ausgegangen ist. Es finden somit zwei entgegengesetzte Reactionen statt. — Aus den Versuchen ergab es sich, dass kleine Mengen $Ca_3P_2O_8$ (etwa 1 g) bei grossen Mengen $NaCl$ (50 g) vollständig in Apatit umgewandelt werden, die Gegenwart geringer Quantitäten Na_3PO_4 die Reaction also nicht beeinträchtigt; dass aber, sobald die Schmelze davon mehr als 0,11 enthält, sich chlorfreie perlmutterglänzende Blättchen von $CaNaPO_4$ bilden, in welches sogar Apatit umgewandelt wird, falls er an Stelle des $Ca_3P_2O_8$ beim Versuche gedient hat. — Es bildet sich unter diesen Bedingungen niemals Wagnerit $Ca_3P_2O_8 + CaCl_2$, da er vom $NaCl$ zersetzt wird, wie z. B. $SbCl_3 + H_2O$ zu $SbOCl + 2HCl$ sich umsetzt. Der in die Schmelze eingetragene Wagnerit wird in Apatit und $CaCl_2$ umgewandelt, wobei letzteres im $NaCl$ gelöst bleibt. Der Wagnerit vermag blos beim Vorherrschen des $CaCl_2$ im geschmolzenen Gemenge zu bestehen und seine Bildung blos in reinem $CaCl_2$ stattzufinden. Ein kleiner Zusatz von $NaCl$ reicht aus, um neben dem Wagnerit die Bildung des Apatit zu begünstigen. Bei 30 Theilen $NaCl$ auf 70 Theile $CaCl_2$ verschwindet der Wagnerit ganz. — Aehnlich dem $NaCl$ wirkt auch KCl. — H. St.-Claire Deville und Caron haben gezeigt, dass $Ca_3P_2O_8$ mit $CaCl_2$ im Ueberschuss keinen reinen Apatit liefern. Verf. fand in der That, dass:

unter 0,07 $Ca_3P_2O_8$ auf 1,00 $CaCl_2$ Wagnerit,
über - - - - - Wagnerit und Apatit,
über 0,20 - - - - blos Apatit

liefern. Ebenso verwandelt sich Apatit vollständig in Wagnerit, so lange dessen Menge 0,06 des $CaCl_2$ nicht übersteigt. Diese Erscheinungen besitzen Analoga in der Erzeugung von Salzen mit verschiedenem Wassergehalt, wobei auch bestimmte Gleichgewichtszustände eintreten.

$3(Ca_3P_2O_8)$, $CaBr_2$ bildet sich in schönen hexagonalen Prismen aus einem Gemenge von $Ca_3P_2O_8$ und $NaBr$, wenn es bei einer den Schmelzpunkt des Bromids etwas übersteigenden Temperatur eine bis zwei Stunden erhalten wird. Wie bei der Chlorverbindung, kann auch hier der Verlauf der Reaction je nach den Mengen der beiden angewandten Salze modificirt werden. Bei geringen Mengen des Calciumphosphats bildet sich Bromapatit, bei grösseren findet Abscheidung eines Kalknatronphosphats statt, unter Auflösung bereits gebildeten Apatits, niemals Bildung von Bromwagnerit, welcher blos bei Gegenwart gewisser

Mengen $CaBr_2$ sich bildet und blos bestehen bleibt, wenn letzteres Salz in grösseren Mengen zugegen ist. Aus reinem $CaBr_2$ entsteht der Wagnerit $Ca_3P_2O_8$, $CaBr_2$ in langen spitzpyramidalen Krystallen. — Die Bromarseniate werden ebenfalls in typischen Krystallen in analoger Weise erhalten: die dem Wagnerit entsprechende Verbindung bei Rothgluth, aus kleinen Mengen von Calciumarseniat in Bromcalcium, doch selten frei vom entsprechenden Apatit. — Das Bromvanadat $3Ca_3V_2O_8$, $CaBr_2$ wird in schönen Krystallen von Apatitform erhalten, wenn kleine Mengen von V_2O_5 mit einem Gemenge von 10 Theilen $NaBr$ und 1 Theil $CaBr_2$ geschmolzen werden. Der Contact der geschmolzenen Bestandtheile darf nicht lange andauern, weil sich sonst leicht schwarze Vanadinsuboxyde bilden. Den entsprechenden Wagnerit erhält man durch Zusammenschmelzen von V_2O_5 mit einem Ueberschuss reinen $CaBr_2$ und Auslaugen der Schmelze mit Wasser, in dünnen glänzenden Tafeln. Bei allen Operationen ist der Contact mit Luft zu vermeiden.

Es vermag nicht blos das Calciumbromid sich mit dem Phosphat zu Bromapatit und Bromwagnerit zu vereinigen, sondern auch die Bromide all' der Metalle, deren Chloride durch H. St.-Claire Deville und Caron dargestellt worden sind. Ebenso lassen sich die entsprechenden Bromarseniate und Bromvanadate erhalten. — Die Bromophosphate entstehen beim Erhitzen des Brommetalls mit kleinen Mengen Ammoniumphosphat. Die Doppelverbindung löst sich im überschüssigen Bromid auf und scheidet sich beim Erkalten wieder daraus aus. Es ist ein Gemenge von Apatit und Wagnerit. Möglichst niedere Temperaturen und nicht zu langes Erhitzen sind angezeigt, um eine Verflüchtigung des Bromids zu vermeiden. Auch ist ein Contact mit Luft schädlich. Der reine Apatit entsteht, wenn dem Metallbromid als Lösungsmittel Bromnatrium zugefügt wird, welches, in zu grossen Mengen angewandt, den Apatit wieder auflöst. — Es wurden erhalten:

$BaBr_2$, $3Ba_3P_2O_8$ — weisse hexagonale Prismen mit Pyramide; in verdünnten Säuren in der Kälte leicht löslich.

$SrBr_2$, $3Sr_3P_2O_8$ — $10\bar{1}0$, $10\bar{1}1$, 0001, wasserhell.

$MnBr_2$, $3Mn_3P_2O_8$ — büschelförmig gruppirte lange Krystalle, etwas braun durch ausgeschiedenes Oxyd gefärbt.

$PbBr_2$, $3Pb_3P_2O_8$ — hexagonale Tafeln resp. kurze Prismen; in verdünntem NHO_3 leicht löslich.

Durch Ersatz des Ammonphosphats durch das Arseniat erhält man:

$BaBr_2$, $3Br_3As_2O_8$ — lange Nadeln mit pyramidaler Endigung.

$SrBr_2$, $3Sr_3As_2O_8$ — schöne farblose Krystalle wie das Phosphat.

$MnBr_2$, $3Mn_3As_2O_8$ — mit 0001.

$PbBr_2$, $3Pb_3As_2O_8$ — krystallines Pulver aus feinen gelblichen Blättchen.

Kleine Mengen von Vanadinsäure, auf geschmolzene Metallbromide unter sorgfältigem Vermeiden reducirender Gase einwirkend, liefern die entsprechenden Vanadate:

$BaBr_2$, $3Ba_3V_2O_8$ — hexagonale, grauweisse, durchsichtige Tafeln, die wie die folgenden in verdünnter Salpetersäure unter vorherigem Rothfärben löslich.

$SrBr_2$, $3Sr_3V_2O_8$ — hexagonale Tafeln und Prismen; grau, durchsichtig.

$PbBr_2$, $3Pb_3V_2O_8$ — durch Erhitzen von Vanadinsäure mit Bleibromid in Gegenwart grosser Mengen von Bromnatrium. Goldgelbe, hexagonale, durchsichtige Blättchen.

Bromirte Wagnerite: $MnBr_2$, $Mn_3As_2O_8$ entsteht durch Erhitzen eines Gemenges von Ammoniumarseniat und Manganbromür im Ueberschuss. Ist letztere Bedingung nicht eingehalten, so bildet sich die dem Apatit entsprechende Verbindung. Die Krystalle sind bräunlichrosa, leicht löslich in verdünnter Salpetersäure. — Ebenso verhält sich das Ammoniumphosphat. Auch das Magnesium liefert, wie es scheint, eine analoge Verbindung.

Die Zersetzbarkeit der einfachen Jodide der Metalle vor ihrem Schmelzen veranlasste Verf., weniger zersetzbare Doppelverbindungen (Metalljodid mit Jodnatrium) zur Darstellung von Jodapatiten zu verwenden. Die Jodalkalien, sobald sie von den in die Apatite aufzunehmenden Metalljodiden frei sind, wirken zersetzend auf den bereits gebildeten Apatit ein, weshalb mit genau berechneten Mengen operirt werden muss. Andere Vorsichtsmassregeln, wie Abschluss von der Luft, geringe Dauer des Schmelzens, müssen natürlich nicht ausser Acht gelassen werden. Erhalten wurden:

BaJ_2, $3Ba_3P_2O_8$ — gleiche Theile BaJ_2 und NaJ mit wenig Ammoniumphosphat geben nach einer Stunde Schmelzens, nach Erkaltenlassen und Auslaugen mit Wasser, farblose, durchsichtige, glänzende, hexagonale Krystalle — Prisma und Pyramide — die in verdünnten Säuren löslich sind.

BaJ_2, $3Ba_3As_2O_8$ — wie das vorige und in ebensolchen Krystallen zu erhalten.

BaJ_2, $3Ba_3V_2O_8$ — etwas gelbliche Krystalle; aus Vanadinsäure (nicht aus einem Alkalivanadat).

SrJ_2, $3Sr_3P_2O_8$ — aus SrJ_2, NaJ und $(NH_4)_3PO_4$ in kurzen hexagonalen Prismen mit Pyramide zu erhalten. Das Jodalkali darf die doppelte Menge des Jodstrontiums nicht überschreiten, sonst bildet sich $Sr_2P_2O_7$.

SrJ_2, $3Sr_3As_2O_8$ — Bildung analog dem vorigen Salz. Lange weisse Nadeln mit pyramidalen Endigungen. Auch hier kann $Sr_2As_2O_7$ entstehen.

SrJ_2, $3Sr_3V_2O_8$ — bildet sich bei Anwendung von V_2O_5.

CaJ_2, $3Ca_3V_2O_8$ — aus V_2O_5, CaJ_2 und NaJ_2; die Schmelze ist mit Wasser, dann mit $(NH_4)NO_3$ auszuwaschen. Die Krystalle sind wie die der vorigen Verbindungen.

Das Calcium-Arseniat bildet sich schwer. Bleiverbindungen erhält man bei Anwendung von PbJ_2 in einem Ueberschuss von NaJ_2 mit Pb-Phosphat oder -Arseniat. — Ueber die Bildung jodirter Wagnerite stellt Verf. Mittheilungen in Aussicht.

Ref.: A. Arzruni.

49. A. Ditte (in Paris): **Künstliche krystallisirte Vanadate** (Production par voie sèche de vanadates cristallisés. Cptes. rend. **96**, 1048, 1883). Bekanntlich können geschmolzene Substanzen gerade so wie Flüssigkeiten als Lösungsmittel dienen und das Auskrystallisiren anderer hineingebrachter Verbindungen begünstigen. Wenn Wagnerite oder Apatite aus einem geschmolzenen Chlorid entstehen, so können sie bei anderen Mengen des Lösungsmittels von ihm auch zersetzt werden. Dabei entstehen Cl-, Br-, J-freie Verbindungen, oft in scharf ausgebildeten Krystallen. Diese Erscheinungen sind sowohl für Phosphate, Arseniate wie Vanadate gültig. Blos über letztere macht Verf. Mittheilungen. Er erhielt:

BaV_2O_6 durch Erhitzen von V_2O_5 und $NaCl$ mit sehr kleinen Mengen $BaBr_2$ in gelben Krystallen;
$Sr_3V_2O_8$ aus V_2O_5 mit NaJ und SrJ_2 in gelben Krystallen;
PbV_4O_{11} aus den Jodiden in gelben, in verdünnter NHO_3 löslichen Krystallen;
$Zn_2V_2O_7$ aus $NaCl$, $ZnBr_2$ und V_2O_5 — in Wasser löslich;
CdV_2O_6 aus $CdBr_2$ in schönen langen Krystallen;
$Mn_2V_2O_7$ aus den Bromiden nur in der Wärme in verdünnter NHO_3 löslich;
$Ni_3V_2O_8$ aus $NiBr_2$ in $NaBr$ — lange nadelförmige Krystalle mit Endigungen oder tafelförmig. Unschmelzbar, selbst in der Wärme in verdünnter NHO_3 unlöslich.

Ref.: A. Arzruni.

50. P. W. von Jeremejew (in St. Petersburg): **Linarit vom Ural und dem Altai** (Verh. min. Ges. St. Petersburg (2), 19, 15—27, 1884). Verf. machte seiner Zeit darauf aufmerksam, dass neben dem Caledonit im Gangquarz des Preobraženskaja-Schachtes der Berjósow'schen Gruben Linarit vorkomme (vergl. diese Zeitschr. 7, 203). Es ist ihm nun gelungen, wenn auch kleine, so doch deutliche Krystalle dieses Minerals mit Patrinit vergesellschaftet zu finden. Ebenso erkannte Verf., dass ein für Kupferlasur angesehenes, von der Anna-Goldwäsche im Altai stammendes Mineral Linarit sei. Die betreffende, im Jahre 1838 gesammelte, im Museum des Berginstituts befindliche Stufe führt neben Linarit noch Anglesit. Die Anna-Goldwäsche liegt im NO-Theile des altaischen Bezirks, an dem Flüsschen Fjódorowka, einem linken Nebenflusse des in die Mrassa mündenden Orton. — Die Untersuchung beschränkte sich blos auf Messungen von neun Krystallen (vier von Berjósowsk, fünf von der altaischen Fundstätte), die in ihren Winkelwerthen eine vollkommene Uebereinstimmung zeigten. — Die Krystalle von Berjósowsk sind nach der Symmetrieaxe gestreckt und bestehen aus der Combination:

$a(100)$, $c(001)$, $o(\bar{2}03)$, $s(\bar{1}01)$, $x(\bar{3}02)$, $u(\bar{2}01)$, $y(101)$, $M(110)$, $l(210)$, $e(111)$.

Es treten noch mehrere Ortho- und Klinopyramiden an ihnen auf, jedoch nicht vollflächig und so wenig glänzend, dass ihre Symbole nicht bestimmt werden konnten.

Die Krystalle vom Altai sind stark verzerrt, zugleich flächenreicher als die uralischen. Es wurde an ihnen, ausser den erwähnten Formen, noch beobachtet:

$$q(\bar{1}12),\ g(\bar{2}11),\ w(012),\ r(011),\ b(010).$$

Die Messungen führten zum Axenverhältniss:

$$a : b : c = 1{,}719252 : 1 : 0{,}829926$$

und zur Axenschiefe

$$\beta = 77^0\ 21'\ 30''.$$

	Gemessen:	Berechnet: Jeremejew	Berechnet: Kokscharow*)	Berechnet: Hessenb.**)
001 . $\bar{2}03$	18° 46′ 30″	18° 39′ 19″	18° 41′ 31″	18° 36′ 32″
— . $\bar{1}01$	27 46 4	27 46 4	27 48 36	27 41 13
— . $\bar{3}02$	39 55 45	40 0 5	40 3 33	39 53 32
— . $\bar{2}01$	50 7 18	50 2 21	50 6 20	49 55 0
— . 100	77 24 30	77 24 30	77 22 40	77 27 0
— . 101	23 2 42	23 5 14	23 6 24	23 2 33
$\bar{2}03$. $\bar{2}01$	31 19 50	31 23 2	31 24 49	31 18 28
$\bar{1}01$. $\bar{3}02$	12 19 45	12 14 1	12 14 57	12 12 19
— . 100	74 49 26	74 49 26	74 48 44	74 51 47
$\bar{3}02$. 100	62 39 15	62 35 25	62 33 47	62 39 28
$\bar{2}01$. 100	52 30 20	52 33 9	52 31 0	52 38 0
— . 101	73 9 48	73 7 35	73 16 44	73 57 33
001 . 012	21 56 40	22 2 50	22 2 15	21 59 8
— . 011	38 54 50	39 0 23	38 59 33	38 55 10
012 . 011	17 1 45	16 57 33	16 57 18	16 56 2
100 . 210	39 55 30	39 59 37	39 56 25	39 59 19
— . 110	59 12 21	59 12 21	59 9 25	59 12 0
110 . 210	19 16 50	19 12 37	19 13 0	19 12 41
001 . 112	26 13 45	26 18 48	26 19 4	—
— . 111	46 22 52	46 19 20	46 20 0	46 12 53
— . 110	83 32 10	83 35 32	83 34 3	83 36 43
111 . 110	50 1 30	50 5 9	50 5 57	50 10 24
$\bar{2}11$. 210	42 7 24	42 2 50	42 2 13	—
100 . 111	78 9 50	78 12 37	78 11 57	78 13 33
— . $\bar{2}11$	59 29 15	59 29 14	59 27 3	59 31 38
011 . $\bar{2}11$	40 22 30	40 15 57	40 19 40	40 12 21
— . 111	21 31 47	21 32 34	21 34 46	21 30 26

Die beiden Krystalle des Linarits von Berjósowsk treten zusammen mit Patrinit auf und sind aus demselben durch Zersetzung entstanden. Auf der altaischen Stufe scheint der Linarit aus Anglesit unter Einwirkung von Kupfercarbonaten gebildet worden zu sein, worauf die Ueberzüge des Linarits auf Anglesit hinweisen. Dabei ist der Anglesit in Folge nachträglicher Zersetzung oberflächlich matt, im Innern aber frisch und durchsichtig. — Das Gestein ist ein feinkörniger graulichweisser Sandstein, in dessen Höhlungen die beschriebenen Krystalle sitzen. Als Anflüge oder dünne Ueberzüge treten an verschiedenen Stellen des Sandsteins Malachit und gelbes Eisenoxydhydrat (Eisenocker) auf.

Ref.: A. Arzruni.

51. N. J. von Kokscharow (in St. Petersburg): **Wollastonit aus der Kirgisensteppe** (Verh. min. Ges. St. Petersburg [2], **19**, 153, 1884). — Das Mineral stammt aus den Kupfergruben der Bergbaugesellschaft der Kirgisensteppe, welche im Bezirk Karkaralá des Semipalátinsker Gebietes belegen sind. Stengelig aggregirte, an beiden Enden abgebrochene Krystalle, deren Spaltungsflächen, d. h.

---

*) Mat. zur Min. Russl. **4**, 189; **5**, 106, 206—216.

**) Min. Notizen 6. Heft (= neue Folge 3. Heft = 5. Fortsetzung) 31, 1864.

(100) und (001) einen Winkel von 84° 36′ (Mittel vieler Messungen) einschliessen. Farblos oder graulichweiss; Härte = 4,5. Zahlreiche rhombendodekaëdrische Krystalle eines braunen Granaten sind im Wollastonit eingestreut; daneben auch Quarz und andere Mineralien, welche sich nur schwer trennen lassen. — Nach Herrn P. D. Nikolajew's Bestimmung ist das spec. Gewicht = 2,889 und die procentische Zusammensetzung:

Kieselsäure	47,66
Kalk	45,61
Eisenoxyd und Thonerde	0,68
Manganoxydul, Magnesia, Schwefelsäure	Spuren
Glühverlust	1,24
Unlöslich	4,10
	99,29

In Russland war der Wollastonit bisher blos aus Finnland und der Umgegend von Wilno, wo er als Geschiebe (»Wilnit«) angetroffen wurde, bekannt.

Ref.: A. Arzruni.

52. L. A. Jatschewskij (in St. Petersburg): **Keramohalit aus dem Bathumer Gebiet (Kaukasien)** (Verh. min. Ges. St. Petersburg [2], **19**, 183, 1884. Protokoll der Sitzung am 15. Febr. 1883). Dem mineralogischen Museum des Berginstituts wurde das Mineral als Pickeringit zugestellt. Es scheint Gänge im Thon zu bilden, wird von grösseren Mengen krystallisirten Kupfervitriols begleitet, ist glasig, durchsichtig, oberflächlich stengelig, wobei die Fasern normal zu den Salbändern gerichtet sind. Im Wasser vollkommen löslich; vor dem Löthrohr schmilzt es im eignen Wasser, nach dessen Entfernung eine blasige, braune, nicht weiter schmelzbare Masse zurückbleibt. Zur Analyse wurden vollkommen durchsichtige Partien vom spec. Gewicht = 1,68 (bei + 17°) verwendet.

	I.	II.	Theorie $Al_2(SO_4)_3 + 18H_2O$
Schwefelsäure	33,157	33,896	36,0
Thonerde	12,090	11,821	15,4
Eisenoxydul	2,763	2,725	—
Magnesia	0,298	0,830	—
Wasser (Diff.)	51,692	50,728	48,6
	100	100	100

Die Abweichung der gefundenen Werthe von den theoretischen erklärt Verf. durch Flüssigkeitseinschlüsse, die, wie die mikroskopische Untersuchung zeigte, das Mineral erfüllen. [Dasselbe Mineral wurde mir während meines Aufenthaltes in Kaukasien im Herbst 1883 in einem Exemplar durch die Freundlichkeit des Fürsten Alexander Eristawi zugestellt. Ich vermochte festzustellen, dass die Auslöschungsrichtung mit der Längsausdehnung der Fasern nicht zusammenfällt. Oberflächlich sind die Fasern gelblich, etwas corrodirt, hebt man aber die obere Kruste ab, so sieht man das frische Mineral mit seidenartigem Glasglanze, welcher an denjenigen von Glasfädenbündeln erinnert.]

Ref.: A. Arzruni.

XXV. Ueber die Trimorphie und die Ausdehnungscoefficienten von Titandioxyd.

Von

A. Schrauf in Wien.

(Mit 7 Holzschnitten.)

In den nachfolgenden Zeilen sind alle jene Beobachtungen vereinigt worden, welche Bezug nehmen auf die Heteromorphie von Anatas, Rutil, Brookit, und deren Kenntniss ermöglicht, die intramolekulare Lagerung der Atome als Ursache dieser Trimorphie anzugeben.

Zu diesem Zwecke wurde eine Reihe neuer Beobachtungen unternommen, damit die absoluten Ausdehnungscoefficienten für die obengenannten Mineralien der trimorphen Gruppe TiO_2 bekannt würden. Eine Prüfung in diesem Sinne führt nicht blos zur Erkenntniss von Zahlenwerthen, sondern vermag auch die reale Existenz einer Dreigestaltung der Substanz zu beweisen, eventuell zu verneinen.

Im vorliegenden Falle zeigt die Auswerthung der durch Temperaturdifferenzen erzeugbaren Längen- und Winkeländerungen, dass dieselben nie hinreichend wären, die Parametersysteme der drei Körper zu einander commensurabel zu machen. Die morphologische Differenz ist somit eine ursprüngliche, und nicht durch die Ungleichheit der Temperatur, welche während des Bildungsactes und nun bei unseren Beobachtungen herrscht, hervorgerufen.

Bei dieser Gelegenheit war es möglich, einzelne morphologische Details dieser drei Mineralien zur Sprache zu bringen. Anderseits dürften auch die Angaben über bisher unbeachtete Fehlerquellen in der Construction selbst der besten Goniometer einige Beachtung verdienen.

Der letzte Abschnitt der Arbeit ist der Lehre der Trimorphie gewidmet, und bespricht: Isogonismus, Allomerie, Heteromerie und Polymerie, Atom- und Krystallvolumen, Refractions- und Dispersionsäquivalent. Der hierdurch gewonnene Einblick in die statthabenden Verhältnisse macht es möglich, den atomistischen Bau des Moleküles TiO_2 zu erörtern, und in einer für alle Leser leicht controlirbaren Weise die Krystallform des Anatas aus den Atometer von *Ti* und *O* vorauszuberechnen.

I. Beobachtungsmethoden. Construction des Goniometers. Dilatation von Stahl.

§ 1. Temperaturdifferenzen. Um die Untersuchungen bei verschiedenen Temperaturen durchführen zu können, wurde ein von den bisher angewendeten Methoden etwas verschiedenes Verfahren gewählt. Bisher war es meist üblich, nur den Krystall in ein heizbares Luftbad einzuschliessen, während der übrige Beobachtungsraum normale Temperatur behält. Dies würde im vorliegenden Falle nicht zureichend sein, da es sich nicht bloss um die Ermittelung von Winkelveränderungen, sondern auch um die Bestimmung absoluter Dilatationen handelt. Es wurde deshalb der ganze Beobachtungsraum auf die gewünschte Temperatur erkaltet oder erhitzt, so dass dann Krystall, Instrumente und Beobachter sich im gleicherwärmten Raume befanden. Relativ günstige Verhältnisse erlaubten dem Beobachtungszimmer alternirend von Tag zu Tag wechselnde Temperaturen zu geben zwischen den Grenzen 0° und 33° C. und diese Temperatur einige Stunden gleichmässig zu erhalten. Diese Methode hat den Nachtheil, nur mit relativ sehr geringen Temperaturdifferenzen arbeiten zu können; sie hat aber anderseits den grossen Vortheil, dass alle Störungen vermieden sind, welche der Lichtstrahl durch die Glaswände des Erhitzungsapparates und beim Uebergang aus letzterem in den kälteren Beobachtungsraum erleiden könnte*). Im Durchschnitt gilt für alle hier in Betracht kommenden Messungen ein Temperaturintervall von 25° C. Dass die strahlende Wärme der Beleuchtungslampe, sowie die des Beobachters selbst, gegen Goniometer und Mikroskop möglichst abgeblendet ward, ist selbstverständlich. Die Temperatur wurde an einem auf $\frac{1}{10}$° getheilten Thermometer, welches knapp über dem zu beobachteten Krystall freischwebend aufgehangen war, von 5 zu 5 Minuten abgelesen.

Definitive Messungen wurden nur dann vorgenommen, wenn der Krystall sich bereits einige Stunden im erwärmten oder erkalteten Raume befunden hatte. 1—2° C. unter dem erreichten Maximum trat immer während des langsamen Sinkens eine gewisse Stabilität der Temperatur ein, welche 1—2 Stunden anhielt, und während welcher die totale Erniedrigung nur 1° betrug. Diese Stunden wurden zu den Ablesungen benutzt. In ähnlicher Weise entstand auch im kalten Raume eine Ausgleichung zwischen dem ursprünglichen t^0 und dem Wärmezufluss durch Lampe und Beobach-

*) Stefan, Sitzungsber. Wien. Akad. 1871. **63**, II.

ter, welche Constanz im kalten Raume abzuwarten wohl unbequem aber nothwendig ist.

§ 2. Goniometer. Zu den goniometrischen Messungen diente ein grosses Fuess'sches Instrument Modell I, mit Mikroskopablesung. Die Construction dieser Instrumente ist ausführlich von Liebisch*) beschrieben worden. Wesentliche Details in Betreff der Justirung der Fernrohre und deren Einstellung auf parallele Strahlen bei Fuess'schen Goniometern hat Websky**) angegeben. Der Autor kann daher die Construction des Instrumentes als bekannt voraussetzen, und sich auf die Erörterung einiger Fehlerquellen beschränken.

Die Trommel der Mikroskope ist effectiv auf 10″ getheilt und wenigstens für die ersten Intervalle r, l, 10′ ist keinerlei Correction für diese Trommeltheilung nöthig. Auch ist dies Intervall so gross, dass mit Leichtigkeit die einzelnen Secunden angegeben werden können. Der Ablesefehler ist daher für die einzelne Messung durchschnittlich ± 1″. Das Instrument selbst ist namentlich in Beziehung auf die Theilung des Limbus tadellos. Dies ergaben weitläufige vorhergehende Prüfungen. Auch die Ausführung der übrigen Theile der Construction ist fehlerfrei. Der absolute Werth eines Winkels zweier »vollkommen ebener« Flächen lässt sich daher mit Leichtigkeit bis auf die Secunde genau bestimmen; dass convexe, gekrümmte Flächen eine weit geringere Genauigkeit des Resultates ermöglichen, entspricht dem Principe eines Reflexionsgoniometers. Leider wird die unter normalen Verhältnissen erzielbare Genauigkeit der Messungen gelegentlich durch die Einflüsse zweier Fehlerquellen empfindlich gestört, um so empfindlicher, da bei der jetzigen Construction der Beobachter kein Mittel besitzt, diese Störungen gänzlich zu eliminiren.

§ 3. Ablesungsfehler. Obgleich die Verwendung des Filarmikrometers sehr bequem und genau, und die Verbindung der Mikroskope mit den Fernrohren genial ersonnen ist, so findet sich doch anderseits bei der jetzigen Construction der Nachtheil, dass ein etwaiger Excentricitätsfehler nicht eliminirbar ist. Es ist nämlich unmöglich, bei ein und derselben Einstellung gleichzeitig an diametral gegenüberliegenden Punkten abzulesen. Die Genauigkeit der Theilung muss dadurch geprüft werden, dass ein Winkel mehrmals an verschiedenen Stellen des Limbus gemessen wird. Solche Revisionen ergaben nun, dass unter »normalen« Verhältnissen das Instrument keinen bemerkenswerthen Excentricitätsfehler besitzt. Für Beobachtungen bei gewöhnlicher Temperatur und in einem grossen, Gleichmässigkeit der Wärme hervorrufenden Raume genügt auch vollkommen die

*) Liebisch in Löwenherz, Bericht über die Berliner Gewerbeausstellung im Jahre 1879, S. 322, Fig. 167.

**) Websky, über Modell II, diese Zeitschr. 4, 545, 1880.

jetzige Construction. Anders verhält es sich hingegen bei thermischen Untersuchungen. Der Mechaniker vermag nämlich wohl einen centrirten Kreis herzustellen, vermag aber keineswegs dessen Deformation zu einer Ellipse (der Wirkung nach gleichbedeutend mit Excentricität) durch ungleiche oder einseitige Erwärmung zu verhindern. Und je genauer das Instrument ist, desto störender treten diese Einflüsse fremder Wärmequellen, selbst der Beleuchtungslampe, hervor. Wiederholte Prüfungen haben gezeigt, dass dies Instrument für solche einseitige Temperaturdifferenzen sehr empfindlich ist und dass $t^{0\prime} - t^0 = 1^0$ ungefähr $\Delta\measuredangle = 1''$ hervorruft. Dieser Fehler, »der deformirende Einfluss einseitig wirkender Wärmequellen«, ist bei kleineren Instrumenten nie nachweisbar, bei der gegebenen Construction von Modell I hingegen nur durch Blendungen abzuhalten. Exacte Messungen setzen daher die Benutzung eines zweiten Nonius, hier eines zweiten Mikroskopes voraus. Meine Absicht ist es, ein leichtes Aluminium-Mikroskop herstellen zu lassen, welches nach Willkür abnehmbar oder aufsetzbar wäre auf das Balancegewicht des Beobachtungsfernrohres. Dieses Reservemikroskop würde die Dienste eines zweiten Nonius leisten und nur dann benutzt werden, wenn dem Gange der Untersuchung zufolge Excentricitätsfehler zu erwarten sind. Bei gewöhnlichen Messungen könnte man desselben entrathen. Da ich leider nicht in der Lage war, bereits bei meinen Messungen ein solches Hülfsmikroskop benutzen zu können, so musste durch mehrfache Blendungen die von Beleuchtungslampe und Beobachter ausgehende Wärme vom Limbus abgehalten werden. Ein vollständiges Abblenden ist aber kaum möglich, daher die »absoluten« Werthe der Winkel von den abgelesenen etwa um $1''$—$3''$ differiren könnten. Diese Differenz hat glücklicherweise für die vorliegende Untersuchung wenig Bedeutung, denn eine Genauigkeit der »absoluten« Werthe der Winkel bis auf die einzelne Secunde ist nicht das hier angestrebte Ziel. Wichtiger als solche Zahlenwerthe ist die absolut genaue Ermittelung der »relativen« Winkelwerthe, d. h. die Bestimmung der durch Temperaturerhöhung eingetretenen Veränderungen. Wenn nun die Wärmequellen gegen gewisse, notirte — sonst aber willkürliche — Stellen des Limbus sowohl im kalten als warmen Raume ihre Stelle beibehalten, so ist auch in beiden Fällen die von ihnen hervorgerufene Erwärmung und deren Folgewirkung gleichsinnig und wird eliminirt bis zum Bleiben eines kaum merkbaren Restes, wenn man die Differenzen der an denselben Limbusstellen. bei verschiedenen Temperaturen gemachten Ablesungen bildet.

§ 4. Justirungsfehler. Beim Gebrauche des Instrumentes zeigten sich ferner Differenzen anderen Ursprungs, welche eine ernsthafte Erwägung verdienen. Ich bezeichne den auftretenden Fehler kurzweg als: Aenderung des Nullpunktes der Zählung in Folge der Dilatation der Justirungsschrauben. Der Effect einer Dilatation der Justirungsschraube äussert sich nämlich in der Weise, dass bei geringfügigen Temperaturveränderungen der justirte Krystall dejustirt wird und im Gesichtsfelde des unverrückt bleibenden Beobachtungsfernrohrs das reflectirte Fadenkreuz des ebenfalls constant gebliebenen Collimators wandert. Der Autor hat zur Constatirung dieser Thatsache zahlreiche Beobachtungen gemacht und gefunden, dass diese Deviation am bemerkbarsten auftritt, wenn eine Fläche anvisirt wird, welche zu den Justirungsschrauben geneigt ist und wenn letztere mit den Cylinderschlitten zum Behufe der Einstellung beträchtlich aus der Mittelstellung herausgedreht worden sind. In einzelnen Fällen beobachtete ich eine Verschiebung des reflectirten Fadenkreuzes um 10″ bei jeweiliger Temperaturänderung um $\frac{1}{10}$ ° C. Die nachfolgenden Zeilen enthalten eine Serie solcher directer Ablesungen (gemacht im Zeitraume einer Stunde), sie entsprechen dem Stande des Reflexes e i n e r Fläche des im Anfange justirten Krystalls.

$t^0 =$		
	30°,6 C.	54′ 33″
	30,4	54 23
	30,2	54 2
	29,6	53 45
	29,1	53 35

Der Effect der Contraction der Justirungsschraube war daher ein solcher, dass es einer Drehung des Krystalls mit Limbus um 0′,5 bedurfte, um den ursprünglichen Ausgangspunkt der Zählung wieder zu erreichen. Für eine fortlaufende Serie von Winkelmessungen würde sich deshalb continuirlich der Nullpunkt der Zählung ändern und zwar auch in jener kurzen Zeit, die verfliesst zwischen den Ablesungen an der ersten und zweiten Fläche.

Dass nur den Justirungsschrauben und keinem anderen Theile des Instrumentes die geschilderte Verschiebung des Reflexes zuzuschreiben ist, habe ich sorgfältigst geprüft. Die Stellung von Limbus, Fernrohr und — soweit erkennbar — von den Centrirungsschlitten wird durch Temperaturveränderungen nicht alterirt, und für die beiden ersteren ist es sogar gleichgültig, ob sie geklemmt oder ungeklemmt wären. Hingegen wandern die Reflexe, und nicht etwa blos im horizontalen Sinne, sondern meist schief, manchmal vertical, immer aber im Einklang mit der Stellung der betreffenden, anvisirten Fläche zu den Justirungsschrauben. Das nachfolgende Beispiel giebt eine Serie solcher Controlbeobachtungen. Der gemessene Winkel betrug 65° + Δ'. Der Incidenzwinkel war nahe 45°.

18. II. 1883. $t^0 = 28°,5$ C.

a)	Stand des Collimators	47′ 16″	
b)	Stand des Beobachtungsfernrohrs	58 37	
c)	1. Fläche justirt	58 37	$\Delta = 35'\ 9''$
d)	2. Fläche justirt	23 28	$\Delta = 35\ 10$
e)	1. Fläche retour	58 38	

Das Instrument sammt Krystall blieb bis zum nächsten Tage unberührt.

19. II. 1883. $t = 7^{\circ}{,}2$ C.

a′)	Stand des Collimators	47′ 15″	(ident geblieben)	
b′)	Stand des Beobachtungsfernrohrs	58 37	(ident geblieben)	
c′)	1. Fläche, Reflex gehoben	57 40	> Δ = 35′ 5″	
d′)	2. Fläche, Reflex gesunken	22 35		

Diese Serie zeigt deutlich, dass alle Theile des Instrumentes trotz der Temperaturerniedrigung in ihrer ursprünglichen Lage verharrten, mit Ausnahme der Justirungsschrauben, welche in Folge ihrer Contraction den Krystall gegen den Limbus im horizontalen und verticalen Sinne verschoben und drehten. Trotz dieser durch jede Temperaturschwankung hervorgerufenen Dejustirung des Krystalls kann für »gewöhnliche« Zwecke die Messung als genau betrachtet werden, wenn die Ablesungen für die 1. und 2. Fläche so rasch auf einander folgen, dass in diesem kurzen Zeitintervalle keine beträchtliche Aenderung im Nullpunkte der Zählung d. i. in der Stellung des 1. Reflexes, zum Limbus eintreten kann. Bei grösseren Serien von Beobachtungen dürfte es aber meist nothwendig werden, die Justirung der einzelnen Flächen wiederholt zu prüfen und den Nullpunkt der Zählung zu corrigiren. Im vorliegenden Falle hat der Autor die Stabilität aller gemessenen Krystalle dadurch zu erzielen gesucht, dass er auf die Benutzung der Justirungsschrauben möglichst verzichtete. Bereits beim Befestigen des Krystalls auf seinen Träger aus schwarzem spröden Siegellack ward die verticale Stellung der zu messenden Flächen angestrebt.

Die Ursache dieses eben besprochenen Fehlers liegt in der Construction des Justirungsapparates, dessen Schrauben nur einseitig befestigt sind.

Während die bekannte Oertling'sche Nuss nur geringe angulare Drehungen des Krystalls gestattet, ist hingegen die von Fuess gewählte Form der Cylinderschlitten vollauf entsprechend den weitestgehenden Anforderungen von Drehung und Wendung des Krystalls*). Eine Betrachtung der Oertling'schen Nuss lässt aber bald erkennen, dass die vom rechten und linken Stützpunkte der Schraube zu zählenden Dilatationen sich in der Mitte nahe compensiren müssen, oder dass nur deren minimale Differenz den in der Mitte befindlichen Krystallträgerstift beeinflussen kann. Anders verhält es sich bei der üblichen Form der Befestigung von den Cylinderschlittenschrauben. Diese Führungsschrauben sind bis jetzt in allen Con-

*) Ueber die Construction der Cylinderschlitten und ihrer Führungsschrauben vergl. Lang, Abhandl. Wien Akad. 1876, **36**, 42, Fig. 6. — Liebisch, im Berichte der Berliner Gewerbeausstellung im Jahre 1879, S. 329, Note 2. — sowie Brezina, krystallograph. Untersuchungen Preisschrift I. Theil, 1884, S. 324, Fig. 1

structionen nur »einseitig« befestigt, das zweite Ende derselben frei. Die Dilatation der Schraube wirkt daher im ganzen Betrage, und der Schlitten, diesem einseitigen Drucke oder Zuge unterworfen, wird um den ganzen Betrag der Volumveränderung der Schraube verschoben. Ist überdies der Schlitten zum Zwecke der Justirung stark gehoben, dann unterstützt auch das lastende Gewicht des Schlittens Ortsveränderungen der geschilderten Art, namentlich, wenn sie mit der Fallrichtung des Schlittens selbst gleichgerichtet sind. Solche Stellungen der Justirungsschlitten sind daher gegen die geringsten Temperaturschwankungen überaus empfindlich (vergl. oben Beispiel I) und müssen sorgsamst vermieden werden. Anderseits wird es Aufgabe der Mechaniker sein, in Zukunft durch passende beiderseitige Festigung der Führungsschrauben dem Justirungsapparate die nöthige Stabilität zu geben.

§ 5. Einfluss der Signale. Schliesslich muss noch der Autor die verwendeten Oculare, Signale, und deren Einfluss auf die Bestimmung des absoluten Werthes der Winkel besprechen.

Websky's Signal und des Autors Kreuzspalt wurden am häufigsten angewendet, da die meisten Flächen trotz ihrer tadellosen Güte doch für die Benutzung des Spinnenfadenkreuzes zu klein und zu wenig Licht reflectirend waren. Abnorm verzerrte oder gebeugte Reflexe traten an den ausgewählten Flächencombinationen nicht auf, allein Qualitätsunterschiede waren immerhin bemerkbar. Einzelne Reflexe lichtschwächer und etwas verschwommen, andere hingegen kräftig und scharf. Wenn es sich — wie in dem vorliegenden Falle von thermisch-morphologischen Arbeiten — nur um die möglichst genaue Bestimmung von Winkeländerungen handelt, so liefert wohl jedes der anwendbaren lichtstarken Signale gleich gute Resultate. Denn in einem solchen Falle ist nur die absolute Identität der jedesmal anvisirten Stellen (nahe der Mitte) des Reflexes, nicht die absolut genaue Einstellung auf die wahre Mitte beider Reflexe, nöthig*).

Andere Bedingungen sind aber zu erfüllen, wenn die »absoluten« Werthe der Winkel an solchen relativ kleinen Krystallen, deren Flächen durchschnittlich 1 qmm gross sind, ermittelt werden sollen. Hier wird das Messungsresultat durch eine Reihe von Fehlerquellen beeinflusst, deren Wirkung »nur« bei den »vollkommen ebenen« Flächen ein Minimum ist. Eine der Ursachen solcher Differenzen ist zu suchen in der ganz ungleichen Art und Weise, wie die verschieden geformten Signalbilder durch Einsei-

*) Dadurch sind auch jene kleinen Unterschiede erklärt, welche sich zwischen den Angaben der mit verschiedenen Signalen gemessenen Winkel gelegentlich in den späteren Paragraphen finden. Diese Differenzen besagen nur, dass gewisse, nicht jedesmal vollkommen in der Mitte liegende Stellen der Reflexe anvisirt wurden, weil sie die markanteston und schärfer als die Mitte einstellbar waren.

tigkeit zeigende Flächen verzerrt werden und in der Schwierigkeit, genau die Mitte solcher distortirter Reflexe »verschiedener« Signale einzustellen. Bei gekrümmten Flächen kann jedoch die geringste Differenz in der Einstellung der Signale auf paralleles Licht zu Gunsten der deutlicheren Sichtbarkeit des einen oder anderen Signals ausschlaggebend sein, oder veranlassen, dass in einzelnen Fällen die Strahlen sich nicht am Orte des Fadenkreuzes zu einem Bilde vereinen; dann wird der Winkel um den Betrag dieser scheinbaren Parallaxe unrichtig sein. Wohl sind die Oculare und Signale vom Mechaniker durch Klemmringe mit Nasen auf parallel einfallendes Licht fixirt, auch deren Stellung nach bekannter Methode immer leicht vom Beobachter zu controliren*), allein nur in seltenen Fällen wird wirklich paralleles Licht in das Beobachtungsfernrohr gelangen. Vollkommen ebene Flächen**) sind an künstlich geschliffenen Objecten gleichsam ein Ausnahmsfall, etwas häufiger finden sie sich an Krystallen der Natur. Man hat daher bei der Beurtheilung der Genauigkeit »absoluter« Winkelangaben immer der Qualität der Flächen Rechnung zu tragen, selbst wenn sie, wie dies convexe Flächen thun, gute Reflexe geben. Die Convexität der reflectirenden Fläche giebt sich am deutlichsten dadurch zu erkennen, dass die von ihr gespiegelten (Signale) Strahlen sich in einer grösseren Distanz vom Objective zu einem scharfen Bilde vereinen, als die normale Brennweite des Objectives selbst ist***).

Bei Messungen an ebenen Flächen ist es aber gleichgültig, welches der Oculare†) *A*, *B*, *C*, oder welches Signal verwendet wird. Das Resultat der Messung ist ein gleiches. Um dies durch Zahlen zu erweisen, veröffentlicht der Autor folgende Beobachtungsreihe, welche speciell zur Prüfung der Gleichwerthigkeit von Signal und Ocular durchgeführt ward. Die selbstgewählten Bedingungen waren: einmalige Einstellung, einmalige Ablesung, totaler Zeitverbrauch zehn Minuten, die Justirung des Krystalls ungerechnet. Der gemessene Winkel ist $65^0\,33' + \Delta''$ [$t^0 = 16{,}^05$ C.].

---

*) Websky, diese Zeitschr. 4, 551 f.

**) Voigt, diese Zeitschr. 5, 113.

***) Es wird sich empfehlen, in Zukunft die Einsteckrohre der Oculare an diesen Instrumenten mit einer Millimetertheilung zu versehen, damit die Stellung der Klemmringe (dadurch auch die des Fadenkreuzes gegen Objectiv) in Zahlen angegeben werden kann. Man gewänne hierdurch ein Mittel, um aus der gemessenen Verlängerung der Brennweite des Objectivs (siehe oben) einen Schluss auf die Krümmung der reflectirenden Ebene machen zu können.

†) Vergl. wegen Construction der Oculare Liebisch, l. c. S. 323, Fig. 168. *A* vergrössert zweimal, *B* viermal, *C* achtmal.

Ocular:	Websky Signal:	Δ''	Kreuzspalt:	Δ''
A	256° 44′ 39″	41″	256° 49′ 56″	40″
	191 10 58		191 16 16	
B	256 42 18	45″	256 47 39	46″
	191 8 33		191 13 53	
C	256 43 10	44″	256 48 36	42″
	191 9 26		191 14 54	

Das Mittel dieser Beobachtungsreihe ist 43″ ± 2″. In diesem mittleren Fehler von zwei Secunden sind nun alle Einstellungsfehler enthalten und zwar von je zwei Einstellungen der Signalmitte, des Filarmikrometers, der Trommeltheilung, sowie auch die etwaigen Differenzen, hervorgebracht durch die nicht »absolut« gleiche Einstellung aller fünf Oculare auf gleiche Brennweite*). Man kann nach dem Gesagten wohl zugestehen, dass das Instrument tadellos ausgeführt ist.

Zu den Messungen, die in den nachfolgenden Paragraphen angegeben sind, ward zumeist das Ocular *B* verwendet, welches Lichtstärke und genügende Vergrösserung besitzt.

§ 6. Methode der Messungen. Die Winkelbestimmungen wurden nach bekannten Methoden durchgeführt, theils mit beweglichem Limbus mit und ohne Repetition; theils mit fixem Limbus, Collimator und beweglichem Beobachtungsfernrohr. Die sichersten Resultate gab die Methode der vielfachen directen Wiederholung jeder Messung (ohne Repetition) an jedesmal verschiedenen, aber für kalt und heiss gleichen Stellen des Limbus. Die Methode der Repetition hat mit dem Nachtheil zu kämpfen, dass bei so feinen horizontalen Instrumenten das Schleifen des inneren Axenträgers auf dem Limbusträger nicht immer absolut reibungsfrei erfolgt, und dass deshalb gelegentlich die Lüftung oder Arretirung der Klemme der inneren Axe bereits bemerkbar (1″—6″) die Nullstellung des Limbus alterirt**). Aus diesem Grunde sind daher alle in der nachfolgenden Untersuchung angeführten Zahlen als die arithmetischen Mittel grösserer Serien von Einzelbeobachtungen aufzufassen. Die grosse Anzahl (1500) dieser letzteren verhindert dieselben ausführlich zu publiciren. Der Autor hebt deshalb, um doch den Leser in den Stand zu setzen, sich selbst über die Fehlergrösse der späterhin angegebenen Werthe ein Urtheil zu bilden, aus

*) Damit das Wort »absolut genau« besser verständlich sei, bemerkt der Autor, dass bei convexen Flächen die Aenderung der Stellung des Fadenkreuzes um $\frac{1}{10}$ mm bereits den Winkel um 2″ zu ändern vermag. Man bedürfte daher Mikrometerschrauben, wollte man die Fadenkreuze der drei Oculare in absolut gleicher Distanz vom Objectiv fixiren.

) Auch Beckenkamp (diese Zeitschr. **5, 451) bemerkte beim Gebrauche eines analogen Instruments das Mitdrehen des Theilkreises mit der inneren Axe und erwähnte, dass deshalb Repetitionsbeobachtungen unmöglich wären.

dem Beobachtungsjournal ein willkürlich gewähltes Beispiel heraus. Es ist (vergl. später S. 447):

$$\text{am Brookit } m : (c, : \bar{m} = 110 : 001) : \bar{1}\bar{1}0 = 179^\circ 52' + \Delta'.$$

	Kalt:			Heiss:	
19. I.	$t^0 = 3^\circ,4$ C.	$\Delta = 3''$	22. I.	$t' = 25^\circ,7$ C.	$\Delta' = 8''$
	3,6	3	23. I.	30,3	9
20. I.	4,6	3		29,7	10
	4,8	5		29,1	9
	4,9	6		28,4	9
21. I.	6,2	4	24. I.	36,6	10
	6,3	6		30,1	9,5
	6.8	7		30,1	9
Mittel	$t = 5,08$ C.	$\Delta = 4,6$		30,1	9
			27. I.	34,0	11,5
				32,3	11,5
				$t' = 30,04$ C.	$\Delta = 9,5$

Aber auch diese hier angeführten Zahlen sind bereits die Mittelwerthe von je 6—10maligen Ablesungen, welche z. B. für den erst angeführten Werth folgende waren:

t			Δ	t			Δ
$t = 3^\circ,3$ C.	$m =$	25°36′47″		$t = 3^\circ,4$	$m =$	211°22′17″	
			2″				4″
	$\bar{m} =$	205 28 49			$\bar{m} =$	31 14 21	
			3				3
3,3	$m =$	25 36 46		3,4	$m =$	211 22 18	
			4				2
	$\bar{m} =$	205 28 50			$\bar{m} =$	31 14 20	
			3				3
3,4	$m =$	25 36 47		3,5	$m =$	211 22 17	

Das Mittel dieser Zahlen ist $t = 3^\circ,4$ C. $\Delta = 3''$, welche Werthe in der obigen Liste unter dem Datum 19. I. angeführt sind.

§ 7. **Mikroskopische Beobachtungen.** Die lineare Ausdehnung der untersuchten Krystalle ward gemessen mittelst eines von Fuess gelieferten Mikroskops, dessen Tisch messbare Verschiebungen gestattet. Die Trommel der Mikrometerschraube*) für die horizontale Tischbewegung ist auf 0,002 mm = 2 μ (Mikron) getheilt, und durch Schätzen des Intervalles ist es möglich ein Mikron direct anzugeben. Die zumeist angewendete Vergrösserung betrug 670. Die Beobachtungen erfolgten serienweise bei ungeänderter Stellung des Krystalls und Mikroskopes, während verschiedener Temperaturen in demselben Beobachtungsraume (§ 1). Die directen Ablesungen einer Beobachtungsreihe variiren unter sich nur wenig, wenn sehr markante Stellen am Krystall als Fixpunkte dienen. Ich erwähne als ein Beispiel — ganz willkürlich herausgegriffen aus zahlreichen

*) Das Mikroskop ist ident mit Fig. 183, 184 in Liebisch, Bericht l. c. S. 354.

ähnlichen Serien — einige Ablesungen am Brookit, welche der Ermittlung eines Fixpunktes, der durch drei nebeneinander liegende Streifen gebildet ist, gewidmet waren.

			a	b	c
29. I.	$t =$ 6°,2 C.	$l\mu +$	28,54 μ	14,60 μ	0,76 μ
	6,2		28,50	14,48	0,76
	6,2		28,58	14,50	0,78
30. I.	$t =$ 35,5	$l'\mu +$	29,60	15,56	1,80
	35,2		29,60	15,56	1,78
	35,1		29,58	15,56	1,70

§ 8. Dilatation des Stahls von der Mikrometerschraube des Mikroskops. Durch den Vergleich der bei verschiedenen Temperaturen gemessenen Längen erhält man nur die Differenz der Ausdehnung des Krystalls gegen die Dilatation der Mikrometerschraube des Instruments. Man bedarf daher noch der genauen Kenntniss des linearen Ausdehnungscoefficienten vom Materiale dieser Schraube, um mittelst desselben aus der scheinbaren Volumänderung des Krystalls die wahre Dilatation rechnen zu können. Obgleich die Ausdehnung einzelner Stahlsorten bekannt ist, so hat doch der Autor eine specielle Prüfung des Materials der Schraube für nöthig erachtet, da sie gleichzeitig eine Controle für die Genauigkeit aller erzielten Resultate ist. Weil Fizeau ausdrücklich Flussspath als das passendste Probeobject für Controlversuche bezeichnete, so wurde auch hier dieses Mineral benutzt, und alle im Nachfolgenden angegebenen Zahlen beziehen sich auf den Etalon »Flussspath«. An einer solchen Flussspathplatte wurden folgende Längen gemessen:

	t^0	l	t'	l'
	$t^0 =$ 5°,95 C.	$l =$ 3412,2 μ	$t' =$ 31°,05 C.	$l' =$ 3412,6 μ
	6,25	2588,8	30,90	2589,6
	6,05	3764,2	31,20	3764,6
Mittel:	6,08	9765,2	31,05	9766,8

$$t' - t = 24°,97, \quad l' - l = 1,6\,\mu.$$

Für dieses Temperaturintervall berechnet sich aber aus dem Ausdehnungscoefficienten des Flussspaths, nach Fizeau $\alpha = 0,00001911$, für eine Länge von 9765,2 Mikron die wahre Ausdehnung zu

	4,66 Mikron
beobachtet	1,60 -
$\varDelta =$	— 3,06

Diese Differenz 3,06 μ entspricht der Dilatation der verwendeten (9765,2 μ) Länge der Mikrometerschraube. Hieraus folgt nun der lineare Ausdehnungscoefficient für diese Stahlsorte zu $\alpha = 0,00001255$. Mittelst dieses Werthes wurden alle gemessenen scheinbaren Krystalldilatationen auf ihre entsprechende wirkliche Längenänderung reducirt.

Der eben ermittelte Werth des Ausdehnungscoefficienten unterscheidet sich so wenig von den bereits bekannten Zahlen, welche andere Autoren für Stahl angaben, dass diese Uebereinstimmung auch für die Richtigkeit der in Anwendung gebrachten Methode bürgt. Fizeau*) giebt den Ausdehnungscoefficienten für reducirtes Eisen an $\alpha = 0{,}00001188$; die Mehrzahl der physikalischen Tabellen haben für Stahl $\alpha = 0{,}00001225$ bis $0{,}00001239$. Glatzel**) erhält als Mittel seiner Beobachtungen $\alpha = 0{,}00001256$, ident mit meinem Resultate.

II. Brookit.

§ 1. Lineare Ausdehnung parallel der Orthoaxe Y. Zur Ermittelung der absoluten Ausdehnung dieses Minerals konnte nicht derselbe Krystall benutzt werden, welcher zu den goniometrischen Messungen diente. Letzterer setzte nämlich in Beziehung auf genaue Horizontaleinstellung und Abmessung grösserer Dimensionen den mikroskopischen Messungen (wegen seiner Form) unüberwindliche Schwierigkeiten in den Weg. Ich benutzte deshalb, zur Bestimmung der Dilatation mit dem Mikroskop, einen plattenförmig entwickelten Krystall des Fundortes Tête noire, Schweiz, dessen Figur und Beschreibung ich bereits S. 19 und Figur 8 meiner früheren Abhandlung über Brookit gegeben habe. Da er dem Typus III, wie die russischen Krystalle, angehört, so steht zu erwarten, dass die thermisch-morphologischen Verhältnisse der Individuen beider Fundorte möglichst gleich sind, und die an einer Varietät gewonnenen Zahlenwerthe auch für die zweite Geltung haben.

Der erwähnte Krystall von Tête noire erlaubte sehr genaue mikroskopische Abmessungen, da derselbe parallel dem vorderen Pinakoid $a(100)$ dünntafelförmig entwickelt und halb durchsichtig ist; überdies zahlreiche, sehr feine, parallel der Verticalaxe verlaufende, Streifensysteme auf a zeigt, die auch bei den stärksten Vergrösserungen eine genaue Einstellung im durchfallenden Lichte ermöglichen. Senkrecht gegen die Streifen, also parallel der Orthoaxe, wurden drei differente Längen an verschiedenen Stellen des Krystalls gemessen; als Mittel der diesbezüglichen Beobachtungsserien ergab sich (die Längen in Mikron ausgedrückt):

	Kalt:			Heiss:	
$t =$	5°,2 C.	3270,88 μ	$t' =$	34°,2	3271,30 μ
	7,1	3435,26		34,9	3435,94
	6,2	2810,70		34,7	2811,40
Mittel $t =$	6,17	9516,84	$t' =$	34,60	9518,64

*) Fizeau, C. r. 1869, **68**, 1128.
) Glatzel, Pogg. Ann. **160, 507.

Für das Temperaturintervall $\Delta t = 28^\circ\!,43$ C. beträgt aber die Dilatation der Mikrometerschraube von der Länge 9516,84 μ bereits 3,3951 μ. Deshalb ist die totale Ausdehnung des Brookits = 5,1915 μ. Hieraus berechnet sich nun der Ausdehnungscoefficient des Brookits in der Richtung der Orthoaxe $Y(\perp 010)$ zu

$$\alpha^Y = 0,0000192029 \text{ für } 1^\circ \text{ C.}$$

Dieser Werth hat Geltung innerhalb derselben Temperaturgrenzen, innerhalb welcher auch die morphologischen Beobachtungen stattfanden.

§ 2. **Form und Winkel des untersuchten Krystalls von Miask.** Als Object für die goniometrischen Messungen diente derselbe Krystall, welchen ich in meiner Abhandlung über Brookit beschrieben und in Fig. 7 abgebildet habe*). Derselbe ward vor circa 20 Jahren von Kokscharow dem k. k. Hofmineralien-Cabinet in Wien geschenkt und befindet sich daselbst in der speciellen Krystallsammlung unter der Bezeichnung Brookit 4 von Miask.

Die Grösse des Krystalls beträgt 4 mm, sie ist also nicht so beträchtlich, dass alle Flächen lichtstark und das feine Spinnenfadenkreuz des Fuess'schen Goniometers bei stärkerem Ocularsystem scharf reflectirend wären. Glücklicherweise sind jedoch alle jene Flächencombinationen am schönsten entwickelt, welche die brauchbarsten zur Bestimmung der Parameterveränderungen sind. Aber zur Durchführung der thermisch-morphologischen Messungen musste trotzdem der Kreuzspalt benutzt werden, weil nur derselbe genügend scharfe Einstellung erlaubte.

In der nachfolgenden Liste führe ich neben einander die Messungsresultate aus den Jahren 1876 und 1883 an. Erstere gemacht mit dem Oertling'schen Goniometer (10″), letztere mit dem grossen Fuess'schen Instrument und beide Ablesungen bei mittlerer Zimmertemperatur. Die früher und jetzt gemachten Beobachtungen sind übereinstimmend und keine beträchtlichere Differenz der Winkelwerthe zu notiren, welche etwa meiner früheren Annahme der Monosymmetrie des Brookits widersprochen hätte. Die einzige nennenswerthe Differenz wäre bei $m\overline{m}$, für welche Combination statt des früher angenommenen Werthes 179° 47′ jetzt 179° 52′ angegeben wird. Zur Erklärung dieser Thatsache bemerke ich, dass die Fläche m ein Nebenbild zeigt, und dass ich jetzt den näher an 180° liegenden Werth als den wahrscheinlich richtigeren der Rechnung zu Grunde gelegt habe, damit a priori dem prismatischen Parametersystem die grössten Chancen geboten seien. Ebenso ist auch der Unterschied in den Angaben für $o\omega$ hervorgerufen durch den dilatirten Reflex, welchen die Fläche $\overline{\omega}$ giebt. Die nachfolgenden Columnen I. und IV. enthalten die Resultate der

*) Sitzungsber. Wien. Akad. 1876, 74, — diese Zeitschr. 1, Taf. XIII, Fig. 10, S. 309.

Rechnung. I. ist ident mit der früheren Publication und basirt auf der 1876 benützten Flächenbezeichnung. IV. ward jetzt neu berechnet, mit Zugrundelegung noch einfacherer Flächensymbole (vergl. Fig. 1) als 1876 benutzt wurden.

Fig. 1.

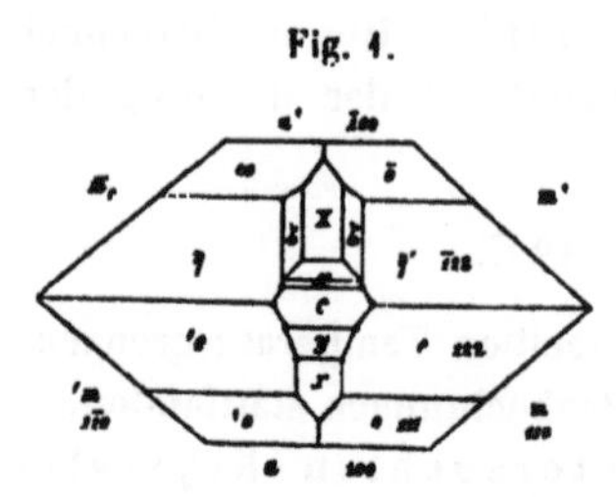

Für die Columne I. gilt das Parametersystem:

(1876) $\eta = 90^0\ 6{,}'5$;
$a : b : c = 0{,}841419 : 1 : 0{,}943441$.

Für die Columne IV. hingegen:

(1883) $\eta^* = 90^0\ 5'\ 10{,}''69$; $a^* : b^* : c^* = 0{,}84148130 : 1 : 0{,}94238801$.

	1876			1883	
Flächensymbole	I. Berechnet	II. Beobachtet	III. Beobachtet	Flächensymbole	IV. Berechnet
mm'	99° 51'	99° 51'	99° 50' 31"	mm'	99° 50' 24,"20
$m\bar{m}_c$	179 50	179 47	179 52 7	$m\bar{m}_c$	179 52 4,58
me	45 41	45 42	45 41 44	$\eta\bar{m}_c$	45 40 32,12
$\bar{m}_c\bar{e}_c$	45 41	45 42		me	45 43 5,56
mo	34 17	34 15,5	34 14 35	$\bar{m}_c\omega$	34 13 49,94
$o\bar{o}_c$	111 46	111 46	111 48 49	$o\omega$	111 19 0,57
$\bar{m}_c\bar{o}_c$	34 17	34 18	34 18 42	mo	34 19 14,07
oe	46 57,8	46 58		$\omega\eta$	47 1 32,02
$o'\bar{o}_c$	78 17	78 20		$o\omega$	78 21 36,66
$'e\bar{e}_c$	44 21,3	44 24		$e\eta$	44 20 35,69
$'\bar{e}'\bar{o}_c$	46 57,8	46 59		oe	46 59 28,95
$o'o$	64 12,3	64 12		$'\bar{o}\omega$	64 13 50,28
$e\bar{e}_c$	95 15,3	95 17	95 14 22	$e\eta$	95 15 18,07
$'\bar{e}_c\bar{e}_c$	78 51,3	78 48		ee'	78 49 17,94
$y\bar{x}_c$	44 54	44 50,5			
$x\bar{x}_c$	58 30	58 28		xX	58 29 38,22

Die Differenz der Rechnungsannahmen 1876 und 1883 besteht darin, dass 1876 der Krystall als Zwilling aufgefasst ward, während es hingegen jetzt durch theilweise Aenderung des Parametersystems *) möglich ward,

*) Dem jetzigen Parametersystem $a^*\ b^*\ c^*\ \eta^*$ entsprechen die Winkel:

	$o(111)$:	$\omega(\bar{1}11)$:
$a(100)$ =	50° 46' 59,"29	50° 51' 24,"05
$b(010)$	57 54 14,41	57 51 55,31
$c(001)$	55 36 48,22	55 42 12,35

den Krystall als ein einfaches Individuum zu berechnen, an dem nur einige Reflexe von in Zwillingsstellung nach $c(001)$ befindlichen Flächen herrühren.

Die Gegenüberstellung von Beobachtung und Rechnung 1883 zeigt, dass das angewendete Parametersystem bis auf einen mittleren Fehler von 1′ den beobachteten »absoluten« Werthen Genüge leistet und daher zu den weiteren Untersuchungen und zu der Berechnung der Elementenverbesserung benutzt werden kann.

§ 3. Beobachtete Winkelveränderungen. Zahlreiche Beobachtungsreihen wurden bei verschiedenen Temperaturen durchgeführt. Nachfolgende Zahlen sind die diesbezüglichen Mittelwerthe:

Flächen	t^0 C.	Beobachtete Winkel	t'^0 C.	Beobachtete Winkel
$m\,m'$	5°,52	99° 50′ 24″,5	28°,54	99° 50′ 37″,6
$m\,\overline{m}$	5,08	179 52 4,6	30,04	179 52 9,5
$\overline{m}\,\omega$	5,07	34 14 40,9	30,05	34 14 30,05
$o\,\omega$	5,07	111 18 36,3	30,05	111 19 2,30
$'m\,o$	5,06	34 18 47,4	30,04	34 18 38,2
$\overline{m}\,e$	6,66	45 41 51,85	29,45	45 41 35,61
$e\,\eta'$	8,31	95 14 26,6	30,07	95 14 58,0
$'e\,e$	7,36	78 49 19,4	32,47	78 49 35,0

Aus diesen Messungsresultaten folgen die auf das Intervall $t' - t = 25^0$ reducirten Zahlen:

	$t = 5^0$ C.	$t' = 30^0$ C.
$m\,m'$	99° 50′ 24″,20	99° 50′ 38″,43
$b\,m$	49 55 12,10	49 55 19,21
$\overline{m}_c\,m$	179 52 4,58	179 52 9,49
$c\,m$	89 56 2,29	89 56 4,75
$\overline{m}\,\omega$	34 14 40,93	34 14 30,07
$o\,\omega$	111 18 36,23	111 19 2,25
$'m\,o$	34 18 47,43	34 18 38,22
$e\,\eta$	95 14 21,74	95 14 58,10
$'e\,e$	78 49 17,94	78 49 33,47
$b\,e$	50 35 21,03	50 35 13,27
$\overline{m}\,e$	45 41 53,03	45 41 35,23

	$e(122)$:		$\eta(\bar{1}22)$:
$a(100)$ =	67° 46′ 28″,24		— 67° 52′ 56″,07
$b(010)$	50 35 21,09		50 33 11,08
$c(001)$	47 36 12,37		47 39 5,70
$c\,x$ =	29 18 34,95	$c\,X$ =	20 16 3,27
$b\,N$ =	30 48 6,16	$c\,N$ =	89 57 21,31

Diese auf gleiche Temperaturen reducirten Beobachtungen wurden benützt, um aus ihnen die relative Ausdehnung des Brookit nach den Coordinatenaxen zu ermitteln.

§ 4. **Methode der Rechnung zur Ermittelung des Parametersystems.** Die vorliegende Aufgabe »Bestimmung der relativen Axenänderung« ist nur dadurch exact zu lösen, dass man die dependent Variabeln a, b, c, η als identbleibende Functionen der independent variabeln Winkel betrachtet. Nur durch eine solche Annahme lässt sich die Variation der dependenten Axenlängen als Function der Independenten, d. i. als Function der beobachteten Winkeländerungen berechnen. Es genügt deshalb nicht etwa die Annahme eines approximativen Axensystems und die einmalige Berechnung eines geänderten Verhältnisses. Es müssen vielmehr nach denselben Principien die doppelten Correctionen des ersten, nach gewöhnlicher Methode ermittelten, Parametersystems gerechnet werden, damit sowohl für $t^0 = 5^0$ C. als auch für $t^{0'} = 30^0$ C. die Fehlerquadratsumme ein Minimum*) wird. Erst diese zwei corrigirten Axenverhältnisse sind mit einander vergleichbar und lassen die Auswerthung der relativen Längenänderung zu.

Die Methoden der Bestimmung des Parametersystems mittelst Differentialgleichungen habe ich ausführlich in meiner physikalischen Mineralogie (Bd. I) gegeben, sowie dieselbe in zahlreichen Arbeiten angewendet. Bedeutet ΔW die Veränderung (in Secunden) des Winkels W der Flächen (hkl) (pqr), welche durch die Veränderung der Parameter um da, dc, $d\eta$ im monosymmetrischen Systeme hervorgebracht wird, so gilt folgende Gleichung:

$$\frac{\Delta W''}{\text{cotang } W} \cdot \frac{2\pi}{360 \times 60 \times 60} = (A_1 N_1^{-1} + A_2 N_2^{-1} - A_3 N_3^{-1}) da +$$
$$(C_1 N_1^{-1} + C_2 N_2^{-1} - C_3 N_3^{-1}) dc + (E_1 N_1^{-1} + E_2 N_2^{-1} - E_3 N_3^{-1}) d\eta'' \frac{2\pi}{360 \times 3600}$$

worin

$$A_1 = k^2 a c^2 \sin^2 \eta + l^2 a - hlc \cos \eta \qquad C_1 = h^2 c + k^2 a^2 c \sin^2 \eta - hla \cos \eta$$

$$A_2 = q^2 a c^2 \sin^2 \eta + r^2 a - prc \cos \eta \qquad C_2 = p^2 c + q^2 a^2 c \sin^2 \eta - pra \cos \eta$$

$$A_3 = 2kqac^2 \sin^2 \eta + 2lra - (hr + pl) c \cos \eta \qquad C_3 = 2hpc + 2kqa^2 c \sin^2 \eta - (hr + pl) a \cos \eta$$

*) Nur mittelst dieser Methode erhält man jene mathematische Function (Parameter), welche die genaueste Enveloppe der thatsächlich beobachteten Form des speciellen Objectes giebt. Auch Groth (Mineraliensammlung Strassburg S. 110) ist gleicher Ansicht. Natürlich sagt aber diese Methode nichts aus über die Ursachen, welche die Form des beobachteten Körpers veranlassten. Allein es ist auch nicht Aufgabe der »rechnenden« Krystallographie, diese Ursachen anzugeben, sie hat nur für die Beobachtungen die entsprechenden mathematischen Gleichungen aufzusuchen.

$E_1 = k^2a^2c^2 \sin\eta \cos\eta + hlac \sin\eta$ $\qquad N_1 = h^2c^2 + k^2a^2c^2 \sin^2\eta + l^2a^2 - 2hlac \cos\eta$

$E_2 = q^2a^2c^2 \sin\eta \cos\eta + prac \sin\eta$ $\qquad N_2 = p^2c^2 + q^2a^2c^2 \sin^2\eta + r^2a^2 - 2prac \cos\eta$

$E_3 = 2kqa^2c^2 \sin\eta \cos\eta + (hr + pl)ac \sin\eta$ $\qquad N_3 = hpc^2 + kqa^2c^2 \sin^2\eta + lra^2 - (hr + pl)ac \cos\eta.$

In diese Gleichungen ist einzuführen das zu verbessernde Parametersystem $a^* b^* c^* \eta^*$ mit seinen oben angegebenen Werthen; ferner sind ebenso viele Gleichungen aufzustellen, als beobachtete Winkelveränderungen vorliegen, und letztere separat für $t = 5^0$ und $t = 30^0$ zu combiniren.

Als ein Beispiel für die angestrebte Genauigkeit der Rechnung gebe ich im Nachfolgenden die Entwicklung der Differenzengleichung, betreffend die Combination:

$$o : \omega = 111 : \bar{1}\bar{1}1 = hkl : pqr.$$

	0,74731400		0,74731400		— 1,49462800
	0,84148130		0,84148130		+ 1,68296260
	0,00141940		— 0,00141940		0,0
A_1	1,59021470	A_2	1,58737590	A_3	0,18833460
	0,94238801		0,94238801		— 1,88477602
	0,66729490		0,66729490		— 1,33458980
	0,00126741		— 0,00126741		0,0
C_1	1,61095032	C_2	1,60841550	C_3	— 3,21936582
	— 0,00094715		— 0,00094715		0,00189431
	+ 0,79300111		— 0,79300111		0,0
E_1	0,79205396	E_2	— 0,79394826	E_3	0,00189431
	0,88809539		0,88809539		— 0,88809539
	0,62885074		0,62885074		— 0,62885074
	0,70809075		0,70809075		+ 0,70809075
	0,00238880		— 0,00238880		0,0
N_1	2,22742568	N_2	2,22264808	N_3	— 0,80885538

Diese Werthe von N_1, N_2, N_3 geben den Winkel $o\omega = 111^0\ 19'\ 0'',53$ nach der Formel $\cos W = \frac{N_3}{\sqrt{N_1 N_2}}$. Bildet man ferner die dreigliedrigen Coefficienten von da, db, dc, so erhält man:

	0,71392496		0,72323422		0,35559467
	0,71418233		0,72364835		— 0,35720834
	0,23284087		— 3,98007605		0,00234197
$\Sigma(AN)$	1,66094816	$\Sigma(CN)$	— 2,53319348	$\Sigma(EN)$	0,00072533

Man überführt schliesslich die Differenzengleichung in die Form

$$\Delta W = \Phi_a da + \Phi_c dc + \Phi_\eta d\eta,$$

berechnet im vorliegenden Falle also:

$$\Sigma(AN) \times \text{cotang } 111^0\, 19'\, 0{,}''53 \times \frac{360 \times 60 \times 60}{2\pi} = -133688{,}009 = \Phi_a$$

$$\Sigma(CN) \times \text{cotang } 111\quad 19\quad 0{,}53 \times \frac{360 \times 60 \times 60}{2\pi} = +203894{.}277 = \Phi_c$$

$$\Sigma(EN) \times \text{cotang } 111\quad 19\quad 0{,}53 = -0{,}00028304 = \Phi_\eta$$

durch welche Zahlen die Beziehungen zwischen den dependent und independent Variabeln hergestellt sind.

Die Durchführung der analogen Rechnungen für die übrigen hier in Betracht zu ziehenden Combinationen (Zwillingswinkel müssen ausgeschlossen werden) giebt die Factoren der Differenzengleichungen, welche lauten:

$$\begin{aligned}
\Delta bm &= -120757{,}490\ da + 0{,}0\ dc + 0{,}00074201\ d\eta \\
\Delta bc &= -28741{,}148\ da - 81697{,}415\ dc + 0{,}20957300\ d\eta \\
\Delta e\eta &= -63692{,}118\ da + 217953{,}719\ dc - 0{,}00107263\ d\eta \\
\Delta o\omega &= -133688{,}009\ da + 203894{,}277\ dc - 0{,}00028304\ d\eta \\
\Delta mo &= +66809{,}615\ da - 101840{,}635\ dc - 0{,}24335140\ d\eta \\
\Delta mc &= +117{,}1064\ da + 0{,}00\ dc - 0{,}76515333\ d\eta.
\end{aligned}$$

In diesen Gleichungen bedeutet Δ die Differenz: Beobachtung minus Rechnung. Die gerechneten Werthe folgen aus dem Parametersystem $a^* b^* c^* \eta^*$ (1883), während die beobachteten Winkel den Messungsresultaten bei $t = 5^0$ C. oder bei $t' = 30^0$ C. zu entnehmen sind. Hierdurch ergiebt sich auf einfache Weise ein doppeltes System von Differenzengleichungen, deren Auflösung die wahren Parameter für $t = 5^0$ und $t' = 30^0$ liefert.

Die nachfolgende Gegenüberstellung von Beobachtung und Rechnung:

Flächensymbole	Beobachtet $t = 5^0$	Beobachtet $t' = 30^0$	Rechnung
$bm = 010 : 110$	— 55′ 12,″10	— 55′ 19,″21	49° 55′ 12,″16
$be = 010 : 122$	— 35 21,03	— 35 13,27	50 35 21,03
$e\eta = 122 : \bar{1}22$	— 14 21,74	— 14 58,10	95 15 18.07
$o\omega$ — 111 : $\bar{1}\bar{1}1$	— 18 36,23	— 19 2,25	111 19 0.53
$mo = 110 : 111$	— 18 47,43	— 18 38,22	34 19 14,06
$mc = 110 : 001$	— 56 2.29	— 56 4.75	89 56 2,29

liefert die Differenzen zwischen Beobachtung — Rechnung (letztere R^* basirt auf $a^* b^* c^* \eta^*$):

	ΔW für $t = 5^0$:	ΔW für $t' = 20^0$:
Δbm	— 0,"06	+ 7,"05
Δbe	0,0	— 7,76
$\Delta e\eta$	— 56,33	— 19,97
$\Delta o\omega$	— 24,30	+ 1,72
Δmo	— 26,63	— 35,84
Δmc	0,0	+ 2,46
	$\Sigma\Delta^2 = 4473$	$\Sigma\Delta^2 = 1802$

welche Zahlenwerthe in die obigen Differenzengleichungen alternirend einzusetzen kommen.

§ 5. **Das Parametersystem des Brookit und dessen relative Volumänderung.** Die Auswerthung der im vorigen Paragraphen entwickelten Differenzengleichungen muss so erfolgen, dass die Summe der Fehlerquadrate ein Minimum ist. Deshalb müssen nach bekannten Principien die drei Hauptgleichungen gebildet werden (m bedeutet hier den Stellenzeiger):

$$\Sigma(\Delta^m \Phi_a^m) - \Sigma(\Phi_a^m \Phi_a^m)da - \Sigma(\Phi_a^m \Phi_c^m)dc - \Sigma(\Phi_a^m \Phi_\eta^m)d\eta = 0$$
$$\Sigma(\Delta^m \Phi_c^m) - \Sigma(\Phi_c^m \Phi_a^m)da - \Sigma(\Phi_c^m \Phi_c^m)dc - \Sigma(\Phi_c^m \Phi_\eta^m)d\eta = 0$$
$$\Sigma(\Delta^m \Phi_\eta^m) - \Sigma(\Phi_\eta^m \Phi_a^m)da - \Sigma(\Phi_\eta^m \Phi_c^m)dc - \Sigma(\Phi_\eta^m \Phi_\eta^m)d\eta = 0.$$

Als Beispiel der nothwendigen Rechnungsoperationen gebe ich im Nachfolgenden die Bildung des ersten Gliedes dieser Gleichungen:

Für $t = 5^0$ ist

$$\begin{aligned}
\Delta\Phi_a \ldots bm &= + \quad 7245,448 \\
\ldots be &= \quad 0,0 \\
\ldots e\eta &= + 3587777,690 \\
\ldots o\omega &= + 3248620,900 \\
\ldots mo &= - 1779140,600 \\
\ldots mc &= \quad 0,0 \\
\Sigma(\Delta^m \Phi_a^m) &= + \quad 506,450344 \times 10000.
\end{aligned}$$

Durch diesen Factor 10000 sind die Gleichungen 1 und 2 im Folgenden abgekürzt worden. Diese Rechnungsoperationen führen nun zu folgenden Resultaten:

$$t = 5^0\ C.$$

Geltung haben die Differenzengleichungen:

$$\begin{aligned}
+ \quad 506,450344 &= \quad 4180114,68\ da - 4559602,21\ dc \\
& \qquad - 2,2354635\ d\eta \\
- 1451,994870 &= - 4559602,21\ da + 10612252,59\ dc \\
& \qquad + 0,7369998\ d\eta \\
+ \quad 6,547704 &= - \quad 22354,63504\ da + 7369,998\ dc \\
& \qquad + 0,68860227 \cdot d\eta,
\end{aligned}$$

welche für das ursprünglich angenommene Parametersystem

$$a^* : b^* : c^* = 0,84148130 : 1 : 0,94238801 , \quad \eta^* = 90^0\, 5'\, 40{,}''69$$

die Correctionen liefern im Betrage von

$$da_5 = -\, 0,0000444401$$
$$dc_5 = -\, 0,000156592$$
$$d\eta_5 = +\, 9{,}''7410$$

woraus das wahre Parametersystem für diese Temperatur $t = 5^0$ folgt zu

$$a^*_5 : b^*_5 : c^*_5 = 0,84143686 : 1 : 0,94223142, \quad \eta^*_5 = 90^0\, 5'\, 20{,}''43.$$

Die Gegenüberstellung der aus diesem Parametersystem gerechneten Winkel und der Beobachtungen der »absoluten« Winkelwerthe lässt folgende übrigbleibende Differenzen erkennen.

	Beobachtung $t = 5^0$:	Rechnung a^*_5 . . .	Differenz:
bm	49° 55′ 12,″10	49° 55′ 17,″53	— 5,″43
be	50 35 21,03	50 35 37,07	— 16,04
$e\eta$	95 14 21,74	95 14 46,76	— 25,02
$o\omega$	111 18 36,23	111 18 34,52	+ 1,71
mo	34 18 47,43	34 19 24,75	— 37,32
mc	89 56 2,29	89 55 55,08	+ 7,21

$\Sigma\Delta^2 = 2359$; mittl. Fehler 15,″45.

Die Summe der Fehlerquadrate beträgt nur mehr die Hälfte der früheren Zahl (4473).

$t = 30^0$ C.

Für diese Temperatur gelten die Differenzengleichungen:

$$-\,198,04896 = 4180114,68\, da - 4559602,21\, dc - 2,2354635\, d\eta$$
$$-\,300,28693 = -\,4559602,21\, da + 10612252,59\, dc + 0,7369998\, d\eta$$
$$+\,5,2393313 = -\,22354,63504\, da + 7369,998\, dc + 0,68860227\, d\eta$$

deren Lösung die Correctionen liefert:

$$da_{30} = -\, 0,000143872$$
$$dc_{30} = -\, 0,0000903825$$
$$d\eta_{30} = +\, 3{,}''9085$$

die das ursprüngliche Parametersystem $a^*\ c^*\ \eta^*$ umwandeln in.

$$a^*_{30} : b^*_{30} : c^*_{30} = 0,84133743 : 1 : 0,94229763, \quad \eta^*_{30} = 90^0\, 5'\, 14{,}''60.$$

Für $t' = 30^0$ C. verbleiben noch folgende Unterschiede zwischen Beobachtung und Rechnung:

	Beobachtet $t' = 30^0$:	Gerechnet a^*_{30} . . .	Differenz:
bm	49° 55′ 19″,21	49° 55′ 29″,54	— 10″,33
be	50 35 13,27	50 35 33,37	— 20,10
$e\eta$	95 14 58,10	95 15 7,53	— 9,43
$o\omega$	111 19 2,25	111 19 1,33	+ 0,92
mo	34 18 38,22	34 19 12,70	— 34,48
mc	89 56 4,75	89 55 59,28	+ 5,47
		$\Sigma \Delta_2 = 2088$, mittl. Fehler	13″,45

Aus dem Vergleiche der für $t = 5^0$ und $t' = 30^0$ ermittelten Parametersysteme ergiebt sich nun auch die »relative« Aenderung der auf $b = 1$ reducirten Coordinaten. Diese Veränderungen sind für je 1 Grad Celsius

$$\left.\begin{aligned} \Delta a &= -\ 0,0000037728 \\ \Delta c &= +\ 0,0000028484 \\ \Delta \eta &= -\ 0'',2333 \end{aligned}\right\}; \quad b = 1 \quad \Delta t = 1^0.$$

Am Schlusse dieses Paragraphen soll noch hervorgehoben werden, dass durch die bisherigen Rechnungsoperationen nicht blos die relative Veränderung des Parametersystems erkannt worden ist, sondern dass erstere auch als ganz unparteiische Prüfung des Axenwinkels η gelten können, welcher thatsächlich von 90° verschieden sein muss, wodurch auch die monokline Ausbildung des untersuchten Brookitkrystalls neuerdings bewiesen ist.

Verallgemeinert man dies gewonnene Resultat, dann ergiebt sich für mittlere Temperaturen $t = 17^\circ,5$ C., bei welchen meist beobachtet wird, das folgende Parametersystem des Brookit Typus III:

$$a^0 : b^0 : c^0 = 0,84138714 : 1 : 0,94226452, \quad \eta^0 = 90^0\ 5'\ 17'',51;$$

η^0 unterscheidet sich von dem Mittel jener Zahlen, welche ich vor 10 Jahren publicirte:

Anzeig. Akadem. Wien 1873	$\eta = 90^0\ 6'\ 30''$
1876. Sitzb. Wien **74**, 21 aus vom Rath's Beobacht. abgeleitet	$\eta = 90\ \ 4\ \ 35$
	90 5 32

kaum um den Betrag von ¼ Minute*). Der Autor kann dies als ein Zeichen auffassen, dass seine ursprünglichen Angaben sich auch bei den übrigen Typen in gleicher Weise bewahrheiten werden**).

---

*) Eigenthümlicher Weise ergeben auch die Messungen eines Brookit von Tirol durch Herrn von Zepharovich (diese Zeitschr. **8**, 579): $ac + ca' = 2\ (90^0\ 4\frac{1}{2}')$.

**) Ich habe bisher nur ein einziges Mal am Brookit einen Winkel ac gemessen, der nahe gleich 90° war. Dieser Fall betrifft eine dünne Platte von Brookit aus dem Maderaner Thal, welche nach $0P$ entzwei brach, und auf dieser Bruchfläche, ausser den gewöhnlichen Anzeichen muscheligen Bruches, eine ganz deutlich ebene, einfache Sig-

Schliesslich könnte die Frage erhoben werden, ob nicht im vorliegenden Falle durch Repetition der Rechnung mit Einführung von $a^0\ c^0\ \eta^0$ statt $a^*\ c^*\ \eta^*$ sich wesentliche Aenderungen des Resultates ergeben würden. Allein voraussichtlich würde eine Wiederholung der Rechnung das Resultat nur in der letzten Decimalstelle verändern, indem die durch Rechnung ermittelten Winkelvariationen für das Temperaturintervall von 25° C. mit den beobachteten Differenzen vollkommen übereinstimmen. Die nachfolgende Tabelle enthält die beobachteten und gerechneten Winkel und deren Differenzen, sowie die Unterschiede dieser Differenzen in Secunden angegeben.

		bm	*be*	*eη*	*oω*	*mo*	*mc*
gerechnet	$t = 5^0$	17″,53	37″,07	46″,76	34″,52	24″,75	55″,08
	$t' = 30$	29,54	33,37	67,53	61,33	12,70	59,28
	Δr	— 12,01	+ 3,70	— 20,77	— 26,81	+ 12,05	— 4,20
beobachtet	$t = 5$	12,10	21,03	21,74	36,23	47,43	2,29
	$t' = 30$	19,21	13,27	58,10	62,25	38,22	4,75
	Δb	— 7,11	+ 7,76	— 36,36	— 26,02	+ 9,21	— 2,46
$\delta(\Delta b - \Delta r)$		— 4,90	+ 4,06	+ 15,59	— 0,79	— 2,84	— 1,74

Diese Tabelle zeigt deutlich, dass die gerechneten und beobachteten Winkeländerungen vollkommen im Vorzeichen und möglichst nahe im

---

nale reflectirende Partie — also Spaltung nach $0P$ — aufwies. Die gemessenen Winkel sind

$$ac = 89^0\ 59\tfrac{1}{2}',\quad a'c = 90^0\ 2'.$$

Herr Bücking hat an dem Krystall Nr. I von Ellenville U. C. (in Groth, Mineraliensammlung Univ. Strassburg S. 111) die Lage von $0P$ gegen a zwischen den Werthen 89° 57′ und 90° 3′ gefunden. Aber trotzdem ist dieser Krystall I in Beziehung auf die Lage der übrigen Flächen nicht symmetrisch gebaut. Dies erkennt man, sobald man den Winkel at = (100)(021), welcher (wenn prismatisch das System) 90° sein sollte, aus den angegebenen Messungen und Miller's ∞P berechnet. Es ist:

$$t'(0\bar{2}1)\begin{cases} a'(\bar{1}00) = 90^0\ 26'\ 40'' \\ a(100) = 89\ \ 32\ \ 40 \end{cases}\qquad \begin{matrix} 90^0\ 20'\ 50'' \\ 89\ \ 48\ \ 40 \end{matrix}\Big\}\ t(021)$$

$$'t'(0\bar{2}\bar{1})\begin{cases} a'(\bar{1}00) = 90\ \ 30\ \ 0 \\ a(100) = 90\ \ \ 4\ \ 45 \end{cases}$$

Interessant ist ferner noch der Krystall II, von dem Herr Bücking die Messungen nt veröffentlichte. Aus diesen Daten lässt sich, da ntn' eine Zone bilden, die Distanzen $'at,\ at'$ berechnen. Es ist:

$$'t(0\bar{2}1)\ .\ a(100) = 89^0\ 32'\ 18'',7\ ,\qquad t(021)\quad a'(\bar{1}00) = 89^0\ 32'\ 14'',5\ ,$$

d. h. die rechte t-Fläche ist absolut ebenso viel nach rückwärts aus der prismatischen Lage abgelenkt, als die linke t-Fläche nach vorn. Rechte und linke Hälfte dieses Krystalls lassen sich daher vergleichen mit den beiden Individuen eines Karlsbader Zwillings. Man wird sich hierbei an den von mir beschriebenen Brookit erinnern, der Zwillingsbildung nach 100 zeigt. Atlas der Kryst. Taf. 39, Fig. 15.

absoluten Werthe übereinstimmen*). Die relativ beträchtliche Differenz für $e\eta$ kann dadurch hervorgerufen sein, dass eine dieser Flächen, entgegen der Rechnungsannahme, nicht dem normalen Individuum I, sondern einer eingeschalteten Zwillingslamelle angehört. Wird $e\eta$ aus dem Endresultate ausgeschlossen, so resultirt ein mittlerer Fehler desselben von 2,"866.

§ 6. Lage der thermischen Axen. Zur Berechnung der Lage dieser zwei Linien in der Symmetrieebene wurden die bekannten Formeln Neumann's benutzt. Diese liefern die Indices der thermischen Linien in Bezug auf das ursprüngliche Parametersystem. Im vorliegenden Falle geben die Messungen nachstehende Resultate:

$$\varDelta A = \frac{c'}{a' \sin \eta'} - \frac{c}{a \sin \eta} \qquad \varDelta \alpha = \text{cotang}\, \eta' - \text{cotang}\, \eta$$

$$A = 1{,}11978965, \qquad \alpha = -0{,}0015534893,$$

$$\varDelta A = 0{,}00021143, \qquad \varDelta\alpha = +0{,}0000282644$$

$$\alpha\varDelta A = -0{,}000000328447, \qquad A\varDelta\alpha = 0{,}000031650419$$

$$m\mu = \frac{1}{A^2}\left(\alpha^2 - \frac{A\varDelta\alpha + \alpha\varDelta A}{A\varDelta\alpha - \alpha\varDelta A}\right) = x = -0{,}7811095$$

$$m + \mu = \frac{2}{A}\left(\alpha + \frac{\varDelta A}{\alpha\varDelta A - A\varDelta\alpha}\right) = y = -11{,}809636$$

$$m = \tfrac{1}{2}\left(y + \sqrt{y^2 - 4x}\right) = 0{,}065792 \quad \mu = \tfrac{1}{2}\left(y - \sqrt{y^2 - 4x}\right) = -11{,}875428.$$

Die Lage der thermischen Axen, bezogen auf das Parametersystem $a^*_5\ c^*_5\ \eta^*_5$ ist daher ausdrückbar durch die Indices für

$$m = \frac{1}{0{,}06579}\, a : \infty b : c, \qquad \mu = \frac{-1}{11{,}87542}\, a : \infty b : c,$$

und die Neigung dieser Linien gegen die morphologische Axe Z des Brookit beträgt für

$$m \ldots 85^0\ 41'\ 53'', \qquad \mu \ldots 4^0\ 18'\ 4''.$$

Die beiden Linien $m\mu$ sollen zu einander senkrecht sein. Von dieser Bedingung weicht das Rechnungsresultat 89⁰ 59′ 57″ nur um 3″ ab.

Die berechnete Lage der thermischen Axen spricht zu Gunsten einer Axenschiefe. A priori hätte man vielleicht erwarten können, dass, ohne Rücksicht auf das monokline Parametersystem, die thermischen Axen mit orthogonalen prismatischen Coordinaten dieses Minerals zusammenfallen.

---

*) Ich bemerke, dass zur Beurtheilung des Resultates nicht blos das Minimum der Fehlerquadrate, sondern auch der Gang der Vorzeichen entscheidend ist. $\Sigma \varDelta^2$ ist für $B_{30} - R_{30} = 2088$ etwas grösser wie für $B_{30} - R^* = 1802$. Allein diese letztere Zahl beweist nicht, dass deshalb R^* das wahre Parametersystem für B_{30} darstellt. Bildet man nämlich $\varDelta(R_5 - R^*)$, so erhält man die Differenzen für $bm = +5'',4$; $be = +16''$; $mc = -7'',2$; während beobachtet ward: $bm = -7'',1$; $be = +7'',7$; $mc = -2'',4$.

Dies trifft nicht zu. Die thermischen Linien differiren im Gegentheil weit mehr von solchen prismatischen Coordinaten, als die monosymmetrischen Parameter. Letztere 5¼ Minuten, erstere 4¼ Grad. Da in keiner Weise die Beobachtungen durch vorhergehende sogenannte Ausgleichrechnungen alterirt worden sind, so ist auch dies Resultat frei von jeder subjectiven Einflussnahme gewonnen worden.

§ 7. Absolute Ausdehnung des Brookits in der Richtung der morphologischen Parameter. Die Kenntniss der relativen Veränderung der Parameter sowie der absoluten Ausdehnung nach der Orthoaxe Y (§ 1) gestattet auch die wahre Dilatation des Brookits nach den drei Dimensionen zu berechnen. Weil der Axenwinkel η nur 5′ von 90° differirt und sich bei Temperaturschwankungen nur unwesentlich ändert, deshalb kann sein statthabender Einfluss auf den absoluten Werth der Ausdehnungscoefficienten vernachlässigt und letztere genau so berechnet werden, als wenn ein vollkommen trimetrischer Körper vorläge.

Mit Rücksicht auf den bekannten Werth (§ 1) $\alpha_b = 0{,}0000192029$ ergeben sich die absoluten Längen der Parameter:

$$a_5 : b_5 : c_5 = 0{,}84143686 : 1{,}0000000 : 0{,}94223142$$
$$a_{30} : b_{30} : c_{30} = 0{,}84174175 : 1{,}000480072 : 0{,}94275070.$$

Aus diesen vergleichbaren Längen von a und c erhält man die Ausdehnungscoefficienten:

$$\alpha'_a = \frac{0{,}00030489}{25 \times a_5}, \qquad \alpha'_c = \frac{0{,}00051938}{25 \times c_5}.$$

In Folge dessen gelten für mittlere Temperaturen 17°,5 C. und für $\Delta t = 1°$ C. die nachstehenden Dilatationscoefficienten des Brookits:

$$\alpha_a = 0{,}0000144938$$
$$\alpha_b = 0{,}0000192029$$
$$\alpha_c = 0{,}0000220489$$

Das thermische Schema*) des Brookits ist, berücksichtigt man nur die morphologischen Parameter,

$$\tau_a(\mathfrak{c}\,\mathfrak{b}\,\mathfrak{a}),$$

hingegen

$$\tau_a(100 : \mathfrak{b} : \mathfrak{a}) = 85^0\ 44'\ 56'',$$

wenn man im Schema selbst, ausser dem relativen Verhältnisse der Ausdehnungscoefficienten, auch noch die Lage der thermischen Axen angeben will.

---

*) Vergl. über dieses Schema Physikal. Mineral. 2, 356.

III. Rutil.

§ 1. Absolute Dilatation parallel der Hauptaxe. Fizeau*) hat die absoluten Ausdehnungscoefficienten an einem Krystall des Fundortes Limoges ermittelt. Er fand für die Dilatation parallel der Hauptaxe

$$\alpha^{lin}_{\vartheta=40} = 0{,}00000919, \qquad \frac{\Delta\alpha}{\Delta\vartheta} = 2{,}25,$$

für die Richtungen parallel den Nebenaxen

$$\alpha^{lin}_{\vartheta=40} = 0{,}00000714, \qquad \frac{\Delta\alpha}{\Delta\vartheta} = 1{,}10.$$

Die cubische Ausdehnung**) somit 0,00002347.

Da ich hingegen zu den goniometrischen Messungen nur Krystalle von Brasilien benutzen konnte, so musste ich den Ausdehnungscoefficienten für die vorliegende Varietät neu ermitteln.

Hierzu fand ich einen herzförmigen Zwilling [nach (301)] tauglich, welcher dünn, partiell durchsichtig war und markirte Streifensysteme parallel der Hauptaxe zeigte. Leider sind aber diese Streifensysteme nicht scharf abgegrenzt, sondern verschwimmen allmählich mit dem undurchsichtigen Theile, so dass deren Endpunkte, die gleichzeitig die Endpunkte der gemessenen Längen waren, nicht vollkommen scharf erscheinen. Vielfache Repetitionen verbürgen deshalb noch immer nicht die gewünschte absolute Genauigkeit.

Meine diesbezüglichen Beobachtungen waren folgende:

Parallel der Hauptaxe wurden folgende Längen bei t^0 C. gemessen:

t	l	t'	l'
$t = 3{,}7°$	2414,3 Mikron	$t = 30{,}2°$	2410,8 Mikron
4,2	1762,9	28,8	1763,0
2,5	3744,1	29,3	3743,9
6,1	2079,5	31,1	2079,2
5,7	1842,5	26,4	1842,5
$t = 4{,}44$	$l = 11840{,}3$	$t' = 29{,}16$	$l' = 11839{,}4$

Das Mittel dieser Beobachtungen entspricht einer kleineren Dilatation, als dem Stahl zukommt. Die Ausdehnung der Mikrometerschraube beträgt für das Temperaturintervall $t' - t = 24{,}72°$ und die Länge von $11840{,}3\,\mu$ bereits 4,333 Mikron. Beobachtet ward $-$ 0,900. Es ist somit die wirkliche Ausdehnung des Krystalls $3{,}433\,\mu$, welche bei der bekannten Länge und Temperaturdifferenz dem linearen Ausdehnungscoefficienten

$$\alpha_c = 0{,}000009943, \quad \Delta t = 1^0,$$

*) Fizeau, C. r. 62, 1146.

**) In der bekannten Zusammenstellung der Fizeau's Resultate (Pogg. Ann. 128) ist diese Zahl durch einen Druckfehler (2874) entstellt.

entspricht. Diese Zahl ist um 8% grösser als der von Fizeau angegebene Werth. Aber auch meine goniometrischen Bestimmungen verlangen eine relativ grössere Dilatation parallel der Hauptaxe, als sie aus dem von Fizeau ermittelten Verhältnisse $\alpha_c : \alpha_a$ folgen würde.

§ 2. Form des untersuchten Krystalls *a*. Dieser Krystall ist ein doppeltgewendeter*) Juxtapositionsdrilling nach $P\infty$ (vergl. Fig. 2), dessen Hauptindividuum I durch die Deuteropyramide $e(101)$ geschlossen ist, während das III. Theilindividuum theilweise verbrochen ist und nur verkümmerte Pyramidenflächen trägt. Die Messungen beziehen sich namentlich auf das Individuum I, dessen Flächen mit Stellenzeigern unterschieden sind, um die angularen Differenzen von der normalen Lage genau angeben zu können. Die im Nachfolgenden zusammengestellten Messungen wurden, wenn Secunden angegeben sind, mit Fuess grossem Instrument, sonst mit Oertling's Goniometer gemacht. Die gerechneten Werthe in der Columne II basiren auf den Angaben Miller's (32° 47,'3) und Kokscharow's (32° 47′ 20″) für den Winkel [001 : 101]. Die Differenzen zwischen Beobachtung und Rechnung ändern sich mit dem Index der anvisirten Fläche einerlei Form, daher war es nöthig, in Columne III die Zonenwinkel der Deuteropyramiden anzugeben. Diese wurden aus den Werthen der Columne I berechnet unter der Annahme, dass die Winkel der Prismenflächen vollkommen der tetragonalen Symmetrie entsprechen. Würden die Deuteropyramiden die gesetzmässige Lage im Raume haben, dann wäre deren Zonenwinkel immer 90°. Dies ist jedoch an diesem Krystall nicht der Fall. Beobachtet wurden die Flächen $e_1 e_2 e_3 e_4 (101) \ldots . h_1 \ldots h_8$ $(210) \ldots m(110)$. $\bar{h}_1$ ist die analoge Fläche des Zwillingsindividuums II.

Fig. 2.

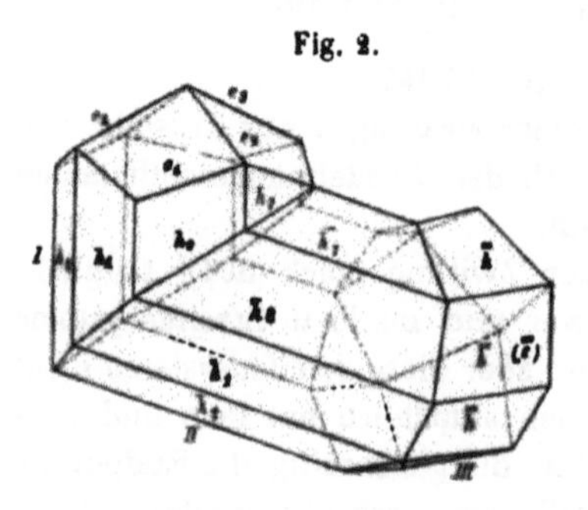

*) Dieser Zwillingskrystall zeichnet sich dadurch aus, dass die drei Individuen nicht in einer Ebene liegen, was sonst gewöhnlich bei den ringförmigen Juxtapositionszwillingen der Fall ist. Die Zwillingsflächen (bezogen auf das Individuum II) sind 101 und 0$\bar{1}\bar{1}$. Man kann dies für einen Beweis ansehen, dass Rutil pyramidal krystallisirt und thatsächlich die Combination (011)(101) die Form $P\infty$ bildet. Künftig wird man daher nach der gegenseitigen Lage der Einzelindividuen drei Ausbildungsweisen der Juxtapositionsdrillinge zu unterscheiden haben. Es können alle drei Hauptaxen, oder nur zwei derselben in einer Ebene liegen, oder schliesslich alle drei zu einander geneigt sein. Die beiden ersten Fälle begegnen uns im tetragonalen, letzterer im rhomboedrischen System (vergl. Rose-Sadebeck).

	I. Beobachtet	II. Berechnet	III. Zonenwinkel
[$e_1 : e_3$	65° 33,'2	65° 34' 40"	
[$e_2 : e_4$	65 33,6	-	
[$e_2 : e_1$	44 57	45 2 15,9	
$e_4 : e_1$	44 59 45"	-	
$e_3 : e_4$	45 0,5		
$e_3 : e_2$	45 8,5	-	$A_2CA_3 = 90° 16' 5'',7$
$e_1 : h_2$	75 57	75 59 3,7	$A_2A_1C = 89\ 57\ 20$
$: h_7$	76 1,5	-	$A_4A_1C = 90\ 2\ 30$
$: m$	112 29 35	112 31 7,9	
$e_2 : h_2$	61 0	61 1 43,0	$A_1A_2C = 89\ 56\ 0$
$: h_3$	61 6	-	$A_3A_2C = 90\ 9\ 58,5$
$: h_4$	76 3,5	75 59 3,7	$A_3A_2C = 90\ 5\ 5$
$e_3 : m$	67 26,5	67 28 52,0	
$: h_4$	61 3	61 1 43,0	$A_2A_3C = 90\ 2\ 59,5$
$: h_5$	60 59,5	-	$A_4A_3C = 89\ 54\ 50,5$
$: h_3$	76 4,5	75 59 3,7	$A_2A_3C = 90\ 7\ 1$
$: h_6$	75 57,5	-	$A_4A_3C = 89\ 57\ 59$
$: h_7$	{ 103 57,5 —76 2,5	-	
$e_4 : m$	67 30 26"	67 28 52,0	
$: h_5$	76 2	75 59 3,7	
$: h_6$	61 3,5	61 1 43,0	$A_3A_4C = 90\ 4\ 9$
$: h_7$	61 0,5	-	$A_1A_4C = 89\ 57\ 10,5$
$: h_3$	119 1,5	118 58 16,9	
$h_7 : h_6$	53 6,5	53 7 48,36	
$h_6 : m$	18 27	18 26 5,82	
$m : h_5$	18 26,5	-	
$h_5 : h_4$	53 8,5	53 7 48,36	
$h_4 : h_3$	36 53	36 52 11,64	
$h_3 : h_2$	53 7 35"	53 7 48,36	
$h_1 : \bar{h}_1$	28 2 15	28 1 50,08	

Die Fehler: Beobachtung — Rechnung bewegen sich in den engen Grenzen 0'—4' 2" und der mittlere Fehler beträgt nur 2' 13",1. Dieses Beobachtungsresultat in Bezug auf die Kantenwinkel ist vollkommen zufriedenstellend. Man könnte den Krystall für einen ausnehmend schön und symmetrisch gebauten Körper halten, würden nicht alle Differenzen zwischen Beobachtung und Rechnung in einem Sinne erfolgen. Schon die Betrachtung der Winkelcolonne lässt deutlich erkennen, dass die Deuteropyramiden gegen die je rechts und links angrenzenden Prismenflächen ungleich geneigt sind. Um diese Thatsache zu erklären, sind zwei Annahmen möglich. 1) Der Prismenwinkel wäre verschieden von 90°, der Krystall nicht tetragonal; dies würde einen Unterschied in der Lage von (120) und (210) bedingen. Es wäre aber dann nöthig, die bisher adoptirte Aufstellung zu ändern. Die neuen Symbole würden lauten: *e* (111), *m* (100), *h* (130) (310). 100 würde 110. Diese Hypothese lässt sich aber nicht ziffermässig prüfen, weil die Fläche 001 fehlt. Wäre letztere vorhanden, so würde es möglich sein, die Lage der Pyramiden und Prismenflächen vollkommen genau im Raume festzustellen. 2) Die zweite Annahme sieht von einer Aenderung des Parametersystems ab, und trägt nur den thatsächlichen Vorkomnissen Rechnung. Ist $\infty P = 90^0$, *e* eine Deuteropyramide, daher $\sphericalangle$ (101) : ($\bar{1}$01) $= 2[(101) : (001)]$, dann folgt aus den Beobachtungen, dass die Zonen der Deuteropyramiden gegen die Zone der Prismen nicht mehr normal sind, sondern dass deren Zonenwinkel $\gtreqless 90^0$ ist. Trägt man die gerechneten Zonenwinkel in die Projection ein, so zeigt sich eine gyroëdrische Austheilung von drei dieser Zonen, gegen welche sich die vierte Zone wie in gewendeter Zwillingsstellung befindet (vergl. Fig. 3). Bemerkenswerth ist, dass auch der zweite Krystall (siehe folgend) eine ähnliche ungewöhnliche Lage der Zonen besitzt.

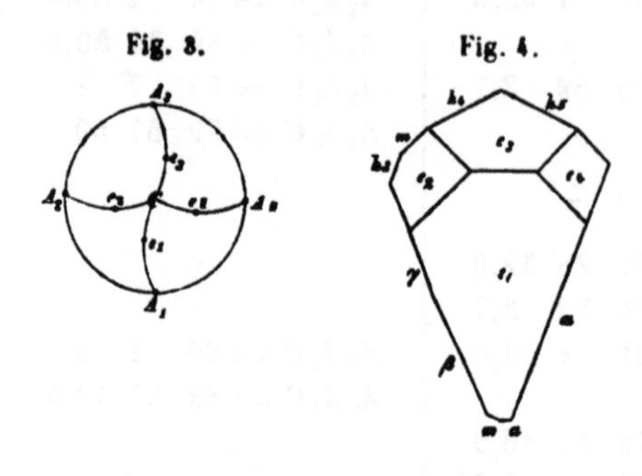
Fig. 3. Fig. 4.

§ 3. Form des Krystalls b. Der zweite benutzte Krystall ist säulenförmig, ohne Zwillingsbildung. Das untere Ende abgebrochen. Er ist flächenärmer als der im früheren § besprochene; seine Form ist hauptsächlich interessant*) durch das Vorherrschen von, bisher am Rutil noch nicht beobachteten, vicinalen Flächen (vergl. Fig. 4). Die Indices der beobachteten Flächen sind (die gewöhnliche Aufstellung beibehalten) e_1 (101) $e_2 e_3 e_4 \ldots h_5(\bar{2}10)\, h_3(\bar{1}\bar{2}0)$; $\alpha = (21.48.0)$; $\beta = (20.\bar{1}\bar{8}.0)$; $\gamma = (20.\bar{1}\bar{9}.0)$. Mit diesen Symbolen ward die Rechnung in Columne II geführt.

Die vicinalen Flächen erhalten keineswegs, wie man vielleicht hoffen könnte, einfachere Indices, wenn man die Deuterostellung mit der Proto-

*) Die Mehrzahl der von Brasilien stammenden Rutilkrystalle ist flächenarm. Nur Nr. 1278 in der Krystallsammlung des k. k. Hof-Mineraliencabinets zeigt einige neue Flächen, deren Auftreten für den Zonenverband des Minerals bemerkenswerth ist. Deren Bestimmung beruht wegen ihren minimalen Dimensionen auf Schimmermessungen.

stellung vertauscht. Adoptirt man diese zweite, mögliche Aufstellung*) des Krystalls, so sind die Indices der Flächen folgende: $e_1 = 1\bar{1}1$, $e_4 = 111$; $h_5 = \bar{1}30$; $\alpha = [100.39.0]$; $\beta = [41.\bar{1}\bar{0}\bar{0}.0]$; $\gamma = [42.\bar{1}\bar{0}\bar{0}.0]$. Mit diesen Indices sind die Winkel der vicinalen Flächen in der 3. Columne gerechnet. In dieser Spalte III finden sich auch Angaben, ob die Zonenwinkel $Z \gtrless 90^0$ sind (vergl. § 2):

	I. Beobachtet	II. Berechnet normale Stellung	III. Berechnet zweite Stellung
$e_1 : e_3$	65°33′ 42″	65° 34′ 40″	
$e_2 : e_4$	65 34 37	-	
$e_3 : e_4$	45 0 41	45 2 15,93	
$e_2 : e_1$	45 0,3	-	
$e_4 : e_1$	45 3		
$e_2 : e_3$	45 5	-	
$h_5 : e_1$	118 59	118 58 16,99	$Z > 90^0$
$: e_3$	60 59,5	61 1 43,01	$Z < 90$
$: e_4$	76 1,5	75 59 3,77	$Z > 90$
$: e_2$	103 56,5	104 0 56,23	$Z < 90$
$\alpha : e_1$	77 37	77 27 48,69	77° 25′ 49,″99
$: e_3$	102 30	102 32 11,31	102 34 10,01
$: e_4$	60 15	60 15 18,01	60 16 16,45
$\beta : e_1$	77 50	77 58 40,94	77 56 1,82
$\gamma : e_1$	78 5	78 11 27,92	78 11 1,89
$\gamma : e_2$	59 56	59 54 29,19	- 59 54 41,20
$h_5 : \alpha$	87 2	87 3 51,57	87 7 44,39
$: \beta$	139 20	139 11 5,70	139 16 17,73
$: \gamma$	138 49	138 46 6,70	138 46 58,43
$\alpha : \beta$	133 42 10	133 45 2,73	133 35 57,88
$\alpha : \gamma$	134 12 17	134 10 1,73	134 5 17,48

Ausser den bekannten Flächen *m, h, e, s, z*(221) findet man noch σ(441), ζ(531), τ(561). ζ wird durch die Zone $h\zeta zs$, τ durch die Zone $h\tau\sigma$ bestimmt.

	Beobachtet ward	berechnet
$h(120) : \zeta =$	15°	15° 37′
$: s =$	50 25′	50 $26\frac{1}{2}$
$'h(210) : '\zeta =$	16	15 37
$: 'z =$	25	24 25
$: s =$	50 27	50 $26\frac{1}{2}$
$h(120) : \tau =$	17	17 20
$: \sigma =$	$24\frac{1}{2}$	23 52

Fig. 5.

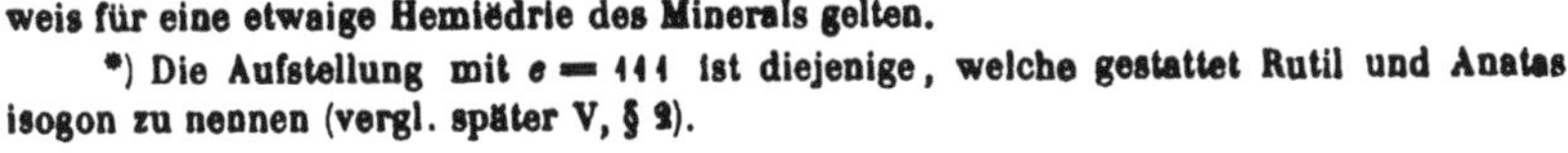

Die Austheilung der Flächen *z*, τ ist unsymmetrisch, doch kann diese vereinzelte Thatsache nicht als ein Beweis für eine etwaige Hemiëdrie des Minerals gelten.

*) Die Aufstellung mit $e = 111$ ist diejenige, welche gestattet Rutil und Anatas isogon zu nennen (vergl. später V, § 2).

Die Neigungen von h^5 zu $e_1 e_2 e_3 e_4$ geben ähnliche Zonenwinkel $\gtrless 90°$, wie sie am vorhergehenden Krystall constatirt sind. Leider sind die übrigen Flächen von ∞P und $\infty P2$ gestreift und deren Werthe nicht scharf bestimmbar. Deshalb können sie nicht zur Berechnung der Lage der Deuteropyramide herangezogen werden. Aus den Winkeln der Deuteropyramide zu h^5 folgt eine gyroëdrische Anordnung (Fig. 6) ersterer; hingegen entspricht die gegenseitige Neigung von ee trimetrischer Symmetrie.

Fig. 6.

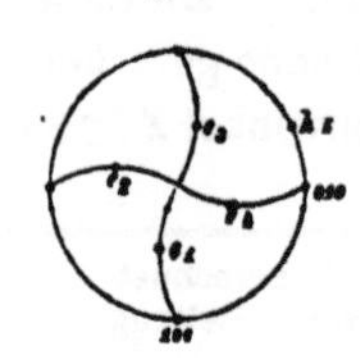

§ 4. **Vicinale Flächen verglichen mit Flächen in Zwillingsstellung.** Die im vorhergehenden § beschriebenen vicinalen Flächen gehorchen im Wesentlichen dem bekannten Gesetze für solche in einer Zone auftretenden Flächen. Sie besitzen das allgemeine Symbol $\infty P\frac{m}{n}$, worin $m = x \pm 1$; $n = y \pm 1$ ist. Dies zeigt ein Blick auf die Zahlenverhältnisse $\frac{18}{20}$, $\frac{18}{21}$, $\frac{18}{20}$, oder auf $\frac{11}{100}$; $\frac{12}{100}$. Im ersteren Falle wäre $\infty P\frac{13}{8}$, im zweiten $\infty P\frac{3}{2}$ die Limite, welche die Natur zu erzeugen anstrebte.

Das Auftreten von vicinalen Flächen ist am Rutil — im Gegensatz zu Anatas und Brookit — ein überaus seltenes. Daher musste vor allem die Frage beantwortet werden, ob hier wirklich vicinale Flächen, oder Folgewirkungen der Polydymie vorliegen. Im letzteren Falle wären diese vicinalen Flächen nichts Anderes, als Flächen eines, in Zwillingsstellung befindlichen, angelagerten Molekularcomplexes II. Es wären Flächen ursprünglich einfachster Indices, für welche nur wegen der Zwillingsstellung und des Beziehens auf das Hauptindividuum I complicirte Symbole resultiren. Die Zwillingsstellung musste mit parallelen Axen und nach einem möglichst einfachen Gesetze erfolgen. Der Autor hat versucht, diese Hypothese an der Fläche β zu prüfen.

Beobachtet ist: $(100) : \beta(20.\bar{1}8.0) = 67° 22' 48,''48$. »Vollkommen gleiche« Lage besässe die vordere Fläche des Deuteroprisma, wenn sie sich in Zwillingsstellung nach $(3\bar{2}0)$ befände. Es ist nämlich

$$(100) : (3\bar{2}0) = 33° 41' 24''$$

daher

$$(100) : (\overline{100})_{320} = 67 \quad 22 \quad 48$$

Ebenso ergäbe sich keine Differenz, wenn man annähme, dass β die seitliche Fläche des Deuteroprisma wäre, letzteres in Zwillingsstellung nach $(1\bar{5}0)$. Es ist nämlich

$$(0\bar{1}0) : (1\bar{5}0) = 11° \; 18' \; 35,''8$$
$$(0\bar{1}0) : (\overline{0\bar{1}0})_{150} = 22 \quad 37 \quad 11,5$$
$$100 : (\overline{0\bar{1}0})_{150} = 67 \quad 22 \quad 48,5$$

Zur Erklärung der Existenz von der vicinalen Fläche β sind daher zwei Hypothesen dienlich. Man kann für dieselbe entweder die abnorm hohen.

complicirten Indices, oder anderseits einfache Indices in Verbindung mit Zwillingsstellung des betreffenden Complexes annehmen.

Der Autor bemerkt, dass Websky in seiner grossen Arbeit über Quarz ebenfalls versucht hat, die Flächen mit complicirten Indices darzustellen als Flächen mit einfachen Symbolen, aber angehörend dem Individuum II.

§ 5. Beobachtete Winkeländerungen. Die bestreflectirenden Flächencombinationen beider Krystalle wurden benutzt, um durch deren Messung bei verschiedenen Temperaturen die relative Dilatation des Rutil zu ermitteln. Im Nachfolgenden sind die directen Mittel der Beobachtungsserien angegeben. Da nicht in jedem Falle die Mitte der Signale die markanteste Stelle des Reflexes war, aber gerade auf »letztere« eingestellt werden musste, deshalb sind die »absoluten« Werthe der Winkel in »diesen« Colonnen gelegentlich in den Zeilen S oder W etwas verschieden. S bedeutet die Benutzung des Kreuzspaltes als Signal, W hingegen die des Websky'schen Signals.

				Signal
Krystall *a*.				
$e_1 : e_4$	$t = 10{,}6$ C.	44° 59′ 57″	$t' = 35{,}15$ C.	44° 60′ 8″,7	S
	10,8	27,6	34,6	59 37,5	W
$e_1 : m$	$t = 10{,}2$	112 29 48,3	$t' = 33{,}6$	112 29 55,0	W
	10,7	18,4	34,2	23,6	S
$h_1 : \bar{h}_1$	$t = 4{,}9$	28 1 59,9	$t' = 27{,}9$	28 2 8,1	S
	4,6	2 19,1	27,3	2 27,6	W
Krystall *b*.				
$e_1 : e_3$	$t = 4{,}4$	65 33 35,86	$t' = 29{,}5$	65 33 50,8	S
	4,2	35,29	22,1	44,5	W
$e_4 : e_2$	$t = 7{,}24$	65 34 54,12	$t' = 31{,}84$	65 34 64,50	W
	9,32	13,83	32,42	25,36	S
$e_3 : e_4$	$t = 8{,}0$	45 0 38,0	$t' = 32{,}4$	45 0 47,2	S
$\alpha : \gamma$	$t = 9{,}0$	134 12 38,9	$t' = 32{,}2$	134 12 36,0	W
	8,85	11 56,3	30,7	11 56,4	S
$\alpha : \beta$	$t = 9{,}2$	133 42 10,3	$t' = 30{,}6$	133 42 9,9	W

Aus diesen Beobachtungen berechnet man für das Temperaturintervall $t' - t = 25^0$ C. folgende reducirte Werthe. Aus letzteren selbst kann man unter der Voraussetzung $\infty P = 90^0$ noch einige Daten ableiten; diese sind in der Liste durch ein vorgesetztes R (Rechnung) und Klammer kennbar gemacht.

	$t = 5^0$	$t = 30^0$	Δ
$\{ e_1 : e_4$	44° 59′ 39″,84	44° 59′ 50″,96	11″,15
$\{ R[e : 'e']$	65 34 17,40	65 34 34,62	17,22]
$h : \bar{h}$	28 2 9,59	28 2 18,73	9,14
$e_1 : m$	112 29 31,97	112 29 38,28	6,31
$R[e : e']$	44 59 3,94	44 59 16,56	12,62]
$*e_1 : e_3$	65 33 35,96	65 33 49,83	13,87
$*e_4 : e_2$	65 34 32,42	65 34 43,94	11,52
$\{ e_3 : e_4$	45 0 36,87	45 0 46,30	9,43
$* \{ R[e : e'']$	65 32 46,10	65 33 0,06	13,96]
$\alpha : \gamma$	134 12 17,81	134 12 16,34	— 1,47
$\alpha : \beta$	133 42 10,38	133 42 9,89	— 0,49

Die in der Columne Δ angeführten Differenzen zeigen nicht jene Gleichwerthigkeit, welche sie eigentlich in Folge des pyramidalen Systems besitzen sollten. Man bemerkt kleine Unterschiede, welche im Wesentlichen gleicher Art sind mit jenen, die bei den Messungen in mittlerer Temperatur (vergl. § 2. 3) bereits berücksichtigt wurden. Namentlich die vier Flächen e des Krystalls b sind sowohl durch die Winkel als auch durch deren Veränderung prismatisch differenzirt. Der Betrag dieser Verschiebung ist aber ein so geringer, dass die Lage des Protoprisma höchstens um ½ Minute dadurch alterirt würde.

§ 6. Die Ausdehnungscoefficienten des Rutil. Der Berechnung der Ausdehnungscoefficienten lege ich das Mittel der drei Beobachtungen am Krystall b (vergl. oben Tabelle *) zu Grunde. Demzufolge ist, mit Vernachlässigung der Bruchtheile der Secunden,

$$e : 'e' = 65^0\ 33'\ 38'' \quad t = 5^0, \quad t' = 30^0 \quad 65^0\ 33'\ 51'', \quad \Delta = 13'';$$

dies giebt die pyramidalen Parameterverhältnisse

$$t = 5^0\ \text{C.} \qquad a : a : c_5 = 1 : 1 : 0{,}64396900$$
$$t = 30^0\ \text{C.} \qquad a : a : c_{30} = 1 : 1 : 0{,}64401362.$$

Mit Benutzung des in § 1 ermittelten absoluten Ausdehnungscoefficienten α_c lässt sich aus diesen Zahlen die absolute Dilatation nach den Nebenaxen berechnen. Man erhält daher für den pyramidalen Rutil folgende Coefficienten

$$\alpha_a = 0{,}000007192 \qquad \Delta t = 1^0$$
$$\alpha_c = 0{,}000009943 \qquad \Delta t = 1^0.$$

Erstere Zahl stimmt vollkommen mit dem von Fizeau angegebenen Werthe überein, während, wie schon im § 1 angedeutet ward, sowohl die directe Volumsveränderung als auch die Winkelmessungen grössere

Dilatation parallel der Hauptaxe bemerken lassen, als dem von Fizeau gegebenen Werthe entspricht*).

Aus diesen Daten ergiebt sich folgende Gegenüberstellung:

	Gerechnet: $t = 5^0$	$t' = 30^0$	Δ''	Beobachtet: Δ''	
$e : {}'e'$	$65^0\ 33'\ 38''$	$65^0\ 33'\ 51''$	$+ 13''$	$e_1\,e_3$	$13'',87$
				$e_2\,e_4$	$11,52$
$e : e'$	45 1 10,34	45 1 18,70	+ 8,36	$e_3\,e_4$	9,43
				$e_1\,e_4$	11,15
$m : e$	112 30 35,17	112 30 39,35	+ 4,18	$e_1\,m$	6,35
$h : \bar{h}$	28 1 28,41	28 1 33,42	+ 5,01	$h_1 : \bar{h}_1$	9,14

Weil die Uebereinstimmung zwischen Beobachtung und Rechnung keine absolute, war es nothwendig die Hypothese zu prüfen, dass Rutil prismatische Symmetrie besitze. Unter dieser Voraussetzung ergäbe Krystall b für $t = 17^\circ,5$ folgende Werthe:

$$a^* : b^* : c^* = 1,00035821 : 1 : 0,64419595 \qquad \infty P = 90^0\ 1'\ 13'',9$$
$$\alpha^*_a = 0,000006976 \qquad \alpha^*_b = 0,000007480 \qquad \alpha^*_c = 0,000009943$$

Die Differenzen zwischen Beobachtung und Rechnung werden durch die Annahme dieser Zahlen in einzelnen Fällen zum Verschwinden gebracht**). Ich betrachte daher dies eben angeführte prismatische Axenverhältniss als die Limite, bis zu welcher sich die Distortion der Flächen und des Raumgitters von Rutil vollziehen kann, ohne dass hiedurch die ursprüngliche Symmetrie des Baues vollständig verloren ginge.

IV. Anatas.

§ 1. Contraction parallel den Nebenaxen. Zu den mikroskopischen und goniometrischen Messungen benutzte der Autor Krystalle von Brasilien der Form P, oder $0P, P$. An den durch das Vorherrschen von

---

*) Benutzt man die Fizeau'schen Ausdehnungscoefficienten

$$\alpha_a^{20} = 0,00000692 \qquad \alpha_c^{20} = 0,00000874$$

und Miller's Zahlen (001)(101) = 32⁰ 47′ 18″, so erhält man folgende Parameter für

$$t' = 5^0\text{ C.} \qquad a : a : c^*_5 = 1 : 1 : 0,64416786$$
$$t = 30 \qquad a : a : c^*_{30} = 1 : 1 : 0,64419630$$

und diesen entsprechen die gerechneten Winkel:

	$t = 5^0$ C.	$t' = 30^0$ C.	Δ gerechnet	Δ beobachtet
$e : {}'e'$	$65^0\ 34'\ 36''$	$65^0\ 34'\ 44'',36$	$8'',36$	$13'',0$
$e : e'$	45 1 47,65	45 1 53,08	5,38	9,4
$h : \bar{h}$	28 1 48,56	28 1 51,78	3,22	9,1

Beobachtete und gerechnete Differenzen stimmen hier nicht vollkommen überein.

**) Die Rechnung mit diesen Zahlen liefert beispielsweise

$$\begin{matrix} \alpha\gamma_5 = 134^0\ 12'\ 17'',86 \\ \alpha\gamma_{30} = 134\ 12\ 15,00 \end{matrix} \quad \Delta = -\ 2'',86; \quad \text{beobachtet } \Delta = -\ 1'',52.$$

$0P$ tafelförmigen Krystallen konnte nach Ueberwindung mancherlei Schwierigkeiten die Mittelkante der Pyramide zur Messung benutzt werden. Wegen der geringen Durchsichtigkeit der Körper musste mit auffallendem Lichte operirt werden, und dadurch vermindert sich beträchtlich die Sicherheit der Einstellungen. Der mittlere Einstellungsfehler steigt bis auf 1 Mikron und deshalb wurden 30fache Repetitionen vorgenommen, um das Resultat möglichst fehlerfrei zu erhalten. Gemessen ward:

Krystall I:	$t = 5^\circ{,}11$ C.	$l = 2768{,}6\ \mu$	$t' = 31^\circ{,}31$	$l' = 2768{,}4\ \mu$
Krystall II:	$t = 6{,}25$	$l = 2939{,}6$	$t' = 34{,}55$	$l' = 2937{,}4$
Mittel:	$t = 5{,}68$	$l = 5708{,}2$	$t' = 32{,}93$	$l' = 5705{,}8$

für $t' - t = 27^\circ{,}25$ ist die Dilatation der entsprechenden Länge der Mikrometerschraube 1,952 Mikron, daher die Beobachtung eine »Contraction« des Anatas in der Richtung der Nebenaxe anzeigt. Da sich 5708,2 Mikron verkürzen um 0,448 Mikron, so folgt hieraus der absolute Ausdehnungscoefficient

$$\alpha_a = -0{,}0000028801.$$

Die Nebenaxen verändern ihren Werth in folgender Weise:

$$a_5 = 1, \qquad a_{30} = 0{,}9999280.$$

§ 2. **Angulare Veränderungen. Absolute Dilatation nach der Hauptaxe.** Vollkommen ebene Flächen sind an diesem Mineral sehr selten; die Mehrzahl derselben convex. Auch reflectirt meistens nur eine der Pyramidenflächen scharfe Signalbilder, während die übrigen Flächen gestörte Reflexe geben. Dadurch beschränkt sich in höchst unangenehmer Weise die Ausnutzung des Beobachtungsmaterials. Gemessen ward:

Krystall I	$c : p$	$t = 3^\circ{,}5$ C.	$68^\circ\ 23'\ 4''{,}5$	$t' = 33^\circ{,}4$ C.	$68^\circ\ 23'\ 23''{,}65$
Krystall II	$p : {,}p{,}$	$t = 6{,}25$	43 8 55,5	$t' = 33{,}15$	43 8 16,9
Krystall III	$'p : p'$	$t = 6{,}3$	82 9 54,55	$t' = 34{,}4$	82 10 7,12

Reducirt man diese Beobachtungen auf das Temperaturintervall 25° C., berechnet ferner aus $p : {,}p{,}$ und $'p : p'$ die entsprechenden Werthe von $c : p$ [in Tabelle mit R bezeichnet und in Klammer gesetzt], so erhält man folgende Liste:

	$t = 5^\circ$	$t = 30^\circ$	Δ
$c : p$	$68^\circ\ 23'\ 5''{,}46$	$68^\circ\ 23'\ 21''{,}48$	$+ 16''{,}02$
{ $p : {,}p{,}$	43 8 57,15	43 8 21,42	$-$ 35,73
{ $R\ cp$	68 25 31,43	68 25 49,28	+ 17,86
{ $'pp'$	82 9 53,97	82 10 5,15	+ 11,18
{ $R\ cp$	68 19 57,70	68 20 13,80	+ 16,10

Zur Berechnung des Ausdehnungscoefficienten parallel der Hauptaxe wird das Mittel der drei für $0P : P$ erhaltenen Werthe benutzt.

$0P\ \ P\ \ t = 5^\circ$ C. $\ 68^\circ\ 22'\ 51''{,}53\ \ t' = 30^\circ$ C. $\ 68^\circ\ 23'\ 8''{,}19\ \ \Delta = 16{,}66.$

Diesem entspricht das Axenverhältniss

für $t = 5^0$ C. $a : a : c_5 = 1 : 1 : 1,7842171$

$t' = 30^0$ C. $a : a : c_{30} = 1 : 1 : 1,7846382$

und in weiterer Folge das sich ergänzende Paar der Ausdehnungscoefficienten

$\alpha_c = 0,0000066424 \qquad \Delta t = 1^0$

$\alpha_a = -0,0000028801$

Ferner berechnet sich hieraus

	$t = 5^0$	$t' = 30^0$	Δ	Δ beobachtet
$p : {,p,}$	43° 14′ 16″,94	43° 13′ 43″,62	— 33″,32	— 35″,73
$'p : p'$	82 11 54,26	82 12 5,86	+ 11,60	+ 11,18

Die Veränderungen der Winkel, welche die Erwärmung des Anatas hervorgerufen hat, können daher durch die ermittelten Ausdehnungscoefficienten mit grosser Genauigkeit dargestellt werden.

V. Ueber Trimorphie und Anordnung der Atome.

§ 1. Stammbaum der heteromorphen Körper. Seit Mitscherlich vermehrt sich die Zahl der bekannten polymorphen Substanzen von Jahr zu Jahr. Namentlich die wichtigen Untersuchungen von Groth, Bodewig, Lehmann, Klein, Trechmann, sowie anderseits von Gladstone, Landolt, Brühl, Janowski haben uns mit den physikalisch-morphologischen Eigenschaften solcher Substanzen vertraut gemacht. Dadurch sind aber gleichzeitig auch die alten Begriffe von Isomerie, Polymorphie unbestimmt geworden. Es treten wohlbegründete Vorschläge auf, die Wesenheit der Erscheinung im vollen Einklang mit den beobachteten Thatsachen richtiger zu bezeichnen. Diesen ist namentlich zuzuzählen die Aufstellung der Begriffe physikalisch metamer und polymer durch Lehmann*). Doch glaube ich den Verdiensten dieses Forschers nicht nahe zu treten, wenn ich bemerke, dass selbst die Benutzung dieser Begriffe noch nicht genügt, um alle heteromorphen Körper gleicher procentualer Zusammensetzung richtig bezeichnen zu können.

Ein Blick auf den Stammbaum der heteromorphen Gebilde einer Gruppe zeigt, dass unter günstigen Umständen eine sehr grosse Anzahl differenter Krystallformen auftreten kann, welche ihrer Wesenheit und ihrem Baue nach unterschieden werden müssen. Als ein instructives Beispiel bieten sich uns jene Substanzen dar, welche die gleiche procentuale Zusammensetzung $C = 78,5047$ %, $H = 8,4112$ %, $N = 13,0841$ % be-

*) Lehmann, d. Zeitsch. 1, 131. Programm Mühlhausen 1877, pag. 1. Der von Mallard (Soc. min. Paris 1882. 5, 231, d. Zeitschr. 9, 404) aufgestellte Begriff vrai dimorphisme ist ident mit Lehmann's physikalischer Polymerie. Dimorphisme apparent Mallard ist ident mit physikalischer Metamerie.

sitzen. Dieser Zusammensetzung entsprechen die folgenden, theils beobachteten, theils möglichen Körper:

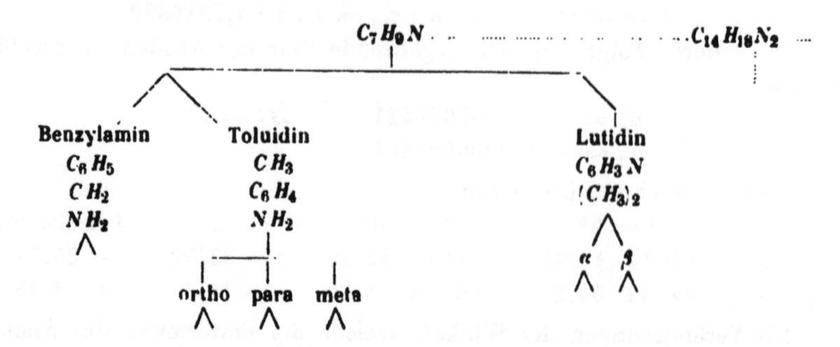

Bisher sind in dieser Gruppe sechs differente Substanzen beobachtet, welche, wenn es gelingt dieselben krystallisirt zu erhalten, auch verschiedene Formen zeigen werden. Wäre überdies noch Dimorphie (vrai oder apparent) vorhanden, so steigerte sich die Zahl der zu unterscheidenden Formen auf zwölf und — ist die Gruppe C_{14} H_{18} N_2 existenzfähig — auf eine noch weit höhere Zahl.

Um die Unterschiede zwischen den einzelnen Gliedern des Stammbaums auch im Namen festzuhalten, empfiehlt sich folgende Bezeichnung. Lutidin ist zu Toluidin und Benzylamin physikalisch allomer; Benzylamin und Toluidin heteromer; die aus »gleichen Atomgruppen« von verschiedener Stellung gebildeten Ortho-, Para-, Metaderivate physikalisch homöomer; während die Ausdrücke physikalisch meta- oder polymer in Lehmann's Sinne zu gebrauchen sind und zur Bezeichnung der dimorphen Abarten in dieser Gruppe hinreichen würden.

Die Gründe für diese Unterscheidung sind folgende: Alle neueren Beobachtungen — sowohl auf physikalisch wie auch morphologischem Gebiete*) — drängen zur Annahme des Begriffes Allomerie. Der Autor nannte**) 1867 jene Körper allomer, welche bei procentual gleicher Zusammensetzung aus ungleichwerthenden Atomen oder Atomgruppen der Grundstoffe bestehen. Ob diese Körperatome der Elemente durch die Art ihrer gegenseitigen Bindung, oder durch die innigere Vereinigung wechselnder Mengen der Gasatome zu einem Körperatom ihre verschiedenen Eigenschaften erhalten haben, mag vorläufig unbeantwortet bleiben. Der Begriff Allomerie wird verständlich, wenn man sich nicht blos die allotropen Modificationen der Grundstoffe, sondern auch deren verschiedenes Affinitätsverhalten gegen-

*) Siehe des Autors Vergleichend-morphologische Studien § 4, diese Zeitschrift 1884, 9, 273.

**) Schrauf, Physikal Min., 2, S. 170.

über anderen Elementen vergegenwärtigt; sich erinnert an Kohlenstoff und Graphiticon; an Ferrosum und Ferricum; an die optischen Werthe*) von $C'C''C'''O'O''N'N''H$; an die Gesetze der Steren..... Die bereits auf optischem Wege constatirten Gegensätze zwischen den Homologen des Anilin einerseits und des Picolin anderseits ermöglichen im obigen Beispiele mit Sicherheit Allomerie anzunehmen.

Eine geringfügige bis in die letzte Zeit übersehene Modification in der Qualität der Grundstoffe lässt sich an jenen Substanzen nachweisen, welche gewöhnlich chemisch metamere genannt werden. Janowski und namentlich Schröder**) haben in positiver Weise diese Thatsache sichergestellt. Solche Körper, mit minimaler Differenz der physikalischen Eigenschaften und gleichzeitig verschiedenem Baue des Radicals (einzelner Atomgruppen), sind physikalisch heteromer. Sind die Atomgruppen gleich, nur ungleich gelagert, so soll der Ausdruck physikalisch homöomer dies besagen.

Zur Erklärung einer so grossen Mannigfaltigkeit, die sich im Baue der Krystalle zu erkennen geben wird, ist es daher nöthig, nicht blos die mehrfache Lagerung der Moleküle im Partikel***) nach der Theorie der Raumgitter, sondern auch die intramolekulare Lagerung der Atome und Atomgruppen im Molekül zu Rathe ziehen. Obgleich auf dem Gebiete der Mineralogie die Isomerie meist nur zur Dimorphie führt, so werden doch auch hier nicht immer und überall die gleichen Gründe zur Erklärung der Erscheinung ausreichen. In zutreffender Weise hat bereits Groth Polymerie und Metamerie benutzt, um Anatas und Rutil, Cyanit und Andalusit zu unterscheiden.

Die nachfolgenden Seiten enthalten nun eine Discussion aller jener Erscheinungen, welche die Erklärungsgründe der Trimorphie von TiO_2 bestimmen. Durch Isogonismus und Atomvolumen wird Polymerie, durch die Dispersion Heteromerie angedeutet, und mit beiden stimmt die ermittelte Bauweise der Atome im Molekül überein.

§ 2. Isogonismus. Anatas mit Rutil auf Eisenglanz von Cavradi. Der partielle Isogonismus†) dimorpher Mineralien wurde durch

---

*) Gladstone, Deutsch. chemisch. Gesellsch., 1884, 2344.
Landolt, Wiedemann, Beiblätter, 7, 846, 1882.
Kolbe, J. f. pr. Chem., 7, 119, 1873.

**) Schröder, Wiedemann Annal., 18, 161, 1883.

***) Auch Mallard (Phénom. opt. anomaux 1877, S. 109) wendet den Ausdruck Partikel an. Ich benutze denselben seit Langem zur Bezeichnung der theoretisch kleinsten, sichtbaren Krystalltheilchen. In der Zukunft wird man auch die von Nägeli vorgeschlagenen Worte Amere und Particelle verwenden können.

†) Isogonismus bezeichnet die Gleichheit einzelner Zonen; Homöomorphie die Aehnlichkeit der Parameter bei den zu vergleichenden Substanzen. Isomorphie bleibe dann beschränkt auf chemisch verwandte Gruppen.

G. Rose 1831, Pasteur 1848, Müller und Ladrey 1852 erkannt*). Letzterer hat 1854 specielle Untersuchungen über die Aehnlichkeit der Winkel von Anatas, Brookit, Rutil veröffentlicht**). In der Arbeit hat er auch jene Aufstellung der Gestalten dieser Mineralien richtig angegeben, welche zur Erkennung des Isogonismus die zweckdienlichste ist. Die Analogien in einzelnen Zonen treten am deutlichsten hervor, wenn man die gewöhnliche Flächenbezeichnung des Anatas beibehält, das vordere Pinakoid a (100) des Brookit hingegen zur Basisfläche wählt***). Die Protopyramide s (111) des Rutil müsste hingegen mit dem Symbol der Deuteropyramide $P\infty$ bezeichnet werden. Unter dieser Voraussetzung sind die Parameterverhältnisse der drei Mineralien ausdrückbar durch die Zahlen:

Anatas	$a : a : c$	$= 1 : 1$	$: 1{,}78421$	a
Brookit	$c : b : 2a$	$= 1 : 1{,}061312$	$: 1{,}78602$	c
Rutil	$a : a : 2c'$	$= 1 : 1$	$: 1{,}821421$	c

Der partielle, schon aus dem Axenverhältnisse erkennbare Isogonismus zwischen Anatas und Brookit steigert sich bei einzelnen Vorkommnissen bis zur Formähnlichkeit. Diese vermag sogar die richtige Bestimmung unvollkommen entwickelter Krystallbruchstücke zu verhindern, und ich scheue mich nicht einzugestehen, dass ich einst durch diese Winkelähnlichkeit zu einer wahrscheinlich irrigen Angabe verleitet ward. Der Fall betrifft das 1870 beschriebene†) Vorkommen von angeblichem Brookit von Cavradi, eingewachsen in einer Höhlung des Eisenglanzes, auf dessen Basisfläche Rutil sitzt. Erst die Veröffentlichung vorliegender Zeilen bietet dem Autor passende Gelegenheit, seine älteren Messungen zu publiciren. Diese, in Verbindung mit der Betrachtung der eigenthümlichen Gestalt des Krystallfragmentes, geben

Fig. 7.

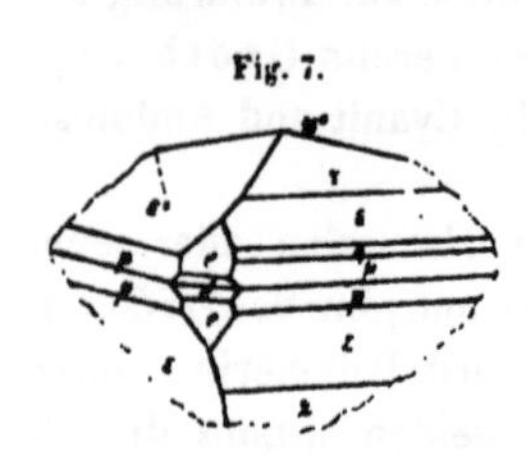

---

*) G. Rose, Pogg. Ann. **22**, 337. Pasteur, Ann. de chim. **28**, 267. Müller, Jahrb. f. Min., 1852, 618. Ladrey, Théses present. à la faculté d. Scienc., Paris 1852.

**) Ladrey, Mém. Acad. Dijon 1854.

***) Mallard (Phén. opt. anomaux 1877, S. 84) hat ebenfalls die Formen der drei Mineralien verglichen, jedoch die alten richtigen Angaben von Ladrey ignorirt. Deshalb erhielt ersterer ziemlich divergente Zahlenverhaltnisse Anatas 1 : 0,8885, Brookit 0,84 : 1 : 0,93, welche die Winkelähnlichkeit dieser Mineralien nicht erkennen lassen. Nur in dem einen Punkte hat bei Brookit Mallard vollkommen recht, dass — die Bezeichnung der jetzigen Pinakoidfläche 100 mit dem Symbol 001 zur zweckmässigten Aufstellung der Krystalle führe. Hatte ich in meinem Atlas Brookit als trimetrisches Mineral beschrieben, so wäre jedenfalls diese angedeutete Aufstellung wegen der Lage der Bissectrix zur Durchführung gelangt.

†) Schrauf, Jahrb. f. Min. 1870, S. 333.

sowohl Aufschluss über den Isogonismus zwischen Anatas und Brookit, als auch über die Gründe, welche die Bestimmung als Brookit veranlassten.

Das abgebrochene Krystallfragment wog 0,032 g, dessen Dichte war 4,1.

Beobachtet:	Anatas*) ~ gerechnet	~ Brookit:
58° 35′	$ee' = 58°\ 44'$	$xx' = 58°\ 36'$
18 40	$ed = 18\ 44$	$x:(106) = 18\ 42$
43 23	$pp' = 43\ 24$	$ee' = 44\ 24$
9 42	$p\eta = 9\ 8$	$e:434 = 9\ 16$
16 40—17° 15′	$p\varepsilon = 16\ 19$	$e:o = 17\ 0\frac{1}{2}$
28 42	$pz = 28\ 21$	$e:232 = 28\ 34$
40° 45′ 41 18	$pe = 41°\ 4'$	$ex = 39°\ 29'$
37 59	$e:(10.10.21) = 38\ 4$ $e:112 = 38\ 2$	$ox = 38\ 5$
81 10	$e':(10.10.21) = 80\ 53$ $e':112 = 79\ 59$	$ox' = 80\ 19$

Der Vergleich dieser**) Ziffern beweist wohl zur Genüge, dass die Winkel der Proto- und Deuteropyramide des Anatas in den Zonen ae und ax des Brookits wiederkehren. Die Differenzen zwischen diesen analogen Werthen sind geringer, als bei zahlreichen anderen isomorphen Species.

Organische Verbindungen, welche polymer sind, zeigen Isogonismus***). Man kann daher, wegen der oben besprochenen Winkelähnlichkeit, annehmen, dass in der Gruppe TiO_2 Polymerie herrscht.

§ 3. **Veränderung des Isogonismus durch Temperaturerhöhung.** Ladrey (l. c.) hat bereits die Hypothese aufgestellt, dass die Trimorphie von TiO_2 nur eine scheinbare wäre, zumeist hervorgerufen

*) Die Flächenbezeichnung von Anatas bezieht sich auf die Untersuchung von Klein (Leonh. Jahrb. f. Min. 1875, 354); $\eta = 223$, $\varepsilon = 112$, $z = 113$, $d = 301$. Die Zahlen für Brookit habe ich hier nach Miller gegeben.

**) Die Erklärung der linken Hälfte des Krystalls bietet aber auch bei der Annahme, Anatas läge vor, einige Schwierigkeiten. Die von allen Flächen am grössten entwickelte Pyramidenfläche ε^0 (vergl. Fig.) lässt sich weder mit (112), noch mit der von vom Rath an Anatas von Cavradi aufgefundenen Fläche (337) identificiren. Auch die einfacheren Symbole (5.5.11); (5.5.12) stimmen nicht mit den Winkeln, welche auf das complicirte Symbol (10.10.21) hinweisen. Noch grössere Schwierigkeiten bieten die rückwärts liegenden Flächen dar, für welche, selbst wenn sie auf Anatas bezogen werden, kein genaues Symbol angebbar ist. Die grösste dieser Flächen, in Figur u^0, ist vicinal zu $(\bar{1}04)$:

Beobachtet	Gerechnet (Anatas) $(\bar{1}04)$:
70° 55′	112 = 69° 52′
84 5	111 = 85 55
85 15	101 = 84 35

***) Autor: Vergleich.-morphologische Studien § 3. Diese Zeitschr. 9, 273.

durch eine ungleiche Abkühlung der bei verschiedenen Temperaturen entstandenen Mineralien. Auch Mallard hat angedeutet, dass die Temperatur von Einfluss wäre auf den symmetrischen Bau.

In den Abschnitten II, III, IV wurden die Ausdehnungscoefficienten für die Modificationen von TiO_2 bestimmt, daher lässt sich jetzt der Einfluss der Wärme auf den Isogonismus ermitteln und die Frage präcis beantworten: ob bei erhöhter Temperatur die Parameter dieser Mineralien gleich werden und die Trimorphie verschwindet? Die beobachteten Dilatationscoefficienten gelten strenge wohl nur für ein geringes Temperaturintervall, allein für diese Art von Rechnung genügen sie vollkommen. Ermittelt man mit ihnen die mögliche Volumsveränderung, so erhält man für höhere Temperaturen folgende Werthe der Hauptaxen:

bei 1000° C.	Anatas 1,80123	Rutil 1,82639.
Erst bei 3100° C.	Anatas 1,83697	Rutil 1,83682

hätten beide Körper nahe gleich grosse Werthe der Coordinate Z. Bei diesem Wärmegrade sind aber beide Mineralien nicht mehr in fester Form existenzfähig, da TiO_2 im Feuer des Knallglasgebläses schmilzt. Auch liegt die Temperatur, bei welcher Anatas auf pyrogenem Wege erzeugt werden kann, unter 800°.

Bei Brookit ändert sich die zu Anatas homöomorphe Axe im entgegengesetzten Sinne, sie wird relativ kleiner, und der Isogonismus verschwindet*).

Es ist bei 1000° C.

$$c : b : 2a = 1 : 1,05838 : 1,77284 \qquad \eta = 90^\circ \, 1\tfrac{1}{2}'.$$

Dies beweist, dass die Veranlagung der Form des Brookits schon ursprünglich verschieden von jener des Anatas war.

Damour constatirte eine Erhöhung des Volumgewichtes von Anatas durch das Glühen desselben, d. h. die Paramorphosirung in Rutil. Die vorhergehenden Berechnungen zeigen, dass eine solche Umwandlung mit tiefeingreifenden Aenderungen des atomistischen Baues verbunden sein muss, und dass in keiner Weise die angularen Veränderungen allein hinreichend**) sind, um durch sie die Paramorphose erklären zu können.

Soweit die bisherigen Beobachtungen reichen, besitzen auch die optischen Phänomene dieser drei Mineralien eine gewisse Constanz und sind durch Temperaturerhöhung nur sprungweise in einander überführbar.

*) Brookit, der nach Hautefeuille bei $t^0 = 750—950^0$ künstlich darstellbar ist, erhält erst bei höheren Temperaturgraden eine grössere Symmetrie. Die ermittelten Dilatationscoefficienten führen zu $\eta = 90^0$ bei 1400° C. und zu 1 : 1 : 1,50937 bei 20900° C.

**) Die statthabende Paramorphose des Aragonit in Calcit ist ebenfalls ein von den absoluten Werthen der Ausdehnungscoefficienten des Aragonit ziemlich unab-

Des Cloizeaux hat*) constatirt, dass Brookit durch Glühen nicht einaxig wird und dass als permanente Aenderung nur eine Vergrösserung von EE_ϱ eintritt. Da Des Cloizeaux keine Angaben in Beziehung auf die bekannte Kreuzung der Axenebenen machte, so hat der Autor diese Versuche wiederholt. Hierzu wurde eine kleine durchsichtige Platte von Tiroler Brookit verwendet, welche im Schneider'schen Axenwinkelapparat deutliche Kreuzung der Axenebene zeigte. Die [aus (EE Glas) gerechneten] Axenwinkel (in Luft) sind:

$$EE_{Li} = 52{,}^\circ 20 \qquad EE_{Na} = 29{,}^\circ 52 \qquad EE_{Th} = -\,32^\circ\,40'.$$

Diese Platte wurde zur Rothgluth erhitzt. Sie blieb vollkommen unverändert in Farbe**), Durchsichtigkeit, und Kreuzung der Axenebenen***). Eine geringe Vergrösserung von EE_ϱ war deutlich nach dem Erkalten zu constatiren. Die Messungen an der geglühten Platte ergaben:

$$EE_{Li} = 54{,}^\circ 30 \qquad EE_{Na} = 30{,}^\circ 40 \qquad EE_{Th} = -\,31^\circ\,20'.$$

Der Autor hat auch Anatasplatten wegen deren Veränderung durch Glühen geprüft. Bis zur Rothgluth erhitzt, werden sie zum Theil milchweiss undurchsichtig, zum Theil nur trüb wie von grauen Flocken und

---

hängiges Phänomen. Damit Aragonit in Calcit sich umwandle, ist die Hauptbedingung zu erfüllen, dass $\infty P = 60^0$ wird. Nun ist aber nach Lang (Berechnung Mitscherlich's Beobacht. Sitzb. Wien Akad., **33**, 586, 1858) $c/a = 0{,}622627\ (1-0{,}0000125\ t)$. Soll $\infty P = 60^0$ sein, so muss aus diesem Verhältnisse werden: $c'/a' = 0{,}57735$. Dieser Fall trete aber nach der früheren Formel erst bei 35000° C. ein.

Nicht ohne Interesse wird man sich hierbei an die Worte Humboldt's (Kosmos, 1845, **1**, 271) erinnern: »Es giebt, ohne dass ein flüssiger Zustand eintritt, unter gewissen Verhältnissen eine Verschiebbarkeit der kleinsten Theilchen eines Körpers, die sich durch die optische Wirkung äussert.«

*) Des Cloizeaux, Ann. des Min. 1862, **2**, 11.

**) Die Farbe solcher dünner Lamellen Brookits bezeichnet man nach dem Vorgange Grailich's und Lang's 1858 mit hell, blond; sie entspricht annähernd Radde orangegrau 34. t.

***) Auch diese Zahlen für EE sind nicht vollkommen dem Gesetze der Dispersion der optischen Axen folgend, obgleich sie nicht jene Abnormitäten zeigen, welche ich 1877 auf Grund sorgfältiger, wiederholter Beobachtung besprach, und zu welchen seither Tenne und Schumacher Analoga auffanden. Um hier die Abnormitäten zu erkennen, darf man nicht die scheinbaren EE vergleichen, sondern muss den innern Axenwinkel berechnen. Dies ist annähernd möglich, da man jetzt die extremsten Werthe von $\mu(TiO_2)$ kennt und deshalb den mittleren Werth aller für TiO_2 bestimmten Zahlen zu Hülfe nehmen kann. Es ist dies ω von Rutil, welcher sich überdies durch grosse Dispersion auszeichnet. Benutzt man folgende (vergl. § 6) Zahlen zur Reduction der Axenwinkel $\mu_{Li} = 2{,}56$, $\mu_{Na} = 2{,}62$, $\mu_{Th} = 2{,}67$, so erhält man

$$VV_{Li} = 19^0\,50' \qquad VV_{Na} = 11^0\,18' \qquad VV_{Th} = -\,12^0\,6'.$$

Ueberdies verhält sich

$$\lambda_{Li} : \lambda_{Na} : \lambda_{Th} = 670 : 589 : 534 \quad \text{und} \quad \lambda_{Li}^{-2} : \lambda_{Na}^{-2} : \lambda_{Th}^{-2} = 771 : 1 : 1{,}211;$$

Perlen durchschwärmt. Neuerdings geschliffen zeigte dann die Platte noch kleine Flecken durchsichtiger Substanz, welche, unter dem Mikroskop mit Condensor und $\frac{1}{4}$-Undulationsplatte geprüft, die ursprüngliche negative Einaxigkeit bewahrt hatten. Auch lässt sich unter dem Mikroskop kein Auftreten bestimmter krystallographischer, auf Rutil weisender, Contouren in diesem geglühten Präparate erkennen. Der Zustand meines Präparates ist am ähnlichsten einem Hydrophan, welcher benetzt war, und nun in Folge partieller Wasserabgabe beginnt trüb und undurchsichtig zu werden. Ob es späteren Versuchen gelingt, ähnlich wie Klein am Aragonit gezeigt hat, durch die Erwärmung in der That morphologisch orientirte Umsetzung der Anataspartikeln hervorzurufen, muss vorläufig unentschieden bleiben.

Die angeführten Thatsachen, sowie auch die Rücksicht auf das Atomvolum (vergl. § 4, zwingen zu folgenden Schlüssen: Anatas muss eine mehrfache Atomverkettung besitzen, welche doppelte Bindung durch Erhöhung der Temperatur gelöst werden kann. Dies ruft ein Zerfallen des Moleküls, sowie eine neue Gruppirung in einfacher Atomverkettung hervor, welche letztere die stabile Modification von TiO_2, der Rutil, schon ursprünglich besitzen muss.

man kann sich daher leicht von der Unregelmässigkeit im Gange des Axenwinkels bei Thallium überzeugen. Die Dispersion des wahren Axenwinkels kann nämlich allgemein dargestellt werden durch die Formel

$$VV_f = A \pm B\lambda_f^{-2},$$

oder zweckmässiger, da die Coefficienten leichter controllirbar wären, durch

$$VV_f = A \pm b\lambda_D^2\lambda_f^{-2},$$

wo A und b analog den Cauchy'schen Constanten zu ermitteln sind. Im vorliegenden Falle erhält man eine commensurable Reihe, wenn man den Durchgang des Axenwinkels durch 0° vergleicht mit Messungen am Limbus innerhalb der Intervalle 360—12° 6′ und 360° + 11° 18′. Man erhält dann die Reihe:

$Th = 12^0\ 6'$ $\quad Na = 11^0\ 18' + 12^0\ 6' = 23^0\ 24'$ $\quad Li = 19^0\ 50' + 12^0\ 6' = 31^0\ 56'$.

Dieser Reihe entspricht nun annähernd die Formel.

$$VV_f = 38^0\ 40' - 33^0\ \lambda_D^2\lambda_f^{-2},$$

welche die Zahlen liefert:

	gerechnet	aus den Beobachtungen
VV_{Li}	= 31° 44′ gerechnet,	während aus den Beobachtungen: 31° 56′ folgt
VV_{Na}	= 23 40	23 24
VV_{Th}	= 16 18	12 6

Die Curve der Beobachtung convergirt somit rascher, als der Cauchy'schen Dispersionsformel entspräche. Wenn in der letzterschienenen Arbeit Herr von Zepharovich den scheinbaren Axenwinkel und die ersten Potenzen der Wellenlängen als vergleichbare Grössen hinstellt, so ist hierfür eine theoretische Begründung wirklich dringend nöthig. Bisher ist man gewohnt, alle Dispersionserscheinungen mittelst, vom reciproken Werthe des Quadrats der Wellenlänge abhängiger Functionen zu berechnen.

§ 4. Atomvolumen heteromorpher Mineralien. Für die genaue Erkennung der Ursache der Dimorphie wäre vor Allem die Kenntniss des absoluten Molekulargewichtes der heteromorphen Körper nöthig. In erster Annäherung kann wohl das für feste Körper unbewiesene, für Gase aber massgebende Gesetz: dass das Atomvolumen einer constanten Zahl gleich ist, dazu benutzt werden, um das relative Molekulargewicht der allotropen Modificationen angeben zu können.

Benutzt man die Mittel der in Websky's Zusammenstellung aufgeführten Zahlen, so erhält man die Atomvolumina für

Anatas	$AV = 20{,}73$	$d = 3{,}86$
Brookit	$AV = 19{,}43$	$= 4{,}12$
Rutil	$AV = 19{,}00$	$= 4{,}21$.

Als einfachste und gleichzeitig symmetrische Polymerien, welche Gleichheit des Atomvolumen herstellen würden, empfehlen sich die Formeln*) für:

Anatas	$Ti_{40}O_{80}$
Brookit	$Ti_{43}O_{86}$
Rutil	$Ti_{44}O_{88}$.

Diese polymeren Formeln, erhalten auf Grund der unerwiesenen Annahme: die Atomvolumina seien gleich, — zeigen gewisse Eigenthümlichkeiten, die in der That mit den morphologischen Verhältnissen in Einklang stehen.

Die Atomzahl, welche Brookit besitzt ($Ti_{43}O_{86}$), weist gegenüber den durch 4 theilbaren Zahlen von Anatas und Rutil auf eine geringere Symmetrie, welche den Partikeln des ersteren Minerals eigen sein muss.

Anatas und Rutil befolgen, entsprechend obiger Voraussetzung, das Gesetz der**) polymeren Körper: sie zeigen Isogonismus. Anderseits spiegelt sich auch in der Anzahl der Atome die Vierzähligkeit des Systems, sie erinnert an die frühere Bezeichnung der tetragonalen Körper. Es könnte selbst aus der Zahl der Atome der Schluss gezogen werden, dass, bei isogoner Aufstellung, die Hauptaxe des Rutils grösser wie jene des Anatas sein müsse. Allein sobald man, ausgehend von einer gleichen Anordnung der in ungleicher Anzahl vorhandenen Atome, die relative Differenzirung der Axenlänge ermittelt, erkennt man auch alsogleich die Unzulänglichkeit dieser einfachen Hypothese. Bei gleichem atomischem Bau müssten sich die Hauptaxen von Anatas zu Rutil verhalten wie $40 : 44 = 1{,}784 : 1{,}943$, während thatsächlich das Verhältniss $1{,}784 : 1{,}821$ existirt. Hierdurch ist der Beweis erbracht, dass Anatas und Rutil keine gleiche Atomanordnung

*) Ich erinnere an Zinnsäure H_2SnO_3 und Metazinnsäure $H_{10}Sn_5O_{15}$.

**) Vergl. des Verfassers: Vergleichend-morphologische Studien, § 3.

besitzen: und dass die Atomanzahl für sich allein noch nicht die Vorausberechnung der Parameter gestattet.

Diese Discussion bewegt sich aber, so lange das wahre Molekulargewicht der festen Körper unbekannt ist, auf dem Boden der Hypothese. Ebenso wird es auch des Vergleiches mit zu diesen Mineralien isomorphen Körpern bedürfen, um allseits befriedigende Resultate zu erhalten. Allein es ist für den Fortschritt der Wissenschaft nicht zwecklos, auch die Consequenzen einer unbewiesenen Annahme nach allen Seiten hin zu erwägen. Daher betrachtet der Autor unter der Annahme »das Atomvolumen heteromorpher Körper sei gleich« noch die folgenden Beispiele. Die eben ausgesprochene Hypothese führt zu den Formeln:

$$Si_6\,O_{12} \text{ Quarz} - Si_5\,O_{10} \text{ Asmannit}$$
$$Ca_9\,C_9\,O_{27} \text{ Calcit} - Ca_{10}\,C_{10}\,O_{30} \text{ Aragonit.}$$

In beiden Fällen lässt sich aus diesen Formeln die mögliche Symmetrie der Gestalt erkennen. Die durch 3 theilbare Atomanzahl von Quarz und Calcit weist ganz genau auf deren System hin. Die polymeren Formeln dieser heteromorphen Substanzen besitzen daher eine ähnliche Symmetrie wie das System, in welchem diese Körper krystallisiren.

§ 5. **Das Krystallvolumen heteromorpher Körper.** Kupffer hat in seiner Preisschrift (S. 125 auf Beziehungen hingewiesen, welche zwischen Krystallwinkeln, Molekulargewicht und Dichte einzelner Substanzen bestehen sollten. Der Autor hat Phys. Min.) das geltende Gesetz mit den Worten angegeben: Atom — und — Krystallvolumen bei isomorphen Reihen sind parallelisostere Functionen. Die Thatsache, dass dimorphe Körper isogon sind, liesse vermuthen, dass eine Beziehung zwischen Atom- und Krystallvolumen auch bei solchen heteromorphen Substanzen existire. Die genaue Untersuchung einiger wenigen Fälle zeigt aber deutlich, dass keine Beziehungen zwischen Krystallvolumen und Dichte der dimorphen Körper nachweisbar sind. Ich wähle als Beispiel die isodimorphe Gruppe $As_2\,O_3$, $Sb_2\,O_3$. Das Krystallvolumen *) $Kr\,V''$ von Valentinit beträgt $= (4) \times 0{,}382 \times 1 \times (2) \times 0{,}344 = 8 \times 0.13141 = 1{,}05128$. Nahe gleich ist $Kr\,V''$ für Claudetit, während $Kr\,V'$ für Senarmontit und Arsenit $= 1$ ist. Die bekannte Dichte $d = 3.7$. $d' = 3{,}85$ (4.1 ?) oder $D = 5{,}25$, $D' = 5{,}56$ lässt nun folgende Gegenüberstellung zu:

$As_2\,O_3$	$Sb_2\,O_3$
$d' = d\,(1 + 0{,}0405)$	$D' = D\,(1 + 0.0601)$
$Kr\,V'' = Kr\,V'\,(1 + 0.05224)$	$Kr\,V'' = Kr\,V'\,(1 + 0.05128)$.

* Da die Dichte beider Modificationen nahe gleich ist, so müssen auch den Krystallvolumina nahestehende Zahlen entsprechen. Dies erreicht man durch eine zweckmässige Wahl der prismatischen Grundpyramide. Deshalb eben die Factoren $4a$, $1b$, $2c$.

In diesem Beispiele verhalten sich also die commensurablen Krystallvolumina direct. proportional den specifischen Gewichten, während doch Dichte und Volumen immer reciproke Werthe sein müssen. Hierdurch ist wohl bewiesen, dass keine »directen« Beziehungen zwischen Form und Volumgewicht bestehen.

Auch Kreutz hat einen wahren Beweis für die Existenz von Relationen zwischen Form und Dichte heteromorpher Körper durch seine Arbeit nicht erbracht. Trotzdem dieser Autor von scheinbar anderen Rechnungsprincipien ausging, die heteromorphen Modificationen mit dilatirten und contrahirten Körpern verglich, liegt doch seiner Arbeit nur meine Idee des Krystallvolumens zu Grunde. Seine Gleichung*) IX zeigt dies deutlich.

Kreutz setzt den Contractionscoefficienten für die Hauptaxe in der Combination

Brookit zu Anatas	$\delta = 0,6448$
Brookit zu Rutil	$\delta = 0,2335$,

wobei er dem Isogonismus, der seine Rechnung wesentlich erleichtert hätte, keine Rechnung trägt. Dass die Annahme einer irrationalen Volumsveränderung zu Krystallräumen führt, die dann der Dichte proportional wären, ist selbstverständlich. Der Herr Autor hat nur vergessen anzugeben, in welcher Weise diese Contraction durch die chemisch-morphologischen Constanten bedingt ist.

Nach dem Gesagten wird es Niemand Wunder nehmen, wenn auch in der Gruppe TiO_2 Dichte und Form in keiner directen Beziehung stehen. Berücksichtigt man bei der Berechnung des Krystallvolumens den Isogonismus (§ 2), so erhält man für

Anatas	$Kr\,V = 1,7842$	$d = 3,86$
Brookit	$Kr\,V = 1,8955$	4,12
Rutil	$Kr\,V = 1,8214$	4,21

Zahlen, welche zur nebenangestellten Dichte weder reciprok, noch überhaupt commensurabel sind. Ebenso ungünstige Zahlenverhältnisse liefert die Benutzung der gewöhnlich angegebenen Parameter dieser Mineralien.

Bei Abschluss dieses Paragraphs ist noch der Ansicht Mallard's über die Ursache der verschiedenen Dichtigkeitszustände von TiO_2 zu gedenken. Seine Worte**) lauten: — (Densité) — les variations sont en rapport avec celles de l'assemblage, la densité étant d'autant plus grande que le cristall resultant provient d'une fusion plus intime de reseaux composants . . . . .

*) Diese Zeitschrift, 5, 236. Die daselbst angegebene Function $c a_1^2$, worin $a_1 = \sqrt{ab}$, ist ident mit dem Krystallvolumen, da c die Hauptaxe, a, b die Nebenaxen sind. Das Krystallvolumen ist $\frac{4}{3}\pi(abc)$.

**) Mallard, Phén. opt. anom. 1877, p. 76 und 77.

ces reseaux sont de la même nature et ne diffèrent que par leur orientation dans l'espace ... à mesure que la température augmente ... la symmétrie augmente en même temps que la densité. Diese Erklärung ist in keiner Weise wohlbegründet. Man darf nicht vergessen, dass Anatas und Rutil gleiche Symmetrie und ungleiche Dichte haben, dass sich daher keineswegs erst durch Temperaturerhöhung die Symmetrie erzeugt. Man darf ferner nicht vergessen, dass, wenn man auch mit Mallard von reseaux und Raumgittern spräche, bei solchen Vergleichen entweder die Volumina der Krystallpartikel oder die Atomvolumina berücksichtigt werden müssen. Eine »fusion intime« beseitigt nur scheinbar die Schwierigkeiten einer Erklärung.

§ 6. **Refractions- und Dispersionsäquivalent heteromorpher Körper.** Die vorhergehenden §§ haben bewiesen, dass »eine« der Ursachen des Heteromorphismus die Polymerie sei. Ob aber die physikalische Qualität der in den heteromorphen Körpern vorhandenen Atomgruppen gleich ist, darüber entscheidet das Refractionsäquivalent, dessen Theorie der Autor begründet und dessen Verwendbarkeit nach allen Seiten hin derselbe zuerst gezeigt hat*) und anderseits das Dispersionsäquivalent. Mit Ausnahme Schröder's, welcher 1883 einige Zeilen der Dispersion

*) Heutzutage sind, ausser der allgemeinen Relation $\frac{a^2 - 1}{m'(1 + \beta_1 m')}$ von Ketteler (Wiedem. Ann., 18, 87, 1883) bereits fünf Formeln bekannt, welche mit grösserer oder geringerer Genauigkeit den Relationen zwischen Brechungsexponenten μ und Volumen V entsprechen. Newton's $(\mu^2 - 1)\,V$; Beer-Dulong $(\mu - 1)\,V$; Lorenz $(\mu^2 - 1)(\mu^2 + 2)^{-1}\,V$ und Johst $(V\mu - 1)\,V$; $(\mu - 1)(\mu + 2)^{-1}\,V$. Wenn letztgenannter Autor, (Wiedem. Ann., 20, 47, 1883) hervorhebt, ich habe früher nicht mit genügendem Beweismateriale gearbeitet, so kann ich nur bemerken, dass ich damals den Pfadfinder für alle ähnlichen Forschungen machte. Die »absolute« Constanz strebte ich damals viel weniger an, als die consequente Discussion aller Folgerungen, wie dies aus meinem Buche »Physikalische Studien 1867« wohl zu entnehmen ist. Ich habe daselbst S. 69 angedeutet, dass nicht blos das Volumen, sondern auch die Temperatur Einfluss besitzen kann. Die wichtigen Untersuchungen Stefan's beweisen diesen Einfluss deutlich (Sitzb. Wien. Akad., 1871, 63, II.). Trotzdem die von mir damals benutzte Formel nicht unanfechtbar ist, sind doch die gewonnenen Resultate beachtenswerth. Dass die in festen und flüssigen Körpern vorhandenen Grundstoffe sich nicht in allen Molekularcomplexen optisch gleichwerthig erweisen, habe ich zuerst, vor 20 Jahren, anzugeben vermocht. Gladstone und Landolt sind lange Jahre nachher (vergl. Deutsch. chem. Gesellsch. 1881, 2544; 1882, 846) zu denselben Resultaten gelangt. Selbst der von mir — einst in Ermangelung präciserer Worte — gewählte Ausdruck (freier, nicht an H und O enge gebundener Kohlenstoff besitzt grösseres Refractionsäquivalent), kommt neuerdings zu Ehren. Brühl hatte — natürlich ohne das mir gebührende Recht der Priorität zu wahren — Anfangs diese Eigenschaft einem »doppelt« gebundenen C zugeschrieben, um am Schlusse (Deutsch. chem. Gesellsch. 1881, 2553) gestehen zu müssen, »doppelte« Bindung bedeute nur eine »schwächere« Anziehung.

widmete, bin ich der Einzige, welcher dies genannte Phänomen in seiner Beziehung zur Körpermasse consequent studirte. Da es sich aber bei der Lichtzerstreuung*) um Functionen handelt, die behufs praktischer Verwerthung am Besten in Reihen aufzulösen sind, so kann wohl in Annäherung das zweite Glied der einfachen Cauchy'schen Formel**) als das massgebendste bezeichnet werden. Die statthabende Beziehung dieses Dispersionscoefficienten B zur Körperdichte hat der Autor bereits 1861 angegeben***) zu Bd^{-2} = Constante. Diese Constante, multiplicirt mit dem Atomgewicht, giebt das Dispersionsäquivalent. In der vorliegenden Untersuchung einer heteromorphen Gruppe kann von der Multiplication mit dem Molekulargewicht abgesehen werden und Bd^{-2} direct benutzt werden. Aus Utilitätsgründen verwende ich im Nachfolgenden die gleichbedeutende Quadratwurzel aus dieser Function zum Vergleiche, nämlich $\frac{\sqrt{B}}{d}$ = const. †).

Die Berechnung des Refractionsäquivalentes habe ich im Nachfolgenden mit drei Formeln, nach Newton, Beer, Lorenz vorgenommen.

Aehnliche Berechnungen heteromorpher Mineralien hat der Autor schon früher bei mehrfachen Gelegenheiten ††) durchgeführt. Im Wesentlichen ergab sich die Uebereinstimmung des Refractionsäquivalentes, daher Aehn-

*) Es ist hier jener wichtigen neueren Untersuchungen zu gedenken, die zu Functionen führen, welche theilweise von der Cauchy'schen Reihe verschieden sind. Namentlich wichtig sind alle Functionen $\mu^2 - 1 = f(\lambda^2)$, die theils von Ketteler (Wiedem. Ann., **12**, 365, 1881), theils von Lommel (ebend., **8**, 629, 1879) begründet sind; ebenso ist die neueste Dispersionsformel von Klerker (Wiedem. Beiblätter, 1883, 890) differenten Charakters.

**) In meinen physikalischen Studien 1867 habe ich ähnlich wie jetzt Ketteler und Lommel $\mu^2 - 1 = f(\lambda^2)$ gesetzt. Der Einfachheit wegen benutze ich hier, da die Resultate gleich bleiben, die gewöhnliche Formel $\mu = A + B\lambda^{-2}$.

***) Autor. Pogg. Ann. **112**, S. 591.

†) Dass das Dispersionsäquivalent $\mathfrak{R} = P\frac{B}{d}$ thatsächlichen Verhältnissen Rechnung trägt, beweist die vom Autor wiederholte Berechnung der neueren Beobachtungen von organischen Verbindungen. Deren chemische Metamerie (physikalische Heteromerie) giebt sich deutlich im Dispersionsäquivalent zu erkennen.

		A	$B\lambda_D^2$	$\mathfrak{R}$	$\mathfrak{m}$
C_3H_6O	Allylalkohol	1,39881	0,01464	8,217	16,42
	Propylaldehyd	1,35344	0,01012	7,233	15,61
	Aceton	1,34888	0,01026	7,419	15,71
$C_6H_{12}O_2$	Valeriansaures Methyl	1,38420	0,01549	16,415	30,85
	Buttersaures Aethyl	1,38580	0,01493	15,894	30,63
	Ameisensaures Amyl	1,38741	0,01528	16,291	31,06

Dieselben Folgerungen, zu welchen die mittelst Lorenz's Formel von Landolt berechneten [$\mathfrak{m}$] Refractionsäquivalente führen, gelten auch für das Dispersionsäquivalent $\mathfrak{R}$.

††) Autor, Pogg. Ann. 1862, **116**, 230, 231. Pogg. Ann. **129**, 619.

lichkeit der physikalischen Atome der Grundstoffe. Zu eben diesem Resultate führte auch die damalige Erörterung von Anatas und Rutil, welche sich auf meine Beobachtungen an Anatas und auf die Angaben von Pfaff stützte. Seitdem hat Klein die Brechungsexponenten des Anatas gemessen, Bärwald diejenigen des Rutil*). Erstere zeigen keine nennenswerthen Differenzen gegen des Autors ältere Beobachtungen, und es ist gleichgültig, welche Zahlenreihe man benutzt; hingegen sind die jetzt genau ermittelten Brechungsexponenten von Rutil vollkommen different von den Angaben Pfaff's. Hierdurch ändert sich aber auch das vor Jahren erhaltene Resultat. Es treten so bemerkenswerthe Differenzen auf, dass es nöthig ist, diesen Rechnungen einige Aufmerksamkeit zu schenken.

Anatas (Klein):		Rutil (Bärwald):	
$w_{Li} = 2,51477$	$\eta_{Li} = 2,47981$	$w_{Li} = 2,5671$	$\eta_{Li} = 2,8415$
$w_{Na} = 2,53689$	$\eta_{Na} = 2,49731$	$w_{Th} = 2,6725$	$\eta_{Th} = 2,9817$
$w = 2,43201 + 0,036362\,\lambda^{-2}$		$w = 2,37019 + 0,08651\,\lambda^{-2}$	
$\eta = 2,41421 + 0,028822\,\lambda^{-2}$		$\eta = 2,57958 + 0,11508\,\lambda^{-2}$	

Die mittleren Werthe sind:

	Anatas		Rutil	
	$A = 2,4206$	$B = 0,033848$	$A = 2,43999$	$B = 0,09603$
$d = \frac{1}{V} = 3,95$			$d = 4,15$	
$(A - 1)\,V$		0,3610		0,3470
$(A^2 - 1)\,V$		1,23694		1,19362
$(A^2 - 1)(A^2 + 2)^{-1}\,V$		0,15685		0,15007

Diese drei Formeln ergeben mit nahe gleicher Präcision die annähernde Identität der mittleren Refractionsconstante für Anatas und Rutil. Andere Resultate liefert hingegen die Dispersionsconstante:

$$\frac{\sqrt{B}}{d} = \frac{\sqrt{0,033}}{3,9} = 0,04658 \qquad \frac{\sqrt{0,09}}{4,15} = 0,07467.$$

Das specifische Dispersionsvermögen des Rutil ist um die Hälfte grösser wie jene des Anatas). Die Ursache der verschiedenen Dispersion von**

---

*) Klein, Leonh. J. f. Min. 1875, 348. Bärwald, d. Zeitschr. 7, 168.

**) Dieser Umstand unterscheidet wesentlich Anatas-Rutil von Calcit-Aragonit. Letztere Substanzen besitzen thatsächlich gleiche Refraction und nur geringe, nicht über 5 % betragende Unterschiede im Dispersionsaquivalent. Es ist hier kaum der Platz, auf solche schon mehrmals besprochene und trotz eventueller Abänderung der Formeln in den Endresultaten immer gleich bleibende Verhältnisse neuerdings einzugehen. Das oben erhaltene Resultat bezüglich Anatas und Rutil mag theilweise geändert werden durch die Einführung einer anderen Dispersionsformel: immer wird die schon aus den directen Beobachtungen ablesbare Erscheinung zu berücksichtigen bleiben, dass Rutil doppelt so grosse Dispersion als Anatas besitzt.

Rutil und Anatas muss in der Constitution der Atomgruppen gesucht werden.

Der Autor hat vor Langem nachgewiesen, dass der »freie« (vergl. vorhergehende Note) Kohlenstoff sich durch relativ grössere Dispersion auszeichnet. Neuere*) Untersuchungen haben dem Sinne nach gleiche, wenn auch dem Wortlaute nach anders formulirte Resultate ergeben. Auch ändert sich die Dispersion weit mehr als die Refraction. In ähnlicher Weise lassen sich auch die bei der polymorphen Gruppe TiO_2 herrschenden Verhältnisse erklären. Die in Anatas und Rutil vorhandenen Elemente besitzen gleiche physikalische Atome, da die Refraction beider Körper ident ist. Die verschiedene Dispersion zeigt hingegen an, dass die engere Bindung dieser Atome zu Atomgruppen in beiden Mineralien verschieden ist. Der weniger dispergirende Anatas muss inniger gebundenes Titan enthalten, als im Rutil vorhanden sein wird. Die einfachste Supposition ist daher

$$\text{Rutil } Ti\genfrac{}{}{0pt}{}{\diagup O}{\diagdown O} \qquad \text{Anatas } (TiO)O$$

wobei hier weder auf Polymerie, noch auf die verwandten isomorphen Substanzen z. B. SnO_2 ... Rücksicht genommen ist.

Da dem Gesagten zufolge in beiden Mineralien verschiedene Atomgruppen vorkommen, deshalb sind Anatas, Rutil heteromere Körper.

§ 7. Ableitung der heteromorphen Krystallformen von der Atomgruppirung. Der Autor hat in den vergleichend-morphologischen Studien seine Ideen über die Bauweise der Atome neuerdings veröffentlicht. Sie genügen jedenfalls, um das specielle Problem des vorliegenden Aufsatzes: die heteromorphen Formen des Titandioxydes, besprechen zu können. Schon 1866 hat der Autor sich bestrebt, mit Zuhülfenahme der aus dem Brechungsvermögen abgeleiteten Werthe ZG (d. i. optische Zahl und Grösse der Atome) die axiale Lage von Ti und O in Anatas und Rutil anzugeben und mittelst diesen Annahmen deren Parametersystem vorauszuberechnen. Thatsächlich befolgt man die einzig richtige Methode, um zur Kenntniss der Relationen zwischen Form und Inhalt zu gelangen, wenn man volumetrische Grössen der Atome einzuführen versucht, welche nicht auf morphologischem Wege gewonnen sind. Die absoluten Dimensionen der Elementaratome sind aber unbekannt, daher ist es nothwendig, durch vergleichend-morphologische Studien deren Einfluss auf die Form zu ermitteln. Der Autor will aber bereits Bekanntes nicht wiederholen, anderseits auch die Ableitung der Formen heteromorpher Körper auf, von jedem Leser controlirbare, Zahlen basiren; deshalb benutzt er auch im Folgenden eine gegen früher wesentlich verschiedene Deductionsmethode.

---

*) Vergl. Autor: Ueber das Dispersionsäquivalent des Kohlenstoffes. Wiedemann, Ann. 1884, **22**, 424.

Folgende Bedingungen sind nach den vorhergehenden §§ zu erfüllen: Anatas, Rutil, Brookit sollen polymer sein: die Austheilung der Atome so erfolgen, dass der optische Charakter $\underline{a}$ $\underset{+}{c}$ erkennbar ist; dem wechselnden Dispersionsvermögen von Anatas und Rutil ist Rechnung zu tragen, eventuell durch verschiedene Bindung der Atome (vergl. § 6). Da Metalle grosse Lichtverzögerung bewirken, so ist es wahrscheinlich, dass das Atom *Ti* auf die morphologische Hauptaxe $\underset{+}{c}$ des Rutil entfällt, hingegen die Atome *O*, *O* auf die Nebenaxen.

Diese Erwägungen sind massgebend für die nachfolgende Ableitung der Formen:

Rutil Ti_2O_4 $a : a : c = 1 : 1 : 0.644$

lässt sich durch nebenstehendes Schema der Anordnung der Atome im Molekül versinnlichen.

Auf die Hauptaxe $c = 0,644$ entfällt *Ti* oder $m(Ti)$
Nebenaxe $a = 1$ entfällt *O* oder $n(O)$

m und *n* sind unbestimmte Factoren 1, 2, 3, 4, welche erklärlicherweise von der Wahl der Grundpyramide abhängen.

Die Atometer*) sind daher von $[Ti] = 0,644$ wenn $m = 1$ gesetzt
von $[O] = 0,25$ wenn $n = 4$.

Diese Atometer von *Ti*, *O* ermöglichen die vollkommen genaue Ableitung der Parameter des Anatas aus der Atomgruppirung. Die Symmetrie der

*) Hervorgehoben muss werden, dass diese durch eine inductive morphologische Methode gewonnenen Atometer von *Ti*, *O* fast ident sind mit jenen Zahlen, welche auf Grund der Theorie des Refractionsäquivalents fur die Atomgrossen *ZG* derselben Elemente einst ermittelt wurden (Physikalische Studien 1867, S. 243 und Physikal. Min. 2, 165, 1868). Jetzt

$[O] = 0,25$; damals $ZG(O) = 12,25 = \frac{1}{4}(25 - 0,5)$
$[Ti] = 0,644$ $ZG(Ti) = 63 = (64,4 - 1,4)$

Diese Uebereinstimmung ist ein weiterer Beweis, dass die Refraction von den Atomwerthen der Elemente abhängt. Eine Thatsache, welche der Autor zuerst ausgesprochen und bis zu den äussersten Consequenzen verfolgt hat, und welche neuerdings Ketteler dadurch berücksichtigte, dass er die Masse des Korpers in seine Dispersionsformel einfuhrte.

Ferner muss bemerkt werden, dass der Atometer (*O*) hier zu 0,25 bestimmt, verschieden ist von der Zahl 0,033, welche die organischen Verbindungen der Santoningruppe erforderten (vergl. Autor, morph. Studien). Sie stehen im Verhaltnisse 8 : 1. Man wird sich daher der Erkenntniss nicht verschliessen konnen, dass die Korperatome der einzelnen Elemente wechselnde morphotropische Eigenschaften besitzen konnen und dass die Allomerie hierdurch ihre Wirkung aussert.

Form verlangt für Anatas gleiche Nebenaxen und die wichtigsten Veränderungen, namentlich wegen des optischen Charakters in der Richtung der Hauptaxe, welche wegen der grösseren Elasticität relativ metallärmer als Rutil sein soll.

Das einfachste Schema, welches diesen Bedingungen für Anatas Genüge leistet, ist $2(Ti_2 O_2) O_2$ oder $m(TiO)O$. Nebenanstehende Figur soll die Austheilung der Atomgruppen versinnlichen. Die Rechnung mit den oben ermittelten Atometern giebt:

$$a = [O] = 0,25$$
$$a' = [O] = 0,25$$
$$c = 2[TiO] = 2[0,644 + 0,25] = 2[0,894]$$

oder

$$a : a : c = 0,25 : 0,25 : 1,788 = 1 : 1 : 1(1,788) \text{ gerechnet}$$
$$1 : 1 : 1,784 \text{ beobachtet.}$$

Dem gerechneten Verhältnisse entspricht der Winkel $0P : \frac{1}{4}P\infty = 60^0 47'$, während der beobachtete Werth $0P : P\infty = 60^0\ 43\frac{1}{2}'$ ist.

Die Differenz zwischen Vorausberechnung und Beobachtung ist daher nur $3\frac{1}{2}$ Minuten*).

Brookit, welcher morphologische Differenzen mancherlei Art aufweist, bietet auch Schwierigkeiten dar betreffs der Erklärung seines atomistischen Baues. Die Bedingungen sind: Die Krystallaxe a soll wegen ☿ ähnlich Rutil sein; hingegen müssen die Coordinatenaxen b, c wegen nahe gleicher Dispersion (Axenwinkel) eine ähnliche Constitution oder Atomanzahl haben. In erster Annäherung erfüllt das Schema $Ti_6 O_{12}$ mit der nebenan gezeichneten Anordnung der Atome (eines Octanten des Raumes) diese Bedingungen, allein die Uebereinstimmung der beobachteten und gerechneten Parameter ist keine vollkommene. Brookit beobachtet:

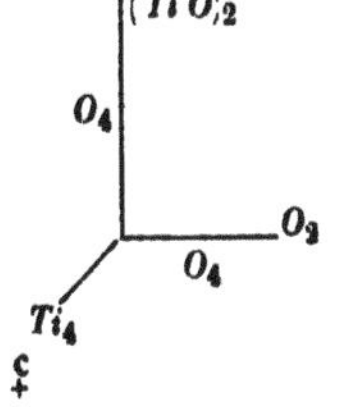

$$a : b : c = 0,842 : 1 : 0,942$$
$$= 2,524 : 3 : 2,8266$$

---

*) Als ein Curiosum in der Theorie der Vorausberechnung der Krystalle auf Grund der Atomzahlen ZG möchte der Autor das für »$Si O_2$« erhaltene Resultat bezeichnen (Phys. Min. 2, 169). Die Annahme einer axialen Austheilung dieser Elemente führte zu dem Winkel $60^0\ 24'$ für ∞P und zu $51^0\ 50'$ in der Zone $c : a$. Obgleich die Orientirung der Verticalzone nicht vollständig zutrifft, so stimmen doch desto besser die absoluten Werthe der gerechneten Winkel mit jenen Zahlen, die Groth (Tabellen, 2. Aufl., S. 33) für »Asmanit« angiebt, nämlich: $\infty P = 60^0\ 20'$ ($\Delta = 4'$); $(103)(001) = 51^0\ 50\frac{1}{2}'$ ($\Delta = \frac{1}{2}'$).

Das Schema ergiebt:

$$a \; [Ti_4] = 4(0{,}644) = 2{,}576 \qquad \text{beobachtet } 2{,}524$$
$$b \; [O_6] = 6(0{,}25) = \tfrac{1}{2}\,(3{,}00) \qquad - \quad 3{,}00$$
$$c \; [Ti_2 O_2 + O_4] = 1{,}788 + 1 = 2{,}788 \qquad - \quad 2{,}826$$

Die in den vorhergehenden Zeilen angenommene, geringst mögliche Anzahl von Atomen in einem Molekül — Anatas $Ti_4 O_6$, Rutil $Ti_2 O_4$ — ist nicht in Widerspruch mit jenen Formeln — Anatas $Ti_{40} O_{80}$, Rutil $Ti_{44} O_{88}$ — welche (§ 4) aus den Atomvolumen abgeleitet sind. Die im Partikel, auf welchen sich doch die Dichtigkeitsbestimmungen und daher auch die Atomvolumina beziehen, vereinigten Massentheilchen sind ja Summen der Moleküle, welche letztere in gesetzmässiger Anordnung, entsprechend ihrer, durch die intramolekulare Lagerung der Atome hervorgerufenen Polarität, netzförmig zusammentreten. Den genannten polymeren Formeln trüge nun eine Juxtaposition der einzelnen Anatas- (*A*) oder Rutil- (*R*) Moleküle nach folgendem, für beide Körper verschiedenem Schema vollkommen Rechnung:

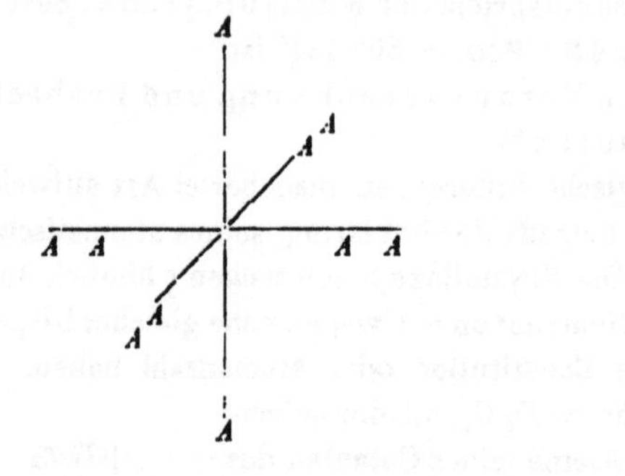

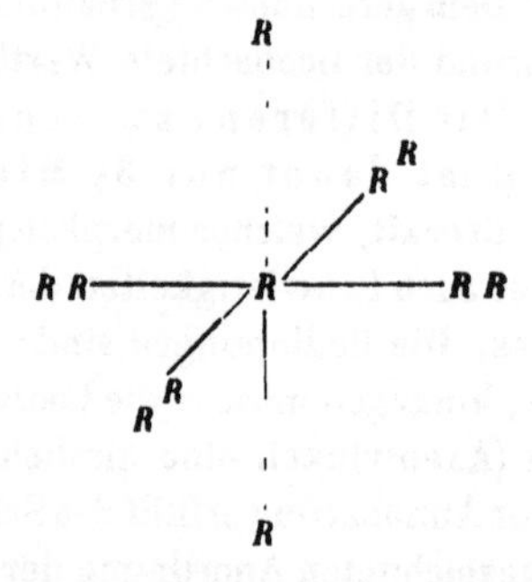

Anatas $10\,A = (Ti_{40} O_{80})$ Rutil $11\,R = Ti_{22} O_{44} = \frac{1}{2}(Ti_{44} O_{88})$

wobei nun jene Factoren (2 . . 4) eine Bedeutung erhalten, welche früher bei der Berechnung der Hauptaxe eingeführt wurden.

Die Existenz einer enge gebundenen Gruppe $(Ti\,O)O$ in Anatas macht ferner die Thatsache verständlich, dass durch Glühen dieses Mineral in die stabilere, und atomistisch einfachere Form $Ti <^{O}_{O}$ des Rutil überführt werden kann. Der Autor erklärt diese Paramorphosirung nur als einen Act der Dissociation der Atomgruppen.

Von diesem Gesichtspunkte aus sind auch die interessanten Fälle des »vrai dimorphisme« Mallard's (1882); d. i. die Erzeugung einer dimorphen Modification durch Erhitzen, erklärbar.

Alle diese besprochenen Thatsachen zwingen wohl zuzugestehen, dass die Hypothese einer intramolekularen Orientirung der Atome einige der vielfältigen Beziehungen zwischen Form und chemischem Inhalt aufzuklären im Stande ist.

Die vorliegenden Zeilen werden ihren Zweck erfüllt haben, wenn sie vermöchten, eine auf Zahlen, nicht aber auf Worte, basirte Discussion über die angeregten Fragen in Fluss zu bringen.

In Beschränkung auf das specielle Object der gegenwärtigen Untersuchung kann das Resultat verzeichnet werden: die morphologischen Verhältnisse der Mineralien der trimorphen Gruppe TiO_2 lassen sich schematisch darstellen, wenn man annimmt, dass Polymerie und Heteromerie gleichzeitig diese Körper beherrscht.

Wien, Mai 1884.

A. Schrauf.

Inhalt.

XXVI. Ueber die Polarisationsverhältnisse von senkrecht gegen eine optische Axe geschnittenen zweiaxigen Krystallplatten.

Von

Ernst Kalkowsky in Jena.

(Mit Taf. XIII.)

Seitdem man einmal erkannt hatte, dass auch bei den dünnen Mineralplättchen, wie sie in Dünnschliffen von Gesteinen vorliegen, die optischen Verhältnisse sich noch recht wohl zur Bestimmung verwerthen lassen, sind dieselben in immer steigendem Maasse wirklich beachtet worden. Vorwaltend gelangt die Orientirung der sog. Auslöschungsrichtungen zu den krystallographischen Flächen und Kanten zur Beobachtung. Nach unseren Lehrbüchern gehören die Krystalle zu einer von dreien, ausser Anderem durch optische Verhältnisse bestimmten Gruppen, je nachdem alle Schnitte zwischen gekreuzten Nicols bei der vollen Umdrehung der ersteren stets dunkel sind, oder nachdem sie nur in Schnitten senkrecht gegen eine oder gegen je eine von zwei Richtungen stets dunkel sind. Zu der letzten Gruppe gehören die Mineralien des rhombischen, monoklinen und triklinen Systems; planparallele Platten, senkrecht gegen eine optische Axe aus solchen Mineralien geschnitten, sind zwischen gekreuzten Nicols stets dunkel, welche Stellung die Ebene der optischen Axen auch gegen die Hauptschnitte des Nicols haben möge.

Diese Angabe findet sich in allen Lehrbüchern, auch in denen, die besonders für das praktische Bedürfniss der Verwerthung der optischen Erscheinungen in der Mineralogie geschrieben sind. Und doch ist diese Angabe für die Praxis eine völlig unrichtige, denn man kann sich leicht an einem Schliffe senkrecht gegen eine optische Axe eines Minerals ohne Hauptaxe unter dem Mikroskop davon überzeugen, dass derselbe zwischen gekreuzten Nicols bei der vollen Umdrehung nicht stets gleich dunkel, sondern im Gegentheil stets gleich hell ist.

In der Theorie freilich ist die Sache anders, da besteht jene Angabe völlig zu Recht, aber in der Praxis können die von der Theorie verlangten Erscheinungen nie zur Beobachtung gelangen, denn die Theorie erfordert die gleichzeitige Erfüllung folgender fünf Bedingungen: 1) es müssen die Platten völlig planparallel sein, vollkommen glatte Oberfläche haben und aus ganz reiner Substanz bestehen; 2) die Platten müssen absolut senkrecht gegen eine optische Axe 3) für absolut einfarbiges Licht sein; 4) das auffallende Licht muss aus absolut parallelen Elementarstrahlen bestehen; 5) das Mikroskop muss absolut fehlerfrei sein. Die Bedingungen 1 und 2 können zufällig erfüllt werden, die unter 3, 4 und 5 dagegen nie, am allerwenigsten bei der Art und Weise, wie dünne Mineralplättchen unter dem Mikroskop beobachtet werden. So führen in diesem Falle Theorie und Praxis zu völlig entgegengesetzten Resultaten, aber eben nur, weil wir die nach der Theorie nöthigen Bedingungen nicht erfüllen und nicht erfüllen können.

Fast in jedem Dünnschliff wird man einen oder mehrere Mineraldurchschnitte finden, die zwischen gekreuzten Nicols bei einer völligen Umdrehung, ohne dass Interferenzfarben auftreten, stets gleich hell bleiben, wenngleich die Intensität des Lichtes eine geringere oder bedeutend geringere ist, als zwischen parallelen Nicols. Verzwilligung parallel der Schlifffläche oder starke Drehung der Axenebenen für verschiedene Farben kann nicht die Ursache dieser Erscheinung sein; betrachtet man den betreffenden Durchschnitt unter dem Mikroskop im convergenten Lichte, so wird man isochromatische Curven um den Austrittspunkt einer Axe und einen dunkeln Balken sehen, oder wenigstens den letzteren allein, wenn der Schliff sehr dünn und die Doppelbrechung des Minerals eine schwache ist. Die Durchschnitte gehören also einem Minerale eines der Systeme ohne Hauptaxe an und stehen senkrecht gegen eine optische Axe. Die Untersuchung der optischen Verhältnisse eines solchen Durchschnittes ist ein specieller Fall der Untersuchung des Phänomens der inneren conischen Refraction.

Bei der genaueren Untersuchung der Wellenoberfläche optisch zweiaxiger Krystalle fand Hamilton, dass dieselbe an den Punkten, wo sie von der Richtung der gleichen Fortpflanzungsgeschwindigkeit beider Strahlen (der sog. secundären optischen Axe oder der optischen Axe für Strahlen) getroffen wird, eine trichterförmige Vertiefung besitzt; von einer Tangentialebene an eine optische Axe selbst wird die Wellenoberfläche nicht nur in zwei Punkten berührt, sondern in einer unendlichen Anzahl von Punkten, welche einen kleinen Berührungskreis bilden; zu der ebenen Welle gehören also nicht allein zwei Strahlen, sondern unzählig viele, welche zusammen die Oberfläche eines Kegels zweiten Grades bilden, dessen Basis jener kleine Berührungskreis ist; einer dieser Strahlen ist also die optische

Axe. Fällt ein Lichtstrahl in der Richtung einer optischen Axe auf eine senkrecht gegen dieselbe aus einem Krystall ohne Hauptaxe geschnittene Platte, so wird er beim Eintritt in den Krystall in einen hohlen Strahlenkegel getheilt, dessen Strahlen an der entgegengesetzten Seite parallel mit dem einfallenden Strahl als hohler Strahlencylinder austreten. Hamilton nannte diese Erscheinung »innere conische Refraction«, und durch ihn aufgefordert, hat Lloyd diese aus der Fresnel'schen Theorie der Doppelbrechung gefolgerte Erscheinung durch den Versuch bestätigt gefunden. Später hat A. Beer in einer Abhandlung im 85. Bande der Annalen der Physik und Chemie von Poggendorff, Seite 67 ff. die Polarisationsverhältnisse bei der inneren conischen Refraction untersucht. Diese Untersuchung ist dann in seine viel citirte »Einleitung in die höhere Optik«, Braunschweig 1853, S. 353 ff. fast wörtlich aufgenommen worden, leider ist aber gerade der für die Praxis wichtigste Satz fortgeblieben.

Lloyd und Beer haben ihre Versuche am Aragonit angestellt, der erstere mit Platten senkrecht gegen die Säulenzone, der andere mit solchen senkrecht gegen die optische Axe. Noch besser als der Aragonit eignet sich zu den Versuchen das dichromsaure Kalium. Dieses Salz kommt aus England in den Handel in grossen Krystallen, deren äussere Schichten sich sehr langsam abgesetzt haben und deshalb oft völlig reine Substanz aufweisen; die Spaltbarkeit nach dem Brachypinakoid ist vollkommen und fast senkrecht gegen diese Fläche steht eine optische Axe; Zwillingsbildungen sind nicht beobachtet worden. Da mit den leicht beschaffbaren Platten dieses Salzes ein Jeder die Versuche anstellen kann, so mögen die Erscheinungen der inneren conischen Refraction zunächst für dieses Salz genau beschrieben werden.

Prüft man eine 2—3 mm dicke Spaltungsplatte von grösster Reinheit im convergenten polarisirten Lichte, so sieht man das Ringsystem um die optische Axe nicht genau im Mittelpunkte des Gesichtsfeldes, weil eben die optische Axe nicht genau senkrecht auf dem Brachypinakoid steht, sondern um einige Grade geneigt. Deshalb wird die Platte von $K_2 Cr_2 O_7$ mit einem länglichen Stückchen Wachs an einem Stäbchen befestigt und letzteres von irgend einem Träger gehalten. Durch Drücken und Biegen des Wachses gelingt es leicht, den Austrittspunkt der optischen Axe in das Centrum des Gesichtsfeldes zu bringen. Die Platte wird so hoch über dem Objecttisch des Mikroskopes gehalten, dass man letzteres eben bequem darunter hinwegziehen kann. Statt des unteren Nicols setzt man in den Schlitten ein möglichst kleines Diaphragma ein, das nur nur so wenig tief in die Hülse eingedrückt wird, dass seine Oberfläche noch über den Tisch des Mikroskopes emporragen kann. Auf das Diaphragma legt man ein Blättchen Stanniol mit einem winzigen runden Loche möglichst so, dass das Loch in die Mitte des Gesichtsfeldes des Mikroskopes zu liegen kommt. Das Loch im Stanniolblättchen erzeugt man durch eine sehr feine Nadelspitze auf einer ebenen Unterlage von Metall, also z. B. auf dem Objecttische des Mikroskopes. Nun zieht man das Diaphragma nach unten hinab, schiebt das Mikroskop unter die Platte von $K_2Cr_2O_7$ und hebt das Diaphragma möglichst hoch bis ganz nahe an die Platte. Der Tubus des Mikroskopes wird mit einem schwächeren Objectiv und einem beliebig starken Ocular ausgerüstet; bei einer gewissen Höhe des Focus des Mikroskopes über dem Stanniolblättchen erblickt man nun statt des runden Loches einen hellen Ring, wie Fig. 1, Taf. XIII, in dem die Intensität des Lichtes in der Richtung eines Radius nach innen und aussen schnell abnimmt. Da die Strahlen nicht senkrecht auf die Platte auffallen, so befindet sich der Lichtring nicht im Centrum des Gesichtsfeldes, sondern etwas abgelenkt.

Sind die Oberflächen der Platte an der Stelle der Beobachtung nicht ganz vollkommen rein, oder bestäubt man absichtlich die eine Seite, so erblickt man auf dem Ringe einzelne hellere Stellen, hellere Bilder des Loches im Stanniolblättchen, wie Fig. 2, Taf. XIII zeigt; es weist dies darauf hin, dass der Ring überhaupt dadurch zu Stande kommt, dass unzählig viele gleichhelle Bilder des Loches auf einem Kreise neben und über einander fallen.

Prüft man nun diesen Lichtring mit dem auf das Ocular aufgesetzten Nicol, so erkennt man, dass das Licht des Ringes polarisirt ist: der Ring ist an einer Stelle durch einen radial gerichteten dunkeln Balken mit verschwommenen Grenzen unterbrochen, wie Fig. 3, Taf. XIII zeigt, und dieser Balken dreht sich bei der Drehung des Nicols in demselben Sinne, aber mit der doppelten Geschwindigkeit; bei einer Drehung des Nicols um 180° hat der dunkle Balken den ganzen Ring durchlaufen. A. Beer hat bereits nachgewiesen, dass die Auslöschungsrichtung für jeden Punkt des Ringes ein doppelt so grosses Azimuth haben muss, wie der Hauptschnitt des Nicols, von der Ebene der optischen Axen an gerechnet, und dass die Intensität auf dem Ringe von dem dunklen Balken aus nach beiden Seiten hin wächst bis zu der demselben gegenüberliegenden Stelle, wo sie das Maximum erreicht, gleichwie der dunkle Balken mit seinen verschwommenen Grenzen eine Folge der stetig bis Null abnehmenden Intensität des durch den Nicol dringenden Lichtes ist. Lässt man statt gewöhnlichen Lichtes durch den Polarisator, auf den man das Stanniolblättchen legt, polarisirtes Licht auf die Platte fallen, so erscheint in gleicher Weise ein dunkler Balken im hellen Ringe; in diesem Falle wird eben durch die Platte an einer bestimmten Stelle des Ringes das polarisirte Licht nicht durchgelassen. Wendet man Polarisator und Analysator zu gleicher Zeit an, so sind selbstverständlich die beiden dunkeln Balken von einander ganz unabhängig.

An den bisherigen Beobachtungen stimmen Theorie und Praxis recht wohl überein, wenigstens scheinbar; aber schon A. Beer macht l. c. S. 76 die Bemerkung, die er eben leider in seine »Einleitung« nicht aufgenommen hat, dass »das Licht, welches wir der conischen Refraction unterwerfen, divergirt. Wenden wir also z. B. gefärbtes Licht an, so findet sich unter den Strahlen des auffallenden Lichtkegels nur ein einziger, der sich zu einem Lichtringe ausbreitet. Jeder andere giebt zwei gebrochenen Wellen ihre Entstehung, die sich in Allem ungefähr so verhalten, wie zwei diametral gegenüberliegende Elementarwellen des Lichtringes, und der Complex aller dieser Wellen ist es, den wir beobachten.«

Der Vorgang wird für weisses Licht noch viel complicirter; die Folgen der Incidenz divergirender Strahlen hat Beer aber nicht weiter im Besonderen dargestellt. Dass auf dem zur Beobachtung gelangenden Lichtringe wirklich in dieser Weise zu einander gehörige gebrochene Wellen vorhanden sind, lässt sich experimentell auf folgende Weise erkennen. Zunächst erzeugt schon eine unreine Oberfläche fast stets zwei einander gegenüber liegende hellere Flecken, etwa wie in Fig. 2 der Taf. XIII; es gelingt aber auch, wenn die Sonne tief steht, mit Hülfe des Hohlspiegels so directes Sonnenlicht auf die Platte fallen zu lassen, dass man nur zwei um 180° von einander entfernte äusserst helle Bilder der Oeffnung auf dem Lichtringe erhält, deren Auslöschungsrichtungen senkrecht auf einander stehen. Durch gehöriges Neigen und Drehen des Hohlspiegels kann man diese sehr hellen Bilder auf die Endpunkte jedes Durchmessers des Lichtringes nach Belieben fallen lassen.

Wenn man ein Signal unter dem Mikroskop fixirt und dann eine das Licht stärker als atmosphärische Luft brechende Substanz zwischen Signal und Objectiv bringt, so muss man den Tubus heben, um das Signal wieder scharf zu sehen; findet Doppelbrechung im eingeschalteten Medium statt, so erhält man im Allgemeinen zwei Bilder des Signals, die man wegen der verschiedenen Fortpflanzungsgeschwindigkeit der beiden Strahlen in zwei verschiedenen Höhen zu suchen hat. Da nun auf dem Lichtringe auch gebrochene Wellen austreten, so muss man die Lichtquelle auch in zwei verschiedenen Höhen direct beobachten können. Das ist in der That der Fall. Bei verschiedener Stellung des Tubus beobachtet man Folgendes: Zieht man den Tubus des Mikroskops hoch empor und senkt ihn dann behutsam, so wird zunächst die Oberfläche der Platte in den Focus des Mikroskops gelangen. Hält man alles fremde, von oben und seitwärts einfallende Licht sorgfältig ab, so sieht man auf der sonst dunkeln Platte einen matten, kreisrunden Lichtfleck mit dunkler Randzone und hellerem Centrum, wie Fig. 4, Taf. XIII. Senkt man den Tubus weiter hinab, so wird der Lichtfleck immer kleiner und löst sich dabei in einen matten Ring und eine kreisformige hellere Partie mit noch hellerem Centrum auf, wie Fig. 5, Taf. XIII. Noch tiefer mit dem Focus herabgehend, werden Ring und Kreisfläche immer kleiner und heller, bis sich schliesslich der innere Kreis ganz auf das schon früher hellere Centrum, zu einem Fleck, zum Bilde der Lichtquelle, zusammenzieht, wie Fig. 6, Taf. XIII. Doch ist dieses centrale Bild nicht ganz scharf, vielmehr von einem Lichthof umgeben. Prüft man den Lichtfleck und den ihn umgebenden Ring mit dem Nicol, so zeigt der Ring den dunkeln Balken wie gewöhnlich, der centrale Lichtfleck aber bleibt hell bei jeder Stellung des Nicols, wie dies Fig. 9, Taf. XIII veranschaulicht, er bleibt hell auch zwischen gekreuzten Nicols.

Senkt man den Tubus noch tiefer, so öffnet sich der innere Lichtfleck zu einem wachsenden Ringe, wie Fig. 7, Taf. XIII zeigt. Prüft man die beiden Ringe mit dem Nicol, so tritt der dunkle Balken vom Centrum aus beide Ringe gleichmässig durchsetzend auf, wie in Fig. 8, Taf. XIII. Bei weiterer Senkung des Tubus wächst der innere Ring, der äussere nimmt ab — in einem Niveau werden also die beiden Ringe zusammenfallen müssen —, man sieht nun den hellen Lichtring wie Fig. 1 der Taf XIII, der oben Gegenstand der Besprechung gewesen ist. Es ist zu bemerken, dass schon Lloyd darauf aufmerksam machte, dass der Lichtring nicht genau kreisförmig, sondern ganz schwach elliptisch ist, wenn die optische Axe nicht genau senkrecht auf der Platte steht. Die Ellipticität ist aber auch bei dem Versuche mit dichromsaurem Kalium so gering, dass sie nicht beobachtbar ist. Der einfache helle Ring erscheint also da, wo der scheinbare Kegel der Strahlen an die eine Schale der Wellenoberfläche von dem umgekehrten scheinbaren Kegel der Strahlen an die andere Schale durchschnitten wird. Senkt man den Tubus noch mehr, so wächst der zuletzt im Wachsen begriffen gewesene Ring noch mehr, der andere zieht sich noch mehr zusammen, bis er zum Lichtfleck, zum verschwommenen Bilde der Lichtöffnung wird; auch jetzt verhält sich Lichtfleck und Ring so, wie es bei Beschreibung der Fig. 9 oben angegeben wurde. Geht man schliesslich mit dem Tubus noch tiefer, so wird der Lichtfleck wieder grösser, also etwa ähnlich wie Fig. 5, Taf. XIII.

Da die beiden scheinbaren Strahlenkegel verschieden spitz sind, so liegen die beiden Höhen, in welchen man je einen Ring zum Fleck zusammengezogen erblickt, verschieden weit entfernt von der Höhe, in welcher beide Ringe gleich gross sind und also zu einem zusammenfallen. Mit Hülfe der Mikrometerschraube kann man den Unterschied feststellen. Ueberhaupt könnte man auch bei dieser objectiven Beobachtungsweise den Winkel des Conus aus dem Durchmesser des Ringes und der Dicke der Platte berechnen, wie dies Lloyd bei objectiver Beobachtung durch Projicirung des Lichtringes auf einen Schirm gethan hat, doch ist diese Methode zu ungenau, für mich wenigstens, wegen der zu grossen Accommodationsfähigkeit meiner Augen. Wenn man die Brechungsexponenten einer Substanz kennt, so lässt sich der Winkel φ des Conus berechnen; Beer giebt die Formel an:

$\tang \varphi = \frac{\sqrt{(\gamma^2 - \beta^2)(\beta^2 - \alpha^2)}}{\alpha\gamma}$, wenn $\gamma > \beta > \alpha$ ist. Aus der Vergleichung des Ringes beim dichromsauren Kalium mit der des Ringes bei einer gleich dicken Platte von Aragonit ergiebt sich für ersteres ein noch grösserer Conuswinkel als für Aragonit, bei welchem er im Durchschnitt 1° 50′ beträgt; es eignet sich auch deshalb das $K_2 Cr_2 O_7$ ganz besonders zum Studium der inneren conischen Refraction.

Ferner steht bei diesem Salze die optische Axe in einer so günstigen Weise gegen die Spaltungsfläche geneigt, dass bei der oben erwähnten Anordnung des Versuches die Spitzen der scheinbaren Kegel in eine Linie fallen, gerade senkrecht auf dem Centrum des Lichtkreises. Schleift man aus irgend einem Krystall eine Platte möglichst genau senkrecht gegen eine optische Axe, so liegen die einfachen Bilder der Oeffnung an verschiedenen Stellen des Gesichtsfeldes, man erhält bei verschiedener Höhe des Tubus nie zwei concentrische Ringe und also auch nie nur einen einfachen Ring, unter der Voraussetzung, dass man eben nur genügend starke Vergrösserung anwende. Durch nicht genauen Parallelismus der angeschliffenen Flächen werden die beiden Ringe dann noch mehr gegen einander verschoben.

Da immer nur die optische Axe für eine Farbe senkrecht auf den Schliffflächen einer Platte stehen kann, die Axen für die anderen Farben aber dagegen geneigt sein müssen, so ist es nun noch nöthig, die Erscheinungen kennen zu lernen, welche sich zeigen, wenn man z. B. die Platte von $K_2 Cr_2 O_7$ aus der Stellung, in welcher der Lichtring möglichst gleichmässig ist, ein wenig herausdreht. Statt eines Ringes gewahrt man alsdann, bei gehöriger Einstellung des Tubus, zwei helle Lichtbögen, zwei Menisken etwa von der Form wie Fig. 11, Taf. XIII. Die Breite der dunkeln Stellen zwischen den Enden der Lichtbögen hängt ab von dem Winkel der einfallenden Strahlen mit der optischen Axe; je grösser derselbe wird, desto mehr ziehen sich die Lichtringe zusammen, bis sie schliesslich zu zwei einfachen Bildern der Lichtöffnung werden, wie es der Doppelbrechung entspricht.

Bei der Prüfung mit einem Nicol werden die Lichtbögen von einem dunkeln Balken durchlaufen, ganz ebenso wie der Lichtring; doch geht ihm ein schwächerer Schatten vor und nach, ein Schatten, der fast den ganzen Lichtbogen bedeckt, so lange der dunkle Balken auf demselben ruht. Es rührt dies daher, dass auf jeden Lichtbogen schon vorzugsweise gebrochene Wellen nur je eines Strahles fallen. Hebt man den Tubus des Mikroskops aus der Stellung, in welcher man die beiden Lichtbögen scharf und gleich hell sieht, so entsteht das Bild Fig. 12, Taf. XIII. Die innere Grenzcurve des unteren Lichtbogens der Figur hat nahezu die Form einer Cardioide Der helle Punkt, der die Spitze der Cardioide bildet, bleibt bei der Drehung des Nicols stets hell. Senkt man den Tubus, so erscheint der helle Punkt mit dem sich ausbreitenden Lichtschweif aus dem anderen Lichtbogen.

Dass statt eines Lichtringes zwei Lichtbögen erscheinen, ist wohl in erster Linie die Folge davon, dass von dem austretenden Lichtcylinder wegen seiner schiefen Stellung nicht alle Strahlen ins Auge gelangen. Wenn man im Grunde eines gläsernen Trichters ein kleines Licht anbringt und das Auge in der Axe des Trichters hält, so ist das Spiegelbild der Flamme ein Lichtring; sowie man die Axe verlässt, theilt sich der Ring in zwei Bögen. Ueberhaupt gestattet die innere conische Refraction in Vielem den Vergleich mit Reflexion auf einer conischen Fläche.

Es erübrigt nun noch, das Verhalten der Platte von $K_2Cr_2O_7$ im parallel polarisirten Lichte zu erörtern, wenn man nicht nur einen Punkt, sondern die ganze Unterfläche der Platte beleuchtet. Eine kleine Oeffnung im Stanniolblättchen erzeugt einen Ring; macht man die Oeffnung etwas grösser, so fallen die Centra der unendlich vielen Bilder auf einen Kreis, der eben so gross ist, wie der, auf den die Bilder der kleineren Oeffnung fielen; denn die Grösse dieses Kreises ist ja eine Function des Winkels des Strahlenconus in der Platte und der Dicke der letzteren. Der durch die grössere Oeffnung entstehende Ring wird also breiter sein, aber ein kleineres, dunkles Centrum haben; wird die lichtspendende Oeffnung noch grösser, und zwar ihr Radius grösser, als der Radius des Berührungskreises der Tangentialebene an die Wellenoberfläche, so fallen in das Centrum des Ringes Theile von den unendlich vielen Bildern. Dieses Centrum der lichten Kreisfläche, zu welcher der Ring durch Grösserwerden der Oeffnung sich ausgedehnt hat, wird bei Betrachtung mit einem Nicol nicht mehr von dem dunkeln Balken bedeckt; die Erscheinung ist in Fig. 10, Taf. XIII dargestellt. Betrachtet man die Platte zwischen gekreuzten Nicols, so kann also das Centrum des Lichtkreises nie verdunkelt werden, nur eine Schwächung der Intensität des Lichtes ist zu Stande gekommen, entsprechend den beiden dunkeln Balken, die auf dem Ringe durch die Nicols erzeugt werden. Auf die Dicke der Platte kommt es dabei gar nicht an; je dicker die Platte, desto schmäler ist der Ring im Verhältniss zu seinem Durchmesser; macht man also nur die Oeffnung entsprechend gross, so wird auch stets der Ring sich zu einer Kreisfläche ausdehnen. Betrachtet man also eine Platte von beliebiger Dicke zwischen gekreuzten Nicols bei Beleuchtung nicht nur einer grossen Oeffnung, sondern der ganzen Unterfläche, so wird dieselbe in allen Stellungen stets gleich hell erscheinen. Bisweilen zeigen sich bei der Untersuchung von Dünnschliffen senkrecht gegen eine optische Axe zwischen gekreuzten Nicols Spuren von Interferenzfarben, namentlich bei einigen stark doppelbrechenden farbigen

dunkel ist, während sehr dünne Platten einen sehr breiten, weniger dunkeln Balken aufweisen, wie die isochromatischen Curven enger und weiter sind, je nach der Dicke der Platte und der Stärke der Doppelbrechung, so ist auch die Intensität des Lichtes in Platten senkrecht gegen eine optische Axe zwischen gekreuzten Nicols abhängig von der Dicke der Platte und dem Grade der Doppelbrechung: dicke Platten sind zwischen gekreuzten Nicols ebenso hell wie zwischen parallelen, wenigstens können wir keinen Unterschied wahrnehmen.

Zum Zwecke der genaueren Untersuchung habe ich von verschiedenen Mineralien einige 30 Platten, senkrecht gegen eine optische Axe, von sehr verschiedener Dicke hergestellt. Die Beschreibung der an den verschiedenartigen Präparaten zu beobachtenden Erscheinungen wird die obige Darstellung, die sich auf das dichromsaure Kalium hauptsächlich bezieht, ergänzen.

Topas, Schneckenstein, Sachsen. Eine circa 5 mm dicke Platte, senkrecht gegen eine optische Axe geschliffen, zeigt mit Canadabalsam über einem Stanniolblättchen auf einen Objectträger aufgekittet und mit Balsam und Deckglas bedeckt, die innere conische Refraction sehr schön an den allerwinzigsten Löchern. Da nach der Berechnung Beer's der Conuswinkel nur 16′ 40—50″ beträgt, so glaubte er, die innere conische Refraction sei am Topas nicht beobachtbar. Mit stärkerer (120facher) Vergrösserung und sehr kleiner auffallender Welle kommt man jedoch zum Ziele. Zwei Dünnschliffe von verschiedener Dicke sind zwischen gekreuzten Nicols stets hell, die Lichtintensität im dünneren ist aber bereits geschwächt; die Platte erscheint hellgrau.

Andalusit, Goldenstein, Mähren. Dünnschliffe ⊥ gegen eine optische Axe sind stark dichroitisch, roth und fast farblos mit ganz schwach grünlichem Schein, zwischen gekreuzten Nicols ziemlich stark hell.

Staurolith aus Glimmerschiefer von Standish, Me., U. S. A., enthält sehr reichlich Interpositionen, dazu zwei Durchschnitte durch Granatrhombendodekaëder; der Schliff ist nicht sehr dünn; Pleochroismus noch wahrnehmbar; zwischen gekreuzten Nicols fast ebenso hell, wie zwischen parallelen. Sehr instructiv ist der Gegensatz zwischen dem stets dunkeln Granat und dem stets hellen Staurolith.

Adular, St. Gotthard. An einer 9 mm dicken Platte glaube ich die innere conische Refraction beobachtet zu haben; da die Anwendung stärkerer Vergrösserung wegen der zu geringen Focaldistanz der Objective nicht möglich ist, so habe ich die Platte zerschnitten und mehrere dünne davon hergestellt. Eine circa 1,5 mm dicke Platte ist zwischen gekreuzten Nicols nur wenig dunkler als zwischen parallelen; mit grösserer Dünne nimmt aber die Helligkeit ab, doch sind auch die dünnsten Schliffe noch recht hell. Ein Schliff zeigt ausser dem Schnitt senkrecht gegen eine optische Axe einen Schnitt durch ein in Zwillingsstellung befindliches Individuum; im letzteren sind im convergenten Lichte Theile etwa der zweiten und dritten isochromatischen Curve zu sehen, der Austrittspunkt der Axe liegt ausserhalb des Gesichtsfeldes, und doch wird dieser Schnitt noch nicht so dunkel, wie eine noch dickere Spaltungsplatte parallel der Basis.

Diopsid, Tirol. Die Schliffe sind nicht sehr dünn, einer circa 1 mm dick. Zwischen gekreuzten Nicols sehr hell; im gleichzeitig durchschnittenen Zwillingsindividuum liegt der Austrittspunkt der Axe ganz nahe ausserhalb des Gesichtsfeldes, es wird auch dieser Schnitt zwischen gekreuzten Nicols nicht ganz dunkel, natürlich zeigt er aber beim Drehen Wechsel in der Helligkeit. Eine 5 mm dicke Platte zeigt sehr deutlich die Absorptionsbüschel; die conische Refraction ist ganz deutlich zu beobachten, und zwar ist der eine Ring hellgrünlich, der andere hellbräunlich, wenn der Tubus so steht, dass man die beiden Ringe einzeln unterscheiden kann.

Epidot, Untersulzbach. Die Absorptionsbüschel in dickeren Platten sehr kräftig, die conische Refraction schwer deutlich wahrnehmbar, weil ja die Platte zugleich wie ein Nicol wirkt, überdies ist meine dickste Platte nicht genau genug senkrecht gegen die optische Axe. Dünne Schliffe nach je einer durch die Basis oder das Orthodoma austretenden Axe, aber senkrecht gegen die letztere, sind zwischen gekreuzten Nicols sehr hell, fast ebenso hell, wie zwischen parallelen. Schliffe, bei denen der Austrittspunkt der Axe noch innerhalb des Gesichtsfeldes liegt, zeigen zwischen gekreuzten Nicols beim Drehen Lichtwechsel, bleiben aber immer dabei noch recht hell.

Aragonit, Bilin. Ein Dünnschliff fast senkrecht gegen eine optische Axe zeigt beim Drehen zwischen gekreuzten Nicols nur schwachen Lichtwechsel. An einer 8,5 mm dicken Platte lässt sich die conische Refraction vorzüglich schön beobachten.

In Dünnschliffen von Gesteinen findet man fast in jedem Präparate Durchschnitte senkrecht gegen eine optische Axe von Mineralien ohne Hauptaxe. Orthoklas, Plagioklas, Hornblende, Cordierit werden in diesem Falle zwischen gekreuzten Nicols nicht sehr dunkel; recht hell bleiben Olivin, Epidot, Titanit, Augit u. s. w. Erhebt man das Auge in der Axe des Mikroskops, so wird man stets den dunkeln Balken sehen, bald mehr, bald weniger durch das Centrum des Gesichtsfeldes gehend. An der Helligkeit zwischen gekreuzten Nicols bei gleichzeitigem Mangel an Interferenzfarben wird man viele solche Durchschnitte ohne Weiteres erkennen.

XXVII. Anglesit, Cerussit und Linarit von der Grube »Hausbaden« bei Badenweiler.

Von

Th. Liweh in Strassburg i. E.

(Mit Tafel XIV und XV.)

Literatur.

Selb, Beiträge zur Mineralogie. Leonhard, Taschenbuch für die gesammte Mineralogie 181·, IX.

K. C. v. Leonhard. Handbuch der Oryktognosie Heidelberg 1821.

N. v. Kokscharow, Materialien zur Mineralogie Russlands. St. Petersburg 1853, 1, 34.

A. Dufrénoy, Traité de minéralogie. 2ème éd. 3 et 5. Paris 1856.

A. Quenstedt, Handbuch der Mineralogie. 1. Aufl. Tubingen 1855. 2. Aufl. Tübingen 1863. 3. Aufl. Tübingen 1877.

G. Leonhard, Die Mineralien Badens nach ihrem Vorkommen. 2. Aufl. Stuttgart 1855. 3. Aufl. Stuttgart 1876.

Fr. Sandberger, Geologische Beschreibung der Umgebungen von Badenweiler. Beiträge zur Statistik der inneren Verwaltung des Grossherzogthums Baden. Karlsruhe 1858.

V. v. Lang, Versuch einer Monographie des Bleivitriols. Sitzungsberichte der Wiener Akademie 1859, 36.

F. Hessenberg, Bleivitriol vom Monte Poni; aus den Abhandlungen der Senckenbergischen Naturforschenden Gesellschaft zu Frankfurt a. M. 1863, 4, 184.

——, Linarit aus Cumberland. Ebenda, 1864, 5, 233.

V. v. Zepharovich, Die Anglesitkrystalle von Schwarzenbach und Miss in Kärnten. Sitzungsber. der Wiener Akad. 1864, (1), 50, 369.

N. v. Kokscharow. Materialien zur Mineralogie Russlands, 1870, 6, 126.

V. v. Lang, Ueber einige am Weissbleierz beobachtete Combinationen. Verhandlungen der mineralogischen Gesellschaft zu St Petersburg 1874, 2. Serie, 9, 152.

J A. Krenner, Ueber Ungarns Anglesite. Siehe diese Zeitschr 1877, 1, 321.

A Schrauf, Atlas der krystallformen des Mineralreiches. I. Lief Wien 1864, und V. Lief. Wien 1878

P. Groth. Die Mineraliensammlung der Kaiser-Wilhelm-Universitat Strassburg 1878.

Q. Sella, Delle forme cristalline dell' Anglesite de Sardegna Siehe diese Zeitschrift 1880, 4, 400.

H. A. Miers, Cerussit von La Croix. Siehe diese Zeitschr. 1882, 6, 599.
A. Schmidt, Cerussit von Telekes. Siehe diese Zeitschr. 1882, 6, 546.
Fr. Sandberger, Untersuchungen über die Erzgänge. 1. Heft. Wiesbaden 1882.
P. Groth, Tabellarische Uebersicht der Mineralien. Braunschweig 1882.

Einleitung.

Der seit den ältesten Zeiten bekannte Silber- und Bleierzgang bei Badenweiler zeichnet sich vor allen anderen Erzgängen des Schwarzwaldes durch seinen Reichthum an verschiedenen Bleimineralien aus, ganz besonders durch die Mannichfaltigkeit und die Schönheit des Bleivitriols und des Cerussits. Sehr treffend hat daher Selb*) Hausbaden das Potosi der Bleierze genannt.

Vielleicht wurde hier schon zur Zeit der Römer behufs Gewinnung silberhaltigen Bleiglanzes Bergbau betrieben (Leonhard, die Mineralien Badens, Stuttgart 1876, S. 3), und dass derselbe ehemals sehr »schwunghaft und von einer ausserordentlichen Fündigkeit des Erzlagers« (Selb, l. c. S. 323) gewesen sein muss, dafür sprechen die Verhaue rings um Hausbaden und vor Allem die sogenannte »blaue Halde« unterhalb des Aussichtspunktes Sophienruhe bei Badenweiler.

Die Erzlagerstätte beginnt im Norden unmittelbar in dem Kurorte Badenweiler und ist an dem westlichen Abhange des circa 1000 m hohen Blauen, eines Granitmassivs, welches stellenweise von Quarzporphyr gangartig durchbrochen wird, nach Süden hin bis zu dem Schloss Hausbaden durch Bergbau nachgewiesen worden. In dieser ganzen Erstreckung bleibt sie stets gebunden an die Grenze zwischen dem Granit und den steil nach W. einfallenden Triasschichten, wodurch sie die Beschaffenheit eines Lagerganges gewinnt; andererseits aber sendet sie — und darin verhält sie sich ganz wie ein echter Gang — Ausläufer in das Nebengestein, sowohl in den Granit als auch in den Buntsandstein und die Keupermergel, welche im W. die Lagerstätte begrenzen**). Ihr Liegendes ist nach Selb Porphyr, der in einer Mächtigkeit von 12—14 m das Hangende des Blauen-Granit bilden soll. Auf der geologischen Karte von Sandberger ist dieser Porphyr als ein parallel der Erzlagerstätte verlaufender Gang eingezeichnet worden; es ist Quarzporphyr, der nach Sandberger's Angaben jünger als die Steinkohlenbildung von Badenweiler ist.

Was die Entstehung des Erzganges anlangt, so kann er nach Sandberger (Statistik der inneren Verwaltung Badens 7. Heft, S. 15), da sich

*) l. c. S. 324.

**) Nach der von Sandberger entworfenen geologischen Karte von Badenweiler fehlt zwischen dem Buntsandstein und dem Keuper in der ganzen Erstreckung der Erzlagerstätte der Muschelkalk, anscheinend in Folge einer der Erzlagerstätte parallel laufenden Verwerfung.

seine Trümer bis in die anliegenden Keuperschichten erstrecken, nicht vor der Ablagerung der letzteren, sondern höchstens erst in der Zeit des Lias entstanden sein.

Auf Grund der neueren Untersuchungen Sandberger's *) müssen sich die Erze und die Gangart direct aus dem Nebengestein gebildet haben. Da es aber sehr unwahrscheinlich ist, dass die grosse Menge Schwefel, welche zur Bildung des Haupterzmittels, des Bleiglanzes, und des auf dem Gange sehr häufigen Schwerspaths nothwendig war, aus dem anliegenden Buntsandstein und den Triasschichten stammt; und da ferner der Fluorgehalt des ebenfalls auf dem Erzgange nicht seltenen Flussspaths schwerlich aus dem Nebengestein hergeleitet werden kann, so möchte wenigstens in diesem Falle die frühere Ansicht Sandberger's **) die richtigere sein, nämlich dass der Gang als ein Absatz aus den auf der Gangspalte circulirenden Mineralwässern zu betrachten ist.

Auch die Therme von Badenweiler, welche schwefelsaure Salze in beträchtlicher Menge gelöst enthält, dringt aus der Gangspalte oder jedenfalls aus einer Spalte zwischen der Erzlagerstätte und dem Keuper hervor und ist wohl nur als eine schwache Nachwirkung jenes Processes aufzufassen, der bei der Bildung des Erzganges thätig war.

Die Hauptgangart des letzteren ist Quarz von körniger oder dichter, hornsteinähnlicher Beschaffenheit. Neben demselben tritt in grösserer Menge Schwerspath und grünlicher und violetter Flussspath auf. Von den Erzen ist in erster Linie Bleiglanz zu nennen. Derselbe wird in grösseren und kleineren, bald mehr, bald weniger zersetzten Partien vom Quarz umschlossen; auch ist er zum Theil in deutlichen Krystallen dem letzteren aufgewachsen. Der Bleiglanz ist nach Selb vorzugsweise an dem Salband des Quarzes concentrirt und enthält $\frac{3}{4}$ Loth Silber im Centner. Ausserdem finden sich von jedenfalls primär gebildeten Erzen noch Zinkblende und Kupferkies, aber in sehr untergeordneter Bedeutung, auf dem Gange.

In den oberen Teufen verschwindet nach Sandberger (Statistik etc. Badens S. 44) »der Bleiglanz fast völlig, der Schwerspath wird sehr häufig durch Quarz verdrängt und verräth nur noch durch die diesem ertheilte Structur seine frühere Anwesenheit; auch der Flussspath verschwindet nicht selten durch Verwitterung«. Dafür treten dann besonders die Zersetzungsproducte der obigen Erze auf: »Bleivitriol, Weissbleierz, Mennige, Molybdanbleierz, Pyromorphit, Mimetesit ***) und selten Linarit.« Auch

*) Sandberger, Untersuchungen über die Erzgänge. 1. Heft, Wiesbaden 1882.
**) l. c. S. 15.
***) Nach späteren Angaben Sandberger's (Jahrbuch 1864, S. 222) ist das orangegelbe arseniksaure Bleioxyd von Badenweiler nicht Mimetesit, sondern Pyromorphit, in welchem nur Spuren von Arsensäure die Phosphorsäure isomorph vertreten.

Kieselzinkerz, Kupferglanz, Malachit und Kupferindig stellen sich zuweilen ein.

Unter den angeführten Mineralien sind von ganz besonderem Interesse die ausgezeichnet krystallisirten Bleisalze; von ihnen sollen Anglesit, Cerussit und Linarit in der vorliegenden Arbeit beschrieben werden.

Die von mir in Folgendem untersuchten Krystalle der drei zuletzt genannten Mineralien stammen, soweit es bei der Besprechung derselben nicht ausdrücklich bemerkt ist, aus der Sammlung des mineralogischen Instituts der hiesigen Universität und sind bereits bei Groth (Min.-Sammlung der K.-W.-Univ. Strassburg 1878) erwähnt. Indessen liegen seinen Angaben keine Messungen zu Grunde und sind dieselben deshalb in der unten angegebenen Weise zu ergänzen und zu berichtigen.

Weitere Krystalle wurden mir durch die Güte des Herrn Professor Benecke und des Herrn Hofrath Prof. Fischer in Freiburg zur Bearbeitung überlassen; beiden Herren sage ich an dieser Stelle für ihre grosse Freundlichkeit und Bereitwilligkeit meinen besten Dank.

I. Anglesit.

Der Anglesit von der Grube Hausbaden findet sich in der Regel in ausgezeichneten Krystallen in Höhlungen von Quarz, der grössere oder kleinere Partien von Bleiglanz überrindet. Der letztere ist bald mehr, bald weniger zersetzt, lässt aber auch häufig keine Spur von Verwitterung erkennen. Nur selten ist er in den Anglesitdrusen neben dem Quarz auskrystallisirt und zeigt dann die gewöhnliche Form $(100)\infty O\infty \,.\, (111)O$. Mitunter ist der Quarz von grünlichem und violettem Flussspath sehr reichlich durchwachsen; aber deutliche Krystalle des letztgenannten Minerals sitzen nur vereinzelt neben Anglesit. Auch Schwerspath wurde mehrfach beobachtet. Von Erzen ist auf den Anglesitstufen neben dem bereits erwähnten Bleiglanz nur noch Kupferkies, aber äusserst selten und stets in sehr geringer Menge vorhanden.

Der Anglesit ist bald auf Bleiglanz, bald auf Quarz aufgewachsen unter Verhältnissen, die darauf hindeuten, dass er jünger als Quarz und durch Zersetzung von Bleiglanz entstanden ist. Namentlich zeigt der von den Stufen abgelöste Anglesit oft deutliche Eindrücke von Quarzkrystallen $(+R \,.\, -R)$.

Der Bleivitriol von Hausbaden ist in krystallographischer Hinsicht höchst interessant. Mit einem grossen Formenreichthum ausgestattet, lässt er fast mit jeder neuen Stufe eine andere Combination erkennen. Selbst in einer und derselben Druse zeigen die Krystalle oft ganz verschiedene Ausbildung. Sie sind meist wasserklar oder graulich, selten etwas gebräunt, erreichen oft beträchtliche Grösse und besitzen dabei den für die Bleisalze so charakteristischen Diamantglanz.

Es ist daher erklärlich, dass man schon früh auf dieses Vorkommen aufmerksam wurde. Selb*) beschreibt es im Jahre 1815 als salzsaures Blei; aus der ganzen Beschreibung und besonders aus der Angabe, dass »hier Salzsäure mit etwas Schwefelsäure verbunden sei«, geht zur Genüge hervor, dass er den Anglesit meint.

Dann findet der Bleivitriol von Hausbaden Erwähnung bei K. C. von Leonhard in dem Handbuch der Oryktognosie, Heidelberg 1821, S. 231. Auch G. Leonhard führt ihn als eines der schönsten Mineralien von Hausbaden an (Die Mineralien Badens, Stuttgart 1855, S. 36) und beschreibt ihn später in der 3. Auflage seines Werkes (Stuttgart 1876, S. 52). Die ersten ausführlicheren Angaben über die Ausbildung der Krystalle finden sich bei Quenstedt (Handbuch der Mineralogie, Tübingen 1855, S. 374; siehe auch 1863, S. 455 und 1877, S. 550) und bei Dufrénoy (Traité de minéralogie, Paris 1856, **3**, 258). v. Lang erweiterte und berichtigte dieselben in seiner Monographie des Bleivitriols (Sitzungsberichte der Wiener Akademie 1859, **36**, 290 ff.); auch Schrauf hat in seinem »Atlas der Krystallformen des Mineralreiches« (Wien 1864, I. Lieferung) einige der von Dufrénoy und von v. Lang angegebenen Formen abgebildet. Bei der Beschreibung der einzelnen Krystalle (Typus 1, 3, 5, 6 und 9) ist auf alle diese Angaben noch näher zurückzukommen.

Bei der Aufstellung der Krystalle ist hier, wie bei Groth (Mineraliensammlung der Kaiser-Wilhelm-Universität, Strassburg 1878, S. 148), der stumpfe Winkel des Spaltungsprismas nach vorn gekehrt und der Bezeichnung der Flächen das aus den v. Kokscharow'schen Daten (Materialien zur Mineralogie Russlands, St. Petersburg 1853, **1**, 34) sich ergebende Axenverhältniss

$$a : b : c = 0,7852 : 1 : 1,2894$$

(vergl. Groth, Tabellarische Uebersicht der Mineralien, Braunschweig 1882, S. 50) zu Grunde gelegt.

Typus 1. — Die primäre Pyramide $z = P(111)$ wird von Dufrénoy**) als am Anglesit von Badenweiler selbständig auftretend beschrieben; doch Quenstedt (Handbuch der Mineralogie, Tübingen 1863, S. 455 und 456) bezweifelt dieses, indem er eine Verwechslung von $z = P(111)$ mit $r = \frac{1}{2}P(112)$ für möglich hält. Nach seinen Angaben soll an Schwarzwalder Krystallen überhaupt z selten, sondern ausser r noch $y = \breve{P}2(122)$ vorherrschen. Indessen hat v. Lang (Sitzungsber. der Wien. Akad. 1859, **36**, 275) bereits das Vorwalten der primären Pyramide $z = P(111)$ an Krystallen dieses Fundortes nachgewiesen und das selbständige Auftreten von $r = \frac{1}{2}P(112)$ sehr fraglich gemacht. Auf Grund meiner Unter-

*) l. c. S. 339.

**) l. c. S. 258.

suchungen (vergl. Typus 2, 3, 4 und 5) kann ich mich der Ansicht v. Lang's vollständig anschliessen.

Ein anderer Krystall ist bei Dufrénoy abgebildet, welcher neben vorwaltenden Pyramidenflächen noch untergeordnet das primäre Prisma $m = \infty P(110)$ zeigt. Aus den Angaben in der zweiten Auflage seines Werkes, welche mir allein zu Gebote stand, geht freilich nicht hervor, dass der Krystall von Badenweiler sei. Doch scheint es mir höchst wahrscheinich, da diese Krystalle den Uebergang zu dem folgenden Typus 2 darstellen. Auch v. Lang ist derselben Meinung und hat sowohl diese Form als auch die selbständig auftretende Pyramide $P = z(111)$ in seine Monographie des Bleivitriols aufgenommen.

Typus 2. — (Fig. 1, Taf. XIV.) — Die einfachste Form, welche ich an dem Anglesit von Badenweiler habe beobachten können, zeigt ein circa 13 mm grosser Krystall (Fig. 1) aus der Mineraliensammlung der Universität Freiburg. Er besitzt die Combination:

$$\infty P(110) \,.\, P(111)$$

und ist prismatisch ausgebildet. Obgleich er auf einem grossen Handstück, das wesentlich aus zuckerkörnigem Quarz und Bleiglanz besteht, in einer Vertiefung sitzt, so liess sich dennoch der Winkel von $110 : 111 = 25^0\ 20'$ mittelst des Reflexionsgoniometers und derjenige von $110 : 1\bar{1}0 = 76^0\ 30'$ mit Hülfe des Anlegegoniometers bestimmen. Die Prismenflächen sind sehr uneben, die Pyramiden spiegeln ziemlich gut, und die Kanten zwischen $z = P(111)$ und $m = \infty P(110)$ sind tief gekerbt.

Typus 3. — (Fig. 2, 3 und 4.) — Auf einer anderen Stufe der Freiburger Sammlung sitzt in einer Höhlung von Quarz, der mit derbem Bleiglanz, Flussspath und Schwerspath verwachsen ist, ein 5 mm langer und 3 mm breiter Krystall (Fig. 2). Derselbe zeigt die Combination:

$$P(111),\ 0P(001),\ \tfrac{3}{4}\bar{P}\tfrac{3}{2}(324),\ \tfrac{1}{2}P(112).\ \tfrac{1}{2}\bar{P}\infty(102),\ \tfrac{1}{4}\bar{P}\infty(104),\ \breve{P}\infty(011).$$

Unter diesen Formen waltet $z = P(111)$ vor. Auch die Basis ist ziemlich gross. Sämmtliche Flächen spiegeln sehr gut.

Neben diesem war ein zweiter nahezu ebenso grosser Krystall (Fig. 3) aufgewachsen. Er wird von den Formen:

$$P(111),\ 0P(001),\ \tfrac{3}{4}\bar{P}\tfrac{3}{2}(324),\ \tfrac{1}{2}\bar{P}\infty(102),\ \tfrac{1}{2}P(112),\ \breve{P}\infty(011),$$
$$\breve{P}2(122),\ 2P(221)$$

begrenzt. Sämmtliche Flächen mit Ausnahme von $\tau = 2P(221)$ geben gute Reflexe. Ein ähnlicher, nicht ganz so formenreicher Krystall, der ebenfalls die Pyramide τ zeigt, und ein anderer, welcher durch das Auftreten von $\theta = \frac{1}{6}P(116)$ bemerkenswerth ist, finden sich bei v. Lang (Monographie des Bleivitriols, Taf. XXIV, Fig. 168 und 169) abgebildet. Auch Schrauf hat beide Formen, von denen er die eine an Badenweiler Krystallen beobachtete, in seinem Atlas der Krystallformen (Taf. XI, Fig. 4 und 5) wiedergegeben.

Ein circa 3 mm langer, breiter und hoher Krystall (Fig. 4), welcher wiederum auf einem Gemenge von Quarz und grünem und violettem Flussspath mit Bleiglanz aufgewachsen war, ist wasserklar und lässt die Combination:

$$\infty P(110),\ P(111),\ \tfrac{3}{4}\bar{P}\tfrac{3}{2}(324),\ \breve{P}2(122),\ \tfrac{1}{2}\bar{P}\infty(102),\ 0P(001),\ \breve{P}\infty(011),$$
$$\tfrac{1}{2}P(112),\ \infty\breve{P}2(120),\ \infty\breve{P}\infty(010),\ \infty\bar{P}\infty(100)$$

erkennen. Das primäre Prisma $m = \infty P(110)$ waltet hier vor. Es ist wenig glänzend, und die Kanten desselben werden einerseits durch das Makropinakoid, andererseits durch das Prisma $n = \infty\breve{P}2(120)$ und das Brachypinakoid abgestumpft. Die letzten beiden Flächen sind untergeordnet und schlecht entwickelt, indem dieselben sehr zerrissen, uneben, gestreift oder gerundet sind. Der Krystall war mit einer der Basis parallelen Fläche so aufgewachsen, dass nur die oberhalb der ziemlich kurzen Prismensäule liegenden Pyramidenflächen, unter welchen $z = P(111)$ und $p = \tfrac{3}{4}\bar{P}\tfrac{3}{2}(324)$ vorwalten, zur Ausbildung gekommen sind. Die stumpfen Polkanten von $y = \breve{P}2(122)$ werden durch das Brachydoma $o = \breve{P}\infty(011)$ abgestumpft. Die Pyramiden $z = P(111)$ und $r = \tfrac{1}{2}P(112)$ bilden kleine, gut spiegelnde Dreiecke, die in einer Ecke zusammenstossen. Auch das Makrodoma $d = \tfrac{1}{2}\bar{P}\infty(102)$ und die Basis $c = 0P(001)$ wurden beobachtet; letztere ist zum Theil stark gestreift parallel der Makrodiagonale, spiegelt aber sonst sehr gut.

Da die Krystalle, welche in diesem Typus beschrieben sind, bei der Messung annähernd gleiche Werthe ergaben, soweit sie dieselben Flächen besitzen, so ist in der folgenden Tabelle, in welcher die von mir gemessenen mit den von v. Lang berechneten Winkeln zusammengestellt sind, das Mittel der an den drei Krystallen (Fig. 2, 3 und 4) erhaltenen Werthe gewählt:

	Gemessen:	Berechnet:
$110 : 1\bar{1}0$ =	76° 15′	76° 16′
$110 : 120$	19 17	19 22
$120 : 010$	32 34	32 29
$122 : 011$	26 42	26 43
$122 : 111$	18 29	18 28
$122 : \bar{1}22$	53 24	53 25
$112 : 111$	18 9	18 11
$112 : 001$	46 10	46 14
$111 : 110$	25 35	25 35
$111 : 011$	45 14	45 11
$111 : 221$	11 48	12 7
$111 : 11\bar{1}$	51 15	51 11

	Gemessen	Berechnet:
111 $\bar{1}$11 =	90° 20′	90° 22′
324 : 111	13 34	13 33
324 : 102	24 47	24 49
324 : 001	54 18	54 16
324 : 112	11 19	11 23
001 : 102	39 23	39 23
001 : 104	22 21	22 19

Dufrénoy hat in Fig. 348 auf Taf. 104 (Traité de min. Paris 1856, 5) einen Krystall von Badenweiler dargestellt; an diesem tritt $z = P(111)$ zurück, $m = \infty P(110)$ und $d = \frac{1}{2}\bar{P}\infty(102)$ herrschen vor.

Typus 4. — (Fig. 5.) — Auf derselben Stufe, von welcher der bei Typus 3 (Fig. 4) beschriebene Krystall losgelöst ist, sitzt noch ein anderer sehr formenreicher, der ziemlich dieselben Flächen, aber in einer anderen Entwicklung besitzt. Er ist mit dem Makropinakoid so aufgewachsen, dass die Flächen der beiden vorderen und oberen Quadranten vollkommen zur Ausbildung gelangt sind, und zeigt die Combination:

$\infty\breve{P}2(120)$, $\infty\breve{P}\infty(010)$, $\infty P(110)$, $\frac{3}{4}\breve{P}\frac{3}{2}(324)$, $P(111)$, $\breve{P}2(122)$, $\frac{1}{2}P(112)$, $\frac{1}{2}\bar{P}\infty(102)$, $\breve{P}\infty(011)$, $\frac{4}{3}\breve{P}\frac{4}{3}(435)$.

Unter diesen Formen besitzen das Prisma $n = \infty\breve{P}2(120)$ und die Pyramide $p = \frac{3}{4}\bar{P}\frac{3}{2}(324)$ ziemlich dieselbe Grösse; etwas kleiner ist $z = P(111)$. Von sehr geringer Ausdehnung und höchst uneben ist das primäre Prisma $m = \infty P(110)$. Das Brachypinakoid, obgleich gross und vorzüglich spiegelnd, wird von kleinen vorsitzenden Quarzkrystallen fast vollkommen verdeckt, so dass ein Reflex der Fläche bei der Messung nicht erhalten werden konnte. Doch ist dadurch, dass die Fläche einerseits in die Prismen- und andererseits in die Brachydomenzone fällt, ihr Zeichen vollständig bestimmt. Von den Domen sind nur $o = \breve{P}\infty(011)$ und $d = \frac{1}{2}\bar{P}\infty(102)$ entwickelt. Alle Flächen mit Ausnahme von $n = \infty\breve{P}2(120)$ und $m = \infty P(110)$ spiegeln ausgezeichnet.

An diesem Krystall wurde auch eine neue Form ϱ beobachtet, welcher das Zeichen $\frac{4}{5}\breve{P}\frac{4}{3}(435)$ zukommt. Die Flächen dieser Pyramide sind schmal, aber lang und spiegeln gut. Sie liegen mit $d = \frac{1}{2}\bar{P}\infty(102)$, $p = \frac{3}{4}\bar{P}\frac{3}{2}(324)$, $z = P(111)$ und $n = \infty\breve{P}2(120)$ in einer Zone und stumpfen die Kante zwischen p und z ab. Die gleichzeitige Lage in einer zweiten Zone konnte nicht constatirt werden. Behufs Orientirung an dem Krystall wurden folgende Winkel gemessen:

	Gemessen:	Berechnet:
110 : 120 =	19° 4′	19° 22′ v. Lang
011 : 122	26 46	26 43 -
102 : 324	24 47	24 49 -
111 : 110	25 37	25 35 -

[illegible]	[illegible]	[illegible]	[illegible]	[illegible]
[illegible]	[illegible]	[illegible]	[illegible]	[illegible]
[illegible]	[illegible]	[illegible]	[illegible]	–
[illegible]	[illegible]	[illegible]	[illegible]	–
[illegible]	[illegible]	[illegible]	[illegible]	–
[illegible]	[illegible]	[illegible]	[illegible]	–
[illegible]	[illegible]	[illegible]	[illegible]	–
[illegible]	[illegible]	[illegible]	[illegible]	[illegible]
[illegible]	[illegible]	[illegible]	[illegible]	
[illegible]	[illegible]	—	[illegible]	
[illegible]	[illegible]	—	[illegible]	

[illegible] in Fig. 6 [illegible]

[illegible]

$$[illegible]$$

[illegible] parallel [illegible] Reflex [illegible]

[illegible] Tabelle [illegible]

[illegible]

	Gemessen:	Berechnet:	
324 : 112 =	11° 21′	11° 23′	v. Lang
112 : 111	18 10	18 11	-
1.0.24 : 104	18 15	18 24	Liweh
1.0.24 : 001	3 56	3 55	-

Vergleicht man die gemessenen Winkel mit den von v. Lang aus den v. Kokscharow'schen Axenwerthen berechneten, so wird man durchschnittlich nur 1′ Differenz finden, woraus mit ziemlicher Gewissheit hervorgeht, dass die weiter unten angeführten, oft nicht unbedeutenden Abweichungen bei sonst guten Reflexen auf Wachsthumserscheinungen beruhen. Es kann somit das von v. Kokscharow berechnete Axenverhältniss für die Anglesitkrystalle von Badenweiler ohne Fehler als richtig angesehen werden.

Auch Dufrénoy (Traité de min. Paris 1856. Atlas, Taf. 104, Fig. 316) hat einen Anglesitkrystall von Badenweiler abgebildet, der durch Vorwalten von $c = 0P(001)$ und $a = \infty\bar{P}\infty(100)$ ebenfalls diesem Typus angehört. Er zeigt die Combination

$$0P(001),\ \infty\bar{P}\infty(100),\ P(111),\ \infty P(110),\ \breve{P}\infty(011),\ \tfrac{1}{4}\bar{P}\infty(104),$$

und ist von dem eben beschriebenen dadurch unterschieden, dass er das Prisma $m = \infty P(110)$ und das Brachydoma $o = \breve{P}\infty(011)$ zeigt, während die Pyramiden $p = \frac{3}{4}\bar{P}\frac{3}{2}(324)$ und $r = \frac{1}{2}P(112)$ fehlen. Von den Makrodomen ist nur $l = \frac{1}{4}\bar{P}\infty(104)$ entwickelt.

Typus 6. — Dufrénoy*) beschreibt Krystalle, welche durch Vorwalten der Basis dicktafelartig erscheinen. Dieselben sind vollkommen durchsichtig und über 10 mm lang. Sie sind auf Quarz aufgewachsen, welcher mit Bleiglanz und Flussspath vermischt ist. Dufrénoy glaubt, dass diese Krystalle von Badenweiler stammen. Das Vorkommen scheint v. Lang ganz dasselbe zu sein, wie das der Krystalle, welche von ihm in der Monographie des Bleivitriols in Fig. 168 und 169 abgebildet sind. Auch ich möchte das Gleiche behaupten, da die von mir in Fig. 2 und 3 dargestellten Krystalle den zuletzt bei v. Lang erwähnten sehr nahe stehen, indem sie fast dieselbe Anordnung der Flächen zeigen.

Typus 7. — (Fig. 7.) — Eine höchst merkwürdige Ausbildung, wie sie meines Wissens noch nicht bisher beschrieben wurde, zeigen kleine Krystalle (Fig. 7), deren Grösse zwischen 1 und 5 mm variirt. Sie sitzen, 50—60 an der Zahl, dicht gedrängt in einer kleinen Druse auf zuckerkörnigem und durch Eisenoxyd zum Theil gebräuntem Quarz, der mit schwach grünlichem Flussspath verwachsen ist. Die Anglesitkryställchen

*) l. c. S. 258.

besitzen einen vollkommen hexagonalen Habitus und zeigen die Combination:

$$\infty P(110),\ \breve{P}2(122),\ \tfrac{1}{2}\bar{P}\infty(102),\ \breve{P}\infty(011),\ \infty\bar{P}\infty(100).$$

Die diamantglänzenden, meist grünlichen, seltener wasserklaren Krystalle sind sehr oft mit dem Brachypinakoid aufgewachsen, wodurch der durch gleiche Ausbildung des Prismas $m = \infty P(110)$ und der Pyramide $y = \breve{P}2(122)$ hervorgerufene hexagonale Habitus noch mehr hervortritt. Die übrigen Formen sind in den meisten Fällen mit unbewaffnetem Auge kaum wahrnehmbar. Häufig ist es nun aber nicht y allein, welches, mit m combinirt, die cerussitähnlichen Gestalten schafft, sondern diese Brachypyramide im Verein mit einer anderen, fast mit ihr zugleich einspiegelnden, sehr deutlichen und grösseren Fläche η, deren Zeichen nicht bestimmt werden konnte, da die Werthe des von y zu η gemessenen Winkels wegen schlechter Ausbildung der letzteren Pyramidenfläche zwischen 1° 4' und 2° 15' schwanken.

Sehr auffallend und im höchsten Grade charakteristisch sind die gekerbten Kanten zwischen m und y resp. η, welche fast an keinem Krystall fehlen, sowie die bereits erwähnte Fläche η. Letztere besitzt die Gestalt eines Dreiecks, und bei dem gleichzeitigen Auftreten derselben und der Pyramide $y = \breve{P}2(122)$ nimmt diese zu beiden Seiten der Polkanten die Gestalt eines sehr in die Länge gezogenen Trapezes an.

Die Stellung der einzelnen Krystalle ergab sich aus folgenden Messungen:

	Gemessen:	Berechnet:	
$122 : 1\bar{2}2$	= 89° 36'	89° 48'	v. Lang
$122 : \bar{1}22$	53 15	53 25	-
$122 : 12\bar{2}$	66 28	66 24	-
$122 : \bar{1}\bar{2}2$	113 6	113 37	-
$122 : 1\bar{2}\bar{2}$	126 50	126 34	-
$122 : \bar{1}2\bar{2}$	90 6	90 12	
$122 : 102$	44 58	44 54	
$122 : 011$	26 39	26 43	-
$110 : 1\bar{1}0$	76 17	76 16	
$110 : 122$	37 51	37 52	-
$110 : 100$	38 3	38 8	-
$\eta : 122$	1 4 bis 2° 15'	—	Liweh
$\eta : \eta$	ca. 56 50		-

Diese eben beschriebenen Anglesitkrystallchen sind ohne genaue Messung sehr leicht mit Cerussit (vergl. Taf. XV, Fig. 22) zu verwechseln. Ein Betupfen mit Säure genügt bekanntlich auch nicht immer, um eine Entscheidung zu treffen, da der Cerussit von Hausbaden, wie Sel b bereits sehr richtig bemerkte, zum Theil nicht darin löslich ist. Dagegen verdanke ich Herrn Hofrath Professor Fischer in Freiburg eine Angabe, vermöge derer man Bleivitriol und Cerussit ziemlich leicht auseinander halten kann. »Ersterer färbt sich nämlich mit verdünntem Schwefelammonium betupft sofort braun, während letzterer kaum davon angegriffen wird; bei längerer Einwirkung gewinnt der Anglesit ganz das Aussehen von stark glänzendem Bleiglanz, während das Weissbleierz etwas stärker gebräunt wird als zuvor.« In zweifelhaften Fällen habe ich mich stets mit gutem Erfolg dieser Methode bedient und das auf solche Weise erhaltene Resultat stets durch die nachträglichen Messungen bestätigt gefunden.

Typus 8. — (Fig. 8.) — Eine andere kleine Stufe, welche neben Quarz und Bleiglanz hellgrün gefärbten, fast farblosen Flussspath zeigt, trägt mehrere Anglesitkrystalle von verschiedener Grösse, Farbe und Ausbildung. Diese Krystalle besitzen einen prismatischen Habitus, indem sie, abweichend von den früher beschriebenen, entweder in der Richtung der Brachydiagonale oder der Makrodiagonale verlängert sind, je nachdem das Brachydoma $o = \breve{P}\infty(011)$ oder das Makrodoma $d = \frac{1}{2}\bar{P}\infty(102)$ vorwalten. Es entstehen so Formen, welche denen des isomorphen Cölestins und Baryts sehr ähnlich sind.

Besonders der in Fig. 8 abgebildete Krystall, welcher schwach gebräunt und etwa 8 mm lang und 5 mm breit ist, zeigt die Verlängerung in der Richtung der Brachydiagonale in sehr deutlicher Weise. Er besitzt die Combination:

$$\breve{P}\infty(011),\ \tfrac{1}{2}\bar{P}\infty(102),\ \tfrac{2}{3}\breve{P}4(146),\ \breve{P}2(122),\ P(111),\ \infty P(110).$$

Die Flächen sind sämmtlich mit grösseren oder kleineren Unebenheiten versehen. Das Brachydoma $o = \breve{P}\infty(011)$ besitzt eine runzlige Oberfläche. Das Makrodoma $d = \frac{1}{2}\bar{P}\infty(102)$ ist matt und die Pyramide $y = \breve{P}2(122)$ etwas gerundet. Ganz besonders bemerkenswerth ist eine Pyramide u, die hier zuerst beobachtet wurde. Sie stumpft die Kante zwischen o und d ab und ist stark doppelt gestreift in Folge von eigenthümlichen Wachsthumserscheinungen. Die eine Streifung geht parallel der Kante (uy), die andere schneidet diese unter einem Winkel, der kleiner als 90° ist. Wegen dieser Streifung gab die Fläche nur sehr schlechte Reflexe. Es liess sich das Zeichen derselben trotzdem leicht bestimmen, da sie sowohl mit $o = \breve{P}\infty(011)$ und $d = \frac{1}{2}\bar{P}\infty(102)$, als auch mit $m = \infty P(110)$ und $y = \breve{P}2(122)$ in dieselbe Zone fällt, wodurch das Symbol $(146) = \frac{2}{3}\breve{P}4$ gegeben ist.

Die gemessenen und berechneten Winkel sind folgende:

	Gemessen:	Berechnet:	
011 : 0$\bar{1}$1	= 104° 10′	104° 24′	v. Lang
011 : 102	61 46	61 44	-
011 : 122	26 36	26 43	-
011 : 111	45 14	45 11	-

	Gemessen:	Berechnet:	
011 : 110 =	60° 41′	60° 47′	v. Lang
102 : 111	38 20	38 22	-
102 : 122	44 53	44 54	-
122 : $1\bar{2}2$	89 41	89 46	-
122 : 111	18 30	18 28	-
122 : 110	38 5	37 52	-
146 : 102	46 25	45 14	Liweh
146 : 011	15 21	16 30	-
146 : 122	19 18	18 28	-
146 : 110	57 23	56 20	-

Typus 9. — (Fig. 9, 10 und 11.) — Es wurde bereits bei dem vorigen Typus erwähnt, dass neben jenem in der Richtung der Brachydiagonale verlängerten Krystall auch solche sitzen, die durch Vorwalten von $d = \frac{1}{2}\bar{P}\infty$ prismatisch erscheinen. An einem dieser Individuen (Fig. 9) wurde durch Messung folgende Combination festgestellt:

$$\tfrac{1}{2}\bar{P}\infty(102),\ P(111),\ \breve{P}2(122),\ \infty P(110),\ \infty\breve{P}2(120).$$

Auf einer anderen Stufe sitzen in einer kleinen Höhlung auf Quarz, welcher Bleiglanz, Schwerspath und Flussspath, sowie Spuren von Kupferkies umschliesst, circa acht vollkommen wasserhelle Anglesitkrystalle. Dieselben sind ebenfalls in der Richtung der Makrodiagonale verlängert und erreichen zum Theil eine Länge von 12 mm, eine Breite von 7 mm und eine Dicke von 2 mm; andere sind dagegen weniger breit und erscheinen bei beträchtlicher Länge fast stabförmig. Sie unterscheiden sich von den zuletzt beschriebenen Krystallen dadurch, dass entweder, wie bei dem von Dufrénoy (Traité, Paris 1856, Atlas pl. 104, Fig. 319) (vergl. Schrauf, Atlas, Taf. XII, Fig. 31) abgebildeten, neben $d = \frac{1}{2}\bar{P}\infty(102)$ noch $l = \frac{1}{4}\bar{P}\infty(104)$ (Fig. 10) auftritt, oder auch, wie in Fig. 11, letzteres Doma allein den prismatischen Habitus bedingt. Beide Makrodomenflächen sind oft deutlich gerundet. Es liessen sich die Combinationen:

$$\tfrac{1}{2}\bar{P}\infty(102),\ \tfrac{1}{4}\bar{P}\infty(104),\ \infty P(110),\ \breve{P}2(122),\ P(111),\ \infty\breve{P}\infty(010),$$
$$\tfrac{1}{4}\bar{P}\infty(104),\ \breve{P}\infty(122),\ 0P(001)$$

und

$$\tfrac{1}{4}\bar{P}\infty(104),\ \breve{P}2(122)$$

durch folgende Messungen constatiren:

	Gemessen:	Berechnet:	
122 : $\bar{1}22$ =	53° 34′	53° 25′	v. Lang
122 : 111	18 30	18 28	-
122 : 104	47 28	47 23	-
110 : 010	51 52	51 52	-
104 : 001	22 30	22 19	-
104 : 102	16 48	17 4	-
104 : $\bar{1}04$	44 46	44 38	-

Bezüglich des Auftretens der einzelnen Flächen an dem Anglesit von Badenweiler geht aus dem Vorhergehenden Folgendes hervor:

An den meisten Krystallen treten das primäre Prisma $m = \infty P(110)$ und das Prisma $n = \infty\breve{P}2(120)$ auf. Die Pinakoide sind dagegen nicht so allgemein vertreten. In der Brachydomenzone ist das primäre Brachydoma $o = \breve{P}\infty(011)$ sehr häufig und bewirkt oft durch eine verhältnissmässig grosse Ausdehnung einen in der Richtung der Brachydiagonale verlängerten prismatischen Habitus. Unter den Makrodomen fehlt $d = \frac{1}{2}\bar{P}\infty(102)$ selten; auch nach ihm sind die Krystalle oft prismatisch ausgebildet. Das primäre Makrodoma wurde nicht beobachtet. Von den abgeleiteten Makrodomen findet sich noch $l = \frac{1}{4}\bar{P}\infty(104)$, obgleich seltener; das flache Makrodoma $k = \frac{1}{24}\bar{P}\infty(1.0.24)$ wurde in einem Falle (Fig. 6) constatirt.

Vor Allem sind es die Pyramiden, denen die Krystalle ihren Flächenreichthum verdanken. Unter denen der brachy- und der makrodiagonalen Reihe sind $y = \breve{P}2(122)$ und $p = \frac{3}{4}\bar{P}\frac{3}{2}(324)$ namentlich häufig und auf den Habitus der Krystalle von besonderem Einfluss. Die Pyramide η, deren Zeichen sich nicht bestimmen liess (vergl. Typus 7), wurde an mehreren Krystallen auf derselben Stufe beobachtet; $\varrho = \frac{4}{5}\bar{P}\frac{4}{3}(435)$ und $u = \frac{2}{3}\breve{P}4(146)$ wurden nur an je einem Krystall (Fig. 5 und 8) nachgewiesen. Von den Pyramiden der verticalen Reihe ist $z = P(111)$ fast allgemein entwickelt; $r = \frac{1}{2}P(112)$ (vergl. auch das bei Typus 1 Gesagte) ist ebenfalls ziemlich gewöhnlich, dagegen $\tau = 2P(221)$ sehr selten vorhanden.

Ausser den von mir beobachteten Flächen werden noch die Pyramide $\theta = \frac{1}{6}P(116)$ von v. Lang (vergl. Typus 3) und das Brachydoma $v = \frac{1}{3}\breve{P}\infty$ (013), sowie die Pyramiden $g = \frac{1}{3}P(113)$ und $s = \frac{3}{2}\breve{P}3(132)$ von Leonhard (Min. Badens, Stuttgart 1876, S. 5) angegeben.

Bei Quenstedt (Handbuch der Min., Tübingen 1877, S. 549) ist noch eine ganze Reihe von Formen genannt, die an Schwarzwälder Anglesitkrystallen auftreten; doch giebt dieser Forscher nicht an, ob er die Formen auch an Krystallen von Hausbaden beobachtete.

Auf der folgenden Tabelle sind die bis jetzt am Anglesit von Badenweiler bekannten Flächen unter Angabe ihrer Autoren zusammengestellt. Was den Namen Quenstedt betrifft, so verweise ich auf das soeben und auf das bei Typus 1 Gesagte

Pinakoide:	$a = \infty\bar{P}\infty(100)$	Dufrénoy
	$b = \infty\breve{P}\infty(010)$	-
	$c = 0P(001)$	
Makrodomen:	$d = \frac{1}{2}\bar{P}\infty(102)$	-
	$l = \frac{1}{4}\bar{P}\infty(104)$	-
	$*k = \frac{1}{24}\bar{P}\infty(1.0.24)$	Liweh

*) Die mit einem Sternchen bezeichneten Flächen sind neu.

Brachydomen:	$o = \breve{P}\infty(011)$	Dufrénoy
	$v = \frac{1}{3}\breve{P}\infty(013)$	Leonhard
Prismen:	$m = \infty P(110)$	Dufrénoy
	$n = \infty\breve{P}2(120)$	Leonhard
Pyramiden in der Hauptreihe:	$\iota = 2P(221)$	v. Lang
	$z = P(111)$	Dufrénoy
	$r = \frac{1}{2}P(112)$	Quenstedt
	$g = \frac{1}{3}P(113)$	Leonhard
	$\theta = \frac{1}{6}P(116)$	v. Lang
Makropyramiden:	$p = \frac{3}{4}\bar{P}\frac{3}{2}(324)$	-
	$^*\varrho = \frac{4}{3}\bar{P}\frac{4}{3}(435)$	Liweh
Brachypyramiden:	$y = \breve{P}2(122)$	Dufrénoy
	$s = \frac{3}{2}\breve{P}3(132)$	Leonhard
	$^*u = \frac{2}{3}\breve{P}4(146)$	Liweh
	$^*\eta = ?$	- (vgl. oben bei Typ. 7).

Was die Anzahl der am Anglesit überhaupt bis jetzt beobachteten Flächen anbetrifft, so findet sich die letzte Aufzählung von 31 Formen bei v. Lang in seiner erwähnten Monographie des Bleivitriols. Später sind dann noch zwei Formen von Hessenberg (Mineral. Notizen, neue Folge, 2. Heft, Frankfurt a. M. 1863, S. 31), drei von v. Zepharovich (Sitzungsber. der Wien. Akad. 1864, **50**, 1, S. 369) und sieben neue Flächen von Krenner (siehe diese Zeitschr. 1877, **1**, 321) entdeckt. Mit den drei an den Krystallen von Badenweiler beobachteten Flächen ist also die Zahl derselben auf 46 gestiegen. Hierzu würden noch die von Sella (vergl. diese Zeitschr. 1880. **4**, 400) an Sardinischen Anglesiten beobachteten 38 Formen kommen, deren Symbole aber Sella selbst zum Theil noch nicht für definitiv festgestellt hielt.

II. Cerussit.

Im Allgemeinen sind auf den Stufen mit Cerussitkrystallen dieselben Mineralien associirt wie auf den Anglesit-führenden. Der körnige, meist wasserhelle Quarz bildet auch hier oft radialstenglige, an den Sternquarz erinnernde Aggregate und zum Theil eigenthümliche Umhüllungspseudomorphosen nach tafelförmig ausgebildeten Schwerspathkrystallen und Flussspathwürfeln. Neben dem Quarz erscheinen häufig Schwerspath und sowohl grünlicher, als auch violetter Flussspath. Von Erzen ist Bleiglanz, meist schon sehr zersetzt, vorhanden; seltener besitzt derselbe noch frischen Glanz und deutliche Spaltbarkeit. Auch einzelne Partikelchen von Kupferkies wurden in wenigen Fällen in der Gangart beobachtet. Das Zusammenvorkommen von Anglesit und Cerussit auf einer und derselben Stufe wurde nicht beobachtet.

Die Cerussitkrystalle sitzen gewöhnlich in Drusenräumen und werden zum Theil von jüngerem Pyromorphit und braunen oder röthlichen Bleioxyden begleitet. Bald sind Quarz-, bald Schwerspathkrystalle in den Drusen neben dem Cerussit in grösserer Menge ausgeschieden, seltener auch Flussspath, alle diese Mineralien als ältere Bildung, die von dem jüngeren Cerussit oft überrindet werden. Ausserdem kommen die Cerussitkrystalle auch auf hornsteinartigen und porphyrähnlichen Gesteinen vor, die theils als dichter Quarz, theils als veränderte Bruchstücke des Nebengesteins zu bezeichnen sind.

Das Weissbleierz von Badenweiler wird zuerst von Selb*) beschrieben. Auch K. C. v. Leonhard erwähnt es in seinem Handbuch der Oryktognosie. Weitere Angaben über die Ausbildung der Krystalle finden sich bei Quenstedt, Dufrénoy und G. Leonhard verzeichnet. Ferner hat Schrauf einige selbständige Beobachtungen am Cerussit von Badenweiler in seinem Atlas der Krystallformen veröffentlicht und daselbst auch eine höchst reichhaltige Combination wiedergegeben, welche v. Lang ehedem beobachtete. Bei Typus 1, 4 und 6 werden alle diese Angaben näher erörtert.

Die Weissbleierzkrystalle von Hausbaden sind seltener ganz wasserhell, sondern meist sehr mannigfaltig gefärbt. Alle Farbentöne zwischen hellbraun und pechschwarz finden sich vertreten; auch milchweisse oder röthliche und gelbliche Individuen sind sehr häufig.

Es folgt nun die Aufzählung der beobachteten Typen und Combinationen. Dabei liegt der Flächenbezeichnung das aus den v. Kokscharow'schen Messungen (Materalien zur Min. Russlands 6, 126) berechnete Axenverhältniss **)

$$a : b : c = 0{,}6102 : 1 : 0{,}7232$$

zu Grunde.

Typus 1. — (Fig. 12, Taf. XIV, 13 und 14, Taf. XV.) — Am häufigsten sind die Krystalle, wie Groth (Min.-Samml. der K.-W.-Univ. Strassburg S. 133) bereits erwähnt, dicktafelartig durch Vorwalten des Brachypinakoids und zeigen nur insofern verschiedene Modificationen, als neben $b = \infty\breve{P}\infty$ (010) das Prisma $m = \infty P(110)$ (Fig. 12), die Pyramide $p = P(111)$ (Fig. 13) oder das Makropinakoid $a = \infty\bar{P}\infty(100)$ (Fig. 14) grösser entwickelt sind. In den ersten beiden Fällen ist das Brachypinakoid stets stark parallel der Brachydiagonale, seltener noch senkrecht zur letzteren gestreift. Das Makropinakoid fehlt alsdann entweder vollständig oder ist sehr klein. Unter den Brachydomen waltet $i = 2\breve{P}\infty(021)$ vor, und von den Pyramiden tritt $p = P(111)$ in der Regel allein auf. Letztere Fläche spiegelt meist vorzüglich; zuweilen ist sie ziemlich gerundet. An zwei Exemplaren wurde auch

*) l. c. S. 325.

**) Groth, Tabellar. Uebersicht der Min. Braunschweig 1882, S. 46.

$r = 2P(221)$ als schmale Abstumpfung der Kante zwischen $m = \infty P(110)$ und $p = P(111)$ beobachtet.

Die untersuchten Krystalle sind vorzugsweise Zwillinge nach dem gewöhnlichen Gesetz — ∞P die Zwillingsebene — und zeigen folgende Combinationen:

$\infty \breve{P} \infty(010)$, $\infty P(110)$, $2\breve{P}\infty(021)$, $P(111)$ (Schrauf, Atlas der Krystallformen Taf. XLI, Fig. 11).

$\infty \breve{P} \infty(010)$, $\infty P(110)$, $\infty \breve{P} 3(130)$, $2\breve{P}\infty(021)$, $\frac{1}{2}\breve{P}\infty(012)$, $P(111)$.

$\infty \breve{P} \infty(010)$, $\infty P(110)$, $\infty \breve{P} 3(130)$, $2\breve{P}\infty(021)$, $\breve{P}\infty(011)$, $P(111)$, $0P(001)$ (Fig. 12).

$\infty \breve{P} \infty(010)$, $\infty P(110)$, $\infty \breve{P} 3(130)$, $2\breve{P}\infty(021)$, $\breve{P}\infty(011)$, $P(111)$, $2P(221)$, $0P(001)$.

$\infty \breve{P} \infty(010)$, $\infty P(110)$, $\infty \breve{P} 3(130)$, $2\breve{P}\infty(021)$, $\breve{P}\infty(011)$, $\frac{1}{2}\breve{P}\infty(012)$, $0P(001)$, $P(111)$, $2P(221)$, $\infty \bar{P} \infty(100)$ (Fig. 13).

Es wurde gemessen:

	Gemessen:	Berechnet:	
010 : 130 =	28° 36'	28° 39'	v. Kokscharow
130 : 110	29 54	29 58	-
110 : 100	31 22	31 23	
001 : 111	54 8	54 14	-
221 : 110	20 2	19 48	Schrauf
001 : 012	19 41	19 53	v. Kokscharow
012 : 011	16 7	16 0	-
011 : 021	19 23	19 28	
021 : 010	34 39	34 40	-

Bei G. Leonhard*) findet sich noch die Combination:

$\infty \breve{P} \infty(010)$, $\infty P(110)$, $\infty \breve{P} 3(130)$, $\infty \bar{P} \infty(100)$, $P(111)$, $\frac{1}{2}P(112)$, $\breve{P}\infty(011)$, $\frac{1}{2}\breve{P}\infty(012)$, $\bar{P}\infty(101)$, $2\breve{P}2(121)$, $2\bar{P}2(211)$, $0P(001)$

verzeichnet; und Schrauf**) hat einen Krystall von Badenweiler abgebildet, welcher durch grössere Entwicklung des Makropinakoids zwischen den in Fig. 12 und Fig. 14 dargestellten den Uebergang darstellt und sich durch das Auftreten der Fläche $\varphi = 3\breve{P}3(131)$ als Abstumpfung der Kante zwischen $p = P(111)$ und $b = \infty\breve{P}\infty(010)$ auszeichnet.

Seltener ist die dritte Modification, bei welcher in der Prismenzone nächst $b = \infty\breve{P}\infty(010)$ das Makropinakoid $a = \infty\bar{P}\infty(100)$ am grössten entwickelt ist. In diesem Falle (Fig. 14) ist das Brachypinakoid merkwürdiger Weise meist stark parallel der Verticalaxe gestreift, und die Krystalle zeigen, senkrecht zur letzteren gesehen, einen auffallenden Seidenglanz, den Quenstedt***) bereits beobachtete.

*) Min. Badens. Stuttgart 1876, S. 53.

**) l. c. Tafel XLII, Fig. 16.

***) Handbuch der Min. Tübingen 1877, S. 527.

Die 4—7 mm grossen Krystalle haben gewöhnlich die Combination:
$\infty\breve{P}\infty(010)$, $\infty\bar{P}\infty(100)$, $2\breve{P}\infty(021)$, $\breve{P}\infty(011)$, $\frac{1}{2}\breve{P}\infty(012)$, $\infty P(110)$,
weniger häufig
$\infty\breve{P}\infty(010)$, $\infty\bar{P}\infty(100)$, $\infty P(110)$, $\infty\breve{P}3(130)$, $2\breve{P}\infty(021)$, $\breve{P}\infty(011)$, $\frac{1}{2}\breve{P}\infty(012)$, $\frac{1}{2}\bar{P}\infty(102)$, $P(111)$, $\frac{1}{2}P(112)$ (Fig. 14).

Die gemessenen und berechneten Winkel sind folgende:

	Gemessen:	Berechnet:	
010 : 130 =	28° 35′	28° 39′	v. Kokscharow
130 : 110	29 53	29 58	-
110 : 100	31 22	31 23	
010 : 021	35 1	34 40	
021 : 011	19 3	19 28	
011 : 012	16 5	16 0	
010 : 112	72 39	72 44	
112 : 102	17 16	17 17	
100 : 111	46 11	46 9	
100 : 102	59 22	59 21	-

Auch Krystalle, welche durch Vorwalten von $b = \infty\breve{P}\infty(010)$ ungemein dünntafelförmig sind, wurden beobachtet. Sie sind recht gross und bilden meist Zwillinge oder Drillinge nach ∞P und lassen besonders die Combination:

$\infty\breve{P}\infty(010)$, $\infty P(110)$, $P(111)$, $2\breve{P}\infty(021)$

erkennen.

Typus 2. — (Fig. 15.) — Neben Cerussitkrystallen der vorigen Ausbildung sitzen auf einer Stufe der hiesigen städtischen Sammlung einige hellbraune, 5—6 mm grosse Krystalle, die durch Vorherrschen des Makropinakoids einen dicktafelartigen Habitus besitzen. Dieselben zeigen die Combination:

$\infty\bar{P}\infty(100)$, $2\breve{P}\infty(021)$, $\breve{P}\infty(011)$, $\frac{1}{2}\breve{P}\infty(012)$, $\infty P(110)$, $\infty\breve{P}\infty(010)$, $P(111)$, $\frac{1}{2}P(112)$, $\frac{1}{2}\bar{P}\infty(102)$ (Fig. 15).

Auf dem Makropinakoid erscheinen bei sonst guter Oberflächenbeschaffenheit zahlreiche, sehr kleine Grübchen, welche in nahe neben einander liegenden Reihen parallel der Verticalaxe sich befinden. Unter den Brachydomen herrscht $i = 2\breve{P}\infty(021)$ vor und ist parallel der Brachydiagonale stark gestreift; $x = \frac{1}{2}\breve{P}\infty(012)$ und $k = \breve{P}\infty(011)$ sind sehr schmal, die erstere Fläche spiegelt ziemlich gut.

Typus 3. — (Fig. 16.) — Auf einer anderen Stufe derselben Sammlung sind sehr flächenreiche Krystalle aufgewachsen, welche eine Grösse von mehr als 10 mm und die Farbe des Rauchtopases besitzen. Sie sind sämmtlich Zwillinge nach ∞P und bald mehr, bald weniger dicktafelförmig

durch Vorwalten der Basis (Fig. 16). An diesen auf den ersten Blick in die Augen fallenden Krystallen wurden die Combinationen

$0P(001)$, $\frac{1}{2}\bar{P}\infty(102)$, $\frac{1}{2}\breve{P}\infty(012)$, $\breve{P}\infty(011)$, $2\breve{P}\infty(021)$, $\infty\breve{P}\infty(010)$, $\infty P(110)$, $\infty\breve{P}3(130)$, $P(111)$, $\frac{1}{2}P(112)$, $2\breve{P}2(121)$, $\infty\bar{P}\infty(100)$ (Fig. 16)

und

$0P(001)$, $\frac{1}{2}\bar{P}\infty(102)$, $\frac{1}{2}\breve{P}\infty(012)$, $\breve{P}\infty(011)$, $2\breve{P}\infty(021)$, $3\breve{P}\infty(031)$, $\infty\breve{P}\infty(010)$, $\infty P(110)$, $\infty\breve{P}3(130)$, $P(111)$, $\frac{1}{2}P(112)$, $2\breve{P}2(121)$, $\infty\bar{P}\infty(100)$, $\frac{5}{4}\breve{P}5(154)$

durch folgende Messungen constatirt:

	Gemessen:	Berechnet:	
010 : 130 =	28° 41′	28° 39′	v. Kokscharow
130 : 110	29 54	29 58	-
110 : 100	31 20	31 23	
001 : 012	19 52	19 53	
012 : 011	15 59	16 0	
011 : 021	19 15	19 28	
021 : 010	34 31	34 40	
010 : 031	24 58	24 45	
031 : 011	29 14	29 23	
001 : 112	34 44	34 47	
112 : 111	19 26	19 26	
111 : 110	35 48	35 46	
001 : 102	30 33	30 39	
130 : 121	30 4	29 57	
121 : 112	30 19	30 27	
112 : 011	60 32	60 33	
001 : 121	61 54	61 52	
011 : 121	38 32	38 35	
121 : 110	33 47	33 39	-

Die Krystalle sind höchst unsymmetrisch ausgebildet, indem nämlich auf der einen Seite die Prismenflächen sehr verlängert und das Brachypinakoid sehr schmal ist, während auf der anderen die ersteren sehr kurz, das letztere ziemlich breit erscheint. Auch in der Brachydomenzone machte sich diese Asymmetrie bemerkbar, indem in dem einen Quadranten Domenflächen auftreten, welche in dem anliegenden oder dem gegenüberliegenden fehlen. Dieselbe eigenthümliche Verzerrung beobachtete auch **Miers***) an Cerussitkrystallen von La Croix aux Mines im Dep. des Vosges.

Unter den Brachydomenflächen der zuletzt erwähnten Krystalle von Badenweiler waltet $i = 2\breve{P}\infty$ vor. Das Brachypinakoid ist oft sehr stark

*) Siehe diese Zeitschr. 6, 599.

parallel der Verticalaxe gestreift. Sämmtliche Flächen mit Ausnahme der neuen $\omega = \frac{5}{4}\breve{P}5(154)$ spiegeln sehr gut. Diese Pyramide bildet eine schmale Abstumpfung der Kante zwischen $i = 2\breve{P}\infty(021)$ und $o = \frac{1}{2}P(112)$; ihr Zeichen bestimmte sich, trotzdem sie keine Reflexe lieferte, dadurch mit voller Sicherheit, dass sie sowohl mit $i = 2\breve{P}\infty(021)$ und $o = \frac{1}{2}P(112)$, als auch mit $k = \breve{P}\infty(011)$, $s = 2\breve{P}2(121)$ und $m = \infty P(110)$ in derselben Zone liegt.

Typus 4. — (Fig. 17—20.) — Die Cerussitkrystalle nehmen oft durch Vorherrschen der Formen in der Brachydomenzone einen prismatischen Habitus an. Nächst dem zuerst erwähnten Typus scheint der hier beschriebene der häufigste zu sein.

Auf einer Stufe sitzen auf Bleiglanz, strahlenartig von demselben ausgehend, zahlreiche kleine, vollkommen wasserhelle Krystalle von 1—2 mm Grösse. Sie sind nahezu ringsum ausgebildet und mit spiegelnden Flächen bedeckt. Sie lassen die Combinationen:

$$2\breve{P}\infty(021),\ \breve{P}\infty(011),\ \tfrac{1}{2}\breve{P}\infty(012),\ \infty\breve{P}\infty(010),\ \infty P(110),\ \infty\breve{P}3(130),\ P(111),$$

$$2\breve{P}\infty(021),\ \breve{P}\infty(011),\ \tfrac{1}{2}\breve{P}\infty(012),\ \infty\breve{P}\infty(010),\ \infty P(110),\ \infty\breve{P}3(130),\ \infty\bar{P}\infty(100),\ P(111)\ \text{(Fig. 17)}$$

und

$$2\breve{P}\infty(012),\ \breve{P}\infty(011),\ \tfrac{1}{2}\breve{P}\infty(012),\ \infty\breve{P}\infty(010),\ 0P(001),\ \infty P(110),\ \infty\breve{P}3(130),\ P(111)$$

erkennen.

Aehnliche, zum Theil auch weniger flächenreiche Formen wie

$$\infty\breve{P}\infty(010),\ 2\breve{P}\infty(021),\ 3\breve{P}\infty(031),\ \infty P(110),\ P(111)$$

besitzen auch 5—7 mm grosse, fleischrothe bis isabellgelbe, undurchsichtige Krystalle, welche sich besonders dadurch auszeichnen, dass alle Flächen, nur selten die Pyramide $p = P(111)$ ausgenommen, äusserst uneben, zum Theil auch gerundet und parallel der Basis gestreift sind. Namentlich befindet sich öfter auf den Prismenflächen ein dünner, brauner Ueberzug. Die Kante zwischen der Pyramide $p = P(111)$ und dem Prisma $m = \infty P(110)$ ist häufig besonders stark gekerbt.

An Krystallen einer anderen Stufe sind die Flächen in der Brachydomenzone sehr zahlreich vertreten. An einem derselben wurde die Combination:

$$\infty\breve{P}\infty(010),\ 5\breve{P}\infty(051),\ 4\breve{P}\infty(041),\ 3\breve{P}\infty(031),\ 2\breve{P}\infty(021),\ \breve{P}\infty(011),\ \tfrac{1}{2}\breve{P}\infty(012),\ 0P(001),\ P(111),\ \tfrac{1}{2}P(112),\ \infty P(110),\ \infty\breve{P}3(130),\ \infty\bar{P}\infty(100),\ \tfrac{1}{2}\bar{P}\infty(102)$$

durch folgende Messungen festgestellt:

	Gemessen:	Berechnet:	
010 : 051 =	15°20′	15°28′	v. Kokscharow
051 : 041	3 47	3 37	-
041 : 031	5 53	5 41	
031 : 021	9 55	9 55	
021 : 011	19 35	19 28	
011 : 012	15 58	16 0	
012 : 001	19 52	19 53	
010 : 130	28 41	28 39	
130 : 110	30 3	29 58	
110 : 100	31 20	31 23	
110 : 111	35 46	35 46	
111 : 112	19 25	19 26	
112 : 001	34 45	34 47	
001 : 102	30 37	30 39	
010 : 112	72 16	72 43	
112 : 102	17 30	17 17	-

V. v. Lang*) beobachtete einen grossen, wasserhellen und sehr formenreichen Krystall von Badenweiler. Derselbe zeichnet sich durch das Auftreten der Flächen $q = \frac{2}{3}\breve{P}\infty(023)$, $g = \frac{1}{3}P(113)$, $\psi = \frac{4}{3}\breve{P}3(134)$, $\eta = \frac{5}{2}\breve{P}\frac{5}{3}(352)$, $\xi = \frac{9}{4}\breve{P}3(394)$ und $\sigma = \frac{7}{3}\breve{P}7(173)$ aus.

In einer Druse konnten zwei Generationen von Cerussitkrystallen nachgewiesen werden. Die älteren sind milchweiss, besitzen einen atlasartigen Glanz und sind sehr oft dünntafelförmig durch Vorwalten von $b = \infty\breve{P}\infty(010)$ und alsdann stets Zwillinge nach $m = \infty P(110)$, doch zeigen sie zum Theil, wenngleich seltener, auch dieselbe Ausbildung wie die jüngeren. Diese letzteren sind stets einfach und dabei hellbraun gefärbt. Sie zeichnen sich in der Regel vor den älteren durch grössere Entwicklung des Makrodomas $y = \frac{1}{2}\bar{P}\infty(102)$ aus. An einem der jüngeren Krystalle wurde die Combination:

$\infty\breve{P}\infty(010)$, $2\breve{P}\infty(021)$, $\breve{P}\infty(011)$, $\frac{1}{2}\breve{P}\infty(012)$, $\frac{1}{2}\bar{P}\infty(102)$, $\infty\breve{P}8(180)$, $\infty\breve{P}3(130)$, $\infty P(110)$, $\infty\bar{P}\infty(100)$, $P(111)$, $\frac{1}{2}P(112)$, $2\breve{P}2(121)$ (Fig. 18) beobachtet.

Das neue Prisma $\Gamma = \infty\breve{P}8(180)$ ist parallel der Verticalaxe gestreift und bildet eine breite Abstumpfung der Kante zwischen $b = \infty\breve{P}\infty(010)$ und $r = \infty\breve{P}3(130)$. Die zu diesen Flächen gemessenen Winkel sind folgende:

	Gemessen:	Berechnet:
010 : 180 =	11° 45′	11° 35′
130 : 180	16 50	17 1

*) Verhandlungen der min. Gesellschaft zu St. Petersburg 1874 II. Serie. 9, 15[illegible].

Schwarzbraune und pellucide, 7—10 mm grosse Krystalle einer Stufe aus der städtischen Sammlung zeigen $i = 2\breve{P}\infty(021)$ oder $k = \breve{P}\infty(011)$ und das Makropinakoid $a = \infty\bar{P}\infty(100)$ (Fig. 19) vorherrschend. Dabei sind die Individuen sehr verzerrt und zwar so, dass sie dieselbe asymmetrische Ausbildung zeigen, wie die des Typus 3. Im erhöhten Gerade gilt das noch von mehreren Exemplaren derselben Stufe, welche durch Vorwalten eines der erwähnten Brachydomen fast dicktafelförmig (Fig. 20) erscheinen.

An Krystallen der letzteren Art liessen sich durch Messung folgende Combinationen nachweisen:

$2\breve{P}\infty(021)$, $\infty\bar{P}\infty(100)$, $\frac{1}{2}\breve{P}\infty(012)$, $\breve{P}\infty(011)$, $\infty\breve{P}\infty(010)$, $\infty P(110)$, $\infty\breve{P}3(130)$, $\frac{1}{2}\bar{P}\infty(102)$ (Fig. 19).

$\breve{P}\infty(011)$, $0P(001)$, $\infty\breve{P}\infty(010)$, $2\breve{P}\infty(021)$, $\frac{1}{2}\breve{P}\infty(012)$, $\infty P(110)$, $\infty\breve{P}3(130)$, $\infty\bar{P}\infty(100)$, $\frac{1}{2}\bar{P}\infty(102)$, $P(111)$, $\frac{1}{2}P(112)$ (Fig. 20).

Dadurch, dass an diesen Krystallen die Domenflächen $i = 2\breve{P}\infty(021)$ und $k = \breve{P}\infty(011)$ mehr und mehr zurücktreten und die Basis $c = 0P(001)$ zugleich an Ausdehnung gewinnt, gehen sie allmählich in solche über, welche etwa die Combination der in Fig. 16 abgebildeten Zwillingskrystalle zeigen, also in einfache Krystalle vom Typus 3.

Typus 5. — (Fig. 21.) — Die Cerussitkrystalle, welche diesem Typus angehören, sind prismatisch durch gleiche Ausbildung von $b = \infty\breve{P}\infty(010)$ und $a = \infty\bar{P}\infty(100)$ und zeigen die Combinationen:

$\infty\bar{P}\infty(100)$, $\infty\breve{P}\infty(010)$, $\infty\breve{P}3(130)$, $2\breve{P}\infty(021)$, $\frac{1}{2}\breve{P}\infty(012)$, $\frac{1}{2}\bar{P}\infty(102)$, $P(111)$,

$\infty\bar{P}\infty(100)$, $\infty\breve{P}\infty(010)$, $\infty P(110)$, $\infty\breve{P}3(130)$, $2\breve{P}\infty(021)$, $\breve{P}\infty(011)$, $\frac{1}{2}\breve{P}\infty(012)$, $0P(001)$, $\frac{1}{2}\bar{P}\infty(102)$, $P(111)$

und

$\infty\bar{P}\infty(100)$, $\infty\breve{P}\infty(010)$, $\infty P(110)$, $\infty\breve{P}3(130)$, $2\breve{P}\infty(021)$, $\breve{P}\infty(011)$, $\frac{1}{2}\breve{P}\infty(012)$, $\frac{1}{2}\bar{P}\infty(102)$, $P(111)$ (Fig. 21).

Es wurden nur Zwillinge nach $\infty P(110)$ beobachtet. Dieselben machen jedoch meist den Eindruck einfacher Krystalle, indem sich die Makropinakoide der beiden mit einander verwachsenen Individuen unter einem ausspringenden Winkel von 62° 46′ in einer Kante schneiden.

Typus 6. — (Fig. 22.) — Leonhard*) erwähnt auch einen hexagonalen Habitus der Cerussitkrystalle von Badenweiler. Nach meinen Beobachtungen ist derselbe nicht weniger häufig als Typus 1 und 4. Nur sehr selten sind die Krystalle dieser Ausbildung vollkommen einfach, wie der bei Dufrénoy (Traite de min. Paris 1856. Atlas pl. 99, Fig. 289) abgebildete, vielmehr sind sie meist Zwillinge und Drillinge nach $m = \infty P(110)$,

---

*) Min. Badens. Stuttgart 1876, S. 58.

an welchen oft die einspringenden Winkel ohne genauere Betrachtung kaum noch wahrzunehmen sind. Nur an einem einzigen Krystall (Fig. 22,, der aus einer Druse der im Folgenden zu erwähnenden Linaritstufe stammt, konnte mit Sicherheit nachgewiesen werden, dass er vollkommen einfach ist. Derselbe wird von den Formen

$$2\breve{P}\infty(021),\ P(111),\ \infty\breve{P}\infty(010),\ \infty P(110)\ \text{(Fig. 22)}$$

begrenzt.

Das Brachydoma $i = 2\breve{P}\infty(021)$ und die Pyramide $p = P(111)$ sind ziemlich gleich gross entwickelt; das Prisma $m = \infty P(110)$ und das Brachypinakoid $b = \infty\breve{P}\infty(010)$ sind äusserst schmal.

Ein anderes, etwas verzerrtes und 12 mm grosses Exemplar zeigt die Combination:

$$2\breve{P}\infty(021),\ P(111),\ \infty P(110),\ \infty\breve{P}\infty(010),\ \infty\bar{P}\infty(100).$$

Auch hier sind die Pyramiden- und die Brachydomenflächen nahezu von gleicher Grösse, während die übrigen Flächen kaum mit unbewaffnetem Auge sichtbar sind. Auf der Brachydomenfläche $i = 2\breve{P}\infty(021)$ ist eine schmale Zwillingslamelle nach $m = \infty P(110)$ eingewachsen. Die sonst stark glänzenden Pyramidenflächen zeigen eigenthümliche, concentrische Ringe, und die Domenflächen sind parallel der Brachydiagonale gestreift.

Es wurde gemessen und berechnet:

	Gemessen:	Berechnet:	
$111 : 11\bar{1}$ =	71° 18′	71° 31′	v. Kokscharow
$021 : 02\bar{1}$	69 26	69 20	-
$111 : 1\bar{1}1$	49 53	50 0	
$111 : 021$	47 11	47 10	
$111 : 100$	46 9	46 9	
$111 : 1\bar{1}\bar{1}$	92 12	92 18	
$010 : 110$	58 40	58 37	
$110 : 1\bar{1}0$	62 50	62 46	-

Von der Zwillingslamelle zu den benachbarten Flächen des Hauptindividuums wurden folgende Winkel ermittelt:

	Gemessen:	Berechnet:
$021 : \underline{111}$ =	3° 27′	3° 22′
$010 : \underline{100}$	4 6	4 9
$111 : \underline{111}$	49 53	50 0
$110 : \underline{110}$	62 46	62 46

Ein anderer, quarzähnlicher Krystall der Combination

$$\infty P(110),\ P(111),$$

dessen Prismensäule sehr verlängert ist, lässt nur auf der einen Seite, die gerade nicht besonders gut ausgebildet ist, bei genauerer Betrachtung einen einspringenden Winkel erkennen; sonst erscheint er vollkommen einfach. In der Prismenzone konnten nur drei auf einander folgende Winkel gemessen werden; dieselben betrugen der Reihe nach 62° 55′, 54° 28′ und 62° 56′, wodurch ein Drilling nach $m = \infty P(110)$ gegeben ist (vergl. Quenstedt, Handbuch der Mineralogie, Tübingen 1877, S. 527).

Typus 7. — Hierher möchte ich die von Zettler (Leonhard, die Min. Badens, S. 53) beobachteten Krystalle stellen. Sie sind sämmtlich Zwillinge nach $r = \infty \breve{P} 3(130)$ und zeigen die Combination:

$$\infty \breve{P} 3(130),\ \infty \breve{P} \infty(010),\ 0P(001),\ \tfrac{1}{2}\breve{P}\infty(012),\ \breve{P}\infty(011),\ \bar{P}\infty(101).$$

Die bisher an dem Cerussit von Badenweiler beobachteten Flächen sind in der folgenden Tabelle zusammengestellt:

Pinakoide:	$a = \infty\bar{P}\infty(100)$	Quenstedt
	$b = \infty\breve{P}\infty(010)$	Dufrénoy
	$c = 0P(001)$	Leonhard
Makrodomen:	$o = \bar{P}\infty(101)$	-
	$y = \tfrac{1}{2}\bar{P}\infty(102)$	v. Lang
Brachydomen:	$n = 5\breve{P}\infty(051)$	Liweh
	$z = 4\breve{P}\infty(041)$	-
	$v = 3\breve{P}\infty(031)$	-
	$i = 2\breve{P}\infty(021)$	Dufrénoy
	$k = \breve{P}\infty(011)$	v. Lang
	$q = \tfrac{2}{3}\breve{P}\infty(023)$	-
	$x = \tfrac{1}{2}\breve{P}\infty(012)$	-
Prismen:	$m = \infty P(110)$	Dufrénoy
	$r = \infty\breve{P}3(130)$	v. Lang
	$*\Gamma = \infty\breve{P}8(180)$	Liweh
Pyramiden der verticalen Reihe:	$\tau = 2P(221)$	-
	$p = P(111)$	Dufrénoy
	$o = \tfrac{1}{2}P(112)$	v. Lang
	$g = \tfrac{1}{3}P(113)$	-
Makropyramiden:	$w = 2\bar{P}2(211)$	Leonhard
Brachypyramiden:	$\eta = \tfrac{5}{2}\breve{P}\tfrac{5}{3}(352)$	v. Lang
	$s = 2\breve{P}2(121)$	Leonhard
	$\varphi = 3\breve{P}3(131)$	Schrauf
	$\xi = \tfrac{9}{4}\breve{P}3(394)$	v. Lang
	$\psi = \tfrac{3}{4}\breve{P}3(134)$	-
	$*\omega = \tfrac{5}{4}\breve{P}5(154)$	Liweh
	$\sigma = \tfrac{7}{3}\breve{P}7(173)$	v. Lang

*) Die mit einem Sternchen bezeichneten Flächen sind neu.

Die Zahl der überhaupt am Weissbleierz bekannten Formen (vergl. Schmidt, diese Zeitschr. 1882, 6, 547) ist also mit den beiden hier zuerst beobachteten auf 49 gestiegen.

III. Linarit.

Groth erwähnt in seinem Werke (Mineraliensammlung der Kaiser-Wilhelm-Universität Strassburg 1878, S. 157) auch Linarit von Badenweiler. Sandberger (Beiträge zur Statistik der inneren Verwaltung des Grossherzogthums Baden, Karlsruhe 1858, 7. Heft, S. 14) bezeichnet denselben als grosse Seltenheit. In der Literatur ist meines Wissens das Vorkommen von Linarit bei Badenweiler weiter nicht genannt.

Ihrem ganzen Habitus nach stammt die von Groth erwähnte Stufe in der That von dem genannten Orte. Körniger Quarz ist von weissen Schwerspathlamellen und hellgrün gefärbtem Flussspath durchwachsen. In einer Druse von 2 cm Durchmesser sitzen neben Quarz- und Schwerspathtafeln einige Cerussitkrystalle in deutlichen Zwillingsgruppen, die noch im Innern der Stufe mit unzersetztem Bleiglanz in Verbindung stehen, und mit diesen zusammen in grosser Menge kleine Linaritkrystalle. Einzelne Theile der Druse zeigen einen dünnen Ueberzug eines hellgrünen, erdigen Minerals, wahrscheinlich Malachit.

Die Farbe der Linaritkrystalle ist intensiv azurblau, ihre Grösse ist sehr verschieden; bei einer meist tafelförmigen Ausbildung besitzen sie eine Länge von $\frac{1}{4}$ bis 2 mm und eine Breite, die oft nur ein Viertel der Länge erreicht, zuweilen auch derselben gleichkommt. Die Flächen der Krystalle sind sehr gut ausgebildet und gestatten trotz ihrer Kleinheit eine sehr scharfe Messung.

Mit Beibehaltung der von Hessenberg (Mineralog. Notizen, neue Folge, 3. Heft, S. 36) gefundenen Elemente:

$$a : b : c = 1,7186 : 1 : 0,8272$$

und $\beta = 77^0\ 27'$ (siehe Groth, Tabellarische Uebersicht der Mineralien, Braunschweig 1882, S. 52) wurden folgende Formen beobachtet:

$$s = +P\infty(10\bar{1}),\quad c = 0P(001),\quad M = \infty P(110),\quad a = \infty P\infty(100)$$
$$\text{und } x = +\tfrac{3}{2}P\infty(30\bar{2}).$$

Die Krystalle sind sämmtlich in der Richtung der Orthodiagonale verlängert und zwar meist tafelförmig durch Vorwalten von $s = +P\infty(10\bar{1})$, seltener prismatisch durch gleiche Ausbildung dieser Fläche und der Basis. Eine tafelförmige Ausbildung nach $c = 0P(001)$, welche Groth (Mineraliensammlung der Kaiser-Wilhelm-Universität Strassburg 1878, S. 157) angiebt, war an den von mir untersuchten 10—12 Exemplaren nicht zu constatiren; wahrscheinlich liegen den Angaben Groth's keine Messungen zu Grunde.

Die einzelnen, oben angeführten Flächen wurden an fast allen Krystallen beobachtet; nur selten fehlt das positive Hemidoma $x = +\frac{3}{2}P\infty(30\bar{2})$.

Die gemessenen Winkel sind folgende:

	Gemessen:	Berechnet:	
$00\bar{1} : 10\bar{1}$	= 27° 39′	27° 41′	Hessenberg
$001 : 100$	77 18	77 27	-
$00\bar{1} : 30\bar{2}$	39 50	39 54	
$110 : 1\bar{1}0$	61 49	61 36	-

Was die Ausbildung der einzelnen Flächen betrifft, so ist zu erwähnen, dass das gross entwickelte Hemidoma $s = +P\infty(10\bar{1})$ durch eine starke Streifung parallel zur Basis ausgezeichnet ist. Letztere selbst tritt an Ausdehnung sehr hinter $s = +P\infty(10\bar{1})$ zurück, besitzt aber meist einen sehr starken Glanz, in dieser Beziehung mit $x = +\frac{3}{2}P\infty(30\bar{2})$ vergleichbar; nur ist letztere Fläche noch weit schmäler als $c = 0P(110)$. Das primäre Prisma $M = \infty P(110)$ und das Orthopinakoid $a = \infty P\infty(100)$ sind äusserst klein. Die Spaltbarkeit parallel der letzteren Fläche war an den untersuchten Krystallen deutlich nachweisbar.

XXVIII. Krystallographische Untersuchungen.

Von

K. Haushofer in München.

(Mit 15 Holzschnitten.)

---

1. Saures unterphosphorsaures Calcium (Monocalciumsubphosphat).

$$H_2CaP_2O_6 + 6H_2O.$$

(Dargestellt von Th. Salzer in Worms.)

Krystallsystem **monosymmetrisch.**

$$a : b : c = 1,1342 : 1 : 2,5426$$
$$\beta = 85^0\ 29'.$$

Fig. 1.

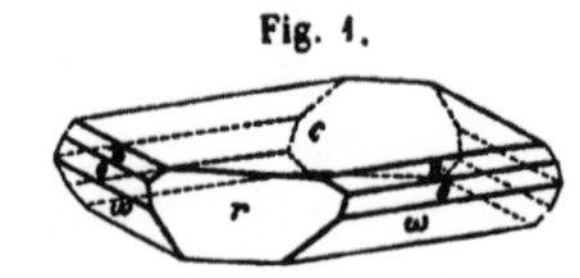

Ringsum ausgebildete farblose Krystalle der Combination (Fig. 1): $0P(001) = c$, $-P(111) = o$, $P(11\bar{1}) = \omega$, $-\frac{1}{3}P(113) = n$, $-\frac{1}{2}P\infty(102) = r$; tafelförmig nach $0P(001)$. Die Mehrzahl der Krystalle ist nur von den Flächen c, o und ω gebildet.

		Gemessen:	Berechnet:
$o : c =$	$(111)(001) =$	*70° 48′	—
$\omega : c =$	$(11\bar{1})(00\bar{1})$	*76 18	
$\omega : \omega =$	$(11\bar{1})(1\bar{1}\bar{1})$	*93 34	—
$o : \omega =$	$(111)(11\bar{1})$	33 10	32° 54′
$c : r =$	$(00\bar{1})(102)$	46 2	45 46
$n : c =$	$(113)(001)$	46 11	46 47

Ebene der optischen Axen senkrecht auf der Symmetrieebene; erste Mittellinie nahe normal auf $0P$; im convergenten polarisirten Lichte kommen auf $0P$ die Interferenzbilder beider Axen im spitzen Winkel β zur Erscheinung. Dispersion horizontal, schwach. Winkelmessung und Beobachtung der optischen Eigenschaften sind durch die Verwitterbarkeit des Salzes wesentlich beeinträchtigt.

2. Bernsteinsaures Kalium.

$K_2C_4H_4O_4 + 3H_2O$.

(Dargestellt von Th. Salzer, vergl. Ber. d. d. chem. Ges. 1883, **16**, 3025.)

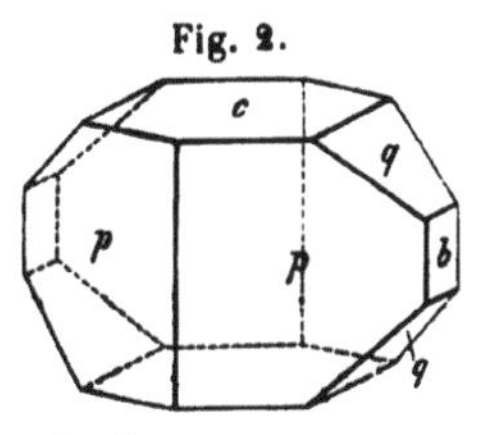

Fig. 2.

Krystallsystem rhombisch.

$a : b : c = 0,5399 : 1 : 0,9619$.

Dicktafelförmige oder kurzprismatische Krystalle der Combination (Fig. 2): $\infty P(110) = p$, $0P(001) = c$, $\breve{P}\infty(011) = q$, $\infty\breve{P}\infty(010) = b$. Vorherrschend $0P$ und ∞P.

	Gemessen:	Berechnet:
$b : p = (010)(110) =$	*64° 38′	—
$b : q = (010)(011)$	*46 27	—
$p : p = (110)(1\bar{1}0)$	56 38	56° 44′
$q : c = (011)(001)$	44 0	43 53
$q : q = (011)(0\bar{1}1)$	88 10	87 46
$p : q = (110)(011)$	71 15	70 46

Ebene der optischen Axen das Brachypinakoid (010); erste Mittellinie die Verticalaxe; im convergenten polarisirten Lichte kommt auf der Fläche c tafelförmiger Krystalle das Interferenzbild beider Axen zur Erscheinung. Weitere Beobachtungen der optischen Eigenschaften wurden durch die grosse Verwitterbarkeit des Salzes verhindert.

3. Bernsteinsaures Baryum.

$BaC_4H_4O_4$.

(Dargestellt von Th. Salzer in Worms.)

Krystallsystem tetragonal.

$a : c = 1 : 0,6813$.

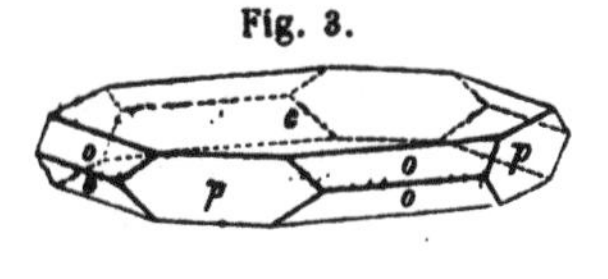

Fig. 3.

Sehr kleine, aber ziemlich gut entwickelte Krystalle der Combination (Fig. 3): $0P(001) = c$, $\infty P\infty(100) = p$, $P(111) = o$; dünntafelförmig nach $0P(001)$.

	Gemessen:	Berechnet:
$o : o = (111)(11\bar{1}) =$	*92° 31′	—
$o : o = (111)(\bar{1}11)$	58 56	58° 46′

4. Phenylessigsäure.

Diese schon seit längerer Zeit bekannte Verbindung krystallisirt aus ihrer wässerigen Lösung in äusserst dünnen Tafeln von rhombischen Umrissen mit einem spitzen ebenen Winkel von $51\frac{1}{2}$°. Dem optischen Verhalten nach gehört die Substanz dem rhombischen System an; im convergenten polarisirten Lichte erscheint auf den Lamellen das Interferenzbild beider Axen central mit kleinem Axenwinkel; bei der Dünne der Blättchen oft nur mit einer Lemniscate. Ebene der optischen Axen $\infty\breve{P}\infty$ (010): Charakter der Doppelbrechung positiv.

5. Metasaccharin.

$C_6H_{10}O_5$.

(Dargestellt von Heinr. Kiliani, vergl. Ber. d. d. chem. Ges. 1883, 16, 2627.)

Krystallsystem rhombisch.

$a : b : c = 0,6236 : 1 : 0,8988$.

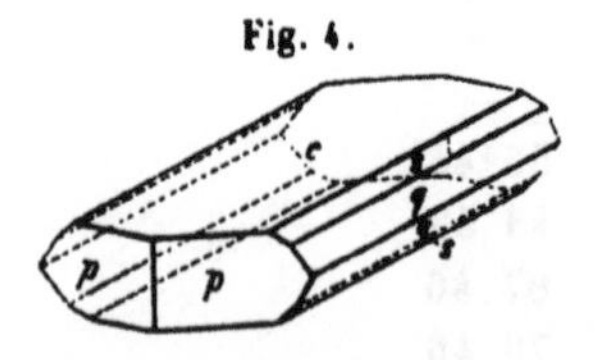

Fig. 4.

Wasserhelle, nach der Basis dicktafelförmige Krystalle der Combination (Fig. 4): $0P(001) = c$, $\infty P(110) = p$, $\breve{P}\infty(011) = s$, $2\breve{P}\infty(021) = q$; an einigen Krystallen wurde auch $\infty\breve{P}\infty(010)$ beobachtet. Nicht selten erscheint ein Flächenpaar von ∞P bis zum Verschwinden des anderen ausgebildet, wodurch die Krystalle einen monosymmetrischen Habitus gewinnen. — Sehr vollkommen spaltbar nach $\infty\breve{P}\infty$, ziemlich deutlich nach $\infty\bar{P}\infty$.

	Gemessen:	Berechnet:
$s : s = (011)(0\bar{1}1) =$	*83° 54'	—
$p : p = (110)(1\bar{1}0)$	*63 54	
$q : q = (021)(0\bar{2}1)$	*121 50	—
$c : s = (001)(011)$	44 57	44° 57'
$p : s = (110)(011)$	69 9	69 17
$c : q = (001)(021)$	61 0	60 55
$p : q = (110)(021)$	62 0	62 27

Axenebene $\infty\bar{P}\infty(100)$, erste Mittellinie die Verticalaxe.

Die wässerige Lösung des Metasaccharins ist linksdrehend, während seine Isomeren, das Saccharin und Isosaccharin, rechtsdrehende wässerige Lösungen geben.

Die morphologische Aehnlichkeit dieser Körper unter sich und mit dem Rohrzucker kommt in den Axenverhältnissen zu einem übersichtlichen Ausdruck, nach welchem sie folgende Reihe bilden

	a	c
Metasaccharin	0,6236	0,8988
Rohrzucker	0,6297	0,8782
Saccharin	0,6816	0,7443
Isosaccharin	0,6961	0,7393

6. Orthooxychinaldin.

C_9H_7ON.

(Vergl. Ber. d. d. chem. Ges. 1884, 17, 1705.)

Krystallsystem rhombisch.

$a : b : c = 0,8942 : 1 : 1,8481$.

Grosse, in Folge einer Verunreinigung blassgelbliche Krystalle, an welchen nur die Flächen der Pyramide $P(111)$ beobachtet wurden.

	Gemessen:	Berechnet:	
$(111)(1\bar{1}1) =$	$*77^\circ 40'$	—	(brachydiagonale Polkante)
$(111)(11\bar{1})$	$*39\ 40$	—	(Basiskante)
$(111)(\bar{1}11)$	$89\ 27$	$89^\circ\ 4'$	(makrodiagonale Polkante).

Die geringe Durchsichtigkeit der Krystalle gestattete die Untersuchung der optischen Verhältnisse nicht.

7. Dimethylchinaldin.

$C_{12}H_{14}N$.

(Dargestellt von W. Merz im chem. Laborat. der k. techn. Hochschule München.)

Krystallsystem monosymmetrisch.

$a : b : c = 1,0255 : 1 : 1,2489$

$\beta = 62^\circ 28'$.

Kleine, farblose, etwas abgerundete und deshalb in den Winkelwerthen schwankende Krystalle der Combination (Fig. 5): $0P(001) = c$, $\infty P(110) = p$, $P\infty(10\bar{1}) = r$, $\infty P\infty(100) = a$; gewöhnlich dicktafelförmig durch Vorwalten der Fläche c oder prismatisch nach der Axe b, wenn die Flächen der horizontalen Zone annähernd im Gleichgewicht ausgebildet sind. Die Fläche a ist in der Regel sehr unvollkommen entwickelt.

Fig. 5.

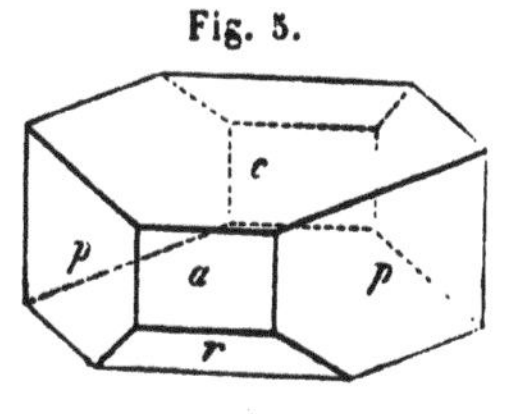

	Gemessen:	Berechnet:	
$c : p = (001)(110) =$	$*70^\circ\ 0'$	—	
$p : p = (110)(1\bar{1}0)$	$*84\ 34$	—	(über a)
$r : c = (10\bar{1})(00\bar{1})$	$*112\ 2$	—	
$r : p = (10\bar{1})(110)$	$61\ 0$	$61^\circ 21'$	

Ebene der optischen Axen die Symmetrieebene; eine Axe steht annähernd normal auf der Fläche c.

8. Parachlorchinaldin.

$C_{10}H_8ClN$.

(Dargestellt von W. Merz im chem. Laborat. der techn. Hochschule München.)

Krystallsystem monosymmetrisch.

$a : b : c = 2,2530 : 1 : 6,6778$
$\beta = 79^0 42'$.

Farblose, nach der Basis tafelförmige Krystalle der Combination Fig. 6): $0P(001) = c$, $P(\bar{1}11) = \omega$, $-P(111) = o$, jedoch mit unvollzähliger Flächenentwicklung, indem von jeder Hemipyramide blos ein Flächenpaar vorhanden, wodurch die Krystalle einen asymmetrischen Habitus zeigen.

Fig. 6.

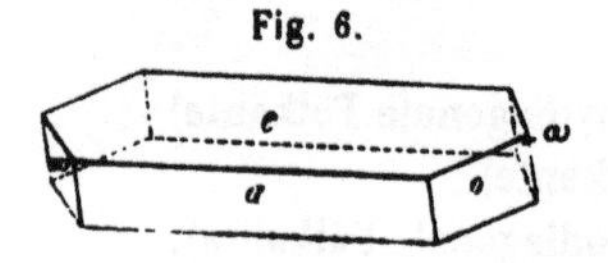

	Gemessen:	Berechnet:
$c : a = (001)(100) =$	*79° 42′	—
$c : o = (001)(111)$	*66 30	
$a : o = (100)(111)$	*64 4	—
$c : \omega = (100)(\bar{1}11)$	67 0	66° 39′

Die optischen Axen liegen in der Symmetrieebene; das Interferenzbild einer Axe kommt im convergenten polarisirten Lichte auf der Fläche c excentrisch (im spitzen Winkel β) zur Erscheinung.

9. Orthooxyhydroäthylchinolin.

$C_{11}H_{15}N$ (Base des Kairins.)

(Diese und die drei folgenden Verbindungen vergl. O. Fischer und E. Renouf, Ber. d. d. Ges. 1884, **17**, 755.)

Fig. 7.

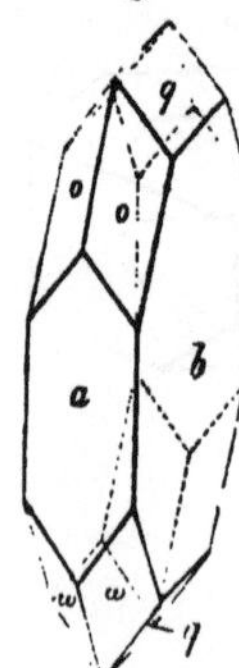

Krystallsystem monosymmetrisch.

$a : b : c = 0,9741 : 1 : 1,3549$
$\beta = 72^0 54'$.

Farblose, ringsum ausgebildete Krystalle der Combination (Fig. 7): $\infty R\infty(010) = b$, $\infty P\infty(100) = a$, $-P(111) = o$, $P(11\bar{1}) = \omega$, $R\infty(011) = q$, tafelförmig durch Vorwalten der Fläche $\infty R\infty$, gewöhnlich nach der Verticalaxe gestreckt. Die Flächen o und ω sind selten sehr gut entwickelt, die darauf bezüglichen Messungsresultate deshalb minder scharf.

	Gemessen	Berechnet	
$a : q = (100)(011) =$	*77° 33′	—	
$q : q = (011)(0\bar{1}1)$	*85 44	—	über c
$o : q = (111)(011)$	*25 0		

	Gemessen:	Berechnet:	
$a : o = (100)(111) =$	52° 49′	52° 24′	
$a : \omega = (100)(11\bar{1})$	72 0	72 24	
$\omega : \omega = (11\bar{1})(1\bar{1}\bar{1})$	83 3	83 11	(klinodiagonale Polkante)
$o : o = (111)(1\bar{1}1)$	68 26	68 56	(- -)

Die optischen Axen liegen in der Symmetrieebene; im convergenten polarisirten Lichte kommt auf der Fläche a das Interferenzbild einer Axe am Rande des Gesichtsfeldes zur Erscheinung.

Eine morphologische Beziehung zwischen den Krystallen dieser Verbindung zu jenen der analogen Methylbase*) scheint sich ohne Zwang nicht herstellen zu lassen, obwohl eine gewisse habituelle Aehnlichkeit der Formen nicht zu verkennen ist.

10. Salzsaures α-Oxyhydroäthylchinolin.

(»Kairin A«.) $C_9H_{10}(C_2H_5)NOCHCl$.

(Vergl. die vorige Verb.)

Krystallsystem rhombisch.

$a : b : c = 0,5945 : 1 : 0,9566.$

Farblose, starkglänzende Krystalle von prismatischem Bau nach der Verticalaxe, aber stets mit eigenthümlicher Unvollzähligkeit der Flächen ausgebildet, wodurch die Krystalle einen asymmetrischen Habitus gewinnen. Die prismatische Zone wird durch die stets vorwaltenden Flächen des primären Prismas (Fig. 8): $\infty P(110) = p$, ausserdem durch das Brachypinakoid $\infty\breve{P}\infty(010) = b$ und an manchen Krystallen durch das Brachyprisma $\infty\breve{P}2(120) = l$ gebildet, welches aber stets nur in einem Flächenpaar auftritt und in der Regel schlecht entwickelt ist. Als Abschluss des Prismas tritt die flache Brachypyramide $\breve{P}12(1.12.12) = o$ stets in guter Ausbildung, aber immer nur in zwei (der monosymmetrischen Hemiëdrie entsprechenden) Flächenpaaren auf. An keinem der zahlreichen untersuchten Krystallexemplare fand sich auch nur eine Andeutung der anderen Pyramidenflächen. In hemimorpher Unvollzähligkeit finden sich dagegen zwei Flächen des Makrodomas $\frac{3}{7}\bar{P}\infty(\bar{3}07) = (n)$ als kleine, aber scharfgebildete Fläche.

Fig. 8.

	Gemessen:	Berechnet:	
$o : o = (1.12.12)(1.\bar{1}\bar{2}.12) =$	*86° 58′	—	(brachydiag. Polkante)
$p : p = (110)(1\bar{1}0)$	*61 28	—	(- Prismenkante)
$o : p = (1.12.12)(110)$	64 24	64° 26′	

*) Vergl. diese Zeitschr. 8, 395.

		Gemessen:	Berechnet:
$l : p =$	(120)(1̄10) =	100° 0′	100°31′ (über b)
$n : p =$	(307)(1̄10)	60 48	60 47
$o : p =$	(1.12.12)(1̄10)	74 40	74 13 (hinten)
$b : o =$	(010)(1.12.12)	46 33	46 21
$l : b =$	(120)(010)	59 20	59 16
$n : o =$	(3̄07)(1.12.12)	57 30	57 26

Obwohl die Zerbrechlichkeit der Krystalle die Herstellung gut geschliffener Plättchen verhinderte, war es doch möglich, die rhombische Krystallisation auch durch das optische Verhalten nachzuweisen. Die Auslöschungsrichtungen liegen auf allen Flächen der prismatischen Zone genau parallel und rechtwinklig zur Verticalaxe; auf einer rechtwinklig zur Verticalaxe geschnittenen Platte erscheinen im convergenten polarisirten Lichte die Interferenzbilder beider Axen mit kleinem Axenwinkel; Ebene der optischen Axen das Makropinakoid $\infty\bar{P}\infty(100)$, erste Mittellinie die Verticalaxe.

11. Aethylkairinmonobromid.

$C_{13}H_{18}NOBr$.

(Vergl. die vorigen.) Schmelzpunkt 85°.

Fig. 9.

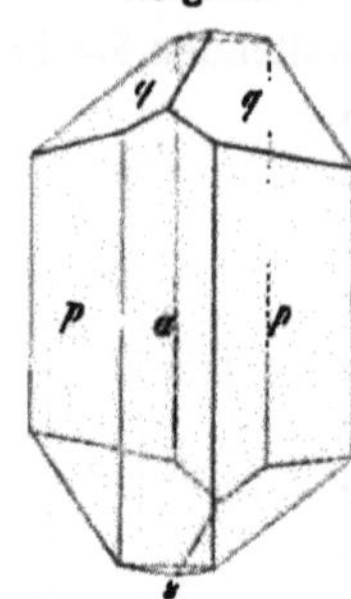

Krystallsystem monosymmetrisch.

$$a : b : c = 0{,}7902 : 1 : 0{,}5828$$
$$\beta = 69^\circ 55'.$$

Farblose, lebhaft glänzende Krystalle der Combination (Fig. 9): $\infty P(110) = p$, $\infty P\infty(100) = a$, $P\infty(011) = q$, $\frac{2}{3}P\infty(20\bar{3}) = s$, prismatisch nach der Verticalaxe. Die Fläche s ist sehr unvollkommen und wurde nur an zwei Krystallen beobachtet.

		Gemessen:	Berechnet:	
$p : a =$	(110)(100) =	*36°35′	—	
$q : q =$	(011)(01̄1)	*57 24		
$a : q =$	(100)(011)	*72 28	—	
$p : p =$	(110)(1̄10)	73 4	73°10′	klinodiag. Prismenkante
$p : q =$	(110)(011)	58 12	58 8	
$p : s =$	(110)(20 3̄)	83 5	82 49	

Die Auslöschungsrichtung auf p schneidet die Kante pp unter 62°.

12. Monobromid des Aethoxyhydrochinolins.

$C_{11}H_{14}NOBr$.

(Vergl. die vorigen.) Schmelzpunkt 149⁰,5.

Krystallsystem asymmetrisch.

$$a : b : c = ? : 1 : 0{,}8101$$
$$\alpha = 107^0\, 48'$$
$$\beta = 110\ 58$$
$$\gamma = 85\ 0$$

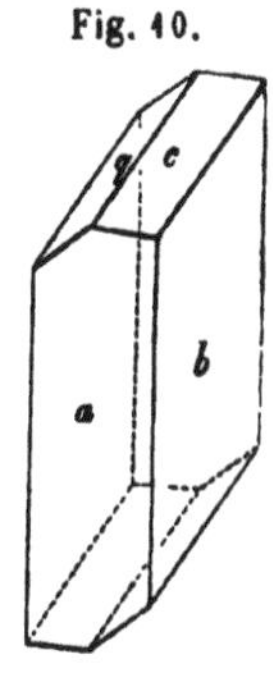

Fig. 10.

Unter den zur Untersuchung vorliegenden Krystallen fanden sich blos zwei Exemplare, welche die in Fig. 10 dargestellte einfache Combination: $\infty\bar{P}\infty(100) = a$, $\infty\breve{P}\infty$ $(010) = b$, $0P(001) = c$, $'\breve{P}_{,}\infty(0\bar{1}1) = q$ repräsentirten. Die übrigen Krystalle stellen anscheinend oktogonale Prismen dar, welche aber als Vierlinge zu betrachten sind, zusammengesetzt aus vier prismatischen Krystallen, deren stumpfe Winkel $a:b$ nach der Mitte zugekehrt sind, so dass der ganze Complex ein symmetrisch achtseitiges Prisma mit den alternirenden Winkeln von 88⁰ 33′ und 2⁰ 54′ (Normalenwinkel) bildet.

		Gemessen:	Berechnet:
$c : a$	$= (001)(100) =$	*69⁰ 33′	—
$c : b$	$= (001)(010)$	*72 49	—
$a : b$	$= (100)(010)$	*88 33	
$q : c$	$= (0\bar{1}1)(001)$	*43 13	—
$q : a$	$= (0\bar{1}1)(100)$	72 20	72⁰ 20′
$a : \bar{a}$	$= (100)(\underline{100})$	2 54	2 54 (im Vierling)

Die Auslöschungsrichtung auf b schneidet die Verticalaxe unter 11⁰.

13. Orthonitro-Tetramethyldiamido-Triphenylmethan.

$(C_6H_4NO_2)(C_6H_4N.CH_3.CH_3)(C_6H_4N.CH_3.CH_3)CH$. Schmelzpunkt 160⁰.

(Dargest. von von Zwehl, s. Ber. d. d. chem. Ges. 1884, **17**, 1890.)

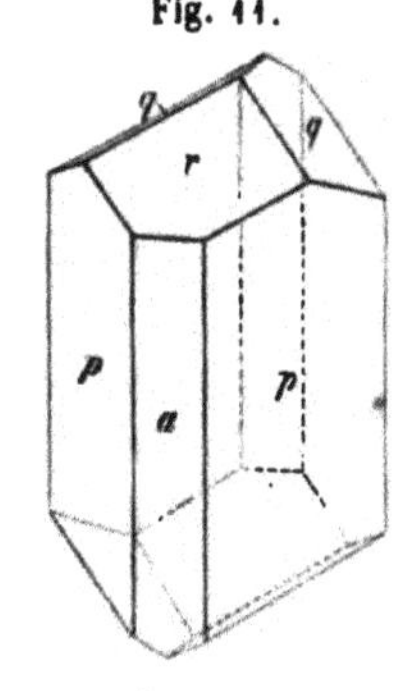

Fig. 11.

Krystallsystem monosymmetrisch.

$$a : b : c = 1{,}1795 : 1 : 0{,}5262$$
$$\beta = 85^0\, 0'.$$

Aus Alkohol feine goldgelbe Prismen der Combination (Fig. 11): $\infty P(110) = p$, $\infty\bar{P}\infty(100) = a$, $-\bar{P}\infty(101) = r$, $\mathcal{R}\infty(011) = q$, gewöhnlich unsymmetrisch entwickelt durch Vorwalten eines Flächenpaares von ∞P. Letztere Flächen sind rauh oder stark gewölbt und geknickt, deshalb für genaue Messungen unbrauchbar. Grosse Krystalle aus Benzol zeigen blos die Flächen p und r.

		Gemessen.	Berechnet:	
$a : r$ =	(100) (101) =	*61° 50′	—	
$r : q$ =	(101) (011)	*35 29		
$q : q$ =	(011) (0T1)	*55 19	—	oben
$r : p$ =	(101) (110)	72 9	72° 11′	
$p : p$ =	(110) (1T0)	99 6	99 12	vorn)
$q : p$ =	(011) (110)	66 9	66 12	vorn,
$q : p'$ =	(011) (T10)	72 19	72 20	hinten)

Eine Auslöschungsrichtung auf p schneidet die Prismenkante unter 30° (vorn oben).

14. Orthonitro-Tetraäthyldiamido-Triphenylmethan.

$C_6H_4NO_2 \quad C_6H_4N.C_2H_5.C_2H_5 \quad C_6H_4N.C_2H_5.C_2H_5 \quad CH.$

Dargestellt von von Zwehl, s. Ber. d. d. chem. Ges. 1884, 17, 1894.)

Krystallsystem asymmetrisch.

$$a : b : c = 0,7720 : 1 : 0,8037$$
$$\alpha = 100^\circ 55'$$
$$\beta = 95 \ 52$$
$$\gamma = 94 \ 38$$

Fig. 12.

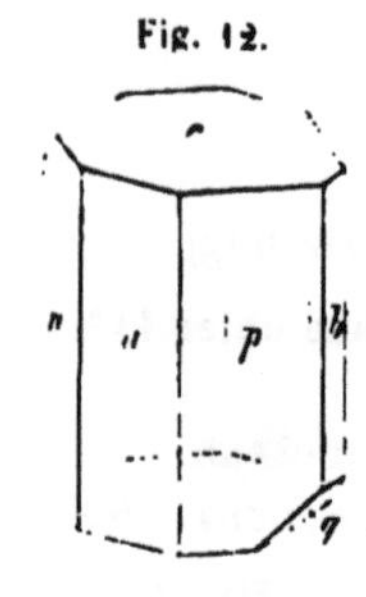

Grosse granatrothe, nach der Verticalaxe prismatische Krystalle der Combination Fig. 12: $\infty P'$, (110) $= p$. $\infty' P$ (1T0) $= n$. $\infty \bar{P} \infty$ (100) $= a$, $\infty \breve{P} \infty$ (010) $= b$. $0P$ (001) $= c$. $'\breve{P}, \infty$ (01T) $= q$: die Prismenflächen vorherrschend, aber ungeachtet ihres Glanzes doch unvollkommen ausgebildet und für Messungen nur selten geeignet.

		Gemessen:	Berechnet:	
$c : b$ =	(001) (0T0) =	*101° 21′	—	(links oben)
$c : a$ =	(001) (100)	*83 21	—	vorn oben
$a : b$ =	(100) (0T0)	*94 38	—	(vorn links)
$b : q$ =	(0T0) (0T1)	*38 21	—	links oben
[illegible] =	(1T0) (0T0)	*55 [illegible]8	—	links vorn
$c : p$ =	(001) (110)	78 [illegible]	78 1[illegible]	vorn oben
$p : n$ =	(110) (1T0)	74 [illegible]	74 [illegible]7	vorn
[illegible] =	([illegible]1) (1T0)	88 2	87 57	vorn oben

15. Hexaäthyl-Triamidotriphenylmethan.

$(C_6H_4N.C_2H_5.C_2H_5)^3CH$.

(Die Krystalle dieser Substanz erhielt ich ebenfalls von Herrn Dr. v. Zwehl zur Bestimmung.)

Krystallsystem asymmetrisch.

$$a : b : c = 1,3432 : 1 : ?$$
$$\alpha = 86^{0}\ 9'$$
$$\beta = 102\ 38$$
$$\gamma = 91\ 32$$

Sehr kleine, lebhaft glänzende, durch Vorwalten der Basis tafelförmige Krystalle, an welchen nur diePrismenflächen (Fig. 13): $\infty P'_{,}(110) = p$ und $\infty'_{,}P(1\bar{1}0) = n$, das Flächenpaar $(100) = a$ und die Basis $0P(001) = c$ beobachtet wurden. Die Flächen der verticalen Zone sind meist scharf und gut, wenn auch in Folge der geringen Dicke der Krystallblättchen nur sehr schmal entwickelt, die basische Fläche meist etwas gewölbt oder geknickt. Gewöhnlich erscheinen die Krystalle verlängert nach der Fläche n. — Deutlich spaltbar nach $0P(001)$.

Fig. 13.

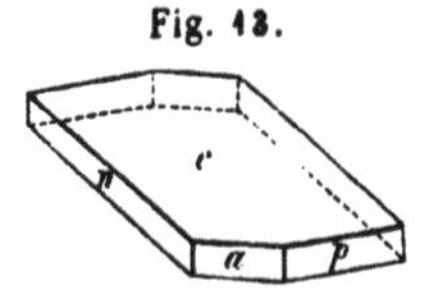

		Gemessen:	Berechnet:	
$c : p =$	(001)(110) =	*85⁰20′	—	
$c : n =$	(001)(1$\bar{1}$0)	*79 27		
$p : n =$	(1$\bar{1}$0)(1$\bar{1}$0)	*105 27	—	(vordere Prismenkante)
$p : a =$	(110)(100)	*52 15	—	
$c : a =$	(001)(100)	77 12	77⁰25′	
Spitzer ebener Basiswinkel		74 0	73 19	

Eine Auslöschungsrichtung auf der Fläche c schneidet die Kante cn unter 56⁰. Im convergenten polarisirten Lichte kommt auf dieser Fläche das Interferenzbild einer Axe excentrisch (im spitzen Winkel β) am Rande des Gesichtsfeldes zur Erscheinung.

16. Orthoxyloldibromid.

$$C_6H_4\begin{cases} C_2HBr \\ C_2HBr \end{cases}.$$

(Dargestellt von W. H. Perkin im Laborat. der Universität München.)

Krystallsystem rhombisch.

$$a : b : c = 0,8581 : 1 : 0,5044.$$

Kleine, ringsum ausgebildete, ziemlich glattflächige, aber trübe Krystalle der Combination: $P.\infty P = (111)(110)$ mit sehr untergeordneten, manchmal bis auf schmale Streifchen verkümmerten Prismenflächen.

	Gemessen.	Berechnet:
(110)(1$\bar{1}$0)	= *81° 16′	—
(110)(111)	*52 24	—
(111)($\bar{1}$11)	55 0 appr.	55° 10′
(111)(1$\bar{1}$1)	47 33	46 50

17. Monoallylmalonsäure.

$$\begin{cases} COOH \\ CH.CH_2.CHCH_2. \\ COOH \end{cases}$$

Die Krystalle dieser Verbindung erhielt ich von Dr. W. H. Perkin.)

Krystallsystem asymmetrisch.

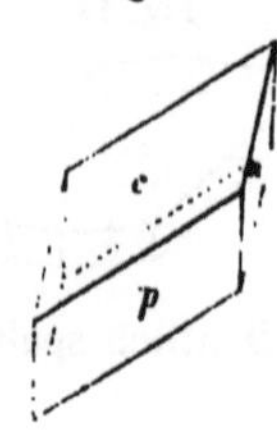

Kleine Rhomboëder-ähnliche, lebhaft glänzende Krystalle, an welchen blos die in beistehender Figur 14 verzeichneten Flächen c, p und n beobachtet wurden. — Sehr vollkommen spaltbar nach n.

	Gemessen:	
$p : n$	= 134° 2′	(vorn)
$p : c$	= 65 21	(-)
$n : c$	= 82 58	(-)

18. Sulfat des Tetraäthyldiamido-Triphenylcarbinols (»Brillantgrün«).

$$C_{27}H_{32}N_2 + H_2SO_4.$$

(Vergl. O. Döbner, Ann. der Chem. 217, 262.) Von diesem schönen Farbstoffe, dessen Krystalle durch ihren prachtvollen Goldglanz ausgezeichnet sind und bei der Darstellung im Grossen (Fabrik von Bindschedler in Basel) eine Länge von 2 cm bei einem Durchmesser von 0,75 cm erreichen, wurde mir eine grössere Anzahl von Krystallen durch Herrn O. Fischer in München zur Bestimmung übergeben (über das oxalsaure Salz derselben Base vergl. O. Fischer, Berl. Ber. 1881, 14, 2520).

Krystallsystem rhombisch.

$$a : b : c = 0,9815 : 1 : 1,5621.$$

Fig. 15.

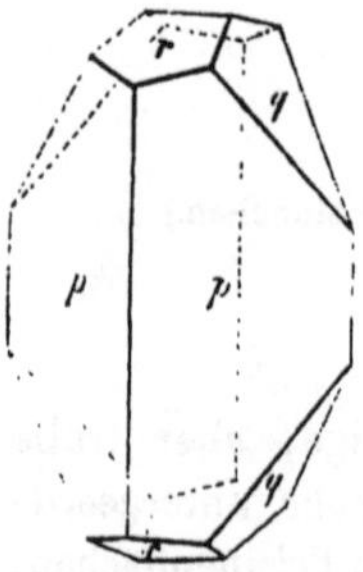

Vorherrschend nach der Verticalaxe prismatisch entwickelte Combination der Formen (Fig. 15): $\infty P(110) = p$, $\breve{P}\infty(011) = q$, $\frac{1}{6}\bar{P}\infty(106) = r$. Die domatischen Flächen sind gewöhnlich so ungleichmässig ausgebildet, dass die Krystallenden ein asymmetrisches Ansehen besitzen. Auf den Flächen q besteht eine nur mit der Lupe wahrnehmbare horizontale Parallelstreifung. — Sehr brüchig, aber ohne bestimmbare Spaltbarkeit. Durch vorsichtige Aetzung mit Wasser lässt sich auf den Prismenflächen eine feine horizontale Parallelstreifung hervorrufen, welche für den rhombischen Charakter der Krystalle spricht.

		Gemessen:	Berechnet:	
$q:q =$	$(011)(0\bar{1}1) =$	*114° 45′	—	(oben)
$p:p =$	$(110)(1\bar{1}0)$	*88 56	—	(vorn)
$q:p =$	$(011)(110)$	54 55	54° 53′	
$r:r =$	$(106)(\bar{1}06)$	29 55	29 42	(oben)
$r:p =$	$(106)(110)$	79 28	79 29	
$q:r =$	$(011)(106)$	58 39	58 36	

Die Polarisationsverhältnisse der Krystalle konnten wegen ihrer vollständigen Undurchsichtigkeit nicht geprüft werden. Dagegen ergab die Untersuchung, dass dieselben das Vermögen eines orientirten Reflexionspleochroismus in hohem Gerade besitzen. Die Flächen des Prismas geben im reflectirten Lichte in der dichroskopischen Lupe ein schwefelgelbes und ein johannisbeerrothes Feld, deren Farbenunterschied am grössten ist, wenn der Kalkspathhauptschnitt parallel und rechtwinklig zur Prismenaxe steht.

XXIX. Beiträge zur krystallographischen Kenntniss organischer Verbindungen.

Von

C. Hintze in Bonn.

(Mit 14 Holzschnitten.)

Die im Folgenden krystallographisch beschriebenen organischen Substanzen lassen sich vom Gesichtspunkte der Untersuchung aus in drei Gruppen eintheilen.

Bei der ersten Gruppe, umfassend die Tetraphenyläthan-Präparate, ist es die krystallographische Untersuchung gewesen, welche die Grundlage geschaffen hat für die Betrachtung der Resultate der chemischen Reactionen, nach denen die verschiedenen Tetraphenyläthane entstanden waren, und für den Ausbau der Ansichten über die Constitution des betreffenden Kohlenwasserstoffes. Die Krystallographie hat hier als Hülfswissenschaft der Chemie fungirt.

Bei der zweiten Gruppe, der des Triphenylmethans und seiner Abkömmlinge, sehen wir, wie sich die Ergebnisse der krystallographischen Untersuchung zusammenfassen lassen, um einen Einblick zu gewähren in den Zusammenhang zwischen Gestalt und Stoff, zwischen Krystallform und chemischer Constitution; und zum Studium dieser Beziehungen, zur Beobachtung »morphotropischer« Wirkungen sind ja bekanntlich die organischen Verbindungen mit complicirter molekularer Zusammensetzung ganz besonders geeignet.

Da nun aber leider Gruppen von einiger Reichhaltigkeit, beziehungsweise Vollständigkeit selten zur Verfügung stehen, an denen die Forschung auf krystallo-chemischem Gebiete dieser ihrer vornehmsten Aufgabe direct dienen kann, so darf gewiss auch als ein Beitrag im Interesse des Ganzen angesehen werden die Untersuchung von Körpern, deren krystallographische

Kenntniss vielleicht erst später als ein willkommenes Glied in die Kette der Betrachtung einer zusammengehörigen Reihe eingefügt werden kann. Solche Untersuchungen bilden den dritten Theil der vorliegenden Arbeit.

Tetraphenyläthan.

Der Kohlenwasserstoff, den wir jetzt als Tetraphenyläthan bezeichnen, wurde zuerst von Linnemann im Jahre 1864 *) durch Destillation des Bernsteinsäure-Benzhydroläthers oder eines Gemisches von Bernsteinsäure und Benzhydrol erhalten. Linnemann charakterisirt seinen Kohlenwasserstoff folgendermassen: so gut wie unlöslich in kaltem Alkohol, in kochendem und in Aether schwer löslich, leicht löslich aber in heissem Benzol, aus welchem er in wohl ausgebildeten rhombischen Tafeln krystallisirt, welche an der Luft schon nach kurzer Zeit weiss, undurchsichtig und matt werden; Schmelzpunkt 209—210°. Einen besonderen Namen legte Linnemann seinem Kohlenwasserstoff nicht bei, glaubte ihm aber die Formel $C_{13}H_{10}$ geben zu müssen (die der empirischen Formel des Tetraphenyläthylens gleichkommt).

Im Jahre 1873 berichtete Staedel**), dass er bei der Reduction von Benzophenon durch Zinkstaub drei Kohlenwasserstoffe erhalten habe: das Diphenylmethan, das Tetraphenyläthylen und einen Kohlenwasserstoff von der Formel $C_{26}H_{22}$. Letzteres ist die empirische Formel des Tetraphenyläthans, welches Staedel freilich damals noch nicht darin erkannte.

Ferner wurde das Tetraphenyläthan gewonnen im Jahre 1875 von Graebe***) durch Reduction des Benzpinakons mit Jodwasserstoffsäure, und 1876 von Zagoumeny†) bei der Einwirkung des Zinks auf eine Lösung von Diphenylcarbinol (Benzhydrol) in Essigsäure, vermischt mit Salzsäure. Von Zagoumeny wurde bereits eine Identität seines Tetraphenyläthans mit dem Linnemann'schen Kohlenwasserstoff vermuthet.

Durch zusammenfassenden Vergleich identificirte alsdann Staedel††) seinen Kohlenwasserstoff von der empirischen Formel $C_{26}H_{22}$ mit dem von Graebe und von Zagoumeny dargestellten Tetraphenyläthan, glaubte aber den Linnemann'schen Kohlenwasserstoff noch für Tetraphenyläthylen halten zu müssen, besonders aus theoretischen Rücksichten, nach denen bei der von Linnemann beobachteten Bildungsweise die Entstehung von Tetraphenyläthylen verständlicher wäre, als die des um zwei Wasserstoffatome reicheren Tetraphenyläthans.

*) Annal. der Chem. 133, 24.
**) Ber. d. d. chem. Ges. 6, 1401.
***) Ber. d. d. chem. Ges. 8, 1055.
†) Annal. der Chem. 184, 177.
††) Ber. d. d. chem. Ges. 9, 562.

Ein Jahr später gewannen Thoerner und Zincke*) das Tetraphenyläthan durch Reduction von β-Benzpinakolin mit Jodwasserstoffsäure und sprachen auch die Identität des Linnemann'schen Kohlenwasserstoffes mit Tetraphenyläthan aus. Thoerner und Zincke stellten auch zuerst eine Ansicht über die Constitution des Tetraphenyläthan auf: in Rücksicht auf die Bildung aus β-Benzpinakolin erschien die Annahme einer unsymmetrischen Anordnung der Phenylgruppen im Molekül des Tetraphenyläthan plausibel:

$$\begin{array}{l} C(C_6H_5)_3 \\ | \\ CH_2(C_6H_5). \end{array}$$

Dem gegenüber machte Engler geltend**), dass durch seine Darstellung des Tetraphenyläthan aus Benzhydrolchlorid mit Natrium wohl eine symmetrische Anordnung der Phenylgruppen wahrscheinlicher wäre:

$$\begin{array}{l} CH(C_6H_5)_2 \\ | \\ CH(C_6H_5)_2. \end{array}$$

Nachdem ausserdem Friedel und Bahlson***) gelegentlich den Uebergang von Tetraphenyläthylen in Tetraphenyläthan (durch Behandlung mit Natrium-Amalgam) beobachtet hatten, so blieb wohl nicht zu bezweifeln, dass wenigstens für dieses Tetraphenyläthan die symmetrische Structurformel

$$\begin{array}{l} CH(C_6H_5)_2 \\ | \\ CH(C_6H_5)_2 \end{array}$$

gilt, in Anbetracht dessen, dass nach der jetzt anerkannten Valenztheorie die Phenylgruppen in einem Tetraphenyläthylen-Molekül symmetrisch angelagert sein müssen, d. h. dass nur eine Modification des Tetraphenyläthylens existiren kann

$$\begin{array}{l} C(C_6H_5)_2 \\ \| \\ C(C_6H_5)_2. \end{array}$$

Andererseits wieder gelang es Anschütz und Eltzbacher†), aus dem unsymmetrischen Tetrabromäthan (richtiger als Acetylidentetrabromid bezeichnet) ein Tetraphenyläthan darzustellen, dem man in Anbetracht seiner Herkunft eine unsymmetrische Structur zu imputiren geneigt war. Später, wenn auch nur einmal, erhielten übrigens die Genannten aus dem symmetrischen Tetrabromäthan (Acetylentetrabromid) und Benzol neben Anthracen auch Tetraphenyläthan.

* Ber. d. d. chem. Ges. 11, 68.

** Ber. d. d. chem. Ges. 11, 926.

*** Bull. soc. chim. 34, 338.

† Ber. d. d. chem. Ges. 16, 1435.

Schliesslich wurden in jüngster Zeit neue Bildungsweisen des Tetraphenyläthan kennen gelehrt im Verlauf einer Arbeit, welche Herr J. Klein*) auf Veranlassung des Herrn Prof. Anschütz und unter Leitung des Herrn Geh. Rath Prof. A. Kekulé im hiesigen Laboratorium ausführte. Diese Arbeit wurde unternommen zum Zwecke der endgültigen Feststellung der Constitution des oder der Tetraphenyläthane. Die von J. Klein neu beobachteten Bildungsweisen des Tetraphenyläthan sind folgende:

1) Durch Einwirkung von Aluminiumchlorid auf Stilbenbromid und Benzol;

2) desgl. auf α-Bromstyroldibromid und Benzol;

3) desgl. auf Tolandibromid und Benzol;

4) durch Destillation des Benzhydrolchlorids.

Mir selbst hatten zuerst Krystalle des von den Herren Anschütz und Eltzbacher aus Acetylidentetrabromid dargestellten Tetraphenyläthans vorgelegen und sich als messbar erwiesen. Falls es nun gelang, auch die Tetraphenyläthane anderer Bildungsweise in messbaren Krystallen zu erhalten, so schien es möglich, durch krystallographische Untersuchung und Vergleichung festzustellen, ob die verschiedenen Tetraphenyläthan-Präparate krystallographisch identisch sind oder nicht, d. h. ob thatsächlich durch so verschiedene Bildungsweisen nur ein Tetraphenyläthan erhalten wird oder mehrere. Da erfahrungsgemäss isomeren Körpern nicht dieselbe Krystallform zukommt, so konnten dann weiter auf diesen Beweis der Identität oder Verschiedenheit als Grundlage, aus den chemischen Reactionen, nach denen die Tetraphenyläthane entstanden, Schlüsse auf die Constitution des oder der Tetraphenyläthane gezogen werden.

Ich lasse die Resultate der krystallographischen Untersuchung folgen.

Die Herren Zincke und Staedel hatten die Güte, Krystalle ihres Originalmaterials einzusenden. Alle übrigen Präparate wurden von den Herren Anschütz und J. Klein dargestellt und krystallisirt. Sämmtliche Präparate sind aus Benzol krystallisirt und enthalten ein Molekül Krystallbenzol.

Ungewöhnlich schwierig wird hier die Ausführung der Krystallmessung dadurch, dass die Krystalle alsbald nach der Entfernung aus der Mutterlauge ihr Krystallbenzol zu verlieren beginnen, undurchsichtig und porcellanweiss werden, später sogar ganz zerfallen. Wenige Augenblicke, kaum länger als eine Minute, behalten sie noch so viel Glanz, wie zur Messung mit dem Reflexionsgoniometer erforderlich ist. An einem und demselben Krystall konnte in Folge dessen kaum mehr als je eine Zone gemessen werden, und die weiterhin angegebenen Zahlen sind die Mittel der Messungen an mehreren Krystallen.

*) Ueber das Tetraphenyläthan. Inaug.-Dissert. vorgelegt der philos. Facultät der Univ. Freiburg.

Krystallsystem **monosymmetrisch.**

Die Ausbildung der Krystalle ist sehr einfach. Bei allen Krystallen wurden beobachtet Symmetrieebene, Basis und Prisma:

$$b = \{010\}, \infty R \infty$$
$$c = \{001\}, 0P$$
$$p = \{110\}, \infty P.$$

Die Krystalle, selten grösser als 1 mm, sind dünntafelartig nach der Symmetrieebene, häufig gestreckt nach der Klinodiagonale, und entsprechen meist der Fig. 1. Eine deutliche Spaltbarkeit wurde nicht beobachtet.

Fig. 1.

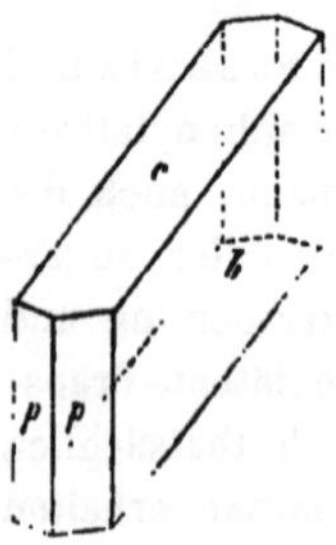

Gemessen wurden folgende Präparate:

I. Tetraphenyläthan von **Anschütz** und **Eltzbacher**, aus Acetylidentetrabromid

$$\begin{matrix} CH_2.Br \\ | \\ C.Br_3 \end{matrix}$$

mit Benzol und Aluminiumchlorid.

II. Tetraphenyläthan von **Anschütz** und **Eltzbacher**, aus Acetylentetrabromid

$$\begin{matrix} CHBr_2 \\ | \\ CHBr_2 \end{matrix}$$

mit Benzol und Aluminiumchlorid.

III. Tetraphenyläthan von J. **Klein**, aus α-Bromstyroldibromid

$$\begin{matrix} CHBr(C_6H_5) \\ | \\ CHBr_2 \end{matrix}$$

mit Benzol und Aluminiumchlorid.

IV. Tetraphenyläthan von J. **Klein**, aus Stilbenbromid

$$\begin{matrix} CHBr(C_6H_5) \\ | \\ CHBr(C_6H_5) \end{matrix}$$

mit Benzol und Aluminiumchlorid.

V. Tetraphenyläthan von J. **Klein**, aus Tolandibromid

$$\begin{matrix} CBr(C_6H_5) \\ | \\ CBr(C_6H_5) \end{matrix}$$

mit Benzol und Aluminiumchlorid.

VI. Thoerner und Zincke's Tetraphenyläthan, aus β-Benzpinakolin

$$\begin{array}{l} C(C_6H_5)_3 \\ | \\ CO.C_6H_5 \end{array}$$

mit Jodwasserstoffsäure und Phosphor.

VII. Tetraphenyläthan nach der zuerst von Friedel und Bahlson beobachteten Bildungsweise dargestellt von J. Klein, aus Tetraphenyläthylen

$$\begin{array}{l} C(C_6H_5)_2 \\ \| \\ C(C_6H_5)_2 \end{array}$$

in Benzol mit Alkohol und Natrium. Von diesem Präparat wurden zwei Krystallisationen gewonnen, in der Tabelle mit a und b bezeichnet. Das hierzu verwandte Tetraphenyläthylen war nach der Behr'schen Methode durch Erhitzen von Benzophenonchlorid $(C_6H_5)_2CCl_2$ mit molekularem Silber gewonnen worden.

VIII. Tetraphenyläthan von Staedel, erhalten durch Destillation (Reduction) des Benzophenon

$$CO\lessgtr\begin{array}{l}C_6H_5\\C_6H_5\end{array}$$

mit Zinkstaub.

IX. Tetraphenyläthan von Zagoumeny, aus Benzhydrol

$$CH(OH)\lessgtr\begin{array}{l}C_6H_5\\C_6H_5\end{array}$$

mit Essigsäure, Salzsäure und Zink.

X. Linnemann'scher Kohlenwasserstoff, dargestellt durch die Destillation eines Gemisches von Bernsteinsäure und Benzhydrol

$$CH(OH)\lessgtr\begin{array}{l}C_6H_5\\C_6H\end{array}.$$

XI. Um das zur Darstellungsmethode VII. nöthige Tetraphenyläthylen zu gewinnen, wurde einmal auch von Herrn Klein nach der Angabe von Engler und Bethge*) verfahren. Nach Engler und Bethge nämlich soll sich das Behr'sche Tetraphenyläthylen auch bilden durch Destillation des Benzhydrolchlorids

$$CHCl\lessgtr\begin{array}{l}C_6H_5\\C_6H_5\end{array};$$

nähere Eigenschaften des Destillationsproductes werden freilich nicht angegeben. Der gewonnene Körper näherte sich aber schon durch den

*) Ber. d. d. chem. Ges. 7, 1120.

Schmelzpunkt bei 207° und die Fähigkeit mit Benzol zu krystallisiren in verdächtiger Weise dem Tetraphenyläthan. Die Krystallmessungen (vergl. die Tabelle) bewiesen thatsächlich, dass Tetraphenyläthan vorliegt, welches sich also aus dem Benzhydrolchlorid durch Zersetzung und einfache Abgabe des Chlors gebildet hat. Die Krystalle dieses Präparates zeichneten sich durch besonders gute Flächenbeschaffenheit aus; an einem derselben wurde auch eine positive Hemipyramide $o = (\bar{1}11) + P$ beobachtet (vergl. Fig. 2), und dadurch die Berechnung eines Werthes der Verticalaxe ermöglicht.

Fig. 2.

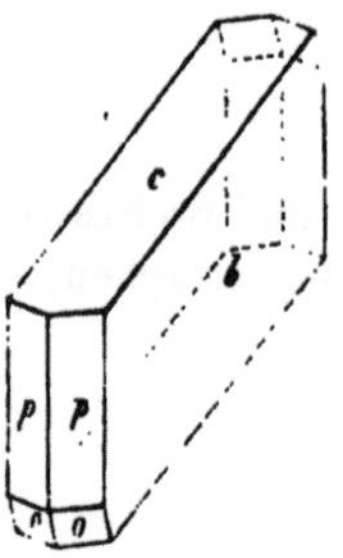

Winkeltabelle.

	110 : 1$\bar{1}$0		110 : 010		001 : 110	
I.	50°21′		64°49½′		72°56′	
II.	50 35		64 43		72 40	
III.	50 50		64 35		72 46	
IV.	50 19		64 50½		72 56	
V.	50 42		64 39		72 46	
VI.	50 16		64 52		73 8	
VII[a].	50 24		64 48		72 18	
VII[b].	50 29		64 45½		72 31	
VIII.	50	appr.	65	appr.	73	appr.
IX.	50 30		64 45		72 33	
X.	51	appr.	64½	appr.	72½	appr.
XI.	50 26		64 47		72 42	

110 : 11$\bar{1}$ = 23° 49′, 001 : $\bar{1}$11 = 48° 53′.

Die Betrachtung der vorstehenden Winkeltabelle lehrt, dass die verschiedenen Tetraphenyläthan-Präparate krystallographisch identisch sind. Die Differenzen fallen innerhalb der Grenzen der bei diesen Krystallen möglichen Beobachtungsfehler. Die Mittel aus den besten Messungen ergeben für die Normalenwinkel des Tetraphenyläthan:

110 : 1$\bar{1}$0 =	50° 27′
110 : 010	64 46½
001 : 110	72 40
110 : 11$\bar{1}$	23 49

daraus das Axenverhaltniss:

$$a : b : c = 0.49894 : 1 : 0.84183$$
$$\beta = 70^\circ 46'.$$

ferner

$$001 : \bar{1}11 = 48^0\ 51' \ (48^0\ 53' \text{ gemessen})$$
$$\bar{1}11 : \bar{1}\bar{1}1 = 39\ \ 17\ \ 20''.$$

Auch in optischer Beziehung verhalten sich die verschiedenen Krystalle vollkommen gleich. Die Ebene der optischen Axen ist senkrecht zur Symmetrieebene, mit der Verticalaxe einen Winkel von circa 25⁰ im stumpfen Winkel β bildend. Die Symmetrieaxe b ist die erste Mittellinie, denn durch die nach der Symmetrieebene tafelförmigen Krystalle ist im convergenten Lichte der kleine Axenwinkel sichtbar, für gewöhnliches Licht $2E$ = circa 60⁰, $\varrho > v$. Dispersion ziemlich stark, Doppelbrechung nicht stark; es war leider nicht möglich, den Charakter der Doppelbrechung zuverlässig zu bestimmen, da wegen der bereits oben erwähnten raschen Trübung der Krystalle die Interferenzcurven nur verschwommen und momentweise sichtbar waren.

Durch den Identitätsbeweis der auf so verschiedene Art gebildeten Tetraphenyläthan-Präparate ist nun also die Grundlage geschaffen, um unter Benutzung der chemischen Reactionen, nach welchen das Tetraphenyläthan entsteht, ein Urtheil zu gewinnen über die Constitution dieses Kohlenwasserstoffs. Wenn es auch streng genommen nicht meine Aufgabe sein kann, hierauf ausführlich einzugehen, so will ich kurz hier noch die Ansicht mittheilen, die sich die Herren Anschütz und J. Klein mit Berücksichtigung der von mir erhaltenen krystallographischen Resultate gebildet haben*).

Unter den Darstellungsmethoden des Tetraphenyläthans sind zwei, nämlich die aus Acetylidentetrabromid und die aus β-Benzpinakolin, welche auf eine unsymmetrische Constitution des Tetraphenyläthan hinzudeuten scheinen; für eine symmetrische Constitution

$$\begin{array}{l} CH(C_6H_5)_2 \\ | \\ CH(C_6H_5)_2 \end{array}$$

dagegen sprechen alle übrigen Bildungsweisen. Unter letzteren ist es namentlich die aus Tetraphenyläthylen, die man als geradezu beweisend ansehen kann, da eben wie schon oben erwähnt nach der jetzt geltenden Valenztheorie eine unsymmetrische Formel für das Tetraphenyläthylen unannehmbar ist. Sonach ist es wahrscheinlich, dass bei den Reactionen mit Acetylidentetrabromid und β-Benzpinakolin eine intramolekulare Atomverschiebung stattgefunden hat, nach welcher auch das symmetrische Tetraphenyläthan resultirt.

Der Schmelzpunkt reinen Tetraphenyläthans liegt bei 209⁰ C.

Uebrigens gelang es auch Herrn Anschütz, das Tetraphenyläthylen

---

*) Ber. d. d. chem. Ges. 1884, 17, 1089.

(dargestellt nach der Behr'schen Methode, vergl. oben) in messbaren Krystallen zu erhalten. Das Tetraphenyläthylen krystallisirt zwar auch aus Benzol, jedoch ohne Krystallbenzol. Schmelzpunkt 221° C.

Tetraphenyläthylen.

Krystallsystem asymmetrisch.

$a : b : c = 1,1187 : 1 : 1,1000.$

Die Winkel der Axen und der Axenebenen sind oben rechts vorn:

$\alpha =$	88° 33′	$A =$	100° 22′
$\beta =$	110 11	$B =$	112 33
$\gamma =$	119 51	$C =$	121 24½

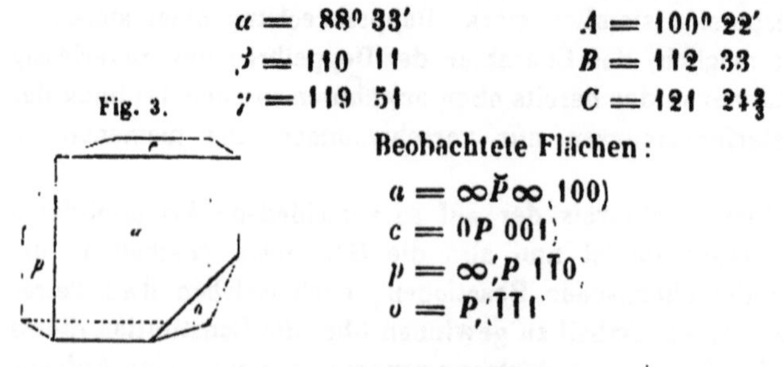

Fig. 3.

Beobachtete Flächen:

$a = \infty\breve{P}\infty\ (100)$
$c = 0P\ (001)$
$p = \infty{}'P\ (1\bar{1}0)$
$o = P{}_{,}\ (\bar{1}\bar{1}1)$

Winkeltabelle.

	Berechnet:	Gemessen:
100 : 001 =	*	67° 27′
100 : 1$\bar{1}$0	*	63 13
$\bar{1}$00 : $\bar{1}\bar{1}$1		45 25
001 : $\bar{1}\bar{1}$1		79 38
001 : 1$\bar{1}$0	*	78 50
010 : 1$\bar{1}$0	58° 12′	—
010 : $\bar{1}\bar{1}$0	34 53 20″	—
1$\bar{1}$0 : $\bar{1}\bar{1}$1	80 51 30	81 0

Die Krystalle sind dünntafelförmig nach der Querfläche und von der in Fig. 3 dargestellten Ausbildung.

Die Trace der optischen Axenebene in der Querfläche a geht von links oben nach rechts unten und bildet mit der Axe b einen Winkel von circa 38° für gelbes Licht. Die zweite Mittellinie, Axe der kleinsten Elasticität, steht nicht senkrecht auf der Querfläche, sondern ist erheblich, nach der Zeichnung orientirt, nach rechts geneigt. Das Tetraphenyläthylen ist also in Bezug auf die erste Mittellinie als optisch positiv zu bezeichnen. Doppelbrechung ziemlich stark. Durch die Krystalle gewöhnlicher Ausbildung ist nur bei monochromatischem Licht der grosse Axenwinkel sichtbar.

Eine Verwechselung des Tetraphenyläthan mit dem Tetraphenyläthylen im krystallisirten Zustande ist also nunmehr völlig ausgeschlossen.

Krystallographische Beziehungen zwischen beiden Körpern sind wegen des Unterschiedes im Krystallbenzol kaum zu erwarten. Trotzdem ist die Aehnlichkeit der Axenschiefe β bemerkenswerth:

Tetraphenyläthan $\beta = 70^0\ 46'$
Tetraphenyläthylen $\beta = 69\ \ 49.$

Der Umstand, dass einmal bei der Einwirkung von Aluminiumchlorid auf Stilbenbromid als Nebenproduct eine kleine Menge Triphenylmethan erhalten wurde, gab Veranlassung, auch diesen Körper in den Kreis der Untersuchung zu ziehen. Die zunächst mir von Herrn J. Klein übergebenen Krystalle von Triphenylmethan enthielten Krystallbenzol, und boten daher bei der Messung die bekannten Schwierigkeiten wegen Verflüchtigung des Krystallbenzols. Aber auch nach der Trübung blieben die Krystalle widerstandsfähiger, als die des Tetraphenyläthans, und gestatteten bei porcellanartiger Oberfläche verhältnissmässig gute Messungen. Danach krystallisirt das

Triphenylmethan mit Krystallbenzol

Hexagonal-rhomboëdrisch in spitzen Rhomboëdern r (Fig. 4) von der Polkante $= 110^0\ 13'$ (Normalenwinkel), halber wahrer Polkantenwinkel $= 34^0\ 53'\ 30''$, woraus sich das Axenverhältniss ergiebt:

$$a : c = 1 : 2{,}5565.$$

Fig. 4.

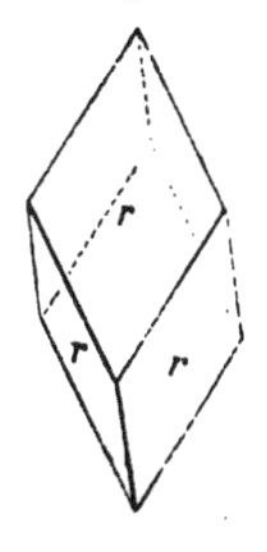

Optisch liess sich nur die Auslöschung parallel den Diagonalen der Rhomboëderflächen constatiren. Das sofortige Mattwerden der Krystalle nach dem Verlassen der Mutterlauge gestattete nicht die Herstellung einer Platte senkrecht zur Axe.

Zum Zwecke der Vergleichung hatte Herr Anschütz die Güte, von Triphenylmethan (auf gewöhnlichem Wege aus Chloroform mit Benzol und Aluminiumchlorid dargestellt) messbare Krystalle aus Benzol zu züchten. Diese erwiesen sich durch die Messung vollkommen identisch mit den vorher von mir untersuchten Krystallbenzol-haltenden Krystallen.

Die Krystallform des Triphenylmethans ist bereits Gegenstand einer Publication des Herrn P. Groth gewesen*), der zwei physikalisch isomere Modificationen beobachtete. Die stabile Modification war in zwei verschie-

*) Diese Zeitschr. 5, 478.

denen, auch im Habitus nicht gleichen Krystallisationen untersucht worden. Die Uebereinstimmung der Messungen (auf Veranlassung des Herrn Groth ausgeführt von Herrn Calderon und von Herrn Beckenkamp) ist mangelhaft wegen geringer Güte der einen der beiden (oder auch beider) Krystallisationen. Es schien daher eine nochmalige Untersuchung der Krystalle des Triphenylmethan aus Alkohol wünschenswerth. Bekanntlich ist das Triphenylmethan aus Alkohol nicht leicht in messbaren Krystallen zu gewinnen, allein durch einen glücklichen Zufall gelangte ich in den Besitz ausgezeichneter Ksystalle dieses Präparats. Herr Kölliker hatte im Verlaufe seiner Untersuchungen »Ueber die Einwirkung von Triphenylbrommethan auf Natriumacetessigester« *) auf eine eigenthümliche Weise **) einen aus Alkohol sehr gut krystallisirenden Kohlenwasserstoff vom Schmelzpunkt bei 94—95° erhalten, den ich durch die krystallographische Untersuchung als identisch mit der von Herrn Groth aufgestellten stabilen Modification des Triphenylmethans erkannte***).

Ich glaube, dass die mir vorliegenden Krystalle besser sind als die früher untersuchten, und danach die Constanten des Triphenylmethans corrigirt werden dürfen.

Triphenylmethan.

(Rhombische Krystalle aus Alkohol.)

In der Ausbildung unterscheiden sich die mir vorliegenden Krystalle von den früher untersuchten zunächst dadurch, dass sie, dünntafelartig

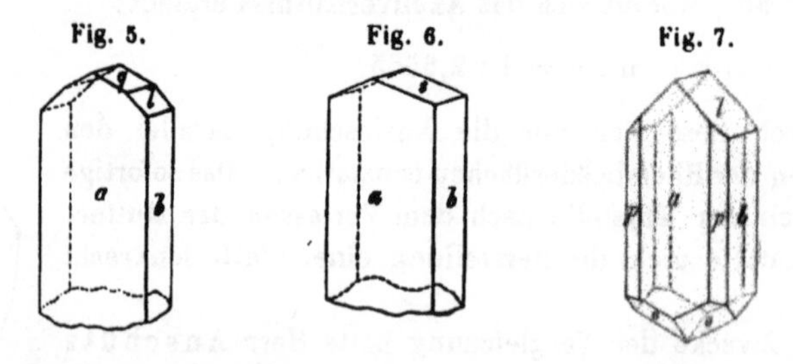

nach dem Makropinakoid a(100), sämmtlich auch das Brachypinakoid b(010) zeigen, welches Herr P. Groth nicht erwähnt. Nur selten und schmal treten die Prismenflächen dazu. Am Ende finden sich meist die beiden Domen q(011) und l(021) combinirt (Fig. 5), zuweilen auch q(011) allein;

*) Inaug.-Dissertation, vorgelegt der phil. Fac. Univ. Freiburg 1883.

**) Durch Destillation des β-Hexaphenyl-α-Acetoisobuttersäureäthylester im Vacuum.

***) Auch chemisch ist von Herrn Anschutz nachgewiesen worden, dass der vorliegende Körper thatsächlich Triphenylmethan ist, und nicht Triphenyläthan, wie Herr Kölliker in seiner Arbeit vermuthete.

an einem Krystall wurde das Doma $s(034)$ allein beobachtet (Fig. 6). Ein vollständiger Krystall zeigte in hemimorpher Ausbildung am einen Ende das Doma $l(021)$, am anderen die Pyramide $o(122)$, vergl. Fig. 7. Im Ganzen sind also folgende Flächen aufzuzählen:

$$
\begin{aligned}
a &= (100)\infty\bar{P}\infty\\
p &= (110)\infty P\\
b &= (010)\infty\breve{P}\infty\\
q &= (011)\breve{P}\infty\\
l &= (021)2\breve{P}\infty\\
s &= (034)\tfrac{3}{4}\breve{P}\infty\\
o &= (122)\breve{P}2
\end{aligned}
$$

Winkeltabelle.

	Hintze berechnet:	Hintze gemessen:	Calderon:	Beckenkamp:
$b:q = 010:011$ =	*	59°36′	—	—
$q:q = 011:0\bar{1}1$	60°48′	60 48	60°17′	61°34′
$b:l = 010:021$	40 26	40 27	—	—
$l:l = 021:0\bar{2}1$	99 8	—	—	100 0
$l:q = 021:011$	19 10	19 9		19 13
$b:s = 010:034$	66 15	66 0		—
$s:s = 034:0\bar{3}4$	47 30	—		—
$b:p = 010:110$	*	60 15	—	—
$a:p = 100:110$	29 45	29 45	—	—
$p:p = 110:1\bar{1}0$	59 30	—	60 7	60 0
$p:q = 110:011$	75 27½	75 30	74 24	75 10½
$p:l = 110:021$	67 48½	—	—	67 29
$o:a = 12\bar{2}:100$	66 7	66 3		
$o:o = 12\bar{2}:\bar{1}2\bar{2}$	47 46	—		
$o:b = 12\bar{2}:010$	62 26½	62 25		
$o:o = 12\bar{2}:1\bar{2}\bar{2}$	55 7	55 7		
$o:c = 12\bar{2}:001$	37 56	—		
$o:o = 12\bar{2}:122$	104 8	—		
$o:p = 12\bar{2}:110$	54 29	54 20 approx.		

Axenverhältniss:

$a:b:c = 0{,}57155:1:0{,}58670$ ($= 0{,}5774:1:0{,}5958$ Beckenkamp).

Spaltbar nach $(011)\breve{P}\infty$ unvollkommen.

Auch die optischen Eigenschaften wurden ganz so beobachtet, wie bereits von Herrn Groth angegeben. Ebene der optischen Axen $(001)0P$. Durch die natürlichen Krystallplatten nach $a(100)$ ist bei monochromatischem Lichte der stumpfe Axenwinkel sichtbar, die zweite Mittellinie a

ist die Axe der grössten Elasticität; das Triphenylmethan ist also in Bezug auf die erste Mittellinie *b* positiv. Doppelbrechung ziemlich stark.

Bekanntlich ist das Triphenylmethan auch von Herrn Otto Lehmann*) einer mikrokrystallographischen Untersuchung unterzogen worden. Auch Herr Lehmann beobachtete zwei physikalisch isomere Modificationen. Der labilen, von niedrigerem Schmelzpunkt, vermochte er keine bestimmte krystallographische Deutung zu geben. Die stabile, charakterisirt durch eine reiche Veränderlichkeit des Habitus aus verschiedenen Lösungsmitteln, erkannte Herr Lehmann durch die optische Prüfung als rhombisch, und durch ihre Ausbildungsweise als hemimorph. Regelmässig ausgebildete Krystalle, die nur bei sehr langsamem Wachsthum zu erhalten sind, lassen sich nach den Zeichnungen sehr wohl mit den von Herrn Groth beschriebenen und den von mir gemessenen makroskopischen Krystallen identificiren.

Ferner erwähnt Herr Lehmann »ziemlich grosse, leicht verwitternde« Krystalle von Triphenylmethan, verbunden mit 1 Molekül Krystallbenzol. Von diesen wird zwar weder Beschreibung noch Zeichnung mitgetheilt, jedoch erwähnt, dass sie einer von zwei weiteren Arten sehr ähnlich waren, die wahrscheinlich Krystallanilin enthielten. Thatsächlich entspricht Fig. 11a auf Taf. XIV a. a. O. vollkommen meinen Krystallbenzol-haltigen Triphenylmethankrystallen. Herr Lehmann sagt von seinen Krystallen: »Die Form gleicht einem Oktaëder, ist indess wahrscheinlich monosymmetrisch. Die Auslöschungen haben die Richtung der in die Figur eingetragenen Kreuzchen.« Die Fig. 11a ist nun aber kein Oktaëder, sondern ein spitzes Rhomboëder, und die angedeuteten Auslöschungsrichtungen gehen ganz ordnungsgemäss parallel und senkrecht zur Hauptaxe. Wahrscheinlich fasste Herr O. Lehmann die hier von ihm gezeichnete Gestalt als meroëdrisches Oktaëder auf [wie man solche bekanntlich in grosser Manchfaltigkeit aus dem oktaëdrisch spaltenden Fluorit leicht veranschaulichen kann]. Fig. 11c—e sind vollständige Oktaëder. Weiter fährt Herr Lehmann fort: »Daneben bildet sich eine zweite (Form) aus, welche namentlich in dickeren Exemplaren oft kaum von der ersteren zu unterscheiden ist. Das Krystallsystem ist das hexagonale, die optische Axenebene senkrecht zur Tafelebene, die weiter beobachteten Flächen also einfach Rhomboëderflächen.« Da diese »zwei Arten« sich neben einander gebildet haben, so ist wohl mit Recht anzunehmen, dass hier Rhomboëder mit und ohne Basis neben einander lagen, und durch die »Oktaëder« die optische Axe natürlich nur dann zu sehen war, wenn die Krystalle auf der Basis, aber nicht wenn sie auf einer Rhomboederfläche auflagen. Bei einer Rhomboeder-Mittelkante von 69° 47′, wie ich sie an meinen Krystallbenzol-

*) Diese Zeitschr. 5, 472.

haltigen Tripenylmethankrystallen gemessen habe, entsteht ja bei Combination von Rhomboëder mit Basis ein so oktaëderähnlicher Körper (Oktaëderkante 70° 32'), dass (obendrein unter dem Mikroskop) gewiss ohne Messung die Combinationskante von Basis und Rhomboëder kaum von der Rhomboëderkante zu unterscheiden ist.

Diese Betrachtung scheint mir die Annahme des hexagonalen Systems für die von mir gemessenen, Krystallbenzol-haltigen Triphenylmethankrystalle rechtfertigend zu bestätigen, wenn auch an ihnen selbst die einaxige Interferenzfigur nicht zur Wahrnehmung gelangen konnte.

In seiner bereits mehrfach erwähnten Arbeit hat Herr Groth Gelegenheit gehabt, die Krystallform des Triphenylmethans mit der einiger verwandter Körper zu vergleichen, und zwar mit der des Triphenylcarbinols, des Triphenylacetonitrils und der Triphenylessigsäure, und so also »die morphotropischen Beziehungen zwischen einem Kohlenwasserstoff, dessen Alkohol, nächst höherem Nitril und der entsprechenden Säure zu studiren«.

Durch die Güte des Herrn Kölliker bin ich in der Lage, diese Gruppe noch um einige Verwandte zu vermehren. Herrn Kölliker verdanke ich Krystalle des Triphenylbrommethans und des Triphenylcarbinoläthyläthers, deren Beschreibung hier zunächst folgt.

Triphenylbrommethan.

$(C_6H_5)_3CBr$. Schmelzpunkt 152°.

Hexagonal-rhomboëdrisch.

$a : c = 1 : 0,78435.$

Flächen: $p = (11\bar{2}0)\infty P2$
$r = (10\bar{1}1)R$
$c = (0001)0R$

$r : r = 10\bar{1}1 : \bar{1}101$	$=$	79° 52'
$r : p = 10\bar{1}1 : 11\bar{2}0$		50 4
$r : c = 10\bar{1}1 : 0001$		47 50
(gemesssen	$=$	47 57)

Fig. 8.

Fig. 8 veranschaulicht die Ausbildung der Krystalle. Doppelbrechung mässig stark und positiv.

Triphenylcarbinoläthyläther*).

$(C_6H_5)_3COC_2H_5$. Schmelzpunkt 78°.

Monosymmetrisch.

$a : b : c = 0,63008 : 1 : 0,55039$
$\beta = 59° 11'.$

*) Erhalten durch Zersetzung von Triphenylmethanbromid durch Alkohol.

Flächen: $b = (010)\infty\bar{P}\infty$
$c = (001)0P$
$p = (110)\infty P$
$d = (011)\bar{P}\infty$

Fig. 9.

$p : p$	$= 110 : 1\bar{1}0$	$=$	56° 50′
$p : b$	$= 110 : 010$		*61 35
$c : p$	$= 001 : 110$		*63 13
$c : d$	$= 001 : 011$		*25 18
$d : d$	$= 011 : 01\bar{1}$		129 24
$b : d$	$= 010 : 011$		64 42
$d : p$	$= 011 : 110$		52 21
	(gemessen	$=$	52 28)

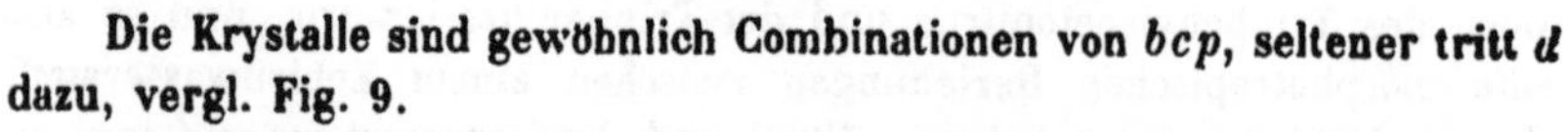

Die Krystalle sind gewöhnlich Combinationen von bcp, seltener tritt d dazu, vergl. Fig. 9.

Die Ebene der optischen Axen liegt senkrecht zur Symmetrieebene, mit der Verticalen einen Winkel von circa 29° im spitzen Winkel β einschliessend (für gelbes Licht). Die Symmetrieaxe ist die zweite Mittellinie und Axe der grössten Elasticität. Der Körper ist also in Bezug auf die erste Mittellinie positiv.

Herr Groth hat a. a. O. die Beziehungen zwischen den ihm zur Verfügung stehenden vier Körpern

Triphenylmethan $(C_6H_5)_3CH$
Triphenylcarbinol $(C_6H_5)_3COH$
Triphenylacetonitril $(C_6H_5)_3CCN$
Triphenylessigsäure $(C_6H_5)_3CCOOH$

so aufgefasst, dass durch den Eintritt des Hydroxyl für Wasserstoff sich die Symmetrie des Kohlenwasserstoffes in die durch den Prismenwinkel von 60° (und ebenso durch den domatischen Winkel von 60° 48′) bereits angedeutete hexagonale verwandelt (analog der Umwandlung des rhombischen Phenols in das hexagonale Hydrochinon). Und weiter: Der Eintritt der Cyangruppe für Wasserstoff verwandelt, »wie es für die analog sich verhaltenden Cl, Br, J schon seit lange bekannt ist«, die Form aus der rhombischen des Kohlenwasserstoffes in die weniger symmetrische monokline, aber der hexagonale Prismenwinkel bleibt annähernd erhalten und auch die Combination (001)(100)(11$\bar{1}$) zeigt in ihren Winkeln noch eine merkwürdige Beziehung zum hexagonalen System. Derselbe rhombische Charakter tritt auch hervor bei dem Carboxylderivat, der Triphenylessigsäure, deren monosymmetrische Krystalle auch im Habitus der Form des Carbinols gleichen.

Nehmen wir hierzu noch die Beziehungen, welche die neu gemessenen Körper darbieten, so ist zunächst die bemerkenswerthe Thatsache zu registriren, dass die bei den gewöhnlichen rhombischen Krystallen des Triphenylmethans nur angedeutete hexagonale Symmetrie bei den Krystallbenzol-haltigen Krystallen der Verbindung eine factische ist, denn letztere sind hexagonal-rhomboëdrisch. Es besteht also eigenthümlicher Weise eine viel engere krystallographische Beziehung zwischen dem Triphenylcarbinol und dem Triphenylmethan mit Krystallbenzol, als zwischen ersterem und dem gewöhnlichen (rhombischen) Triphenylmethan.

Noch viel näher steht krystallographisch dem Triphenylcarbinol das Triphenylbrommethan, denn letzteres krystallisirt nicht nur auch hexagonal-rhomboëdrisch, sondern es liegt auch eine entschiedene Annäherung der Rhomboëderwinkel vor:

Triphenylbrommethan 50° 1′
Triphenylcarbinol 57 1 (halber wahrer Kantenwinkel).

Axenverhältnisse: $a : c = 1 : 0{,}7844$
$1 : 0{,}6984$.

Es ist zu bemerken, dass diese Analogie zwischen beiden Körpern der eben citirten Ansicht Groth's widerspricht, nach welcher der Eintritt eines *H*-substituirenden *Br*-, *Cl*- oder *J*-Atoms die Krystallform in eine weniger symmetrische zu verwandeln pflegt. Vielmehr ist hier der morphotropische Einfluss des *H*-substituirenden Hydroxyls (im Triphenylcarbinol) und des *H*-substituirenden Broms (im Triphenylbrommethan) ein ganz analoger in Bezug auf das Triphenylmethan; gleichviel welche Modification oder Form des letzteren als die morphotropirte Grundform anzunehmen ist: wir sehen das ähnliche Resultat in der Aehnlichkeit der Krystallform des Triphenylcarbinols und des Triphenylbrommethans.

Der morphotropische Einfluss des Broms ist also ein anderer beim Eintritt in den Fettkohlenwasserstoff, als beim Eintritt in den aromatischen Kohlenwasserstoff. Was bei diesem beobachtet wurde, darf man noch nicht bei jenem erwarten.

Wir sehen weiter, dass der hexagonale Charakter des Triphenylcarbinols sich auch noch bis in die Krystallform des Triphenylcarbinoläthyläthers verfolgen lässt. Die Krystalle des letzteren sind zwar monosymmetrisch geworden, aber wir finden nicht nur die Winkel in der Prismenzone (110 : 010 = 61° 35′) gewissermassen als Erinnerung an das hexagonale System, auch 001 : 110 = 63° 13′, 010 : 011 = 64° 42′, sondern auch einen pseudohexagonalen Winkel (die Axenschiefe = 59° 11′) in der Symmetrieebene. Die Vergleichung der Winkel in der einzigen Symmetrieebene des monoklinen Systems mit denen in der vornehmsten Symmetrieebene des hexagonalen Systems, der basischen, scheint mir nicht ohne Berechtigung zu sein.

Paraphenylendiamin.

$C_6H_4(NH_2)_2$.

(Krystalle von Herrn Wallach.*)

Monosymmetrisch.

$a : b : c = 1,3772 : 1 : 1,3624$
$\beta = 67^0 2'$.

Fig. 10.

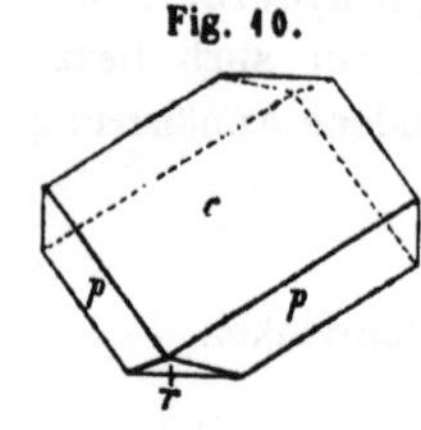

Flächen: $c = (001)0P$
$p = (110)\infty P$
$r = (\bar{1}01) + P\infty$

$c : p = 001 : 110 = *76^0 1'$
$c : r = 001 : \bar{1}01 \quad *56 \quad 1$
$p : r = \bar{1}10 : \bar{1}01 \quad *70 \quad 16$
$p : p = 110 : 1\bar{1}0 \quad 103 \quad 29$
(gemessen $= 103 \quad 37$)

Die Krystalle, von dunkelrothbrauner Farbe, sind dünntafelig nach der Basis, vergl. Fig. 10.

Optische Axenebene die Symmetrieebene. Die zweite Mittellinie, Axe der kleinsten Elasticität, steht fast senkrecht auf der Basis, etwas nach hinten geneigt. Doppelbrechung mässig stark.

Die von Herrn O. Lehmann mikroskopisch beobachteten**) Krystalle desselben Körpers lassen sich nach den Zeichnungen sehr wohl mit den makroskopischen identificiren.

Thioharnstoff.

$CS(NH_2)_2$.

(Krystalle von Herrn Klinger.)

Fig. 11.

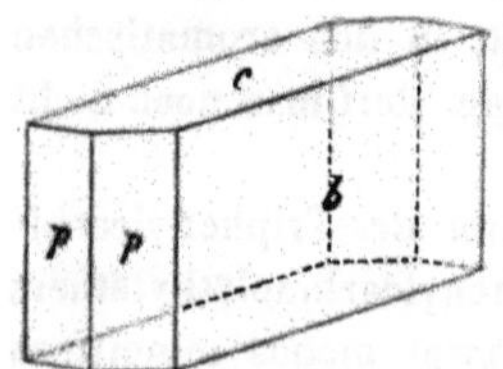

Rhombisch.

Da nur Combinationen (Fig. 11) von

$c = (001)0P$
$b = (010)\infty\breve{P}\infty$
$p = (110)\infty P$

beobachtet wurden, konnte kein vollständiges Axenverhältniss berechnet werden, sondern nur

$a : b = 0,71637 : 1$

aus

$p : p = 110 : 1\bar{1}0 = 71^0 14'$
$b : p = 010 : 110 = 54 \quad 23$

Ausgezeichnet spaltbar nach dem Brachypinakoid.

---

*) Ber. d. d. chem. Ges. 17, 395.

**) Diese Zeitschr. 6, 585.

Optische Axenebene das Makropinakoid, erste Mittellinie die Makrodiagonale. Doppelbrechung stark und negativ. Bei zwei gleich guten Platten wurde durch Messung des Winkels der optischen Axen ein Schwanken desselben constatirt:

	I.	II.
roth $2E =$	$72^0\ 16'$	$73^0\ 18'$
gelb $2E =$	$69\ \ 54$	$70\ \ 59$

Die ziemlich starke Dispersion ist aber bei beiden Platten fast genau gleich gross.

Inactiv weinsaures Calcium mit 3 aq.

(Krystalle von Herrn Anschütz.)

Die Maleïnsäure liefert bekanntlich bei der Oxydation inactive Weinsäure, die Fumarsäure liefert Traubensäure. Die Identität der Traubensäure aus Fumarsäure mit der gewöhnlichen Traubensäure aus Rechtsweinsäure ist durch die krystallographische Untersuchung von Herrn Bodewig bewiesen worden. Ein gleich exacter Beweis für die Identität der inactiven Weinsäure aus Maleïnsäure mit der gewöhnlichen inactiven Weinsäure aus Rechtsweinsäure stand noch aus, wegen Mangels an messbaren Krystallen. Herrn Anschütz*) gelang es nun solche Krystalle von dem Kalksalz darzustellen, und zwar nicht nur inactiv weinsaures Calcium aus Maleïnsäure und aus Rechtsweinsäure, sondern auch auf einem dritten Wege: durch Oxydation von dibrombernsteinsaurem Kalium mit Kaliumpermanganat und Umsetzung ins Kalksalz durch Zusatz von Chlorcalcium; das Product war inactiv weinsaures Calcium. Wünschenswerth blieb aber auch hierfür noch der krystallographische Identitätsbeweis, zur zweifellosen Erhärtung der sehr bemerkenswerthen Thatsache, dass die gewöhnliche Dibrombernsteinsäure, das Additionsproduct von Brom an Fumarsäure, bei der Oxydation sich nicht analog der Fumarsäure verhält, welche Traubensäure liefert, sondern analog der Maleïnsäure:

Fumarsäure ⟶ Traubensäure

Dibrombernsteinsäure ⋯⋯↘

Maleïnsäure ⟶ inactive Weinsäure.

Die krystallographische Untersuchung hat nun thatsächlich die Identität der drei auf so verschiedene Weise gewonnenen Präparate von inactiv weinsaurem Calcium bestätigt. Die Krystalle waren zwar von allen Präparaten äusserst klein, und knapp von den zur Messung erforderlichen Dimensionen, zeichneten sich aber durch vorzüglichen Glanz auch der

*) Vergl. Sitzungsber. Niederrh. Ges. für Natur- und Heilk. 1888, 220.

schmalsten Flächen aus, so dass die Bestimmungen mit befriedigender Genauigkeit ausgeführt werden konnten. Verhältnissmässig am grössten und besten waren die Krystalle des aus der Dibrombernsteinsäure gewonnenen Präparats. Die an ihnen ermittelten Werthe sind darum auch der Berechnung der krystallographischen Constanten des inactiv weinsauren Calciums zu Grunde gelegt worden.

Krystallsystem asymmetrisch.

$$a : b : c = 0,88600 : 1 : 0,96764.$$

Winkel der Axen und der Axenebenen im Octanten vorn oben rechts:

$\alpha = 90^0\ 6'\ 50''$	$A = 90^0\ 8'\ 10''$
$\beta = 91\ 37\ 20$	$B = 91\ 37\ 30$
$\gamma = 90\ 40\ 20$	$C = 90\ 40\ 30$

Um den Unterschied zwischen den Winkeln der Axen und den Winkeln der Axenebenen hervortreten zu lassen, musste bis zu den Secunden gerechnet werden, obschon diese natürlich keine Genauigkeit mehr darbieten können, da die Messungen noch nicht bis zur Minute genau sind.

Flächen: $a = (100)\infty\bar{P}\infty$
$b = (010)\infty\breve{P}\infty$
$q = (011),\breve{P}'\infty$
$l = (0\bar{1}1)'\breve{P},\infty$
$p = (110)\infty P',$
$n = (1\bar{1}0)\infty,P$
$m = (320)\infty\bar{P}',\frac{3}{2}$

In der folgenden Winkeltabelle entsprechen die gemessenen Werthe unter I. den Krystallen des aus Dibrombernsteinsäure gewonnenen Präparats, unter II. aus Maleïnsäure, unter III. aus Rechtsweinsäure.

Winkeltabelle.

	Berechnet:	Gemessen: I.	II.	III.
$a : b = 100 : 010 =$	$89^0 19\frac{1}{2}'$	$89^0 22'$	—	—
$q : a = 011 : 100$	*	88 22	$88^0 13'$	$88^0 33'$
$q : b = 011 : 010$	*	45 53	45 52	45 43
$q : c = 011 : 001$	43 59)	—	—	—
$q : l = 011 : 0\bar{1}1$	*	88 6	88 7	88 13
$l : a = 0\bar{1}1 : 100$	*	89 18	89 25	89 10
$l : b = 0\bar{1}1 : 010$	46 1	46 1		
$l : c = 0\bar{1}1 : 001$	44 7	—		
$n : a = 1\bar{1}0 : 100$	$41\ 49\frac{1}{2}$	41 47		
$n : b = 1\bar{1}0 : 100$	*	48 51		
$n : c = 1\bar{1}0 : 001$	88 47)	—		

		Berechnet:	Gemessen: I.
$p : a$	$= 110 : 100$	$= 41^\circ 14'$	$41^\circ 16'$
$p : b$	$= 110 : 010$	$48 \quad 5\frac{1}{2}$	—
$(p : c$	$= 110 : 001$	$88 \quad 43)$	—
$p : n$	$= 110 : 1\bar{1}0$	$83 \quad 3\frac{1}{2}$	—
$m : a$	$= 320 : 100$	$30 \quad 24$	$30 \quad 41'$
$m : b$	$= 320 : 010$	$58 \quad 56$	—
$(m : c$	$= 320 : 001$	$88 \quad 34)$	—
$n : l$	$= 1\bar{1}0 : 0\bar{1}1$	$61 \quad 49$	$61 \quad 55$
$n : q$	$= \bar{1}10 : 011$	$63 \quad 43$	—
$p : q$	$= 110 : 011$	$61 \quad 18\frac{1}{2}$	—
$p : l$	$= \bar{1}\bar{1}0 : 0\bar{1}1$	$63 \quad 20\frac{1}{2}$	—

Fig. 12.

Die Krystalle (vergl. Fig. 12) sind tafelförmig nach dem Makropinakoid $a(100)$; daneben bilden das Brachypinakoid und die beiden Hemidomen gern allein die Begrenzung. Prismenflächen selten und sehr schmal. Messbar wurden letztere überhaupt nur an den Krystallen aus Dibrombernsteinsäure beobachtet. Durch Zurücktreten des Brachypinakoids und ungefähr gleiche Ausdehnung von Makropinakoid und Hemidomen können die Krystalle des inactiv weinsauren Calciums ein »würfelförmiges Aussehen« erhalten; mit gewissem Recht also finden sie sich so in der chemischen Literatur gekennzeichnet.

Auch im optischen Verhalten sind die Krystalle der drei verschiedenen Präparate durchaus gleich. Auf dem Makropinakoid $a(100)$ bildet eine Auslöschungsrichtung mit der Verticale einen Winkel von circa 10°, nach oben links geneigt. Durch das Makropinakoid ist ferner eine optische Axe sichtbar, die Interferenzerscheinung aber häufig gestört in der Weise, dass eine Zwillingsbildung nach dem Makropinakoid angedeutet wird; von einer solchen konnte jedoch äusserlich nichts an den Krystallen wahrgenommen werden.

Doppelbrechung ziemlich stark.

Maleïnsaures Baryum.

$C_2H_2(COO)_2Ba + H_2O$.

(Krystalle von Herrn Anschütz.)

Krystallsystem monosymmetrisch.

$$a : b : c = 0{,}34368 : 1 : 0{,}60496$$
$$\beta = 87^\circ\ 37\frac{1}{2}'.$$

Flächen: $a = (100)\infty P\infty$
$b = (010)\infty R\infty$
$p = (110)\infty P$

Flächen $q = (011)\breve{R}\infty$
$o = (\bar{1}11)+P$
$n = (111)-P$

Winkeltabelle.

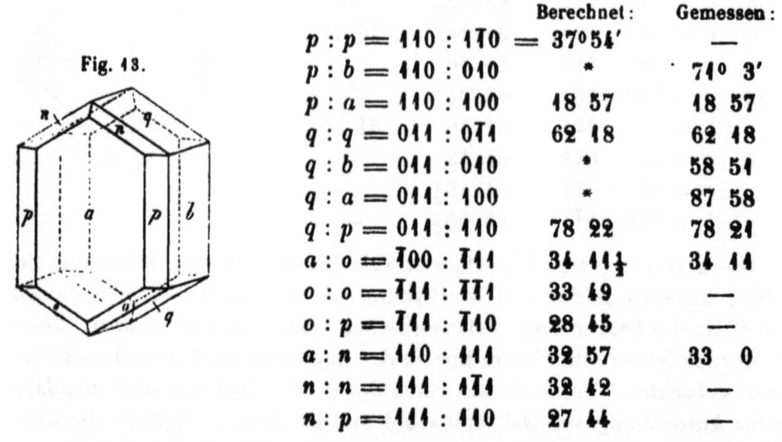

Fig. 13.

	Berechnet:	Gemessen:
$p : p = 110 : 1\bar{1}0$	37° 54′	—
$p : b = 110 : 010$	*	71° 3′
$p : a = 110 : 100$	18 57	18 57
$q : q = 011 : 0\bar{1}1$	62 18	62 18
$q : b = 011 : 010$	*	58 51
$q : a = 011 : 100$	*	87 58
$q : p = 011 : 110$	78 22	78 21
$a : o = \bar{1}00 : \bar{1}11$	34 11½	34 11
$o : o = \bar{1}11 : \bar{1}\bar{1}1$	33 49	—
$o : p = \bar{1}11 : \bar{1}10$	28 45	—
$a : n = 110 : 111$	32 57	33 0
$n : n = 111 : 1\bar{1}1$	32 42	—
$n : p = 111 : 110$	27 44	—

Die Krystalle, farblos mit einem Stich ins Gelbliche, sind meist nach dem Makropinakoid $a(100)$ tafelartig ausgebildet, zuweilen auch rectangulär nach $a(100)$ und $b(010)$; die Prismen- und Pyramidenflächen stets schmal (vergl. Fig. 13). Spaltbar nach $a(100)$.

Die Ebene der optischen Axen steht senkrecht zur Symmetrieebene und fast senkrecht zum Orthopinakoid $a(100)$, ungefähr 3° dagegen nach hinten geneigt, so dass ein nach dem Orthopinakoid tafelförmig ausgebildeter Krystall direct zur Messung des Winkels der optischen Axen verwendet werden konnte. Jedoch auch der spitze Winkel war nur in Oel messbar und wurde gefunden

$$2H_0 \text{ für Roth} = 93° 56'$$
$$\text{Gelb} = 95 \quad 29$$

Doppelbrechung sehr stark und negativ.

Isobenzil.

$C_{14}H_{10}O_2$.

(Krystalle von Herrn Klinger.)

Herrn Klinger gelang es[*]), nach dem von Brigel angegebenen Verfahren durch Einwirkung von Natriumamalgam auf eine Lösung von Benzoylchlorid in trockenem Aether Isobenzil (Schmelzpunkt 155—156°) darzustellen, und davon aus Aether schöne grosse Krystalle zu erhalten.

*) Vergl. Ber. d. d. chem. Ges. 1883, **16**, 994.

Krystallsystem monosymmetrisch.

$a : b : c = 0,96083 : 1 : 0,82579$

$\beta = 79^0\ 59'\ 40''$.

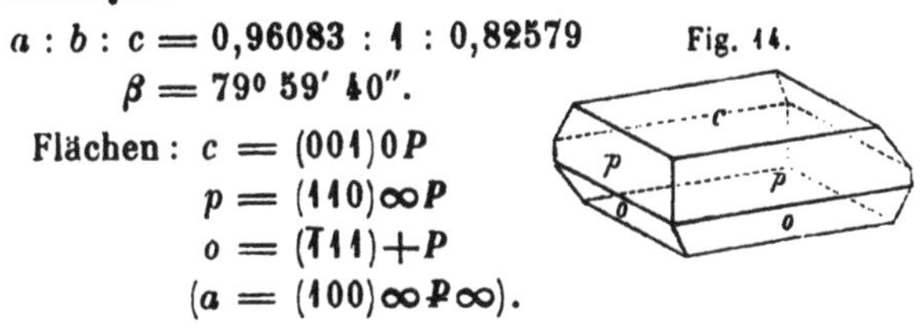

Fig. 14.

Flächen: $c = (001)0P$

$p = (110)\infty P$

$o = (\bar{1}11)+P$

$(a = (100)\infty P\infty)$.

Winkeltabelle.

	Berechnet:	Gemessen:
$p : p = 110 : 1\bar{1}0 =$	*	86° 50′
$a : p = 100 : 110$	43° 25′	43 25
$c : p = 001 : 110$	*	82 45
$c : a = 001 : 100$	80 0	80 8
$c : o = 001 : \bar{1}11$	*	54 4
$o : o = \bar{1}11 : \bar{1}\bar{1}1$	68 15	—
$o : p = \bar{1}11 : \bar{1}10$	43 11	43 11
$o : a = \bar{1}11 : 100$	61 46	61 50

Die Krystalle sind tafelförmig nach der Basis (vergl. Fig. 14), ausgezeichnet spaltbar nach dem als Krystallfläche nicht beobachteten Orthopinakoid $a(100)$.

Die Ebene der optischen Axen steht senkrecht zur Symmetrieebene, und ist im Sinne eines positiven Hemidomas etwa 40° (für Gelb) gegen die Verticale geneigt; durch eine Spaltungsplatte nach dem Orthopinakoid ist bei monochromatischem Lichte noch der stumpfe Axenwinkel sichtbar. Die zweite Mittellinie Axe der grössten Elasticität; Doppelbrechung stark, und also positiv in Bezug auf die der Symmetrieaxe parallele erste Mittellinie.

XXX. Kürzere Originalmittheilungen und Notizen.

1. **A. Arzruni** (in Aachen): **Utahit — ein neues Mineral.** Unter einer Reihe von Mineralien, welche Herr Consul Dr. C. Ochsenius in Marburg während seines Aufenthaltes in Amerika sammelte und mir zur Untersuchung überliess, befanden sich zwei Stufen mit der Etiquette:

»Gelbe Schuppen von ? auf Quarzfels. Oststrecke des Hauptschachtes der Eurekahill-Mine, Yuab Co., Utah.«

Die krystallographische wie die chemische Untersuchung, welche letztere Herr Damour mit grosser Bereitwilligkeit ausführte, erwiesen in der That, dass hier ein neues Mineral vorlag — ein wasserhaltiges basisches Eisenoxydsulfat.

Ueber die Localität verdanke ich Herrn Ochsenius folgende Mittheilung: »Die Eurekahill-Mine, im Tintic-Minendistrict von Utah, etwa unter $40\frac{1}{2}^{0}$ N. Br. befindlich, gehört dem Kohlenkalk an, der südlich von den Oquirrhbergen Hügelketten bildet. Der genaue Horizont desselben ist noch nicht ermittelt worden, da die geologischen Aufnahmen der Territorien des nordamerikanischen Westens eines einheitlichen Planes zu entbehren scheinen.«

Ueber die paragenetischen und Lagerungsverhältnisse der Eurekahill-Mine berichtet Herr Ochsenius in einem »Geologisches und Montanistisches aus Utah« überschriebenen Aufsatze (vergl. Zeitschr. d. d. geol. Ges. **34**, 288—372, 1882), welchem ich folgende Angaben (S. 332—334) entnehme:

Im Tinticdistrict liegt ein Gangsystem von etwa $1\frac{1}{2}$ km Länge in NS-Richtung, in dessen nördlichem Theile u. A. sich die Eurekahill-Grube befindet. Die Gänge setzen in massigem Kalkstein auf, mit variabler Mächtigkeit. Der graue harte Kohlenkalk geht allmählich in Thonquarz über und aus diesem hat sich die Kieselsubstanz als Ganggestein abgeschieden. Der Quarz erscheint sowohl in compacten, wie löcherigen, zelligen Varietäten und führt mit Kalkspath erfüllte Drusenräume. Kupfercarbonate, seltener Eisenoxyde, bedingen die Färbung des sonst grauen Quarzes. In tieferen Horizonten findet sich nesterweise Bleiglanz mit Cerussit und in Höhlungen kleine Schwefelkrystalle. Der Bleiglanz erscheint öfter auch in Knoten und gewundenen Schnüren: der Cerussit ist blättrig und umschliesst hier und da geröllähnliche Quarzkörner. Auf den Kluftwänden beobachtet man Linarit, Malachit, Kieselkupfer, Aurichalcit und Olivenit ?). Gediegen Silber ist durch das ganze Gestein verbreitet. Hornsilber namentlich in den oberen Teufen, wo es Ueberzüge bildet oder einzelne Gesteinsbrocken verkittet.

Die kleinen Schuppen des neuen Minerals sind äusserst fein, sehr dicht aneinander gedrängt und bilden Ueberzüge mit Seidenglanz. Die Dimensionen der einzelnen Krystalle übersteigen selten 0,1 mm, so dass die Untersuchung fast ausschliesslich auf eine solche mit dem Mikroskop beschränkt bleiben musste. Hier zeigen sich aber die Schüppchen als scharf begrenzte hexagonale Tafeln, deren Umrisse übrigens nicht durch ein Prisma, sondern durch abwechselnd nach oben und unten geneigte Flächen bedingt sind. Dem Habitus nach zu urtheilen, wäre es also die Combination eines Rhomboëders mit der Basis. Dass diese Tafeln in der That hexagonal sind, konnte durch an vielen Krystallen wiederholte Messung des ebenen Winkels, die stets genau den Werth 120° ergab, sowie an dem Verhalten zwischen gekreuzten Nicols in convergentem Lichte — wobei ein scharfes, ungestörtes Interferenzbild einer einaxigen optisch-negativen Substanz zu sehen war — nachgewiesen werden. Für dasselbe System spricht endlich das gänzliche Fehlen von Dichroismus der in der Ebene der Tafel schwingenden Strahlen, wodurch wiederum die optische Gleichwerthigkeit sämmtlicher in genannter Ebene liegender Richtungen erwiesen ist.

Es gelang übrigens, ein kaum 0,5 mm grosses Kryställchen aufs Goniometer zu bringen und es, mit Anwendung des von Herrn Websky angegebenen verkleinernden Fernrohrs und durch Vorstecken der lichtverstärkenden Linse vor das Collimatorrohr, zu messen.

Die Neigung des Rhomboëders zur Basis schwankte zwischen 52° 2′ und 52° 45′. Von diesen Werthen ist der letztere der genauere, weil der grösseren Zahl der Messungen entsprechend, aber immerhin blos als approximativ anzusehen. Eine vollkommen genaue Messung ist aus dem Grunde nicht erreichbar, da die Basis, wenn auch glänzend, niemals einheitlich spiegelt: der Reflex entstammt nicht einem einheitlichen Krystall, sondern einer ganzen Gruppe von blos annähernd parallel, thatsächlich aber schwach fächerförmig mit einander aggregirter und übereinander gewachsener Schuppen.

Legt man demnach den Werth $10\bar{1}1 \,.\, 0001 = 52^{\circ}\,45'$ der Rechnung zu Grunde, so erhält man als Axenverhältniss

$$a : c = 1 : 1,1389.$$

Die beobachteten Formen sind $(10\bar{1}1)$, (0001) und $(10\bar{1}0)$. Letztere ist möglicherweise nur eine Spaltfläche, da bei vielen Krystallen schwach angedeutete, aber den Umrissen genau parallel verlaufende feine Risse beobachtet werden konnten. Gemessen wurde von Prisma zu Basis nicht genau 90° (die beste Messung lieferte 90° 15′). Dies ist aber wiederum auf die nicht ebene Beschaffenheit der Basis zurückzuführen.

Unter dem Mikroskop erkennt man fast bei allen Krystallen einen mehr oder minder scharf begrenzten, seinen Conturen nach mit den Umrissen des Krystalls concentrischen, dunkleren, braunen bis braunrothen Kern, während der breitere Rand die grellgelbe Farbe des bekannten Wulfenits von Utah besitzt. Diese Farbe entspricht der Reihe 6 = »Orange, zweiter Uebergang nach Gelb« der Radde-schen Scala und variirt je nach der Dicke der Kryställchen zwischen 6*r* und 6*u*. Die Farbe des Kernes entspricht ungefähr derjenigen von 5*i* in derselben Scala. Der Kern dürfte als durch ausgeschiedenes Eisenoxydhydrat gefärbt anzusehen sein, da er nicht mehr ganz durchsichtig ist und die einaxige Interferenzfigur nicht deutlich zeigt.

Wie es bei vielen basischen Eisenoxydverbindungen der Fall ist, wird auch das vorliegende Mineral von Salpetersäure kaum angegriffen. Bringt man z. B. einen Tropfen dieser Säure auf ein Kryställchen und beobachtet dessen Wirkung unter dem Mikroskop, so sieht man, weder in der Kälte, noch nach dem Erwärmen bis zum Verdampfen der Säure, irgend welche merkliche Veränderung in der Umrandung des Hexagons, die ebenso scharf wie zuvor bleibt. Wendet man dagegen einen Tropfen Salzsäure an, so runden sich, selbst in der Kälte, sehr bald die Kanten und Ecken der Kryställchen ab, wobei das zwischen gekreuzten Nicols bis dahin dunkel erscheinende Blättchen, beim Drehen in seiner Ebene, je nach seiner Stellung abwechselnd hell und dunkel wird. Beobachtet man in convergentem Lichte, so nimmt man eine Dislocirung des bis dahin ungestörten einaxigen schwarzen Kreuzes und ein Zweiaxigwerden des Schüppchens wahr, bis das Interferenzbild schliesslich gänzlich verschwindet, sobald die Auflösung erfolgt ist.

Auf diese Erscheinung ist vielleicht insofern einiges Gewicht zu legen, als manche optische Anomalien wohl nicht selten mit einer mehr oder minder weitgehenden chemischen Veränderung der Substanz in Zusammenhang zu bringen sind und nicht immer auf molekulare Umlagerungen (Paramorphosirung), auf Mimesie oder auf Druck- und Spannungserscheinungen zurückgeführt zu werden brauchen.

Von den chemischen Eigenschaften des neuen Minerals gab Herr A. Damour folgende Beschreibung*).

Das Mineral ist ein basisches Eisenoxydsulfat. Im Kölbchen erwärmt, giebt es saures Wasser ab und nimmt dabei die rothe Farbe des Eisenoxyds an. Vor dem Löthrohr, auf Kohle erhitzt, schwärzt es sich und schmilzt ziemlich schwer zu einem schwarzen, stark magnetischen Glase. Mit Phosphorsalz geschmolzen zeigt es die Eisenreaction. — Es widersteht der Wirkung der Salpetersäure, wird aber von Salzsäure bei Siedetemperatur gelöst. Diese Lösung, mit Wasser verdünnt, giebt auf Zusatz von Baryumacetat einen weissen Niederschlag von Baryumsulfat, in dessen Filtrat durch Uebersättigung mit Ammoniak ein Niederschlag von Eisenoxydhydrat entsteht. Da mir nicht mehr als 3 dgr Substanz zur Verfügung stand, so schlug ich bei der quantitativen Bestimmung folgenden Weg ein: Das Wasser wurde zunächst bestimmt und zwar durch Auffangen in dem kleinen Apparat, dessen Beschreibung ich früher gab. Dieses Wasser hatte kleine Mengen Schwefelsäure mit fortgerissen, die mittelst Baryumacetat bestimmt wurden. Die wasserfreie rothe Substanz wurde mit der fünffachen Gewichtsmenge fein gepulverten Kaliumbicarbonats vermischt und eine Stunde lang zunächst der dunkeln, dann der hellen Rothgluth ausgesetzt, bis völliges Schmelzen der ganzen Masse eintrat, die hierauf mit warmem Wasser aufgenommen wurde. Das Eisenoxyd blieb ungelöst. Die alkalische Lösung enthielt Kaliumsulfat und etwas Kaliumarsenat. Sie wurde mit Salzsäure übersättigt, darauf die Schwefelsäure mit Baryumacetat gefällt. Nach Entfernung des überschüssigen Baryumsalzes durch Zusatz einiger Tropfen Schwefelsäure wurde ein Ueberschuss von Ammoniak zugefügt, wodurch sich ein kleiner Niederschlag von Kieselsäure — dem Gangquarz entstammend — bildete, welcher abfiltrirt wurde. Dem klaren Filtrat wurde eine ammoniakalische Lösung von Magnesiumnitrat zugesetzt, die einen schwachen Niederschlag von Magnesiumarsenat hervorrief. Dass dieser Niederschlag nicht etwa aus einem Phosphat bestehe, wurde dadurch erwiesen, dass dessen saure Auflösung mit Zinn gekocht einen zunächst braunen, dann sich schwärzenden Niederschlag von gediegen Arsen erzeugte. Die so ausgeführte Analyse führte zu folgenden Zahlen:

*) Bull. soc. min. de France 1884, p. 128.

		Sauerstoff:	Verhältniss:
Schwefelsäure	28,45	17,07	9
Arsensäure	3,19		
Eisenoxyd	58,82	17,64	9
Wasser	9,35	8,31	4
	99,81		

Die Zusammensetzung des Minerals lässt sich somit durch die Formel

$$3Fe_2O_3,\ 3SO_3 + 4H_2O$$

ausdrücken. Da es sich also von den bekannten Eisenoxydsulfaten — Apatelith, Copiapit, Raimondit, Jarosit, Fibroferrit — sowohl seinen chemischen als auch seinen physikalischen Eigenschaften nach unterscheidet, so schlage ich vor, es Utahit zu benennen.

2. H. Reinsch (in Erlangen): **Ueber den Einfluss der Salpetersäure auf Krystallisation und optische Verhältnisse der schwefelsauren Salze.** Als ich vor einiger Zeit ein Stückchen Zinkblende mit Salpetersäure behandelte und einen Tropfen von der mit Wasser verdünnten und vom abgeschiedenen Schwefel abfiltrirten Lösung auf einem Objectgläschen verdampfen liess, war nach Verdampfung des Tropfens das Gläschen mit vielen Pünktchen bedeckt, welche schon durch die Lupe betrachtet als Kügelchen, nicht als Kryställchen erschienen. Unter dem Mikroskop bei 70facher Linearvergrösserung betrug der scheinbare Durchmesser der Kügelchen 0,5—1 cm, bei der Kreuzung der Nicols zeigte jedes derselben ein schwarzes Kreuz mit haarförmigen Strahlen, und in der Mitte des Kügelchens ein scheinbar 1 mm grosses Kügelchen mit einem diagonal gestellten weissen Kreuz*), welches in einiger Entfernung mit einem feinen schwarzen Ringe umgeben war, während die Peripherie einen breiteren schwarzen Ring bildete und mit zarten, feinen Fasern endigte. Bei Drehung des Nicols auf 0⁰ erscheint ein blaues Kreuz, während das Centrumkügelchen und der schwarze Rand verschwinden; viele Kügelchen erscheinen zugleich prachtvoll blau gefärbt. — Ich habe schon vor mehreren Jahren ähnliche Erscheinungen am schwefelsauren Kadmium beobachtet und damals Objecte davon mehreren Fachmännern übersendet; am schwefelsauren Zink, welches ich damals untersuchte, konnte ich keine solchen Kugeln beobachten; es schieden sich aus dem verdampften Tropfen stets prismatische Krystalle aus, welche bei 90^0 Drehung des Nicols matt silberweiss, bei grösserer Dicke farbenspielend erschienen. Setzt man aber einer Lösung von 1 g Zinkvitriol in 20 g Wasser 2 g Salpetersäure zu, so ergiebt ein verdampfter Tropfen dieser Lösung genau dieselben Kügelchen wie die Lösung der Zinkblende in Salpetersäure; da weder das schwefelsaure noch das salpetersaure Zink an und für sich diese merkwürdige und prachtvolle Erscheinung zeigen, so blieb nichts übrig, als diese durch die Einwirkung der Salpetersäure auf das schwefelsaure Zink zu erklären. — Eine 5 %ige Lösung von schwefel-

*) Der Herr Verf. hatte die Gefälligkeit, dem Unterzeichneten eine Auswahl seiner Präparate zu übersenden, welche in der That die bekannten Erscheinungen des Interferenzkreuzes radialfaseriger Gebilde in einer Schönheit zeigen, wie sie kaum bisher beobachtet wurden. Was die als »weisses Kreuz« vom Verf. bezeichnete Erscheinung betrifft, so scheint auch hier ein normales, aber sehr feines Kreuz vorzuliegen, zwischen dem vier sehr helle Sectoren liegen, welche den Eindruck eines diagonal gestellten weissen Kreuzes machen. P. Groth.

saurem Kadmium zeigt diese Erscheinung ohne Mitwirkung von Salpetersäure. die Lösung des Kadmiumsalzes darf aber nicht concentrirter angewendet werden, weil man sonst grosse prismatische, das ganze Sehfeld einnehmende, häufig sternförmig angeordnete Krystalle erhält, die allerdings auch ein Kreuz zeigen; beim Kadmium findet aber noch eine andere, merkwürdige Erscheinung statt, die ich vor Ausdehnung meiner Versuche auf andere schwefelsaure Salze für eine specifische Eigenschaft des Kadmiumsulfates hielt. Man bemerkt nämlich, unter Voraussetzung der Anwendung einer 5 %igen Salzlösung, in vielen Kugeln ein eigenthümliches, sehr zierliches Kreuz, welches aus vier, mit Querrippen versehenen Blättern besteht; dieses Kreuz entsteht aber nicht in Folge der Anwendung des Polarisationsapparates, weshalb es auch bei der Drehung des Nicols seine Lage nicht verändert, und auch durch das einfache Mikroskop beobachtet werden kann. namentlich bei schwacher Beschattung des Spiegels deutlich erscheint; es hängt deshalb mit der Krystallstructur der Kügelchen zusammen. Auffallend ist jedoch, dass nicht jedes schwefelsaure Kadmium diese Erscheinung zeigt. Ich wage nicht, eine Erklärung darüber zu geben, nur will ich bemerken, dass die Mutterlauge, welche beim Umkrystallisiren von 200 g ganz reinen Kadmiumvitriols erhalten wurde, welcher aber diese Erscheinung nicht gezeigt hatte, nun wieder das Structurkreuz der Kügelchen zeigte. Vermischt man eine 5 %ige Lösung von schwefelsaurem Kadmium mit 10 % Salpetersäure, so erhält man zwar dieselben Kugeln, jedoch erscheinen sie matt und trüb und das Structurkreuz fehlt in den meisten. Diese Beobachtungen veranlassten mich, nun auch andere schwefelsaure Salze in Bezug auf die Einwirkung der Salpetersäure zu untersuchen, wobei immer 5 %ige Salzlösungen, welche mit 10 % Salpetersäure angesäuert wurden, zur Verwendung kamen. Das schwefelsaure Manganoxydul ohne Säurezusatz bildet prismatische Krystalle, ohne Spur von Kugelbildung, während die angesäuerte Lösung sich wie die Zinklösung verhält, jeder Tropfen bildet hunderte der in allen Farben polarisirenden Kugeln, welche merkwürdiger Weise ein kleines Structurkreuz mit zugespitzten Blättern und punktförmigen Rippen zeigen. Die mit Salpetersäure angesäuerte Lösung von Kalisulfat zeigte keine Krystalle von schwefelsaurem Kali, dagegen viele grössere Kugeln, welche, wenn sie noch feucht sind, ein schwaches Kreuz erkennen lassen; nach dem Trocknen erscheinen sie mit einer Rinde von durchsichtigen, glasähnlichen Perlen bedeckt. Löst man 1 g schwefelsaures Kali und 2 g krystallisirtes Glaubersalz in 80 g Wasser, so erhält man ein Doppelsalz, dessen 5 %ige Lösung nach dem Verdampfen auf dem Objectplättchen Kügelchen in der Form einer 8 zurücklässt, die aus zwei einfachen zusammengewachsen erscheinen; bei 90^0 Drehung des Nicols zeigen viele nur einen schwarzen Strich, da der Querbalken des Kreuzes zwischen die Einschnitte der beiden Kügelchen fällt. Säuert man diese Lösung mit 10 % Salpetersäure an, so erscheinen nach der Verdampfung des Tropfens bei 70facher Linearvergrösserung kleinere und bis zu 2 cm im scheinbaren Durchmesser haltende Kügelchen von prachtvoller Polarisation mit schwachem Kreuz. Unter allen Salzen, die ich in dieser Beziehung untersuchte, zeigte aber das schwefelsaure Ammon-Natron-Doppelsalz die prachtvollsten Erscheinungen: es wurde wie das Kalidoppelsalz aus 1 g schwefelsaurem Ammon- und 2 g krystallisirtem Glaubersalz in 80 Theilen Wasser und Zusatz von 10 % Salpetersäure erhalten; die Kugeln haben eine scheinbare Grösse bis zu 2 cm Durchmesser mit einem grauen Schattenkreuz, sie bestehen aus fächerförmig geordneten Nadeln mit ausgezacktem Rande und zeigen drei breite concentrische Farbenringe, leider aber nur, so lange die Kügelchen noch feucht sind, nach dem Trocknen erscheinen sie silberweiss und nach der Tränkung mit Lack nur noch schwach farbenschillernd. Merkwürdigerweise zeigen einige dieser Kügelchen auch ein deutliches Structurkreuz. Das schwefelsaure Erbium-Yttrium zeigt schon ohne Zusatz von Salpetersäure matt silbergraue, grosse, das ganze Sehfeld überragende Kugeln, von so prachtvoller und eigenthümlicher Structur, dass es auf diese Weise leicht von den Salzen aller anderen Metalle zu unterscheiden ist. Auch das Lithionsulfat zeigt eine so eigenthümliche Bildung, dass es mir möglich wurde, dieses Salz in der Asche von einer einzigen Cigarre mikroskopisch nachzuweisen; in dieser Aschenlösung zeigten sich auch die Kali-Natronkügelchen, so dass das Mikroskop auch zur qualitativen Mineralanalyse verwendet werden könnte. Mehrere Metalle wie Silber, Kupfer, Eisen, Nickel, Kobalt u. s. w. zeigten keine ähnlichen Erscheinungen, das schwefelsaure Uran aber bildet prachtvolle, dunkelblau-gelb und grünschimmernde Astern-ähnliche Blumen, welche durch Behandlung mit Salpetersäure in farrnkrautähnliche, sechsblätterige Sterne verwandelt werden. Auch Borsäure, Kiesel-, Thon- und Beryllerdesalze lassen sich auf mikroskopischem Wege leicht erkennen und sicher unterscheiden.

8. M. Ossent (in Siders, Canton Wallis): **Ueber die Erzvorkommen im Turtmann- und Annivierstbal.** Da von den Kobalt-, Nickel- und Wismutherzen dieser Thäler in neuester Zeit mehrfach Exemplare in den Handel gelangt sind, andererseits seit den Mittheilungen von C. Heusler (Zeitschr. d. d. geol. Ges. 1876, **28**, 238) und einer früheren Publication des Verfassers im 32. Jahrg. der berg- und hüttenmännischen Zeitung über dieselben Nichts in die mineralogische Literatur gelangt ist, so dürften vielleicht die folgenden Notizen darüber willkommen sein.

Im Turtmannthal, woselbst der Bergbau auf Kobalt- und Nickelerze erst seit 1875 im Betriebe ist, finden sich diese Erze auf zehn parallelen Lagergängen in 2300—2800 m Meereshöhe in der Crête d'Omberenza auf der rechten Seite des Kaltbaches, während sieben Lagergänge vis-à-vis der Alphütten des Kaltberges nachgewiesen sind. Die Gangart ist grobkörniger, weisser bis brauner, manganhaltiger Braunspath mit wenig Quarz *), das Nebengestein dunkler Chlorit-, seltener Talk-, oder heller Glimmerschiefer. Hier kommen vor: Speiskobalt mit 28 % *Co*, 72 % *As*, zum Theil mit *Ni* bis 7 % und ebensoviel *Fe*, andererseits eisenreicher mit 14 % *Fe*, 14 % *Co* und mit Spuren bis 1 % *Ni*; Chloanthit mit 20—28 % *Ni* und *Co*, 8—10 % *Fe*; Arsennickel in kleinen Partien im Chloanthit; Wismuth in Blättern, selten in etwas grösseren Ausscheidungen; Kobaltblüthe erdig; Eisenglanz blättrig, oft mit Kobaltblüthe am Ausgehenden der Lagerstätten; Wismuthglanz eingesprengt, auch in derben Ausscheidungen in Adern und Knauern. An den Salbändern finden sich im Nebengestein folgende Mineralien: Magneteisen in Oktaëdern, Arsenkies in Prismen, zum Theil in Durchkreuzungszwillingen; das letztere Mineral kommt nahe den Erzen noch in der Gangart vor, auch mit sporadisch auftretenden kleinen Ausscheidungen von Kupferkies und Buntkupfererz.

Im Anniviers- (Eifisch-) Thale setzen in den »grünen Schiefern«, welche aus einer Wechsellagerung von Chlorit, Talk, Hornblende und Glimmer führenden Schiefern bestehen, beim Dorfe Ayer (Grube Grand Praz) drei echte Gänge auf.

*) Der mächtigste Lagergang zwischen den höchsten Spitzen der Crête d'Omberenza zeigt auch viel Schwerspath als Lagermasse.

Dieselben enthalten einen ähnlichen Braunspath, wie die Lagergänge des Turtmanthales, und folgende Erze besonders da wo sie von schwefelkiesreichen Lagen der Schiefer durchschnitten werden: **Chloanthit** mit 7—11%, *Co*, 4—6%, *Fe* 1—2%, *S* derb, sehr selten in Würfeln und Oktaëdern krystallisirt; seltener ist Kobalt überwiegend, und dann finden sich am Ausgehenden Kobaltocker und Nickelocker bis zu 0,3 m Mächtigkeit; **Rothnickelkies**, selten etwas *Co* enthaltend. **Arsenikalkies** selten in Krystallen, meist umgiebt er krystallinisch derb die vorigen Erze, enthält wenig Schwefel und keine Spur von Kobalt und Nickel. **Wismuth** und **Wismuthglanz** in blättrigen Partien auf dem schwächsten Gange an Stelle der Kobalt- und Nickelerze. Endlich kommt ein muschlig brechendes, Kolophonium-ähnliches Hydroxyd von Kobalt, oft eisen-, auch wohl nickelhaltig, in braunen Stücken und Adern in verwittertem Braunspath und Schwefelkies vor.

Beim Dorfe St. Luc finden sich oberhalb der Alp Garbulaz: Kobaltglanz, Nickelglanz mit Kobalt- und Nickelblüthe in Braunspath eingesprengt, nordwestlich davon Grube la Barma Kobaltglanz, selten in kleinen Oktaëdern, meist derb in Adern und Knauern im Milchquarz, begleitet von Kobaltblüthe, Wismuthocker, Wismuth und Wismuthglanz, Arsenikalkies in Krystallen und Arsenkies. 50 m höher tritt ein paralleler Lagergang mit **Annivit** in Quarz auf, welcher von grünen, arsenig- und antimonsauren, sowie kohlensauren Verbindungen begleitet wird, während im Hangenden silberhaltiger Bleiglanz und Zinkblende vorkommen. Ein ähnlicher Lagergang ist auch unterhalb la Barma nachgewiesen, während noch weiter abwärts sich derjenige befindet, welcher seit länger bekannt, die von **Brauns** analysirten wismuthhaltigen Annivite geliefert hat und wo sich kein Bleiglanz vorfindet. Noch tiefer ist ein Lager von silberhaltigem Fahlerz, Bleiglanz, Kupferkies, Pyrit und Blende mit Schwerspath als Gangart nachgewiesen.

Wismuthkupfererze wurden auf Grube Bourrimont oberhalb Ayer gewonnen.

XXXI. Auszüge.

---

1. **G. vom Rath** (in Bonn): **Ueber Leucitkrystalle von ungewöhnlicher Ausbildung** (Sitzungsber. der Niederrhein. Ges. für Natur- und Heilk., Bonn 1883, S. 42—44 und 115—122, Sitzung vom 12. Februar und 4. Juni 1882). Hierzu Taf. XVI, Fig. 1—6 *). Den Beobachtungen liegen vier Krystalle zu Grunde, die jenen vesuvischen Auswürflingen entstammen, welche als Muttergestein des Wollastonit und Anorthit bekannt sind.

Der erste Krystall, 3 mm gross, ist in Fig. 1 dargestellt. Die Deutung der nicht messbaren Flächen ist durch die Streifung ermöglicht.

Die naturgetreuen Zeichnungen Fig. 3 und 4 stellen den zweiten Krystall (ebenfalls 3 mm) dar, in zwei um 180° verschiedenen Stellungen. Zum leichteren Verständniss zeigt Fig. 2 einen regelmässig ausgebildeten Zwilling, in der Stellung der Fig. 3 entsprechend. Die Messungen liessen die Annahme einer besonderen Grundform für diese Krystalle als wünschenswerth erscheinen: $\underline{o}^2(111)P : \underline{c}(001)$ $0P = 36^0\ 0'$, daraus $a : c = 1,9465 : 1 = 1 : 0,5137$ (Axenverhältniss der normalen in Pogg. Ann. Erg.-Bd. **6**, **201** beschriebenen Leucite $= 1,8998 : 1$).

Die neue Grundform nähert sich mehr den Dimensionen des regulären Systems. In der nachfolgenden Tabelle sind unter I. die berechneten Winkel der neuen Grundform, unter II. die der alten gegeben:

	Gemessen:	I.	II.
$\underline{o}^1 : \underline{o}^2$	$= 49^0\ 10'$	$49^0\ 7'$	$49^0\ 57'$
$\underline{o}^1 : o^2$	$= 49\ \ 33$	—	—
$i^1 : o^3$	$= 33\ \ 31$	$33\ \ 28\frac{1}{2}$	$33\ \ 23$
$i^5 : o^3$	$= 33\ \ 27$	—	—
$i^1 : i^1$	$= 48\ \ 16$	$48\ \ 25\frac{1}{4}$	$48\ \ 36\frac{3}{4}$
$u^1 : o^3$	$= 30\ \ 23$	$30\ \ 32\frac{3}{4}$	$30\ \ 50\frac{1}{2}$
$o^3 : u^2$	$= 30\ \ 31$	—	—
$u^1 : u^2$	$= 61\ \ 12$	$61\ \ 5\frac{1}{2}$	$61\ \ 41$
$i^1 : i^5$	$= 33\ \ 38$	$33\ \ 42\frac{3}{4}$	$33\ \ 50\frac{1}{2}$
$u^2 : i^5$	$= 30\ \ 14$	$30\ \ 1$	$30\ \ 0$
$\underline{o}^2 : \underline{i}^1$	$= 59\ \ 50$	$60\ \ 33$	$60\ \ 19\frac{2}{3}$

---

*) Auf diese Leucite ist bereits in dieser Zeitschr. 8, 300 hingewiesen worden, mit dem Vorbehalt eigener Mittheilung seitens des Herrn Verfassers. Da zu einer solchen Derselbe aber nach einjähriger Abwesenheit auf Reisen auch jetzt zunächst nicht kommen kann, so wird im Einverständniss mit dem Herrn Verfasser hier das Referat gegeben.

	Gemessen:	I.	II.	
$\underline{o}^1 : \underline{u}^1$	$= 45^0 49'$	$45^0 46\frac{1}{2}'$	$46^0 28\frac{1}{4}'$	
$\underline{c} : \underline{i}^6$	$= 66\ 20$	$66\ 29$	$66\ 59$	
$i^1 : \underline{o}^1$	$= 2\ 45$	$2\ 34\frac{2}{3}$	$4\ 51\frac{2}{3}$	einspr.
$i^4 : \underline{o}^2$	$= 2\ 52$	—	—	-
$i^5 : \underline{i}^6$	$= 2\ 10$	$1\ 47\frac{1}{2}$	$3\ 20\frac{1}{2}$	-

Der dritte Krystall (Fig. 5) ist unsymmetrisch durch Vorherrschen einer o-Fläche, und zeigt nur am unteren Ende einen Zwillingsansatz, welcher dem rechten Individuum der Zeichnung Fig. 2 entspricht. Die Messungen stimmen (mit Ausnahme einer anomalen Kante $i^2 : i^3$) befriedigend mit der neuen Grundform:

	Gemessen:	Berechnet:
$i^1 : i^2$	$= 33^0 40'$	$33^0 42\frac{2}{3}'$
$i^2 : i^3$	$= 47\ 24$	$48\ 25\frac{1}{4}$
zweites Bild	$46\ 55$	
$i^1 : i^4$	$= 47\ 12$	$47\ 1\frac{2}{3}$
zweites Bild	$46\ 58$	
$i^1 : u^1$	$= 30\ 15$	$30\ 0\frac{1}{4}$
$m^1 : i^4$	$= 29\ 39$	$29\ 33\frac{1}{4}$
$m^1 : i^2$	$= 29\ 38$	$29\ 33\frac{1}{4}$
$m^2 : i^3$	$= 29\ 38$	—
$a^1 : i^1$	$= 34\ 58$	$34\ 54$
$a^1 : i^5$	$= 34\ 44$	—
$\underline{o}^1 : \underline{o}^2$	$= 49\ 15$ ca.	$49\ 7$
$\underline{o}^1 : i^3$	$= 2$ ca.	$2\ 34\frac{2}{3}$ einspr.

Der vierte Krystall von 4 mm, Fig. 6, entspricht in seinen Winkeln wieder unzweifelhaft der früher vom Verf. für den Leucit aufgestellten Grundform. Abgesehen von kleineren polysynthetischen Elementen erwies sich dieser Krystall wesentlich als ein Zwilling, dessen beiden Individuen wieder kleine Zwillingsstücke in Gestalt von vierflächigen Pyramiden $ooii$ angefügt sind. Die Basen dieser Pyramiden entsprechen je einer Zwillingsebene u, und sind von sehr stumpfen Kanten umschlossen, theils einspringenden (gestrichelt punktirt), theils ausspringenden (fein ausgezogen) von $0^0\ 51\frac{1}{3}'$. Die Flächen $\underline{u}^2$, m, a und c gehören der Hinterseite der Figur an; ihre Signatur müsste demnach mit punktirter Schrift bezeichnet sein.

	Gemessen:	Berechnet (frühere Grundform):
$\underline{o}^1 : \underline{o}^2$	$= 49^0 56'$	$49^0 57'$
$\underline{o}^2 : \underline{o}^3$	$= 49\ 59$	—
$\underline{o}^3 : \underline{o}^4$	$= 49\ 54$	—
$\underline{o}^4 : \underline{o}^1$	$= 50\ 1$	—
$\underline{u}^1 : \underline{o}^1$	$= 30\ 47$	$30\ 50\frac{1}{2}$
$u^2 : \underline{o}^3$	$= 30\ 52$	—
$m : \underline{u}^2$	$= 2\ 32$	$2\ 32$
$i^1 : i^4$	$= 48\ 33$	$48\ 36\frac{3}{4}$
$i^4 : o^1$	$= 33\ 21$	$33\ 24$
$i^1 : \underline{o}^1$	$= 4\ 50$	$4\ 51\frac{2}{3}$
$i^4 : \underline{o}^2$	$= 4\ 52$	—
$\underline{o}^1 : i^2$	$= 0\ 52$	$0\ 51\frac{1}{2}$
$o^4 : i^1$	$= 0\ 54$	—

	Gemessen:	Berechnet (frühere Grundform):
$\underline{\varrho}^1 : \underline{\varrho}^1$	$= 5^0\ 1'$	$5^0\ 3\frac{1}{2}'$
$\underline{\underline{\varrho}}^1 : \underline{\underline{i}}^1$	$= 60\ 52$	$60\ 49\frac{2}{3}$
$\underline{\underline{\varrho}}^1 : \underline{\underline{\varrho}}^2$	$= 48\ 37$	$48\ 36\frac{3}{4}$
$\underline{\underline{\varrho}}^3 : \underline{\underline{i}}^3$	$= 33\ 30$	$33\ 23$
$a : c$	$= 2\ 55$	$2\ 56\frac{1}{2}$

Ref.: C. Hintze.

2. Derselbe: Ueber eine Zinnoberstufe von Moschel in der Pfalz (Ebenda, S. 45—46 und 122, Sitzung vom 12. Februar und 4. Juni 1882). Hierzu Taf. XVI, Fig. 7. Die Zinnoberkryställchen dieser Stufe, 1—2 mm gross, sind theils spindelförmig, theils spitzen rhombischen Pyramiden ähnlich, und zeigen eine durchgehende Zwillingsverwachsung nach der Basis. Nimmt man als primäres das Rhomboëder von $87^0\ 24'$, so ergiebt sich die Flächensignatur der Fig. 7. Die Unterscheidung der Rhomboëder als positive und negative gründet sich nur auf die relative Ausdehnung der Flächen. Untergeordnet treten dazu noch einige andere Formen. Durch das Vorherrschen von Flächen $2R(20\bar{2}1)$ in zwei anliegenden Sextanten entstehen die scheinbaren rhombischen Pyramiden. Die Zwillingsstücke stehen theils vor, wie in der Zeichnung, theils erscheinen sie nur als schmale Leisten.

Ref.: C. Hintze.

3. Derselbe: Ueber Cuspidin (Ebenda, S. 122—124, Sitzung vom 4. Juni 1882). Ergänzung zu der Mittheilung in dieser Zeitschrift 8, 38. Ein $\frac{2}{3}$ mm grosses Kryställchen mit glänzenden Flächen zeigte auf der Spaltungsfläche der Unterseite keine Spur einer Zwillingskante, ist also als einfaches Individuum zu betrachten. Wenn auch die Winkelwerthe kein grösseres Vertrauen beanspruchen können, als die früheren, so vermögen sie die Fehlergrenzen anzudeuten. Neu ist die Fläche $\pi = (\bar{1}13)\frac{1}{3}P$. Als Fundamentalwinkel wurden gemessen (daneben in Klammern die aus den früheren Elementen berechneten Werthe):

$$p : p = 113 : 1\bar{1}3 = 51^0\ 15'\ (51^0\ 10')$$
$$\pi : \pi = \bar{1}13 : \bar{1}\bar{1}3 \quad 51\ 32\ (51\ 41)$$
$$p : \pi = 113 : \bar{1}13 \quad 74\ 38\ (73\ 36)$$

daraus

$$a : b : c = 0{,}7150 : 1 : 1{,}9507\ (0{,}7243 : 1 : 1{,}9342)$$
$$\beta = 89^0\ 39\frac{1}{2}'\ (89^0\ 22').$$

Ferner wurde beobachtet:

	Gemessen:	Berechnet:
$n : e = 111 : 101 =$	$33^0\ 53'$	$33^0\ 49\frac{1}{2}'\ (34^0\ 3')$
	$34\ 1$	
$p : n = 113 : 111$	$25\ 14$	$25\ 6\frac{1}{2}\ (25\ 35\frac{2}{3})$
$p : \pi = 113 : \bar{1}\bar{1}3$	$96\ 34$	$96\ 23\ (95\ 24\frac{1}{4})$
$e : f = 101 : \bar{1}01$	$139\ 57$	$139\ 44\frac{1}{2}(138\ 56\frac{2}{3})$
	$140\ 8$	

Ref.: C. Hintze.

4. **A. Liversidge** (in Sydney): **Ueber einige Mineralien von Neu-Caledonien** (Notes upon some Minerals from New Caledonia, read before the Royal Society of N. S. W., 1. Sept. 1880. 20 S.). Gold feinkörnig in einem Glimmerschiefer und in einem Talkschiefer mit Quarz von Fern Hill Mine, Manghine, Diàhot River; auch in goldhaltigem Pyrit bei Niengneue.

Kupfer in rissigem Quarz von der Balade mine. Kupfererze ohne besonderes Interesse von der Balade und Sentinelle mine: Cuprit, Ziegelerz, Tenorit (pulverig), Kupfervitriol, Malachit, Azurit, Redruthit, Bornit, Chalkopyrit.

Galenit feinkörnig, angeblich silberreich, von Coumac.

Derber schwarzer Sphalerit, angeblich silberhaltig, von Coumac und Baie Lebris.

Antimonit derb von Nakety an der Ostküste.

Rutil in unvollkommenen, gestreiften Prismen von Ouegoa, Diàhot River.

Bekannt ist der Nickelreichthum in den mit dem Namen Noumeait (dunkelgrün) und Garnierit (hellgrün) belegten Substanzen. In 19 angegebenen Analysen von Stücken verschiedener Localitäten schwankt der Gehalt an NiO von 0,24 bis 32,52 Procent. Der seltenere Garnierit hängt etwas an der Zunge und zerfällt im Wasser, wie Halloysit.

Asbolan und Wad, thonig und knollig, natürlich von sehr wechselnder Zusammensetzung.

Von Eisenerzen werden erwähnt: Magnetit, scharfe Oktaëder in derbem, körnigem Chlorit von der Balade mine; ebendaher Hämatit, »rother« und »brauner«; braungelber Pyrrhotit: Pyritwürfel in schiefrigem Gestein. Vom Mount Tiebaghi lose Markasitknollen, wahrscheinlich aus Kalkstein.

Verbreitet und von guter Qualität Chromit, sowohl in Alluvialablagerungen, als in situ in Serpentin und anderen Gesteinen. Derbkrystallinisch, körnig oder blätterig, auch oktaëdrisch. Eisengraue unvollkommene Krystalle (von $\frac{1}{2}$ Zoll Durchmesser), ohne Fundortsangabe, enthielten:

SiO_2	3.54
Al_2O_3	4.54
Cr_2O_3	66.54
FeO	10.85
MgO	15.03
	100.47

Als Fundorte des Chromits werden genannt: Petit Mont D'Or, Coumac, Tiebaghi, Ouaghi, Ouailon, Baie du Sud.

Ohne besonderes Interesse sind die Vorkommen von Quarz, Chalcedon, Hornstein, Opal, Calcit, Aragonit, Kalkstein, Dolomit, Ankerit, Magnesit, Serpentin, Marmolith, Talk, Steatit, Chlorit, Kaolin, Allophan, Halloysit.

Gewiss interessanter ist ein Glaukophan-Vorkommen aus der Nachbarschaft der Balade mine. Auch ein krystallisirtes Stück wurde gefunden: dunkelblau-[illegible] Prismen auf einem [illegible] Schiefer, bestehend aus [illegible]

	I.	II.	Mittel:
H_2O	1,42	1,34	1,38
SiO_2	52,71	52,88	52,79
Al_2O_3	14,20	14,69	14,44
FeO	9,89	9,76	9,82
MnO	Spuren	Spuren	Spuren
CaO	4,31	4,27	4,29
MgO	11,12	10,92	11,02
K_2O	0,95	0,80	0,88
Na_2O	5,15	5,38	5,26
	99,75	100,04	99,88

Die mitvorkommenden rothen Granaten, zum Theil in wohlausgebildeten Dodekaëdern von verschiedensten Graden der Durchsichtigkeit, vom spec. Gewicht = 4,011, ergaben:

	I.	II.	Mittel:
SiO_2	38,10	38,21	38,15
Al_2O_3	22,09	22,27	22,18
FeO	21,17	21,35	21,26
MnO	5,50	5,58	5,54
CaO	7,88	7,68	7,78
MgO	4,64	4,84	4,74
Glühverlust	0,33	0,29	0,31
	99,71	100,22	99,96

Auch der Glimmer wurde analysirt. Von rein silberweissem Material (spec. Gewicht = 2,938) konnte leider nur eine sehr geringe Menge ausgesucht werden, daher die Analyse (I.) nicht sehr zuverlässig. Ein anderes Stück, wohl von derselben Sorte, aber von dunklerer Farbe und geringerem Glanz, ergab die Werthe II. und III., deren Mittel unter IV.

	I.	II.	III.	IV.
H_2O	4,31	4,42	4,50	4,46
SiO_2	50,60	51,22	51,23	51,23
Al_2O_3	25,28	27,29	27,41	27,35
FeO	3,47	2,45	2,75	2,60
MnO	0,50	0,34	—	0,34
CaO	1,04	1,25	—	1,25
MgO	4,86	3,82	—	3,82
K_2O	6,69	—	6,93	6,93
Na_2O	2,49	—	1,27	1,27
				99,25

Ref.: C. Hintze.

5. J. S. Diller (in Heidelberg): **Anatas als Umwandlungsproduct von Titanit im Biotitamphibolgranit der Troas** (Neues Jahrbuch für Min., Geol. u. s. w. 1883, 1, 187—193). Der Amphibolgranitit des Chigri-dagh, im westlichen Theile der Landschaft von Troja, ist am westlichen Rande des Dorfes Tavacly oder Tavaclee (der Verf. wechselt mit der Schreibweise) und ebenso 1 km weiter östlich gegen Kiouseklar sehr zersetzt. Namentlich ist der sonst für das Gestein charakteristische Titanit durchaus verschwunden. An seine Stelle ist

Anatas getreten, von licht weingelber bis honiggelber Farbe. Die Krystalle zeigen Basis, Pyramide und eine stumpfere Pyramide. Ein kleiner Krystall von 0,182 zu 0,102 mm konnte gemessen werden:

$$111 : 1\bar{1}1 = 81^0\ 36' \text{ (statt } 82^0\ 9')$$
$$111 : 11\bar{1} = 43\ 44 \text{ (statt } 43\ 24\text{)}$$

Optisches und chemisches Verhalten, sowie das spec. Gewicht sprechen auch für Anatas.

Die Krystalle von Tavaclee sind sehr ähnlich denen von Feilitzschholz (Zedwitz) bei Hof in Bayern; letztere sind ein Umwandlungsproduct des Titaneisens.

Ref.: C. Hintze.

6. A. Ben-Saude (in Lissabon): **Ueber doppeltbrechende Steinsalzkrystalle** (Ebenda, 1883, 1, 165—167). In der Hoffnung, durch Aetzfiguren eine versteckte plagiëdrische Hemiëdrie zu entdecken, setzte der Verf. ein Stück Stassfurter Steinsalz dem Einflusse feuchter Luft aus. Dadurch löste sich ein geringer Theil des Steinsalzes auf und setzte sich auf der Unterlage in Form kleiner Würfelchen ab, welche sich doppeltbrechend zeigten; das ursprüngliche Stück war völlig isotrop gewesen. Wenn man die Diagonalen der Würfelfläche eines solchen optisch wirksamen Krystalls mit den Schwingungsebenen der Nicols parallel stellt, so zerfällt der Krystall in vier Sectoren, getrennt durch isophane Zonen, welche den Diagonalen entsprechen. Die Intensität der Doppelbrechung in den Sectoren nimmt nach dem Rande hin zu; die Auslöschungsrichtungen sind zu den Würfelkanten senkrecht und parallel. Der Charakter der Doppelbrechung ist wie beim Alaun: ein eingeschaltetes Gypsblättchen (vom Roth der I. Ordnung) färbt parallel seiner Axe der kleinsten Elasticität die Sectoren gelb, die anderen blau. Im convergenten Lichte in jedem Sector zwei Barren, in der Auslöschungslage zu einem Kreuz vereinigt, ohne farbige Curven.

Der Verf. bestreitet diesen Erscheinungen aber die Berechtigung, die Annahme von Zwillingsgruppirungen niederer Symmetrie zu begründen. Es finden sich neben doppeltbrechenden auch ganz unwirksame Krystalle. Bei parallelepipedisch verzerrten Würfeln kreuzen sich die Sectoren unter Winkeln, die entsprechend von 90⁰ abweichen. Ein doppeltbrechender Steinsalzkrystall erhielt in *ClNa*-Lösung einen regelmässigen isotropen Gürtel. Die anomale Doppelbrechung beruht also nur auf gestörter Molekularstructur.

Doppeltbrechende Steinsalzkrystalle erhält man auch leicht, wenn man gesättigte Lösung auf einer Glastafel ausbreitet und bei gewöhnlicher Temperatur verdunsten lässt.

Ref.: C. Hintze.

7. G. Linck (in Strassburg): **Künstliche vielfache Zwillingsstreifung am Calcit** (Ebenda, 1883, 1, 203—204). Der zur Herstellung von Dünnschliffen nöthige Druck genügt, bei Kalkspath Zwillingsstreifung hervorzubringen.

Der Verlauf der Lamellen ist meist gerade, zuweilen zeigt sich eine schwache wellenförmige Linie: eine eigentliche Biegung ganzer Lamellensysteme wurde nie beobachtet. Wo sich letztere also in Dünnschliffen findet, kann man annehmen, dass das Gestein auf seiner Lagerstätte einem mehrseitigen Druck ausgesetzt war, während gerade verlaufende Zwillingslamellen dies nicht beweisen können. Dolomit von Traversella und Magnesit von Mautern erhielten durch den Dünnschliff keine Zwillingsstreifung. Da Dolomit und Magnesit auch in den Gesteinen keine Zwillingslamellen zeigen sollen, kann dies als Unterscheidungsmerkmal gelten.

Ref.: C. Hintze.

8. F. Sandberger (in Würzburg): **Ueber Mineralien aus dem Schwarzwalde** (Ebenda, 1883, **1**, 194—195). Feuerblende auf dunklem Rothgiltigerz von Wolfach.

Ebendaher Haarkies in einer Druse mit Rothgiltigerz, Sprödglaserz, wenig Zinkblende und Kupferkies.

Mixit in äusserst feinen Nadeln von Wittichen, mit Kobaltblüthe und Pharmakolith.

Das Federerz von der Grube Münstergrund bei St. Trudpert ist nicht bleihaltig, sondern haarförmiger Antimonglanz.

Ref.: C. Hintze.

9. J. Stuart Thomson (in Edinburgh): **Ueber Calaminkrystalle von Wanlockhead, Dumfries-shire** (Min. Mag. a. Journ. of the Min. Soc. Gr. Brit. Irel. No. 26, Februar 1884, **5**, 332). Nachdem bisher von diesem Fundort Calamin (Kieselzinkerz) nur traubig und stalaktitisch bekannt gewesen war, haben sich jetzt kleine Krystalle auf der Bay Mine gefunden, von $\frac{1}{10}$ bis $\frac{1}{16}$ Zoll Durchmesser. Farbe blassgelb bis braun. Fächerartige Gruppen. Die Krystalle, tafelförmig nach $b(010)$, zeigen nur den analogen Pol ausgebildet. Herr Trechmann fand:

$g : b = 110 : 010 = 52^0\ 0'$ ($51^0 55'$ nach Schrauf)
$o : o = 101 : \bar{1}01 \quad 62\ 39$ (62 46 - -)
$p : p = 301 : \bar{3}01 \quad 123\ 0$ (122 40 - -).

Ref.: C. Hintze.

10. A. Smith Woodward (in London): **Ueber das Vorkommen von Evansit in East Cheshire** (Ebenda, No. 26, **5**, 333—334). Das Mineral findet sich mit Limonit, Pyrolusit und Calcit auf einer Gangspalte in den Yoredale Rocks bei Ratcliffe Wood bei Macclesfield, bisher zu spärlich für eine quantitative Analyse; doch stimmen die qualitativen Proben. Härte 3—4.

Ref.: C. Hintze.

11. V. Goldschmidt (in Wien): **I. Ueber Bestimmung des Gewichtes kleiner Silber- und Goldkörner mit Hülfe des Mikroskops** (Fresenius, Zeitschrift 1877, **16**, 439—448).

II. Ueber Bestimmung der Zusammensetzung von Gold-Silberlegirungen mit Hülfe des Mikroskops (Ebenda, S. 449—454).

III. Goldprobe durch Farbenvergleichung (Ebenda, 1878, **17**, 142—148).

Die drei oben angeführten Arbeiten über Gold- und Silberbestimmungen bilden eine zusammengehörige Reihe, durch welche die quantitative Löthrohrprobe auf Gold und Silber zu einem gewissen Abschluss gebracht worden, da es nun möglich ist die ausgebrachten Körner, wenn sie gemischt sind, ihrer Zusammensetzung nach sicher zu erkennen. Ueber die Zuverlässigkeit der Probe und die Grenzen der Anwendbarkeit wurden vom Verf. eine Reihe Vergleichsversuche mit hüttenmännischen Producten gemacht, welche sehr gut ausfielen und deren Resultate in übersichtlichen Tabellen zusammengestellt sind.

Zur Lösung der Frage: »Wie erkennt man die Zusammensetzung einer Silber-Goldlegirung?« kann man dreierlei Wege einschlagen:

1) Schmelzen der Legirung mit einer Spur Borax und Farbenvergleichung mit Körnern von bekannter Zusammensetzung (Abhandlung III).

2) Durch einmaliges Messen unter dem Mikroskop und Wägen des Körnchens (Abhandlung II).

3) Durch Messen des Korns der Legirung unter dem Mikroskop, Auslösen des Silbers (Scheidung), Schmelzen des gebliebenen Goldes zur Kugel, und Messung (Abhandlung I).

Die Methode der Messung beruht darauf, dass beim Schmelzen auf Kohle kleine Gold- und Silberkörner zu wirklichen Kugeln zusammenlaufen, eine Voraussetzung, welche, wie durch eine grosse Reihe von Versuchen in Abhandlung I nachgewiesen, für kleine Körner in der That zutrifft, und zwar um so genauer, je kleiner die Körner sind.

Bezüglich der Messungsmethoden, Berechnung der Formeln u. s. w. muss auf die Abhandlungen selbst verwiesen werden. Es möge nur noch erwähnt sein, dass aus den mitgetheilten Vergleichstabellen zu ersehen ist, dass die vom Verf. erhaltenen Resultate, welche mit Hülfe der mikroskopischen Messungen erhalten wurden, an Genauigkeit diejenigen mit den anderen gebräuchlichen Messinstrumenten gewonnenen Resultate übertreffen.

Ref.: K. Oebbeke.

12. V. Goldschmidt (in Wien): **Unterscheidung der Zeolithe vor dem Löthrohr** (Fresenius Zeitschr. 17, 267—275).

I. Im Kölbchen über der Spiritusflamme erhitzt geben kein Wasser und bleiben unverändert:

Prehnit vom Fassathal. In Pincette färbt die Flamme undeutlich und schmilzt unter starkem Blasenwerfen zur blasigen, aufgeblähten, glasigen Kugel. Auf Kohle bläht sich sehr stark auf und schmilzt schwer zum blasigen, aufgeblähten Glase. Von Salzsäure theilweise zersetzt, giebt pulverigen Rückstand. Nach dem Schmelzen leicht zersetzt, giebt mit Salzsäure gelatinöse Flocken.

Pektolith von Bergenhill. In Pincette färbt Flamme gelb, schmilzt ruhig zur schwach blasigen, glasigen bis milchglasartigen Kugel ohne Aufwallen. Beim Zerstossen und Aufreiben im Achatmörser zerfällt in wollige Fasern. Von Salzsäure zersetzt unter Bildung von Flocken.

Datolith von Andreasberg, Arendal, Bergenhill. Beim Glühen des Kölbchens mit dem Löthrohr wird matt. In Pincette schmilzt leicht unter Aufblähen zur klaren, durchsichtigen Kugel, färbt Flamme grün. Auf Kohle schmilzt leicht zur Kugel, welche unter Blasenentwicklung klar und durchsichtig wird. Gelatinirt mit Salzsäure.

II. Im Kölbchen über der Spiritusflamme erhitzt geben Wasser.

1 Mit Salzsäure gelatiniren oder geben gelatinöse Flocken.

a Mit verdünnter Schwefelsäure kein Niederschlag:

Natrolith von Salesl bei Aussig, Auvergne, Bergenhill. Im Kolbchen matt und undurchsichtig. In Pincette färbt Flamme gelb, schmilzt leicht und ruhig zum wasserhellen, blasenfreien Glase. Auf Kohle bleibt ruhig, wird matt, dann wieder glasig und schmilzt ruhig zur klaren, fast blasenfreien Kugel.

Der gelbe Natrolith vom Hohentwiel und der sog. Bergmannit von Brevig werden beim Schmelzen farblos. In der Pincette und auf der Kohle geben sie etwas blasige Kugeln.

Kalk-Natron-Mesotyp von Hauenstein. In Pincette färbt Flamme gelb, schmilzt leicht und ruhig zur glasigen, blasigen Kugel. Zeigt reichlich Kalk.

Mesolith von Island. Im Kölbchen matt. In Pincette färbt Flamme gelb, schwillt an, zertheilt sich etwas und schmilzt zur blasigen Kugel. Auf Kohle bläht sich auf und zertheilt sich etwas, wird matt, dann wieder durchscheinend und blasig und lässt sich zum kleinblasigen Glase abrunden.

Thomsonit von Kilpatrik, Karlsbad, Seeberg. Im Kölbchen matt und undurchsichtig. In Pincette schmilzt zur blasigen, milchglasartigen Kugel. Auf Kohle bläht sich auf und zertheilt sich etwas, wird matt, dann glasig und blasig und lässt sich zum kleinblasigen, opalartigen Glase abrunden.

Zeagonit von Capo di Bove. Im Kölbchen matt. In Pincette zertheilt sich etwas, färbt Flamme gelb und schmilzt zur opalartigen Kugel. Auf Kohle dehnt sich aus, zertheilt sich etwas und lässt sich zum Theil zum blasenarmen, opalartigen Glase schmelzen, während der ungeschmolzene Theil noch matt und scharfrandig erscheint. Mit Salzsäure scheidet er gelatinöse Flocken aus, welche bei längerem Erhitzen fast zur Gelatine werden.

Gismondin vom Vesuv. In Pincette färbt Flamme gelb, schmilzt leicht und ruhig zum blasenarmen Glase. Auf Kohle bleibt ruhig, wird matt, opalartig und lässt sich die Ecken zum opalartigen Glase abrunden. Mit Salzsäure scheidet sich die Kieselsäure flockig bis schuppig aus.

Herschelit von Melbourne. Im Kölbchen matt und röthlich und zerfällt zu eckigen Stücken. In der Pincette färbt Flamme gelb und schmilzt schwer und ruhig zum farblosen, blasenarmen Glase. Auf Kohle wird matt, dann wieder ganz klar, glasig und fest und lässt die Ecken zum klaren, fast blasenfreien Glase abrunden. Mit Salzsäure gelatinöse Flocken.

Laumontit vom Plauenschen Grunde, Lake superior, Huelgoët. Im Kölbchen matt. In Pincette färbt Flamme nicht deutlich, schmilzt ruhig oder unter schwachem Blasenwerfen zur kleinblasigen, porzellanartigen Kugel, welche bei stärkerer Hitze zum Theil klar wird. Auf Kohle schmilzt schwer zur porzellanartigen Kugel, welche bei längerem Blasen mehr glasig und blasig wird. Gelatinirt.

Skolezit von Island, Färöer. Im Kölbchen matt und undurchsichtig. In Pincette färbt Flamme nicht deutlich, schmilzt unter Verzweigen, Krümmen und Winden zur blasigen Kugel. Auf Kohle sintert schwer zur blasigen, undurchsichtigen Schlacke. Gelatinirt.

Faujasit vom Kaiserstuhl in Baden. Im Kölbchen klar, behält Form und Glanz. In Pincette färbt Flamme gelb, schmilzt ruhig zur glasigen, blasigen Kugel. Auf Kohle wird matt und undurchsichtig, sintert dann zur blasigen Schlacke. Gelatinöse Flocken.

b. Mit verdünnter Schwefelsäure Niederschlag: Edingtonit (nicht untersucht).

2) Mit Salzsäure geben schleimigen bis pulverigen Rückstand:

Analcim vom Fassathal, von den Cyklopen-Inseln bei Messina. Im Kölbchen [illegible] ohne Risse zu bekommen, bleibt fest und behält seinen Glanz bei. In Pincette färbt Flamme gelb, schmilzt ruhig ohne Aufblähen zur glasigen, blasenarmen Kugel. Auf Kohle bleibt ruhig, wird opalartig, dann glasig ohne die Form zu ändern oder rissig zu werden und schmilzt zur [illegible] glasigen Kugel. Schleimiger Rückstand.

Chabasit von Rübendörfel, Leitmeritz, Oberstein, Aussig, Lowositz. Im Kölbchen rissig, **bleibt aber klar** zuckerartig. In Pincette färbt Flamme undeutlich, bläht sich auf und schmilzt schwer zur blasigen, opalartigen Kugel. Auf Kohle zertheilt sich etwas und dehnt sich aus, lässt sich schwer zum opalartigen Glase abrunden. Schleimiger Rückstand.

Desmin von Island, aus der Schweiz, von Margarita in Mexico, Andreasberg. **Puflerit** vom Fassathal. **Stilbit** Sphärostilbit von Färöer. **Epistilbit** von Berufjord auf Island. **Heulandit** von Island, Andreasberg, Fassathal zeigen vor dem Löthrohr gleiches Verhalten. Im Kölbchen **matt** und undurchsichtig. In Pincette **blähen sich auf, zertheilen, krümmen, winden** sich und schmelzen zum blasigen Glase. Färben Flamme undeutlich gelb. Auf Kohle blähen sich auf, zertheilen, krümmen und winden sich, werden matt, dann glasig und blasig und lassen sich zum blasigen Glase abrunden. Pulveriger bis schleimiger Rückstand.

Harmotom von Andreasberg, Oberstein, Dumbarton in Schottland. Im Kölbchen **matt** bis milchartig. In Pincette färbt Flamme gelb, **schmilzt schwer** und **ruhig** zur blasenfreien Kugel. Auf Kohle wird matt, dann wieder glasig und rissig ohne die Form zu ändern und lässt sich theilweise zum blasenfreien, opalartigen Glase abrunden, während der übrige Theil des Stückchens noch scharfkantig erscheint. **Mit verdünnter Schwefelsäure Niederschlag. Enthält kein Strontian.** Pulveriger Rückstand.

Brewsterit von Strontian in Schottland. Im Kölbchen **matt**. In Pincette färbt Flamme nicht deutlich, zertheilt sich und zerfällt dabei leicht, **schmilzt ruhig** und **schwer** zum grossblasigen Glase. Auf Kohle zertheilt sich und zerfällt, rundet sich dann schwer zum blasigen Glase ab. **Mit verdünnter Schwefelsäure Niederschlag. Enthält Strontian.** Pulveriger Rückstand.

Phillipsit von Nidda in Hessen. Im Kölbchen **matt** und milchglasartig. In Pincette färbt Flamme gelb, **schmilzt ruhig** zur glasigen, blasenarmen Kugel. Auf Kohle wird matt, dann allmählich wieder klar, ohne seine Form zu verändern, doch ist das Stückchen von Sprüngen durchsetzt und lässt sich theilweise zum opalartigen, blasenfreien Glase abrunden, während der übrige Theil des Stückchens noch scharfkantig erscheint. Mit Salzsäure flockige bis schleimige Kieselsäure. **Mit verdünnter Schwefelsäure kein Niederschlag.**

Apophyllit von Utoë, Färöer, Fassathal, Dognazka im Banat. Im Kölbchen **matt**. In Pincette **färbt Flamme violett** in der Nähe der Probe. Das Ende der Flamme erscheint mehr oder weniger gelb (am reinsten violett färbt der von Dognazka, am wenigsten rein der von Andreasberg). **Schmilzt sehr leicht unter Aufschäumen** zur glasigen, blasigen Kugel. Auf Kohle schmilzt leicht zur klaren durchsichtigen Kugel. Schleimiger Rückstand. **Fluorreaction.**

Zur schnelleren Auffindung der beschriebenen Species hat der Verf. einen **Schlüssel** beigefügt.

Ref.: K. Oebbeke.

13. Behrens (in Delft): **Rutil im Diamant** (Koninklijke Akademie van Wetenschappen te Amsterdam. Afdeeling Natuurkunde, Zitting van 26. Februari 1881). In einem Brillant, welcher der holländischen Gesellschaft der Wissenschaften zu Haarlem gehört, fand Harting längliche, theilweise gebogene, metallglänzende Einschlüsse, welche wahrscheinlich als Aggregate von mikroskopischen Pyritkryställchen aufzufassen seien. Behrens erkannte dieselben als Rutile. Sie sind bandförmig, mit quadratischem Querschnitt, oder nadelförmig, ein tetragonales Prisma mit spitzer Pyramide [$110:301$ ($\infty P : 3P\infty$) $= 27^0\, 30'$] darstellend. Im auffallenden Lichte lassen sie quer- und längslaufende weisse oder gelbliche schimmernde Streifen erkennen. Ihre Farbe ist im durchfallenden Lichte kupfer-, im auffallenden orangeroth. Zwillingsverwachsungen wurden sowohl an band- wie nadelförmigen Krystallen beobachtet, und der Zwillingswinkel an je fünf Paaren derselben bestimmt und im Mittel als $64^0\, 40'$ gefunden (am Sagenit nach Kenngott $= 65^0\, 25'$).

Ref.: K. Oebbeke.

14. P. Mann (in Leipzig): **Rutil als Product der Zersetzung von Titanit** (Neues Jahrb. für Min., Geol. u. s. w. 1882, 2, 200). In den Foyaiten der Serra de Monchique finden sich neben fast vollständig frischen auch stark umgewandelte Titanite. Die Zersetzung beginnt von den Rändern aus und folgt den Rissen und Spalten des Krystalls. Das Endproduct der Zersetzung ist eine dunkelbraune, fast opake Masse, welche im auffallenden Lichte eine mattgraue Oberfläche zeigt und äusserlich dem sog. Leukoxen ähnelt.

In einem Foyait von Jinieras (?) fand der Verf. aus dieser opaken Masse hervorragend lebhaft gelb gefärbte, stark lichtbrechende, nadelförmige Kryställchen, Säule mit pyramidaler Endigung, welche parallel der Längsaxe auslöschen, lebhafte grüne und rothe Polarisationsfarben zeigen und als Rutile gedeutet werden. Sie finden sich nur im Zusammenhang mit Titanit.

Die umgewandelten Titanite von Horta velha zeigen an den Rändern förmliche Ausblühungen büschelartig angeordneter, haarfeiner, dunkler Nädelchen und Mikrolithe, welche nach dem Verf. ebenfalls als Rutile aufzufassen sind.

Ref.: K. Oebbeke.

15. A. Stelzner (in Freiberg): **Neuere Vorkommnisse von Rutil und Zirkon im Freiberger Gneissgebiet** (Berg- und hüttenm. Zeitg. 1883, 169 und Neues Jahrb. für Min., Geol. u. s. w. 1884, 1, 271). Auf der Himmelsfürst Fundgrube hinter Erbisdorf wurden in granatführendem Hornblendegneiss, welcher dem herrschenden Himmelsfürster Gneiss linsenförmig eingelagert ist, durch Herrn Betriebsdirector Neubert bis 2 cm lange und bis 1 cm starke Rutilkrystalle aufgefunden. Sie sind wie die Lampersdorfer Rutile (vergl. diese Zeitschr. 4, 162 und 6, 244) von einer feinen opaken Rinde, wahrscheinlich Titaneisenerz, umgeben, auf diese folgt eine einige Millimeter starke lichtgelbliche oder lichtrothe Zone, welche von einer aus dunkelbraunem Magnesiaglimmer gebildeten Hülle eingeschlossen wird. Die röthliche Zone besteht nach Herrn H. Schulze aus Titanit.

In dem zersetzten Gneiss (dem sog. »aufgelösten Gneiss«) des Dietrich-Stehenden der Grube Morgenstern Erbstollen finden sich zahllose kleine Rutilkryställchen, während in demjenigen des Karl-Stehenden, Ludwig-Schacht-Revier von Himmelfahrt-Fundgrube, sich kleine tafelförmige Anataskryställchen einstellen. Sie sind vergesellschaftet mit Apatit und Zirkon. Quarzkryställchen und Kaliglimmer sind secundäre Bildungen, letzterer enthält nach Herrn H. Schulze 0,30—0,41 TiO_2 und 0,54—0,47 SnO_2.

Da der braune Glimmer der Gneisse titansäurehaltig ist, so wird angenommen, dass Rutil resp. Anatas aus ihm entstanden ist; ob die Zinnerzkryställchen in der schwarzen Zinkblende des Karl-Stehenden ebenfalls bei der Zersetzung des braunen Glimmers entstanden seien, ist noch nachzuweisen.

Im Magnetkies der frischen Gneisse konnten durch Herrn H. Schulze 0,41—0,61 *Ni* und 0,20—0,12 *Co*, im braunen Glimmer Spuren von *Ni* und *Co* und in dem weissen Glimmer des frischen Himmelsfürster Gneisses ausser 4,42 Fe_2O_3 noch 0,03 *Cu* nachgewiesen werden.

Die Untersuchung eines »Grünsteines« vom Spitzberg bei Geyer, welcher local mit Eisenkies, Kupfer- und Arsenkies imprägnirt ist, und ein kleines Lager im Gneissglimmerschiefer bilden dürfte, ergab, dass derselbe aus einem krystallinisch-körnigen Gemenge von blassgrünem Pyroxen und wasserhellem Flussspath bestehe, untergeordnet findet sich Quarz und geringe Mengen grüner Hornblende und grünen Glimmers.

Ref.: K. Oebbeke.

16. A. Becker (in Leipzig): **Ueber die dunkeln Umrandungen der Hornblenden und Biotite in den massigen Gesteinen** (Neues Jahrb. für Min., Geol. u. s. w. 1883, 2, 1—12). Die als Einsprenglinge in verschiedenen Gesteinen auftretenden Hornblenden und Biotite gehen beim Erhitzen allmählich in braune bis ganz schwarze opake Substanzen über. Der Augit bleibt unangriffen oder zeigt sich auch am Rande abgeschmolzen.

Wird Hornblende in ein gluthflüssiges andesitisches Magma getaucht, so erleidet sie eine vollkommene oder theilweise Umwandlung zu einer opaken schwarzen Substanz. Aehnlich ist das Verhalten im basaltischen Magma. Biotit wurde in beiden vollkommen schwarz oder zerschmolz. Unter den gleichen Verhältnissen erlitt Augit höchstens eine rundliche Abschmelzung und Trübung, eine schmale dunkle Umrandung stellte sich erst bei weit höherer Temperatur ein. Erwähnt mag noch werden, dass im dünnflüssig geschmolzenen Basalt Hornblende schneller als Augit vollständig gelöst wird, erstere nach circa 20, letzterer nach circa 60 Secunden, und dass die Apatite in den Gesteinen durch das Glühen in keiner Weise beeinflusst werden.

Ref.: K. Oebbeke.

17. L. van Werveke (in Strassburg): **Ueber Regeneration der Kaliumquecksilberjodidlösung und über einen einfachen Apparat zur mechanischen Trennung mittelst dieser Lösung** (Neues Jahrb. für Min., Geol. u. s. w. 1883, 2, 86 und Ber. über die XVI. Versammlung der Oberrhein. geolog. Ver.). Ist die Lösung durch Ausscheidung von Jod dunkel gefärbt, so kann sie in ihrer ursprünglichen Helligkeit dadurch wieder erhalten werden, dass man entweder die concentrirte Lösung in der Kälte mit Quecksilber schüttelt oder dass man gleich beim Eindampfen der Lösung eine geringe Menge Quecksilber zusetzt. Das aus dem Jodkalium ausgeschiedene Jod bildet zunächst Quecksilberjodür, welches sich bei weiterer Concentration in Quecksilber und Quecksilberjodid umsetzt, letzteres wird vom überschüssigen Jodkalium wieder gelöst.

Zur Trennung von Mineralgemengen wendet der Verf. einen Scheidetrichter an, welcher oben durch eine aufgeschliffene Glasplatte verschlossen werden kann und am Ausflussrohr mit einem Hahn versehen ist, welcher so tief angebracht ist, dass möglichst viel Raum zur Aufsammlung der ausgefallenen Partikel gewonnen wird.

Nach Cohen wird die concentrirte Lösung (spec. Gewicht 3,19) am Einfachsten in der Weise erhalten, dass man Jodkalium im Ueberschuss zusetzt, auf dem Wasserbade bis zur Bildung einer Krystallhaut eindampft und nach dem Erkalten filtrirt.

Ref.: K. Oebbeke.

18. E. Cohen (in Strassburg): **Ueber eine einfache Methode, das specifische Gewicht einer Kaliumquecksilberjodidlösung zu bestimmen** (Neues Jahrb. für Min., Geol. u. s. w. 1883, 2, 87). Nach dem Princip der Mohr'schen Wage hat der Mechaniker Westphal in Celle eine Wage zur Bestimmung des specifischen Gewichts von Flüssigkeiten angefertigt. Die mit dieser Wage ausgeführten Bestimmungen sollen sich durch Kürze der Zeit und durch grosse Genauigkeit (directes Ablesen bis zur dritten Decimale) auszeichnen. Die Mineralfragmente können in der Lösung belassen werden, so dass eine etwaige Aenderung in deren Concentration sofort bemerkbar sein muss. Luftbläschen am Senkglas oder Platindraht sind selbstverständlich aufs Sorgfältigste zu entfernen.

Ref.: K. Oebbeke.

19. R. Sachsse (in Leipzig): **Ueber den Feldspathgemengtheil (Labrador) des Flasergabbros und des grobflaserigen Amphibolschiefers von den »Vier Linden« bei Rosswein in Sachsen** (Ber. der naturf. Ges. zu Leipzig, December 1883). Die chemische Zusammensetzung des ersteren ist unter I., jene des zweiten unter II. angegeben:

	I.	II.
	Spec. Gew. = 2,704	Spec. Gew. = 2,708
SiO_2	49,26	50,18
Al_2O_3	32,63	32,78
CaO	12,14	11,80
Na_2O	4,36	3,82
K_2O	1,80	1,04
H_2O	0,38	—
	100,57	99,62

Der zur Analyse I. verwandte Feldspath bildet mehrere Centimeter grosse, violett-graue, nur selten Zwillingsstreifung zeigende, Körner. Der Wassergehalt, wie die unter dem Mikroskop sichtbare Trübung deuten auf begonnene Verwitterung.

Eine sehr feinkörnige bis fast dichte weisse Masse, welche unter dem Mikroskop sich als ein kleinkörniges Aggregat von sehr frischem, weissem Feldspath mit vereinzelt eingesprengten grösseren, meist mit Zwillingsstreifung versehenen, unregelmässig begrenzten Individuen desselben Materials erwies, wurde zur Analyse II. benutzt.

Ref.: K. Oebbeke.

20. A. Stelzner (in Freiberg): Analysen von Melilith und Olivin (»Ueber Melilith und Melilithbasalte«) (Neues Jahrb. für Min., Geol. u. s. w. 2. Beilage-Band 1883). Aus dem Melilithbasalt des Hochbohles bei Owen (Schwäbische Alb) wurde der wasserhelle Melilith, welcher höchstens mit 5 % Olivinsplitterchen, Magnetit- und Perowskitkryställchen verunreinigt war, isolirt und von Herrn H. Schulze chemisch untersucht.

Spec. Gewicht im Mittel = 2,99.

SiO_2	44,76
Al_2O_3	7,90
Fe_2O_3	5,16
FeO	1,39
CaO	27,47
MgO	8,60
Na_2O	2,65
K_2O	0,33
H_2O	1,42 (direct bestimmt)
	99,68

Der Melilith der Basalte wird sehr leicht in faserige Gebilde umgewandelt, welche wohl als kalkreiche Zeolithe anzusehen sind.

Die Zusammensetzung des aus demselben Gestein isolirten Olivin ist nach Herrn A. Schertel (Ebenda, 1884, 1, 271) folgende:

Spec. Gewicht im Mittel 3,32.

		Sauerstoffverhältniss:
SiO_2	39,12	
MgO	44,80	20,86 : 20,85
FeO	13,16	
NiO	Spur	
In HCl unlöslich	3,00	
	100,08	

Um den Perowskit aus dem Gesteinspulver zu erhalten, wurde dasselbe zuerst mit Salzsäure behandelt, und dann der aus Perowskit mit etwas Augit, Glimmer und vereinzelten Picotiten oder Chromiten bestehende Rest mit concentrirter Schwefelsäure behandelt. Es wurden 34,55 % des Rückstandes gelöst, welche nach Herrn J. Meyer aus

TiO_2	13,21
CaO	11,89
Fe_2O_3	9,45
	34,55

bestehen.

Diese Zahlen zeigen, dass der Perowskit nicht allein angegriffen ist und eine Umrechnung auf 100 daher zu keinem Resultat führen kann.

Ref.: K. Oebbeke.

21. P. W. von Jeremejew (in St. Petersburg): Fahlerz aus dem Preobraženskaja-Schacht, Berjósowsk (Ural); Spinell von der Nikolaje-Maximilian-Grube (Ural); Sodalith und Eläolith aus Turkistan; Kupferlasur aus der Syrjánowskij-Grube (Altai); Eudialyt von Kangerdluarsuk (Verh. min. Ges. St. Petersburg [2]. 19, 1884. 179, 185. 192. 201, 208. Protokolle vom Jahre

1883). Das Fahlerz in ansehnlichen tetraëdrischen Krystallen wurde auf derben Massen desselben Minerals oder auch auf Quarzkluftwänden mit Bleiglanz, Brauneisen und zersetztem Patrinit gefunden.

Grosse bräunlich-schwarze oktaëdrische Krystalle des Spinells entdeckte Herr Bergingenieur Mélnikow. Die grösste aus einem Aggregat parallel verwachsener Krystalle bestehende Stufe ist 25½ Pfund schwer und 23 cm lang.

Der Sodalith von tiefblauer Farbe mit einem Stich ins Violette zeigt deutliche Spaltbarkeit nach dem Rhombendodekaëder, starken, etwas fettartigen Glanz. Der Eläolith ist graulichweiss, feinkörnig. In beiden Mineralien sind kleine (1—4 mm lange) kaffeebraune Zirkonkrystalle angewachsen, an denen (111) herrschend auftritt, (100), (331) und (221) untergeordnet. Gemessen wurde $(111).(1\bar{1}1) = 56^0 42\frac{1}{2}'$. Dieser Sodalith findet sich nach Angaben von Herrn G. D. Romanowskij im Bezirke Serawschan, im Quellgebiet des Flusses gleichen Namens, wo Herr J. W. Muschketow Miaskitlager beobachtet hatte. Es ist somit das dritte Vorkommen blauen Sodaliths im russischen Reiche [die beiden anderen sind: im Ilmengebirge und zwischen den Städten Troïzk und Tscheljabinsk am Ural. — Vergl. von Kokscharow's Materialien 1, 224 und 7, 217]. — Ein im Museum des Berginstituts befindlicher angeblicher Lasurstein aus der Bucharei erwies sich auch als Sodalith, der ebenfalls von Eläolith und Zirkon begleitet ist. Auf der Stufe sitzt ein Eläolithkrystall von 7,5 mm Dicke und 10 mm Länge. Der Zirkon ist, wie der obenerwähnte, kaffeebraun, weicht aber von ihm in seinem Habitus ab; er ist prismatisch durch Vorherrschen von (110), während (111) und (100) untergeordnet auftreten.

Ein Theil der Kupferlasurkrystalle ist vollkommen frisch, der andere mehr oder minder in Malachit umgewandelt. Die Dimensionen der langtafelförmigen Krystalle variirt zwischen 5 und 15 mm; von den Flächen herrschen (001) und (102) vor, ausserdem treten auf: $(\bar{1}02)$, (013), (011).

Ein Eudialytkrystall von der Combination $(10\bar{1}1)$, (0001), $(10\bar{1}4)$, $(\bar{1}012)$, $(\bar{2}021)$, $(10\bar{1}0)$, $(11\bar{2}0)$ lieferte dieselben Werthe, welche Herr von Kokscharow (Materialien 8, 38—39) ermittelte.

Ref.: A. Arzruni.

22. P. D. Nikolajew (in St. Petersburg): **Untersuchung eines angeblichen Tschewkinits** (Verh. min. Ges. St. Petersburg [2], 19, 191, 1884. Protokoll vom Jahre 1883). In Folge der Zweifel, welche Herr P. W. von Jeremejew an der Richtigkeit der Bestimmung des im Berginstitut zu St. Petersburg befindlichen grossen Krystalls von Tschewkinit äusserte, wurde eine quantitative Analyse ausgeführt, die zum Resultat führte, dass das Mineral Magnetit sei, mit spec. Gewicht = 5,17. Herr von Jeremejew beobachtete ferner: Undurchsichtigkeit in den dünnsten Schichten; schwarzen Strich; starke Wirkung auf die Magnetnadel; Unschmelzbarkeit vor dem Löthrohr.

Ref.: A. Arzruni.

23. P. D. Nikolajew (in St. Petersburg): **Zusammensetzung des Xanthophyllits** (Verh. min. Ges. St. Petersburg [2], 19, 28—31, 1884). Die Analysen des Xanthophyllits weichen beträchtlich von einander ab. Verf. führte daher eine neue aus. [Es ist nicht erwähnt, ob das Material von dem bekannten Fundort: Berg Schischim herstammte. Der Ref.] Er erhielt als spec. Gewicht 3,090.

Wasser und Eisenoxydul wurden in vorher bei 105° C. getrocknetem Material bestimmt. Das Pulvern geschah zunächst unter Wasser.

1. Portion			Verlust
	15 Minuten	mit einem Bunsen'schen Brenner geglüht	3,72
noch	30 -	ebenso	0,25
-	30 -	ebenso (der Tiegel durch Thoncylinder geschützt)	0,00
-	10 -	am Gebläse, Weissgluth	3,46
-	10 -	ebenso	0,00
			7,43%
2. Portion			
	5 Stunden	bei 130° C. getrocknet	0,23
	15 Minuten	mit einem Bunsen'schen Brenner geglüht	2,63
	10 -	am Gebläse, Weissgluth	3,72
			6,35%

Um sicher zu sein, ob der Xanthophyllit vielleicht beim Zerreiben unter Wasser davon aufgenommen habe, wurde eine trocken gepulverte, bei 105° getrocknete Portion geglüht.

3. Portion	Verlust
bei Rothgluth	1,55
bei Weissgluth	3,32
	4,87 %

Der zu den beiden ersten Versuchen benutzte Xanthophyllit hatte also in der That Wasser absorbirt, welches er nicht einmal bei 130° vollkommen abgegeben hatte.

Die Herren Tschermak und Sipöcz schreiben dem Xanthophyllit und dem Walujewit die Formel

$$5(Si_3Mg_4CaH_2O_{12}),\ 8(Al_6MgCaH_2O_{12})$$

zu, mit welcher die Analysen des Herrn Nikolajew recht befriedigend übereinstimmen.

	Xanthophyllit Meizendorf:	Nikolajew:	Walujewit*) Nikolajew:	Theorie**)
Wasser	4,33	4,87	4,39	4,29
Kieselsäure	16,30	15,55	16,39	16,50
Thonerde	43,95	43,51	43,40	45,32
Eisenoxyd	2,81	1,72	1,57	—
Eisenoxydul	—	Spur	0,60	—
Kalk	13,26	13,25	13,04	13,35
Magnesia	19,31	20,97	20,38	20,54
Natron	0,61	—	—	—
	100,57	99,87	99,77	100,00

Ref.: A. Arzruni.

*) Diese Zeitschr. 7, 634.
**) Diese Zeitschr. 8, 496.

24. E. Mattirolo und **E. Monaco** (in Turin): **Chemische Zusammensetzung eines Diallags von Syssert (Ural)** (Sulla composizione di un diallagio proveniente dal distritto di Syssert — Monti Urali. Atti R. Accad. Torino **19**, 11 maggio 1884. Sep.-Abdr.). Das Material sammelte Ref. 1879 in unmittelbarer Nähe des Demantoïdfundortes, im NW.-Theile des Districtes von Syssert. Das Mineral tritt als Gestein auf und liefert als Umwandlungsproduct Serpentin (»Diallagserpentin« von Herrn Lösch, vergl. diese Zeitschr. **5**, 591). Unter dem Mikroskop erblickt man regelmässige, der vollkommenen Spaltbarkeit parallele Einlagerungen von Magnetit, wenige Täfelchen von Eisenglanz, vereinzelte Körnchen von Chromeisen und grünliche Blättchen, welche eine schwache Chromreaction ergaben. Spec. Gewicht = 3,18 bei 15° C. Die Zusammensetzung ist:

		Mol.-Verh.	
Kieselsäure	51,45	0,86	0,86
Thonerde	2,04	0,02	0,04
Eisenoxyd	2,99	0,02	
Eisenoxydul	2,13	0,03	0,89
Kalk	21,47	0,38	
Magnesia	19,23	0,48	
Glühverlust	1,12	0,06	0,06
	100,43		

Auch Spuren von Mangan und Titansäure haben nachgewiesen werden können.

[Die Zusammensetzung entspricht ungefähr der Formel:

$$21\overset{II}{R}SiO_3 + \overset{II}{R}(Al, Fe)_2SiO_6 + H_2O.$$

Der Ref.]

Ref.: A. Arzruni.

25. L. Busatti (in Pisa): **Auflösungsstreifen des Steinsalzes** (Rendiconto Soc. Tosc. sci. nat. maggio 1883. Sep.-Abdr.). Resultate: 1) die Auflösungsstreifen verlaufen einer Oktaëderfläche parallel; 2) die Gestalt und Ausdehnung der Streifen hängt von der Zeit und der Concentration der Lösung ab; 3) die Natur des Behälters und die Beschaffenheit der Krystallflächen sind von geringem Einfluss. — In einem Falle bildeten sich concentrische Streifen, welche den Krystall in ein sphärisches Gebilde umzuwandeln strebten. In verdünnte Lösungen gebracht, verwandelten sich die Hexaëder in die Combinationen 100 . 111, resp. 100, 111, 110.

Ref.: A. Arzruni.

26. Derselbe: Fluorit von der Insel Giglio und von Carrara (Fluorite dell' isola del Giglio e minerali che l'accompagnano nel suo giacimento. Fluorite di Carrara. — Atti soc. Tosc. di sci. nat. **6**. Sep.-Abdr.). Der Fluorit, als Begleiter von Erzen auf Gängen an verschiedenen Punkten Toscanas bekannt, wurde neuerdings auf der Insel Giglio (Tyrrhenisches Meer) und im Marmor von Carrara aufgefunden. Derjenige von der Insel Giglio ist hellrosenroth, selten mit einem Stich ins Violette und enthält zahlreiche Flüssigkeitseinschlüsse mit bei 25° beweglich werdender Libelle (vergl. diese Zeitschr. **7**, 626). Beobachtete

Formen: 100, 110, 111, 331, 431 und ein $hk0$. Nicht selten ist (111) allein oder herrschend; manchmal herrscht (110) vor.

	Gemessen:	Berechnet:
331 . 011	13° 9′	13° 16′
314 . 134	32 14	32 12

Verf. giebt eine eingehende Beschreibung der Beschaffenheit jeder der Gestalten, ihrer Sculptur und natürlichen Aetzfiguren. — Der Fluorit bildet Ausfüllungen der Eisenerzgänge, in denen der Pyrit vorwiegt, neben ihm aber Eisenglimmer, Markasit und Kupferkies vorkommen. Der Pyrit von hexaëdrischem Habitus ist häufig in Durchwachsungszwillingen parallel (111). An ferneren Formen wurden beobachtet: π(210), (111), π(321), (211). — Der Markasit bildet nierenförmige Ueberzüge auf Pyrit. Sein spec. Gewicht schwankt zwischen 4,2 und 4,6. — Der Kupferkies ist mit einer Covellinhaut überzogen oder mit Kupferoxyd und Malachit. Seine Formen sind: $\varkappa$(111), $\varkappa$(1$\bar{1}$1), 100, 201.

Der Fluorit von Carrara ist im Marmor des Bruches von Lorano, begleitet von Quarz- und Dolomitkrystallen, angetroffen worden. — Es sind farblose, bis 2 cm grosse Hexaëder.

Ref.: A. Arzruni.

27. L. Busatti (in Pisa): **Mineralien von Elba** (Soc. Tosc. sci. nat. processo verbale 1881, 243). Ausser dem bereits bekannten Pharmakosiderit kommen bei Rio, in einem ockerigen Limonit noch: Dufrenit, Pyrolusit und Arsenkies vor. — Der Pharmakosiderit, in durchsichtigen, fettig-diamantglänzenden, olivengrünen oder grünlich- resp. honig-gelben Krystallen, zeigt die Formen: (100), $\varkappa$(111), $\varkappa$(hhl). Der Dufrenit erscheint in radialfaserigen Aggregaten: der Pyrolusit in langen dünnen Prismen mit der Basis. Der Arsenkies ist vollkommen in Limonit umgewandelt.

Ref.: A. Arzruni.

28. Derselbe: Wollastonit von Sardinien (Ebenda, Jahrgang ?, S. 222, Sep.-Abdr.). Das Mineral stammt von S. Vito, im District Sarrabus her. Es ist in einem graphithaltigen paläozoischen Schiefer, in welchem Herr Meneghini Orthis- und andere Reste bestimmte, in Gestalt von sternenförmig angeordneten grauweissen Nadeln aufgewachsen. Härte = 4,5; spec. Gewicht = 2,7—2,8. Spaltflächen mit Perlmutterglanz. An Spaltstücken wurde gemessen:

		Des Cloizeaux ber.:
001 . 201	50° 44′	50° 18′
001 . $\bar{2}$03	44 36	44 28

Eine von Herrn Funaro ausgeführte Analyse gab:

Kieselsäure	49,78
Kalk	45,12
Magnesia	1,20
Eisenoxyd	2,20
Wasser	0,60
	98,90

Ref.: A. Arzruni.

29. Derselbe: Pyritzwillinge von Elba (Ebenda 224). Die beobachteten Formen sind: $\pi(210)$, $\pi(421)$, (111), (100). Penetrationszwillinge nach den Flächen von (110).

Ref.: A. Arzruni.

30. P. Lucchetti (in Mailand?): **Krystallographische Notizen** (Mem. Accad. Lincei [3], **15**, 1883, Sep.-Abdr.).

1. Acetyl-Lapachosäure. $C_{15}H_{13}O_3.C_2H_3O$ (Paternò).

Monosymmetrisch.

$a : b : c = 1,89709 : 1 : 1,79445$
$\beta = 86^0 53'$.

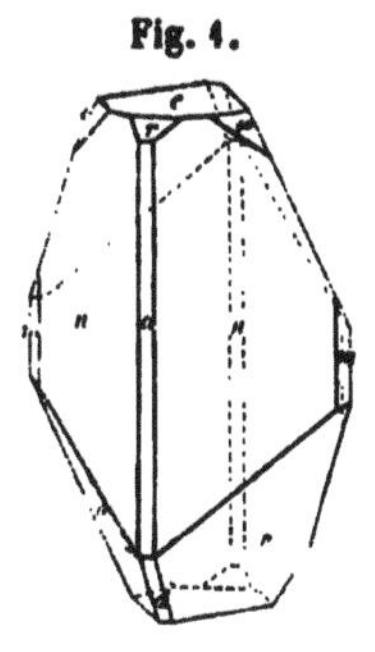
Fig. 1.

Beobachtete Gestalten (Fig. 1): $n = (210)\infty P2$, $o = (11\bar{1})P$, $r = (101)-P\infty$, $d = (10\bar{1})P\infty$, $\omega = (111)-P$, $c = (001)0P$, $a = (100)\infty P\infty$, $m = (110)\infty P$, $h0l$. — Farbe citron- bis orangegelb.

	Gemessen:	Berechnet:
100 . 101	44° 57′	—
101 . 001	41 56	—
001 . 111	62 34	—
210 . 2$\bar{1}$0	86 50	86° 54′
001 . $\bar{1}$01	44 51	44 52
111 . 101	51 46	51 44
$\bar{1}$11 . 001	65 3	64 54

[Directe Beziehungen zwischen dieser Verbindung und der Säure selbst scheinen nicht zu bestehen, obwohl bei beiden in der Zone der Symmetrieaxe ein Winkel wiederkehrt:

	Acetylverb.:	Säure:
100 . 101	44° 57′	44° 3′
001 . $\bar{1}$01	44 52	

Vergl. Panebianco in dieser Zeitschr. 6, 536.]

2. Chloroplatinat des Trimethylphenylammoniums. $(NC_6H_5(CH_3)_3)_2PtCl_6$ (Körner).

Monosymmetrisch.

a. aus Chinolin $a : b : c = 1,37302 : 1 : 0,84230$
$\beta = 74^0 57'$.

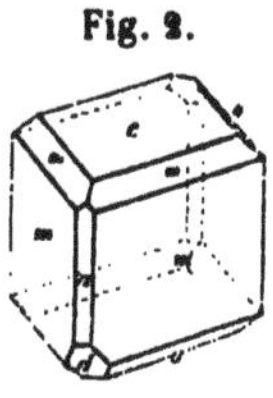
Fig. 2.

Formen (Fig. 2): $m = (110)\infty P$, $\omega = (111)-P$, $o = (\bar{1}11)P$, $d = (20\bar{1})2P\infty$, $c = (001)0P$, $a = (100)\infty P\infty$.

b. aus Anilin $a : b : c = 1,3970 : 1 : ?$
$\beta = 74^0 35'$.

Formen: 110, 001.

	Gemessen: a.	b.	Berechnet:
110 . 1$\bar{1}$0	*105° 57′	106° 47½′	—
001 . 111	*40 57	—	—
001 . 110	*81 0	80 52½	—
$\bar{1}$10 . $\bar{2}$01	64 53	—	64° 47′
$\bar{1}$11 . 001	49 57½	—	50 7
$\bar{2}$01 . 001	59 50½	—	60 6

Bei beiden ist die Spaltbarkeit nach (110) eine vollkommene. Offenbar sind beide Präparate identisch.

3. Aethylchinolinjodid. $C_9H_7N.C_2H_5J$ **(Körner).**

Monosymmetrisch.

a. aus natürlichem Chinolin, honiggelb

$$a : b : c = 0,50603 : 1 : ?$$
$$\beta = 82^0\ 19'\ 20''.$$

b. aus künstlichem Chinolin; chromgelb

$$a : b : c = 0,50328 : 1 : ?$$
$$\beta = 82^0\ 10'.$$

Kurze Prismen (110) mit der Abstumpfung der scharfen Kanten (010); am Ende nur die Basis (001).

	a.	b.
110 . 001	83° 8½′	82° 59′ 40″
110 . 1$\bar{1}$0	53 16	53 0

Ref.: A. Arzruni.

81. F. Sansoni (in Pavia): **Baryt von Vernasca** (Rendiconti del R. Istit. Lombardo [2], 17, 1884, Sep.-Abdr.). Bei der Miller'schen Aufstellung (d. h. bei Annahme der Spaltungsformen als 110 und 001) ergeben sich die Gestalten: 100, 010, 001, 110, 130, 011, 101, 102, 104, 111, 112, 122. — Der Habitus ist langprismatisch nach 011. Einige Formen erscheinen nicht mit voller Flächenzahl.

	Gemessen:	Berechnet:
001 . 011	52° 42′	52° 43′
110 . 010	50 56	50 48
110 . 111	25 37	25 41
001 . 102	38 54	38 51
001 . 101	58 8	58 10
001 . 104	21 50	21 56
011 . 122	25 56	26 0
011 . 111	44 11	44 17½
001 . 112	45 58	46 6
010 . 130	22 12	22 14

Die berechneten Werthe beziehen sich auf das von Herrn A. Schmidt für den »Wolnyn« von Kraszna-Horka-Várallya ermittelte Axenverhältniss.

Ref.: A. Arzruni.

82. E. Scacchi (in Neapel): **Die Humitmineralien vom Somma** (Notizie cristallografiche sulla Humite del Monte Somma. Rendic. R. Accad. Napoli. Dicembre 1883, Sep.-Abdr.). In einem körnigen Kalk, welcher zahlreiche Lamellen eines grünen Glimmers, Krystalle eines anderen, braunen Glimmers und eines gelben Augits führt, finden sich auch braune Krystalle der drei Humitmineralien, die äusserlich nur schwer von einander zu unterscheiden sind. Verf. fand an ihnen mehrere neue Flächen und beobachtete ferner, dass die Krystalle des Chondrodits und Klinohumits nicht immer eine monosymmetrische Ausbildung besitzen. Von der Ansicht ausgehend, dass die drei Mineralien geometrisch rhombisch sind und blos optisch von dieser Symmetrie abweichen, hat Verf. bei der Zusammenstellung der beobachteten Formen in einer besonderen Columne Alles auf das rhombische System und dasselbe Axenverhältniss bezogen.

Die für die vesuvischen Vorkommnisse vom Verf. für neu angesehenen Formen sind:

für den Humit — 610
für den Chondrodit — 210, 340, 010
für den Klinohumit — 011, 012, 21.1.0, 15.1.0, 12.1.0,
120, 010, 21.1.6, 15.1.6, 356.

Ref.: A. Arzruni.

83. G. Spezia (in Turin): **Beobachtungen am Melanophlogit** (Mem. R. Accad. Lincei [3], **15**, 1883, Sep.-Abdr.). Den Melanophlogit fand Verf. in Würfeln und sphäroidalen Aggregaten stets auf einer dünnen, die Schwefelkrystalle bedeckenden kieseligen Kruste aufgewachsen. Seine Altersbeziehungen zum Cölestin haben nicht ermittelt werden können, da auf den vorliegenden Stufen beide Mineralien nicht zusammen vorkamen. Die erwähnte Kruste ist nicht Quarz, sondern Opal, da sie 9 % Wasser enthält und unter dem Mikroskop deutlich traubige Structur zeigt. Die Würfel schwärzen sich beim Erhitzen blos oberflächlich, bleiben im Inneren dagegen, selbst in Fragmenten und nach längerem Erhitzen, weiss. Dünnschliffe sowohl von geschwärzten wie von frischen Krystallen, senkrecht zur Kruste angefertigt, zeigten, dass sie aus einer geradlinig vom Inneren getrennten äusseren Schicht — welche dem aus der Opalkruste herausragenden Theile entspricht — und einer unregelmässig begrenzten mit der Opalkruste sich vereinigenden inneren weissen Masse bestehen. Die äussere Schicht ist homogen und isotrop, das Innere nach Art des Chalcedons durch Aggregatpolarisation ausgezeichnet. — Die Sphäroide sind zahlreicher als die Hexaëder, auch sie werden durch Erhitzen geschwärzt, aber ebenfalls nur oberflächlich oder auch in der centralen Partie, dazwischen befindet sich Chalcedonsubstanz.

Um die Natur des schwarzen Productes festzustellen, wurde es in einem Porzellanrohr unter dem Druck einer Sauerstoffatmosphäre, die einer 40 cm hohen Wassersäule entsprach, vier Stunden bei Weissgluth unterhalten. Es entstand eine partielle Entfärbung, die aber nicht eintrat, wenn Sauerstoff durch Wasserstoff unter sonst gleichen Bedingungen ersetzt wurde. Endlich wurden noch andere geschwärzte Krystalle und Aggregate mit Flusssäure behandelt. Den Rest bildeten einige schwarze Flitter, welche schon bei dunkler Rothgluth verschwanden. — Diese drei Versuche zeigen, dass die schwarze Substanz Kohlenstoff ist, welcher beim Erhitzen des Melanophlogits an der Luft blos deswegen nicht vollkommen verbrennt, weil er von kieseligen Theilen umschlossen ist. —

Dass der Kohlenstoff nicht als solcher im Melanophlogit enthalten ist, beweist die Behandlung ungeschwärzten Materials mit Flusssäure, nach welcher gelbliche Körner zurückbleiben, die, auf dem Platinblech erhitzt, sich zunächst schwärzen und dann erst verschwinden.

Verf. untersuchte quantitativ blos den sich schwärzenden Theil, welcher von der übrigen Masse durch geschmolzenes Kaliumnitrat getrennt werden kann, indem er sich darin auflöst, während das weissbleibende Aggregat, wie auch die kieselige Unterlage unzersetzt zurückbleibt. Wird aber die Substanz zunächst erhitzt, so verliert sie die Fähigkeit, durch Kaliumnitrat zersetzt zu werden. Ebenso wirkt das Aetzkali, nur dass es den Opal mit angreift, weshalb das Nitrat vorzuziehen ist. Vor dem Versuch wurde das Material mit Chloroform behandelt, um von event. anhaftendem Schwefel befreit zu werden. In der Kaliumnitratauflösung wurde Schwefelsäure und Kieselsäure gefunden. An einer Stufe wurde auf Schwefelkrystallen eine Kruste beobachtet, welche sich oberflächlich ganz schwärzte, sich aber dabei in zwei Schichten theilte, von denen die untere aus Opal bestehende wiederum unverändert weiss blieb. Auf dieser Melanophlogitkruste sitzen kleine Kalkspathkrystalle, deren einige vom Melanophlogit soweit incrustirt sind, dass, wenn sie mit Säure behandelt werden, die Melanophlogitsubstanz in der Form des Kalkspaths (Skalenoëder) zurückbleibt. — Die Analyse gab:

Glühverlust	2,42
Kieselsäure	89,46
Schwefelsäure	5,60
	97,48

Das Fehlende entspricht offenbar dem Kohlenstoff, denn es erwiesen sich im Rückstand nach der Behandlung mit Fluorwasserstoffsäure keine weiteren Basen bis auf geringe Mengen Eisenoxyd. Strontium oder Calcium konnten nicht einmal spectroskopisch nachgewiesen werden. Um die Menge des Kohlenstoffs zu bestimmen, wurde die geschwärzte Substanz mit Flusssäure behandelt und der Rest bis zum Verschwinden der Kohle geglüht. Der Rest war Eisenoxyd.

Das Resultat zweier Analysen war:

Glühverlust	2,46	2,36
Verlust durch Behandlung mit *HFl*	95,76	96,50
Verlust durch Verschwinden der Kohle	1,52	1,14
Eisenoxyd	0,25	
	99,99	100,00

Bei Anwendung von Fluorwasserstoffgas behält die schwarze Substanz vollständig die ursprüngliche Form des Minerals, was für gleichmässige Vertheilung des Kohlenstoffs in der Substanz spricht. Zu analogen Resultaten führt die Behandlung der frischen Substanz mit Flusssäure: es bleiben gelbliche Körnchen übrig, die bis auf 0,20% Eisenoxyd beim Erhitzen verschwinden*). Es ergiebt sich somit:

Verlust durch *HFl*	97,69
Verlust durch Glühen	2,11
Eisenoxyd	0,20
	100,00

*) Verf. erwähnt nicht, was diese gelben Körnchen ausser Kohlenstoff enthalten. Der Ref.

Combinirt man die Resultate der Analysen, so ist die Zusammensetzung des Minerals:

Glühverlust	2,42
Kieselsäure	89,46
Schwefelsäure	5,60
Kohlenstoff	1,33
Eisenoxyd	0,25
	99,06

Es finden sich auch solche Melanophlogitkörner, welche von Opal umschlossen sind, im Inneren hexagonale concentrische Umrisse zeigen, deren Fläche in sechs unregelmässig begrenzte, doppeltbrechende Felder von strahliger Structur getheilt sind, welche aber durch gelindes Erwärmen vollkommen isotrop werden. — Verf. spricht sich, trotz der merkwürdigen Zusammensetzung des Minerals, für dessen Selbständigkeit aus und widerlegt die naheliegende Annahme, dass es eine Pseudomorphose sein könnte. Er sieht ferner das Material für regulär an und beweist in Betreff dessen Paragenese, dass es nicht die jüngste Bildung sein kann, da es häufig von Opal bedeckt oder von Kalkspath- und Schwefelkrystallen überwachsen ist.

Ref.: A. Arzruni.

84. E. Mallard (in Paris): **Ueber die optischen Anomalien des Prehnit** (Bull. de la Soc. min. de France 1882, **5**, 195—213). Während die optischen Eigenschaften vieler Exemplare des Prehnits ziemlich normal sind (erste Mittellinie senkrecht zur Spaltungsrichtung, Axenwinkel für rothes Licht $V_{\varrho} = 33{,}^{\circ}7$, für blaues $V_{v} = 33^{0}$), finden sich auch Exemplare, welche eigenthümliche Unregelmässigkeiten zeigen, so namentlich die Prehnite von Farmington, deren Theilung in Sectoren mit anomalem optischen Verhalten diese Zeitschr. **9**, 316 beschrieben wurde. Diese Erscheinungen erklärt der Verf. durch Uebereinanderlagerung von zwei Lamellensystemen, die so orientirt sind, dass für das erste System die erste, für das zweite die zweite Mittellinie senkrecht zur Fläche steht. Er unterscheidet dieselben als positive und negative Lamellen. Um die optischen Eigenschaften eines solchen Packets von Krystalllamellen übersehen zu können, kann man sich der Construction Fig. 1 bedienen. In einer früheren Abhandlung*) zeigte nämlich der Verf., dass die optischen Eigenschaften eines Packets von Krystallblättchen in ähnlicher Weise aus der Form eines Ellipsoids abgeleitet werden können, wie die einer einfachen Krystallplatte aus der Form des Elasticitätsellipsoids.

Fig. 1.

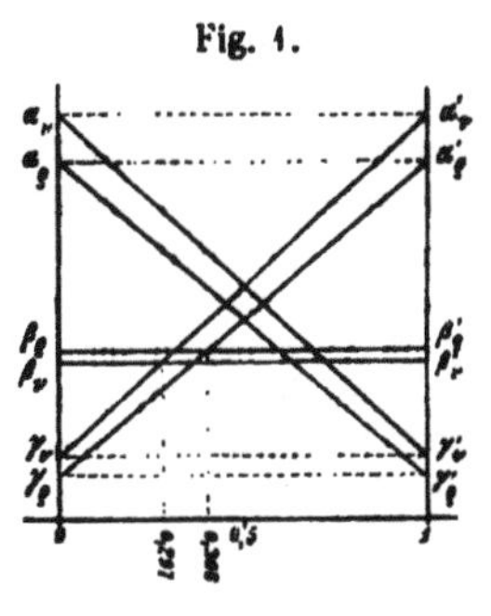

In Fig. 1 stellen nun die Abscissen die Zahlen dar, welche angeben, in welchem Verhältniss die Gesammtdicke der negativen Lamellen steht zu derjenigen der positiven, und zwar die Gesammtdicke beider zusammen = 1 angenommen. Die zu jeder Abscisse gehörenden drei Ordinaten bezeichnen die drei Hauptaxen

*) Siehe diese Zeitschr. **6**, 612.

des fraglichen Ellipsoids, nämlich 0α die grösste, 0β die mittlere, 0γ die kleinste. Die Ordinaten der Abscisse 0 repräsentiren also die Axen desjenigen Ellipsoids, welches einem Packet aus nur positiven Lamellen entspricht, diejenigen der Abscisse 1 einem solchen aus nur negativen. Da sich positive und negative Lamellen nur dadurch unterscheiden, dass sie um 90° um die Axe mittlerer Elasticität gegen einander verdreht sind, so ist die Axe 0β, d. h. die mittlere Axe, für beide dieselbe und ebenso auch für Packete, die aus positiven und negativen Lamellen in irgend einem Verhältniss zusammengesetzt sind. Die durch Verbindung dieser Ordinaten entstehende Curve ist also einfach eine Parallele zur Abscissenaxe, nämlich die Linie $\beta_\varrho\beta_\varrho'$ für rothes und $\beta_v\beta_v'$ für violettes Licht. Die beiden anderen Axen, die kleinste und die grösste, sind in den genannten extremen Fällen einfach mit einander vertauscht, d. h. während für positive Lamellen die Axe kleinster Elasticität, also 0γ, senkrecht zur Ebene des Lamellensystems stand, ist es für negative die der grössten, also 0α. Für Mischungen aus positiven und negativen Lamellen erhalten wir also für die senkrecht stehende Axe Mittelwerthe, die in der graphischen Darstellung die Curven (schiefe Geraden) $\gamma_\varrho\alpha_\varrho'$ (für rothes) und $\gamma_v\alpha_v'$ (für violettes Licht) erzeugen. Für die dritten Axen erhält man analog $\alpha_\varrho\gamma_\varrho'$ und $\alpha_v\gamma_v'$. Da die relative Lage dieser Linien nicht geändert wird, wenn wir die Abscissenaxe des Coordinatensystems höher oder tiefer legen, so können die Strecken 0γ und 0β beliebig gewählt werden; 0α ist dann bestimmt, und zwar muss nach den vom Verf. aufgestellten Formeln $\operatorname{tg} V = \sqrt{\frac{0\beta - 0\gamma}{0\alpha - 0\beta}}$ sein. Für den Schnittpunkt der Linien $\beta_\varrho\beta_\varrho'$ mit $\gamma_\varrho\alpha_\varrho'$ findet sich die Abscisse $m = \left(\frac{0\beta - 0\gamma}{0\alpha - 0\gamma}\right)_\varrho = 0{,}308$ (da $\operatorname{tg} V = 0{,}445$); für den Schnittpunkt $\beta_v\beta_v'$ mit $\gamma_v\alpha_v'$ folgt: $m = 0{,}297$.

Ist also $m = 0{,}297$, d. h. sind 29,7% positive und 69,2% negative Lamellen (von gleicher Dicke) übereinander geschichtet, so fallen die optischen Axen für violettes Licht gerade zusammen, da für dieses die kleine Axe 0γ gleich der mittleren 0β, das Ellipsoid also ein Rotationsellipsoid geworden ist. Die optischen Axen für rothes Licht divergiren bei diesem Mischungsverhältniss noch. Für $0{,}297 < m < 0{,}308$ wird diejenige Axe des »Ellipsoids für violettes Licht«, welche vorher die mittlere war, die kleinste, d. h. die Ebene der optischen Axen für violettes Licht erscheint um 90° gedreht. Für rothes Licht ist dies noch nicht der Fall (es würde erst eintreten für 0,308). Alle diese Erscheinungen haben auch die Beobachtungen ergeben. Bei Werthen von m wenig über 0,308 sind beide Axenebenen senkrecht zu ihrer früheren Richtung, der Winkel für rothes Licht ist aber noch beträchtlich kleiner, als für blaues; z. B. für $m = 0{,}328$, welches einem beobachteten Werthe von $V_\varrho = 9{,}^\circ8$ entspricht, wird $V_v = 12{,}2$ (die Beobachtung ergab $V_v = 13$).

Etwas mehr Schwierigkeiten bereitet die Erklärung der schiefen Streifung der Krystalltheile zu beiden Seiten des eben behandelten centralen Dreiecks (vergl. S. 316). Da die Begrenzungsflächen der einzelnen Lamellen sich zu durchaus ebenen Krystallflächen zusammenfügen, so muss die Orientirung der Lamellensysteme derart sein, dass die Streifen parallel zu m zugleich von positiven und negativen Lamellen herrühren, diejenigen, welche sich mit ihnen kreuzen, durch solche, die um 60° nach links um die Verticalaxe gedreht sind. Die Erscheinungen im polarisirten Lichte sind ähnlich denjenigen einer Combination von Glimmerblättchen, welche nicht unter Winkeln von 90° und 60° gegen einander gedreht sind, sondern in anderer Weise. Auslöschung bei bestimmter Stellung tritt nicht mehr ein, sondern man beobachtet eine Art Drehung der Polarisationsebene. Ausserdem beobachtet man gekreuzte Dispersion, welche bei der Glimmercombination nicht eintritt. Die Theorie des Verf. giebt auch hierüber Rechenschaft.

In der bereits citirten Abhandlung wurde gezeigt, dass, wenn man ein Polygon construirt, dessen Seiten die Längen $\varepsilon_1\delta_1$, $\varepsilon_2\delta_2$, ... besitzen (wobei ε_n die Dicke der Lamelle, δ_m den Gangunterschied der beiden durch Doppelbrechung entstandenen Strahlen per Einheit der Dicke bezeichnet), während die Winkel der einzelnen Seiten mit einer festen Richtung $ox = 2\alpha_1$, $2\alpha_2$, ... sind (wobei α_1, α_2 die Winkel der Hauptschnitte der einzelnen Lamellen mit dieser Richtung ox bedeuten), die Seite on, welche das Polygon schliesst, die entsprechenden Werthe ($\varepsilon\delta$ und 2α) für das ganze System darstellt. Construirt man solche Polygone für den Fall, dass sämmtliche δ_m gleich sind für die verschiedenen Farben, so werden dieselben einander ähnlich, die Schlussseiten (on) also parallel. Anders, wenn die δ_m, wie man in dem in Frage stehenden Falle annehmen muss, verschieden sind. Die on sind dann nicht mehr parallel, d. h. es resultirt gekreuzte Dispersion. Aus deren Vorhandensein ergiebt sich die Annahme, dass die seitlichen Sectoren der beschriebenen Prehnitplatten aus Lamellen von folgenden Orientirungen zusammengesetzt seien: 1) solcher normaler Orientirung; 2) und 3) solche, welche um die Verticalaxe um 60° nach links oder rechts gedreht sind (da das Prisma (120) = 61° 31′, so ist diese Drehung ohne wesentliche Aenderung des Molekularnetzes möglich; 4) solche, welche gegen die normale Orientirung 90° um die Makrodiagonale gedreht sind.

Nach den vom Verf. gegebenen Formeln kann man diese Erklärung unter der gemachten Annahme über die gegenseitige Lagerung der Lamellen des Prehnits sogar an Zahlenwerthen prüfen. Das Polygon ist für den vorliegenden Fall in folgender Weise zu construiren. Man ziehe (Fig. 2) $oa = \varepsilon_1(\beta - \gamma)_\varrho$, ferner $ab = \varepsilon_2(\beta - \gamma)_\varrho$, $\sphericalangle oab = 60^0$, $bc_\varrho = \varepsilon_4(\alpha - \beta)_\varrho$, $bc_\varrho \parallel ao$, es ist dann $\sphericalangle oac_\varrho = 2A_\varrho$, d. h. das Doppelte des Winkels, welchen die Ebene der optischen Axen für rothes Licht bildet mit der Senkrechten zu (100) und oc_ϱ die Verzögerung, welche die rothen Strahlen beim Durchgange durch die ganze Lamellencombination erleiden. Ebenso kann man die Construction für das blaue Licht ausführen. (Der Einfachheit halber ist angenommen die Elasticitätsaxen β_ϱ und γ_ϱ beziehungsweise $= \beta_v$ und γ_v, so dass also nur die dritte Seite bc_ϱ in bc_v geändert werden muss und zwar so, dass $bc_v > bc_\varrho$, denn $(\alpha - \beta)_v > (\alpha - \beta)_\varrho$. Es folgt also $A_v > A_\varrho$, d. h. die Axenebene für blaues Licht ist mehr gegen die Normale zu (100) gedreht als die für rothes, wie es der Beobachtung an den untersuchten Platten entspricht. Sind nun α', β', γ' die Axen des früher erwähnten Ellipsoids, welches gewissermassen als Elasticitätsellipsoid des Systems betrachtet werden kann, und macht man $\varepsilon_1 + \varepsilon_2 + \varepsilon_4 = 1$, so folgt $\varepsilon_1 = 0,644$, $\varepsilon_2 = 0,087$, $\varepsilon_4 = 0,269$, d. h. an der beobachteten Stelle hatten 64,4 % der Lamellen die normale Lage, 8,7 % waren 60° nach links um die Verticalaxe gedreht und 26,9 % waren 90° um die Senkrechte zu (010) gedreht. Ferner erhält man $A_v = 59^0$, was genau mit den Beobachtungen übereinstimmt.

Fig. 2.

Ref.: O. Lehmann.

85. E. Bertrand (in Paris): **Optische Eigenschaften des Variscit von Arkansas** (Bull. soc. min. de France 1882, 5, 253). Das Thonerdephosphat von Montgommery Co., Arkansas, welches von A. N. Chester (diese Zeitschr. 1, 380. s. a. Am. Journ. 1878, März, 207) als Variscit erkannt wurde, ist rhombisch krystallisirt. Axenebene (010), erste Mittellinie senkrecht zu (100), Doppelbrechung negativ, Axenwinkel für Gelb $2E = 96^0$ circa, $\varrho > v$. Wie die chemische Zusammensetzung, so differiren auch die optischen Eigenschaften von denen des Fischerit, welche Des Cloizeaux bestimmt hat (Verh. min. Ges. St. Petersburg 1878, II, 11, 32; von Kokscharow, Mat. zur Min. Russlands 7, 1875).

Ref.: P. Groth.

86. Derselbe: Mimetesit und Arseniosiderit von Schneeberg (Ebenda, 254—255). Der Verf. beobachtete früher (s. diese Zeitschr. 6, 308) am Mimetesit von Johanngeorgenstadt einen optischen Axenwinkel von 64⁰; genau denselben Werth ergab nun auch ein Krystall von Wolfgang Maassen, während die Phosphorsäure enthaltenden Mimetesite stets kleineren Axenwinkel zu besitzen scheinen.

Den bisher nur von Romanèche angegebenen Arseniosiderit fand der Verf. auch auf einer Schneeberger Stufe von Erythrin und Roselith.

Ref.: P. Groth.

87. E. Mallard (in Paris): **Ueber den Einfluss der Wärme auf den Heulandit** (Ebenda, 255—260, 336). Spaltungsplatten des Heulandit zeigen im polarisirten Lichte gewöhnlich eine Zusammensetzung aus vier Sectoren, in denen zwar die erste Mittellinie stets senkrecht zur Spaltungsfläche steht, die Orientirung und der Winkel der Axen jedoch in gewissen Grenzen schwankt; es bleibt nämlich die Axenebene immer nahe parallel zu (001) und der Axenwinkel überschreitet nicht den Werth 50^0. Wie bereits Des Cloizeaux beobachtete, vereinigen sich beim Erwärmen die Axen und treten dann in einer zur vorigen senkrechten Ebene wieder auseinander. Der Verf. untersuchte nun die beim Erhitzen auf 150^0 stattfindenden Veränderungen im parallelen Lichte und fand, dass dieselben sehr langsam eintreten, indem sie an den Rändern und längs vorhandener Spalten beginnen und erst nach 2—3 Stunden sich über die ganze Platte ausbreiten. Dieselben können demnach nicht, wie in anderen Fällen, eine directe Folge der Temperaturerhöhung sein, sondern müssen durch den allmählichen Verlust der Substanz an Wasser hervorgebracht werden. In der That durchlaufen, wenn die Platte der freien Luft ausgesetzt wird, ihre Farben allmählich wieder dieselben Nüancen in umgekehrter Reihenfolge, und die Platte nimmt nach 24 Stunden wieder den ursprünglichen Zustand an, während sie den durch Erhitzung hervorgebrachten behält, wenn man durch Einkitten in Canadabalsam den Luftzutritt verhindert. Taucht man sie dagegen in Wasser, so findet die Rückkehr zum ursprünglichen Zustande so rasch statt, dass die Platte dadurch fast ganz zerstört werden kann. Wenn man eine Platte von Heulandit einige Zeit auf 180^0 erhitzt, wird sie trübe und zeigt dann das erwähnte Verhalten nicht mehr. Es entspricht dies vollkommen den Beobachtungen Damour's, welcher fand, dass der Heulandit zwischen 0^0 und 180^0 drei Molekule Wasser verliert, welche er in feuchter Luft wieder aufnimmt, während er, auf 180^0 erhitzt, auch die beiden letzten und zugleich die Fähigkeit verliert, dieselben wieder anzuziehen.

Die optischen Beobachtungen des Verfassers zeigen nun, dass der allmähliche Verlust der ersten drei Mol. Wasser von graduellen Aenderungen der optischen Eigenschaften begleitet ist, unter Erhaltung der krystallinischen Structur, so dass man diesen Wassergehalt nicht als chemisch gebunden in dem gewöhnlichen Sinne des Wortes betrachten kann.

Aehnliche Erscheinungen zeigen Beaumontit, Brewsterit, Chabasit und Stilbit.

Ref.: P. Groth.

88. F. Gonnard (in Lyon): **Ueber einige Mineralien von Pontgibaut** (Note sur une observation de Fournet, concernant la production des zéolithes à froid. Bull. soc. min. 5, 267. — Note sur la tourmaline de Roure. Ebenda 269). Der von Fournet in der Lava des Louchadière am Ufer der Sioule bei Pontgibaut entdeckte Mesotyp erwies sich bei der Untersuchung eines Originalexemplars durch den Verf. als Aragonit. In dem Turmalinfels von Roure wurde von Bouillet, wie von Fournet das Vorkommen von Beryll angegeben, aber ohne nähere Untersuchung, während die vom Verf. in diesem Gestein beobachteten kleinen hexagonalen Krystalle sich als Apatit erwiesen*).

Ref.: P. Groth.

89. L. Wyrouboff (in Paris): **Ueber gekreuzte Dispersion einiger rhombischer Substanzen** (Ebenda, 272—281). Mallard (s. S. 589) hat die Erscheinung der gekreuzten Dispersion des Prehnit dadurch erklärt, dass die betreffenden Platten zusammengesetzt seien aus Lamellen verschiedener Orientirung, was dadurch ermöglicht wird, dass die Axen *a* und *c* fast genau gleich und die letztere zugleich eine Axe pseudohexagonaler Symmetrie ist. Die gleiche optische Erscheinung hat der Verf. nun auch bei den isomorphen Mischungen der beiden Seignettesalze beobachtet, welche zwar keine Gleichheit zweier Axen besitzen, in denen aber dafür den optischen Axenebenen eine gekreuzte Orientirung zukommt, und deren Prismenwinkel (120):(1̄20) 62° 2′, resp. 62° 32′ misst. Während die Mischkrystalle dieser beiden Salze eine sehr complicirte Structur zeigen, ist dieselbe relativ einfacher bei den Mischungen aus schwefelsaurem und chromsaurem Natrium-Ammonium, $Na(NH_4)SO_4 + 2H_2O$ und $Na(NH_4)CrO_4 + 2H_2O$. Adoptirt man für diese beiden Salze die für das erstere von Mitscherlich angenommene Stellung, so liegen die stumpfen optischen Axenwinkel, durch (010) gesehen, zu einander gekreuzt. In der zu letzterer Fläche senkrechten Zone giebt es indess keine pseudohexagonale Symmetrie, daher man bei Anwendung der Mallard'schen Erklärung eine Uebereinanderlagerung von Lamellen unter anderen Winkeln als 60° annehmen muss. Die Mischkrystalle sind stets dünn tafelförmig nach (010) und im regelmässigsten Falle zusammengesetzt aus Sectoren von viererlei Art, deren Grenzen, zuweilen geradlinig, meist aber zickzackförmig, von den Ecken der durch (100), (101) und (001) begrenzten achteckigen Platte ausgehen. Ausser wenn die Mischung weniger als 10% des einen Salzes enthält, löscht keiner der Sectoren zwischen gekreuzten Nicols vollkommen aus, am meisten die an (001) anliegenden, am wenigsten die mittleren Theile. Im conver-

*) Wie der Verf. in einer weiteren Notiz (Note sur les pegmatites d'Authezat-la-Sauvetat et de la Grande-Côte, près de Saint-Amant-Tallende (Puy-de-Dôme) ebenda mittheilt, kommen auch in diesen Pegmatiten Apatitkrystalle vor, welche man zum Theil früher für Beryll gehalten hat.

genten Lichte sieht man die optischen Axen für die verschiedenen Farben theils in (001), theils in (100), theils in einer zwischenliegenden Richtung, je nach der Zusammensetzung der Mischung, und mit variabelem Axenwinkel. Die gekreuzte Dispersion erscheint nur in den mittleren Sectoren unter Störung der Lemniscaten und Verschwinden der Hyperbeln. Die Winkel, welche die Grenzen der Sectoren da, wo sie geradlinig sind, mit den Umrissen der Platte bilden, entsprechen einer Zwillingsbildung nach dem vorhandenen Makrodoma (105) (s. diese Zeitschr. 4, 418).

Ref.: P. Groth.

40. E. Jannetaz (in Paris): **Analyse eines grünen Pyroxen aus den Diamantgruben vom Cap** (Bull. d. l. soc. min. d. Fr. 1882, 5, 281). Der von Des Cloizeaux optisch untersuchte, schön grün gefärbte Diopsid vom Cap ergab:

SiO_2	52,4
Cr_2O_3	2,8
Mn_2O_3	0,6
FeO	6,5
CaO	20,5
MgO	15,5
H_2O	1,5
	99,8

Derselbe ist demnach ein chromhaltiger Diopsid. Seine Härte ist $5\frac{1}{2}$, seine Dichte 3,26.

Ref.: P. Groth.

41. L. J. Igelström (in Sunnemo): **Mineralien von Horrsjöberg in Schweden** (Ebenda, S. 301—306). Svanbergit wurde im Jahre 1882 an einer anderen Stelle, als früher, in kleineren, zum Theil mikroskopischen Krystallen gefunden, mit schwarzem Turmalin in feinblättrigem Pyrophyllit. Apatit in weissen oder rothen Prismen mit Lazulith fand sich an der älteren Lagerstätte des Svanbergit, Orrknöle, während er an der neuen in blassrothen Körnern, innig gemengt mit Disthen, vorkommt, zusammen mit Lazulith, Rutil, Menaccanit, Damourit, Kalktriplit (s. diese Zeitschr. 8, 656) und Quarz; die apatitreiche Schicht bildet hier eine concordante Einlagerung in den Quarzlagern des Gneisses. G. Lindström fand in dem Apatit dieser Lagerstätte 40,99—41,14 P_2O_5, 50,34—50,56 CaO und kleine Mengen Mn, Fe, Cl und F, während die Analyse des Verfassers, mit weniger reinem Material angestellt, ergab: 36,42 P_2O_5, 45,17 CaO, 8,80 $FeO + MnO$, 9,61 Verlust (darunter Chlor, Fluor und Schwefelsäure). Braunrother Granat findet sich in der Nähe der Svanbergitlagerstätte mit schwarzem Turmalin und Chlorit in weissem Glimmerschiefer. Rutil, sehr verbreitet in den Gesteinen der Gegend, wurde jetzt zum ersten Male in ausgebildeten, aber nur kleinen Krystallen gefunden. Menaccanit kommt in sehr beträchtlichen derben Massen auf der Südseite des Berges vor. In dem Svanbergit führenden Pyrophyllit finden sich durchsichtige, farblose oder schwach gelbliche Kryställchen, welche Herr Bertrand als Diaspor bestimmte. Dieselben zeigen ein Prisma von circa 50° und vollkommene Spaltbarkeit nach (010). Optische Axenebene (010), erste Mittellinie Axe a, $2E = 150^0$—160^0. Doppelbrechung positiv. Unschmelzbar, mit Kobaltsolution blau. Härte über 6.

Ref.: P. Groth.

be opti-
hat de
schaft
Ver

E. **Bertrand** (in Paris): **Ueber den Hörnesit** (Ebenda, 306—307). Der . als Begleiter des Nagyagit in einer thonigen Gangmasse von Nagyag .ss rosarothe Kryställchen mit einer deutlichen Spaltbarkeit, welche sich haltiges arsensaures Magnesium mit wenig Calcium und Mangan erwie-selben sind monosymmetrisch und die stumpfe Mittellinie (—) ist senk- vollkommenen Spaltfläche (010). Die Vergleichung mit einem Krystall .ualstückes von Hörnesit (im Hofmineralienkabinet zu Wien) ergab die der optischen Eigenschaften mit dem Mineral von Nagyag.

Ref.: P. Groth.

3. **M. H. Gorceix** (in Ouro Preto, Brasilien): **Ueber einen grünen Glim-n Ouro Preto in Brasilien** (Ebenda, 308—310). Das Mineral findet sich grünen, sehr durchsichtigen Blättern mit Turmalin in einem Quarzit von ben geologischen Alter, wie die Schiefer, welche die Topaslagerstätten be-gen. Grosser Axenwinkel (nach Des Cloizeaux: $2E = 69^0 — 70^0$, $\varrho > v$). Gewicht 2,78. Die Analyse ergab:

SiO_2	46,5
$Al_2O_3 + Fe_2O_3$	37,2
Cr_2O_3	0,9
MgO	0,8
K_2O	7,9
Na_2O	1,3
Glühverlust	4,7
	99,3

Ref.: P. Groth.

44. **A. Des Cloizeaux** (in Paris): **Ueber Pachnolith und Thomsenolith** (Note sur les caractères optiques et cristallographiques de la Pachnolite et de la Thomsénolite. Ebenda 310—316). Die vom Verf. angegebenen Daten über den Pachnolith sind bereits gelegentlich einer Untersuchung des Ref. in dieser Zeitschr. 7, 463—464 vollständig mitgetheilt worden.

Für den Thomsenolith nimmt der Verf. an:

$$a : b : c = 1,0883 : 1 : 0,9987$$
$$\beta = 89^0 12'$$

auf Grund folgender Messungen:

$$110 : 1\bar{1}0 = 90^0 \quad 4'$$
$$\bar{1}11 : 001 = 57 \quad 19$$
$$\bar{1}11 : \bar{1}\bar{1}1 = 73 \quad 6$$

Ausserdem wurden gemessen: $110 : 001 = 89^0 25'$ (berechnet: $89^0 26'$) und die spitzen Hemipyramiden ($\bar{1}\bar{8}.18.1$) und (48.48.1)*). Letztere sind jedoch schwerlich wirkliche Krystallflächen, sondern durch die feine Streifung hervorgebrachte Scheinflächen (vergl. die Bemerkung des Ref. diese Zeitschr. 7, 466). Die optische Untersuchung der Thomsenolithkrystalle wurde bereits a. a. O. S. 468 wiedergegeben und möge dazu nur noch hinzugefügt werden, dass eine horizon-

*) Nicht ($\bar{1}$.1.18) und (1.1.48), wie im Original steht. Der Ref.

tale Dispersion kaum erkennbar ist, und dass eine Erwärmung auf 75° C. keine merkliche Aenderung des optischen Axenwinkels hervorbringt.

Ref.: P. Groth.

45. Derselbe, über einige neue Formen am brasilianischen Euklas (Ebenda, 317—320). Zwei kleine Euklaskrystalle aus Brasilien, deren Endflächen sehr ungleich entwickelt waren, zeigten eine Anzahl schmaler Abstumpfungen, unter welchen folgende neu waren: (0.11.6), (332)*), (124) in den Zonen [111, 0$\bar{1}$1] und [001, 121], (155) in den Zonen [100, 111] und [001, $\bar{1}$52], ($\bar{1}$97) in den Zonen [$\bar{1}$31, 011], endlich ($\bar{1}\bar{2}$.3.1) in den beiden Zonen [$\bar{1}$00, $\bar{1}$31] und [001, $\bar{4}$10].

Die Winkel, bezogen auf die vom Verf. in seinem Manuel, 1, 480 gegebenen Elemente, sind folgende:

	Beobachtet:	Berechnet:
0.11.6 : 011	= 13° 15′	13° 16′
332 : 110	28 30	28 50
$\bar{1}\bar{2}$.3.1 : 001	—	84 23
124 : 001	—	16 5
155 : 001	—	20 23
$\bar{1}\bar{2}$.3.1 : $\bar{1}$00	7 0	6 33
155 : 100	69 35	69 41
124 : 011	17 0 appr.	16 16
$\bar{1}$97 : 011	9 0 -	9 22

Für weisses Licht fand der Verf. den Winkel der ersten Mittellinie mit der Verticalaxe = 40° 32′, d. i. 59° 44′ mit der Klinodiagonale.

Ref.: P. Groth.

46. A. Des Cloizeaux und E. Jannetaz (in Paris): **Ueber Nephelin und Oligoklas von Denise bei le Puy** (A. Des Cloizeaux et Jannetaz, Note sur l'existence de la néphéline en grains d'un blanc d'émail dans des blocs d'oligoclase ponceux, à Denise, près le Puy. Bull. de la Soc. min. de France 5, 320—321. — E. Jannetaz, Analyse de la néphéline et d'un oligoclase de Denise. Ebenda, 322—324). In dem Basalt von Denise, unweit der Hauptstadt des Depart. Haute-Loire, findet man stark veränderte Einschlüsse eines Granit oder Gneiss mit Quarz, Orthoklas, Oligoklas und wenig Cordierit, daneben andere von bimssteinartiger Beschaffenheit mit weissen Körnern, welche die Spaltbarkeit und die optischen Eigenschaften des Nephelin zeigen. Diese letzteren gaben bei der Analyse:

SiO_2	43,18
Al_2O_3	33,50
CaO	1.50
K_2O	0.90
Na_2O	18.61
Glühverlust	0.80
	98.49

*) Nicht 116, wie der Verf. angiebt. Der Ref.

Die Grundmasse, in welche die Nephelinkörner eingelagert sind, hat folgende Zusammensetzung, welche der eines Oligoklas ähnlich ist:

SiO_2	62,1
Al_2O_3	20,2
Fe_2O_3	0,5
CaO	0,8
MgO	0,4
Na_2O	12,7
K_2O	1,0
Glühverlust	1,4
	99,1

Ref.: P. Groth.

47. C. Friedel (in Paris): **Brucit von Cogne** (Ebenda, 324—325). Das untersuchte Exemplar stammt aus der Eisensteingrube von Cogne im Aostathale und besteht aus grossen, gelblichweissen Blättern von den Eigenschaften derer von Hoboken. Der Magnetit desselben Vorkommens begleitet den Serpentin, es ist also auch die Art des Vorkommens übereinstimmend mit der anderer Brucitfundstätten. Die Analyse ergab nach Abzug der Verunreinigungen (2,13 %):

		Berechnet:
MgO	68,53	68,97
FeO	1,15	—
H_2O	30,18	31,03
	99,86	100,00

Ref.: P. Groth.

48. F. Gonnard (in Lyon): **Pinguit von Feurs** (Ebenda, 326—327). In Spalten und als Ueberzug im Granit von Salvisinet bei Feurs (Loire) findet sich eine dichte, grünlichgelbe Substanz vom spec. Gewicht 2,35, welche nach Härte, Verhalten beim Erhitzen und gegen Säuren als Pinguit zu bestimmen ist.

Ref.: P. Groth.

49. Derselbe: Apatit des Lyonnais (Ebenda, 327—329). Die schönen Turmalin-führenden Pegmatitgänge, welche in dem Granit der Umgegend von Lyon aufsetzen, enthalten auch häufig Apatit, theils in kleinen prismatischen Krystallen, theils in grösseren, derben und unvollkommen krystallisirten Massen von blassgrüner Farbe, daher sie früher von Sammlern für Beryll, der sich nur an einer Stelle, bei Dommartin findet, gehalten wurden. Ausserdem sind die Gänge reich an Almandin und bilden bei Beaunan die Lagerstätte des Dumortierit und einer Varietät des Gedrit.

Ref.: P. Groth.

50. A. P. N. Franchimont (in Leiden): **Krystallform des α-Dinitrodimethylanilin** (Archives Néerlandaises, **16**, 1882). Die zuerst von Mertens (s. Ber. d. d. chem. Ges. 1877, **10**, 995) dargestellte Substanz hat die Formel: $C_6H_3.N(CH_3)_2.NO_2.NO_2$ mit der Stellung 1.2.4 und krystallisirt aus Alkohol in gelben Prismen, besonders gut aber aus Benzol. Schmelzpunkt 87° C.

Krystallsystem rhombisch.

$$a : b : c = 0,6077 : 1 : 0,3601.$$

Beobachtete Formen: $a = (100)\infty\bar{P}\infty$, $b = (010)\infty\breve{P}\infty$, $m = (110)\infty P$, $n = (210)\infty\bar{P}2$, $q = (011)\breve{P}\infty$, $h = (031)3\breve{P}\infty$, $o = (111)P$, $x = (121)2\breve{P}2$. Die Flächen einer Form sind meist sehr ungleich gross entwickelt und die Pyramidenflächen fehlen oft an einem Ende der Verticalaxe, wie es beistehende Figur zeigt. Die Prismenflächen sind vertical gestreift. Nach denselben kommt auch Zwillingsbildung vor.

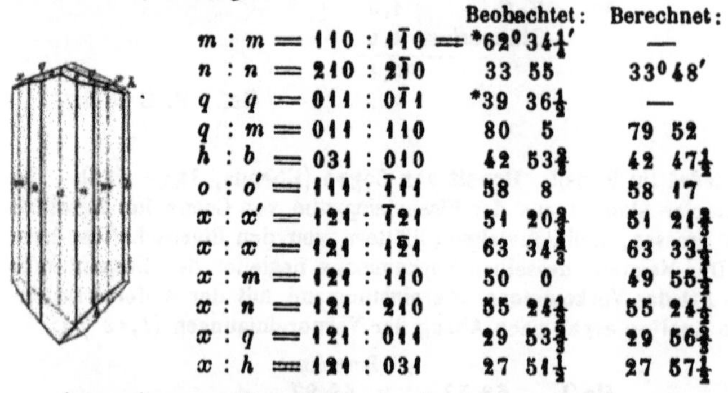

	Beobachtet:	Berechnet:
$m : m = 110 : 1\bar{1}0 =$	*62° 34¼′	—
$n : n = 210 : 2\bar{1}0$	33 55	33° 48′
$q : q = 011 : 0\bar{1}1$	*39 36½	—
$q : m = 011 : 110$	80 5	79 52
$h : b = 031 : 010$	42 53¾	42 47½
$o : o' = 111 : \bar{1}11$	58 8	58 17
$x : x' = 121 : \bar{1}21$	51 20⅔	51 21⅔
$x : x = 121 : 1\bar{2}1$	63 34⅔	63 33⅓
$x : m = 121 : 110$	50 0	49 55⅓
$x : n = 121 : 210$	55 24½	55 24½
$x : q = 121 : 011$	29 53⅔	29 56⅔
$x : h = 121 : 031$	27 51½	27 57½

Ausserdem erschien noch an einem Krystall eine sehr schmale unsymmetrische Abstumpfung der Kante $111 : 1\bar{1}1$.

Keine deutliche Spaltbarkeit.

Optische Axenebene (001), erste Mittellinie Axe a, Doppelbrechung negativ. $2E = 23° 30'$ für *Na*-Licht, $\varrho < v$.

Ref.: P. Groth.

51. Ditscheiner (in Wien): **Krystallbestimmung einiger Bromoxylderivate des Benzols** (aus: Benedict, über Bromoxylderivate des Benzols, Sitzungsber. der Akad. Wien 1880, 81, II, 672 f.).

Tetrabromphenolbrom $C_6Br_4H.OBr$. Schmelzpunkt 121° C. Grosse gelbe Durchwachsungszwillinge des monosymmetrischen Systems, Combinationen einer prismatischen Form (111) mit (010) und (100), deren letztere Zwillingsebene ist. Für die erstere wird angegeben: $111 : 1\bar{1}1 = 73° 8'$, für die an beiden Enden auftretenden einspringenden Winkel, sowie für $111 : 100$ dagegen Werthe, welche einander derart widersprechen, dass dadurch die ganze Bestimmung unbrauchbar wird.

Pentabromphenolbrom $C_6Br_5.OBr$. Schmelzpunkt 128° C. Kurze, rhombische Prismen (110) mit einer Pyramide (111) combinirt.

$$a : b : c = 0,8050 : 1 : 0,5377 ^{*)}.$$

	Beobachtet:	Berechnet:
$110 : 1\bar{1}0 =$	*77° 40′	—
$111 : \bar{1}11$	*60 56	—
$111 : 1\bar{1}1$	48 26	48° 11′
$111 : 110$	49 25	49 23

*) Neu berechnet; das vom Verf. angegebene ist falsch. Der Ref.

Tetrabromresorcinbrom $C_6Br_4(OBr)_2$. Schmelzpunkt 167° C. **Monosymmetrische Combinationen zweier Hemipyramiden** (111) und ($\bar{1}11$) mit untergeordneten (100), (010) und (001). Der Verf. giebt für die Substanz folgende Zahlen an:

$$a : b : c = 0,9835 : 1 : 1,6873$$
$$\beta = 85^0\ 36'.$$

	Beobachtet:	Berechnet:
111 : 100	= *50° 2'	—
111 : $1\bar{1}1$	*82 30	—
111 : 001	*70 6	—
100 : 001	86 3	85°36'
111 : $\bar{1}11$	82 20	82 22
$\bar{1}11$: 001	65 6	64 45
$\bar{1}11$: $\bar{1}\bar{1}1$	77 58	78 20

[Aus den Winkeln 111 : 100, 111 : $1\bar{1}1$ und 100 : 001 folgt das Axenverhältniss:

$$a : b : c = 1,0818 : 1 : 1,6876.$$

Wo hier der Fehler steckt, lässt sich wohl ohne erneute Untersuchung der Krystalle nicht eruiren. — Der Ref.]

Ref.: P. Groth.

52. J. Rumpf (in Graz): **Krystallform des carbamidsulfonessigsauren Kalium** $C_3H_5N_2SO_5K$ (Sitzungsber. der Wien. Akad. 1880, 81, II, 981). Die von Andreasch dargestellten Krystalle sind monosymmetrisch.

$$a : b : c = 1,340 : 1 : 1,534$$
$$\beta = 87^0\ 54'.$$

Beobachtete Formen: (001)$0P$, darnach tafelförmig, (110)∞P, untergeordnet: (111)$-P$, (011)$R\infty$, (201)$-2\bar{P}\infty$, ($10\bar{1}$)$\bar{P}\infty$, ($20\bar{1}$)$2\bar{P}\infty$. Die Flächen der beiden vorherrschenden Formen waren weniger gut ausgebildet, als die der übrigen.

	Beobachtet:	Berechnet:
110 : $\bar{1}10$	= *73°30'	—
110 : 001	88 24	88°25'
111 : 001	61 23	61 25
001 : 201	*64 45	—
001 : $\bar{1}01$	*50 11	—
001 : $\bar{2}01$	68 8	68 10
011 : $0\bar{1}1$	113 40	113 46

Optische Axenebene die Symmetrieebene; eine Axe tritt durch (001) schief nach hinten geneigt aus.

Ref.: P. Groth.

53. F. Becke (in Wien, z. Z. in Czernowitz): **Krystallform der Tribrompropionsäure und der Tribromacrylsäure** (Ebenda, 1881, 83, 275).

Tribrompropionsäure $C_3H_3Br_3O_2$. Schmelzpunkt 95° C.

Monosymmetrisch.

$$a : b : c = 1,8360 : 1 : 0,3151$$
$$\beta = 66^0\ 0'.$$

Beobachtete Formen: $a = \{100\}\infty P\infty$, $b = \{010\}\infty R\infty$, $c = \{001\}0P$, $d = \{\bar{1}01\}P\infty$, $m = \{110\}\infty P$. Die Krystalle aus Schwefelkohlenstoff sind tafelförmig nach a, die aus Petroleumäther nach der Symmetrieaxe prismatisch.

		Beobachtet:	Berechnet:
$a : m$	$= 100 : 110$	$= 61^0 32'$	$61^0 25\frac{1}{2}'$
$a : c$	$= 100 : 001$	65 58	66 0
$m : c$	$= 110 : 001$	78 50	78 47
$d : c$	$= \bar{1}01 : 001$	34 50	35 8
$d : m$	$= \bar{1}01 : \bar{1}10$	85 27	84 42

Optische Axenebene senkrecht zur Symmetrieebene; erste Mittellinie, ungefähr senkrecht zu (001), bildet 28^0 mit der Verticalen; Axenwinkel 29^0 in Glas vom Brechungsindex 1,509 (Schneider'scher Polarisationsapparat); Dispersion stark, $\varrho > v$; Doppelbrechung positiv.

Tribromacrylsäure $C_3HBr_3O_2$. Schmelzpunkt 117^0.

Asymmetrisch.

$$a : b : c = 1,1279 : 1 : 1,1496$$
$$\alpha = 89^0\ 13'$$
$$\beta = 62\ \ 26\tfrac{1}{2}$$
$$\gamma = 91\ \ 14$$

Krystalle vom Ansehen der gewöhnlichen Gypscombination, mit folgenden Formen: (010), (110), $(1\bar{1}0)$, $(\bar{1}11)$, $(\bar{1}\bar{1}1)$. Eine andere Darstellung ergab, aus Petroleumäther umkrystallisirt, kurze Prismen (210), $(2\bar{1}0)$, untergeordnet (010), (110), $(1\bar{1}0)$ mit einer matten Endfläche (001).

	Beobachtet:	Berechnet:
$110 : 010 =$	$44^0 42'$	$44^0 41'$
$1\bar{1}0 : 0\bar{1}0$	44 13	44 11
$11\bar{1} : 010$	47 19	47 19
$1\bar{1}\bar{1} : 0\bar{1}0$	48 10	48 10
$110 : 11\bar{1}$	45 19	45 45
$1\bar{1}0 : 1\bar{1}\bar{1}$	46 29	45 58
$1\bar{1}0 : 1\bar{2}0$	18 1	17 59
$1\bar{2}0 : 120$	54 24	54 27
$120 : 001$	65 38	65 57
$1\bar{2}0 : 001$	65 11	65 16

Die Krystallform steht hiernach einer monosymmetrischen sehr nahe. Eine Entscheidung durch optische Untersuchung war jedoch wegen der Kleinheit der Krystalle nicht möglich.

Ref.: P. Groth.

34. **J. Rumpf** in Graz: **Krystallform des methyloxaminsauren Baryum** $(C_3H_4NO_3)_2Ba + 2H_2O$. (Ebenda, 427.)

Monosymmetrisch.

$$a : b : c = 1,0178 : 1 : 1,3060$$
$$\beta = 87^0\ 13'.$$

Kleine, wasserhelle, oktaëderähnliche Combinationen von (111), $(11\bar{1})$ mit untergeordneten (110) und (001).

	Beobachtet:	Berechnet:
111 : 1$\bar{1}$1	= *76° 10′	—
11$\bar{1}$: 1$\bar{1}\bar{1}$	*78 48	—
111 : $\bar{1}$11	*75 57	—
111 : 001	59 54	59° 51′
$\bar{1}$11 : 001	62 48	62 51
111 : 110	28 12	28 12
11$\bar{1}$: 110	29 10	29 6

Vollkommen spaltbar nach (001). Optische Axenebene parallel (010); erste Mittellinie bildet mit der Normalen zu (001) circa 5° nach vorn, scheinbarer Axenwinkel ungefähr 40°. Doppelbrechung positiv.

Ref.: P. Groth.

55. Ditscheiner (in Wien): **Krystallographische Untersuchung einiger resorcinsulfosaurer Salze** (Ebenda, 88, II, 1061 f.).

Resorcindisulfosaures Baryum $C_6H_2(OH)_2(SO_3)_2Ba + 3\frac{1}{2}H_2O$. Monosymmetrische Prismen (110) mit der Endfläche (001).

110 : 1$\bar{1}$0	= 92° 6′	approx.
110 : 001	79 9	-

Resorcindisulfosaures Kalium $C_6H_2(OH)_2(SO_3K)_2 + H_2O$. Monosymmetrisch. Der Verf. giebt folgende Zahlen:

$$a : b : c = 1,6648 : 1 : 1,2790$$
$$\beta = 50° 21'.$$

Beobachtete Flächen: (110), (001), (100), (11$\bar{2}$), (10$\bar{1}$).

	Beobachtet:	Berechnet:
110 : $\bar{1}$10	= *77° 12′	—
100 : 001	*50 21	—
$\bar{1}$01 : 001	*50 14	—
110 : 001	66 34	66° 32′
$\bar{1}$01 : $\bar{1}$10	83 18	83 25
11$\bar{2}$: 10$\bar{1}$	41 20	41 30
$\bar{1}$12 : 001	37 25	37 29
$\bar{1}$12 : $\bar{1}\bar{1}$2	—	62 50
$\bar{1}$12 : 100	—	74 40

Resorcindisulfosaures Natrium $C_6H_2(OH)_2(SO_3Na)_2 + H_2O$. Diese Substanz müsste mit der vorigen isomorph sein, was der Verf. indess nicht berücksichtigt hat, indem er der vorherrschenden prismatischen Form, deren Winkel (entsprechend 110 : $\bar{1}$10 beim Kaliumsalz) = 77° 58′, das Zeichen (111) giebt. Im Uebrigen sind die Krystalle abweichend von denen des resorcindisulfosauren Kalium ausgebildet, nämlich tafelförmig nach einer Querfläche, deren Winkel zu der ersterwähnten Form = 76° 25′. Nach dieser Fläche sind die Krystalle zu Zwillingen verbunden und zeigen ausserdem noch zwei Querflächen, für die indess keine Winkel gegeben werden, welche eine einfache Berechnung des Axenverhältnisses (in der Stellung des vorigen Salzes) ermöglichten.

Resorcindisulfosaures Kupfer $C_6H_2)OH)_2(SO_3)_2Cu + 10H_2O$. Für dieses Salz giebt der Verf. an:

Asymmetrisch.

$$a : b : c = 1 : 1,0487 : 0,6288$$
$$\alpha = 71^0\ 9'$$
$$\beta = 87\ 1$$
$$\gamma = 79\ 8$$

Beobachtete Formen: (100), (010), (001), (101), (10$\bar{1}$), (110), (011).

	Beobachtet:	Berechnet:
100 : 110 =	*55° 46′	—
110 : 010	*55 15	—
010 : 011	*73 13	
010 : 001	*109 2	—
100 : 001	*85 54	—
011 : 110	83 10	82° 54′
011 : $\bar{1}$01	36 40	37 5
110 : $\bar{1}$01	119 55	119 59
001 : $\bar{1}$01	32 10	32 15
110 : 001	—	103 5
010 : 101	—	116 52
100 : 101	55 48	55 58

Resorcinsulfosaures Kalium $C_6H_3(OH)_2SO_3K + 2H_2O$. Monosymmetrisch. Die Angaben des Verfassers sind die folgenden:

$$a : b : c = 2,3718 : 1 : 2,1979$$
$$\beta = 78^0\ 40'.$$

Beobachtete Formen: (120), (100), (001), (122), (101).

	Beobachtet:	Berechnet:
100 : 001 =	*78° 40′	—
100 : 120	*77 44	—
120 : 001	87 35	87° 36′
122 : 001	*63 21	—
122 : 1$\bar{2}$2	—	121 54
122 : $\bar{1}$20	37 30	38 16
122 : 101	61 50	62 7
101 : 001	38 0	38 21
122 : 100	—	74 19

Ref.: P. Groth.

56. C. Dölter (in Graz): **Ueber die Einwirkung des Elektromagneten auf verschiedene Mineralien und seine Anwendung behufs mechanischer Trennung derselben** (Sitzungsber. der Wiener Akad. **85**, I, 47—71). Durch zahlreiche Versuche über die Einwirkung eines Elektromagneten auf Mineralpulver von feinem und gleichmässigem Korn unter Anwendung verschieden starker Ströme fand der Verf. folgende Reihenfolge der Attractionsfähigkeit:

Magnetit,
Hämatit, Ilmenit,
Chromit, Siderit, Almandin,

Lièvrit, Hedenbergit, Ankerit, Limonit,
Augit mit 15—20 % der Oxyde des Eisens, Pleonast, Arfvedsonit,
Hornblende, lichte Augite, Epidot, Pyrop,
Turmalin, Bronzit, Idokras,
Staurolith, Aktinolith,
Olivin, Pyrit, Kupferkies, Vivianit, Eisenvitriol,
Fahlerz, Bornit, dunkelbraune Zinkblende, Biotit, Chlorit, Rutil,
Hauyn, Diopsid, Muscovit,
Nephelin, Leucit, Dolomit.

Da die eisenreichen Mineralien Pyrit u. s. w. weniger angezogen werden, als viel eisenärmere Augite, so hängt die Attractionsfähigkeit nicht direct von dem procentischen Eisengehalt ab.

Die Behandlung mit dem Magneten ist vortheilhaft, wenn es sich darum handelt, ein eisenfreies Mineral rein zu gewinnen, und zwar wendet man dann am besten einen starken Elektromagneten und feines Pulver an, um alle eisenhaltigen Substanzen auszuziehen. Will man jedoch ein eisenhaltiges Mineral isoliren, so ist die Anwendung gröberen Pulvers und eines schwächeren Magneten vorzuziehen, um nicht auch eisenfreie, durch Einschlüsse verunreinigte Substanzen mitzureissen.

Der Verf. erörtert ausführlich die Verwendung der Methode bei petrographischen Untersuchungen.

Ref.: P. Groth.

57. H. Baron von Foullon (in Wien): **Ueber krystallisirtes Zinn** (Verhandl. d. geol. Reichsanstalt Wien 1881, S. 237—244; 1884, S. 367—384). In Ofenbruchstücken, welche aus Zinnschmelzöfen von Mariaschein in Böhmen stammten, fanden sich Krystalle der zuerst von Trechmann (s. diese Zeitschr. 5, 625) beschriebenen rhombischen Modification des Zinns. Dieselben sind zum Theil sehr klein und zeigen nur einzelne Flächen der Pyramide (111), zum Theil grösser (bis 1 cm lang), dünn tafelartig nach *b* (010) und durch *o* (111), *d* (101), *m* (110), *n* (120) begrenzt; die Verlängerung entspricht theils der Verticalaxe, theils einer Polkante von (111). Die letzteren Krystalle zeigen einen schichtenweisen Aufbau, indem ein ebenes Feld die Mitte der Täfelchen bildet, von Anwachsstreifen umgeben, welche am Rande als Leisten hervortreten. Die beste Messung gestattete der Winkel *b* : *n*

010 : 120 = 52° 17′ (Trechmann 52° 21′, berechnet 52° 14′).

Ein kleines Kryställchen, an dem *m* vollständig fehlte, gab:

010 : 120 = 52° 20′
010 : 111 = 75 24 (Trechmann berechnet 75° 19′).

Die auf einer Schlacke aufsitzenden Kryställchen hatten einen mehr nadelförmigen Habitus; hier wurden zwei neue Formen, $y = (340) \infty \breve{P} \frac{4}{3}$, und $p = (121)\ 2\breve{P}2$ beobachtet.

340 : 010 = 40° 43′—45′ (berechnet aus Trechmann's Axenverhältniss 40° 43′)
121 : 010 = 62° 14′—20′ (berechnet 62° 20½′).

Chemisch liessen sich neben Zinn nur Spuren von Kupfer, Eisen und Kohlenstoff nachweisen. Gegenüber der von anderer Seite aufgestellten Vermuthung, dass die rhombischen Krystalle des Zinns aus einer Wolframlegirung beständen, theilt der Verf. in der zweiten, Eingangs citirten Arbeit mit, dass eine besonders hierauf gerichtete Untersuchung keine Spur Wolfram ergeben habe. Die rhombische Modification entsteht wahrscheinlich durch langsame Abkühlung unter dem Schmelzpunkt, während beim schnellen Abkühlen auf die gewöhnliche Temperatur die tetragonale entsteht.

Mit letzterer beschäftigt sich der Verf. ausführlich in der zweiten citirten Arbeit. Zur Untersuchung dienten zunächst Krystalle, welche Herr J. J. Pohl aus dem Schmelzflusse dargestellt hatte. Dieselben bilden rechtwinkelige Täfelchen, deren Oberfläche von den vielfach sich wiederholenden Flächen der tetragonalen Pyramide (111), welche die galvanisch ausgeschiedenen Zinnkrystalle zeigen, gebildet wird; die Polkanten derselben werden von (101) abgestumpft, von welcher Form meist nur einzelne Flächen ausgebildet sind. Die Krystalle zeigen keine Zwillingsbildung. Die besten Flächen ergaben:

		Miller berechnet:
$111 : \bar{1}11$	$= 39^0\ 24'$	$39^0\ 35'$
$111 : 11\bar{1}$	$122\ 51$	$122\ 47$
$101 : \bar{1}01$	$42\ 12$	$42\ 11$

Je nach der Art der Zusammenhäufung der Einzelkrystalle sind die Täfelchen zu lanzettartigen oder stabförmigen Gebilden nach einer Nebenaxe verlängert, oder am Rande dünner Blättchen treten ziemlich gut ausgebildete Krystalle hervor, sämmtlich parallel und so geneigt, dass eine Pyramidenfläche nahe horizontal liegt. Am seltensten sind Blättchen nach einer Fläche von (110).

Ferner wurden Blättchen und Krystallgruppen, von den Herren Schuchardt und Swaty geliefert, untersucht, welche sich zufällig in einem Hohlraume gegossenen Zinns gebildet hatten. Diese stellen zum Theil Blättchen dar, nach der Nebenaxe gestreckt und mit rechtwinkelig gezähntem Rande, ferner mit einer deutlichen Mittelnaht und dazu rechtwinkeligen oder gekrümmten Seitennähten, hervorgebracht durch das Vorragen winziger Pyramiden; die Oberfläche ist unter 45^0 zur Mittelnaht gestreift durch die oscillirende Ausbildung der Flächen (111) und ($\bar{1}\bar{1}1$) oder ($1\bar{1}1$) und ($\bar{1}11$). Andere Gruppen bilden speerartige Aggregate, parallel einer Basiskante von (111) verlängert und durch vorherrschende Ausbildung zweier benachbarter Pyramidenflächen unter 45^0 gegen die Mittelnaht gerippt. Die Einzelkrystalle sind vorwaltend Zwillinge nach (111), besonders an den Rändern des Gebildes in flach keilförmiger Gestalt hervorragend. Diese Form wird dadurch hervorgebracht, dass am obern Krystall $1\bar{1}1$ und $\bar{1}11$ eine langgestreckte Kante bilden, während der untere vorherrschend von der Zwillingsebene begrenzt wird; am verdickten Ende erscheinen 111, 331 und 110 beider Krystalle, die letzteren Flächen ohne einspringenden Winkel aneinander stossend; die seitliche Begrenzung bilden $1\bar{1}0$ und $\bar{1}10$, meist durch vielfache Vertiefungen von zerfressenem Ansehen*). Ganz ähnliche Zwillinge erhielt der Verf. von Herrn Ulrich; dieselben waren in der Harburger Fabrik durch Reduction einer Zinnchlorürlösung erhalten worden.

Von den folgenden Messungen beziehen sich die unter A angegebenen auf Krystalle aus dem Schmelzfluss, die unter B auf die zuletzt erwähnten.

---

*) Auch im Innern enthalten die Krystalle zahlreiche Hohlräume, daher die Abweichungen der von verschiedenen Beobachtern gefundenen specifischen Gewichte, welche wohl ausnahmslos zu niedrig sind. An den Pohl'schen Krystallen betrug dasselbe 7,196.

	Beobachtet: A	B	Berechnet Miller:
111 : 331 =	29° 18′	—	29° 57½′
111 : 110	61 26	61° 30′—52′	61 23½
$\bar{1}$10 : $\underline{331}$	27 40	—	27 15½
$\bar{1}$10 : 11$\underline{0}$	—	56 38	57 30

Hieraus geht die Identität der unter gewöhnlichen Umständen aus dem Schmelzfluss erhaltenen Krystalle mit den durch Reduction von Zinnlösungen entstehenden hervor. Zu der tetragonalen Modification gehören unzweifelhaft auch die von Stolba (Journ. f. prakt. Chem. 1865, **96**, 178; Ber. d. k. böhm. Ges. d. Wiss. 1873, S. 333) erhaltenen Krystalle.

Ausser der tetragonalen und der rhombischen Modification ist nur noch eine sicher festgestellt, d. i. diejenige des sogen. »grauen Zinns« (Fritzsche, Ber. d. d. chem. Ges. 1869, **2**, 112, Mém. de l'ac. d. St. Pét. (7) **15**, Heft 5, 1870. — Oudemans, Institut 1872, 142. — Wiedemann, Wied. Ann. d. Phys. 1877, **2**, 304. — Schertel, Journ. f. prakt. Chem. 1879, neue Folge **19**, 322); sein spec. Gewicht ist nach Schertel 5,78—5,81.

Ref.: P. Groth.

58. F. Kohlrausch (in Würzburg): **Einstellung eines Objectes am Totalreflectometer** (Wiedemann's Ann. d. Phys. Neue Folge **16**, 609—610). Um die Krystallfläche in die Drehungsaxe zu bringen, bedient man sich einer Schneide, welche in das Stativ gesteckt, die Axe bezeichnet und dann wieder entfernt wird. Zur Parallelstellung der Platte mit der Drehungsaxe dient ein in gleicher Höhe am Stativ angebrachter dunkler Spiegel, welcher der Drehungsaxe parallel ist; die Krystallplatte hat die erforderliche Richtung, wenn das Spiegelbild des Auges in derselben und im Spiegel in gleicher Höhe erscheinen. Die richtige Stellung des Spiegels ergiebt sich daraus, dass ein darin gesehener, in der Kreisebene gelegener ferner Punkt mit dem Spiegelbild des Auges in gleicher Höhe erscheint.

Ref.: P. Groth.

59. J. L. Soret und **S. Sarasin** (in Genf): **Ueber die Drehung der Polarisationsebene des Lichtes durch den Quarz** (s. l. polarisation rotatoire du Quartz. — Arch. d. sc. Genève 1882, 137 Seiten. Im Auszug auch Cpt. rend. 1882, **95**, 635—638). Die Verf. haben in dieser Arbeit alle ihre neueren Messungen der Drehung des Quarzes, von denen einige schon früher mitgetheilt wurden (s. diese Zeitschr. **2**, 107), vollständig zusammengestellt. Sie bedienten sich der Methode von Broch, indem sie Sonnenlicht durch einen Polarisator, dann durch den Quarz, hierauf durch einen mit Theilkreis versehenen Analysator gehen und endlich in einen Spectralapparat eintreten liessen. Es wurden Quarzsäulen von 30—60 mm Länge angewandt, so dass in dem erhaltenen Spectrum eine Reihe dunkler Banden auftrat. Eine solche wurde nun durch Drehen des Analysators mit dem Fadenkreuz des Beobachtungsfernrohrs zur Deckung gebracht, nachdem dieses vorher auf eine bestimmte Linie im Spectrum eingestellt worden war, und aus der Drehung des Analysators in bekannter Weise die Drehung für jene Linie hergeleitet. Die Sonnenstrahlen wurden durch eine Quarzlinse mit sehr grosser Brennweite auf dem Spalt des Spectralapparates concentrirt, nachdem durch Controlmessungen nachgewiesen worden war, dass die hierdurch hervorgebrachte schwache Convergenz der durch den Quarz hindurchgehenden Strahlen keinen wesentlichen Einfluss auf das Resultat der Messungen ausübte. Alle Beobachtungen wurden auf 20° reducirt und möglichst in der Nähe dieser Temperatur angestellt, um durch die Reduction in keinem Falle merkliche Fehler einzuführen, nach welcher Formel dieselbe auch vorgenommen werde. Die Einstellung der dunkeln Banden ist weniger genau an den Enden des Spectrums, doch konnte nachgewiesen werden, dass auch hier die Fehler nur äusserst geringe seien.

Um den etwa durch die Einstellung des Analysators auf Auslöschung bewirkten Fehler, welcher sich übrigens als sehr klein erwies, zu beseitigen, wurden mehrere Messungsreihen nach folgender Methode vorgenommen. Es wird ein linksdrehender Quarz von der Dicke l eingefügt, ein schwarzer Streifen mit dem vorher auf eine Linie eingestellten Fadenkreuz zur Deckung gebracht und die Stellung des Analysators abgelesen. Alsdann wird ausser dem ersten Quarz noch ein zweiter, aber ein rechtsdrehender und von doppelter Dicke $2l$ eingesetzt; man bringt nun einen dunkeln Streifen zur Deckung mit derselben Linie, wie vorher, und liest wieder die Stellung des Analysators ab. Die Differenz beider Ablesungen mit Hinzufügung von $n \cdot 180^0$ giebt die Drehung des zweiten Quarzes, und hierbei besitzen beide Einstellungen den gleichen Grad von Genauigkeit, weil die Streifen im Spectrum gleich breit und gleich zahlreich sind. Da die Genauigkeit der Einstellung von der Breite und dem Abstand der Streifen abhängt, man aber bei diesem Verfahren die Drehung für die doppelte Dicke des Quarzes misst, als bei dem gewöhnlichen, so ist auch die Genauigkeit die doppelte. Zur Controle kann man dann die Drehung jedes der beiden Quarze für sich nach der gewöhnlichen Methode bestimmen.

Hat man es mit einer Lichtquelle zu thun, welche ein aus hellen Linien bestehendes Spectrum liefert, so geschieht die Einstellung des dunkeln Streifens, welche der Broch'schen Methode zu Grunde liegt, einfach dadurch, dass man einen hellen Streifen zum vollständigen Verschwinden bringt (Methode von Mascart). Die Verf. führten einige Messungen mit Natriumlicht nach dieser Methode aus und wandten dann dieselbe zur Bestimmung der Drehung für ultraviolette Strahlen in folgender Weise an: Als Lichtquelle diente der zwischen Elektroden von Cadmium übergehende elektrische Funken; diesem war sehr genähert ein ziemlich weiter Spalt, hinter dem sich eine Quarzlinse von kurzer Brennweite befand; letztere verwandelte die divergenten Strahlen in nahezu parallele, welche zunächst durch ein Diaphragma und in 2 m Entfernung durch ein zweites gingen, hinter welchem sich ein Foucault'scher Polarisator befand, der besonders für die Benutzung ultravioletter Strahlen construirt war. Aus diesem trat das Licht in den Quarz und wurde alsdann in einem Kalkspathprisma, welches zugleich als Analysator diente, gebrochen. Da dieses fest bleiben musste, wurde die Drehung des Polarisators abgelesen. Das Objectiv des Beobachtungsfernrohrs wurde durch eine Quarzlinse ersetzt und statt des gewöhnlichen Oculars das fluorescirende Ocular Soret's verwendet. Da im ultravioletten Lichte in der Drehung $n \cdot 180^0 + \alpha^0$ die Zahl n ziemlich gross ist, so wurden besondere Controlen für deren richtige Bestimmung durch Untersuchung mehrerer Platten von verschiedener Dicke und durch Anwendung eines Eisenspectrums vorgenommen. Die Untersuchung der Drehung der ultravioletten Strahlen ergab für die Aenderung mit der Temperatur einen grösseren Coëfficienten, als im sichtbaren Sonnenspectrum, innerhalb dessen die von v. Lang gegebene Zahl die Beobachtungen mit genügender Genauigkeit auf die Mitteltemperatur von 20° zu reduciren gestattete. Was die Abhängigkeit der Drehung von der Wellenlänge des Lichtes betrifft, so stellt die Boltzmann'sche Formel die Beobachtungen in den Grenzen des Sonnenspectrum von *A* bis *R* befriedigend dar, nicht aber im ultravioletten Theile. Eine bessere Uebereinstimmung erhält man auch hier, wenn man die Wellenlängen in Luft durch diejenigen in Quarz ersetzt.

Im Folgenden sind die Mittelwerthe aus den Beobachtungen zusammengestellt:

Linie:	Wellenlänge in Luft:	Drehung bei 20°:
A	760,4 Mill. mm	12°,648
a	718,4 - -	14,301
B	686,7 - -	15,746
C	656,2 - -	17,312
D_2	589,5 - -	21,690
D_1	588,9 - -	21,725
E	526,9 - -	27,540
F	486,1 - -	32,761
G	430,7 - -	42,586
h	410,1 - -	47,486
H	396,8 - -	51,187
K	393,3 - -	52,155
L	382,0 - -	55,625
M	372,6 - -	58,885
Cd 9	360,9 - -	63,249
N	358,2 - -	64,459
Cd 10	346,6 - -	69,454
O	344,1 - -	70,588
Cd 11	340,2 - -	72,448
P	336,0 - -	74,581
Q	328,6 - -	78,589
Cd 12	324,7 - -	80,459
R	318,0 - -	84,982
Cd 17	274,7 - -	121,057
Cd 18	257,1 - -	143,248
Cd 23	231,3 - -	190,426
Cd 24	226,5 - -	201,797
Cd 25	219,4 - -	220,711
Cd 26	214,3 - -	235,972

Ref.: P. Groth.

60. E. Sarasin (in Genf): **Brechungsexponenten des Kalkspaths** (Arch. d. sc. phys. et nat. Nov. 1882, 8, 392). Der Verf. bestimmte die Brechungsindices des isländischen Calcit für die Fraunhofer'sche und für die hellen Cadmiumlinien (im Ultraviolett mit Soret's fluorescirendem Ocular) mittelst zweier der Axe paralleler Prismen I. und II.

		ω		ε	
Linie:	Wellenlänge:	Prisma I:	Prisma II:	Prisma I:	Prisma II:
A	760,40	1,65000	1,64983	1,48261	1,48251
a	718,36	1.65156	1,65150	1,48336	1,48323
B	686,71	1,65285	1,65283	1,48391	1,48384
Cd 1	643,70	1,65501	—	1,48481	—
D	589,20	1,65839	1,65825	1,48644	1,48634

Linie:	Wellenlänge:	ω Prisma I:	ω Prisma II:	ε Prisma I:	ε Prisma II:
Cd 2	537,71	1,66234	—	1,48815	—
Cd 3	533,63	1,66274	—	1,48843	—
Cd 4	508,44	1,66525	—	1,48953	—
F	486,07	1,66783	1,66773	1,49079	1,49069
Cd 5	479,86	1,66858	—	1,49142	—
Cd 6	467,65	1,67023	—	1,49185	—
Cd 7	441,45	1,67417	—	1,49367	—
h	410,12	1,68036	1,68008	1,49636	1,49640
H	396,81	1,68319	1,68321	1,49774	1,49767
Cd 9	360,90	1,69325	1,69310	1,50228	1,50224
Cd 10	346,55	1,69842	1,69818	1,50452	1,50443
Cd 11	340,15	1,70079	—	1,50559	—
Cd 12 γ	325,80	1,70716		} 1,50857	
Cd 12 {β, α}	324,75	1,70764	—	} 1,50857	—
Cd 17	274,67	1,74151	1,74166	1,52276	1,52287
Cd 18	257,13	1,76050	1,76060	1,53019	1,53059
Cd 23	231,25	1,80248	1,80272	1,54559	1,54583
Cd 24	226,43	1,81300	1,81291	1,54920	1,54960
Cd 25	219,35	1,83090	1,83091	1,55514	1,55533
Cd 26	214,31	1,84580	1,84592	1,55993	1,56014

Die Temperatur, für welche die Messungen gelten, ist nicht angegeben.

Ref.: P. Groth.

61. L. W. Mc. Cay (in Freiberg i. S.): **Beitrag zur Kenntniss der Kobalt-, Nickel- und Eisenkiese** (Diss. d. Coll. of New Jersey, Freiberg 1883). Der Verf. analysirte zunächst ein Exemplar von Breithaupt's Weissnickelkies (Rammelsbergit) von Schneeberg, dessen Farbe zinnweiss, Härte 5, Strich dunkelgrau, spec. Gewicht 6,9, und fand:

As	66,33
S	0,16
Ni	27,76
Co	0,64
Fe	Spuren
Bi	5,11
	100,00

Indem man vom Wismuth absieht, erhält man daraus das Verhältniss $R : As = 1 : 1,85$.

Für die entsprechende rhombische Form des Speiskobalts, welche Werner als »faserigen weissen Speiskobalt« bezeichnete, wird nachgewiesen, dass zuerst Breithaupt sie genauer bestimmte und 1835 mit dem Namen Safflorit belegte. Das Mineral ist identisch mit dem Eisenkobaltkies von Kobell's und dem Spathiopyrit Sandberger's*) und unterscheidet sich auch in den derben

* Diese Identität, welche dem Referenten seit längerer Zeit unzweifelhaft war, daher derselbe in seiner tabellar. Uebersicht der Mineralien die Substanz mit dem älteren Namen »Safflorit« bezeichnete, hat inzwischen auch Sandberger Neues Jahrb. für

Varietäten von Schneeberg (analysirt von Kobell, Hofmann, Jäckel), Reinerzau (analysirt von Petersen) und Tunaberg (Analyse von Varrentrapp) durch das hohe spec. Gewicht 6,9—7,3, welches durch den grösseren oder geringeren Eisengehalt, der meist ziemlich beträchtlich ist, nicht wesentlich beeinflusst wird. Der Verf. untersuchte dann selbst derben Safflorit von Wolfgang Maassen bei Schneeberg, kugelige Massen mit Quarz associirt, im Bruch radialfasrig; zinnweiss bis hell stahlgrau, Strich dunkelgrau, Härte 4½—5, spec. Gewicht 7,28 (nach Abrechnung des Quarzes). Zusammensetzung nach Abzug von Quarz und Wismuth:

		Atomverhältniss:
As	69,34	0,924
S	0,51	0,016
Co	17,06	0,289
Fe	11,95	0,213
Cu	0,69	0,010
	99,55	

Dies giebt, nach Abzug von RS_2, das Verhältniss $R : As = 1 : 1,83$.

Ferner wurde ein Exemplar von Bieber in Hessen untersucht, welches genau der Beschreibung Sandberger's entspricht, indem die auf Speiskobalt aufsitzenden, radialfasrigen Kugeln in kleine rundliche Täfelchen auslaufen, welche vielfach zu Zwillingen und Drillingen verwachsen sind. Farbe zinnweiss, schnell dunkel stahlgrau anlaufend; Härte 4½—5, spec. Gewicht 7,26. Die Analyse ergab nach Abrechnung des Wismuths:

		Atomverhältniss:
As	69,12	0,921
S	1,32	0,041
Co	13,29	0,225
Fe	14,56	0,260
Ni	1,90	0,032
Cu	0,26	0.004
	100,45	

$R : As = 1 : 1,84$.

Cheleutit (Wismuthkobalterz). Dieses zuerst von Kersten untersuchte Erz von Schneeberg bildet sehr lockere, rechtwinkelig gestrickte Massen von bleigrauer Farbe und hexaëdrischer Spaltbarkeit. Der Verf. fand das spec. Gewicht 6,3 und die Zusammensetzung:

	I.	II.
As	75,14	75,05
S	1,31	1,30
Co	12,66	12,27
Fe	5,10	5,23
Ni	3,02	3,00
Cu	1,65	1,52
Bi	0.66	0,90
Quarz	0,32	0,52
	99,86	99,79

Min. u. s. w. 1884, 1, 69) anerkannt und den von ihm vorgeschlagenen Namen zurückgezogen. Dieser theilt a. a. O. zugleich mit, dass in seiner Publication von 1873 die spec. Gewichte des analysirten Speiskobalts und des Spathiopyrites, 6,7 und 7,1, versehentlich mit einander verwechselt wurden, so dass in dieser Beziehung nunmehr vollständige Uebereinstimmung vorliegt. Ausserdem wurden auch an einem Stücke des Spathiopyrit Spaltungsflächen entdeckt, welche brachydomatisch zu sein scheinen.

Durch Behandlung des feingepulverten Erzes mit Quecksilber gelang es, etwas Wismuth auszuziehen und dadurch nachzuweisen, dass dasselbe in metallischem Zustande beigemengt ist. Nach Abzug desselben und des Quarzes ergiebt sich im Mittel:

		Atomverhältniss:
As	76,00	1,013
S	1,32	0,041
Co	12,61	0,213
Fe	5,22	0,093
Ni	3,05	0,051
Cu	1,60	0,025
	99,80	

R : *As* = 1 : 2,80. Eine ganz ähnliche Zusammensetzung (*R* : *As* = 1 : 2,66) gab ein anderes Exemplar von strahliger Textur, dessen spec. Gewicht nach Abrechnung des reichlich beigemengten Quarzes = 6,35 gefunden wurde. Durch das niedrigere Gewicht unterscheidet sich der Cheleutit vom Tesseralkies, dem er chemisch ziemlich nahe steht, daher das Mineral am richtigsten als einer der arsenreichsten Varietäten des Speiskobalts zu betrachten ist*).

Chloanthit von Schneeberg. Ein Stück mit Andeutung von fasriger Structur, aber seines spec. Gewichtes 6,44—6,45 wegen nicht als Weissnickelkies zu betrachten, ergab:

As	68,40
S	1,06
Ni	24,95
Co	4,20
Fe	0,69
Bi	0,21
	99,51

R : *As* = 1 : 1,86.

Hierher ist auch zu stellen der sog. »Stängelkobalt«, dessen Zwillingsbildungen G. vom Rath in dieser Zeitschr. 1, 8 beschrieb. Ein Vorkommen von 1871 aus der Grube Gesellschaft bei Schneeberg ergab: spec. Gewicht 6,54.

As	75,40
S	0,73
Ni	11,90
Co	3,42
Fe	7,50
Cu	0,39
	99,34

Dies entspricht, wie die frühere Bull'sche Analyse, der Formel: R_2As_5.

Als strahliger Arsenkies wurde ein in Kalkspath eingewachsenes Mineral von Orawitza erkannt, welches nach der Längsrichtung spaltbare, in Kalkspath eingewachsene Stengel von zinnweisser Farbe bildet und als Alloklas bezeichnet war**). Härte 5½, Gewicht 6,05.

---

*) Zu demselben Resultate gelangte der Ref. durch Untersuchung der in der Strassburger Sammlung befindlichen Exemplare. Siehe P. Groth, die Mineraliensamml. der K.-W.-Univ. Strassburg, 1878, S. 261.

**) Auch das unter diesem Namen in die Strassburger Sammlung gelangte Exemplar wurde vor mehreren Jahren als Arsenkies erkannt. Der Ref.

As	45,19
S	19,80
Fe	33,60
Co + *Ni*	1,40
	99,99

Nickelhaltiger Kobaltglanz von Schladming in Steiermark, silberweisse verzerrte Hexaëder mit etwas Gold und Kupferkies in weissen Kalkspath eingewachsen; Härte 5, spec. Gewicht 5,722. Nach Abzug von 0,94 *Cu* als Kupferkies ergab sich:

As	43,12
S	18,73
Co	29,20
Fe	5,30
Ni	3,20
	99,55

Daraus *R* : *S* : *As* = 1,1 : 1 : 1.

Arseneisen von Hüttenberg in Kärnthen; spec. Gewicht 6,75. Zusammensetzung (nach Abzug von 1,70 *Bi*):

As	68,87
S	1,09
Fe	29,20
	99,16

Derber grauer Smaltin von Schneeberg, spec. Gewicht 6,11, ergab nach Abzug von Quarz und Wismuth:

As	71,53
S	1,38
Co	18,07
Fe	7,31
Ni	1,02
Cu	0,01
	99,32

R : *As* = 1 : 2,1.

Geierit von Breitenbrunn in Sachsen, neues Vorkommen, derb, hie und da kleine, anscheinend rhombische Krystalle, mit grünem Prasem. Spec. Gewicht 6,58.

As	61,62	61,18
S	6,84	6,63
Fe	31,20	31,20
	99,66	99,01

Dies entspricht ungefähr der Formel $7FeS_2 + 6Fe_5As_9$.

Arsenkies von Queropulca in Peru, bisher für Kobaltarsenkies gehalten, (prismatische Krystalle vom spec. Gewicht 6,07) ergab:

As	42,54
S	20,96
Fe	35,03
Cu	0,47
	99,00

Ref.: P. Groth.

62. **S. Haughton** (in Dublin): **Mineralien von Dublin und Wicklow** (Journ. R. Geolog. Soc. Irel. 1878, New Ser. 5, 39—45). Der milchweisse Orthoklas*) des Granit von Dublin und Wicklow gab im Mittel der Analysen von sieben Exemplaren (spec. Gewicht 2,54):

SiO_2	64,59
Al_2O_3	18,34
CaO	0,25
MgO	0,58
K_2O	12,23
Na_2O	2,75
Glühverlust	0,58
	99,29

Albit in freien Krystallen von Dalkey:

SiO_2	64,70
Al_2O_3	21,80
K_2O	2,84
Na_2O	9,78
Beigemengter Flussspath	0,80
	99,92

Weisser Glimmer (Margarodit) ist im Granit häufig deutlich krystallisirt in rhombischen oder sechsseitigen Tafeln und Prismen; optischer Axenwinkel circa 70°. Mittel von vier Analysen:

SiO_2	44,58
Al_2O_3	32,13
Fe_2O_3	4,57
CaO	0,78
MgO	0,76
K_2O	10,67
Na_2O	0,95
Glühverlust	5,34
	99,78

Der Lepidomelan dieser Gesteine, welcher auch mit dem vorigen verwachsen vorkommt, hat folgende Zusammensetzung:

SiO_2	35,55
Al_2O_3	17,08
Fe_2O_3	23,70
CaO	0,61
MgO	3,07
K_2O	9,45
Na_2O	0,35
FeO	3,55
MnO	1,95
Glühverlust	4,30
	99,61

*) Ebenda 1880, 5, 189 wird von O'Reilly mitgetheilt, dass der Feldspath aus dem Granit von Dalkey typischer Mikroklin sei.

Untergeordnet finden sich im Granit folgende Mineralien: Beryll an mehreren Orten, Spodumen bei Killiney, Killinit (zersetzter Spodumen) ebenda, Turmalin an zahlreichen Stellen, Granat an mehreren Orten, Flussspath in Hexaëdern: Golden Bridge, in Oktaëdern: Dalkey, Apatit in hellgrünen Prismen: Three Rock Mountain, Killiney, Agalmatolith: Dundrum, Luganure.

In den metamorphischen Glimmer- und Hornblendeschiefern kommen vor: Andalusit, Chiastolith, Staurolith, Zirkon, Gold, Magnetit, Chlorit, Spinell, Platin, Holzzinnerz, Jaspis.

Auf Gängen: Eisenkies, Flussspath, Baryt, Silber, Chlorsilber, Brauneisenerz, Manganoxyde, Kupfer, Kupferkies, Zinnerz, Weissbleierz, Anglesit, Pyromorphit, Bleiglanz, Blende.

Ref.: P. Groth.

63. V. Ball (in Dublin): **Stilbit von Bengalen** (Ebenda, 1879, S. 114—115). Das Mineral bildet einige kleine Gänge im Gneiss bei Manjuri in West-Bengalen.

Ref.: P. Groth.

64. E. Reynolds und **V. Ball** (in Dublin): **Künstlicher Diopsid** (Ebenda, S. 116—117). Die Verf. analysirten das bereits in dieser Zeitschr. 6, 644 beschriebene Product und fanden:

SiO_2	55,35
MgO	16,20
CaO	23,24
$Al_2O_3 + Fe_2O_3$	4,20
	98,99

Ref.: P. Groth.

65. R. T. Glazebrook (in Cambridge): **Ueber Nicol'sche Prismen** (Phil. Mag. 1880 (5) 10, 247). Wenn die Wellennormale eines einfallenden Strahls genau parallel der Längskante des Prismas, so ist die Schwingungsrichtung des austretenden Lichtes genau parallel dem Hauptschnitt des Kalkspathes, ist aber z. B. die Wellennormale gegen die Längskante um 5^0 geneigt in einer Ebene durch diese Kante und die grosse Diagonale der Eintrittsfläche, so ergeben die vom Verf. entwickelten Formeln eine Abweichung der Schwingungsrichtung vom Hauptschnitt um $5^0\ 3'$. Bei einer Drehung des Nicols um 90^0 wird demnach die Polarisationsebene des Lichtes um $90^0 \pm 5^0\ 3'$ gedreht. Weit weniger, nur etwa $\frac{1}{2}\,\%$, beträgt der Fehler, welchen eine gleich grosse Abweichung der Drehungsaxe des Nicols von seiner Längsrichtung hervorbringen würde.

Ref.: P. Groth.

66. Fr. Rinne (in Göttingen): Krystallographische Untersuchung einiger organischer Verbindungen (Inaug.-Dissert. Göttingen 1883).

Anhydrobenzdiamidobenzol.

$C_6H_4 < \genfrac{}{}{0pt}{}{N}{NH} \gtrless C.C_6H_5$. Schmelzpunkt 287⁰.

Dargestellt von J. L. Howe (Inaug.-Dissert. Göttingen 1882). Krystalle aus Alkohol.

Krystallsystem: Monosymmetrisch.

$$a : b : c = 1,9513 : 1 : 1,5637$$
$$\beta = 74^0\ 28'.$$

Fig. 1.

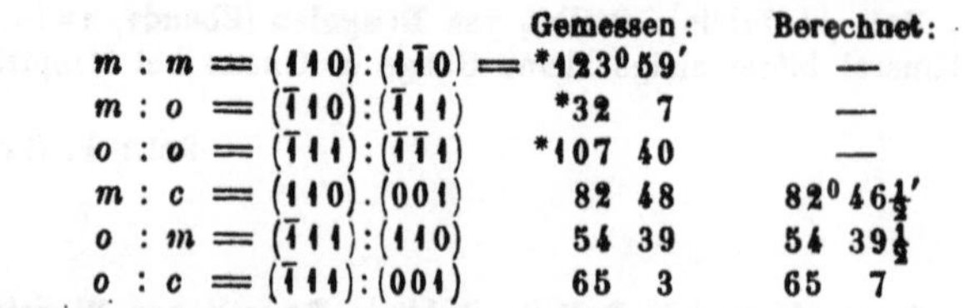

Beobachtete Formen (Fig. 1): $m = (110)\infty P$, $c = (001)0P$, $o = (\bar{1}11)+P$. Kurz prismatisch. Flächenbeschaffenheit gut.

		Gemessen:	Berechnet:
$m : m$	$= (110):(1\bar{1}0) =$	*123⁰ 59′	—
$m : o$	$= (\bar{1}10):(\bar{1}11)$	*32 7	—
$o : o$	$= (\bar{1}11):(\bar{1}\bar{1}1)$	*107 40	—
$m : c$	$= (110).(001)$	82 48	82⁰ 46½′
$o : m$	$= (\bar{1}11):(110)$	54 39	54 39½
$o : c$	$= (\bar{1}11):(001)$	65 3	65 7

Spaltbarkeit vollkommen nach $c(001)$. Farbe braunroth. Ebene der optischen Axen $\infty R\infty$, erste Mittellinie beinahe senkrecht auf c. An einem Spaltblättchen $\parallel c(001)$ ergab sich

$$2H_a = 44^0\ 30' \text{ für } Li$$
$$63\ \ 0 \text{ - } Na$$
$$78\ \ 30 \text{ - } Tl.$$

Geneigte Dispersion nicht zu erkennen; Doppelbrechung nicht sehr stark, positiv.

Diallylanhydrobenzdiamidobenzoylhydroxyd.

$C_6H_4 < \genfrac{}{}{0pt}{}{N}{N} \gtrless C.C_6H_5.$ Schmelzpunkt 62—63⁰.
$\quad\searrow (C_3H_5)_2OH.$

Dargestellt von Ch. Merrick. (Inaug.-Dissert. Göttingen 1882.)

Diese Verbindung krystallisirt in zwei physikalisch isomeren Modificationen. Die α-Modification bildete sich aus Chloroform, die β-Modification aus Petroleumäther, doch gelingt es auch, beide Modificationen sowohl aus dem einen wie andern Lösungsmittel zu erzielen. Aus Alkohol bildet sich nur die α-Modification.

α- (stabile) Modification.

Krystallsystem: Monosymmetrisch.

$$a : b : c = 1,4264 : 1 : ?$$
$$\beta = 89^0\ 35\tfrac{1}{2}'.$$

Beobachtete Formen: $m = (110)\infty P$, $c = (001)0P$. Die Flächenbeschaffenheit der 1 mm grossen Krystalle ist eine ziemlich unvollkommene.

		Gemessen:	Berechnet:
$m : m$	$= (110):(1\bar{1}0) =$	*109° 56′	—
$m : c$	$= (110):(001)$	*89 46	—

Spaltbarkeit nach $0P$ und weniger deutlich nach ∞P. Farblos bis bernsteingelb. Ebene der optischen Axen $\infty \bar{P}\infty$. Erste Mittellinie beinahe senkrecht auf $c(001)$. Auf den m-Flächen beträgt die Auslöschungsschiefe circa 5° mit der Prismenkante. An einem Spaltblättchen ∥ $c(001)$ ergab sich

$2E = 57°46'$ für Li
60 21 - Na
63 0 - Tl.

Doppelbrechung schwach. Deutliche geneigte Dispersion.

β- (labile) Modification.

Krystallsystem: Monosymmetrisch.

$a : b : c = 2{,}5194 : 1 : 2{,}0928$
$\beta = 85° 15'$.

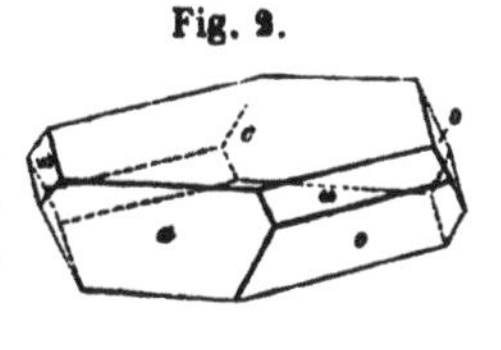
Fig. 2.

Beobachtete Formen (Fig. 2): $c = (001)0P$, $a = (100)\infty P\infty$, $o = (\bar{1}11) + P$, $\omega = (111) - P$. Ausbildung entweder tafelförmig nach $c(001)$ oder dickprismatisch nach $o(\bar{1}11)$. Flächenbeschaffenheit von geringer Güte.

		Gemessen:	Berechnet:
$a : c$	$= (100):(001) =$	*85° 15′	—
$c : o$	$= (001):(\bar{1}11)$	*67 27	—
$o : o$	$= (\bar{1}11):(\bar{1}\bar{1}1)$	*118 17	—
$o : o$	$= (\bar{1}\bar{1}1):(1\bar{1}\bar{1})$	61 42	61° 43′
$o : a$	$= (\bar{1}11):(\bar{1}00)$	72 4	72 4
$o : \omega$	$= (\bar{1}11):(111)$	39 29	39 30
$\omega : \omega$	$= (111):(1\bar{1}1)$	114 21 ca.	114 6
$\omega : c$	$= (111):(001)$	64 34 ca.	64 32
$\omega : a$	$= (111):(100)$	68 27	68 26
Zwillinge nach $c(001)$			
$o : \underline{o}$	$= (\bar{1}11):(\underline{1\bar{1}\bar{1}})$	44 49 — 45° 22′	45 5
$a : \underline{a}$	$= (100):(\underline{\bar{1}00})$	9 34	9 30

Spaltbarkeit nach $c(001)$. Farblos bis gelbbraun, durchsichtig, trüben sich sehr rasch an der Luft und zerbröckeln dann beim geringsten Anstoss. Ebene der optischen Axen senkrecht $\infty \bar{P}\infty$, erste Mittellinie im spitzen Axenwinkel β 37° 40′ gegen Axe α für Na-Licht geneigt. Doppelbrechung mässig, negativ.

Diallylanhydrobenzoyldiamidobenzolmonojodid.

$C_6H_4 <^{N}_{N}> C.C_6H_5 \cdot (C_3H_5)_2J$. Schmelzpunkt 212° (unter Zersetzung).

Dargestellt von Ch. Merrick (Dissert. Göttingen 1882). Krystalle aus Alkohol.

Krystallsystem: Monosymmetrisch.

$a : b : c = 0{,}8401 : 1 : 0{,}6151$
$\beta = 87° 10\frac{1}{2}'$.

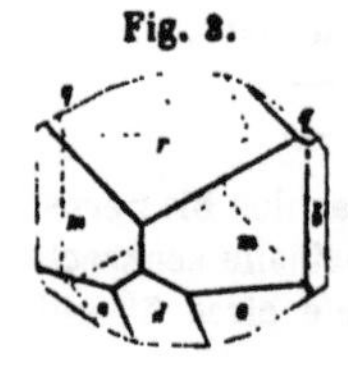
Fig. 3.

Beobachtete Formen (Fig. 3): $m = (110)\infty P$, $r = (101) - P\infty$, $o = (\bar{1}11) + P$, $d = (\bar{1}01) + P\infty$, $b = (010)\infty R\infty$, $q = (011)R\infty$. Der Habitus der $\frac{1}{2}$—3 mm grossen Krystalle ist ein sehr wechselnder, da sehr starke Verzerrungen vorkommen. Flächen häufig geknickt, die Winkelwerthe schwanken daher an den einzelnen Krystallen ziemlich.

	Gemessen:	Berechnet:
$m : m = (110):(1\bar{1}0) =$	*80° 0′	—
$m : d = (110):(10\bar{1})$	*64 23	—
$m : r = (110):(101)$	*61 50	—
$m : o = (110):(11\bar{1})$	47 26	47°26′
$m : q = (110:011)$	68 25	68 23
$m : q = (110):(01\bar{1})$	72 4	72 16
$o : o = (\bar{1}11):(\bar{1}\bar{1}1)$	53 50	53 50
$o : r = (\bar{1}11):(101)$	74 23	74 22½
$q : d = (011):(\bar{1}01)$	45 55	45 54
$q : b = (011):(010)$	58 17 ca.	58 26
$r : d = (101):(\bar{1}01)$	72 29	72 24
$r : b = (101):(010)$	90 2	90 0
$d : b = (\bar{1}01):(010)$	90 1	90 0

Spaltbarkeit vollkommen nach $b(010)$. Farblos oder gelb, durchsichtig. Ebene der optischen Axen senkrecht zu $b(010)$. Erste Mittellinie im stumpfen Axenwinkel β 38° 52′ (für *Na*-Licht) gegen Axe c geneigt.

$$2H_a = 104^0 20' \quad 2H_o = 114^0 25' \text{ für } Li$$
$$103\ 15 \quad 115\ 27 \quad - \ Na$$
$$101\ 50 \quad 116\ 29 \quad - \ Tl,$$

hieraus ergiebt sich:

$$2V_a = 86^0 25\tfrac{1}{2}' \text{ und } \beta = 1{,}69629 \text{ für } Li$$
$$85\ 40\tfrac{1}{2} \quad 1{,}69744 \quad - \ Na$$
$$84\ 47 \quad 1{,}69789 \quad - \ Tl.$$

Deutliche horizontale Dispersion. Doppelbrechung positiv.

Monoallylanhydrobenzoyldiamidobenzolsulfat.

$$C_6H_4 \lesssim \begin{matrix} N \\ N \end{matrix} \gtrsim \begin{matrix} C.C_6H_5 \\ C_3H_5.H.O.SO_2OH. \end{matrix}$$ Schmelzpunkt 166—170° C.

Dargestellt von Ch. Merrick (Dissert. Göttingen 1882, 38). Krystalle aus Alkohol.

Krystallsystem: Monosymmetrisch.

$$a : b : c = 0{,}5298 : 1 : 0{,}4986$$
$$\beta = 72^0 39'$$

Fig. 4.

Beobachtete Formen (Fig. 4): $c = (001)0P$, $m = (110)\infty P$, $b = (010)\infty R\infty$, $o = (111) + P$. Tafelförmig nach c. $o(111)$ tritt nur ganz vereinzelt und sehr schmal auf. Flächen häufig geknickt, so dass die Werthe nur angenäherte.

		Gemessen:	Berechnet:
$m : m$	$= (110):(1\bar{1}0) =$	*53° 39′	—
$m : c$	$= (110):(001)$	*74 34	—
$o : m$	$= (\bar{1}11):(\bar{1}10)$	*50 43	—
$c : b$	$= (001):(010)$	90 1	90° 0′
$o : c$	$= (\bar{1}11):(001)$	55 12 ca.	54 43
$o : b$	$= (\bar{1}11):(010)$	—	67 32

Spaltbarkeit vollkommen nach $b(010)$. Farblos, durchsichtig. Ebene der optischen Axen senkrecht zu $b(010)$. Erste Mittellinie im stumpfen Winkel β der Axen 33° 51′ (für Na) gegen Axe c geneigt

$$2E = 58^0\ 4' \text{ für } Li$$
$$56\ 48 \text{ - } Na$$
$$55\ 45 \text{ - } Tl.$$

Lebhafte horizontale Dispersion. Doppelbrechung positiv.

Isodinitrodiphenyl.

$C^6H^4{}_{(2)}NO^2$
| . Schmelzpunkt 94°.
$C^6H^4{}_{(4)}NO^2$

Krystalle aus Eisessig.

Diese Verbindung wurde bereits von Fock (diese Zeitschr. 7, 36) krystallographisch bestimmt. Die Krystalle, welche dem Verf. vorgelegen haben, waren flächenreicher und offenbar von besserer Flächenbeschaffenheit. Es sind deshalb seine Messungen hier vollständig wiedergegeben, jedoch bezogen auf die ältere Fock'sche Aufstellung der Krystalle, welche der Verf. ohne zwingenden Grund verlassen hat. Derselbe wählte Fock's $c(001)$ und $a(100)$ zu $a(100)$ resp. $c(001)$ und giebt für diese Stellung folgende Elemente an:

$$a : b : c = 1,8006 : 1 : 1,0922$$
$$\beta = 87^0\ 38\tfrac{1}{2}'.$$

In der unten gegebenen älteren Aufstellung liegt folgendes Axenverhältniss zu Grunde:

Krystallsystem: Monosymmetrisch.

$$a : b : c = 1,0922 : 1 : 0,9003$$
$$\beta = 87^0\ 38\tfrac{1}{2}'.$$

Beobachtete Formen (Fig. 5): $c = (001)0P$, $a = (100)\infty P\infty$, $m = (110)\infty P$, $d = (101)-P\infty$, $e = (201)-2P\infty$, $o = (111)-P$, $x = (221)-2P$, $q = (021)2P\infty$, $f = (\bar{1}01)+P\infty$, $h = (1.0.11) -\frac{1}{11}P\infty$, $s = (801)-3P\infty$*), $r = (\bar{1}02)+\frac{1}{2}P\infty$. Die Krystalle sind meistens in der Richtung der Axe b verlängert und tafelförmig nach $c(001)$. Die Flächenbeschaffenheit ist eine gute.

Fig. 5.

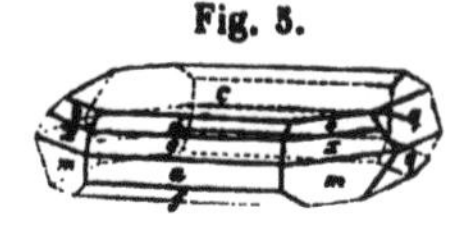

*) In Folge irgend eines Versehens steht bei Fock für s das Zeichen $(502)-\frac{5}{2}P\infty$ statt $(801)-8P\infty$.

	Gemessen:	Berechnet:
a : c = (100):(001) =	*87° 38½′	—
c : x = (001):(221)	*66 21½	—
c : q = (001):(021)	*60 56	—
c : o = (001):(111)	49 44	49° 43′
c : d = (001):(101)	38 39	38 32½
c : e = (001):(201)	57 5	57 3
c : f = (001):(1̄01)	40 27	40 27
c : h = (001):(1.0.11)	4 14	4 16
c : m = (001):(110)	88 22	88 25½
c : q = (001):(021)	60 57	60 56
x : m = (221):(110)	22 5	22 3
o : d = (111):(101)	34 15	34 14
x : q = (221):(021)	38 14	38 15
m : a = (110):(100)	47 27	47 30
m : f = (110):(101̄)	65 20	65 22
m : q = (1̄10):(021)	50 52	50 53
m : e = (110):(201)	54 22	54 26
q : o = (021):(111)	36 19	36 18
q : c = (021):(201)	105 19	105 19

Die von **Fock** angegebene Spaltbarkeit nach (010)∞R̶∞ bemerkte Verf. nicht, dagegen eine solche nach *c*(001). Farbe gelbgrün, durchsichtig, geringer Pleochroismus. Ebene der optischen Axen senkrecht zu ∞R̶∞, erste Mittellinie Symmetrieaxe. Zweite Mittellinie im stumpfen Axenwinkel *β* circa 10° gegen Axen *c* geneigt.

$2H_a$ = 61° 35′ für *Li*
62 19 - *Na*
63 10 - *Tl*.

Doppelbrechung sehr stark, positiv. Gekreuzte Dispersion nicht zu erkennen.

Phtalaminsaures Kalium.

$$C_6H_4 < \begin{matrix} CO.NH_2 \\ CO.OK \end{matrix}.$$

Dargestellt von **Landsberg** (Inaug.-Dissert. Königsberg 1882).

Krystallsystem: Rhombisch.

$a : b : c = 0,6699 : 1 : 1,3706.$

Fig. 6.

Beobachtete Formen (Fig. 6): *c* = (001)0*P*, *o* = (111)*P*, *q* = (011)P̆∞. Tafelförmig nach *c*, bis zu 6 mm gross. Flächenbeschaffenheit ziemlich gut, verschlechtert sich aber beim Liegen an der Luft sehr rasch, da die Substanz sich verflüchtigt.

	Gemessen:	Berechnet
c : o = (001):(111) =	*67° 54′	—
o : o = (111):(11̄1)	*62 5	—
o : q = (111):(011)	50 24	50° 20′
q : c = (011):(001)	53 35	53 33

Spaltbarkeit vollkommen nach $c(001)$. Farblos, durchsichtig. Ebene der optischen Axen $\infty \breve{P} \infty$. Erste Mittellinie Axe a.

$$2E = 23^0\ 59'\ \text{für } Li$$
$$21\ \ 2\ \ -\ Na$$
$$17\ \ 43\ \ -\ Tl.$$

Doppelbrechung negativ.

Benzäthylbenzhydroxylamin.

$$N\overset{(1)}{(C_7H_5O)}\overset{(2)}{(C_2H_5)}\overset{(3)}{(C_7H_5O)}O.$$

Dargestellt von Pieper (Annal. der Chem. **217**, 8). Krystalle aus Aether und Petroleumäther.

Krystallsystem: Rhombisch.

$$a : b : c = 0{,}6242 : 1 : 2{,}5873.$$

Fig. 7.

Beobachtete Formen (Fig. 7): $c = (001)0P$, $o = (111)P$, $d = (102)\frac{1}{2}\bar{P}\infty$. Meistens ganz dünne Blättchen nach c ohne deutliche Randflächen, welche mit einem Ende büschelförmig verwachsen sind.

		Gemessen:	Berechnet:
$c : o =$	$(001):(111)$	$= *78^0\ 26'$	—
$o : o =$	$(111):(\bar{1}11)$	$*112\ 25$	—
$c : d =$	$(001):(102)$	$64\ 16$	$64^0\ 14'$
$o : d =$	$(111):(102)$	$33\ 21$	$33\ 19$

Spaltbarkeit nach $c(001)$ deutlich. Ebene der optischen Axen $\infty \bar{P} \infty$. Erste Mittellinie Axe c.

$$2E = 92^0\ 27'\ \text{für } Li$$
$$94\ \ 55\ \ -\ Na$$
$$97\ \ 24\ \ -\ Tl.$$

Doppelbrechung positiv.

Benzoyläthylanisylhydroxylamin.

$$N\overset{(1)}{(C_7H_5O)}\overset{(2)}{(C_2H_5)}(C_8H_7O_2)O.$$ Schmelzpunkt 64^0.

Dargestellt von Pieper (Annal. d. Chem. **217**, 10). Krystalle aus Aether.

Krystallsystem: Asymmetrisch.

$$a : b : c = 0{,}7727 : 1 : 0{,}8549.$$

$$A = 95^0\ 17' \qquad \alpha = 93^0\ 40'$$
$$B = 111\ \ 7\tfrac{1}{2} \qquad \beta = 110\ \ 48$$
$$C = 95\ \ 11 \qquad \gamma = 93\ \ 32.$$

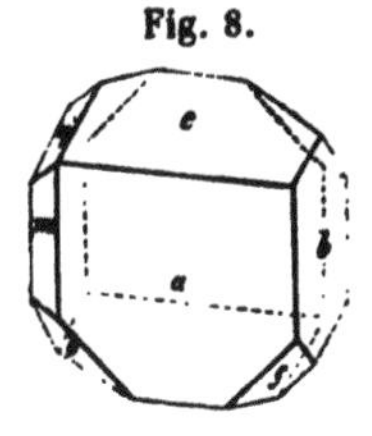

Fig. 8.

Beobachtete Formen (Fig. 8): $a = (100)\infty \bar{P} \infty$, $b = (010)\infty \breve{P} \infty$, $c = (001)0P$, $m = (1\bar{1}0)\infty'P$, $q = (0\bar{1}1)'\breve{P},\infty$, $o = (\bar{1}11),P$, $f = (\bar{1}\bar{1}1)P,$. Ausbildung entweder tafelförmig nach $a(100)$ oder bei ungefähr gleicher Entwicklung von $a(100)$ und $b(010)$ nach der Axe c gestreckt. Die Flächen sind häufig geknickt, doch sind nachstehende Zahlen an einem einzigen wohlausgebildeten Krystall erhalten.

		Gemessen:	Berechnet:
$a : b$	$= (100):(010) =$	*84° 49′	—
$a : c$	$= (100):(001)$	*68 52½	—
$c : b$	$= (001):(010)$	*84 43	
$b : f$	$= (010):(11\bar{1})$	*55 53½	—
$c : f$	$= (00\bar{1}):(11\bar{1})$	*68 32½	—
$a : f$	$= (100):(11\bar{1})$	55 26	55° 26½′
$a : o$	$= (100):(1\bar{1}\bar{1})$	61 57	61 59
$a : q$	$= (100):(0\bar{1}1)$	76 20	76 22
$a : m$	$= (100):(1\bar{1}0)$	37 45	37 39
$b : m$	$= (0\bar{1}0):(1\bar{1}0)$	57 32	57 32½
$b : q$	$= (0\bar{1}0):(0\bar{1}1)$	54 33½	54 33½
$b : o$	$= (0\bar{1}0):(1\bar{1}\bar{1})$	56 19	56 25½
$c : m$	$= (001):(1\bar{1}0)$	75 35	75 35
$c : o$	$= (001):(\bar{1}11)$	61 55	61 54½
$c : q$	$= (001):(0\bar{1}1)$	40 51	40 43
$o : m$	$= (1\bar{1}\bar{1}):(1\bar{1}0)$	42 30	42 30
$f : o$	$= (11\bar{1}):(1\bar{1}\bar{1})$	67 45	67 41
$f : q$	$= (\bar{1}\bar{1}1):(0\bar{1}1)$	48 11	48 11
$m : q$	$= (1\bar{1}0):(0\bar{1}1)$	56 16	56 16

Spaltbarkeit nicht beobachtet. Farblos oder milchig getrübt. Eine Schwingungsrichtung bildet für *Na*-Licht auf:

$a(100)$	17° 24′	gegen Axe *b* im spitzen	Winkel der Kanten	*ma*, *ac*
$c(001)$	61 19	- - *b* - -	- -	*qc*, *ac*
$b(0\bar{1}0)$	15 39	- - *c* - stumpfen	- -	*mb*, *qb*.

Auf $a(100)$ tritt eine optische Axe aus. Starke Doppelbrechung.

Anisäthylbenzhydroxylamin.

$$N\overset{(1)}{(C_8H_7O_2)}\overset{(2)}{(C_2H_5)}\overset{(3)}{(C_7H_5O)}O.$$ Schmelzpunkt 93—94° C.

Dargestellt von Pieper (Annal. der Chem. **217**, 17). Krystalle aus Aether.

Krystallsystem: Monosymmetrisch.

$$a : b : c = 1,3720 : 1 : 0,9011$$
$$\beta = 77° 7\tfrac{1}{2}'.$$

Fig. 9.

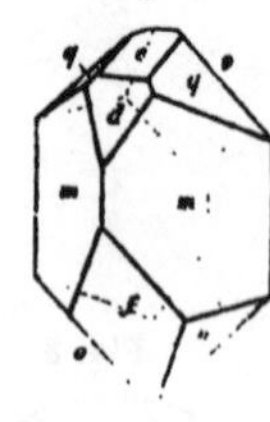

Beobachtete Formen (Fig. 9): $m = (110)\infty P$, $c = (001)0P$, $o = (\bar{1}11)+P$, $q = (011)R\infty$, $f = (\bar{2}01)$ $2P\infty$, $d = (201)-2P\infty$. Die kleineren Krystalle sind prismatisch nach *m*, von sehr regelmässiger Entwicklung und guter Flächenbeschaffenheit; grössere Individuen (5—6 mm) sind meist sehr stark nach $f(\bar{2}01)$ verzerrt und von schlechter Flächenbeschaffenheit. Die Substanz ist sehr weich.

		Gemessen:	Berechnet:
$m : m$	$= (110):(1\bar{1}0) =$	*106° 26′	—
$m : f$	$= (110):(20\bar{1})$	*63 29	
$f : c$	$= (20\bar{1}):(001)$	*61 5	—
$m : d$	$= (110):(201)$	59 33	59° 38′
$m : q$	$= (110):(011)$	51 16	51 2

		Gemessen:	Berechnet:
$m:o$	$=(110):(11\bar{1})$	45° 37′ ca.	45° 49′
$d:c$	$=(201):(001)$	44 42	44 44
$d:f$	$=(201):(\bar{2}01)$	105 50	105 49
$d:q$	$=(201):(011)$	57 56 ca.	57 44½
$c:q$	$=(001):(011)$	41 18	41 18
$c:o$	$=(001):(\bar{1}11)$	51 46½	51 51
$c:m$	$=(001):(\bar{1}10)$	97 42	97 40
$q:o$	$=(011):(\bar{1}11)$	27 49 ca.	27 56
$o:o$	$=(\bar{1}11):(\bar{1}\bar{1}1)$	78 57	78 55
$o:f$	$=(\bar{1}11):(\bar{2}01)$	45 24	45 14½

Spaltbarkeit unvollkommen nach $c(001)$ und undeutlich nach $f(\bar{2}01)$. Wasserhell oder gelb. Die Auslöschungsschiefe auf den m-Flächen ist eine geringe, sie beträgt im stumpfen Winkel der Kanten mm und mf nur 1—1½° gegen Kante m.

Ebene der optischen Axen senkrecht zu $(010)\infty R\infty$. Erste Mittellinie Symmetrieaxe, zweite Mittellinie im spitzen Axenwinkel β beinahe mit Axe c zusammenfallend, für gelb circa 1° mit derselben bildend.

$2H_o$	$2H_a$	
$=124°58'$	$=82°11'$	für Li
126 44	80 50	- Na
128 32	79 32	- Tl.

Hieraus berechnet sich

$2V_a$	β	
$=73°\ 5'$	$=1,6234$	für Li
71 55	1,6268	- Na
70 45	1,6304	- Tl.

Doppelbrechung positiv, Dispersion nicht wahrgenommen.

Phenylbibrompropionsäureäthylester.

$C_6H_5.CHBr.CHBr.CO.OC_2H_5$. Schmelzpunkt 69°.

Zu der von Bodewig (siehe d. Zeitschr. 8, 329) gegebenen krystallographischen Beschreibung dieser Substanz hat der Verf. noch einige optische Beobachtungen hinzugefügt.

In einigen Schliffen ‖ $a(100)$ beobachtete er von den umgrenzenden Pinakoid- und Pyramidenflächen ausgehend und von deren Grössenentwicklung abhängig eine deutliche Sechstheilung in das Innere verlaufend. In diesen Partien neigen die Auslöschungsrichtungen zwillingsartig gegen die Spur von $b(010)$ und bilden circa 5° miteinander. An andern Schliffen aus der Zone der Symmetrieaxe fanden sich nur zwei optisch differenzirte Theile mit der erwähnten Auslöschungsschiefe, deren Grenzlinie ebenfalls ‖ $b(010)$ verlief, zwischen denen sich aber auch zuweilen eine ‖ b auslöschende Zone befand. Diese Erscheinungen dürften jedoch nicht auf Zwillingsbildung, sondern auf optischen Störungen beruhen, da auch die Interferenzbilder starke Störungen zeigen und zahlreiche sechsseitige Einschlüsse festgestellt wurden.

Ebene der optischen Axen (010), erste Mittellinie 7° (für Na) (bei Bodewig 10°) gegen c im spitzen Axenwinkel β geneigt.

In Folge der grossen Inhomogenität wurden für die Axenwinkel ebenfalls keine constanten Zahlen erhalten.

An einigen Platten ergab sich in Oel der scheinbare spitze Axenwinkel zu 85^0 55′, der stumpfe zu 92^0 52′ für *Na*.

Doppelbrechung sehr schwach, negativ. Dispersion gering.

Ref.: F. Grünling.

67. H. Söffing (in Göttingen): **Krystallographische Untersuchung einiger organischer Verbindungen.** (Inaug.-Dissert. Göttingen 1883.)

Methylbenzhydroxamsäure.

$\overset{(1)}{N}(\overset{(2)}{C_7H_5O})H.(\overset{(3)}{CH_3}).O$. Schmelzpunkt 100—101°.

Dargestellt von Jenisch in Königsberg *).

Krystallsystem: Regulär.

(111)*O*, (001)∞*O*∞ theils nach einer *O* tafelförmig, oder beide im Gleichgewicht. Die Flächenbeschaffenheit ist eine gute, so dass die gefundenen Werthe von den berechneten nur um 2′ nach der einen und andern Seite abweichen. Die Krystalle zeigen eine mehr oder minder starke Doppelbrechung und öfters eine von den Umgrenzungselementen ausgehende Sectorentheilung, wie der Alaun.

Diphenyldodekachlorid.

$$\begin{array}{l} C_6H_5Cl_6 \\ \vert \\ C_6H_5Cl_6 \end{array}$$ Schmelzpunkt über 290°.

Dargestellt im Göttinger Univers.-Laborat. Krystalle aus Alkohol.

Krystallsystem: Regulär.

O(111) und ∞*O*∞(011) entweder tafelförmig nach *O*, oder würfelförmig. Im letztern Fall deutlich schalenförmiger Aufbau, welcher sich auf der *O*-Fläche als Sechstheilung zu erkennen giebt. Die Flächenbeschaffenheit ist eine gute, so dass die gemessenen Werthe von den berechneten nur um ± 1—2′ differiren. In Bezug auf die optischen Eigenschaften zeigt diese Verbindung dieselben Eigenschaften wie die vorhergehende, nur viel schärfer ausgeprägt. Durch Betupfen mit Benzol ergeben sich deutliche, einem *mOm* angehörige Aetzfiguren, welche über die Sectorengruppen übergreifen.

Salzsaures Lycopodin.

$$C_{32}H_{52}N_2O_3.2HCl + H_2O.$$

Dargestellt von Bödeker (Annal. d. Chem. **208**, 363).

Krystallsystem: Hexagonal, rhomboëdrisch.

$$a : c = 1 : 3,7689.$$

---

*) Lossen (Annal. der Chem. **182**, 226) giebt für die Methylbenzhydroxamsäure den Schmelzpunkt 64—65° an und beschreibt sie als rectangulär tafelförmige Krystalle, welche beim Stehen über Schwefelsäure und längerem Stehen an der Luft sich trüben und porzellanartig werden. Es liegt also hier eine andere Modification vor, welche, kann erst entschieden werden, wenn Herr Jenisch Näheres darüber veröffentlicht.

Beobachtete Formen: $c = (0001)0R$, $r = (10\bar{1}1)+R$, $r' = (01\bar{1}1)-R$, $m = (10\bar{1}0)\infty R$. Die Ausbildung der Krystalle ist eine verschiedene, theils tafelförmig nach $0R$, theils vorherrschend nach $+R$, theils $+R$ und $-R$ im Gleichgewicht. An einem Krystall wurde die Combination $0R$, ∞R (letztere nur mit drei Flächen ausgebildet) in dicktafelförmiger Ausbildung nach $0R$ beobachtet.

Fig. 1.

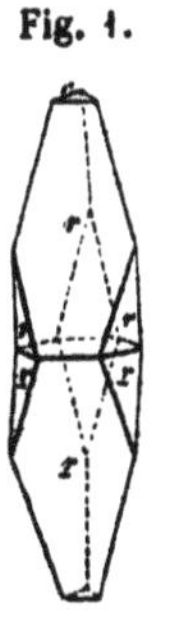

Fig. 2.

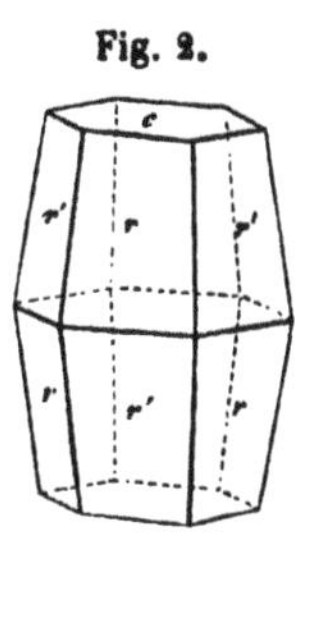

	Gemessen:	Berechnet:
$r : r = (10\bar{1}1):(\bar{1}101)$	$= 117^0 56'$	$117^0 50'$
$r : r' = (10\bar{1}1):(01\bar{1}1)$	59 17	59 16
$r : r' = (10\bar{1}1):(10\bar{1}\bar{1})$	17 6	17 $4\frac{1}{2}$
$c : r = (0001):(10\bar{1}1)$	*81 28	—
am Zwilling		
$r : \underline{r} = (10\bar{1}1):(\underline{\bar{1}01\bar{1}})$	17 $4\frac{1}{2}$	17 $4\frac{1}{2}$

Spaltbarkeit nicht beobachtet. In optischer Beziehung zeigen sich starke Störungen. Der Krystall der Ausbildung $0R$, ∞R zeigt auf $c(0001)$ drei Sectoren; in zweien derselben ist die Auslöschungsrichtung beinahe || den Randkanten, im dritten bildet sie einen Winkel von circa 9^0 mit dieser Kante. Jeder dieser drei Sectoren zeigt im convergenten Licht für sich eine centrische zweiaxige Interferenzfigur mit kleinem Axenwinkel. Nur in der Mitte, wo die drei Sectoren zusammenstossen, zeigt die Platte ein wenig gestörtes einaxiges Bild, welches beim Verschieben derselben nach dem Rande zu in ein immer grösser werdendes zweiaxiges Axenbild übergeht. Krystalle mit $0R$ und R zeigten eine Theilung in drei grössere und drei kleinere Sectoren, in den ersteren bildet die Schwingungsrichtung circa 30^0 mit der Randkante, in den letzteren ist dieselbe || und senkrecht dazu. In convergentem Lichte giebt ebenfalls jeder Sector eine zweiaxige Interferenzfigur. Da die auf der Basis erzeugten Aetzfiguren die Sectorengrenzen überschreiten, liegt keine Zwillingsbildung vor, sondern eine Störung während der Bildung.

Salpetersaures Diäthylparatoluidin.

$CH_3.C_6H_4.N(C_2H_5)_2.HNO_3$.

Dargestellt von Riggs (Dissert. Göttingen). Krystalle aus Alkohol.

Krystallsystem: Monosymmetrisch.

$a : b : c = 1,1913 : 1 : 2,0372$
$\beta = 59^0 17'$.

Fig. 3.

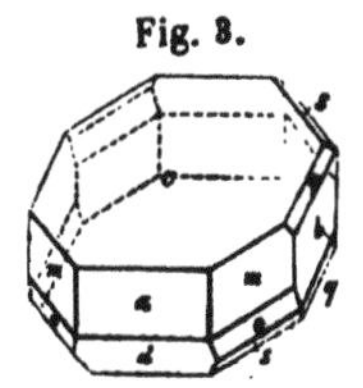

Beobachtete Formen (Fig. 3): $c = (001)0P$, $a = (100)\infty P\infty$, $b = (010)\infty P\infty$, $m = (110)\infty P$, $d = (\bar{1}01)+P\infty$, $q = (021)2P\infty$, $o = (\bar{1}11)+P$, $s = (\bar{1}12)+\frac{1}{2}P$. Dicktafelförmig nach $c(001)$, selten nach $a(100)$. Flächenbeschaffenheit befriedigend.

	Gemessen:	Berechnet:
$m : a = (110):(100) =$	*45° 41′	—
$c : a = (001):(100)$	*59 17	—
$a : d = (100):(10\bar{1})$	*35 38	—
$c : m = (001):(110)$	69 3½	69° 6′
$m : o = (\bar{1}10):(\bar{1}11)$	24 8	24 4
$o : s = (\bar{1}11):(\bar{1}12)$	23 0	23 4
$c : q = (001):(021)$	74 5	74 4
$d : o = (\bar{1}01):(\bar{1}11)$	49 58	49 53
$o : q = (\bar{1}\bar{1}1):(0\bar{2}1)$	38 17	38 11
$q : m = (021):(110)$	41 25	41 22
$s : d = (11\bar{2}):(10\bar{1})$	52 16	52 14
$d : m = (10\bar{1}):(110)$	55 26½	55 24
$d : q = (10\bar{1}):(02\bar{1})$	?	88 39*)

Spaltbarkeit sehr vollkommen nach $(210)\infty P2$. Auf $c(001)$ beide Axen, ziemlich stark geneigt, sichtbar. Ebene der optischen Axen senkrecht zu $b(010)$, erste Mittellinie bildet ungefähr 8° mit Axe c im spitzen Axenwinkel β.

$$2H_a = 64^0\ 50' \text{ für } Li$$
$$65\ 30 \text{ - } Na$$
$$66\ 30 \text{ - } Tl.$$

Doppelbrechung sehr energisch, positiv. Horizontale Dispersion nicht erkennbar.

Bromwasserstoffsaures Diäthylparatoluidin.

$CH_3.C_6H_4.N(C_2H_5)_2.BrH$. Schmelzpunkt 158—159°.

Dargestellt von Riggs in Göttingen. Krystalle aus Wasser.

Krystallsystem: Monosymmetrisch.

Fig. 4.

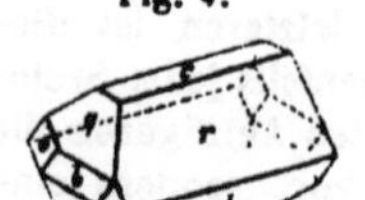

$$a : b : c = 0,95796 : 1 : 1,1606$$
$$\beta = 70^0\ 39\tfrac{1}{2}'.$$

Beobachtete Formen (Fig. 4)**): $c = (001)0P$, $d = (\bar{1}01)+P\infty$, $r = (101)-P\infty$, $q = (011)R\infty$, $b = (010)\infty R\infty$, $o = (\bar{1}21)2R2$. Nach der Axe b prismatisch. Flächenbeschaffenheit gut, an der Luft aber rasch matt und rauh werdend, da die Substanz flüchtig ist.

	Gemessen:	Berechnet:
$c : r = (001):(101) =$	*39° 12½′	—
$c : d = (001):(\bar{1}01)$	*62 21½	—
$b : q = (010):(011)$	*42 24	—
$r : d = (101):(10\bar{1})$	78 24	78° 26′
$q : d = (0\bar{1}\bar{1}):(10\bar{1})$	71 50	71 46
$o : b = (12\bar{1}):(0\bar{1}0)$	30 35	30 30
$o : d = (12\bar{1}):(10\bar{1})$	59 24	59 30
$o : f = (12\bar{1}):(101)$	84 18	84 9½
$o : q = (12\bar{1}):(01\bar{1})$	37 6	37 20½
$r : q = (101):(0\bar{1}1)$	58 33	58 30

*) Der Verf. giebt die unrichtigen Werthe 38° 36′ und 38° 33′ an.

**) Axe b nach vorn gerichtet; die Indices beziehen sich auf die gewöhnliche Stellung.

Spaltbarkeit vollkommen nach $o(\bar{1}21)$. Optische Axenebene senkrecht auf $b(010)$ und fast parallel $c(001)$. Auf r beide Axen sichtbar. Erste Mittellinie im spitzen Axenwinkel β circa 1^0 gegen Axe a geneigt. In Oel ergab sich für

$2H_0 = 122^0\ 28'$ für Li
122 20 - Na
122 10 - Tl
für $2H_a =$ 75 10

für alle drei Lichtsorten, hieraus berechnet sich $2V_a = 69^0\ 41\frac{1}{2}'$ und $\beta = 1,57148$.

Diäthylparatoluidin-Platinchlorid.

$[CH_3.C_6H_4.N(C_2H_5)_2.HCl]_2PtCl_4$. Krystalle aus Alkohol und aus Salzsäure.

Dargestellt von Riggs in Göttingen.

Krystallsystem: Rhombisch.

$a : b : c = 0,8878 : 1 : 0,7549$.

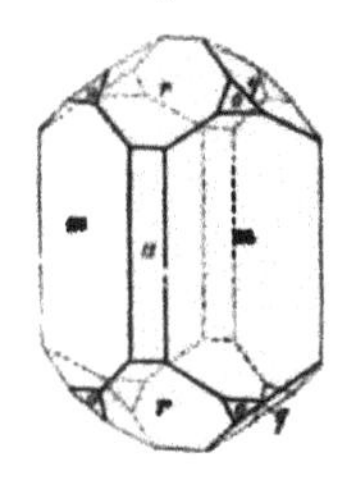

Fig. 5.

Beobachtete Formen (Fig. 5): $a = (100)\infty\bar{P}\infty$, $m = (110)\infty P$, $r = (101)\bar{P}\infty$, $q = (011)\breve{P}\infty$, $o = (111)P$. Habitus dick säulenförmig nach m. Bei den Krystallen aus Alkohol ist r und q im Gleichgewicht, bei denen aus Salzsäure ist q sehr zurücktretend. o immer nur sehr klein. Flächenbeschaffenheit mangelhaft. Zwillinge nach $m(110)$ häufig.

		Gemessen:	Berechnet:
$m : m$	$= (110):(1\bar{1}0) =$	*83° 12′	—
$r : r$	$= (101):(10\bar{1})$	*99 15	—
$r : m$	$= (101):(110)$	61 6	61° 2′
$q : m$	$= (011):(110)$	66 22	66 25
$r : q$	$= (101):(011)$	52 36	52 33
$r : o$	$= (101):(111)$	29 59	29 54
$q : o$	$= (011):(111)$	34 14	34 10
$m : o$	$= (110):(111)$	41 17	41 19
am Zwilling:			
$m : \underline{m}$	$= (110):(\bar{1}\bar{1}0)$	13 35	13 36
$r : \underline{r}$	$= (101):(\bar{1}0\bar{1})$	57 53	57 57
$o : \underline{o}$	$= (111):(\bar{1}\bar{1}\bar{1})$	—	97 21
$q : \underline{q}$	$= (011):(0\bar{1}\bar{1})$	47 14	47 10

Spaltbarkeit unvollkommen nach $c(001)$. Farbe der Krystalle aus Alkohol dunkelcarmoisinroth, aus Salzsäure gelbroth. Ebene der optischen Axen (100), erste Mittellinie Axe b.

$2H_a = 71^0\ 30'$	$2H_0 = 141^0\ 0'$	für Li
71 0	142 45	- Na
70 30	144 0	- Tl.

Hieraus berechnet sich:

$2V_a = 63^0\ 35'$	$\beta = 1,63098$	für Li
63 0	1,63621	- Na
62 30	1,64062	- Tl.

Doppelbrechung positiv.

Diäthylparatoluidin-Quecksilberchlorid.

$[CH_3.C_6H_4.N(C_2H_5)_2.HCl]_2.HgCl_2 + \frac{1}{2}H_2O.$

Dargestellt von Riggs in Göttingen. Krystalle aus Alkohol.

Krystallsystem: Asymmetrisch.

$a : b : c = 0,60177 : 1 : 0,73923.$

$A = 101^0\ 46'$		$\alpha = 102^0\ 57\frac{1}{2}'$	
$B = 119\ \ 34$		$\beta = 120\ \ 1\frac{1}{2}$	
$C = \ \ 91\ \ 2$		$\gamma = \ \ 84\ \ 26$	

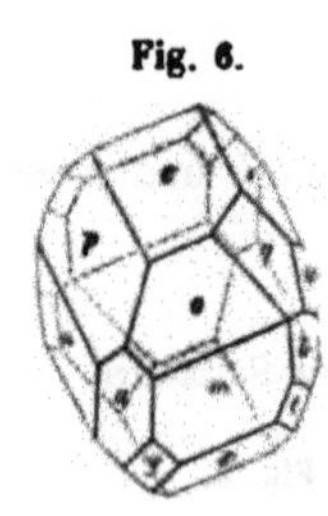

Fig. 6.

Beobachtete Formen (Fig. 6): $c = (001)0P$, $a = (100)\infty\bar{P}\infty$, $b = (010)\infty\breve{P}\infty$, $q = (011),\breve{P}'\infty$, $m = (120)\infty\breve{P},2$, $n = (1\bar{2}0)\infty,\breve{P}2$, $o = (122)\breve{P}'2$, $p = (1\bar{2}2)'\bar{P}2$, $s = (1\bar{2}\bar{2}),\bar{P}2$, $x = (12\bar{2})\bar{P},2$, $u = (16\bar{2})3,\breve{P}6$, $t = (16\bar{2})3\breve{P},6$, $y = (32\bar{2})\frac{3}{2}\bar{P},\frac{3}{2}$. Die Krystalle sind meist in verschiedener Richtung verzerrt. Die Reflexe sind ziemlich gut.

		Gemessen:	Berechnet:
$a : b$	$= (100):(010)$	$= {}^*88^0\ 58'$	—
$c : a$	$= (001):(100)$	$^*60\ \ 26$	—
$c : b$	$= (001):(010)$	$^*78\ \ 14$	—
$b : m$	$= (010):(120)$	$^*42\ \ 36$	—
$c : o$	$= (001):(122)$	$^*28\ \ 36$	—
$o : m$	$= (122):(120)$	$32\ \ 36$	$32^0\ 36'$
$m : x$	$= (120):(12\bar{2})$	$65\ \ 7$	$65\ \ 6$
$x : c$	$= (12\bar{2}):(00\bar{1})$	$53\ \ 40$	$53\ \ 41$
$m : c$	$= (120):(001)$	$61\ \ 13$	$61\ \ 12$
$c : p$	$= (001):(1\bar{2}2)$	$36\ \ 20$	$36\ \ 19$
$p : n$	$= (1\bar{2}2):(1\bar{2}0)$	$42\ \ 46\frac{1}{2}$	$42\ \ 45$
$n : s$	$= (1\bar{2}0):(1\bar{2}\bar{2})$	$55\ \ 11$	$55\ \ 11$
$s : c$	$= (1\bar{2}\bar{2}):(001)$	$45\ \ 44\frac{1}{2}$	$45\ \ 45$
$n : c$	$= (1\bar{2}0):(001)$	$79\ \ 2\frac{1}{2}$	$79\ \ 3\frac{1}{2}$
$a : m$	$= (100):(120)$	$46\ \ 22$	$46\ \ 22$
$a : n$	$= (100):(1\bar{2}0)$	$47\ \ 27\frac{1}{2}$	$47\ \ 27$
$n : b$	$= (1\bar{2}0):(0\bar{1}0)$	$43\ \ 33\frac{1}{2}$	$43\ \ 34$
$c : q$	$= (001):(011)$	$29\ \ 6$	$29\ \ 6$
$q : b$	$= (011):(010)$	$49\ \ 8$	$49\ \ 8$
$x : t$	$= (12\bar{2}):(16\bar{2})$	$88\ \ 28$	$88\ \ 27\frac{1}{2}$
$t : b$	$= (16\bar{2}):(010)$	$26\ \ 11$	$26\ \ 13$
$b : u$	$= (010):(\bar{1}62)$	$21\ \ 53\frac{1}{2}$	$21\ \ 56$
$u : s$	$= (\bar{1}62):(\bar{1}22)$	$23\ \ 38$ *)	$23\ \ 42$
$x : b$	$= (12\bar{2}):(010)$	$62\ \ 12$	$62\ \ 14$
$b : s$	$= (010):(\bar{1}22)$	$45\ \ 31\frac{1}{2}$	$45\ \ 38$
$p : t$	$= (\bar{1}2\bar{2}):(16\bar{2})$	$61\ \ 26$	$61\ \ 24$
$t : m$	$= (16\bar{2}):(120)$	$45\ \ 39\frac{1}{2}$	$45\ \ 37\frac{1}{2}$
$p : m$	$= (\bar{1}2\bar{2}):(120)$	$107\ \ 5\frac{1}{2}$	$107\ \ 1\frac{1}{2}$
$m : y$	$= (120):(322)$	$40\ \ 46$	$40\ \ 47$
$y : s$	$= (322):(122)$	$101\ \ 20$	$101\ \ 19$
$s : m$	$= (\bar{1}22):(120)$	$37\ \ 54$	$37\ \ 54$

*) Verf. berechnet selbst $23^0\ 42'$, giebt aber in der Tabelle den Werth $67^0\ 35'$ als gemessen und berechnet an. Aus $b : u$ und $b : s$ beobachtete Werthe folgt $23^0\ 38'$.

Der Ref.

	Gemessen:	Berechnet:
$n:u = (1\bar{2}0):(1\bar{6}\bar{2})$	$= 45^0\ 8'$	$45^0\ 7'$
$u:o = (\bar{1}62):(122)$	84 26	84 24
$a:o = (100):(122)$	47 8	47 8
$o:q = (122):(011)$	65 48	65 49
$q:s = (011):(\bar{1}22)$	27 37	27 35
$s:x' = (\bar{1}22):(\bar{1}\bar{2}2)$	72 8	72 7
$o:p = (122):(1\bar{2}2)$	49 4	49 3
$q:u = (011):(\bar{1}62)$	33 46	33 48

Spaltbarkeit vollkommen nach $x = (12\bar{2})$. Farblos, glasglänzend. Eine Schwingungsrichtung bildet für *Na*-Licht auf

$c(001)$ ca. 21^0 mit Kante $c\,o$ im stumpfen ebenen Winkel der Kanten $co : cs$
$m(120)$ - 64 - - $a\,m$ - - - - - - $am : om$
$n(1\bar{2}0)$ - 29 - - $a\,n$ - - - - - - $an : np$
$u(1\bar{2}0)$ - 23 - - $n\,p$ - - - - - - $an : np$.

Auf einem Spaltungsstück nach $x(12\bar{2})$ tritt schief eine optische Axe ohne deutliche Dispersion aus. Auf $c(001)$ ist am Rande des Gesichtsfeldes ebenfalls eine Axe zu bemerken.

Gossypin-Platinchlorid.

$(C_5H_{13}NOHCl)_2.PtCl_4$.

Dargestellt von Prof. Böhm in Marburg.

Krystallsystem: **Monosymmetrisch.**

$$a : b : c = 1,1470 : 1 : 0,6836$$
$$\beta = 85^0\ 29'.$$

Beobachtete Formen (Fig. 7): $b = (010)\infty R\infty$, $m = (210)\infty P2$, $\omega = (111)-P$, $o = (\bar{1}11)+P$, $a = (100)\infty P\infty$. Langprismatisch nach m oder tafelförmig nach b. Flächenbeschaffenheit im Allgemeinen gut.

	Gemessen:	Berechnet:
$o:a = 11\bar{1}):(100)$	$= {}^*66^0\ 49'$	—
$o:b = \bar{1})\ (010)$	$^*58\ 45$	—
$\omega:b = 1)\ (010)$	$^*60\ 29$	—
$o:o = \bar{1})\ (1\bar{1}\bar{1})$	62 30	$62^0\ 30'$
$\omega:\omega = 1)\ (1\bar{1}1)$	59 1	59 2
$o:\omega = \bar{1})\ (\bar{1}1\bar{1})$	52 23	57 23
$\omega:a = 11)\ (100)$	60 49	60 48
$m:a = 210):(100)$	29 42	29 45
$o:m = 11\bar{1}):(210)$	53 16	53 11
$\omega:m = 111):(210)$	48 12	48 5

Fig. 7.

Spaltbarkeit deutlich nach $b(010)$. Farbe intensiv roth. Ebene der optischen Axen senkrecht zu $b(010)$, erste Mittellinie $74-75^0$ gegen Axe c im spitzen Axenwinkel β geneigt.

$2E = 35^0\ 20'$	$2H_a = 23^0\ 15'$ für *Li*
34 30	22 30 - *Na*
33 30	22 0 - *Tl*.

Doppelbrechung schwach, negativ.

Das vom Verfasser noch beschriebene

Luridin-Platinchlorid

von gleicher chemischer Zusammensetzung, wurde bereits, nach angeführter brieflicher Mittheilung, vom Darsteller Herrn Prof. Böhm für »isomer, vielleicht identisch« mit dem Gossypin-Platinchlorid gehalten. Die krystallographische Uebereinstimmung beider Substanzen ist eine so vollständige, dass dieselben als identisch betrachtet werden müssen, zudem die vorhandenen Differenzen, nach Angabe des Verfassers, in der Beschaffenheit des Materials begründet, nicht grösser sind, als sie oft bei Krystallen ein und derselben Substanz vorkommen.

Ref.: F. Grünling.

68. J. W. Mallet (in Virginia): **Chemische Notizen** (Chem. News, 1881. 44, 189, 190. 203, 208). Gold von Montgomery Cy., Virginia. Lose Körner, aussen goldgelb. innen weiss. spec. Gewicht 15,16. Analyse von S. Porcher:

Au	65,31
Ag	34,01
Cu	0,14
Fe	0,20
Quarz	0,34
	100,00

Baryumnitrat bildet bekanntlich kein Hydrat, auch nicht bei niedriger Temperatur. Nach Versuchen von R. A. Berry kann man jedoch in das Strontiumsalz $Sr(NO_3)_2 + 4H_2O$ eine isomorphe Beimischung von $\frac{1}{4}Ba(NO_3)_2 + 4H_2O$ einführen, indem man Wasser mit den beiden Nitraten sättigt, einen Krystall des Strontiumsalzes einlegt und im Vacuum über Schwefelsäure bei 0° verdampfen lässt. Die alsdann sich absetzenden Krystalle enthielten in zwei Versuchen 10,7 resp. 17,5% $Ba(NO_3)_2$.

Wulfenit von Ruby Hill, Eureka Co., Nevada. Hell orangegelbe Krystalle vom spec. Gewicht 6,701. Analyse von C. L. Allen:

MoO_3	39,33
PbO	61,11
CaO	1,04
Fe_2O_3	0,38
	101,86

Der Feldspath des Granitganges bei Amelia Court House, Virginia, in welchem sich mit grossen Glimmertafeln, phosphorescirendem Flussspath, Columbit und grossen Beryllkrystallen der bekannte Mikrolith findet, wurde von B. E. Sloan analysirt. Grünlich weisse, glasglänzende Spaltungsstücke, spec. Gewicht 2,501.

SiO_2	65.37
Al_2O_3	18.74
Fe_2O_3	0.13
CaO	0.27
K_2O	12.98
Na_2O	2.49
	99.98

Epidot von Greenwood, Albemarle Co., Virginia. Pistaziengrüne, stengelige Aggregate, spec. Gewicht 3,39. Analyse T. P. Lippit:

SiO_2	39,74
Al_2O_3	21,55
Fe_2O_3	15,29
CaO	22,75
MgO	0,61
	99,94

Allanit von Norfolk, Virginia (Ebenda 1882, 46, 195). Derb, schwarz, pechglänzend, spec. Gewicht 4,32. Analyse von W. T. Page:

SiO_2	26,70
Al_2O_3	6,34
Ce_2O_3	33,76
Di_2O_3	16,34
La_2O_3	1,03
Fe_2O_3	3,21
FeO	4,76
MnO	Spur
BeO	0,52
MgO	0,54
CaO	2,80
Na_2O	0,49
K_2O	0,55
H_2O	1,99
	99,03

Helvin von Amelia, Virginia (s. auch diese Zeitschr. 7, 425). Unvollkommene tetraëdrische Krystalle, wachsgelb, glasglänzend, durchsichtig. Härte 6. Spec. Gewicht 3,25. Analyse von B. E. Sloan:

SiO_2	31,42
BeO	10,97
MnO	40,56
FeO	2,99
Al_2O_3	0,36
Mn	8,59
S	4,90
	99,79

Diese Zahlen stimmen ziemlich mit der allgemein angenommenen Formel des Helvin überein.

Hell hyazinthrother Mangan-Granat von derselben Localität. Spec. Gewicht 4,27. Analysirt von W. H. Seamon:

SiO_2	32,83
Al_2O_3	16,69
MnO	41,80
FeO	8,15
Glühverlust	0,61
	100,08

Ein Theil des *Mn* oder *Fe* müsste als Sesquioxyd vorhanden sein, um der Granatformel zu entsprechen.

Albit vom gleichen Fundort (l. c. 204); farblose Krystalle vom spec. Gewicht 2,605, ergaben R. N. Musgrave:

SiO_2	68,44
Al_2O_3	19,35
Na_2O	11,67
K_2O	0,43
	99,89

Metallisches Eisen aus den Goldsanden von Montgomery Co., Virginia (I.) und Burke Co., Nordcarolina (II.). In den concentrirten Goldsanden fanden sich in nicht unbedeutender Menge Körner von verschiedener Grösse, durchschnittlich 5—7 mg schwer, oberflächlich nur schwach oxydirt. Analysen von W. T. Page:

	I.	II.
Fe	97,12	99,77
Cu	0,04	—
Co	—	Spur
Sn	—	Spur (?)
S	1,47	—
Quarz	0,82	0,25
	99,45	100,02

Kein Kohlenstoff, Phosphor, Mangan. Auch die Verhältnisse der Lagerstätten sprechen gegen eine zufällige Einmengung von künstlichem Eisen.

Fergusonit von Brindletown, Burke Co., N. Carolina (s. diese Zeitschr. 5, 510). Zur Analyse wurden von W. H. Seamon rothbraune, in dünnen Splittern durchsichtige tetragonale Krystalle und Bruchstücke solcher verwendet. Spec. Gewicht 5,6. Zusammensetzung:

$Nb_2O_5 + Ta_2O_5$	47,86*)
$WO_3 + SnO_2$	0,76
UrO_2	5,81
Y_2O_3 **)	37,21
Ce_2O_3	0,66
$Di_2O_3 + La_2O_3$	3,49
FeO	1,81
CaO	0,65
H_2O	1,62
	99,87

Das früher (s. diese Zeitschr. **1**, 501 und 503) als Euxenit bezeichnete Mineral von Wisemann Mica Mine, Mitchell Co., Nordcarolina, wurde ebenfalls von W. H. Seamon analysirt. Derbe, röthlichbraune, harzglänzende Massen, spec. Gewicht 4,33.

*) Aus dem spec. Gewicht der gemischten Oxyde ergab sich 43,78 Nb_2O_5 und 4,08 Ta_2O_5.

**) Mit kleinen Mengen Erbium etc.

Nb_2O_5	47,09
$WO_3 + SnO_2$	0,40
UrO_2	15,15
Y_2O_3	13,46
Ce_2O_3	1,40
$Di_2O_3 + La_2O_3$	4,00
FeO	7,09
CaO	1,53
H_2O	9,55
	99,67

Wenig oder keine Ta_2O_5, wenig Erbinerden, mehr *Di* als *La*. Nimmt man ein Achtel des Wassers als basisches, so gelangt man auf die Formel eines Orthoniobates. Das Mineral ist wahrscheinlich ein Umwandlungsproduct des mit vorkommenden Samarskits.

Orthit (S. 215) von demselben Fundorte; pechschwarze Krystalle, in Kaolin eingewachsen; spec. Gewicht 3,15.

SiO_2	39,03
Al_2O_3	14,33
Y_2O_3	8,20
Ce_2O_3	1,53
Fe_2O_3	7,10
FeO	5,22
MgO	4,29
CaO	17,47
H_2O	2,78
	99,95

Ein als Fahlerz bezeichnetes derbes, stahlgraues Mineral von Great Eastern Mine, Park Co., Colorado, Härte 4, spec. Gewicht 4,89, ergab eine Zusammensetzung, welche mehr der Formel des Bournonit entspricht. Analyse von W. T. Page:

S	26,88
Sb	34,47
Cu	23,20
Zn	7,14
Fe	1,38
Pb	1,19
Gangart	5,86
	100,12

Farbloser Mimetesit von Richmond Mine, Eureka, Nevada. Dünne hexagonale Prismen vom Glanze und der Farblosigkeit des Cerussit. Spec. Gewicht 6,92. F. A. Massie fand darin:

As_2O_5	23,41
P_2O_5	Spur
PbO	68,21
$PbCl_2$	8,69
	100,31

Unter den metallischen Körnern, welche mit dem Platin von Columbia, Südamerika, zusammen vorkommen, fanden sich nach Analysen von W. H. Seamon neben solchen von silberhaltigem Gold, deren einige auch Quecksilber enthielten (7%), ein rundes, grünlichgelbes Korn von der Zusammensetzung:

Au	80,12
Cu	15,84
Ag	2,27
Fe	Spur
	98,23

Palladiumgold von Taguaril bei Subara, Prov. Minas Geraes, Brasilien. Fein zertheilt, die grösseren Körner locker. Farbe bronzeähnlich. Spec. Gewicht 15,73. Analyse von W. H. Seamon:

Au	91,06
Pd	8,21
Ag	Spur
	99,27

Nephrit, analysirt von C. L. Allen: I. aus der früher von den Chinesen ausgebeuteten Lagerstätte im Karakash-Thale, Süd-Turkistan; blass meergrün; Härte 6½; spec. Gewicht 2,98; II. von Hokotika auf South Island, Neu-Seeland; dunkler grün; Härte 6—6½; spec. Gewicht 3,026.

	I.	II.
SiO_2	57,35	56,34
Al_2O_3	1,03	1,60
FeO	1,22	4,86
MgO	22,73	20,23
CaO	13,40	13,51
Na_2O	0,25	0,27
K_2O	0,23	0,31
H_2O	2,69	3,57
	98,90	100,69

Gibbsit von Marianna in Minas Geraes, Brasilien (Chem. New. 1883, 48, 98). Fasrige Kruste auf Talkschiefer; spec. Gewicht 2,4. Analyse von W. C. Eustis:

Al_2O_3	63,81
H_2O	35,85
Fe_2O_3	0,49
CaO	0,30
MgO	0,03
SiO_2	0,20
	100,68

Eisenaluminiumsulfat von Tepeji in Mexico. Blassgrüne fasrige Aggregate, mit ein wenig Gyps gemengt. Härte 2; spec. Gewicht 1,89. Analysirt von T. P. Lippitt:

Fe	7,81
Al	4,92
Ca	0,52
SO_4	41,59
H_2O	43,60
	98,44

Nach Abzug des Gypses ergiebt sich die Formel $Fe_3Al_4(SO_4)_9 + 5H_2O$. Das Fe ist als Oxydul vorhanden.

Topas von Stoneham, Maine (l. c. S. 109). Die Analyse des von Kunz (s. diese Zeitschr. 9, 86) gelieferten Materials wurde von C. M. Bradbury ausgeführt. Spec. Gewicht 3,54.

Al	27,14
Si	14,64
F	29,21
O	28,56
	99,55

Dies entspricht einem beträchtlich höheren Fluorgehalt, als er bisher im Topas gefunden wurde.

Chrysocoll von Ivanhoe Mine, Arizona. Smaragdgrün, durchsichtig, unvollkommen krystallinisch. Härte $3\frac{1}{2}$, spec. Gewicht 2,3.

CuO	33,22
SiO_2	34,08
H_2O	31,65
	98,95

Diese Zahlen führen auf die Formel

$$3CuO,\ 4SiO_2,\ 13H_2O \quad \text{oder} \quad H_2Cu_3(SiO_3)_4 . 12H_2O.$$

In einem Lepidolith von Chutia Nagpur, Bengalen, dessen Vorkommen in zinnführendem Granit in der Rec. geol. Surv. India 7, (1), 43, unter Mittheilung einer approximativen Analyse, beschrieben ist, wurde von Page eine genaue Bestimmung der Alkalien vorgenommen und gefunden:

K_2O	8,595
Li_2O	1,754
Na_2O	0,609
Rb_2O	0,070

Von Cäsium eine zweifelhafte Spur, kein Thallium.

Ref.: P. Groth.

69. E. Divers (in Tokio): **Mineralien von Japan** (Chem. News 44, 217).

Chromeisenerz aus Serpentin von Oita (Bungo) gab:

Cr_2O_3	59,30
FeO	28,27
MgO	9,17
SiO_2	1,58
Al_2O_3	0,80
Magnetit	0,29
	99,41

Ein beigemengtes, weiches, röthlichweisses Mineral [Chlorit? der Ref.] hatte die Zusammensetzung:

SiO_2	32,6
MgO	28,7
Al_2O_3	27,4
Glühverlust	11,3
	100,0

Mendozit (Natronalaun) von Shimane, Prov. Idzumo. Fasrige Efflorescenzen auf Albit mit Pyrit. Die berechneten Zahlen entsprechen der Formel: $NaAl(SO_4)_2 + 12H_2O$.

		Berechnet:
Al_2O_3	11,27	11,23
Na_2O	7,26	6,76
SO_3	34,73	34,90
H_2O	46,74	47,11
	100,00	100,00

Schwefel (Ebenda 1883, 48, 284). In den bedeutenden Ablagerungen vulcanischen Schwefels, welche zur Schwefelsäurefabrikation ausgebeutet werden, findet sich fast überall auch eine orangerothe Varietät, welche bei der Analyse ergab:

Te	0,17
Se	0,06
As	0,01
S	99,76
	100,00

Der gewöhnliche Schwefel enthält zuweilen Spuren von Selen und Tellur.

Ref.: P. Groth.

70. C. Rammelsberg (in Berlin): **Ueber Kaliumdithalliumchlorid** (Ann. der Physik und Chemie 1882, 16, 709—710). Ausser den bereits früher (Ann. 146, 577. 1872) vom Verf. beschriebenen tetragonalen Doppelsalzen des Thalliumtrichlorids, $3RCl + TlCl_3 + 2aq$, wo $R = Ka$ oder $R = NH_4$, erhielt derselbe jetzt ein Salz der Formel: $2KCl + TlCl_3 + 3$ aq. Farblose, durchsichtige, oft sehr grosse monosymmetrische Krystalle zeigten die Flächen: $p = \infty P(110)$, $q = \mathcal{R}\infty(011)$, $o = P(\bar{1}11)$, $c = 0P(001)$ und waren nach c tafelartig. $a : b : c = 0,705 : 1 : 0,9576$; $\beta = 81^0 42'$.

Ref.: J. Beckenkamp.

71. E. Wiedemann (in Leipzig): **Eine kleine Veränderung am Pyknometer** (Ebenda 1882, 17, 983—985). Bei spec. Gewichtsbestimmungen fester Körper wird die denselben anhaftende Luft bekanntlich gewöhnlich durch starkes Auskochen vertrieben. Auf Körper, die sich beim Erwärmen zersetzen oder schmelzen, lässt sich diese Methode natürlich nicht anwenden. Verf. empfiehlt daher, das Pyknometer nach dem Hineinlegen der festen Körper durch eine geeignet construirte Röhre mit zwei Hähnen, von denen der eine die Verbindung mit einer Quecksilberluftpumpe, der andere mit einem Trichter herstellt, zu evacuiren, und darauf nach Abschluss der ersteren Verbindung die Flüssigkeit durch den Trichter einzugiessen.

Ref.: J. Beckenkamp.

72. G. W. A. Kahlbaum (in Basel): **Einige kleine Aenderungen am Pyknometer** (Ebenda 1883, 19, 378—384). Die Einrichtung des Pyknometers beruht auf demselben Princip, wie vorhin erwähnt; nur wird die zu verdrängende

Flüssigkeit nicht durch einen Trichter eingegossen, sondern durch eine gekrümmte Röhre in den evacuirten Raum eingesogen.

Ref.: J. Beckenkamp.

73. C. Baur (in Solothurn): **Die Strahlung des Steinsalzes bei verschiedenen Temperaturen** (Ebenda 1883, 19, 17—21). Vermittelst eines vom Verf. ausführlicher beschriebenen Radiometers (beruhend auf der grossen Veränderlichkeit des Leitungswiderstandes dünner Metallblättchen), dessen Empfindlichkeit nach seiner Angabe bedeutend grösser ist als die der Thermosäule, beobachtete derselbe die Wärmeabsorption durch Steinsalzplatten. Er schliesst aus seinen Versuchen:

1) »Steinsalz absorbirt seine eigene Strahlung (»d. h. wenn sowohl strahlende als bestrahlte Platte aus Steinsalz besteht«) stärker als die anderer Körper.«

2) »Die Absorption wächst mit abnehmender Temperaturdifferenz von strahlender und absorbirender Platte.«

3) »Die Absorption ist wahrscheinlich vollständig, wenn die Temperaturdifferenz beider Platten gleich Null ist.«

Melloni hatte seiner Zeit aus ähnlichen Versuchen gefolgert, dass polirte Steinsalzplatten die von Steinsalz ausgehenden Strahlen nicht besser absorbiren, als alle anderen. Magnus dagegen fand, dass Steinsalzplatten die ersteren Strahlen viel stärker absorbiren, und schloss daraus, dass Steinsalz nur homogene Wärmestrahlen aussende; ferner hatte Magnus beobachtet, dass von 20 mm ab mit zunehmender Dicke die Absorption nicht mehr zunehme, und glaubte, dass die nicht absorbirte Strahlung (20 %) durch Verunreinigung der (klaren) strahlenden Steinsalzplatten veranlasst sei. Der Verf. dagegen erklärt die nicht absorbirte Strahlung bei den Versuchen von Magnus aus der grossen Temperaturdifferenz der strahlenden und der absorbirenden Platte. Dass von den Steinsalzplatten nur Strahlen einer Art ausgesendet würden, hält er nicht für wahrscheinlich.

Ref.: J. Beckenkamp.

74. E. Wiedemann (in Leipzig): **Ueber die Volumenänderungen wasserhaltiger Salze beim Erwärmen und die dabei erfolgenden chemischen Umlagerungen** (Ebenda 1882, 17, 561—577). An ein 16 mm weites cylindrisches Gefäss schliesst sich ein längeres Capillarrohr an. In ersteres wird die zu untersuchende gepulverte Substanz gebracht, dann vermittelst einer Quecksilberluftpumpe die Luft evacuirt und darauf das Gefäss mit Quecksilber (resp. Oel) gefüllt. Die Erwärmung geschieht durch Eintauchen in ein Wasserbad, und die Volumenänderung der Substanz wird aus dem Steigen des Quecksilbers in der Capillarröhre bestimmt.

Kaliumaluminiumalaun.

Der Verlauf des Versuchs möge durch folgende Tabelle veranschaulicht werden: τ bedeutet die Temperatur, v die Höhe des Quecksilbers in der Capillarröhre.

t	v	t	v
22,5	175	84,0	135
50,2	187	88,8	141
50,8	180	89,0	126
60,4	170	91,2	360
71,8	131	68,4	297
77,0	132	62,4	104
		25,0	75

30 Minuten später war das Volumen auf 88 gestiegen und blieb so constant.

Bis zu 50° findet eine regelmässige Ausdehnung statt, dann folgt eine langsam verlaufende Contraction, welche von einer Trübung der Wand (durch austretendes Wasser) begleitet ist; unmittelbar vor 90° findet nochmals eine merkliche Contraction und dann beim Schmelzen (circa 90°) eine plötzliche Ausdehnung statt. Beim Abkühlen contrahirt sich die Masse im überschmolzenen Zustande und beim plötzlichen Erstarren scheiden sich theils spiessige, theils würfelförmige Krystalle aus. Beim weiteren Abkühlen tritt meist ein Zerspringen des Gefässes ein. Das Anfangsvolumen wird nicht wieder erreicht.

[Wenn das Zerspringen des Gefässes, wie der Verf. annimmt, durch eine plötzliche Ausdehnung veranlasst wird, so ist es auffallend, dass bei der plötzlichen jedenfalls viel bedeutenderen Ausdehnung beim Schmelzen das Zerspringen des Gefässes nicht eintritt. Zu erklären wäre diese Erscheinung wohl nur in der Weise, dass man annimmt, die Erwärmung fände nicht in derselben ruhigen Weise statt wie die Abkühlung, so dass bei ersterer eine Ueberhitzung nicht eintrete (da ja auch der Schmelzpunkt nicht sonderlich differirt), die Substanz sich also nicht momentan aus dem labilen Gleichgewicht in das stabile umlagere. Die Erstarrung findet dagegen wegen der ruhigeren und gleichmässigeren Abkühlung erst nach Ueberschmelzung momentan statt; ebenso muss auch die spätere Ausdehnung, die nach den Beobachtungen des Verf. zuweilen gleich nach der Erstarrung, zuweilen erst nach weiterer Abkühlung eintritt, in Folge des Ueberganges aus dem labilen in den stabilen Zustand mit grosser Vehemenz vor sich gehen und, da diesmal im Gegensatze zum Erstarrungsprocess eine Volumvergrösserung stattfindet, das Gefäss zertrümmern. Der Ref.]

Eisenammoniumalaun zeigt entweder gleich nach dem Einfüllen eine Contraction, die mit einer Dissociation des Salzes verbunden ist, oder erst beim allmählichen Erwärmen. Bei circa 34° schmilzt dasselbe unter starker Ausdehnung.

Ammoniumaluminiumalaun dehnt sich von 20,6 bis 73° aus, ohne dass etwas Bemerkenswerthes einträte, schmilzt bei 92°, erstarrt wieder bei 62° und nimmt bei 22° wieder nahezu das gleiche Volumen an wie vor der Erwärmung.

Kaliumchromalaun verhält sich ebenso.

Magnesiumsulfat dehnt sich bis zu 50° ziemlich regelmässig aus. Das weitere Verhalten möge durch die folgende Tabelle erläutert werden.

Menge des Salzes 10,248 g. Volumen des Scalenabstandes 0,66 cmm.

t	v
16,6	4
47,9	158
53,5	340
67,4	379
83,2	441
92	475

Nach 15 Minuten war das Quecksilber bei derselben Temperatur auf 391 gesunken; beim darauffolgenden Erkalten erfolgte eine ganz allmähliche Contraction. Bei 19° war der Stand des Quecksilbers 195, nach fünf Tagen dagegen 255 und blieb hierbei ziemlich constant. Die Volumvermehrung bei 50° findet plötzlich unter Wasseraustritt statt. Bei 93° tritt wieder eine starke Contraction ein und bei weiterem Erhitzen bis zu 100° wieder eine allmählichere schwächere Ausdehnung unter gleichzeitiger Spaltung der Substanz in kleine Krystalle und Flüssigkeit. Die Analyse der ersteren ergab $MgSO_4 + 6$ aq. Nach Versuchen von Marignac enthält auch das bei 50° unter Wasserverlust sich bildende Salz 6 Mol. Wasser; aber die Verschiedenheit ihrer Volumina deutet nach der Ansicht des Verf. auf eine Verschiedenheit beider Salze.

Zinksulfat verhält sich ganz ähnlich. Bei 69° sich ausscheidende Krystalle hatten 6 Mol. Wasser; auch bei 40° entsteht ein Salz mit demselben Wassergehalt, aber von anderer Dichte. Beim Erwärmen über 100° entsteht ein weisses Pulver.

Eisensulfat schmilzt bei 65° zum Theil; bei 98,5° zersetzt es sich. Der bei 65° nicht flüssig werdende Theil besitzt 6 Mol. Wasser, das Zersetzungsproduct bei höherer Temperatur weniger.

Nickelsulfat, regelmässige Ausdehnung bis 65°; hier Wasseraustritt bei starker Volumvermehrung; darauf wieder regelmässige Ausdehnung bis zu 95°.

Natriumsulfat (10 Mol. Wasser) dehnt sich bis etwa 30° aus, zieht sich dann bis 35° zusammen, schmilzt bei dieser Temperatur und dehnt sich dann wieder regelmässig aus.

Natriumcarbonat (10 Mol. Wasser) verhält sich ganz analog.

Aehnlich auch das Phosphat und Acetat.

[Die Sulfate von Magnesium, Nickel und Eisen sind bekanntlich auch von O. Lehmann (diese Zeitschr. **1**, 113 und 129) in Bezug auf ihr Verhalten bei höherer Temperatur untersucht worden. Da bei dieser Arbeit genauere Temperaturangaben fehlen, so ist ein Vergleich der beiderseitigen Resultate erschwert. Das von Lehmann erwähnte Zerfallen der Eisensulfatkrystalle in gesättigte Lösung und wasserärmeres Salz scheint jedoch mit der bei 65° gemachten Beobachtung Wiedemann's übereinzustimmen. Der Ref.]

Ref.: J. Beckenkamp.

75. E. B. Hagen (in Berlin): **Ueber die Wärmeausdehnung des Natriums, des Kaliums und deren Legirung in festem und flüssigem Zustande** (Ebenda 1883, **19**, 436—474). Der Verf. fand: Die Ausdehnung des festen *Na* und *Ka* ist nahezu, die der geschmolzenen Metalle vollkommen proportional der Temperaturzunahme. Bei beiden Metallen und bei ihrer Legirung zeigt sich beim Schmelzen eine beträchtliche Volumenvergrösserung. Im geschmolzenen Zustande dehnen sich die Metalle stärker aus als im festen.

Ref.: J. Beckenkamp.

76. W. König, über die optischen Eigenschaften der Platincyanüre (Ebenda 1883, **19**, 491—512). Verf. sucht an den schon von Haidinger (Ann. der Phys. **68**, **70**, **71**, **76**, **77**, **81**), Stokes (ebenda **146**) und Kundt (ebenda **148**) in Bezug auf das optische Verhalten untersuchten Krystallen besonders die Beziehungen zwischen Metallglanz und Absorption genauer zu ergründen.

Prismenförmige Krystalle von Yttriumplatincyanür (rhombisch) und Baryumplatincyanür (monosymm.) zeigten auf allen Flächen der Prismenzone genau gleichen Metallschiller, welcher in der zur Verticalaxe senkrechten Ebene polarisirt ist. Haidinger hatte festgestellt, dass der genannte Schiller in seiner Polarisationsrichtung mit der des »mehr absorbirten Strahles« übereinstimme. Es ist zu vermuthen, dass sich die Absorption der metallisch reflectirten Strahlen bereits in den obersten Schichten des reflectirenden Mittels vollendet. Nun ist das durchgelassene Licht bei beiden Salzen zwar dem reflectirten complementär, aber für parallel und senkrecht zur Verticalaxe polarisirte Strahlen genau gleich. Folglich muss es auch noch eine von der metallischen Reflexion unabhängige (allmähliche) Absorption geben.

Zwischen zwei Glasplatten, wie sie zur Darstellung der Newton'schen Farbenringe benutzt werden, von denen also die eine etwas concav, die andere etwas convex geschliffen ist, und welche beide vermittelst Schrauben aneinander gepresst werden können, wurde ein Tropfen des gelösten Salzes verdunstet. Die Newton'schen Ringe bilden bekanntlich ein sehr genaues Mittel zur Bestimmung des nur äusserst geringen Zwischenraumes an jeder beliebigen Stelle.

Die (sonst grünen) Krystalle von Baryumplatincyanür (zwischen den Platten bis zur Minimaldicke von 0,00013 mm) waren alle im durchgelassenen Lichte für die parallel der Längsaxe polarisirten Strahlen farblos, dagegen wurden von den senkrecht zur Längsrichtung polarisirten Strahlen die (metallisch reflectirten) blauen Strahlen absorbirt. Die allmähliche Absorption war mithin nicht mehr wahrnehmbar.

Die (sonst dunkelrothen) Krystalle von Yttriumplatincyanür waren für parallel zur Längsaxe polarisirte Strahlen farblos, wenn sie genügend dünn waren. Für senkrecht zur Verticalaxe po larisirte Strahlen dagegen waren vier durch die Art ihrer Absorption und Reflexion scharf geschiedene Gruppen zu erkennen. Sie erschienen im durchgelassenen Lichte entweder kräftig roth, oder goldgelb, oder hellgrün, oder farblos; die entsprechenden complementären Farben wurden reflectirt. Diese Farben waren durch keine Uebergänge miteinander verbunden.

Ganz ähnlich verhielt sich das Lithiumplatincyanür. Für senkrecht zur Verticalaxe polarisirtes durchgehendes Licht fand der Verf. orangefarbene, gelbe, hellgrüne und farblose Krystalle.

Die für jede der genannten Substanzen an erster Stelle genannten Krystalle absorbirten dieselben Farben wie die (grösseren) ursprünglich in Lösung gebrachten Körper, lagen im Grossen und Ganzen in dickeren Luftschichten und absorbirten mehr Strahlen als die folgenden. Ist also die sprungweise Verschiedenheit der Absorption nur eine der verschiedenen Dicke entsprechende graduelle, oder entsprechen derselben verschiedene Krystallmodificationen? Aus den Interferenzerscheinungen im durchgehenden und reflectirten Lichte und aus der Annahme, dass die Krystalle überall die ganze Dicke der Luftschicht an der betreffenden Stelle einnehmen, findet der Verf. für alle Krystalle eine ziemlich grosse Differenz der Brechungsquotienten $n_e - n_0$, einen ziemlich grossen Werth von n_e und vor Allem ein starkes Wachsen von n_e mit abnehmender Wellenlänge. Die Krystalle derselben Art stimmten genügend überein. Der Verf. schliesst hieraus: Bei optisch einaxigen Krystallen, und als solche sind ja die unsrigen annähernd zu betrachten*, ist $n_e - n_0$ am grössten, wenn die Hauptaxe senkrecht zum einfallen-

* Diese Annahme begründet der Verf. durch die Beobachtung, dass der Metallschiller auf allen der Längsaxe der Prismen *parallelen* Flächen gleich ist. Da es nun an

den Strahle steht. Demgemäss könnte man vielleicht annehmen, dass die beregten Verschiedenheiten nur auf einem Unterschiede des Winkels zwischen Hauptaxe und einfallendem Strahle zurückzuführen wären, dass dieser Winkel für die Stammkrystalle $= 90^0$, für die anderen dagegen kleiner wäre. Erwiese sich diese Erklärung als unhaltbar, so bliebe nichts übrig, als eine verschiedene Molekularconstitution oder eine verschiedene chemische Zusammensetzung anzunehmen.

Ref.: J. Beckenkamp.

---

und für sich merkwürdig erscheint, dass rhombische und monosymmetrische Krystalle sich optisch einaxig verhalten, so wäre es wünschenswerth gewesen, wenn der Verf. die beobachteten Flächen der Prismenzone namentlich erwähnt hätte. Falls etwa nur die vier zusammengehörigen Prismenflächen vorhanden gewesen wären, so würde aus der Beobachtung des Verf. natürlich noch gar nicht folgen, dass die Krystalle optisch einaxig seien. Da dann sowohl der Werth von $n_e - n_o$ als auch die Absorption nicht nur von der Lage der Längsrichtung, sondern auch von der Fortpflanzungsrichtung innerhalb der Horizontalebene abhängt, so wäre in diesem Falle die verschiedene Färbung einfacher dadurch zu erklären, dass die Krystalle je nach dem ihnen zu Gebote stehenden Raume und der dadurch veranlassten Spannung mit verschiedenen, nicht gleichwerthigen Flächen der Prismenzone an die Glasplatten angewachsen wären.

Der Ref.

Autorenregister.

Sachregister.

A.

B.

M.

N.

O.

P.

Berichtigungen und Zusätze.

Zum 4. Band.

S. 355 Tabelle Z. 3 u. »Grenzwerthe« lies 58⁰ 52′ statt 58⁰ 32′.
S. 355 - Z. 15 u. »Gerechnet« lies 44⁰ 54′ 50″ statt 45⁰ 8′ 10″.
S. 355 - Z. 20 u. - lies 26 37 18 statt 26 20 58.

Zum 5. Band.

S. 540 Z. 4 v. u. lies 28⁰ 54½′ und 28⁰ 46′ 40″ statt 38⁰ 54½′ und 38⁰ 46′ 40″.

Zum 6. Band.

S. 288 Z. 14 v. o. lies $Al_2(CO_3Na)_2(OH)_4$ statt $Al_2(CO_2Na)_2(OH)_4$.

Zum 7. Band.

S. 104 Z. 12 v. u. lies I, 41 statt II, 41.
S. 435 Z. 6 v. u. lies $u\sqrt{1-w^2}\cos(i\zeta) = k_i''$ statt $w\sqrt{1-w^2}\cos(i\zeta) = k_i''$.
S. 487 Z. 8 v. o. lies $F_i = \pm\frac{h_i k_i l_i}{uvw}(q_1^2 - q_2^2)$ für $i = 1,2$ statt $F_i = \frac{h_i k_i l_i}{uvw}(q_1^2 - q_2^2)$.

Zum 8. Band.

S. 219 lies »Scalotta« statt »Scolotto«.
S. 545 Z. 6 v. o. lies 1829 statt 1826.
S. 646. 4. J. Thoulet und H. Lagarde, über die Bestimmung der Wärmeleitungsfähigkeit. Anmerk. Eine ausführlichere Arbeit von Thoulet mit zahlreichen Messungen, aus denen die Genauigkeit der Methode hervorgeht, findet sich in den Annales de chim. et phys. 1882 (5) **26**, 261—285.

Druck von Breitkopf & Härtel in Leipzig.

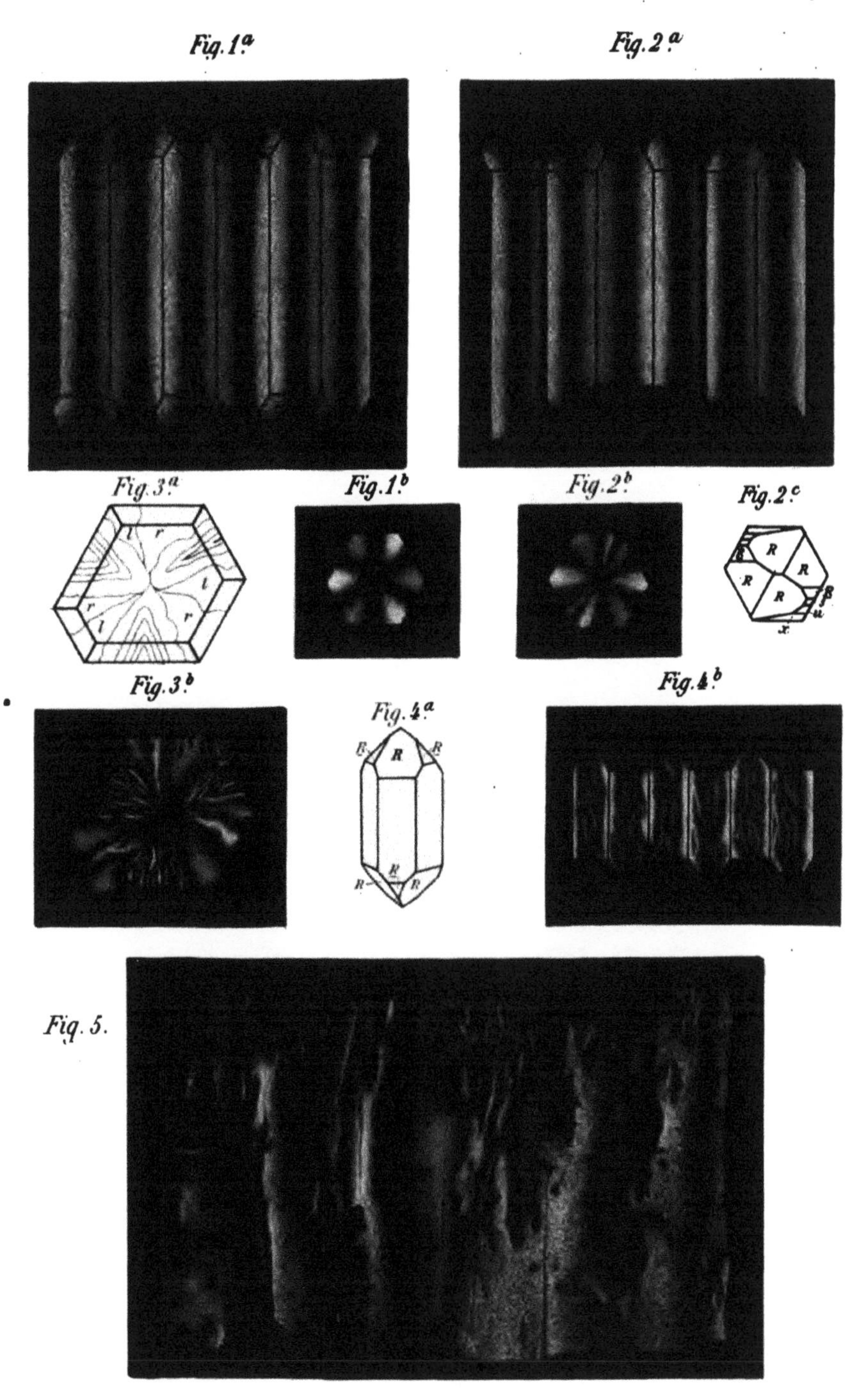

B. v. Kolenko gez. I. Fassoli Strassburg

Lightning Source UK Ltd.
Milton Keynes UK
UKHW020916211118
332624UK00010B/1379/P

9 780266 628439